FÍSICA

um curso universitário

Volume II – Campos e ondas

Blucher

FÍSICA

um curso universitário

Volume II – Campos e ondas

2ª edição brasileira

AUTORES

MARCELO ALONSO
do Departamento de Assuntos Científicos
da Organização de Estados Americanos

EDWARD J. FINN
Professor do Departamento de Física
da Universidade de Georgetown

COORDENADOR

GIORGIO MOSCATI
Professor do Instituto de Física
da Universidade de São Paulo

TRADUTORES

IVAN C. NASCIMENTO e CURT E. HENNIES
Professores do Instituto de Física da Universidade de São Paulo

2015 - 2ª edição brasileira
1ª reimpressão - 2016

Blucher

Rua Pedroso Alvarenga, 1245, 4° andar
04531-934 - São Paulo - SP - Brasil
Tel.: 55 11 3078-5366
contato@blucher.com.br
www.blucher.com.br

Segundo o Novo Acordo Ortográfico, conforme 5. ed. do *Vocabulário Ortográfico da Língua Portuguesa*, Academia Brasileira de Letras, março de 2009.

FICHA CATALOGRÁFICA

Alonso, Marcelo
Física: um curso universitário, v. 2 Campos e ondas / Marcelo Alonso, Edward J. Finn; Giorgio Moscati (coord.); tradução Ivan C. Nascimento, Curt E. Hennies. - 2. ed. brasileira - São Paulo: Blucher, 2015.

Bibliografia
ISBN 978-85-212-0833-4
Título original: Fundamental University Physics

1. Física 2. Ondas (Física)I. Título II. Finn, Edward J. III. Moscati, Giorgio IV. Nascimento, Ivan C. V. Hennies, Curt E.

15-0919 CDD 530

Índices para catálogo sistemático:
1. Física

Prefácio à edição brasileira

A versão brasileira deste livro de física para a universidade, em nível introdutório, vem ampliar de forma feliz a pequena escolha de que dispõem os professores de física nessa área.

O livro é dirigido aos alunos de ciências exatas e engenharia que, ao entrarem para a universidade, já trazem uma base sólida do curso secundário. Para os estudantes nessas condições, um curso baseado neste livro será muito estimulante por ter uma apresentação diferente e nitidamente mais madura e profunda que aquela à qual são expostos durante seu preparo para a universidade. Para os estudantes que não satisfazem esse pré-requisito, é aconselhável uma dedicação particularmente intensiva por parte do professor, na fase inicial do curso, até que sejam preenchidas as lacunas existentes em sua formação.

Os vários tópicos são abordados em nível de complexidade crescente e, em geral, os tópicos mais avançados exigirão do professor uma atenção especial. Entretanto muitos desses tópicos poderão ser omitidos, sem perda de continuidade.

O ponto de vista físico e os desenvolvimentos matemáticos são abordados de forma concomitante, devendo o professor tomar as devidas precauções para que o estudante não se deixe assustar pelo aspecto formal das expressões matemáticas, nem perca seu conteúdo físico.

Este livro pressupõe que o professor vá acompanhar o progresso do estudante e, caso seja utilizado na forma de autoinstrução, deverá ser acompanhado de roteiros detalhados.

Os Volumes I e II cobrem os currículos típicos desenvolvidos nos primeiros dois anos dos cursos introdutórios de física, na área de ciências exatas e engenharia. A parte de termodinâmica é deixada para o Volume III, sendo abordada do ponto de vista da mecânica estatística. Nesta tradução, alguns conceitos básicos de termodinâmica são dados numa nota suplementar do Volume I, a fim de permitir um desenvolvimento desse tópico na parte inicial do curso, como é costume em nosso meio. A parte de física moderna é abordada sempre que possível nos Volume I e II e é desenvolvida no Volume III do original em inglês. A extensão daquele volume revela a ênfase que é dada ao tópico. Em nosso meio, costuma-se dar pouca ênfase à parte de "física moderna" num curso introdutório, sendo deixada para cursos de caráter avançado para os que vão se especializar em física. Assim, os demais deixam de ter contato com uma parte importante da física, o que não apenas compromete a visão unificada que deveriam ter como também resulta em falta de base para interpretar a tecnologia moderna, que, cada vez mais, baseia-se nos desenvolvimentos recentes da ciência pura. Portanto torna-se cada vez mais importante que tópicos de física moderna sejam desenvolvidos em cursos introdutórios para estudantes de ciências exatas e engenharia.

O original em inglês prevê o desenvolvimento dos três volumes em apenas três semestres, o que nos parece muito difícil em nosso meio. Entretanto, se os dois primeiros volumes puderem ser desenvolvidos em três semestres, será muito interessante poder dedicar *integralmente* o último semestre, de um curso de quatro, a alguns dos tópicos de física moderna, do Volume III.

Aqueles que estudarem este curso com afinco, acreditamos, serão profundamente influenciados, adquirindo, dessa forma, poderosas ferramentas para a futura vida profissional.

São Paulo, outubro de 1971
Giorgio Moscati
Coordenador da Tradução

Prefácio

A física é uma ciência fundamental que exerce profunda influência em todas as outras ciências. Portanto não é somente o estudante do curso de física e engenharia que precisa ter uma compreensão completa das suas ideias fundamentais, mas todos aqueles que planejam uma carreira científica (incluindo estudantes de biologia, química, e matemática) devem ter essa mesma compreensão.

O objetivo principal do curso de física geral (e talvez a única razão por que esteja no currículo) é dar ao aluno uma visão unificada da física. Isso deve ser feito sem entrar em muitos detalhes, analisando os princípios básicos, suas implicações e suas limitações. O aluno aprenderá aplicações específicas em outros cursos mais especializados. Assim, este livro apresenta o que nós acreditamos ser as ideias fundamentais que constituem o cerne da física de hoje. Demos especial consideração às recomendações da Comission on College Physics na seleção dos assuntos e no seu método de apresentação.

Até agora, a física tem sido ensinada como se fosse uma aglomeração de várias ciências mais ou menos relacionadas, mas sem um ponto de vista unificante. A divisão tradicional em (a "ciência" da) mecânica, calor, som, óptica, eletromagnetismo, e física moderna não tem mais qualquer justificativa. Afastamo-nos dessa abordagem tradicional, seguindo uma apresentação lógica e unificada, enfatizando as leis de conservação, os conceitos de campos e ondas, e o ponto de vista atômico da matéria. A teoria da relatividade especial é usada extensivamente no decorrer do texto como um dos princípios que precisam ser satisfeitos por qualquer teoria física.

Os assuntos foram divididos em cinco partes: (1) Mecânica, (2) Interações e Campos, (3) Ondas, (4) Física quântica, e (5) Física estatística. Começamos com mecânica, a fim de estabelecer os princípios fundamentais necessários para descrever os movimentos que observamos ao nosso redor. Assim, desde que todos os fenômenos na natureza são o resultado de interações e essas interações são analisadas em termos de campos, consideramos, na Parte 2, os tipos de interações que compreendemos melhor: interações gravitacional e eletromagnética, que são as interações responsáveis pela maioria dos fenômenos macroscópicos que observamos. Discutimos o eletromagnetismo detalhadamente, concluindo com a formulação das equações de Maxwell. Na Parte 3, discutimos fenômenos ondulatórios como uma consequência do conceito de campo. É nessa parte que incluímos muitos dos assuntos usualmente estudados sob os títulos de acústica e óptica. A ênfase, entretanto, é colocada nas ondas eletromagnéticas como uma extensão natural das equações de Maxwell. Na Parte 4, analisamos a estrutura da matéria, isto é, átomos, moléculas, núcleos, e partículas fundamentais – uma análise precedida pela base necessária de mecânica quântica. Finalmente, na Parte 5, falamos sobre as propriedades da matéria. Primeiramente, apresentamos os princípios da mecânica estatística e os aplicamos em alguns casos simples, mas fundamentais. Discutimos a termodinâmica do ponto de vista da mecânica estatística e concluímos com um capítulo sobre as propriedades térmicas da matéria, mostrando como são aplicados os princípios da mecânica estatística e da termodinâmica.

Este texto é diferente não só na forma de abordagem, mas também no seu conteúdo, pois incluímos tópicos fundamentais não encontrados na maioria dos textos sobre física geral e ignoramos outros que são tradicionais. A matemática usada pode ser encontrada em qualquer livro-texto de cálculo. Supomos que o aluno já tenha tido uma rápida introdução ao cálculo e que esteja assistindo, simultaneamente, a um curso do assunto. Muitas aplicações dos princípios fundamentais, bem como alguns dos tópicos mais avançados, aparecem na forma de exemplos desenvolvidos. Estes podem ser discutidos, segundo a conveniência do professor, ou alguns selecionados podem ser propostos, permitindo assim maior flexibilidade na organização do curso.

Os currículos para todas as ciências estão sob grande pressão para incorporar novos assuntos que estão se tornando mais relevantes. Esperamos que este livro alivie essa pressão, melhorando a compreensão dos conceitos físicos por parte do aluno e a sua habilidade em manipular as relações matemáticas correspondentes. Isso permitirá a elevação do nível de muitos cursos intermediários atualmente oferecidos no currículo pré-graduado. Os cursos tradicionais de mecânica, eletromagnetismo e física moderna serão beneficiados por essa melhora. Assim, o aluno terminará o curso básico com um nível mais elevado que o anterior – uma vantagem importante para aqueles que terminam a sua formação nesse ponto. Haverá, então, mais lugar para cursos novos e mais interessantes em nível pós-graduado. Essa mesma tendência é revelada nos livros-texto mais recentes para os cursos básicos de outras ciências.

O texto é projetado para um curso de três semestres. Pode também ser usado nas escolas em que um curso geral de física de dois semestres é seguido por um curso de um semestre de física moderna, oferecendo, assim, uma apresentação mais unificada nos três semestres. Por conveniência, o texto foi dividido em três volumes, cada um correspondendo a, aproximadamente, um semestre. O Volume I trata de mecânica e da interação gravitacional. O Volume II trata de interações eletromagnéticas e ondas, abrangendo essencialmente o eletromagnetismo e a óptica. A física quântica e estatística, incluindo a termodinâmica, são desenvolvidas no Volume III. Embora os três volumes estejam intimamente relacionados, formando um único texto, cada um deles pode ser considerado como um texto introdutório independente. Os Volumes I e II juntos são equivalentes a um curso de física geral de dois semestres, desenvolvendo a física não quântica.

Esperamos que este texto ajude professores de física interessados, que estão constantemente lutando para melhorar os cursos em que lecionam. Esperamos também que estimule os numerosos alunos que merecem uma apresentação da física mais madura que as do curso tradicional.

Queremos expressar a nossa gratidão a todos aqueles que, em virtude de sua insistência e encorajamento, tornaram possível a realização deste trabalho, em particular, aos nossos ilustres colegas, os professores D. Lazarus e H.S. Robertson, que leram os manuscritos originais. Suas críticas e comentários ajudaram a corrigir e melhorar muitos aspectos do texto. Somos gratos, também, à dedicação e habilidade dos funcionários da Addison-Wesley.

Finalmente, agradecemos a nossas esposas, que tão pacientemente nos apoiaram.

Washington D.C. M. A.
Novembro, 1966 E. J. F.

Agradecimentos

Queremos agradecer às seguintes pessoas e organizações pela gentileza de permitirem que publicássemos o material ilustrativo que nos emprestaram: Brookhaven National Laboratory (Fig. 15.6); General Electric Company (Fig. 17.5b); Professor Harvey Fletcher (Fig. 18.23); Educational Services, Incorporated (Fig. 18.37a); U. S. Naval Ordnance Laboratory, White Oak, Silver Spring, Md. (Fig. 18.37b); *Vibration and Sound,* por Philip M. Morse, McGraw-Hill Book Co., 1948 (Fig. 22.26); *Ripple Tank Studies of Wave Motion,* com licença de W. Llowarch, The Clarendon Press, Oxford, Inglaterra (Fig. 23.2); *Principies of Optics,* por Hardy e Perrin, McGraw-Hill Book Co., 1932 (Figs. 23.12 e 23.14b); e o Professor B. E. Warren, do M.I.T. (Fig. 23.42). Agradecemos especialmente ao Educational Services, Incorporated, e ao Physical Science Study Committee, de cujo livro *PSSC Physics,* D. C. Heath e Co., 1960, tivemos emprestadas as seguintes figuras: 9.13a, 18.22, 18.28b, 20.6b, 20.10b, 20.11b, 20.16d e 20.16e, 22.1 e 22.15.

Nota ao professor

Para ajudar o professor na organização do curso, apresentamos uma visão geral deste volume e algumas sugestões relacionadas aos conceitos importantes em cada capítulo. Como foi indicado no Prefácio, este curso de física foi desenvolvido em uma forma integrada de modo tal que o aluno reconheça rapidamente as poucas ideias básicas nas quais a física está baseada (por exemplo, as leis de conservação, e o fato de fenômenos físicos poderem ser reduzidos a interações entre partículas fundamentais).

O aluno deve reconhecer que, para se tornar um físico, ou um engenheiro, ele precisa alcançar uma compreensão clara dessas ideias e desenvolver a habilidade de trabalhar com elas.

A matéria forma o corpo do texto. Muitos exemplos desenvolvidos foram incluídos em cada capítulo, sendo alguns simples aplicações numéricas da teoria discutida, enquanto outros são extensões da teoria ou deduções matemáticas. Recomenda-se que, na primeira leitura, o aluno seja aconselhado a omitir *todos* os exemplos. Então, na segunda leitura, ele deve abordar os exemplos escolhidos pelo professor. Dessa forma, o estudante assimilará as ideias básicas separadamente das suas aplicações ou extensões.

Há uma seção de problemas no final de cada capítulo. Alguns são mais difíceis do que os problemas típicos de física geral e outros são extremamente simples. Estão dispostos em uma ordem que, aproximadamente, corresponde às secções do capítulo, com alguns problemas mais difíceis no fim. O grande número de problemas variados dá ao instrutor maior liberdade de escolha no sentido de selecioná-los de acordo com as habilidades dos seus alunos.

Sugerimos que o professor mantenha uma prateleira especial, na biblioteca, com o material de referência citado no final de cada capítulo e que encoraje o aluno a usá-lo, de forma a desenvolver o hábito de consulta na fonte, para que obtenha, assim, mais de uma interpretação sobre um tópico, adquirindo material histórico sobre física.

O presente volume é destinado a ser desenvolvido no segundo semestre. Sugerimos, como guia, com base em nossa própria experiência, o número de horas de aula necessárias a abranger bem a matéria. O tempo assinalado (43 horas de aula) não inclui arguição ou provas. Segue-se um breve comentário de cada capítulo.

PARTE 2 – INTERAÇÕES E CAMPOS

A Parte 2 trata de interações eletromagnéticas, que são discutidas nos Caps. 14 a 17 (a interação gravitacional foi apresentada no Cap. 13 do Vol. I). Esses quatro capítulos constituem uma introdução ao eletromagnetismo, mas não abrangem ondas eletromagnéticas e radiação, o que está discutido na Parte 3. Alguns conceitos quânticos, tais como a quantização da energia e da quantidade de movimento angular, são introduzidos nos Caps. 14 e 15. Esses tópicos serão discutidos mais extensamente no Vol. III.

Capítulo 14 Interação elétrica (4 horas)

Concentra-se sobre a dinâmica de uma partícula, sujeita à interação de Coulomb, e considera a natureza elétrica da matéria. A Seç. 14.12 (que trata de multipolos elétricos de ordem superior) pode ser omitida.

Capítulo 15 Interação magnética (4 horas)

A primeira parte apresenta o conceito de um campo magnético, sob uma forma dinâmica, e discute o movimento de uma partícula carregada em um campo magnético. Em seguida, são discutidos os campos magnéticos de correntes com várias formas geométricas. O clímax é alcançado no final do capítulo com uma discussão da transformação de Lorentz do campo eletromagnético e uma revisão do princípio de conservação da quantidade de movimento. O instrutor deve colocar em grande destaque essa parte do capítulo.

Capítulo 16 Campos eletromagnéticos estáticos (5 horas)

Nesse capítulo são introduzidos diversos conceitos importantes, mas existem dois objetivos principais que o instrutor deve ter em mente. Um deles é iniciar um desenvolvimento da teoria geral do campo eletromagnético (leis de Gauss e de Ampère), e o outro é relacionar as propriedades eletromagnéticas da matéria, em conjunto com a sua estrutura atômica. Assuntos como capacitores e circuitos c.c. foram relegados a um segundo plano no texto, porém foi-lhes dada maior atenção nos problemas do final do capítulo.

Capítulo 17 Campos eletromagnéticos dependentes do tempo (4 horas)

O principal tema desse capítulo é a formulação das equações de Maxwell. Os circuitos c.a. são discutidos no texto apenas superficialmente, embora existam muitos exemplos bem desenvolvidos no texto e nos problemas, a fim de auxiliar o estudante a se familiarizar com eles. Para o estudante, é importante entender que as equações de Maxwell fornecem uma descrição compacta do campo eletromagnético e que elas ilustram a conexão íntima entre as partes $\mathfrak{E}$ e $\mathfrak{B}$ desse campo.

PARTE 3 – ONDAS

A Parte 1 deu ao estudante uma descrição "particular" de fenômenos naturais. Na Parte 3, apresentamos a descrição complementar "ondulatória" dos fenômenos naturais baseada no conceito de campo, que já foi introduzido na Parte 2. As ideias, comumente discutidas sob os títulos de acústica e óptica, são consideradas aqui em uma forma integrada.

Capítulo 18 Movimento ondulatório (5 horas)

Esse capítulo considera o movimento ondulatório em geral, determinando, em cada caso, suas propriedades específicas, pelas equações de campo que descrevem uma situação física particular, de modo que não há necessidade de usar uma imagem mecânica de moléculas movendo-se para cima e para baixo. Duas ideias são fundamentais: uma é compreender a equação de onda; a outra é compreender que uma onda conduz tanto energia como quantidade de movimento.

Capítulo 19 Ondas eletromagnéticas (5 horas)

São apresentadas as ondas eletromagnéticas previstas pelas equações de Maxwell e, dessa maneira, o estudante deverá entender muito bem as Seçs. 19.2 e 19.3. Esse capítulo considera também os mecanismos de radiação e absorção. Além disso, introduz o conceito importante de fóton como um resultado natural do fato de as ondas eletromagnéticas transportarem energia e quantidade de movimento e de estarem essas propriedades físicas relacionadas pela equação $E = cp$. Transições radiativas entre estados estacionários são também discutidas brevemente.

Capítulo 20 Reflexão, refração, polarização (4 horas)

Os textos elementares tradicionalmente usam o princípio de Huygens quando discutem a reflexão e a refração, embora o princípio que realmente usam seja o Teorema de Malus. Esse capítulo é inovador porque encara tal fato. As Seçs. 20.8 até 20.13 podem ser omitidas sem perda de continuidade.

Capítulo 21 Geometria ondulatória (3 horas)

Num certo sentido, esse é, na realidade, um capítulo sobre óptica geométrica, podendo ser omitido inteiramente. De qualquer forma, o professor deve enfatizar o fato de que a matéria desse capítulo aplica-se não somente a ondas luminosas, mas também a ondas em geral. A convenção de sinal adotada é a mesma de *Optics,* de Born e Wolf, Pergamon Press, 1965.

Capítulo 22 Interferência (3 horas)

O método dos vetores girantes é sistematicamente usado. Pode ser útil ao estudante ler novamente as Seçs. 12.7, 12.8 e 12.9 do Vol. I. O conceito de guia de onda dado nesse capítulo é tão importante que não deve ser omitido.

Capítulo 23 Difração (3 horas)

Esse capítulo baseia-se bastante no anterior devendo o professor considerá-los juntos. Nesse capítulo, como no anterior, tentamos separar as deduções algébricas do resto da matéria, de forma que poderão ser omitidas, se o professor assim desejar.

Capítulo 24 Fenômenos de transporte (3 horas)

A importância dos fenômenos de transporte é bem reconhecida, pois tais fenômenos são de grande aplicação em física, química, biologia e engenharia. Esse capítulo constitui uma introdução breve e coordenada a esses fenômenos dando também ao estudante uma ideia sobre outros tipos de propagação de campo. Se o professor tiver problemas de tempo, poderá sugerir a leitura desse capítulo como um trabalho individual e omitir os exemplos e problemas.

Aqui é um ponto conveniente para terminar o segundo semestre, pois o estudante já deve ter um entendimento sólido da física não quântica e, além disso, as ideias de fóton, de quantização de energia e momento angular, devem ter sido introduzidas em sua mente. O terceiro semestre será dedicado à física quântica e estatística, que serão apresentadas como um refinamento das ideias físicas no nível do muito pequeno (ou microscópico) e no nível do muito grande (ou macroscópico).

O apêndice matemático, no fim de cada livro, proporciona uma referência rápida às fórmulas mais usadas no texto assim como alguns dados úteis. Algumas fórmulas relacionadas com a transformação de Lorentz foram adicionadas por conveniência. Elas foram deduzidas no Vol. I.

Nota ao estudante

Este é um livro sobre fundamentos de física escrito para estudantes que estãso se especializando em ciências ou engenharia. Os conceitos e ideias que dele você aprender, com toda certeza, vão tornar-se parte de sua vida profissional e maneira de pensar. Quanto melhor você os entender tanto mais fácil será o restante de seu curso de graduação e pós-graduação.

O curso de física que vai ser iniciado é, naturalmente, mais avançado que o seu curso de física no colégio. Você deve estar preparado para enfrentar numerosos quebra-cabeças difíceis. Assimilar as leis e as técnicas da física pode ser, às vezes, um processo lento e doloroso. Antes de entrar nas partes da física que apelam para sua imaginação, você deve dominar outras menos atraentes, porém muito fundamentais, sem as quais não poderá usar ou compreender a física.

Enquanto estiver neste curso, você deve ter dois objetivos em mente. Primeiro, tornar-se completamente familiarizado com um punhado de leis básicas e princípios que constituem o cerne da física. Segundo, desenvolver a habilidade de manipular essas ideias e aplicá-las a situações concretas; em outras palavras, pensar e agir como um físico. Você pode alcançar o primeiro objetivo lendo e relendo o texto. Para ajudá-lo a alcançar o segundo objetivo, existem muitos exemplos espalhados pelo texto, e há também problemas para casa, no final de cada capítulo. Recomendamos que você leia o texto principal e, desde que o tenha entendido, continue com os exemplos e problemas indicados pelo professor. Às vezes, os exemplos ilustram uma aplicação da teoria a uma situação concreta, ou estendem a teoria considerando novos aspectos do problema discutido. Algumas vezes, eles fornecem justificativa para a teoria.

Os problemas no final de cada capítulo variam em dificuldade, indo do muito simples ao complexo. Em geral, é uma boa ideia tentar resolver um problema primeiramente numa forma simbólica, ou algébrica, e inserir valores numéricos somente no fim. Se você não conseguir resolver um problema indicado em um tempo razoável, ponha o problema de lado e faça uma segunda tentativa depois. No caso de problemas que se recusam a fornecer uma solução, você deve procurar ajuda.

Uma boa fonte de autoajuda, que pode ensinar-lhe o "método" da resolução de problemas, é o livro *How to solve it* (segunda edição), por G. Polya (Garden City, N.Y. Doubleday, 1957).

A física é uma ciência quantitativa que requer matemática para expressão de suas ideias. Toda a matemática usada neste livro pode ser encontrada em qualquer livro-texto de cálculo, livro esse que você deve consultar todas as vezes que não entender uma dedução matemática. Mas de forma nenhuma você deve desanimar por causa de uma dificuldade matemática; em tal caso, consulte seu professor ou um aluno mais adiantado. Para o físico e o engenheiro, a matemática é um instrumento, e é menos importante do que a compreensão das ideias físicas. Para sua conveniência, algumas das relações matemáticas mais úteis estão em um apêndice no final do livro.

Todos os cálculos em física devem ser feitos usando-se um conjunto consistente de unidades. Neste livro é usado o sistema MKSC. Esse é o sistema oficialmente aprovado para trabalhos científicos e usado pelo National Bureau of Standards dos Estados Unidos em suas publicações. Seja extremamente cuidadoso em verificar a consistência das unidades nos seus cálculos. Também é uma boa ideia o uso de uma régua de cálculo desde o começo, pois a precisão de três algarismos, obtida até mesmo com as réguas de cálculo mais simples, economizará para você muitas horas. Em alguns casos, entretanto, uma régua de cálculo pode não fornecer a precisão necessária.

Uma lista selecionada de referências é dada no fim de cada capítulo. Consulte-a com o máximo de frequência possível. Algumas citações vão ajudá-lo a formar a ideia de que a física é uma ciência em evolução, e outras complementarão o texto. Você vai achar o livro de Holton e Roller, *Fundations of modern Physics* (Reading, Mass.: Addison-Wesley, 1958) particularmente útil para informações sobre a evolução das ideias na física.

Conteúdo

Parte 2

Interações e campos

Uma vez aprendidas as leis gerais que governam os movimentos, o próximo passo é investigar as interações responsáveis por tais movimentos. Há vários tipos de interações. Uma é a *interação gravitacional*, que se manifesta no movimento planetário e no movimento dos aglomerados de matéria. A gravitação, apesar de ser a mais fraca de todas as interações conhecidas, foi a primeira interação cuidadosamente estudada, porque os homens há muito se interessaram pela astronomia e porque a gravitação é responsável por muitos fenômenos que afetam diretamente nossas vidas. Outra interação é a *interação eletromagnética*, a mais bem entendida e, talvez, a mais importante, sob o ponto de vista de nossa vida cotidiana. A maioria dos fenômenos que observamos, incluindo processos químicos e biológicos, resulta de interações eletromagnéticas entre átomos e moléculas. Um terceiro tipo é a *interação forte* ou *nuclear*, que mantém prótons e nêutrons (conhecidos como núcleons) dentro do núcleo atômico e outros fenômenos relacionados com os núcleons. Apesar de intensa pesquisa, nosso conhecimento a respeito dessa interação ainda é incompleto. Um quarto tipo é a *interação fraca*, responsável por certos processos entre as partículas fundamentais, tais como a desintegração beta. Nosso conhecimento dessa interação também é muito pequeno, ainda. As intensidades relativas das interações acima são: forte, tomada como 1; eletromagnética ~ 10^{-2}; fraca ~ 10^{-5}; gravitacional ~ 10^{-38}. Um dos problemas da física, entre os que ainda não foram resolvidos, é o fato de encontrarmos apenas quatro interações e diferenças tão acentuadas em suas intensidades.

É interessante ver o que, há 200 anos, Isaac Newton disse a respeito de interações:

> Have not the small Particles of Bodies certain Powers, or Forces, by which they act... upon one another for producing a great Part of the Phaenomena of Nature? For it's well known, that Bodies act one upon another by the Attractions of Gravity, Magnetism, and Electricity; [...] and make it not improbable but that there may be more attractive Powers than these. [...] How these attractions may be perform'd, I do not here consider. [...] The Attractions of Gravity, Magnetism, and Electricity, reach to very sensible distances, [...] and there may be others which reach to so small distances as hitherto escape observation; [...] (Opticks, Book III, Query 31)*.

* Não têm, as pequenas Partículas dos Corpos, determinados Poderes, ou Forças, por meio dos quais agem [...] umas sobre as outras, para produzir uma grande Parte dos Fenômenos da Natureza? Pois se sabe que os Corpos agem, uns sobre os outros, pelas Atrações da Gravidade, do Magnetismo, e da Eletricidade; [...] e não fazem que seja improvável que possam existir Poderes mais atrativos do que esses [...] Como essas atrações podem se realizar eu não vou considerar aqui [...] As Atrações da Gravidade, do Magnetismo e da Eletricidade atingem distâncias consideráveis, [...] e podem existir outros que atinjam distâncias tão pequenas que, até hoje, escaparam à nossa observação [...] (*Opticks,* Livro III, Pergunta 31).

Para descrever essas interações, introduzimos o conceito de *campo*. Por *campo* entendemos uma propriedade física que se estende por uma região do espaço e é descrita por uma função da posição e do tempo. Para cada interação, supomos que uma partícula produza, em torno de si, um campo correspondente. Esse campo, por sua vez, age sobre uma segunda partícula, para produzir a interação mútua.

Embora todas as interações possam ser descritas por meio de campos, nem todos os campos correspondem necessariamente a interações, como está implícito na definição de campo. Por exemplo, um meteorologista pode exprimir a pressão atmosférica e a temperatura como uma função da latitude, da longitude e da altura. Temos, então, dois campos escalares: o campo de pressões e o campo de temperaturas. Num fluido em movimento, a velocidade do fluido, em cada ponto, constitui-se num campo vetorial. O conceito de campo é, portanto, de grande utilidade na física.

No Cap. 13 discutiremos a interação e o campo gravitacionais. Do Cap. 14 ao 17 (Vol. II), consideraremos as interações eletromagnéticas. Falaremos a respeito de outras interações no Vol. III.

14 Interação elétrica

14.1 Introdução

Consideremos uma experiência bastante simples. Suponhamos que após pentearmos nosso cabelo, num dia muito seco, aproximamos o pente de pedaços muito pequenos de papel. Notamos que eles são rapidamente atraídos pelo pente. Fenômeno semelhante ocorre se friccionarmos um bastão de vidro com um pedaço de seda ou um bastão de âmbar com um pedaço de pele de gato. Podemos concluir que, como resultado da fricção, esses materiais adquirem uma nova propriedade, que podemos chamar de *eletricidade* (da palavra grega *elektron* significando âmbar), e que tal propriedade elétrica produz uma interação muito mais forte que a gravitacional. Existem, todavia, várias diferenças fundamentais entre interações elétricas e gravitacionais.

Em primeiro lugar, existe apenas uma espécie de interação gravitacional, que consiste numa atração universal entre duas massas quaisquer. Entretanto existem duas espécies de interações elétricas. Suponha que coloquemos um bastão de vidro eletrizado próximo de uma pequena bola de cortiça pendurada por um fio. Vemos que o bastão atrai a bola. Se repetirmos a experiência com um bastão de âmbar eletrizado, observaremos o mesmo efeito de atração na bola. Contudo, se ambos os bastões atraírem a bola simultaneamente, em vez de uma atração maior, observaremos uma força de atração menor ou mesmo nenhuma atração na bola (Fig. 14.1). Essas experiências simples mostram que, apesar de ambos os bastões, o de vidro e o de âmbar, eletrizados, atraírem a bola de cortiça, eles o fazem por processos físicos opostos. Quando ambos os bastões estão presentes, eles têm efeitos opostos, produzindo um efeito resultante pequeno ou, mesmo, nulo. Por essa razão, concluímos que existem dois tipos de estados eletrizados: um como o vidro e outro como o âmbar. Podemos chamar o primeiro de *positivo* e o outro de *negativo*.

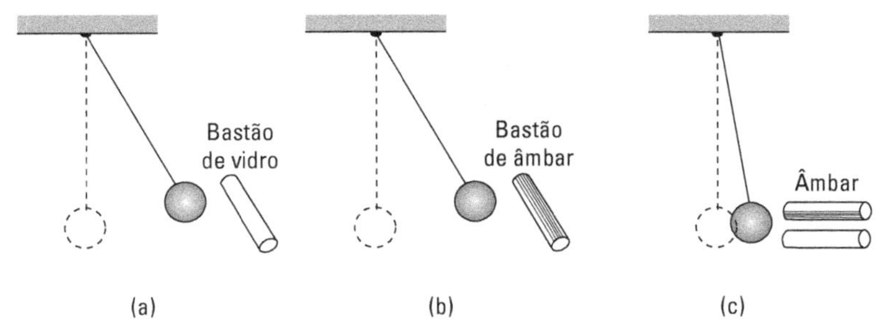

Figura 14.1 Experimentos com bastões eletrizados de âmbar e de vidro.

Suponhamos, agora, que toquemos duas bolas de cortiça com um bastão de vidro eletrizado. Podemos admitir que as duas bolas fiquem eletrizadas positivamente. Se colocarmos uma bola junto à outra, notaremos que elas se repelirão (Fig. 14.2a). O mesmo resultado aparece quando tocamos as bolas com um bastão de âmbar eletrizado, pois elas adquirem eletrização negativa. Entretanto, se tocarmos uma com o bastão de vidro e a outra com o bastão de âmbar, de tal modo que uma tenha eletrização positiva e a outra negativa, observaremos que elas se atraem.

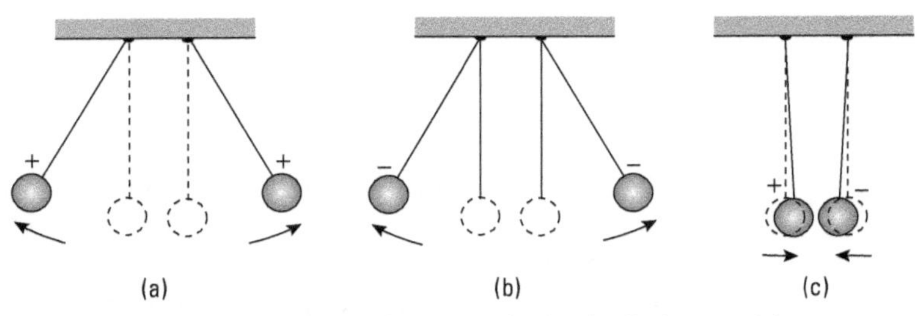

Figura 14.2 Interações elétricas entre cargas de mesmo sinal, e de sinais contrários.

Portanto, apesar de a interação gravitacional ser sempre atrativa, a interação elétrica pode ser tanto atrativa como repulsiva.

Dois corpos com a mesma espécie de eletrização (ambos positivos ou negativos) repelem-se. Têm-se tipos diferentes de eletrização (um positivo e outro negativo), atraem-se.

Essa afirmação é indicada esquematicamente na Fig. 14.3. Se a interação fosse apenas atrativa ou apenas repulsiva, provavelmente nunca teríamos tomado conhecimento da existência da gravitação, porque a interação elétrica é muito mais forte. Entretanto, a maioria dos corpos parece ser composta de igual quantidade de eletricidade positiva e negativa, de tal modo que a interação elétrica total entre quaisquer dois corpos macroscópicos é muito pequena ou nula. Portanto, como uma consequência do efeito cumulativo da massa, a interação macroscópica dominante aparenta ser a interação gravitacional, apesar de esta, individualmente, ser muito mais fraca.

Figura 14.3 Forças entre cargas de mesmo sinal, e de sinais contrários.

14.2 Carga elétrica

Da mesma maneira como caracterizamos a intensidade da interação gravitacional atribuindo a cada corpo uma massa gravitacional, caracterizamos o estado de eletrização de um corpo definindo uma *massa elétrica*, mais comumente chamada *carga elétrica*, ou simplesmente carga, representada pelo símbolo q. Desse modo, qualquer porção de matéria ou qualquer partícula é caracterizada por duas propriedades independentes, porém fundamentais: massa e carga.

Desde que haja duas espécies de eletrização, há também duas espécies de cargas elétricas: positiva e negativa. Um corpo que apresenta eletrização positiva tem uma carga elétrica positiva, e um com eletrização negativa tem uma carga elétrica negativa. A carga total de um corpo é a soma algébrica de suas cargas positivas e negativas. Um corpo tendo igual quantidade de cargas positivas e negativas (isto é, carga total zero) é chamado eletricamente *neutro*. Por outro lado, uma partícula tendo uma carga total diferente de zero é frequentemente chamada um *íon*. Como a matéria em conjunto não apresenta forças elétricas resultantes, podemos admitir que seja composta por igual quantidade de cargas positivas e negativas.

Para definir a carga de um corpo eletrificado operacionalmente, adotamos o procedimento que se segue. Escolhemos, arbitrariamente, um corpo Q carregado (Fig. 14.4) e, a uma distância d, colocamos a carga q. Medimos, então, a força F,exercida sobre q. Em seguida, colocamos outra carga q' à mesma distância d de Q e medimos a força F'. Definimos os valores das cargas q e q' como proporcionais às forças F e F', isto é,

$$q/q' = F/F. \tag{14.1}$$

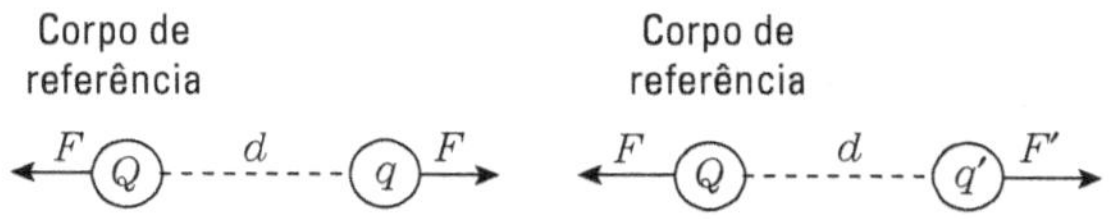

Corpo de referência

F Q d q F

Corpo de referência

F Q d q' F'

Figura 14.4 Comparação das cargas q e q', mostrando suas interações elétricas com uma terceira carga Q.

Se atribuirmos arbitrariamente um valor unitário à carga q', teremos um meio de obter o valor de q. Esse método de comparação de cargas é muito semelhante ao usado na Seç. 13.3 para a comparação das massas de dois corpos. Da nossa definição de carga, decorre que, sendo iguais todos os fatores geométricos, a força da interação elétrica é proporcional às cargas das partículas.

Verificou-se que, em todos os processos observados na natureza, a carga total de um sistema isolado permanece constante. Em outras palavras,

a carga total não varia para qualquer processo que se realize dentro de um sistema isolado.

Jamais foi encontrada qualquer exceção a essa regra, conhecida como o *princípio da conservação da carga*. Teremos ocasião de discutir isso mais tarde, quando tratarmos de processos que envolvem partículas fundamentais. Você deve lembrar que já aplicamos esse princípio no Ex. 11.11, onde foi discutida a reação $p^+ + p^+ \rightarrow p^+ + p^+ + p^+ + p^-$. Do lado esquerdo, a carga total é duas vezes a carga do próton e, do lado direito, os três prótons contribuem com três vezes a carga do próton, enquanto o antipróton contribui com uma carga protônica negativa. Portanto, isso dá um total de carga igual a duas vezes a carga do próton.

14.3 Lei de Coulomb

Considere a interação elétrica entre duas partículas carregadas *em repouso* para um observador em um sistema de referência inercial, ou, quando muito, movendo-se com uma velocidade muito pequena; os resultados de tal interação constituem o que se chama de *eletrostática*. A interação eletrostática para duas partículas carregadas é dada pela *lei de Coulomb*, assim denominada em honra ao engenheiro francês Charles A. de Coulomb (1736-1806), que foi o primeiro a formulá-la:

a interação eletrostática entre duas partículas carregadas é proporcional às suas cargas e ao inverso do quadrado da distância entre elas, e tem a direção da reta que une as duas cargas.

Matematicamente isso pode ser expresso por

$$F = K_e \frac{qq'}{r^2}, \tag{14.2}$$

onde r é a distância entre as duas cargas q e q', F é a força que atua sobre qualquer das cargas, e K_e é a constante a ser determinada pela nossa escolha de unidades. Essa lei é muito semelhante à lei para interação gravitacional. Assim, podemos aplicar aqui muitos resultados matemáticos que provamos no Cap. 13, substituindo $\gamma mm'$ por $K_e qq'$.

Podemos verificar experimentalmente a lei do inverso do quadrado (14.2) medindo a força entre duas cargas dadas, colocadas a diferentes distâncias. A Fig. 14.5 mostra um arranjo experimental possível, semelhante à balança de torção de Cavendish da Fig. 13.3. A força F entre a carga em B e a carga em D é determinada medindo-se o ângulo θ que deve girar a fibra OC para restaurar o equilíbrio.

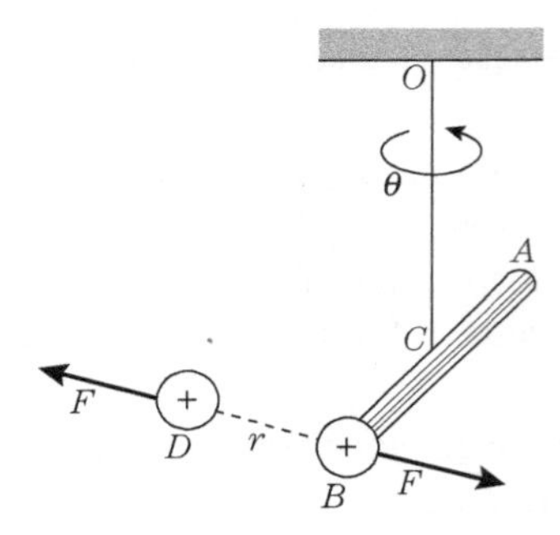

Figura 14.5 Balança de torção de Cavendish para verificar a lei da interação elétrica entre duas cargas.

A constante K_e na Eq. (14.2) é semelhante à constante γ na Eq. (13.1). Mas, no Cap. 13, as unidades de massa, distância e força já haviam sido definidas, e o valor de y foi determinado experimentalmente. No presente caso, contudo, apesar de as unidades de força e distância já terem sido definidas, a unidade de carga está ainda indefinida (a definição dada na Seç. 2.3 foi apenas preliminar). Se fizermos uma afirmação definitiva sobre a unidade de carga, precisamos determinar $\boldsymbol{K}_e$ experimentalmente. Podemos proceder, contudo, na ordem inversa e atribuir a K_e um valor conveniente, fixando, dessa maneira, a unidade de carga. Podemos adotar esse segundo método e, usando o sistema MKSC, fixar o valor numérico de K_e como sendo $10^{-7} c^2 = 8{,}9874 \times 10^9$, onde (como anteriormente) c é a velocidade da luz no vácuo*. Na prática, podemos dizer que K_e é igual a 9×10^9. Quando a distância é medida em metros e a força em newtons, a Eq. (14.2) fica

$$F = 9 \times 10^9 \frac{qq'}{r^2}. \tag{14.3}$$

Uma vez fixado o valor de K_e, a unidade de carga está definida. Essa unidade é chamada um *coulomb*, e é designada pelo símbolo C. Por isso, podemos estabelecer a seguinte definição: *o coulomb é a carga que, quando colocada no vácuo, a um metro de uma carga igual, a repele com uma força de* $8{,}9874 \times 10^9$ *newtons.* A fórmula (14.3) vale apenas para duas partículas carregadas na ausência de qualquer outra carga ou matéria

* A escolha desse valor particular para K_e será explicada na Seç. 15.9.

(veja a Seç. 16.6). Note que, de acordo com a Eq. (14.2), expressamos K_e em N · m² · C⁻² ou m³ · kg · s⁻² · C⁻².

Por razões práticas e de cálculo, é mais conveniente expressar K_e na forma

$$K_e = \frac{1}{4\pi\varepsilon_0}, \qquad (14.4)$$

onde a nova constante física ε_0 é chamada *permissividade de vácuo*. De acordo com o valor lixado para K_e, seu valor é

$$\varepsilon_0 = \frac{10^7}{4\pi c^2} = 8{,}854 \times 10^{-12}\ \mathrm{N^{-1} \cdot m^{-2} \cdot C^2} \quad \text{ou} \quad \mathrm{m^{-3} \cdot kg^{-1} \cdot s^2 \cdot C^2}. \qquad (14.5)$$

Assim, escreveremos usualmente a Eq. (14.3) na forma

$$F = \frac{qq'}{4\pi\varepsilon_0 r^2}. \qquad (14.6)$$

Quando usarmos a Eq. (14.6), precisaremos considerar as cargas q e q' com seus sinais. Um valor negativo de F corresponde à atração e um valor positivo corresponde à repulsão.

■ **Exemplo 14.1** Dado o arranjo de cargas da Fig. 14.6, onde $q_1 = +\,1{,}5 \times 10^{-3}$C, $q_2 = -0{,}5 \times$ $\times\, 10^{-3}$ C, $q_3 = 0{,}2 \times 10^{-3}$ C e $AC = 1{,}2$ m, $BC = 0{,}5$ m, determinar a força resultante sobre a carga q_3.

Solução: A força F_1 entre q_1 e q_3 é repulsiva, enquanto a força F_2, entre q_2 e q_3, é atrativa. Seus respectivos valores, quando usamos a Eq. (14.6), são

$$F_1 = \frac{q_1 q_3}{4\pi\varepsilon_0 r_1^2} = 1{,}875 \times 10^3\,\mathrm{N}, \qquad F_2 = \frac{q_2 q_3}{4\pi\varepsilon_0 r_2^2} = -3{,}6 \times 10^3\,\mathrm{N}.$$

Portanto a força resultante é

$$F = \sqrt{F_1^2 + F_2^2} = 4{,}06 \times 10^3\,\mathrm{N}.$$

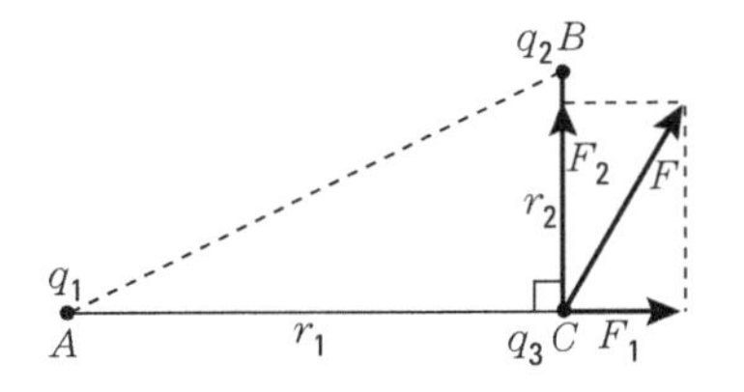

Figura 14.6 Força elétrica resultante em q_3 devida a q_1 e a q_2.

14.4 Campo elétrico

Qualquer região onde uma carga elétrica experimenta uma força é chamada *campo elétrico*. A força é devida à presença de outras cargas naquela região. Por exemplo, uma carga q colocada em uma região onde há outras cargas q_1, q_2, q_3 etc. (Fig. 14.7) experimenta uma força $\boldsymbol{F} = \boldsymbol{F}_1 + \boldsymbol{F}_2 + \boldsymbol{F}_3 + \cdots$, e dizemos que ela está num campo elétrico produzido pelas cargas $q_1, q_2, q_3, \ldots$ (É claro que a carga q também exerce forças sobre q_1, q_2, $q_3, \ldots$, mas não vamos nos preocupar com elas agora.) Como a força que cada carga q_1, q_2,

q_3, ... exerce sobre a carga q é proporcional a q, a força F resultante é também proporcional a q. Portanto a força sobre uma partícula colocada num campo elétrico é proporcional à carga da partícula.

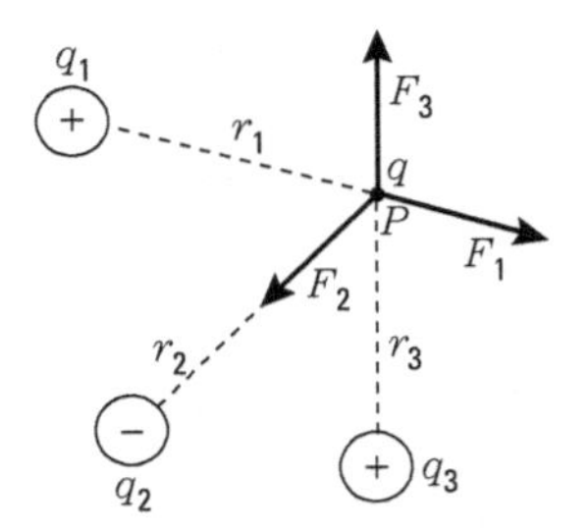

Figura 14.7 Campo elétrico resultante em *P*, produzido por diversas cargas.

A *intensidade do campo elétrico* num ponto é igual à força por unidade de carga colocada nesse ponto, e representamos por $\mathfrak{E}$*. Então

$$\mathfrak{E} = \frac{\boldsymbol{F}}{q} \quad \text{ou} \quad F = q\mathfrak{E}. \tag{14.7}$$

A intensidade $\mathfrak{E}$ do campo elétrico é expressa em newtons/coulomb ou $N \cdot C^{-1}$, ou, usando-se as unidades fundamentais, $m \cdot kg \cdot s^{-2} \cdot C^{-1}$.

Em vista da definição (14.7), se q é positivo, a força $\boldsymbol{F}$ sobre a carga tem o mesmo sentido que o campo $\mathfrak{E}$, mas, se q é negativo, a força $\boldsymbol{F}$ tem o sentido oposto a $\mathfrak{E}$ (Fig. 14.8). Por essa razão, se aplicarmos um campo elétrico numa região onde estão presentes partículas ou íons positivos e negativos, o campo procurará mover os corpos carregados positivamente e negativamente em sentidos opostos, resultando, numa separação de cargas, cujo efeito é chamado, algumas vezes, de *polarização*.

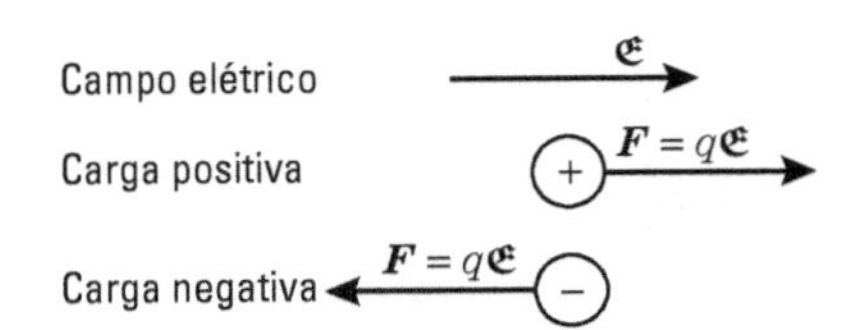

Figura 14.8 Sentido e direção da força produzida por um campo elétrico em uma carga positiva e em uma negativa.

Escrevamos a Eq. (14.6) na forma $F = q'(q/4\pi\varepsilon_0 r^2)$. Esta dá a força produzida pela carga q sobre a carga q' localizada a uma distância r de q. Usando a Eq. (14.7), podemos também dizer que o campo elétrico $\mathfrak{E}$**, no ponto onde q' é colocada, é tal que $F = q'\mathfrak{E}$. Portanto, comparando ambas as expressões de F, concluímos que o campo elétrico, a uma distância r de uma carga pontual q, é $\mathfrak{E} = q/4\pi\varepsilon_0 r^2$, ou, na forma vetorial,

$$\mathfrak{E} = \frac{q}{4\pi\varepsilon_0 r^2}\boldsymbol{u}_r, \tag{14.8}$$

onde $\boldsymbol{u}_r$ é o vetor unitário na direção radial e em sentido divergente da carga q, pois $\boldsymbol{F}$ está nessa direção. A expressão (14.8) é válida para ambas as cargas, positiva e negativa, com o sentido de $\mathfrak{E}$ relativo a $\boldsymbol{u}_r$, dado pelo sinal de q. Desse modo, $\mathfrak{E}$ tem sentido diver-

* Lê-se "e" gótico (vetor).
** Lê-se "e" gótico (escalar).

gente da carga positiva e convergente para a negativa. Na fórmula correspondente para o campo gravitacional (Eq. 13.15), o sinal negativo foi escrito explicitamente porque a interação gravitacional é sempre atrativa. A Fig. 14.9(a) mostra o campo elétrico perto de uma carga positiva, e a Fig. 14.9(b) mostra o campo elétrico perto de uma carga negativa.

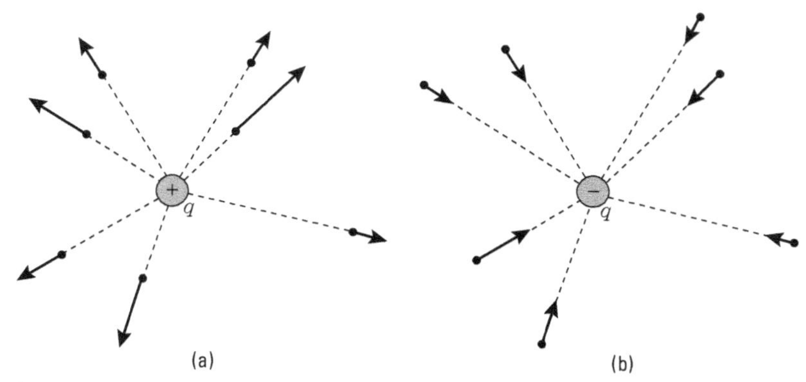

Figura 14.9 Campo elétrico produzido por uma carga positiva e por uma carga negativa.

Exatamente como no caso do campo gravitacional, um campo elétrico pode ser representado por linhas de força que, em cada ponto, são tangentes à direção do campo elétrico no ponto. As linhas de força na Fig. 14.10(a) representam o campo elétrico de uma carga positiva e aquelas na Fig. 14.10(b) mostram o campo elétrico de uma carga negativa. São linhas retas que atravessam a carga.

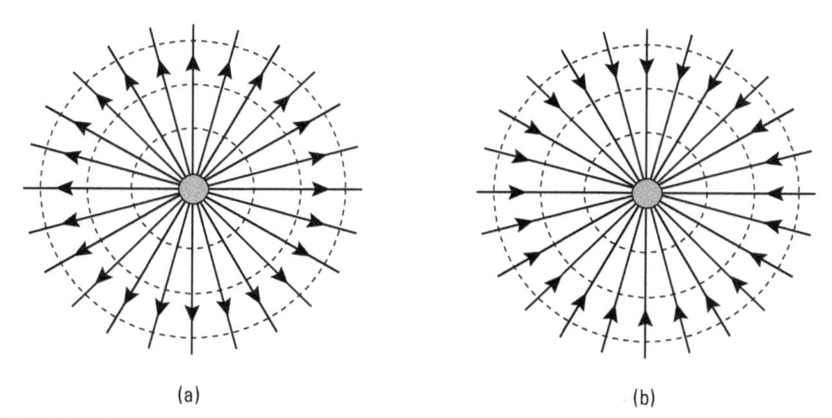

Figura 14.10 Linhas de força e superfícies equipotenciais do campo elétrico de uma carga positiva e de uma carga negativa.

Quando diversas cargas estão presentes, como na Fig. 14.7, o campo elétrico resultante é o vetor soma dos campos elétricos de cada carga. Isto é,

$$\mathfrak{E} = \mathfrak{E}_1 + \mathfrak{E}_2 + \mathfrak{E}_3 + \cdots = \Sigma_i \mathfrak{E}_i = \frac{1}{4\pi\varepsilon_0} \Sigma_i \frac{q_i}{r_i^2} \boldsymbol{u}_{ri}.$$

A Fig. 14.11 mostra como se obtém o campo elétrico resultante em um ponto P no caso de uma carga positiva e uma negativa de mesma intensidade, tal como um próton e um elétron num átomo de hidrogênio. A Fig. 14.12 mostra as linhas de força para duas cargas positivas iguais, tais como os dois prótons numa molécula de hidrogênio. Em ambas as figuras, foram também representadas as linhas de força do campo elétrico resultante, produzido pelas duas cargas.

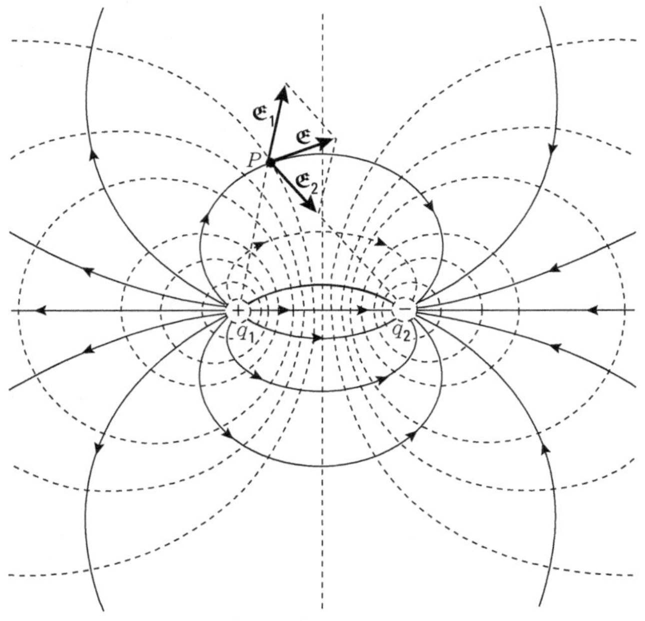

Figura 14.11 Linhas de força e superfícies equipotenciais do campo elétrico de duas cargas iguais, mas de sinais contrários.

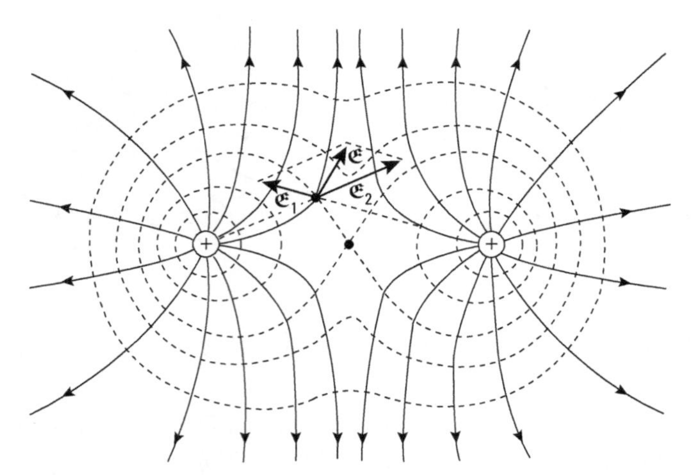

Figura 14.12 Linhas de força e superfícies equipotenciais do campo elétrico de duas cargas idênticas.

Se tivermos uma distribuição contínua de cargas (Fig. 14.13), poderemos dividi-la em pequenos elementos de carga dq e substituir a soma por uma integral, resultando em

$$\mathfrak{E} = \frac{1}{4\pi\varepsilon_0}\int \frac{dq}{r^2}\boldsymbol{u}_r.$$

A integral deve se estender sobre todo o espaço ocupado pelas cargas.

Um campo elétrico *uniforme* tem o mesmo módulo, direção e sentido em todos os pontos, e é representado por linhas de força paralelas (Fig. 14.14). A melhor forma de produzir um campo elétrico uniforme é carregar duas lâminas de metal paralelas com cargas iguais e opostas. A simetria indica que o campo é uniforme, mas verificaremos adiante (Seç. 16.3) essa afirmação matematicamente. (Lembre-se do Ex. 13.8, em que um problema semelhante considera a interação gravitacional.)

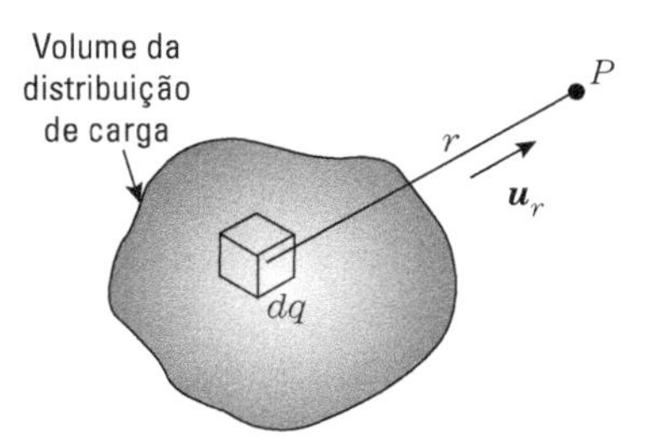

Figura 14.13 Cálculo do campo elétrico de uma distribuição contínua de cargas.

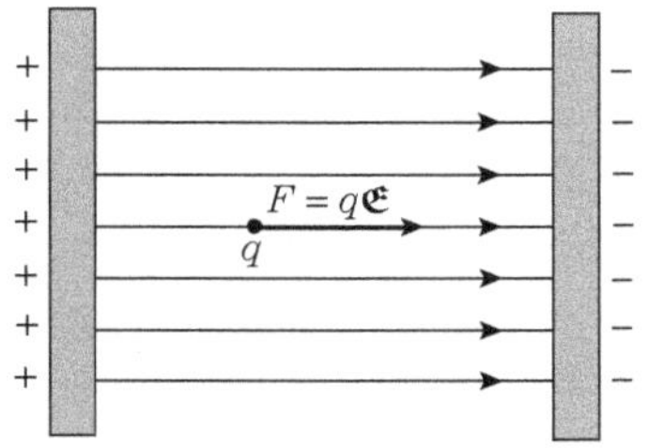

Figura 14.14 Campo elétrico uniforme.

■ **Exemplo 14.2** Determinar o campo elétrico produzido pelas cargas q_1 e q_2, em C, na Fig. 14.6, as quais foram definidas no Ex. 14.1.

Solução: Temos duas soluções alternativas. No Ex. 14.1, encontramos a força F sobre a carga q_3 em C; usando a Eq. (14.7), temos que

$$\mathfrak{E} = \frac{F}{q_3} = 2{,}03 \times 10^7\,\mathrm{N\cdot C^{-1}}.$$

Outro procedimento é o de calcular primeiro o campo elétrico de cada uma das cargas em C (Fig. 14.15), usando a Eq. (14.8). Isso dá

$$\mathfrak{E}_1 = \frac{q_1}{4\pi\varepsilon_0 r_1^2} = 9{,}37 \times 10^6\,\mathrm{N\cdot C^{-1}}$$

e

$$\mathfrak{E}_2 = \frac{q_2}{4\pi\varepsilon_0 r_2^2} = 18{,}0 \times 10^6\,\mathrm{N\cdot C^{-1}}.$$

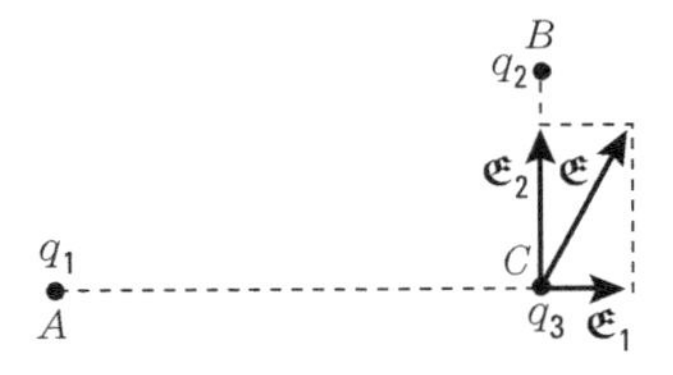

Figura 14.15 Campo elétrico resultante em C, que é j produzido por q_1 e q_2.

Portanto o campo resultante é

$$\mathfrak{E} = \sqrt{\mathfrak{E}_1^2 + \mathfrak{E}_2^2} = 2{,}03 \times 10^7\,\mathrm{N \cdot C^{-1}}.$$

Os dois resultados são, naturalmente, idênticos.

■ **Exemplo 14.3** Discussão do movimento de uma carga elétrica em um campo uniforme.

Solução: A equação do movimento de uma carga elétrica num campo elétrico é dada pela equação.

$$m\boldsymbol{a} = q\boldsymbol{\mathfrak{E}} \qquad \text{ou} \qquad \boldsymbol{a} = \frac{q}{m}\boldsymbol{\mathfrak{E}}.$$

A aceleração de um corpo em um campo elétrico depende, portanto, da relação q/m. Como essa relação varia, em geral, para diferentes partículas carregadas, ou íons, suas acelerações em um campo elétrico são também diferentes. Portanto há uma nítida diferença entre a aceleração de um corpo carregado em um campo elétrico e a aceleração em um campo gravitacional, que é a mesma para todos os corpos. Se o campo $\boldsymbol{\mathfrak{E}}$ é uniforme, a aceleração a é constante e a trajetória da carga elétrica é uma parábola, conforme foi apresentado na Seç. 5.7.

Um caso interessante é o de uma partícula carregada atravessando um campo elétrico que ocupa uma região limitada no espaço (Fig. 14.16). Para simplificar, consideremos que a velocidade inicial v_0 da partícula, quando ela penetra no campo, é perpendicular à direção do campo elétrico. O eixo dos X é colocado paralelo à velocidade inicial da partícula, e o eixo dos Y é colocado paralelo ao campo. A trajetória AB percorrida pela partícula, quando ela se move através do campo, é uma parábola. Depois de cruzar o campo, a partícula retoma o movimento retilíneo, mas com uma velocidade v diferente e em direção diferente. Dizemos então que o campo elétrico produziu um desvio medido pelo ângulo α.

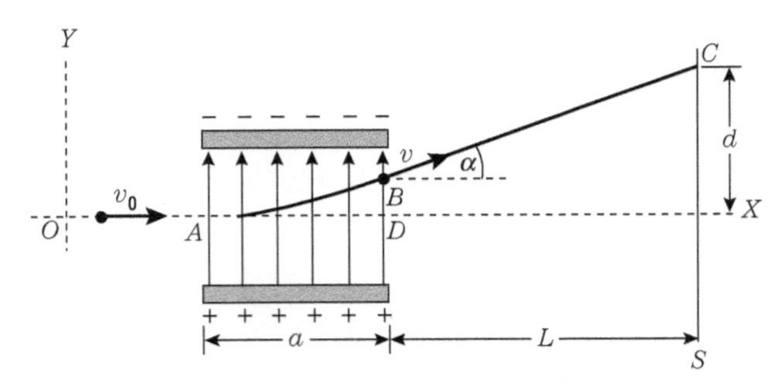

Figura 14.16 Deflexão de uma carga positiva por um campo elétrico uniforme.

Usando os resultados da Seç. 5.7, encontramos que, enquanto a partícula está se movendo através do campo com uma aceleração $a = (q/m)\boldsymbol{\mathfrak{E}}$, suas coordenadas são dadas por

$$x = v_0 t, \qquad y = \tfrac{1}{2}(q/m)\mathfrak{E}t^2.$$

Eliminando o tempo t, obtemos, para a equação da trajetória,

$$y = \frac{1}{2}\left(\frac{q}{m}\right)\left(\frac{\mathfrak{E}}{v_0^2}\right)x^2,$$

verificando assim que é uma parábola. Obtemos o desvio α, calculando a tangente dy/dx da trajetória em $x = a$. O resultado é

$$\text{tg}\ \alpha = (dy/dx)_{x=a} = q\mathfrak{E}a/mv_0^2.$$

Se colocarmos um anteparo S a uma distância L, a partícula, com dada q/m e velocidade v_0, alcançará um ponto C no anteparo. Observe que tg α é também aproximadamente igual a d/L, porque o deslocamento vertical BD é pequeno comparado a d, se L for grande; teremos

$$\frac{q\mathfrak{E}a}{mv_0^2} = \frac{d}{L}. \tag{14.9}$$

Se conhecermos a razão q/m, medindo d, L, a e $\mathfrak{E}$, podemos obter a velocidade v_0 (ou a energia cinética); ou, inversamente, podemos obter q/m se conhecemos v_0. Portanto, quando um feixe de partículas, tendo todas a mesma razão q/m, passa através do campo elétrico, essas partículas são defletidas de acordo com suas velocidades ou energias.

Um esquema, como o ilustrado na Fig. 14.16, pode ser usado como um *analisador de energia*, que separa partículas identicamente carregadas movendo-se com energias diferentes.

Por exemplo, os raios β são elétrons emitidos por alguns materiais radioativos; se colocarmos um emissor beta em O, todos os elétrons que tiverem a mesma energia concentrar-se-ão no mesmo ponto sobre o anteparo. Mas, se forem emitidos com energias diferentes, eles se espalharão sobre uma região do anteparo. Esse segundo fenômeno, encontrado experimentalmente, constitui um fato de grande importância do ponto de vista da estrutura nuclear.

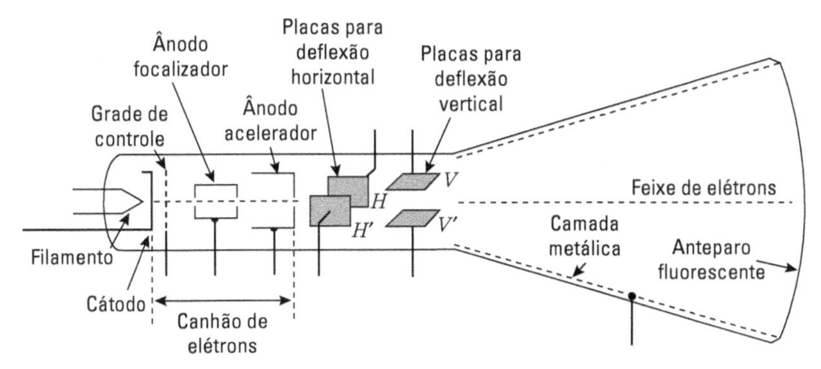

Figura 14.17 Movimento de uma carga sob campos elétricos cruzados. Os elétrons são emitidos de um cátodo e acelerados por um campo elétrico intenso. Um orifício no ânodo acelerador possibilita aos elétrons atravessar o canhão eletrônico e passar entre dois conjuntos de placas de deflexão. A camada metálica no interior do tubo mantém o lado direito do tubo livre de campos elétricos, blindando-o de fontes externas e removendo os elétrons do feixe.

Usando-se dois conjuntos de lâminas carregadas paralelas, podemos produzir dois campos perpendiculares entre si, um horizontal ao longo de HH' e outro vertical ao longo de VV' como mostra a Fig. 14.17. Ajustando-se a intensidade relativa dos campos, podemos obter uma deflexão arbitrária do feixe de elétrons para qualquer ponto do anteparo. Se os dois campos forem variáveis, o ponto sobre o anteparo descreverá uma curva. As aplicações práticas desse efeito aparecem nos tubos de televisão e nos osciloscópios. Em particular, se os campos elétricos variarem em intensidade, com movimentos harmônicos simples, a configuração traçada será uma figura de Lissajous (Seç. 12.9).

14.5 A quantização da carga elétrica

Um aspecto importante, que precisamos elucidar antes de prosseguir, é o fato de a carga elétrica não aparecer em qualquer quantidade, mas apenas como um múltiplo de uma unidade fundamental, ou quantum.

Dentre muitos experimentos elaborados para determinar essa questão, um clássico é o do físico americano Robert A. Millikan (1869-1953), que, por vários anos, durante o começo do século XX, realizou o que ficou conhecido como o *experimento da gota de óleo*. Millikan colocou, entre duas placas paralelas e horizontais A e B (Fig. 14.18), um campo elétrico vertical $\mathfrak{E}$ que podia ser ligado e desligado. A placa superior tinha, em seu centro, poucas e pequenas perfurações, através das quais podiam passar as gotas de óleo produzidas por um atomizador. Na sua maioria, as gotas de óleo eram carregadas por fricção com o bocal do atomizador.

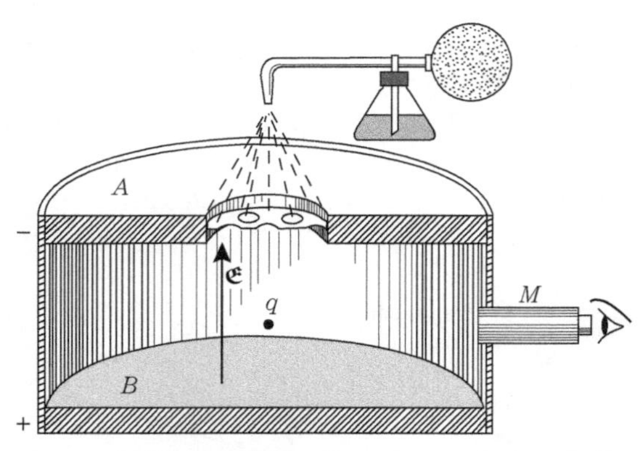

Figura 14.18 Experimento da gota de óleo de Millikan. O movimento da gota de óleo carregada q é observado por meio do microscópio ***M***.

Primeiramente analisemos esse experimento de um ponto de vista teórico. Chamaremos de m a massa e de r o raio de uma gota de óleo. Usando a Eq. (7.20), com o campo $\mathfrak{E}$ desligado para essa gota, e com K dado pela Eq. (7.19), a equação do movimento em queda livre é $ma = mg - 6\pi\eta rv$. A velocidade final v_1 da gota, quando $a = 0$, é

$$v_1 = \frac{mg}{6\pi\eta r} = \frac{2\rho r^2 g}{9\eta}, \tag{14.10}$$

onde ρ representa a densidade do óleo, e usamos a relação $m = \left(\frac{4}{3}\pi r^3\right)\rho$. (A fim de sermos precisos, é necessário também considerar no cálculo o empuxo do ar, escrevendo $\rho - \rho_a$ em lugar de ρ, onde ρ_a é a densidade do ar.)

Admitindo-se que a gota tem uma carga positiva q, quando aplicamos o campo elétrico, a Eq. do movimento para cima é

$$ma = q\mathfrak{E} - mg - 6\pi\eta r v,$$

e a velocidade final da gota v_2, quando $a = 0$, é

$$v_2 = \frac{q\mathfrak{E} - mg}{6\pi\eta r}.$$

Ou, resolvendo para q, e usando a Eq. (14.10) para eliminar mg, temos

$$q = \frac{6\pi\eta r(v_1 + v_2)}{\mathfrak{E}}. \quad (14.11)$$

Podemos encontrar o raio da gota medindo v_1 e resolvendo a Eq. (14.10) para r. Medindo v_2, obtemos a carga q aplicando a Eq. (14.11). Se a carga é negativa, o movimento para cima é produzido por aplicação de um campo elétrico para baixo.

Um procedimento diferente é seguido na prática. O movimento de subida e descida da gota é observado várias vezes ligando-se e desligando-se sucessivamente o campo. A velocidade v_1 permanece a mesma, mas a velocidade v_2 muda ocasionalmente, sugerindo uma mudança na carga da gota. Essas mudanças são devidas à ionização ocasional do ar circundante pelos raios cósmicos. A gota pode captar alguns desses íons enquanto estiver se movendo através do ar. As variações na carga podem também ser induzidas colocando-se perto das placas uma fonte de raios X ou γ que aumenta a ionização do ar.

De acordo com a Eq. (14.11), as variações Δq e Δv_2 da carga e da velocidade para cima são, relacionadas por

$$\Delta q = \frac{6\pi\eta r}{\mathfrak{E}} \Delta v_2. \quad (14.12)$$

Dependendo da natureza da modificação da carga, algumas vezes, Δq é positivo e, outras vezes, negativo. Repetindo a experiência da gota de óleo muitas vezes e com gotas diferentes, os físicos concluíram que as variações Δq são sempre múltiplas de uma carga fundamental e (isto é, $\Delta q = ne$), cujo valor é

$$e = 1{,}6021 \times 10^{-19}\ \mathrm{C}. \quad (14.13)$$

A quantidade e é chamada carga elementar. Todas as cargas observadas na natureza são iguais ou são múltiplas da carga elementar e; por enquanto, nenhuma exceção a esta regra foi encontrada. Portanto parece uma lei fundamental da natureza ser a carga elétrica quantizada. Até o presente momento, ninguém encontrou uma explicação para esse fato, em termos dos conceitos mais fundamentais.

Um segundo aspecto importante da carga elétrica é que a carga elementar está sempre associada com alguma massa fixa, formando o que podemos chamar de uma *partícula fundamental*. [No próximo capítulo (Seç. 15.4), explicaremos alguns métodos para medir a razão q/m, de tal modo que, se q for conhecido, m poderá ser obtido. Desse modo, diversas partículas fundamentais foram identificadas]. Por enquanto, podemos indicar que existem três blocos fundamentais, ou partículas, compondo a estrutura de todos os átomos: o *elétron*, o *próton* e o *nêutron*. Suas características estão delineadas na tabela que se segue.

Partícula	Massa	Carga
Elétron	$m_e = 9{,}1091 \times 10^{-31}$ kg	$-e$
Próton	$m_p = 1{,}6725 \times 10^{-27}$ kg	$+e$
Nêutron	$m_n = 1{,}6748 \times 10^{-27}$ kg	0

Observe que o nêutron não tem carga elétrica, embora tenha outras propriedades elétricas, que serão discutidas no Cap. 15. O fato de a massa do próton ser cerca de 1.840 vezes maior que a massa do elétron tem uma profunda influência em muitos fenômenos físicos. Neste ponto, voltemos para a definição preliminar do coulomb, dada na Seç. 2.3, e verifiquemos que o número de elétrons ou prótons necessário para formar uma carga negativa ou positiva igual a um coulomb é $1/1{,}6021 \times 10^{-19} = 6{,}2418 \times 10^{18}$, que é o número dado naquela seção.

14.6 Estrutura elétrica da matéria

Lembre-se do fenômeno, frequentemente observado, em que corpos de certas substâncias podem ser eletrizados por fricção com pano ou pele de gato. Muitos experimentos de laboratório demonstram que os constituintes básicos de todos os átomos são partículas carregadas. Por exemplo, quando um filamento metálico é aquecido, ele emite elétrons, da mesma forma como as moléculas são vaporizadas, quando aquecemos um líquido. Esse fenômeno é chamado de emissão *termiônica*.

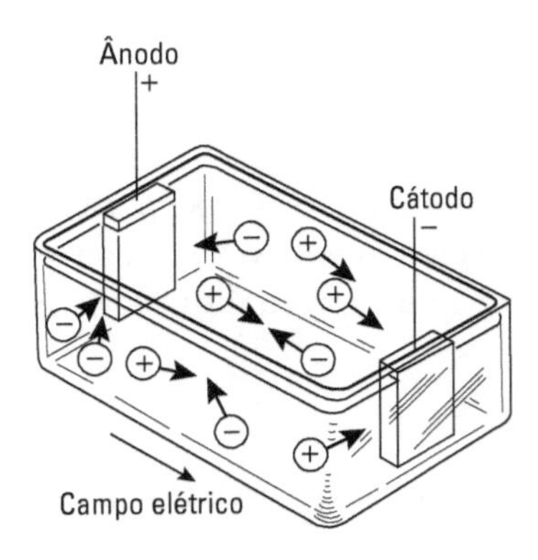

Figura 14.19 Eletrólise. Os íons se movem sob a ação do campo elétrico produzido pelos elétrodos carregados.

Outro fenômeno interessante é o da *eletrólise*. Suponhamos que um campo elétrico $\mathfrak{E}$ seja produzido (Fig. 14.19) em um sal fundido (como o KHF_2) ou em uma solução contendo um ácido (como o HCl), uma base (como o NaOH), ou um sal (como o NaCl). Produzimos o campo imergindo na solução duas barras ou placas opostamente carregadas chamadas *elétrodos*. Observamos, então, que as cargas elétricas fluem e que certas espécies de átomos carregados movem-se em direção ao elétrodo positivo ou *ânodo*, e outras se movem para o elétrodo negativo ou *cátodo*. Esse fenômeno sugere que as moléculas da substância dissolvida são separadas (ou dissociadas) em duas espécies diferentes de partes carregadas, ou íons. Algumas são carregadas positivamente e movem-se na direção do campo elétrico; outras são carregadas negativamente e movem-se na direção oposta ao campo elétrico. Por exemplo, no caso do NaCl, os átomos de Na movem-se em direção ao cátodo, sendo, portanto, íons positivos, chamados *cátions*, enquanto os átomos de Cl vão para o ânodo e são íons negativos, chamados *ânions*. A dissociação pode ser escrita na fórmula

$$\mathrm{NaCl} \rightarrow \mathrm{Na}^+ + \mathrm{Cl}^-.$$

Como as moléculas normais de NaCl não apresentam nenhuma carga elétrica evidente, podemos admitir que elas sejam compostas de quantidade igual de cargas positivas e negativas. Quando as moléculas de NaCl dissociam-se, as cargas não são separadas igualmente. Uma parte da molécula carrega um excesso de eletricidade negativa, e a outra um excesso de eletricidade positiva. Cada uma das duas partes é, desse modo, um íon. Indicamos que todas as cargas são múltiplos de uma unidade de carga e fundamental. Suponhamos que os íons positivos carregam uma carga $+ve$ e os íons negativos uma carga $-ve$, onde v é um inteiro a ser determinado mais tarde. Quando os íons alcançam cada elétrodo, eles se neutralizam, trocando sua carga com a carga disponível nos elétrodos. Usualmente, segue-se uma série de reações químicas nos elétrodos, que não são do nosso interesse aqui, mas que servem para identificar a natureza dos íons que se movem para cada elétrodo.

Depois de certo tempo t, um número N de átomos de cada espécie dirigiu-se para cada elétrodo. A carga total Q transferida para cada elétrodo é, então, em valor absoluto, $Q = Nve$. Admitindo que m seja a massa de cada molécula, a massa total M depositada em ambos os elétrodos é $M = Nm$. Dividindo a primeira relação pela segunda, temos

$$Q/M = ve/m. \tag{14.14}$$

Mas, se N_A é a *constante de Avogadro* (o número de moléculas em um mol de qualquer substância), a massa de um mol da substância é $M_A = N_A m$. Portanto a Eq. (14.14) pode ser escrita na forma

$$\frac{Q}{M} = \frac{ve}{m} = \frac{N_A ve}{N_A m} = \frac{Fv}{M_A}. \tag{14.15}$$

A quantidade

$$F = N_A e \tag{14.16}$$

é uma constante universal chamada *constante de Faraday*. Ela representa a carga de um mol de íons tendo $v = 1$. Seu valor experimental é

$$F = 9{,}6487 \times 10^4\ \mathrm{C \cdot mol^{-1}}. \tag{14.17}$$

Desse valor e de um encontrado previamente para e, obtemos para a constante de Avogadro

$$N_A = 6{,}0225 \times 10^{23}\ \mathrm{mol^{-1}}, \tag{14.18}$$

em concordância com outros cálculos dessa constante.

Verificando-se experimentalmente a Eq. (14.15), encontra-se que v é igual à *valência química* do íon considerado. O fato de v ser a valência química sugere que, quando dois átomos juntam-se para compor uma molécula, trocam uma carga νe, um se tornando um íon positivo e o outro, um íon negativo. A interação elétrica entre os dois íons os mantém ligados. Podemos também admitir com segurança que os elétrons são as partículas que são trocadas, visto que são mais leves do que os prótons e movem-se mais facilmente. Consideremos esse quadro de ligação química, chamada ligação *iônica*, como sendo apenas uma discussão preliminar sujeita a uma futura revisão e crítica.

Na Seç. 13.9, vimos que as forças gravitacionais não eram suficientemente fortes para produzir a atração necessária para ligar dois átomos e formar uma molécula, ou juntar duas moléculas para formar um pedaço de matéria, e que elas eram insuficientes por um fator de 10^{35}. Comparemos agora a ordem de grandeza das forças elétricas e gravitacionais. Admitindo que as distâncias sejam as mesmas, a força da interação elétrica é determinada pela constante de acoplamento $q_1q_2/4\pi\varepsilon_0$, e a da interação gravitacional por $\gamma m_1 m_2$. Portanto

$$\frac{\text{Interação elétrica}}{\text{Interação gravitacional}} = \frac{q_1q_2}{4\pi\varepsilon_0\gamma m_1 m_2}.$$

Para obter a ordem de grandeza, colocamos $q_1 = q_2 = e$ e $m_1 = m_2 = m_p$, tal que, para dois prótons ou dois íons de hidrogênio,

$$\frac{\text{Interação elétrica}}{\text{Interação gravitacional}} = \frac{e^2}{4\pi\varepsilon_0\gamma m_p^2} = 1{,}5\times 10^{36}.$$

Este é o fator aproximado pelo qual as forças gravitacionais foram insuficientes ao produzirem a interação necessária. Para a interação entre um próton e um elétron ($m_1 = m_p$, $m_2 = m_e$), a razão acima é ainda maior: $2{,}76 \times 10^{40}$. Portanto concluímos que

> *a interação elétrica é da ordem de grandeza necessária para produzir a ligação entre átomos para formar moléculas, ou a ligação entre elétrons e prótons para formar átomos.*

Agora a conclusão é evidente: os processos químicos (e, em geral, o comportamento da matéria em conjunto) são devidos às interações elétricas entre átomos e moléculas. Uma boa compreensão da estrutura elétrica dos átomos e moléculas é, portanto, essencial para explicar os processos químicos e, em geral, para explicar todos os fenômenos que observamos correntemente ao nosso redor, tanto na matéria inerte como na viva. O objetivo da física é, como dissemos no Cap. 1, capacitar-nos a compreender a estrutura dos constituintes fundamentais da matéria e explicar, em termos de suas interações, o comportamento da matéria em conjunto. Para cumprir esse programa, precisamos primeiro entender as interações elétricas. Por essa razão, a maioria dos capítulos seguintes serão dedicados aos fenômenos elétricos.

Quando corpos carregados eletricamente estão presentes, as forças gravitacionais são, em geral, desprezíveis. As forças gravitacionais são importantes apenas quando tratamos com corpos maciços sem carga elétrica total, ou com carga muito pequena comparada a suas massas. Esse é o caso do movimento planetário ou do movimento dos corpos próximos à superfície da Terra.

14.7 Estrutura atômica

Por meio do que foi dito nas seções anteriores, você deve ter deduzido que a compreensão da estrutura atômica é um dos problemas básicos da física. Portanto procuremos obter preliminarmente ideias sobre o átomo e imaginar um modelo satisfatório dele. Sabemos que os átomos são, em geral, eletricamente neutros, porque a matéria em conjunto não apresenta forças elétricas. Portanto os átomos devem conter quantidade igual de eletricidade positiva e negativa, ou, em outras palavras, igual número de prótons e elétrons. O número de prótons e elétrons é chamado de *número atômico* e é designado por Z. Assim, o átomo consiste numa carga positiva $+Ze$, devida aos prótons, e uma carga negativa igual, devida aos elétrons.

Podemos imaginar dois modelos possíveis para um átomo. Em um, podemos supor que os prótons, sendo mais pesados do que os elétrons, encontram-se agrupados no centro de massa do átomo, formando uma espécie de *núcleo*, e que os elétrons estão girando em volta dele, como em nosso sistema planetário. No outro modelo, os prótons podem estar espalhados por todo o volume do átomo, com os elétrons movendo-se entre eles, formando uma espécie de mistura gasosa de cargas positivas e negativas, chamada *plasma*. O primeiro modelo nos é mais atraente em razão de nossa familiaridade com o sistema solar. Entretanto, entre as dificuldades relacionadas a esse modelo, temos a de explicar como os prótons são mantidos juntos no núcleo, apesar de sua forte repulsão elétrica. Tal fato demonstra a existência de outras interações além da elétrica.

Para elucidar a distribuição de elétrons e prótons em um átomo, precisamos investigar experimentalmente o interior do átomo, enviando um fluxo de partículas rápidas carregadas, tal como íons de hidrogênio (isto é, prótons) ou íons de hélio (denominados *partículas alfa*), contra o átomo, e observar as interações produzidas. O experimento é o de *espalhamento*, cuja estrutura matemática básica já foi apresentada no Cap. 7. A simetria sugere que podemos considerar os átomos como sendo esféricos, com um raio da ordem de 10^{-10} m, como foi mostrado anteriormente. Como as interações elétricas seguem uma lei de $1/r^2$, os resultados provados na Seç. 13.7, para o campo gravitacional, são válidos também para o campo elétrico. É necessário apenas substituir $\gamma mm'$ por $qq'/4\pi\varepsilon_0$ ou γm por $q/4\pi\varepsilon_0$. Portanto uma esfera carregada, de raio a, com uma carga Q distribuída uniformemente em todo seu volume, produz um campo elétrico nos pontos externos ($r > a$) dado por

$$\mathfrak{E} = \frac{Q}{4\pi\varepsilon_0 r^2}, \qquad r > a, \tag{14.19}$$

e um campo elétrico em todos seus pontos interiores ($r < a$) dado por

$$\mathfrak{E} = \frac{Qr}{4\pi\varepsilon_0 a^3}, \qquad r < a. \tag{14.20}$$

Esse campo está representado na Fig. 14.20.

No modelo do plasma, o raio a é o mesmo do raio atômico e a carga efetiva Q é muito pequena porque as cargas positivas do próton e as cargas negativas do elétron estão misturadas uniformemente. O desvio sofrido por partículas de carga q, ao se aproximarem do átomo, mas sem atravessá-lo, é calculado usando-se a Eq. (7.42), com $k = Qq/4\pi\varepsilon_0$, resultando em

$$\cot g \tfrac{1}{2}\phi = \frac{4\pi\varepsilon_0 m v_0^2}{Qq} b. \tag{14.21}$$

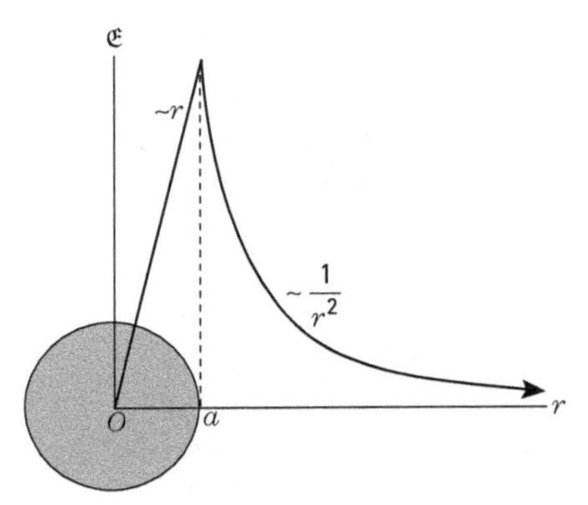

Figura 14.20 Campo elétrico de uma esfera carregada de raio a.

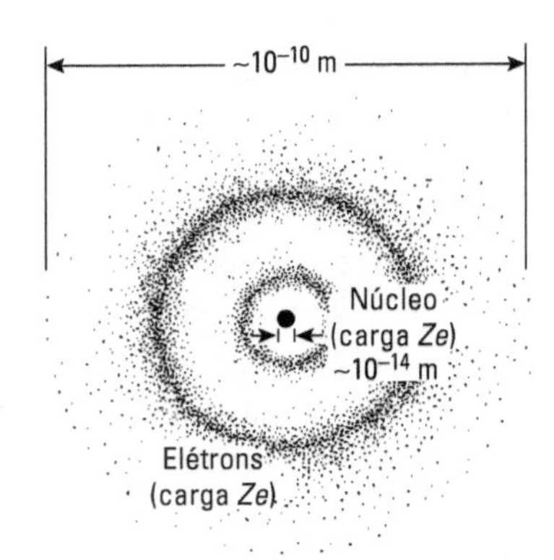

Figura 14.21 Distribuição dos elétrons em um átomo.

Nesse caso, o parâmetro de impacto b deve ser maior do que o raio atômico $a \sim 10^{-10}$ m. Admitindo partículas com uma energia da ordem de $1{,}6 \times 10^{-13}$ J, ou um MeV (que está no intervalo de energias disponíveis no laboratório para essa espécie de experimento), e Q e q da ordem de e, encontramos que arc $\cot g \frac{1}{2}\phi$ é menor do que 30″. Praticamente falando, não há deflexão. Para valores menores de b, se a partícula incidente tem energia suficiente para penetrar no interior do átomo, ela encontra imediatamente um campo decrescente, e a Eq. (14.21) não é mais aplicável. Mas a deflexão, em vez de ser maior, é novamente muito pequena, em decorrência do campo menor. Em outras palavras, o modelo do plasma não pode corresponder a deflexões muito grandes de partículas incidentes. Entretanto encontra-se experimentalmente que muitas partículas são desviadas em grandes ângulos, em alguns casos até de 180°. Portanto devemos excluir o modelo de plasma a partir desse experimento simples, mas conclusivo.

Consideremos agora o modelo nuclear, no qual todos os prótons estão aglomerados em uma região muito pequena no centro do átomo (Fig. 14.21). A Eq. (14.21) é válida para valores de b muito menores do que o raio atômico, sendo possíveis grandes deflexões. Observamos que os elétrons, movendo-se rapidamente, "blindam" a carga nuclear positiva de qualquer outra partícula carregada que estiver fora do raio do átomo, reduzindo assim sua carga nuclear efetiva. O resultado final é que, para valores de b maiores do que 10^{-10} m do centro, o átomo nuclear e o átomo de plasma são essencialmente os mesmos. Entretanto, para valores menores de b, grandes deflexões podem ocorrer no modelo nuclear, tornando-o completamente diferente do modelo do plasma. Por exemplo, para $b \sim 10^{-14}$ m e $Q \sim 10e$, usando o mesmo valor da energia de antes, obtemos $\cot g \frac{1}{2}\phi \sim 1$ ou $\phi \sim 90°$.

No modelo nuclear, $Q = Ze$, e, colocando $q = \nu e$ para a partícula incidente ($\nu = 1$ para prótons, $\nu = 2$ para as partículas α), temos, da Eq. (14.21),

$$b = \frac{\nu Z e^2}{4\pi\varepsilon_0 m v_0^2} \cot g \tfrac{1}{2}\phi.$$

No arranjo experimental, várias partículas são dirigidas contra uma lâmina muito fina e as deflexões são observadas. Como b não pode ser controlado por ser impossível apontar diretamente para um átomo particular, precisamos fazer uma análise estatística para interpretar os resultados experimentais.

Suponhamos que temos uma lâmina metálica fina, de espessura t, tendo n átomos do material espalhados por unidade de volume. Se N partículas por unidade de área da lâmina colidem sobre ela, algumas passarão próximo de um átomo da folha (pequeno parâmetro de impacto), sofrendo, desse modo, uma grande deflexão. Outras passarão a uma distância relativamente grande dos átomos da lâmina (parâmetro de impacto grande), sofrendo uma deflexão pequena. O resultado de uma análise estatística (veja o Ex. 14.4) mostra que o número de partículas dN desviadas num ângulo sólido $d\Omega$ (correspondendo aos ângulos de espalhamento entre ϕ e $\phi + d\phi$ relativos à direção de incidência) é dado por

$$\frac{dN}{d\Omega} = -\frac{Nnv^2Z^2e^4}{2(4\pi\varepsilon_0)^2\, m^2v_0^4}\operatorname{cossec}^4 \tfrac{1}{2}\phi \tag{14.22}$$

O sinal negativo é devido a dN, que representa as partículas retiradas do feixe incidente como consequência do espalhamento, e essa retirada corresponde a um decréscimo em N.

O resultado previsto pela Eq. (14.22) é que as partículas espalhadas por unidade de ângulo sólido precisam ser distribuídas estatisticamente, de acordo com uma lei $\operatorname{cossec}^4 \frac{1}{2}\phi$. Portanto, verificar essa previsão para todos os ângulos é provar indiretamente que todas as cargas positivas estão concentradas próximas ao centro do átomo. Essa prova foi obtida por meio de experiências realizadas pela primeira vez durante o período 1911-1913 por H. Geiger e E. Marsden, sob a direção do físico britânico Ernest Rutherford (1871-1937). Essas experiências constituíram o fundamento para o modelo nuclear do átomo que, desde então, tem sido aceito como correto.

Para cada valor do parâmetro de impacto b, existe uma distância mínima de aproximação na qual a partícula incidente está mais próxima do centro. A distância mínima ocorre para $b = 0$. Usando-se os métodos dinâmicos (veja o Ex. 14.5), os cálculos para essa distância e para diferentes condições experimentais indicam que, para energias da ordem de 10^{-13} J (ou um MeV), a distância é da ordem de 10^{-14} m. Essa distância estabelece um limite superior para o raio do núcleo atômico. Portanto concluímos que os prótons estão concentrados em uma região cujas dimensões são da ordem de 10^{-14} m. Considerando-se que o raio atômico é da ordem de 10^{-10} m, compreendemos que a maior parte do volume atômico é ocupado pelos elétrons em movimento, e é, de fato, vazio.

Para valores muito pequenos do parâmetro de impacto e altas energias, quando a partícula incidente chega muito próximo do núcleo, observamos que a lei $\operatorname{cossec}^4\frac{1}{2}\phi$ não é seguida. Isso indica a presença de outras interações, as *forças nucleares*. Pela análise das discrepâncias do espalhamento coulombiano puro, dado pela Eq. (14.22), obtemos informações valiosas sobre as forças nucleares.

Os mais simples e os mais leves de todos os átomos são os átomos de hidrogênio. Sua massa é igual à do próton mais um elétron. Portanto concluímos que o átomo de hidrogênio é composto por um elétron girando ao redor de um único próton. Assim $Z = 1$, e o núcleo do átomo de hidrogênio é precisamente um próton (isso pode ser tomado também como definição de um próton). Como o elétron está sujeito a uma força atrativa do tipo $1/r^2$, podemos supor, pela mesma razão dada no Cap. 13 para o movimento planetário, que as órbitas serão elipses, com o próton num dos focos. Entretanto, como as órbitas dos elétrons possuem algumas características especiais que as fazem diferentes das órbitas planetárias, é necessário que tenhamos técnicas especiais antes de discuti-las. Tais técnicas correspondem à mecânica quântica. Entretanto podemos enunciar adiantadamente dois dos resultados mais importantes da mecânica quântica:

(1) *a energia do movimento dos elétrons é quantizada.* Isso significa que a energia dos elétrons pode ter apenas certos valores $E_1, E_2, E_3, ..., E_n, ...$ Os estados correspondentes a essas energias são chamados de *estados estacionários.* O estado que tem a menor energia possível é o *estado fundamental.* Uma das incumbências da mecânica quântica é determinar as energias dos estados estacionários. Como a energia (no sentido clássico) determina a "dimensão" da órbita, apenas certas regiões do espaço são acessíveis ao movimento dos elétrons. Isso é indicado esquematicamente pela região sombreada na Fig. 14.21;

(2) *a quantidade de movimento angular do movimento dos elétrons é quantizada tanto em módulo como em direção.* Isso significa que o módulo da quantidade de movimento angular de um elétron pode ter apenas certos valores discretos e que, como a quantidade de movimento angular é um vetor, ele pode apontar apenas ao longo de certas direções. Essa última propriedade é, algumas vezes, mencionada como uma *quantização espacial.* Usando novamente a terminologia clássica, podemos interpretar essa segunda propriedade como uma implicação de que as órbitas dos elétrons podem ter apenas certas "formas".

A massa dos átomos mais pesados que os átomos de hidrogênio é maior que a dos Z prótons neles contidos. Essa diferença pode ser atribuída à presença de *neutrons* no núcleo. O número total de partículas em um núcleo é chamado de *número de massa*, e é designado por A. Portanto, um átomo tem Z elétrons, Z prótons e $A - Z$ nêutrons. Os nêutrons são aparentemente necessários para estabilizar os núcleos. Se os prótons fossem sujeitos apenas às suas próprias interações elétricas, eles se repeliriam, uma vez que todos eles estão carregados positivamente. O fato de eles permanecerem juntos no núcleo indica que, ao lado de suas interações elétricas, existem outras muito fortes, correspondendo às chamadas *forças nucleares*, que contrabalançam a repulsão elétrica. Os nêutrons contribuem para as forças nucleares sem acrescentar repulsões elétricas, produzindo um efeito estabilizador. Podemos dizer que o nosso conhecimento das forças nucleares não é tão completo como o nosso conhecimento das forças elétricas.

O comportamento químico de um átomo, uma vez que é um efeito elétrico, é determinado pelo número atômico Z. Assim, cada elemento químico é composto por átomos possuindo o mesmo número atômico Z. Entretanto, para um dado Z, pode haver vários valores do número de massa A. Em outras palavras, para um dado número de prótons no núcleo podem corresponder diferentes números de nêutrons. Os átomos que têm o mesmo número atômico, mas número diferente de massa são denominados *isótopos.* Todos eles correspondem ao mesmo elemento químico. Os isótopos diferentes de um elemento químico são designados pelo símbolo do elemento químico (que também identifica o número atômico) junto com um índice à esquerda que indica o número de massa. Por exemplo, o hidrogênio ($Z = 1$) tem três isótopos: ^1H, ^2H ou deutério, e ^3H ou trítio. Analogamente, dois dos mais importantes isótopos do carbono ($Z = 6$) são ^{12}C e ^{14}C. O isótopo ^{12}C é aquele usado para definir a unidade de massa atômica.

■ **Exemplo 14.4** Deduzir a Eq. (14.22) para o espalhamento de Coulomb.

Solução: Admitamos n como sendo o número de átomos espalhadores por unidade de volume e, então, nt será o número de átomos espalhadores em uma lâmina fina de espessura t e área unitária. O número de átomos em um anel de raio b e largura db (e, portanto, de área $2\pi b\, db$) será $(nt)(2\pi b\, db)$, como está exposto na Fig. 14.22. Se N partículas incidem sobre a área unitária da lâmina, o número de átomos cujo parâmetro de impacto está entre b e $b + db$ é $dN = N(nt)(2\pi b\, db)$. Diferenciando a expressão para o parâmetro de impacto b dado acima, temos $db = -\frac{1}{2}\left(vZe^2/4\pi\varepsilon_0 mv_0^2\right)\text{cossec}^2\,\frac{1}{2}\phi\, d\phi$. Portanto

$$dN = -\frac{\pi Nnv^2 Z^2 e^4 t}{(4\pi\varepsilon_0)^2\, m^2 v_0^4}\, 4\,\text{cotg}\,\tfrac{1}{2}\phi\ \text{cossec}^2\,\tfrac{1}{2}\phi\ d\phi. \qquad (14.23)$$

Para átomos leves, precisamos substituir a massa m da partícula pela massa reduzida do sistema da partícula mais a do átomo.

Se desenharmos dois cones de ângulo ϕ e $\phi + d\phi$ ao redor do átomo, todas as partículas dadas pela Eq. (14.23) serão espalhadas dentro do ângulo sólido entre as duas superfícies cônicas. Medimos o ângulo sólido dividindo a área sombreada pelo quadrado de seus raios. A área sombreada é $(2\pi r \text{ sen } \phi)(r\, d\phi) = 2\pi r^2 \text{ sen } \phi\, d\phi$. Portanto, em vista da definição (2.7), o ângulo sólido é $d\Omega = 2\pi \text{ sen } \phi\, d\phi = 4\pi \text{ sen } \frac{1}{2}\phi \cos\frac{1}{2}\phi\, d\phi$, onde usamos a relação $\text{sen}\,\phi = 2\,\text{sen}\,\frac{1}{2}\phi\cos\frac{1}{2}\phi$. A distribuição angular é dada pelo número de partículas espalhadas por unidade do ângulo sólido. Então

$$\frac{dN}{d\Omega} = \frac{Nnv^2 Z^2 e^4 t}{2(4\pi\varepsilon_0)^2\, m^2 v_0^4}\,\text{cossec}^4\,\tfrac{1}{2}\phi,$$

que é a Eq. (14.22).

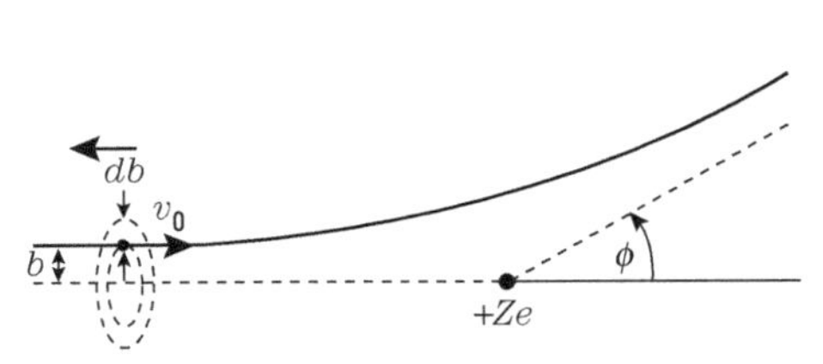

Figura 14.22 Deflexão de um íon positivo devido à repulsão coulombiana do núcleo.

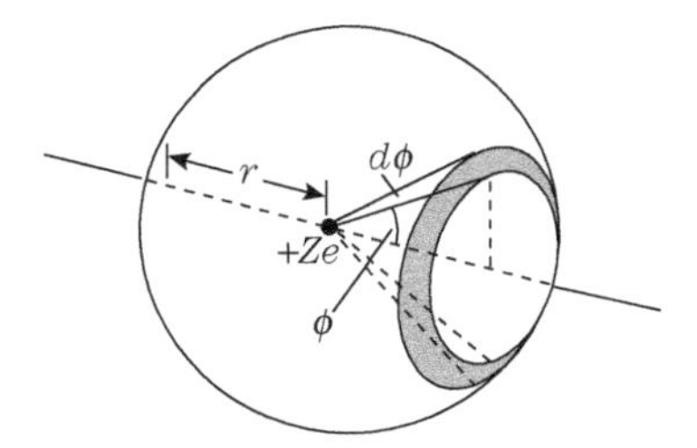

Figura 14.23

Algumas vezes, usando-se o conceito da *seção de choque*, os resultados dos experimentos de espalhamento são mais bem expressos. A seção de choque diferencial para um processo é definida por

$$\sigma(\phi) = \frac{1}{Ntn}\left|\frac{dN}{d\Omega}\right|. \qquad (14.24)$$

As barras verticais indicam que usamos o valor absoluto de $dN/d\Omega$. A quantidade $\sigma(\phi)$ representa a probabilidade de uma partícula incidente ser espalhada em um ângulo entre ϕ e $\phi + d\phi$. Ela é expressa em unidades de área (m^2), uma vez que n é a densidade (m^{-3}) e t é a distância (m) (note que as unidades de N cancelam-se). Portanto, substituindo a Eq. (14.22) pela Eq. (14.24), obtemos a *seção de choque diferencial* para o espalhamento de Coulomb.

$$\sigma(\phi) = \frac{\nu^2 Z^2 e^4}{2(4\pi\varepsilon_0)^2 m^2 v_0^4} \operatorname{cossec}^4 \tfrac{1}{2}\phi. \tag{14.25}$$

■ **Exemplo 14.5** Calcular a distância de maior aproximação de uma partícula de carga νe lançada com velocidade v_0 contra um átomo cujo número atômico é Z.

Solução: A Fig. 14.24 mostra a geometria do problema. De acordo com nossa discussão da Seç. 13.5, a partícula descreve um arco de uma hipérbole tendo o núcleo $+Ze$ no foco mais distante F'. A distância de maior aproximação é $R = F'A$. Seja $b = F'D$ o parâmetro de impacto. Provaremos primeiro que b é igual ao eixo vertical OB da hipérbole. O ângulo $\phi = POQ$ entre as duas assíntotas é o ângulo no qual a partícula foi desviada pela repulsão de Coulomb dos núcleos. A distância $OA = OA' = a$ é o eixo horizontal; e, das propriedades da hipérbole, temos que $OF' = OC$. Portanto os triângulos $OF'D$ e OCA' são iguais, de modo que $b = F'D = CA' = OB$. Da geometria da figura, vemos que $OF' = b$ cossec α e $OA = a = b$ cotg α. Portanto $R = F'A = b$ (cossec α + cotg α). Porém $2\alpha + \phi = \pi$, de modo que $\alpha = \frac{1}{2}\pi - \frac{1}{2}\phi$. Portanto

$$R = b\left(\sec \tfrac{1}{2}\phi + \operatorname{tg} \tfrac{1}{2}\phi\right)$$
$$= \frac{b\left(1 + \operatorname{cossec} \tfrac{1}{2}\phi\right)}{\operatorname{cotg} \tfrac{1}{2}\phi}.$$

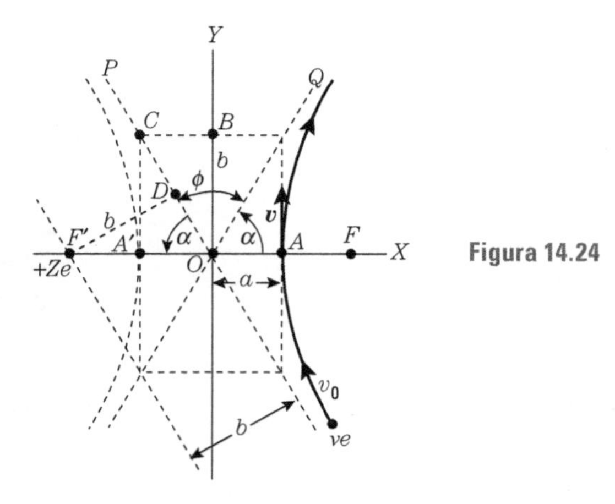

Figura 14.24

Usando o resultado (14.21), com $Q = Ze$ e $q = \nu e$, obtemos

$$R = \frac{\nu Z e^2}{4\pi\varepsilon_0 \left(m v_0^2\right)}\left(1 + \operatorname{cossec} \tfrac{1}{2}\phi\right),$$

que dá a distância de maior aproximação em termos da energia inicial da partícula, $\frac{1}{2}mv_0^2$, e o ângulo de espalhamento ϕ. Para uma colisão frontal, a partícula volta, de modo que ela é espalhada em um ângulo igual a π. Portanto $\operatorname{cossec}\frac{1}{2}\phi = 1$, e

$$R = \frac{vZe^2}{4\pi\varepsilon_0\left(\frac{1}{2}mv_0^2\right)}.$$

Por exemplo, substituindo valores numéricos com $v = 1$, $Z = 6$ (correspondendo ao carbono) e $E = \frac{1}{2}mv_0^2 = 1{,}6\times 10^{-13}$ J ou 1 MeV, como uma ilustração, obtemos $R \sim 10^{-14}$ m. Essa é justamente a ordem de grandeza citada anteriormente para dimensões nucleares.

14.8 Potencial elétrico

Uma partícula carregada, colocada em um campo elétrico, tem energia potencial devida à sua interação com o campo. O *potencial elétrico* em um ponto é definido como energia potencial por unidade de carga colocada no ponto. Designando o potencial elétrico por V e a energia potencial de uma carga q por E_p, temos

$$V = \frac{E_p}{q} \quad \text{ou} \quad E_p = qV. \tag{14.26}$$

O potencial elétrico é medido em joules/coulomb ou J · C^{-1}, uma unidade chamada *volt*, abreviada V, em homenagem ao cientista italiano Alessandro Volta (1745-1827). Em relação às unidades fundamentais, V = m^2 · kg · s^{-2} · C^{-1}.

Notamos que as definições do campo elétrico e do potencial elétrico são semelhantes àquelas do campo gravitacional e potencial gravitacional. Elas estão relacionadas da mesma forma que na Eq. (13.21). Isto é, as componentes retangulares do campo elétrico $\mathfrak{E}$ são dadas por

$$\mathfrak{E}_x = -\frac{\partial V}{\partial x}, \quad \mathfrak{E}_y = -\frac{\partial V}{\partial y}, \quad \mathfrak{E}_z = -\frac{\partial V}{\partial z}. \tag{14.27}$$

Ou, de forma geral, a componente na direção correspondente a um deslocamento ds é

$$\mathfrak{E}_S = -\frac{\partial V}{\partial s}. \tag{14.28}$$

Esta pode ser escrita na forma compacta

$$\mathfrak{E} = -\text{grad } V, \tag{14.29}$$

como foi mostrado antes nos Caps. 8 e 13. A Eq. (14.27) ou a (14.28) são utilizadas para encontrar o potencial elétrico V quando o campo $\mathfrak{E}$ é conhecido, e reciprocamente.

Consideremos o caso simples de um campo elétrico uniforme (Fig. 14.25). A primeira das Eqs. (14.27) dá, para o eixo X paralelo ao campo, $\mathfrak{E} = -dV/dx$. Como $\mathfrak{E}$ é constante, e admitimos $V = 0$ em $x = 0$, por integração, temos

$$\int_0^V dV = -\int_0^x \mathfrak{E}\,dx = -\mathfrak{E}\int_0^x dx \quad \text{ou} \quad V = -\mathfrak{E}x. \tag{14.30}$$

Essa é uma relação muito útil que foi representada graficamente na Fig. 14.26. Podemos observar que, em razão do sinal negativo na Eq. (14.29), ou na Eq. (14.30), o campo elétrico aponta na direção em que o potencial elétrico decresce. Quando consideramos dois pontos x_1 e x_2, a Eq. (14.30) dá $V_1 = -\mathfrak{E}x_1$ e $V_2 = -\mathfrak{E}x_2$. Subtraindo, temos $V_2 - V_1 = -\mathfrak{E}(x_2 - x_1)$; ou, chamando $d = x_2 - x_1$, obtemos

$$\mathfrak{E} = -\frac{V_2 - V_1}{d} = \frac{V_1 - V_2}{d}. \tag{14.31}$$

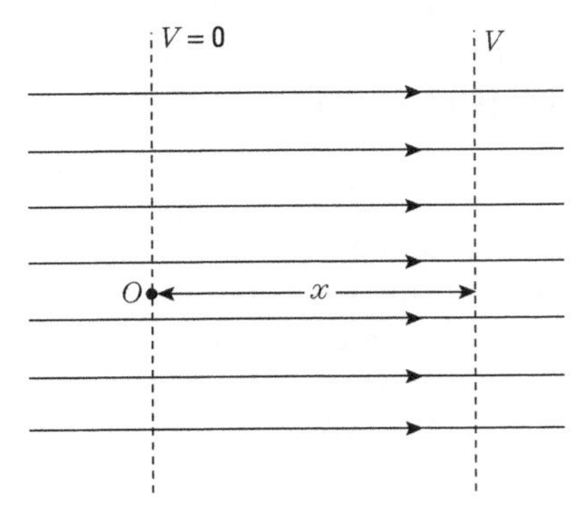

Figura 14.25 Campo elétrico uniforme.

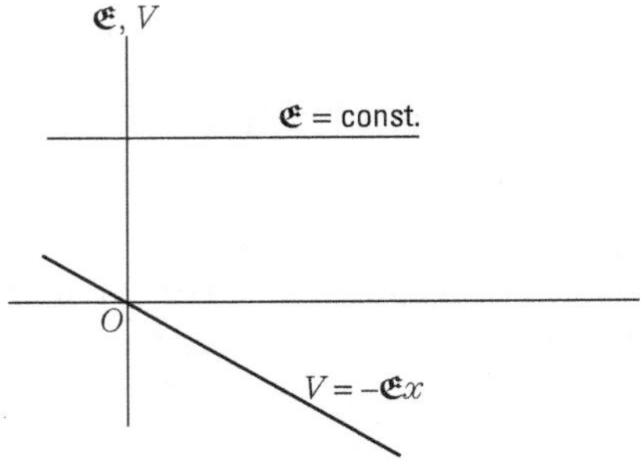

Figura 14.26 Variações de $\mathfrak{E}$ e V para um campo elétrico uniforme.

Apesar de essa relação ser válida apenas para os campos elétricos uniformes, ela pode ser usada para avaliar o campo elétrico entre dois pontos separados por uma distância d, se for conhecida a diferença de potencial $V_1 - V_2$ entre eles. Se a diferença de potencial $V_1 - V_2$ for positiva, o campo apontará na direção de x_1 para x_2, e, se for negativa, apontará na direção oposta. A Eq. (14.31) [ou, de fato, também a Eq. (14.27) ou a Eq. (14.28)] indica que o campo elétrico pode ser também expresso em volts/metro, que é uma unidade equivalente a newtons/coulomb, dada anteriormente. Isso pode ser expresso da seguinte maneira:

$$\frac{\text{volt}}{\text{metro}} = \frac{\text{joule}}{\text{metro - coulomb}} = \frac{\text{metro - newton}}{\text{metro - coulomb}} = \frac{\text{newton}}{\text{coulomb}}.$$

Usualmente, o termo volt/metro, abreviado $V \cdot m^{-1}$, é mais empregado do que $N \cdot C^{-1}$.

Para obter o potencial elétrico de uma carga pontual, usamos a Eq. (14.28), com s substituído pela distância $\boldsymbol{r}$, já que o campo elétrico que ela produz está ao longo do raio; isto é, $\mathfrak{E} = -\partial V/\partial r$. Recordando a Eq. (14.8), podemos escrever

$$\frac{1}{4\pi\varepsilon_0}\frac{q}{r^2} = -\frac{\partial V}{\partial r}.$$

Integrando, e admitindo $V = 0$ para $r = \infty$, como no caso gravitacional, obtemos

$$V = \frac{q}{4\pi\varepsilon_0 r}. \tag{14.32}$$

Essa expressão também poderia ter sido obtida substituindo $-\gamma m$, na Eq. (13.18), por $q/4\pi\varepsilon_0$. Dependendo do sinal da carga q que produz o potencial elétrico V, ele é positivo ou negativo.

Se tivermos diversas cargas q_1, q_2, q_3,..., o potencial elétrico em um ponto $\boldsymbol{P}$ (Fig. 14.7) será a soma escalar de seus potenciais individuais, isto é,

$$V = \frac{q_1}{4\pi\varepsilon_0 r_1} + \frac{q_2}{4\pi\varepsilon_0 r_2} + \frac{q_3}{4\pi\varepsilon_0 r_3} + \ldots = \frac{1}{4\pi\varepsilon_0}\Sigma_i \frac{q_i}{r_i}. \tag{14.33}$$

Portanto é geralmente mais fácil calcular o potencial resultante de uma distribuição de cargas e, a partir dele, calcular o campo resultante, do que fazê-lo na ordem inversa. Para calcular o potencial elétrico de uma distribuição contínua de carga, dividimos a carga em pequenos elementos de carga dq e substituímos a soma na Eq. (14.33) por uma integral (lembre-se da Fig. 14.13), resultando em

$$V = \frac{1}{4\pi\varepsilon_0}\int \frac{dq}{r}, \tag{14.34}$$

onde a integral deve se estender sobre todo o espaço ocupado pelas cargas.

As superfícies que têm o mesmo potencial elétrico em todos os pontos – isto é, V = const. – são chamadas *superfícies equipotenciais*. Em cada ponto de uma superfície equipotencial, a direção do campo elétrico é perpendicular a esta, ou seja, as linhas de força são ortogonais às superfícies equipotencial. (A razão disso foi dada na Seç. 13.6) Para um campo uniforme temos, da Eq. (14.30), que V = const. Implica x = const., e, portanto, que as superfícies equipotenciais são planas, como foi indicado pelas linhas pontilhadas na Fig. 14.25. A Eq. (14.32) indica, para uma carga pontual, que as superfícies equipotenciais são as esferas de r = const., indicadas pelas linhas pontilhadas na Fig. 14.10(a) e (b). De acordo com a Eq. (14.33), as superfícies equipotenciais para diversas cargas são dadas por $\Sigma_i\,(q_i/r_i)$ = const. As superfícies para duas foram indicadas pelas linhas pontilhadas nas Figs. 14.11 e 14.12.

■ **Exemplo 14.6** Calcular a energia potencial elétrica da carga q_3 no Ex. 14.1

Solução: Voltemos a Fig. 14.6 e usemos a Eq. (14.32). Os potenciais elétricos produzidos em C pelas cargas q_1 e q_2 em A e B são, respectivamente,

$$V_1 = \frac{q_1}{4\pi\varepsilon_0 r_1} = 11{,}25\times10^6\,\text{V}, \qquad V_2 = \frac{q_2}{4\pi\varepsilon_0 r_2} = -9\times10^6\,\text{V}.$$

Assim, o potencial elétrico total em C é

$$V = V_1 + V_2 = 2{,}25 \times 10^6\ \text{V}.$$

Então a energia potencial da carga q_3 é

$$E_p = q_3 V = (0{,}2\times10^{-3}\ \text{C})\ (2{,}25\times10^6\ \text{V}) = 4{,}5\times10^2\ \text{J}.$$

Comparando este exemplo com o Ex. 14.2, observamos a diferença entre o tratamento do campo elétrico e do potencial elétrico.

■ **Exemplo 14.7** Calcular o campo elétrico e o potencial elétrico produzidos por um filamento, reto e muito comprido, com uma carga λ por unidade de comprimento.

Solução: Dividamos o filamento em pequenas porções, cada uma de comprimento ds (Fig. 14.27), com uma carga $dq = \lambda\, ds$. O valor do campo elétrico que o elemento ds produz em P é

$$d\mathfrak{E} = \frac{\lambda \, ds}{4\pi\varepsilon_0 r^2},$$

e é dirigido no sentido da reta AP. Mas, em razão da simetria do problema, para cada elemento ds a uma distância s acima de O, há outro elemento de uma mesma distância abaixo de O. Portanto, quando somamos os campos elétricos produzidos por todos os elementos, as suas componentes paralelas ao filamento dão um valor total nulo. Portanto o campo elétrico resultante está na direção de OP, e temos de considerar apenas as componentes paralelas a OP dadas por $d\mathfrak{E}$ cos α. Assim,

$$\mathfrak{E} = \int d\mathfrak{E} \cos\alpha = \frac{\lambda}{4\pi\varepsilon_0}\int \frac{ds}{r^2}\cos\alpha.$$

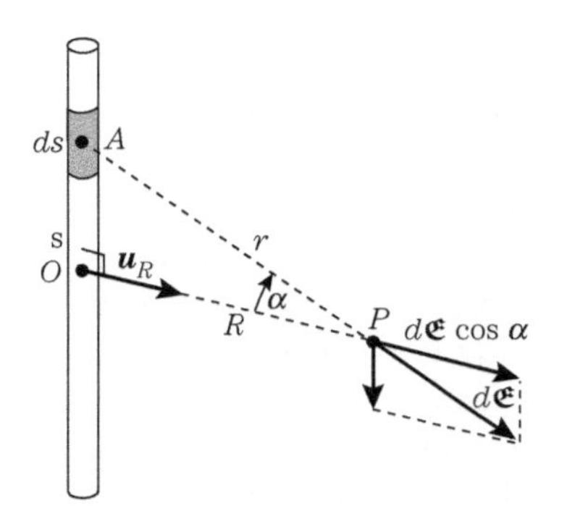

Figura 14.27 Campo elétrico de um filamento carregado.

Pela figura, notamos que $r = R \sec \alpha$ e $s = R \operatorname{tg} \alpha$, de maneira que $ds = R \sec^2 \alpha \, d\alpha$. Efetuando essas substituições, integrando de $\alpha = 0$ até $\alpha = \pi/2$, e multiplicando por dois (porque as duas metades do filamento dão a mesma contribuição), obtemos

$$\mathfrak{E} = \frac{2\lambda}{4\pi\varepsilon_0 R}\int_0^{\pi/2} \cos\alpha \, d\alpha = \frac{\lambda}{2\pi\varepsilon_0 R}.$$

Assim, o campo elétrico do filamento varia com R^{-1}. Na forma vetorial,

$$\boldsymbol{\mathfrak{E}} = \frac{\lambda}{2\pi\varepsilon_0 R}\boldsymbol{u}_R.$$

Para determinar o potencial elétrico, usamos a relação $\mathfrak{E} = -\partial V/\partial R$ que nos dá

$$\frac{dV}{dR} = -\frac{\lambda}{2\pi\varepsilon_0 R}.$$

Da integração, temos

$$V = -\frac{\lambda}{2\pi\varepsilon_0}\ln R + C.$$

Nesse caso, costuma-se fixar o zero do potencial no campo onde $R = 1$, dado $C = 0$. Portanto determinamos que o potencial elétrico é

$$V = -\frac{\lambda}{2\pi\varepsilon_0}\ln R.$$

Sugerimos que você resolva este problema na ordem inversa, determinando primeiro o potencial e depois o campo.

14.9 Relações de energia em um campo elétrico

A energia total de uma partícula carregada, ou íon, de massa m e carga q movendo-se em um campo elétrico é

$$E = E_k + E_p = \tfrac{1}{2}mv^2 + qV. \tag{14.35}$$

Quando o íon se move da posição P_1 (onde o potencial elétrico é V_1) para a posição P_2 (onde o potencial é V_2), combinando a Eq. (14.35) com o princípio da conservação de energia, temos

$$\tfrac{1}{2}mv_1^2 + qV_1 = \tfrac{1}{2}mv_2^2 + qV_2. \tag{14.36}$$

Ou, lembrando, da Eq. (8.11), que $W = \tfrac{1}{2}mv_2^2 - \tfrac{1}{2}mv_1^2$ é o trabalho realizado sobre a partícula carregada quando ela se move de P_1 para P_2, temos

$$W = \tfrac{1}{2}mv_2^2 - \tfrac{1}{2}mv_1^2 = q(V_1 - V_2). \tag{14.37}$$

A Eq. (14.37) permite-nos definir precisamente o volt como sendo igual à diferença de potencial elétrico através do qual unia carga de um coulomb tem de se mover para adquirir uma quantidade de energia igual a um joule.

A Eq. (14.37) mostra que uma partícula carregada positivamente ($q > 0$) ganha energia cinética quando se move de um potencial maior para um menor ($V_1 > V_2$), enquanto uma partícula carregada negativamente ($q < 0$) tem de mover-se de um potencial mais baixo para um mais alto ($V_1 < V_2$) para ganhar energia.

Se escolhermos o zero do potencial elétrico em $P_2(V_2 = 0)$ e arranjarmos o experimento de tal forma que em P_1 os íons tenham velocidade zero ($v_1 = 0$), (tirando-se os índices), da Eq. (14.36), teremos

$$\tfrac{1}{2}mv^2 = qV, \tag{14.38}$$

uma expressão que dá a energia cinética adquirida por uma partícula carregada quando ela se move através de uma diferença de potencial elétrico V. Esse é, por exemplo, o princípio aplicado nos *aceleradores eletrostáticos.*

Um acelerador típico (Fig. 14.28) consiste num tubo evacuado com uma diferença de potencial elétrico V aplicada entre seus extremos. Numa das extremidades, há uma fonte de íons S injetando partículas carregadas dentro do tubo. As partículas atingem a outra extremidade com uma energia dada pela Eq. (14.38). Esses íons rápidos colidem num alvo T, escolhido de acordo com a natureza da experiência a ser realizada. O resultado dessa colisão é algum tipo de reação nuclear. A energia dos íons incidentes é transferida ao alvo que, portanto, precisa ser constantemente refrigerado, a fim de não se derreter ou vaporizar.

Há diversos tipos de aceleradores eletrostáticos (Cockroft-Walton, Van de Graaff etc.). Cada um utiliza um método diferente para produzir a diferença de potencial V. Os aceleradores eletrostáticos são sempre limitados em energia pela diferença de voltagem máxima que pode ser aplicada sem produzir uma descarga elétrica nos materiais usados. Essa diferença de potencial não pode exceder alguns milhões de volts.

Considerando-se que as partículas fundamentais e núcleons têm uma carga que é igual ou múltipla da carga fundamental e, a Eq. (14.37) sugere a definição de uma nova unidade de energia, denominada *elétron-volt*, abreviada eV, que foi introduzida anteriormente na Seç. 8.5. Um elétron-volt é igual à energia adquirida por uma partícula de carga e ao se mover através de uma diferença de potencial de um volt. Desse modo, usando o valor de e, da Eq. (14.13), temos

$$\text{eV} = (1{,}6021 \times 10^{-19}\ \text{C})\ (1\text{V}) = 1{,}6021 \times 10^{-19}\ \text{J},$$

que é a equivalência dada na Seç. 8.5. Uma partícula de carga νe que se move através de uma diferença de potencial ΔV ganha uma energia de $\nu\ \Delta V$eV. Os múltiplos adequados do elétron-volt são o *kiloelétron-volt* (keV) e o *megaelétron-volt* (MeV).

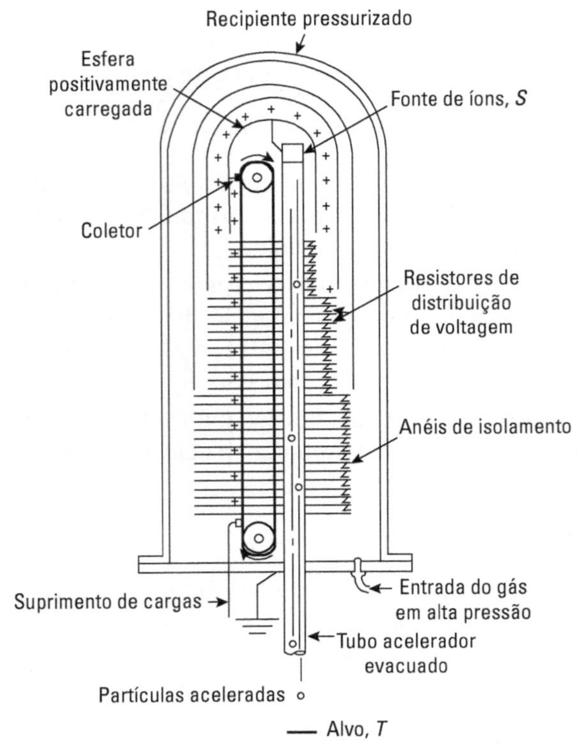

Figura 14.28 Corte simplificado de um acelerador eletrostático Van de Graaff. Um motor de alta rotação movimenta uma correia, feita de material isolante, sobre duas polias. A carga elétrica de uma fonte de tensão é coletada pela correia na extremidade mais baixa e transportada para cima. Um coletor retira a carga para a esfera de metal no topo, elevando seu potencial elétrico. Os íons positivos são produzidos nessa extremidade de alta voltagem e são acelerados para baixo pela diferença de potencial entre a esfera carregada e o potencial da terra na outra extremidade.

Convém expressar a massa de repouso das partículas fundamentais nessas unidades. Os resultados são

$$E_e = m_e c^2 = 8{,}1867 \times 10^{-14}\ \text{J} = 0{,}5110\ \text{MeV},$$

$$E_p = m_p c^2 = 1{,}5032 \times 10^{-10}\ \text{J} = 938{,}26\ \text{MeV},$$

$$E_n = m_a c^2 = 1{,}5053 \times 10^{-10}\ \text{J} = 939{,}55\ \text{MeV}.$$

■ **Exemplo 14.8** Admitindo que o movimento de um elétron em um átomo pode ser descrito pelas leis da mecânica newtoniana, discutir as órbitas possíveis de um só elétron ao redor de um núcleo, tendo uma carga nuclear Ze. O caso $Z = 1$ corresponde ao átomo de hidrogênio, $Z = 2$ a um átomo de hélio simplesmente ionizado, He^+ (isto é, um átomo de hélio que perdeu um elétron), $Z = 3$ a um átomo de lítio duplamente ionizado, Li^{++} (isto é, um átomo de lítio que perdeu dois elétrons), e assim por diante.

Solução: A interação elétrica com o inverso do quadrado da distância envolvida no movimento de um elétron ao redor de um núcleo é dinamicamente idêntica à interação gravitacional envolvida no movimento de um planeta ao redor do Sol, e, portanto, se substituirmos nas expressões correspondentes $\gamma mm'$ por $Ze^2/4\pi\varepsilon_0$, os resultados obtidos no Cap. 13 serão diretamente aplicáveis à primeira. Por exemplo, as órbitas terão de ser elipses (ou círculos) com o núcleo em um dos focos. Entretanto, para esclarecer melhor, repetiremos alguns dos passos.

Consideremos duas cargas, q_1 e q_2, separadas a uma distância r, movendo-se com velocidades v_1 e v_2. Sua energia potencial elétrica é $E_p = q_1 q_2/4\pi\varepsilon_0 r$ e sua energia total é

$$E = \tfrac{1}{2}m_1v_1^2 + \tfrac{1}{2}m_2v_2^2 + \frac{q_1q_2}{4\pi\varepsilon_0 r}.$$

No caso de diversas partículas carregadas, como num átomo ou numa molécula, a energia total é

$$E = \sum_{\substack{\text{Todas as}\\ \text{partículas}}} \tfrac{1}{2}m_iv_i^2 + \sum_{\substack{\text{Todos os}\\ \text{pares}}} \frac{q_iq_j}{4\pi\varepsilon_0 r_{ij}}.$$

Como foi explicado no Ex. 9.9, no caso de duas partículas, a energia em relação ao centro de massa pode ser escrita da seguinte forma

$$E = \tfrac{1}{2}\mu v^2 + \frac{q_1q_2}{4\pi\varepsilon_0 r}, \tag{14.39}$$

onde μ é a massa reduzida do sistema das duas partículas [Eq. (9.17)] e v é sua velocidade relativa.

Para um elétron que se move ao redor de um núcleo, $q_1 = -e$ e $q_2 = Ze$. Igualmente, como a massa do núcleo é muito maior do que a massa do elétron, podemos substituir a massa reduzida do sistema elétron–núcleo pela massa do elétron m_e. O efeito da massa reduzida pode ser observado apenas nos átomos mais leves, tais como os de hidrogênio e hélio. Portanto, com essa aproximação, temos, para a energia total do átomo,

$$E = \tfrac{1}{2}m_ev^2 - \frac{Ze^2}{4\pi\varepsilon_0 r}.$$

Admitindo que a órbita seja circular, a Eq. do movimento do elétron, de acordo com a Eq. (7.28), é $m_ev^2/r = F_N$, ou

$$\frac{m_ev^2}{r} = \frac{Ze^2}{4\pi\varepsilon_0 r^2},$$

pela qual $m_e v^2 = Ze^2/4\pi\varepsilon_0 r$. Quando esse valor é inserido na Eq. anterior, temos, para a energia total,

$$E = -\frac{Ze^2}{4\pi\varepsilon_0(2r)} = -9\times10^9\frac{Ze^2}{2r}, \tag{14.40}$$

onde a constante eletrostática foi dada em unidades MKSC. Com esse valor, E está em J quando r está em m e e está em C. Se substituirmos $\gamma mm'$ por $Ze^2/4\pi\varepsilon_0$, a expressão anterior concordará com a Eq. (13.6) para o caso gravitacional.

A expressão (14.40) referente à energia do sistema elétron–núcleo será revista posteriormente para considerarmos os efeitos relativísticos e magnéticos (Exs. 14.10 e 15.15). Para o átomo de hidrogênio ($Z = 1$), E representa a energia necessária para separar o elétron do próton, isto é, a sua energia de ionização. O valor experimental para essa energia de ionização é $2{,}177 \times 10^{-18}$ J, ou 13,6 eV, pelo qual encontramos que o raio da órbita do elétron é $r = 0{,}53 \times 10^{-10}$ m. O fato de esse raio ser da mesma ordem de grandeza que a nossa estimativa das dimensões atômicas oferece uma oportunidade de verificação do nosso modelo nuclear do átomo.

Na Seç. 14.7 indicamos que a energia do movimento dos elétrons em um átomo é quantizada. No caso de átomos com apenas um elétron, as energias possíveis dos estados estacionários, de acordo com a mecânica quântica, são dadas pela expressão.

$$E_n = -\frac{m_e e^4 Z^2}{8\varepsilon_0^2 h^2 n^2},$$

onde n é um número inteiro possuindo os valores 1,2,3,..., e $h = 2\pi h = 6{,}6256 \times 10^{-34}$ J · s é a constante de Planck apresentada no Ex. 7.15 em conexão com a quantidade de movimento angular do elétron no átomo de hidrogênio. Introduzindo os valores numéricos, temos que

$$E_n = -\frac{2{,}177\times10^{-18}Z^2}{n^2}\,\mathrm{J} = -\frac{13{,}598\,Z^2}{n^2}\,\mathrm{eV}.$$

O estado fundamental corresponde a $n = 1$, uma vez que esse é o mínimo de energia possível para o átomo. Comparando a expressão anterior de E_n com a Eq. (14.40), temos uma estimativa das dimensões das órbitas permitidas dos elétrons correspondentes. O resultado é

$$r = -\frac{n^2h^2\varepsilon_0}{\pi Ze^2 m_e} = \frac{n^2 a_0}{Z},$$

onde

$$a_0 = h^2\varepsilon_0/\pi e^2 m_e = 5{,}292 \times 10^{-11}\ \mathrm{m}$$

é chamado o *raio de Bohr*. Este corresponde ao raio do átomo de hidrogênio em seu estado fundamental. Indicamos anteriormente que o movimento dos elétrons não corresponde a órbitas bem definidas, como no caso dos planetas. Portanto o valor de r não deve ser tomado muito literalmente. Ao contrário, ele pode ser considerado apenas como uma indicação da ordem de grandeza da região onde o elétron tem probabilidade de ser encontrado.

■ **Exemplo 14.9** Usando o princípio da conservação de energia, calcular a distância de maior aproximação em uma colisão frontal de uma partícula carregada dirigida contra um núcleo atômico.

Solução: Se a carga do núcleo é Ze e a do projétil é νe, correspondendo a q_1 e q_2 na Eq.(14.39), a energia total do sistema do projétil mais o núcleo é

$$E = \tfrac{1}{2}\mu v^2 + \frac{Ze^2}{4\pi\varepsilon_0 r},$$

onde μ é a massa reduzida do sistema. Se a massa do núcleo é muito maior do que a do projétil, ou se o núcleo está incrustado num cristal, podemos substituir μ pela massa do projétil m, resultando em

$$E = \tfrac{1}{2}mv^2 + \frac{\nu Ze^2}{4\pi\varepsilon_0 r}.$$

Mas, se dirigirmos prótons contra prótons (ν = Z = 1), precisaremos usar a massa reduzida, que é $\mu = \frac{1}{2}m_p$ (lembre-se do Ex. 9.3). Quando a partícula está muito distante, toda a sua energia é cinética e igual a $\frac{1}{2}mv_0^2$. Chamamos v sua velocidade no ponto de maior aproximação A (Fig. 14.24) quando $r = R$. A conservação de energia requer que

$$\tfrac{1}{2}mv^2 + \frac{\nu Ze^2}{4\pi\varepsilon_0 R} = \tfrac{1}{2}mv_0^2.$$

No ponto de maior aproximação A, a velocidade é totalmente transversa e, portanto, a quantidade de movimento angular é $L = mRv$. Podemos usar essa relação para eliminar a velocidade v em A, já que L é a constante do movimento. Portanto

$$\frac{L^2}{2mR^2} + \frac{\nu Ze^2}{4\pi\varepsilon_0 R} = \tfrac{1}{2}mv_0^2.$$

Essa é uma equação de segundo grau em $1/R$ que nos permite obter R em termos da energia e da quantidade de movimento angular da partícula. Para uma colisão frontal $L = 0$ e

$$R = \frac{\nu Ze^2}{4\pi\varepsilon_0\left(\frac{1}{2}mv_0^2\right)},$$

que está em concordância com o resultado anteriormente obtido no Ex. 14.5. Observe que, para uma colisão frontal, $v = 0$ no ponto de maior aproximação e toda a energia cinética foi transformada em energia potencial.

■ **Exemplo 14.10** Avaliar a ordem de grandeza da correção para a energia de um elétron circulando em um átomo, em decorrência dos efeitos relativísticos.

Solução: No Cap. 13 e neste capítulo, sempre que discutimos o movimento, de acordo com uma lei do inverso do quadrado, tal como no Ex. 14.8, usamos a mecânica newtoniana, desprezando todos os efeitos relativísticos. Esse método é correto para quase todos os movimentos planetários, mas, em muitos casos, não se justifica para os elétrons em um átomo. Os elétrons mais internos dos átomos movem-se com velocidades suficientemente grandes, de modo que a correção relativística pode ser medida experimentalmente. Avaliemos agora a ordem de grandeza do efeito relativístico.

Usando a Eq. (11.18), concluímos que a energia total de um elétron rápido em um átomo (subtraindo sua energia de massa em repouso) é

$$E = c\sqrt{m_e^2 c^2 + p^2} + (-eV) - m_e c^2.$$

Admitindo que a quantidade de movimento p é muito menor do que $m_e c$, podemos expandir o radical anterior até o termo de segunda ordem, resultando em

$$E = \frac{1}{2m_e} p^2 - \frac{1}{8m_e^3 c^2} p^4 + \ldots + (-eV)$$
$$= \left[\frac{1}{2m_e} p^2 + (-eV)\right] - \frac{1}{8m_e^3} p^4 + \ldots$$

Os dois termos entre colchetes dão a aproximação não relativística para a energia que, para órbitas circulares, é dada pela Eq. (14.40). Portanto o último termo é a correção relativística de primeira ordem na energia total do elétron, que designaremos por ΔE_r. Desse modo

$$\Delta E_r = -\frac{1}{8m_e^3 c^2} p^4 = -\frac{1}{2m_e c^2}\left(\frac{p^2}{2m_e}\right)\left(\frac{p^2}{2m_e}\right).$$

Os dois termos entre parênteses correspondem à energia cinética não relativística do elétron. Usando o resultado do Ex. 14.8, podemos escrever (com uma aproximação razoável) para o primeiro termo,

$$\frac{p^2}{2m_e} = E - E_p = -\frac{Ze^2}{4\pi\varepsilon_0 (2r)} + \frac{Ze^2}{4\pi\varepsilon_0 r} = \frac{Ze^2}{4\pi\varepsilon_0 (2r)} = -E.$$

Para o segundo termo, podemos escrever $p^2/2m_e = \frac{1}{2} m_e v^2$. Portanto

$$\Delta E_r = -\frac{1}{2m_e c^2}(-E)\left(\tfrac{1}{2} m_e v^2\right) = \frac{1}{4}\frac{v^2}{c^2} E.$$

Desse modo, a correção relativística é da ordem de $(v/c)^2$ vezes a energia do elétron. Por exemplo, no átomo de hidrogênio, v/c é da ordem de 10^{-2}, e, portanto, $\Delta E_r \sim 10^{-5}\boldsymbol{E}$, ou aproximadamente 0,001% de E, que é uma quantidade facilmente detectada no laboratório por meio de técnicas experimentais atualmente usadas.

14.10 Corrente elétrica

O exemplo de um acelerador eletrostático com um fluxo de partículas carregadas e aceleradas rapidamente ao longo de seu tubo, dado na Seç. 14.9, sugere que introduzamos agora o importantíssimo conceito da *corrente elétrica*. Uma corrente elétrica consiste num fluxo de partículas ou íons carregados. Isso se aplica aos íons que se encontram em um acelerador de qualquer espécie, e ainda para os que estão numa solução eletrolítica, os que estão num gás ionizado ou plasma, ou para os elétrons que estão num condutor metálico. Para produzir uma corrente elétrica, deve-se aplicar um campo elétrico a fim de mover as partículas carregadas em uma direção bem definida.

A *intensidade* de uma corrente elétrica é definida como a carga elétrica que passa, por unidade de tempo, através de uma seção da região por onde ela flui, tal como uma seção de um tubo de acelerador ou de um fio metálico. Portanto, se num tempo t, N partículas carregadas cada uma com uma carga q passam através de uma seção do meio condutor, sendo $Q = Nq$ a carga total que passa, a intensidade da corrente é

$$I = Nq/t = Q/t. \tag{14.41}$$

A expressão apresentada aqui fornece a corrente média em um tempo t; a corrente instantânea é

$$I = dQ/dt. \tag{14.42}$$

A corrente elétrica é expressa em coulombs/segundo ou $s^{-1} \cdot C$, uma unidade chamada *ampère* (abreviada A) em homenagem ao físico francês André M. Ampére (1775-1836). Um ampère é a intensidade de uma corrente elétrica correspondente à carga de um coulomb passando através de uma seção do material.

O sentido de uma corrente elétrica é admitido como sendo o do movimento das partículas carregadas positivamente. Trata-se do mesmo sentido do campo elétrico aplicado ou da queda de potencial que produz o movimento das partículas carregadas (Fig. 14.29a). Portanto, se a corrente é devida ao movimento das partículas carregadas negativamente, tais como os elétrons, o sentido da corrente é oposto ao movimento real dos elétrons (Fig. 14.29b).

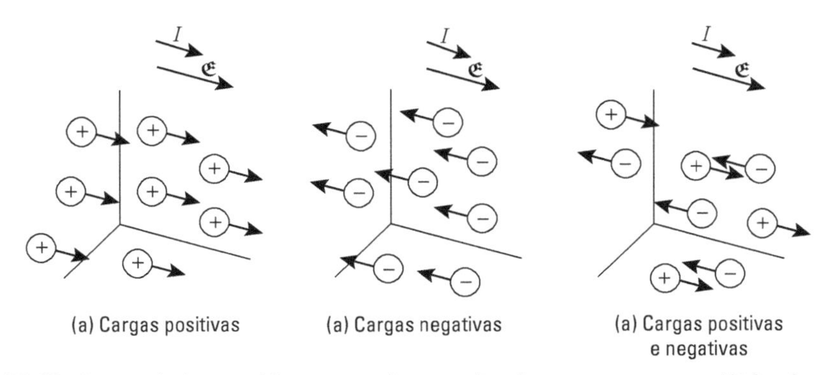

Figura 14.29 Movimento de íons positivos e negativos resultando em uma corrente elétrica *I* produzida por um campo elétrico 𝕰.

Manter uma corrente elétrica requer energia, porque os íons em movimento são acelerados pelo campo elétrico. Suponha que num tempo t há N íons, cada um com carga q, que se movem através de uma diferença de potencial V. Cada íon recebe uma energia qV, e a energia total que eles recebem é $NqV= QV$. A energia por unidade de tempo, ou a potência necessária para manter a corrente, é

$$P = QV/t = VI. \tag{14.43}$$

Isso leva, por exemplo, à potência necessária para acionar o acelerador discutido na seção anterior. Fornece também a razão em que a energia é transferida para o alvo do acelerador e, portanto, a razão em que a energia deve ser removida pelo líquido refrigerante do alvo. A expressão (14.43) é, portanto, de validade geral, e determina a potência necessária para manter uma corrente elétrica I através de uma diferença de potencial V, aplicado entre dois pontos de qualquer meio condutor. Observe que, pela Eq. (14.43),

$$\text{volts} \times \text{ampères} = \frac{\text{joules}}{\text{coulomb}} \times \frac{\text{coulombs}}{\text{segundo}} = \frac{\text{joules}}{\text{segundo}} = \text{watts},$$

de modo que as unidades são consistentes.

14.11 Dipolo elétrico

Uma distribuição de cargas interessante é um dipolo elétrico, que consiste em duas cargas iguais e opostas $+q$ e $-q$, separadas por uma distância muito pequena a (Fig. 14.30).

O momento de dipolo elétrico $\boldsymbol{p}$* é definido por

$$\boldsymbol{p} = q\boldsymbol{a}, \qquad (14.44)$$

onde $\boldsymbol{a}$ é o vetor deslocamento que vai da carga negativa para a positiva. Usando a Eq. (14.33), o potencial elétrico em um ponto P devido ao dipolo elétrico é

$$V = \frac{1}{4\pi\varepsilon_0}\left(\frac{q}{r_1} - \frac{q}{r_2}\right) = \frac{1}{4\pi\varepsilon_0}\frac{q(r_2 - r_1)}{r_1 r_2}.$$

Se a distância a é muito pequena, comparada com r, podemos escrever

$$r_2 - r_1 = a\cos\theta \qquad \text{e} \qquad r_2 r_1 = r^2,$$

resultando em

$$V = \frac{qa\cos\theta}{4\pi\varepsilon_0 r^2} \quad \text{ou} \quad V = \frac{p\cos\theta}{4\pi\varepsilon_0 r^2}. \qquad (14.45)$$

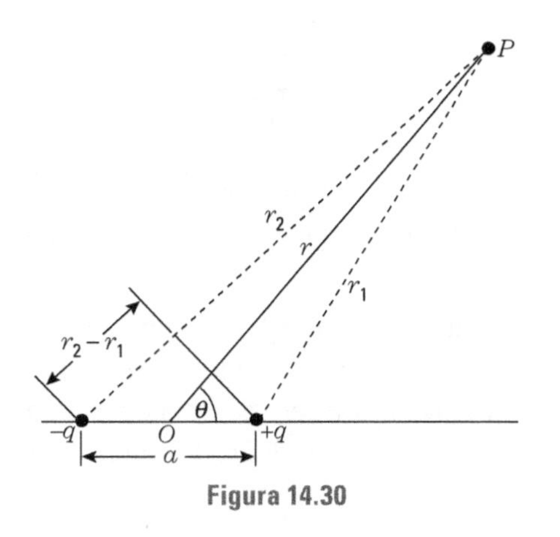

Figura 14.30

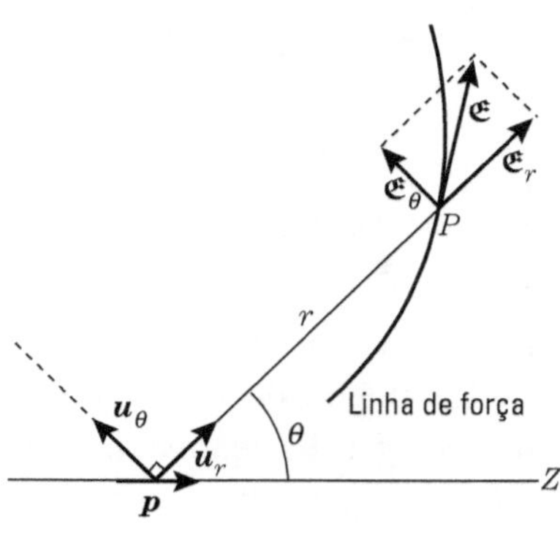

Figura 14.31

* Observe que, em virtude da convenção, os símbolos para a quantidade de movimento e para o momento do dipolo elétrico são os mesmos.

Podemos expressar a Eq. (14.45) em coordenadas retangulares e usar a Eq. (14.29) para obter a intensidade do campo elétrico (lembre-se do Ex. 13.7). Deixaremos isso como um exercício para você, mas, como ajuda, calcularemos as componentes de $\mathfrak{E}$ em coordenadas polares, usando a Eq. (14.28). Para obter a componente radial $\mathfrak{E}_r$, notamos que $ds = dr$. Portanto

$$\mathfrak{E}_r = -\frac{\partial V}{\partial r} = \frac{2p\cos\theta}{4\pi\varepsilon_0 r^3}. \tag{14.46}$$

Para a componente angular $\mathfrak{E}_\theta$, usamos $ds = r\,d\theta$, resultando em

$$\mathfrak{E}_\theta = -\frac{1}{r}\frac{\partial V}{\partial \theta} = \frac{p\,\text{sen}\,\theta}{4\pi\varepsilon_0 r^3}. \tag{14.47}$$

Essas duas componentes são apresentadas na Fig. 14.31. As linhas de força são indicadas na Fig. 14.32. Num dipolo elétrico, as duas cargas são iguais e opostas, resultando uma carga total zero, e, apesar disso, o fato de elas serem levemente separadas é suficiente para impedir o desaparecimento do campo elétrico.

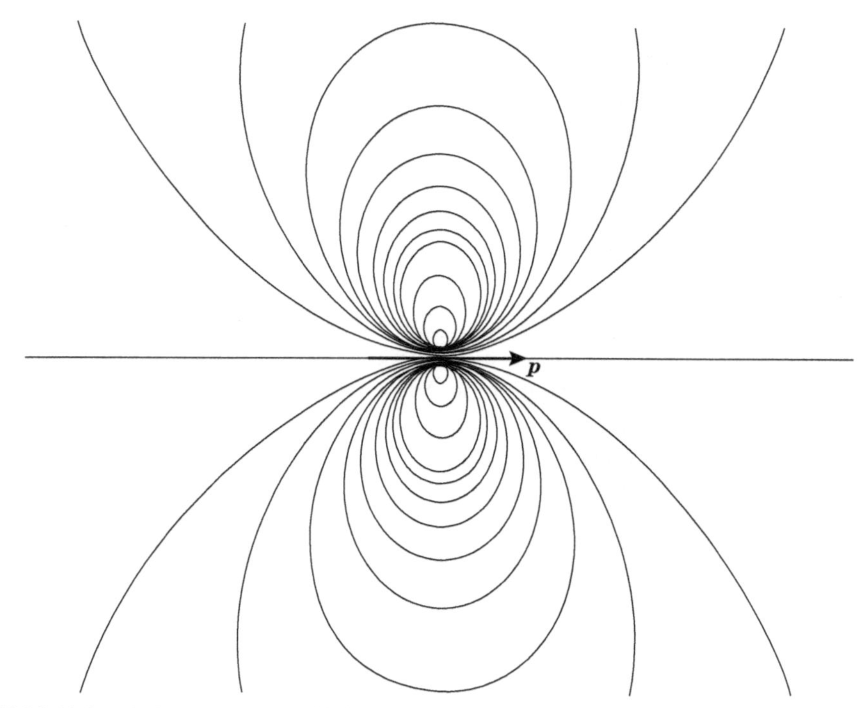

Figura 14.32 Linhas de força do campo elétrico de um dipolo elétrico.

Se temos diversas cargas q_1, q_2, q_3,... nos pontos $\boldsymbol{P}_1$, $\boldsymbol{P}_2$, $\boldsymbol{P}_3$,..., o momento de dipolo elétrico da distribuição de carga é

$$\boldsymbol{p} = q_1\boldsymbol{r}_1 + q_2\boldsymbol{r}_2 + q_3\boldsymbol{r}_3 + \ldots = \sum_i q_i\boldsymbol{r}_i.$$

[Essa definição coincide com a Eq. (14.44), porque, como existem apenas duas cargas iguais e opostas, $p = q\boldsymbol{r}_1 - q\boldsymbol{r}_2 = q(\boldsymbol{r}_1 - \boldsymbol{r}_2) = q\boldsymbol{a}$.] Tomando-se o eixo dos Z na direção e sentido de $\boldsymbol{p}$, a expressão anterior, para o momento de dipolo elétrico de diversas cargas, vem a ser, em módulo,

$$p = \sum_i q_i z_i = \sum_i q_i r_i \cos\theta_i, \tag{14.48}$$

onde r_i é a distância de cada carga à origem, θ_i o ângulo que r_i forma com o eixo dos Z, e $z_i = r_i \cos\theta_i$.

O centro de massa dos elétrons, nos átomos, coincide com o do núcleo e, portanto, o momento médio de dipolo elétrico do átomo é zero (Fig. 14.33a). Mas, se um campo externo é aplicado, o movimento dos elétrons é perturbado e o centro de massa dos elétrons é deslocado de uma distância x em relação ao núcleo (Fig. 14.33b). O átomo é, então, polarizado e torna-se um dipolo elétrico de momento $\boldsymbol{p}$. Esse momento é proporcional ao campo externo $\mathfrak{E}$.

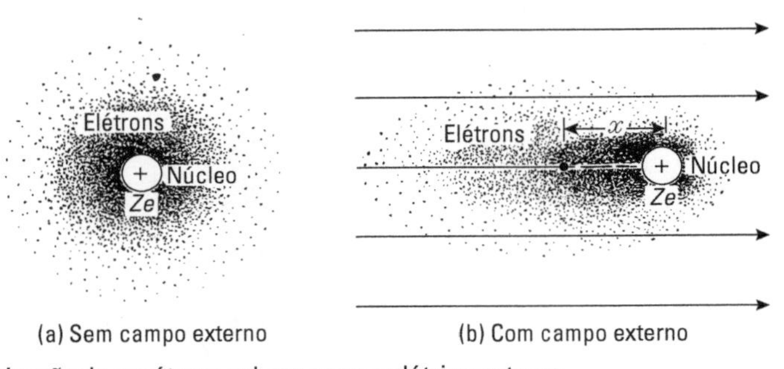

Figura 14.33 Polarização de um átomo sob um campo elétrico externo.

Por outro lado, as moléculas podem ter um momento de dipolo elétrico permanente. Tais moléculas são chamadas *polares*. Por exemplo, na molécula HCl (Fig. 14.34), o elétron do átomo H dispende mais tempo movendo-se ao redor do átomo Cl do que ao redor do átomo H. Portanto o centro de cargas negativas não coincide com o de cargas positivas, e a molécula tem um momento de dipolo dirigido do átomo Cl para o átomo H. Isto é, podemos escrever H^+Cl^-. O dipolo elétrico da molécula HCl é $p = 3{,}43 \times 10^{-30}$ C · m. Na molécula CO, a distribuição de carga é apenas levemente assimétrica, e o momento de dipolo elétrico é relativamente pequeno, cerca de $0{,}4 \times 10^{-30}$ C ·m, com o átomo de carbono correspondendo à extremidade positiva e o átomo de oxigênio à extremidade negativa da molécula.

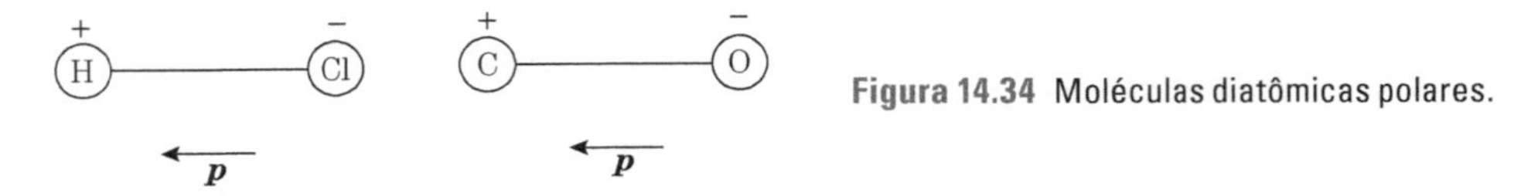

Figura 14.34 Moléculas diatômicas polares.

Em uma molécula tal como H_2O, na qual as duas ligações H—O formam um ângulo ligeiramente maior do que 90° (Fig. 14.35), os elétrons tentam se aglomerar ao redor do átomo de oxigênio que, por causa disso, torna-se levemente negativo em relação aos átomos H. Cada ligação H—O contribui, assim, para o momento de dipolo elétrico, cuja resultante, em razão da simetria, encontra-se no eixo da molécula e tem um valor igual a $6{,}2 \times 10^{-30}$ C · m. Mas, na molécula CO_2, todos os átomos estão em uma linha reta (Fig. 14.36) e o momento de dipolo elétrico resultante é zero por causa da simetria. Assim, o momento de dipolo elétrico pode proporcionar informação útil sobre a estrutura das moléculas. Os valores de p, para diversas moléculas polares, estão dados na Tab. 14.1.

Tabela 14.1 Momentos de dipolo elétrico de algumas moléculas polares*

Molécula	p, m · C
HCl	$3{,}43 \times 10^{-30}$
HBr	$2{,}60 \times 10^{-30}$
HI	$1{,}26 \times 10^{-30}$
CO	$0{,}40 \times 10^{-30}$
H_2O	$6{,}2 \times 10^{-30}$
H_2S	$5{,}3 \times 10^{-30}$
SO_2	$5{,}3 \times 10^{-30}$
NH_3	$5{,}0 \times 10^{-30}$
C_2H_5OH	$3{,}66 \times 10^{-30}$

*As moléculas com momento de dipolo zero abrangem: CO_2, H_2, CH_4 (metano), C_2H_6 (etano), e CCl_4 (tetracloreto de carbono).

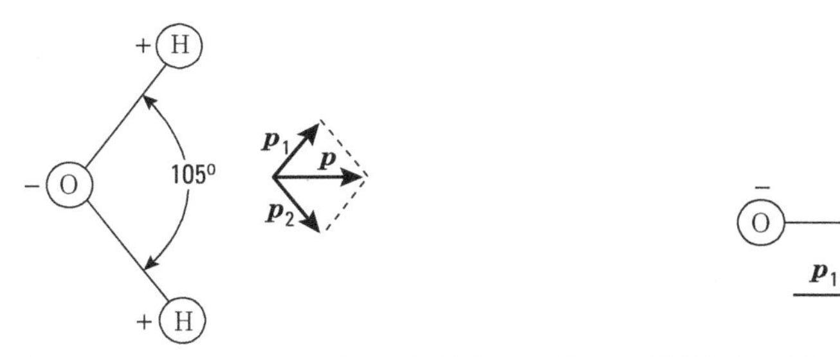

Figura 14.35 Dipolo elétrico da molécula de H_2O.

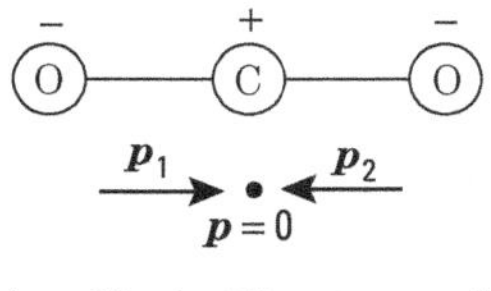

Figura 14.36 A molécula CO_2 não tem dipolo elétrico.

Quando um dipolo elétrico é colocado em um campo elétrico, a força é exercida sobre cada carga do dipolo (Fig. 14.37), sendo a força resultante

$$\boldsymbol{F} = q\boldsymbol{\mathfrak{E}} - q\boldsymbol{\mathfrak{E}}' = q(\boldsymbol{\mathfrak{E}} - \boldsymbol{\mathfrak{E}}').$$

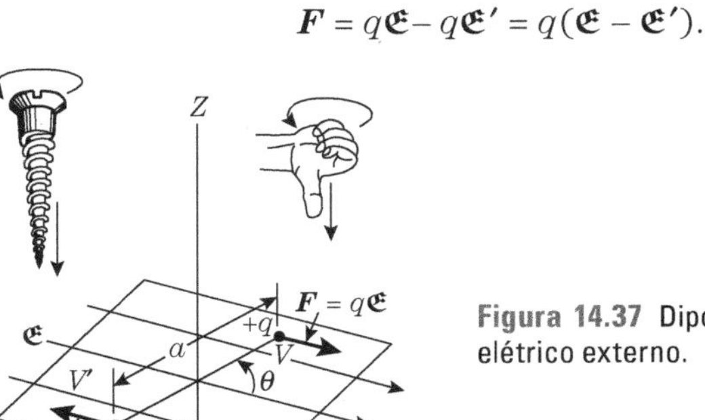

Figura 14.37 Dipolo elétrico em um campo elétrico externo.

Considere o caso especial em que o campo elétrico está na direção do eixo dos X e o dipolo é orientado paralelamente ao campo. Considerando apenas os módulos, $\mathfrak{E} - \mathfrak{E}' = (d\mathfrak{E}/dx)a$, portanto $F = p(d\mathfrak{E}/dx)$. Esse resultado mostra que *um dipolo elétrico orientado paralelamente ao campo elétrico tende a se mover na direção em que o campo aumenta.* O resultado oposto é obtido quando o dipolo é orientado antiparalelamente ao campo. O estudante poderá notar que, se o campo elétrico é uniforme, a força resultante sobre o dipolo elétrico é zero.

A energia potencial do dipolo é

$$E_p = qV - qV' = q(V - V') = -qa\left(-\frac{V - V'}{a}\right),$$

e, usando a Eq. (14.31), encontramos que, se θ é o ângulo entre o dipolo e o campo elétrico, o último fator é exatamente a componente $\mathfrak{E}_a = \mathfrak{E}\cos\theta$ do campo $\mathfrak{E}$ paralelo a $\boldsymbol{a}$. Portanto $E_p = -qa\mathfrak{E}_a$, ou

$$E_p = -q\mathfrak{E}\cos\theta = -\boldsymbol{p}\cdot\boldsymbol{\mathfrak{E}}. \tag{14.49}$$

A energia potencial é mínima quando $\theta = 0$, indicando que *o dipolo está em equilíbrio quando é orientado paralelamente ao campo.* Se desprezarmos a pequena diferença entre $\boldsymbol{\mathfrak{E}}$ e $\boldsymbol{\mathfrak{E}}'$, as forças $q\boldsymbol{\mathfrak{E}}$ e $-q\boldsymbol{\mathfrak{E}}'$, sobre as cargas que compõem o dipolo, formam essencialmente um binário, cujo conjugado, de acordo com a Eq. (4.13), é

$$\boldsymbol{\tau} = \boldsymbol{a} \times (q\boldsymbol{\mathfrak{E}}) = (q\boldsymbol{a}) \times \boldsymbol{\mathfrak{E}} = \boldsymbol{p} \times \boldsymbol{\mathfrak{E}}. \tag{14.50}$$

Da expressão anterior, vemos, bem como na Fig. 14.37, que *o conjugado do campo elétrico tende a alinhar o dipolo paralelamente ao campo.* O módulo do conjugado é $\tau = p\mathfrak{E}$ sen θ e sua direção e sentido são indicados na Fig. 14.37. Se empregarmos a Eq. (8.26), $\tau_z = -\partial E_p/\partial\theta$, poderemos usar a Eq. (14.49) para deduzir $\tau_z = p\mathfrak{E}$ sen θ. A diferença no sinal de τ é devida ao fato de τ indicar o módulo do conjugado enquanto τ_z indica a componente do conjugado ao longo de uma direção Z, perpendicular ao plano no qual o ângulo θ é medido, e orientado no sentido do avanço de um parafuso de rosca direita girado no sentido para o qual θ aumenta. O sinal negativo em τ_z confirma que o conjugado tende a diminuir o ângulo θ.

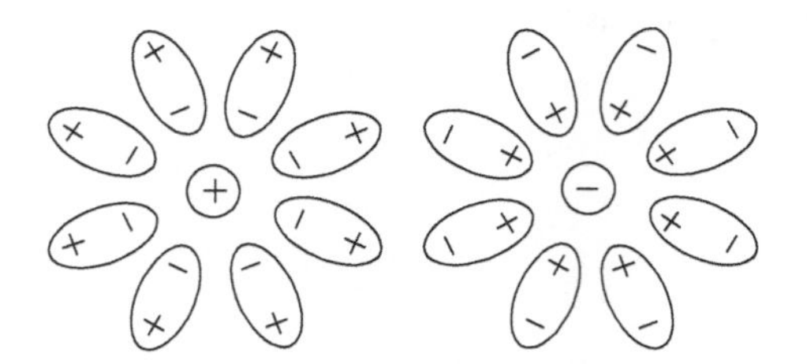

Figura 14.38 Efeitos de polarização de um íon em solução.

Essas propriedades de um dipolo colocado em um campo elétrico têm aplicações muito importantes. Por exemplo, durante a discussão da Fig. 14.19, quando falamos sobre a eletrólise, mencionamos que o campo elétrico de um íon em solução polariza as moléculas do solvente que rodeia os íons e elas se orientam na forma indicada na Fig. 14.38. Essas moléculas orientadas tornam-se mais ou menos ligadas ao íon, aumentando sua massa efetiva e diminuindo sua carga efetiva, que é parcialmente blindada por elas. O efeito resultante é que a mobilidade do íon em um campo externo é diminuída. Do mesmo modo, quando um gás ou um líquido, cujas moléculas são dipolos permanentes, é colocado onde existe um campo elétrico, as moléculas tendem a se alinhar com seus dipolos paralelos, em decorrência do conjugado produzido pelo campo elétrico. Dizemos então que a substância foi *polarizada* (veja a Seç. 16.5).

■ **Exemplo 14.11** Expressar o campo elétrico de um dipolo elétrico na forma vetorial.

Solução: Da Fig. 14.31, temos

$$\mathfrak{E} = \boldsymbol{u}_r \mathfrak{E}_r + \boldsymbol{u}_\theta \mathfrak{E}_\theta = \frac{1}{4\pi\varepsilon_0 r^3}\left(\boldsymbol{u}_r 2p\cos\theta + \boldsymbol{u}_\theta p \operatorname{sen}\theta\right).$$

Mas, pela mesma figura, vemos que

$$\boldsymbol{p} = p(\boldsymbol{u}_r \cos\theta - \boldsymbol{u}_\theta \operatorname{sen}\theta).$$

Usamos isso para eliminar o termo p sen θ em $\mathfrak{E}$, e obter

$$\mathfrak{E} = \frac{1}{4\pi\varepsilon_0 r^3}\left(3\boldsymbol{u}_r p\cos\theta - \boldsymbol{p}\right).$$

Do mesmo modo, $p\cos\theta = \boldsymbol{u}_r \cdot \boldsymbol{p}$. Portanto

$$\mathfrak{E} = \frac{3\boldsymbol{u}_r(\boldsymbol{u}_r \cdot \boldsymbol{p}) - \boldsymbol{p}}{4\pi\varepsilon_0 r^3},$$

que resulta o campo do dipolo elétrico na forma vetorial.

■ **Exemplo 14.12** Obter a energia de interação entre dois dipolos elétricos. Utilizar o resultado para avaliar a energia de interação entre duas moléculas de água. Discutir também os efeitos de orientação relativa.

Solução: No Ex. 14.11, obtivemos o campo elétrico produzido por um dipolo a uma distância r. Denominando $\boldsymbol{p}_1$ seu momento de dipolo elétrico, podemos escrever

$$\mathfrak{E}_1 = \frac{3\boldsymbol{u}_r(\boldsymbol{u}_r \cdot \boldsymbol{p}_1) - \boldsymbol{p}_1}{4\pi\varepsilon_0 r^3}.$$

Designando por $\boldsymbol{p}_2$ o momento do segundo dipolo e, usando a Eq. (14.49), encontramos que a energia de interação entre os dois dipolos é

$$E_{p,12} = -\boldsymbol{p}_2 \cdot \mathfrak{E}_1 = -\frac{3(\boldsymbol{u}_r \cdot \boldsymbol{p}_1)(\boldsymbol{u}_r \cdot \boldsymbol{p}_2) - \boldsymbol{p}_1 \cdot \boldsymbol{p}_2}{4\pi\varepsilon_0 r^3} \tag{14.51}$$

Desse resultado, podemos tirar diversas conclusões importantes. Uma delas é que a energia de interação $E_{p,12}$ é *simétrica* nos dois dipolos, porque, se trocamos p_1 e p_2 entre si, não ocorre nenhuma alteração. Esse é um resultado esperado. Em segundo lugar, a interação entre dois dipolos *não é central*, porque ela depende do ângulo que o vetor posição r ou o vetor unitário u_r forma com e p_1 e p_2. Consequentemente, num movimento sob uma interação dipolo–dipolo, a quantidade de movimento angular orbital dos dipolos não é conservada. Outra consequência é que a força entre dois dipolos não está na linha que os une (exceto em certas posições específicas). Ainda outra conclusão é que, como a energia potencial entre dipolos elétricos varia com a distância como r^{-3}, a força, que é o gradiente da energia potencial, decresce como r^{-4}, e, portanto, a interação entre dois dipolos elétricos diminui com a distância mais rapidamente do que a interação entre duas cargas.

A geometria correspondente à Eq. (14.51) está ilustrada na Fig. 14.39, onde (a) corresponde ao caso geral, e em (b) os dois dipolos estão alinhados pela linha que os une. Desse modo $\boldsymbol{p}_1 \cdot \boldsymbol{p}_2 = p_1 p_2$, $\boldsymbol{u}_r \cdot \boldsymbol{p}_1 = p_1$ e $\boldsymbol{u}_r \cdot \boldsymbol{p}_2 = p_2$, tal que

$$E_{p,12} = -\frac{2p_1 p_2}{4\pi\varepsilon_0 r^3},$$

resultando em atração entre os dipolos por causa do sinal negativo. Em (c), temos novamente $\boldsymbol{p}_1 \cdot \boldsymbol{p}_2 = p_1 p_2$, mas $\boldsymbol{u}_r \cdot \boldsymbol{p}_1 = 0$ e $\boldsymbol{u}_r \cdot \boldsymbol{p}_2 = 0$, de modo que

$$E_{p,12} = +\frac{p_1 p_2}{4\pi\varepsilon_0 r^3}.$$

O fato de esse valor ser positivo indica uma repulsão entre os dipolos. Finalmente, em (d), temos $\boldsymbol{p}_1 \cdot \boldsymbol{p}_2 = -p_1 p_2$, e obtemos

$$E_{p,12} = -\frac{p_1 p_2}{4\pi\varepsilon_0 r^3},$$

o que significa que haverá atração entre os dipolos. Esses resultados correspondem à imagem física do problema.

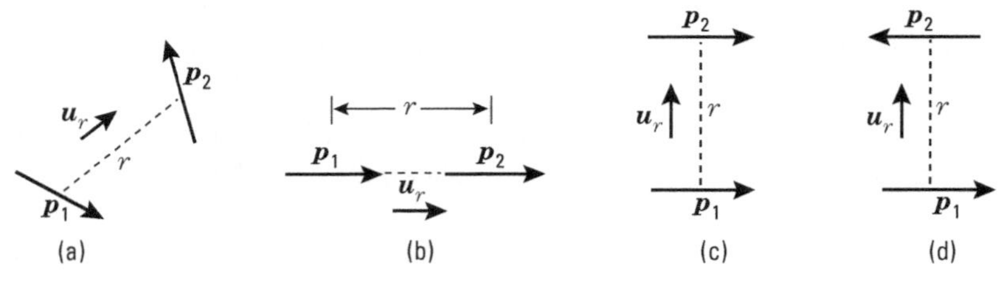

Figura 14.39 Interação entre dois dipolos elétricos.

A interação entre dois dipolos elétricos é de grande importância porque as forças moleculares são devidas, em grande parte, a esse tipo de interação. Consideremos duas moléculas de água, na posição relativa da Fig. 14.39(b), em suas separações normais na fase líquida, aproximadamente $3{,}1 \times 10^{-10}$ m. Seus momentos de dipolo elétrico são $6{,}1 \times 10^{-30}$ C · m. Portanto sua energia potencial de interações é calculada como

$$E_{p,12} = \frac{9\times10^{9}\times2\times\left(6{,}1\times10^{-30}\right)^2}{\left(3{,}1\times10^{-10}\right)^3} = 2{,}22\times10^{-20}\,\text{J}.$$

Esse resultado é maior, por um fator dez, do que a energia de interação mencionada na Seç. 13.9, que avaliamos usando o valor do calor de vaporização. Entretanto você deve compreender que o presente resultado corresponde à energia de interação *instantânea* entre duas moléculas de água na posição relativa da Fig. 14.39(b). Mas, como as moléculas de água estão em movimento contínuo, suas orientações relativas mudam continuamente. Assim, para obter $E_{p,12}$, precisamos calcular a média da Eq. (14.51) sobre todas as orientações relativas possíveis. Obtemos melhor concordância quando fazemos isso.

Sugerimos que você compare o resultado apresentado aqui para a interação elétrica $E_{p,12}$ entre duas moléculas de água, com a correspondente interação gravitacional na mesma posição relativa.

14.12 Multipolos elétricos de ordem superior

É possível definir momentos de ordem superior ou de multipolo elétrico. Por exemplo, uma distribuição de carga, como a da Fig. 14.40, constitui um *quadrupolo elétrico*. Observe que sua carga total é zero e que seu momento de dipolo elétrico também é zero, em virtude da Eq. (14.48). Não é fácil dar aqui uma definição geral do *momento de quadrupolo elétrico*, de uma maneira elementar. Entretanto podemos dizer que o momento de quadrupolo elétrico de uma distribuição de carga, relativo a um eixo de simetria tal como o eixo dos Z, é definido por

$$Q = \tfrac{1}{2}\sum_i q_i r_i^2 \left(3\cos^2\theta_i - 1\right), \tag{14.52}$$

onde r_i é a distância da carga i ao centro, e θ_i é o ângulo que r_i forma com o eixo (Fig. 14.41). Observamos que $z_i = r_i \cos\theta_i$. Então podemos escrever também a Eq. (14.52) como

$$Q = \tfrac{1}{2}\sum_i q_i \left(3z_i^2 - r_i^2\right). \tag{14.53}$$

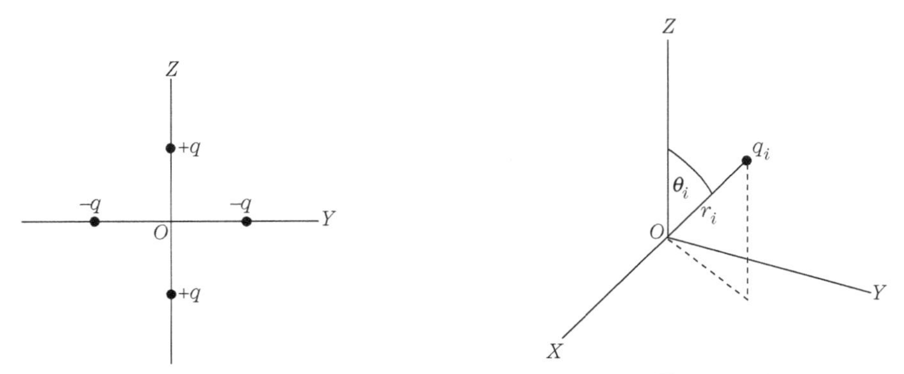

Figura 14.40 Quadrupolo elétrico.

Figura 14.41

O momento de quadrupolo elétrico é zero, para uma distribuição esférica de carga, positivo, para uma distribuição de carga alongada ou prolata, e negativo, para uma distribuição de carga achatada nos polos ou oblata (Fig. 14.42). Dessa forma, o momento de quadrupolo elétrico oferece uma indicação do grau de afastamento de uma distribuição de carga em relação à forma esférica. Por exemplo, na Seç. 14.7, admitimos que núcleos atômicos são esféricos. Entretanto medidas cuidadosas indicam que certos núcleos têm momentos de quadruplo elétrico relativamente grandes. Isso foi interpretado como uma indicação de que tais núcleos são grandemente deformados, e, portanto, o campo elétrico que eles produzem difere do de uma carga pontual. Isso, por outro lado, afeta a energia do movimento dos elétrons.

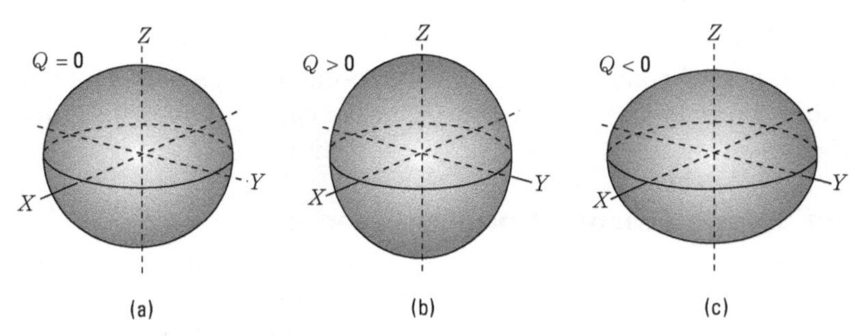

Figura 14.42 Quadrupolo elétrico de distribuições elipsoidais de carga.

Podemos notar que o potencial de uma carga pontual decresce como r^{-1} e o campo como r^{-2}. Da mesma forma, vimos (Seç. 14.11) que o potencial para um dipolo elétrico decresce como r^{-2} e o campo como r^{-3}. De uma maneira análoga, pode ser provado que o potencial para um quadrupolo elétrico varia como r^{-3} e o campo como r^{-4}. Resultados semelhantes são obtidos para multipolos de ordem superior. Concluímos então que, quanto maior é a ordem do multipolo, menor é o intervalo dentro do qual seu campo elétrico tem qualquer efeito apreciável.

■ **Exemplo 14.13** Calcular o potencial elétrico para a distribuição de carga da Fig. 14.43, denominada um quadrupolo elétrico linear.

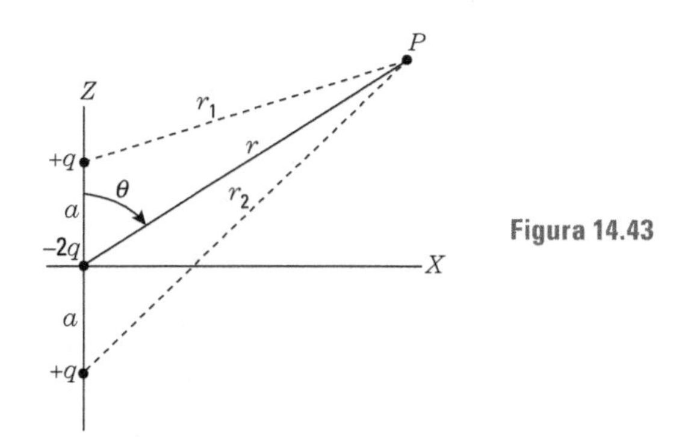

Figura 14.43

Solução: A carga total do sistema é zero. Igualmente, o momento de dipolo elétrico é zero, porque, usando a Eq. (14.48), temos $p = +q(+a) - 2q(0) + q(-a) = 0$. Entretanto o campo elétrico não é identicamente zero. O potencial elétrico no ponto P é

$$V = \frac{1}{4\pi\varepsilon_0}\left(\frac{q}{r_1} - \frac{2q}{r} + \frac{q}{r_2}\right) = \frac{q}{4\pi\varepsilon_0}\left(\frac{1}{r_1} - \frac{2}{r} + \frac{1}{r_2}\right). \tag{14.54}$$

Pela figura, vemos que

$$r_1 = (r^2 - 2ar\cos\theta + a^2)^{1/2}.$$

Admitindo que a é muito pequeno comparado com r, podemos escrever

$$r_1 = r\left(1 - \frac{2a\cos\theta}{r} + \frac{a^2}{r^2}\right)^{1/2}$$

e

$$\frac{1}{r_1} = \frac{1}{r}\left(1 - \frac{2a\cos\theta}{r} + \frac{a^2}{r^2}\right)^{-1/2} \tag{14.55}$$

Usando a expansão do binômio dada pela Eq. (M.22) até o terceiro termo com $n = -\frac{1}{2}$, obtemos $(1+x)^{-1/2} = 1 - \frac{1}{2}x + \frac{3}{8}x^2 + \ldots$. No caso presente, temos $x = -2a \cos \theta/r + a^2/r^2$. Portanto

$$\frac{1}{r_1} = \frac{1}{r}\left[1 - \frac{1}{2}\left(-\frac{2a\cos\theta}{r} + \frac{a^2}{r^2}\right) + \frac{3}{8}\left(-\frac{2a\cos\theta}{r} + \frac{a^2}{r^2}\right)^2 + \ldots\right].$$

Expandindo o colchete e tomando apenas os termos que possuem r^3 ou menos no denominador, obtemos

$$\frac{1}{r_1} = \frac{1}{r} + \frac{a\cos\theta}{r^2} + \frac{a^2}{2r^3}\left(3\cos^2\theta - 1\right) + \cdots \tag{14.56}$$

Da mesma forma, $r_2 = (r^2 + 2ar\cos\theta + a^2)^{1/2}$, e, portanto,

$$\frac{1}{r_2} = \frac{1}{r} - \frac{a\cos\theta}{r^2} + \frac{a^2}{2r^3}\left(3\cos^2\theta - 1\right) + \ldots \tag{14.57}$$

Substituindo ambos os resultados (14.56) e (14.57) na Eq. (14.54) e simplificando, chegamos ao potencial

$$V = \frac{qa^2\left(3\cos^2\theta - 1\right)}{4\pi\varepsilon_0 r^3}.$$

Aplicando a Eq. (14.52), concluímos que o momento de quadrupolo elétrico da distribuição de carga é

$$Q = \tfrac{1}{2}\left\{q\left(3a^2 - a^2\right) - 2q(0) + q\left[3(-a)^2 - a^2\right]\right\} = 2qa^2.$$

Portanto

$$V = \frac{Q\left(3\cos^2\theta - 1\right)}{2\left(4\pi\varepsilon_0\right)r^3}, \tag{14.58}$$

que resulta o potencial elétrico de um quadrupolo elétrico linear. Podemos obter o campo elétrico aplicando a Eq. (14.28), como fizemos para o dipolo elétrico.

Referências

ANDERSON, D. L. Resource letter *EC AN*-1 on the electronic charge and Avogadro's number. *Am. J. Phys,* v. 34, n. 2, 1966.

ANDERSON, D. *The discovery of the electron.* Princeton, N. J.: Momentum Books, D. Van Nostrand, 1964.

ANDRADE, E. C. The birth of the nuclear atom. *Sci. Am.*, p. 93, Nov. 1965.

GINXTON, E.; KIRK, W. The two-mile electron accelerator. *Sci. Am.*, p. 49, Nov. 1961.

HOLTON, G.; ROLLER, D. H. D. *Foundations of modem physical science.* Reading, Mass.: Addison-Wesley, 1958.

MAGIE, W. F. *Source book in Physics.* Cambridge, Mass.: Harvard University Press, 1963.

OPPENHEIMER, J. Electron theory: description and analogy. *Physics Today*, p. 12, July 1957.

OSGOOD, T.; HIRST, H. Rutherford and his α-Particles. *Am. J. Phys.*, v. 32, n. 681, 1964.

PANOFSKY, W. The Linear Accelerator. *Sci. Am.*, p. 40, Oct. 1954.

POHL H. Nonuniform electric fields. *Sci. Am.*, p. 106, Dec. 1960.

REITZ, J. R.; MILFORD, F. J. *Foundations of electromagnetic theory.* Reading, Mass.: Addison-Wesley, 1960.

ROHRLICH, F. Classical Description of Charged Particles. *Physics Today*, p. 19, Mar. 1962.

ROLLER, D.; ROLLER, D. H. D. *The development of the concept of electric charge.* Cambridge, Mass.: Harvard University Press, 1954.

SHAMOS, M. (ed.) *Great experiments in Physics*, New York: Holt, Rinehart, and Winston, 1959.

FEYNMAN, R.; LEIGHTON, R.; SANDS, M. *The Feynman lectures on Physics.* v. II. Reading, Mass.: Addison-Wesley, 1963.

THOMSON, G. Discovery of the electron. *Physics Today*, p. 19, Aug. 1956.

WATSON, E. Robert Andrews Millikan. *The Physics Teacher*, v. 2, n. 7, 1964.

Problemas

14.1 Determine a força elétrica de repulsão entre dois prótons na molécula de hidrogênio, sendo a sua separação de $0{,}74 \times 10^{-10}$ m, e compare esta com a sua força gravitacional.

14.2 Admitindo que o elétron descreve uma órbita circular de raio $0{,}53 \times 10^{-10}$ m, determine a força elétrica de atração entre o próton e o elétron, no átomo de hidrogênio, e compare com sua atração gravitacional.

14.3 Compare a repulsão eletrostática entre dois elétrons com sua atração gravitacional a uma mesma distância. Faça o mesmo para dois prótons.

14.4 Duas bolas idênticas de cortiça, de massa m, têm cargas iguais a q (Fig. 14.44), e estão penduradas separadamente por dois fios de comprimento l atados no mesmo ponto. Determine o ângulo θ formado pelos fios com a vertical quando é alcançada a posição de equilíbrio.

14.5 Repita o Prob. 14.4, admitindo que os dois fios estejam pendurados em pontos separados a uma distância d (Fig. 14.45). De que forma essa experiência pode ser usada para verificar experimentalmente a lei do inverso do quadrado, variando-se a distância d e observando o ângulo θ?

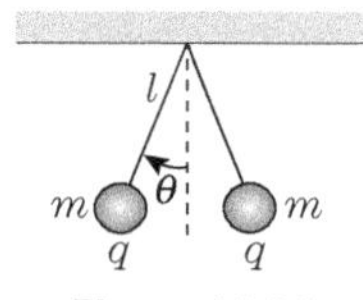

Figura 14.44

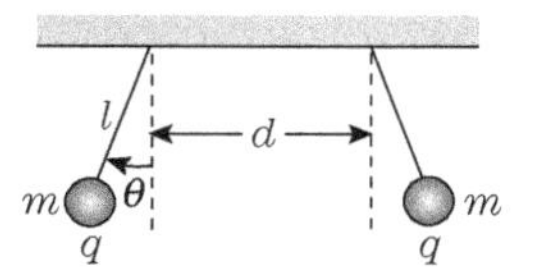

Figura 14.45

14.6 Qual deve ser a carga em uma partícula com 2 g de massa para que ela permaneça estacionária no laboratório, quando colocada em um campo elétrico vertical, com o seu sentido para baixo, e de intensidade igual a 500 $N \cdot C^{-1}$?

14.7 O campo elétrico na região entre as placas defletoras de um dado osciloscópio de raios catódicos é de 30.000 $N \cdot C^{-1}$. (a) Qual é a força em um elétron nessa região? (b) Qual é a aceleração de um elétron submetido a essa força? Compare com a aceleração da gravidade.

14.8 Uma carga de $2{,}5 \times 10^{-8}$ C é colocada num campo elétrico uniforme, de sentido para cima, cuja intensidade é de 5×10^{4} $N \cdot C^{-1}$. Qual é o trabalho da força elétrica sobre a carga quando esta se move (a) 45 cm para a direita? (b) 80 cm para baixo? (c) 260 cm num ângulo de 45° para cima da horizontal?

14.9 Existe um campo elétrico uniforme em uma região entre duas placas paralelas e carregadas com cargas opostas. Um elétron é abandonado do repouso na superfície da placa carregada negativamente e atinge a superfície da outra placa, num intervalo de tempo de $1{,}5 \times 10^{-8}$ s. (a) Calcule o campo elétrico, (b) Calcule a velocidade do elétron quando ele atinge a segunda placa.

14.10 Na Fig. 14.46, um elétron é lançado ao longo do eixo entre as placas, a meia distância entre elas, de um tubo de raios catódicos, com uma velocidade inicial de 2×10^{7} $m \cdot s^{-1}$. O campo elétrico uniforme entre as placas tem uma intensidade de 20.000 $N \cdot C^{-1}$ e é dirigido para cima. (a) Qual a distância, abaixo do eixo, em que o elétron deslocou-se quando atingiu o fim das placas? (b) Qual o ângulo que o elétron forma com o eixo quando ele deixa as placas? (c) A que distância abaixo do eixo o elétron atingirá o anteparo fluorescente S?

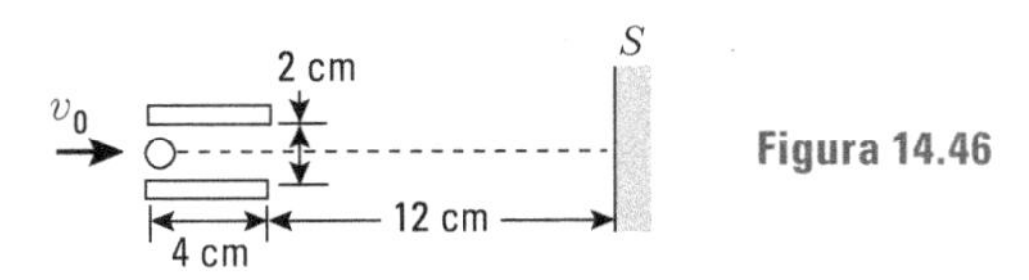

Figura 14.46

14.11 Um elétron é projetado em um campo elétrico uniforme de intensidade 5.000 $N \cdot C^{-1}$. A direção do campo é vertical e de sentido para baixo. A velocidade inicial do elétron é de 10^{7} $m \cdot s^{-1}$, a um ângulo de 30° acima da horizontal. (a) Calcule o tempo necessário para o elétron alcançar a sua altitude máxima. (b) Calcule a distância vertical máxima que o elétron sobe em relação à sua posição inicial. (c) Após qual distância horizontal o elétron retomará a sua elevação inicial? (d) Esboce a trajetória do elétron.

14.12 Uma gotinha de óleo de massa igual a 3×10^{-14} kg e de raio 2×10^{-6} m carrega um excesso de 10 elétrons. Qual a sua velocidade final (a) quando cai em uma região onde não existe campo elétrico? (b) quando cai em um campo elétrico cuja intensidade é $3 \times$ $\times 10^{5}$ $N \cdot C^{-1}$ de sentido para baixo? A viscosidade do ar é de $1{,}80 \times 10^{-5}$ $N \cdot s \cdot m^{-2}$. Despreze a força de empuxo do ar.

14.13 Uma gota de óleo carregada, na aparelhagem da experiência de Millikan, é observada caindo através de uma distância de 1 mm em 27,4 s, na ausência de qualquer campo externo. A mesma gota pode ser mantida estacionária num campo de $2{,}37 \times 10^4$ N · C^{-1}. Quantos elétrons em excesso adquiriu a gota? A viscosidade do ar é $1{,}80 \times 10^{-5}$ N · s · m^{-2}. A densidade do óleo é de 800 kg · m^{-3}, e a densidade do ar é de 1,30 kg · m^{-3}.

14.14 Uma gota de óleo carregada cai 4,0 mm cm 16,0 s, em velocidade constante no ar, na ausência de um campo elétrico. A densidade do óleo é de 800 kg · m^{-3}, a do ar é de 1,30 kg · m^{-3}, e o coeficiente de viscosidade do ar é $1{,}80 \times 10^{-5}$ N · s · m^{-2}. (a) Calcule o raio e a massa da gota. (b) Sendo que a gota carrega uma unidade de carga eletrônica e está em campo elétrico de 2×10^5 N · C^{-1}, qual é a razão da força do campo elétrico na gota para o seu peso?

14.15 Quando a gota de óleo, no Prob. 14.14, estava num campo elétrico constante de 2×10^5 N · C^{-1}, foram observados vários tempos de subidas diferentes para uma distância de 4,0 mm. Os tempos medidos foram 40,65; 25,46; 18,53; 12,00 e 7,85 s. Calcule (a) a velocidade de queda sob a gravidade, (b) a velocidade de subida em cada caso, e (c) a soma das velocidades da questão (a) e cada velocidade da questão (b). (d) Mostre que as somas na questão (c) são múltiplos inteiros de algum número, e interprete esse resultado. (e) Calcule o valor da carga do elétron a partir desses dados.

14.16 Duas cargas pontuais, 5μC e -10μC, estão separadas a 1 m uma da outra. (a) Determine o módulo, direção e sentido do campo elétrico num ponto distante de 0,6 m da primeira carga e de 0,8 m da segunda carga. (b) Onde o campo elétrico resultante dessas duas cargas é igual a zero?

14.17 Em uma aparelhagem para medir a carga eletrônica e, pelo método de Millikan, é necessária uma intensidade elétrica de $6{,}34 \times 10^4$ V · m^{-1} para manter em repouso uma gota de óleo carregada. Se as placas estão separadas por 1,5 cm, qual é a diferença de potencial necessárias entre elas?

14.18 Três cargas positivas, 2×10^{-7} C, 1×10^{-7} C, e 3×10^{-7} C, estão em linha reta, com a segunda no centro, tal que a distância entre duas cargas adjacentes é de 0,10 m. Calcule (a) a força resultante em cada carga proveniente das outras, (b) a energia potencial de cada carga devida à presença das outras, (c) a energia potencial interna do sistema. Compare o item (c) com a soma dos resultados obtidos em (b), e explique.

14.19 Resolva o problema anterior para o caso em que a segunda carga é negativa.

14.20 Em uma fissão particular do núcleo de urânio, os dois fragmentos são ^{95}Y e ^{141}I, tendo as massas praticamente iguais a 95 u e 141 u, respectivamente. Seus raios podem ser calculados usando a expressão $R = 1{,}2 \times 10^{-15} A^{1/3}$ m, onde A é o número da massa. Admitindo que eles estão inicialmente em repouso e tangentes um ao outro, determine (a) a força inicial e a energia potencial, (b) suas velocidades relativas finais, (c) a velocidade final de cada fragmento em relação a seus centros de massa.

14.21 Quando um núcleo de urânio se desintegra, emitindo uma partícula alfa (ou núcleo de hélio, $Z = 2$), o núcleo resultante é o tório ($Z = 90$). Admitindo que inicialmente a partícula alfa está em repouso e a uma distância do centro do núcleo igual a $8{,}5 \times 10^{-15}$ m, calcule (a) a aceleração inicial e a energia da partícula, (b) a energia e a velocidade da partícula quando se encontra a uma distância grande do núcleo.

14.22 Quatro prótons estão colocados nos vértices de um quadrado de lado igual a 2×10^{-9} m. Um outro próton está, inicialmente, a uma distância de 2×10^{-9} m do centro do quadrado, sobre a perpendicular a ele, atravessando o seu centro. Calcule (a) a velocidade inicial mínima necessária para alcançar o centro do quadrado, (b) sua aceleração inicial e final. (c) Faça um gráfico da energia do próton como função de sua distância ao centro do quadrado. Descreva seu movimento nos casos em que a energia inicial é maior e menor do que a encontrada no item (a).

14.23 A certa distância de uma carga pontual, o potencial é de 600 Y e o campo elétrico é de 200 $N \cdot C^{-1}$. (a) Qual é a distância em relação à carga pontual? (b) Qual é o valor da carga?

14.24 A carga máxima que pode ser armazenada por um dos terminais esféricos de um grande gerador Van de Graaff é cerca de 10^{-3} C. Suponha uma carga positiva dessa ordem, distribuída uniformemente sobre a superfície da esfera no vácuo. (a) Calcule o módulo do campo elétrico num ponto fora da esfera, a 5 m de seu centro. (b) Se um elétron for abandonado nesse ponto, qual será o módulo, a direção e o sentido de sua aceleração inicial? (c) Qual será a sua velocidade quando atingir a esfera?

14.25 Uma pequena esfera de massa igual a 0,2 g pende por um fio entre duas placas verticais e paralelas, separadas por uma distância de 5 cm. A carga na esfera é 6×10^{-9} C. Qual será a diferença de potencial entre as placas, se o fio permanecer num ângulo de 10° com a vertical?

14.26 Duas cargas pontuais de 2×10^{-7} C e 3×10^{-7} C estão separadas por uma distância de 0,10 m. Calcule o campo elétrico e o potencial resultantes em (a) o ponto médio entre elas, (b) em um ponto a 0,04 m da primeira e sobre a linha entre elas, (c) em um ponto a 0,04 m da primeira, sobre a linha que une as cargas, mas fora delas, (d) em um ponto a 0,10 m de cada carga. (e) Onde o campo elétrico é zero?

14.27 Resolva o problema anterior para o caso de a segunda carga ser negativa.

14.28 Voltando novamente ao Prob. 14.26, calcule o trabalho necessário para mover uma carga de 4×10^{-7} C do ponto em (c) para o ponto em (d). É necessário especificar o caminho?

14.29 Duas cargas pontuais positivas, cada uma de valor q, estão fixas no eixo dos Y nos pontos $y = a$ e $y = -a$. (a) Desenhe um diagrama mostrando as posições das cargas. (b) Qual é o potencial na origem? (c) Mostre que o potencial em qualquer ponto do eixo dos X é

$$V = 2q/4\pi\varepsilon_0\sqrt{a^2 + x^2}.$$

(d) Esboce um gráfico do potencial no eixo dos X como função de x sobre o intervalo de $x = +5a$ até $x = -5a$. (e) Para qual valor de x o potencial é a metade daquele da origem? (f) Por meio de (c), obtenha o campo elétrico no eixo dos X.

14.30 Suponha que, para as cargas do Prob. 14.29, uma partícula carregada positivamente com carga q' e massa m é ligeiramente deslocada da origem no sentido do eixo dos X, e abandonada. (a) Qual é sua velocidade no infinito? (b) Esboce um gráfico da velocidade da partícula como uma função de x. (c) Se a partícula for projetada para a esquerda, acompanhando o eixo dos X, de um ponto muito distante à direita da origem, com a metade da velocidade calculada em (a), a que distância da origem a partícula irá parar? (d) Se uma partícula carregada negativamente for abandonada do repouso no eixo dos X a uma distância muito grande, à esquerda da origem, qual será sua velocidade ao passar pela origem?

14.31 Aproveitando novamente as cargas descritas no Prob. 14.29, faça um gráfico do potencial ao longo do eixo dos Y. Compare com o gráfico do Prob. 14.29(d). Verifique se o potencial é um mínimo na origem.

14.32 Considere mais uma vez as cargas do Prob. 14.29. O que acontece (a) se uma partícula com uma carga positiva q' é colocada precisamente na origem e depois abandonada no repouso? (b) se a carga do item (a) for deslocada um pouco na direção do eixo dos Y? (c) se for deslocada um pouco na direção do eixo dos X?

14.33 Num sistema de coordenadas retangulares, uma carga de 25×10^{-9} C é colocada na origem e uma carga de -25×10^{-9} C é colocada no ponto $x = 6$ m, $y = 0$. Qual é o campo elétrico em (a) $x = 3$ m, $y = 0$? (b) $x = 3$ m, $y = 4$ m?

14.34 Cargas elétricas iguais de 1 C cada são colocadas nos vértices de um triângulo equilátero cujos lados têm 10 m de comprimento. Calcule (a) a força e a energia potencial de cada carga como resultado das interações com as outras, (b) o campo elétrico e o potencial resultantes no centro do triângulo, (c) a energia potencial interna do sistema.

14.35 Em relação ao problema anterior, faça um desenho das linhas de força do campo elétrico produzido pelas três cargas. Desenhe também as superfícies equipotenciais.

14.36 Demonstre que as componentes retangulares do campo elétrico produzido por uma carga q a uma distância r são

$$E_x = qx/4\pi\varepsilon_0 r^3$$

etc.

14.37 Num átomo de hidrogênio, em seu estado de mais baixa energia (também chamado de estado fundamental), o elétron gira em torno do próton e descreve uma órbita circular de raio $0{,}53 \times 10^{10}$ m. Calcule (a) a energia potencial, (b) a energia cinética, (c) a energia total, (d) a frequência do movimento. (Para comparação, a frequência da radiação emitida pelo átomo de hidrogênio é da ordem de 10^{15} Hz.)

14.38 Empregando o teorema do virial para uma partícula, determine a energia de um elétron (carga $-e$) que gira em volta de um núcleo de carga $+ Ze$ a uma distância r. Aplique o resultado para o átomo de hidrogênio ($r \sim 0{,}53 \times 10^{-10}$ m) e compare com o resultado obtido em (c) do Prob. 14.37.

14.39 Escreva uma expressão dando a energia potencial elétrica total interna de (a) um átomo de hélio, (b) uma molécula de hidrogênio.

14.40 Quanta energia cinética, em joules, e que velocidade, em $m \cdot s^{-1}$, deve ter um núcleo de carbono (carga $+6e$) depois de ter sido acelerado por uma diferença de potencial de 10^7 V?

14.41 Estabeleça uma relação numérica dando a velocidade (em $m \cdot s^{-1}$) de um elétron e de um próton, em termos da diferença de potencial (em volts) através da qual eles se moveram, admitindo inicialmente que eles estavam em repouso.

14.42 (a) Qual é a diferença máxima de potencial pela qual um elétron pode ser acelerado se sua massa não deve exceder sua massa de repouso por mais do que 1% do seu valor? (b) Qual é a velocidade desse elétron, expressa como uma fração da velocidade c da luz? (c) Faça os mesmos cálculos para um próton.

14.43 De maneira relativística, calcule a diferença de potencial necessária para (a) trazer um elétron do repouso a uma velocidade de $0{,}4\,c$, e (b) aumentar sua velocidade de $0{,}4c$ a $0{,}8c$, (c) aumentar sua velocidade de $0{,}8c$ a $0{,}95c$. Repita os mesmos cálculos para o próton.

14.44 Uma determinada máquina de alta energia acelera elétrons por meio de uma diferença de potencial de $6{,}5 \times 10^9$ V. (a) Qual é a proporção da massa m de um elétron para sua massa de repouso m_0, quando ele emerge do acelerador? (b) Qual é a proporção de sua velocidade em relação à da luz? (c) Qual seria a velocidade se fosse calculada pelos princípios da mecânica clássica?

14.45 Qual é a velocidade final de um elétron acelerado por meio de uma diferença de potencial de 12.000 V, se ele tiver uma velocidade inicial de 10^7 m · s^{-1}?

14.46 Em um determinado tubo de raios X, um elétron é acelerado do repouso através de uma diferença de potencial de 180.000 V, para ir do cátodo para o ânodo. Quando ele chegar ao ânodo, qual será (a) sua energia cinética em eV, (b) sua massa m e (c) sua velocidade?

14.47 Num acelerador linear, conforme ilustrado na Fig. 14.47, seções do tubo estão ligadas alternadamente e uma diferença de potencial oscilante é aplicada entre os dois conjuntos. (a) Demonstre que, para que o íon esteja em fase com o potencial oscilante, quando ele atravessa de um tubo para o outro (as energias sendo não relativísticas), os comprimentos dos tubos sucessivos devem ser $L_1\sqrt{n}$, onde L_1 é o comprimento do primeiro tubo. (b) Sendo a voltagem aceleradora V_0 e sua frequência ν, determine L_1. (c) Calcule a energia do íon emergente do enésimo tubo. (d) Quais seriam os comprimentos sucessivos dos tubos depois de o íon alcançar energias relativísticas?

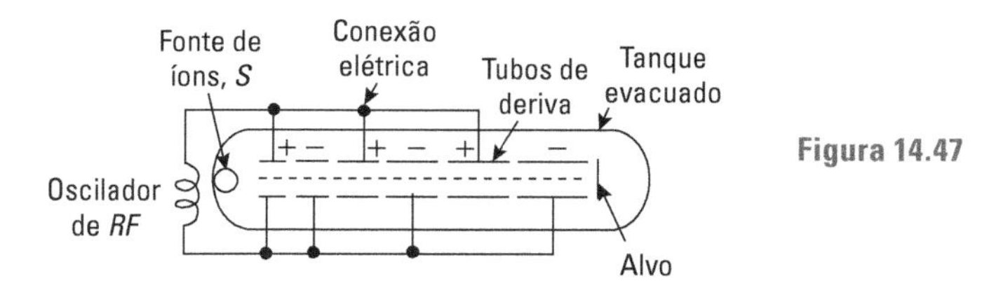

Figura 14.47

14.48 Suponha que a diferença de potencial entre o terminal esférico de um gerador Van de Graaff e o ponto em que as cargas estão espalhadas sobre a parte superior da correia é de 2×10^6 V. Se a correia entrega cargas negativas à esfera na base de 2×10^{-3} C · s^{-1} e retira cargas positivas na mesma taxa, que potência deve ser usada para movimentar a correia contra as forças elétricas?

14.49 A separação média dos prótons no interior de um núcleo atômico é da ordem de 10^{-15} m. Calcule em J e em MeV a ordem de grandeza da energia potencial elétrica de dois prótons num núcleo.

14.50 Admitindo que todos os prótons de um núcleo atômico de raio R estejam uniformemente distribuídos, a energia potencial elétrica interna pode ser calculada por $\frac{3}{5}Z(Z-1)e^2/4\pi\varepsilon_0 R$ (veja o Prob. 14.80 e o Ex. 16.13). O raio nuclear, por sua vez, pode ser calculado por $R = 1{,}2 \times 10^{-15}A^{1/3}$ m. Escreva as expressões que dão a energia potencial elétrica nuclear em J e em MeV, como uma função de Z e de A.

14.51 Empregando os resultados do Prob. 14.50, calcule a energia potencial elétrica total e a energia por próton para os seguintes núcleos: ^{16}O (Z = 8), ^{40}Ca (Z = 20), ^{91}Zr (Z = 40), ^{144}Nd (Z = 60), ^{200}Hg (Z = 80) e ^{238}U (Z = 92). O que lhe dizem seus resultados a respeito do efeito da interação elétrica entre prótons sobre a estabilidade do núcleo? Usando os seus dados, faça um gráfico da energia potencial *versus* o número de massa.

14.52 Um próton produzido num acelerador Van de Graaff de 1 MeV é arremessado contra uma folha de ouro. Calcule a distância de máxima aproximação para (a) uma colisão frontal, (b) colisões com parâmetros de impacto de 10^{-15} m e 10^{-14} m. Qual é a deflexão do próton em cada caso?

14.53 Uma partícula alfa, com uma energia cinética de 4 MeV, é dirigida para o núcleo de um átomo de mercúrio. O número atômico do mercúrio é 80, e, portanto, o núcleo do mercúrio tem uma carga positiva igual a 80 cargas eletrônicas. (a) Determine a distância de máxima aproximação da partícula alfa em relação ao núcleo. (b) Compare o resultado obtido com o raio nuclear, ~ 10^{-14} m.

14.54 Os prótons acelerados por uma voltagem de 8×10^5 V caem sobre uma folha de ouro ($Z = 79$). Calcule a seção de choque diferencial para o espalhamento coulombiano, em intervalos de 20°, para ϕ entre 20° e 180°. Faça um gráfico polar de $\sigma(\phi)$. [*Nota*: a Eq. (14.25) torna-se infinita para $\phi = 0$. Isso porque admitimos que o núcleo espalhador é uma carga pontual. Quando consideramos o tamanho finito do núcleo, esse infinito desaparece.]

14.55 A diferença de potencial entre duas placas paralelas na Fig. 14.48 é de 100 V; o comprimento delas é de 2 cm, e são separadas por 1 cm. Um elétron é lançado em uma direção perpendicular ao campo, com uma velocidade inicial de 10^7 m · s^{-1}. (a) Determine seu desvio e sua velocidade transversal quando ele emerge da placa. (b) Se um anteparo for colocado 0,50 m à direita da extremidade das placas, em que posição cairá o elétron sobre o anteparo?

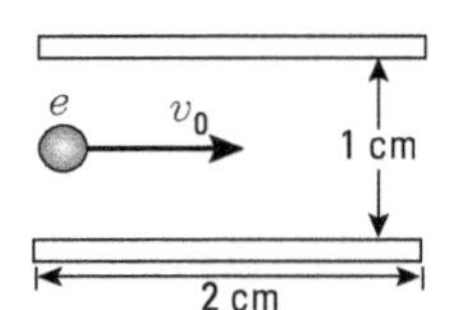

Figura 14.48

14.56 Estabelece-se uma diferença de potencial de 1.600 V entre duas placas paralelas separadas por 4 cm. Um elétron é abandonado da placa negativa no mesmo instante em que um próton é abandonado da placa positiva. (a) A que distância eles estarão da placa positiva quando um passar pelo outro? (b) Como podem ser comparadas suas energias quando eles atingem as placas opostas? (c) Como são relacionadas suas velocidades quando eles atingem as placas opostas?

14.57 Basicamente, um determinado tríodo a vácuo consiste nos elementos que se seguem. Uma superfície plana (o cátodo) emite elétrons com velocidades iniciais desprezíveis. Paralelamente ao cátodo e distante dele 3 mm, há uma grade de fio fino em um potencial acima do cátodo de 18 V. A estrutura da grade é suficientemente aberta para que os elétrons possam passar livremente através dela. Uma superfície em segundo plano (o ânodo) está 12 mm além da grade e em um potencial de 15 V acima do cátodo. Admitamos que os campos elétricos entre o cátodo e a grade, e entre a grade e o ânodo, são uniformes. (a) Desenhe um gráfico do potencial *versus* a distância, ao longo de uma linha do cátodo para o ânodo. (b) Com que velocidade os elétrons atravessarão a grade? (c) Com que velocidade os elétrons atingirão o ânodo? (d) Determine o módulo, direção e sentido do campo elétrico entre o cátodo e a grade, e entre a grade e o ânodo. (e) Calcule o módulo, direção e sentido da aceleração do elétron em cada região.

14.58 Um acelerador linear que tem uma diferença de voltagem de 800 kV produz um feixe de prótons tendo uma corrente de 1 mA. Calcule (a) o número de prótons que batem no alvo por segundo, (b) a potência necessária para acelerar os prótons, (c) a velocidade dos prótons quando eles atingem o alvo. (d) Dado que os prótons perdem 80% de sua energia no alvo, calcule a razão, expressa em cal $\cdot$ s^{-1}, da energia em forma de calor que deve ser retirada do alvo.

14.59 Após ser acelerado por uma diferença de potencial de 565 V, um elétron entra num campo elétrico uniforme de 3.500V $\cdot$ m^{-1}, em um ângulo de 60° formado com o sentido do campo. Após 5×10^{-8} s, quais são (a) as componentes de sua velocidade paralela e perpendicular ao campo, (b) o módulo, direção e sentido de sua velocidade, (c) suas coordenadas em relação ao ponto de entrada? (d) Qual é sua energia total?

14.60 Duas placas metálicas planas e grandes estão montadas verticalmente com uma separação de 4 cm e carregadas a uma diferença de potencial de 200 V. (a) Com que velocidade um elétron precisa ser projetado horizontalmente da placa positiva, para que alcance a placa negativa com uma velocidade de 10^7 m $\cdot$ s^{-1}? (b) Com que velocidade ele precisa ser projetado da placa positiva, com a direção num ângulo de 37° acima da horizontal, para que a componente horizontal de sua velocidade, ao chegar à placa negativa, seja 10^7 m $\cdot$ s^{-1}? Qual é o valor da componente y da velocidade quando o elétron atinge a placa negativa? (d) Qual é o tempo de trânsito que o elétron necessita, em cada caso, para ir de uma placa à outra? (e) Com que velocidade o elétron chegará à placa negativa, se ele for projetado horizontalmente da placa positiva com uma velocidade de 10^6 m $\cdot$ s^{-1}?

14.61 Um elétron está entre duas placas horizontais separadas por 2 cm e carregadas com uma diferença de potencial de 2.000 V. Compare a força elétrica no elétron com a força da gravidade. Repita para o próton. Isso justifica o fato de termos ignorado os efeitos gravitacionais neste capítulo?

14.62 Adapte o resultado do Ex. 13.8 para o caso de um plano com uma densidade de carga σ, a fim de mostrar que o campo elétrico e o potencial são $\mathfrak{E} = \sigma/2\varepsilon_0$ e $V = -\sigma z/2\varepsilon_0$.

14.63 Uma carga $-q$, de massa m, é colocada a uma distância z de um plano carregado com uma densidade de carga positiva σ, e é abandonada do repouso. Calcule sua aceleração, a velocidade com que cairá no plano, e o tempo necessário para atingi-lo.

14.64 Suponha que a carga do Prob. 14.63 tenha uma velocidade inicial v_0 paralela ao plano. Determine (a) a trajetória seguida, (b) o tempo decorrido antes dela cair no plano, (c) a distância paralela ao plano percorrida pela carga.

14.65 Voltando novamente ao Prob. 14.63, suponha que a carga esteja inicialmente em $z = 0$, sendo atirada com uma velocidade v_0 num ângulo α com o plano. Determine (a) a trajetória seguida, (b) sua máxima separação do plano, (c) a distância que a carga cobre paralelamente ao plano, antes de cair de volta ao plano.

14.66 Acompanhando uma linha reta, existe um número infinito de cargas alternadamente positivas e negativas $\pm q$, sendo todas as cargas adjacentes separadas pela mesma distância r (Fig. 14-49). Mostre que a energia potencial de uma carga é $(-q^2/2\pi\varepsilon_0 r) \ln 2$. [*Sugestão*: verifique com a Eq. (M.24).]

14.67 Um sistema plano regular de cargas alternadas, positivas e negativas, e de mesmo valor é obtido colocando as cargas no centro de quadrados de lado a (Fig. 14.50). Determine a energia potencial da carga A. [*Sugestão*: agrupe as cargas que cercam A, considerando, em cada grupo, aquelas que estão a uma mesma distância de A.]

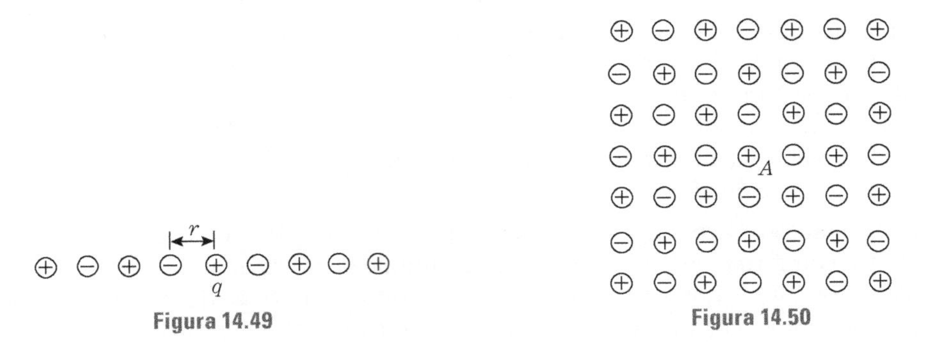

Figura 14.49

Figura 14.50

14.68 Um anel de raio a leva uma carga q. Calcule o potencial elétrico e o campo elétrico nos pontos ao longo de seu eixo perpendicular.

14.69 Determine o potencial e o campo elétrico ao longo dos pontos no eixo de um disco de raio R carregado com uma carga σ por unidade de área. [*Sugestão*: divida o disco em anéis e some as contribuições de todos os anéis.]

14.70 Voltando novamente ao Prob. 14.69, obtenha o campo e o potencial elétrico de uma distribuição plana de cargas com a mesma densidade de cargas que o disco. [*Sugestão*: faça R muito grande e mantenha apenas os termos dominantes.]

14.71 Um fio de comprimento L tem uma carga de λ por unidade de comprimento (Fig. 14.51). (a) Demonstre que o campo elétrico num ponto a uma distância R do fio é dado por

$$\mathfrak{E}_{\perp} = (\lambda/4\pi\varepsilon_0 R)\ (\text{sen}\ \theta_2 - \text{sen}\ \theta_1)$$

e

$$\mathfrak{E}_{\parallel} = (\lambda/4\pi\varepsilon_0 R)\ (\text{sen}\ \theta_2 - \text{sen}\ \theta_1),$$

onde $\mathfrak{E}_{\perp}$ e $\mathfrak{E}_{\parallel}$ são as componentes de $\mathfrak{E}$ perpendiculares e paralelas ao fio, e θ_1 e θ_2 são os ângulos que as linhas, do ponto às extremidades do fio, formam com a perpendicular a ele. (b) Determine o campo quando o ponto é equidistante de ambas as extremidades. (c) Os sinais dos ângulos e θ_1 e θ_2 são como os indicados na figura.

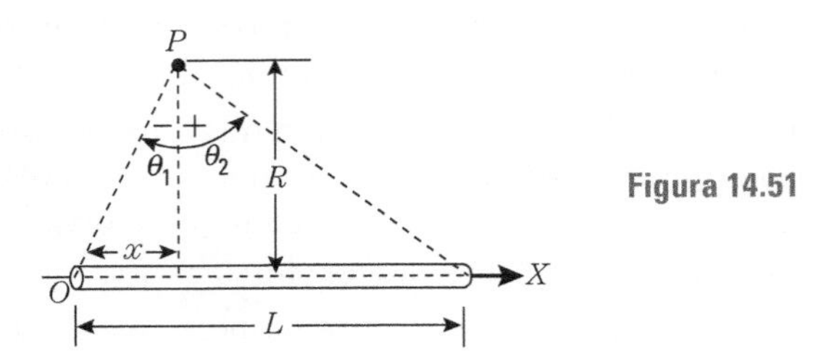

Figura 14.51

14.72 Um fio com uma carga de λ, por unidade de comprimento, é curvado na forma de um quadrado de lado L. Calcule o campo e o potencial elétrico nos pontos da linha que é perpendicular ao quadrado e atravessa o seu centro.

14.73 Admitindo que um plano, com uma carga uniforme por unidade de área igual a σ, é composto de uma série de filamentos de comprimento infinito e largura dx, obtenha uma expressão para o campo e o seu potencial elétrico.

14.74 Qual é a massa de Cu (bivalente) depositada num elétrodo por uma corrente de 2 A durante uma hora? Quantos átomos foram depositados?

14.75 Calcule a força elétrica média de atração entre duas moléculas de água, na fase gasosa, em condições TPN, em decorrência de seus momentos de dipolo elétrico. Considere diversas orientações relativas possíveis dos seus dipolos elétricos, e compare com sua atração gravitacional.

14.76 Adapte os resultados do Prob. 13.81 para o caso de uma distribuição de cargas elétricas, definindo os momentos de dipolo elétrico e quadrupolo, para as direções consideradas.

14.77 Determine os momentos de dipolo e quadrupolo elétrico da distribuição de carga vista na Fig. 14.52, em relação ao eixo dos Z. Admitindo que z é muito grande comparado com a, calcule o potencial e o campo elétrico nos pontos ao longo do eixo dos Z. Repita os cálculos para o eixo dos Y.

14.78 Repita o Prob. 14.77, admitindo que todas as cargas são positivas.

14.79 Um próton muito rápido com velocidade v_0 passa a uma distância a de um elétron inicialmente em repouso (Fig. 14.53). Admita que o movimento do próton não é perturbado por causa de sua grande massa. (a) Represente graficamente a componente da força perpendicular a v_0 que o próton exerce sobre o elétron como uma função de x. (b) Mostre que a quantidade de movimento transferida para o elétron é

$$(e^2/4\pi\varepsilon_0)(2/v_0a)$$

em uma direção perpendicular a v_0. (c) Calcule a deflexão do próton como uma função de sua velocidade. Este exemplo fornece uma base rudimentar para a análise do movimento de partículas carregadas passando através da matéria. [*Sugestão*: admitindo que o elétron permanece praticamente em sua posição inicial durante a passagem do próton, a quantidade de movimento transferida para o elétron é dada por $\Delta \boldsymbol{p} = \int \boldsymbol{F}\, dt$, e apenas a componente perpendicular a v_0 deve ser calculada. Em vez de integrar de $-\infty$ a $+\infty$, tendo em vista a simetria da força, integre de 0 a ∞ e multiplique por 2.]

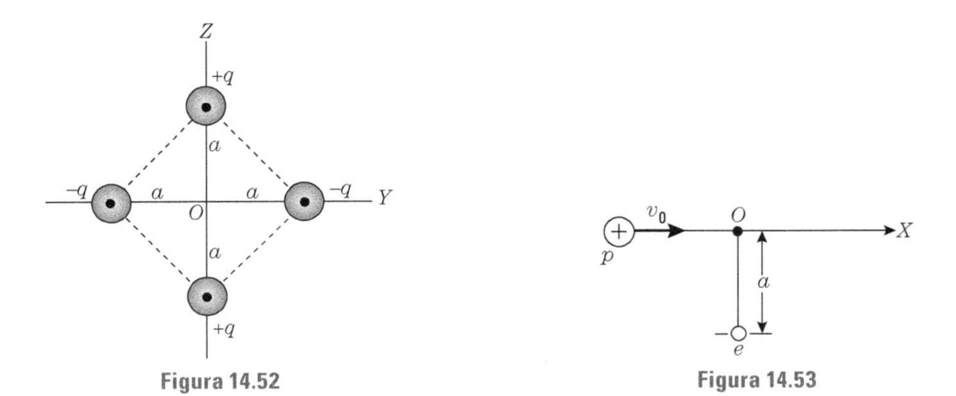

Figura 14.52

Figura 14.53

14.80 Prove que a energia potencial elétrica interna de um sistema de cargas pode ser escrita em qualquer uma das formas alternativas:

$$\text{(a) } E_p = \sum_{\substack{\text{Todos os}\\ \text{pares}}} \frac{q_i q_j}{4\pi\varepsilon_0 r_{ij}}$$

$$\text{(b) } E_p = \tfrac{1}{2} \sum_{\substack{\text{Todas as}\\ \text{cargas}}} q_i V_i,$$

onde V_i é o potencial produzido em q_i por *todas as outras* cargas. (c) Usando o resultado de (b), mostre que a energia elétrica da distribuição contínua de cargas de densidade ρ é $E_p = \frac{1}{2}\rho V \, d\tau$. (d) Use essa expressão para mostrar que a energia de um condutor esférico tendo uma carga Q uniformemente distribuída sobre seu volume é $\frac{3}{5}Q^2/4\pi\varepsilon_0 R$. (e) Estenda o último resultado para o caso do núcleo de número atômico Z.

14.81 Prove que as equações diferenciais das linhas de força são $dx/\mathfrak{E}_x = dy/\mathfrak{E}_y = dz/\mathfrak{E}_z$, onde dx, dy, e dz correspondem a dois pontos muito próximos na linha de força. Aplique essas equações para obter a equação das linhas de força de um dipolo elétrico. [*Sugestão*: note que, neste caso, como as linhas de força são curvas planas, a componente $\mathfrak{E}_z$ não é necessária. Expresse e $\mathfrak{E}_x$ e $\mathfrak{E}_y$ para um dipolo elétrico em coordenadas retangulares.]

14.82 Prove que, em coordenadas polares, a equação diferencial das linhas de força é $dr/\mathfrak{E}_r = r\, d\theta/\mathfrak{E}_\theta$. Aplique esse resultado para obter a equação das linhas de força de um dipolo elétrico em coordenadas polares. Compare com o resultado do Prob. 14.81.

14.83 O statcoulomb (stC) é a unidade de carga definida como a quantidade de carga que, quando colocada a uma distância de 1 cm de outra carga igual (no vácuo), a força entre elas é 1 dina. (a) Prove que um statcoulomb é $\frac{1}{10c}$ C (onde c é a velocidade da luz), ou aproximadamente $\frac{1}{3} \times 10^{-9}$ C. (b) Expresse a carga elementar e em statcoulombs. (c) Calcule o valor das constantes K_e e ε_0, quando a carga é expressa em statcoulombs, a força em dinas, e a distância em centímetros. (d) Determine a relação entre dina/statcoulomb e $\text{N} \cdot \text{C}^{-1}$ para as medidas do campo elétrico.

14.84 Quantos elétrons contém um stC?

14.85 O abcoulomb é uma unidade de carga definida como 10 C. Determine o valor das constantes K_e e ε_0, quando a carga é expressa em abcoulombs, a força em dinas, e a distância em centímetros. Qual é a relação do abcoulomb para o stC?

14.86 O statvolt (stV) é definido como a diferença de potencial entre dois pontos, quando o trabalho de um erg é feito para mover uma carga de um statcoulomb de um ponto para outro. (a) Prove que um statvolt é igual a $c/10^6$, ou aproximadamente 300 V. (b) Determine a relação entre o $\text{stV} \cdot \text{cm}^{-1}$ e o $\text{V} \cdot \text{m}^{-1}$ como unidades para medidas do campo elétrico. Compare com o resultado (d) do Prob. 14.83.

14.87 Escreva a expressão para o potencial resultante de uma carga q a uma distância r, quando esse potencial é medido em stV, a carga em stC, e a distância em cm. Repita para um campo elétrico que é medido em $\text{stV} \cdot \text{cm}^{-1}$.

14.88 Costuma-se escrever a energia do estado estacionário dos átomos com um elétron na forma $E_n = -RZh^2c/n^2$, onde R é chamada a *constante de Rydberg*. Usando a expressão dada no Ex. 14.8 para E_n, mostre que R é igual a $1{,}0974 \times 10^7$ m^{-1}.

14.89 Calcule as energias dos quatro primeiros estados estacionários do H e do He^+. Determine a energia necessária em cada caso para elevar o sistema do estado fundamental ao primeiro estado excitado. Represente as energias numa escala, por linhas horizontais corretamente espaçadas. Observando que algumas energias coincidem, pode-se deduzir uma regra geral?

14.90 Usando o resultado do Prob. 14.37, calcule a velocidade de um elétron num átomo de hidrogênio em seu estado fundamental e verifique os cálculos feitos no fim do Ex. 14.10.

15 Interação magnética

15.1 Introdução

Outro tipo de interação observada na natureza é a chamada *magnética*. Séculos antes de Cristo, os homens observaram que certos minérios de ferro, tal como a magnetita, têm a propriedade de atrair pequenos pedaços de ferro. Essa propriedade é encontrada no ferro, no cobalto, no manganês, e em muitos compostos desses metais. Essa propriedade aparentemente específica não está relacionada com a gravitação, pois não é encontrada em *todos* os corpos, mas parece estar concentrada em certos pontos nos minérios. Do mesmo modo, não está, aparentemente, relacionada com a interação elétrica, porque nem bolas de cortiça, nem pedaços de papel, são atraídos por esses minérios. Portanto um novo nome, *magnetismo**, foi dado a essa propriedade física. As regiões de um corpo nas quais o magnetismo parece estar concentrado são chamadas de *polos magnéticos*. Um corpo magnetizado é chamado de *magneto* ou *ímã*.

A própria Terra é um enorme ímã. Por exemplo, se suspendermos uma haste horizontal magnetizada em qualquer ponto da superfície da Terra e deixarmos que gire livremente em torno de um eixo vertical, a haste se orientará de modo que a mesma extremidade aponte sempre em direção ao polo norte geográfico. Esse resultado mostra que a Terra exerce uma força adicional sobre a haste magnetizada, o que não acontece em hastes não magnetizadas.

Esse experimento indica também a existência de duas espécies de polos magnéticos, que podemos designar pelos sinais + e –, ou pelas letras N e S, correspondendo aos polos norte e sul, respectivamente. Se tomarmos duas barras magnetizadas e as colocarmos como mostra a Fig. 15.1, as barras se repelirão ou se atrairão, dependendo de colocarmos os polos iguais ou desiguais um em frente ao outro. Desse modo, concluímos de nosso experimento que

> *a interação entre polos magnéticos iguais é repulsiva e a interação entre polos magnéticos desiguais é atrativa.*

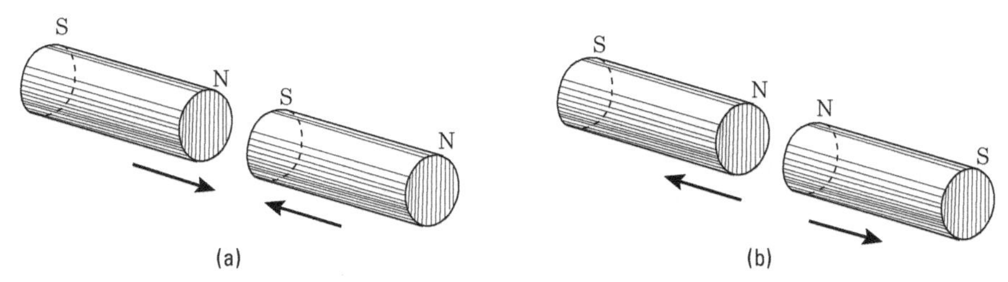

Figura 15.1 Interação entre duas barras magnetizadas. (a) Os polos opostos se atraem. (b) Os polos iguais se repelem.

* O nome magnetismo provém de uma antiga cidade da Ásia Menor, chamada Magnésia, onde o fenômeno foi observado pela primeira vez.

Podemos tentar, em seguida, medir a força de um polo magnético, definindo uma *massa magnética* ou carga, e investigar a dependência da interação magnética em relação à distância entre os polos. Isso é perfeitamente possível e, de fato, antes de os físicos terem entendido claramente a natureza do magnetismo, esse foi o tratamento adotado. Entretanto uma dificuldade fundamental apareceu quando essas medidas foram tentadas. Apesar de termos sido capazes de isolar cargas elétricas positivas e negativas, e associar uma quantidade definida de carga elétrica às partículas fundamentais constituintes de todos os átomos, não fomos capazes de isolar um polo magnético, ou identificar uma partícula fundamental que tivesse somente uma espécie de magnetismo, ou seja, N ou S. Os corpos magnetizados sempre apresentam polos aos pares, iguais e de sinais opostos. Por outro lado, as noções de polo magnético e massa magnética foram consideradas desnecessárias para a descrição do magnetismo. As interações elétricas e magnéticas estão estreitamente relacionadas e, de fato, são apenas dois aspectos diferentes de uma propriedade da matéria, a carga elétrica; *magnetismo é uma manifestação de cargas elétricas em movimento.* Interações elétricas e magnéticas devem ser consideradas juntas sob um nome mais geral de *interação eletromagnética.*

15.2 Força magnética sobre uma carga em movimento

Já que observamos as interações entre corpos magnetizados, podemos dizer, em analogia com os casos gravitacionais e elétricos, que um corpo magnetizado produz um *campo magnético* ao redor dele no espaço. Quando colocamos uma carga elétrica *em repouso* em um campo magnético, nenhuma força especial ou interação é observada sobre a carga. Mas, quando uma carga elétrica *se movimenta* em uma região onde há um campo magnético, uma nova força é observada sobre a carga em adição àquelas resultantes de suas interações gravitacionais e elétricas.

Medindo-se, em um campo magnético, a força experimentada no mesmo ponto, por diferentes cargas que se movem em diferentes direções, podemos obter uma relação entre a força, a carga e sua velocidade. Desse modo, concluímos que

> *a força exercida por um campo magnético sobre uma carga em movimento é proporcional à carga elétrica e à sua velocidade, e a direção da força é perpendicular à velocidade da carga.*

Lembrando as propriedades do produto vetorial, podemos avançar mais um passo e tentar escrever a força F sobre uma carga q com velocidade v, num campo magnético, como

$$F = qv \times \mathfrak{B}, \tag{15.1}$$

que satisfaz os requisitos experimentais mencionados acima. Aqui, $\mathfrak{B}$* é um vetor determinado, em cada ponto, por comparação do valor observado de F no ponto com aqueles de q e v. A tentativa provou ser bem-sucedida. O vetor $\mathfrak{B}$ pode variar de ponto a ponto num campo magnético, mas, em cada ponto, é constatado experimentalmente como sendo o mesmo para todas as cargas e velocidades. Portanto $\mathfrak{B}$ descreve uma propriedade, que é característica do campo magnético, denominada *indução magnética*, ou, simplesmente, campo magnético.

* Lê-se "be" gótico (vetor).

Quando a partícula se move em uma região onde há um campo elétrico e um campo magnético, a força resultante é a soma da força elétrica $q\mathfrak{B}$ e da força magnética $q\boldsymbol{v} \times \mathfrak{B}$, isto é,

$$F = q(\mathfrak{E} + \boldsymbol{v} \times \mathfrak{B}). \quad (15.2)$$

Essa expressão é chamada a *força de Lorentz.*

Como foi indicado antes, em virtude da propriedade do produto vetorial, a Eq. (15.1) dá uma força perpendicular à velocidade $\boldsymbol{v}$, e igualmente perpendicular ao campo magnético $\mathfrak{B}$. A Eq. (15.1) mostra também que, quando $\boldsymbol{v}$ é paralelo a $\mathfrak{B}$, a força $\boldsymbol{F}$ é zero. Com efeito, observou-se que, em cada ponto de todo campo magnético, há certa direção do movimento na qual nenhuma força atua sobre a carga em movimento. Esta é definida como a direção do campo magnético no ponto. Na Fig. 15.2, a relação entre os três vetores $\boldsymbol{v}$, $\mathfrak{B}$, e $\boldsymbol{F}$ é ilustrada para ambos os sinais da carga, positivo e negativo. A figura mostra a regra para determinar a direção e o sentido da força, usando a mão direita.

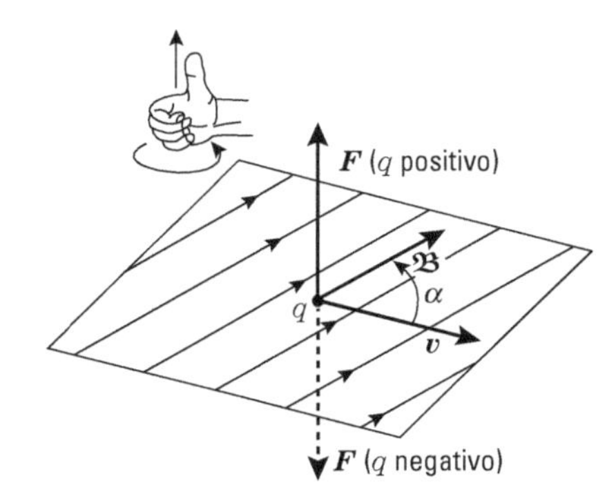

Figura 15.2 Relação vetorial entre a força magnética, indução magnética e a velocidade da carga. A força é perpendicular ao plano que contém $\mathfrak{B}$ e $\boldsymbol{v}$.

Se α é o ângulo entre v e $\mathfrak{B}$, o módulo de F é

$$F = qv\,\mathfrak{B}^{*} \operatorname{sen} \alpha. \quad (15.3)$$

A força máxima ocorre quando $\alpha = \pi/2$ ou v é perpendicular a $\mathfrak{B}$, resultando em

$$F = qv\mathfrak{B}. \quad (15.4)$$

Como foi indicado anteriormente, a força mínima, zero, ocorre quando $\alpha = 0$ ou quando $\boldsymbol{v}$ é paralelo a $\mathfrak{B}$.

Podemos definir, da Eq. (15.1), a unidade de indução magnética como $N/C \cdot m \cdot s^{-1}$ ou $kg \cdot s^{-1}$. Essa unidade é chamada *tesla*, abreviada T, em homenagem ao engenheiro americano Nicholas Tesla (1856-1943), nascido na Iugoslávia; isto é, $T = kg \cdot s^{-1}$. Um tesla corresponde ao campo magnético que produz uma força de um newton sobre uma carga de um coulomb movendo-se perpendicularmente ao campo com a velocidade de um metro por segundo.

Em virtude do fato de a força magnética $\boldsymbol{F} = q\boldsymbol{v} \times \mathfrak{B}$ ser perpendicular à velocidade, seu trabalho é zero e, portanto, não produz qualquer mudança na energia cinética na partícula, como foi definido para Eq. (8.11). Apesar de a força magnética não ser conservativa,

* Lê-se "bê" gótico (escalar).

no sentido definido na Cap. 8, quando uma partícula se move em campos elétricos e magnéticos combinados sua energia total permanece constante. (Por energia total referimo-nos à sua energia cinética mais a energia potencial resultantes de suas diferentes interações.)

■ **Exemplo 15.1** Um raio cósmico (próton) com uma velocidade igual a 10^7 m · s^{-1} penetra no campo magnético da Terra em uma direção perpendicular a este. Avaliar a força exercida sobre o próton.

Solução: A indução magnética próxima à superfície da Terra, no equador, é aproximadamente $\mathfrak{B} = 1{,}3 \times 10^{-7}$ T. A carga elétrica do próton é $q = +e = 1{,}6 \times 10^{-19}$ *C*. Usando a Eq. (15.4) a força sobre o próton é, portanto,

$$F = qv\mathfrak{B} = 2{,}08 \times 10^{-19}\ \text{N},$$

que é aproximadamente dez milhões de vezes maior do que a força devida à gravidade, $m_p g \approx 1{,}6 \times 10^{-26}$ N. A aceleração devida a essa força, já que $m = m_p = 1{,}67 \times 10^{-27}$ kg, é a $a = F/m_p = 1{,}24 \times 10^8$ m · s^{-2}. Portanto a aceleração do próton é bastante grande comparada com a aceleração da gravidade.

■ **Exemplo 15.2** Discussão do *efeito Hall*. Em 1879, o físico americano E.C. Hall (1855-1929) descobriu que, quando uma placa de metal, percorrida por uma corrente *I*, é colocada num campo magnético, perpendicular a ela, aparece uma diferença de potencial entre os pontos opostos das bordas da placa. Esse é o chamado efeito Hall.

Solução: É uma aplicação típica da Eq. (15.1). Suponha, em primeiro lugar, que os portadores da corrente elétrica, na placa de metal, sejam elétrons com uma carga negativa $q = -e$. Considerando a Fig. 15.3 (a), onde o eixo dos *Z* está paralelo à corrente *I*, vemos que o movimento dos elétrons é no sentido de $-Z$ com a velocidade $\boldsymbol{v}_-$. Quando o campo magnético $\mathfrak{B}$ é aplicado perpendicularmente à placa, ou no sentido do eixo dos *X*, os elétrons são sujeitos à força $F = (-e)\boldsymbol{v}_- \times \mathfrak{B}$. O produto vetorial $\boldsymbol{v}_- \times \mathfrak{B}$ está no sentido do eixo $-Y$, mas, quando multiplicamos por $-e$, o resultado é um vetor $\boldsymbol{F}$ no sentido do eixo $+Y$. Portanto os elétrons acumulam-se no lado direito da placa que, por essa razão, torna-se carregada negativamente. O lado esquerdo torna-se deficiente no número usual de elétrons, carregando-se positivamente. Consequentemente, é produzido um campo elétrico $\mathfrak{E}$ paralelo ao eixo $+ Y$. Quando a força $(-e)\ \mathfrak{B}$ sobre os elétrons, resultante desse campo elétrico e dirigida para a esquerda, contrabalança a força para a direita, resultante do campo magnético $\mathfrak{B}$, resulta o equilíbrio. Esse equilíbrio produz uma diferença de potencial transversal entre as bordas do condutor, estando o lado esquerdo a um potencial mais alto; o valor da diferença potencial é proporcional ao campo magnético. Esse é o efeito Hall, normal, ou "negativo", apresentado pela maioria dos metais, como, por exemplo, o ouro, a prata, a platina, o cobre etc. Mas, em alguns metais – como o cobalto, o zinco, o ferro, e outros materiais, tais como os semicondutores –, produz-se um efeito Hall oposto, ou "positivo".

Para explicar o efeito Hall positivo, suponha que, apesar de os elétrons estarem carregados negativamente, os portadores da corrente sejam partículas carregadas positivamente com $q = +e$. Os portadores devem se mover no mesmo sentido que a corrente, de modo que sua velocidade $\boldsymbol{v}_+$ está no mesmo sentido do eixo $+Z$, tal como na Fig. 15.3(b).

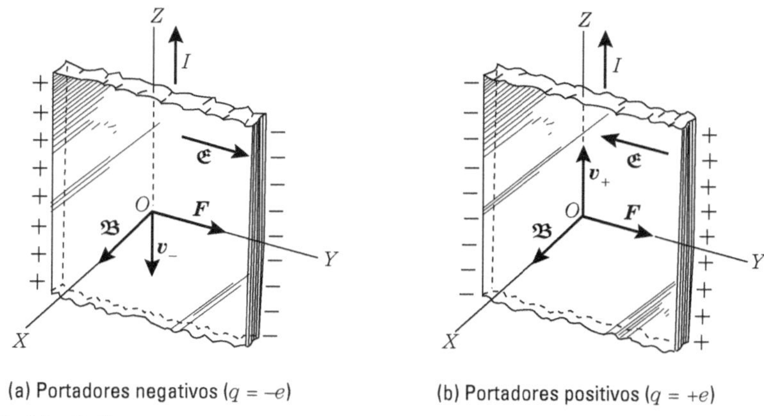

(a) Portadores negativos ($q = -e$) (b) Portadores positivos ($q = +e$)

Figura 15.3 O efeito Hall.

A força magnética na carga em movimento é $\boldsymbol{F} = (+e)\boldsymbol{v}_+ \times \boldsymbol{\mathfrak{B}}$ e é dirigida no sentido do eixo + *Y*. Mas, como as cargas são positivas, o lado direito da placa se torna carregado positivamente e o lado esquerdo negativamente, produzindo um campo elétrico transversal no sentido $-Y$. Portanto a diferença de potencial é oposta àquela no caso dos portadores negativos, resultando em um efeito Hall positivo.

Quando os dois tipos de efeito Hall foram descobertos, os físicos ficaram muito confusos porque, naquela época, a opinião geral era de que os únicos portadores da corrente elétrica num condutor sólido eram os elétrons carregados negativamente. Entretanto, descobriu-se que, sob certas circunstâncias, pode-se afirmar que os portadores da corrente elétrica em um sólido são partículas carregadas positivamente.

Nesses materiais, há lugares onde, normalmente, um elétron poderia estar presente, mas, em virtude de algum defeito na estrutura do sólido, este é extraviado; em outras palavras, dizemos que há um *buraco*. Quando, por alguma razão, um elétron próximo se move para preencher um buraco existente, este naturalmente produz um buraco em sua posição original. Desse modo, os buracos de elétrons se movem exatamente em direção oposta àquela na qual os elétrons carregados negativamente se movem sob um campo elétrico aplicado. Podemos dizer que os buracos agem de maneira semelhante a partículas positivas. Assim, o efeito Hall fornece um método muito útil para determinar o sinal dos portadores da corrente elétrica num condutor.

15.3 Movimento de uma carga em um campo magnético

Primeiramente, consideremos o movimento de uma partícula carregada em um campo magnético uniforme; isto é, um campo magnético com o mesmo módulo, direção e sentido, em todos os pontos. Para simplificar, consideremos o caso de uma partícula que se move numa direção perpendicular ao campo magnético (Fig. 15.4). A força é dada pela Eq. (15.4). Uma vez que a força é perpendicular à velocidade, seu efeito é mudar a direção da velocidade sem mudar o seu módulo, resultando em um movimento circular uniforme. A aceleração é centrípeta, e, usando a equação do movimento (7.28), temos $F = mv^2/r$, com F dado pela Eq. (15.4). Por essa razão, escrevemos

$$\frac{mv^2}{r} = qv\mathfrak{B}$$

ou

$$r = \frac{mv}{q\mathfrak{B}}, \tag{15.5}$$

que dá o raio do círculo descrito pela partícula. Por exemplo, usando os dados do Ex. 15.1, vemos que, se o campo for uniforme, os prótons descreverão um círculo cujo raio deverá ser 8×10^5 m. Escrevendo $v = \omega r$, onde ω é a velocidade angular, temos então

$$\omega = \frac{q}{m}\mathfrak{B}. \tag{15.6}$$

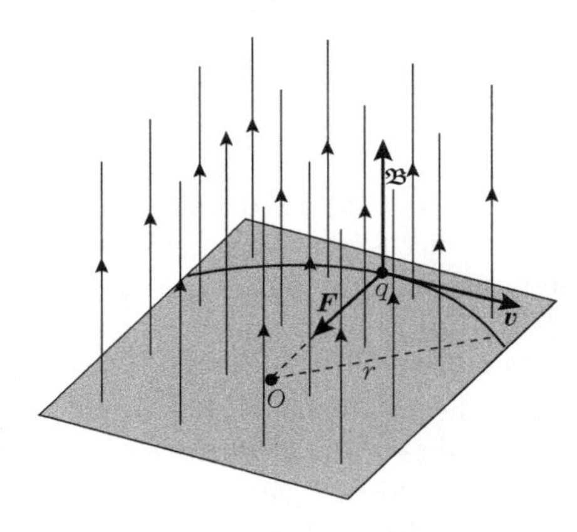

Figura 15.4 Uma carga que se move perpendicularmente a um campo magnético uniforme segue uma trajetória circular.

Portanto a velocidade angular é independente da velocidade linear v e depende somente da relação q/m e do campo $\mathfrak{B}$. A Eq. (15.6) dá o módulo de ω e não a sua direção e sentido. Na Eq. (5.58), indicamos que a aceleração num movimento circular uniforme pode ser escrita na forma vetorial como $\boldsymbol{a} = \boldsymbol{\omega} \times \boldsymbol{v}$. Portanto a equação do movimento $\boldsymbol{F} = m\boldsymbol{a}$ torna-se

$$m\boldsymbol{\omega} \times \boldsymbol{v} = q\boldsymbol{v} \times \boldsymbol{\mathfrak{B}}$$

ou, invertendo o produto vetorial no lado direito e dividindo por m, obtemos

$$\boldsymbol{\omega} \times \boldsymbol{v} = -\,(q/m)\,\boldsymbol{\mathfrak{B}} \times \boldsymbol{v},$$

indicando que

$$\boldsymbol{\omega} = -(q/m)\boldsymbol{\mathfrak{B}}, \tag{15.7}$$

que dá $\boldsymbol{\omega}$ ao mesmo tempo em módulo, direção e sentido*. O sinal negativo indica que $\boldsymbol{\omega}$ tem a mesma direção e sentido oposto a $\boldsymbol{\mathfrak{B}}$ para uma carga positiva e a mesma direção e sentido para uma carga negativa. Chamaremos de $\boldsymbol{\omega}$ a *frequência de cíclotron* por razões a serem explicadas na Seç. 15.4(c), quando discutiremos o cíclotron.

Costuma-se representar um campo perpendicular à página por um ponto (.) se ele estiver dirigido em direção ao leitor, e por uma cruz (×) se estiver dirigido para dentro

* A rigor, deveríamos ter $\boldsymbol{\omega} = -(q/m)\boldsymbol{\mathfrak{B}} + \lambda\boldsymbol{v}$, onde λ é uma constante arbitrária; mas a Eq. (15.6) mostra que devemos tomar $\lambda = 0$.

da página. A Fig. 15.5 representa o percurso de uma carga positiva (a) e uma negativa (b) que se movem perpendicularmente a um campo magnético uniforme perpendicular à página. Em (a), ω é dirigido para dentro da página, e, em (b), em direção ao leitor.

Portanto, conhecendo-se a direção do movimento e a curvatura da trajetória de um íon num campo magnético, temos uma indicação para determinar se sua carga é positiva ou negativa. A Fig. 15.6 mostra os percursos de diversas partículas carregadas, colocadas em um campo magnético e tornadas visíveis numa câmara de Wilson*. O campo magnético aplicado é muitas vezes mais forte do que o campo magnético da Terra, de modo que o raio da trajetória é da ordem das dimensões da câmara de Wilson. Observe que as trajetórias são curvadas em qualquer dos dois sentidos opostos, indicando que algumas partículas são positivas e outras negativas. Podemos observar que algumas das partículas descrevem uma espiral de raio decrescente, indicando que a velocidade da partícula está diminuindo pelas colisões com as moléculas do gás. De acordo com a Eq. (15.5), esse decréscimo de velocidade resulta em um decréscimo no raio da órbita.

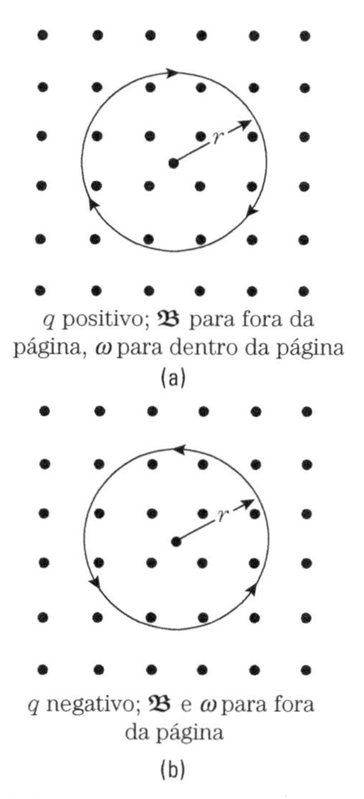

Figura 15.5 Trajetória circular de cargas positivas e negativas em um campo magnético uniforme.

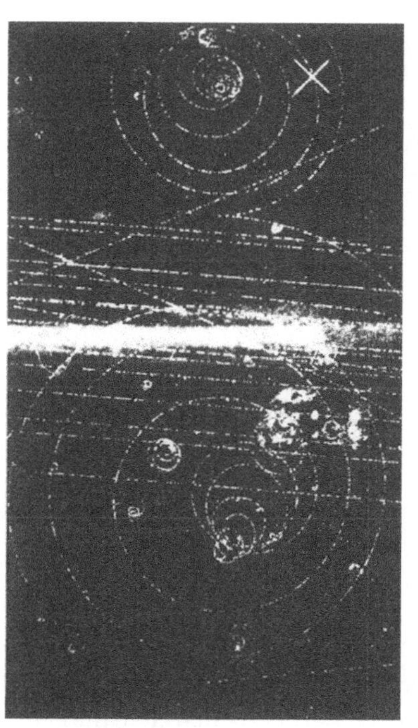

Figura 15.6 Fotografia, tirada em câmara de Wilson, de trajetórias de partículas carregadas em um campo magnético uniforme dirigido para dentro da página. Você é capaz de identificar quais são as cargas positivas e quais as negativas?

* Uma câmara de Wilson é um aparelho contendo uma mistura de gás e vapor no qual o percurso de uma partícula carregada é visualizado pela condensação do vapor sobre íons do gás. Os íons são produzidos pela interação da partícula carregada e as moléculas de gás. A condição para a condensação é obtida refrigerando-se a mistura por uma expansão (adiabática) rápida. A mistura pode ser de ar e vapor d'água.

A Eq. (15.5) nos mostra também que a curvatura da trajetória de uma partícula carregada, num campo magnético, depende da energia desta, sendo que, quanto maior a sua energia (ou a quantidade de movimento $p = mv$), tanto maior será o raio da curvatura da trajetória e menor a curvatura. A aplicação do princípio citado aqui conduziu, em 1932, à descoberta do *pósitron* nos raios cósmicos. O pósitron é uma partícula fundamental tendo a mesma massa m_e como o elétron, mas uma carga *positiva* $+ e$. Sua descoberta se deve ao trabalho do físico americano Carl D. Anderson (1905-1991)*. Foi Anderson quem obteve a fotografia da câmara de Wilson na Fig. 15.7. A faixa horizontal vista na figura é uma placa de chumbo com 0,6 cm de espessura que foi introduzida na câmara, e que a partícula atravessou. A parte inferior da trajetória da partícula é menos curvada do que a parte superior, indicando que a partícula tem menor velocidade e energia acima da placa do que abaixo dela. Portanto a partícula está se movendo para cima, já que deve perder energia atravessando a placa. A curvatura do traço da partícula e o sentido do movimento relativamente ao campo magnético indicam que a partícula é positiva. A trajetória assemelha-se muito à de um elétron – mas um elétron positivo. Da Eq. (15.5) podemos escrever que $p = mv = q\mathfrak{B}r$. Portanto, medindo r da fotografia e admitindo $q - e$, podemos calcular p. Com esse cálculo, encontramos que p tem uma ordem de grandeza correspondente a uma partícula com a mesma massa de um elétron. Uma análise mais detalhada possibilita-nos determinar a velocidade da partícula e, portanto, calcular sua massa m, obtendo, dessa forma, a concordância completa com a massa do elétron.

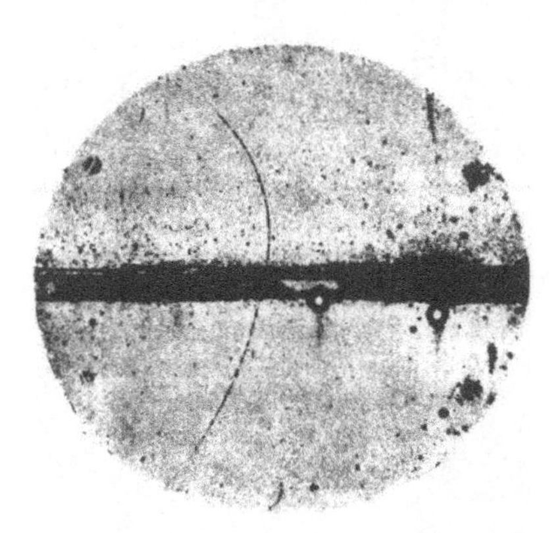

Figura 15.7 Fotografia obtida por Anderson, em câmara de Wilson, das trajetórias de um pósitron (elétron positivo) em um campo magnético dirigido para dentro da página. Essa fotografia apresentou (1932) a primeira evidência experimental da existência dos pósitrons, anteriormente prevista de maneira teórica por Dirac.

Para uma partícula carregada que se move inicialmente em uma direção que não é perpendicular ao campo magnético, podemos decompor a velocidade nas suas componentes paralela e perpendicular ao campo magnético. A componente paralela permanece inalterada e a componente perpendicular muda continuamente em direção, mas não em módulo. O movimento é, então, a resultante de um movimento uniforme paralelo ao campo e um movimento circular, ao redor do campo, cuja velocidade angular é dada pela Eq. (15.6). A trajetória é uma espiral, como está indicado na Fig. 15.8 para um íon positivo.

Outro fato ainda, que deriva da Eq. (15.5), é que, quanto maior o campo magnético, menor é o raio da trajetória da partícula carregada. Portanto, se o campo magnético não

* Entretanto a existência dessa partícula foi predita, alguns anos antes de sua descoberta, pelo físico inglês Paul A. M. Dirac (1902-1984).

é uniforme, a trajetória não é circular. A Fig. 15.9 mostra um campo magnético dirigido da esquerda para a direita com seu módulo crescente nessa direção. Assim, uma partícula carregada introduzida no lado esquerdo desse campo descreve uma espiral cujo raio decresce continuamente. Uma análise mais detalhada, que devemos omitir aqui, poderia nos mostrar que a componente da velocidade paralela ao campo não permanece constante, mas diminui (e, portanto, o passo da espiral também decresce) enquanto a partícula se move na direção do campo de módulo crescente. Eventualmente a componente da velocidade paralela ao campo acabará por se reduzir a zero, se o campo magnético for suficientemente longo, e a partícula será forçada a mover-se de volta ou antiparalelamente ao campo magnético. Assim, enquanto um campo magnético aumenta em módulo, começa a agir como um refletor de partículas carregadas, ou, como é chamado comumente, um *espelho magnético*. Esse efeito é largamente usado para tubos com gases ionizados ou plasmas.

Outra situação é representada na Fig. 15.10, em que um campo magnético perpendicular à página aumenta em intensidade, da direita para a esquerda. A trajetória de um íon positivo introduzido perpendicularmente ao campo magnético foi também indicada, sendo mais curva na esquerda, onde o campo é mais forte, do que na direita, onde é mais fraco. A trajetória não é fechada, e a partícula deriva através do campo perpendicularmente à direção na qual o campo magnético aumenta.

Um exemplo interessante do movimento de íons num campo magnético é o caso de partículas carregadas que atingem a Terra, provenientes do espaço, constituindo parte dos chamados *raios cósmicos*. A Fig. 15.11 mostra as linhas de força do campo magnético da Terra*. As partículas que chegam ao longo do eixo magnético da Terra não sofrem desvio e atingem a Terra mesmo que tenham energias muito pequenas. As partículas que caem formando um ângulo com o eixo magnético da Terra descrevem uma trajetória espiral, e as que se movem vagarosamente podem ser tão curvas que não atingem a superfície da Terra. Estas, chegando sobre o equador magnético, sofrem uma enorme deflexão porque estão se movendo em um plano perpendicular ao campo magnético. Portanto apenas as partículas mais energéticas perto do equador magnético conseguem alcançar a superfície da Terra. Em outras palavras, o mínimo de energia que uma partícula cósmica carregada deve ter para atingir a superfície terrestre aumenta enquanto vai do eixo magnético para o equador magnético da Terra.

Outro efeito devido ao campo magnético da Terra é a *assimetria Leste-Oeste* da radiação cósmica. Não se sabe definitivamente se as partículas cósmicas carregadas são preponderantemente positivas ou negativas. Entretanto sabemos que, próximo ao campo magnético da Terra, as partículas de sinais opostos estão curvadas em direções opostas. Se o número de partículas positivas nos raios cósmicos que atingem a Terra é diferente do número de partículas negativas, devemos observar que os raios cósmicos que alcançam um determinado lugar sobre a superfície da Terra numa direção a leste do zênite têm uma intensidade diferente daquelas que chegam numa direção a oeste do zênite. Os resultados experimentais favorecem a hipótese de que há um maior número de partículas carregadas positivamente.

---

* Na realidade, o campo magnético ao redor da Terra apresenta diversas anomalias locais e uma distorção, especialmente na direção oposta ao Sol, que não estão aparentes na representação esquemática da Fig. 15.11.

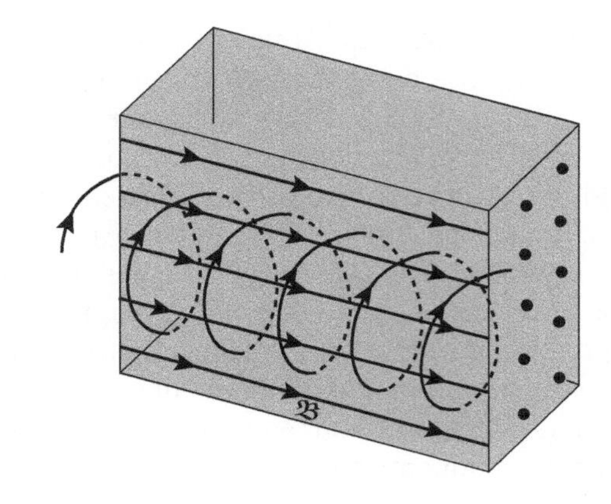

Figura 15.8 Trajetória helicoidal de um íon positivo que se move obliquamente a um campo magnético uniforme.

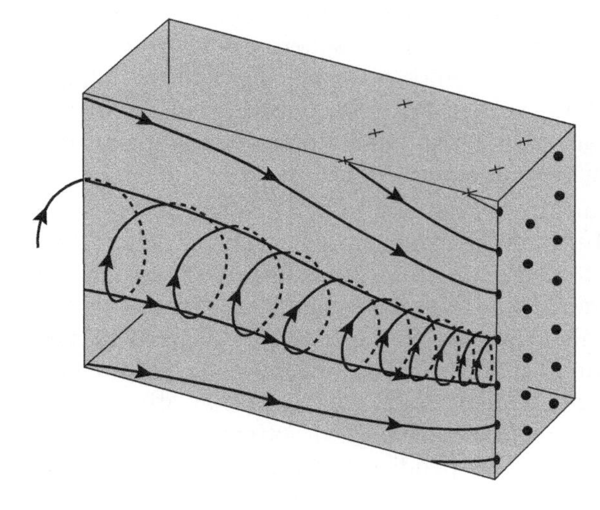

Figura 15.9 Trajetória de um íon positivo em um campo magnético não uniforme.

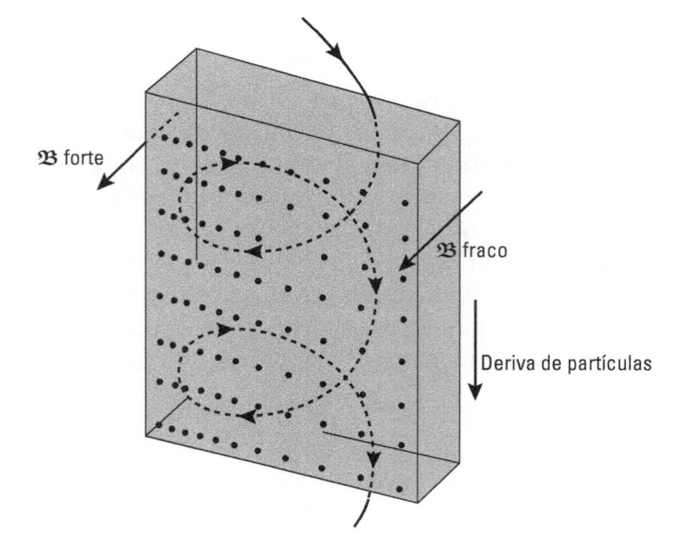

Figura 15.10 Movimento plano de um íon derivando através de um campo magnético não uniforme.

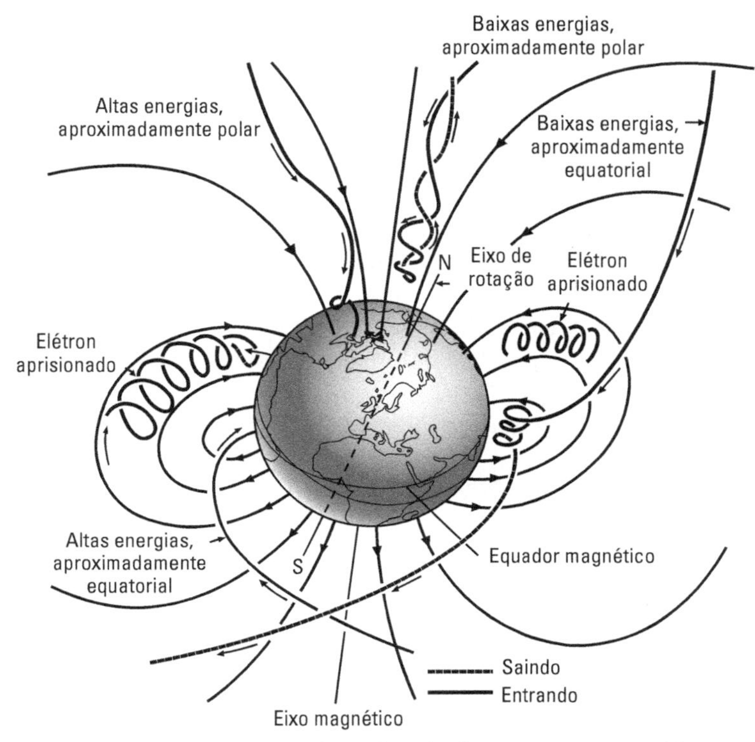

Figura 15.11 Movimento de partículas carregadas, raios cósmicos, no campo magnético terrestre.

Os *cinturões de radiação Van Allen* são outro exemplo de partículas cósmicas carregadas interagindo com o campo magnético da Terra. Esses cinturões são compostos de partículas carregadas que se movem rapidamente, principalmente elétrons e prótons, aprisionados no campo magnético da Terra. O cinturão mais interno estende-se, aproximadamente, de 800 a 4.000 km (acima da superfície da Terra, enquanto o cinturão mais externo prolonga-se até aproximadamente 60.000 km da Terra*. Eles foram descobertos em 1958 pelo equipamento transportado num satélite americano Explorer e investigados pela sonda lunar do Pioneer III. Para uma melhor compreensão das partículas carregadas aprisionadas nos cinturões de Van Allen, considere, por exemplo, um elétron livre produzido por uma colisão entre um átomo e um raio cósmico a muitos quilômetros acima da superfície terrestre. A componente da velocidade perpendicular ao campo magnético da Terra faz que o elétron adquira uma trajetória curva. Entretanto, próximo à superfície da Terra, a intensidade do campo é maior. O resultado é um movimento semelhante àquele representado na Fig. 15.10, com o elétron dirigindo-se para o leste em decorrência de sua carga negativa (para cargas positivas, a direção é no sentido oeste).

* Há uma boa evidência para mostrar que o cinturão mais interno é composto de prótons e elétrons provenientes da desintegração de nêutrons produzidos na atmosfera terrestre pelas interações dos raios cósmicos. O cinturão mais externo consiste principalmente de partículas carregadas que foram lançadas pelo Sol. Um aumento no número dessas partículas é associado com a atividade solar, e sua remoção do cinturão de radiação é a causa de fenômenos coloridos como as auroras polares e do *black-out* nas transmissões radiofônicas.

Um efeito ulterior surge da componente da velocidade dos elétrons paralela ao campo magnético da Terra, que produz uma espiral em direção a um dos polos ao longo das linhas de força magnética, semelhante àquela representada na Fig. 15.8. Em virtude do aumento da intensidade do campo magnético em direção ao norte, ou sul, a curvatura torna-se cada vez mais apertada e, ao mesmo tempo, a componente paralela da velocidade diminui, como foi explicado em conexão com o efeito do espelho magnético da Fig. 15.9. Cada elétron atinge uma latitude norte ou sul específica, na qual a velocidade paralela torna-se zero; essa latitude depende da velocidade inicial de introdução na região de Van Allen. Em seguida, o elétron afasta-se em direção ao polo oposto. O movimento resultante é, desse modo, uma mudança na direção leste em longitude e uma oscilação norte-sul em latitude. O movimento é repetido continuamente, talvez por várias semanas, até que o elétron seja expelido da região Van Allen por uma colisão que o liberta. Uma situação semelhante ocorre com os prótons presos.

15.4 Exemplos do movimento de partículas carregadas em um campo magnético

Nesta seção, ilustraremos diversas situações concretas em que um íon se move um campo magnético, (a) *Espectrômetro de massa.* Consideremos o arranjo ilustrado na Fig. 15.12. I é uma fonte de íons (para elétrons pode ser um filamento aquecido) e S_1 e S_2 são duas fendas estreitas que os íons atravessam, sendo acelerados pela diferença de potencial V aplicado entre elas. A velocidade de saída dos íons é calculada pela Eq. (14.38) que dá

$$v^2 = 2\left(\frac{q}{m}\right)V. \tag{15.8}$$

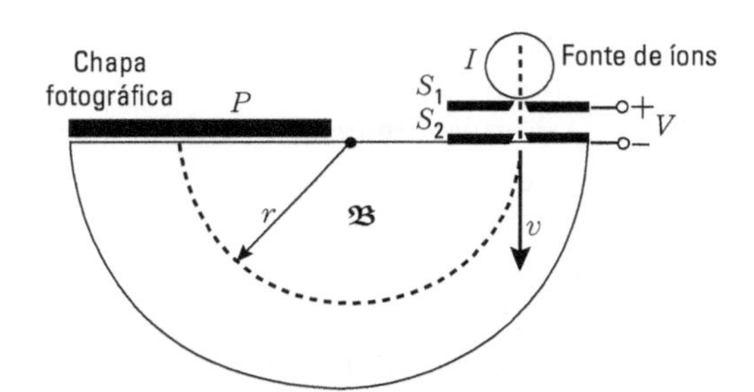

Figura 15.12 Espectrômetro de massa de Dempster. *I* é uma fonte de íons. As fendas S_1 e S_2 servem como colimadores do feixe de íons. *V* é a diferença de potencial aceleradora aplicada entre S_1 e S_2. *P* é a chapa fotográfica que registra a chegada dos íons.

Na região abaixo das fendas, há um campo magnético uniforme dirigido para fora da página. O íon descreverá uma órbita circular, curvada em uma ou outra direção, dependendo do sinal de sua carga q. Depois de descrever um semicírculo os íons cairão sobre uma chapa fotográfica P, deixando uma marca. O raio r da órbita é dado pela Eq. (15.5), da qual, resolvendo para a velocidade v, obtemos

$$v = \frac{q}{m}\mathfrak{B}r. \tag{15.9}$$

Combinando as Eqs. (15.8) e (15.9), para eliminar v, obtemos

$$\frac{q}{m} = \frac{2V}{\mathfrak{B}^2 r^2}, \tag{15.10}$$

que dá a relação q/m em termos de três quantidades (V, $\mathfrak{B}$ e r) que podem ser facilmente medidas. Podemos aplicar essa técnica para elétrons, prótons, e qualquer partícula carregada, átomo ou molécula. Medindo-se a carga q independentemente, podemos obter a massa da partícula. Esses são os métodos que foram indicados anteriormente na Seç. 14.5.

O arranjo da Fig. 15.12 constitui um *espectrômetro de massa*, porque separa íons possuindo a mesma carga q, mas de massa diferente m, já que, de acordo com a Eq. (15.10), o raio da trajetória de cada íon será diferente, dependendo essa diferença do valor q/m do íon. Esse espectrômetro particular é denominado espectrômetro da massa de *Dempster*. Foram desenvolvidos diversos outros tipos de espectrômetros de massa, todos baseados no mesmo princípio. Usando essa técnica, os cientistas descobriram, em 1920, que átomos do mesmo elemento químico não têm necessariamente a mesma massa. Como foi indicado na Seç. 14.7, as diferentes variedades de átomos de um elemento químico, variedades essas que diferem em massa, são chamados *isótopos*.

O arranjo experimental da Fig. 15.12 pode ser usado também para obter a relação q/m para uma partícula movendo-se com velocidades diferentes. Verificou-se que q/m depende de v se q permanece constante e m varia com a velocidade, como foi indicado pela Eq. (11.7); isto é, $m = m_0/\sqrt{1 - v^2/c^2}$. Portanto concluímos que

> *a carga elétrica é um invariante, sendo a mesma para todos os observadores em movimento relativo uniforme.*

(b) *Experimentos de Thomson*. Durante a parte final do século XIX, havia uma grande quantidade de trabalhos experimentais sobre descargas elétricas. Esses experimentos consistiam em produzir uma descarga elétrica, por meio de um gás em baixa pressão, aplicando-se uma grande diferença de potencial entre dois elétrodos colocados dentro dele. Dependendo da pressão do gás no tubo, foram observados diversos efeitos luminosos. Quando o gás no tubo foi conservado numa pressão menor do que a milésima parte de uma atmosfera não foram mais observados os efeitos visíveis dentro do tubo, mas foi percebida uma mancha luminosa na parede do tubo em O diretamente oposto ao cátodo C (Fig. 15.13). Portanto levantou-se a hipótese de que alguma radiação fora emitida do cátodo, que se moveu numa linha reta em direção a O. Por isso, essa reação foi chamada *raios catódicos*.

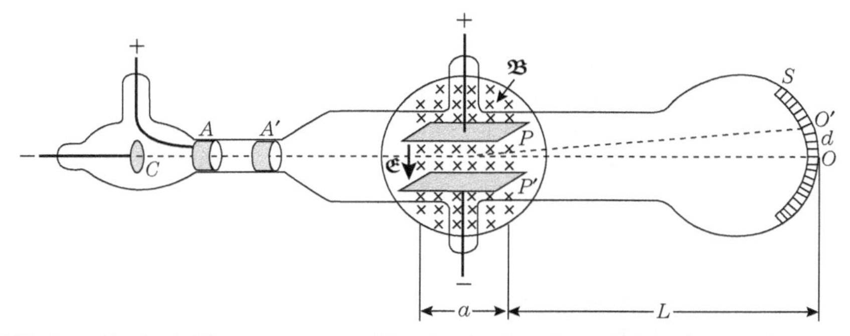

Figura 15.13 Experiência de Thomson para medidas de q/m. Os raios catódicos (elétrons) emitidos por C e colimados por A e A' chegam ao anteparo S depois de passar através de uma região onde são aplicados os campos elétrico e magnético.

Quando os experimentadores adicionaram duas placas paralelas, P e P', dentro do tubo e aplicaram uma diferença de potencial, um campo elétrico $\mathfrak{E}$, dirigido de P para P', foi produzido. O resultado da aplicação desse campo elétrico foi que a mancha luminosa moveu-se de O para O', isto é, na direção correspondente à de uma carga elétrica negativa. Isso sugeriu que os raios catódicos fossem simplesmente uma corrente de partículas carregadas negativamente. Se q é a carga de cada partícula e v sua velocidade, o desvio $d = OO'$ pode ser calculado por aplicação da Eq. (14.9), $q\mathfrak{E}a/mv^2 = d/L$.

A força elétrica sobre a partícula é $q\mathfrak{E}$, e é dirigida para cima. Em seguida, vamos supor que apliquemos, na mesma região onde $\mathfrak{E}$ está, um campo magnético dirigido para dentro da página. De acordo com a Eq. (15.4), a força magnética é $qv\mathfrak{B}$, e é dirigida para baixo, porque q é uma carga negativa. Ajustando $\mathfrak{B}$ devidamente podemos fazer que a força magnética seja igual à força elétrica. Isso significa que a força total é zero, e a mancha luminosa retorna de O' para O, isto é, não há deflexão dos raios catódicos. Então $q\mathfrak{E} = qv\mathfrak{B}$, ou $v = \mathfrak{E}/\mathfrak{B}$, o que proporciona uma medida da velocidade da partícula carregada. Substituindo esse valor de v na Eq. (14.9), obtemos a relação q/m da partícula que constitui os raios catódicos,

$$q/m = \mathfrak{E}d/\mathfrak{B}^2 La.$$

Esse experimento proporcionou um dos primeiros meios seguros para medir q/m e, indiretamente, deu uma prova de que os raios catódicos consistem em partículas negativamente carregadas, desde então chamadas *elétrons*.

Esses e outros experimentos semelhantes foram publicados em 1897 pelo físico inglês Sir J. J. Thomson (1856-1940), que dispendeu grande esforço e tempo tentando descobrir a natureza dos raios catódicos. Atualmente, sabemos que elétrons livres presentes no metal, que constituem o cátodo C, são arrancados ou evaporados deste, em consequência do forte campo elétrico aplicado entre C e A, e acelerados ao longo do tubo pelo mesmo campo.

(c) *O cíclotron.* O fato de, num campo magnético, a trajetória de uma partícula carregada ser circular permitiu o projeto de aceleradores de partículas que operam ciclicamente. Uma dificuldade com aceleradores eletrostáticos (descritos na Seç. 14.9) é que a aceleração depende da diferença de potencial total V. Como dentro do acelerador o campo elétrico é $\mathfrak{E} = V/d$, se V é muito grande, o comprimento d do tubo do acelerador deve ser também muito grande, a fim de prevenir o desenvolvimento dos campos elétricos fortes que poderiam produzir uma descarga elétrica nos materiais do tubo acelerador. Por outro lado, um tubo acelerador muito longo apresenta várias dificuldades técnicas. Entretanto uma carga elétrica num acelerador cíclico pode receber uma série de acelerações, passando, muitas vezes, através de uma diferença de potencial relativamente pequena. O primeiro instrumento a funcionar baseado nesse princípio foi o *cíclotron*, projetado pelo físico americano E. O. Lawrence. O primeiro cíclotron operacional começou a trabalhar em 1932. Desde então, muitos cíclotrons foram construídos por todo o mundo, com energias sucessivamente crescentes e modelos mais aperfeiçoados.

Um cíclotron (Fig. 15.14) consiste essencialmente numa cavidade cilíndrica que é dividida em duas metades (cada metade chamada um "dê", por causa de sua forma), D_1 e D_2, e que é colocada num campo magnético uniforme paralelo a seu eixo. As duas cavidades são isoladas eletricamente uma da outra. Uma fonte de íons S é colocada no centro do espaço entre os dês. Uma diferença de potencial alternado, da ordem de 10^4 V, é aplicada entre os dês. Quando os íons são positivos, são acelerados em direção ao dê negativo. Uma vez que o íon penetra em um dê, não mais sofre a ação da força elétrica, porque o campo elétrico no interior de uma cavidade condutora é zero. Entretanto o campo magnético força os íons a descreverem uma órbita circular, com um raio dado pela Eq. (15.5), $r = mv/q\mathfrak{B}$, e uma velocidade angular, igual à frequência ciclotrônica das partículas, dada pela Eq. (15.6) $\omega = q\mathfrak{B}/m$. A diferença de potencial entre os dês oscila com uma frequência igual a ω. Dessa maneira, a diferença de potencial entre os dês está em ressonância com o movimento circular dos íons.

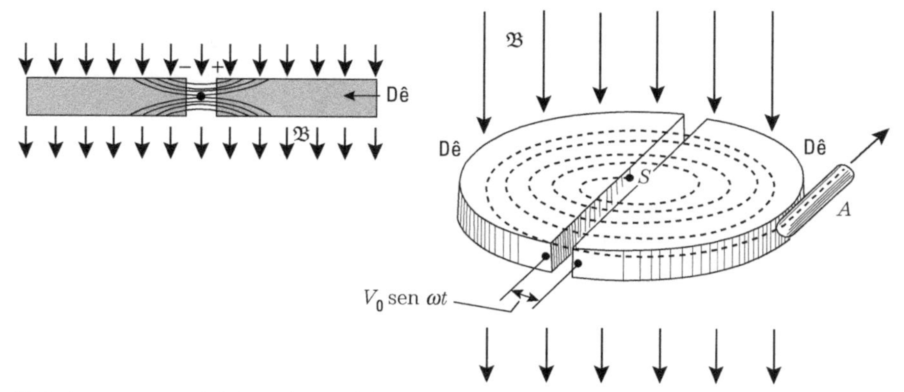

Figura 15.14 Componentes básicas de um cíclotron. A trajetória de um íon é indicada pela linha tracejada.

Após a partícula descrever metade de uma revolução, a polaridade dos dês é invertida e, quando o íon atravessa a abertura entre eles, recebe outra pequena aceleração. O meio-círculo percorrido em seguida tem, então, um raio maior, mas a mesma velocidade angular. O processo se repete várias vezes, até que o raio alcance um valor máximo R, que é praticamente igual ao raio dos dês. O campo magnético na borda dos dês é bruscamente diminuído, e a partícula se move tangencialmente, escapando através de uma abertura conveniente. A velocicaade máxima v_{max} é relacionada ao raio R pela Eq. (15.5), a saber,

$$R = \frac{mv_{max}}{q\mathfrak{B}},$$

ou

$$v_{max} = \left(\frac{q}{m}\right)\mathfrak{B}R.$$

A energia cinética das partículas emergentes de A é, então,

$$E_k = \tfrac{1}{2}mv_{max}^2 = \tfrac{1}{2}q\left(\frac{q}{m}\right)\mathfrak{B}^2R^2, \tag{15.11}$$

e é determinada pelas características da partícula, a intensidade do campo magnético e o raio do cíclotron, mas é independente do potencial acelerador. Quando a diferença de potencial é pequena, a partícula tem de executar muitas voltas antes de obter a energia final e, quando é grande, são necessárias apenas algumas voltas.

O valor da indução magnética é limitado por fatores técnicos como, por exemplo, a obtenção de materiais com as propriedades requeridas. Mas, empregando-se ímãs com um raio suficientemente grande, podemos acelerar, em princípio, a partícula a qualquer energia desejada. Entretanto, quanto maior for o ímã, maior será o peso e o custo. Há também um fator físico limitando a energia num cíclotron. Enquanto a energia aumenta, a velocidade do íon também aumenta, resultando numa mudança de massa, conforme a Eq. (11.7), $m = m_0/\sqrt{1-v^2/c^2}$. Quando a energia é muito grande, a variação da massa é suficiente para provocar uma variação detectável na frequência ciclotrônica do íon. Entretanto, a menos que a frequência do potencial elétrico seja mudada, a órbita da partícula não estará mais em fase com o potencial de oscilação, e não será produzida nenhuma aceleração posterior. Assim, num cíclotron, a energia é limitada pelo efeito relativístico na massa.

■ **Exemplo 15.3** O cíclotron da Universidade de Michigan tem as faces dos polos com um diâmetro de 83 pol e um raio de extração de 36 pol ou 0,92 m. O campo magnético máximo é $\mathfrak{B}$ = 1,50 T e a frequência de oscilação máxima alcançável do campo de aceleração é 15 × 10^6 Hz. Calcular a energia dos prótons e das partículas alfa produzidas, e suas frequências ciclotrônicas. Levando em conta a variação relativística da massa, qual é a diferença, em porcentagem, entre a frequência ciclotrônica no centro e na extremidade?

Solução: Usando a Eq. (15.11) com os valores correspondentes para a carga e massa dos prótons e das partículas alfa, encontramos que as energias cinéticas de ambos podem ser expressas como

$$E_k = 1{,}46 \times 10^{-11}\ \text{J} = 91\ \text{MeV}.$$

A frequência ciclotrônica para a partícula alfa é $\omega_\alpha = 7{,}2 \times 10^7\ \text{s}^{-1}$ ou uma frequência $\nu_\alpha = \omega_\alpha/2\pi = 11{,}5 \times 10^6$ Hz, que está no intervalo de frequência máxima projetada. Para os prótons, encontramos duas vezes a frequência, ou seja, 23 × 10^6 Hz. Essa é a frequência com a qual o potencial aplicado aos dês deve variar. Mas, sendo a frequência máxima do cíclotron 15 × 10^6 Hz, esse aparelho não consegue acelerar os prótons até o valor teórico de 91 MeV. Admitindo a frequência de oscilação máxima, temos que $\omega_p = 9{,}42 \times 10^7\ \text{s}^{-1}$. O campo magnético correspondente para a ressonância do cíclotron é 0,984 T, e encontramos que a energia cinética limitada pela frequência dos prótons vem a ser

$$E_k = \tfrac{1}{2}mv^2 = \tfrac{1}{2}m\omega^2R^2 = 0{,}63 \times 10^{-11}\ \text{J} = 39\,\text{MeV}.$$

Para uma energia $E = m_0c^2 + E_k$, a massa da partícula é

$$m = E/c^2 = m_0 + E_k/c^2,$$

e, portanto, E_k/c_2 dá a variação da massa. Pela Eq. (15.6), vemos que a frequência de cíclotron é inversamente proporcional à massa. Portanto, se ω e ω_0 são as frequências correspondentes às massas m e m_0 da mesma partícula, podemos escrever $\omega/\omega_0 = m_0/m$, ou

$$\frac{\omega-\omega_0}{\omega_0} = -\frac{m-m_0}{m} = -\frac{E_kc^2}{m_0+E_k/c^2} = -\frac{E_k}{m_0c^2+E_k}.$$

O lado esquerdo dá a variação em porcentagem na frequência ciclotrônica e o lado direito dá a variação em porcentagem na massa. Para energias relativamente baixas, podemos desprezar o termo de energia cinética E_k no denominador, em comparação com m_0c^2, e, fazendo $\Delta\omega = \omega - \omega_0$, obtemos

$$\frac{\Delta\omega}{\omega} = -\frac{E_k}{m_0c^2}.$$

Assim, enquanto a energia cinética é pequena comparada com a energia de repouso das partículas, a variação na frequência é muito pequena. Em nosso caso, temos, para partículas alfa, $\Delta\omega/\omega = -0{,}024 = 2{,}4\%$ e, para prótons, $\Delta\omega/\omega = -0{,}042 = 4{,}2\%$.

Os resultados obtidos neste exemplo indicam também que, se os elétrons têm uma massa de repouso aproximadamente de 1/1.840 do próton (Seç. 14.5), a energia cinética com a qual eles podem ser acelerados (sem desvio apreciável de sua frequência ciclotrônica) é, portanto, também de aproximadamente 1/1.840 da dos prótons. Por essa razão, os áclotrons não são usados para acelerar elétrons.

O efeito relativístico na massa pode ser corrigido quer adaptando-se o campo magnético, de modo que, em cada raio, o valor de ω permaneça constante apesar da variação na massa, quer mudando-se a frequência aplicada aos dês e conservando o campo magnético constante enquanto a partícula está se movendo em forma de espiral, de tal modo que, em cada momento, haja ressonância entre o movimento da partícula e o potencial aplicado. O primeiro esquema é denominado um *síncroton* e o segundo é chamado um *sincrocíclotron*. Um síncroton pode operar continuamente, mas um sincrocíclotron opera com pulsos em razão da necessidade de ajustar a frequência. Algumas vezes, como ocorre em um *próton-síncroton*, ajustam-se a frequência e o campo magnético a fim de manter o raio da órbita constante.

■ **Exemplo 15.4** Discutir o movimento de uma partícula carregada em campos elétricos e magnéticos cruzados.

Solução: Nos exemplos anteriores deste capítulo, consideramos apenas o movimento de uma partícula carregada num campo magnético. Examinaremos agora o caso em que um campo elétrico também está presente, de modo que a Eq. (15.2) deve ser usada. Entretanto consideraremos apenas uma situação especial, isto é, quando os campos elétricos e magnéticos são perpendiculares, como estão representados na Fig. 15.5. A equação do movimento da partícula é

$$m\frac{d\boldsymbol{v}}{dt} = q(\boldsymbol{\mathfrak{E}} + \boldsymbol{v} \times \boldsymbol{\mathfrak{B}})$$

Façamos agora uma transformação de Galileu do referencial XYZ para outro referencial $X'Y'Z'$ que se move em relação aos eixos XYZ com a velocidade relativa

$$\boldsymbol{v}_0 = \frac{\boldsymbol{\mathfrak{E}} \times \boldsymbol{\mathfrak{B}}}{\mathfrak{B}^2} = \boldsymbol{u}_x \frac{\mathfrak{E}}{\mathfrak{B}}.$$

Dado que $\boldsymbol{v}'$ é a velocidade da partícula em relação a $X'Y'Z'$, podemos escrever $\boldsymbol{v} = \boldsymbol{v}' + \boldsymbol{v}_0$ e $d\boldsymbol{v}/dt = d\boldsymbol{v}'/dt$. Assim, a equação acima pode ser escrita como

$$m\frac{d\boldsymbol{v}'}{dt} = q(\boldsymbol{\mathfrak{E}} + \boldsymbol{v}' \times \boldsymbol{\mathfrak{B}} + \boldsymbol{v}_0 \times \boldsymbol{\mathfrak{B}}).$$

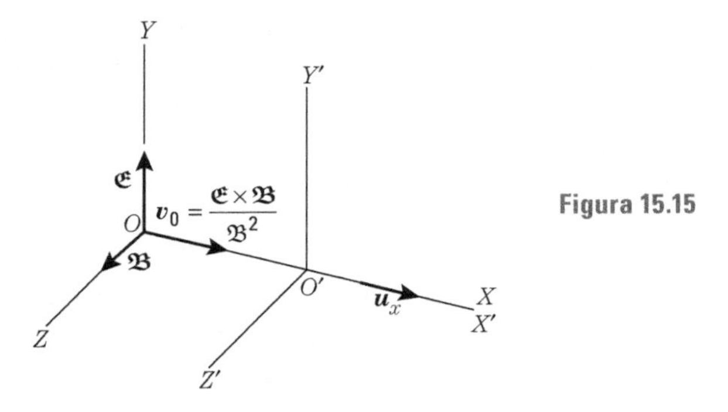

Figura 15.15

Porém, $\boldsymbol{v}_0 \times \mathfrak{B} = (u_x \mathfrak{E}/\mathfrak{B}) \times u_z \mathfrak{B} = -u_y \mathfrak{E} = -\mathfrak{E}$. Portanto o primeiro e o último termo se cancelam na equação anterior. Assim, com relação a $X'Y'Z'$, a equação do movimento é

$$m\frac{d\boldsymbol{v}'}{dt} = q\boldsymbol{v}' \times \mathfrak{B}.$$

Notamos então que, com relação a XYZ', o movimento se desenvolve como se *nenhum* campo elétrico estivesse presente. Se a partícula se move inicialmente no plano $X\,Y$, seu movimento no referencial $X'Y'Z'$ será um círculo de raio $r = mv'/q\mathfrak{B}$, descrito com velocidade angular $\omega = -q\mathfrak{B}/m$. Em relação a XYZ, esse círculo avança ao longo do eixo X com a velocidade v_0, descrevendo uma das trajetórias apresentadas na Fig. 15.16. A configuração repete-se numa distância $v_0 P = 2\pi v_0/\omega$. Se $2\pi v_0/\omega = 2\pi r$, ou se $r = v_0/\omega$, a trajetória é cicloide normal, assinalada (1). Mas, se $2\pi v_0/\omega \lesseqgtr 2\pi r$, ou se $r \lesseqgtr v_0/\omega$, surgem trajetórias (2) e (3), correspondendo a cicloides oblatas e prolatas. Se a partícula carregada tiver uma componente da velocidade inicial paralela ao eixo Z, as trajetórias ilustradas na Fig. 15.16 mover-se-ão para fora do plano $\boldsymbol{XY}$, a uma razão constante.

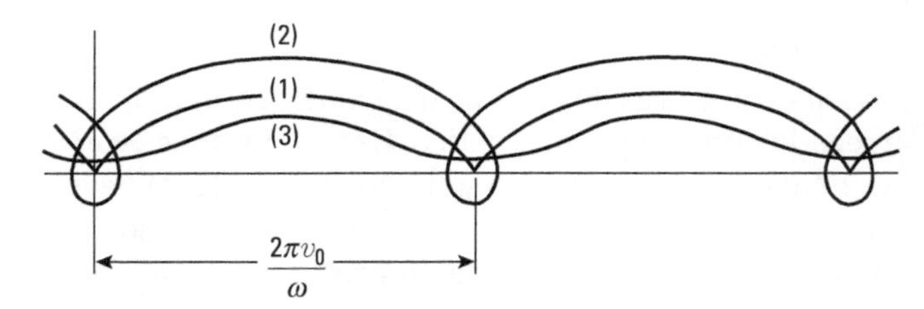

Figura 15.16 Trajetórias cicloidais de uma partícula, relativas ao observador O. (1) $r = v_0/\omega$, (2) $r > v_0/\omega$, (3) $r < v_0/\omega$.

Um aspecto interessante revelado por este exemplo é que, enquanto o observador que usa o referencial XYZ observa ambos os campos, um elétrico e um magnético, o observador que usa o referencial $X'Y'Z$, no movimento relativo a XYZ, observa um movimento da partícula carregada que corresponde somente a um campo magnético. Isso propõe que campos elétricos e magnéticos dependem do movimento relativo do observador. Esse assunto é muito interessante e será considerado com maior detalhe na Seç. 15.12.

15.5 Força magnética sobre uma corrente elétrica

Como foi explicado na Seç. 14.10, uma corrente elétrica consiste em um fluxo de cargas elétricas que se movem no vácuo ou através de um meio condutor. A intensidade da corrente elétrica foi definida como a carga que passa por unidade de tempo através de uma seção do condutor. Considere uma seção reta de um condutor através do qual partículas com carga q estão se movendo com velocidade $\boldsymbol{v}$. Se existem n partículas por unidade de volume, o número total de partículas passando através da unidade de área por unidade de tempo é $n\boldsymbol{v}$, e a *densidade de corrente*, definida como a carga que passa através da unidade de área por unidade de tempo, é o vetor

$$\boldsymbol{j} = nq\boldsymbol{v}. \tag{15.12}$$

Se S é a área da seção reta do condutor, orientado perpendicularmente a j, a corrente é o escalar

$$I = jS = nqvS. \tag{15.13}$$

Suponha agora que o condutor está num campo magnético. A força sobre cada carga é dada pela Eq. (15.1) e, como existem n partículas por unidade de volume, a *força por unidade de volume* $\boldsymbol{f}$ *é*

$$\boldsymbol{f} = nq\boldsymbol{v} \times \mathfrak{B} = \boldsymbol{j} \times \mathfrak{B}. \tag{15.14}$$

A força total sobre um pequeno volume dV do meio será $d\boldsymbol{F} = \boldsymbol{f}\, dV = \boldsymbol{j} \times \mathfrak{B} dV$, e a força total sobre um volume finito é obtida integrando-se essa expressão sobre todo o volume, isto é,

$$\boldsymbol{F} = \int_{\text{Vol}} \boldsymbol{j} \times \mathfrak{B} dV. \tag{15.15}$$

Consideremos agora o caso no qual a corrente está fluindo ao longo de um fio ou filamento. Um elemento de volume dV *é* dado por $S\, dl$ (Fig. 15.17), e, portanto, a Eq. (15.15) dá

$$F = \int_{\text{Filamento}} \boldsymbol{j} \times \mathfrak{B} S\, dl.$$

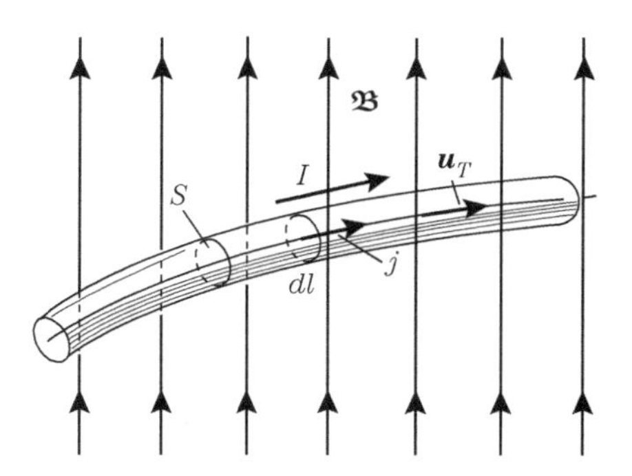

Figura 15.17

Ora $\boldsymbol{j} = j\boldsymbol{u}_T$, onde $\boldsymbol{u}_T$ é o vetor unitário tangente ao eixo do filamento. Portanto

$$\boldsymbol{F} = \int (j\boldsymbol{u}_T) \times \mathfrak{B} S\, dl = \int (jS)\boldsymbol{u}_T \times \mathfrak{B}\, dl. \tag{15.16}$$

Porém, $jS = I$ e a intensidade I da corrente ao longo do fio é a mesma em todos os pontos do condutor por causa da lei de conservação de carga elétrica. Portanto a Eq. (15.16) para a força sobre um condutor percorrido por uma corrente elétrica será

$$\boldsymbol{F} = I \int \boldsymbol{u}_T \times \mathfrak{B}\, dl. \tag{15.17}$$

Consideremos, como um exemplo, o caso de um condutor retilíneo colocado em um campo magnético uniforme $\mathfrak{B}$ (Fig. 15.18). Então, ambos $\boldsymbol{u}_T$ e $\mathfrak{B}$ são constantes e podemos escrever

$$\boldsymbol{F} = I\boldsymbol{u}_T \times \mathfrak{B}\int dl,$$

ou, se $\boldsymbol{L} = \int dl$ é o comprimento do condutor retilíneo,

$$\boldsymbol{F} = IL\boldsymbol{u}_T \times \mathfrak{B}.$$

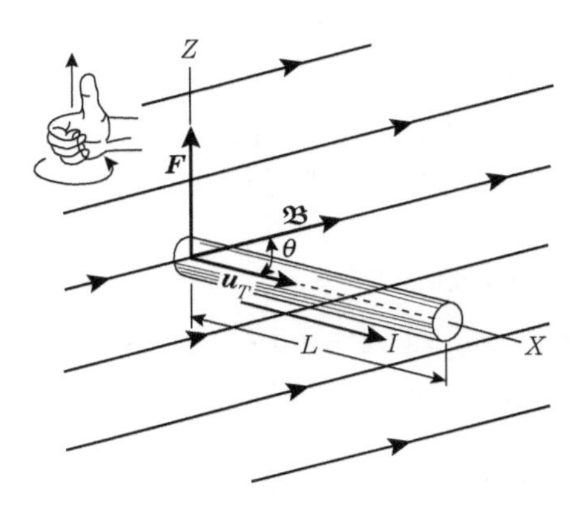

Figura 15.18 Relação vetorial entre a força magnética em um condutor percorrido por uma corrente, a indução magnética, e a corrente. A força é perpendicular ao plano que contém $\boldsymbol{u}_T$ e $\mathfrak{B}$.

O condutor está, portanto, sujeito a uma força perpendicular a ele mesmo e ao campo magnético. Esse é o princípio aplicado no funcionamento dos motores elétricos. Se θ é o ângulo entre o condutor e o campo magnético, podemos escrever para o módulo da força F,

$$F = IL\mathfrak{B} \text{ sen } \theta. \tag{15.18}$$

A força será nula se o condutor for paralelo ao campo ($\theta = 0$), e máxima se for perpendicular ao mesmo ($\theta = \pi/2$). A direção e sentido da força são determinados aplicando-se a regra da mão direita, como está representado na Fig. 15.18.

15.6 Conjugado (torque) magnético sobre uma corrente elétrica

Podemos aplicar a Eq. (15.18) para calcular o conjugado resultante da força que um campo magnético produz sobre um circuito elétrico. Para simplificar, consideremos, em primeiro lugar, um circuito retangular percorrido por uma corrente I e colocado de modo que a normal $\boldsymbol{u}_N$ a seu plano (orientado no sentido do avanço de uma rosca direita girando no mesmo sentido que a corrente) forme um ângulo θ com o campo $\mathfrak{B}$, e dois lados do circuito sejam perpendiculares ao campo (Fig. 15.19). As forças $\boldsymbol{F}'$ que agem sobre os lados L' têm o mesmo módulo, a mesma direção, e sentidos opostos. As forças tendem a deformar o circuito, mas não produzem nenhum conjugado. As forças $\boldsymbol{F}$ sobre os lados L são de módulo $F = I\mathfrak{B}L$, e constituem um binário cujo braço de alavanca é L' sen θ. Portanto elas produzem um conjugado sobre o circuito cujo módulo é

$$\tau = (I\mathfrak{B}L)\,(L' \text{ sen } \theta).$$

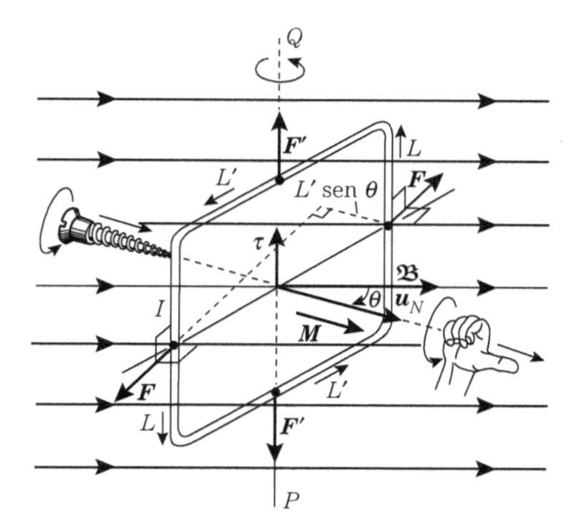

Figura 15.19 Conjugado magnético em um circuito elétrico retangular colocado em um campo magnético. O conjugado é zero quando o plano do circuito é perpendicular ao campo magnético.

Mas $LL' = S$ onde S é a área do circuito. Então $\tau = (IS)\mathfrak{B}$ sen θ. Sendo a direção e sentido do conjugado perpendiculares ao plano do binário, estes estão na reta PQ. Se definirmos um vetor

$$\boldsymbol{M} = IS\boldsymbol{u}_N \qquad (15.19)$$

normal ao plano do circuito, podemos escrever o conjugado τ como

$$\tau = M\mathfrak{B} \text{ sen } \theta, \qquad (15.20)$$

ou, na forma vetorial,

$$\boldsymbol{\tau} = \boldsymbol{M} \times \boldsymbol{\mathfrak{B}}. \qquad (15.21)$$

O resultado (15.21) é matematicamente semelhante à Eq. (14.50), que determina o conjugado sobre um dipolo elétrico produzido por um campo elétrico externo. Portanto a quantidade $\boldsymbol{M}$, definida na Eq. (15.19), que é a equivalente a $\boldsymbol{p}$ na Eq. (14.49), é chamada de *Momento de dipolo magnético* da corrente. Observe, pela Eq. (15.19), que o sentido de $\boldsymbol{M}$ é aquele do avanço da rosca direita rodada no mesmo sentido que o da corrente, ou o sentido dado pela regra da mão direita, representando na Fig. 15.19.

Para obter-se a energia de uma corrente num campo magnético, aplicamos o raciocínio que usamos na Seç. 14.11 para relacionar as Eqs. (14.49) e (14.50) em sentido inverso e, portanto, concluímos que a energia potencial da corrente colocada no campo magnético é

$$E_p = -M\mathfrak{B} \cos \theta = -\boldsymbol{M} \cdot \boldsymbol{\mathfrak{B}}. \qquad (15.22)$$

Embora as Eqs. (15.21) e (15.22) tenham sido deduzidas para uma corrente retangular com uma orientação especial num campo magnético uniforme, uma discussão matemática mais elaborada indica que elas têm validade geral. Por exemplo, suponha que temos um circuito *pequeno* de forma *qualquer*, cuja área é S (Fig. 15.20). O momento de dipolo magnético $\boldsymbol{M}$ do circuito é dado ainda pela Eq. (15.19), o conjugado e a energia potencial, quando o circuito é colocado num campo magnético, são dados pelas Eqs. (15.21) e (15.22).

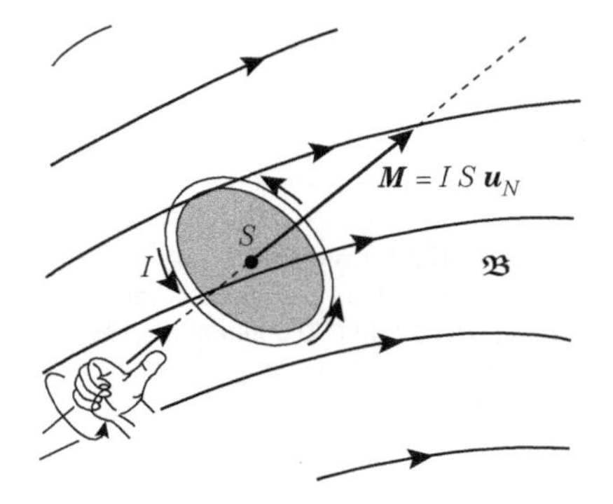

Figura 15.20 Relação entre o momento de dipolo magnético de uma corrente elétrica e o sentido da corrente.

Pela Eq. (15.22), a unidade do momento magnético é expressa usualmente como joules/tesla, ou seja, $J \cdot T^{-1}$. Em termos de unidades fundamentais, é $m^2 \cdot s^{-1} \cdot C$, que está em concordância com a definição da Eq. (15.19).

■ **Exemplo 15.5** Dentre os aparelhos de medida de corrente, discuta o *galvanômetro*. Um esquema simples está ilustrado na Fig. 15.21. A corrente a ser medida passa através de uma bobina suspensa entre os polos de um ímã. Em alguns casos, a bobina é enrolada em redor de um cilindro de ferro C. O campo magnético exerce um conjugado sobre a bobina, girando-a até certo ângulo. Estabelecer a relação entre o ângulo e a corrente que percorre a bobina.

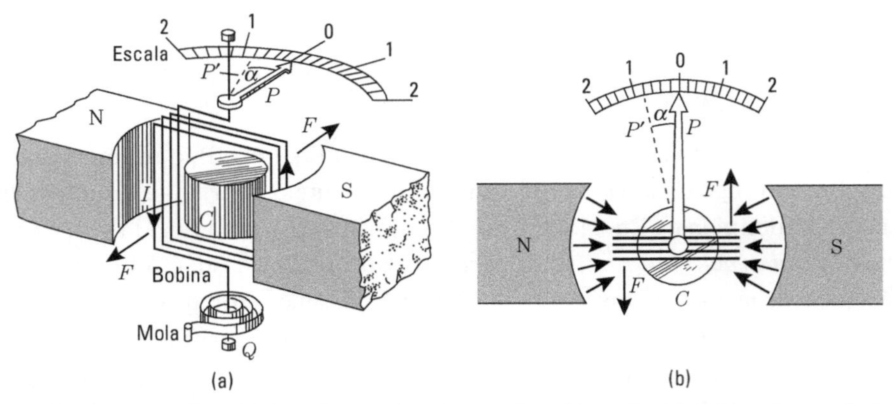

Figura 15.21 (a) Componentes básicas de um galvanômetro de bobina móvel. (b) Galvanômetro indicado em (a), visto de cima.

Solução: Tomemos S como sendo a área da bobina. O conjugado, dado pela Eq. (15.21), produzido pelo campo magnético tende a colocar a bobina perpendicularmente ao campo, torcendo a mola Q. A bobina encontra uma posição de equilíbrio girando de um ângulo α, quando o conjugado magnético é contrabalançado pelo conjugado elástico $k\alpha$, produzido pela mola, onde k é a constante elástica da mola. O ângulo α é indicado por um ponteiro preso à bobina. As faces dos polos têm a forma indicada na Fig. 15.21(b), de modo que o campo magnético entre as faces dos polos e o cilindro de ferro C é radial. Nesse caso, $\mathfrak{B}$ está sempre no plano do circuito e θ, na Eq. (15.20), é $\pi/2$, de modo que sen $\theta = 1$. Portanto, como $\boldsymbol{M} = IS$, o conjugado é dado por $\tau = IS\mathfrak{B}$. No equilíbrio, quando o conjugado do campo magnético é contrabalançado pelo conjugado da mola, $IS\mathfrak{B} = k\alpha$, e, portanto, $I = k\alpha/S\mathfrak{B}$. Se k, S e $\mathfrak{B}$ são conhecidos, essa equação dá o valor da corrente I em função do ângulo α. Usualmente, a escala é calibrada de modo tal que o valor de I possa ser lido diretamente em unidades convenientes.

■ **Exemplo 15.6** Discutir o momento magnético correspondente ao movimento orbital de uma partícula carregada, como a de um elétron em torno de um núcleo atômico.

Solução: Consideremos uma carga q que descreve uma órbita fechada. Para simplificar, podemos considerar que a órbita seja circular. Se $\nu = \omega/2\pi$ é a frequência do movimento, a corrente, em qualquer ponto de seu percurso, é $I = q\nu$, desde que ν dá o número de vezes por segundo que a carga q passa no mesmo ponto da órbita e, portanto, $q\nu$ dá a carga total que passa através do ponto por unidade de tempo. A corrente está ou no mesmo sentido que a velocidade ou no sentido oposto, dependendo de q ser positivo ou negativo. Portanto, aplicando a Eq. (15.19), concluímos que o momento magnético da carga é

$$M = (q\nu)(\pi r^2) = \left(\frac{q\omega}{2\pi}\right)(\pi r^2) = \tfrac{1}{2}q\omega r^2. \qquad (15.23)$$

De acordo com a regra dada anteriormente, seu sentido é o indicado na Fig. 15.22, dependendo do sinal de q. Por outro lado, se m é a massa da partícula, sua quantidade de movimento angular orbital L, conforme a Eq. (7.33), é

$$L = mvr = m\omega r^2. \qquad (15.24)$$

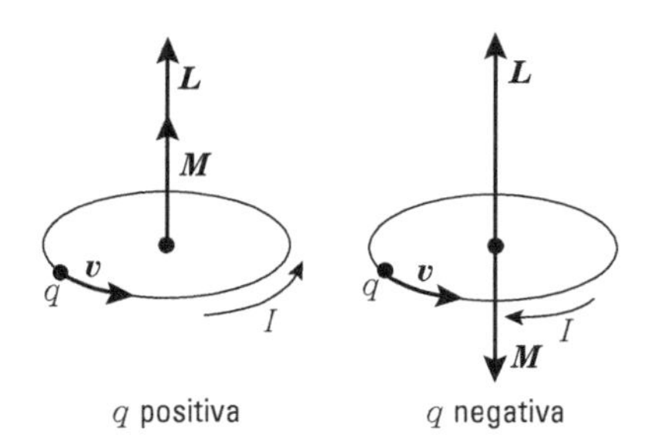

Figura 15.22 Relação vetorial entre o momento de dipolo magnético e a quantidade de movimento angular de uma carga girando em torno de um eixo.

Comparando as Eqs. (15.23) e (15.24), concluímos que

$$M = \frac{q}{2m}L. \qquad (15.25)$$

Ou, na forma vetorial,

$$\boldsymbol{M} = \frac{q}{2m}\boldsymbol{L}. \qquad (15.26)$$

Dependendo de a carga q ser positiva ou negativa, $\boldsymbol{M}$ e $\boldsymbol{L}$ estarão no mesmo sentido ou em sentidos opostos. Para um elétron, $q = -e$ e $m = m_e$, resultando em

$$\boldsymbol{M}_e = -\frac{e}{2\boldsymbol{m}_e}\boldsymbol{L}. \qquad (15.27)$$

Para um próton, $q = +e$ e $m = m_p$; obtemos, assim,

$$\boldsymbol{M}_p = \frac{e}{2m_p}\boldsymbol{L}. \qquad (15.28)$$

Se supusermos que a carga elétrica está girando ao redor de seu diâmetro, da mesma maneira que a Terra gira em volta de seu eixo NS, existe, além de sua quantidade de movimento angular orbital $\boldsymbol{L}$ uma quantidade de movimento angular interno $\boldsymbol{S}$, chamada "*spin*". Associado ao "spin" S deve haver um momento magnético, uma vez que cada elemento de volume da carga girante comporta-se da mesma maneira que a carga q na Fig. 15.22. Contudo a relação entre o momento magnético e o "spin" não é idêntica à relação da Eq. (15.26), porque o coeficiente pelo qual temos de multiplicar a quantidade de movimento angular do "spin" S para obter o correspondente momento magnético depende da estrutura interna da partícula. É conveniente escrever o momento magnético do "spin" na forma

$$\boldsymbol{M}_S = \gamma\frac{e}{2m}\boldsymbol{S}, \qquad (15.29)$$

onde o coeficiente γ, chamado de *fator giromagnético*, depende da estrutura da partícula e do sinal de sua carga. Combinando as Eqs. (15.26) e (15.29), obtemos o momento magnético total de uma partícula descrevendo uma órbita e girando em torno de seu diâmetro com uma carga $\pm e$ como

$$\boldsymbol{M} = \frac{e}{2m}(\pm\boldsymbol{L} + \gamma\boldsymbol{S}). \qquad (15.30)$$

O sinal mais (menos) antes de $\boldsymbol{L}$ corresponde a uma partícula carregada positivamente (negativamente). Embora o nêutron não possua carga elétrica própria, e, portanto, nenhum momento magnético *orbital* como foi dado por (15.26), ele tem um momento magnético de "spin", que é oposto ao "spin" S. A quantidade γ, para o elétron, o próton e o nêutron, é dada na tabela seguinte.

Partícula	γ
Elétron	−2,0024
Próton	5,5851
Nêutron	−3,8256

O momento magnético total do nêutron não é dado pela Eq. (15.30), mas pela Eq. (15.29). O valor não nulo de $\boldsymbol{M}_s$ é sugestivo de alguma estrutura interna complexa do nêutron. De modo semelhante, o fato de γ para o próton ser diferente de γ para o elétron indica que as estruturas internas do próton e do elétron são diferentes.

■ **Exemplo 15.7** Discutir o conjugado e a energia de uma partícula carregada que se move em uma região onde existe um campo magnético.

Solução: Suponha que a partícula do exemplo anterior, girando em órbita, seja colocada num campo magnético uniforme (Fig. 15.23). Usando as Eqs. (15.21) e (15.26), encontramos que o conjugado exercido sobre a partícula é

$$\boldsymbol{\tau} = \frac{q}{2m}\boldsymbol{L} \times \mathfrak{B} = -\frac{q}{2m}\mathfrak{B} \times L \qquad (15.31)$$

em uma direção perpendicular a $\boldsymbol{L}$ e $\mathfrak{B}$. Esse conjugado tende a mudar a quantidade de movimento angular orbital $\boldsymbol{L}$ da partícula, de acordo com a Eq. (7.38), $d\boldsymbol{L}/dt = \boldsymbol{\tau}$. Definindo $\boldsymbol{\Omega} = -(q/2m)\mathfrak{B}$, que é a metade da frequência de cíclotron dada na Eq. (15.7), temos, para o conjugado dado na Eq. (15.31),

$$\boldsymbol{\tau} = \Omega \times L. \qquad (15.32)$$

Essa equação é semelhante à Eq. (10.29) para movimento do giroscópio. Portanto a mesma espécie de precessão que foi discutida anteriormente está presente neste caso. No Cap. 10, a precessão era devida ao conjugado produzido pela interação gravitacional. Aqui, ela é devida ao conjugado produzido pela interação magnética. A precessão de L ao redor de $\mathfrak{B}$ produz uma rotação da órbita da partícula. Na Fig. 15.24, foram indicados a direção e o sentido de Ω e o sentido de precessão para uma carga positiva e para uma negativa.

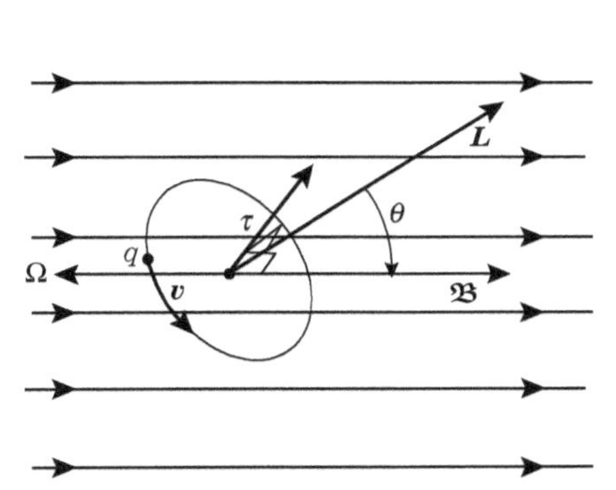

Figura 15.23 O conjugado magnético τ, em uma partícula carregada em movimento, é perpendicular à quantidade de movimento angular L da partícula e à indução magnética $\mathfrak{B}$.

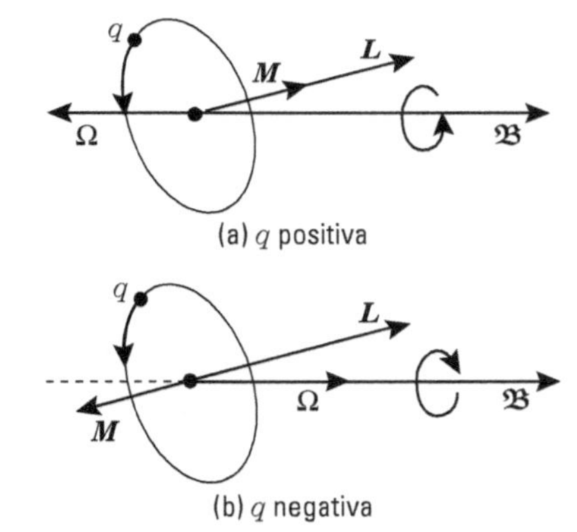

Figura 15.24 Movimento de precessão da quantidade de movimento angular de uma partícula carregada ao redor de um campo magnético.

A expressão (15.32) é válida apenas para uma partícula sem "spin". Se a partícula tiver "spin", a análise será um pouco mais complicada, e vamos, portanto, omiti-la aqui.

Podemos obter a energia de uma partícula carregada percorrendo uma órbita em um campo magnético, combinando as Eqs. (15.22) e (15.26), o que resulta em

$$E = -\frac{q}{2m}\boldsymbol{L} \cdot \mathfrak{B} = \Omega \cdot \boldsymbol{L}. \qquad (15.33)$$

Se a partícula tiver "spin", usaremos a Eq. (15.30) para o momento magnético e a expressão será

$$E_p = -\frac{e}{2m}\left(\pm\boldsymbol{L} + \gamma\boldsymbol{S}\right) \cdot \mathfrak{B}. \qquad (15.34)$$

Esses resultados são muito importantes como auxílio para se compreender o comportamento de um átomo ou de uma molécula em um campo magnético externo, que é um assunto de interesse para ambos os pontos de vista, teórico e experimental. Por exemplo, quando um átomo é colocado em um campo magnético externo, o movimento dos elétrons é perturbado e a energia varia conforme a Eq. (15.34). Quando esse valor teórico de E_p é comparado com os resultados experimentais, concluímos que as componentes Z das quantidades de movimentos angulares orbitais e de "spin" são quantizadas, isto é, L_z e S_z podem tomar somente certos valores, que são expressos na forma

$$L_z = m_l \hbar, \qquad S_z = m_s \hbar,$$

onde a constante $\hbar = h/2\pi = 1{,}05 \times 10^{-34}$ J · s. Essa constante foi introduzida na Seç. 14.9, quando discutimos o movimento orbital do elétron, e h é a constante de Planck. Os valores possíveis de m_l são 0, ±1, ±2, ±3,..., enquanto m_s pode ter apenas dois valores, $+\frac{1}{2}$ ou $-\frac{1}{2}$. O número m_i é chamado o *número quântico magnético* do elétron, enquanto m_s é o *número quântico de "spin"*. Um resultado semelhante é obtido para prótons e nêutrons. Por essa razão, diz-se que *o elétron, o próton, e o nêutron têm "spin"* $\frac{1}{2}$. Por outro lado, *o momento angular orbital L é também quantizado*, e pode ter apenas os valores dados por

$$L = \sqrt{l(l+1)}\hbar,$$

onde l = 0, 1, 2, 3, ... é um inteiro positivo denominado o *número quântico da quantidade de movimento angular*. Desde que L_z não pode ser maior do que L, concluímos que os valores de m_l não podem exceder l, isto é,

$$m_l = 0, \pm 1, \pm 2, \ldots, \pm(l-1), \pm l.$$

Portanto, para $l = 0$, apenas $m_l = 0$ é possível. Para $l = 1$, podemos ter $m_l = 0, \pm 1$, e assim por diante. Por outro lado, já que o número quântico de "spin" tem apenas um valor, existe apenas um valor para o momento angular de "spin" $S = \sqrt{\frac{1}{2}\left(\frac{1}{2}+1\right)}\hbar = \left(\sqrt{3/2}\right)\hbar$.

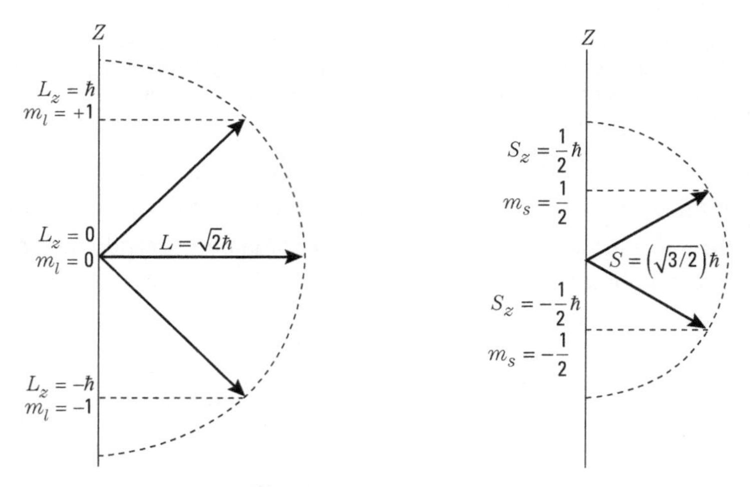

Figura 15.25 Orientações possíveis (a) da quantidade de movimento angular correspondendo a $l = 1$, $L = \sqrt{2}\,\hbar$, e (b) o "spin" $s = \frac{1}{2}$, $S = \left(\sqrt{3/2}\right)\hbar$.

O fato de serem possíveis, para um dado valor de L, apenas certos valores de L_z implica que L pode ter apenas certas direções no espaço (Fig. 15.25a). Na Seç. 14.7, isso foi chamado de quantização do espaço. No caso do "spin", como m_s tem apenas dois valores possíveis $\left(\pm\frac{1}{2}\right)$, concluímos que S pode ter no espaço, em relação ao eixo Z, duas direções, usualmente chamadas para cima (↑) e para baixo (↓). A orientação permitida do "spin" é apresentada na Fig. 15.25 b.

15.7 Campo magnético produzido por uma corrente fechada

Até aqui, consideramos que um campo magnético é relevado pela força que produz sobre uma carga em movimento, e identificamos algumas substâncias que, em seu estado natural, produzem um campo magnético. Examinemos agora, com maior detalhe, o modo pelo qual é produzido um campo magnético. Em 1820, o físico dinamarquês Hans C. Oersted (1777-1851), observando a deflexão da agulha de uma bússola colocada próxima de um condutor percorrido por uma corrente, foi o primeiro a notar que *uma corrente elétrica produz um campo magnético* no espaço que a circunda.

Após muitos experimentos, feitos por diversos físicos, num período de anos, por meio de circuitos de diferentes formas, foi obtida uma expressão geral para o cálculo do campo magnético produzido por uma corrente *fechada* de forma qualquer. Essa expressão, denominada *lei de Ampère-Laplace*, é

$$\mathfrak{B} = K_m I \oint \frac{\boldsymbol{u}_T \times \boldsymbol{u}_r}{r^2} dl, \tag{15.35}$$

onde o significado de todos os símbolos está indicado na Fig. 15.26, e a integral é estendida ao longo do circuito fechado inteiro (por essa razão o símbolo $\oint$ é usado). Aqui, K_m é uma constante que depende das unidades escolhidas. No sistema MKSC, foi determinado (ver a nota após a Seç. 15.9) que $K_m = 10^{-7}$ T · m/A ou m · kg · C^{-2}. [Devemos notar que a integral, na Eq. (15.35), é expressa em m^{-1}, enquanto r e l são dados em metros.] Portanto

$$\mathfrak{B} = 10^{-7} I \oint \frac{\boldsymbol{u}_T \times \boldsymbol{u}_r}{r^2} dl. \tag{15.36}$$

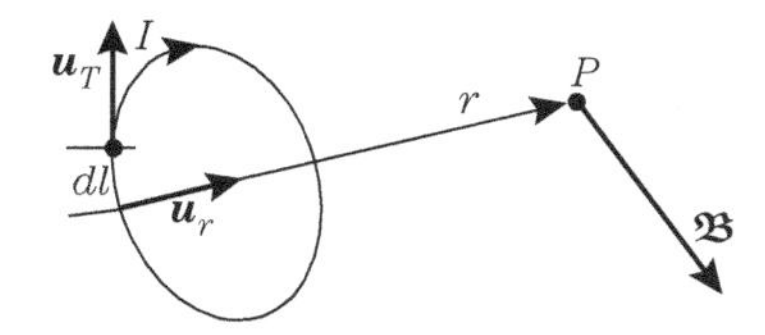

Figura 15.26 Campo magnético produzido por no ponto *P* uma corrente elétrica.

Costuma-se escrever $K_m = \mu_0/4\pi$, onde μ_0 é uma nova constante chamada a *permeabilidade magnética do vácuo*. Desse modo, a Eq. (15.35), para a lei de Ampère-Laplace, vem a ser

$$\mathfrak{B} = \frac{\mu_0}{4\pi} I \oint \frac{\boldsymbol{u}_T \times \boldsymbol{u}_r}{r^2} dl, \tag{15.37}$$

e, no sistema MKSC, de unidades

$$\begin{aligned} \mu_0 &= 4\pi \times 10^{-7} \text{ m} \cdot \text{kg} \cdot \text{C}^{-2} \\ &= 1{,}2566 \times 10^{-6} \text{ m} \cdot \text{kg} \cdot \text{C}^{-2}. \end{aligned} \tag{15.38}$$

Como uma corrente elétrica é simplesmente um fluxo de cargas elétricas movendo-se na mesma direção, chegamos à importante conclusão de que

> *o campo magnético, e consequentemente a interação magnética, é produzido por cargas elétricas em movimento.*

Como uma ilustração do emprego da Eq. (15.37), iremos aplicá-la no cálculo do campo magnético produzido por correntes com geometrias simples.

15.8 Campo magnético de uma corrente retilínea

Consideremos uma corrente retilínea muito longa e fina, como na Fig. 15.27. Para qualquer ponto P e qualquer elemento dl da corrente, o vetor $\boldsymbol{u}_T \times \boldsymbol{u}_r$ é perpendicular ao plano determinado por P e a corrente e, portanto, seu sentido é o do vetor unitário $\boldsymbol{u}_\theta$. O campo magnético em P, produzido por dl, é tangente ao círculo de raio R que passa por P, cujo centro está na corrente e num plano perpendicular a esta. Portanto, quando efetuamos a integração da Eq. (15.37), as contribuições de todos os termos na integral têm o mesmo sentido $\boldsymbol{u}_\theta$, e o campo magnético resultante $\mathfrak{B}$ é também tangente ao círculo. Desse modo, é necessário apenas encontrar o módulo de $\mathfrak{B}$. O módulo de $\boldsymbol{u}_T \times \boldsymbol{u}_r$ é sen θ, uma vez que $\boldsymbol{u}_T$ e $\boldsymbol{u}_r$ são vetores unitários. Portanto, para uma corrente retilínea, podemos escrever a Eq. (15.37), em módulo, como

$$\mathfrak{B} = \frac{\mu_0}{4\pi} I \int_{-\infty}^{\infty} \frac{\text{sen}\,\theta}{r^2}\, dl. \qquad (15.39)$$

Podemos ver na figura que $r = R$ cossec θ e $l = -R$ cotg θ tal que $dl = R$ cossec^2 $\theta\, d\theta$. Substituindo na Eq. (15.39), obtemos

$$\mathfrak{B} = \frac{\mu_0}{4\pi} I \int_0^{\pi} \frac{\text{sen}\,\theta}{R^2\,\text{cossec}\,\theta}\left(R\,\text{cossec}^2\,\theta\, d\theta\right) = \frac{\mu_0 I}{4\pi R}\int_0^{\pi} \text{sen}\,\theta\, d\theta,$$

onde $l = -\infty$ corresponde a $\theta = 0$, e $l = +\infty$ a $\theta = \pi$. Então

$$\mathfrak{B} = \frac{\mu_0 I}{2\pi R}. \qquad (15.40)$$

Ou, na forma vetorial,

$$\mathfrak{B} = \frac{\mu_0 I}{2\pi R}\boldsymbol{u}_\theta. \qquad (15.41)$$

O campo magnético é inversamente proporcional à distância R, e as linhas de força são círculos concêntricos com a corrente e perpendiculares a ela, conforme está representado na Fig. 15.28. A regra da mão direita, para determinar a direção e sentido do campo magnético em relação à direção da corrente, também está indicada na figura. O resultado (15.41) é chamado de *fórmula de Biot-Savart.*

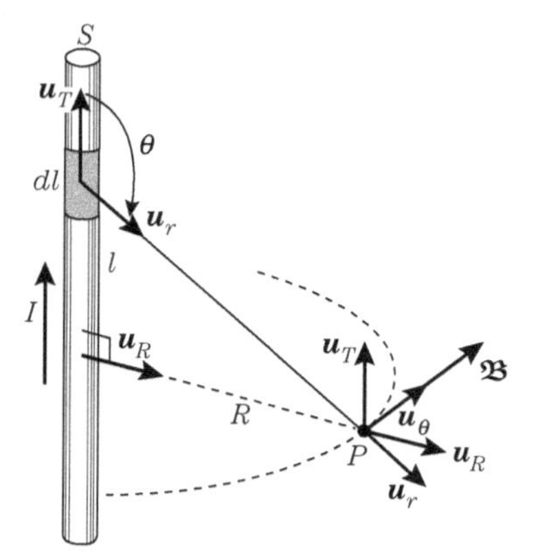

Figura 15.27 Campo magnético produzido no ponto P por uma corrente retilínea.

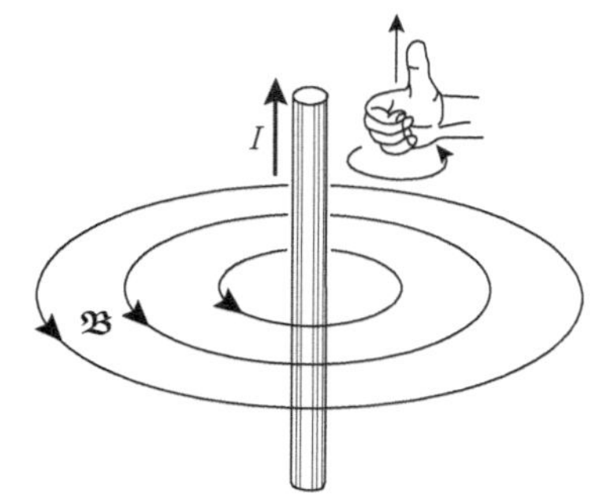

Figura 15.28 Linhas de força magnéticas ao redor de uma corrente retilínea.

No caso de uma corrente retilínea percorrendo um fio condutor, observamos o campo magnético $\mathfrak{B}$, mas nenhum campo elétrico $\mathfrak{E}$. Isso acontece porque, além dos elétrons em movimento que produzem o campo magnético, existem os íons positivos fixos do metal que não contribuem para o campo magnético porque estão em repouso em relação ao observador, mas produzem um campo elétrico igual e oposto àquele dos elétrons. Portanto o campo elétrico total é zero. Entretanto, para íons movendo-se ao longo do eixo de um acelerador linear, temos um campo magnético e um elétrico. O campo elétrico corresponde ao valor dado no Ex. 14.7 para o campo elétrico de um fio carregado eletricamente $\mathfrak{E} = \lambda \boldsymbol{u}_r / 2\pi\varepsilon_0 R$ (Fig. 15.29). Portanto, comparando esse valor com a Eq. (15.41), vemos que os dois campos estão relacionados por

$$\mathfrak{B} = \frac{\mu_0 \varepsilon_0 I}{\lambda} \boldsymbol{u}_T \times \mathfrak{E}. \qquad (15.42)$$

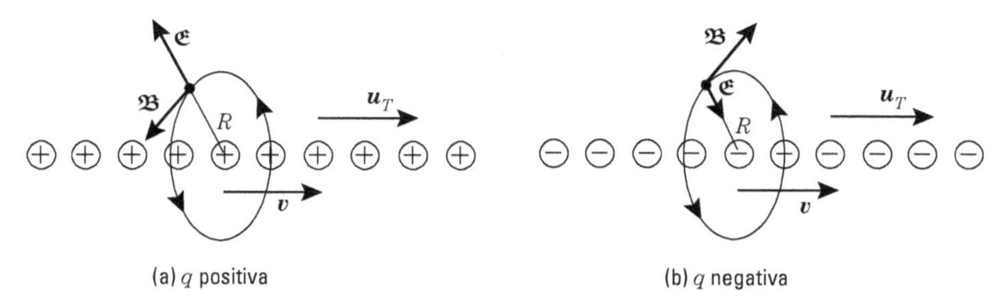

Figura 15.29 Relação entre os campos magnético e elétrico produzidos por um feixe de íons positivos (negativos) que se movem em linha reta.

15.9 Forças entre correntes

Apliquemos agora a Eq. (15.41), combinada com a Eq. (15.16), para obter a interação entre duas correntes elétricas. Para simplificar, consideremos primeiro duas correntes paralelas I e I' (Fig. 15.30), na mesma direção e separadas por uma distância R. O campo magnético $\mathfrak{B}$, resultante de I em qualquer ponto de I', é dado pela Eq. (15.41) e tem a direção e sentido indicados. Usando a Eq. (15.17), a força $\boldsymbol{F}'$ sobre I' será

$$\boldsymbol{F}' = I' \int \boldsymbol{u}'_T \times \mathfrak{B}\, dl'.$$

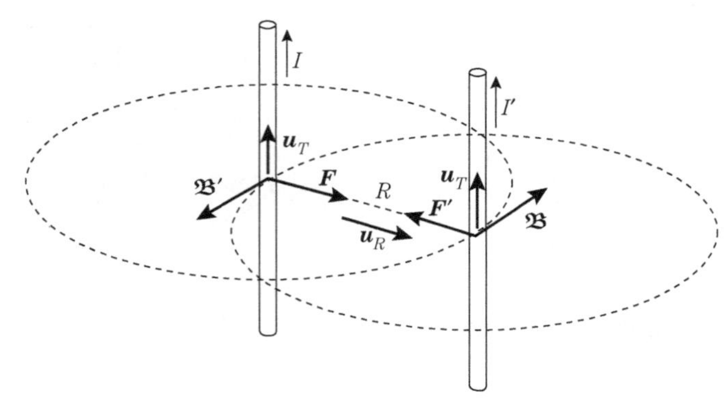

Figura 15.30 Interação magnética entre duas correntes retilíneas.

Ora, $\boldsymbol{u}'_T \times \mathfrak{B} = -u_R\mathfrak{B}$, onde $\boldsymbol{u}_R$ é definido como o vetor unitário de I para I'. Portanto usando a Eq. (15.41) para $\mathfrak{B}$, temos

$$\begin{aligned} \boldsymbol{F}' &= I' \int \left(-\boldsymbol{u}_R \frac{\mu_0 I}{2\pi R} \right) dl' = -\boldsymbol{u}_R \left(\frac{\mu_0 I I'}{2\pi R} \right) \int dl' \\ &= -\boldsymbol{u}_R \frac{\mu_0 I I'}{2\pi R} L'. \end{aligned} \tag{15.43}$$

Esse resultado indica que a corrente I *atrai* a corrente I'. Um cálculo semelhante da força produzida por I' sobre I dá o mesmo resultado, mas com um sinal positivo, de modo que ela tem a mesma direção e sentido que $\boldsymbol{u}_R$, e representa novamente uma atração. Portanto *duas correntes paralelas no mesmo sentido atraem-se com uma mesma força* em virtude de suas interações magnéticas. Deixaremos a você o trabalho de verificar que, *se as correntes paralelas estiverem em sentidos opostos, elas se repelirão.*

Esse resultado pode ser estendido para correntes de qualquer configuração. Você pode observar que as correntes da Fig. 15.31 (a) se atraem, mas que as da Fig. 15.31(b) se repelem. Essas interações entre correntes são de grande importância prática para motores elétricos e outras aplicações de engenharia.

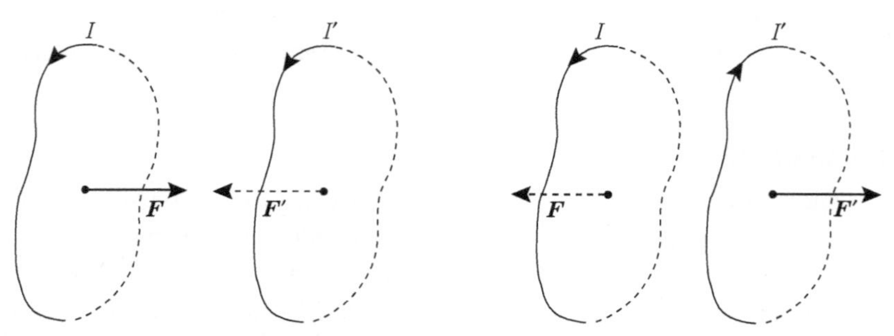

Figura 15.31 Atração e repulsão entre duas correntes.

Nota sobre Unidades. Na Seç. 2.3, quando discutimos as unidades fundamentais, indicamos que o sistema de unidades aprovado internacionalmente é o sistema MKSA e não o MKSC, apesar de, na prática, não existir nenhuma diferença entre os dois. Temos duas leis entre as quais podemos escolher a incorporação de quarta unidade básica às do comprimento, massa e tempo. São elas: a lei de Coulomb para a interação eletrostática entre duas cargas, dada pela Eq. (14.2),

$$F = K_e \frac{qq'}{r^2},$$

e a lei de interação entre as duas correntes retilíneas, dada pela Eq. (15.43) com $\mu_0/4\pi$ substituídos pela constante magnética K_m

$$F' = K_m \frac{2II'}{R} L'.$$

Embora tenhamos duas constantes, K_e e K_m, que correspondem às forças elétrica e magnética, existe apenas um grau de liberdade porque há apenas uma nova quantidade física, a carga elétrica, com a corrente relacionada pela equação *corrente = carga/tempo*. Portanto podemos escolher um valor arbitrário apenas para uma das constantes. A 11ª Conferência Geral sobre Pesos e Medidas, reunida em 1960, decidiu adotar $K_m = 10^{-7}$, e escolheu o ampère como a quarta unidade fundamental. Desse modo, o ampère é definido como a corrente que, circulando em dois condutores paralelos separados por uma distância de um metro, produz uma força, sobre cada condutor, de 2×10^{-7} N por metro de comprimento de cada um deles (Fig. 15.32). Uma vez definido o ampère, o coulomb é aquela quantidade de carga que flui através de qualquer seção reta de um condutor em um segundo, quando a corrente é um ampère.

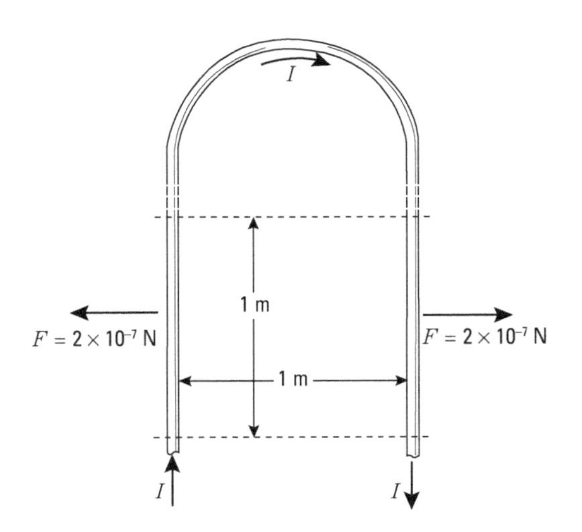

Figura 15.32 Aparelhagem para definir experimentalmente o ampère.

Um arranjo experimental para medir a força entre dois condutores paralelos é apresentado na Fig. 15.33. Este constitui uma *balança de corrente*. A mesma corrente passa através de dois condutores de modo que $F = 2 \times 10^{-7} I^2L'/R$. A balança é colocada primeiro em equilíbrio sem nenhuma corrente no circuito. Quando a corrente passa através dos circuitos, são necessários pesos adicionais sobre o prato esquerdo para fazer a balança voltar ao equilíbrio. Dos valores conhecidos de F, L' e R, podemos calcular o valor de I. Na prática, são usadas duas espiras circulares paralelas. A expressão para a força entre as espiras é, portanto, diferente.

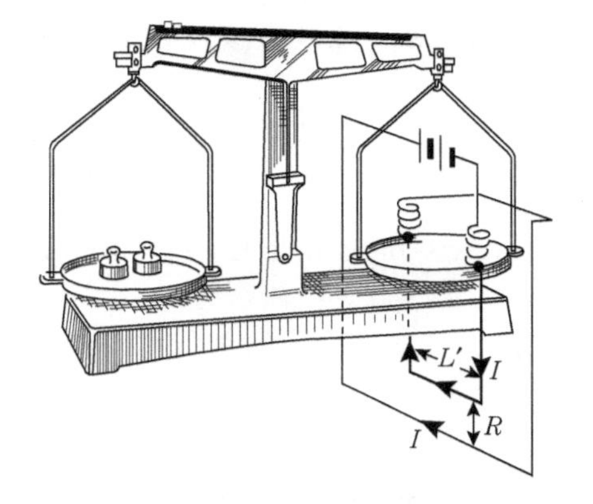

Figura 15.33 Uma balança de corrente para medir uma corrente em termos da força magnética entre dois condutores paralelos.

Desde que, em termos das constantes auxiliares ε_0 e μ_0, temos $K_e = 1/4\pi\varepsilon_0$ e $K_m = \mu_0/4\pi$, segue-se que a relação entre essas duas constantes dá

$$\frac{K_e}{K_m} = \frac{1}{\varepsilon_0\mu_0} = c^2,$$

onde $c = 1/\sqrt{\varepsilon_0\mu_0}$. Essa constante é igual à velocidade da luz (ou de qualquer sinal eletromagnético) no vácuo, o que será provado no Cap. 19. A constante c foi medida experimentalmente com uma precisão muito grande. Em termos desta, temos que $K_e = K_m c^2 = 10^{-7} c^2$, que é o valor dado para K_e na Seç. 14.3. Isso explica nossa prévia escolha para K_e que, na ocasião, pode ter parecido um pouco arbitrária.

Uma das razões pela qual a 11ª Conferência recomendou o uso do ampère como a quarta unidade fundamental foi porque é mais fácil preparar um padrão de corrente e medir a força entre duas correntes do que montar um padrão de carga e medir a força entre duas cargas. Entretanto, do ponto de vista físico, o conceito de carga é mais fundamental que o de corrente. Igualmente, tanto do ponto de vista prático quanto do teórico, os sistemas MKSC e MKSA são equivalentes.

15.10 Campo magnético de uma corrente circular

Consideremos agora uma corrente circular de raio a (Fig. 15.34). O cálculo do campo magnético em um ponto arbitrário é um problema matemático relativamente complicado, o que não ocorre para os pontos ao longo do eixo da corrente, onde o seu cálculo é uma tarefa razoavelmente fácil. Em primeiro lugar, reconhecemos que a Eq. (15.37) pode ser matematicamente interpretada, afirmando que o campo magnético resultante $\mathfrak{B}$ em P, produzido pela corrente, é a soma de um grande número de contribuições muito pequenas ou elementares $d\mathfrak{B}$ de cada um dos segmentos ou elementos de comprimento dl que compõem o circuito. Cada contribuição elementar é

$$d\mathfrak{B} = \frac{\mu_0}{4\pi} I \frac{\boldsymbol{u}_T \times \boldsymbol{u}_r}{r^2} dl.$$

Contudo essa equação deve ser considerada apenas em relação à Eq. (15.37) e não como uma afirmação independente.

No caso de uma corrente circular, o produto vetorial $\boldsymbol{u}_T \times \boldsymbol{u}_r$ da Fig. 15.34, é perpendicular ao plano PAA' e tem um módulo de um, porque esses dois vetores unitários são perpendiculares. Portanto o campo $d\mathfrak{B}$, produzido pelo elemento de comprimento dl em P, tem o módulo

$$d\mathfrak{B} = \frac{\mu_0}{4\pi} I \frac{dl}{r^2},$$

e é perpendicular ao plan PAA', sendo, desse modo, oblíquo ao eixo Z. Decompondo $d\mathfrak{B}$ em uma componente $d\mathfrak{B}_{\parallel}$ paralela ao eixo e uma componente $d\mathfrak{B}_{\perp}$ perpendicular a ele, vemos que, quando integramos ao longo do círculo, para cada $d\mathfrak{B}_{\perp}$ há outro, na direção oposta, proveniente do elemento de comprimento diretamente oposto a dl e, portanto, todos os vetores $d\mathfrak{B}_{\perp}$ somam zero. A resultante $\mathfrak{B}$ será a soma de todos os $d\mathfrak{B}_{\parallel}$ e, consequentemente, é paralela ao eixo. Ora, já que $\cos\alpha = a/r$,

$$d\mathfrak{B}_{\parallel} = (d\mathfrak{B})\cos\alpha = \frac{a}{r} d\mathfrak{B} = \frac{\mu_0 I a}{4\pi r^3} dl.$$

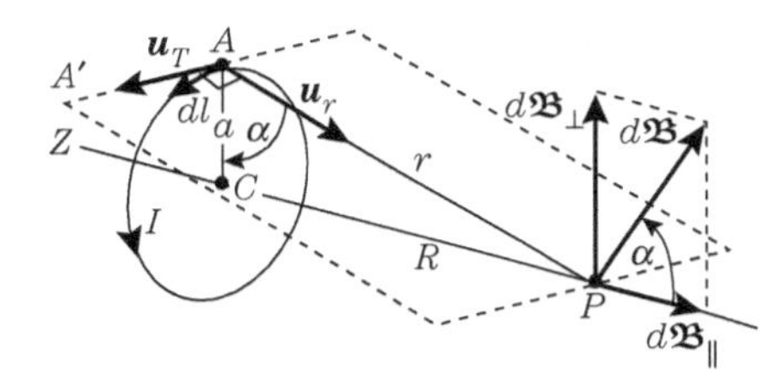

Figura 15.34 Cálculo da indução magnética ao longo do eixo de uma corrente circular.

A distância r permanece constante quando integramos em volta do círculo. Em seguida, como $\oint dl = 2\pi a$, podemos escrever, para o módulo do campo magnético resultante,

$$\mathfrak{B} = \oint d\mathfrak{B}_{\parallel} = \frac{\mu_0 I a}{4\pi r^3} \oint dl = \frac{\mu_0 I a^2}{2r^3}.$$

Observando que $r = (a^2 + R^2)^{1/2}$, podemos escrever o campo magnético para pontos sobre o eixo de uma corrente circular como

$$\mathfrak{B} = \frac{\mu_0 I a^2}{2\left(a^2 + R^2\right)^{3/2}}. \tag{15.44}$$

Aplicando a definição (15.19), o momento de dipolo magnético do circuito é $M = I(\pi a^2)$. Assim

$$\mathfrak{B} = \frac{\mu_0 M}{2\pi\left(a^2 + R^2\right)^{3/2}}. \tag{15.45}$$

O campo magnético de uma corrente circular foi representado na Fig. 15.35.

Um caso interessante ocorre quando o circuito é muito pequeno, de modo que, em comparação com a distância $\boldsymbol{R}$, o raio a pode ser desprezado. Assim a Eq. (15.45) reduz-se a

$$\mathfrak{B} = \frac{\mu_0 M}{2\pi R^3} = \frac{\mu_0 (2M)}{4\pi R^3}. \tag{15.46}$$

Quando comparamos a Eq. (15.46) com a Eq. (14.46), com $\theta = 0$, isto é, $\mathfrak{E}_r = (1/4\pi\varepsilon_0)(2p/r^3)$, vemos que, se fizermos $(\mu_0/4\pi)M$ corresponder a $p/4\pi\varepsilon_0$, o campo magnético ao longo do eixo da corrente pequena será idêntico ao campo elétrico de um dipolo elétrico ao longo de seu eixo. Por essa razão, o circuito é chamado um *dipolo magnético.* Portanto podemos aplicar as Eqs. (14.46) e (14.47) de um dipolo elétrico para um dipolo magnético, de maneira tal que o campo magnético fora do eixo possa ser calculado (Fig. 15.36). Isso dá

$$\mathfrak{B}_r = \frac{\mu_0}{4\pi}\frac{2M\cos\theta}{r^3}, \qquad \mathfrak{B}_\theta = \frac{\mu_0}{4\pi}\frac{M\,\text{sen}\,\theta}{r^3}. \tag{15.47}$$

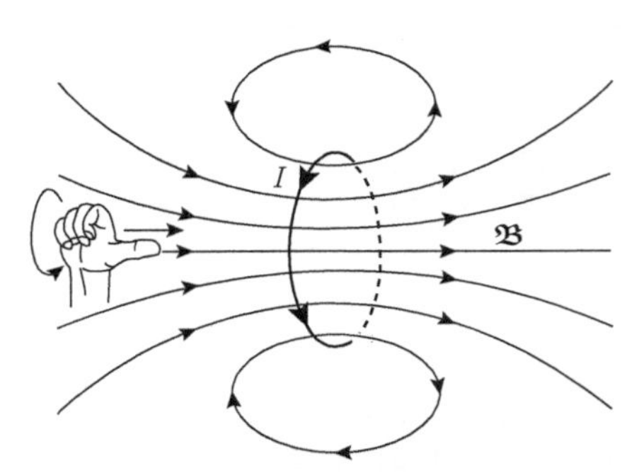

Figura 15.35 Linhas de força magnéticas devidas a uma corrente circular.

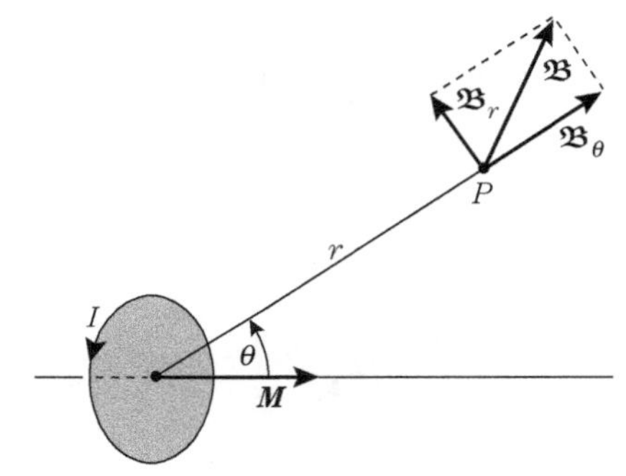

Figura 15.36 Indução magnética no ponto P devida a uma corrente de dipolo magnético.

No Capítulo 14, vimos que as linhas de força de um campo elétrico vão das cargas negativas para as positivas ou, talvez, em alguns casos, do, ou para, o infinito. Entretanto, pelas Figs. 15.28 e 15.35, podemos ver que as linhas de força de um campo magnético são linhas *fechadas* ligadas à corrente. A razão disso é que o campo magnético não se origina de polos magnéticos. Um campo dessa espécie, que não tem pontos de origem, é chamado *solenoidal.*

■ **Exemplo 15.8** Discutir o *galvanômetro das tangentes.*

Solução: Um galvanômetro das tangentes consiste numa bobina circular (Fig. 15.37) com N espiras percorrida por uma corrente I. Esta é colocada em uma região onde há um campo magnético $\mathfrak{B}$ de forma que um dos diâmetros da bobina é paralelo a $\mathfrak{B}$. A corrente I produz, no centro da bobina, um campo magnético, dado pela Eq. (15.44), com $R = 0$, isto é, $\mu_0 I/2a$. E, como existem N espiras, o campo magnético total produzido no centro é $\mathfrak{B}_c = \mu_0 IN/2a$. Portanto o campo magnético resultante $\mathfrak{B}'$ no centro da bobina forma um ângulo θ com o eixo da bobina dado por

$$\text{tg}\,\theta = \mathfrak{B} / \mathfrak{B}_c = 2a\mathfrak{B}/\mu_0 IN.$$

Portanto, se uma pequena agulha magnética for colocada no centro da bobina, ela girará e estará em equilíbrio a um ângulo θ com o eixo. Isso nos possibilitará medir o campo externo $\mathfrak{B}$ se conhecermos a corrente I, ou, inversamente, medir a corrente I se conhecermos o campo $\mathfrak{B}$. Comumente, $\mathfrak{B}$ é o campo magnético da Terra. Para medidas precisas, a fórmula deve ser corrigida a fim de se considerar o comprimento finito da agulha, já que o campo que atua sobre ela não é exatamente o campo no centro. O nome "galvanômetro das tangentes" provém da função trigonométrica apresentada aqui.

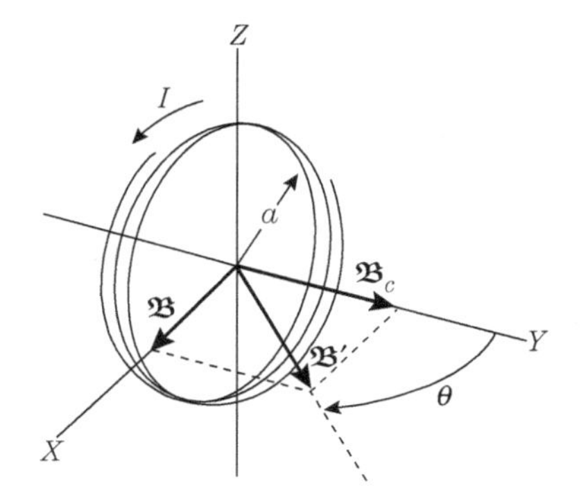

Figura 15.37 Galvanômetro das tangentes.

■ **Exemplo 15.9** Discutir o campo magnético de uma corrente solenoidal.

Solução: Uma corrente solenoidal, ou, simplesmente, um solenoide, é uma corrente composta de diversas espiras circulares coaxais de mesmos raios, todas percorridas pela mesma corrente (Fig. 15.38). Obtemos seu campo magnético somando os campos magnéticos de cada uma das correntes circulares componentes. O campo está indicado na figura pelas linhas da força magnética onde foram alisadas algumas flutuações no espaço entre as espiras circulares. Calcularemos o campo do solenoide apenas nos pontos sobre o eixo.

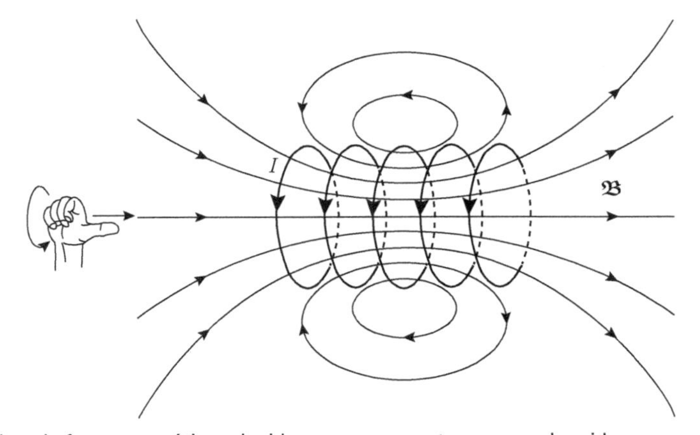

Figura 15.38 Linhas de força magnéticas devidas a uma corrente em um solenoide.

Na Fig. 15.39 temos uma seção reta longitudinal de um solenoide. Se L é o comprimento e N o número de espiras, o número de espiras por unidade de comprimento é N/L, e o número de espiras na seção de comprimento dR é $(N/L)\ dR$. Podemos calcular o campo produzido em cada espira, em um ponto P do eixo, usando a Eq. (15.44), e o campo resultante das espiras na seção dR pode ser calculado da seguinte maneira:

$$d\mathfrak{B} = \left[\frac{\mu_0 I a^2}{2\left(a^2 + R^2\right)^{3/2}}\right]\frac{N}{L}dR = \frac{\mu_0 IN}{2L}\frac{a^2 dR}{\left(a^2 + R^2\right)^{3/2}}. \quad (15.48)$$

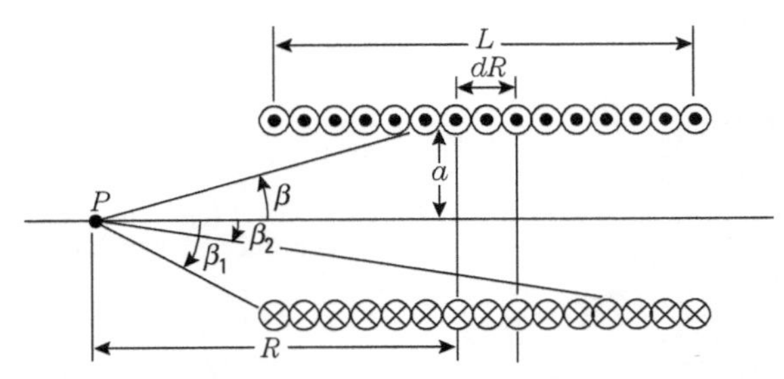

Figura 15.39 Cálculo da indução magnética em um ponto *P* localizado ao longo do eixo de uma corrente em solenoide.

Da figura, vemos que $R = a$ cotg β, $dR = -a$ cossec^2 $\beta\, d\beta$, e $a^2 + R^2 = a^2$ cossec^2 β. Substituindo na Eq. (15.48), temos

$$d\mathfrak{B} = \frac{\mu_0 IN}{2L}\left(-\text{sen}\,\beta\; d\beta\right).$$

Para obter o campo resultante, devemos integrar de uma extremidade do solenoide à outra, isto é, calculamos o campo resultante como se segue:

$$\mathfrak{B} = \frac{\mu_0 IN}{2L}\int_{\beta_1}^{\beta_2} -\text{sen}\,\beta\; d\beta = \frac{\mu_0 IN}{2L}\left(\cos\beta_2 - \cos\beta_1\right). \quad (15.49)$$

Se o solenoide é muito longo, temos, para um ponto no centro, que $\beta_1 \approx \pi$ e $\beta_2 \approx 0$, resultando em

$$\mathfrak{B} = \frac{\mu_0 IN}{L}. \quad (15.50)$$

Para um ponto em uma das extremidades, $\beta_1 \approx \pi/2$ e $\beta_2 \approx 0$, ou $\beta_1 \approx \pi$, $\beta_2 = \pi/2$. Em qualquer caso,

$$\mathfrak{B} = \frac{\mu_0 IN}{2L}, \quad (15.51)$$

ou a metade do valor no centro. Um solenoide longo é usado para produzir campos magnéticos, razoavelmente uniformes, em regiões limitadas ao redor de seu centro.

■ **Exemplo 15.10** Discutir o campo magnético do sistema de quadrupolo magnético de corrente, ilustrado na Fig. 15.40.

Solução: O sistema de corrente da Fig. 15.40 é composto por dois pequenos circuitos iguais, percorridos por correntes iguais a I, mas circulando em sentidos opostos e separados por uma distância $2a$. Dessa forma, cada circuito é um dipolo magnético. Mas os momentos de dipolo são opostos, porque as correntes circulam em sentidos contrários, e dão um momento de dipolo magnético total nulo. Entretanto o campo magnético resultante não é zero, em virtude da separação dos circuitos e, desse modo, o sistema constitui um quadrupolo magnético. É preciso observar que, matematicamente, a situação é muito semelhante à do Ex. 14.13.

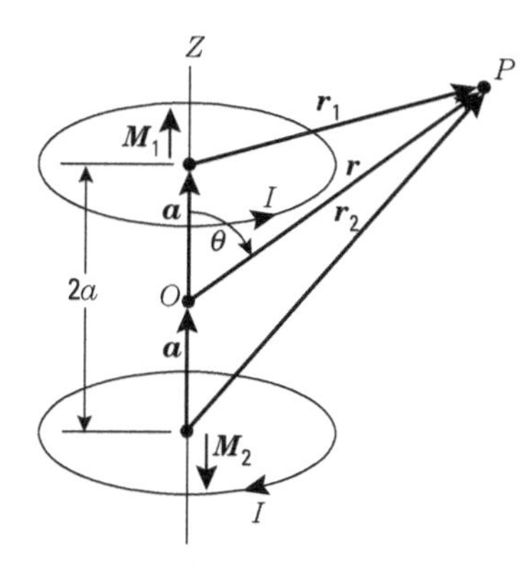

Figura 15.40 Quadrupolo magnético.

Em virtude da analogia entre a Eq. (15.47), para um dipolo magnético, e as Eqs. (14.46) e (14.47), para um dipolo elétrico, podemos definir um potencial "magnético" V_m associado ao campo magnético de um dipolo magnético dado pela Eq. (14.45), com $p/4\pi\varepsilon_0$ substituído por $\mu_0 M/4\pi$. Portanto

$$V_m = \frac{\mu_0 M \cos\theta}{4\pi r^2} = \frac{\mu_0 \boldsymbol{M} \cdot \boldsymbol{r}}{4\pi r^3}.$$

Portanto, considerando que $M_1 = -M_2 = M$, o potencial "magnético" resultante em P é

$$V_m = \frac{\mu_0 \boldsymbol{M}_1 \cdot \boldsymbol{r}_1}{4\pi r_1^3} + \frac{\mu_0 \boldsymbol{M}_2 \cdot \boldsymbol{r}_2}{4\pi r_2^3} = \frac{\mu_0 \boldsymbol{M}}{4\pi} \cdot \left(\frac{\boldsymbol{r}_1}{r_1^3} - \frac{\boldsymbol{r}_2}{r_2^3} \right).$$

Da Fig. 15.40, chamando $\boldsymbol{a} = \boldsymbol{u}_z a$, onde $\boldsymbol{u}_z$ é o vetor unitário do eixo dos Z, temos $\boldsymbol{r}_1 = -\boldsymbol{a} + \boldsymbol{r}$, $\boldsymbol{r}_2 = \boldsymbol{a} + \boldsymbol{r}$, e também

$$r_1^2 = r^2 + a^2 - 2ar \cos\theta,$$

$$r_2^2 = r^2 + a^2 + 2ar \cos\theta.$$

Portanto, usando a expansão do binômio até a primeira ordem em a/r, temos

$$\frac{1}{r_1^3} = \frac{1}{r^3} \left(1 - \frac{2a\cos\theta}{r} + \frac{a^2}{r^2} \right)^{-3/2} = \frac{1}{r^3} \left(1 + \frac{3a\cos\theta}{r} + \ldots \right),$$

e, de forma análoga

$$\frac{1}{r_2^3} = \frac{1}{r^3} \left(1 - \frac{3a\cos\theta}{r} + \ldots \right).$$

Portanto

$$\frac{\boldsymbol{r}_1}{r_1^3} - \frac{\boldsymbol{r}_2}{r_2^3} = \frac{-\boldsymbol{a} + \boldsymbol{r}}{r^3} \left(1 + \frac{3a\cos\theta}{r} + \ldots \right) - \frac{\boldsymbol{a} + \boldsymbol{r}}{r^3} \left(1 - \frac{3a\cos\theta}{r} + \ldots \right) =$$

$$= \frac{-2\boldsymbol{a}}{r^3} + \frac{6\boldsymbol{r} a \cos\theta}{r^4} + \ldots$$

Substituindo esse valor na expressão para V_m, obtemos

$$V_m = \frac{2\mu_0}{4\pi r^3}\left(-\boldsymbol{M}\cdot\boldsymbol{a} + \frac{3\boldsymbol{M}\cdot\boldsymbol{r}a\cos\theta}{r}\right).$$

Porém, $\boldsymbol{M}\cdot\boldsymbol{a} = Ma$ e $\boldsymbol{M}\cdot\boldsymbol{r} = Mr\cos\theta$. Então,

$$V_m = \frac{\mu_0 M(2a)(3\cos^2\theta - 1)}{4\pi r^3},$$

que é semelhante à Eq. (14.58) na dependência angular e radial, confirmando o fato de que estamos tratando com um quadrupolo magnético. O momento do quadrupolo magnético é $M(2a)$. O campo magnético do quadrupolo magnético tem as seguintes componentes radial e transversal:

$$\mathfrak{B}_r = -\frac{\partial V_m}{\partial r} = \frac{3\mu_0 M(2a)(3\cos^2\theta - 1)}{4\pi r^4},$$

$$\mathfrak{B}_\theta = -\frac{1}{r}\frac{\partial V_m}{\partial\theta} = \frac{6\mu_0 M(2a)\,\mathrm{sen}\,\theta\cos\theta}{4\pi r^4}.$$

Devemos adverti-lo de que o potencial "magnético" introduzido é uma conveniência matemática para calcular o campo magnético, e não está relacionado a uma energia potencial da mesma forma que está o potencial elétrico.

15.11 Campo magnético de uma carga em movimento (não relativístico)

O fato de uma corrente elétrica (isto é, um fluxo de cargas em movimento) produzir um campo magnético sugere que uma carga isolada em movimento deve produzir também um campo magnético. Tentaremos agora determinar esse campo magnético, começando pelo resultado conhecido para o campo magnético de uma corrente elétrica. Como foi dado na Eq. (15.37), o campo magnético produzido por uma corrente é

$$\mathfrak{B} = \frac{\mu_0}{4\pi} I \oint \frac{\boldsymbol{u}_T \times \boldsymbol{u}_r}{r^2} dl = \frac{\mu_0}{4\pi}\oint \frac{(I\,dl\,\boldsymbol{u}_T)\times\boldsymbol{u}_r}{r^2}.$$

Mas, recordando as Eqs. (15.12) e (15.13), e que $dV = S\,dl$, temos $\boldsymbol{j} = j\boldsymbol{u}_T$ e $\boldsymbol{j} = nq\boldsymbol{v}$, que leva a

$$I\,dl\,\boldsymbol{u}_T = (jS)\,dl\,\boldsymbol{u}_T = \boldsymbol{j}\,dV = nq\boldsymbol{v}\,dV.$$

Portanto

$$\mathfrak{B} = \frac{\mu_0}{4\pi}\oint \frac{q\boldsymbol{v}\times\boldsymbol{u}_r}{r^2} n\,dV. \tag{15.52}$$

Como $n\,dV$ é o número de partículas no volume dV, *podemos interpretar* o resultado acima dizendo que cada partícula carregada produz um campo magnético no ponto A (Fig. 15.41) dado por

$$\mathfrak{B} = \frac{\mu_0}{4\pi}\frac{q\boldsymbol{v}\times\boldsymbol{u}_r}{r^2}. \tag{15.53}$$

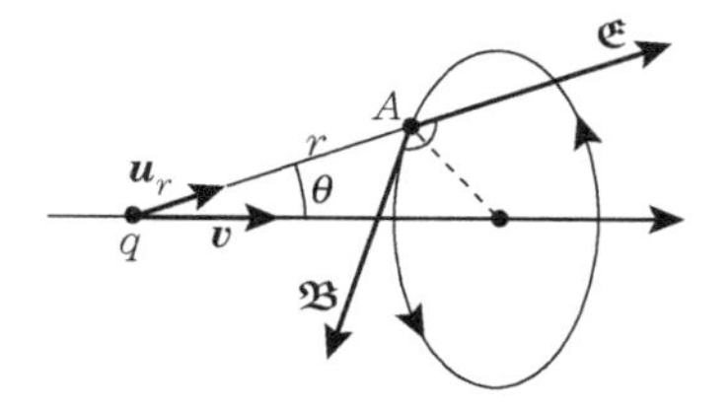

Figura 15.41 Campos elétrico e magnético produzidos por uma carga em movimento.

O módulo de $\mathfrak{B}$ é

$$\mathfrak{B} = \frac{\mu_0}{4\pi}\frac{qv \operatorname{sen}\theta}{r^2},$$

e sua direção e sentido são perpendiculares a $\boldsymbol{r}$ e $\boldsymbol{v}$. Como mostra a figura, as linhas de força magnética são, portanto, círculos. Observe que o módulo do campo magnético é zero ao longo da linha do movimento, e tem seu valor máximo sobre o plano perpendicular à linha do movimento e que contém a carga.

Admitindo que o campo elétrico $\mathfrak{E}$, produzido pela carga q em A, não é afetado pelo movimento da carga, este é

$$\mathfrak{E} = \frac{q\boldsymbol{u}_r}{4\pi\varepsilon_0 r^2}.$$

Portanto podemos escrever a Eq. (15.53) da seguinte forma

$$\mathfrak{B} = \mu_0\varepsilon_0 \boldsymbol{v} \times \mathfrak{E} = \frac{1}{c^2}\boldsymbol{v} \times \mathfrak{E}, \tag{15.54}$$

que estabelece uma estreita relação entre os campos elétrico e magnético produzidos por uma carga em movimento. Na expressão acima, colocamos

$$c = \frac{1}{\sqrt{\mu_0\varepsilon_0}} = 2{,}9979 \times 10^8 \text{ m} \cdot \text{s}^{-1}, \tag{15.55}$$

que, como indicamos anteriormente e provaremos mais tarde, é a velocidade da luz ou de qualquer sinal eletromagnético no vácuo. Em números redondos, $c = 3{,}0 \times 10^8$ m · s^{-1}.

Portanto, apesar de uma carga em repouso produzir apenas um campo elétrico, uma carga em movimento produz ambos os campos, um elétrico e um magnético, relacionados pela Eq. (15.54). Dessa forma, os campos elétrico e magnético são simplesmente dois aspectos de uma propriedade fundamental da matéria, sendo mais apropriado usar o termo *campo eletromagnético* para descrever a situação física que envolve cargas em movimento.

Devemos observar que passar da Eq. (15.52) para a Eq. (15.53) não é o único procedimento matemático, e se, por exemplo, adicionarmos um termo à Eq. (15.53), cuja integral ao longo de um percurso fechado é zero, o valor da Eq. (15.52) ainda permanecerá inalterado. De fato, a Eq. (15.53) não é completamente correta. Encontrou-se, experimentalmente, que ela oferece resultados satisfatórios apenas quando a velocidade da partícula é pequena comparada com c. Na Seç. 15.13, deduziremos uma expressão correta para $\mathfrak{B}$ que será válida para todas as velocidades. Por outro lado, a Eq. (15.52) permanece válida para todas as velocidades.

■ **Exemplo 15.11** Verificar se o resultado (15.42) para o campo magnético de uma corrente retilínea é compatível com a Eq. (15.54).

Solução: O campo magnético produzido por uma corrente retilínea é o resultado dos campos individuais produzidos por todas as cargas que se movem ao longo do condutor. De acordo com a Eq. (15.13), se S é a seção reta do condutor, $I = nqSv$, onde v é a velocidade das cargas. Mas nq é a carga por unidade de volume e, portanto, a carga de um condutor de comprimento unitário e seção reta S é $nqS = \lambda$. Portanto $I = \lambda v$. Fazendo as substituições na Eq. (15.42) e observando que $\boldsymbol{v} = v\boldsymbol{u}_T$, temos

$$\mathfrak{B} = \frac{\mu_0\varepsilon_0(\lambda v)}{\lambda}\boldsymbol{u}_T \times \mathfrak{E} = \mu_0\varepsilon_0\boldsymbol{v} \times \mathfrak{E},$$

que é exatamente a Eq. (15.54).

15.12 Eletromagnetismo e o princípio da relatividade

No Capítulo 11, estabelecemos, como um princípio geral, a regra de que todas as leis da natureza devem ser idênticas para todos os observadores inerciais. Portanto devemos continuar, a fim de obter a relação entre os campos elétrico e magnético, da forma como foi medido por dois observadores em movimento uniforme relativo, de modo que o princípio de relatividade permaneça válido.

Suponha que temos dois observadores O e O' (Fig. 15.42) em movimento relativo, um em relação ao outro, com velocidade v, e que, em repouso relativamente a O', existem duas cargas q e Q. As duas cargas estão, portanto, em movimento com relação a O. Como foi indicado anteriormente na Seç. 15.4, os valores das duas cargas são os mesmos para ambos os observadores O e O'. Para o observador O' existe apenas uma interação elétrica entre Q e q, e a força medida sobre q é $\boldsymbol{F}' = q\mathfrak{E}'$, onde $\mathfrak{E}'$ é o campo elétrico produzido por Q em q, como foi medido por O'.

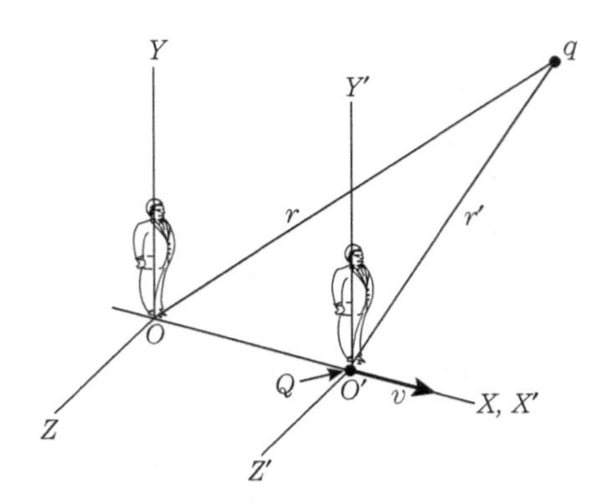

Figura 15.42 Comparação de medidas eletromagnéticas por dois observadores em movimento relativo.

Por outro lado, como O vê a carga Q em movimento, ele observa que Q produz um campo elétrico $\mathfrak{E}$ e um campo magnético $\mathfrak{B}$ e, desde que q é também observado em movimento com a velocidade $\boldsymbol{v}$, a força exercida por Q sobre q, medida por O, é $\boldsymbol{F} = q(\mathfrak{E} + \boldsymbol{v} \times \mathfrak{B})$.

Escolhendo os eixos comuns X e X' paralelos à velocidade relativa do observador, temos que $\boldsymbol{v} = \boldsymbol{u}_x v$ e $\boldsymbol{v} \times \mathfrak{B} = -\boldsymbol{u}_y v\mathfrak{B}_z + \boldsymbol{u}_z v\mathfrak{B}_y$, e, portanto, as componentes de $\boldsymbol{F}$ com relação ao referencial XYZ são

$$F_x = q\mathfrak{E}_x, \qquad F_y = q(\mathfrak{E}_y - v\mathfrak{B}_z), \qquad F_z = q(\mathfrak{E}_z + v\mathfrak{B}_y). \tag{15.56}$$

As componentes de $\boldsymbol{F}'$ com relação ao referencial $X'Y'Z'$ são

$$F'_x = q\mathfrak{E}'_x, \qquad F'_y = q\mathfrak{E}'_y, \qquad F'_z = q\mathfrak{E}'_z. \tag{15.57}$$

Como q está em repouso em relação a O', a relação entre as componentes de $\boldsymbol{F}$ e $\boldsymbol{F}'$ é dada pelas Eqs. (11.32), (11.33) e (11.34), isto é,

$$F'_x = F_x, \qquad F'_y = \frac{F_y}{\sqrt{1 - v^2/c^2}}, \qquad F'_z = \frac{F_z}{\sqrt{1 - v^2/c^2}}.$$

Substituindo os valores das componentes dados pelas Eqs. (15.56) e (15.57), e cancelando o fator comum q, obtemos

$$\mathfrak{E}'_x = \mathfrak{E}_x, \qquad \mathfrak{E}'_y = \frac{\mathfrak{E}_y - v\mathfrak{B}_z}{\sqrt{1 - v^2/c^2}}, \qquad \mathfrak{E}'_z = \frac{\mathfrak{E}_z + v\mathfrak{B}_y}{\sqrt{1 - v^2/c^2}}. \tag{15.58}$$

Essas expressões relacionam o campo elétrico medido pelo observador O' com os campos elétrico e magnético medidos pelo observador O, em concordância com a teoria da relatividade especial. As transformações inversas da Eq. (15.58) são obtidas trocando-se os campos e invertendo o sinal de v, porque o referencial XYZ move-se com a velocidade $-v$ em relação a $X'Y'Z'$. Assim, se o observador O' mede um campo elétrico $\mathfrak{E}'$ e um campo magnético $\mathfrak{B}'$, o campo elétrico medido por O é dado por

$$\mathfrak{E}_x = \mathfrak{E}'_x, \qquad \mathfrak{E}_y = \frac{\mathfrak{E}'_y + v\mathfrak{B}'_z}{\sqrt{1 - v^2/c^2}}, \qquad \mathfrak{E}_z = \frac{\mathfrak{E}'_z - v\mathfrak{B}'_y}{\sqrt{1 - v^2/c^2}}. \tag{15.59}$$

Se a carga Q, em vez de estar em repouso em O', também está se movendo relativamente a ele, O' observa um campo magnético $\mathfrak{B}'$ além do campo elétrico $\mathfrak{E}$. Um cálculo semelhante, mas muito mais trabalhoso*, resulta

$$\mathfrak{B}'_x = \mathfrak{B}_x, \qquad \mathfrak{B}'_y = \frac{\mathfrak{B}_y + v\mathfrak{E}_z/c^2}{\sqrt{1 - v^2/c^2}}, \qquad \mathfrak{B}'_z = \frac{\mathfrak{B}_z - v\mathfrak{E}_y/c^2}{\sqrt{1 - v^2/c^2}}. \tag{15.60}$$

Como fizemos na Eq. (15.58), podemos obter novamente a transformação inversa da Eq. (15.60) trocando os campos e substituindo v por $-v$, resultando em

$$\mathfrak{B}_x = \mathfrak{B}'_x, \qquad \mathfrak{B}_y = \frac{\mathfrak{B}'_y - v\mathfrak{E}'_z/c^2}{\sqrt{1 - v^2/c^2}}, \qquad \mathfrak{B}_z = \frac{\mathfrak{B}'_z - v\mathfrak{E}'_y/c^2}{\sqrt{1 - v^2/c^2}}. \tag{15.61}$$

As Eqs. (15.58) e (15.60), ou suas inversas Eqs. (15.59) e (15.61), constituem a transformação de Lorentz para o campo eletromagnético. Essas equações provam, uma vez mais, que os campos elétrico e magnético não são entidades separadas, mas formam uma única entidade física denominada *campo eletromagnético*. A separação de um campo eletromagnético entre suas componentes elétrica e magnética não é um procedimento absoluto, mas,

---

* Por exemplo, se você deseja obter a segunda e a terceira equações na Eq. (15.60), sugerimos que use a Eq. (15.58) para eliminar $\mathfrak{E}'_y$ e $\mathfrak{E}'_z$ da transformação inversa da Eq. (15.59) e, em seguida, resolva para $\mathfrak{B}'_y$ e $\mathfrak{B}'_z$.

antes, dependente do movimento das cargas em relação ao observador. Portanto, uma vez mais, afirmamos que não devemos falar de interações elétrica e magnética como processos separados, mas apenas como dois aspectos da *interação eletromagnética*.

■ **Exemplo 15.12** Reconsiderar a situação discutida no Ex. 15.4, usando a transformação de Lorentz para o campo eletromagnético para relacionar os campos medidos por ambos os observadores.

Solução: Lembre-se de que, no Ex. 15.4, havia um campo elétrico ao longo do eixo dos Y e um campo magnético ao longo do eixo dos Z. Fazendo uma transformação cinemática para um conjunto de eixos $X'Y'Z'$, que se movem na direção X com velocidade $v = \mathfrak{E}/\mathfrak{B}$, reduzimos o movimento para o de uma partícula em um campo magnético isolado. Agora iremos um passo mais adiante nessa análise, e veremos as implicações deste exemplo dentro da estrutura da teoria da relatividade. No referencial XYZ, temos $\mathfrak{E}_x = 0$, $\mathfrak{E}_y = \mathfrak{E}$ e $\mathfrak{E}_z = 0$ para o campo elétrico e $\mathfrak{B}_x = \mathfrak{B}_y = 0$, $\mathfrak{B}_z = \mathfrak{B}$ para o campo magnético. Dessa forma, usando as Eqs. (15.58) e (15.50), concluímos que os campos observados no referencial $X'Y'Z$ são

$$\mathfrak{E}'_x = 0, \qquad \mathfrak{E}'_y = \frac{\mathfrak{E} - v\mathfrak{B}}{\sqrt{1 - v^2/c^2}}, \qquad \mathfrak{E}'_z = 0,$$

$$\mathfrak{B}'_x = 0, \qquad \mathfrak{B}'_z = 0 \qquad \mathfrak{B}'_z = \frac{\mathfrak{B} - v\mathfrak{E}/c^2}{\sqrt{1 - v^2/c^2}}.$$

Tomando $v = \mathfrak{E}/\mathfrak{B}$, concluímos que $\mathfrak{E}'_y = 0$, e, portanto, $\mathfrak{E}' = 0$, enquanto

$$\mathfrak{B}' = \mathfrak{B}'_z = \sqrt{1 - v^2/c^2}\,\mathfrak{B}.$$

Portanto a teoria da relatividade prediz que o observador O', que se move relativamente a O com velocidade $v = \mathfrak{E}/\mathfrak{B}$, não medirá nenhum campo elétrico, e medirá um campo magnético menor do que o campo magnético medido por O, mas na mesma direção.

■ **Exemplo 15.13** Deduzir o campo magnético de uma corrente retilínea usando a transformação relativística para o campo eletromagnético.

Solução: Consideremos uma série infinita de cargas espaçadas igualmente que está se movendo ao longo do eixo dos X com velocidade relativa v em relação ao observador O (Fig. 15.43), e que, por essa razão, constitui uma corrente elétrica retilínea. Se λ é a carga elétrica por unidade de comprimento, a corrente elétrica medida por O é $I = \lambda v$. Consideremos agora um observador O' que se move no sentido X com velocidade v. As cargas parecem em repouso em relação a O', e este mede apenas um campo elétrico. Entretanto O registra um campo elétrico *e também* um magnético.

A carga no segmento dx (tal como foi medida por O) é $dq = \lambda\, dx$. O observador O' mede a mesma carga, mas, por causa da contração de Lorentz, o segmento parece ter um comprimento dx' tal que $dx = \sqrt{1 - v^2/c^2}\,dx'$. Portanto O' mede uma carga diferente por unidade de comprimento λ' dada por

$$\lambda' = \frac{dq}{dx'} = \lambda \frac{dx}{dx'} = \sqrt{1 - v^2/c^2}\,\lambda.$$

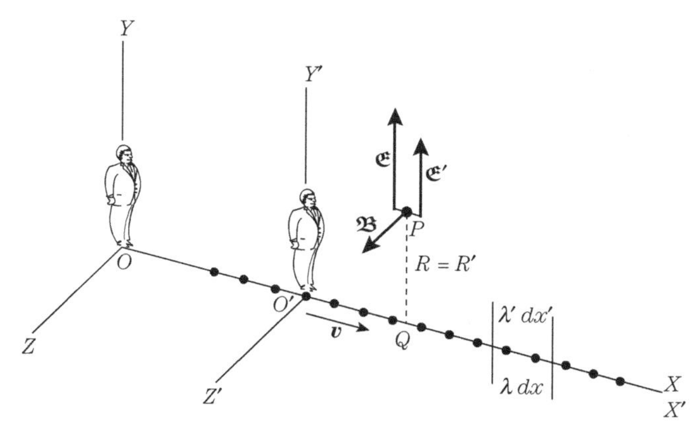

Figura 15.43 Campo eletromagnético produzido por um feixe de cargas que se movem ao longo do eixo dos *X*, conforme observado por dois observadores em movimento relativo.

O campo elétrico medido por O' é transversal. Em um ponto P, este é dado pelo resultado do Ex. 14.7, isto é, $\mathfrak{E}' = \lambda'/2\pi\varepsilon_0 R'$. Colocando-se o eixo dos Y paralelo à reta PQ e observando que $R = R'$ porque este é um comprimento perpendicular à velocidade, podemos escrever

$$\mathfrak{E}'_x = 0, \quad \mathfrak{E}'_y = \frac{\lambda'}{2\pi\varepsilon_0 R}, \qquad \mathfrak{E}'_z = 0.$$

Portanto, usando as Eqs. (15.59) com $\mathfrak{B}' = 0$, podemos escrever as componentes do campo elétrico em relação a O como

$$\mathfrak{E}_x = \mathfrak{E}_z = 0, \quad \mathfrak{E}_y = \frac{\mathfrak{E}'_y}{\sqrt{1 - v^2/c^2}} = \frac{\lambda'}{2\pi\varepsilon_0 R\sqrt{1 - v^2/c^2}} = \frac{\lambda}{2\pi\varepsilon_0}$$

De forma análoga, as Eqs. (15.61) dão as componentes do campo magnético em relação a O como

$$\mathfrak{B}_x = \mathfrak{B}_y = 0, \quad \mathfrak{B}_z = \frac{v\mathfrak{E}'_y/c^2}{\sqrt{1 - v^2/c^2}} = \frac{\lambda' v/c^2}{2\pi\varepsilon_0 R\sqrt{1 - v^2/c^2}} = \frac{\mu_0 I}{2\pi R},$$

onde usamos a relação $\varepsilon_0 \mu_0 = 1/c^2$. Dessa forma obtivemos não apenas o campo elétrico correto, no referencial XYZ, para uma distribuição de carga retilínea, mas, usando a Eq. (15.37) como nosso ponto de partida, encontramos também a expressão correta para o campo magnético produzido por uma corrente retilínea, que obtivemos anteriormente (Eq. 15.41). Podemos, assim, afirmar que a lei de Ampère-Laplace (15.37) é compatível com os requisitos do princípio da relatividade, e que indica, portanto, o campo magnético correto associado a uma corrente elétrica *fechada*.

15.13 O Campo eletromagnético de uma carga em movimento

No Cap. 14, vimos que uma carga em repouso produz um campo elétrico $\mathfrak{E} = (q/4\pi\varepsilon_0 r^2)\boldsymbol{u}_r$ e, na Seç. 15.11, indicamos que, quando uma carga está em movimento, produz também um campo magnético cuja expressão sugerimos ser $\mathfrak{B} = (\mu_0/4\pi)qv \times \boldsymbol{u}_r/r^2$. Entretanto, de acordo com a seção anterior, os campos $\mathfrak{E}$ e $\mathfrak{B}$ devem estar relacionados pelas Eqs. (15.58) e (15.60). Portanto devemos começar com um cálculo relativístico para obter as expressões corretas para $\mathfrak{E}$ e $\mathfrak{B}$, para uma carga em movimento.

Consideremos uma carga q em repouso relativamente ao referencial $X'Y'Z'$ que está se movendo em relação a XYZ, com velocidade v paralela ao eixo comum X. Como indicamos antes, o observador O' não mede nenhum campo magnético, mas apenas um campo elétrico; portanto $\mathfrak{B}'_x = \mathfrak{B}'_y = \mathfrak{B}'_z = 0$, ou $\mathfrak{B}' = 0$. Nesse caso, as transformações do campo elétrico da Eq. (15.59) serão

$$\mathfrak{E}_x = \mathfrak{E}'_x, \quad \mathfrak{E}_y = \frac{\mathfrak{E}'_y}{\sqrt{1 - v^2/c^2}}, \quad \mathfrak{E}_z = \frac{\mathfrak{E}'_z}{\sqrt{1 - v^2/c^2}}. \tag{15.62}$$

As Eqs. (15.62) indicam que, quando o observador O, que vê a carga se movendo, e O', que vê a carga em repouso, comparam suas medidas do campo elétrico da carga, obtêm a mesma componente paralela do campo na direção do movimento, mas O obtém uma componente perpendicular maior na direção do movimento. De forma análoga, se usarmos as Eqs. (15.62) para escrever as componentes do campo elétrico referente a O, as transformações do campo magnético das Eqs. (15.61) dão

$$\mathfrak{B}_x = 0, \quad \mathfrak{B}_y = -\frac{v\mathfrak{E}_z}{c^2}, \quad \mathfrak{B}_z = \frac{v\mathfrak{E}_y}{c^2}, \tag{15.63}$$

que são equivalentes a $\mathfrak{B} = \boldsymbol{v} \times \mathfrak{E}/c^2$. Isso é idêntico à Eq. (15.54) que, como foi indicado antes, é a relação entre os campos elétrico e magnético de uma carga que se move com uma velocidade constante v, e que é válida para todas as velocidades.

Na Fig. 15.44, são comparadas as observações de O e O'. Se a carga está em O', o observador O' mede um campo elétrico em P' (no plano $X'Y'$), dado por

$$\mathfrak{E}' = \frac{q}{4\pi\varepsilon_0 r'^2}\boldsymbol{u}_{r'} = \frac{q}{4\pi\varepsilon_0 r'^3}\boldsymbol{r}'.$$

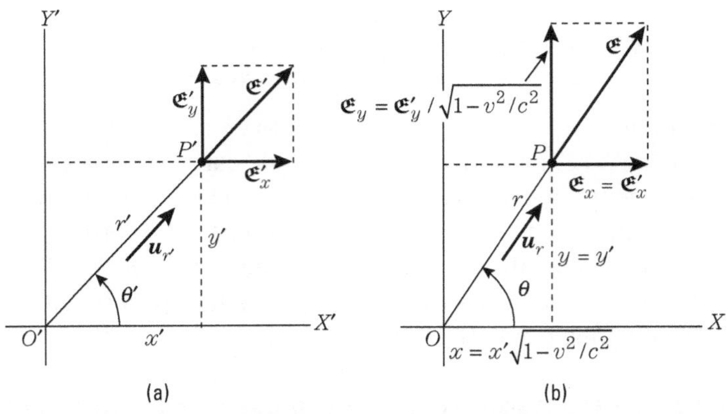

Figura 15.44 Transformação relativística das componentes do campo elétrico produzido por uma carga q em repouso, relativamente a O', localizada em O'.

O observador O vê o mesmo ponto no plano XY, mas, em decorrência da contração de Lorentz, a coordenada X do ponto aparece reduzida pelo fator $\sqrt{1 - v^2/c^2}$, enquanto a coordenada Y permanece a mesma, isto é, $x = x'\sqrt{1 - v^2/c^2}$, $y = y'$. Dessa forma, o ângulo θ que OP forma com OX é diferente do ângulo θ' que $O'P'$ forma com $O'X'$ (Fig. 15.44). Aplicando as Eqs. (15.62), vemos que o campo $\mathfrak{E}$ que O mede em P tem uma componente x que é a mesma que a medida por O'; mas a componente y aparece maior pelo fator $1/\sqrt{1 - v^2/c^2}$. O resultado é que $\mathfrak{E}$ e $\boldsymbol{r}$ formam o mesmo ângulo θ, em relação ao eixo. Portanto o campo elétrico também está na direção radial em relação ao observador O. Entretanto, em relação a O, o campo não é mais esfericamente simétrico. Um cálculo simples e direto (veja o Ex. 15.14) mostra que

$$\mathfrak{E} = \frac{q}{4\pi\varepsilon_0 r^2} \frac{1 - v^2/c^2}{\left[\left(1 - v^2/c^2\right)\text{sen}^2\,\theta\right]^{3/2}} \boldsymbol{u}_r. \tag{15.64}$$

O fator contendo sen θ faz com que o campo elétrico dependa da direção do vetor posição $\boldsymbol{r}$. Portanto a distâncias iguais da carga, o campo elétrico é mais forte no plano equatorial ($\theta = \pi/2$) perpendicular à direção do movimento do que ao longo da direção do movimento ($\theta = 0$). Isso está em contraste com o campo elétrico produzido por uma carga em repouso, que é esfericamente simétrica. Essa situação foi ilustrada na Fig. 15.45(a) e (b), onde o espaçamento das linhas indica a intensidade do campo.

Aplicando a relação $\mathfrak{B} = \boldsymbol{v} \times \mathfrak{E}/c^2$, que provamos ser de validade geral, e usando a Eq. (15.64) para $\mathfrak{E}$, encontramos o campo magnético de uma carga em movimento como

$$\mathfrak{B} = \frac{\mu_0 q}{4\pi r^2} \frac{1 - v^2/c^2}{\left[1 - \left(v^2/c^2\right)\text{sen}^2\,\theta\right]^{3/2}} \boldsymbol{v} \tag{15.65}$$

Quando v é muito pequeno comparado com c, isso se reduz à Eq. (15.53) não relativística. É preciso ter em mente que as Eqs. (15.64) e (15.65) são válidas apenas para uma carga em movimento uniforme. Se a carga é acelerada, o campo elétrico assume uma forma semelhante à da Fig. 15.45(c), e as expressões matemáticas tornam-se mais complexas.

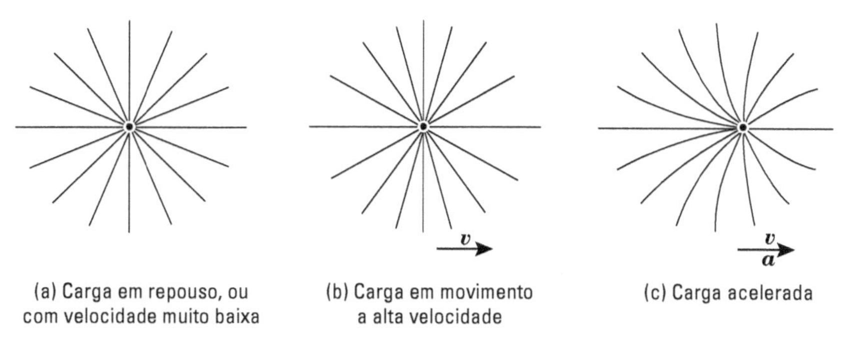

(a) Carga em repouso, ou com velocidade muito baixa (b) Carga em movimento a alta velocidade (c) Carga acelerada

Figura 15.45 Linhas de força elétricas de uma carga em repouso e em movimento.

Pelo fato de a Eq. (15.65) ser diferente da Eq. (15.53), que foi deduzida da lei de Ampère-Laplace (15.37), você poderá pensar que, por outro lado, a Eq. (15.37) é uma aproximação não relativística de uma lei mais geral. Entretanto tal impressão será errônea e, como está indicado na Seç. 15.11, a Eq. (15.37) é de validade geral. A dificuldade aparente surge porque a lógica que usamos para ir da Eq. (15.37) para a Eq. (15.55), usando a Eq. (15.52), não é única. Isso é devido ao fato de que uma simples carga em movimento não constitui uma corrente fechada, enquanto que a Eq. (15.37) é aplicável *apenas* para correntes fechadas. Por exemplo, se usarmos a expressão (15.65) na Eq. (15.52) para um fluxo de cargas movendo-se em linha reta, obteremos a expressão (15.41) para o campo de uma corrente retilínea. Esse cálculo, que omitimos, mostra a consistência da teoria.

■ **Exemplo 15.14** Deduzir a Eq. (15.64) para o campo elétrico de uma carga em movimento uniforme.

Solução: Observando, pela Fig. 15.44(a), que $\mathfrak{E}'$ forma um ângulo θ' com $O'X'$ e que cos $\theta' = x'/r'$, sen $\theta' = y'/r'$, temos que as componentes de $\mathfrak{E}'$ são

$$\mathfrak{E}'_x = \mathfrak{E}' \cos\theta' = \frac{q}{4\pi\varepsilon_0}\frac{x'}{r'^3}, \quad \mathfrak{E}'_y = \mathfrak{E}' \operatorname{sen}\theta' = \frac{q}{4\pi\varepsilon_0}\frac{y'}{r'^3}. \tag{15.66}$$

Usando a Eq. (15.62) e o fato de que, de acordo com a transformação de Lorentz, $x = x'\sqrt{1 - v^2/c^2}$ e $y = y'$, podemos escrever as componentes do campo $\mathfrak{E}$ observadas por O como

$$\mathfrak{E}_x = \mathfrak{E}'_x = \frac{q}{4\pi\varepsilon_0}\frac{x}{\sqrt{1 - v^2/c^2}\,r'^3},$$

$$\mathfrak{E}_y = \frac{\mathfrak{E}'_y}{\sqrt{1 - v^2/c^2}} = \frac{q}{4\pi\varepsilon_0}\frac{y}{\sqrt{1 - v^2/c^2}\,r'^3}.$$

Podemos escrevê-la na forma vetorial, como

$$\mathfrak{E}' = \frac{q\boldsymbol{r}}{4\pi\varepsilon_0\sqrt{1 - v^2/c^2}\,r'^3}, \tag{15.67}$$

mostrando que o campo $\mathfrak{E}$ está na direção radial, no sistema de referência XYZ. Agora,

$$r'^2 = x'^2 + y'^2 = \frac{x^2}{1 - v^2/c^2} + y^2 = \frac{r^2 - (v^2/c^2)y^2}{1 - v^2/c^2}$$

e $y^2 = r^2 \operatorname{sen}^2\theta$. Portanto

$$r' = \frac{r\left[1 - (v^2/c^2)\operatorname{sen}^2\theta\right]^{1/2}}{\sqrt{1 - v^2/c^2}}.$$

Usando essa relação para eliminar r' na Eq. (15.67), obtemos, finalmente,

$$\mathfrak{E} = \frac{q}{4\pi\varepsilon_0 r^3}\frac{(1 - v^2/c^2)\boldsymbol{r}}{\left[1 - (v^2/c^2)\operatorname{sen}^2\theta\right]^{3/2}} = \frac{q}{4\pi\varepsilon_0 r^2}\frac{1 - v^2/c^2}{\left[1 - (v^2/c^2)\operatorname{sen}^2\theta\right]^{3/2}}\boldsymbol{u}_r,$$

que é exatamente o resultado dado anteriormente.

■ **Exemplo 15.15** Discutir a interação magnética possível entre um elétron girando em órbita e o núcleo, em um átomo.

Solução: Consideremos (Fig. 15.46) um elétron, cuja carga é $-e$ girando com velocidade $\boldsymbol{v}$ em volta de um núcleo, cuja carga é Ze. Sua trajetória em relação ao próton é a curva cheia que, para simplificar, admitimos ser um círculo. Mas, se nos referirmos aos movimentos para um sistema de referência ligado ao elétron, o elétron estará em repouso e o próton aparecerá descrevendo a trajetória pontilhada, igualmente um círculo, com velocidade $-\boldsymbol{v}$. Desprezando a aceleração do elétron (você pode calculá-la e verificar a falta de lógica de tal suposição), podemos considerar esse novo referencial como inercial. Assim, em relação ao elétron, o núcleo produz um campo elétrico dado não relativisticamente por $\mathfrak{E} = (Ze/4\pi\varepsilon_0 r^2)\boldsymbol{u}_r$ e um campo magnético relacionado a $\mathfrak{E}$ pela Eq. (15.54), com v substituído por $-\boldsymbol{v}$, isto é,

$$\mathfrak{B} = \frac{1}{c^2}(-\boldsymbol{v}) \times \mathfrak{E} = \frac{1}{c^2}\mathfrak{E} \times \boldsymbol{v}$$
$$= \frac{Ze}{4\pi\varepsilon_0 c^2 r^2}\boldsymbol{u}_r \times \boldsymbol{v}.$$

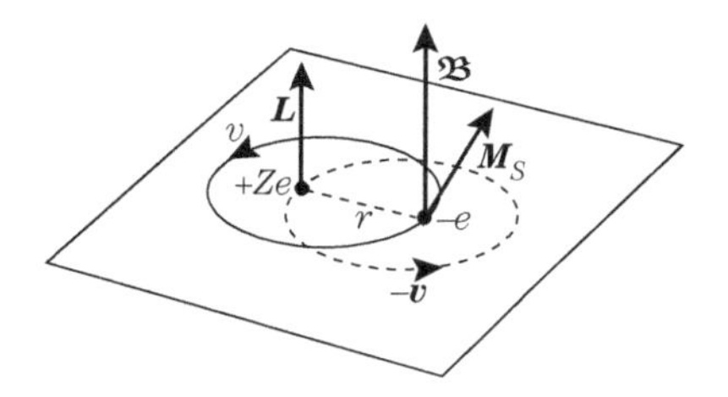

Figura 15.46 Interação "spin"-órbita de um elétron girando em torno de um núcleo positivo.

Porém a quantidade de movimento angular do elétron em relação ao núcleo é $\boldsymbol{L} = m\boldsymbol{r} \times \boldsymbol{v} = mr\boldsymbol{u}_r \times \boldsymbol{v}$. Assim, eliminando $\boldsymbol{u}_r \times \boldsymbol{v}$ e usando as expressões para $\mathfrak{B}$ e $\boldsymbol{L}$, obtemos

$$\mathfrak{B} = \frac{Ze}{4\pi\varepsilon_0 c^2 m r^3}\boldsymbol{L}.$$

Portanto, como está indicado na figura, o campo magnético produzido pelo movimento relativo do núcleo é proporcional e paralelo à quantidade de movimento angular do elétron.

Por ser $\mathfrak{B}$ um campo magnético relacionado a um sistema no qual o elétron está em repouso, ele não produz nenhuma interação com o movimento orbital do elétron. Porém o elétron tem um momento magnético $\boldsymbol{M}_s$ devido a seu "spin". Assim, usando as Eqs. (15.22) e (15.29), a interação magnética do elétron com o campo magnético nuclear é

$$E_p = -\boldsymbol{M}_S \cdot \mathfrak{B} = -\left(\gamma\frac{e}{2m}\boldsymbol{S}\right)\cdot\left(\frac{Ze}{4\pi\varepsilon_0 c^2 m r^3}\boldsymbol{L}\right) = -\frac{\gamma Z e^2}{8\pi\varepsilon_0 c^2 m^2 r^3}\boldsymbol{S}\cdot\boldsymbol{L}.$$

O aspecto mais importante desse resultado é que a interação magnética depende da orientação relativa do "spin" S e da quantidade de movimento angular orbital L do elétron. Por essa razão, é chamado *interação "spin"*-órbita e é frequentemente designado por $E_{p,SL}$. Um cálculo relativístico mais detalhado indica que o valor de $E_{p,SL}$ é a metade do valor obtido aqui.

A seguir, estimaremos sua ordem de grandeza. Pela tabela do Ex. 15.6 lembramos que, para o elétron, γ é aproximadamente –2. Também pela Eq. (14.40), a energia do elétron, em uma órbita circular para a zeroésima ordem de aproximação, é $E = -Ze^2/4\pi\varepsilon_0(2r)$. Assim, após corrigir $E_{p,SL}$ pelo fator metade mencionado antes, podemos escrever

$$E_{p,SL} \approx \frac{E}{c^2 m^2 r^2} \boldsymbol{S} \cdot \boldsymbol{L}.$$

Mas $\boldsymbol{L}$ tem um módulo mrv, e podemos supor que $\boldsymbol{S}$ seja da mesma ordem de grandeza. Por essa razão, $\boldsymbol{S} \cdot \boldsymbol{L}$ é aproximadamente $(mrv)^2$. Efetuando a substituição, obtemos

$$E_{p,SL} \approx \frac{v^2}{c^2}|E|.$$

Comparando esse valor com o resultado do Ex. 14.10, concluímos que a interação "spin"--órbita, de um elétron girando em órbita, é da mesma ordem de grandeza que a correção relativística para a energia. Entretanto a interação "spin"-órbita tem a peculiaridade de mostrar um efeito direcional diferente por causa do fator $\boldsymbol{S} \cdot \boldsymbol{L}$, que depende da orientação relativa de $\boldsymbol{L}$ e $\boldsymbol{S}$.

Uma análise cuidadosa dos níveis de energia de um elétron em um átomo mostra que $\boldsymbol{S}$ pode ter somente duas orientações relativas a $\boldsymbol{L}$, ambas paralelas ou ambas antiparalelas, o que está de acordo com a nossa discussão ao final do Ex. 15.7. Dessa forma, a interação "spin"-órbita separa cada nível de energia em dupletos (ou *doublets*) de níveis de energia estreitamente espaçados.

15.14 Interação eletromagnética entre duas cargas em movimento

Neste ponto, podemos notar que, em nossa discussão sobre as interações magnéticas, partimos do procedimento seguido nos Caps. 13 e 14 para interações gravitacional e elétrica. Naqueles capítulos, começamos discutindo a interação entre duas partículas e depois introduzimos o conceito de campo. Entretanto, neste capítulo, introduzimos primeiro o conceito de campo magnético, em uma forma operacional, falando sobre a força (15.1) exercida sobre uma carga em movimento. A seguir, calculamos os campos magnéticos produzidos por *correntes fechadas*. Concluímos isso por meio da Eq. (15.37), da qual (se usarmos também a Eq. 15.1) podemos obter a força magnética produzida por uma corrente elétrica sobre outra ou sobre uma carga em movimento. Mas, até agora, não demos nenhuma expressão para a interação eletromagnética entre duas cargas em movimento. Uma das razões para essa diferença de procedimento é a seguinte: as e elétrica, discutidas interações gravitacional e nos Caps. 13 e 14, respectivamente, de pendem exclusivamente da distância entre as duas partículas em interação, isto é, elas são *forças estáticas*. A interação pode ser percebida por partículas em repouso, e, portanto, a situação física pode ser discutida sob condições estacionadas ou *independentes do tempo*. Por outro lado, a interação magnética depende do movimento das partículas em interação, isto é, trata-se de *força dependente da velocidade*. Em um dado ponto, o campo magnético de uma carga que se move em relação ao observador depende da velocidade desta tanto quanto da distância entre a carga e o observador. Mas, como a carga está se movendo e a distância está mudando, o campo magnético, portanto (assim como o campo elétrico), num ponto particular, está mudando com o tempo, isto é, o campo magnético da carga em movimento, em relação ao observador, é *dependente do tempo*.

Portanto um novo elemento introduz-se no quadro físico: a *velocidade de propagação de uma interação*. Uma aproximação possível seria admitir que as partículas *interagem a distância*. Isso significa que, se a carga q (Fig. 15.47) está se movendo com velocidade v, o campo eletromagnético devido a q, em A, em certo instante t, é o resultado da situação física no espaço circundante quando a carga está na posição P no instante t, *simultaneamente* com a observação em A. Em outras palavras, podemos admitir que a interação eletromagnética *propaga-se instantaneamente*, ou com velocidade infinita.

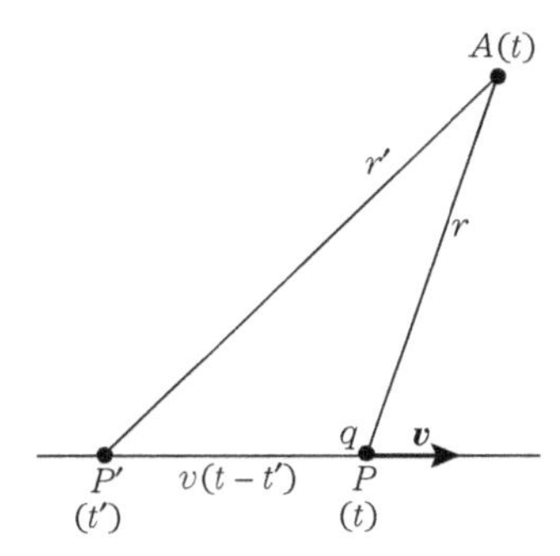

Figura 15.47 Efeito de retardamento devido à velocidade finita de propagação dos campos eletromagnéticos.

Entretanto outra hipótese razoável é a de que a interação eletromagnética seja o resultado de certos “sinais” trocados entre as partículas em interação e que o “sinal” *propaga-se com uma velocidade finita* c e que requer certo tempo para atingir um ponto particular no espaço. Se a carga está em repouso, a velocidade finita de propagação do “sinal” é irrelevante, porque as circunstâncias físicas não variam com o tempo. Mas, para uma carga em movimento, a situação é diferente e o campo observado no ponto A, no instante t, não corresponde à posição simultânea da carga em P, mas a uma posição P' anterior ou *retardada* ao instante t', tal que $t - t'$ é o tempo necessário para o sinal ir de P' para A com velocidade c. Naturalmente $P'P = v(t - t')$.

Conforme mencionamos anteriormente em diversas ocasiões, tal como pela Eq. (15.55), e como veremos no Cap. 19, as interações eletromagnéticas propagam-se com a velocidade finita c. Isso exclui ação a distância e, portanto, a análise do campo eletromagnético produzido por uma carga em movimento requer a segunda aproximação dada acima. A menos que as partículas movam-se muito rapidamente, o efeito retardado é desprezível, porque c tem um valor muito grande. Por essa razão, o retardamento não foi considerado quando discutimos o movimento de cargas no Cap. 14. Essas cargas foram admitidas movendo-se muito lentamente e, desse modo, PP' é muito pequeno comparado com PA. Efeitos de retardamento semelhantes poderiam existir para a interação gravitacional entre duas massas em movimento relativo. Entretanto a velocidade de propagação dos sinais gravitacionais ainda não foi determinada.

Quando estávamos escrevendo a Eq. (15.35), não levamos em conta os efeitos de retardamento, porque uma corrente elétrica fechada produz um campo magnético estável ou independente do tempo. A razão disso é que uma corrente constante, fechada, é um fluxo de partículas carregadas que, se espaçadas uniformemente e movendo-se com a mesma velocidade, a situação física observada é independente do tempo. Por outro lado, podemos verificar que as expressões relativísticas (15.58) e (15.60) para os campos elétrico e magnético de uma carga em movimento já incorporam o efeito de retardamento.

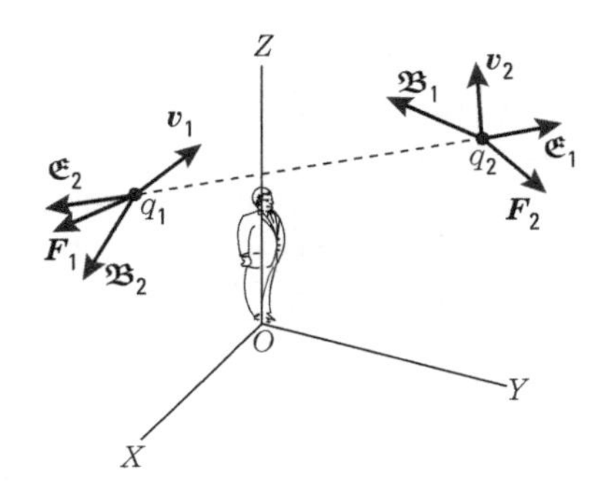

Figura 15.48 Interação eletromagnética entre duas cargas em movimento.

Consideremos agora as cargas q_1 e q_2, que se movem com velocidades $\boldsymbol{v}_1$ e $\boldsymbol{v}_2$ em relação a um observador inercial O (Fig. 15.48). A força que a carga q_1 produz sobre q_2, medida por O, é $\boldsymbol{F}_2 = q_2(\boldsymbol{\mathfrak{E}}_1 + \boldsymbol{v}_2 \times \boldsymbol{\mathfrak{B}}_1)$, onde e $\boldsymbol{\mathfrak{E}}_1$ e $\boldsymbol{\mathfrak{B}}_1$ são os campos elétrico e magnético medidos por O devidos a q_1 na posição ocupada por q_2. Por outro lado, a força que a carga q_2 produz em q_1, medida por O, é $F_1 = q_1(\boldsymbol{\mathfrak{E}}_2 + \boldsymbol{v}_1 \times \boldsymbol{\mathfrak{B}}_2)$. Comparemos primeiro as partes magnéticas de $\boldsymbol{F}_1$ e $\boldsymbol{F}_2$. O termo $\boldsymbol{v}_2 \times \boldsymbol{\mathfrak{B}}_1$ é perpendicular ao plano de $\boldsymbol{v}_2$ e $\boldsymbol{\mathfrak{B}}_1$, enquanto $\boldsymbol{v}_1 \times \boldsymbol{\mathfrak{B}}_2$ é perpendicular ao plano de $\boldsymbol{v}_1$ e $\boldsymbol{\mathfrak{B}}_2$. Assim, esses dois termos têm, em geral, direções e módulos diferentes. Em vista da Eq. (15.64), as partes elétricas de $\boldsymbol{F}_1$ e $\boldsymbol{F}_2$ são também diferentes em módulo e, se as cargas são aceleradas, elas têm também direções diferentes. Portanto concluímos que

> *as forças entre duas cargas em movimento não são iguais em módulo, não têm a mesma direção e nem são opostas em sentido.*

Em outras palavras, parece que a lei de ação e reação não é válida na presença de interações magnéticas. Isso, por outro lado, implica que os princípios de conservação da quantidade de movimento linear, da quantidade de movimento angular, e da energia não podem vigorar para um sistema de duas partículas carregadas em movimento. Essa *aparente* deficiência de tão importante lei é devida ao fato de que, quando escrevemos, no Cap. 7, a lei da conservação da quantidade de movimento como $\boldsymbol{p}_1 + \boldsymbol{p}_2 = \text{const.}$, estávamos considerando $\boldsymbol{p}_1$ e $\boldsymbol{p}_2$ como medidos *simultaneamente* por O, isto é, ao mesmo tempo relativamente a O. Entretanto, na presença de uma interação que se propaga com uma velocidade finita, o efeito de retardamento implica que a variação da quantidade de movimento de uma partícula, num dado instante, não seja relacionada com a variação da quantidade de movimento da outra partícula no mesmo instante, mas, preferivelmente, *a um instante anterior*, e reciprocamente. Portanto não podemos esperar que $\boldsymbol{p}_1 + \boldsymbol{p}_2$ sejam constantes se são calculados ao mesmo tempo.

Você deve recordar, da Seç. 7.4, que podemos descrever o resultado de uma interação como uma transferência da quantidade de movimento entre as duas partículas. Para restaurar a lei da conservação da quantidade de movimento, devemos incluir aquela quantidade de movimento que está sendo transferida entre as duas partículas e que, num dado instante, está se movimentando entre elas com uma velocidade finita, isto é, precisamos levar em conta a quantidade de movimento "em voo". Dizemos que o campo eletromagnético carrega essa quantidade de movimento e o classificamos $\boldsymbol{p}_{\text{campo}}$ (Fig. 15.49). Desse modo, a lei da conservação da quantidade de movimento requer que

$$\boldsymbol{p}_1 + \boldsymbol{p}_2 + \boldsymbol{p}_{\text{campo}} = \text{consist.} \qquad (15.68)$$

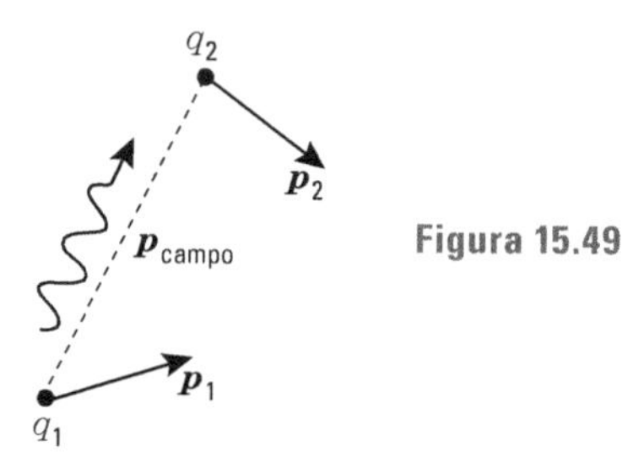

Figura 15.49

De forma análoga, devemos atribuir certa quantidade de movimento angular e energia ao campo eletromagnético a fim de restabelecer esses dois princípios de conservação. Demoraremos até o Cap. 19 para discutir como são obtidas a quantidade de movimento linear, a quantidade de movimento angular, e a energia associada ao campo eletromagnético.

Procure lembrar-se de que, na Seç. 7.7, quando apresentamos uma avaliação crítica do conceito de força, indicamos que a Eq. (7.5) devia ser considerada apenas de forma preliminar, sujeita a outra consideração do mecanismo de interação. Essa revisão foi agora incorporada na Eq. (15.68). Por causa disso, o conceito de força torna-se de importância secundária e devem ser desenvolvidas técnicas especiais para analisar o movimento de duas partículas em interação.

■ **Exemplo 15.16** Comparar a interação magnética entre duas cargas com a interação elétrica entre elas.

Solução: Como queremos apenas ordens de grandeza, simplificaremos as fórmulas. Assim, dadas as cargas q e q', podemos dizer que a força elétrica produzida por q sobre q' é $q\mathfrak{E}$. Se usarmos a Eq. (15.54), o campo magnético produzido por q' sobre q será da ordem de grandeza de $v'\mathfrak{E}/c^2$. Se usarmos a Eq. (15.1), a força magnética sobre a carga q será da ordem de grandeza de $qv(v'\mathfrak{E}/c^2) = (vv'/c^2)q\mathfrak{E}$. Portanto

$$\frac{\text{Força magnética}}{\text{Força elétrica}} \approx \frac{vv'}{c^2}.$$

Assim, se as velocidades das cargas são pequenas comparadas com a velocidade da luz c, a força magnética é desprezível comparada com a força elétrica, podendo ser ignorada, em muitos casos. Dessa forma, podemos dizer que, de certo modo, o magnetismo é uma consequência da velocidade finita de propagação das interações eletromagnéticas. Por exemplo, se as cargas têm uma velocidade da ordem de 10^6 m · s^{-1}, correspondendo à velocidade orbital dos elétrons nos átomos, temos que

$$\frac{\text{Força magnética}}{\text{Força elétrica}} \approx 10^{-4}.$$

Apesar de seu pequeno valor em relação à força elétrica, a força magnética é a usada nos motores elétricos e em muitos outros aparelhos de engenharia, pela razão que se segue.

A matéria é eletricamente neutra e a força elétrica resultante entre dois corpos é nula. Por exemplo, quando dois fios elétricos são colocados lado a lado, a força elétrica resultante entre eles é nula. Se os fios são movidos como um todo, as cargas positivas e negativas movem-se na mesma direção, de modo que a corrente resultante em cada um é nula, e, dessa forma, o campo magnético resultante também é nulo. Isso resulta em nenhuma força entre os fios. Mas, se uma diferença de potencial for aplicada aos fios, produzindo um movimento das cargas negativas em relação às positivas, surgirá uma corrente resultante em cada fio, originando-se um campo magnético resultante. Como o número de elétrons livres num condutor é muito grande, mesmo que suas velocidades sejam pequenas, seus efeitos cumulativos produzem um campo magnético grande aparecendo uma força magnética apreciável entre os fios.

Apesar de a força magnética ser fraca comparada com a força elétrica, ela é ainda muito forte comparada com a interação gravitacional. Relembrando nossa discussão da Seç. 14.6, podemos dizer que

$$\frac{\text{Interação magnética}}{\text{Interação gravitacional}} \approx 10^{36}\,\frac{vv'}{c^2}.$$

Para velocidades comparáveis às dos elétrons girando em órbita, essa relação é da ordem de 10^{32}.

REFERÊNCIAS

ANDERSON, D. *The diseovery of the electron.* Princeton, N. J.: Van Nostrand, Momentum Books, 1964.

BABCOCK, H. The Magnetism of the Sun. *Sci. Am.*, p. 52, Feb. 1960.

FEYNMAN, R.; LEIGHTON, R.; SANDS, M. *The Feynman lectures on Physics.* v. I. Reading, Mass.: Addison-Wesley, 1963.

FORD, R. Magnetic monopoles. *Sci. Am.*, p. 122, Dec. 1963.

FURTH, H. et al. Strong magnetic fields. *Sci. Am.*, p. 28, Feb. 1958.

HOLTON, G.; ROLLER, D. H. D. *Foundations of modem physical science.* Reading, Mass.: Addison-Wesley, 1958.

LIVINGSTON, M. S.; McMILLAN, A. E. Early history of the cyclotron. *Physics Today*, p. 18, Oct. 1959.

MAGIE, W. F. *Source book in Physics.* Cambridge, Mass.: Harvard University Press, 1963.

NIER, A. The mass spectrometer. *Sci. Am.*, p. 68, Mar. 1953.

O'BRIEN, B. Radiation Belts. *Sci. Am.*, p. 84, May 1963.

REITZ, J. R.; MILFORD, F. J. *Foundations of electromagnetic theory.* Reading, Mass.: Addison-Wesley, 1960.

SCOTT, W. Resource Letter FC-1 on the evolution of the electromagnetic field concept. *Am. J. Phys.*, v. 31, n. 819, 1963.

SHAMOS, M. (ed.) *Great experiments in Physics.* New York: Holt, Rinehart, and Winston, 1959.

VAN ALLEN, J. Radiation Belts Around the Earth. *Sci. Am.*, p. 39, Mar. 1959.

WILKES, D. 200 Man-years of life; the story of E. O. Lawrence. *The Physics Teaeher*, v. 3, n. 247, 1965.

WILSON, R. Particle Accelerators. *Sci. Am.*, p. 64, Mar. 1958.

PROBLEMAS

15.1 Elétrons entram em uma região onde existe um campo magnético, com uma velocidade de 10^6 m · s^{-1}. Determine a indução magnética, considerando que o elétron descreve uma curva com um raio de 0,10 m. Determine também a velocidade angular do elétron.

15.2 Os prótons são acelerados do repouso por uma diferença de potencial de 10^6 V e, em seguida, são atirados em uma região de campo magnético uniforme, de 2 T, com a trajetória perpendicular ao campo. Qual será o raio de curvatura da trajetória e a velocidade angular dos prótons?

15.3 Um próton está em movimento, em um campo magnético, formando um ângulo de 30° com ele. A sua velocidade é de 10^7 m · s^{-1} e o módulo do campo é de 1,5 T. Calcule (a) o raio da hélice do movimento, (b) a distância de avanço por revolução ou o passo da hélice, e (c) a frequência de rotação no campo.

15.4 Um dêuteron (um isótopo do hidrogênio cuja massa é muito próxima de 2 u) caminha descrevendo uma trajetória circular com raio de 40 cm, em um campo magnético de 1,5 T. (a) Calcule a velocidade do dêuteron. (b) Determine o tempo necessário para percorrer metade de uma revolução, (c) Por meio de que diferença de potencial o dêuteron teria de ser acelerado para adquirir a velocidade da parte (a)?

15.5 Um próton com uma energia cinética de (a) 30 MeV, (b) 30 GeV move-se transversalmente a um campo magnético de 1,5 T. Determine, em cada caso, o raio da trajetória e o período de revolução. Observe que em (a) o próton pode ser tratado classicamente e em (b) ele deve ser tratado relativisticamente.

15.6 Qual é o campo magnético necessário para forçar um próton de 30 GeV a descrever uma curva de 100 m de raio? Determine também a velocidade angular. Observe que os cálculos devem ser relativísticos.

15.7 Um íon de ^{7}Li, simplesmente ionizado, com massa de $1{,}16 \times 10^{-26}$ kg, é acelerado por uma diferença de potencial de 500 V e, em seguida, entra em um campo magnético de 0,4 T, movendo-se perpendicularmente a ele. Qual é o raio de sua trajetória no campo magnético?

15.8 Um elétron no ponto A da Fig. 15.50 tem uma velocidade v_0 de 10^7 m · s^{-1}. Calcule (a) o módulo, direção e sentido da indução magnética que fará o elétron percorrer o caminho semicircular de A até B, e (b) o tempo necessário para o elétron se mover de A até B.

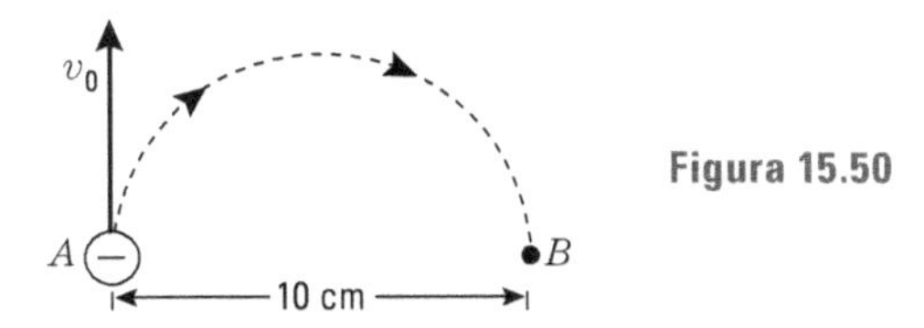

Figura 15.50

15.9 Um dos processos para separar os isótopos ^{235}U e ^{238}U foi baseado na diferença dos raios e curvaturas de suas trajetórias em um campo magnético. Admita que os átomos, simplesmente ionizados, de U partem de uma fonte comum e movem-se perpendicularmente a um campo uniforme. Determine a máxima separação dos feixes quando os raios de curvatura do feixe ^{235}U é 0,5 m em um campo de 1,5 T, (a) se as energias são as mesmas, (b) se as velocidades são as mesmas. O índice à esquerda do símbolo químico é o número de massa e, para os propósitos deste problema, pode ser identificado com a massa do átomo em u.

15.10 Uma tira fina de cobre de 1,50 cm de largura e 1,25 mm de espessura é colocada perpendicularmente a um campo magnético de 1,5 T. A tira é percorrida por uma corrente de 100 A. Determine (a) o campo elétrico transversal devido ao efeito Hall, (b) a velocidade de deslocamento dos elétrons, (c) a força transversal nos elétrons. Admita que cada átomo de cobre contribui com um elétron.

15.11 Um campo magnético uniforme $\mathfrak{B}$ está na direção *OY*, como mostra a Fig. 15.51. Determine o módulo, direção e sentido da força em uma carga q cuja velocidade instantânea é v para cada um dos sentidos representados na figura. (A figura é um cubo.)

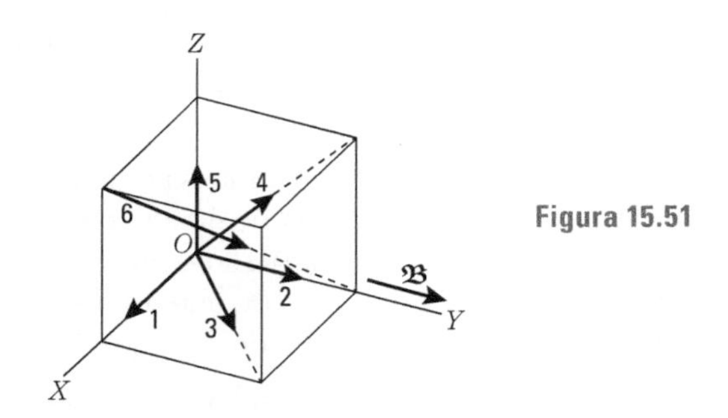

Figura 15.51

15.12 Uma partícula de massa m e carga q move-se com uma velocidade de v_0 perpendicular a um campo magnético uniforme. Expresse, como função do tempo, as componentes da velocidade e as coordenadas da partícula referidas ao centro da trajetória. Repita o problema para uma partícula cuja velocidade forma um ângulo a com o campo magnético.

15.13 Uma partícula tem uma carga de 4×10^{-9} C. Quando esta se move com velocidade v_1 de 3×10^4 m · s^{-1} em um ângulo de 45° acima do eixo dos *Y* no plano *YZ*, um campo magnético uniforme exerce uma força F_1 no sentido do eixo dos *X*. Quando a partícula se move com velocidade v_2 de 2×10^4 m · s^{-1} ao longo do eixo dos *X*, existe uma força F_2 de 4×10^{-5} N exercida sobre ela no sentido do eixo dos *Y*. Qual é o módulo, a direção e o sentido do campo magnético? (Veja a Fig. 15.52.)

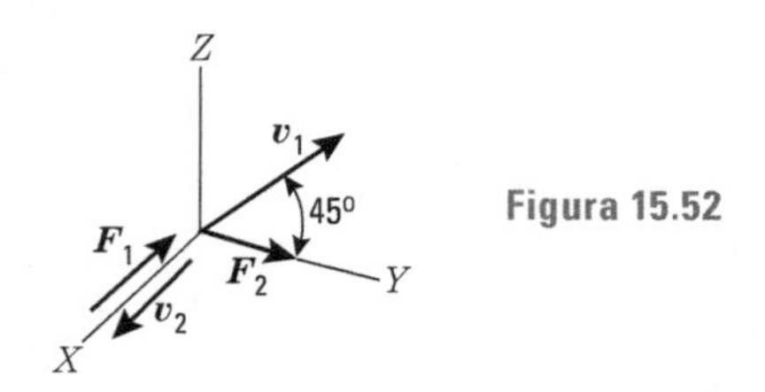

Figura 15.52

15.14 Partículas carregadas são atiradas em uma região de campos magnético e elétrico cruzados. A velocidade da partícula incidente é normal ao plano dos dois campos, e os campos são normais entre si. O módulo do campo magnético é de 0,1 T. O campo elétrico é gerado entre um par de placas paralelas carregadas com cargas iguais, mas de sinais opostos, separadas de 2 cm. Quando a diferença de potencial entre as placas é de 300 V, não existe deflexão nas partículas. Qual é a velocidade das partículas?

15.15 (a) Qual é a velocidade de um feixe de elétrons, quando sob influência simultânea de um campo elétrico de intensidade $3{,}4 \times 10^5$ V · m^{-1} e um campo magnético de 2×10^{-2} T, ambos os campos sendo normais ao feixe e entre si, e não produzindo deflexões nos elétrons? (b) Mostre em um diagrama a orientação relativa dos vetores $\boldsymbol{v}$, $\mathfrak{E}$ e $\mathfrak{B}$. (c) Qual é o raio da órbita do elétron quando o campo elétrico é retirado?

15.16 Uma partícula de massa 5×10^{-4} kg tem uma carga de $2{,}5 \times 10^{-8}$ C. À partícula é dada uma velocidade inicial horizontal de 6×10^4 m · s^{-1}. Qual é o módulo, direção e sentido do campo magnético mínimo que manterá a partícula em movimento na direção horizontal, contrabalançando a força gravitacional da Terra?

15.17 Em um espectrômetro de massa, como o ilustrado na Fig. 15.12, uma diferença de potencial de 1.000 V faz os íons simplesmente ionizados de ^{24}Mg descreverem uma trajetória de raio R. (a) Qual será o raio descrito pelos íons ^{25}Mg se forem acelerados por meio do mesmo potencial? (b) Que diferença de potencial faria que os íons de ^{25}Mg descrevessem uma trajetória de mesmo raio R? (Admita que as massas em u são as mesmas que os números de massa no índice à esquerda do símbolo químico.)

15.18 Um espectrômetro de massa tem uma voltagem aceleradora de 5 κeV e um campo magnético de 10^{-2} T. Determine a distância entre os dois isótopos de zinco, ^{68}Zn e ^{70}Zn. Por distância, entendemos a separação entre as duas marcas que aparecem na emulsão da placa fotográfica, após os íons ^{68}Zn e ^{70}Zn, simplesmente ionizados, serem acelerados e, em seguida, defletidos em uma trajetória semicircular. Veja a Fig. 15.12. [*Sugestão*: não determine os raios individualmente; é mais apropriado escrever uma equação para achar a separação diretamente.] (b) Calcule a velocidade dos íons para verificar se é necessário usar a correção relativística.

15.19 O espectrômetro de massa de Dempster, ilustrado na Fig. 15.12, emprega um campo magnético para separar íons de massas diferentes, mas de *mesma energia*. Outro arranjo é o *espectrômetro de massa de Bainbridge* (Fig. 15.53) que separa íons de *mesma velocidade*. Após os íons atravessarem as fendas, passam através de um seletor de velocidades, composto de um campo elétrico produzido pelas placas carregadas P e P', e um campo magnético $\mathfrak{B}$ perpendicular ao campo elétrico. Os íons que passam sem se desviarem através dos campos cruzados entram em uma região onde existe um segundo campo magnético $\mathfrak{B}'$, e são dirigidos em uma órbita circular. Uma placa fotográfica P registra suas chegadas. Mostre $q/m = \mathfrak{E}/r\mathfrak{B}\mathfrak{B}'$.

15.20 O campo elétrico entre as placas do seletor de velocidade, em um espectrômetro de massa de Bainbridge, é de $1{,}2 \times 10^5$ V · m^{-1} e ambos os campos magnéticos são de 0,6 T. Um fluxo de íons de néon, simplesmente ionizados, move-se em uma trajetória circular de raio igual a 7,28 cm, no campo magnético. Determine a massa do isótopo de néon.

15.21 Suponha que o campo elétrico entre as placas P e P', na Fig. 15.53, é de $1{,}5 \times 10^4$ V · m^{-1}, e que ambos os campos magnéticos são de 0,5 T. Se a fonte contém três isótopos de magnésio, ^{24}Mg, ^{25}Mg, e ^{26}Mg, e os íons são simplesmente ionizados, determine a distância entre as linhas formadas pelos três isótopos na placa fotográfica. Admita que as massas atômicas dos isótopos, em u, são iguais a seus números de massa sobrescritos à esquerda do símbolo químico.

15.22 Em um espectrômetro de massa, como o representado na Fig. 15.54, é difícil assegurar que todas as partículas chegam perpendicularmente às fendas. Se R é o raio de suas trajetórias, mostre que aquelas partículas que chegam às fendas, formando um pequeno ângulo θ com a normal, chegarão à placa fotográfica a uma distância ρ (aproximadamente igual a $R\theta^2$) daquelas que caem perpendicularmente. Qual é o valor de θ para que essa separação seja menor do que 0,1% de $2R$? (A situação descrita neste problema é chamada de *focalização magnética*.)

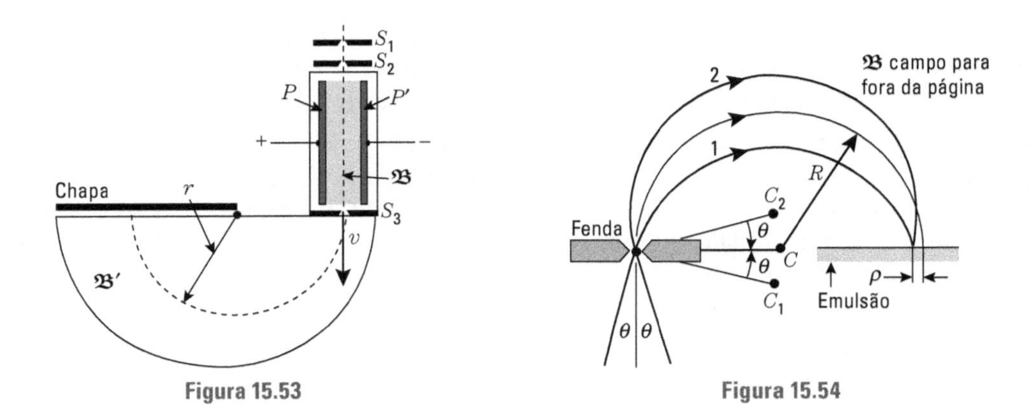

Figura 15.53

Figura 15.54

15.23 No espectrômetro de massa da Fig. 15.55, os íons acelerados pela diferença de potencial entre S e A entram no campo magnético, que cobre um setor de 60°, e são defletidos em direção de uma emulsão fotográfica. Mostre que $q/m = 32V/\mathfrak{B}^2 D^2$. Discuta a variação na posição de C para um pequeno desvio na direção de incidência.

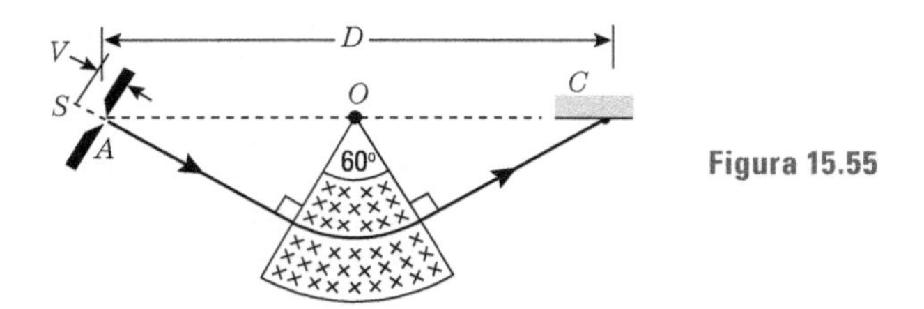

Figura 15.55

15.24 Em um cíclotron, pouco antes de emergirem, os prótons descrevem um círculo de raio de 0,40 m. A frequência do potencial alternado entre os dês é de 10^7 Hz. Desprezando os efeitos relativísticos, calcule (a) o campo magnético, (b) a velocidade dos prótons, (c) a energia dos prótons em J e em MeV, (d) o número mínimo de voltas completas dos prótons, considerando que o valor de pico do potencial entre os dês é 20.000 V.

15.25 Repita o problema anterior para um dêuteron e para uma partícula alfa (núcleo do hélio). Suas massas são respectivamente 2,014 e 4,003 u.

15.26 O campo magnético em um cíclotron que acelera prótons é de 1,5 T. (a) Quantas vezes por segundo o potencial entre os dês se inverteria? (b) O raio máximo do cíclotron é de 0,35 m. Qual é a velocidade máxima do próton? (c) Por meio de qual diferença de potencial o próton teria de ser acelerado para dar-lhe essa velocidade máxima?

15.27 Em um cíclotron, os dêuterons descrevem um círculo de raio igual a 32,0 cm, pouco antes de emergirem dos dês. A frequência da voltagem alternada aplicada é de 10^7 Hz. Determine (a) o campo magnético e (b) a energia e velocidade dos dêuterons quando emergem. A massa de um dêuteron é de 2,014 u.

15.28 Um tubo de raios catódicos é colocado em um campo magnético uniforme $\mathfrak{B}$ com o seu eixo paralelo às linhas de força. Se os elétrons emergentes do canhão, com velocidade v, formam um ângulo θ com o eixo enquanto passam pela origem O, de forma que suas trajetórias são uma hélice, mostre (a) que tocarão o eixo novamente no instante $t = 2\pi m/\mathfrak{B}q$, (b) que a coordenada do ponto de contato é $x = 2\pi mv \cos\theta/\mathfrak{B}q$, e (c) que para pequenos valores de θ, a coordenada do ponto de cruzamento ou contato do eixo é independente de θ. (d) O arranjo neste problema é chamado de *lente magnética*. Por quê? (e) Como diferem as trajetórias dos elétrons que passam pela origem em um ângulo θ acima do eixo daquelas dirigidas em um ângulo θ abaixo do eixo?

15.29 Prótons com uma energia de 3 MeV são injetados a um ângulo em relação a um campo magnético uniforme de 1 T. A que distância as partículas retornarão a um ponto comum de interseção com o eixo?

15.30 Uma partícula de carga q e velocidade v_0 (no sentido do eixo dos X) entra em uma região onde existe um campo magnético (no sentido do eixo dos Y). Mostre que, se a velocidade v_0 é suficientemente grande para que sua variação em direção seja desprezível e a força magnética possa ser considerada como constante e paralela ao eixo dos Z, a equação da trajetória da partícula é $z = (q\mathfrak{B}/2v_0m)x^2$.

15.31 Uma partícula de carga q e velocidade v_0 (no sentido do eixo dos X) entra em uma região (Fig. 15.56) onde existem campos elétrico e magnético uniformes na mesma direção e sentido (no sentido do eixo dos Y). Mostre que, se a velocidade v_0 for suficientemente grande para que a sua variação em direção seja desprezível e a força magnética possa ser considerada como constante e paralela ao eixo dos Z, (a) as coordenadas no instante t serão $x = v_0t$, $y = \frac{1}{2}(q\mathfrak{E}/m)t^2$ e $z = \frac{1}{2}(qv_0\mathfrak{B}/m)t^2$. (b) Pela eliminação de t e v_0 entre essas equações, obtenha a relação $z^2/y = \frac{1}{2}(\mathfrak{B}^2/\mathfrak{E})(q/m)^2x^2$. O resultado tem uma aplicação em um dos primeiros espectrômetros de massa porque, se inserirmos um anteparo perpendicular ao eixo dos X, todas as partículas que têm a mesma razão q/m cairão ao longo de uma dada parábola, independentemente de suas velocidades iniciais. Portanto haverá uma parábola para cada isótopo presente no feixe incidente.

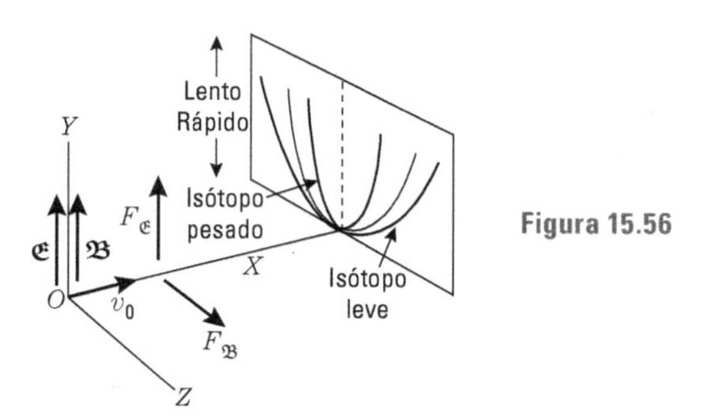

Figura 15.56

15.32 Uma partícula de carga q e massa m se move entre duas placas carregadas e paralelas separadas por uma distância h. Um campo magnético uniforme é aplicado paralelamente às placas e dirigido para cima. Inicialmente, a partícula está em repouso na placa mais baixa (veja a Fig. 15.57). (a) Escreva as equações do movimento da partícula, (b) Mostre que a uma distância y da placa mais baixa $v_x = (q/m)\mathfrak{B}y$. (c) Mostre que o valor da velocidade é $v^2 = 2(q/m)\mathfrak{E}y$. (d) A partir dos dois resultados precedentes, mostre que $v_y = (q/m)^{1/2}[2\mathfrak{E}y - (q/m)\mathfrak{B}^2y^2]^{1/2}$ e que a trajetória da partícula tangenciará a placa superior se $\mathfrak{E} = \frac{1}{2}(q/m)\mathfrak{B}^2h$.

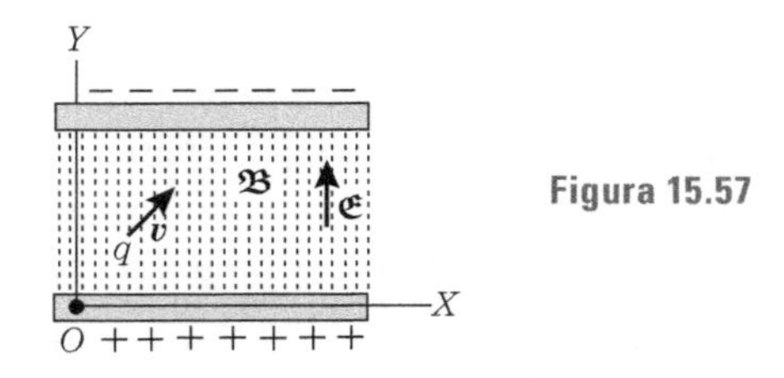

Figura 15.57

15.33 Em uma região onde existem campos magnéticos e elétricos uniformes com a mesma direção e sentido, uma partícula de carga q e massa m é injetada com uma velocidade v_0 numa direção perpendicular à direção comum dos dois campos. (a) Escreva a equação do movimento em coordenadas retangulares. (b) Mostre, por substituição direta na equação do movimento, que as componentes da velocidade no instante t são $v_x = v_0 \cos (q\mathfrak{B}/m)t$, $v_y = (q\mathfrak{E}/m)t$, e $v_z = \text{sen } (q\mathfrak{B}/m)t$. (c) Do resultado anterior, obtenha as coordenadas da partícula no instante t. (d) Faça um gráfico da trajetória. (e) Qual seria o movimento da partícula se a sua velocidade inicial fosse paralela aos campos? [*Sugestão*: para as respostas dadas, o eixo dos X está na direção e sentido de v_0 e o eixo dos Y está na direção e sentido comum aos dois campos (Fig. 15.58).]

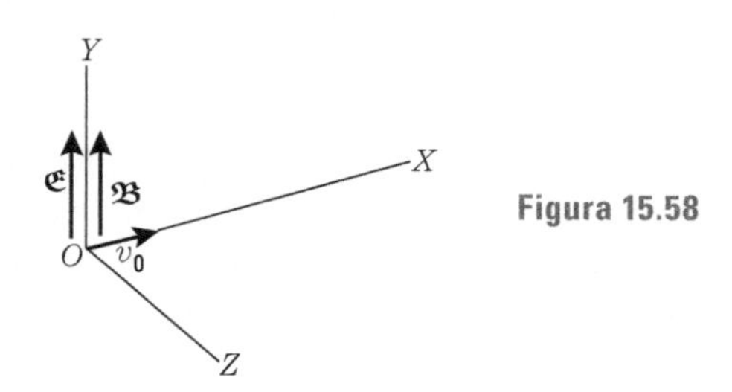

Figura 15.58

15.34 Em uma dada região existem campos elétrico e magnético uniformes perpendiculares entre si. Uma partícula é injetada com uma velocidade v_0 paralela ao campo magnético. (a) Escreva a equação do movimento da partícula em coordenadas retangulares. (b) Mostre, por substituição direta, que as componentes da velocidade, no instante t, são $v_x = v_0$,

$$v_y = (\mathfrak{E}/\mathfrak{B}) \text{ sen } (q\mathfrak{B}/m)t,$$

e

$$v_z = -(\mathfrak{E}/\mathfrak{B}) [1 - \cos (q\mathfrak{B}/m)t].$$

(c) Deduza dos resultados anteriores as coordenadas da partícula no instante t. (d) Faça um gráfico da trajetória. [*Sugestão*: o campo magnético aponta no sentido do eixo dos X e o campo elétrico está no sentido do eixo dos Y.]

15.35 Resolva o Prob. 15.34 para uma partícula cuja velocidade inicial é paralela ao campo elétrico. Verifique se as componentes da velocidade são $v_x = 0$,

$$v_y = v_0 \cos (q\mathfrak{B}/m)t + (\mathfrak{E}/\mathfrak{B}) \text{ sen } (q\mathfrak{B}/m)t,$$

e

$$v_z = -(\mathfrak{E}/\mathfrak{B})\,[1 - \cos\,(q\mathfrak{B}/m)t] - v_0\,\text{sen}\,(q\mathfrak{B}/m)t.$$

15.36 Resolva o Prob. 15.34 para uma partícula cuja velocidade inicial é perpendicular a ambos os campos. Verifique se as componentes da velocidade são $v_x = 0$,

$$v_v = (\mathfrak{E}/\mathfrak{B} + v_0)\,\text{sen}\,(q\mathfrak{B}\,/m)t,$$

e

$$v_z = -(\mathfrak{E}/\mathfrak{B}) + (\mathfrak{E}/\mathfrak{B} + v_0)\cos\,(q\mathfrak{B}/m)t.$$

Mostre que, para que as partículas se movam através do campo sem serem defletidas, é necessário que $v_0 = -\mathfrak{E}/\mathfrak{B}$. Compare o resultado com as afirmações feitas na Seç. 15.4.

15.37 Com referência ao Prob. 15.34, verifique que, quando a velocidade inicial tem uma direção arbitrária, as componentes da velocidade, no instante t, são $v_x = v_{0x}$,

$$v_y = (\mathfrak{E}/\mathfrak{B} + v_{0z})\,\text{sen}\,(q\mathfrak{B}/m)t + v_{0y}\cos\,(q\mathfrak{B}/m)t,$$

e

$$v_z = -\mathfrak{E}/\mathfrak{B} + (\mathfrak{E}/\mathfrak{B} + v_{0z})\cos\,(q\mathfrak{B}/m)t - v_{0y}\,\text{sen}\,(q\mathfrak{B}/m)t.$$

Obtenha (por integração) as coordenadas da partícula e discuta a trajetória. Compare com os resultados dos Probs. 15.35 e 15.36.

15.38 Com referência ao Prob. 15.33, (a) mostre que, quando $(q\mathfrak{B}/m)t \ll 1$, as coordenadas da partícula podem ser expressas como $x = v_0t$, $y = (q\mathfrak{E}/2m)t^2$ e $z = (v_0q\mathfrak{E}/2m)t^2$, em concordância com o Prob. 15.31.

15.39 Determine a densidade de corrente (admitida uniforme) necessária em um fio horizontal de alumínio para fazê-lo "flutuar" no campo magnético terrestre no equador. A densidade do Al é $2{,}7 \times 10^3\ \text{kg} \cdot \text{m}^{-3}$. Admita que o campo terrestre seja cerca de $7 \times$ $\times\ 10^{-5}$ T e que o fio está orientado no sentido Leste-Oeste.

15.40 Determine a força em cada segmento do fio representado na Fig. 15.59, considerando que o campo seja, paralelo a OZ, $\mathfrak{B}$ = 1,5 T, e I = 2 A. A aresta do cubo é igual a 0,1 m.

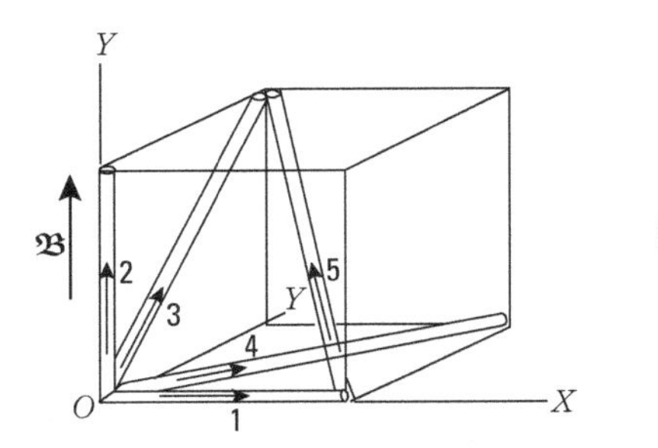

Figura 15.59

15.41 O plano de uma espira retangular de fio de 5 × 8 cm está paralelo a um campo magnético de 0,15 T. (a) Se a espira é percorrida por uma corrente de 10 A, qual é o conjugado que age sobre ela? (b) Qual é o momento magnético da espira? (c) Qual é o máximo conjugado que pode ser obtido com o mesmo comprimento total do fio percorrido pela mesma corrente nesse campo magnético?

15.42 A espira retangular da Fig. 15.60 pode girar livremente sobre o eixo dos Y e é percorrida por uma corrente de 10 A na direção indicada, (a) Admitindo que a espira esteja em um campo magnético uniforme de 0,2 T, paralelo ao eixo dos X, calcule a força em cada lado da espira, em N, e o conjugado em N · m, necessários para manter a espira na posição indicada, (b) O mesmo que (a), com exceção de que a espira está em um campo paralelo ao eixo dos Z. (c) Qual o conjugado necessário se a espira pode girar livremente sobre um eixo que percorre seu centro, paralelamente ao eixo dos Y?

15.43 A espira retangular de fio na Fig. 15.61 tem uma massa de 0,1 g por centímetro de comprimento, e pode girar livremente sobre o lado AB como um eixo sem atrito. A corrente no fio é de 10 A na direção indicada. (a) Calcule o módulo e o sentido do campo magnético, paralelo ao eixo dos Y, que fará que o plano da espira forme um ângulo de 30° com o plano YZ. (b) Discuta o caso em que o campo é paralelo ao eixo dos X.

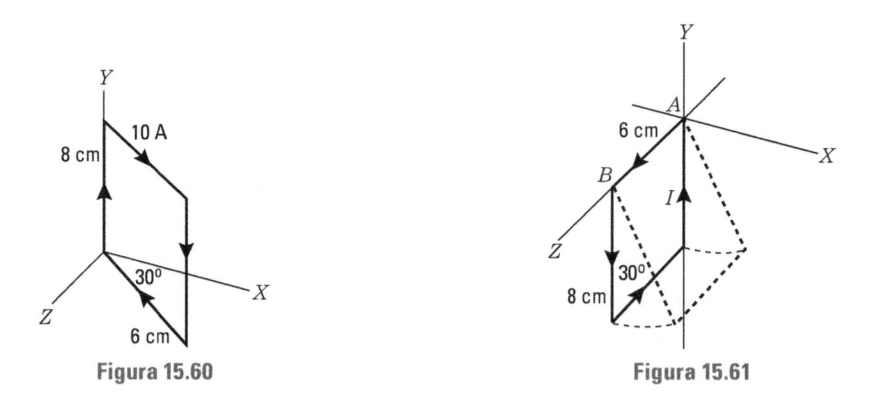

Figura 15.60

Figura 15.61

15.44 Qual é o conjugado máximo em uma bobina de 5 cm × 12 cm, composta de 600 espiras, quando é percorrida por uma corrente de 10^{-5} A em um campo uniforme de 0,10 T?

15.45 Uma bobina de um galvanômetro, que pode girar livremente em torno de um eixo, tem 50 espiras e abrange uma área de 6 cm^2. O campo magnético na região em que a bobina oscila é de 0,01 T e é radial. A constante de torção da mola–cabelo é k = = 10^{-6} N· m/grau. Determine a deflexão angular da bobina para uma corrente de 1 mA.

15.46 Uma espira de fio, na forma de um quadrado de lado 0,1 m, está no plano XY, tal como indica a Fig. 15.62. Como está indicado, existe uma corrente de 10 A na espira. Se for aplicado um campo magnético, paralelo ao eixo dos Z, de intensidade $\mathfrak{B}$ = 0,1xT (onde x está em m), calcule (a) a força resultante na espira, e (b) o conjugado resultante relativo a O.

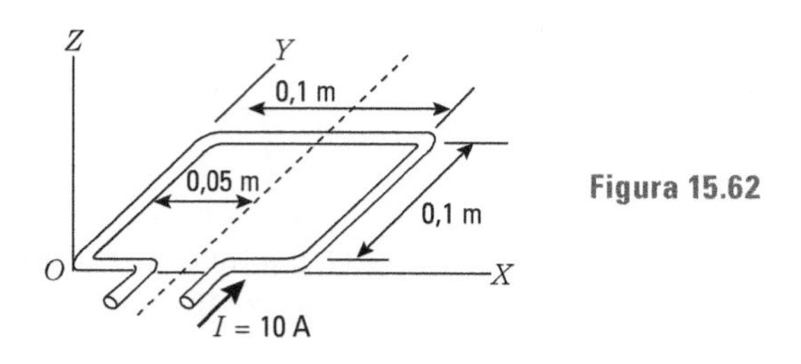

Figura 15.62

15.47 Repita o problema anterior para um campo magnético que está aplicado no sentido do eixo dos X.

15.48 Uma espira circular de raio a e corrente I tem o seu centro no eixo dos Z e está perpendicular a este. Um campo magnético é produzido com uma simetria axial em volta do eixo dos Z, formando um ângulo θ com o eixo dos Z nos pontos da espira (Fig. 15.63). (a) Determine, para cada um dos dois sentidos possíveis da corrente, o módulo, direção e sentido da força. (b) Suponha que o circuito é muito pequeno, podendo ser considerado como um dipolo magnético, e que o módulo do campo segue uma lei do inverso do quadrado ($\mathfrak{B} = k/r^2$). Mostre que a força no circuito é $F = \pm M(d\mathfrak{B}/dr)$, onde M é o seu momento de dipolo magnético que está orientado no sentido do eixo dos Z. Esse resultado é geral e mostra que um dipolo se moverá na direção e sentido em que o campo aumenta quando está orientado no sentido do campo, e no sentido oposto quando está orientado opostamente ao campo. (Compare com o resultado semelhante para um dipolo elétrico na Seç. 14.11.)

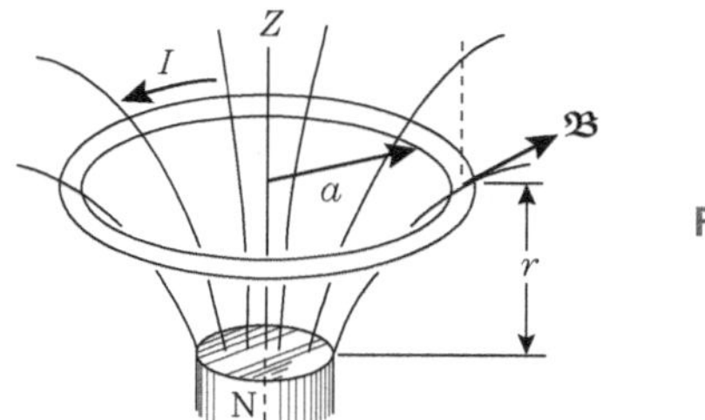

Figura 15.63

15.49 (a) Calcule a velocidade angular de precessão de um elétron que gira em torno de seu diâmetro em um campo magnético de 0,5 T. (b) Calcule a mesma grandeza física para um próton no mesmo campo, admitindo que o próton gira em torno de seu diâmetro com a mesma quantidade de movimento angular que o elétron. [*Sugestão*: use os valores de γ dados na pág. 102.]

15.50 Calcule o momento de dipolo magnético do elétron em um átomo de hidrogênio girando em uma órbita circular a uma distância de $0{,}53 \times 10^{-10}$ m do próton. Calcule a velocidade angular de precessão do elétron que está em um campo magnético de 10^{-5} T e formando um ângulo de 30° com a quantidade de movimento angular orbital.

15.51 Calcule a razão giromagnética γ para um disco em rotação, de raio R, com uma carga q uniformemente distribuída sobre a sua superfície.

15.52 Repita o Prob. 15.51 para uma esfera uniformemente carregada em todo seu volume. [*Sugestão*: divida a esfera em discos perpendiculares ao eixo de rotação.] Do resultado deste problema, o que você conclui acerca da estrutura do elétron?

15.53 Uma densidade de medida do campo magnético, usada com frequência até há pouco tempo, é o *gauss*. A relação entre o gauss e o tesla é 1 T = 10^4 gauss. Mostre que, quando a força é medida em dinas, a carga em stC, o campo magnético em gauss, e a velocidade em $\text{cm} \cdot \text{s}^{-1}$, a força magnética é dada por $\boldsymbol{F} = \frac{1}{3} \times 10^{-10} q\boldsymbol{v} \times \boldsymbol{\mathfrak{B}}$.

15.54 Admitindo que a corrente seja I e o campo magnético uniforme $\mathfrak{B}$ esteja dirigido para cima, determine a força em uma porção circular do condutor da Fig. 15.64. Mostre que ela seria a mesma se o condutor entre P e Q fosse reto.

15.55 Mostre que a força na porção PQ de um fio condutor, indicado na Fig. 15.65, percorrido por uma corrente I e colocado em um campo magnético uniforme $\mathfrak{B}$, é $I\left(\overrightarrow{PQ}\right)\times\mathfrak{B}$, e, desse modo, é independente da forma do condutor. Aplique para o problema anterior. Conclua, desse fato, que a força em uma corrente fechada colocada em um campo magnético uniforme é zero.

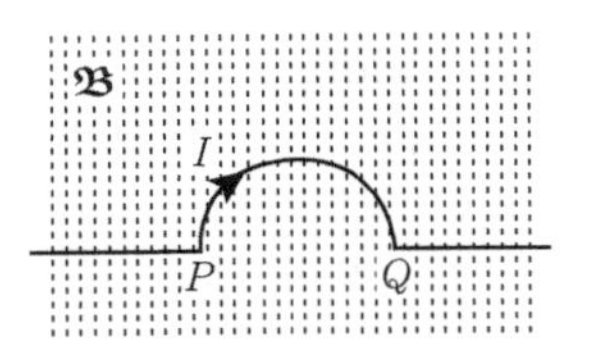

Figura 15.64

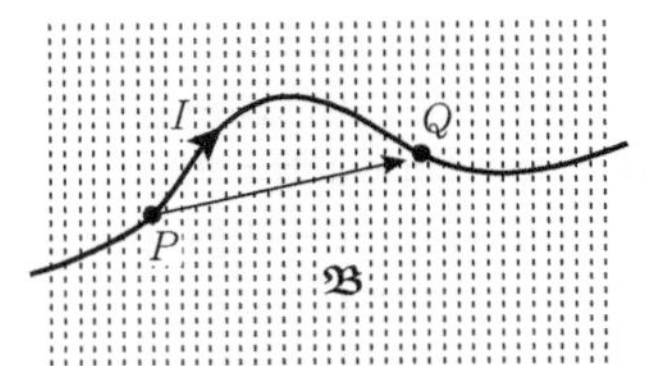

Figura 15.65

15.56 Considere uma espira quadrada de fio, de 6 cm de lado, percorrida por uma corrente constante de 0,1 A, e que está em um campo magnético uniforme de módulo 10^{-4} T. (a) Se o plano da espira está inicialmente paralelo ao campo magnético, existe algum conjugado na espira? (b) Responda (a) para a espira que está inicialmente perpendicular ao campo magnético. (c) Expresse o conjugado como função do ângulo que a normal da espira forma com o campo magnético. Faça um gráfico do conjugado variando o ângulo de 0 a 2π. (d) O que acontecerá se, no ponto onde não existe conjugado na espira, esta tiver uma velocidade angular?

15.57 O que acontecerá se a situação for como a descrita em (d) do problema anterior, mas se a direção da corrente elétrica for instantaneamente invertida? Como você mudaria a direção da corrente, como foi mencionado na primeira parte desta questão? Qual seria o uso dessa mudança?

15.58 Calcule a indução magnética produzida por um fio infinitamente longo percorrido por uma corrente elétrica de 1 A, a uma distância de $0{,}53 \times 10^{-10}$ m, e a 1 m. Calcule também o campo elétrico nesses pontos.

15.59 Uma corrente de 1,5 A percorre um fio longo e reto. Um elétron caminha com uma velocidade de 5×10^4 m · s^{-1} paralelamente ao fio, a 0,1 m dele, e na mesma direção da corrente. Qual é a força que o campo magnético da corrente exerce sobre o elétron?

15.60 Usando a Eq. (15.65), mostre que o campo magnético de uma corrente retilínea é dado pela Eq. (15.41).

15.61 Mostre que o campo magnético produzido por uma corrente retilínea I_1, de comprimento finito, é $(\mu_0 I/4\pi R)(\text{sen } \alpha_1 - \text{sen } \alpha_2)$, onde R é a distância perpendicular do ponto ao fio e α_1 e α_2 são os ângulos entre as linhas do ponto às extremidades da corrente e a perpendicular à corrente (veja a Fig. 15.66). Aplique esse resultado para obter o campo magnético no centro de um circuito quadrado de lado L. (Observe os sinais dos ângulos.)

15.62 Uma corrente de 10 A percorre um fio reto e comprido, no sentido do eixo dos Y. Um campo magnético uniforme $\mathfrak{B}$ igual a 10^{-6} T é dirigido paralelamente ao eixo dos X. Qual é o campo magnético resultante nos seguintes pontos: (a)$x = 0$, $z = 2$ m; (b)$x = 2$ m, $z = 0$; (c) $x = 0$, $z = -0{,}5$ m?

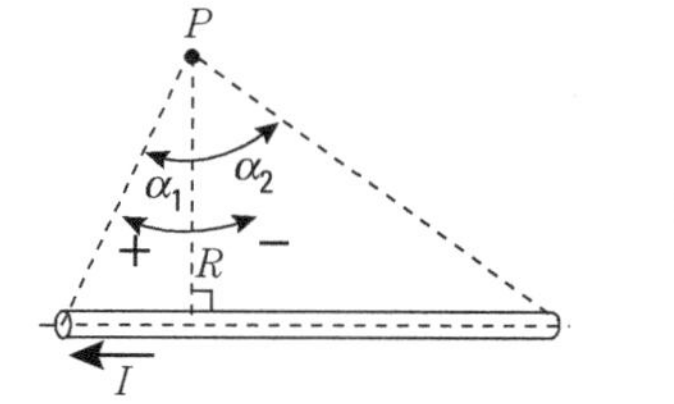

Figura 15.66

15.63 Dois fios retos, longos e paralelos estão separados por uma distância $2a$. Admitindo que os fios sejam percorridos por correntes iguais, mas de sentidos opostos, qual é o campo magnético no plano dos fios e no ponto (a) no meio dos dois fios, e (b) a uma distância a de um e $3a$ do outro? (c) Para um caso em que sejam percorridos por correntes iguais e nos mesmos sentidos, responda (a) e (b).

15.64 Dois fios retos, longos e paralelos estão separados por 100 cm, tal como indica a Fig. 15.67. O fio de cima é percorrido por uma corrente I_1 de 6 A, entrando no plano da página. (a) Qual deve ser o módulo e sentido da corrente I_2 para que o campo resultante no ponto P seja zero? (b) Qual é, então, o campo resultante em Q? (c) Em S?

15.65 A Fig. 15.68 mostra um corte de dois fios longos, paralelos e perpendiculares ao plano XY, cada um percorrido por uma corrente I, mas em sentidos opostos. (a) Mostre, por meio de vetores, o campo magnético de cada fio, e o campo magnético resultante no ponto P. (b) Deduza a expressão para o módulo de $\mathfrak{B}$ em qualquer ponto no eixo dos X, em termos da coordenada x do ponto. (c) Construa um gráfico do módulo de $\mathfrak{B}$ para qualquer ponto no eixo dos X. (d) Em que valor de x, $\mathfrak{B}$ é máximo? Repita para pontos no eixo dos Y.

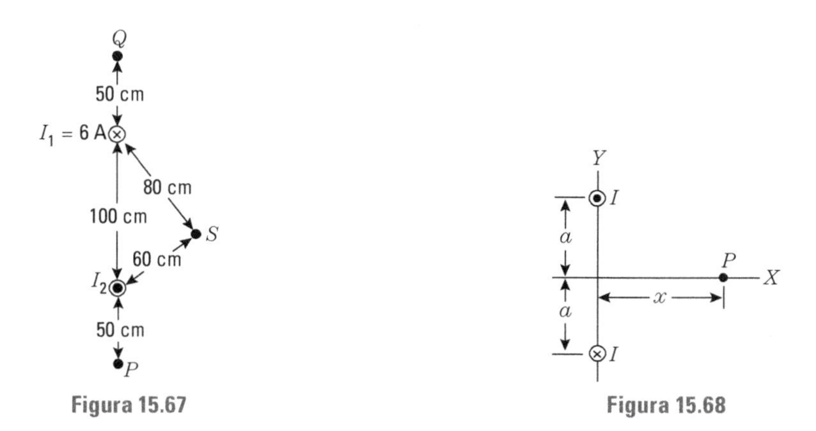

Figura 15.67 Figura 15.68

15.66 Repita o Prob. 15.65 para correntes que estão no mesmo sentido.

15.67 Uma bobina compactamente enrolada tem um diâmetro de 0,4 m e é percorrida por uma corrente de 2,5 A. Quantas espiras a bobina deve ter para que o campo magnético no seu centro seja de $1{,}272 \times 10^{-4}$ T?

15.68 Um solenoide tem 0,3 m de comprimento e é enrolado com duas camadas de fio. A camada interna compõe-se de 300 espiras, e a camada externa de 250 espiras. A corrente é de 3 A, e tem o mesmo sentido nas duas camadas. Qual é o campo magnético em um ponto perto do centro do solenoide?

15.69 Um condutor fino e chato, de grande comprimento, tem uma densidade de corrente uniforme j por unidade de largura, isto é, $I_{total} = jw$, onde w é a largura (Fig. 15.69). (a) Calcule o campo magnético no ponto P, a uma distância d na perpendicular acima do centro da fita, tal como está indicado. [*Sugestão*: a expressão para o campo gerado por uma tira estreita reta e longa, de largura dw, é a mesma que para um fio reto e longo.] (b) Qual é o campo se $d \ll w$, isto é, se a tira vier a ser um plano infinito?

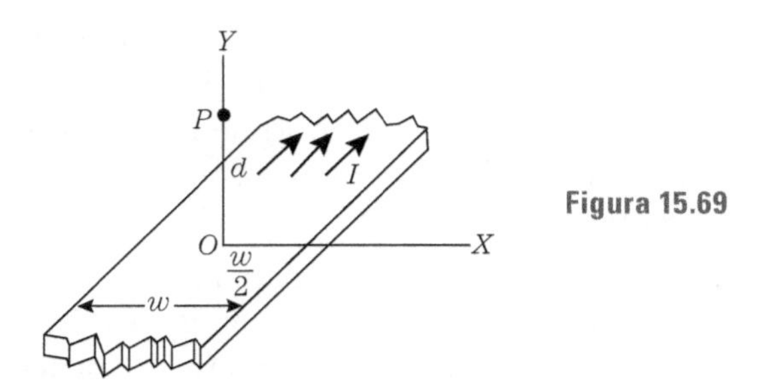

Figura 15.69

15.70 Duas correntes circulares de valor I e mesmo raio a estão separadas por uma distância $2b$, tal como indica a Fig. 15.70. (a) Prove que o campo magnético nos pontos ao longo do eixo é dado por

$$\mathfrak{B} = \frac{\mu_0 I a^2}{\left(a^2+b^2\right)^{3/2}}\left[1+\frac{3}{2}\frac{\left(4b^2-a^2\right)}{\left(a^2+b^2\right)^2}x^2 + \frac{15}{8}\frac{\left(8b^4-12a^2b^2+a^4\right)}{\left(a^2+b^2\right)^4}x^4+\ldots\right],$$

onde x é medido a partir do ponto médio entre as duas correntes, (b) Verifique que, para $a = 2b$, o campo no centro é independente de x, até a terceira potência. (Esse arranjo é chamado de *bobinas de Helmholtz*, e é largamente usado nos laboratórios para produzir um campo magnético uniforme em uma região limitada do espaço.) (c) Admitindo que a condição em (b) seja satisfeita, determine o valor de x em termos de a para o qual o campo difere de 1% em relação ao campo no ponto médio.

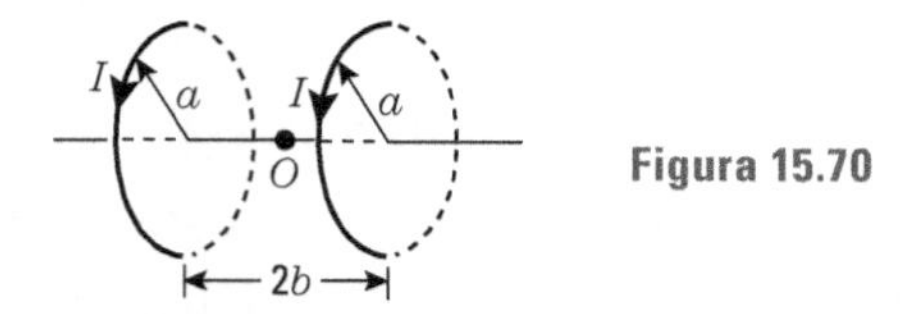

Figura 15.70

15.71 Um fio AB, longo e horizontal, representado na Fig. 15.71, repousa sobre a superfície de uma mesa. Outro fio, CD, verticalmente acima do primeiro, de 1 m de comprimento, está livre para deslizar para cima ou para baixo entre duas guias metálicas verticais C e D. Os dois fios estão ligados por meio dos contatos deslizantes e são percorridos por uma corrente de 50 A. A massa do fio é de 5×10^{-3} kg · m^{-1}. Até que altura de equilíbrio subirá o fio CD, admitindo que a força magnética sobre ele seja devida à corrente do fio AB?

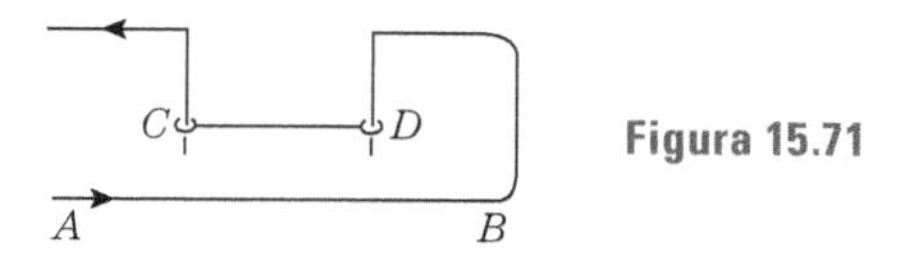

Figura 15.71

15.72 Um fio comprido e retilíneo e uma espira retangular estão sobre uma mesa (Fig. 15.72). O lado da espira que é paralelo ao fio tem 30 cm de comprimento e o lado perpendicular 50 cm. As correntes são I_1 = 10 A e I_2 = 20 A. (a) Qual é o conjugado na espira? (b) Qual é o conjugado na espira, tomando-se como eixo o fio retilíneo? (c) Determine o conjugado após a espira ter sido girada de 45° em torno do eixo tracejado.

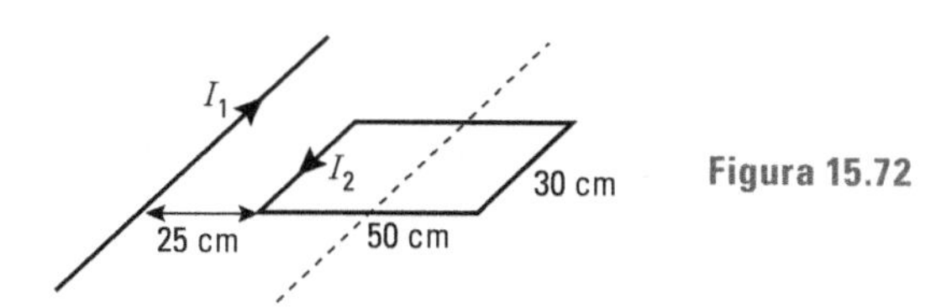

Figura 15.72

15.73 Dois fios compridos e paralelos estão suspensos de um eixo comum por cordéis de 4 cm de comprimento. Os fios têm massa de 5×10^{-2} kg · m^{-1} e são percorridos pela mesma corrente em sentidos opostos. Qual é a corrente se os cordéis pendem em um ângulo de 6° em relação à vertical?

15.74 Na Fig. 15.68, um terceiro fio retilíneo e paralelo aos outros dois passa pelo ponto P. Cada fio é percorrido por uma corrente I = 20 A. Suponhamos que a = 0,30 m, e x = 0,4 m. Determine o módulo, direção e sentido da força por unidade de comprimento no terceiro fio (a) se a corrente que o percorre sai do plano da página, (b) se a corrente está em direção ao plano da página.

15.75 O observador O' move-se em relação ao observador O com uma velocidade v paralelamente ao eixo comum dos X. Duas cargas, q_1 e q_2, estão em repouso em relação a O', separadas pela distância r' e colocadas ao longo do eixo dos X', quando medidas por O'. Determine as forças em cada carga, da forma em que foram registradas por O' e O. Repita o problema, admitindo que as cargas estejam no eixo dos Y'.

15.76 Reportando-nos à Eq. (15.64) que dá o campo elétrico de uma carga pontual, determine a razão entre o campo elétrico em um plano que contém a carga, e que é perpendicular à direção do movimento dessa carga, e o campo no sentido do movimento para pontos a uma mesma distância da carga. Considere os valores de v/c como sendo iguais a 0, 0,1, 0,5 e 0,9.

15.77 Calcule a relação entre os valores relativísticos e não relativísticos do campo elétrico produzido por uma carga, em movimento num ponto do plano que a contém, perpendicular à direção do movimento. Considere os valores de v/c como sendo iguais a 0, 0,1, 0,5 e 0,9.

15.78 Calcule a relação entre os valores relativísticos e não relativísticos do campo magnético produzido por uma carga em movimento, num ponto do plano que a contém, perpendicular à direção do movimento. Considere os valores de v/c como sendo iguais a 0, 0,1, 0,5 e 0,9.

15.79 Considere dois elétrons que se movem em trajetórias retilíneas e paralelas, separadas por 0,1 mm. (a) Considerando que eles estejam se movendo lado a lado com a mesma velocidade de 10^6 m · s^{-1}, determine as forças elétricas e magnéticas entre eles, vistas no sistema de referência do laboratório (admitindo que 10^6 m · s^{-1} pode ser considerada uma velocidade não relativística). (b) Qual é a força que corresponde a um observador que se move com os elétrons? (c) Repita os itens acima, para o caso em que a velocidade é $2{,}4 \times 10^8$ m · s^{-1}, sendo ela relativística.

15.80 Um próton, com uma energia de 30 GeV, passa por um íon a uma distância 10^{-7} m. Como o próton pode ser considerado relativisticamente, (a) determine o ângulo a para que o campo elétrico no íon seja 50% do campo quando o próton está em sua distância de máxima aproximação do íon. (b) Calcule a duração do impulso ao qual o íon está sujeito e a mudança na sua quantidade de movimento, considerando que é essencialmente o resultado do campo dentro do ângulo encontrado em (a). Repita o problema, admitindo que a partícula que passa é um elétron com a mesma energia, em vez do próton. (Veja a Fig. 15.73.)

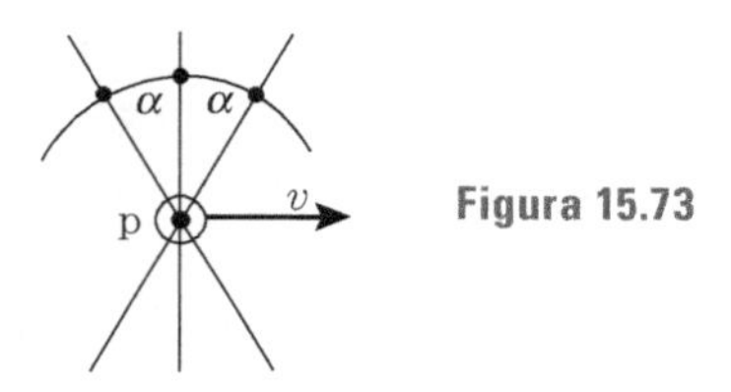

Figura 15.73

15.81 Usando a expressão relativística (15.65) para o campo magnético de uma carga em movimento, obtenha a expressão para o campo magnético de uma corrente retilínea.

15.82 Usando a regra geral para a transformação relativística de força (Prob. 11.29), obtenha as transformações relativísticas dos campos eletromagnéticos, Eqs. (15.58) e (15.60).

15.83 Usando as Eqs. (15.58) e (15.60), prove que as grandezas $\mathfrak{E} \cdot \mathfrak{B}$ e $\mathfrak{E}^2 - \mathfrak{B}^2$ são invariantes em relação a uma transformação de Lorentz.

15.84 Uma partícula de carga q e massa m move-se onde estão presentes um campo elétrico $\mathfrak{E}$, e um campo magnético $\mathfrak{B}$. Mostre que, se o movimento da partícula é em relação a um sistema de referência em rotação com a frequência de Larmor da partícula, $\omega_L = -q\mathfrak{B}/2m$ (veja a Eq. 15.7), sua equação de movimento vem a ser $ma' = q[\mathfrak{E} + (m/q)\,\omega_L \times$ $\times\, (\omega_L \times r)]$. Estime o valor de ω_L para um elétron e verifique que o último termo é desprezível. Com essa aproximação, a equação do movimento da partícula, em relação ao sistema de referência em rotação, vem a ser $ma' = q\mathfrak{E}$. Se compararmos esse resultado com o Ex. 15.4, veremos como eliminar o efeito de um campo magnético. [*Sugestão*: use as fórmulas da Seç. 6.4 para expressar a aceleração e a velocidade da partícula em relação ao sistema de referência em rotação.]

16 Campos eletromagnéticos estáticos

16.1 Introdução

Nos dois capítulos anteriores, discutimos as interações eletromagnéticas e consideramos o movimento de partículas carregadas como uma consequência dessas interações. Analisando as interações eletromagnéticas, introduzimos o conceito do campo eletromagnético. Neste e no próximo capítulo, discutiremos detalhadamente as características do próprio campo eletromagnético, considerando o campo como uma entidade independente. Examinaremos, neste capítulo, o campo eletromagnético estático ou independente do tempo, estudando primeiro o campo elétrico e, em seguida, o campo magnético. No Cap. 17 será considerado o campo eletromagnético dependente do tempo.

16.2 Fluxo de um campo vetorial

Em primeiro lugar, vamos discorrer sobre o *fluxo de um campo vetorial*. Esse conceito é de grande utilidade em muitos problemas físicos e aparecerá muitas vezes neste e nos próximos capítulos. Considere uma superfície S colocada em uma região na qual existe um campo vetorial $\boldsymbol{V}$ (Fig. 16.1). Dividimos a superfície em partes muito pequenas (ou infinitesimais) de áreas ds_1, dS_2, dS_3,... e podemos associar, a cada uma delas, um vetor unitário $\boldsymbol{u}_1$, $\boldsymbol{u}_2$, $\boldsymbol{u}_3$,... perpendicular à superfície naquele ponto. De acordo com a convenção determinada na Seç. 3.10, os vetores unitários são orientados no sentido do avanço de um parafuso de rosca direita rodado no sentido em que decidimos orientar o contorno da superfície. Se a superfície é fechada, os vetores $\boldsymbol{u}_N$ estão orientados para fora. Designemos θ_1, θ_2, θ_3,... como sendo os ângulos entre os vetores normais $\boldsymbol{u}_1$, $\boldsymbol{u}_2$, $\boldsymbol{u}_3$,... e os vetores de campo $\boldsymbol{V}_1$, $\boldsymbol{V}_2$, $\boldsymbol{V}_3$,... em cada ponto da superfície. Assim, por definição, o fluxo Φ do campo vetorial $\boldsymbol{V}$ através da superfície S é

$$\Phi = V_1 dS_1 \cos\theta_1 + V_2\, dS_2 \cos\theta_2 + V_3\, dS_3 \cos\theta_3 + \cdots$$

$$= \boldsymbol{V}_1 \cdot \boldsymbol{u}_1\, dS_1 + \boldsymbol{V}_2 \cdot \boldsymbol{u}_2\, dS_2 + \boldsymbol{V}_3 \cdot \boldsymbol{u}_3\, dS_3 + \cdots,$$

ou

$$\Phi = \int_S V \cos\theta\, dS = \int_S \boldsymbol{V} \cdot \boldsymbol{u}_N\, dS, \tag{16.1}$$

onde a integral estende-se sobre toda a superfície, tal como indica o subscrito S. Por essa razão, uma expressão como a da Eq. (16.1) é chamada de *integral de superfície*. Em virtude do fator $\cos\theta$ na Eq. (16.1), o fluxo através do elemento da superfície dS pode ser positivo ou negativo, dependendo de θ ser menor ou maior do que $\pi/2$. Se o campo $\boldsymbol{V}$ é tangente ou paralelo ao elemento de superfície dS, o ângulo θ é $\pi/2$ e $\cos\theta = 0$, sendo o fluxo, através de dS, nulo. O fluxo total Φ pode ser igualmente positivo, negativo ou zero.

Quando o fluxo é positivo, este está "saindo" e, quando é negativo, está "entrando". Se a superfície é fechada, tal como a de uma esfera ou de um elipsoide, um círculo é escrito sobre o sinal da integral, de forma que a Eq. (16.1) vem a ser

$$\Phi = \oint_S V \cos\theta \, dS = \oint_S \boldsymbol{V} \cdot \boldsymbol{u}_N \, dS. \qquad (16.2)$$

O nome fluxo dado para a integral na Eq. (16.1) deve-se à sua aplicação no estudo do escoamento de fluidos. Suponha que temos um fluxo de partículas, todas se movendo para a direita com velocidade $\boldsymbol{v}$. Atravessando uma superfície dS (Fig. 16.2) em um tempo t, essas partículas estarão contidas num cilindro de base dS, cuja geratriz é paralela a $\boldsymbol{v}$, e com um comprimento igual a vt. Esse volume é $vt\, dS \cos\theta$. Dado que há n partículas por unidade de volume, o número total de partículas passando através de dS em um tempo t é $nvt\, dS \cos\theta$, e o número passando por unidade de tempo, ou o *fluxo de partículas*, é $nv\, dS \cos\theta = n\boldsymbol{v} \cdot \boldsymbol{u}_N\, dS$. O fluxo total de partículas através de uma superfície S é então

$$\Phi = \int_S n\boldsymbol{v} \cdot \boldsymbol{u}_N \, dS.$$

Essa expressão é semelhante à Eq. (16.1), com o campo vetorial $\boldsymbol{V}$ igual $n\boldsymbol{v}$. É preciso compreender, entretanto, que o nome "fluxo", tal como aplicado à Eq. (16.1), de modo geral, não significa o movimento real de alguma coisa através da superfície.

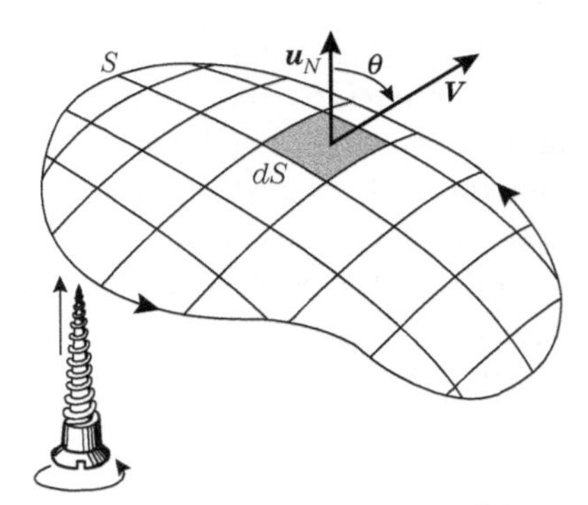

Figura 16.1 Fluxo de um campo vetorial através de uma superfície.

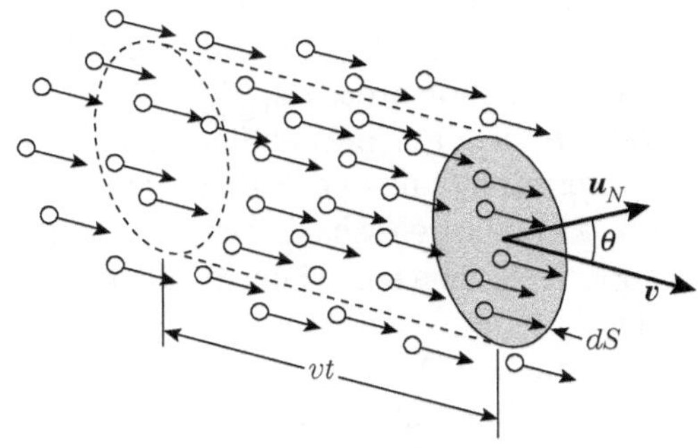

Figura 16.2 Fluxo de partículas através de uma área.

■ **Exemplo 16.1** Expressar a corrente elétrica através de uma superfície como um fluxo de uma densidade de corrente.

Solução: Vimos que $n\boldsymbol{v} \cdot \boldsymbol{u}_N\, dS$ expressa o número de partículas passando através da superfície dS por unidade de tempo. Admitindo que cada partícula tenha uma carga q, a carga que atravessa a superfície dS por unidade de tempo é

$$qn\boldsymbol{v} \cdot \boldsymbol{u}_N\, dS = \boldsymbol{j} \cdot \boldsymbol{u}_N\, dS,$$

onde $\boldsymbol{j} = nq\boldsymbol{v}$ é a densidade de corrente conforme foi definida na Eq. (15.12). Portanto a carga total atravessando uma superfície S por unidade de tempo (ou seja, a corrente elétrica através da superfície) é

$$I = \int_S \boldsymbol{j} \cdot \boldsymbol{u}_N \, dS.$$

Em outras palavras, a corrente elétrica através de uma superfície é igual ao fluxo da densidade de corrente elétrica através daquela superfície. Se a densidade de corrente é uniforme, e a superfície plana, a equação reduz-se a

$$I = \boldsymbol{j} \cdot \boldsymbol{u}_N S = jS \cos \theta.$$

I. O CAMPO ELÉTRICO

16.3 Lei de Gauss para o campo elétrico

Consideremos agora uma carga pontual q (Fig. 16.3) e calculemos o fluxo de seu campo elétrico $\mathfrak{E}$ através de uma superfície esférica concêntrica com a carga. Dado que r é o raio da esfera, o campo elétrico produzido pela carga em cada ponto da superfície esférica é

$$\mathfrak{E} = \frac{q}{4\pi\varepsilon_0 r^2} \boldsymbol{u}_r.$$

O vetor unitário normal a uma esfera coincide com o vetor unitário $\boldsymbol{u}_r$ na direção radial. Portanto o ângulo θ entre o campo elétrico $\mathfrak{E}$ e o vetor unitário normal $\boldsymbol{u}_r$ é zero, e cos $\theta = 1$. Observando que o campo elétrico tem o mesmo módulo em todos os pontos da superfície esférica e que a área da esfera é $4\pi r^2$, vemos que a Eq. (16.2) dá o fluxo elétrico $\Phi_{\mathfrak{E}}$ como

$$\Phi_{\mathfrak{E}} = \oint_S \mathfrak{E} \, dS = \mathfrak{E} \oint_S dS = \mathfrak{E} S = \frac{q}{4\pi\varepsilon_0 r^2}\left(4\pi r^2\right) = \frac{q}{\varepsilon_0}.$$

O fluxo elétrico através da esfera é, então, proporcional à carga e independente do raio da superfície. Portanto, se desenharmos diversas superfícies esféricas concêntricas, S_1 S_2, S_3,... (Fig. 16.4) ao redor da carga q, o fluxo elétrico através de todas será o mesmo, e igual a q/ε_0. Esse resultado deve-se à dependência $1/r^2$ do campo, e aplica-se também ao campo gravitacional de uma massa dada pela Eq. (13.15). O fluxo do campo gravitacional é determinado substituindo-se $q/4\pi\varepsilon_0$ por γm, onde m é a massa *no interior* da superfície. Essa substituição resulta

$$\Phi_{\mathfrak{E}} = 4\pi\gamma m.$$

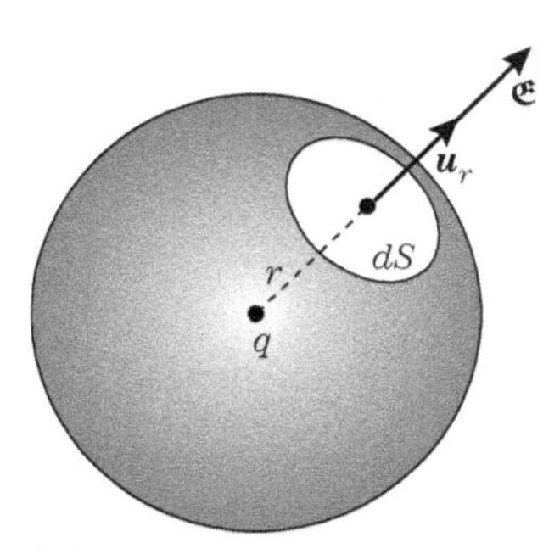

Figura 16.3 Fluxo elétrico de uma carga pontual através de uma esfera.

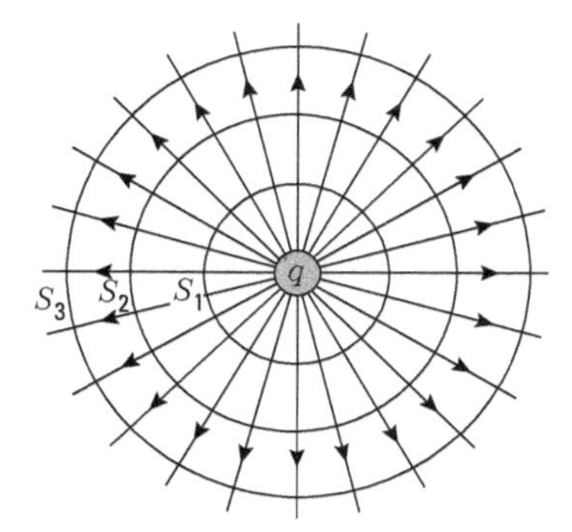

Figura 16.4 O fluxo elétrico através de esferas concêntricas, envolvendo a mesma carga, é o mesmo.

Em seguida, considere uma carga q *no interior* de uma superfície *fechada* arbitrária S (Fig. 16.5). O fluxo total, através de S, do campo elétrico produzido por q é dado por

$$\Phi_{\mathfrak{E}} = \oint_S \mathfrak{E} \cos\theta\, dS = \oint_S \frac{q}{4\pi\varepsilon_0 r^2} \cos\theta\, dS = \frac{q}{4\pi\varepsilon_0} \oint_S \frac{dS \cos\theta}{r^2}.$$

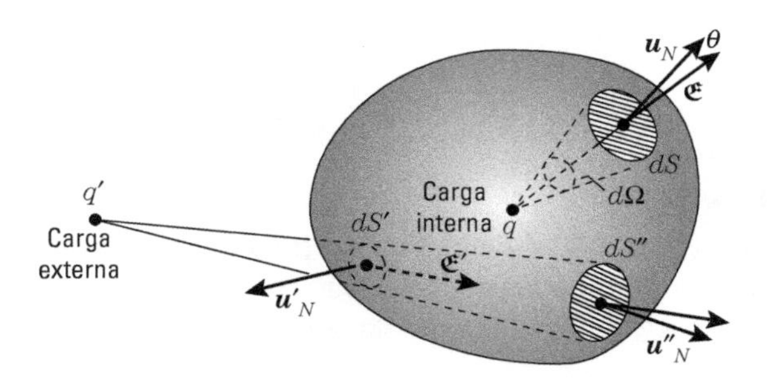

Figura 16.5 O fluxo elétrico através de uma superfície fechada, envolvendo uma carga, é independente da forma da superfície.

Mas temos que $dS \cos\theta/r^2$ é o ângulo sólido $d\Omega$ subentendido pelo elemento da superfície dS, como visto da posição da carga q (lembre-se da Eq. 2.8). Como o ângulo sólido total ao redor de um ponto é 4π, temos então que

$$\Phi_{\mathfrak{E}} = \frac{q}{4\pi\varepsilon_0} \oint_S d\Omega = \frac{q}{4\pi\varepsilon_0}(4\pi) = \frac{q}{\varepsilon_0}.$$

Esse resultado coincide com o nosso anterior para uma superfície esférica concêntrica com a carga e, dessa forma, vemos que é válido para qualquer superfície fechada, independentemente da posição da carga no interior da superfície. Se uma carga tal como q' está *no exterior* de uma superfície fechada, o fluxo elétrico é nulo, porque o fluxo que entra é igual ao fluxo que sai, resultando um fluxo total igual a zero. O fluxo elétrico de q', através de dS', por exemplo, é igual em módulo, mas oposto no sinal para o fluxo elétrico através de dS'', somando, portanto, zero.

Se existem diversas cargas $q_1, q_2, q_3,$... no interior da superfície arbitrária $\boldsymbol{S}$ (Fig. 16.6), o fluxo elétrico total será a soma dos fluxos que cada carga produz. Podemos então expressar a *lei de Gauss:*

o fluxo elétrico através de uma superfície fechada envolvendo as cargas q_1, q_1, q_2, q_3,⋯ é

$$\Phi_{\mathfrak{E}} = \oint_S \mathfrak{E} \cdot \boldsymbol{u}_N\, dS = \frac{q}{\varepsilon_0} \tag{16.3}$$

onde $q = q_1 + q_2 + q_3 + \cdots$ é carga total no interior da superfície fechada.

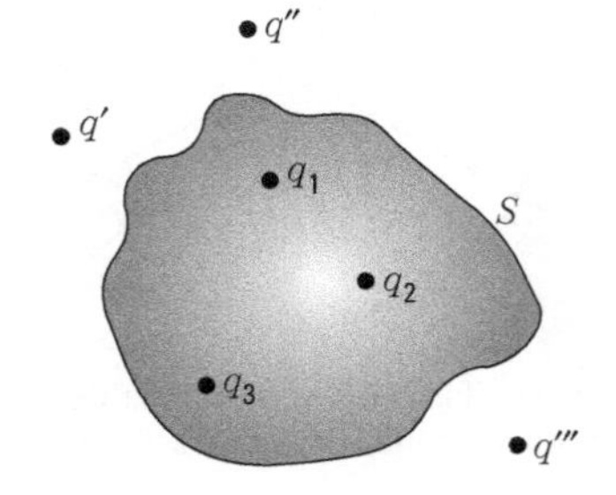

Figura 16.6 O fluxo elétrico através de qualquer superfície fechada é proporcional à carga total contida dentro da superfície.

Se não há carga *no interior* da superfície fechada, ou se a carga resultante é zero, o fluxo elétrico total através dela é zero. As cargas *exteriores* à superfície fechada, tal como q', q'',..., não contribuem para o fluxo total.

A lei de Gauss é particularmente útil quando queremos calcular o campo elétrico produzido por distribuições de carga que possuem certas simetrias geométricas, como veremos nos exemplos seguintes.

■ **Exemplo 16.2** Usando a lei de Gauss, discutir o campo elétrico criado por (a) uma carga distribuída uniformemente sobre um plano, (b) dois planos paralelos com cargas iguais, mas opostas.

Solução: (a) Consideremos o plano da Fig. 16.7, que contém uma carga σ por unidade de área. A simetria do problema indica que as linhas de força são perpendiculares ao plano e, se a carga é positiva, elas estão orientadas tal como indica a figura. Considerando o cilindro apresentado na figura como a nossa superfície fechada, podemos separar o fluxo elétrico Φ em três termos: o fluxo através de S_1 que é $+\mathfrak{E}S$ onde S é a área da base do cilindro; o fluxo através de S_2, que é também $+\mathfrak{E}S$ porque, por simetria, o campo elétrico deve ser o mesmo em módulo e oposto em sentido nos pontos à mesma distância em ambos os lados do plano; e o fluxo através da superfície lateral do cilindro, que é zero porque o campo elétrico é paralelo à superfície. Portanto temos $\Phi_{\mathfrak{E}} = 2\mathfrak{E}S$. A carga no interior da superfície fechada é aquela na área sombreada e é igual a $q = \sigma S$. Portanto, aplicando a lei de Gauss, Eq. (16.3), temos $2\,\mathfrak{E}S = \sigma S/\varepsilon_0$, ou

$$\mathfrak{E} = \frac{\sigma}{2\varepsilon_0},$$

cujo resultado indica que o campo elétrico é independente da distância ao plano e, portanto, é uniforme. Usando a relação $\mathfrak{E} = -dV/dx$ e admitindo que o potencial do plano é zero, o potencial elétrico é, portanto,

$$V = -\frac{\sigma}{2\varepsilon_0}x.$$

Se substituirmos γ por $(4\pi\varepsilon_0)^{-1}$ esses resultados serão idênticos aos do Ex. 13.8 para o caso gravitacional (veja também o Prob. 14.62). Você pode verificar que a presente técnica é muito mais simples, em virtude da simetria do problema.

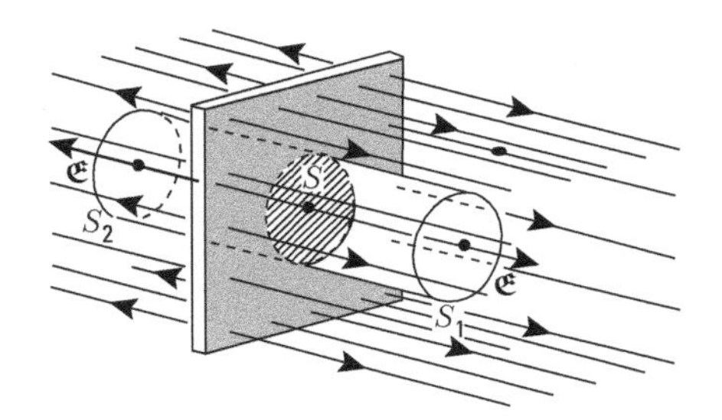

Figura 16.7 Campo elétrico de uma superfície plana uniformemente carregada.

(b) A Fig. 16.8 mostra dois planos paralelos com cargas iguais, mas opostas. Observamos que, na região exterior aos dois planos carregados com cargas de sinais opostos, existem campos elétricos em módulo e direção, mas opostos no sentido, apresentando um campo resultante igual a zero. Mas, na região entre os planos, os campos estão no mesmo sentido, e o campo resultante é duas vezes maior do que o campo de um plano isolado, ou $\mathfrak{E} = \sigma/\varepsilon_0$. Portanto os dois planos paralelos e carregados com cargas de sinais opostos produzem um campo uniforme na região entre eles.

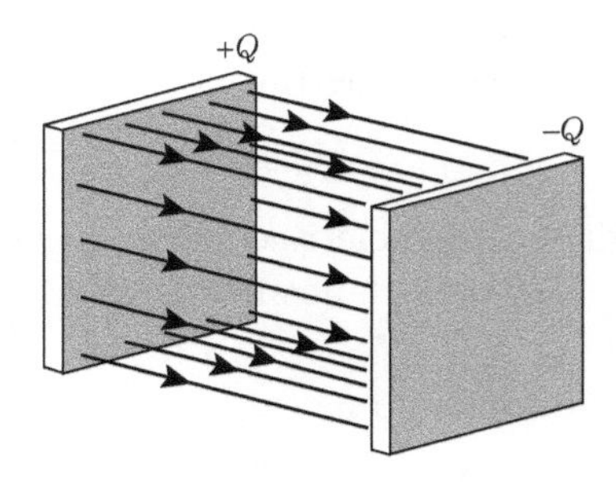

Figura 16.8 Campo elétrico entre um par de superfície planas paralelas com cargas iguais opostas.

■ **Exemplo 16.3** Usando o teorema de Gauss, discutir o campo elétrico criado por uma distribuição de carga com simetria esférica.

Solução: Este problema já foi discutido de diferentes maneiras na Seç. 13.7, para o caso do campo gravitacional de um corpo esférico. Consideremos uma esfera de raio a e carga Q (Fig. 16.9). A simetria do problema sugere que o campo, em cada ponto, deva ser radial, dependendo apenas da distância r do ponto ao centro da esfera. Portanto, traçando uma superfície esférica de raio r concêntrico com a esfera carregada, encontramos que o fluxo elétrico através dela é

$$\Phi_{\mathfrak{E}} = \oint_S \mathfrak{E}\, dS = \mathfrak{E}\oint_S dS = \mathfrak{E}\left(4\pi r^2\right).$$

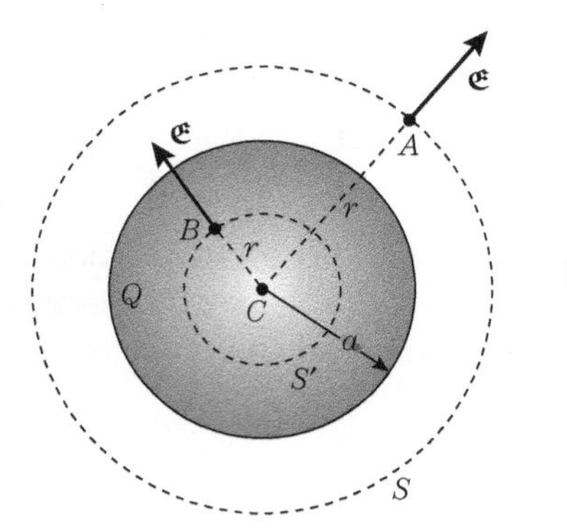

Figura 16.9

Considerando primeiro $r > a$, encontramos que a carga, no interior de nossa superfície S, é a carga total Q da esfera. Desse modo, aplicando a lei de Gauss, Eq. (16.3), obtemos $\mathfrak{E}(4\pi r^2) = Q/\varepsilon_0$, ou

$$\mathfrak{E} = \frac{Q}{4\pi\varepsilon_0 r^2}.$$

Esse resultado é o mesmo que o do campo de uma carga pontual. Dessa forma, *o campo elétrico nos pontos exteriores de uma esfera carregada é o mesmo como se todas as cargas estivessem concentradas em seu centro.*

Em seguida, considerando $r < a$, temos duas possibilidades. Se toda a carga está na superfície da esfera carregada, a carga total no interior da superfície esférica S' é zero, e a lei de Gauss dá $\mathfrak{E}(4\pi r^2) = 0$, ou $\mathfrak{E} = 0$. Dessa forma, *o campo elétrico nos pontos interiores de uma esfera que está carregada apenas em sua superfície é zero.* Mas, se a esfera está carregada uniformemente em seu volume e Q' é a carga no interior da superfície S', temos

$$Q' = \frac{Q}{4\pi a^3/3}\left(4\pi r^3/3\right) = \frac{Qr^3}{a^3}.$$

Portanto a lei de Gauss dá agora $\mathfrak{E}(4\pi r^2) = Q'/\varepsilon_0 = Qr^3/\varepsilon_0 a^3$, ou

$$\mathfrak{E} = \frac{Qr}{4\pi\varepsilon_0 a^3},$$

mostrando que *o campo elétrico num ponto interior de uma esfera carregada de maneira uniforme é diretamente proporcional à distância do ponto ao centro da esfera.* Se γm for substituído por $Q/4\pi\varepsilon_0$, esses resultados corresponderão aos da Seç. 13.7 para o caso gravitacional.

■ **Exemplo 16.4** Usando o teorema de Gauss, discutir o campo elétrico criado por uma distribuição cilíndrica de carga, de comprimento infinito.

Solução: Consideremos um comprimento L do cilindro C, cujo raio é a (Fig. 16.10). Se λ é a carga por unidade de comprimento, a carga total naquela porção do cilindro é igual a $q = \lambda L$. A simetria do problema indica que o campo elétrico num ponto depende apenas da distância do ponto ao eixo do cilindro e que tem a direção radial. Tomamos como a superfície fechada de integração uma superfície cilíndrica de raio r, coaxial com a distribuição de carga. Assim, o fluxo elétrico através dessa superfície tem três termos. Dois termos representam o fluxo através de cada base, sendo, porém, nulos porque o campo elétrico é tangente a cada base. Dessa forma, permanece apenas o fluxo através da superfície lateral, dando $\mathfrak{E}(2\pi rL)$, isto é,

$$\Phi_{\mathfrak{E}} = 2\pi rL\mathfrak{E}.$$

Considerando $r > a$, a carga total no interior da superfície cilíndrica S é $q = \lambda L$ e, usando a lei de Gauss, Eq. (16.3), obtemos $2\pi rL\mathfrak{E} = \lambda L/\varepsilon_0$, ou

$$\mathfrak{E} = \frac{\lambda}{2\pi\varepsilon_0 r}.$$

Esse resultado concorda com o do Ex. 14.7 para o campo elétrico de um filamento carregado. Portanto *o campo elétrico nos pontos externos a uma distribuição cilíndrica de carga, de comprimento infinito, é o mesmo como se toda a carga estivesse concentrada ao longo do eixo.*

Para $r < a$, temos novamente duas possibilidades. Se toda a carga está sobre a superfície do cilindro, não há nenhuma carga no interior da superfície S', e a lei de Gauss dá $2\pi rL\mathfrak{E} = 0$, ou $\mathfrak{E} = 0$. Dessa forma, *o campo elétrico é zero, nos pontos interiores de um cilindro com cargas apenas na sua superfície.* Porém, se a carga está distribuída uniformemente no volume do cilindro C, determinamos que a carga no interior da superfície S' é $q' = \lambda L r^2/a^2$, e a lei de Gauss dá $2\pi r L \mathfrak{E} = q'$, ou

$$\mathfrak{E} = \frac{\lambda r}{2\pi\varepsilon_0 a^2}.$$

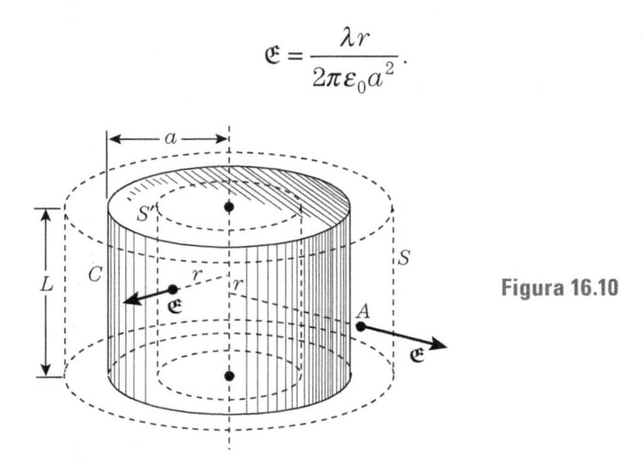

Figura 16.10

Portanto *o campo elétrico num ponto interior de um cilindro carregado uniformemente, de comprimento infinito, é proporcional à distância do ponto ao eixo.*

16.4 Lei de Gauss na forma diferencial

Provamos que a lei de Gauss pode ser aplicada para uma superfície de qualquer formato. Vamos aplicá-la para uma superfície, envolvendo um volume infinitesimal, cujas arestas são paralelas aos eixos dos XYZ, tal como indica a Fig. 16.11. Os lados do elemento de volume são dx, dy, e dz. A área da superfície $ABCD$ é $dy\,dz$, e o fluxo elétrico através dela é

$$\mathfrak{E}\,dS\cos\theta = (\mathfrak{E}\cos\theta)\,dy\,dz = \mathfrak{E}_x\,dy\,dz,$$

porque $\mathfrak{E}_x = \mathfrak{E}\cos\theta$. O fluxo através da face $A'B'C'D'$ tem uma expressão análoga, mas é negativa porque o campo está apontando para o interior do volume, isto é, $-\mathfrak{E}'_x dydz$. O fluxo total através dessas duas superfícies é a soma

$$\mathfrak{E}_x dy\,dz + (-\mathfrak{E}'_x dy\,dz) = (\mathfrak{E}_x - \mathfrak{E}'_x)\,dy\,dz.$$

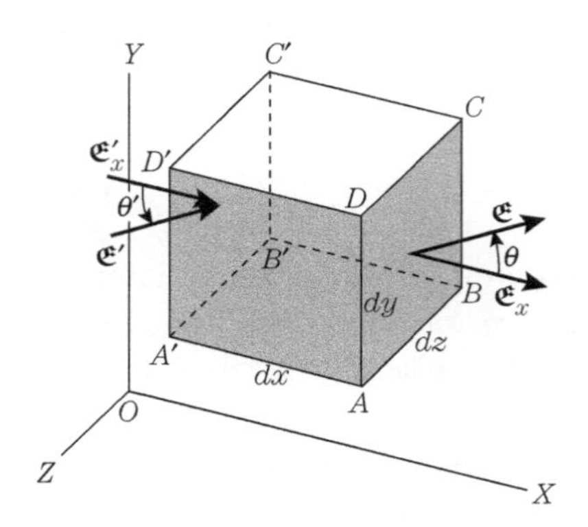

Figura 16.11 Elemento de volume para calcular a lei de Gauss na forma diferencial.

Mas, como a distância $A'A = dx$ entre as duas superfícies é muito pequena, a quantidade $\mathfrak{E}_x - \mathfrak{E}'_x$ também é muito pequena, e podemos escrever

$$\mathfrak{E}_x - \mathfrak{E}'_x = d\mathfrak{E}_x = \frac{\partial \mathfrak{E}_x}{\partial x} dx,$$

que dá o fluxo total na direção X como

$$\frac{\partial \mathfrak{E}_x}{\partial x} dx\, dy\, dz = \frac{\partial \mathfrak{E}_x}{\partial x} dv.$$

A quantidade $dv = dx\ dy\ dz$ é o volume do cubo. Como resultados semelhantes são obtidos para o fluxo através das quatro faces restantes do elemento volume, o *fluxo total* através do elemento volume é

$$\Phi_{\mathfrak{E}} = \frac{\partial \mathfrak{E}_x}{\partial x} dv + \frac{\partial \mathfrak{E}_y}{\partial y} dv + \frac{\partial \mathfrak{E}_z}{\partial z} dv = \left(\frac{\partial \mathfrak{E}_x}{\partial x} + \frac{\partial \mathfrak{E}_y}{\partial y} + \frac{\partial \mathfrak{E}_z}{\partial z} \right) dv.$$

Se dq é a carga elétrica no interior do elemento volume, a lei de Gauss resulta

$$\left(\frac{\partial \mathfrak{E}_x}{\partial x} + \frac{\partial \mathfrak{E}_y}{\partial y} + \frac{\partial \mathfrak{E}_z}{\partial z} \right) dv = \frac{dq}{\varepsilon_0}.$$

Colocando $dq = \rho\ dv$ na expressão acima, onde ρ é a densidade da carga elétrica (ou carga por unidade de volume), e cancelando o fator comum dv, obtemos

$$\frac{\partial \mathfrak{E}_x}{\partial x} + \frac{\partial \mathfrak{E}_y}{\partial y} + \frac{\partial \mathfrak{E}_z}{\partial z} = \frac{\rho}{\varepsilon_0}. \tag{16.4}$$

Essa é a lei de Gauss expressa na forma diferencial. A expressão do lado esquerdo da Eq. (16.4) é chamada de *divergente de* $\mathfrak{E}$ abreviadamente div $\mathfrak{E}$, de forma que a lei de Gauss pode ser escrita na forma compacta

$$\text{div}\, \mathfrak{E} \frac{\rho}{\varepsilon_0}. \tag{16.5}$$

O significado físico da lei de Gauss, em sua forma diferencial, é que ela relaciona o campo elétrico $\mathfrak{E}$ em um ponto do espaço com a distribuição de carga, expressa por ρ, no *mesmo* ponto do espaço, isto é, expressa uma relação *local* entre essas duas quantidades físicas. Dessa forma, podemos dizer que as cargas elétricas são as *fontes* do campo elétrico e que sua distribuição e magnitude determinam o campo elétrico em cada ponto do espaço.

■ **Exemplo 16.5** Discutir a lei de Gauss em termos de potencial elétrico.

Solução: Lembrando que as componentes do campo elétrico $\mathfrak{E}$ são expressas em termos do potencial elétrico V por $\mathfrak{E}_x = -\partial V/\partial x$, e expressões semelhantes para $\mathfrak{E}_y$ e $\mathfrak{E}_z$ (veja a Eq. 14.27), podemos escrever

$$\frac{\partial \mathfrak{E}_x}{\partial x} = \frac{\partial}{\partial x}\left(-\frac{\partial V}{\partial x} \right) = -\frac{\partial^2 V}{\partial x^2},$$

com resultados semelhantes para $\mathfrak{E}_y$ e $\mathfrak{E}_z$. Efetuando a substituição na Eq. (16.4), conseguimos uma expressão alternativa para a lei de Gauss

$$\frac{\partial^2 V}{\partial x^2}+\frac{\partial^2 V}{\partial y^2}+\frac{\partial^2 V}{\partial z^2}=-\frac{\rho}{\varepsilon_0}, \qquad (16.6)$$

que é chamada *equação de Poisson*. Podemos usar a Eq. (16.6) para obter o potencial elétrico quando conhecemos a distribuição de carga, e, reciprocamente, desde que a distribuição de cargas não dependa do tempo. No espaço vazio, onde não há cargas, $\rho = 0$ e a Eq. (16.5) torna-se div $\mathfrak{E} = 0$, e a Eq. (16.6) nos dá

$$\frac{\partial^2 V}{\partial x^2}+\frac{\partial^2 V}{\partial y^2}+\frac{\partial^2 V}{\partial z^2}=0. \qquad (16.7)$$

Essa equação é chamada *equação de Laplace* e é uma das mais importantes da física--matemática. Ela aparece em muitos problemas que não se referem à teoria do campo eletromagnético, tais como os de movimento dos fluidos e elasticidade.

A expressão que aparece à esquerda das Eqs. (16.6) e (16.7) é chamada *laplaciano de V*.

■ **Exemplo 16.6** Verificar se o potencial de uma carga pontual satisfaz a equação de Laplace, Eq. (16.7), em todos os pontos, exceto na origem onde a carga está situada.

Solução: De acordo com a Eq. (14.32) o potencial de uma carga pontual é $V = q/4\pi\varepsilon_0 r$. Mas $r^2 = x^2 + y^2 + z^2$, de forma que, tomando a derivada em relação a x, temos

$$2r\,\partial r/\partial x = 2x \qquad \text{ou} \qquad \partial r/\partial x = x/r.$$

Portanto

$$\frac{\partial}{\partial x}\left(\frac{1}{r}\right)=-\frac{1}{r^2}\frac{\partial r}{\partial x}=-\frac{x}{r^3}$$

e

$$\frac{\partial^2}{\partial x^2}\left(\frac{1}{r}\right)=\frac{\partial}{\partial x}\left(-\frac{x}{r^3}\right)=-\frac{1}{r^3}+\frac{3x}{r^4}\frac{\partial r}{\partial x}=-\frac{1}{r^3}+\frac{3x^2}{r^5}.$$

Então

$$\frac{\partial^2}{\partial x^2}\left(\frac{1}{r}\right)+\frac{\partial^2}{\partial y^2}\left(\frac{1}{r}\right)+\frac{\partial^2}{\partial z^2}\left(\frac{1}{r}\right)=-\frac{3}{r^3}+\frac{3\left(x^2+y^2+z^2\right)}{r^5}=0$$

Multiplicando o resultado obtido aqui por $q/4\pi\varepsilon_0$, obtemos a Eq. (16.7). Nosso método não é válido para $r = 0$ porque a função $1/r$ tende para o infinito nesse ponto, e, portanto, a origem deve ser excluída do cálculo. Além do mais, a Eq. (16.7) não é aplicável nos pontos ocupados por cargas.

■ **Exemplo 16.7** Usando a equação de Laplace, obter o potencial elétrico e o campo elétrico na região vazia entre dois planos paralelos, carregados, a potenciais V_1 e V_2.

Solução: A simetria do problema sugere que o campo deve depender apenas da coordenada x (Fig. 16.12). Portanto, como não existem cargas no espaço entre os planos, devemos aplicar a equação de Laplace, Eq. (16.7), dando $d^2V/dx^2 = 0$. Observe que não usamos a notação da derivada parcial porque há apenas uma variável independente, x. Integrando, temos dV/dx = const. Mas o campo elétrico é $\mathfrak{E} = -dV/dx$. Concluímos então que o campo elétrico entre os planos é constante. Integrando novamente a expressão $\mathfrak{E} = -dV/dx$, tendo em mente que $\mathfrak{E}$ é constante, obtemos a seguinte equação:

$$\int_{V_1}^{V} dV = -\int_{x_1}^{x} \mathfrak{E}\, dx = -\mathfrak{E}\int_{x_1}^{x} dx,$$

resultando em $V - V_1 = -\mathfrak{E}(x - x_1)$ ou $V = V_1 - \mathfrak{E}(x - x_1)$. Esse resultado mostra que o potencial elétrico varia linearmente com a distância x. Para $x = x_2$, temos $V = V_2$. Portanto

$$\mathfrak{E} = \frac{V_2 - V_1}{x_2 - x_1} = -\frac{V_2 - V_1}{d},$$

onde $d = x_2 - x_1$. Esses resultados estão de acordo com nossa discussão anterior, na Seç. 14.8, e levam à Eq. (14.31).

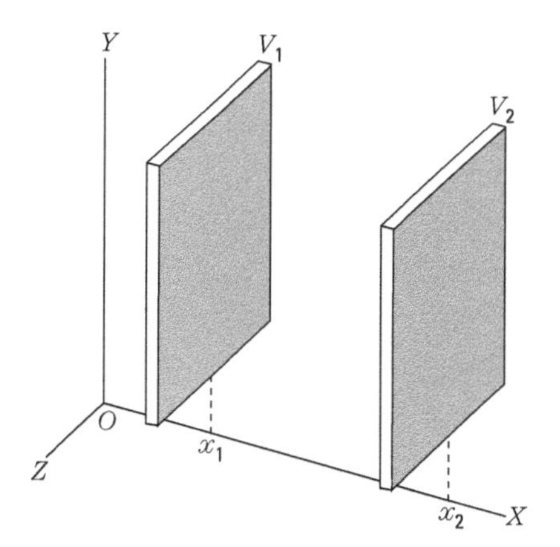

Figura 16.12

■ **Exemplo 16.8** Resolver o problema do Ex. 16.7, admitindo que há uma distribuição de carga uniforme entre os planos. Tal situação pode ser, por exemplo, a situação entre as placas de uma válvula.

Solução: Devemos aplicar agora a equação de Poisson, Eq. (16.6). Em virtude da simetria do problema, o potencial depende apenas da coordenada x, e podemos escrever $d^2V/dx^2 = -\rho/\varepsilon_0$, com ρ = const. Integrando, temos

$$\int_{x_1}^{x} \frac{d^2V}{dx^2} dx = -\frac{1}{\varepsilon_0}\int_{x_1}^{x} \rho\, dx = -\frac{\rho}{\varepsilon_0}\int_{x_1}^{x} dx,$$

que resulta em

$$\frac{dV}{dx} - \left(\frac{dV}{dx}\right)_{x=x} = -\frac{\rho}{\varepsilon_0}(x - x_1),$$

ou

$$\frac{dV}{dx} = -\mathfrak{E}_1 - \frac{\rho}{\varepsilon_0}(x - x_1), \qquad (16.8)$$

onde $\mathfrak{E}_1 = -(dV/dx)_{x=x_1}$ é o campo elétrico para $x = x_1$.

Como $\mathfrak{E} = -dV/dx$, o campo entre os planos é

$$\mathfrak{E} = \mathfrak{E}_1 + \frac{\rho}{\varepsilon_0}(x - x_1),$$

mostrando que o campo elétrico varia linearmente como x, como está ilustrado na Fig. 16.13. Integrando a Eq. (16.8) novamente, o potencial elétrico, como uma função de x, é

$$\int_{V_1}^{V} dV = -\int_{x_1}^{x} \mathfrak{E}_1\, dx - \frac{\rho}{\varepsilon_0}\int_{x_1}^{x}(x - x_1)dx,$$

ou

$$V = V_1 - \mathfrak{E}_1(x - x_1) - \frac{\rho}{2\varepsilon_0}(x - x_1)^2. \tag{16.9}$$

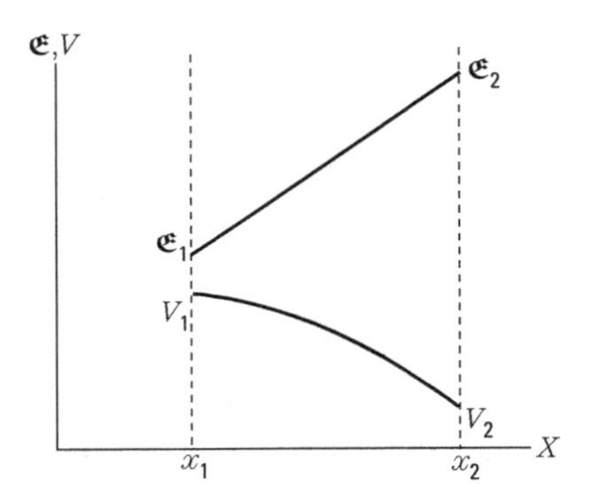

Figura 16.13

O potencial elétrico varia com o quadrado de x, conforme mostra, também, a Fig. 16.13. A quantidade $\mathfrak{E}_1$ pode ser determinada colocando-se $x = x_2$ de forma que

$$V_2 = V_1 - \mathfrak{E}_1\,(x_2 - x_1) - (\rho/2\varepsilon_0)\,(x_2 - x_1)^2,$$

e então resolvendo para $\mathfrak{E}_1$.

16.5 Polarização da matéria

Nesta seção vamos discutir o efeito de um campo elétrico sobre uma porção de matéria. Lembremos que os átomos não têm momentos de dipolo elétrico permanente por causa de sua simetria esférica, mas, quando estão colocados num campo elétrico, eles se polarizam, adquirindo momentos de dipolo *induzido*, na direção do campo. Isso acontece em virtude da perturbação no movimento dos elétrons produzida pelo campo elétrico aplicado (veja a Seç. 14.11).

Por outro lado, muitas moléculas têm momentos de dipolo elétrico *permanente*. Quando uma molécula tem um momento de dipolo elétrico permanente, ela tende a ser orientada paralelamente ao campo elétrico aplicado, por causa do conjugado exercido sobre ela (dado pela Eq. 14.50). Uma consequência de qualquer um desses dois efeitos, é que uma porção de matéria colocada num campo elétrico torna-se eletricamente *polarizada*, isto é, suas moléculas (ou átomos) tornam-se dipolos elétricos orientados na direção do campo elétrico local (Fig. 16.14), em decorrência da distorção do movimento eletrônico ou da orientação de seus dipolos permanentes. Um meio que pode ser polarizado por um campo elétrico é chamado *dielétrico.* A polarização produz uma carga resultante positiva sobre um dos lados da porção de matéria e uma carga resultante negativa sobre o lado oposto. A porção de matéria torna-se então um grande dipolo elétrico que *tende* a se mover na direção em que o campo cresce, como discutimos na Seç. 14.11. Esse fato explica o fenômeno descrito na Seç. 14.1, no qual um bastão de vidro, ou um pente, eletrificado atrai pequenos pedaços de papel, ou uma bola de cortiça.

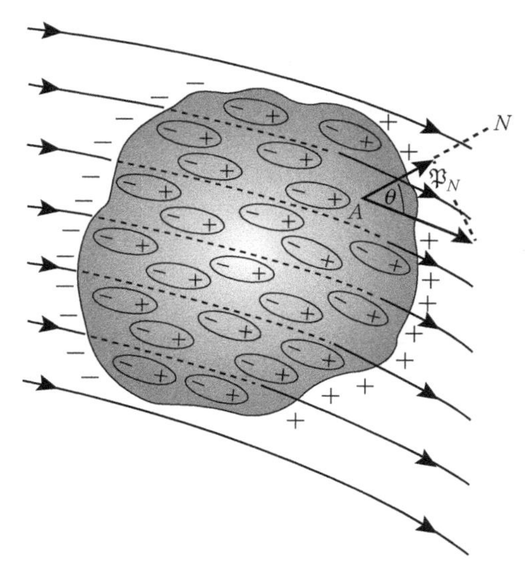

Figura 16.14 Polarização da matéria por um campo elétrico.

A *polarização* $\mathfrak{P}$[*] de um material é definida como o momento de dipolo elétrico do meio por unidade de volume. Portanto, se $\boldsymbol{p}$ é o momento de dipolo induzido em cada átomo ou molécula e n é o número de átomos ou moléculas por unidade de volume, a polarização é $\mathfrak{P} = n\boldsymbol{p}$. Em geral, $\mathfrak{P}$ é proporcional ao campo elétrico aplicado $\mathfrak{E}$. Como $\mathfrak{P}$ é medida em $(\mathrm{C \cdot m})\mathrm{m}^{-3} = \mathrm{C \cdot m}^{-2}$, ou carga por unidade de área, e pela Eq. (14.8), $\varepsilon_0\mathfrak{E}$ é também medido em $\mathrm{C \cdot m}^{-2}$, sendo costumeiramente escrita

$$\mathfrak{P} = \chi_e \varepsilon_0 \mathfrak{E} \tag{16.10}$$

A quantidade χ_e é chamada de *suscetibilidade elétrica* do material. É um número puro. Para a maior parte das substâncias, é uma quantidade positiva.

Considere agora uma placa de material de espessura l e superfície S colocada perpendicularmente a um campo uniforme $\mathfrak{E}$ (Fig. 16.15). Sendo paralela a $\mathfrak{E}$, a polarização $\mathfrak{P}$ é também perpendicular a S. O volume da placa é lS, e, portanto, seu momento de dipolo elétrico total é $\mathfrak{P}$[**]$(lS) = (\mathfrak{P}S)l$. Porém l é exatamente a separação entre as cargas positiva e negativa que aparecem sobre as duas superfícies. Como, por definição, o momento de dipolo elétrico é igual à carga vezes a distância, concluímos que a carga elétrica total que aparece sobre cada uma das superfícies é $\mathfrak{P}S$ e, portanto, que a carga por

* Lê-se "pê" gótico (vetor).
** Lê-se "pê" gótico (escalar).

unidade de área $\sigma_{\mathfrak{P}}$ sobre as faces da placa polarizada é $\mathfrak{P}$, ou $\sigma_{\mathfrak{P}} = \mathfrak{P}$. Embora esse resultado tenha sido obtido para um arranjo geométrico particular, ele é de validade geral, e

> *a carga por unidade de área sobre a superfície de um corpo polarizado é igual à componente da polarização $\mathfrak{P}$ na direção da normal à superfície do corpo.*

Assim, na Fig. 16.14, a carga por unidade de área sobre a superfície em A é $\mathfrak{P}_N = \mathfrak{P} \cos \theta$.

Alguns materiais, tais como a maioria dos metais, contêm partículas carregadas que podem se mover mais ou menos livremente através do meio. Esses materiais são chamados *condutores*. Na presença de um campo elétrico, eles são também polarizados, mas de uma maneira que, essencialmente, difere da dos dielétricos. A menos que as cargas móveis num condutor sejam devidamente removidas, elas se acumulam sobre a superfície até que o campo por elas produzido cancele completamente o campo aplicado externo no interior do condutor, produzindo, dessa forma, o equilíbrio (Fig. 16.16). Concluímos, então, que *no interior de um condutor que está em equilíbrio elétrico o campo elétrico é nulo*. Pela mesma razão, *o campo elétrico na superfície deve ser perpendicular a ela*, porque, se houver uma componente paralela, as cargas se moverão ao longo da superfície do condutor.

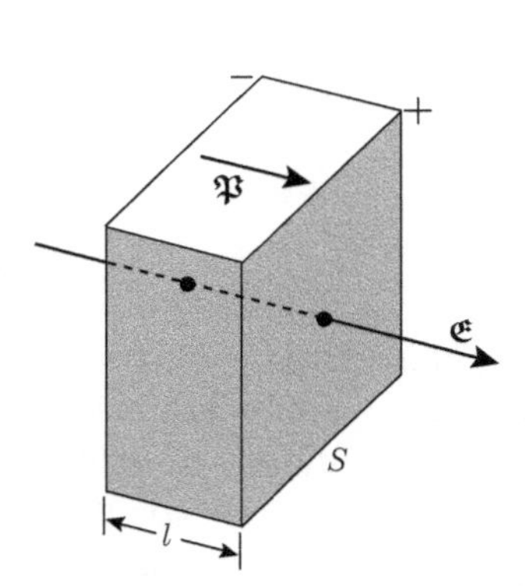

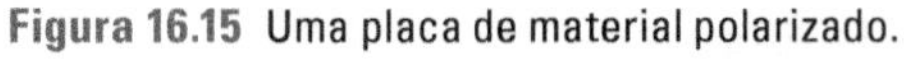

Figura 16.15 Uma placa de material polarizado.

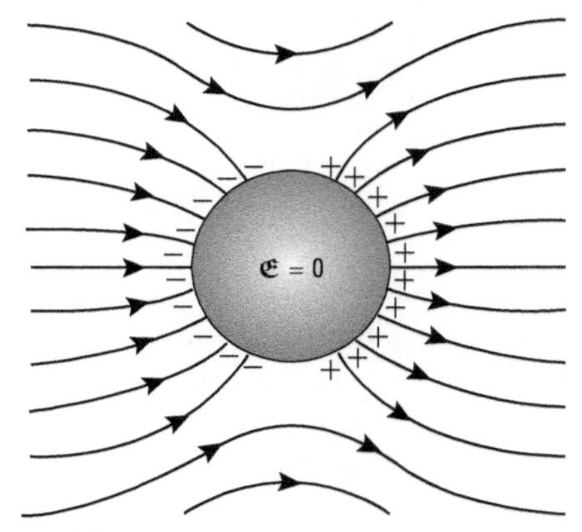

Figura 16.16 O campo elétrico no interior de um condutor é zero.

Além disso, *todos os pontos de um condutor que está em equilíbrio devem estar a um mesmo potencial*, porque o campo, no interior do condutor, é nulo. Se o campo elétrico, no interior do condutor, é nulo, temos também que div $\mathfrak{E} = 0$, e, portanto, a lei de Gauss, na forma diferencial, Eq. (16.5), dá $p = 0$ e, desse modo, a densidade de carga no volume do condutor é zero. Isso significa que *toda a carga elétrica de um condutor em equilíbrio está na sua superfície*. Com essa afirmação queremos dizer realmente que a carga resultante é distribuída sobre uma seção da superfície tendo uma espessura de diversas camadas atômicas, não uma superfície no sentido geométrico.

■ **Exemplo 16.9** Relacionar o campo elétrico na superfície de um condutor com a carga elétrica superficial.

Solução: Consideremos um condutor de forma arbitrária, como o da Fig. 16.17. Para determinar o campo elétrico num ponto muito próximo, mas externo, à superfície do condutor, construímos uma superfície cilíndrica rasa semelhante a uma pastilha, com uma das bases um pouco externa à superfície do condutor e a outra base em uma profundidade tal que toda a carga da superfície esteja no interior do cilindro e possamos dizer que o campo elétrico ali é nulo. O fluxo elétrico através dessa superfície é composto de três termos. O fluxo através da base interna é zero, porque o campo é nulo. O fluxo através do lado é zero, porque o campo é tangente a essa superfície. Portanto permanece apenas o fluxo através de sua base externa. Dado que a área da base é S, temos $\Phi_{\mathfrak{E}} = \mathfrak{E}S$. Por outro lado, se σ é a densidade de carga superficial do condutor, a carga do interior do cilindro é $q = \sigma S$. Portanto, aplicando a lei de Gauss, $\mathfrak{E}S = \sigma S/\varepsilon_0$, ou

$$\mathfrak{E} = \sigma/\varepsilon_0. \tag{16.11}$$

Essa expressão dá o campo elétrico num ponto externo, mas muito próximo à superfície de um condutor carregado, enquanto, no interior, o campo é nulo. Portanto, enquanto a superfície de um condutor carregado é atravessada, o campo elétrico varia da maneira ilustrada na Fig. 16.18.

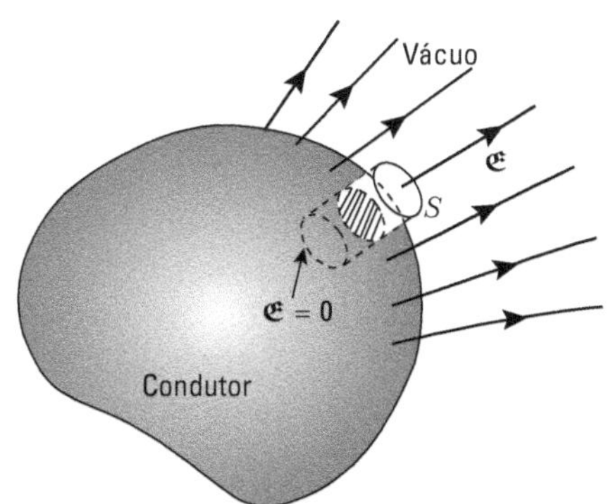

Figura 16.17 O campo elétrico na superfície de um condutor é normal à superfície.

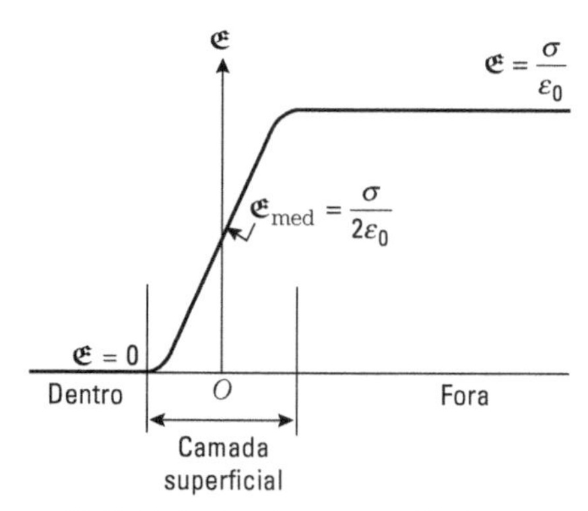

Figura 16.18 Variação do campo elétrico quando $\mathfrak{E}$ cruza a superfície de um condutor.

■ **Exemplo 16.10** Determinar a força por unidade de área sobre as cargas da superfície de um condutor.

Solução: As cargas sobre a superfície de um condutor estão sujeitas a uma força repulsiva devida às outras cargas. A força por unidade de área, ou pressão elétrica, pode ser calculada multiplicando-se o campo elétrico médio pela carga por unidade de área. O campo médio é, da Fig. 16.18, $\mathfrak{E}_{\text{med}} = \sigma/2\varepsilon_0$. Portanto a pressão elétrica é

$$F_s = \sigma\mathfrak{E}_{\text{med}} = \sigma^2/2\varepsilon_0.$$

Como ela depende de σ^2, é sempre positiva, e, portanto, corresponde a uma força que empurra as cargas para fora do condutor.

16.6 Deslocamento elétrico

Na seção anterior vimos que um dielétrico polarizado tem certas cargas sobre sua superfície (e também através de seu volume, a não ser que a polarização seja uniforme). Entretanto essas cargas de polarização são "congeladas" no sentido em que são ligadas a átomos específicos ou moléculas e não estão livres para se moverem através do dielétrico. Em outros materiais, tal como um metal ou um gás ionizado, podem existir cargas elétricas capazes de se moverem através do material, e, portanto, podemos chamá-las cargas *livres*. Em muitas ocasiões, bem como nesta seção, teremos de fazer uma clara distinção entre cargas livres e cargas de polarização.

Consideremos novamente uma chapa de um material dielétrico colocada entre duas placas paralelas condutoras (Fig. 16.19), com cargas livres iguais e opostas. A densidade de carga superficial sobre a placa da esquerda é $+\sigma_{\text{livre}}$ e sobre a placa da direita é $-\sigma_{\text{livre}}$. Essas cargas produzem um campo elétrico que polariza a chapa de modo que cargas de polarização aparecem sobre cada superfície da chapa. Essas cargas de polarização têm um sinal oposto ao daquelas sobre as placas. Portanto as cargas de polarização sobre as faces da chapa dielétrica contrabalançam parcialmente as cargas livres sobre as placas condutoras. Dado que $\mathfrak{P}$ é o módulo de polarização da chapa, a densidade de carga superficial sobre a face esquerda da chapa é $-\mathfrak{P}$, enquanto, sobre a face direita, é $+\mathfrak{P}$. A densidade efetiva (ou resultante) de carga da superfície à esquerda é $\sigma = \sigma_{\text{livre}} - \mathfrak{P}$, com um resultado igual e oposto à direita. Essas cargas superficiais resultantes produzem um campo elétrico uniforme que, conforme a Eq. (16.11), é dado por $\mathfrak{E} = \sigma/\varepsilon_0$. Dessa forma, usando o valor efetivo de σ, temos

$$\mathfrak{E} = \frac{1}{\varepsilon_0}(\sigma_{\text{livre}} - \mathfrak{P}) \quad \text{ou} \quad \sigma_{\text{livre}} = \varepsilon_0\mathfrak{E} + \mathfrak{P},$$

uma expressão que dá as cargas livres sobre a superfície de um condutor rodeado por um dielétrico, em termos do campo elétrico no dielétrico e a polarização do dielétrico. Quando, neste caso que estamos discutindo, observamos que $\mathfrak{E}$ e $\mathfrak{P}$ são vetores na mesma direção e sentido, o resultado apresentado aqui sugere a introdução de um novo campo vetorial que é chamado de *deslocamento elétrico*, e que é definido por

$$\mathfrak{D}^* = \varepsilon_0\mathfrak{E} + \mathfrak{P}. \tag{16.12}$$

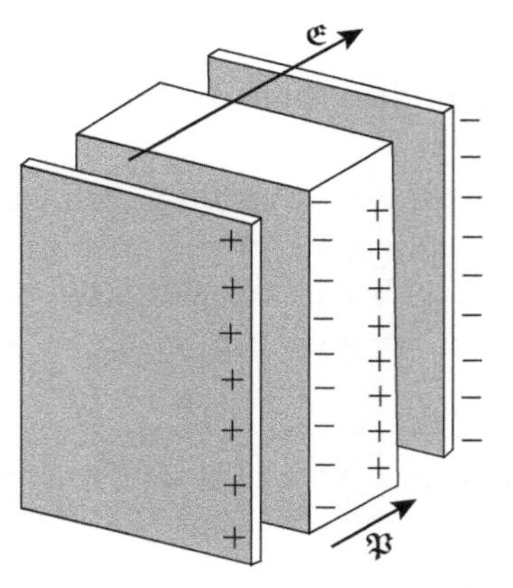

Figura 16.19 Dielétrico colocado entre placas com cargas de sinais opostos. Cargas nas placas são cargas livres e cargas na superfície do dielétrico são cargas de polarização.

Naturalmente, $\mathfrak{D}$ é expresso em $C \cdot m^{-2}$, porque essas são as unidades dos dois termos que aparecem no lado direito da Eq. (16.12). No caso especial que estamos considerando,

---

* Lê-se "dê" gótico (vetor).

encontramos que $\sigma_{\text{livre}} = \mathfrak{D}^*$, isto é, as cargas livres por unidade de área sobre a superfície do condutor são iguais ao deslocamento elétrico no dielétrico. Esse resultado é de validade geral e pode ser estendido aos condutores de qualquer formato. Assim, *a componente de $\mathfrak{D}$, na direção da normal à superfície de um condutor encaixado num dielétrico, dá a densidade de carga superficial do condutor*, isto é,

$$\sigma_{\text{livre}} = \mathfrak{D} \cdot \boldsymbol{u}_N,$$

enquanto a componente normal de $\varepsilon_0 \mathfrak{E}$ dá a carga efetiva, ou resultante, levando-se em conta a compensação devida às cargas sobre a superfície do dielétrico, ou seja, $\sigma = \varepsilon_0 \mathfrak{E} \cdot \boldsymbol{u}_N$. A carga total livre sobre um condutor é, então,

$$q_{\text{livre}} = \oint_S \sigma_{\text{livre}}\, dS = \int_S \mathfrak{D} \cdot \boldsymbol{u}_N\, dS = \Phi_{\mathfrak{D}}. \tag{16.13}$$

Uma análise mais detalhada, que omitiremos, indica que o *fluxo de $\mathfrak{D}$ através de qualquer superfície fechada é igual à carga total "livre" no interior da superfície, excluindo todas as cargas devidas à polarização do meio*. Portanto a Eq. (16.13) é de validade geral para qualquer superfície fechada.

Para casos em que a Eq. (16.10) vigora, podemos escrever

$$\mathfrak{D} = \varepsilon_0 \mathfrak{E} + \varepsilon_0 \chi_e \mathfrak{E} = (1 + \chi_e)\, \varepsilon_0 \mathfrak{E} = \varepsilon \mathfrak{E}, \tag{16.14}$$

onde o coeficiente

$$\varepsilon = \frac{\mathfrak{D}}{\mathfrak{E}} = (1 + \chi_e)\varepsilon_0 \tag{16.15}$$

é chamado a *permissividade* do meio, e é expresso nas mesmas unidades que ε_0, isto é, $\text{m}^{-3} \cdot \text{kg}^{-1} \cdot \text{s}^2 \cdot \text{C}^2$. A *permissividade relativa* é definida como

$$\varepsilon_r = \varepsilon / \varepsilon_0 = 1 + \chi_e, \tag{16.16}$$

e é um número puro, independente de qualquer sistema de unidades. A permissividade relativa é também chamada de *constante dielétrica*. Para a maioria das substâncias, é maior do que um.

Quando a relação $\mathfrak{D} = \varepsilon \mathfrak{E}$ é válida para um meio, podemos escrever a Eq. (16.13) como $q_{\text{livre}} = \oint_s \varepsilon \mathfrak{E} \cdot \boldsymbol{u}_N\, dS$ e, se o meio é homogêneo de modo que ε é constante,

$$\Phi_{\mathfrak{E}} = \oint \mathfrak{E} \cdot \boldsymbol{u}_N\, dS = q_{\text{livre}} / \varepsilon. \tag{16.17}$$

Comparando a Eq. (16.17) com a Eq. (16.3), vemos que, se considerarmos apenas as cargas livres, o efeito do dielétrico sobre o campo elétrico $\mathfrak{E}$ será substituir ε_0 por ε. Portanto o campo elétrico e o potencial produzidos por uma carga pontual imersa em um dielétrico são

$$\mathfrak{E} = \frac{q}{4\pi\varepsilon r^2}\boldsymbol{u}_r \quad \text{e} \quad V = \frac{q}{4\pi\varepsilon r}. \tag{16.18}$$

---

* Lê-se "dê" gótico (escalar).

O módulo da força da interação entre duas cargas pontuais imersas em um dielétrico é, portanto,

$$F = \frac{q_1 q_2}{4\pi\varepsilon r^2}. \tag{16.19}$$

Como ε é, em geral, maior do que ε_0, a presença do dielétrico reduz efetivamente a interação por causa da blindagem, em virtude da polarização das moléculas do dielétrico.

16.7 Cálculo da suscetibilidade elétrica

A suscetibilidade elétrica χ_e, que descreve a resposta de um meio à ação de um campo elétrico externo, está, naturalmente, relacionada com as propriedades dos átomos e moléculas do meio. Nesta seção, descreveremos resumidamente como essa quantidade, de caráter macroscópico, está relacionada com as propriedades atômicas do meio.

Explicamos anteriormente que um átomo colocado num campo elétrico torna-se polarizado em consequência de um deslocamento relativo das cargas positivas e negativas. Se $\boldsymbol{p}$ é o momento de dipolo elétrico induzido em um átomo por um campo externo $\mathfrak{E}$, podemos admitir que $\boldsymbol{p}$ é proporcional a $\mathfrak{E}$, cujo resultado foi confirmado pela experiência, e escrever

$$\boldsymbol{p} = \alpha\varepsilon_0\mathfrak{E}, \tag{16.20}$$

onde α é uma constante característica de cada átomo, chamada *polarizabilidade;* ela é expressa em m^3. Por conveniência, a constante ε_0 está escrita explicitamente na equação. Se existem n átomos ou moléculas por unidade de volume, a polarização do meio é $\mathfrak{P} = n\boldsymbol{p} = n\alpha\varepsilon_0\mathfrak{E}$. Comparando com a Eq. (16.10) para a suscetibilidade elétrica do material* temos $\chi_e = n\alpha$.

Dessa forma, o cálculo da suscetibilidade elétrica reduz-se ao cálculo da polarizabilidade dos átomos (ou moléculas) da substância. Isso equivale a determinar o efeito de um campo externo sobre o movimento dos elétrons atômicos. Mas, por outro lado, requer que tenhamos algumas informações detalhadas sobre o movimento eletrônico em um átomo. Esse movimento segue as leis da mecânica quântica, e o cálculo do efeito de perturbação do campo elétrico externo está fora do objetivo deste livro. Assim, apresentaremos apenas os resultados principais, separando o efeito para substâncias não polares daquele para substâncias polares.

(a) *Efeito de distorção.* Quando as moléculas de uma substância não têm um momento de dipolo elétrico permanente, a polarização provém inteiramente do efeito de distorção produzido pelo campo elétrico sobre as órbitas eletrônicas. Podemos descrever esse efeito como um deslocamento do centro da distribuição de carga eletrônica em relação ao núcleo. Tal efeito produz um dipolo elétrico induzido que, nos átomos, e na maioria das moléculas, é paralelo ao campo elétrico aplicado.

Cada átomo (ou molécula) tem uma série de frequências característica ω_1, ω_2, ω_3,..., que corresponde às frequências da radiação eletromagnética que a substância pode emitir

* Estritamente falando, quando escrevemos a Eq. (16.20) para um átomo ou molécula que está imerso em um meio material e não está isolado, o campo elétrico que aparece no lado direito da equação deve ser o campo elétrico resultante no meio menos o campo elétrico produzido pelo próprio átomo. Quando essa correção é incluída, a relação entre χ_e e α vem a ser $\chi_e = n\alpha/(1 - n\alpha/3)$. Entretanto, para a maioria dos materiais (principalmente gases), a relação $\chi_e = n\alpha$ é uma boa aproximação.

ou absorver. Essas frequências constituem o *espectro eletromagnético* da substância. Quando o campo elétrico é constante, a polarizabilidade atômica, denominada de *polarizabilidade estática*, é dada pela expressão

$$\alpha = \frac{e^2}{\varepsilon_0 m_e} \sum_i \frac{f_i}{\omega_i^2}, \tag{16.21}$$

onde ω_i refere-se a qualquer das frequências do espectro eletromagnético da substância e a somatória estende-se sobre todas as frequências. As quantidades designadas por f_i são chamadas de *intensidades de oscilador* da substância. Estas são todas positivas e menores do que um, e representam a proporção relativa na qual cada uma das frequências do espectro contribui para a polarizabilidade do átomo, e satisfazem a relação $\Sigma_i f_i = 1$. As outras quantidades na Eq. (16.21) têm seu significado usual.

Pode parecer-lhe estranho ver uma frequência ω_i associada a um efeito produzido por um campo estático. Entretanto sua presença pode ser justificada usando-se um modelo fenomenológico muito simples, como o indicado no Ex. 16.11.

Usando a relação $\chi_e = n\alpha$, concluímos que a suscetibilidade elétrica estática é

$$\chi_e = \frac{ne^2}{\varepsilon_0 m_e} \sum_i \frac{f_i}{\omega_i^2} = 3{,}19 \times 10^3 n \sum_i \frac{f_i}{\omega_i^2}. \tag{16.22}$$

Essa expressão relaciona uma propriedade macroscópica, χ_e, às propriedades atômicas n, ω_i, e f_i da substância. Vejamos até que ponto nossos resultados concordam com as experiências. Se a radiação do átomo cai na região visível, as frequências ω_i são da ordem de 5×10^{15} Hz, de modo que a somatória que aparece na Eq. (16.22) é da ordem de 4×10^{-32}. Igualmente, n é da ordem de 10^{28} átomos por metro cúbico para a maioria dos sólidos e líquidos e, aproximadamente, 10^{25} átomos/m^3 para gases em TPN. Portanto a Eq. (16.22) mostra que a suscetibilidade elétrica estática χ_e de materiais não polares que irradiam na região visível é da ordem de 10^0 (ou um) para sólidos e 10^{-3} para gases. Como nossas estimativas são muito grosseiras, não podemos esperar uma reprodução precisa dos resultados experimentais. Entretanto, comparando com valores experimentais da suscetibilidade elétrica para alguns materiais, que são dados na Tab. 16.1, observamos uma concordância razoável quanto à ordem de grandeza.

Tabela 16.1 Suscetibilidades elétricas em temperatura ambiente

Substância	χ_e	Substância	χ_e
Sólidos		*Gases**	
Mica	5	Hidrogênio	$5{,}0 \times 10^{-4}$
Porcelana	6	Hélio	$0{,}6 \times 10^{-4}$
Vidro	8	Nitrogênio	$5{,}5 \times 10^{-4}$
Baquelite	4,7	Oxigênio	$5{,}0 \times 10^{-4}$
Líquidos		Argônio	$5{,}2 \times 10^{-4}$
Óleo	1,1	Dióxido de carbono	$9{,}2 \times 10^{-4}$
Turpetina	1,2	Vapor d'água	$7{,}0 \times 10^{-3}$
Benzeno	1,84	Ar	$5{,}4 \times 10^{-4}$
Álcool (etílico)	24	Ar (100 atm)	$5{,}5 \times 10^{-2}$
Água	78		

*A 1 atm e 20 °C.

A discussão precedente é válida apenas para campos estáticos. Se um campo é dependente do tempo, podemos esperar um resultado diferente para a polarizabilidade atômica, nesse caso chamada *polarizabilidade dinâmica*, porque a distorção do movimento eletrônico, sob um campo elétrico dependente do tempo, será naturalmente diferente da de um campo elétrico estático. Suponhamos que o campo elétrico oscile com uma frequência definida ω. Esse campo oscilatório sobreporá uma perturbação oscilatória ao movimento natural dos elétrons comparável às oscilações forçadas discutidas na Seç. 12.13. Quando o amortecimento não é considerado, usando as técnicas da mecânica quântica, o resultado do cálculo fornece a suscetibilidade dinâmica como

$$\chi_e = \frac{ne^2}{\varepsilon_0 m_e} \sum_i \frac{f_i}{\omega_i^2 - \omega^2}, \qquad (16.23)$$

onde todas as quantidades têm o significado exposto anteriormente. Uma simples justificativa fenomenológica desse resultado é dada no Ex. 16.11. Observe que, se $\omega = 0$, o resultado dinâmico (16.23) reduz-se ao caso estático, Eq. (16.22).

Usando a Eq. (16.23), a constante dielétrica ou permissividade relativa do meio, no caso dinâmico, é

$$\varepsilon_r = 1 + \chi_e = 1 + \frac{ne^2}{\varepsilon_0 m_e} \sum_i \frac{f_i}{\omega_i^2 - \omega^2}. \qquad (16.24)$$

Se fôssemos representar graficamente ε_r contra ω, acharíamos que ε_r é infinito para ω igual a cada frequência característica ω_i, em contradição com a observação. Esse resultado, que não é físico, deve-se ao fato de havermos excluído um termo de amortecimento quando calculamos a suscetibilidade dinâmica. O amortecimento que ocorre não é devido ao movimento do elétron num fluido viscoso, mas ele tem uma origem diferente. Corresponde à energia perdida pelo elétron, como radiação, em consequência das oscilações forçadas. (Isso será explicado na Seç. 19.4.)

A variação observada de ε_r, em termos de ω, está representada na Fig. 16.20. O desenho repete-se para as frequências características ω_1, ω_2, ω_3, ... de cada substância. Essa variação tem uma enorme influência sobre o comportamento óptico e elétrico da substância.

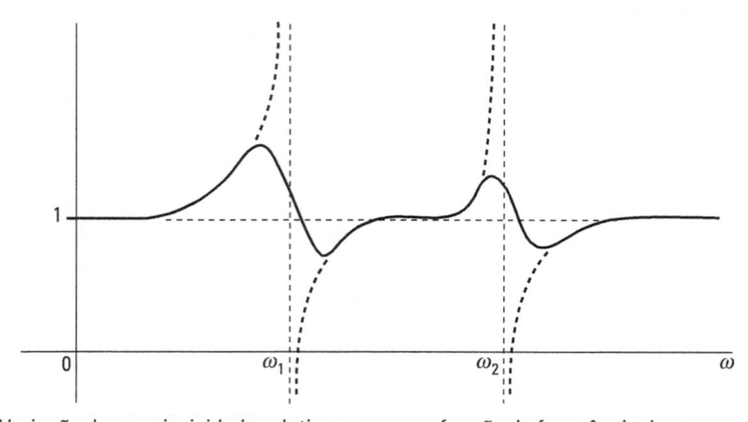

Figura 16.20 Variação da permissividade relativa como uma função da frequência do campo elétrico.

(b) *Moléculas com momento de dipolo permanente.* As polarizabilidades que obtivemos nas Eqs. (16.22) e (16.23) são "induzidas" porque advêm de uma distorção do movimento eletrônico por um campo externo. Entretanto, quando existe um dipolo elétrico permanente, outro efeito entra em ação. Consideremos um gás polar cujas moléculas têm um momento de dipolo permanente p_0. Na ausência de qualquer campo elétrico externo, esses momentos de dipolo são orientados ao acaso e não se observa qualquer momento de dipolo macroscópico ou coletivo (Fig. 16.21a). Entretanto, quando se aplica um campo elétrico estático, este tende a orientar todos os dipolos elétricos ao longo da direção do campo. O alinhamento poderia ser perfeito na ausência de todas as interações moleculares (Fig. 16.21b), porém as colisões moleculares tendem a desordenar os dipolos elétricos. O desarranjo não é completo porque o campo elétrico aplicado favorece a orientação ao longo do campo em relação à orientação contrária (Fig. 16.21c). Consequentemente, o valor médio da componente do momento de dipolo elétrico de uma molécula paralela ao campo elétrico é dado por

$$p_{\text{med}} = \frac{p_0^2}{3kT}\mathfrak{E}, \qquad (16.25)$$

onde k é a constante de Boltzmann, definida na Eq. (9.60), e T é a temperatura absoluta do gás. Observe que p_{med} decresce quando a temperatura aumenta. Essa dependência da temperatura ocorre porque a agitação molecular aumenta com um aumento da temperatura; quanto mais rapidamente as moléculas se movem, mais efetivas elas se tornam na compensação do efeito de alinhamento do campo elétrico aplicado. Isso produz um decréscimo na média do momento de dipolo ao longo da direção do campo.

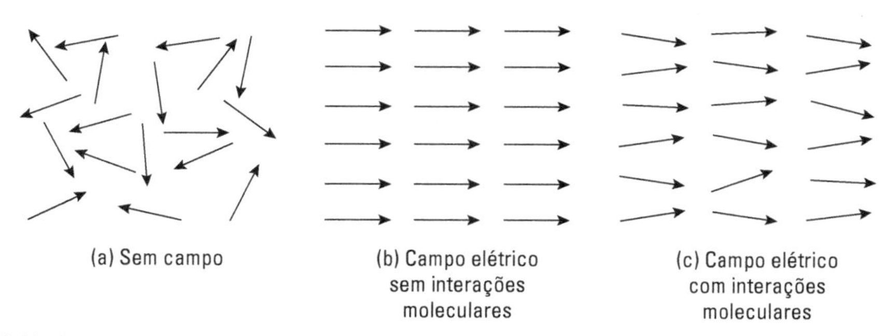

Figura 16.21 Orientação de dipolos elétricos em um campo elétrico.

Comparando a Eq. (16.25) com a Eq. (16.20), obtemos a média ou a polarizabilidade efetiva de uma molécula como $\alpha = p_0^2/3\varepsilon_0 kT$ e, se existem n moléculas por unidade de volume, a suscetibilidade efetiva $\chi_e = n\alpha$ é

$$\chi_e = \frac{np_0^2}{3\varepsilon_0 kT}, \qquad (16.26)$$

cujo resultado é conhecido como a *fórmula de Langevin.* Os momentos de dipolo elétrico moleculares são da ordem de grandeza da carga eletrônica ($1{,}6 \times 10^{-19}$ C) multiplicada pelas dimensões moleculares (10^{-10} m) ou aproximadamente 10^{-30} C · m (lembre-se da Tab. 14.1). Introduzindo os valores das outras constantes na Eq. (16.26), temos que, na temperatura ambiente (T = 298 K), a suscetibilidade de uma substância composta de moléculas polares é novamente da ordem de 10^0 (ou um) para sólidos e 10^{-3} para gases, concordando com os valores para a maioria dos gases polares.

Podemos observar que a suscetibilidade elétrica que se deve à orientação de moléculas com momentos de dipolo permanente é inversamente proporcional à temperatura absoluta, enquanto que a suscetibilidade elétrica induzida resultante da distorção do movimento eletrônico nos átomos ou moléculas, Eq. (16.22), é essencialmente independente da temperatura, exceto para a variação de n com a temperatura, em virtude da expansão térmica. Esse fato oferece-nos meios para separar experimentalmente os dois efeitos. Medindo-se χ_e em diferentes temperaturas, encontraremos uma dependência de temperatura da forma

$$\chi_e = A + \frac{B}{T}.$$

Obtemos um resultado mais complexo quando o campo elétrico é dependente do tempo.

Um tipo diferente de substâncias, chamadas *ferroelétricas*, apresenta uma polarização permanente na ausência de um campo elétrico externo, o que indica uma tendência natural para os dipolos permanentes de suas moléculas alinharem-se. O alinhamento provavelmente se origina da interação mútua das moléculas, o que produz campos locais fortes favorecendo o alinhamento. Dentre essas substâncias, podemos mencionar $BaTiO_3$, $KNbO_3$ e $LiTaO_3$. Um dos mais antigos ferroelétricos conhecidos é o sal de Rochelle: $NaK(C_4H_4O_6) \cdot 4H_2O$.

■ **Exemplo 16.11** Discutir a polarização de um átomo em consequência de um campo elétrico externo.

Solução: Neste exemplo, tentaremos determinar o efeito que um campo elétrico externo produz sobre o movimento eletrônico dos átomos, usando um modelo fenomenológico e muito simplificado.

Suponha que, quando o centro do movimento eletrônico é deslocado a uma distância x em relação ao núcleo, uma força média $-kx$ atue sobre o elétron, tendendo a restaurá-lo para a configuração normal. O equilíbrio requer que essa força contrabalance a força $-e\mathfrak{E}$ devida ao campo elétrico aplicado. Portanto $-kx - e\mathfrak{E} = 0$, ou $x = -e\mathfrak{E}/k$. O sinal negativo indica que a órbita do elétron se desloca na direção oposta à do campo elétrico. O momento de dipolo elétrico induzido no átomo pela perturbação do movimento eletrônico é $p = -ex = (e^2/k)\mathfrak{E}$, e, em consequência, está na mesma direção que o campo elétrico. Podemos expressar essa relação de maneira um pouco diferente, associando uma frequência ω_0 à constante k, tal como foi dado pela Eq. (12.6), isto é, $k = m_e\omega_0^2$. Então, na forma vetorial,

$$\boldsymbol{p} = \frac{e^2}{m_e\omega_0^2}\boldsymbol{\mathfrak{E}}.$$

Comparando esse resultado com a definição dada na Eq. (16.20), temos que a polarizabilidade atômica para esse modelo simples é

$$\alpha = \frac{e^2}{\varepsilon_0 m_e \omega_0^2}.$$

Usando a relação $\chi_e = n\alpha$, concluímos que a polarizabilidade elétrica estática é

$$\chi_e = \frac{ne^2}{\varepsilon_0 m_e \omega_0^2} = \left(3{,}19 \times 10^3\right)\frac{n}{\omega_0^2}. \tag{16.27}$$

Se nosso modelo deve ter significado físico, devemos identificar a frequência ω_0 com alguma propriedade atômica. Se o campo $\mathfrak{E}$ for removido, podemos dizer, usando as ideias desenvolvidas no Cap. 12, que a força restauradora $-kx$ sobrepõe, sobre o movimento natural do elétron, uma oscilação de frequência ω_0. Posteriormente, no Cap. 19, provaremos que uma carga em oscilação irradia energia. Dessa forma, podemos identificar ω_0 com a frequência da radiação emitida pelo átomo. Por essa razão, se o espectro da substância contiver apenas uma frequência ω_0, nosso modelo coincidirá basicamente com a Eq. (16.21).

Consideremos agora o caso dependente do tempo no qual o campo elétrico aplicado varia com o tempo de acordo com $\mathfrak{E} = \mathfrak{E}_0 \cos \omega t$. Portanto é razoável admitir que há uma perturbação oscilatória sobreposta ao movimento natural do elétron, resultando em uma equação de movimento dada por

$$m_e \frac{d^2x}{dt^2} = -kx - e\mathfrak{E}_0 \cos \omega t, \tag{16.28}$$

onde o último termo é a força produzida pelo campo em oscilação. Pondo $k = m_e\omega_0^2$, podemos escrever a Eq. (16.28) na forma

$$\frac{d^2x}{dt^2} + \omega_0^2 x = -\frac{e\mathfrak{E}_0}{m_e} \cos \omega t. \tag{16.29}$$

Essa equação é análoga à Eq. (12.56) para as oscilações forçadas de um oscilador amortecido. Entretanto a diferença principal é a de que na Eq. (16.29) não há termo de amortecimento. Podemos admitir uma solução da forma $x = A \cos \omega t$ que, quando substituída na Eq. (16.29) dá $A = -e\mathfrak{E}_0/(\omega_0^2 - \omega^2)$. Portanto

$$x = -\frac{e}{m_e\left(\omega_0^2 - \omega^2\right)}\mathfrak{E}_0 \cos \omega t = -\frac{e}{m_e\left(\omega_0^2 - \omega^2\right)}\mathfrak{E}$$

porque $\mathfrak{E} = \mathfrak{E}_0 \cos \omega t$. O dipolo elétrico induzido é

$$p = -ex = \frac{e^2}{m_e\left(\omega_0^2 - \omega^2\right)}\mathfrak{E},$$

do qual obtemos a polarizabilidade dinâmica do átomo como

$$\alpha = \frac{e^2}{\varepsilon_0 m_e\left(\omega_0^2 - \omega^2\right)}. \tag{16.30}$$

Para obter a suscetibilidade dinâmica, usamos novamente a relação $\chi_e = n\alpha$ e descobrimos que

$$\chi_{e(\text{dinâmico})} = \frac{ne^2}{\varepsilon_0 m_e\left(\omega_0^2 - \omega^2\right)}, \tag{16.31}$$

que é essencialmente idêntica à Eq. (16.23) se há apenas uma frequência ω_0 no espectro eletromagnético da substância. Uma vez mais podemos observar que nosso modelo fenomenológico imperfeito não pode dar resultados precisos. Uma das razões baseia-se no fato de que, como no caso estático, estamos admitindo uma frequência natural isolada ω_0. Outra razão é que estamos ignorando o fato de o movimento dos elétrons seguir, antes, as leis da mecânica quântica do que as da mecânica newtoniana.

16.8 Capacidade elétrica; capacitores

Provamos (Seç. 14.8) que o potencial elétrico na superfície de uma esfera de raio R com uma carga Q é $V = Q/4\pi\varepsilon_0 R$. Se a esfera é rodeada por um dielétrico, temos de substituir ε_0 por ε,

$$V = \frac{Q}{4\pi\varepsilon R}.$$

A relação Q/V para a esfera é então $4\pi\varepsilon R$, que é quantidade constante, independente da carga Q. Esse fato é compreensível porque, se o potencial é proporcional à carga que o produz, a relação dos dois deve ser uma constante. Essa última afirmação é válida para todos os condutores carregados, de qualquer forma geométrica. Consequentemente, a *capacidade* elétrica de um condutor isolado é definida como a relação de sua carga para seu potencial,

$$C = \frac{Q}{V}. \tag{16.32}$$

A capacidade de um condutor esférico, conforme já indicamos, é

$$C = \frac{Q}{V} = 4\pi\varepsilon R.$$

Se a esfera está cercada pelo vácuo em vez de um dielétrico, temos, para sua capacidade, $C = 4\pi\varepsilon_0 R$. Portanto, envolvendo uma esfera e, em geral, qualquer condutor, por um dielétrico, estes têm a sua capacidade elétrica aumentada pelo fator $\varepsilon/\varepsilon_0$. Isso é devido ao efeito de blindagem das cargas opostas que foram induzidas sobre a superfície do dielétrico adjacente ao condutor. Essas cargas reduzem a carga efetiva do condutor e diminuem o potencial do condutor pelo mesmo fator.

A capacidade de um condutor é expressa em $C \cdot V^{-1}$, uma unidade chamada *farad* (abreviada F) em homenagem a Michael Faraday. O farad é definido como a capacidade de um condutor isolado cujo potencial elétrico, depois de receber uma carga de um coulomb, é um volt. Nos termos das unidades fundamentais, temos que $F = C \cdot V^{-1} = m^{-2} \cdot kg^{-1} \cdot s^2 \cdot C^2$.

O conceito de capacidade elétrica pode ser estendido para um sistema de condutores. Consideremos o caso de dois condutores tendo cargas Q e $-Q$ (Fig. 16.22). Se V_1 e V_2 são seus respectivos potenciais, de modo que $V = V_1 - V_2$ é sua *diferença* de potencial, a capacidade do sistema é definida como

$$C = \frac{Q}{V_1 - V_2} = \frac{Q}{V}. \tag{16.33}$$

Esse arranjo constitui o que é chamado de um *capacitor*. Os capacitores têm larga aplicação em circuitos elétricos. Um capacitor típico é formado por dois condutores planos paralelos separados por uma distância d, com o espaço entre eles ocupado por um dielétrico (Fig. 16.23). O campo elétrico no espaço entre os condutores é uniforme, e conforme a Eq. (14.31) é dado por $\mathfrak{E} = (V_1 - V_2)/d$. Mas, se a é a densidade de carga superficial, a intensidade do campo elétrico no espaço entre as placas, de acordo com o Ex. 16.2, é $\mathfrak{E} = \sigma/\varepsilon$, onde ε_0 foi substituído por ε, em razão da presença de um dielétrico. Portanto

$$\boldsymbol{V_1 - V_2 = \mathfrak{E}d = \sigma d/\varepsilon}.$$

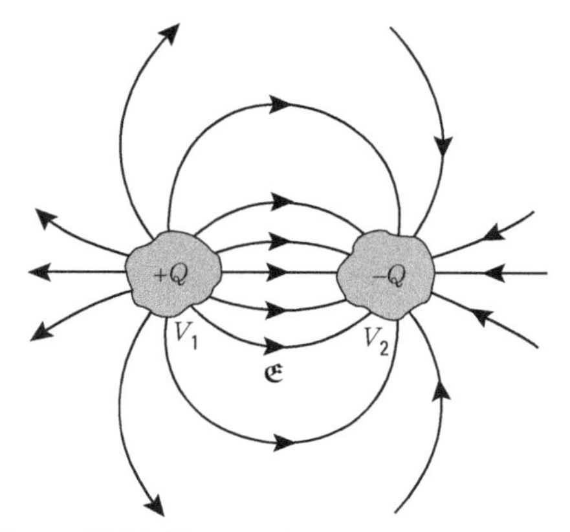

Figura 16.22 Sistema de dois condutores com cargas iguais, mas opostas.

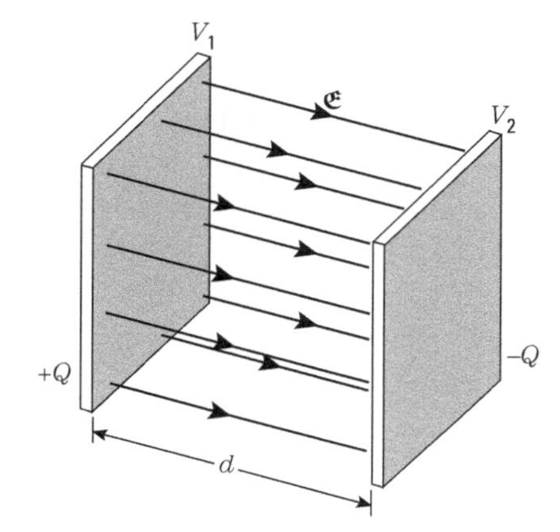

Figura 16.23 Capacitor de placas paralelas.

Por outro lado, se S é a área das placas de metal, devemos ter $Q = \sigma S$. Portanto, efetuando as substituições na Eq. (16.33), obtemos a capacidade do sistema como

$$C = \varepsilon S/d. \tag{16.34}$$

Isso sugere uma forma prática para a medida da permissividade ou da constante dielétrica de um material. Primeiro medimos a capacidade de um capacitor *sem* material entre as placas e obtemos

$$C_0 = \varepsilon_0 S/d.$$

Em seguida preenchemos o espaço entre as placas com o material a ser investigado, e medimos a nova capacidade, dada pela Eq. (16.34). Desse modo temos

$$\frac{C}{C_0} = \frac{\varepsilon}{\varepsilon_0} = \varepsilon_r.$$

Portanto a relação das duas capacidades dá a permissividade relativa ou constante dielétrica do material colocado entre as placas.

■ **Exemplo 16.12** Discutir a associação de capacitores.

Solução: Os capacitores podem ser associados em duas espécies de arranjo: série e paralelo. Na associação em série (veja a Fig. 16.24a), a placa negativa de um capacitor está ligada à positiva da seguinte, e assim por diante. Consequentemente, todos os capacitores levam a mesma carga, positiva ou negativa, sobre suas placas. Designe por V_1, V_2,..., V_n as diferenças de potencial em cada capacitor. Se C_1, C_2, ..., C_n são suas respectivas capacidades, temos que $V_1 = Q/C_1$, $V_2 = Q/C_2$, ..., $V_n = Q/C_n$. Portanto a diferença de potencial total é

$$V = V_1 + V_2 + \ldots + V_n = \left(\frac{1}{C_1} + \frac{1}{C_2} + \ldots + \frac{1}{C_n}\right)Q.$$

O sistema pode ser relacionado a um simples capacitor cuja capacidade C satisfaz a relação $Q = CV$. Portanto

$$\frac{1}{C} = \frac{1}{C_1} + \frac{1}{C_2} + \ldots + \frac{1}{C_n}, \tag{16.35}$$

que dá a capacidade resultante para um arranjo em série de capacitores.

Na associação em paralelo (Fig. 16.24 b), todas as placas positivas são ligadas a um ponto comum, e as placas negativas são igualmente ligadas a outro ponto comum, de modo que a diferença de potencial V é a mesma para todos os capacitores. Desse modo, se suas cargas são Q_1, Q_2, ..., Q_n, devemos ter $Q_1 = C_1 V$, $Q_2 = C_2 V$, ···, $Q_n = C_n V$. A carga total sobre o sistema é

$$Q = Q_1 + Q_2 + \cdots + Q_n = (C_1 + C_2 + \cdots + C_n)\, V.$$

O sistema pode ser relacionado a um simples capacitor cuja capacidade C satisfaça a relação $Q = CV$. Portanto

$$C = C_1 + C_2 + \cdots + C_n \tag{16.36}$$

dá a capacidade C resultante para um arranjo em paralelo de capacitores.

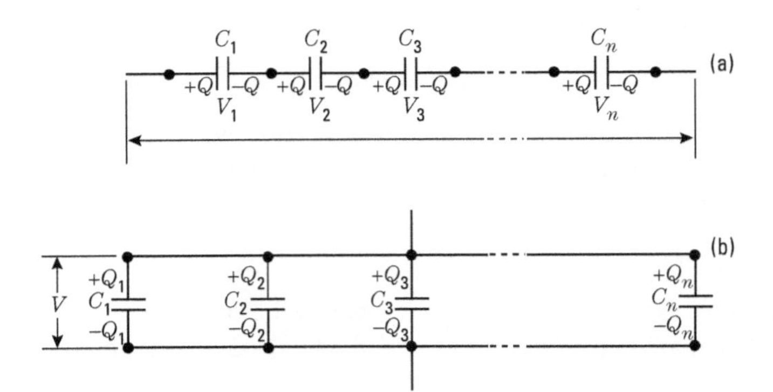

Figura 16.24 Associação de capacitores em série e em paralelo.

16.9 Energia do campo elétrico

Para carregar um condutor necessitamos expender energia porque, para trazer mais carga a ele, realizamos um trabalho para superar a repulsão da carga já presente. Esse trabalho produz um acréscimo na energia do condutor. Por exemplo, considere um condutor de capacidade C com uma carga q. Seu potencial é $V = q/C$. Se adicionamos uma carga dq ao condutor, trazendo-a do infinito, o trabalho efetuado, de acordo com a Eq. (14.37) é $dW = Vdq$. Esse trabalho é igual ao acréscimo $dE_{\mathfrak{E}}$ na energia do condutor. Portanto, usando o valor de V, temos que

$$dE_{\mathfrak{E}} = \frac{q\,dq}{C}.$$

O acréscimo total na energia do condutor, quando sua carga é aumentada de zero até o valor Q (que é igual ao trabalho efetuado durante o processo), é

$$E_{\mathfrak{E}} = \frac{1}{C}\int_0^Q q\,dq = \frac{Q^2}{2C}. \tag{16.37}$$

Para o caso de um condutor esférico, $C = 4\pi\varepsilon R$, e a energia é

$$E_{\mathfrak{E}} = \frac{1}{2}\left(\frac{Q^2}{4\pi\varepsilon R}\right). \tag{16.38}$$

Essa expressão pode ser relacionada ao campo elétrico produzido pela esfera de uma maneira muito interessante. O campo elétrico criado pelo condutor esférico a uma distância r, maior do que o seu raio, é

$$\mathfrak{E} = \frac{Q}{4\pi\varepsilon r^2}.$$

Calculemos a integral de $\mathfrak{E}^2$ sobre todo o volume exterior à esfera. Para obter o elemento de volume para a integração, dividimos o espaço exterior em camadas esféricas, finas, de raio r e espessura dr (Fig. 16.25). A área de cada camada é $4\pi r^2$, e, portanto, seu volume é dv = área × espessura = $4\pi r^2\,dr$. Temos então

$$\int_R^\infty \mathfrak{E}^2 dv = \int_R^\infty \left(\frac{Q}{4\pi\varepsilon r^2}\right)^2 \left(4\pi r^2 dr\right) = \frac{Q^2}{4\pi\varepsilon^2}\int_R^\infty \frac{dr}{r^2} = \frac{Q^2}{4\pi\varepsilon^2 R}.$$

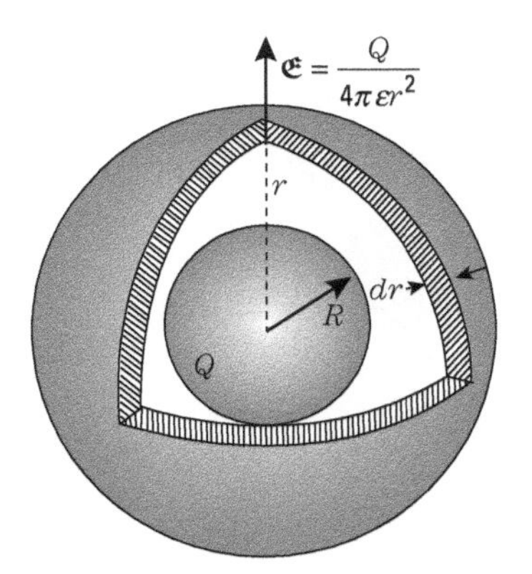

Figura 16.25

Comparando esse resultado com a Eq. (16.38), podemos escrever a energia de um condutor esférico carregado como

$$E_{\mathfrak{E}} = \tfrac{1}{2}\varepsilon\int_R^\infty \mathfrak{E}^2 dv.$$

Um cálculo matemático mais geral indica que esse resultado é de validade geral, e a energia necessária para agregar um sistema de cargas pode, dessa forma, ser expressa como

$$E_{\mathfrak{E}} = \tfrac{1}{2}\varepsilon\int_{\text{Espaço todo}} \mathfrak{E}^2 dv. \tag{16.39}$$

Pode-se dar uma importante interpretação física a essa expressão. Podemos dizer que a energia gasta na agregação de cargas foi *armazenada* no espaço circundante, de modo que, ao volume dv, corresponde uma energia $\frac{1}{2}\varepsilon\mathfrak{E}^2 dv$. Consequentemente, a energia por unidade de volume, ou densidade de energia $E_{\mathfrak{E}}$, "armazenada" no campo elétrico, é

$$E_{\mathfrak{E}} = \tfrac{1}{2}\varepsilon\mathfrak{E}^2. \qquad (16.40)$$

Essa interpretação da energia de um sistema de partículas carregadas distribuídas em todo espaço onde o campo elétrico está presente é muito útil na discussão de muitos processos.

■ **Exemplo 16.13** Calcular a energia necessária para formar uma carga uniformemente distribuída por todo o volume de uma esfera (Fig. 16.26).

Solução: Chamaremos de R o raio da esfera e de Q a carga que é uniformemente distribuída por todo o seu volume (Fig. 16.26). Dividamos o volume da esfera em uma série de camadas esféricas finas, de raio crescente a partir de zero até o raio R da esfera. Podemos imaginar que a distribuição de carga esférica foi construída em uma forma semelhante à da cebola, acrescentando-se camadas esféricas sucessivas até alcançar o raio final. Para calcular a energia da carga esférica, devemos então somar a energia dispendida na adição de cada uma das camadas.

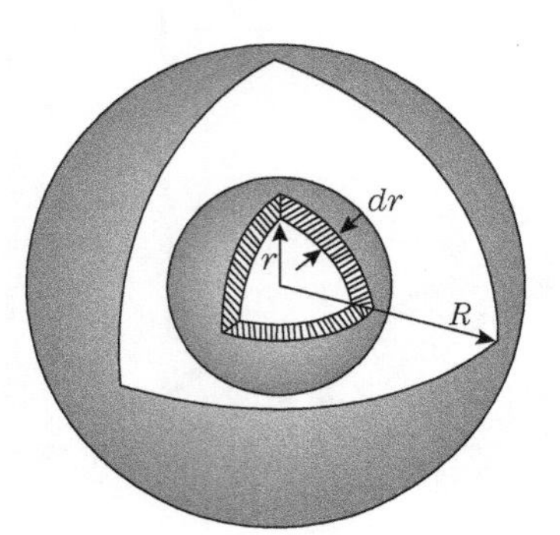

Figura 16.26

A densidade de carga em toda a esfera é

$$\rho = \frac{Q}{4\pi R^3/3}.$$

Quando o raio da esfera é r, a carga q nela contida é

$$q = \rho\left(\tfrac{4}{3}\pi r^3\right) = \frac{Qr^3}{R^3} \qquad (16.41)$$

e o potencial elétrico na superfície é

$$V = \frac{q}{4\pi\varepsilon_0 r} = \frac{Qr^2}{4\pi\varepsilon_0 R^3}.$$

Para aumentar o raio de um valor dr acrescentando-se uma nova camada, devemos adicionar uma carga dq obtida diferenciando-se a Eq. (16.41), dando

$$dq = \frac{3Qr^2}{R^3} dr.$$

A energia necessária para adicionar essa carga à esfera é

$$dE_{\mathfrak{E}} = V\, dq = \frac{3Q^2 r^4}{4\pi\varepsilon_0 R^6} dr.$$

A energia total necessária para formar a carga no seu valor final é, portanto,

$$E_{\mathfrak{E}} = \int_0^Q V\, dq = \int_0^R \frac{3Q^2 r^4}{4\pi\varepsilon_0 R^6} dr = \frac{3Q^2}{4\pi\varepsilon_0 R^6} \int_0^R r^4\, dr.$$

Integrando, conseguimos

$$E_{\mathfrak{E}} = \frac{3}{5}\left(\frac{Q^2}{4\pi\varepsilon_0 R}\right), \tag{16.42}$$

um resultado que difere da Eq. (16.37). A razão é que, quando deduzimos a Eq. (16.37), admitimos uma esfera de raio constante sobre a qual a carga foi acrescentada, enquanto, para a Eq. (16.42), admitimos uma esfera carregada em todo seu volume acrescentando-se camadas sucessivas até completar o tamanho final. Deixaremos para você a tarefa de verificar que, nesse caso, a relação (16.39) ainda é válida, mas deve incluir a energia associada com o campo elétrico no *interior* da esfera.

Uma aplicação interessante da Eq. (16.42) é calcular a energia elétrica ou a energia coulombiana de um núcleo cuja carga é $Q = Ze$. Temos então

$$E_{\mathfrak{E}} = \frac{3}{5}\frac{Z^2 e^2}{4\pi\varepsilon_0 R}. \tag{16.43}$$

Entretanto, no caso de um núcleo composto de prótons e nêutrons, não há uma distribuição uniforme da carga em todo o volume da esfera. A carga está concentrada sobre os prótons, e uma análise mais cuidadosa dá um resultado um pouco diferente, no qual Z^2 é substituído por $Z(Z - 1)$.

■ **Exemplo 16.14** Avaliar o "raio" do elétron.

Solução: Sabemos muito pouco sobre a forma geométrica de um elétron. Podemos afirmar com certeza que um elétron é uma partícula carregada negativamente de carga $-e$. Estamos interessados na avaliação do tamanho da região onde aquela carga está concentrada. Para simplificar o nosso cálculo, consideremos o elétron como sendo uma esfera de raio $\boldsymbol{R}$. Podemos calcular sua energia elétrica, usando os métodos apresentados aqui, após levantar algumas hipóteses sobre como a carga está distribuída no volume do elétron. Supondo, por exemplo, que se assemelhe a uma esfera sólida de raio $\boldsymbol{R}$ e carga $-e$, sua energia será

$$E_{\mathfrak{E}} = \frac{3}{5}\frac{e^2}{4\pi\varepsilon_0 R}.$$

Podemos relacionar essa energia com a energia da massa em repouso $m_e c^2$ do elétron, obtendo

$$m_e c^2 = \frac{3}{5}\frac{e^2}{4\pi\varepsilon_0 R} \quad \text{ou} \quad R = \frac{3}{5}\left(\frac{1}{4\pi\varepsilon_0}\right)\frac{e^2}{m_e c^2}. \tag{16.44}$$

Essa expressão dá o raio do elétron com o modelo que escolhemos. Se supusermos que o elétron esteja carregado apenas em sua superfície em vez de ser uma esfera carregada uniformemente, devemos usar a Eq. (16.37) para a energia. Substituindo-se o fator 3/5 pelo fator 1/2, a expressão que obtemos para o raio é semelhante à Eq. (16.44). Como provavelmente o elétron não corresponde a nenhum desses modelos, costuma-se adotar para a *definição* do raio do elétron a quantidade

$$r_e = \frac{1}{4\pi\varepsilon_0}\frac{e^2}{m_e c^2} = 2{,}8178 \times 10^{-15} \text{ m}. \tag{16.45}$$

Repetimos que esse raio não pode ser considerado num sentido estritamente geométrico, mas essencialmente como uma avaliação do tamanho da região onde o elétron está "concentrado".

16.10 Condutividade elétrica; lei de Ohm

Nas últimas três seções, discutimos certos aspectos do comportamento de uma substância sob um campo elétrico aplicado. Esse comportamento foi representado pela suscetibilidade elétrica do material. Existe outra propriedade importante relacionada a um campo elétrico externo. Essa propriedade é chamada *condutividade elétrica*, que discutiremos nesta seção, em conexão com a condução elétrica em um metal.

Quando um campo elétrico é aplicado a um dielétrico, produz uma polarização deste. Mas, se o campo for aplicado em uma região onde existem cargas livres, as cargas serão postas em movimento e produzirão uma corrente elétrica em vez de uma polarização do meio. As cargas são aceleradas pelo campo e consequentemente ganham energia. (Essa situação foi considerada na Seç. 14.9.)

Quando cargas livres estão presentes no interior de um corpo, como os elétrons num metal, seus movimentos são retardados pela interação com os íons positivos que formam a rede cristalina do metal. Consideremos, por exemplo, um metal com os íons positivos arranjados regularmente em três dimensões, como na Fig. 16.27. Os elétrons livres movem-se num campo elétrico que apresenta a mesma periodicidade que a rede, e, durante os seus movimentos, são espalhados muito frequentemente pelo campo. Para descrever esse tipo de movimento eletrônico, devemos utilizar os métodos da mecânica quântica. Em virtude do fato de os elétrons estarem se movendo em todas as direções, eles não conduzem nenhuma carga resultante nem produzem corrente elétrica. Entretanto, se um campo elétrico externo for aplicado, um movimento dirigido sobrepõe-se ao movimento ao acaso, natural dos elétrons, e resulta uma corrente elétrica. Parece natural admitir-se que a intensidade da corrente deva ser relacionada à intensidade do campo elétrico, e que a relação deva ser uma consequência direta da estrutura interna do metal.

Para esclarecer essa relação, voltemos, primeiro, aos resultados experimentais. Uma das leis da física que talvez lhe seja mais familiar é a *lei de Ohm*, que afirma que, *para um condutor metálico em temperatura ambiente, a razão da diferença de potencial V entre dois pontos para a corrente elétrica I é constante.* Essa constante é denominada de resistência elétrica R do condutor entre os dois pontos. Assim, podemos expressar a lei de Ohm por

$$V/I = R \qquad \text{ou} \qquad V = RI. \tag{16.46}$$

Essa lei, formulada pelo físico alemão Georg Ohm (1787-1854), é obedecida com surpreendente precisão por muitos condutores num grande intervalo de valores de V, I, e temperaturas do condutor. Entretanto muitas substâncias, em particular os semicondutores, não obedecem à lei de Ohm.

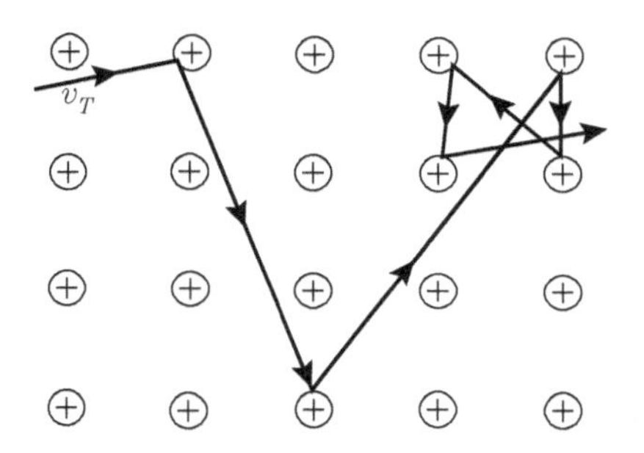

Figura 16.27 Movimento de elétrons através da rede cristalina de um metal. Na figura, v_T é a velocidade térmica dos elétrons.

Pela Eq. (16.46), vemos que R é expresso em volts/ampère ou $m^2 \cdot kg \cdot s^{-1} \cdot C^{-2}$, uma unidade que é chamada um *ohm*, abreviadamente, Ω. Portanto um ohm é a resistência de um condutor através do qual passa uma corrente de um ampère quando uma diferença de potencial de um volt é mantida entre suas extremidades.

Consideremos agora um condutor cilíndrico de comprimento l e seção reta S (Fig. 16.28). A corrente pode ser expressa como $I = jS$, onde j é densidade de corrente. O campo elétrico ao longo do condutor é $\mathfrak{E} = V/l$. (Lembre-se da Eq. 14.30.) Portanto podemos escrever a Eq. (16.46) na forma $\mathfrak{E}l = RjS$, ou

$$j = \left(\frac{l}{RS}\right)\mathfrak{E} = \sigma\mathfrak{E}, \tag{16.47}$$

onde $\sigma = l/RS$ é uma constante nova chamada de *condutividade elétrica* do material. É expressa em $\Omega^{-1} \cdot m^{-1}$ ou $m^{-3} \cdot kg^{-1} \cdot s \cdot C^2$. A relação entre σ e R é escrita mais frequentemente na forma

$$R = l/\sigma S. \tag{16.48}$$

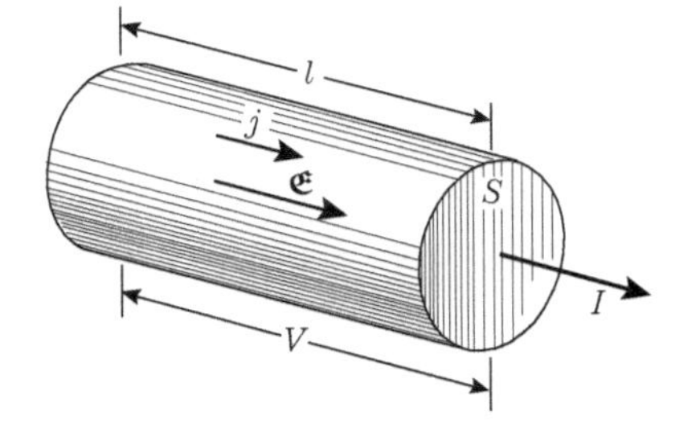

Figura 16.28

A Tab. 16.2 apresenta a condutividade elétrica de diversos materiais.

Tabela 16.2 Condutividades elétricas em temperatura ambiente

Substância	σ, $\Omega^{-1} \cdot m^{-1}$	Substância	σ, $\Omega^{-1} \cdot m^{-1}$
Metais		*Semicondutores*	
Cobre	$5{,}81 \times 10^7$	Carbono	$2{,}8 \times 10^4$
Prata	$6{,}14 \times 10^7$	Germânio	$2{,}2 \times 10^{-2}$
Alumínio	$3{,}54 \times 10^7$	Silicone	$1{,}6 \times 10^{-5}$
Ferro	$1{,}53 \times 10^7$	*Isolantes*	
Tungstênio	$1{,}82 \times 10^7$	Vidro	10^{-10} a 10^{-14}
Ligas		Lucite	$< 10^{-13}$
Manganina	$2{,}27 \times 10^6$	Mica	10^{-11} a 10^{-15}
Constantana	$2{,}04 \times 10^6$	Quartzo	$1{,}33 \times 10^{-18}$
Níquel-cromo	$1{,}0 \times 10^6$	Teflon	$< 10^{-13}$
		Parafina	$3{,}37 \times 10^{-17}$

A Eq. (16.47) expressa uma relação entre os módulos dos vetores $\boldsymbol{j}$ e $\boldsymbol{\mathfrak{E}}$. Supondo que tenham a mesma direção e sentido, como acontece na maioria das substâncias, podemos substituir a Eq. (16.47) pela equação vetorial

$$\boldsymbol{j} = \sigma\boldsymbol{\mathfrak{E}}, \tag{16.49}$$

que é simplesmente uma outra forma de escrever-se a lei de Ohm. Lembrando que, da Eq. (15.12), com $q = -e$, $\boldsymbol{j} = -en\boldsymbol{v}_{\mathfrak{E}}$, onde n é o número de elétrons por unidade de volume e $\boldsymbol{v}_{\mathfrak{E}}$ é a velocidade de deriva dos elétrons, em decorrência do campo elétrico $\boldsymbol{\mathfrak{E}}$ aplicado, temos que

$$\boldsymbol{v}_{\mathfrak{E}} = -\frac{\sigma}{en}\boldsymbol{\mathfrak{E}}. \tag{16.50}$$

Essa equação mostra que os elétrons de condução no metal alcançam uma velocidade de deriva *constante*, em consequência do campo elétrico externo aplicado. Aqui, chegamos a uma conclusão bem diferente daquela alcançada em nossa discussão sobre o movimento de um íon ao longo do tubo evacuado de um acelerador (Seç. 14.9). Encontramos lá que a aceleração é $\boldsymbol{a} = -(e/m)\boldsymbol{\mathfrak{E}}$ e, como consequência, uma velocidade $\boldsymbol{v} = -(e/m)\boldsymbol{\mathfrak{E}}t$, que aumenta continuamente com o tempo.

Entretanto, não é a primeira vez que encontramos uma situação como esta. Sabemos que um corpo em queda livre, no vácuo, tem uma velocidade $\boldsymbol{v} = \boldsymbol{g}t$ que aumenta continuamente com o tempo. Mas, se o corpo cai através de um fluido viscoso, seu movimento torna-se uniforme com uma velocidade limite constante, conforme discutimos na Seç. 7.10. Por analogia, podemos dizer que o efeito da rede cristalina pode ser representado por uma força "viscosa" análoga atuando sobre os elétrons de condução quando seus movimentos naturais são perturbados pelo campo elétrico aplicado. A natureza exata dessa força "viscosa" depende da dinâmica do movimento eletrônico através da rede cristalina; trabalharemos com ela no Ex. 16.15.

A manutenção de uma corrente num condutor requer gasto de energia. Entretanto, existe uma diferença em relação à energia que deve ser gasta para acelerar um íon num acelerador ou em uma válvula (Seç. 14.9). No acelerador, toda a energia é gasta na aceleração dos íons. Num condutor, em virtude da interação dos elétrons e dos íons positivos da rede cristalina, a energia dos elétrons é transferida para a rede, aumentando sua energia de vibração. Isso induz a um aumento na temperatura do material, que é o efeito bem conhecido de aquecimento devido a uma corrente, chamado o *efeito Joule.*

Podemos facilmente avaliar a razão em que a energia é transferida para a rede cristalina. O trabalho realizado por unidade de tempo sobre um elétron é $\boldsymbol{F} \cdot \boldsymbol{v}_{\mathfrak{E}} = -e\boldsymbol{\mathfrak{E}} \cdot \boldsymbol{v}_{\mathfrak{E}}$ (lembre-se da Eq. 8.10) e o trabalho realizado por unidade de tempo e unidade de volume (ou a *potência* por unidade de volume) é $p = n\,(-e\boldsymbol{\mathfrak{E}} \cdot \boldsymbol{v}_{\mathfrak{E}})$. Usando as Eqs. (16.47) e (16.50) para eliminar $\boldsymbol{v}_{\mathfrak{E}}$, obtemos

$$p = \sigma\mathfrak{E}^2 = J\mathfrak{E}. \tag{16.51}$$

Consideremos novamente o condutor cilíndrico da Fig. 16.28, cujo volume é Sl. A potência necessária para manter a corrente é

$$P = (Sl)p = (Sl)(j\mathfrak{E}) = (jS)(\mathfrak{E}l).$$

Mas $jS = I$ e $\mathfrak{E}l = V$. Portanto a potência necessária para manter a corrente no condutor é

$$P = VI. \tag{16.52}$$

Essa equação é idêntica à Eq. (14.43), que foi obtida de uma maneira mais geral, e é independente da natureza do processo de condução. Para condutores que seguem a lei de Ohm, $V = RI$ e a Eq. (16.52) pode ser escrita na forma alternativa

$$P = RI^2. \tag{16.53}$$

Entretanto muitos materiais não seguem a lei de Ohm e, para estes, a Eq. (16.53) não pode ser aplicada, embora a Eq. (16.52) permaneça válida. Um condutor com resistência, chamado também de *resistor*, é representado em forma de diagrama na Fig. 16.29.

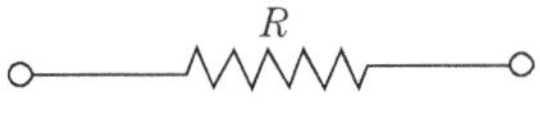

R

Figura 16.29 Representação simbólica de uma resistência elétrica.

■ **Exemplo 16.15** Discutir o movimento dos elétrons de condução em um metal.

Solução: Indicamos que podemos representar fenomenologicamente o efeito da interação entre a rede cristalina e os elétrons de condução em um metal por uma força "viscosa". Supondo que essa força seja da mesma forma que a considerada no caso do movimento em um fluido (Seç. 7.10), isto é, $-kv$, podemos escrever a equação do movimento de um elétron num metal como

$$m_e \frac{d\boldsymbol{v}}{dt} = -e\boldsymbol{\mathfrak{E}} - k\boldsymbol{v}. \tag{16.54}$$

Assim, a velocidade limite de deriva, que foi obtida fazendo-se $d\boldsymbol{v}/dt = 0$, é $\boldsymbol{v}_{\mathfrak{E}} = -e\boldsymbol{\mathfrak{E}}/k$. Se compararmos esse resultado com a Eq. (16.50), a condutividade elétrica será $\sigma = ne^2/k$.

Podemos expressar esse resultado de maneira diferente, introduzindo uma quantidade chamada *tempo de relaxação*. Suponha que o campo elétrico $\mathfrak{E}$ é interrompido de repente depois de obtida a velocidade limite de deriva. A equação de movimento para o elétron é, então,

$$m_e \frac{d\boldsymbol{v}}{dt} = -k\boldsymbol{v},$$

cuja solução é $\boldsymbol{v} = \boldsymbol{v}_{\mathscr{E}} e^{-(k/m)t}$. Você poderá constatar esse resultado também pela substituição direta, ou reportando-se ao Prob. 7.82. Nesse caso, o tempo necessário para a velocidade de deriva cair pelo fator e é $\tau = m/k$. Esse é o tempo de relaxação do movimento do elétron, semelhante àquele introduzido no Ex. 7.8 para o movimento de um corpo através de um fluido viscoso. Portanto, para a condutividade, obtemos a relação

$$\sigma = \frac{ne^2\tau}{m_e}. \tag{16.55}$$

Se σ é conhecido, τ pode ser calculado, e reciprocamente, uma vez que n, e, e m_e são quantidades conhecidas. Admitindo que cada átomo contribua com um elétron, podemos avaliar que n é aproximadamente 10^{28} elétrons $\cdot$ m^{-3} na maioria dos metais. Usando os valores de e e m_e, concluímos que, como σ da ordem de $10^7\ \Omega^{-1} \cdot \text{m}^{-1}$, o tempo de relaxação τ é da ordem de 10^{-14} s.

Neste ponto, é preciso compreender que a única coisa que fizemos foi imaginar um modelo fenomenológico pelo qual obtivemos o resultado requerido pela lei de Ohm; porém isso nos levou à introdução de uma nova quantidade τ. Para "explicar" a lei de Ohm e a condutividade elétrica dos metais, devemos relacionar τ à dinâmica do movimento dos elétrons. Mas, conforme indicamos anteriormente, como esse movimento, realiza-se de acordo com as leis da mecânica quântica, ulteriores discussões da Eq. (16.55) devem ser adiadas. (Veja o Vol. III, Cap. 4.)

Entretanto devemos avaliar a precisão de nosso modelo, verificando as ordens de grandeza das quantidades envolvidas. É razoável admitir que o tempo de relaxação é da mesma ordem de grandeza que o tempo entre duas colisões sucessivas de um elétron com os íons da rede cristalina. Mas, se l é a separação média entre os íons e o v é uma velocidade média dos elétrons, o tempo de colisão pode ser avaliado pela razão l/v. Para a maioria dos sólidos, l é a ordem de 5×10^{-9} m. Suponhamos que, para obter v, possamos usar a mesma relação (9.59) imaginada para moléculas de gás. Portanto, na temperatura ambiente, v é da ordem de 10^5 m $\cdot$ s^{-1}. Concluímos então que τ é aproximadamente 5×10^{-14} s. Esse resultado concorda com as variações que fizemos anteriormente, usando a Eq. (16.55) e os valores experimentais de σ.

■ **Exemplo 16.16** Discutir a associação de resistores.

Solução: Os resistores podem ser associados em duas espécies de arranjos, semelhantes àqueles discutidos no Ex. 16.12, para capacitores: em *série* e em *paralelo*. Na associação em série (Fig. 16.30 a), os resistores estão ligados de uma maneira tal que a mesma corrente I flui em todos eles. A queda de potencial em cada resistor, conforme a lei de Ohm é $V_1 = R_1 I$, $V_2 = R_2 I$, ..., $V_n I$. Portanto a diferença de potencial é

$$V = V_1 + V_2 + \cdots + V_n = (R_1 + R_2 + \cdots + R_n)\, I.$$

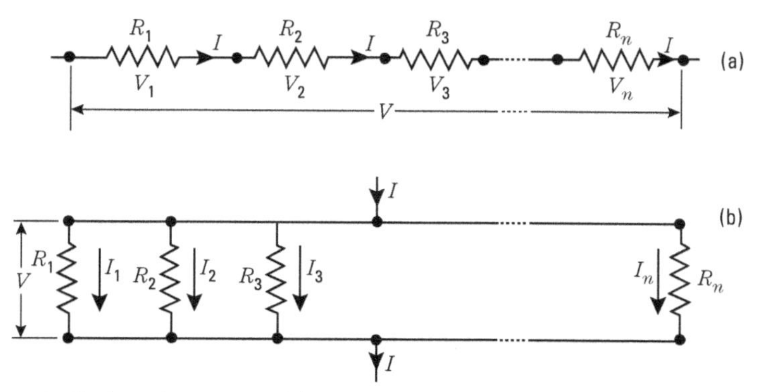

Figura 16.30 Associação de resistores em série e em paralelo.

O sistema pode ser reduzido efetivamente a um simples resistor R que satisfaz $V = RI$. Portanto

$$R = R_1 + R_2 + \cdots + \mathrm{R}_n \tag{16.56}$$

dá a resistência resultante para um arranjo de resistores em série.

Na associação em paralelo (Fig. 16.30b), os resistores estão ligados de tal maneira que a diferença de potencial V é a mesma para todos eles. A corrente através de cada resistor, de acordo com a lei de Ohm, é $I_1 = V/R_1$, $I_2 = V/R_2$, $\cdots$, $I_n = V/R_n$. A corrente total I fornecida ao sistema é

$$I = I_1 + I_2 + \ldots + I_n = \left(\frac{1}{R_1} + \frac{1}{R_2} + \ldots + \frac{1}{R_n}\right)V.$$

O sistema pode ser efetivamente reduzido a um simples resistor R satisfazendo $I = V/R$. Portanto

$$\frac{1}{R} = \frac{1}{R_1} + \frac{1}{R_2} + \ldots + \frac{1}{R_n} \tag{16.57}$$

dá a resistência resultante para um arranjo de resistores em paralelo.

16.11 Força eletromotriz

Suponha que uma partícula mova-se de A para B em um percurso L sob a ação de uma força $\boldsymbol{F}$. Explicamos, no Cap. 8, que, nesse caso, o trabalho efetuado pela força é $W = \int_L \boldsymbol{F} \cdot d\boldsymbol{l}$, onde o índice L significa que a integral é calculada ao longo do percurso de $d\boldsymbol{l}$ é um elemento linear do percurso. Provamos também que, quando a força é conservativa (isto é, ele está relacionada à energia potencial por $\boldsymbol{F} = -\text{grad}\, E_p$), o trabalho é independente do percurso, resultando em $\int \boldsymbol{F} \cdot d\boldsymbol{l} = E_{p,A} - E_{p,B}$. Uma consequência importante, exposta também no Cap. 8, é que, quando o percurso é fechado, o trabalho de uma força conservativa é zero, desde que o ponto B seja o mesmo que o ponto A, e assim $E_{p,A} = E_{p,B}$.

Esses resultados podem ser estendidos para qualquer campo vetorial, tal como os campos elétricos ou magnéticos. Designemos o campo vetorial por V. A *integral de linha* do campo vetorial V do campo A para o ponto B, ao longo de um percurso L, é definida como

$$\text{integral de linha de } \boldsymbol{V} = \int_L \boldsymbol{V} \cdot d\boldsymbol{l}. \qquad (16.58)$$

Em geral, a integral de linha depende do percurso. Se o percurso, ao longo do qual a integral de linha é calculada, é *fechado*, a integral de linha é chamada de *circulação* do campo vetorial. Esta é indicada por um círculo em cima do sinal de integral:

$$\text{circulação de } \boldsymbol{V} = \oint \boldsymbol{V} \cdot d\boldsymbol{l}. \qquad (16.59)$$

Um caso importante é aquele em que o campo V pode ser expresso como o gradiente de uma função. Essa situação é a mesma que a encontrada no caso das forças conservativas e, portanto, podemos dizer que

> *Quando um campo vetorial pode ser expresso como o gradiente de uma função, a integral de linha do campo entre dois pontos é independente do percurso que os liga e a circulação ao redor de um percurso fechado arbitrário é zero.*

Conforme formos progredindo através deste texto, você descobrirá que os conceitos de integral de linha e circulação de um campo vetorial são muito úteis para a formulação das leis de eletromagnetismo. Aplicaremos agora essas duas novas definições ao campo elétrico.

Como o campo elétrico é igual à força por unidade de carga, a integral de linha do campo elétrico, $\int_L \boldsymbol{\mathfrak{E}} \cdot d\boldsymbol{l}$, é igual ao trabalho realizado por uma unidade de carga quando está se movendo ao longo do percurso L. Se o percurso é fechado (Fig. 16-31), a integral de linha vem a ser a circulação do campo elétrico. É chamada de *força eletromotriz* (fem) aplicada ao percurso fechado. Designando a fem por $V_{\mathfrak{E}}$, temos que

$$\text{fem} = V_{\mathfrak{E}} = \oint_L \boldsymbol{\mathfrak{E}} \cdot d\boldsymbol{l}. \qquad (16.60)$$

Portanto *a força eletromotriz aplicada a um percurso fechado é igual ao trabalho realizado movendo-se uma unidade de carga ao redor do percurso.* (A palavra "força" está mal empregada, pois estamos nos referindo à "energia", porém foi adotada pelo uso comum.) Naturalmente a fem é expressa em volts.

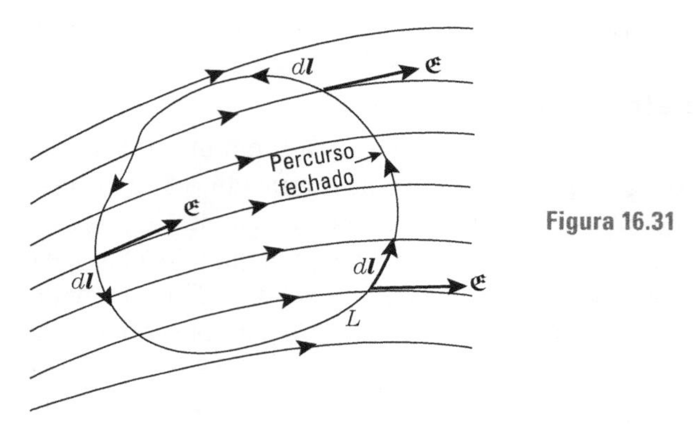

Figura 16.31

Consideremos agora o caso especial de um campo elétrico *estático*. Lembrando-nos de que o campo elétrico estático está relacionado ao potencial elétrico por $\boldsymbol{\mathfrak{E}} = -\text{grad } V$, podemos escrever

$$\int_L \mathfrak{E} \cdot d\boldsymbol{l} = V_A - V_B, \tag{16.61}$$

onde A e B são os dois pontos ligados pelo percurso L. Assim, a integral de linha entre dois pontos de um campo elétrico estático é igual à diferença potencial entre os pontos. Se o percurso é fechado, os pontos A e B coincidem, e a Eq. (16.61) dá

$$V_{\mathfrak{E}} = \oint \mathfrak{E} \cdot d\boldsymbol{l} = 0. \tag{16.62}$$

Expressando em palavras, podemos dizer que

a fem, ou circulação, de um campo elétrico estático, ao redor de um percurso fechado arbitrário, é nula.

Tal afirmação significa que o trabalho realizado por um campo elétrico estático, quando move uma carga ao redor de um percurso fechado, é nulo.

Se o campo elétrico for aplicado a um condutor, podemos combinar a Eq. (16.61) com a lei de Ohm e escrever a Eq. (16.46) na forma

$$\int_L \mathfrak{E} \cdot d\boldsymbol{l} = RI, \tag{16.63}$$

onde L é um percurso ao longo do condutor, e R é a resistência elétrica entre os pontos do condutor ligados pelo percurso L.

Como mencionamos anteriormente, a manutenção de uma corrente entre dois pontos em um condutor implica que a energia deve ser fornecida ao sistema pela fonte da diferença de potencial. Surge agora a questão de como uma corrente pode ser mantida ou não, em um condutor *fechado* ou em um *circuito elétrico*. A Eq. (16.63), que descreve essencialmente a conservação de energia no condutor, quando aplicada a um condutor fechado, é

$$\oint_L \mathfrak{E} \cdot d\boldsymbol{l} = RI. \tag{16.64}$$

O lado esquerdo dessa equação é a fem aplicada ao circuito e R é a resistência total do circuito fechado.

Portanto, se o condutor está colocado em um campo elétrico *estático*, temos, de acordo com a Eq. (16.62), que a fem é zero ($V_{\mathfrak{E}} = 0$), e a Eq. (16.64) dá $I = 0$. Em outras palavras,

um campo elétrico estático não pode manter uma corrente em um circuito fechado.

A razão é que um campo elétrico estático é conservativo e a energia total resultante fornecida para uma carga que descreve um percurso fechado é nula. Entretanto uma carga em movimento no interior de um condutor está transferindo a energia recebida do campo elétrico para a rede cristalina e esse é um processo irreversível; isto é, a rede não devolve a mesma energia para os elétrons. Portanto, a menos que uma quantidade definida de energia seja fornecida aos elétrons, eles não conseguem se mover ao redor de um circuito fechado.

Consequentemente, para manter uma corrente num circuito fechado é necessário fornecer energia ao circuito em certos pontos A, A', A'',... (Fig. 16.32). Os fornecedores de energia são chamados *geradores elétricos* G, G', G'',... e pode-se dizer que são as fontes da fem. Portanto o campo elétrico $\mathfrak{E}$ que aparece na Eq. (16.64) não é um campo estático, e corresponde, nos pontos A, A', A'', aos campos locais produzidos pelos geradores G, G', G'',...

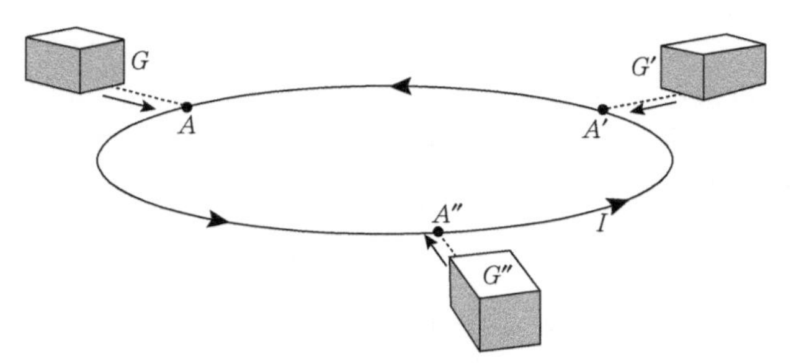

Figura 16.32 Uma corrente elétrica em um circuito fechado é mantida por geradores elétricos.

Há muitas maneiras de produzir uma força eletromotriz. Um método comum é a utilização de uma reação química, como em uma pilha seca ou em um acumulador, em que a energia interna libertada na reação química é transferida aos elétrons. Outro método importante é o do fenômeno da indução eletromagnética, que discutiremos no próximo capítulo.

Uma fonte de fem está representada esquematicamente na Fig. 16.33, na qual o sentido da corrente produzida no circuito *externo à fonte da fem* é dirigido do traço maior, ou polo positivo, ao traço menor, ou polo negativo.

Quando aplicamos a lei de Ohm (Eq. 16.46) a um circuito simples como o da Fig. 16.33, devemos reconhecer que a resistência total R é a soma da resistência interna da fonte da fem e da resistência R_e do condutor ligado ao gerador (ou bateria). Assim, $R = R_i + R_e$, e a lei de Ohm torna-se

$$V_{\mathfrak{E}} = (R_e + R_i)\, I. \tag{16.65}$$

Isso também pode ser escrito na forma $V_{\mathfrak{E}} - R_i T = R_e I$. Cada lado da equação dá a diferença de potencial entre os polos do gerador (ou bateria). Podemos observar que essa diferença de potencial é menor do que a fem.

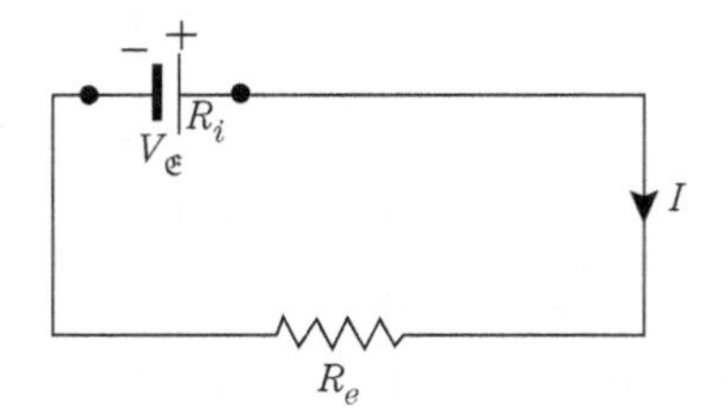

Figura 16.33 Representação simbólica de um circuito com uma fonte de força eletromotriz.

■ **Exemplo 16.17** Discutir os métodos para o cálculo de correntes que existem em uma rede elétrica.

Solução: Uma rede elétrica é uma combinação de condutores e de fontes de fem, como a representada na Fig. 16.34. Vamos considerar agora apenas o caso em que as fem são constantes e em quais condições estacionárias já foram estabelecidas na rede elétrica, de maneira que as correntes são também constantes. Usualmente, o problema consiste em determinar-se as correntes em termos das fem e das resistências. As regras para resolver esse tipo de problema, conhecidas como *leis de Kirchhoff*, expressam apenas a conservação da carga elétrica e da energia. As leis de Kirchhoff podem ser expostas como se segue:

(1) *a soma de todas as correntes em um nó da rede é zero;*

(2) *em uma rede, a soma de todas as quedas de potencial ao longo de qualquer malha é zero.*

Ao escrevermos a primeira lei, devemos considerar como positivas as correntes que entram no nó e como negativas aquelas que saem do nó. A primeira lei expressa a conservação da carga porque, uma vez que as cargas não se acumulam no nó, o número de cargas que chega a um nó em um determinado tempo deve deixá-lo nesse mesmo tempo.

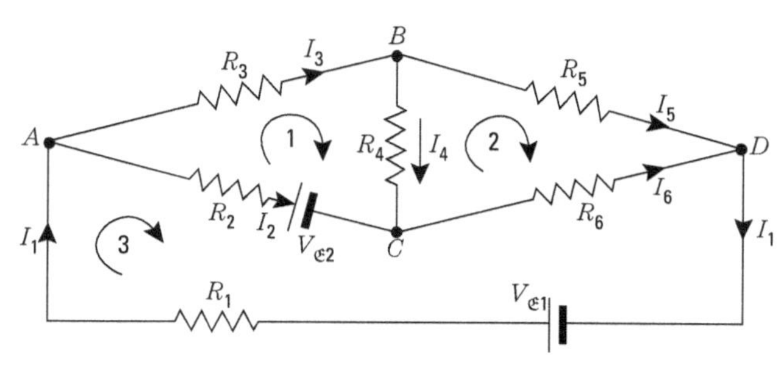

Figura 16.34 Uma rede elétrica.

Ao aplicarmos a segunda lei, devemos levar em consideração as regras seguintes. Uma queda de potencial em uma resistência é considerada positiva ou negativa, o que depende de a tomarmos no mesmo sentido da corrente ou no sentido oposto. Quando passamos por uma fem, consideramos a queda de potencial como negativa ou positiva, dependendo de passarmos na direção em que a fem atua (aumento em potencial) ou na direção oposta (queda de potencial). A segunda lei expressa a conservação de energia, já que a variação total na energia de uma carga, após esta completar um percurso fechado, deve ser zero. Esse requisito já foi visto na Eq. (16.65), que indica $RI - V_{\mathcal{E}} = 0$ para um circuito simples, onde $R = R_i + R_e$.

Vamos esclarecer agora o uso das leis de Kirchhoff aplicando-as à rede da Fig. 16.34.

A primeira lei aplicada aos nós A, B, e C, dá:

nó A: $-I_1 + I_2 + I_3 = 0$,

nó B: $-I_3 + I_4 + I_5 = 0$,

nó C: $-I_2 - I_4 + I_6 = 0$.

A segunda lei, aplicada às trajetórias assinaladas 1, 2, e 3, dá:

malha 1: $-R_2I_2 + R_3I_3 + R_4I_4 - V_{\mathcal{E}_2} = 0$,

malha 2: $R_5I_5 - R_6I_6 - R_4I_4 = 0$,

malha 3: $R_1I_1 + R_2I_2 + R_6I_6 - V_{\mathcal{E}_1} + V_{\mathcal{E}_2} = 0$.

As seis equações que escrevemos são suficientes para determinar as seis correntes da rede.

Uma regra prática a ser seguida para se determinar as correntes em uma rede que tem n nós é aplicar a primeira lei apenas para $n - 1$ nós porque se a lei for satisfeita para $n - 1$ nós, está automaticamente satisfeita para o nó restante. (O estudante deveria verificar esta afirmação para a rede da Fig. 16.34). A segunda lei deve ser aplicada para tantos percursos fechados quantos forem necessários para que cada condutor faça parte, ao menos uma vez, de um percurso.

II. O CAMPO MAGNÉTICO

16.12 A lei de Ampère para o campo magnético

Discutiremos agora algumas das propriedades do campo magnético estático, ou independente, do tempo. Consideremos, em primeiro lugar, uma corrente retilínea infinita I (Fig. 16.35). O campo magnético $\mathfrak{B}$ em um ponto A é perpendicular a OA e é dado pela Eq. (15.41) corno

$$\mathfrak{B} = \frac{\mu_0 I}{2\pi r}\boldsymbol{u}_\theta.$$

Calculemos a circulação de $\mathfrak{B}$ ao redor de um percurso circular de raio r. O campo magnético $\mathfrak{B}$ é tangente ao percurso, de forma que $\mathfrak{B} \cdot d\boldsymbol{l} = \mathfrak{B}\, dl$ e é constante em módulo. Portanto a circulação magnética (indicada por $\Lambda_{\mathfrak{B}}$) é

$$\Lambda_{\mathfrak{B}} = \oint_L \mathfrak{B} \cdot d\boldsymbol{l} = \oint_L \mathfrak{B}\, dl = \mathfrak{B}\oint_L dl = \mathfrak{B}L = \left(\frac{\mu_0 I}{2\pi r}\right)(2\pi r),$$

porque $L = 2\pi r$. Portanto

$$\Lambda_{\mathfrak{B}} = \mu_0 I. \tag{16.66}$$

A circulação magnética é, então, proporcional à corrente elétrica I, e é independente do raio do percurso. Portanto, se desenharmos, ao redor da corrente I, diversos círculos $L_1, L_2, L_3,...$ (Fig. 16.36), a circulação magnética ao redor de todos eles será a mesma e, de acordo com a Eq. (16.66), é igual a $\mu_0 I$.

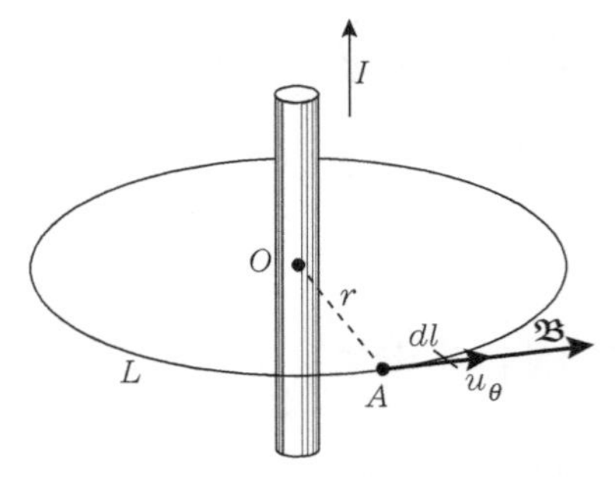

Figura 16.35 Campo magnético de uma corrente retilínea.

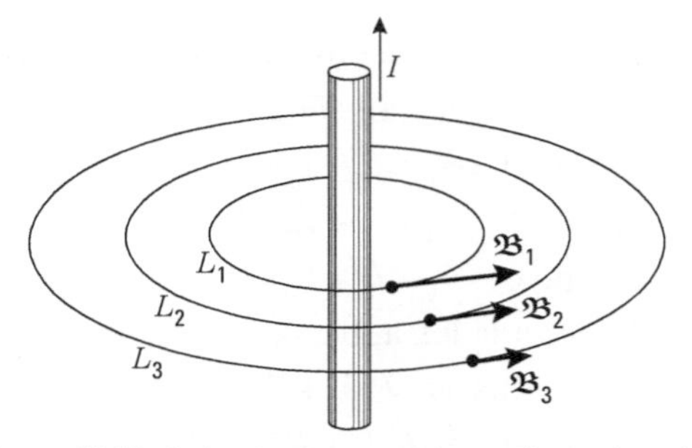

Figura 16.36 A circulação magnética, ao longo de todas as trajetórias circulares concêntricas em volta de uma corrente retilínea, é a mesma e igual a $\mu_0 I$.

Consideramos, em seguida, um percurso fechado arbitrário L que circunda a corrente I (Fig. 16.37). A circulação magnética em L é

$$\Lambda_{\mathfrak{B}} = \oint_L \mathfrak{B} \cdot d\boldsymbol{l} = \frac{\mu_0 I}{2\pi} \oint_L \frac{\boldsymbol{u}_\theta \cdot d\boldsymbol{l}}{r}.$$

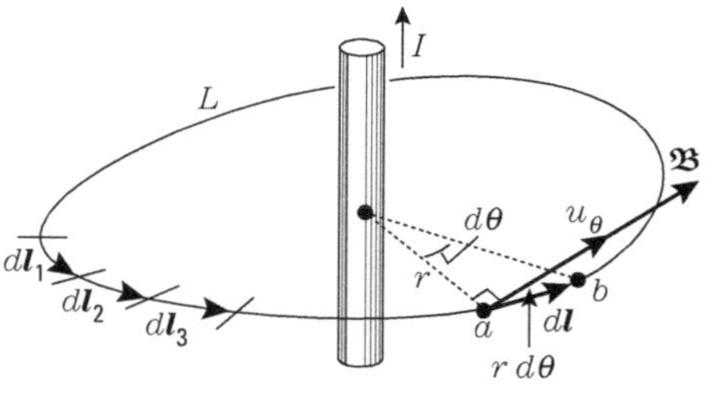

Figura 16.37

Mas $\boldsymbol{u}_\theta \cdot d\boldsymbol{l}$ é a componente de $d\boldsymbol{l}$ na direção do vetor unitário $\boldsymbol{u}_\theta$, e, portanto, é igual a $r d\theta$. Consequentemente

$$\Lambda_{\mathfrak{B}} = \frac{\mu_0 I}{2\pi} \oint_L d\theta = \frac{\mu_0 I}{2\pi}(2\pi) = \mu_0 I,$$

porque o ângulo plano total ao redor de um ponto é 2π. Este é, novamente, o nosso resultado anterior (16.66) e, portanto, é válido para qualquer percurso fechado ao redor da corrente retilínea, independentemente da posição da corrente com relação ao percurso.

Uma análise mais cuidadosa, que omitiremos, indica que a Eq. (16.66) é correta para *qualquer* forma da corrente, e não apenas para uma corrente retilínea. Se tivermos diversas correntes I_1, I_2, I_3,... ligadas por uma linha fechada L (Fig. 16.38), cada corrente contribuirá para a circulação do campo magnético ao longo de L. Portanto podemos expressar a lei de Ampère como

a circulação do campo magnético ao longo de uma linha fechada que liga as correntes I_1, I_2, I_3,... é

$$\Lambda_{\mathfrak{B}} = \oint \mathfrak{B} \cdot d\boldsymbol{l} = \mu_0 I, \tag{16.67}$$

onde $I = I_1 + I_2 + I_3 + \cdots$ representa a corrente total concatenada pelo percurso L.

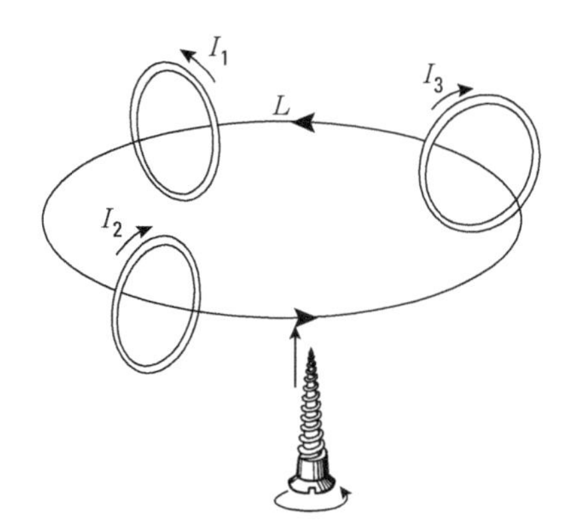

Figura 16.38 A circulação magnética ao longo de qualquer trajetória fechada é proporcional à corrente total através da trajetória.

Quando aplicamos a Eq. (16.67), consideramos uma corrente como positiva se esta passa através de uma superfície limitada por L, no sentido do avanço de um parafuso de rosca direita rodado no mesmo sentido em que L está orientado, e negativa se tem o sentido oposto. Portanto, na Fig. 16.38, as correntes I_1 e I_3 são consideradas positivas, e I_2, negativa.

Lembrando, do Ex. 16.1, que a corrente elétrica pode ser expressa como o fluxo de densidade de corrente (isto é, $I = \int_S \boldsymbol{j} \cdot \boldsymbol{u}_N \, dS$) também podemos expressar a lei de Ampère, Eq. (16.67), na forma

$$\Lambda_{\mathfrak{B}} = \int_L \mathfrak{B} \cdot d\boldsymbol{l} = \mu_0 \int_S \boldsymbol{j} \cdot \boldsymbol{u}_N \, dS, \qquad (16.68)$$

onde S é qualquer superfície limitada por L.

O fato de a circulação do campo magnético $\mathfrak{B}$ geralmente não ser nula indica que o campo magnético não tem um potencial magnético no mesmo sentido que o campo elétrico tem um potencial elétrico. A lei de Ampère é particularmente útil quando queremos calcular o campo magnético produzido por distribuições de correntes com algumas simetrias geométricas, conforme é apresentado nos exemplos seguintes.

■ **Exemplo 16.18** Usando a lei de Ampère, discutir o campo magnético produzido por uma corrente em um cilindro circular de comprimento infinito.

Solução: Consideremos uma corrente I ao longo de um cilindro de raio a (Fig. 16.39). A simetria do problema sugere claramente que as linhas de força do campo magnético são círculos com seus centros ao longo do eixo do cilindro e que o campo magnético $\mathfrak{B}$ num ponto depende apenas da distância do ponto ao eixo. Portanto, quando escolhemos um círculo de raio r concêntrico com a corrente como o nosso percurso L, a circulação magnética é

$$\Lambda_{\mathfrak{B}} = \oint_L \mathfrak{B} \, dl = \mathfrak{B} \oint_L dl = \mathfrak{B} L = 2\pi r \mathfrak{B}.$$

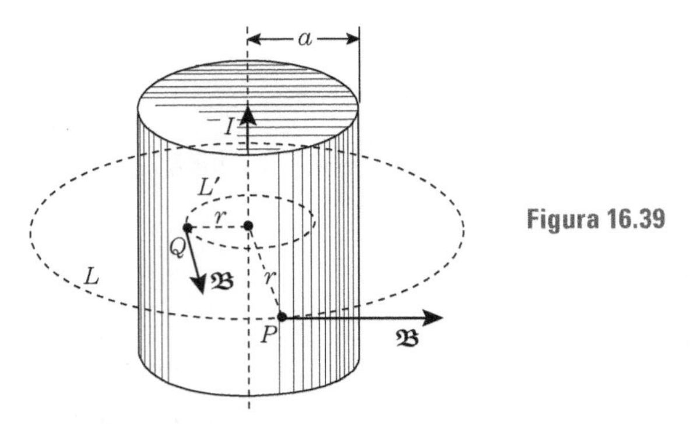

Figura 16.39

Se o raio r *é* maior que o raio a da corrente, toda a corrente I passa através do círculo. Portanto, aplicando a Eq. (16.67), temos

$$2\pi r \mathfrak{B} = \mu_0 I \qquad \text{ou} \qquad \mathfrak{B} = \frac{\mu_0 I}{2\pi r}. \qquad (16.69)$$

Esse resultado é exatamente o encontrado no Cap. 15 para uma corrente em um filamento. Portanto, *para pontos exteriores a uma corrente cilíndrica, o campo magnético é o mesmo como se toda a corrente estivesse concentrada ao longo do eixo.*

Mas se r é menor que a, temos duas possibilidades. Se a corrente está apenas ao longo da superfície do cilindro (como poderá ocorrer se o condutor for uma lâmina cilíndrica de metal), a corrente através de L' é nula e a lei de Ampère dá $2\pi r\,\mathfrak{B} = 0$, ou $\mathfrak{B} = 0$. Portanto *o campo magnético, para os pontos no interior de um cilindro percorrido por uma corrente na sua superfície, é nulo.* Mas, se a corrente está distribuída uniformemente por toda a seção reta do condutor, a corrente através de L' é

$$I' = \frac{I}{\pi a^2}\left(\pi r^2\right) = \frac{Ir^2}{a^2}.$$

Portanto, aplicando a lei de Ampère, obtemos $2\pi r\mathfrak{B} = \mu_0 I' = \mu_0 Ir^2/a^2$, ou

$$\mathfrak{B} = \frac{\mu_0 Ir}{2\pi a^2}. \tag{16.70}$$

Assim, *o campo magnético, num ponto interior a um cilindro percorrido por uma corrente distribuída uniformemente em toda a sua seção reta, é proporcional à distância do ponto ao eixo do cilindro.*

■ **Exemplo 16.19** Usando a lei de Ampère, discutir o campo magnético produzido por uma bobina toroidal.

Solução: Uma bobina toroidal consiste num fio enrolado uniformemente numa superfície moldada na forma de um toroide, tal como mostra a Fig. 16.40. Admitamos N como sendo o número de espiras, todas igualmente espaçadas, e I como a corrente elétrica ao longo destas. A simetria do problema sugere que as linhas de força do campo magnético são círculos concêntricos com o toroide. Indiquemos primeiro, como nosso percurso de integração, uma circunferência L no interior do toroide. Portanto a circulação magnética é $\Lambda_{\mathfrak{B}} = \mathfrak{B}L$. O percurso L é concatenado com todas as espiras ao redor do toroide, e, portanto, a corrente total fluindo através dele é NI. Assim, aplicando a lei de Ampère, obtemos $\mathfrak{B}L = \mu_0 NI$, ou

$$\mathfrak{B} = \mu_0 NI/L.$$

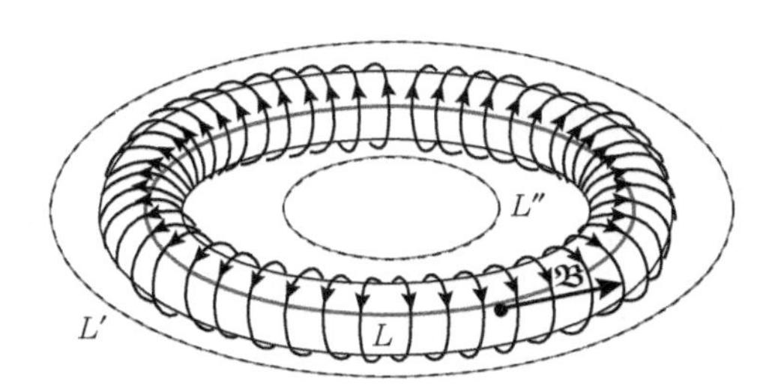

Figura 16.40 Uma bobina toroidal.

Se o raio da seção reta do toroide é pequeno, comparado com seu raio, podemos admitir que L é praticamente o mesmo para todos os percursos interiores. Dado que $n = N/L$ é o número de espiras por unidade de comprimento, concluímos que o campo magnético no interior do toroide é uniforme e tem o valor constante

$$\mathfrak{B} = \mu_0 nI. \tag{16.71}$$

Para qualquer percurso exterior ao toroide, tal como L' ou L'', a corrente total concatenada com ele é nula. Portanto obtemos $\mathfrak{B} = 0$. Em outras palavras, o campo magnético de uma bobina toroidal restringe-se inteiramente ao seu interior. Essa situação aplica-se apenas para bobinas toroidais nas quais as espiras são estreitamente espaçadas.

■ **Exemplo 16.20** Usando a lei de Ampère, discutir o campo magnético no centro de um solenoide muito longo.

Solução: Consideremos o solenoide da Fig. 16.41, possuindo n espiras por unidade de comprimento, cada uma percorrida por uma corrente I. Se as espiras são estreitamente espaçadas e o solenoide é muito longo, podemos considerar que o campo magnético é uniforme e inteiramente restrito ao seu interior, conforme as linhas de força indicam na figura. Escolhemos para o percurso de integração o retângulo $PQRS$. A contribuição dos lados QR e SP para a circulação magnética é nula porque o campo é perpendicular a eles; da mesma forma, a contribuição do lado RS é nula porque aí não existe campo. Portanto apenas o lado PQ contribui com o valor $\mathfrak{B}x$, de modo que $\Lambda_{\mathfrak{B}} - \mathfrak{B}x$. A corrente total ligada pelo percurso de integração é nxI, já que nx dá o número de espiras. Portanto a lei de Ampère dá $\mathfrak{B}x = \mu_0 nxI$, ou $\mathfrak{B} = \mu_0 nI$, concordando com o resultado anterior do Ex. 15.9 para o campo no centro de um solenoide longo.

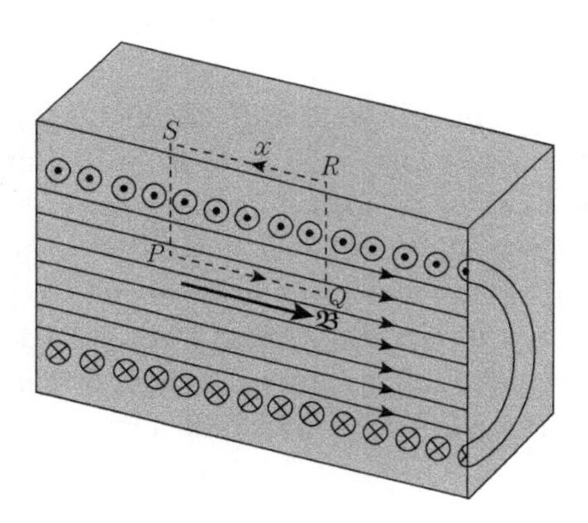

Figura 16.41 Um solenoide.

Por meio destes exemplos, você deve ter observado a utilidade prática da lei de Ampère no cálculo de campos magnéticos com algumas simetrias.

16.13 A Lei de Ampère na forma diferencial

Como sabemos que a lei de Ampère pode ser aplicada para um percurso de forma qualquer, vamos aplicá-la para um percurso retangular $PQRS$ muito pequeno ou infinitesimal no plano XY, tendo como lados dx e dy e uma área $dx\ dy$ (Fig. 16.42). O sentido da circulação ao redor de $PQRS$ está indicado pelas setas. A circulação $\Lambda_{\mathfrak{B}}$ consta de quatro termos, um para cada lado, isto é,

$$\Lambda_{\mathfrak{B}} = \oint_{PQRS} \mathfrak{B} \cdot dl = \int_{PQ} + \int_{QR} + \int_{RS} + \int_{SP}. \tag{16.72}$$

Ora, ao longo do percurso QR, que é orientado paralelamente à direção + Y, $d\boldsymbol{l} = \boldsymbol{u}_y dy$ e

$$\int_{QR} \mathfrak{B} \cdot dl = \mathfrak{B} \cdot \boldsymbol{u}_y dy = \mathfrak{B}_y dy.$$

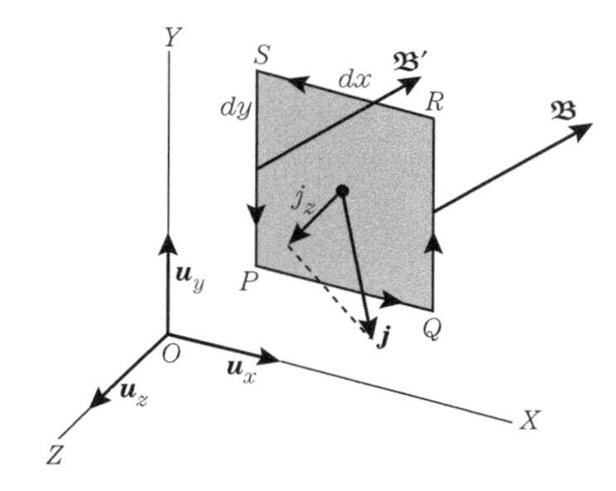

Figura 16.42 Percurso elementar para deduzir a lei de Ampère em forma diferencial.

De modo análogo, para o lado SP, que é orientado na direção $-Y$, $d\boldsymbol{l} = -\boldsymbol{u}_y\, dy$ e assim

$$\int_{SP} \mathfrak{B} \cdot d\boldsymbol{l} = -\mathfrak{B}' \cdot \boldsymbol{u}_y dy = -\mathfrak{B}'_y dy,$$

de forma que

$$\int_{QR} + \int_{SP} = \left(\mathfrak{B}_y - \mathfrak{B}'_y\right) dy.$$

Mas, como $PQ = dx$, $\mathfrak{B}_y - \mathfrak{B}'_y = d\mathfrak{B}_y = (\partial \mathfrak{B}_y / \partial x) dx$, portanto

$$\int_{QR} + \int_{SP} = \frac{\partial \mathfrak{B}_y}{\partial x} dx\, dy.$$

Por raciocínio análogo, as duas integrais restantes na Eq. (16.72) são

$$\int_{PQ} + \int_{RS} = -\frac{\partial \mathfrak{B}_x}{\partial y} dx\, dy.$$

Somando os dois resultados, obtemos, finalmente,

$$\Lambda_{\mathfrak{B}} = \oint_{PQRS} \mathfrak{B} \cdot d\boldsymbol{l} = \left(\frac{\partial \mathfrak{B}_y}{\partial x} - \frac{\partial \mathfrak{B}_x}{\partial y} \right) dx\, dy. \tag{16.73}$$

Como $d\boldsymbol{I}$ é a corrente que passa através de $PQRS$, podemos relacioná-la com a densidade da corrente $\boldsymbol{j}$ e escrever

$$d\boldsymbol{I} = j_z\, dS = j_z\, dx\, dy. \tag{16.74}$$

Escrevemos j_z porque esta é a única componente da densidade de corrente $\boldsymbol{j}$ que contribui para a corrente $d\boldsymbol{I}$ através de $PQRS$. As componentes j_x e j_y correspondem aos movimentos paralelos à superfície e não através dela. Substituindo as Eqs. (16.73) e (16.74) na lei de Ampère, Eq. (16.67), podemos escrever

$$\left(\frac{\partial \mathfrak{B}_y}{\partial x} - \frac{\partial \mathfrak{B}_x}{\partial y} \right) dx\, dy = \mu_0\, dI = \mu_0 j_z dx\, dy.$$

Cancelando-se o fator comum $dx\, dy$ em ambos os lados, obtemos a lei de Ampère na sua forma diferencial,

$$\frac{\partial \mathfrak{B}_y}{\partial x} - \frac{\partial \mathfrak{B}_x}{\partial y} = \mu_0 j_z. \tag{16.75}$$

Agora, podemos colocar também a superfície $PQRS$ nos planos YZ ou ZX, resultando nas expressões equivalentes

$$\frac{\partial \mathfrak{B}_z}{\partial y} - \frac{\partial \mathfrak{B}_y}{\partial z} = \mu_0 j_x, \tag{16.76}$$

$$\frac{\partial \mathfrak{B}_x}{\partial z} - \frac{\partial \mathfrak{B}_z}{\partial x} = \mu_0 j_y. \tag{16.77}$$

As três equações (16.75), (16.76) e (16.77) podem ser combinadas em uma equação vetorial. Observe que, à direita, estão as componentes do vetor $\boldsymbol{j}$, a densidade de corrente, multiplicadas por μ_0. De modo análogo, os termos à esquerda podem ser considerados como as componentes de um vetor obtido de $\mathfrak{B}$, combinando-se as derivadas na forma indicada, chamado *rotacional* de $\mathfrak{B}$, escrito como rot $\mathfrak{B}$. Assim, as três equações podem ser incorporadas na equação vetorial

$$\text{rot } \mathfrak{B} = \mu_0 \boldsymbol{j}. \tag{16.78}$$

Essa é a expressão da lei de Ampère na forma diferencial. Podemos usar a Eq. (16.78) para obter o campo magnético quando conhecemos a distribuição da corrente, e reciprocamente. Em uma região onde não existem correntes elétricas, rot $\mathfrak{B} = 0$.

A lei de Ampère, na forma diferencial, estabelece uma relação *local* entre o campo magnético $\mathfrak{B}$ em um ponto e a densidade da corrente $\boldsymbol{j}$ no *mesmo* ponto do espaço, de uma forma semelhante à lei de Gauss que relaciona o campo elétrico e as cargas no mesmo ponto do espaço. Podemos assim dizer que as correntes elétricas são as fontes do campo magnético.

A expressão equivalente à Eq. (16.78) para um campo elétrico estático é

$$\text{rot } \mathfrak{E} = 0, \tag{16.79}$$

porque provamos (Eq. 16.62) que, para este campo, a circulação é zero ($\oint_L \mathfrak{E} \cdot d\boldsymbol{l} = 0$).

16.14 Fluxo magnético

O fluxo magnético através de qualquer superfície, fechada ou não, colocada num campo magnético é

$$\Phi_{\mathfrak{B}} = \int_S \mathfrak{B} \cdot \boldsymbol{u}_N dS. \tag{16.80}$$

O conceito de fluxo magnético através de uma superfície arbitrária é de grande importância, especialmente quando a superfície não é fechada, conforme veremos no Cap. 17. Assim, tornou-se conveniente definir uma unidade de fluxo magnético. Naturalmente, sendo o fluxo magnético, o campo magnético vezes a área, é expresso em $\text{T} \cdot \text{m}^2$, uma unidade chamada de *weber* em homenagem ao físico alemão Wilhelm E. Weber (1804-1891). É abreviada Wb. Observe que, como $T = \text{kg} \cdot \text{s}^{-1} \cdot \text{C}^{-1}$, $\text{Wb} = \text{T} \cdot \text{m}^2 = \text{m}^2 \cdot \text{kg} \cdot \text{s}^{-1} \cdot \text{C}^{-1}$. Muitos textos expressam o campo magnético em $\text{Wb} \cdot \text{m}^{-2}$ em vez de T.

Como não existem massas magnéticas ou polos (ou, pelo menos, estes ainda não foram observados), as linhas de força do campo magnético $\mathfrak{B}$ são fechadas, tais como foram indicadas nos exemplos discutidos no Capítulo 15. Concluímos que

o fluxo do campo magnético através de uma superfície fechada é sempre zero.

Isso significa que o fluxo que entra através de uma superfície fechada é igual ao fluxo que sai. Portanto

$$\oint_S \mathfrak{B} \cdot u_N dS = 0, \tag{16.81}$$

cujo resultado pode ser também verificado matematicamente por meio da expressão geral para $\mathfrak{B}$ dada na Eq. (15.35). A prova será omitida. Esse resultado constitui *a lei de Gauss para o campo magnético*. Na forma diferencial, por analogia com a Eq. (16.4), para o campo elétrico, temos

$$\frac{\partial \mathfrak{B}_x}{\partial x} + \frac{\partial \mathfrak{B}_y}{\partial y} + \frac{\partial \mathfrak{B}_z}{\partial z} = 0 \quad \text{ou} \quad \text{div}\, \mathfrak{B} = 0. \tag{16.82}$$

16.15 Magnetização da matéria

Na Seç. 15.10 indicamos que uma pequena corrente, como uma produzida pelos elétrons em um átomo, constitui um dipolo magnético. Os átomos podem ou não apresentar um momento de dipolo magnético resultante, dependendo de suas simetrias ou das orientações relativas de suas órbitas eletrônicas. Como a maioria das moléculas não é esfericamente simétrica, estas podem apresentar um momento de dipolo magnético permanente, em razão da orientação especial das órbitas eletrônicas. Por exemplo, as moléculas diatômicas têm simetria axial e podem possuir um momento de dipolo magnético paralelo ao eixo molecular. Apesar disso, a matéria em conjunto, com exceção dos materiais ferromagnéticos, não apresenta um momento magnético resultante, em virtude da orientação molecular ao acaso, semelhante a uma situação encontrada na polarização elétrica da matéria. Entretanto a presença de um campo magnético externo perturba o movimento eletrônico, produzindo uma polarização magnética total ou *magnetização* do material. Como foi explicado na Seç. 15.6, essencialmente, o que ocorre é que o campo magnético produz, em todos os elétrons, um movimento de precessão, ou de rotação, em torno da direção do campo magnético local. Como foi dado pela Eq. (15.27), cada elétron contribui com um momento de dipolo magnético.

Para simplificar, consideremos uma substância na forma de um cilindro que é uniformemente magnetizada de forma paralela ao eixo do cilindro (Fig. 16.43). Isso significa que os dipolos magnéticos moleculares estão orientados paralelamente ao eixo do cilindro e, portanto, as correntes eletrônicas moleculares estão orientadas perpendicularmente a seu eixo. Podemos ver, através da Fig. 16.43 (e, com maior detalhe, visto de frente, representado na Fig. 16.44), que as correntes internas tendem a se cancelar mutuamente, em decorrência dos efeitos contrários das correntes adjacentes, de forma que não se observa nenhuma corrente resultante no interior da substância. Entretanto a magnetização produz uma corrente resultante $I_{\mathfrak{M}}$ sobre a superfície do material, que se comporta, portanto, como um solenoide.

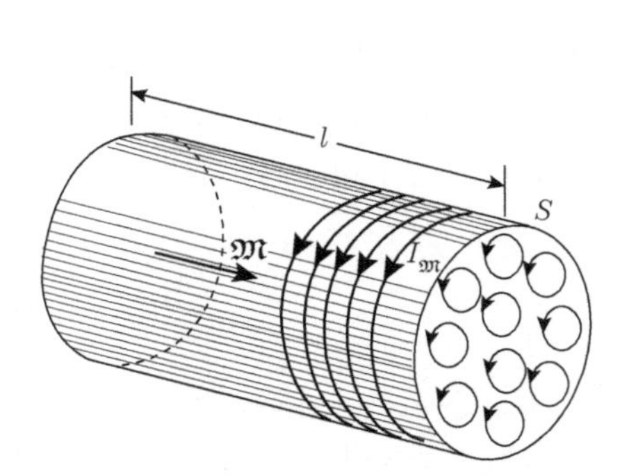

Figura 16.43 Corrente superficial de magnetização sobre um cilindro magnetizado.

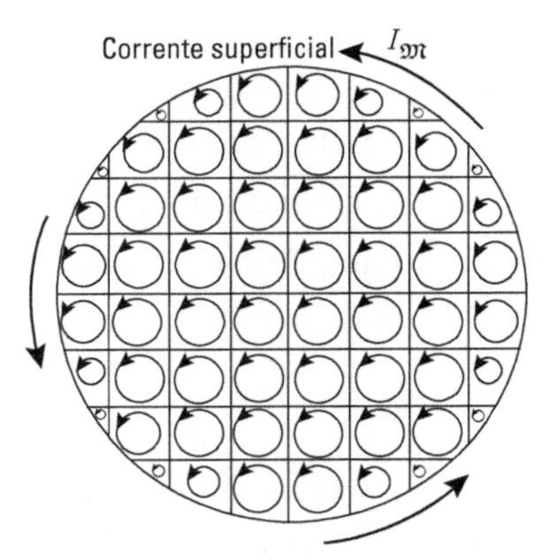

Figura 16.44 Correntes elementares dentro de um cilindro magnetizado.

O *vetor-magnetização* $\mathfrak{M}$[*] de um material é definido como o momento magnético do meio por unidade de volume. Se $\boldsymbol{m}$ é o momento de dipolo magnético com que cada átomo ou molécula contribui e n é o número de átomos ou moléculas por unidade de volume, a magnetização é $\mathfrak{M} = n\boldsymbol{m}$. O momento magnético de uma corrente elementar é expresso em $\text{A} \cdot \text{m}^2$, e, portanto, a magnetização $\mathfrak{M}$ é expressa em $\text{A} \cdot \text{m}^2/\text{m}^3 = \text{A} \cdot \text{m}^{-1}$ ou $\text{m}^{-1} \cdot \text{s}^{-1} \cdot \text{C}$, sendo equivalente à corrente por unidade de comprimento.

Existe uma relação muito importante entre a corrente superficial no corpo magnetizado e a magnetização $\mathfrak{M}$. Observamos, na Fig. 16.43, que $I_{\mathfrak{M}}$ flui na direção perpendicular a $\mathfrak{M}$. O cilindro se comporta como um grande dipolo magnético em consequência da superposição de todos os dipolos individuais. Se S é a área da seção reta do cilindro e l é o seu comprimento, seu volume é lS, e, portanto, seu momento total de dipolo magnético é $\mathfrak{M}$[**] $(lS) = (\mathfrak{M}l)S$. Mas S é exatamente a área da seção reta dos circuitos formados pela corrente superficial. Como o momento de dipolo magnético é igual à corrente vezes área, concluímos que a corrente de magnetização total que aparece na superfície do cilindro é $\mathfrak{M}l$, e, portanto, a corrente por unidade de comprimento $I_{\mathfrak{M}}$ sobre a superfície do cilindro magnetizado é $\mathfrak{M}$ ou $I_{\mathfrak{M}} = \mathfrak{M}$. Embora esse resultado tenha sido obtido para um arranjo geométrico particular, a sua validade é mais geral. Portanto, podemos dizer que

> *a corrente por unidade de comprimento, sobre a superfície de um corpo magnetizado, é igual à componente do vetor magnetização* $\mathfrak{M}$*, paralela a um plano tangente à superfície do corpo, e tem direção perpendicular a* $\mathfrak{M}$.

16.16 O campo magnetizante

Na seção anterior, vimos que uma substância magnetizada tem algumas correntes em sua superfície (e em todo o seu volume, se a magnetização não for uniforme). Entretanto essas correntes de magnetização estão “congeladas” no sentido em que são produzidas por elétrons ligados a átomos específicos ou moléculas e não são livres para se moverem

[*] Lê-se “eme” gótico (vetor).
[**] Lê-se “eme” gótico (escalar).

através da substância. Por outro lado, em outras substâncias, tais como os metais, existem cargas elétricas capazes de mover-se através delas. Chamaremos a corrente elétrica originada dessas cargas livres de corrente *livre*. Em muitas ocasiões, precisaremos distinguir explicitamente as corrente livres das correntes de magnetização, conforme faremos nesta seção.

Consideremos novamente uma porção de matéria cilíndrica colocada dentro de um solenoide longo percorrido por uma corrente I (Fig. 16.45). Essa corrente produz um campo magnético que magnetiza o cilindro e gera sobre este uma corrente superficial de magnetização na mesma direção que I. A corrente superficial de magnetização por unidade de comprimento é igual a $\mathfrak{M}$. Se o solenoide tem n espiras por unidade de comprimento, o sistema do solenoide mais o cilindro magnetizado é equivalente a um solenoide simples percorrido por uma corrente por unidade de comprimento igual a $nI + \mathfrak{M}$. Essa corrente solenoidal efetiva produz um campo magnético resultante $\boldsymbol{\mathfrak{B}}$, paralelo ao eixo do cilindro, cujo módulo é dado pela Eq. (16.71), com nI substituído pela corrente total por unidade de comprimento $nI + \mathfrak{M}$, isto é, $\mathfrak{B} = \mu_0(nI + \mathfrak{M})$, ou

$$\frac{1}{\mu_0}\mathfrak{B} - \mathfrak{M} = nI.$$

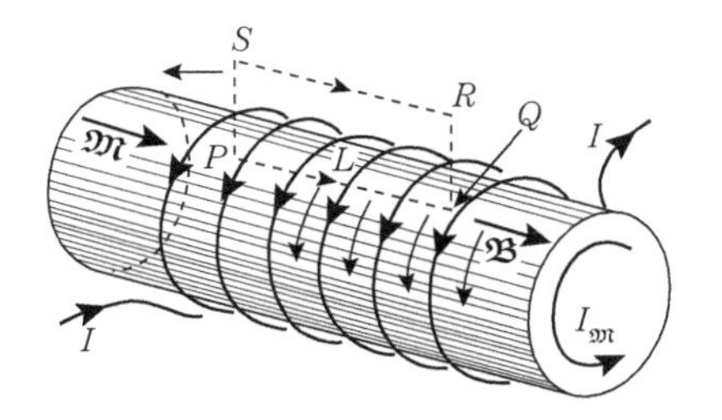

Figura 16.45

Essa expressão dá as correntes livres, ou de condução, por unidade de comprimento, nI, na superfície do cilindro, em termos do campo magnético $\boldsymbol{\mathfrak{B}}$ no meio e a magnetização $\boldsymbol{\mathfrak{M}}$ do meio. Observando-se que $\boldsymbol{\mathfrak{B}}$ e $\boldsymbol{\mathfrak{M}}$ são vetores na mesma direção, o resultado acima permite a introdução de um novo campo vetorial, chamado *campo magnetizante*, ou *intensidade de campo magnético*, definido por

$$\boldsymbol{\mathfrak{H}}^{*} = \frac{1}{\mu_0}\boldsymbol{\mathfrak{B}} - \boldsymbol{\mathfrak{M}}. \tag{16.83}$$

É expresso em $A \cdot m^{-1}$ ou $m^{-1} \cdot s^{-1} \cdot C$, que são as unidades dos dois termos que aparecem no lado direito.

Em nosso exemplo específico, temos que $\mathfrak{H}^{**} = nI$, que relaciona $\boldsymbol{\mathfrak{H}}$ à condução ou correntes livres por unidade de comprimento do solenoide. Quando consideramos um comprimento $PQ = L$ ao longo da superfície, temos

$$\mathfrak{H}L = LnI = I_{\text{livre}}, \tag{16.84}$$

* Lê-se "agá" gótico (vetor).

** Lê-se "agá" gótico (escalar).

onde $I_{\text{livre}} = LnI$ é a corrente livre total do solenoide que corresponde ao comprimento L. Calculando a circulação de $\mathfrak{H}$ ao redor do retângulo $PQRS$, temos que $\Lambda_{\mathfrak{H}} = \mathfrak{H}L$, já que $\mathfrak{H}$ é nulo fora do solenoide (ambos, $\mathfrak{B}$ e $\mathfrak{M}$, também o são) e os lados QR e SP não contribuem para a circulação, porque são perpendiculares ao campo magnético. Portanto a Eq. (16.84) pode ser escrita na forma $\Lambda_{\mathfrak{H}} = I_{\text{livre}}$, onde I_{livre} é a corrente livre total através do retângulo $PQRS$. Esse resultado é de validade mais geral do que pode sugerir nossa prova simplificada. De fato, pode-se verificar que *a circulação do campo magnetizante, ao longo de uma linha fechada, é igual à corrente livre total através do percurso*, isto é,

$$\Lambda_{\mathfrak{H}} = \oint_L \mathfrak{H} \cdot d\boldsymbol{l} = I_{\text{livre}}, \tag{16.85}$$

onde I_{livre} é a corrente total, concatenada com o percurso L, devido às cargas livres que fluem no meio ou em um circuito elétrico, mas excluindo as correntes resultantes da magnetização da matéria. Por exemplo, se o percurso L (Fig. 16.46) é concatenado com os circuitos I_1 e I_2 e passa por um corpo com magnetização $\mathfrak{M}$, devemos incluir na Eq. (16.85) apenas as correntes I_1 e I_2, enquanto, na lei de Ampère, Eq. (16.67), para o campo magnético $\mathfrak{B}$ devemos incluir todas as correntes, isto é, I_1 e I_2, em razão das cargas que se movem livremente, assim como as devidas à magnetização $\mathfrak{M}$ do corpo, resultantes de elétrons ligados.

Escrevamos a Eq. (16.83) na forma

$$\mathfrak{B} = \mu_0(\mathfrak{H} + \mathfrak{M}). \tag{16.86}$$

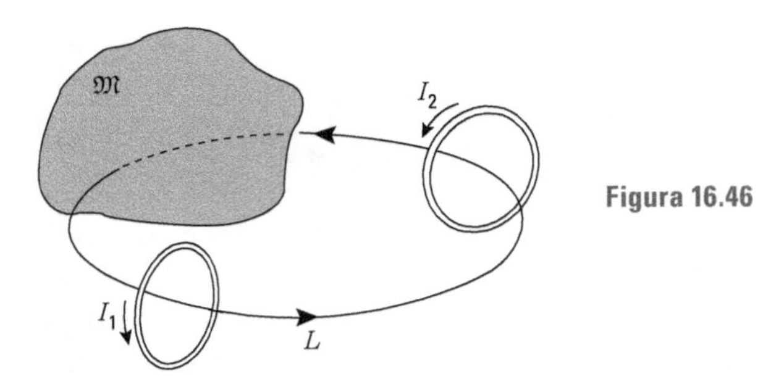

Figura 16.46

Como a magnetização $\mathfrak{M}$ do corpo está fisicamente relacionada com o campo magnético resultante $\mathfrak{B}$ poderíamos introduzir uma relação entre $\mathfrak{M}$ e $\mathfrak{B}$ semelhante à do caso elétrico, entre $\mathfrak{P}$ e $\mathfrak{E}$ dada na Eq. (16.10). Entretanto, por razões históricas, costuma-se proceder de forma diferente e expressar uma relação entre $\mathfrak{M}$ e $\mathfrak{H}$, escrevendo

$$\mathfrak{M} = \chi_m \mathfrak{H}. \tag{16.87}$$

A quantidade χ_m é chamada *suscetibilidade magnética* do material, e é um número puro independente das unidades escolhidas para $\mathfrak{M}$ e $\mathfrak{H}$. Substituindo a Eq. (16.87) na Eq. (16.86), podemos escrever

$$\mathfrak{B} = \mu_0(\mathfrak{H} + \chi_m \mathfrak{H}) = \mu_0 (1 + \chi_m)\mathfrak{H} = \mu\mathfrak{H}, \tag{16.88}$$

onde

$$\mu = \mathfrak{B}/\mathfrak{H} = \mu_0(1 + \chi_m) \tag{16.89}$$

é chamado *permeabilidade* do meio e expresso nas mesmas unidades que μ_0, isto é, $\text{m} \cdot \text{kg}^{-2} \cdot \text{C}$. A permeabilidade relativa é definida por

$$\mu_r = \mu/\mu_0 = 1 + \chi_m, \tag{16.90}$$

e é um número puro independente do sistema de unidades.

Quando a relação $\mathfrak{B} = \mu\mathfrak{H}$ é válida, podemos escrever, no lugar da Eq. (16.85),

$$\oint_L \frac{1}{\mu} \mathfrak{B} \cdot d\boldsymbol{l} = I_{\text{livre}}.$$

Se o meio é homogêneo, de forma que μ é constante, a circulação do campo magnético fica

$$\Lambda_{\mathfrak{B}} = \oint_L \mathfrak{B} \cdot d\boldsymbol{l} = \mu I_{\text{livre}}. \tag{16.91}$$

Esse resultado é semelhante à lei de Ampère, Eq. (16.67), porém com a corrente livre e com μ em vez de μ_0. Então podemos concluir que o efeito da matéria magnetizada sobre o campo magnético $\mathfrak{B}$ é a substituição de μ_0 por μ. Por exemplo, o campo magnético de uma corrente retilínea, em um meio magnetizado, é

$$\mathfrak{B} = \frac{\mu I}{2\pi r} \tag{16.92}$$

em vez do valor dado pela Eq. (15.41).

16.17 Cálculo da suscetibilidade magnética

Como a suscetibilidade magnética χ_m, tal como a suscetibilidade elétrica χ_e, expressa a resposta de um meio a um campo magnético externo, ela está relacionada com as propriedades dos átomos e das moléculas do meio. Dois efeitos entram no fenômeno da magnetização da matéria, por um campo magnético externo. Um deles consiste em uma *distorção* do movimento eletrônico devido ao campo magnético. O outro é um *efeito de orientação* quando o átomo, ou a molécula, tem um momento magnético permanente. Ambos os efeitos contribuem para o valor de χ_m, e serão discutidos separadamente.

(a) *Efeito de distorção.* Sabemos que um campo magnético exerce uma força sobre uma carga em movimento. Portanto, se aplicarmos um campo magnético externo a uma substância, os elétrons que se movem nos átomos ou moléculas estarão sujeitos a uma força adicional produzida pelo campo magnético aplicado. Isso produz uma perturbação do movimento eletrônico. Se quiséssemos calcular precisamente essa perturbação, teríamos de usar os métodos da mecânica quântica. Assim, limitar-nos-emos à exposição dos principais resultados, fornecendo uma ilustração simplificada no Ex. 16.21.

O efeito de um campo magnético sobre o movimento eletrônico em um átomo é equivalente a uma corrente adicional induzida no átomo. Essa corrente é orientada em uma direção tal que o momento de dipolo magnético associado a ela esteja na mesma direção e em sentido *oposto* àquele do campo magnético. Como esse efeito é independente da orientação do átomo, e é o mesmo para todos os átomos, concluímos que *a substância adquiriu uma magnetização* $\mathfrak{M}$ *oposta ao campo magnético*, cujo resultado contrasta com o encontrado no caso do campo elétrico. Esse comportamento, denominado *diamagnetismo*, é comum a todas as substâncias, embora em muitas seja mascarado pelo efeito paramagnético descrito a seguir. A magnetização resultante é dada por

$$\mathfrak{M} = -\frac{ne^2\mu_0}{6m_e}\left(\sum_i r_i^2\right)_{med} \mathfrak{H}, \tag{16.93}$$

onde $\mathfrak{H}$ é o campo magnetizante na substância, n é o número de átomos por unidade de volume, e r_i é a distância do núcleo ao iésimo elétron de um átomo. A somatória estende-se sobre todos os elétrons do átomo, e a média deve ser calculada de acordo com as prescrições da mecânica quântica. As outras quantidades têm seus significados usuais. O sinal negativo é devido ao fato de $\mathfrak{M}$ ser oposto a $\mathfrak{H}$.

Portanto, de acordo com a Eq. (16.87), a suscetibilidade magnética é

$$\chi_m = -\frac{ne^2\mu_0}{6m_e}\left(\sum_i r_i^2\right)_{\text{med}} \tag{16.94}$$

e, como ela é negativa, a permeabilidade relativa $\mu_r = 1 + \chi_m$ é menor do que um. Se introduzirmos os valores das constantes conhecidas, admita que n é aproximadamente 10^{28} átomos por m^3 em um sólido, e avalie que r_i é aproximadamente 10^{-10} m (o que é a ordem de grandeza de uma órbita eletrônica), teremos então que χ_m é da ordem de grandeza de 10^{-5} para os sólidos, correspondendo aos valores registrados na Tab. 16.3. O resultado (16.94) é o equivalente magnético da suscetibilidade elétrica estática, deduzido na Eq. (16.22).

Tabela 16.3 Suscetibilidades magnéticas em temperatura ambiente

Substâncias diamagnéticas	χ_m	Substâncias paramagnéticas	χ_m
Hidrogênio (1 atm)	$-2{,}1 \times 10^{-9}$	Oxigênio (1 atm)	$2{,}1 \times 10^{-6}$
Nitrogênio (1 atm)	$-5{,}0 \times 10^{-9}$	Magnésio	$1{,}2 \times 10^{-5}$
Sódio	$-2{,}4 \times 10^{-6}$	Alumínio	$2{,}3 \times 10^{-5}$
Cobre	$-1{,}0 \times 10^{-5}$	Tungstênio	$6{,}8 \times 10^{-5}$
Bismuto	$-1{,}7 \times 10^{-5}$	Titânio	$7{,}1 \times 10^{-5}$
Diamante	$-2{,}2 \times 10^{-5}$	Platina	$3{,}0 \times 10^{-4}$
Mercúrio	$-3{,}2 \times 10^{-5}$	Cloreto de gadolínio ($GdCl_3$)	$2{,}8 \times 10^{-3}$

(b) *Efeito de orientação.* Em seguida chegamos ao efeito de orientação. Como foi indicado no Ex. 15.6, um átomo ou molécula pode ter um momento de dipolo magnético permanente, associado com a quantidade de movimento angular de seus elétrons. Nesse caso, a presença de um campo magnético externo produz um conjugado que tende a alinhar todos os dipolos magnéticos na sua direção produzindo uma magnetização adicional denominada *paramagnetismo*. O magnetismo adquirido por uma substância paramagnética está, portanto, na direção e sentido do campo magnético. Esse é um efeito muito mais forte do que o diamagnetismo e, no caso de substâncias paramagnéticas, os efeitos diamagnéticos são, em geral, completamente mascarados pelos efeitos paramagnéticos.

A *suscetibilidade paramagnética* dos gases é dada aproximadamente por uma expressão semelhante à Eq. (16.26) para a suscetibilidade elétrica devida às moléculas polares:

$$\chi_m = \frac{nm_0^2\mu_0}{3kT}, \tag{16.95}$$

onde m_0 é o momento magnético permanente atômico ou molecular, T é a temperatura absoluta da substância, e k é a constante de Boltzmann. Como no caso elétrico, χ_m decresce se a temperatura da substância aumenta. Essa dependência da temperatura deve-se ao movimento molecular, que aumenta com a temperatura, e, portanto, tende a contrabalançar o efeito de alinhamento do campo magnético. Pelo Prob. 15.50, sabemos agora que a ordem de grandeza do momento magnético atômico é 10^{-23} J · T^{-1}. Portanto, quando introduzimos os valores das outras constantes, a Eq. (16.95) dá a suscetibilidade paramagnética na temperatura ambiente (298 K) com uma ordem de grandeza de 10^{-4} para sólidos e 10^{-7} para gases em TPN. Esse resultado corresponde satisfatoriamente aos valores dados na Tab. 16.3 para substâncias paramagnéticas.

Uma conclusão importante é que, para ambas as substâncias, paramagnética e diamagnética, χ_m é muito pequeno comparado com a unidade e, em muitas ocasiões, podemos substituir $\mu_r = 1 + \chi_m$ por um.

(c) *Outros efeitos.* Uma terceira classe de substâncias magnéticas são as chamadas *ferromagnéticas.* A característica principal das substâncias ferromagnéticas é que elas apresentam uma magnetização permanente, o que indica uma tendência natural dos momentos magnéticos de seus átomos ou moléculas de alinharem-se sob suas mútuas interações. A magnetita e outros ímãs naturais, mencionados no começo do Cap. 15, são exemplos de substâncias ferromagnéticas. Apesar de sua origem ser diferente, o ferromagnetismo é, entretanto, semelhante à ferroeletricidade em todo o seu comportamento. Ele está associado a uma interação entre os "spins" S_1 e S_2 de dois elétrons que, basicamente, é da forma $-JS_1 \cdot S_2$, onde a quantidade J, denominada *integral de troca*, depende da distância entre os elétrons. Quando J é positivo, o equilíbrio é alcançado se S_1 e S_2 são paralelos, resultando em uma orientação paralela dos "spins" eletrônicos em regiões microscópicas chamadas *domínios* (Figs. 16.47a e 16.48a) que têm dimensões da ordem de 10^{-8} a 10^{-12} m^3 e que contêm de 10^{21} a 10^{17} átomos. A direção e o sentido de magnetização de um domínio dependem da estrutura cristalina da substância. Por exemplo, para o ferro, que se cristaliza com uma estrutura cúbica, as direções e sentidos de *fácil* magnetização estão ao longo dos três eixos do cubo. Em uma porção de matéria, os domínios podem se orientar espontaneamente, em diferentes direções, dando um efeito total, ou macroscópico, que pode ser nulo ou desprezível. Na presença de um campo magnético externo, os domínios sofrem dois efeitos: os domínios orientados favoravelmente, em relação ao campo magnético, aumentam à custa dos orientados menos favoravelmente (Fig. 16.47b); enquanto a intensidade do campo magnético externo aumenta, a magnetização dos domínios tende a se alinhar na direção do campo (Fig. 16.47c), e a porção de matéria torna-se um *ímã.* O ferromagnetismo é uma propriedade que depende da temperatura e para cada substância existe uma temperatura, chamada a *temperatura de Curie*, acima da qual torna-se paramagnética. Esse fenômeno ocorre quando o movimento térmico é suficientemente grande para contrabalançar as forças de alinhamento. As substâncias que são ferromagnéticas em temperatura ambiente são: ferro, níquel, cobalto, e gadolínio. Suas temperaturas de Curie são, respectivamente, 770 °C, 365 °C, 1.075 °C, e 15 °C.

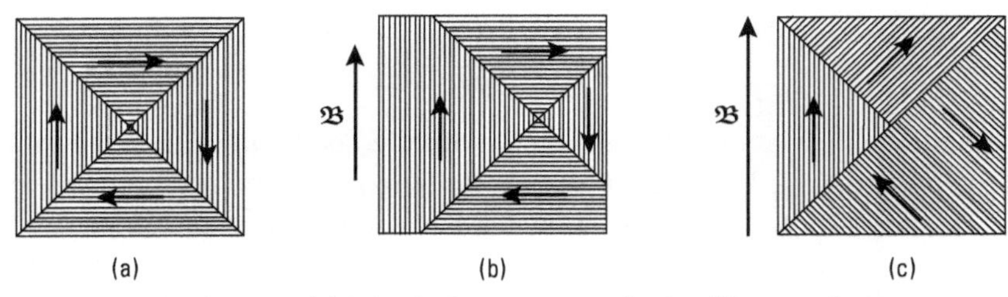

Figura 16.47 Domínios magnéticos, (a) Substâncias não magnetizadas, (b) magnetização por crescimento de domínios, (c) magnetização por orientação de domínios.

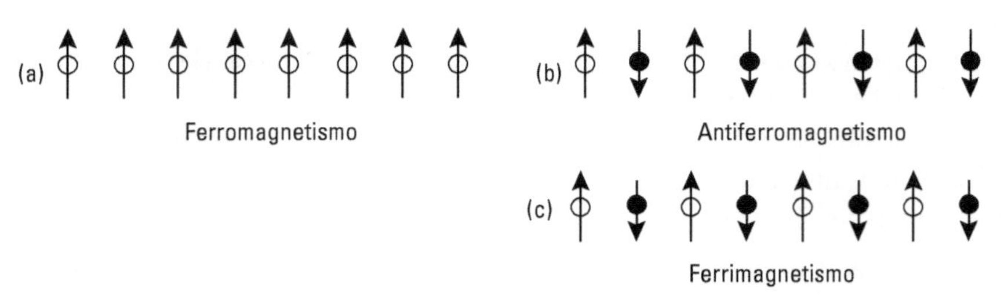

Figura 16.48 Orientação de momentos de dipolo magnético em várias substâncias.

Entretanto, para algumas substâncias, é possível também que $\boldsymbol{J}$ seja negativo. Assim, o equilíbrio é alcançado se os "spins" eletrônicos forem antiparalelos, produzindo uma magnetização total nula (Fig. 16.48b). Nesse caso, a substância é chamada *antiferromagnética*. Algumas das substâncias antiferromagnéticas são MnO, FeO, CoO e NiO.

Outro tipo de magnetização é chamado de *ferrimagnetismo*. É semelhante ao antiferromagnetismo, porém os momentos magnéticos atômicos ou iônicos, em uma direção, são diferentes dos orientados na direção oposta, produzindo uma magnetização resultante (Fig. 16.48c). Essas substâncias são chamadas *ferritas* e, geralmente, podem ser representadas pela fórmula química $MOFe_2O_3$, onde M representa Mn, Co, Ni, Cu, Mg, Zn, Cd etc. Observe que, se M é Fe, obtemos o composto Fe_3O_4, ou magnetita.

■ **Exemplo 16.21** Calcular o momento magnético atômico induzido por um campo magnético externo.

Solução: Já indicamos que um campo magnético externo produz um momento magnético em um átomo, em uma direção oposta ao campo. Esse fato pode ser provado por meio de um modelo muito simples. Consideremos um elétron cuja carga é $-e$ girando ao redor de um núcleo N e para simplificar admitamos que a órbita seja circular, de raio ρ, e que está no plano XY. Se ω_0 é a velocidade angular dos elétrons e $\boldsymbol{F}$ a força do núcleo sobre o elétron, a equação de movimento do elétron é, então,

$$m_e \omega_0^2 \rho = F.$$

Se, em seguida, um campo magnético $\mathfrak{B}$ for aplicado ao longo do eixo dos Z (isto é, perpendicular ao plano da órbita), uma força adicional $\boldsymbol{F}' = -e\boldsymbol{v} \times \mathfrak{B}$ será exercida sobre o elétron. Essa força estará ou no mesmo sentido de F ou no sentido oposto, dependendo da orientação relativa de ω_0 e $\mathfrak{B}$, conforme indica a Fig. 16.49. Como a força radial sobre o elétron foi alterada, a frequência angular (admitindo que o raio permaneça o mesmo) também mudará, vindo a ser ω. Usando $v = \omega\rho$ e o fato de que o módulo de $\boldsymbol{F}'$ é $ev\mathfrak{B}$, a equação de movimento do elétron agora é

$$m_e\omega_0^2\rho = F \pm e\omega\rho\mathfrak{B},$$

onde o sinal positivo vigora para o caso (a) da Fig. 16.49 e o sinal negativo para o caso (b). Subtraindo ambas as equações de movimento para eliminar F, encontramos

$$m_e(\omega^2 - \omega_0^2)\rho = \pm e\omega\mathfrak{B} \quad \text{ou} \quad m_e(\omega + \omega_0)(\omega - \omega_0) = \pm e\omega\mathfrak{B}.$$

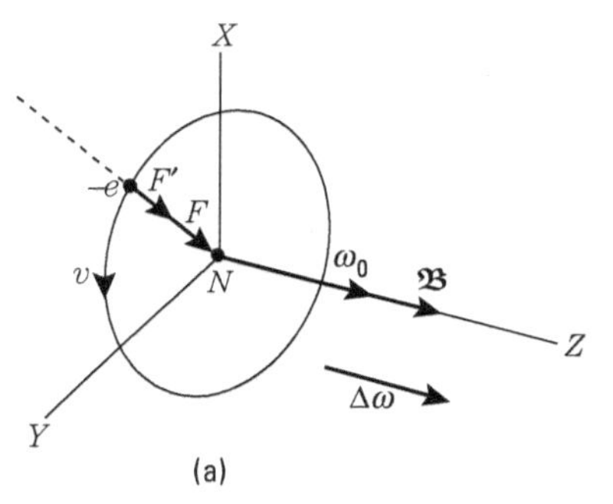

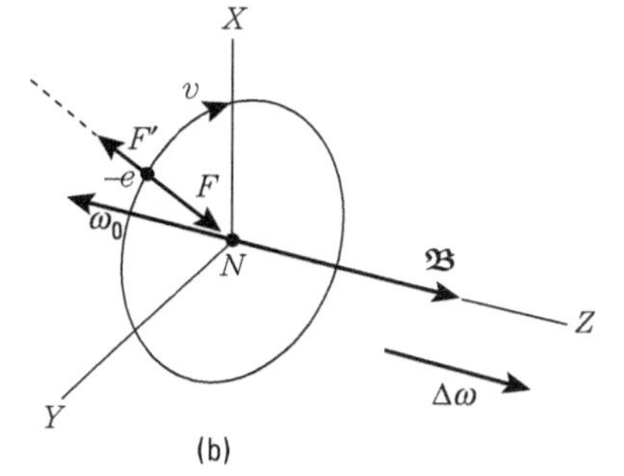

Figura 16.49 Explicação do diamagnetismo.

Sendo a variação em frequência, $\Delta\omega = \omega - \omega_0$, muito pequena, podemos substituir $\omega + \omega_0$ por 2ω sem grande erro. Portanto temos

$$2m_e\Delta\omega = \pm e\mathfrak{B} \quad \text{ou} \quad \Delta\omega = \pm\frac{e}{2m_e}\mathfrak{B},$$

de forma que a variação em frequência é igual à frequência de Larmor Ω_L, que definimos no Ex. 15.7. O sinal positivo vigorando no caso (a) significa um acréscimo em ω_0, e, portanto, $\Delta\omega$ está apontando para a direita. O sinal negativo vigorando no caso (b) significa um decréscimo em ω_0, e, portanto, $\Delta\omega$ está também apontando para a direita. Assim, podemos escrever em ambos os casos a relação vetorial

$$\Delta\boldsymbol{\omega} = \frac{e}{2m_e}\boldsymbol{\mathfrak{B}}.$$

A variação na frequência do movimento eletrônico produz uma corrente total $-e(\Delta\omega/2\pi)$ e, portanto, usando a definição (15.19), um momento magnético

$$\boldsymbol{m} = -e\left(\frac{\Delta\omega}{2\pi}\right)\left(\pi\rho^2\right) = -\frac{e^2\rho^2}{4m_e}\boldsymbol{\mathfrak{B}}.$$

Portanto o momento magnético está na mesma direção e em sentido oposto ao do campo magnético $\boldsymbol{\mathfrak{B}}$, e a substância como um todo adquirirá uma magnetização oposta ao campo magnético aplicado. Como nosso cálculo foi demasiadamente simplificado, a fim de obtermos um resultado mais geral, devemos levar em consideração a distribuição ao acaso das órbitas eletrônicas no espaço e analisar com maior detalhe a natureza do campo magnético local $\mathfrak{B}$ que atua sobre o elétron. Em todo caso, nosso cálculo coincide basicamente com o resultado citado na Eq. (16.93).

16.18 Sumário das leis para campos estáticos

Neste capítulo, discutimos os campos elétricos e magnéticos estáticos como duas entidades separadas sem nenhuma relação entre eles, exceto que as fontes do campo elétrico são cargas elétricas e as fontes do campo magnético são correntes elétricas. Daqui, chegamos a dois conjuntos separados de equações, que aparecem na Tab. 16.4, ambos na forma integral e diferencial. Essas equações permitem-nos calcular o campo elétrico $\mathfrak{E}$ e o campo magnético $\mathfrak{B}$, quando as cargas e as correntes forem conhecidas, e reciprocamente. Portanto, aparentemente, os campos elétrico e magnético estáticos poderiam ser considerados como dois campos independentes. Contudo, sabemos que isso não é verdade, uma vez que no Cap. 15 deduzimos as regras para relacionar os campos elétrico e magnético, tais como foram medidos por dois observadores em movimento uniforme relativo, empregando a transformação de Lorentz, e observamos que $\mathfrak{E}$ e $\mathfrak{B}$ estão estreitamente relacionados. Portanto podemos esperar que, nos casos dependentes do tempo, as equações anteriores exijam algumas modificações. Aprender como fazer tais modificações é a tarefa do próximo capítulo, no qual vamos obter um novo conjunto de equações baseado na evidência experimental e que é extensão das equações anteriores.

Tabela 16.4 Equações do campo eletromagnético estático

Lei	Forma integral	Forma diferencial
I. Lei de Gauss para o campo elétrico [Eqs. (16.3) e (16.5)]	$\oint_S \mathfrak{E}\cdot\boldsymbol{u}_N dS = \frac{q}{\varepsilon_0}$	$\text{div}\,\mathfrak{E} = \frac{\rho}{\varepsilon_0}$
II. Lei de Gauss para o campo magnético [Eqs. (16.81) e (16.82)]	$\oint_S \mathfrak{B}\cdot\boldsymbol{u}_N dS = 0$	$\text{div}\,\mathfrak{B} = 0$
III. Circulação do campo elétrico [Eqs. (16.62) e (16.79)]	$\oint_L \mathfrak{E}\cdot d\boldsymbol{l} = 0$	$\text{rot}\,\mathfrak{E} = 0$
IV. Circulação do campo magnético (Lei de Ampère) [Eqs. (16.67) e (16.78)]	$\oint_L \mathfrak{B}\cdot d\boldsymbol{l} = \mu_0 I$	$\text{rot}\,\mathfrak{B} = \mu_0\boldsymbol{j}$

REFERÊNCIAS

FEYNMAN, R.; LEIGHTON, R.; SANDS, M. *The Feynman lectures on Physics*. v. II. Reading, Mass.: Addison-Wesley, 1963.

MAGIE, W. F. *Source book in Physics*. Cambridge, Mass.: Harvard University Press, 1963.

McMILLAN, J. A. Equipment for the determination of magnetic susceptibilities. *Am. J. Phys.*, v. 27, n. 352, 1959.

POHL H. Nonuniform electric fields. *Sci. Am.*, p. 106, Dec. 1960.

REITZ, J. R.; MILFORD, F. J. *Foundations of electromagnetic theory*. 2. ed. Reading, Mass.: Addison-Wesley, 1967.

SCOTT, W. Resource letter FC-1 on the evolution of the electromagnetic field concept. *Am. J. Phys.*, v. 31, n. 819, 1963.

PROBLEMAS

16.1 Uma esfera oca, de raio externo R_1 e raio interno R_2, tem uma carga q uniformemente distribuída em seu volume. (a) Determine o campo elétrico e o potencial elétrico para um ponto exterior à esfera, para um ponto na esfera oca e para um ponto no interior da esfera oca. (b) Faça um gráfico do campo elétrico e do potencial elétrico em função da distância ao centro da esfera oca.

16.2 Uma esfera condutora oca, de raio externo R_1 e raio interno R_2, tem uma carga q em seu centro. (a) Determine a carga nas superfícies interna e externa da esfera oca condutora. (b) Calcule o campo elétrico e o potencial elétrico para um ponto fora da esfera oca, para um ponto na esfera oca e para um ponto no interior da esfera oca. (c) Faça um gráfico do campo elétrico e do potencial elétrico em função da distância ao centro da esfera oca. [*Sugestão*: lembre-se de que o campo elétrico, no interior de um condutor, é igual a zero.]

16.3 Supondo que o elétron está "espalhado" sobre todo espaço no átomo de hidrogênio com uma densidade de $\rho = Ce^{-2r/a_0}$, onde $a_0 = 0{,}53 \times 10^{-10}$ m. (a) Determine a constante C para que a carga total seja igual a $-e$. (b) Determine a carga total no interior de uma esfera de raio a_0, que corresponde ao raio da órbita do elétron. (c) Obtenha o campo elétrico como função de r. (d) A que distância o campo elétrico difere em 1% de $-e/4\pi\varepsilon_0 r^2$? [*Sugestão*: para a parte (a), divida o espaço em camadas esféricas, cada uma com volume de $4\pi r^2\, dr$.]

16.4 A superfície cúbica fechada de aresta a, representada na Fig. 16.50, é colocada em uma região onde existe um campo elétrico paralelo ao eixo dos X. Determine o fluxo do campo elétrico através da superfície e a carga total no interior da superfície, considerando que o campo elétrico (a) é uniforme, (b) varia de acordo com $\mathfrak{E} = Cx$.

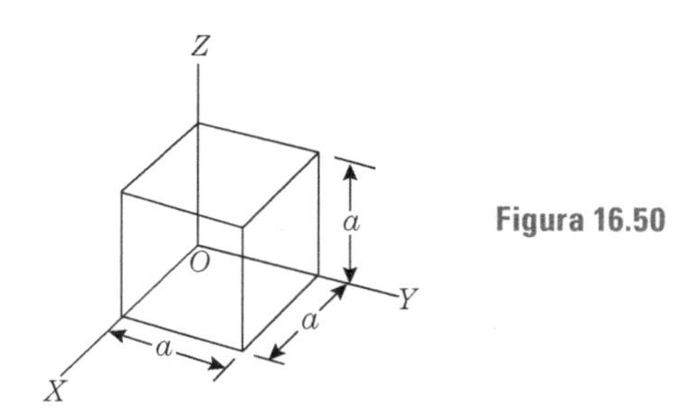

Figura 16.50

16.5 Determine o fluxo do campo elétrico e a carga total no interior do cubo de aresta a (Fig. 16.50), quando colocado em uma região onde o campo elétrico é (a) $\mathfrak{E} = \boldsymbol{u}_x cx^2$, (b) $\mathfrak{E} = c(\boldsymbol{u}_x y + \boldsymbol{u}_y x)$. Determine também, em cada caso, a densidade de carga.

16.6 Duas esferas condutoras de raios 0,10 cm e 0,15 cm têm cargas de 10^{-7} C e 2×10^{-7} C, respectivamente. As esferas são colocadas em contato e depois separadas. Calcule a carga em cada esfera.

16.7 Uma esfera metálica, com 1 m de raio, tem uma carga total de 10^{-9} C, e é ligada por um fio condutor a uma outra esfera de 0,30 m de raio, inicialmente descarregada (distante da esfera maior), de forma que ambas têm o mesmo potencial elétrico. (a) Qual será a carga de equilíbrio em cada esfera depois de serem ligadas? (b) Qual é a energia da esfera carregada antes de ser ligada? (c) Qual é a energia do sistema depois de as esferas serem ligadas? Se ocorrer alguma perda de energia, explique para onde esta foi. (d) Mostre que, nas esferas de raio R_1 e R_2, ligadas pelo fio condutor, a carga é distribuída de forma que $\sigma_1/\sigma_2 = R_1/R_2$, onde σ é a densidade superficial de cargas elétricas. (e) Finalmente, mostre que o valor do campo elétrico na superfície das esferas é tal que $\mathfrak{E}_{1,\text{superfície}}/\mathfrak{E}_{2,\text{superfície}} = R_2/R_1$. Despreze o efeito do fio na solução deste problema.

16.8 Uma carga q é colocada a uma distância a de um plano infinito, condutor, fixo e a um potencial zero. Pode-se mostrar que o campo elétrico resultante, em frente ao plano, é igual ao que resulta se colocamos uma carga negativa $-q$ a uma distância $-a$ e retiramos o plano (veja a Fig. 16.51). Essa segunda carga é chamada de *imagem* da primeira. (a) Mostre que o potencial elétrico no plano é zero e que o campo elétrico é normal ao plano. (b) Mostre que a densidade de carga no plano é qa/r^3. (c) Verifique se a carga total no plano é igual a $-q$.

16.9 Uma esfera condutora, de raio a, é colocada em um campo elétrico uniforme $\mathfrak{E}_0$, conforme mostra a Fig. 16.52. Uma vez que a esfera deve estar a um potencial constante, podemos admitir que seja zero. O campo elétrico atua sobre as cargas livres da esfera até que o campo elétrico no interior da esfera seja zero. A esfera polariza-se, distorcendo o campo elétrico em sua volta, apesar de, a grandes distâncias, o campo permanecer uniforme. Pode-se mostrar que o potencial elétrico, solução da equação de Laplace, que satisfaz as condições deste problema, é $V = -\mathfrak{E}_0 r \cos\theta\,(1 - a^3/r^3)$. (a) Verifique se o potencial elétrico da esfera é zero. (b) Mostre que, a distâncias muito grandes, o potencial corresponde ao do campo uniforme. (c) Observe que o potencial V é a soma do potencial de um campo elétrico uniforme e do potencial de um dipolo elétrico. Obtenha o momento de dipolo elétrico da esfera. (d) Obtenha as componentes radial e transversal do campo elétrico. (e) Verifique que, na superfície do condutor, o campo elétrico é perpendicular a ela. (f) Faça um gráfico das linhas de força do campo elétrico resultante. (g) Determine a densidade superficial de carga. Discuta a sua variação na superfície da esfera. (h) Verifique se a carga total na esfera é igual a zero. (i) Mostre que o campo elétrico produzido pelas cargas superficiais no centro da esfera é $-\mathfrak{E}_0$. O mesmo ocorre em qualquer ponto no interior da esfera. Esse resultado era esperado?

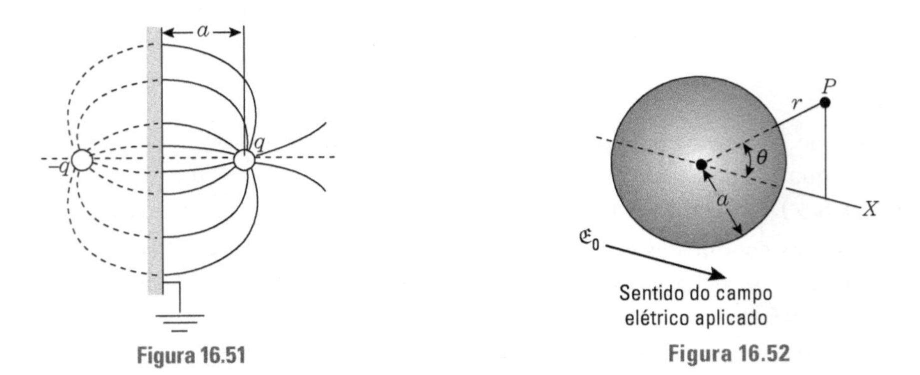

Figura 16.51

Figura 16.52

16.10 Pode-se provar, como um resultado das Eqs. (16.16) e (16.17), que, na superfície de separação entre dois dielétricos, a componente tangencial do campo elétrico e a componente normal do deslocamento do campo elétrico são contínuas, isto é, elas têm o mesmo valor em ambos os lados da superfície. (A segunda afirmação só será válida se a superfície não contiver cargas.) Mostre que os ângulos formados pelas linhas de força com a normal à superfície satisfazem a relação $\text{tg}\ \theta_1/\text{tg}\ \theta_2 = \varepsilon_1/\varepsilon_2$.

16.11 A permissividade do diamante é $1{,}46 \times 10^{-10}\ C^2 \cdot m^{-2} \cdot N^{-1}$. (a) Qual é a constante dielétrica do diamante? (b) Qual é a suscetibilidade do diamante?

16.12 O *statfarad* é a unidade de capacidade definida como a capacidade de um condutor com um potencial de um statvolt, quando carregado com um statcoulomb. Prove que um statfarad é igual a 9×10^{11} F. [Outras unidades úteis são o microfarad (μF), igual a 10^{-6} F, e o picofarad (pF), igual a 10^{-12} F.]

16.13 Mostre que a energia elétrica de um condutor carregado e isolado é $\frac{1}{2} C \cdot V^2$. Mostre, também que o mesmo resultado vale para um capacitor de placas paralelas e, em geral, para qualquer capacitor.

16.14 Um capacitor de ar, formado de duas placas paralelas muito próximas, tem uma capacidade de 1.000 pF. A carga em cada placa é de 1 C. (a) Qual é a diferença de potencial entre as placas? (b) Qual será a diferença de potencial entre as placas se a sua separação for dobrada, admitindo-se que a carga nas placas seja mantida constante? (c) Qual é o trabalho necessário para dobrar a separação entre as placas?

16.15 Podemos fazer um capacitor prensando uma folha de papel, com 4 cm de espessura, entre folhas de estanho. O papel tem uma constante dielétrica relativa de 2,8 e conduzirá eletricidade se estiver em um campo elétrico de módulo $5 \times 10^7\ V \cdot m^{-1}$ (ou maior), isto é, a *rigidez dielétrica* do papel é 50 $MV \cdot m^{-1}$. (a) Determine a área das placas necessária para que um capacitor de papel e estanho seja de 0,3 μF. (b) Qual é o potencial máximo que pode ser aplicado para que o campo elétrico no papel não exceda pela metade da rigidez dielétrica?

16.16 Um capacitor de placas paralelas foi construído usando-se borracha como dielétrico. A borracha tem uma constante dielétrica de 3 e uma rigidez dielétrica de 20 $MV \cdot m^{-1}$. O capacitor deverá ter uma capacitância de 0,15 μF e ser capaz de resistir a uma diferença de potencial máxima de 6.000 V. Qual é a área mínima das placas do capacitor?

16.17 A capacitância de um condensador variável de rádio pode variar de 50 pF até 950 pF, girando o mostrador de 0 até 180°. Com o mostrador em 180°, o capacitor é ligado a uma bateria de 400 V. Depois de carregado, o capacitor é desligado da bateria e o mostrador é girado até 0°. (a) Qual é a carga no capacitor? (b) Qual é a diferença de potencial no capacitor quando o mostrador está em 0°? (c) Qual é a energia do capacitor nessa posição? (d) Desprezando o atrito, determine a quantidade de trabalho necessária para girar o mostrador.

16.18 Um capacitor de 20 μF é carregado até uma diferença de potencial de 1.000 V. Os terminais do capacitor carregado são ligados a um capacitor de 5 μF descarregado. Calcule (a) a carga inicial do sistema, (b) a diferença de potencial em cada capacitor, (c) a energia final do sistema, (d) o decréscimo de energia quando os capacitores são ligados.

16.19 (a) Mostre que a capacidade de um capacitor esférico de raios a e b é $\varepsilon_r ab/(a - b)$. (b) Mostre que a capacidade de um capacitor cilíndrico de raios a e b é $\varepsilon_r/2 \ln (b/a)$.

16.20 Um dado capacitor é formado por 25 folhas finas de metal, cada uma com 600 cm^2 de área, separadas uma da outra por papel parafinado (permissividade relativa igual a 2,6). Determine a capacidade do sistema.

16.21 Três capacitores de 1,5 μF, 2 μF e 3 μF são ligados em (1) série, (2) paralelo e é aplicada uma diferença de potencial de 20 V. Determine, em cada caso, (a) a capacidade do sistema, (a) a carga e a diferença de potencial em cada capacitor, e (c) a energia do sistema.

16.22 Determine a capacidade da associação de capacitores ilustrada na Fig. 16.53. Aplicando-se uma diferença de potencial de 120 V, determine a carga e a diferença de potencial em cada capacitor bem como a energia do sistema.

16.23 Na associação de capacitores da Fig. 16.54, os capacitores são $\boldsymbol{C}_1 = 3\ \mu$F, $\boldsymbol{C}_2 = 2\ \mu$F, $C_3 = 4\ \mu$F. A diferença de potencial aplicado entre os pontos a e b é de 300 V. Determine (a) a carga e a diferença de potencial em cada capacitor, (b) a energia do sistema. Use dois métodos diferentes para calcular (b).

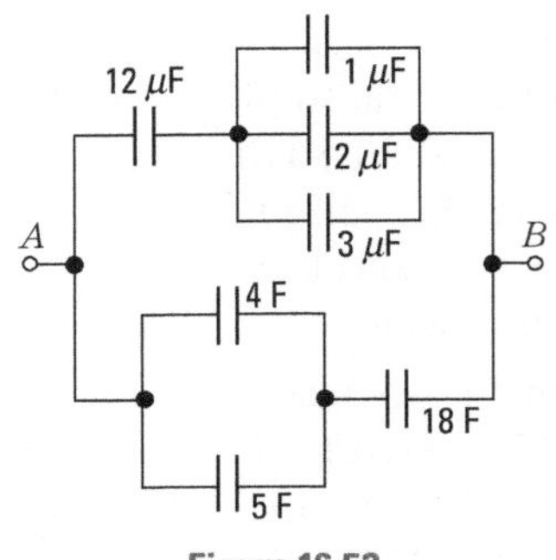

Figura 16.53

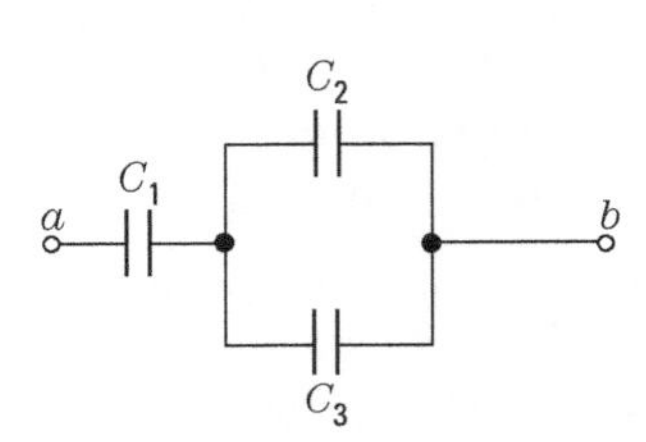

Figura 16.54

16.24 Dada a associação de capacitores da Fig. 16.55, mostre que a relação entre C_1 e C_2 deve ser $C_2 = 0{,}618C_1$ para que a capacidade do sistema seja igual a C_2.

16.25 Usando o resultado do problema anterior, mostre que a capacidade do sistema da Fig. 16.56 é $0{,}618C_1$. [*Sugestão*: observe que, se o sistema for cortado na linha pontilhada, a seção à direita será ainda igual ao sistema original, pois é formada por um número infinito de capacitores.]

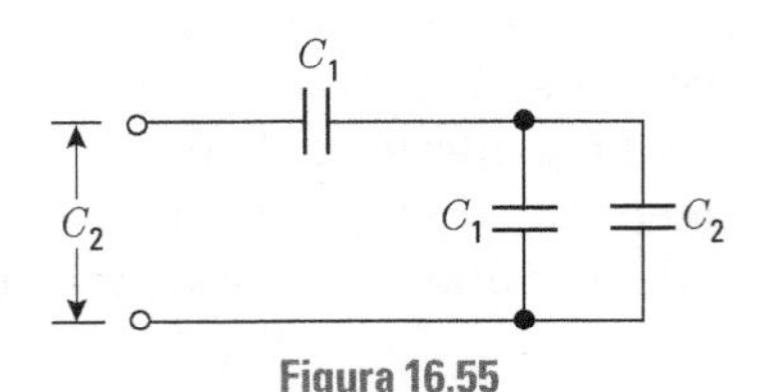

Figura 16.55

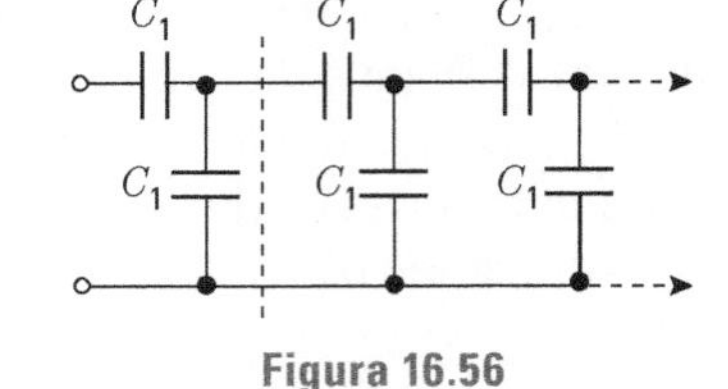

Figura 16.56

16.26 Uma placa de dielétrico é introduzida parcialmente entre as duas placas paralelas de um capacitor, tal como mostra a Fig. 16.57. Calcule, como função de x, (a) a capacidade do sistema, (b) a energia do sistema e (c) a força na placa de dielétrico. Suponha constante o potencial aplicado ao capacitor. [*Sugestão*: observe que os sistemas podem ser considerados como dois capacitores em paralelo.]

16.27 As placas de um capacitor de placas paralelas têm, no vácuo, cargas iguais a $+Q$ e $-Q$, e estão separadas entre si de uma distância x. As placas são desligadas da fonte de potencial e separadas de uma pequena distância dx. (a) Qual é a variação dC na capacidade do capacitor? (b) Qual é a variação $dE_{\mathfrak{E}}$ em sua energia? (c) Compare o trabalho $F\,dx$ ao aumento de energia $dE_{\mathfrak{E}}$ e determine a força de atração F entre as placas. (d) Explique por que F não é igual a $Q\mathfrak{E}$, onde $\mathfrak{E}$ é o módulo do campo elétrico entre as placas. Refaça o problema para o caso em que o potencial V é mantido constante.

16.28 Um *eletrômetro*, esquematizado na Fig. 16.58, é usado para determinar diferenças de potencial. Consiste numa balança cujo prato esquerdo é um disco de área S colocado a uma distância a de um plano horizontal, formando assim um capacitor. Quando uma diferença de potencial é aplicada entre o disco e o plano, uma força para baixo é produzida no disco. Para restaurar o equilíbrio da balança, uma massa m é colocada no outro prato. Mostre que $V = a\sqrt{2mg/\varepsilon_0 S}$. [*Observação*: no instrumento real, o disco é rodeado por um anel mantido no mesmo potencial para assegurar a uniformidade do campo elétrico em todo o disco.]

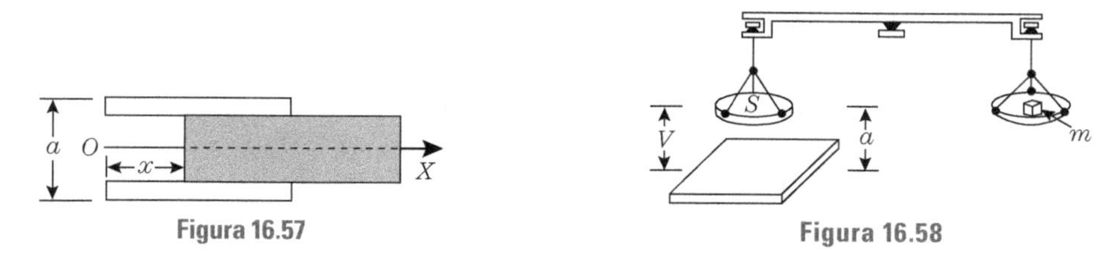

Figura 16.57

Figura 16.58

16.29 Quatro capacitores estão associados como mostra a Fig. 16.59. Uma diferença de potencial V é aplicada entre os terminais A e B e um eletrômetro E é ligado entre C e D para determinar a sua diferença de potencial. Mostre que o eletrômetro lê zero se $C_1/C_2 = C_3/C_4$. Esse é um arranjo em ponte que pode ser usado para determinar a capacidade de um capacitor em termos de um capacitor padrão e da razão de duas capacidades.

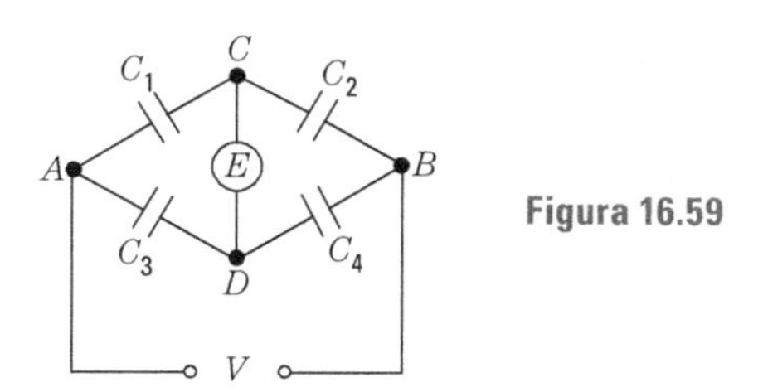

Figura 16.59

16.30 Em um meio ionizado (tal como um gás ou um eletrólito), existem íons positivos e íons negativos. Mostre que, se cada íon leva uma carga $\pm\, \nu e$, a densidade de corrente é $\boldsymbol{j} = \nu e(n_+\boldsymbol{v}_+ - n_-\boldsymbol{v}_-)$, onde n_+ e n_- são os números de íons de cada classe por unidade de volume.

16.31 Estimou-se em cerca de 10^{29} o número de elétrons livres existentes por metro cúbico no cobre. Usando o valor da condutividade do cobre dado na Tab. 16.2, calcule o tempo de relaxação para um elétron no cobre.

16.32 A corrente em um condutor é dada por $7 = 4 + 2t^2$, onde I é dado em ampères e t em segundos. Determine o valor médio e rqm da corrente entre $t = 0$ e $t = 10$ s.

16.33 Determine a resistência total em cada uma das associações ilustradas na Fig. 16.60. Determine também a corrente e o potencial em cada resistor.

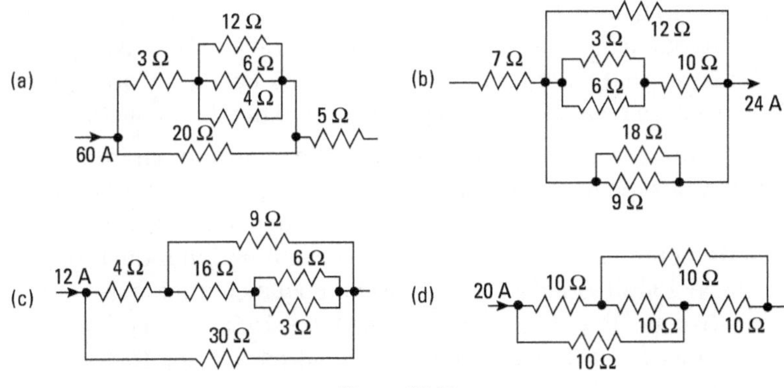

Figura 16.60

16.34 (a) Calcule a resistência equivalente do circuito da Fig. 16-61 entre os pontos x e y. (b) Qual é a diferença de potencial entre x e a, se a corrente no resistor de 8 ohm é de 0,5 A?

16.35 (a) Na Fig. 16.62, o resistor maior entre a e b tem uma resistência de 300 ohms com uma derivação em um ponto correspondente a um terço. Qual é a resistência equivalente entre x e y? (b) A diferença de potencial entre x e y é de 320 volts. Qual é a diferença de potencial entre b e c?

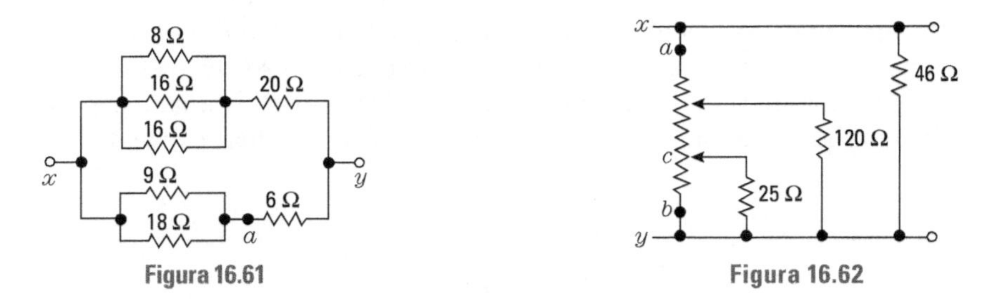

Figura 16.61

Figura 16.62

16.36 Cada um dos três resistores da Fig. 16.63 tem uma resistência de 2 ohm e pode dissipar no máximo 18 watts sem se aquecer excessivamente. Qual é a máxima potência que o circuito pode dissipar?

16.37 Três resistores iguais são ligados em série. Quando uma dada diferença de potencial é aplicada à associação, a potência total consumida é de 10 watts. Qual será a potência consumida se os três resistores forem ligados em paralelo com a mesma diferença de potencial aplicada?

16.38 Dada a associação de resistores, representada na Fig. 16.64, prove que a relação entre R_1 e R_2 deve ser $R_2 = 1{,}618\,R_1$ para que a resistência do sistema seja R_2.

Figura 16.63

Figura 16.64

16.39 Usando o resultado do problema anterior, mostre que a resistência do sistema representado na Fig. 16.65 é igual a 1,618 R_1. [*Sugestão*: observe que, se o sistema for cortado na linha pontilhada, a seção da direita será ainda igual ao sistema original porque é composta de um número infinito de resistores.]

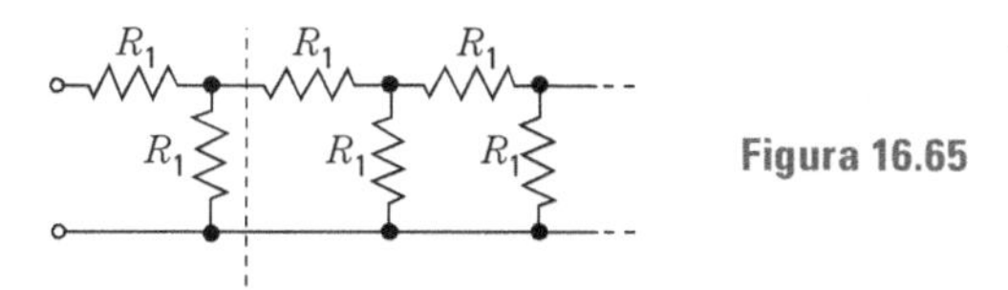

Figura 16.65

16.40 A corrente máxima permitida na bobina de um instrumento elétrico é de 2,5 A. Sua resistência é de 20 Ω. O que deve ser feito para inseri-lo (a) em uma linha elétrica percorrida por uma corrente de 15 A, (b) entre dois pontos com uma diferença de potencial de 110 V?

16.41 Qual é a variação da resistência de um fio se (a) o comprimento for dobrado, (b) a seção reta for dobrada, (c) o raio for dobrado?

16.42 Discuta os erros cometidos na medida de uma resistência usando um voltímetro e um amperímetro, como mostra a Fig. 16.66, quando as resistências R_V e R_A dos instrumentos são desprezadas. Que método tem o erro menor quando R é (a) grande, (b) pequeno? Observe que, em geral, R_V é muito grande e R_A é muito pequeno.

16.43 As medidas da Tab. 16.5 são para a corrente que percorre um fio de determinado material e para as diferenças de potencial entre as suas extremidades, (a) Faça um gráfico de V *versus* I. O material obedece à lei de Ohm? (b) A partir de seu gráfico, calcule a resistência do fio quando a corrente é de 1,5 A. Essa resistência é definida como a razão $\Delta V/\Delta I$, quando as variações são pequenas, e é obtida desenhando-se uma tangente à curva no ponto dado. (c) Compare seu resultado com a resistência média entre 1,0 e 2,0 A.

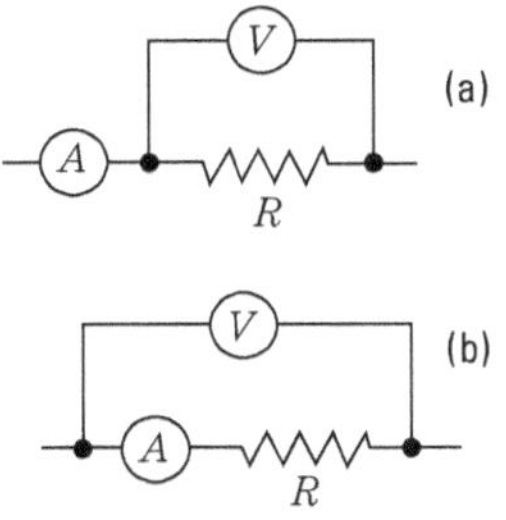

Figura 16.66

Tabela 16.5

I, ampère	V, volts
0,5	4,75
1,0	5,81
2,0	7,05
4,0	8,56

16.44 O gráfico da Fig. 16.67 ilustra a tensão *versus* corrente (em papel logarítmico), para diferentes temperaturas de um semicondutor. (a) Avalie a resistência do semicondutor nas temperaturas marcadas e faça um gráfico em papel monologarítmico da resistência em função da temperatura. (b) Supondo que a variação na resistência seja toda devida à variação no número de portadores de carga por unidade de volume, calcule a razão de seus números a 300 °C para os a 100 °C.

16.45 O circuito da Fig. 16.68, chamado *ponte de Wheatstone*, é usado para medidas de resistência. Mostre que, quando a corrente, através do galvanômetro G é zero (de forma que os pontos D e C estão no mesmo potencial), então $R_1/R_2 = R_3/R_4$. Desse modo, se conhecemos R_2 e a razão R_3/R_4, podemos obter a resistência R_1.

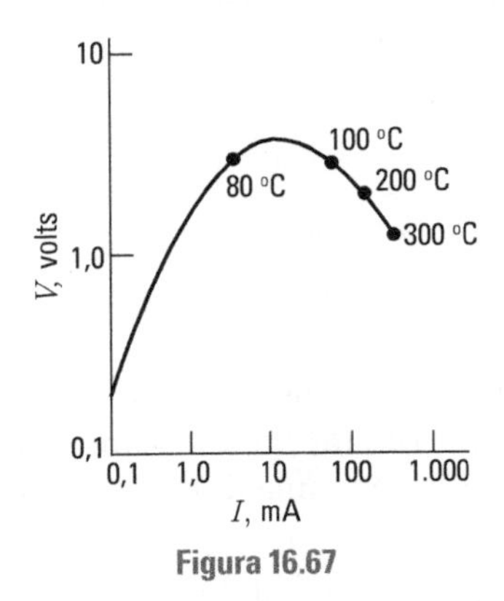

Figura 16.67

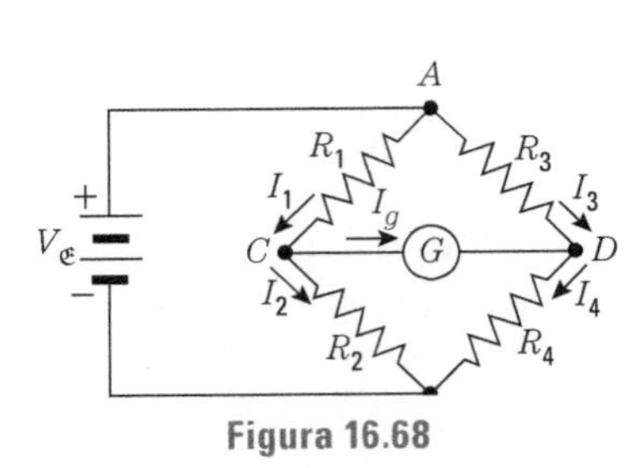

Figura 16.68

16.46 A Fig. 16.69 representa um *potenciômetro* para medir a fem V_x de uma pilha x; B é uma bateria e St é uma pilha padrão de fem V_{St}. Quando a chave está ligada em 1 ou em 2, o cursor b é deslocado até que a leitura no galvanômetro G seja zero. Mostre que, se l_1 e l_2 são as distâncias correspondentes de b até a, então $V_x = V_{St}(l_1/l_2)$.

16.47 Reportando-nos novamente ao potenciômetro da Fig. 16.69, a fem de B é aproximadamente 3 V e sua resistência interna é desconhecida; St é uma pilha-padrão com 1,0183 V de fem. A chave é ligada no ponto 2, colocando, dessa forma, a pilha padrão no circuito do galvanômetro. Quando o cursor b está a 0,36 da distância de a para c, a leitura no galvanômetro G é zero. (a) Qual é a diferença de potencial no comprimento todo do resistor ac? (b) A chave está ligada no ponto 1, e uma nova leitura zero no galvanômetro é obtida quando b está a 0,47 da distância de a para c. Qual é a fem da pilha x?

16.48 A diferença de potencial nos terminais de uma bateria é de 8,5 V quando há uma corrente de 3 A na bateria, do terminal negativo para o terminal positivo. Quando a corrente é de 2 A na direção inversa, a diferença de potencial vem a ser 11 V. (a) Qual é a resistência interna da bateria? (b) Qual é a sua fem?

16.49 Determine, no circuito da Fig. 16-70, (a) a corrente na bateria, (b) a diferença de potencial nos seus terminais, e (c) a corrente em cada condutor.

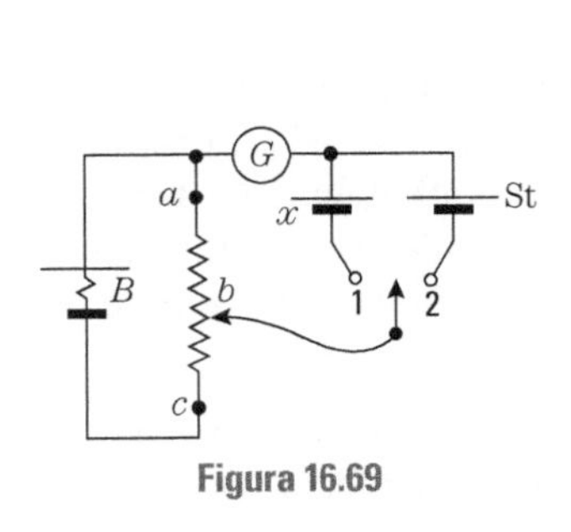

Figura 16.69

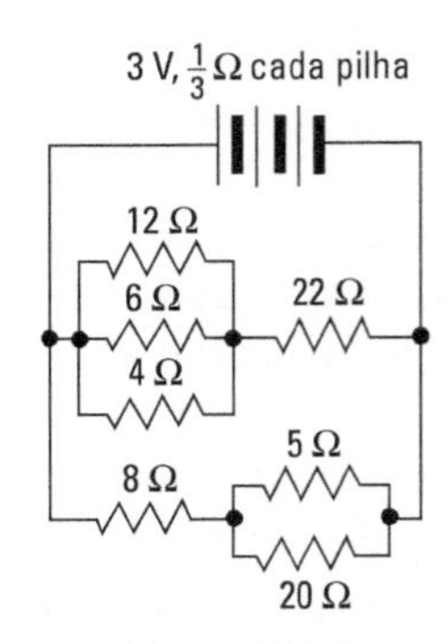

Figura 16.70

16.50 Determine a corrente em cada condutor nas redes representadas na Fig. 16.71.

16.51 (a) Determine a diferença de potencial entre os pontos a e b na Fig. 16.72. (b) Estando a e b ligados, calcule a corrente na pilha de 12 V.

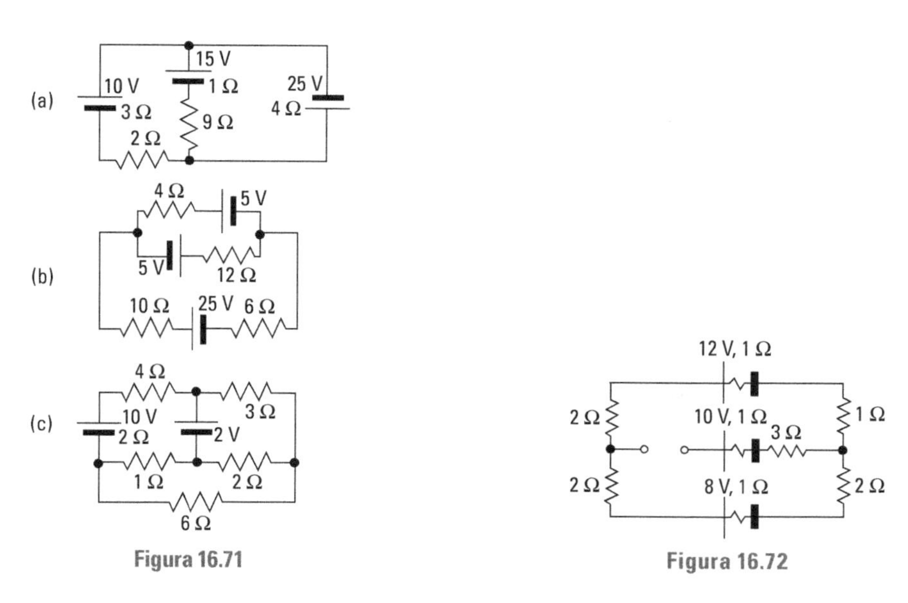

Figura 16.71

Figura 16.72

16.52 (a) Na Fig. 16.73(a), qual é a diferença de potencial V_{ab} quando a chave S está aberta? (b) Qual é a corrente que atravessa a chave S quando esta está fechada? (c) Na Fig. 16.73(b), qual é a diferença de potencial V_{ab} quando a chave S está aberta? (d) Qual é a corrente que atravessa a chave S quando esta está fechada? Qual é a resistência equivalente do circuito da Fig. 16.73(b), quando (e) a chave S está aberta e quando (f) está fechada?

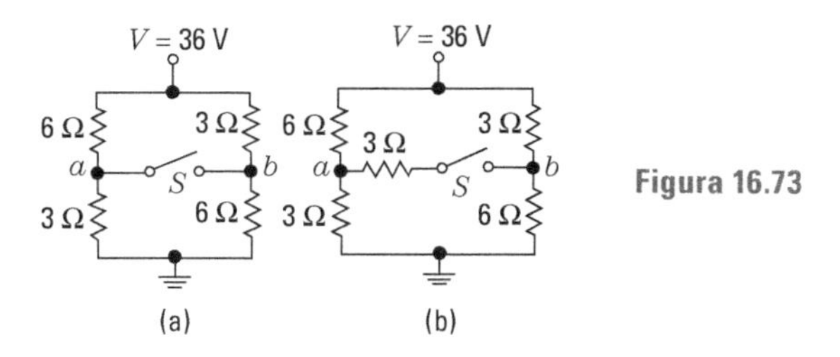

Figura 16.73

16.53 Um cilindro condutor oco de comprimento L tem seus raios iguais a R_1 e R_2. Aplicando-se uma diferença de potencial entre as suas extremidades, flui uma corrente I paralelamente ao eixo do cilindro. Mostre que, se σ é a condutividade do material, a resistência é

$$L/\sigma\pi(R_2^2 - R_1^2).$$

16.54 Um cilindro condutor oco de comprimento L tem seus raios iguais a R_1 e R_2. Aplicando-se uma diferença de potencial entre as superfícies interna e externa, uma corrente I flui na direção radial de dentro para fora do cilindro. Mostre que, se σ é a condutividade do material, a resistência é $\ln(R_2/R_1)/2\pi\sigma L$.

16.55 A agulha de um galvanômetro sofre um desvio de toda a escala (50 divisões) quando a corrente que passa pelo galvanômetro é de 0,1 mA. A resistência do galvanômetro é de 5 Ω. O que deve ser feito para transformá-la em (a) um amperímetro com cada divisão correspondendo a 0,2 A? (b) Um voltímetro com cada divisão correspondendo a 0,5 V?

16.56 O *statampère* (stA) é a unidade de corrente elétrica correspondente a um stC por segundo. Naturalmente, 1 A = 3 × 10⁹ stA. Mostre que, quando o campo magnético é expresso, em gauss (veja o Prob. 15.53), a corrente em stA, a distância em cm, e a densidade de corrente em stA · cm^{-2}, a Eq. (16.67) torna-se $\oint \mathfrak{B} \cdot d\boldsymbol{l} = \frac{1}{3} \times 10^{-10} I$ e a Eq. (16.78) é rot $\mathfrak{B} = \frac{1}{3} \times 10^{-10} \boldsymbol{j}$.

16.57 A unidade para o campo magnetizante, o *oersted*, é definida como o campo magnetizante produzido por uma corrente retilínea de 3 × 10^{10} stA em um ponto a 2 cm da corrente. (a) Mostre que 1 A · m^{-1} é igual a $4\pi \times 10^{-3}$ oersted. (b) Mostre que o campo magnetizante de uma corrente retilínea é $\mathfrak{H} = 2I/3 \times 10^{10}\, r$, onde $\mathfrak{H}$ é medido em oersteds, I em stA e r em cm. (c) Mostre que, em termos das mesmas unidades, a Eq. (16.85) torna-se $\oint \mathfrak{H} \cdot d\boldsymbol{l} = 4\pi I/3 \times 10^{10}$.

16.58 O cilindro condutor oco da Fig. 16.74, de raios R_1 e R_2, é percorrido por uma corrente I uniformemente distribuída na sua seção reta. Usando a lei de Ampère, mostre que o campo magnético para $r > R_2$ é $\mathfrak{B} = \mu_0 I/2\pi r$, que o campo para $R_1 < r < R_2$ é

$$\mu_0 I(r^2 - R_1^2)/2\pi(R_2^2 - R_1^2)r,$$

e que ele é zero para $r < R_1$.

16.59 Um cabo coaxial é formado envolvendo-se um cilindro condutor sólido de raio R_1 com um cilindro condutor oco concêntrico com o raio interno R_2 e externo R_3 (Fig. 16.75). Na prática, a corrente I é enviada pelo fio interno e retorna pela parte externa. Usando a lei de Ampère, determine o campo magnético para todos os pontos fora e no interior do condutor. Faça um gráfico de $\mathfrak{B}$ como uma função de r. Suponha que a densidade de corrente seja uniforme.

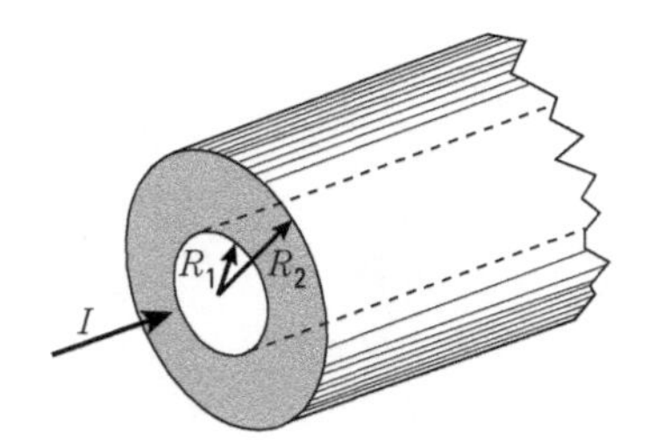

Figura 16.74

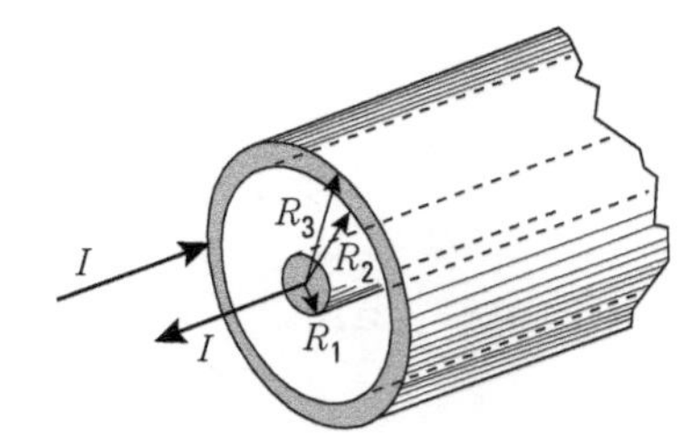

Figura 16.75

16.60 As medidas experimentais da suscetibilidade magnética do alúmen férrico amoniacal são dadas na Tab. 16.6. Faça um gráfico de $1/\chi_m$ *versus* temperatura absoluta, e determine se a lei de Curie é válida. Se for, qual é a constante de Curie?

Tabela 16.6

t, °C	χ_m
–258	$75,4 \times 10^{-4}$
–173	$11,3 \times 10^{-4}$
–73	$5,65 \times 10^{-4}$
27	$3,77 \times 10^{-4}$

16.61 Usando o operador $\nabla = \boldsymbol{u}_x(\partial/\partial x) + \boldsymbol{u}_y(\partial/\partial y) + \boldsymbol{u}_z(\partial/\partial z)$, definido na Seç. 8.7, mostre se as seguintes identidades são válidas: $\text{div}\,\boldsymbol{A} = \nabla \cdot \boldsymbol{A}$, $\text{rot}\,\boldsymbol{A} = \nabla \times \boldsymbol{A}$.

16.62 Usando o operador ∇, reescreva as equações diferenciais do campo eletromagnético que aparecem na Tab. 16.4.

16.63 Usando o resultado do Prob. 16.61, mostre que $\text{rot grad}\,V = \nabla \times (\nabla V) = 0$, e $\text{div rot}\,\boldsymbol{A} = \nabla \cdot (\nabla \times \boldsymbol{A}) = 0$. Dois resultados importantes são deduzidos dessas identidades. Um deles é que, como, para um campo elétrico estático, $\mathfrak{E} = -\text{grad}\,V$, então $\text{rot}\,\mathfrak{E} = \nabla \times \mathfrak{E} = 0$; esse resultado foi exposto na Eq. (16.79). O outro é que, como, para o campo magnético, $\text{div}\,\mathfrak{B} = \nabla \cdot \mathfrak{B} = 0$, então existe um campo vetorial $\mathfrak{A}$* tal que $\mathfrak{B} = \nabla \times \mathfrak{A}$. O campo vetorial $\mathfrak{A}$ é chamado *potencial vetorial* do campo eletromagnético.

16.64 Mostre que o potencial vetorial de um campo magnético uniforme $\mathfrak{B}$ é $\mathfrak{A} = \frac{1}{2}\mathfrak{B} \times \boldsymbol{r}$. [*Sugestão*: supondo que $\mathfrak{B}$ esteja na direção do eixo dos Z, obtenha as componentes retangulares de $\mathfrak{A}$ e em seguida $\nabla \times \mathfrak{A}$.]

16.65 Mostre que, em um meio, no qual existe uma corrente elétrica uniforme de densidade constante, o campo magnético é $\mathfrak{B} = \frac{1}{2}\mu_0 \boldsymbol{j} \times \boldsymbol{r}$. [*Sugestão:* verifique que a relação $\text{rot}\,\mathfrak{B} = \nabla \times \mathfrak{B} = \mu_0 \boldsymbol{j}$ é válida.]

16.66 Escreva o operador $\nabla^2 = \nabla \cdot \nabla$ e, depois, mostre que a equação de Laplace (16.7) e a equação de Poisson (16.6) podem ser escritas, respectivamente, como $\nabla^2 V = 0$ e $\nabla^2 V = -\rho/\varepsilon_0$.

16.67 O campo magnético $\mathfrak{B}$, em uma dada região, é 2 T e a sua direção é a do eixo positivo dos X na Fig. 16.76. (a) Qual é o fluxo magnético através da superfície *abcd* da figura? (b) Qual é o fluxo magnético através da superfície *befc*? (c) Qual é o fluxo magnético através da superfície *aefd*?

16.68 Determine o fluxo magnético, através do circuito retangular da Fig. 16.77, quando uma corrente I percorre o fio retilíneo.

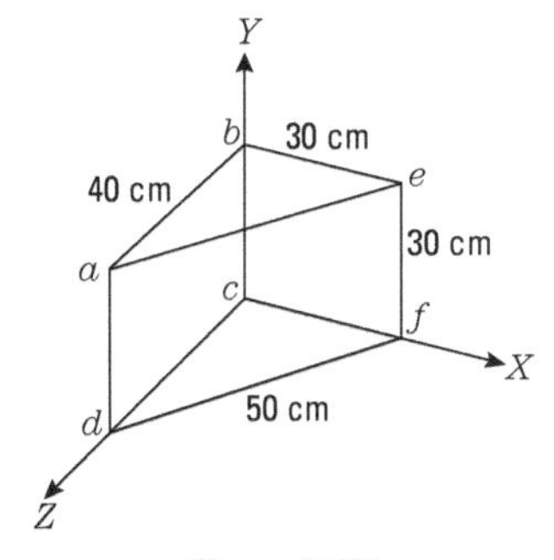

Figura 16.76

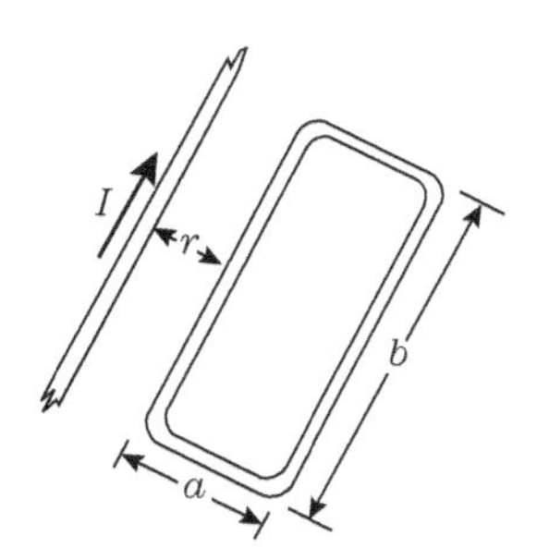

Figura 16.77

16.69 Introduzindo na Eq. (16.78) o valor de $\mathfrak{H}$, dado pela Eq. (16.83), mostre que $\text{rot}\,\mathfrak{B} = \mu_0(\boldsymbol{j}_{\text{livre}} + \text{rot}\,\mathfrak{M})$. Interprete esse resultado como uma indicação de que o efeito da magnetização de um meio é equivalente à adição de uma densidade de corrente de magnetização, $\boldsymbol{j}_{\mathfrak{M}} = \text{rot}\,\mathfrak{M}$, à densidade de corrente livre.

* Lê-se "a" gótico (vetor).

17 Campos eletromagnéticos dependentes do tempo

17.1 Introdução

No capítulo anterior, consideramos os campos elétrico e magnético como sendo independentes do tempo ou, em outras palavras, estáticos. Neste capítulo, consideraremos os campos que são dependentes do tempo, isto é, que variam com o tempo. Podemos esperar o aparecimento de novas relações nesse caso. Na Seç. 15.12, vimos a estreita ligação entre as partes elétrica e magnética de um campo eletromagnético, especialmente no que diz respeito às propriedades de transformação que são necessárias pelo princípio de relatividade. Neste capítulo, veremos que um campo magnético variável requer a presença de um campo elétrico e, inversamente, um campo elétrico variável requer um campo magnético, e que isso também é uma exigência do princípio de relatividade. As leis que descrevem essas duas situações são chamadas *lei de Faraday-Henry* e *lei de Ampère-Maxwell.*

17.2 A lei de Faraday-Henry

Um dos muitos fenômenos eletromagnéticos familiares ao estudante é o da *indução magnética*, que foi descoberto quase simultaneamente, acerca de 1830, por Michael Faraday e Joseph Henry, embora estivessem trabalhando independentemente. A indução eletromagnética é o princípio do funcionamento do gerador elétrico, do transformador, e de muitos outros aparelhos de uso diário. Suponha que um condutor elétrico, formando um percurso fechado, seja colocado em uma região onde existe um campo magnético. Se o fluxo magnético $\Phi_{\mathfrak{B}}$, através do percurso fechado, *varia com o tempo*, podemos observar uma corrente no circuito enquanto o fluxo estiver variando). A presença de uma corrente elétrica indica a existência ou a indução de uma fem atuando sobre o circuito. As medidas dessa fem induzida mostram que ela depende da *taxa* de variação do fluxo magnético com o tempo $d\Phi_{\mathfrak{B}}/dt$. Se, por exemplo, um ímã é colocado perto de um condutor fechado, uma fem aparece no circuito quando o ímã (ou o circuito) move-se de uma forma tal que o fluxo magnético através do circuito varia. A magnitude da fem induzida depende da rapidez do movimento do ímã (ou circuito). Quanto maior a taxa de variação do fluxo, maior a fem induzida. O sentido em que a fem é induzida depende do aumento ou decréscimo do campo magnético.

Para ser mais preciso, vamos nos referir à Fig. 17.1, onde a curva L foi orientada de acordo com a regra da Seç. 3.10, isto é, no sentido do avanço de um parafuso de rosca direita na direção do campo magnético $\mathfrak{B}$. Quando o fluxo magnético aumenta ($d\Phi_{\mathfrak{B}}/dt$ é positivo), a fem induzida $V_{\mathfrak{E}}$ atua no sentido negativo, ao passo que, quando o fluxo magnético diminui ($d\Phi_{\mathfrak{B}}/dt$ é negativo), $V_{\mathfrak{E}}$ atua no sentido positivo. Portanto o sinal da fem induzida $V_{\mathfrak{E}}$ é sempre oposto ao de $d\Phi_{\mathfrak{B}}/dt$. Uma medida mais detalhada revela que o valor da fem induzida, quando expresso em volts, é igual à taxa de variação em relação ao tempo do fluxo magnético quando este é expresso em $\text{Wb} \cdot \text{s}^{-1}$. Portanto podemos escrever

$$V_{\mathfrak{E}} = -\frac{d\Phi_{\mathfrak{B}}}{dt}, \tag{17.1}$$

que expressa a *lei Faraday-Henry* da indução eletromagnética. Podemos expor essa lei em palavras da seguinte forma:

em um campo magnético variável, uma fem é induzida em qualquer circuito fechado que è igual à taxa de variação em relação ao tempo do fluxo magnético através do circuito, com o sinal trocado.

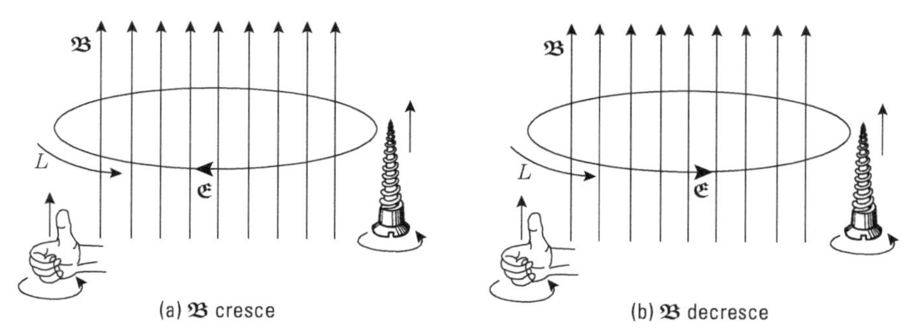

Figura 17.1 Campo elétrico produzido por um campo magnético dependente do tempo; (a)$d\Phi_{\mathfrak{B}}/dt$ positivo, $V_{\mathfrak{E}}$ negativo, (b) $d\Phi_{\mathfrak{B}}/dt$ negativo, $V_{\mathfrak{E}}$ positivo.

É importante verificar que a Eq. (17.1) é consistente quanto às unidades. Sabemos que $V_{\mathfrak{E}}$ é expresso em V ou $m^2 \cdot kg \cdot s^{-1} \cdot C^{-1}$. Pela Seç. 16.14, lembramos que $\Phi_{\mathfrak{B}}$ é expresso em Wb ou $m^2 \cdot kg \cdot s^{-1} \cdot C^{-1}$ e $d\Phi_{\mathfrak{B}}/dt$ deve ser expresso em $Wb \cdot s^{-1}$ ou $m^2 \cdot kg \cdot s^{-2} \cdot C^{-1}$. Assim, ambos os lados da Eq. (17.1) são expressos nas mesmas unidades.

Reportando-nos à Fig. 17.2, se dividirmos a área limitada por L em elementos de área infinitesimais, cada um orientado de acordo com a regra estabelecida na Seç. 3.10, o fluxo magnético através de L é $\Phi_{\mathfrak{B}} = \int_S \mathfrak{B} \cdot \boldsymbol{u}_N \, dS$, de acordo com a Seç. 16.14. A fem $V_{\mathfrak{E}}$ implica também na existência de um campo elétrico $\mathfrak{E}$, de modo que $V_{\mathfrak{E}} = \oint_L \mathfrak{E} \cdot d\boldsymbol{l}$, conforme a Eq. (16.60). Assim, podemos escrever a Eq. (17.1) na forma

$$\oint_L \mathfrak{E} \cdot d\boldsymbol{l} = -\frac{d}{dt}\int_S \mathfrak{B} \cdot \boldsymbol{u}_N dS. \tag{17.2}$$

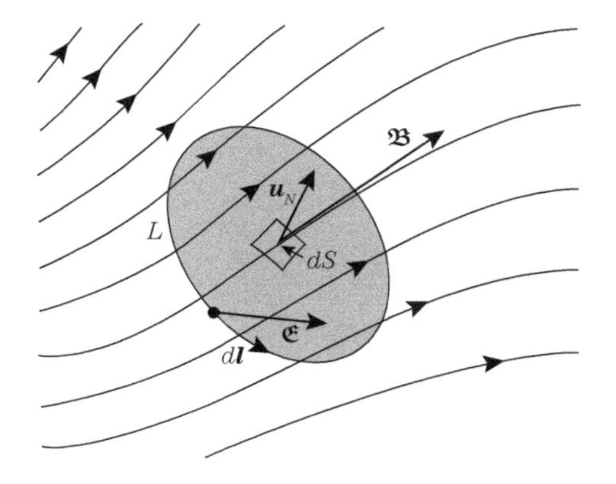

Figura 17.2

Esqueçamos agora que o percurso L coincide com um condutor elétrico, tal como um fio fechado, e, em vez disso, consideremos uma região do espaço onde exista um campo magnético variando com o tempo. Assim, a Eq. (17.2) é equivalente à afirmação:

> *um campo magnético dependente do tempo implica a existência de um campo elétrico cuja circulação, ao longo de um percurso fechado arbitrário, é igual, em relação ao tempo, à taxa de variação do fluxo magnético através de uma superfície limitada pelo percurso, com o sinal trocado.*

Essa é outra forma de expressar a lei Faraday-Henry da indução eletromagnética. Ela nos dá uma compreensão mais profunda do fenômeno de indução eletromagnética, dentro do conteúdo físico, isto é, o fato de que um campo elétrico deve existir sempre que um campo magnético está variando com o tempo, sendo os dois campos relacionados pela Eq. (17.2). O campo elétrico pode ser determinado medindo-se a força sobre uma carga em repouso na região onde o campo magnético está variando. Dessa forma, confirmamos experimentalmente a interpretação da Eq. (17.2).

■ **Exemplo 17.1** Um circuito plano composto de N espiras, cada uma de área S, é colocado perpendicularmente a um campo magnético uniforme alternado que varia com o tempo. A equação do campo é $\mathfrak{B} = \mathfrak{B}_0$ sen ωt. Calcular a fem induzida no circuito.

Solução: O fluxo através de uma espira do circuito é = $\Phi_{\mathfrak{B}} = S\mathfrak{B} = S\mathfrak{B}_0$ sen ωt e o fluxo total através das N espiras é

$$\Phi_{\mathfrak{B}} = NS\mathfrak{B}_0 \operatorname{sen} \omega t.$$

Portanto, aplicando a Eq. (17.1), obtemos, para a fem induzida,

$$V_{\mathfrak{E}} = -\frac{d\Phi_{\mathfrak{B}}}{dt} = -NS\mathfrak{B}_0\omega \cos \omega t, \tag{17.3}$$

o que indica que esta é oscilatória ou alternada com a mesma frequência que o campo magnético.

■ **Exemplo 17.2** Em uma região do espaço existe um campo magnético que é paralelo ao eixo dos Z e com simetria axial, isto é, seu módulo, em cada ponto, depende apenas da distância r ao eixo dos Z. O módulo varia também com o tempo. Determinar o campo elétrico $\mathfrak{E}$ em cada ponto do espaço.

Solução: Admitamos que o campo magnético decresça com a distância ao eixo dos Z. A Fig. 17.3 (a) mostra o campo visto de lado e a Fig. 17.3(b) mostra uma seção reta.

A simetria do problema sugere que o campo elétrico $\mathfrak{E}$ deve depender apenas da distância r e, em cada ponto, ser perpendicular ao campo magnético $\mathfrak{B}$ e ao raio r. Em outras palavras, as linhas de força do campo elétrico $\mathfrak{E}$ são círculos concêntricos, com o eixo dos Z. Escolhendo um desses círculos como nosso percurso L, na Eq. (17.2), temos

$$V_{\mathfrak{E}} = \oint_L \mathfrak{E} \cdot d\boldsymbol{l} = \mathfrak{E}(2\pi r).$$

Portanto, usando a Eq. (17.1), obtemos

$$\mathfrak{E}(2\pi r) = -\frac{d\Phi_{\mathfrak{B}}}{dt}. \tag{17.4}$$

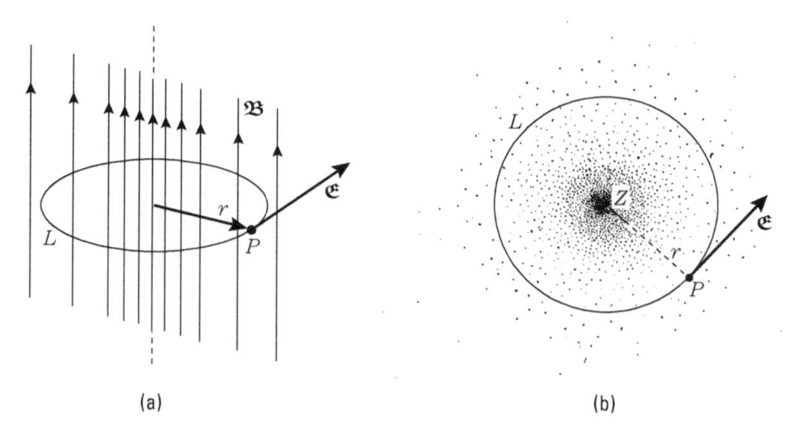

Figura 17.3 Campo elétrico produzido por um campo magnético dependente do tempo com simetria cilíndrica; (a) vista lateral, (b) vista de cima.

O campo magnético *médio* $\mathfrak{B}_{\text{med}}$, em uma região cobrindo uma área S, é definido como $\mathfrak{B}_{\text{med}} = \Phi_{\mathfrak{B}}/S$, ou $\Phi_{\mathfrak{B}} = \mathfrak{B}_{\text{med}}S$. Em nosso caso $S = \pi r^2$, de modo que $\Phi_{\mathfrak{B}} = \mathfrak{B}_{\text{med}}(\pi r^2)$. Portanto, a Eq. (17.4) dá o campo elétrico a uma distância r do eixo como

$$\mathfrak{E} = -\tfrac{1}{2}r\left(\frac{d\mathfrak{B}_{\text{med}}}{dt}\right). \tag{17.5}$$

Se o campo magnético for uniforme, $\mathfrak{B}_{\text{med}} = \mathfrak{B}$.

17.3 O bétatron

Os resultados do Ex. 17.2 foram usados para o projeto de um acelerador de elétrons chamado *bétatron*, inventado em 1941 pelo físico americano D. Kerst. Em princípio, a ideia é muito simples. Se um elétron (ou qualquer espécie de partícula carregada) for introduzido em uma região onde existe um campo magnético variável, com simetria axial, ele será acelerado pelo campo elétrico associado $\mathfrak{E}$ tal como foi dado pela Eq. (17.2) ou pela Eq. (17.5). À medida que o elétron ganha velocidade, seu percurso será curvado pelo campo magnético $\mathfrak{B}$. Se os campos elétrico e magnético estão devidamente ajustados, a órbita do elétron será um círculo. Em cada revolução, o elétron ganha energia e, portanto, após descrever diversas revoluções ele foi acelerado a uma energia particular; quanto maior o número de revoluções, maior a energia.

Para vermos o problema em maior detalhamento, consideremos o elétron no ponto P (Fig. 17.3). Se o arranjo for tal que o elétron descreva um círculo de raio r, o campo elétrico produzirá um movimento tangencial que é calculado usando-se $dp/dt = F_T$ (veja a Seç. 7.12) com uma força tangencial $F_T = -e\mathfrak{E}$, de modo que

$$\frac{dp}{dt} = -e\mathfrak{E} = \tfrac{1}{2}er\left(\frac{d\mathfrak{B}_{\text{med}}}{dt}\right). \tag{17.6}$$

Para produzir um movimento circular, o campo magnético deve produzir a aceleração centrípeta necessária. De acordo com a Eq. (15.1), o módulo da força centrípeta é $F_N = ev\mathfrak{B}$. Usando $pv/r = F_N$ (veja a Seç. 7.12), obtemos

$$pv/r = ev\mathfrak{B}, \qquad \text{ou} \qquad p = er\mathfrak{B}, \tag{17.7}$$

e, tomando a derivada em relação ao tempo, observando que r é constante porque o percurso é um círculo, temos

$$\frac{dp}{dt} = er\frac{d\mathfrak{B}}{dt}.$$

Quando comparamos essa equação com a Eq. (17.6), concluímos que a condição necessária para que o elétron descreva uma órbita circular, sob a ação combinada dos campos elétrico e magnético, é que, a qualquer distância r, o campo magnético deve ser

$$\mathfrak{B} = \tfrac{1}{2}\mathfrak{B}_{\text{med}}, \tag{17.8}$$

onde $\mathfrak{B}_{\text{med}}$ é o valor médio de $\mathfrak{B}$ na região entre Z e L. Esse fato impõe certos requisitos sobre a maneira pela qual o campo magnético $\mathfrak{B}$ pode variar como uma função da distância radial r do eixo. A variação exata de $\mathfrak{B}$ com r é determinada pela necessidade de certa estabilidade do movimento orbital. Isso significa que, dado o raio da órbita desejada, se o movimento do elétron é levemente perturbado (ou seja, se for atraído para um ou para outro lado da órbita), as forças elétricas e magnéticas que atuam sobre ele tendem a recolocá-lo na órbita correta.

Em geral, o campo magnético $\mathfrak{B}$ é oscilatório com dada frequência angular ω. Com base nas Eqs. (17.6) e (17.7), o elétron é acelerado apenas enquanto o campo magnético está aumentando. Por outro lado, na prática, como os elétrons são introduzidos com momento linear muito pequeno, eles devem ser introduzidos quando o campo magnético é zero. Isso significa que apenas um quarto do período de variação do campo magnético é aproveitado para acelerar os elétrons. Os tempos de aceleração foram indicados pelas áreas sombreadas na Fig. 17.4.

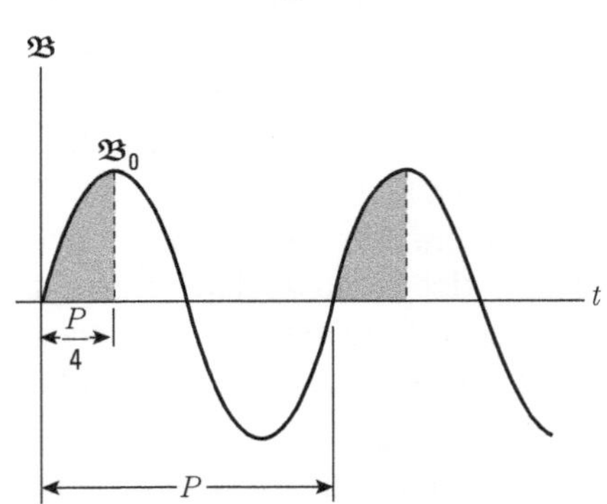

Figura 17.4 Tempo de aceleração no bétatron.

De acordo com a Eq. (17.7), a quantidade de movimento linear máxima adquirida pelo elétron é $p_{\text{max}} = er\mathfrak{B}_0$, e, portanto, a energia cinética máxima dos elétrons acelerados é

$$E_{k,\text{max}} = \frac{1}{2m_e}p_{\text{max}}^2 = \frac{e^2r^2\mathfrak{B}_0^2}{2m_e},$$

se eles não estão acelerados em energia muito alta comparada com a energia de repouso $m_e c^2$. Porém, quando a energia é grande, comparável ou maior do que a energia de repouso $m_e c^2$ do elétron, devemos empregar as Eqs. (11.18) e (11.20), resultando em

$$E_{k,\text{max}} = c\sqrt{m_e^2c^2 + e^2r^2\mathfrak{B}_0^2} - m_e c^2.$$

Os bétatrons atuais consistem num tubo toroidal (Fig. 17.5) colocado no campo magnético produzido por um ímã, cujas faces polares foram desenhadas, ou modeladas, de tal forma que estabelecem a variação correta do campo magnético $\mathfrak{B}$ com r, dada pela Eq. (17.8), preenchendo as condições de estabilidade. Os elétrons são injetados no início do período de aceleração e levemente defletidos no final, de modo que podem atingir um alvo convenientemente localizado. A energia cinética dos elétrons é emitida como radiação eletromagnética (Cap. 19) e/ou como energia interna do alvo que é aquecido. Os bétatrons foram construídos com energias de até 350 MeV. Eles são usados para o estudo de certos tipos de reações nucleares e como uma fonte de radiação para o tratamento do câncer.

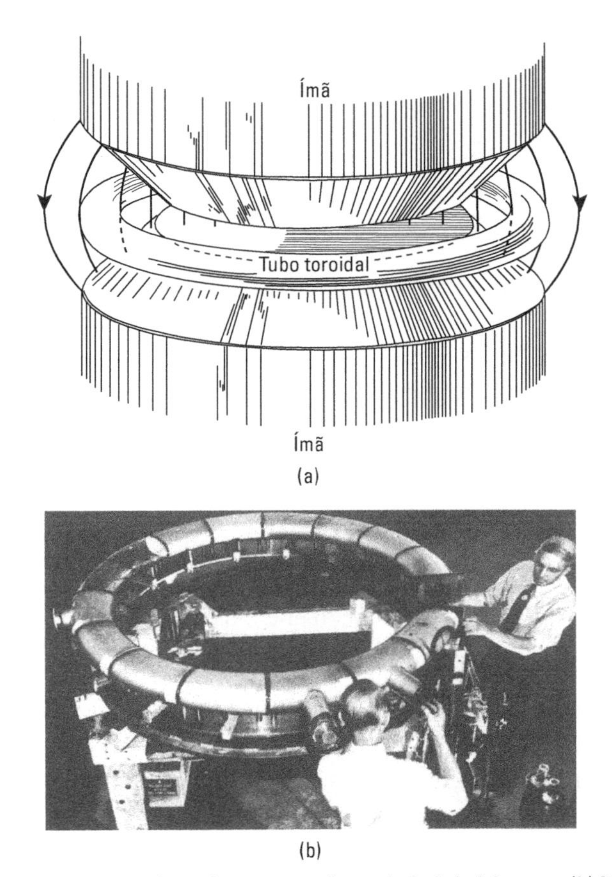

Figura 17.5 (a) Vista do tubo acelerador e das peças polares do ímã do bétatron. (b) Montagem do tubo acelerador em um bétatron.

17.4 Indução eletromagnética devida ao movimento relativo entre o condutor e o campo magnético

A lei de indução eletromagnética, como foi expressa nas Eqs. (17.1) e (17.2), implica a existência de um campo elétrico local e de uma fem, quando o fluxo magnético através de um percurso fechado varia com o tempo. É importante descobrir se os mesmos resultados ocorrem quando a variação no fluxo deve-se a um movimento ou a uma deformação do percurso L, sem que $\mathfrak{B}$ necessariamente varie com o tempo. Consideraremos dois casos simples.

Consideremos o arranjo de condutores, ilustrado na Fig. 17.6, onde o condutor PQ pode se mover paralelamente a si mesmo com velocidade v enquanto mantém contato com os condutores RT e SU. O sistema $PQRS$ forma um circuito fechado. Suponha também que existe um campo magnético uniforme $\mathfrak{B}$ perpendicular ao plano do sistema.

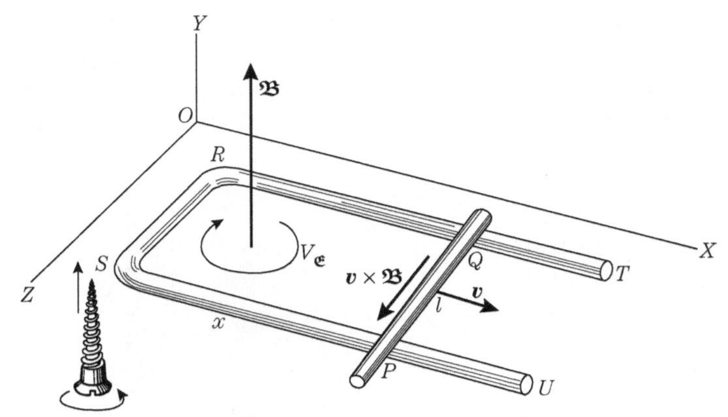

Figura 17.6 fem induzida em um condutor em movimento, num campo magnético.

De acordo com a Eq. (15.1), cada carga q no condutor em movimento PQ está sujeita a uma força $q\boldsymbol{v} \times \mathfrak{B}$ atuando ao longo de QP. Entretanto podemos supor que a mesma força sobre a carga é produzida por um campo elétrico "equivalente" $\mathfrak{E}_{\text{eq}}$ dado por

$$q\mathfrak{E}_{\text{eq}} = q\boldsymbol{v} \times \mathfrak{B}$$

ou

$$\mathfrak{E}_{\text{eq}} = \boldsymbol{v} \times \mathfrak{B}.$$

Como $\boldsymbol{v}$ e $\mathfrak{B}$ são perpendiculares, a relação entre os módulos é

$$\mathfrak{E}_{\text{eq}} = \boldsymbol{v}\mathfrak{B}. \tag{17.9}$$

Se $PQ = l$, há uma diferença de potencial entre P e Q dada por $V = \mathfrak{E}_{\text{eq}}l = \mathfrak{B}vl$. Nenhuma força é exercida sobre as seções QR, RS, e SP, pois elas são estacionárias. Portanto a circulação de $\mathfrak{E}_{\text{eq}}$ (ou da fem) ao longo do circuito $PQRS$ é exatamente $V_{\mathfrak{E}} = V$ na direção de $\boldsymbol{v} \times \mathfrak{B}$ isto é,

$$V_{\mathfrak{E}} = \mathfrak{B}vl.$$

Por outro lado, designando o comprimento SP por x, a área de $PQRS$ é lx e o fluxo magnético através de $PQRS$ é

$$\Phi_{\mathfrak{B}} = \int_{PQRS} \mathfrak{B} \cdot \boldsymbol{u}_N dS = \mathfrak{B}lx.$$

Portanto a variação de fluxo por unidade de tempo é

$$\frac{d\Phi_{\mathfrak{B}}}{dt} = \frac{d}{dt}(\mathfrak{B}lx) = \mathfrak{B}l\frac{dx}{dt}.$$

Mas $dx/dt = v$. Portanto

$$\frac{d\Phi_{\mathfrak{B}}}{dt} = \mathfrak{B}lv = V_{\mathfrak{E}}.$$

Em outras palavras, obtemos a Eq. (17.1). O sinal negativo não está incluído porque estamos considerando apenas a relação entre os módulos. Contudo a relação (17.1) ainda é válida em sinal, pois o fluxo $\Phi_{\mathfrak{B}}$ está aumentando e o sinal de $V_{\mathfrak{E}}$ é o de $\boldsymbol{v} \times \boldsymbol{\mathfrak{B}}$, concordando com a Fig. 17.1.

Como um segundo exemplo, consideremos um circuito retangular girando em um campo magnético uniforme $\boldsymbol{\mathfrak{B}}$ com frequência angular ω (Fig. 17.7). Quando a normal u_N ao circuito forma um ângulo $\theta = \omega t$ com o campo magnético $\boldsymbol{\mathfrak{B}}$, todos os pontos de PQ estão se movendo com uma velocidade $\boldsymbol{v}$ tal que o campo elétrico "equivalente" $\boldsymbol{\mathfrak{E}}_{eq} = \boldsymbol{v} \times \boldsymbol{\mathfrak{B}}$ aponta de Q para P e tem um módulo $\boldsymbol{\mathfrak{E}}_{eq} = v\mathfrak{B}$ sen θ. De modo análogo, para os pontos sobre RS, a direção de $\boldsymbol{v} \times \boldsymbol{\mathfrak{B}}$ é de S para R e tem o mesmo módulo. Sobre os lados RQ e PS, vemos que $\boldsymbol{v} \times \boldsymbol{\mathfrak{B}}$ é perpendicular a eles e que não existe diferença de potencial entre S e P e entre R e Q. Portanto, se $PQ = RS = l$, a circulação do campo elétrico equivalente $\boldsymbol{\mathfrak{E}}_{eq}$ ao redor de $PQRS$, ou a fem aplicada, é

$$V_{\mathfrak{E}} = \oint_L \boldsymbol{\mathfrak{E}} \cdot d\boldsymbol{l} = \mathfrak{E}_{eq}(PQ + SR) = 2lv\mathfrak{B} \text{ sen } \theta.$$

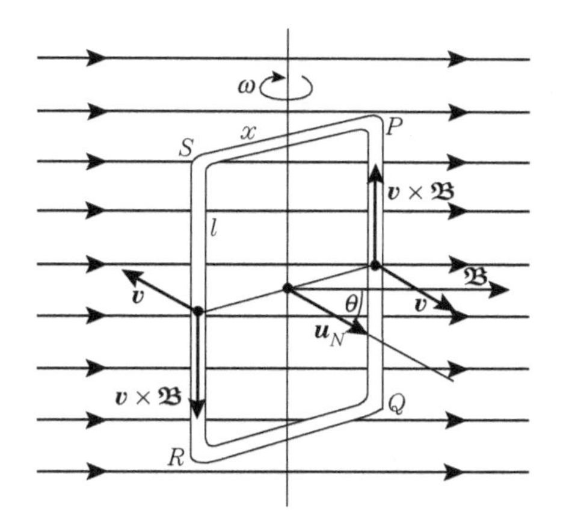

Figura 17.7 Fem induzida em uma bobina girante colocada num campo magnético.

Conforme indicamos anteriormente, os lados PS e RQ não contribuem para V_ε porque neles $\boldsymbol{\mathfrak{E}}_{eq}$ é perpendicular a $d\boldsymbol{l}$. Se $x = SP$, o raio do círculo descrito pelas cargas em PQ e SR é $\frac{1}{2}x$, e, portanto, $v = \omega\left(\frac{1}{2}x\right) = \frac{1}{2}\omega x$. Então, como $S = lx$ é a área do circuito e $\theta = \omega t$, podemos escrever

$$V_{\mathfrak{E}} = 2l\left(\tfrac{1}{2}\omega x\right)\mathfrak{B} \text{ sen } \omega t = \omega\mathfrak{B}(lx)\text{sen } \omega t = \omega\mathfrak{B}S \text{ sen } \omega t$$

para a fem induzida no circuito, em consequência de sua rotação no campo magnético. Entretanto o fluxo magnético através do circuito é

$$\Phi_{\mathfrak{B}} = \boldsymbol{\mathfrak{B}} \cdot \boldsymbol{u}_N S = \mathfrak{B}S \cos \theta = \mathfrak{B}S \cos \omega t.$$

Então

$$-\frac{d\Phi_{\mathfrak{B}}}{dt} = \omega\mathfrak{B}S \text{ sen } \omega t = V_{\mathfrak{E}}.$$

Portanto verificamos novamente que a fem induzida, resultante do movimento do condutor, pode também ser calculada aplicando-se as Eqs. (17.1) ou (17.2) em vez das Eqs. (15.1) e (16.60).

Apesar de termos tratado, em nossa discussão, apenas de circuitos de formas especiais, um cálculo matemático mais detalhado indica que, para qualquer circuito,

> *a lei de indução eletromagnética $V_{\mathfrak{E}} = -d\Phi_{\mathfrak{B}}/dt$ pode ser aplicada quando a variação no fluxo magnético deve-se à variação no campo magnético $\mathfrak{B}$ ou a um movimento ou a uma deformação do circuito, ao longo do qual a fem é calculada, ou a ambos.*

No segundo caso, a fem induzida é, algumas vezes, chamada de *fem de movimento.*

17.5 Indução eletromagnética e o princípio da relatividade

Conforme indicamos no parágrafo anterior, apesar de a lei de indução eletromagnética, como foi expressa pelas Eqs. (17.1) e (17.2), ser válida, não importando qual seja a origem da variação do fluxo magnético, há uma profunda diferença nas situações físicas das duas possibilidades. Quando o observador reconhece, em seu próprio sistema de referência, que a variação do fluxo magnético, através de um circuito estacionário, deve-se a uma variação no campo magnético $\mathfrak{B}$, ele mede ao mesmo tempo um campo elétrico $\mathfrak{E}$ relacionado a $\mathfrak{B}$, como indicamos pela Eq. (17.2), e reconhece a presença do campo elétrico medindo, em seu sistema de referência, a força sobre uma carga *em repouso*. Porém, quando o observador reconhece que a variação do fluxo magnético deve-se a um movimento do condutor em relação a seu sistema de referência, ele não observa nenhum campo elétrico, mas atribui a fem que mede à força $qv \times \mathfrak{B}$ exercida pelo campo magnético sobre as cargas do condutor em movimento, em concordância com a Eq. (15.1).

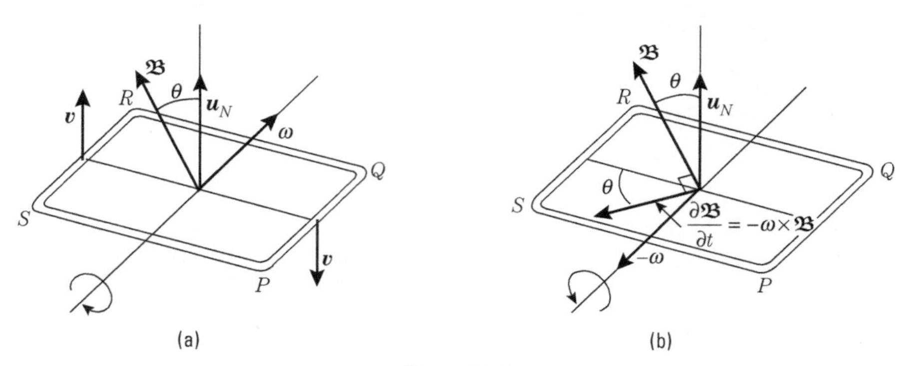

Figura 17.8

De que maneira duas situações diferentes e aparentemente não relacionadas podem ter uma descrição comum? Não se trata de uma coincidência, mas é estritamente uma consequência do princípio da relatividade. Não podemos fazer aqui uma análise matemática completa, por isso veremos a situação de um ponto de vista intuitivo. Examinemos o caso do circuito que gira, discutido em conexão com a Fig. 17.7. Em um sistema de referência em que o campo magnético $\mathfrak{B}$ é constante (Fig. 17.8a) e o circuito está girando, não observamos nenhum campo elétrico e as forças sobre os elétrons no circuito são devidas à Eq. (15.1). Porém, um observador preso a um sistema que se move com o circuito vê um condutor estacionário e um campo magnético $\mathfrak{B}$ cuja direção gira no espaço (Fig. 17.8b). Portanto ele relaciona as forças sobre os elétrons no circuito ao campo elétrico $\mathfrak{E}$ associado a um campo magnético variável, em concordância com a lei de indução eletromagnética, que foi expressa pela Eq. (17.2). (A análise matemática desse caso é um pouco complicada, pois envolve um sistema de referência em rotação, e será omitida por isso.)

Concluímos, assim, que a verificação experimental da lei de indução eletromagnética para campos magnéticos variáveis é simplesmente uma reafirmação da validade geral do princípio da relatividade.

17.6 Potencial elétrico e indução eletromagnética

Nos Caps. 14 e 16, indicamos que um campo elétrico estático $\mathfrak{E}$ está associado a um potencial elétrico V de tal forma que as componentes de $\mathfrak{E}$, ao longo dos eixos X, Y e Z, são os valores das derivadas de V em relação a x, y e z com o sinal trocado, isto é, $\mathfrak{E}_x = -\partial V/\partial x$ etc. ou, resumindo, o campo elétrico é o gradiente do potencial elétrico com o sinal trocado. Uma consequência desse fato é que a circulação do campo elétrico estático ao redor de qualquer percurso fechado é zero. Essa propriedade é expressa matematicamente pela afirmação (16.62), ou

$$\oint_L \mathfrak{E} \cdot d\boldsymbol{l} = 0.$$

Entretanto vimos que, quando o campo eletromagnético é dependente do tempo, a equação anterior não permanece válida; em lugar dela temos a Eq. (17.2),

$$\oint_L \mathfrak{E} \cdot d\boldsymbol{l} = -\frac{d}{dt}\int_S \mathfrak{B} \cdot \boldsymbol{u}_N \, dS.$$

Portanto concluímos que, em um campo eletromagnético dependente do tempo, a circulação do campo elétrico não é zero e, em consequência, o campo elétrico não pode ser expresso como gradiente do potencial elétrico com o sinal trocado. Isso não significa que o conceito de potencial seja completamente inaplicável a esse caso, mas apenas que deve ser empregado em uma forma diferente. De fato, *dois* potenciais são necessários. Um deles é chamado de *potencial escalar*, semelhante àquele empregado no caso estático, e o outro, de *potencial vetorial*. Neste texto, não teremos oportunidade de empregar esses potenciais; apenas os mencionamos aqui para preveni-lo sobre o cuidado que deve ter com os conceitos de campo estático, quando passar deste para o campo dependente do tempo.

17.7 A lei de Faraday-Henry na forma diferencial

A lei de indução eletromagnética, como foi expressa pela Eq. (17.2), pode ser aplicada a um percurso de qualquer forma. Vamos aplicá-la agora a um percurso retangular muito pequeno ou infinitesimal $PQRS$, colocado no plano XY, com lados dx e dy (Fig. 17.9). Em primeiro lugar, devemos calcular a circulação do campo elétrico $\mathfrak{E}$. O procedimento é exatamente análogo àquele que seguimos na Seç. 16.13, quando estávamos discutindo a lei de Ampère na forma diferencial; para os detalhes, você deve recorrer àquela seção. Assim, para a superfície infinitesimal $PQRS$ no plano XY, podemos escrever

$$\oint_{PQRS} \mathfrak{E} \cdot dl = \int_{PQ} + \int_{QR} + \int_{RS} + \int_{SP} \mathfrak{E} \cdot d\boldsymbol{l}.$$

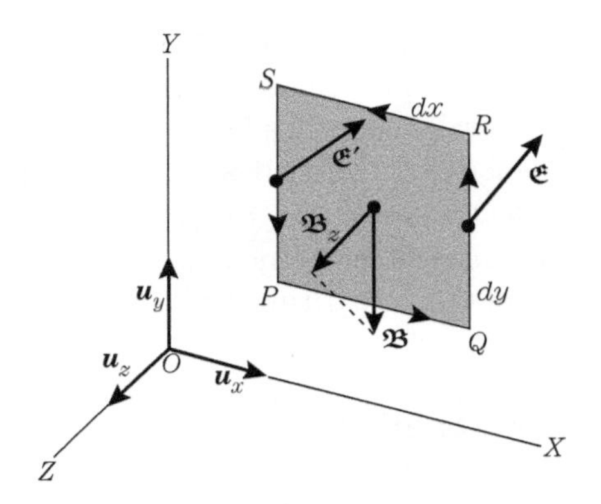

Figura 17.9 Circuito elementar para a dedução da lei de Faraday-Henry na forma diferencial.

Ora, $\int_{QR} \mathfrak{E} \cdot d\boldsymbol{l} = \mathfrak{E}_y dy$ e $\int_{SP} \mathfrak{E} \cdot d\boldsymbol{l} = -\mathfrak{E}'_y dy$, de modo que

$$\int_{QR} + \int_{SP} \mathfrak{E} \cdot d\boldsymbol{l} = \left(\mathfrak{E}_y - \mathfrak{E}'_y\right) dy = d\mathfrak{E}_y dy = \frac{\partial \mathfrak{E}_y}{\partial x} dx\, dy.$$

Isso é assim porque $d\mathfrak{E}_y = (\partial \mathfrak{E}_y / \partial x)\, dx$, uma vez que $d\mathfrak{E}_y$ corresponde à diferença em $\mathfrak{E}_y$ para dois pontos separados pela distância dx, mas tendo os mesmos y e z. De modo análogo, podemos escrever

$$\int_{PQ} + \int_{RS} \mathfrak{E} \cdot d\boldsymbol{l} = -\frac{\partial \mathfrak{E}_x}{\partial y} dx\, dy.$$

Somando os dois resultados, obtemos

$$\oint_{PQRS} \mathfrak{E} \cdot d\boldsymbol{l} = \left(\frac{\partial \mathfrak{E}_y}{\partial x} - \frac{\partial \mathfrak{E}_x}{\partial y}\right) dx\, dy. \tag{17.10}$$

Em seguida, devemos calcular o fluxo magnético através da superfície. Considerando que a superfície $PQRS$ está no plano XY, seu vetor unitário normal $\boldsymbol{u}_N$ é exatamente $\boldsymbol{u}_z$ e $\mathfrak{B} \cdot \boldsymbol{u}_N = \mathfrak{B} \cdot \boldsymbol{u}_z = \mathfrak{B}_z$. Portanto o fluxo magnético é

$$\int_{PQRS} \mathfrak{B} \cdot \boldsymbol{u_N} dS = \mathfrak{B}_z dx\, dy, \tag{17.11}$$

porque $dx\, dy$ é a área do retângulo. Substituindo as Eqs. (17.10) e (17.11) na Eq. (17.2) e cancelando o fator comum $dxdy$ em ambos os lados, obtemos

$$\frac{\partial \mathfrak{E}_y}{\partial x} - \frac{\partial \mathfrak{E}_x}{\partial y} = -\frac{\partial \mathfrak{B}_z}{\partial t}. \tag{17.12}$$

Colocando nosso retângulo nos planos YZ e ZX, obtemos duas outras expressões:

$$\frac{\partial \mathfrak{E}_z}{\partial y} - \frac{\partial \mathfrak{E}_y}{\partial z} = -\frac{\partial \mathfrak{B}_x}{\partial t} \tag{17.13}$$

e

$$\frac{\partial \mathfrak{E}_x}{\partial z} - \frac{\partial \mathfrak{E}_z}{\partial x} = -\frac{\partial \mathfrak{B}_y}{\partial t}. \tag{17.14}$$

As expressões (17.12), (17.13) e (17.14), juntas, constituem a lei Faraday-Henry expressa na forma diferencial. Elas podem ser combinadas em uma única equação vetorial, como foi feito na Seç. 16.13 para a lei de Ampère, escrevendo-se

$$\text{rot}\, \mathfrak{E} = -\frac{\partial \mathfrak{B}}{\partial t}. \qquad (17.15)$$

A Eq. (17.15), ou as suas equivalentes, (17.12), (17.13) e (17.14), expressa as relações que devem existir entre a taxa de variação em relação ao tempo do campo magnético em um ponto e o rotacional do campo elétrico existente no *mesmo* ponto do espaço. De uma forma muito evidente, ela ilustra a estreita conexão entre as componentes elétrica e magnética de um campo eletromagnético.

17.8 Autoindução

Consideremos um circuito percorrido por uma corrente I (Fig. 17.10). De acordo com a lei de Ampère, a corrente produz um campo magnético que, em cada ponto, é proporcional a I. Podemos calcular o fluxo magnético, através do circuito, devido ao seu próprio campo magnético, e chamá-lo de *autofluxo*. Esse fluxo, designado por Φ_I, é, portanto, proporcional à corrente I, e podemos escrever

$$\Phi_I = LI. \qquad (17.16)$$

O coeficiente L depende da forma geométrica do condutor e é chamado de *autoindutância* do circuito. Ele é expresso em $\text{Wb} \cdot \text{A}^{-1}$, uma unidade denominada *henry*, em homenagem a Joseph Henry, e abreviada H. Isto é, $\text{H} = \text{Wb} \cdot \text{A}^{-1} = \text{m}^2 \cdot \text{kg} \cdot \text{C}^{-2}$.

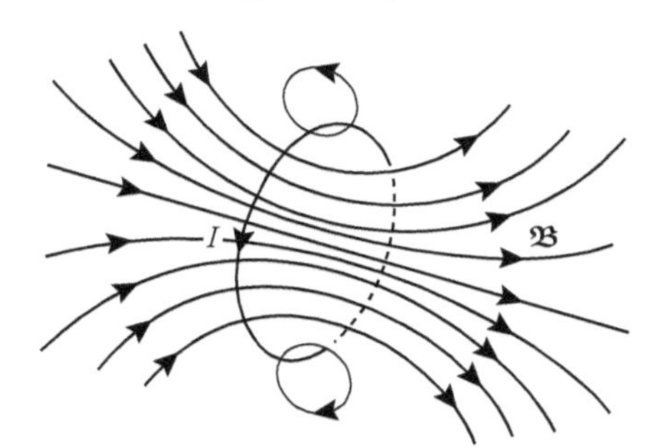

Figura 17.10 Fluxo magnético próprio em um circuito.

Se a corrente I variar com o tempo, o fluxo magnético Φ_I através do circuito também varia e, de acordo com a lei de indução eletromagnética, uma fem é induzida no circuito. Esse caso particular de indução eletromagnética é chamado de *autoindução*. Combinando as Eqs. (17.1) e (17.16), temos, para a fem autoinduzida,

$$V_L = -\frac{d\Phi_I}{dt} = -L\frac{dI}{dt}. \qquad (17.17)$$

O sinal negativo indica que V_L opõe-se à variação na corrente, de modo que, se a corrente aumenta, dI/dt é positivo e V_L tem sentido oposto ao da corrente (Fig. 17.11a). Se a corrente diminui, dI/dt é negativo e V_L tem o mesmo sentido que a corrente (Fig. 17.11b). Portanto V_L age sempre em um sentido que se opõe à *variação* da corrente. Quando escrevemos a Eq. (17.17), admitimos o circuito rígido e, portanto, consideramos L constante quando calculamos a derivada temporal. Se a forma do circuito for variável, L não será constante, e em vez da Eq. (17.17), devemos escrever

$$V_L = -\frac{d}{dt}(LI). \tag{17.18}$$

Nos diagramas traçados, para indicar que um condutor tem uma indutância apreciável, usa-se o símbolo da Fig. 17.12. Entretanto devemos notar que a autoindutância de um circuito não está concentrada em um determinado ponto, mas é uma propriedade de todo o circuito.

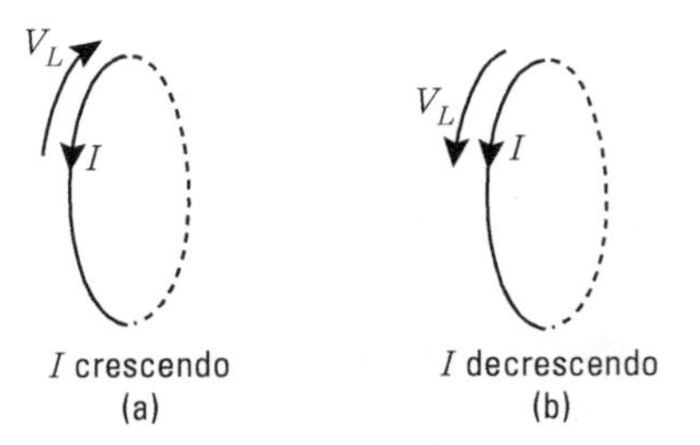

Figura 17.11 Sentido da fem autoinduzida em um circuito.

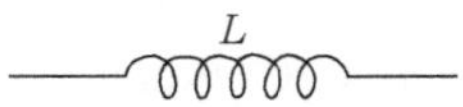

L

Figura 17.12 Representação de uma autoindutância.

■ **Exemplo 17.3** Discutir o estabelecimento de uma corrente em um circuito.

Solução: Quando uma fem $V_{\mathfrak{E}}$ é aplicada a um circuito fechando-se uma chave (Fig. 17.13), a corrente não atinge instantâneamente o valor $V_{\mathfrak{E}}/R$ correspondente à lei de Ohm, mas aumenta gradativamente, aproximando-se aos poucos do valor dado pela lei. Esse processo deve-se à fem autoinduzida V_L, que se opõe à variação da corrente, e está presente enquanto a corrente aumenta de zero até seu valor final constante. A fem total aplicada ao circuito é, portanto, $V_{\mathfrak{E}} + V_L = V_{\mathfrak{E}} - L(dl/dt)$. A lei de Ohm será

$$RI = V_{\mathfrak{E}} + V_L \qquad \text{ou} \qquad RI = V_{\mathfrak{E}} - L(dI/dt). \tag{17.19}$$

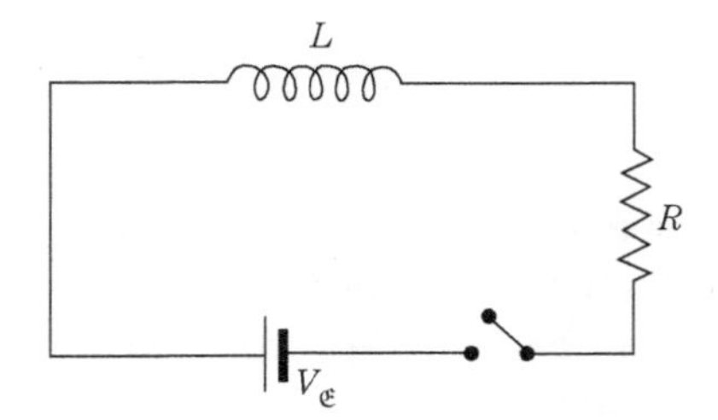

Figura 17.13 Circuito elétrico contendo uma resistência e uma autoindutância.

Isso pode ser escrito como $R(I - V_{\mathfrak{E}}/R) = -L(dI/dt)$, ou, separando-se as variáveis I e t,

$$\frac{dI}{I - V/R} = -\frac{R}{L}dt.$$

Por integração, notando que em $t = 0$ a corrente também é zero ($I = 0$) temos

$$\int_0^I \frac{dI}{I - V_{\mathfrak{E}}/R} = -\frac{R}{L}\int_0^t dt$$

ou

$$\ln (I - V_{\mathfrak{E}}/R) - \ln (-V_{\mathfrak{E}}/R) = -(R/L)t.$$

Lembrando que $\ln e^x = x$, temos então

$$I = \frac{V_{\mathfrak{E}}}{R}\left(1 - e^{-Rt/L}\right).$$

O segundo termo nos parênteses decresce com o tempo e a corrente aproxima-se assintoticamente do valor $V_{\mathfrak{E}}/R$, que é dado pela lei de Ohm (Fig. 17.14). Se R/L é grande, a corrente atinge esse valor rapidamente, mas, se R/L é pequeno, pode levar um longo tempo antes que a corrente se estabilize. Você pode reconhecer a semelhança matemática entre a expressão para I e aquela para a velocidade de um corpo caindo através de um fluido viscoso (Ex. 7.8), quando estabelecemos as seguintes correspondências: $V_{\mathfrak{E}} \leftrightarrow F$, $L \leftrightarrow m$, e $R \leftrightarrow K\eta$.

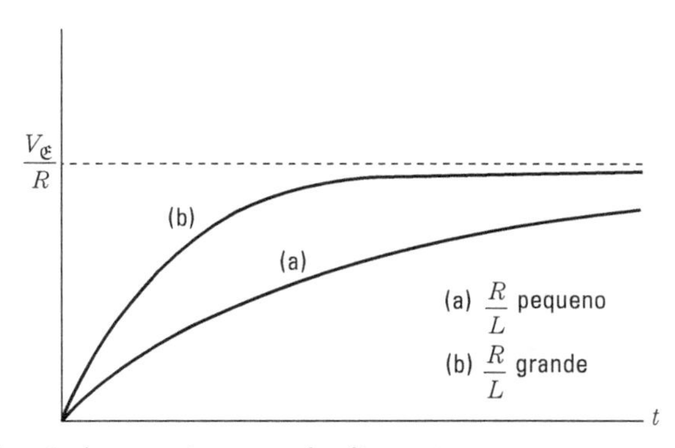

Figura 17.14 Estabelecimento da corrente em um circuito.

■ **Exemplo 17.4** Discutir a queda da corrente no circuito da Fig. 17.15, quando a chave é deslocada da posição 1 para a posição 2.

Solução: Se a chave esteve na posição 1 durante muito tempo, podemos admitir que a corrente no circuito alcançou seu valor-limite (ou estacionário) $V_{\mathfrak{E}}/R$. Deslocando-se a chave para a posição 2, removemos a fem aplicada sem abrir efetivamente o circuito. A única fem que permanece é $V_L = -LdI/dt$, e a lei de Ohm será

$$RI = -L\frac{dI}{dt} \quad \text{ou} \quad \frac{dI}{I} = -\frac{R}{L}dt.$$

Se contarmos o tempo ($t = 0$) a partir do instante em que $V_{\mathfrak{E}}$ é removido do circuito, a corrente inicial é $V_{\mathfrak{E}}/R$. Integrando, temos

$$\int_{V_{\mathfrak{E}}/R}^{I} \frac{dI}{I} = -\frac{R}{L}\int_0^t dt,$$

ou

$$\ln I - \ln (V_{\mathfrak{E}}/R) = -(R/L)t.$$

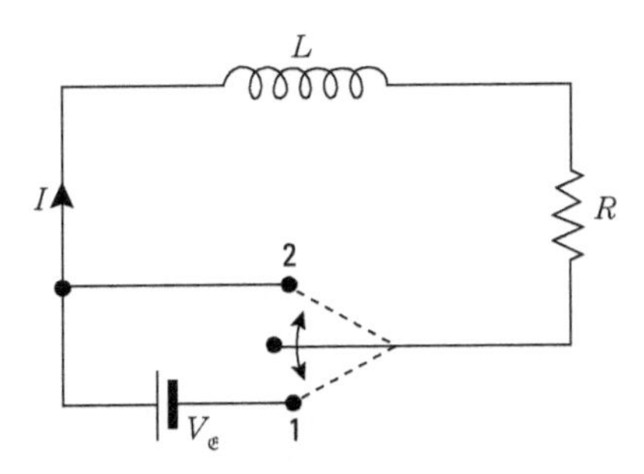

Figura 17.15 Dispositivo para remover a fem aplicada a um circuito, sem alterar a resistência.

Removendo os logaritmos, temos

$$I = (V_{\mathfrak{E}}/R)e^{-Rt/L}.$$

A corrente decresce exponencialmente, como foi representado na Fig. 17.16. Quanto maior a resistência R ou, quanto menor a indutância L, mais rápida é a queda da corrente. O tempo necessário para que a corrente caia a $1/e$, ou, aproximadamente, 37% de seu valor inicial, é $\tau = L/R$. Esse tempo é chamado *tempo de relaxação.*

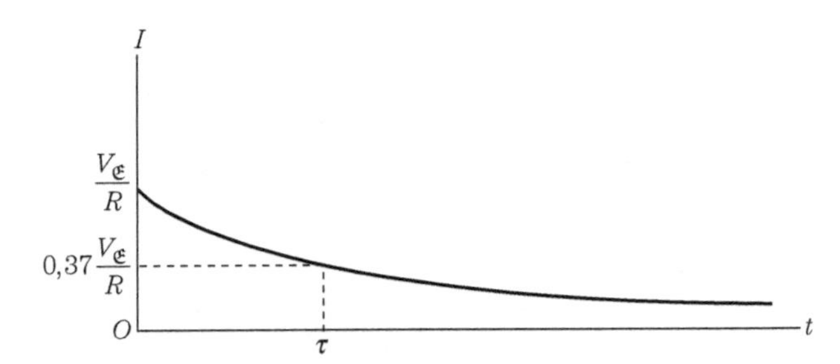

Figura 17.16 Queda da corrente em um circuito após a remoção da fem.

■ **Exemplo 17.5** Um circuito é composto de duas chapas metálicas, cilíndricas e coaxiais de raios a e b, cada uma percorrida por uma corrente I, mas em direções opostas. Calcular a autoindutância por unidade de comprimento do circuito (Fig. 17.17). O espaço entre os cilindros é preenchido com uma substância cuja permeabilidade é μ.

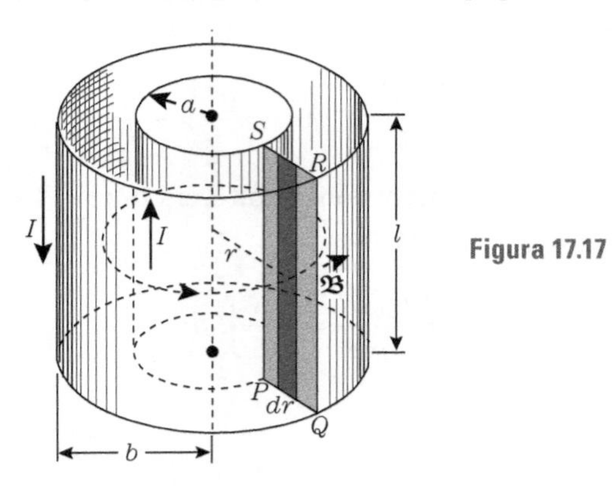

Figura 17.17

Solução: No Ex. 16.18, o campo magnético, na região entre os dois cilindros, foi calculado, para este arranjo de corrente, como $\mathfrak{B} = \mu I/2\pi r$ e zero no espaço restante. Aqui substituímos μ_0, usado no Ex. 16.18, por μ, a permeabilidade do meio ocupando o espaço entre os dois cilindros, em concordância com a Seç. 16.16. Para obter a autoindutância, devemos calcular o fluxo magnético através de qualquer seção do condutor, tal como *PQRS*, tendo um comprimento l. Se dividirmos essa seção em faixas de largura dr, a área de cada faixa será $l\,dr$. O campo magnético $\mathfrak{B}$ é perpendicular a *PQRS*. Portanto

$$\Phi_I = \int_{PQRS} \mathfrak{B}\, dS = \int_a^b \left(\frac{\mu I}{2\pi r}\right)(l\, dr)$$
$$= \frac{\mu I l}{2\pi}\int_a^b \frac{dr}{r} = \frac{\mu I l}{2\pi}\ln\frac{b}{a}.$$

Portanto a autoindutância de uma porção de comprimento l é

$$L = \frac{\Phi_I}{I} = \frac{\mu l}{2\pi}\ln\frac{b}{a}, \tag{17.20}$$

e a autoindutância por unidade de comprimento será $(\mu/2\pi)\ln b/a$.

17.9 Energia do campo magnético

Na Seç. 16.10 vimos que, para manter uma corrente em um circuito, deve-se fornecer energia a ele. A energia necessária por unidade de tempo (em outras palavras, a potência) é $V_{\mathfrak{E}}I$. Assim, podemos escrever a Eq. (17.19) na forma

$$V_{\mathfrak{E}} = RI + L\frac{dI}{dt}.$$

Multiplicando essa equação por I, temos

$$V_{\mathfrak{E}}I = RI^2 + LI\frac{dI}{dt}. \tag{17.21}$$

De acordo com a Eq. (16.53), o termo RI^2 é a energia gasta para manter o movimento dos elétrons através da rede cristalina do condutor e que é transferida para os íons que formam a rede. Interpretamos então o último termo da Eq. (17.21) como a energia necessária por unidade de tempo para formar a corrente ou para estabelecer seu campo magnético associado. Consequentemente, a taxa de aumento da energia magnética é

$$\frac{dE_{\mathfrak{B}}}{dt} = LI\frac{dI}{dt}.$$

Portanto a energia magnética necessária para aumentar uma corrente de zero até o valor I, é

$$E_{\mathfrak{B}} = \int_0^{E_{\mathfrak{B}}} dE_{\mathfrak{B}} = \int_0^I LI\, dI = \tfrac{1}{2}LI^2. \tag{17.22}$$

No circuito do Ex. 17.5, por exemplo, a energia magnética de uma seção de comprimento l, usando a Eq. (17.20), é

$$E_{\mathfrak{B}} = \frac{1}{2}\left(\frac{\mu l}{2\pi}\ln\frac{b}{a}\right)I^2 = \frac{\mu l I^2}{4\pi}\ln\frac{b}{a}. \tag{17.23}$$

A energia magnética $E_{\mathfrak{B}}$ pode também ser calculada usando-se a expressão

$$E_{\mathfrak{B}} = \frac{1}{2\mu}\int \mathfrak{B}^2 dv, \tag{17.24}$$

onde a integral estende-se por todo o volume em que existe o campo magnético, e dv é o elemento de volume. Por exemplo, no caso do circuito da Fig. 17.17, que foi desenhado novamente na Fig. 17.18, o campo magnético é dado por $\mathfrak{B} = \mu I/2\pi r$. Quando consideramos o elemento de volume como uma camada cilíndrica, de raio r e espessura dr, encontramos que seu volume é $dv = (2\pi r)l\, dr$. Substituindo na Eq. (17.24), e lembrando que o campo magnético estende-se apenas de $r = a$ até $r = b$, encontramos que

$$E_{\mathfrak{B}} = \frac{1}{2\mu}\int_a^b \left(\frac{\mu I}{2\pi r}\right)^2 (2\pi l r\, dr) = \frac{\mu l I^2}{4\pi}\int_a^b \frac{dr}{r} = \frac{\mu l I^2}{4\pi}\ln\frac{b}{a}.$$

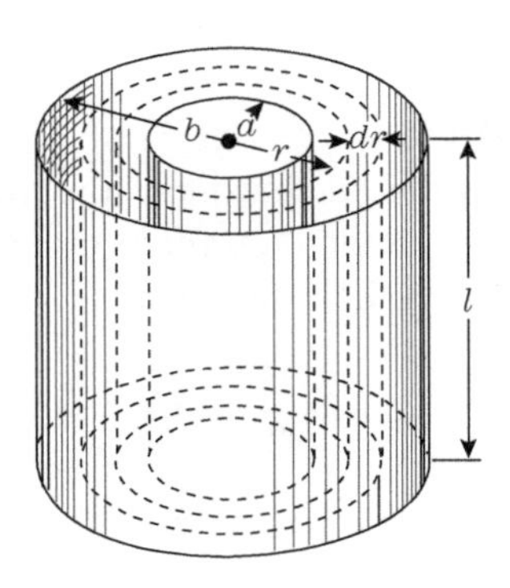

Figura 17.18

Portanto obtivemos o mesmo resultado que na Eq. (17.23).

Podemos interpretar a expressão (17.24) dizendo que a energia gasta para estabelecer a corrente foi *armazenada* no espaço circundante, de modo que uma energia $(\mathfrak{B}^2/2\mu)dv$ corresponde a um volume dv, e a energia por unidade de volume $E_{\mathfrak{B}}$ armazenada no campo magnético é

$$E_{\mathfrak{B}} = \frac{1}{2\mu}\mathfrak{B}^2. \tag{17.25}$$

Embora tenhamos justificado a expressão (17.25) para a densidade de energia magnética usando um circuito de simetria muito especial, uma análise mais detalhada, que não daremos aqui, mostraria que o resultado é de validade geral. Quando os dois campos elétrico e magnético estão presentes, devemos considerar também a densidade de energia elétrica dada pela Eq. (16.40), e, portanto, a energia total por unidade de volume no campo eletromagnético é

$$E = \tfrac{1}{2}\varepsilon\mathfrak{E}^2 + \frac{1}{2\mu}\mathfrak{B}^2. \tag{17.26}$$

■ **Exemplo 17.6** Obter a energia do campo magnético de um elétron que se move lentamente e analisar o resultado.

Solução: Pela Seç. 15.11, sabemos que uma carga que se move lentamente produz um campo magnético cujas linhas de força são círculos perpendiculares à direção do movimento e cujo módulo obtém-se pela Eq. (15.53) como

$$\mathfrak{B} = \frac{\mu_0}{4\pi} q \frac{v \operatorname{sen} \theta}{r^2},$$

com $q = -e$ para um elétron. Suponha que usemos o nosso modelo simples do elétron apresentado no Ex. 16.14, em que R *é o* "raio" do elétron. Obtemos a energia do campo magnético *exterior* à carga usando a Eq. (17.24), com a integral estendida sobre todo o espaço *fora* da carga. Consideraremos como nosso elemento de volume o anel ilustrado na Fig. 17.19. Este tem um perímetro igual a $2\pi r \operatorname{sen} \theta$, e sua seção reta tem lados dr e $r\, d\theta$, e, portanto, uma área $r\, dr\, d\theta$. O volume é

$$dv = \text{perímetro} \times \text{seção reta} = 2\pi r^2 \operatorname{sen} \theta\, dr\, d\theta.$$

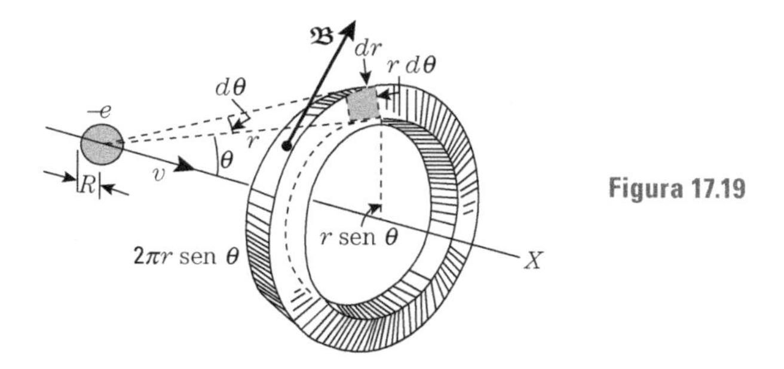

Figura 17.19

Portanto a Eq. (17.24) dá

$$E_{\mathfrak{B}} = \frac{1}{2\mu_0} \int_R^\infty \int_0^\pi \left(\frac{\mu_0}{4\pi} \frac{qv \operatorname{sen} \theta}{r^2} \right)^2 2\pi r^2 \operatorname{sen} \theta\, dr\, d\theta$$

$$= \frac{\mu_0}{16\pi} q^2 v^2 \int_R^\infty \frac{dr}{r^2} \int_0^\pi \operatorname{sen}^3 \theta\, d\theta = \frac{1}{2} \left(\frac{\mu_0}{4\pi} \frac{2q^2}{3R} \right) v^2.$$

Esse resultado não dá a energia magnética total porque temos de acrescentar a contribuição do campo magnético *dentro* da partícula carregada, que requer, por seu lado, que conheçamos a distribuição de carga no seu interior. De qualquer forma, o resultado acima dá uma avaliação da ordem de grandeza. O aspecto mais interessante de $E_{\mathfrak{B}}$ é que este depende de v^2, e, portanto, assemelha-se à energia cinética de uma partícula cuja massa é

$$m = \frac{\mu_0}{4\pi} \frac{2q^2}{3R}.$$

No caso do elétron, $q = -e$, e $m = m_e$, de maneira que

$$m_e = \frac{\mu_0}{4\pi} \frac{2e^2}{3R} = \frac{1}{4\pi\varepsilon_0} \frac{2e^2}{3Rc^2},$$

onde usamos a Eq. (15.55) para eliminar μ_0. Resolvendo para R, obtemos

$$R = \frac{2}{3}\left(\frac{e^2}{4\pi\varepsilon_0 m_e c^2}\right) = \tfrac{2}{3} r_e.$$

onde r_e é o raio do elétron definido na Eq. (16.45). O fato de nosso cálculo aproximado dar um resultado da mesma ordem de grandeza que no Ex. 16.14, onde obtivemos $R = \frac{3}{5} r_e$, é uma prova da consistência da nossa teoria, já que apenas a ordem de grandeza pode ser avaliada. Quando combinamos o presente resultado com o do Ex. 16.14, parece-nos plausível pensar que a energia de repouso de uma partícula carregada está associada à energia de seu campo elétrico, enquanto a energia cinética corresponde à energia do campo magnético. Entretanto é lógico pensar que os campos associados a outras interações existentes na natureza contribuem também para as energias de repouso e cinética de uma partícula. Contudo nosso conhecimento incompleto dessas interações torna impossível darmos uma resposta definida neste momento. De fato, o problema que consideramos, tanto no Ex. 16.14 como aqui, é conhecido como o problema da determinação da *autoenergia* do elétron. O propósito da nossa discussão sobre este problema foi o de chamar a sua atenção para esse fato. Entretanto, se quiséssemos tratá-lo convenientemente, teríamos de empregar as técnicas da mecânica quântica em um nível acima do deste livro.

17.10 Oscilações elétricas

Em diferentes ocasiões, vimos que existem três parâmetros que caracterizam o fluxo de eletricidade através de um circuito elétrico: a capacitância C, a resistência R, e a autoindutância L. Analisaremos agora a maneira pela qual os três juntos determinam a corrente produzida por uma dada fem. Admitindo-se que a corrente I no circuito da Fig. 17.20(a) esteja na direção indicada, as cargas q e $-q$ aparecem sobre as placas do capacitor C, de forma que

$$I = dq/dt. \tag{17.27}$$

Essas cargas produzem uma fem $V_C = -q/C$. O sinal negativo aparece porque a fem opõe-se à corrente I, como consequência da tendência do capacitor para se descarregar através do circuito. De acordo com a Eq. (17.17), existe outra fem igual a $V_L = -L(dI/dt)$ na indutância L. Além disso, pode haver alguma outra fem aplicada ao circuito, tal como $V_{\mathfrak{E}}$, representado na Fig. 17.20(b).

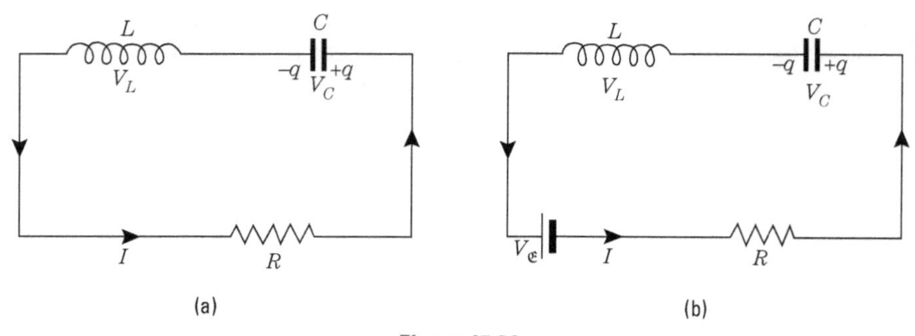

Figura 17.20

(a) *Oscilações livres.* Consideraremos, em primeiro lugar, a situação em que estão presentes apenas as duas fem V_L e V_C. Nesse caso, a corrente é iniciada carregando-se o capacitor, ou variando um fluxo magnético através da indutância, ou introduzindo e removendo depois (como na Fig. 17.15) uma fem externa. Portanto, aplicando a lei de Ohm, Eq. (16.64), temos

$$RI = V_L + V_C \qquad \text{ou} \qquad RI = -L\frac{dI}{dt} - \frac{q}{C}. \tag{17.28}$$

Considerando a derivada de toda a equação com relação a t, temos

$$R\frac{dI}{dt} = -L\frac{d^2I}{dt^2} - \frac{1}{C}\frac{dq}{dt}.$$

Empregando a Eq. (17.27), e escrevendo todos os termos no lado esquerdo da equação, obtemos

$$L\frac{d^2I}{dt^2} + R\frac{dI}{dt} + \frac{1}{C}I = 0. \tag{17.29}$$

Essa é uma equação diferencial cuja solução dá a corrente I como uma função de t. Os parâmetros L, R e C caracterizam o circuito.

Se estabelecermos as correspondências $L \leftrightarrow m$, $R \leftrightarrow \lambda$, $1/C \leftrightarrow k$, essa equação será formalmente idêntica à Eq. (12.51), que corresponde às oscilações amortecidas de uma partícula. Portanto todas as expressões dadas naquela podem ser aplicadas para esse caso. As quantidades γ e ω, definidas na Eq. (12.51) quando $R^2 < 4L/C$, são agora

$$\gamma = R/2L, \qquad \omega = \sqrt{1/LC - R^2/4L^2}, \tag{17.30}$$

e a corrente é dada como uma função do tempo pela mesma expressão (12.53), que escrevemos agora como

$$I = I_0 e^{-\gamma t} \operatorname{sen}(\omega t + \alpha), \tag{17.31}$$

e que você pode verificar pela substituição direta na Eq. (17.29). O gráfico da corrente *versus* tempo foi dado na Fig. 17.21(a). Vemos que se estabelece uma corrente oscilatória ou alternada, e que sua amplitude decresce com o tempo. Quando a resistência R é muito pequena comparada com a indutância L, podemos desprezar γ e o último termo na expressão para ω, o que resulta em $I = I_0 \operatorname{sen}(\omega t + \alpha)$, de modo que as oscilações elétricas não são amortecidas, e têm uma frequência

$$\omega_0 = \sqrt{1/LC}. \tag{17.32}$$

Esta é chamada *frequência característica* de um circuito LC, e é equivalente à frequência $\omega_0 = \sqrt{k/m}$ para um oscilador não amortecido. Observe que o amortecimento em um circuito elétrico provém da dissipação de energia na resistência R.

Se a resistência é suficientemente grande de tal forma que $R^2/4L^2 > 1/LC$, ou $R^2 > 4L/C$, a frequência ω torna-se imaginária. Nesse caso, a corrente decresce gradativamente sem oscilação, conforme mostra a Fig. 17.21b. As oscilações que discutimos, nas quais nenhuma fem externa é aplicada, constituem as oscilações *livres* do circuito.

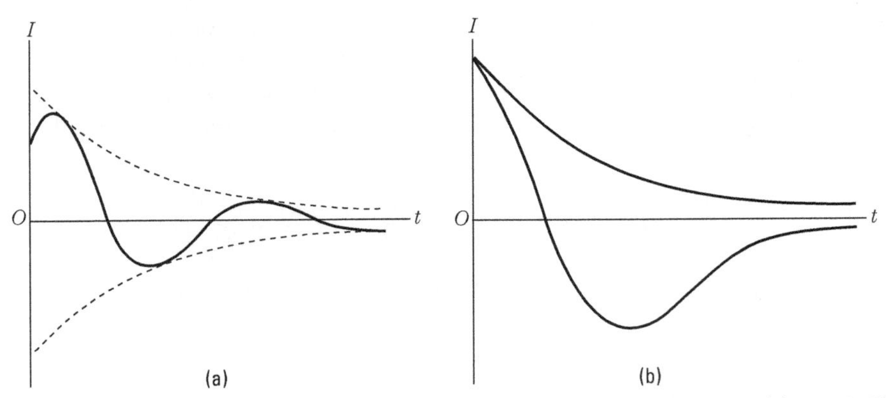

Figura 17.21 Variação da corrente na descarga de um capacitor como função do tempo; (a) quando $R^2 < 4L/C$, (b) quando $R^2 > 4L/C$.

(b) *Oscilações forçadas.* As oscilações elétricas forçadas são produzidas quando acrescentamos ao circuito representado na Fig. 17.20 uma fem alternada da forma $V_{\mathfrak{E}} = V_{\mathfrak{E}0}$ sen $\omega_f t$, como mostra a Fig. 17.22. Portanto, a Eq. (17.28) tem agora a forma

$$RI = V_L + V_C + V_{\mathfrak{E}0} \text{ sen } \omega_f t.$$

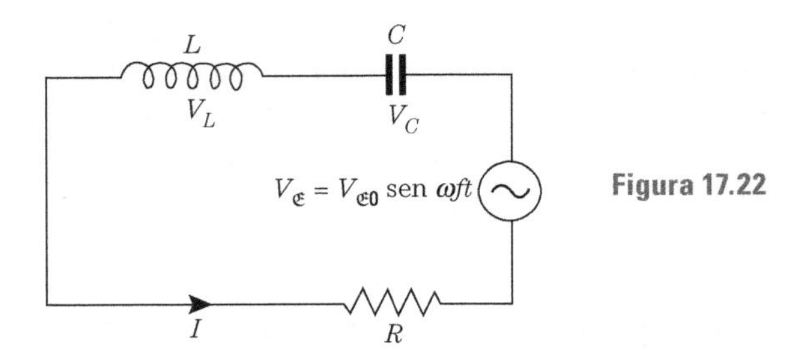

Figura 17.22

Repetindo o processo usado para obter a Eq. (17.29), diferenciamos em relação ao tempo e reordenamos os termos, obtendo

$$L\frac{d^2I}{dt^2} + R\frac{dI}{dt} + \frac{I}{C} = \omega_f V_{\mathfrak{E}0} \cos \omega_f t. \tag{17.33}$$

Essa equação é muito semelhante à Eq. (12.56) para oscilações forçadas de uma partícula, com esta importante diferença: a frequência ω_f aparece como um fator no lado direito da Eq. (17.33). A razão disso é que, em virtude da relação $I = dq/dt$, a corrente em um circuito elétrico corresponde à velocidade $v = dx/dt$ no movimento de uma partícula. Podemos aplicar agora as fórmulas da Seç. 12.13, com a correspondência própria para as quantidades, conforme mostra a Tab. 17.1. Temos, assim, a corrente dada por

$$I = I_0 \text{ sen } (\omega_f t - \alpha) \tag{17.34}$$

onde, se usarmos a Eq. (12.62) para a amplitude da velocidade v_0, com a correspondência própria, encontramos que a amplitude de corrente é

$$I_0 = \frac{V_{\mathfrak{E}0}}{\sqrt{R^2 + \left(\omega_f L - 1/\omega_f C\right)^2}}. \tag{17.35}$$

Tabela 17.1 Correspondência entre um oscilador amortecido e um circuito elétrico

Oscilador	Circuito elétrico
Massa, m	Indutância, L
Amortecimento, λ	Resistência, R
Constante elástica, k	Inverso da capacitância, $1/C$
Deslocamento, x	Carga, q
Velocidade, $v = dx/dt$	Corrente, $I = dq/dt$
Força aplicada, F_0	fem aplicada, V_0

Usando as expressões deduzidas na Seç. 12.14, podemos expressar a impedância do circuito elétrico como

$$Z = \sqrt{R^2 + \left(\omega_f L - 1/\omega_f C\right)^2}. \tag{17.36}$$

A reatância do circuito é

$$X = \omega_f L - 1/\omega_f C, \tag{17.37}$$

de modo que

$$Z = \sqrt{R^2 + X^2} \tag{17.38}$$

e obtemos a diferença de fase a entre a corrente e a fem aplicada, de

$$\operatorname{tg} \alpha = \frac{X}{R} = \frac{\omega_f L - 1/\omega_f C}{R}. \tag{17.39}$$

As quantidades Z, R, X e α, estão relacionadas como mostra a Fig. 17.23, que é uma reprodução da Fig. 12.39. Observe que a reatância e a impedância estão expressas em ohms. Por exemplo, o termo ωL, expresso em termos das unidades fundamentais, torna-se $s^{-1} \cdot H = m^2 \cdot kg \cdot s^{-1} \cdot C^{-2}$, que é a mesma expressão obtida na Seç. 16.10 para o ohm. Faça a mesma verificação para o termo $1/\omega C$. Se R e X são expressos em ohms, Z também deve ser expresso em ohms, em vista de sua definição (17.38).

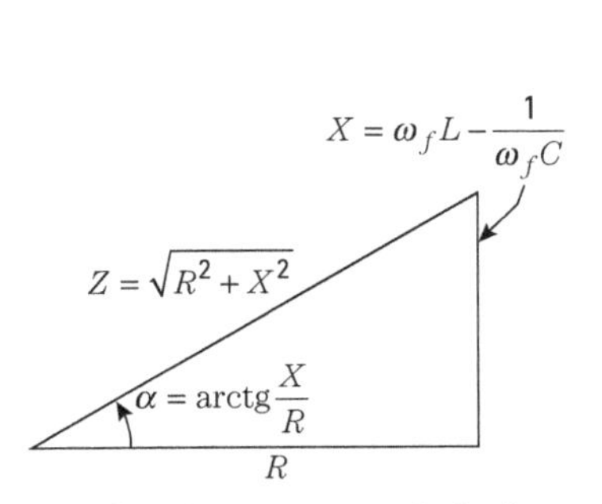

Figura 17.23 Relação entre resistência, reatância e impedância.

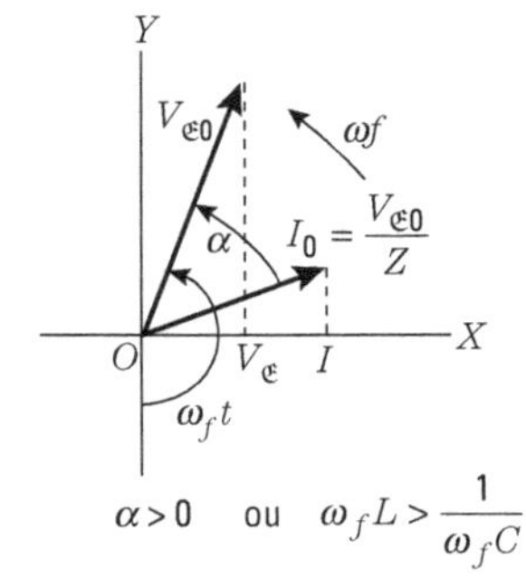

Figura 17.24 Vetores girantes da corrente e da fem em um circuito de c.a.

A fem $V_{\mathfrak{E}}$ e a corrente I podem ser representadas por vetores girantes, como foram ilustrados na Fig. 17.24. As componentes dos vetores ao longo do eixo X dão os valores instantâneos de $V_{\mathfrak{E}}$ e I. A corrente I sucede ou precede a fem, dependendo do sinal de α ser positivo ou negativo, ou seja de $\omega_f L$ ser maior ou menor do que $1/\omega_f C$. A Fig. 17.25 dá o gráfico de V e I *versus* tempo. Obtemos, pela Eq. (12.70), com a correspondência apropriada, a potência média necessária para manter a corrente, isto é,

$$P_{med} = \tfrac{1}{2} V_{\mathfrak{E}0} I_0 \cos \alpha = \tfrac{1}{2} R I_0^2. \qquad (17.40)$$

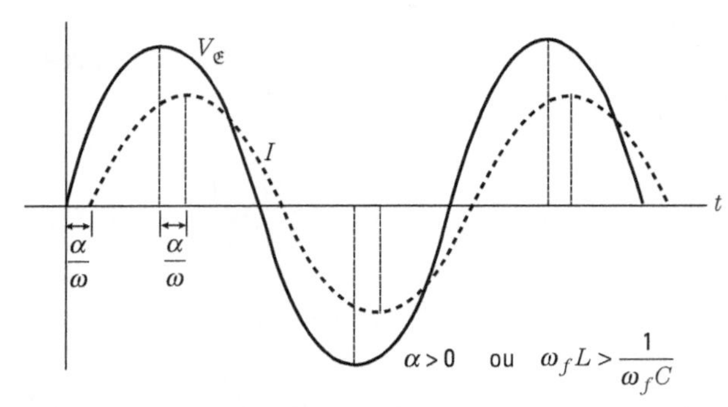

Figura 17.25 Variação da corrente e da fem, como uma função do tempo, em um circuito de c.a.

Nesse caso, a ressonância é equivalente à *ressonância de energia*, conforme discutimos na Seç. 12.13. Ela é obtida quando P_{med} é máximo, o que ocorre quando $\alpha = 0$, ou quando $\omega_f L = 1/\omega_f C$, correspondendo a uma frequência $\omega_f = \sqrt{1/LC}$, igual à Eq. (17.32). Na ressonância, a corrente tem amplitude máxima e está em fase com a fem, o que resulta em potência média máxima. Os vetores girantes $V_{\mathfrak{E}}$ e I estão em fase ou sobrepostos, e a corrente e a fem variam, como podemos ver na Fig. 17.26.

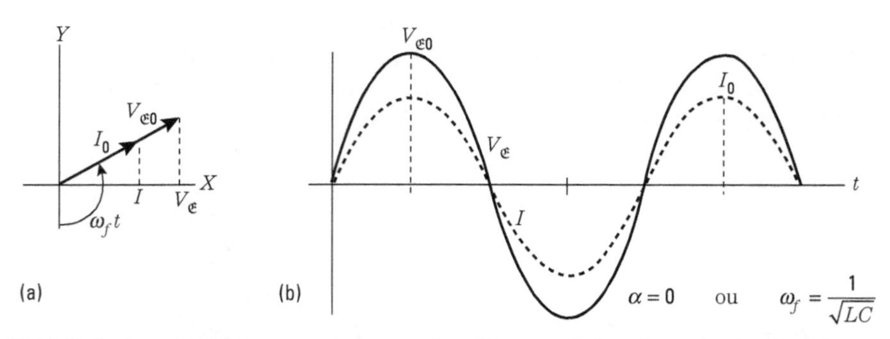

Figura 17.26 Relação entre a fem e a corrente quando a diferença de fase é zero (ressonância).

Assim, como no caso das oscilações forçadas de uma partícula, a solução geral da Eq. (17.33) é a soma da Eq. (17.34) e de uma corrente transitória dada pela Eq. (17.31). Entretanto, em virtude do amortecimento, o termo correspondente à Eq. (17.31) torna-se rapidamente desprezível e é necessário levar em consideração apenas a Eq. (17.34). Contudo, quando ocorre alguma modificação no circuito, tal como uma variação em L, C ou R, o termo transitório aparece durante um curto intervalo de tempo até que o circuito se ajuste às novas condições.

■ **Exemplo 17.7** Um circuito tem uma resistência de 40 Ω, uma autoindutância de 0,1 H e uma capacidade de 10^{-5} F. A fem aplicada tem uma frequência de 60 Hz. Determine a reatância, a impedância, a diferença de fase da corrente, e a frequência de ressonância do circuito.

Solução: A frequência angular é $\omega_f = 2\pi\nu$ e, como $\nu = 60$ Hz, temos que $\omega_f = 376{,}8\ \mathrm{s}^{-1}$. Então, empregando a Eq. (17.37), obtemos

$$X = \omega_f L - 1/\omega_f C = -227{,}57\ \Omega.$$

Portanto a impedância é

$$Z = \sqrt{R^2 + X^2} = 231{,}2\ \Omega.$$

A diferença de fase, de acordo com a Eq. (17.39), é

$$\operatorname{tg} \alpha = X/R = -5{,}680 \qquad \text{ou} \qquad \alpha = -80^\circ\ 21'.$$

Portanto a corrente está adiantada em relação à fem. Usando a Eq. (17.32), encontramos para a frequência de ressonância que

$$\omega_0 = \sqrt{1/LC} = 10^3\ \mathrm{s}^{-1} \qquad \text{ou} \qquad \nu = \omega/2\pi = 159\ \mathrm{Hz}.$$

■ **Exemplo 17.8** Empregando a técnica dos vetores girantes, discutir um circuito de corrente alternada.

Solução: Os resultados expressos na Seç. 17.10 podem ser deduzidos muito facilmente por meio da técnica dos vetores girantes. Observe que a equação do circuito pode ser escrita na forma

$$V_{\mathfrak{E}0} \operatorname{sen} \omega_f t = RI - V_L - V_C = RI + L\frac{dI}{dt} + \frac{q}{C}.$$

Da mesma forma como dissemos que RI é a diferença de potencial na resistência R, podemos dizer que $L(dI/dt)$ *e* q/C são as respectivas diferenças de potencial (ou quedas de voltagem) na indutância e na capacitância.

Se admitirmos que $I = I_0 \operatorname{sen} (\omega_f t - \alpha)$, o vetor girante da corrente está atrasado em relação ao da fem, de um ângulo a (Fig. 17.27). Podemos agora considerar o vetor girante da fem como sendo a soma dos vetores girantes que correspondem aos três termos à direita da equação acima. Observamos que $dI/dt = \omega_f I_0 \cos (\omega_f t - \alpha)$ e $q = \int I\, dt = -(1/\omega_f)I_0 \cos (\omega_f t - \alpha)$. Portanto podemos escrever

queda de potencial na resistência:

$$RI = RI_0 \operatorname{sen} (\omega_f t - \alpha), \text{ em fase com } I;$$

queda de potencial na indutância:

$$L(dI/dt) = \omega_f L I_0 \operatorname{sen}\left(\omega_f t - \alpha + \tfrac{1}{2}\pi\right), \text{ precedendo } I \text{ por } \tfrac{1}{2}\pi;$$

queda de potencial no capacitor:

$$q/C = \left(1/\omega_f C\right) I_0 \operatorname{sen}\left(\omega_f t - \alpha - \tfrac{1}{2}\pi\right), \text{ sucedendo } I \text{ por } \tfrac{1}{2}\pi.$$

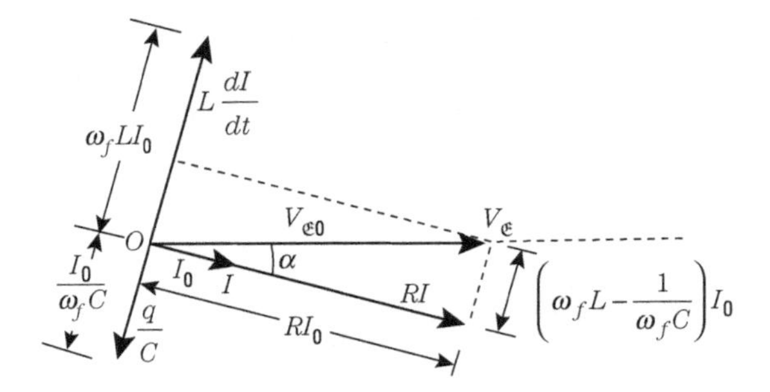

Figura 17.27 Diagrama de vetores girantes para o circuito representado na Fig. 17.22.

Os três vetores girantes estão representados na Fig. 17.27, onde a linha de referência foi dada pelo vetor girante, correspondendo a $V_{\mathcal{E}}$. Suas amplitudes são RI_0, $\omega_f LI_0$ e $I_0/\omega_f C$. Como as três quedas de potencial devem ter por soma a fem aplicada, sua resultante deve ser $V_{\mathcal{E}0}$. Portanto

$$V_{\mathcal{E}0}^2 = R^2 I_0^2 + \left(\omega_f L - \frac{1}{\omega_f C}\right)^2 I_0^2$$

ou

$$V_{\mathcal{E}0} = \sqrt{R^2 + \left(\omega_f L - 1/\omega_f C\right)^2}\, I_0.$$

Se resolvermos essa equação para I_0, o resultado será idêntico ao da Eq. (17.35). Pela figura, podemos calcular o ângulo de fase a, cujo valor concorda com a Eq. (17.39). A técnica dos vetores girantes é amplamente usada em engenharia na análise de circuitos de corrente alternada.

17.11 Circuitos acoplados

Consideremos dois circuitos tais como (1) e (2) da Fig. 17.28. Quando uma corrente I_1 circula no circuito (1), um campo magnético proporcional a I_2 é estabelecido ao seu redor, e através do circuito (2) existe um fluxo magnético Φ_2 que é também proporcional I_1. Portanto podemos escrever

$$\Phi_2 = MI_1, \tag{17.41}$$

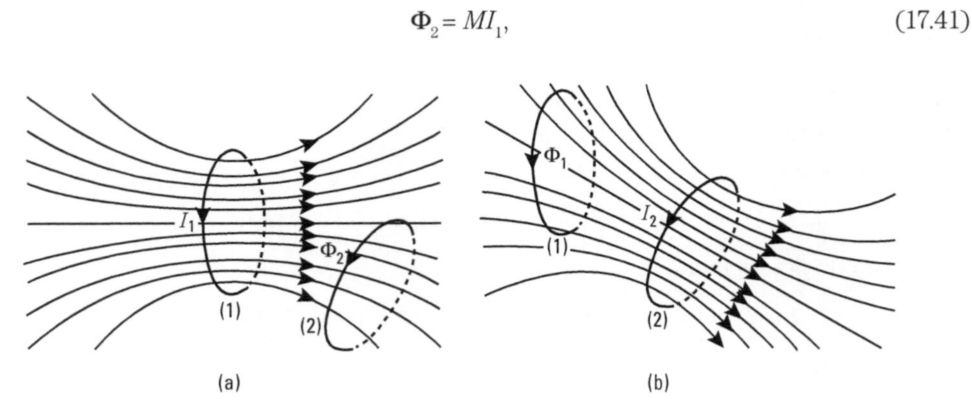

Figura 17.28 Indução mútua.

onde M é um coeficiente de proporcionalidade e representa o fluxo magnético, através do circuito (2), por unidade de corrente no circuito (1). De forma análoga, se uma corrente I_2 circula em um circuito (2), produz-se um campo magnético e este, por seu lado, produz um fluxo magnético Φ_1, através do circuito (1), que é proporcional a I_2. Consequentemente, podemos escrever

$$\Phi_1 = MI_2. \tag{17.42}$$

Observe que, na Eq. (17.42), escrevemos o mesmo coeficiente M que na Eq. (17.41). Isso significa que reconhecemos que o fluxo magnético através do circuito (1), em virtude da corrente unitária no circuito (2), é igual ao anterior. Esse coeficiente comum é chamado de *indutância mútua* dos dois circuitos e, como indicamos, pode-se provar que deve ser o mesmo para ambos os casos. Em outras palavras, a indução mútua é simétrica. O coeficiente M depende das formas dos circuitos e de suas orientações relativas. Ele é também medido em henrys, porque corresponde a $\text{Wb} \cdot \text{A}^{-1}$.

Se a corrente I_1 é variável, o fluxo Φ_2 através do circuito (2) muda e uma fem V_{M2} é induzida nesse circuito. Essa fem é dada por

$$V_{M2} = -M\frac{dI_1}{dt}.$$

Ao escrever essa equação, admitimos os circuitos como sendo rígidos e fixos no espaço, de modo que M é constante. De forma análoga, se a corrente I_2 for variável, uma fem V_{M1} será induzida no circuito (1), dada por

$$V_{M1} = -M\frac{dI_2}{dt}. \tag{17.43}$$

É por isso que M é chamado de "indutância mútua", pois descreve o efeito ou influência mútua entre os dois circuitos. Além disso, se os circuitos se movem um em relação ao outro, produzindo uma variação em M, também aparecerão fem induzidas neles.

Usando a lei de Ohm, podemos obter a equação que relaciona a corrente no circuito (1) com os parâmetros do sistema. Tudo o que temos a fazer é somar a fem V_{M1}, dada pela Eq. (17.43), à Eq. (17.28), isto é,

$$RI_1 = V_{L1} + V_{C1} + V_{M1},$$

onde $V_{L1} = -L_1\, dI_1/dt$ e $V_{C1} = -q_1/C_1$. Portanto, se tomamos a derivada em relação ao tempo da equação precedente e observamos que $= dq_1/dt$, em vez da Eq. (17.29), chegamos a

$$L_1\frac{d^2I_1}{dt^2} + R_1\frac{dI_1}{dt} + \frac{1}{C_1}I_1 = -M\frac{d^2I_2}{dt^2}. \tag{17.44}$$

De modo análogo, para o circuito (2), chegamos à equação

$$L_2\frac{d^2I_2}{dt^2} + R_2\frac{dI_2}{dt} + \frac{1}{C_2}I_2 = -M\frac{d^2I_1}{dt^2}. \tag{17.45}$$

As Eqs. (17.44) e (17.45) formam um conjunto de equações diferenciais simultâneas semelhantes às Eqs. (12.36) para dois osciladores acoplados. A constante de acoplamento é M. Não consideraremos as soluções gerais, mas, pela nossa discussão de osciladores acoplados mecanicamente na Seç. 12.10, concluímos que haverá uma troca de energia entre os circuitos. As aplicações comuns e práticas desse processo são o *transformador* e o *gerador de indução*. Outra aplicação da indução mútua, num sentido mais amplo, é a transmissão de um sinal de um lugar para outro, produzindo-se uma corrente variável em um circuito, chamado de *transmissor*. Por seu lado, esse circuito age sobre outro, acoplado a ele, chamado de *receptor*. Esse é o caso do telégrafo, do rádio, da televisão, do radar etc. Entretanto a discussão desses aparelhos requer uma técnica diferente, que será abrangida parcialmente no Cap. 19.

O aspecto mais importante e fundamental da indução mútua é *a possibilidade da troca de energia entre dois circuitos por meio do campo eletromagnético*. Podemos dizer que o campo eletromagnético, produzido pelas correntes nos circuitos, age como um portador de energia, transportando-a através do espaço, de um circuito para o outro.

Porém a indução mútua entre dois circuitos é um fenômeno macroscópico, originado das interações elementares entre as cargas em movimento que constituem suas respectivas correntes. Portanto podemos concluir do fenômeno da indução mútua que a interação eletromagnética, entre duas partículas carregadas, pode ser descrita como uma troca de energia por meio de seus campos eletromagnéticos mútuos.

Quando duas partículas carregadas estão sujeitas à interação eletromagnética, o princípio da conservação de energia deve ser modificado para incluir a energia do campo. [Lembre-se de que, para levar em consideração o momento do campo, tivemos também de modificar o princípio de conservação da quantidade de movimento na Eq. (15.68).] Portanto devemos escrever a energia total de um sistema de duas partículas carregadas que interagem como

$$E = E_1 + E_2 + \mathrm{E}_{\text{campo}}, \tag{17.46}$$

onde E_1 e E_2 são as energias de cada partícula, e constituem a soma de suas energias cinética e potencial resultantes de qualquer força atuando sobre elas, e E_{campo} é a energia associada a seus campos eletromagnéticos.

Pode-se provar que, sob condições estáticas (ou condições que variam muito lentamente com o tempo), E_{campo} corresponde exatamente à energia potencial

$$E_P = q_1 q_2 / 4\pi\varepsilon_0 r_{12}$$

devida à interação de Coulomb entre as duas cargas.

É a soma dos três termos da Eq. (17.46) que permanece constante durante o movimento de duas partículas se elas não estiverem sujeitas a nenhuma outra força.

■ **Exemplo 17.9** Uma bobina com N espiras é enrolada ao redor da porção central de um solenoide toroidal que tem n espiras por unidade de comprimento e uma seção reta de área S. Calcular a indutância mútua do sistema (Fig. 17.29).

Solução: Podemos resolver o problema, determinando o fluxo magnético através do solenoide quando uma corrente percorre a bobina, ou inversamente, determinando o fluxo magnético através da bobina quando uma corrente percorre o solenoide. Vamos seguir a segunda alternativa, que é a mais fácil das duas. Pelo Ex. 16.19, podemos lembrar de que, no caso de um solenoide toroidal, o campo magnético está limitado a seu interior e tem um valor dado pela Eq. (16.71), $\mathfrak{B} = \mu_0 nI$. O fluxo magnético através de qualquer seção reta do sofenoide é

$$\Phi_{\mathfrak{B}} = \mathfrak{B}S = \mu_0 nSI,$$

onde S é a área de seção reta do solenoide. Esse resultado é idêntico ao do fluxo através de qualquer espira da bobina, mesmo quando a sua seção reta é maior. Portanto, o fluxo magnético através da bobina é

$$\Phi_{\text{bobina}} = N\Phi_{\mathfrak{B}} = \mu_0 nNSI.$$

Uma comparação com a Eq. (17.41) fornece-nos, para a indutância mútua do sistema,

$$M = \mu_0 nNS.$$

Esse arranjo é amplamente usado no laboratório quando se necessita de uma indutância mútua padrão.

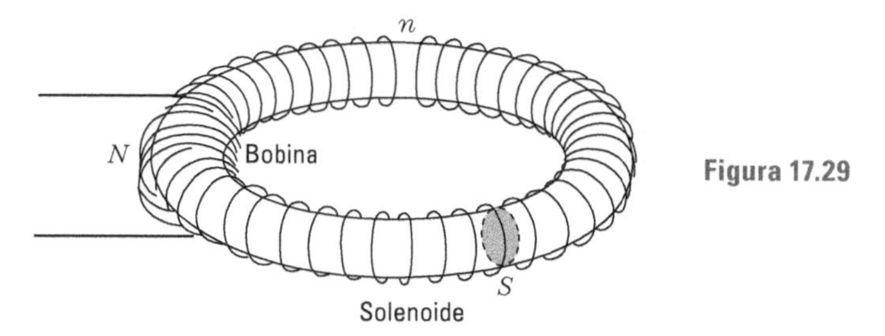

Figura 17.29

17.12 O princípio de conservação da carga

Na Seç. 14.2, discutimos a conservação da carga elétrica. Em outras palavras, em todos os processos que ocorrem no universo, a quantidade total de carga deve sempre permanecer a mesma. Essa afirmação pode ser expressa em uma forma quantitativa muito útil. Consideremos uma superfície fechada S (Fig. 17.30) e designemos por q a carga total no interior dela em um dado instante. Como o nosso problema é dinâmico e não estático, as cargas livres (tais como os elétrons em metais ou íons em um plasma) estão se movendo através do meio, cruzando a superfície S. Algumas vezes, pode haver mais cargas saindo do que entrando, ocasionando um decréscimo na carga total q no interior da superfície S. Outras vezes, a situação pode ser inversa, e as cargas que entram podem exceder aquelas que saem, produzindo um aumento na carga total q. É claro que, se os fluxos de carga saindo e entrando através de S são os mesmos, a carga total q permanece a mesma. Evidentemente, o princípio de conservação da carga requer que

$$\begin{aligned}\text{perda de carga} &= \text{fluxo de carga saindo} - \text{fluxo de carga entrando}\\ &= \text{fluxo total de carga saindo.}\end{aligned} \tag{17.47}$$

O fluxo total da carga por unidade de tempo, ou a corrente, através de uma superfície S, foi determinado no Ex. 16.1 como sendo $I = \int_S \boldsymbol{j} \cdot \boldsymbol{u}_N \, dS$, onde $\boldsymbol{j}$ é a densidade de corrente. No caso presente, a superfície S é fechada, de modo que

$$I = \oint_S \boldsymbol{j} \cdot \boldsymbol{u}_N \, dS \tag{17.48}$$

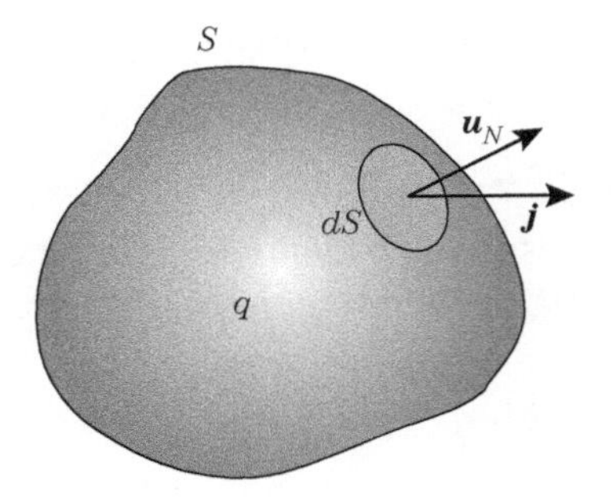

Figura 17.30 Corrente através de uma superfície fechada que encerra uma carga q.

dá a carga total saindo através da superfície por unidade de tempo, isto é, a diferença entre o fluxo de carga saindo e o fluxo de carga entrando por unidade de tempo. Por outro lado, a perda de carga por unidade de tempo no interior de S é $-dq/dt$. Portanto, em termos matemáticos, a Eq. (17.47) vem a ser $-dq/dt = I$, ou

$$-\frac{dq}{dt} = \oint_S \boldsymbol{j} \cdot \boldsymbol{u_N} \, dS, \tag{17.49}$$

uma equação que expressa o princípio de conservação da carga sob a hipótese de que a carga não é criada nem aniquilada. De acordo com a lei de Gauss para o campo elétrico, conforme dada pela Eq. (16.3), a carga total no interior de uma superfície fechada é expressa, em termos do campo elétrico na superfície, por

$$q = \varepsilon_0 \oint_S \mathfrak{E} \cdot \boldsymbol{u_N} \, dS,$$

de forma que

$$\frac{dq}{dt} = \varepsilon_0 \frac{d}{dt} \oint_S \mathfrak{E} \cdot \boldsymbol{u_N} \, dS.$$

Substituindo esse resultado na Eq. (17.49), obtemos

$$\oint_S \boldsymbol{j} \cdot \boldsymbol{u_N} \, dS + \varepsilon_0 \frac{d}{dt} \oint_S \mathfrak{E} \cdot \boldsymbol{u_N} \, dS = 0 \tag{17.50}$$

para a expressão do princípio de conservação da carga, de uma maneira que incorpora a lei de Gauss. Quando os campos são estáticos, a integral $\oint_S \mathfrak{E} \cdot \boldsymbol{u}_N \, dS$ não depende do tempo. Portanto sua derivada em relação ao tempo é zero, resultando em

$$\oint_S \boldsymbol{j} \cdot \boldsymbol{u_N} \, dS = 0, \quad \text{para campos estáticos.} \tag{17.51}$$

Isto significa que, para campos estáticos, não ocorre o acúmulo ou perda de carga em qualquer região do espaço, e a corrente total através de uma superfície fechada é zero. (Isso é, essencialmente, o conteúdo da primeira lei de Kirchhoff para análise de redes, apresentada no Ex. 16.17.)

17.13 A lei de Ampère-Maxwell

A lei de Faraday-Henry, como foi expressa nas Eqs. (17.2) ou (17.15), estabelece uma relação entre o campo magnético e o campo elétrico numa mesma região do espaço. A estreita relação que existe entre os campos elétrico e magnético sugere que deveria existir uma relação análoga entre a taxa de variação em relação ao tempo de um campo elétrico e de um campo magnético, em um mesmo lugar. A Eq. (17.2), isto é,

$$\oint_L \boldsymbol{\mathfrak{E}} \cdot d\boldsymbol{l} = -\frac{d}{dt}\int_S \boldsymbol{\mathfrak{E}} \cdot \boldsymbol{u_N} dS,$$

relaciona a circulação do campo elétrico à taxa de variação em relação ao tempo do fluxo do campo magnético. Poderíamos esperar que uma expressão análoga relacionasse a circulação do campo magnético à taxa de variação em relação ao tempo do fluxo do campo elétrico. Até aqui, encontramos que a circulação do campo magnético está expressa na lei de Ampère, dada pela Eq. (16.68), como

$$\oint_L \boldsymbol{\mathfrak{B}} \cdot d\boldsymbol{l} = \mu_0 \int_S \boldsymbol{j} \cdot \boldsymbol{u_N}\ dS, \qquad (17.52)$$

mas essa expressão não contém nenhuma taxa de variação em relação ao tempo do fluxo do campo elétrico. Isso não constitui surpresa, pois ela foi deduzida sob condições estáticas. Entretanto podemos esperar que a lei de Ampère necessite de uma revisão quando for aplicada a campos dependentes do tempo.

Presentemente, a lei de Ampère, em sua forma (17.52), aplica-se a uma superfície S limitada pela linha L. Enquanto a superfície S for limitada pela linha L, ela será arbitrária. Se a linha L contrai-se, o valor de $\oint_L \boldsymbol{\mathfrak{B}} \cdot d\boldsymbol{l}$ diminui (Fig. 17.31), e, às vezes, torna-se zero, quando L se contrai em um ponto, e a superfície S vem a ser uma superfície *fechada*. Então, a lei de Ampère, como foi expressa pela Eq. (17.52), requer que

$$\oint_S \boldsymbol{j} \cdot \boldsymbol{u_N}\ dS = 0.$$

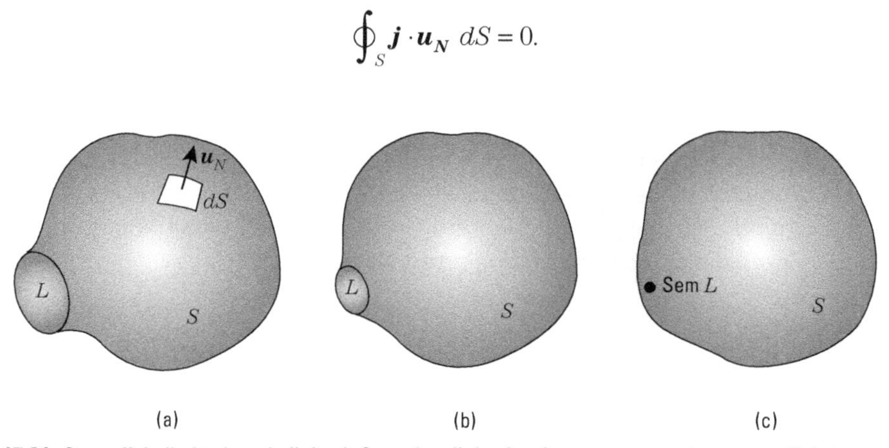

Figura 17.31 Superfície limitada pela linha L. Quando a linha L reduz-se a um ponto, a superfície torna-se uma superfície fechada.

Enquanto o campo for estático, esse resultado concorda com a Eq. (17.51) para a conservação da carga. Entretanto sabemos que a Eq. (17.51) não é válida quando um campo não é estático, mas dependente do tempo. Em vez dela, vigora a Eq. (17.50), que incorpora a lei de Gauss. Esse fato confirma nossa suposição de que a lei de Ampère deve ser modificada quando se trata de campos dependentes do tempo. A modificação parece ser evidente. Devemos substituir $\int_S \boldsymbol{j} \cdot \boldsymbol{u}_N\ dS$ na Eq. (17.52) por

$$\int_S \boldsymbol{j} \cdot \boldsymbol{u}_N \, dS + \varepsilon_0 \frac{d}{dt} \int_S \boldsymbol{\mathfrak{E}} \cdot \boldsymbol{u}_N \, dS.$$

em concordância com a Eq. (17.50). Isso resulta em

$$\oint_L \boldsymbol{\mathfrak{B}} \cdot d\boldsymbol{l} = \mu_0 \int_S \boldsymbol{j} \cdot \boldsymbol{u}_N \, dS + \varepsilon_0 \mu_0 \frac{d}{dt} \int_S \boldsymbol{\mathfrak{E}} \cdot \boldsymbol{u}_N \, dS. \tag{17.53}$$

Lembrando que $\int_S \boldsymbol{j} \cdot \boldsymbol{u}_N \, dS$ é a corrente I através da superfície S, podemos também escrever a Eq. (17.53) como

$$\oint_L \boldsymbol{\mathfrak{B}} \cdot d\boldsymbol{l} = \mu_0 I + \varepsilon_0 \mu_0 \frac{d}{dt} \int_S \boldsymbol{\mathfrak{E}} \cdot \boldsymbol{u}_N \, dS. \tag{17.54}$$

Poderíamos comparar esse resultado com a Eq. (16.67) para a lei de Ampère. A Eq. (17.54) reduz-se à lei de Ampère para campos estáticos, pois o último termo é nulo, resultando na Eq. (17.50), quando a linha L contrai-se em um ponto e a superfície S torna-se fechada. Portanto vemos que essa equação satisfaz todas as condições físicas encontradas anteriormente.

Até agora, empregamos a matemática simplesmente com a intenção de tornar a lei de Ampère compatível com a lei de conservação da carga. Uma etapa necessária, posterior, seria verificar experimentalmente se a Eq. (17.53) é correta, e se descreve a situação real encontrada na natureza. Podemos adiantar, afirmando a sua validade. A melhor prova é a existência de ondas eletromagnéticas, cujo assunto será discutido no Cap. 19.

Quem primeiro sugeriu a modificação da lei de Ampère, da maneira que indicamos, foi o físico inglês James Clerk Maxwell (1831-1879) no final do século XIX e, por isso, a Eq. (17.53) é chamada a *lei de Ampère-Maxwell*. A modificação de Maxwell concretizou-se mais devido à necessidade de consistência matemática do que pelas experiências. De fato, as experiências que comprovaram as ideias de Maxwell apareceram apenas alguns anos depois.

A lei de Ampère [Eq. (17.52)] relaciona uma corrente estacionária ao campo magnético que ela produz. A lei de Ampère-Maxwell [Eq. (17.53)] avança mais um passo e indica que um campo elétrico $\boldsymbol{\mathfrak{E}}$ dependente do tempo contribui também para o campo magnético. Por exemplo, na ausência de correntes, temos

$$\oint_L \boldsymbol{\mathfrak{B}} \cdot d\boldsymbol{l} = \varepsilon_0 \mu_0 \frac{d}{dt} \int_S \boldsymbol{\mathfrak{E}} \cdot \boldsymbol{u}_N \, dS, \tag{17.55}$$

que mostra mais claramente a relação entre um campo elétrico dependente do tempo e seu campo magnético associado. Em outras palavras,

> *um campo elétrico dependente do tempo implica a existência de um campo magnético na mesma região.*

Se chamarmos a circulação do campo magnético de *força magnetomotriz* aplicada à linha fechada L designando-a por $\Lambda_{\mathfrak{B}}$, e designarmos o fluxo elétrico, através da superfície S limitada pela linha L, por $\boldsymbol{\Phi}_{\mathfrak{E}}$, podemos escrever a Eq. (17.55) na forma

$$\Lambda_{\mathfrak{B}} = \varepsilon_0 \mu_0 \frac{d\boldsymbol{\Phi}_{\mathfrak{E}}}{dt},$$

que você pode comparar com a Eq. (17.1) para a lei de indução eletromagnética. A orientação relativa dos campos elétrico e magnético está representada na Fig. 17.32, correspondendo a um campo elétrico uniforme dependente do tempo. Se o campo elétrico aumentar (diminuir), a orientação das linhas de força magnéticas concorda (opõe-se) com o sentido de rotação de um parafuso de rosca direita que avança na direção do campo elétrico. Você deve comparar esse resultado com a Eq. 17.1.

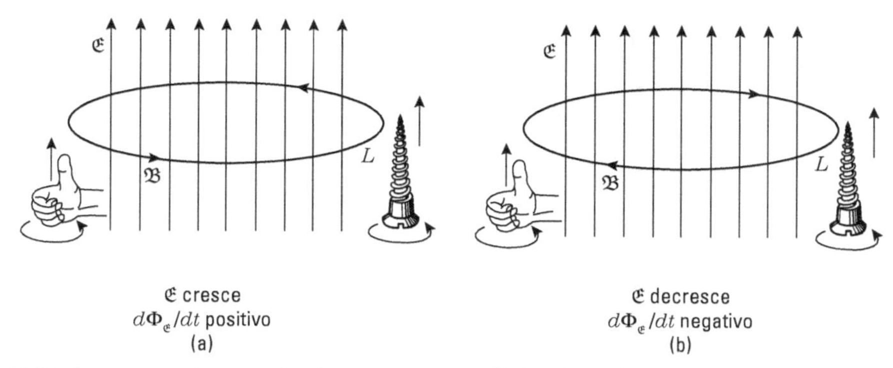

Figura 17.32 Campo magnético produzido por um campo elétrico dependente do tempo.

A lei de Ampère-Maxwell, como foi expressa pela Eq. (17.54), difere da lei de Faraday-Henry, expressa pela Eq. (17.2), em diversos aspectos. Em primeiro lugar, na Eq. (17.53), temos um termo correspondente a uma corrente *elétrica*, enquanto, na Eq. (17.2), não há termo correspondente a uma corrente *magnética*. Isso é devido simplesmente ao fato de que, aparentemente, não existem polos magnéticos livres na natureza. Em segundo lugar, a taxa de variação, em relação ao tempo do fluxo elétrico, aparece com um sinal positivo na Eq. (17.53), enquanto o fluxo magnético aparece com um sinal negativo na Eq. (17.2). Você pode verificar também que o fator $\varepsilon_0 \mu_0$ é consistente com as unidades.

Embora tenhamos modificado a lei de Ampère, empregando como diretriz o princípio de conservação da carga, poderíamos ter empregado também o princípio da relatividade e encontrado que, quando os campos elétrico e magnético estão relacionados em dois sistemas inerciais de referência, como nas Eqs. (15.58) e (15.60), e a lei de Faraday-Henry é correta, a Eq. (17.53) também deve ser satisfeita. Esse procedimento é um pouco mais difícil, mas, em certo sentido, é mais fundamental.

17.14 A lei de Ampère-Maxwell na forma diferencial

Como a Eq. (17.53) para a lei de Ampère-Maxwell é muito semelhante à Eq. (17.2) para a lei de Faraday-Henry, podemos aplicar novamente a técnica usada na Seç. 17.7 para obter a lei de Ampère-Maxwell na forma diferencial. Substituímos aqui a Fig. 17-9 pela Fig. 17-33. Omitiremos os detalhes, mas, por analogia com a Eq. (17.10), obtemos a circulação do campo magnético ao longo do percurso retangular *PQRS*, cujos lados são dx e dy, como

$$\oint_{PQRS} \mathfrak{B} \cdot d\boldsymbol{l} = \left(\frac{\partial \mathfrak{B}_y}{\partial x} - \frac{\partial \mathfrak{B}_x}{\partial y} \right) dx\, dy. \tag{17.56}$$

Obtivemos o fluxo da corrente elétrica, através da superfície limitada por *PQRS* na Eq. (16.74), quando estávamos deduzindo a lei de Ampère na forma diferencial, como

$$\int_{PQRS} \boldsymbol{j} \cdot \boldsymbol{u}_N \, dS = j_z dx \, dy. \tag{17.57}$$

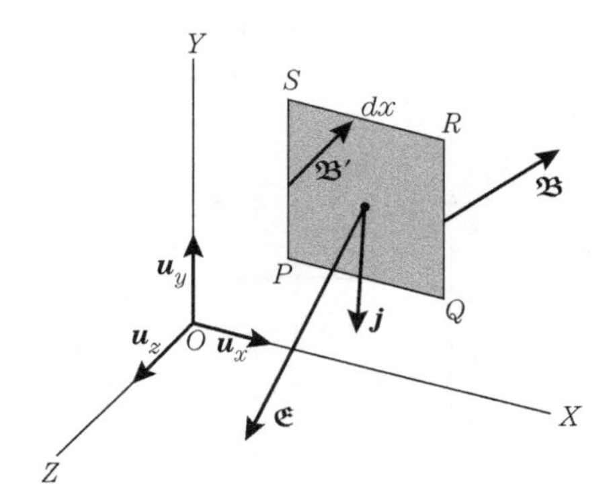

Figura 17.33 Circuito elementar para a dedução da lei de Ampère-Maxwell na forma diferencial.

Finalmente, por analogia com a Eq. (17.57), o fluxo do campo elétrico através da superfície $PQRS$ é

$$\int_{PQRS} \mathfrak{E} \cdot \boldsymbol{u}_N \, dS = \mathfrak{E}_z dx \, dy,$$

e, portanto,

$$\frac{d}{dt}\int_{PQRS} \mathfrak{E} \cdot \boldsymbol{u}_N \, dS = \frac{\partial \mathfrak{E}_z}{\partial t} dx \, dy. \tag{17.58}$$

Substituindo as Eqs. (17.56), (17.57), e (17.58) na Eq. (17.53) e cancelando o fator comum $dxdy$ em ambos os lados, chegamos a

$$\frac{\partial \mathfrak{B}_y}{\partial x} - \frac{\partial \mathfrak{B}_x}{\partial y} = \mu_0 j_z + \varepsilon_0 \mu_0 \frac{\partial E_z}{\partial t} \tag{17.59}$$

Colocando nosso retângulo nos planos YZ e ZX, obtemos duas outras expressões:

$$\frac{\partial \mathfrak{B}_z}{\partial y} - \frac{\partial \mathfrak{B}_y}{\partial z} = \mu_0 j_x + \varepsilon_0 \mu_0 \frac{\partial \mathfrak{E}_x}{\partial t} \tag{17.60}$$

e

$$\frac{\partial \mathfrak{B}_x}{\partial z} - \frac{\partial \mathfrak{B}_z}{\partial x} = \mu_0 j_y + \varepsilon_0 \mu_0 \frac{\partial \mathfrak{E}_y}{\partial t}. \tag{17.61}$$

As expressões (17.59), (17.60), e (17.61), juntas, constituem a lei de Ampère-Maxwell na forma diferencial. Podemos combiná-las em uma única equação vetorial, como fizemos antes para a lei de Ampère e para a lei de Faraday-Henry, escrevendo

$$\text{rot}\, \mathfrak{B} = \mu_0 \left(\boldsymbol{j} + \varepsilon_0 \frac{\partial \mathfrak{E}}{\partial t} \right), \tag{17.62}$$

que expressa uma relação entre a corrente elétrica em um ponto no espaço e os campos elétrico e magnético no mesmo ponto. No espaço vazio, onde não existem correntes, $\boldsymbol{j} = 0$, e a Eq. (17.62) reduz-se a

$$\text{rot}\,\mathfrak{B} = \mu_0\varepsilon_0 \frac{\partial \mathfrak{E}}{\partial t}, \tag{17.63}$$

que é equivalente à Eq. (17.55) na forma diferencial. Essa equação é análoga à Eq. (17.15) para a lei de Faraday-Henry, e mostra claramente a relação entre o campo magnético e a taxa de variação em relação ao tempo do campo elétrico no mesmo ponto.

Podemos observar, na Eq. (17.62), que o efeito de um campo elétrico dependente do tempo consiste em adicionar um termo $\varepsilon_0\partial\mathfrak{E}/\partial t$ à densidade de corrente. Maxwell interpretou isso como sendo uma corrente adicional e chamou-a de *corrente de deslocamento.* O raciocínio de Maxwell foi o seguinte. Em um circuito que contém um capacitor C (Fig. 17.34), a corrente I é interrompida pelo capacitor. Para "fechar" o circuito, deve existir uma corrente de uma placa para a outra, e essa corrente é exatamente $(\varepsilon_0\partial\mathfrak{E}/\partial t)S$, onde $\mathfrak{E}$ é o campo elétrico dentro do capacitor e S a sua área da superfície. Entretanto o termo "corrente de deslocamento" é impreciso e a "descrição" de Maxwell é desnecessária, porque não existe tal corrente entre as placas do capacitor, e a Eq. (17.63) expressa simplesmente uma correlação entre $\mathfrak{E}$, $\mathfrak{B}$ e $\boldsymbol{j}$ no mesmo ponto do espaço.

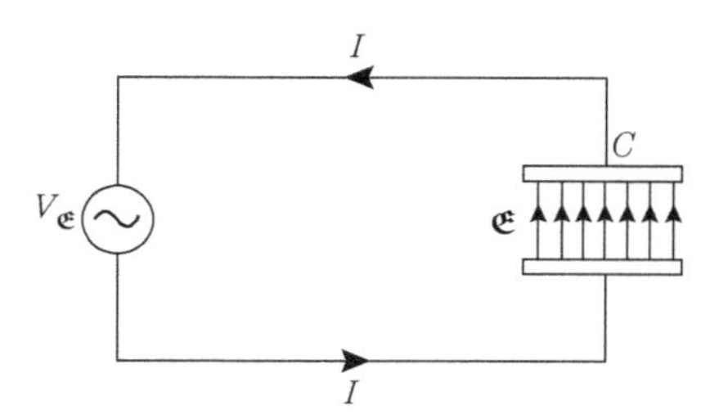

Figura 17.34 Corrente de deslocamento elétrico de Maxwell em um capacitor.

17.15 Equações de Maxwell

Recapitulemos neste ponto nossa discussão do campo eletromagnético. Vimos que um importante tipo de interação entre as partículas fundamentais que compõem a matéria é o chamado *interação eletromagnética*, que está associado a uma propriedade característica de cada partícula chamada sua *carga elétrica.* Para descrever a interação eletromagnética, introduzimos a noção de *campo eletromagnético*, caracterizado por dois vetores, o *campo elétrico* $\mathfrak{E}$ e o *campo magnético* $\mathfrak{B}$, de modo que a força sobre uma carga elétrica é dada por

$$\boldsymbol{F} = q(\mathfrak{E} + \boldsymbol{v} \times \mathfrak{B}). \tag{17.64}$$

Os campos elétrico e magnético $\mathfrak{E}$ e $\mathfrak{B}$, por sua vez, são determinados pelas posições das próprias cargas e por seus movimentos (ou correntes). A separação do campo eletromagnético em suas componentes elétricas e magnéticas depende do movimento relativo do observador e das cargas que produzem o campo. Os campos $\mathfrak{E}$ e $\mathfrak{B}$ estão também diretamente correlacionados um ao outro pelas leis de Ampère-Maxwell e de Faraday--Henry. Todas essas relações são expressas por quatro leis, que analisamos nos capítulos anteriores, e que podem ser escritas a seguir, nas suas formas integral e diferencial, como na Tab. 17.2.

A teoria do campo eletromagnético foi condensada nessas quatro leis. São chamadas *equações de Maxwell*, porque foi Maxwell quem, além de ter formulado a quarta lei, reconheceu que, juntamente com a Eq. (17.64), elas constituíam a estrutura básica da teoria das interações eletromagnéticas. A carga elétrica q e a corrente I são chamadas de *fontes* do campo eletromagnético porque, dados q e I, as equações de Maxwell permitem-nos calcular $\mathfrak{E}$ e $\mathfrak{B}$.

Tabela 17.2 Equações de Maxwell para o campo eletromagnético

Lei	Forma integral	Forma diferencial
I. Lei de Gauss para o campo elétrico [(16.3) e (16.5)]	$\oint_S \mathfrak{E} \cdot \boldsymbol{u}_N \, dS = \frac{q}{\varepsilon_0}$	$\text{div}\, \mathfrak{E} = \frac{\rho}{\varepsilon_0}$
II. Lei de Gauss para o campo magnético [(16.81) e (16.82)]	$\oint \mathfrak{B} \cdot \boldsymbol{u}_N \, dS = 0$	$\text{div}\, \mathfrak{B} = 0$
III. Lei Faraday-Henry [(17.2) e (17.15)]	$\oint_L \mathfrak{E} \cdot d\boldsymbol{l} = -\frac{d}{dt} \oint_S \mathfrak{B} \cdot \boldsymbol{u}_N \, dS$	$\text{rot}\, \mathfrak{E} = -\frac{\partial \mathfrak{B}}{\partial t}$
IV. Lei Ampère-Maxwell [(17.54) e (17.62)]	$\oint_S \mathfrak{B} \cdot d\boldsymbol{l} = \mu_0 I + \varepsilon_0 \mu_0 \frac{d}{dt} \int \mathfrak{E} \cdot \boldsymbol{u}_N \, dS$	$\text{rot}\, \mathfrak{B} = \mu_0 \boldsymbol{j} + \varepsilon_0 \mu_0 \frac{\partial \mathfrak{E}}{\partial t}$

Devemos observar que as leis de Gauss para os campos elétrico e magnético, Eqs. (16.3) e (16.81), foram deduzidas para os campos estáticos no Cap. 16. Entretanto vamos incorporá-las agora em uma teoria que envolve campos dependentes do tempo. Você pode estar imaginando que talvez tenhamos de revê-las, da mesma maneira que fizemos para modificar a lei de Ampère, a fim de torná-las aplicáveis a uma situação dependente do tempo. Entretanto isso não ocorrerá. Verificou-se que o conjunto de leis acima concorda com a experiência, e que as consequências delas deduzidas estão em concordância com os resultados experimentais. Portanto as duas leis de Gauss permanecem inalteradas quando aplicadas a campos elétricos e magnéticos dependentes do tempo.

As equações de Maxwell também formam um conjunto consistente. As Eqs. (16.3) e (17.54), que envolvem uma integral de superfície do campo elétrico, são consistentes porque esse foi nosso requisito básico para a revisão da lei de Ampère. As Eqs. (16.81) e (17.2), que envolvem uma integral de superfície do campo magnético, também são consistentes. Por exemplo, aplicando a Eq. (17.2) para a superfície da Fig. 17.31, vemos que, quando a curva L contrai-se até que a superfície se feche, a circulação de $\mathfrak{E}$ é zero. Portanto temos que

$$\frac{d}{dt} \oint_S \mathfrak{B} \cdot \boldsymbol{u}_N \, dS = 0 \qquad \text{ou} \qquad \oint_S \mathfrak{B} \cdot \boldsymbol{u}_N \, dS = \text{const.},$$

que coincidirá com a Eq. (16.81) se fizermos que a constante de integração seja zero.

No espaço livre, ou vazio, onde não existem cargas ($\rho = 0$) nem correntes ($\boldsymbol{j} = 0$), as equações de Maxwell são um pouco mais simples, tornando-se, na forma diferencial,

$$\text{div}\, \mathfrak{E} = 0, \qquad \text{div}\, \mathfrak{B} = 0,$$
$$\text{rot}\, \mathfrak{E} = -\frac{\partial \mathfrak{B}}{\partial t}, \qquad \text{rot}\, \mathfrak{B} = \varepsilon_0 \mu_0 \frac{\partial \mathfrak{E}}{\partial t}, \tag{17.65}$$

apresentando certa simetria. Sugerimos que você as desenvolva completamente em função das componentes retangulares.

Você poderia, ainda, comparar as equações de Maxwell, na forma integral ou diferencial, com as equações apresentadas na Tab. 16.4 para o campo estático, e observar as principais diferenças introduzidas. Em particular, poderia observar que as leis Faraday-Henry e Ampère-Maxwell estabelecem a conexão entre os campos elétrico e magnético, o que estava ausente nas equações para os campos estáticos.

As equações de Maxwell são usadas na forma integral ou diferencial, dependendo do problema a ser resolvido. Como exemplo, mostraremos no Cap. 19 como elas podem ser usadas para a discussão de ondas eletromagnéticas. À primeira vista, pode parecer uma tarefa difícil lembrar todas essas equações. Entretanto isso não acontece. Em primeiro lugar, elas têm uma determinada simetria que (desde que seja reconhecida) auxilia-nos a ordená-las em nossa mente e, pela aplicação contínua, tornamo-nos gradativamente familiarizados com elas. Porém, em segundo lugar, mais importante do que lembrá-las detalhadamente, é a compreensão dos seus significados físicos.

As equações de Maxwell são compatíveis com o princípio da relatividade, no sentido de que permanecem invariáveis sob uma transformação de Lorentz. Isso quer dizer que suas formas não mudam quando as coordenadas x, y, z e o tempo t são transformados conforme a transformação de Lorentz (6.33), e os campos $\mathfrak{E}$ e $\mathfrak{B}$ são transformados conforme as Eqs. (15.59) e (15.61). A prova matemática disso pertence a um curso mais adiantado e, portanto, embora não seja essencialmente difícil, vamos omiti-la aqui.

A síntese das interações eletromagnéticas, expressa pelas equações de Maxwell, é uma das maiores realizações em física, sendo esse fato que coloca tais interações em uma posição de destaque. Até o presente, elas são as mais compreendidas de todas as interações e as únicas que podem ser expressas em uma forma matemática fechada e consistente. Isso favoreceu bastante a humanidade, porque muito da nossa civilização moderna realizou-se em virtude do conhecimento das interações eletromagnéticas, que são responsáveis pela maioria dos processos naturais e artificiais que afetam diariamente a nossa vida.

Entretanto devemos reconhecer que as equações de Maxwell, da maneira como foram apresentadas, têm suas limitações. Elas se adaptam muito bem quando se trata de interações eletromagnéticas entre grandes acúmulos de cargas, como antenas de radiação, circuitos elétricos, e até mesmo feixes de átomos ou moléculas ionizados. Entretanto já se comprovou que as interações eletromagnéticas entre partículas fundamentais (principalmente em altas energias) devem ser consideradas de uma forma um pouco diferente que, em concordância com as leis da mecânica quântica, constituem uma técnica chamada *eletrodinâmica quântica*. Esse assunto não será considerado neste livro. Apesar dessas limitações, os resultados deduzidos pela forma das equações de Maxwell dadas neste capítulo constituem uma excelente aproximação para a descrição de interações eletromagnéticas entre partículas elementares. Esse método é chamado *eletrodinâmica clássica*. Esta técnica aproximada será empregada neste livro quando discutiremos as ondas eletromagnéticas e a estrutura da matéria.

REFERÊNCIAS

ANDREWS, C. Joseph Henry. *The Physics Teacher*, v. 3, 1965, p. 13.

BORK, A. Maxwell, displacement current, and symmetry. *Am. J. Phys.*, v. 31, p. 854, 1963.

FEYNMAN, R.; LEIGHTON, R.; SANDS, M. *The Feynman lectures on Physics*. v. II. Reading, Mass.: Addison-Wesley, 1963.

FRENCH. A.; TESSMAN, J. Displacement currents and magnetic fields. *Am. J. Phys.*, v. 31, p. 201, 1963.

GANLEY, W. Forces and fields in special relativity. *Am. J. Phys.*, v. 31, p. 510, 1963.

HOLTON, G.; ROLLER, D. H. D. *Foundations of modem physical science.* Reading, Mass.: Addison-Wesley, 1958.

MAGIE, W. F. *Source book in Physics.* Cambridge, Mass.: Harvard University Press, 1963.

REITZ, J.; MILFORD, F. *Foundations of electromagnetic theory.* 2. ed. Reading, Mass.: Addison-Wesley, 1967.

ROSSER, W. Interpretation of the displacement current. *Am. J. Phys.*, v. 31, p. 807, 1963.

SHAMOS, M. (ed.) *Great experiments in Physics.* New York: Holt, Rinehart & Winston, 1959.

SHARLIN, H. From faraday to the dynamo. *Sci. Am.*, p. 107, May 1961.

WILLIAMS, L. Michael Faraday. *The Physics Teacher*, v. 3, p. 64 1965.

PROBLEMAS

17.1 Uma bobina formada por 200 espiras e com um raio de 0,10 m é colocada perpendicularmente a um campo magnético uniforme de 0,2 T. Determine a fem induzida na bobina se, em 0,1 s, (a) o campo é dobrado, (b) o campo diminui até zero, (c) o sentido do campo é invertido, (d) a bobina gira de 90°, (e) a bobina gira de 180°. Faça, em cada caso, um diagrama mostrando o sentido da fem.

17.2 Reportando-nos ao Prob. 16.68, determine a fem induzida no circuito, admitindo que a corrente varie de acordo com $I = I_0$ sen ωt.

17.3 Mostre que, se $V_{\mathfrak{E}1}$ é uma fem oscilante aplicada aos terminais AB, resultante da indutância mútua entre as duas bobinas, a fem $V_{\mathfrak{E}2}$ nos terminais $A'B'$ é $V_{\mathfrak{E}2} = (N_2/N_1)V_{\mathfrak{E}1}$ (veja a Fig. 17.35). Esse é o princípio do transformador e a fórmula será válida enquanto o fluxo magnético for o mesmo através de ambas as bobinas, e enquanto a resistência for desprezível.

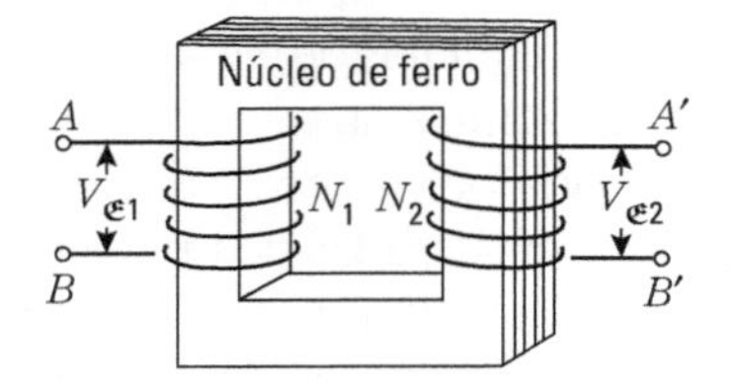

Figura 17.35

17.4 Quando o campo magnético é expresso em gauss e a área em cm², o fluxo magnético é medido em *maxwells.* (a) Defina o maxwell. (b) Mostre que um weber é igual a 10^8 maxwells. (c) Introduza na Eq. (17.1) o devido fator numérico para que $V_{\mathfrak{E}}$ seja medido em volts e $\Phi_{\mathfrak{B}}$ em maxwells.

17.5 Em todos os pontos dentro do círculo pontilhado na Fig. 17.36, o campo magnético $\mathfrak{B}$ é igual a 0,5 T. O campo está dirigido para dentro do plano da página e está decrescendo na razão de 0,1 T· s^{-1}. (a) Qual é a forma das linhas de força do campo elétrico induzido, no interior do círculo pontilhado da Fig. 17.36? (b) Quais são o módulo, a direção e o sentido desse campo em qualquer ponto do anel condutor circular, e qual é a fem no anel? (c) Qual será a corrente no anel se a sua resistência for de 2 ohms? (d) Qual é a diferença de potencial entre dois pontos quaisquer do anel? (e) Como você pode harmonizar as suas respostas com (c) e (d)? (f) Se o anel for cortado em algum ponto e as extremidades ligeiramente separadas, qual será a diferença de potencial entre elas?

17.6 Uma espira quadrada de fio é deslocada, com velocidade constante v, através de um campo magnético uniforme restrito em uma região quadrada cujos lados são duas vezes o comprimento dos lados da espira quadrada (veja a Fig. 17.37). Esboce um gráfico da fem induzida na espira como uma função de x, partindo de $x = -2l$ a $x = +2l$, supondo a fem horária positiva e a anti-horária negativa.

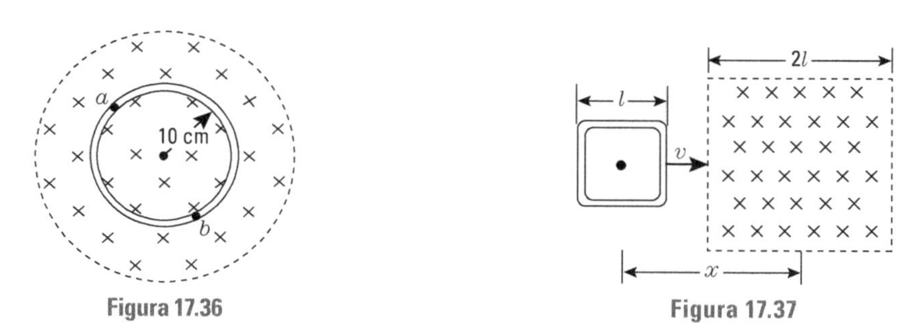

Figura 17.36

Figura 17.37

17.7 Uma espira retangular é deslocada através de uma região na qual o campo magnético é dado por $\mathfrak{B}_y = \mathfrak{B}_z = 0$, $\mathfrak{B}_x = (6 - y)$ T (veja a Fig. 17.38). Determine a fem na espira como função do tempo, com $t = 0$ quando a espira está na posição representada na figura: (a) se $v = 2 \text{ m} \cdot \text{s}^{-1}$, (b) se a espira parte do repouso e tem uma aceleração de $2 \text{ m} \cdot \text{s}^{-2}$. (c) Repita para o movimento paralelo de OZ em vez de OY. (d) Determine as correntes admitindo-se que $R_{\text{espira}} = 2$ ohms.

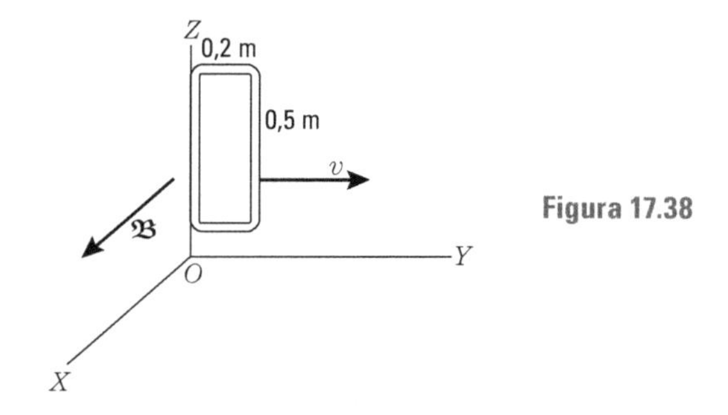

Figura 17.38

17.8 Suponha que a espira do Prob. 17.7 esteja girando em torno do eixo OZ. (a) Qual é a fem média durante os primeiros 90° de rotação, se o período de rotação é igual a 0,2 s? (b) Calcule a fem instantânea e a corrente como funções do tempo.

17.9 Considere, na Fig. 17.39, $l = 1{,}5$ m, $\mathfrak{B} = 0{,}5$ T, e $v = 4 \text{ m} \cdot \text{s}^{-1}$. Qual é a diferença de potencial entre as extremidades do condutor? Qual das extremidades está no potencial mais alto?

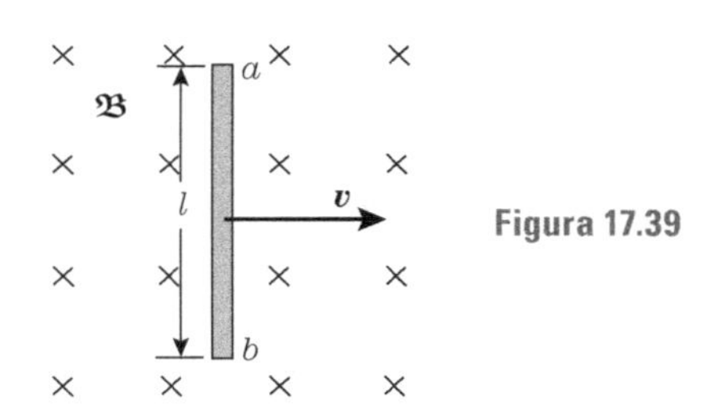

Figura 17.39

17.10 O cubo na Fig. 17.40, de 1 metro de aresta, está em um campo magnético uniforme de 0,2 T cujo sentido é o do eixo do Y. Os fios A, C e D deslocam-se nas direções indicadas, cada um com uma velocidade de 0,5 m · s^{-1}. Qual é a diferença de potencial entre as extremidades de cada fio?

17.11 Um disco metálico de raio a gira com uma velocidade angular ω em um plano onde existe um campo magnético uniforme paralelo ao eixo do disco (veja a Fig. 17.41). Mostre que a diferença de potencial entre o centro e a borda é $\frac{1}{2}\omega a^2\mathfrak{B}$.

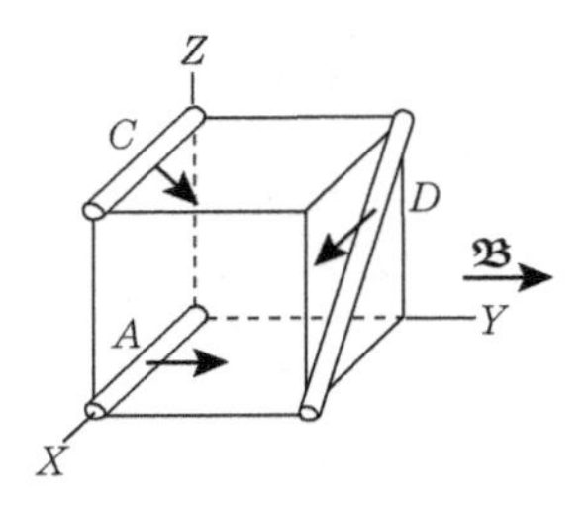

Figura 17.40

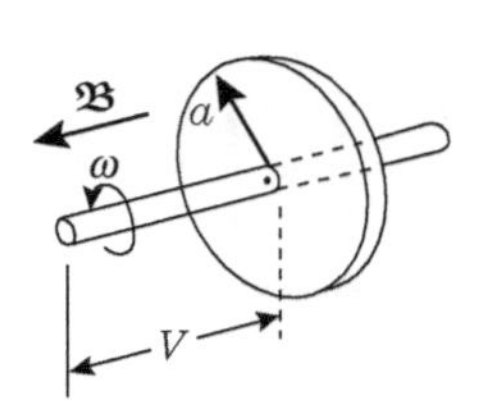

Figura 17.41

17.12 Um solenoide tem um comprimento de 0,30 m e uma seção reta de $1{,}2 \times 10^{-3}$ m^2. Ao redor de sua seção central, é enrolada uma bobina de 300 espiras. Determine (a) suas indutâncias mútuas, (b) a fem na bobina, considerando que a corrente inicial de 2 A no solenoide foi invertida em 0,2 s.

17.13 As bobinas A e B têm respectivamente 200 e 800 espiras. Uma corrente de 2 A em A produz um fluxo magnético de $1{,}8 \times 10^{-4}$ Wb em cada espira de B. Calcule (a) o coeficiente de mútua indutância, (b) o fluxo magnético através de A quando uma corrente de 4 A passa em B, (c) a fem induzida em B quando a corrente em A muda de 3 A para 1A em 0,3 s.

17.14 Duas bobinas estão colocadas coaxialmente, como mostra a Fig. 17.42. A bobina 1 está ligada a uma fonte externa de fem denominada V. Suponha que a geometria seja tal que um quinto do fluxo magnético produzido pela bobina 1 atravesse a bobina 2, e vice-versa. As resistências das bobinas são R_1 e R_2, e, como está ilustrado, a bobina 2 está ligada a uma resistência externa R. O número de espiras nas bobinas é N_1 e N_2. O fluxo total produzido pela bobina 1 é dado por $\Phi_{\mathfrak{B}} = (L_1/N_1)I_1$, onde L_1 é a autoindutância da bobina 1. (a)Determine a fem induzida na bobina quando I_1 cresce uniformemente de 0 a I_0 em t s. (b) Determine a fem induzida na bobina 2 quando $I_1 = I_0$ sen ωt. (c) Qual é a energia necessária do circuito 1 como uma consequência da indução na bobina 2?

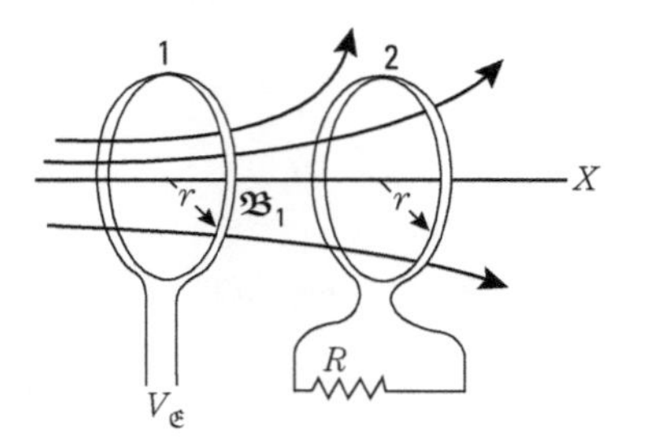

Figura 17.42

17.15 Uma bobina com N espiras é colocada ao redor de um solenoide muito comprido, de seção reta S, com n espiras por unidade de comprimento (veja a Fig. 17.43). Mostre que a mútua indutância do sistema é $\mu_0 nNS$.

17.16 No centro de uma bobina circular de raio a, com N_1 espiras, existe uma bobina muito pequena de área S com N_2 espiras, conforme indica a Fig. 17.44. Mostre que a mútua indutância é $\frac{1}{2}\mu_0 N_1 N_2 S \cos\theta/a$, onde θ é o ângulo entre as duas bobinas.

Figura 17.43

Figura 17.44

17.17 O fluxo magnético através de um circuito de resistência R é $\Phi_{\mathfrak{B}}$. Em um dado intervalo de tempo, o fluxo varia de uma quantidade $\Delta\Phi_{\mathfrak{B}}$. Mostre que a quantidade de carga que atravessa qualquer seção do circuito é $Q = \Delta\Phi_{\mathfrak{B}}/R$, independentemente de a variação no fluxo ser rápida ou lenta.

17.18 Uma bobina com 100 espiras e uma resistência de 100 Ω é enrolada ao redor de um solenoide muito comprido, com 10^4 espiras por metro, e uma seção reta de 2×10^{-3} m^2. A corrente no solenoide é de 10 A. Em um intervalo curto de tempo, a corrente no solenoide é (a) dobrada, (b) reduzida a zero, (c) invertida. Determine a quantidade de carga que circula através da bobina, em cada caso.

17.19 Determine a autoindutância de um solenoide toroidal de N espiras. Suponha que o raio das bobinas seja muito pequeno, se comparado com o raio do toroide.

17.20 O fluxo magnético através de um circuito percorrido por uma corrente de 2 A é 0,8 Wb. Determine sua autoindutância. Calcule a fem induzida no circuito se, em 0,2 s, a corrente é (a) dobrada, (b) reduzida a zero, (c) invertida.

17.21 A ponte ilustrada na Fig. 17.45 pode ser usada para comparar duas indutâncias L_1 e L_2. A ponte é equilibrada de forma que a corrente de B para D é zero durante todo o tempo em que é aplicada a fem alternada V. Mostre que $L_1/L_2 = R_3/R_4$.

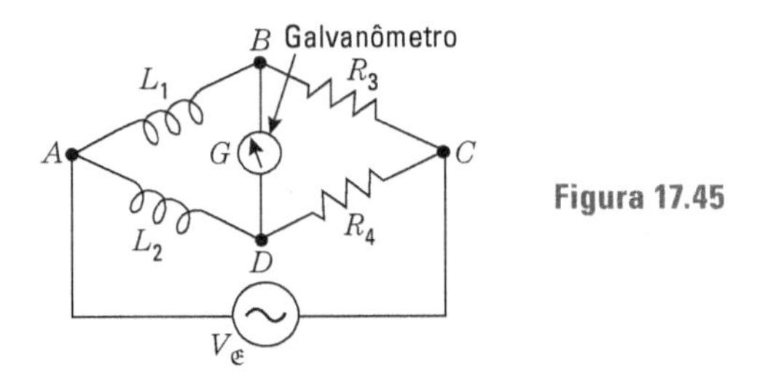

Figura 17.45

17.22 No Prob. 17.21, a resistência das indutâncias foi desprezada. Se as resistências são R_1 e R_2, o procedimento é o seguinte: em primeiro lugar, a ponte é equilibrada até que não haja corrente entre os pontos B e D, quando é aplicada uma fem *constante*. Em seguida, a corrente é equilibrada como no Prob. 17.21, sem mudar a resistência. Mostre que a mesma relação permanece válida.

17.23 Determine a fem induzida considerando que a espira retangular da Fig. 17.46 está se afastando da corrente retilínea com velocidade v. Use dois métodos diferentes. [*Sugestão*: lembre-se do Prob. 16.68 e observe que $v = dr/dt$.]

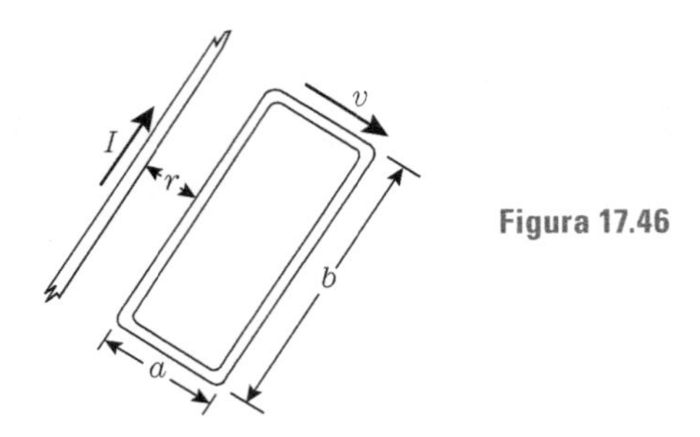

Figura 17.46

17.24 Reportando-nos à situação discutida nas Seçs. 17.2 e 17.4, calcule o campo elétrico do sistema de referência fixado no condutor em movimento, e determine a diferença de potencial entre as suas extremidades.

17.25 Aplique a discussão da Seç. 12.10 na análise de dois circuitos idênticos acoplados.

17.26 Um capacitor C, com uma carga inicial q_0, é ligado a um resistor R. Se a chave S da Fig. 17.47 for fechada, o capacitor se descarrega através do resistor. Mostre que (a) a corrente no circuito é $I = -dq/dt$, (b) a equação do circuito é $q/C = RI$, (c) a carga no capacitor, no instante t, é $q = q_0 e^{-t/RC}$, (d) a energia dissipada na resistência, pelo efeito joule, é igual à energia inicial do capacitor. [*Sugestão*: para (c), combine (a) e (b); para (d), calcule a integral $\int_0 RI^2\, dt$.]

17.27 Um capacitor C_1 tem uma carga inicial q_0. Quando se fecha a chave S (Fig. 17.48), o capacitor está ligado em série com um resistor R e um capacitor C_2 descarregado. (a) Mostre que a equação do circuito é $q/C_1 + (q_0 - q)/C_2 = RI$. (b) Determine q e I como funções do tempo.

Figura 17.47

Figura 17.48

17.28 Um capacitor C, com uma carga inicial q_0 é ligado a uma autoindutância L de resistência desprezível (Fig. 17.49). Se a chave S for fechada, o capacitor se descarrega através da indutância. Mostre que (a) a corrente no circuito é $I = -dq/dt$, (b) a equação do circuito é $q/C - L\, dI/dt = 0$, (c) a carga no capacitor, no instante t,é $q = q_0 \cos \omega t$, onde $\omega = 1/\sqrt{LC}$, de forma que oscilações são estabelecidas. Usa-se esse arranjo para obter oscilações de alta frequência.

17.29 Uma bateria de fem $V_\mathfrak{E}$ e resistência interna desprezível é ligada em série com uma resistência R e um capacitor sem carga C (Fig. 17.50). Após a chave S ser fechada, mostre que (a) a corrente no circuito é $I = + dq/dt$, onde q é a carga acumulada no capacitor, (b) a equação no circuito é $V_\mathfrak{E} - q/C = RI$, (c) a carga, como função do tempo, é $q = V_\mathfrak{E}C\,(1 - e^{-t/RC})$, (d) a corrente, como função do tempo, é $I = (V_\mathfrak{E}/R)e^{-t/RC}$. Faça um gráfico de q e I como funções do tempo.

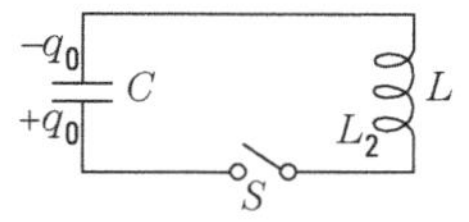

Figura 17.49

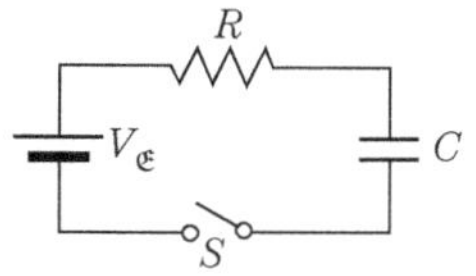

Figura 17.50

17.30 Um circuito é composto de uma resistência na qual é aplicada uma fem alternada $V_\mathfrak{E} = V_0$ sen ωt. Mostre que a corrente é dada por $I = (V_0/R)$ sen ωt, faça um gráfico do vetor girante da fem e da corrente, e mostre que estão em fase. Qual é a impedância do circuito?

17.31 Um circuito é composto de uma fem de amplitude $V_{\mathfrak{E}0}$ e frequência angular ω ligada a um capacitor C. (a) Determine a corrente. (b) Faça um diagrama dos vetores girantes correspondentes à fem aplicada e à corrente. (c) Faça os gráficos da corrente como função de ω e de C.

17.32 Um capacitor de 1 μF está ligado a uma fonte de c.a., cuja amplitude de tensão é mantida constante e igual a 50 V, mas cuja frequência pode ser variada. Determine a amplitude da corrente quando a frequência angular é (a) 100 s^{-1}, (b) 1.000 s^{-1}, (c) 10.000 s^{-1}. (d) Faça um gráfico log-log da amplitude da corrente *versus* frequência.

17.33 A amplitude de tensão de uma fonte de c.a. é 50 V e sua frequência angular é 1.000 s^{-1}. Determine a amplitude da corrente, admitindo que a capacitância de um capacitor ligado à fonte é (a) 0,01 μF, (b) 1,0 μF, (c) 100 μF. (d) Construa um gráfico log-log da amplitude da corrente *versus* capacitância.

17.34 Um circuito é composto de uma fem alternada de amplitude $V_{\mathfrak{E}0}$ e frequência angular ω ligada a uma autoindutância L. (a) Determine a corrente. (b) Desenhe os vetores girantes correspondentes à fem aplicada, à queda de potencial na autoindutância e à corrente. (c) Faça os gráficos da corrente como função de ω e de L.

17.35 Um indutor, com autoindutância de 10 H e resistência desprezível, está ligado à fonte descrita no Prob. 17.32. Determine a amplitude da corrente quando a frequência angular é (a) 100 s^{-1}, (b) 1.000 s^{-1} (c) 10.000 s^{-1}. (d) Faça um gráfico log-log da amplitude da corrente *versus* frequência.

17.36 Determine a amplitude da corrente, considerando que a autoindutância de um indutor sem resistência, ligado à fonte do Prob. 17.33, é (a) 0,01 H, (b) 1,0 H, (c) 100 H. (d) Faça um gráfico log-log da amplitude da corrente *versus* a autoindutância.

17.37 Um circuito é composto de uma resistência e de uma indutância em série, no qual é aplicada uma fem alternada $V_\mathfrak{E} = V_{\mathfrak{E}0}$ sen $\omega_f t$. Mostre que a impedância do circuito é

$\sqrt{R^2 + (\omega_f L)^2}$ e que a corrente está atrasada em relação à fem de um ângulo tg^{-1} $(\omega_f L/R)$. [*Sugestão*: faça um gráfico do vetor girante da corrente. Em seguida, usando os resultados do Prob. 17.34, desenhe os vetores girantes correspondentes à diferença de potencial ou à fem, através da resistência e da indutância. Determine os seus módulos e compare com $V_{\mathfrak{E}0}$ para obter a impedância. O ângulo entre o vetor girante resultante da fem e o vetor girante da corrente dá a diferença de fase.]

17.38 Repita o problema anterior para um circuito composto de (a) uma resistência e um capacitor, (b) uma indutância e um capacitor.

17.39 Uma bobina com 20 espiras e uma área de 0,04 m^2 gira com 10 rev · s^{-1} em um campo magnético de 0,02 T. A resistência da bobina é de 2 Ω e a sua autoindutância é de 10^{-3} H. Determine a expressão de (a) a fem induzida, (b) a corrente.

17.40 No circuito da Fig. 17.51 $V_{\mathfrak{E}} = V_{\mathfrak{E}0}$ sen ωt é uma fem alternada. Determine a amplitude e a fase, relativa à fem, da diferença de potencial V_{ab}, V_{bc}, V_{cd}, V_{ac}, V_{bd}. [*Sugestão*: desenhe os vetores girantes correspondentes, como foi indicado anteriormente na Fig. 17.27.]

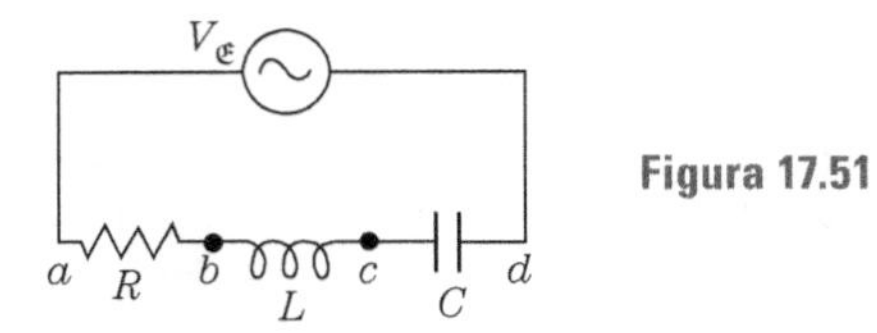

Figura 17.51

17.41 Uma fem alternada, com valor máximo de 100 V e uma frequência angular de $120\pi s^{-1}$, é ligada em série com uma resistência de 1 Ω, uma autoindutância de 3×10^{-3} H, e um capacitor de 2×10^{-3} F. Determine (a) a amplitude e a fase da corrente, (b) a diferença de potencial na resistência, na indutância e no capacitor. (c) Faça um diagrama mostrando os vetores girantes correspondentes à fem aplicada, à corrente, e às três diferenças de potencial. (d) Verifique se os três vetores das diferenças de potencial têm por soma o vetor da fem.

17.42 Considerando que I_{rqm} e $\mathfrak{E}_{\text{rqm}}$ em um circuito de c.a. são os valores da raiz quadrática média da corrente e da fem sobre um ciclo, mostre que $I_{\text{rqm}} = I_0/\sqrt{2}$, $\mathfrak{E}_{\text{rqm}} = \mathfrak{E}_0/\sqrt{2}$, e $P_{\text{med}} = I_{\text{rqm}}\mathfrak{E}_{\text{rqm}} \cos \alpha$, onde α é o ângulo de fase entre a corrente e a fem.

17.43 Um circuito é formado de uma fem alternada com um valor máximo de 100 V, uma resistência de 2 Ω, uma autoindutância de 10^{-3} H e uma capacitância de 10^{-3} F, todas ligadas em série. Determine o valor máximo da corrente para os seguintes valores da frequência angular da fem: (a) 0, (b) 10 s^{-1}, (c) 10^2 s^{-1}, (d) ressonância, (e) 10^4 s^{-1}, (f) 10^5 s^{-1}. Faça um gráfico da corrente *versus* o logaritmo da frequência.

17.44 Um circuito é composto por uma resistência e uma indutância em paralelo, como ilustra a Fig. 17.52. Mostre que a impedância resultante do circuito é dada por $1/Z = \sqrt{1/R^2 + 1/\omega_f^2 L^2}$ e a fase por arctg $(R/\omega_f L)$. [*Sugestão*: faça um gráfico do vetor girante da fem aplicada, usando os resultados dos Probs. 17.34 e 17.37, e desenhe os vetores girantes que correspondem às correntes, na resistência e na indutância. Sua resultante dá a corrente total com a qual a impedância e a diferença de fase são obtidas.]

17.45 Repita o problema anterior para os três circuitos ilustrados na Fig. 17.53.

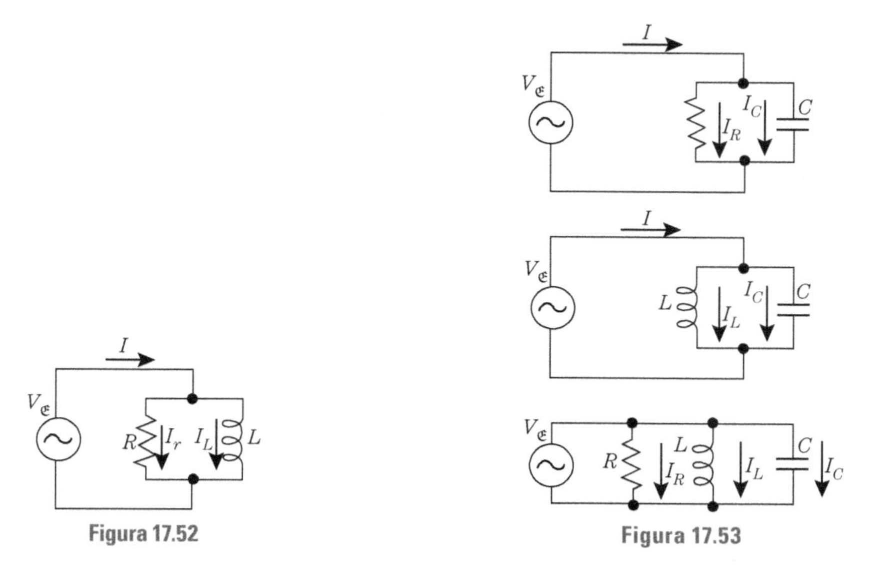

Figura 17.52

Figura 17.53

17.46 Uma bobina que tem uma resistência de 1 Ω e uma autoindutância de 10^{-3} H está ligada em paralelo a uma segunda bobina que tem uma resistência de 1 Ω e uma autoindutância de 3×10^{-3} H. Uma fem alternada, com uma amplitude de 10 V e uma frequência angular de $120\pi s^{-1}$, está ligada ao sistema. Calcule (a) a corrente através de cada bobina, (b) a corrente total. (c) Faça um gráfico mostrando os vetores girantes da fem, da corrente em cada condutor, e da corrente total, (d) Verifique que o vetor da corrente total é igual à soma dos vetores de cada corrente.

17.47 Um circuito é formado de uma indutância e de um capacitor em paralelo, ligados em série com uma resistência R, conforme ilustra a Fig. 17.54. (a) Desenhe os vetores girantes correspondentes a $V_{\mathfrak{E}}$, I_L, I_C, RI, V_L, e V_C. (b) Mostre que a impedância do circuito é $[R^2 + \omega^2 L^2/(1 - \omega^2 LC)^2]^{1/2}$. (c) Qual é o valor da impedância quando $\omega = 1/\sqrt{LC}$? (Nesse caso, costuma-se dizer que existe uma *antirressonância*.) (d) Esboce um gráfico da corrente *versus* a frequência. [*Sugestão*: observe que a soma dos vetores girantes das correntes através de L e C deve ser igual à corrente através de R, e que os vetores que correspondem à diferença de potencial devem ser idênticos. Para auxiliá-lo, o diagrama do vetor girante foi também representado na Fig. 17.54.]

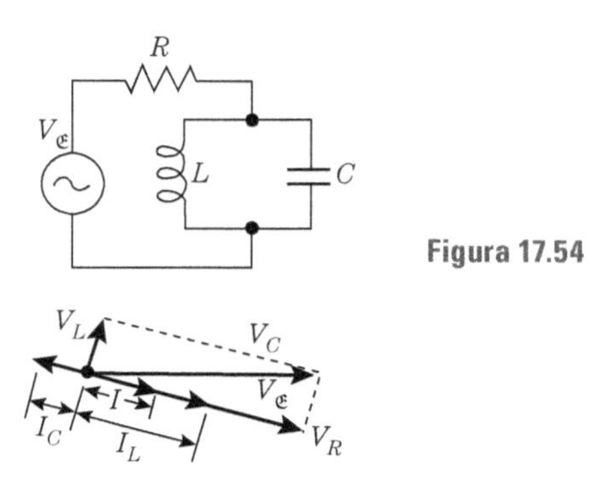

Figura 17.54

17.48 Uma bobina circular de raio a, resistência R, e autoindutância L gira com uma velocidade angular constante ao redor de um diâmetro perpendicular a um campo magnético uniforme (veja a Fig. 17.55). Determine (a) a fem induzida na bobina, (b) os valores médios das componentes x e y do campo magnético, produzido pela bobina em O, (c) o ângulo que o eixo dos X forma com uma agulha magnética colocada em O.

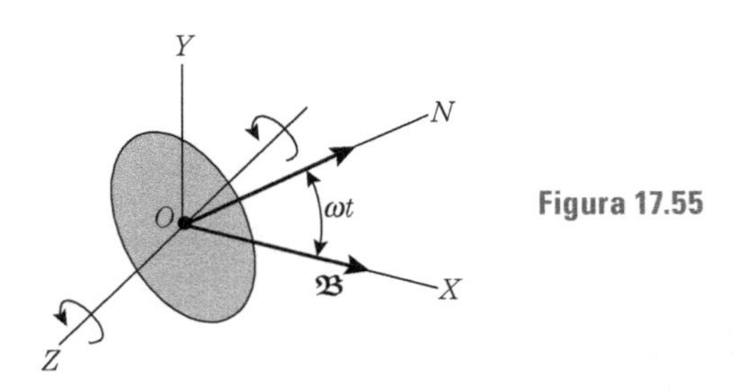

Figura 17.55

17.49 Mostre que a Eq. (17.8) é satisfeita se $\mathfrak{B} = C/r$. [*Sugestão*: calcule $\mathfrak{B}_{med}$ para um r arbitrário, introduza o valor na Eq. (17.8), e calcule a derivada em relação a r.]

17.50 Uma carga q, de massa m, está se deslocando em uma órbita circular de raio ρ sob uma força centrípeta F. Em certo intervalo de tempo, um campo magnético uniforme se estabelece na direção perpendicular ao plano da órbita. Usando a lei da indução eletromagnética, mostre que a variação no módulo de velocidade do íon é $\Delta v = -q\rho\mathfrak{B}/2m$ e que a variação correspondente no momento magnético é $\Delta \boldsymbol{m} = -(q^2\ \rho^2/4m)\mathfrak{B}$. [*Sugestão*: para obter a aceleração tangencial, enquanto o campo magnético está variando, use a Eq. (17.6), deduzida na discussão do bétatron.]

17.51 Reportando-nos à situação descrita na Seç. 17.5, (a) mostre que, no sistema de referência em que o circuito está em repouso e o campo magnético gira com velocidade angular $-\omega$, $\partial\mathfrak{B}/\partial t = -\omega \times \mathfrak{B}$. (b) Escreva a Eq. (17.15) com este valor de $\partial\mathfrak{B}/\partial t$ e, usando o resultado do Prob. 16.64, mostre que o campo elétrico observado nesse sistema de referência é $\mathfrak{E} = \frac{1}{2}(\omega \times \mathfrak{B}) \times \boldsymbol{r}$. (c) Mostre que a fem produzida por esse campo elétrico é igual à fem medida pelo observador fixo no campo magnético. [*Sugestão*: observe que $\frac{1}{2}\boldsymbol{r} \times d\boldsymbol{l}$ é a área do triângulo determinada por ambos os vetores, e que

$$\boldsymbol{A} \times \boldsymbol{B} \cdot \boldsymbol{C} = \boldsymbol{A} \cdot \boldsymbol{B} \times \boldsymbol{C}.]$$

17.52 Em uma região onde existe um campo magnético uniforme $\mathfrak{B}$, o módulo do campo está aumentando em uma razão constante, isto é, $\partial\mathfrak{B}/\partial t = \boldsymbol{b}$, onde $\boldsymbol{b}$ é um vetor constante paralelo a $\mathfrak{B}$. (a) Mostre que, de acordo com a Eq. (17.15), o campo elétrico em cada ponto é $\mathfrak{E} = -\frac{1}{2}\boldsymbol{b} \times \boldsymbol{r}$. (b) Colocando o eixo dos Z paralelo ao campo magnético, obtenha as componentes retangulares de $\mathfrak{E}$. (c) Faça um gráfico das linhas de força dos campos elétrico e magnético.

17.53 Determine o fluxo elétrico através de uma esfera concêntrica com uma carga que se move a uma grande velocidade. [*Sugestão*: use a Eq. (15.64) da lei de Gauss.]

17.54 Usando o operador ∇, escreva as equações de Maxwell na forma diferencial (Tab. 17.2).

17.55 Mostre que a equação de continuidade (17.51) expressa na forma diferencial é $\partial\rho/\partial t = -\text{div}\,\boldsymbol{j}$.

17.56 Mostre que, em uma transformação de Lorentz, para que a equação de continuidade, como foi escrita no Prob. 17.55, permaneça invariante para todos os observadores inerciais, é necessário que a corrente e a densidade de carga transformem-se de acordo com a lei

$$j'_x = \frac{j_x - \rho v}{\sqrt{1 - v^2/c^2}}, \qquad j'_y = j_y,$$

$$j'_z = j_z, \qquad \rho' = \frac{\rho - j_x v/c^2}{\sqrt{1 - v^2/c^2}}.$$

Escreva o limite não relativístico dessas expressões e discuta a sua plausibilidade. [*Sugestão*: lembre que $j = \rho \boldsymbol{v}$ é a densidade de corrente para cargas que se movem com velocidade $\boldsymbol{v}$.]

17.57 Verifique, por substituição direta, que a Eq. (17.34) é a solução da Eq. (17.33), se I_0 e α são dados, respectivamente, pelas Eqs. (17.35) e (17.39). [*Sugestão*: de início, expanda sen $(\omega_f t - \alpha)$ e substitua sen α e cos α por seus valores correspondentes, como foram deduzidos pela Eq. (17.39).]

Parte 3

Ondas

De todos os conceitos usados na física, dois podem ser compreendidos intuitivamente por qualquer pessoa, não importando qual seja o seu nível cultural. Esses conceitos são o de *partícula* e o de *onda*. Para o leigo, uma partícula é uma pequena porção da matéria, onde "pequena" tem um significado relacionado à vizinhança em que a partícula se encontra, o que é normalmente decidido em termos de uma escala antropomórfica. De modo análogo, o leigo tem uma ideia objetiva de onda pela observação das ondas na superfície da água, numa corda de instrumento musical ou numa mola.

Depois de ter lido os capítulos anteriores, não resta dúvida de que você, estudante, entendeu que o físico usa o conceito de partícula em um sentido mais abstrato e fundamental, que o torna capaz de tratar adequadamente uma grande variedade de situações físicas. O conceito de onda tem uma transformação análoga; o físico ampliou o conceito e aplicou-o a um grande número de fenômenos que não se assemelha à imagem objetiva de uma onda sobre a superfície da água, mas que tem a mesma descrição matemática. A Parte 3 deste texto é dedicada à discussão geral dos fenômenos ondulatórios, nesse sentido mais amplo.

Uma palavra de advertência: em cada caso, você deverá se concentrar na compreensão da situação física descrita e no sistema de referência matemático usado, e conter a inevitável tentação de simplesmente retratar todas as ondas como as vê sobre a superfície de um líquido. Analisaremos vários tipos de ondas, principalmente as ondas elásticas e eletromagnéticas, dando especial atenção às últimas. Os aspectos mais importantes das ondas são a velocidade de sua propagação e as modificações que sofrem quando variam as propriedades físicas do meio (reflexão, refração, polarização), quando são interpostos em seus percursos diferentes tipos de obstáculos (difração, espalhamento), ou quando várias ondas coincidem na mesma região do espaço (interferência). Por isso, esses são os tópicos específicos que serão abordados nos próximos capítulos. Entretanto o propósito principal desses capítulos é o de auxiliá-lo a alcançar uma compreensão fundamental da descrição ondulatória dos fenômenos físicos, tais como a propagação de uma situação física descrita por um campo dependente do tempo. Por esse motivo, discutiremos no Cap. 24 um grupo selecionado de processos sob o título geral de *fenômenos de transporte*. Estes estão descritos em uma forma matemática um pouco diferente da que corresponde às ondas elásticas e eletromagnéticas e, embora eles também correspondam a uma propagação de alguma condição física, o quadro físico é diferente do de outros tipos de fenômenos ondulatórios. Comparando cuidadosamente os fenômenos de transporte com as outras ondas descritas nos capítulos anteriores, podemos obter uma visão mais profunda da descrição ondulatória de fenômenos físicos.

18 Movimento ondulatório

18.1 Introdução

Quando tocamos um sino ou ligamos o rádio, o som é ouvido em pontos distantes. O som é transmitido através do ar circundante. Se estivéssemos em uma praia e um barco veloz passasse distante, talvez fôssemos atingidos pelo sulco que ele produziu. Quando acionamos um interruptor de luz, esta preenche a sala. Na Seç. 17.11 vimos que uma consequência das relações físicas entre os campos elétrico e magnético é a possibilidade de transmitir-se um sinal elétrico de um lugar para outro. Embora o mecanismo físico possa ser diferente para cada um dos processos mencionados aqui, todos eles têm um aspecto comum. São situações físicas produzidas em um ponto do espaço, propagadas através deste, e que foram percebidas depois, em outro ponto. Todos esses tipos de processos são exemplos de *movimento ondulatório.*

Para expormos o assunto de forma mais geral, vamos supor que tenhamos uma propriedade física descrita por um determinado campo. Esse campo pode ser um campo eletromagnético, a deformação em uma mola, a pressão em um gás, a deformação em um sólido, o deslocamento transversal de uma corda, ou mesmo o campo gravitacional. Suponhamos que as condições em certo lugar venham a ser dependentes do tempo ou dinâmicas, de maneira que haja uma perturbação do estado físico naquele lugar. As propriedades físicas do sistema, descritas pelas equações do campo dependente do tempo (tais como as equações de Maxwell para o campo eletromagnético), resultam na *propagação* dessa perturbação através do espaço. Esse fato perturba as condições estáticas em outros lugares. Portanto falamos de uma onda associada ao campo particular considerado.

Consideremos, por exemplo, a superfície livre de um líquido. Neste caso, o campo é o deslocamento de cada ponto da superfície em relação à forma de equilíbrio.

Nas condições de equilíbrio, ou estáticas, a superfície livre de um líquido é plana e horizontal. Porém, se as condições da superfície forem perturbadas em um ponto, ao jogarmos uma pedra, sabemos que essa perturbação se propagará em todas as direções sobre a superfície do líquido. Para determinar o mecanismo de propagação e a sua velocidade, devemos analisar como o deslocamento de um ponto na superfície do líquido afeta seu repouso. Dessa análise, estabelecemos as equações dinâmicas para o nosso processo. Essas equações nos permitirão obter uma informação quantitativa sobre a variação da perturbação no espaço e no tempo.

Neste capítulo, discutiremos, primeiro, as características gerais do movimento ondulatório e, depois, consideraremos alguns tipos especiais de ondas. A maioria dos exemplos corresponderá a ondas elásticas em um material. Os tipos de ondas ilustrados na Fig. 18.1, bem conhecidos, são basicamente ondas elásticas. Em tais casos, ignoraremos a estrutura molecular e admitiremos um meio contínuo. Essa hipótese será válida enquanto a flutuação espacial da onda (determinada pelo comprimento de onda) for grande, comparada com a separação intermolecular.

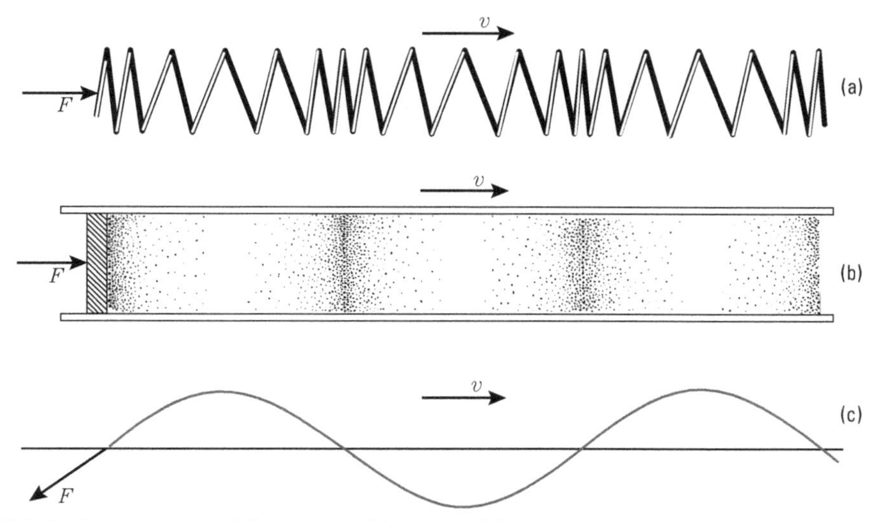

Figura 18.1 Ondas elásticas em (a) uma mola, (b) um gás e (c) uma corda.

18.2 Descrição matemática da propagação

Consideremos uma função $\xi = f(x)$, representada graficamente pela curva sólida na Fig. 18.2. Agora, se substituirmos x por $x - a$, obteremos a função $\xi = f(x - a)$. Evidentemente a forma da curva não foi mudada; os mesmos valores de ξ ocorrem para valores de x acrescidos pela quantidade a. Em outras palavras, admitindo que a é positivo, vemos que a curva foi deslocada para a direita de uma quantidade a, sem deformação. De maneira análoga, temos que $\xi = f(x + a)$ corresponde a um deslocamento rígido da curva, para a esquerda, de a unidades de comprimento.

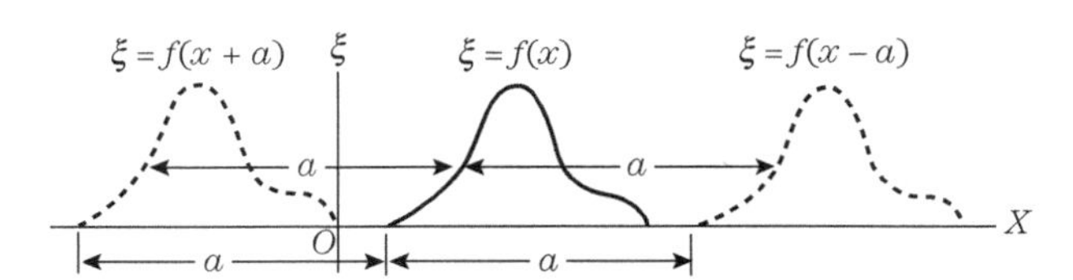

Figura 18.2 Translação da função $\xi(x)$ sem distorção.

Ora, se $a = vt$, onde t é o tempo, obtemos uma curva "caminhante", isto é, $\xi = f(x - vt)$ representa uma curva que se move para a direita com uma velocidade v chamada *velocidade de fase* (Fig. 18.3a). De modo análogo $\xi = f(x + vt)$ representa uma curva que se move para a esquerda com velocidade v (Fig. 18.3b). Portanto concluímos que uma expressão matemática de forma

$$\xi(x, t) = f(x \pm vt) \tag{18.1}$$

é adequada para a descrição de uma situação que "caminha", ou se "propaga", sem deformação ao longo do eixo positivo ou negativo dos X; isso é chamado de *movimento ondulatório*. A quantidade $\xi(x, t)$ pode representar uma grande diversidade de quantidades físicas, tais como a deformação em um sólido, a pressão em um gás, um campo elétrico ou magnético etc.

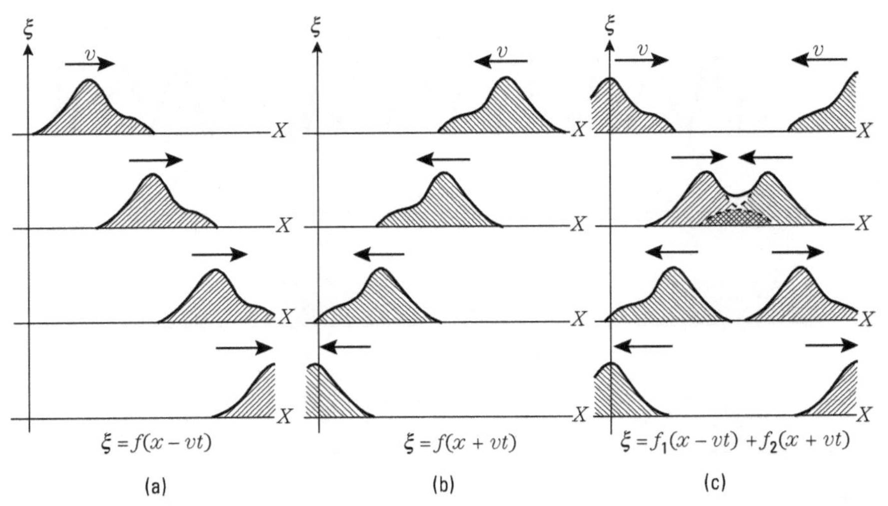

Figura 18.3 Propagação de uma onda sem distorção (a) para a direita e (b) para a esquerda, (c) As ondas que se propagam em direções opostas produzem efeitos aditivos onde elas interferem.

Um caso particularmente interessante é aquele em que $\xi(x, t)$ é uma função senoidal ou harmônica tal como

$$\xi\,(x, t) = \xi_0 \text{ sen } k(x - vt). \tag{18.2}$$

A quantidade k tem um significado especial. Substituindo o valor de x por $x + 2\pi/k$, obtemos para $\xi\,(x, t)$ o mesmo valor, isto é,

$$\xi\left(x + \frac{2\pi}{k} - vt\right) = \xi_0 \text{ sen } k\left(x + \frac{2\pi}{k} - vt\right)$$
$$= \xi_0 \text{ sen}\left[k(x - vt) + 2\pi\right] = \xi(x - vt).$$

Portanto

$$\lambda = 2\pi/k \tag{18.3}$$

é o "período espacial" da curva na Fig. 18.4, isto é, a curva se repete a cada comprimento λ. A quantidade λ é chamada de *comprimento de onda*. Portanto a quantidade $k = 2\pi/\lambda$ representa o número de comprimentos de onda na distância 2π e é chamada de *número de onda*, embora algumas vezes esse nome seja reservado para $1/\lambda$ ou $k/2\pi$, que corresponde ao número de comprimentos de onda em uma unidade de comprimento. Portanto

$$\xi(x, t) = \xi_0 \text{ sen } k(x - vt) = \xi_0 \text{ sen } \frac{2\pi}{\lambda}(x - vt) \tag{18.4}$$

representa uma onda senoidal ou harmônica de comprimento de onda λ propagando-se para a direita ao longo do eixo dos X com velocidade v. A Eq. (18.4) pode também ser escrita na forma

$$\xi(x, t) = \xi_0 \text{ sen } (kx - \omega t) \tag{18.5}$$

onde

$$\omega = kv = \frac{2\pi v}{\lambda} \tag{18.6}$$

dá a frequência angular da onda. Como, de acordo com a Eq. (12.2), $\omega = 2\pi\nu$, onde ν é a frequência com que a situação física varia em cada ponto x, temos a importante relação

$$\lambda\nu = v \tag{18.7}$$

entre o comprimento de onda, a frequência, e a velocidade da propagação. Evidentemente, se P é o período de oscilação em cada ponto, dado por $P = 2\pi/\omega = 1/\nu$, de acordo com a Eq. (12.2), também podemos escrever a Eq. (18.4) na forma

$$\xi = \xi_0 \operatorname{sen} 2\pi\left(\frac{x}{\lambda} - \frac{t}{P}\right). \tag{18.8}$$

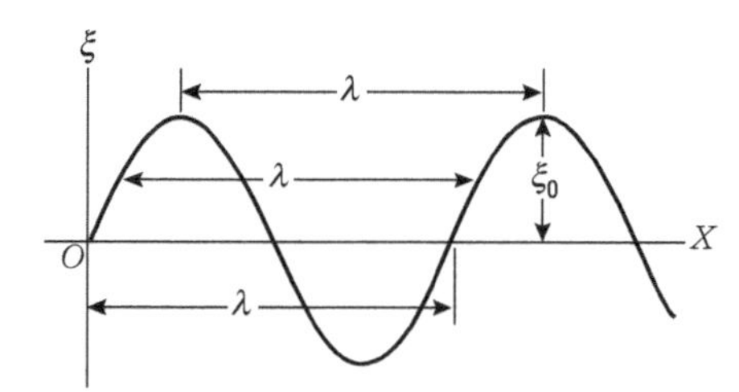

Figura 18.4 Onda harmônica.

De maneira análoga,

$$\begin{aligned} \xi &= \xi_0 \operatorname{sen} k(x + vt) = \xi_0 \operatorname{sen}(kx + \omega t) \\ &= \xi_0 \operatorname{sen} 2\pi\left(\frac{x}{\lambda} + \frac{t}{P}\right) \end{aligned} \tag{18.9}$$

representa uma onda senoidal ou harmônica movendo-se na direção de $-X$. É instrutivo observar a distribuição espacial de $\xi(x, t)$ em intervalos de tempo diferentes e sucessivos. A função $\xi(x, t)$ foi representada na Fig. 18.5 nos instantes t_0, t_0 + P/4, $t_0 + P/2$, t_0 + + $3P/4$ e $t_0 + P$. Podemos notar que, enquanto a situação física se propaga para a direita, ela se repete no *espaço* depois de um período. A razão disso é que, pela Eq. (18.7),

$$\lambda = v/\nu = vP,$$

o que mostra que também podemos definir o comprimento de onda como a distância percorrida pelo movimento ondulatório em um período. Portanto temos no movimento ondulatório senoidal duas periodicidades: uma no tempo, dada pelo período P, e uma no espaço, dada pelo comprimento de onda λ, sendo as duas relacionadas por $\lambda = vP$.

Você pode facilmente verificar que a expressão geral (18.1) para uma onda caminhante pode ser escrita também na forma

$$\xi(x, t) = F(t \pm x/v),$$

onde, como antes, o sinal positivo corresponde à propagação na direção de $-X$ e o sinal negativo à propagação na direção de $+X$. Portanto, em vez das Eqs. (18.5) e (18.9), podemos escrever, para uma onda harmônica,

$$\xi(x, t) = \xi_0 \operatorname{sen} \omega\,(t \pm x/v) = \xi_0 \operatorname{sen}(\omega t \pm kx). \tag{18.10}$$

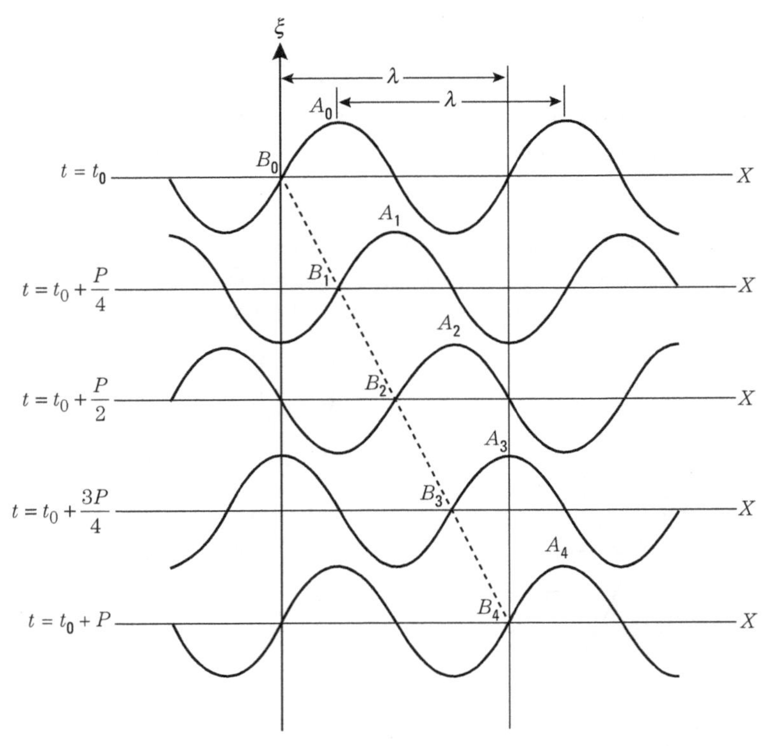

Figura 18.5 Onda harmônica propagando-se para a direita. A onda avança uma distância λ em um tempo P.

■ **Exemplo 18.1** Um diapasão oscila com uma frequência de 440 Hz. Determinar o comprimento de onda do som, sabendo que a velocidade do som no ar é de 340 m · s^{-1}.

Solução: Usando a Eq. (18.7) temos

$$\lambda = \frac{v}{\nu} = \frac{340\ \mathrm{m \cdot s^{-1}}}{440\ \mathrm{Hz}} = 0{,}772\ \mathrm{m}.$$

■ **Exemplo 18.2** A luz se propaga no vácuo com uma velocidade de 3×10^8 m · s^{-1}. Determinar o comprimento de onda correspondente a uma frequência de 5×10^{14} Hz, que é a da luz na região vermelha do espectro visível.

Solução: Usando novamente a Eq. (18.7), obtemos

$$\lambda = \frac{v}{\nu} = \frac{3 \times 10^8\ \mathrm{m \cdot s^{-1}}}{5 \times 10^{14}\ \mathrm{Hz}} = 6 \times 10^{-7}\ \mathrm{m}.$$

A comparação destes exemplos possibilita a percepção da diferença nas ordens de grandeza referentes a ondas sonoras e luminosas.

18.3 Análise de Fourier do movimento ondulatório

Na Seç. 12.15 vimos que, de acordo com o teorema de Fourier, qualquer movimento periódico pode ser expresso como uma superposição de movimentos harmônicos simples de frequências ω, 2ω,..., $n\omega$,... ou períodos P, $P/2$, ..., P/n,... O mesmo resultado se aplica a um movimento ondulatório periódico.

Seja $\xi = f(x - vt)$ um movimento ondulatório periódico, isto é, aquele que, em dado ponto, se repete, em tempos P, $2P$, ..., nP, ... (Fig. 18.6). Em outras palavras,

$$\xi = f(x - vt) = f[x - v(t \pm P)] = f(x - vt \mp vP).$$

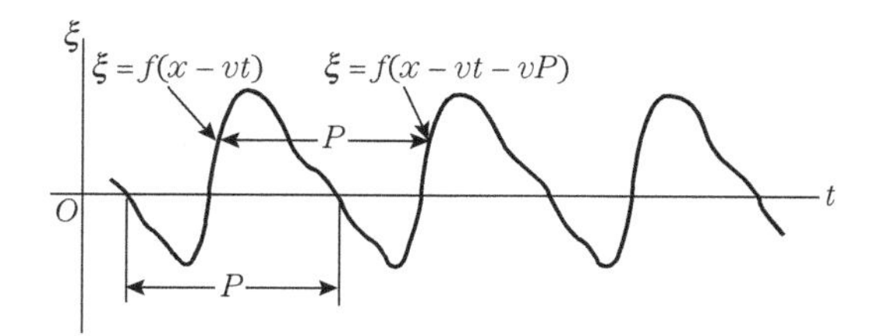

Figura 18.6 Onda periódica não harmônica em um dado ponto.

Isso significa que, para um dado tempo, ξ se repete quando x aumenta ou diminui de vP, $2vP$, ..., nvP,... Portanto, se, em vez de variar t, variar x pelo valor $\lambda = vP$, a onda se repete no espaço (Fig. 18.7). Portanto um movimento ondulatório que é periódico no tempo é também no espaço. Já verificamos que isso é válido para o movimento ondulatório senoidal (ou harmônico).

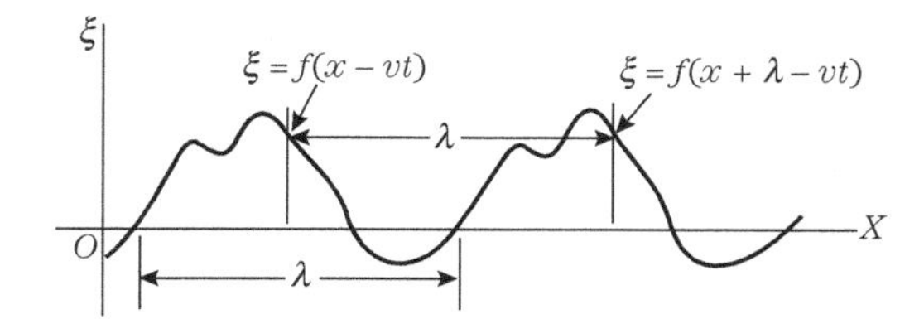

Figura 18.7 Onda periódica não harmônica em um dado instante.

Suponha agora que $\xi = f(x)$ seja uma função periódica no espaço com período λ, isto é, $f(x) = f(x + \lambda)$. Em seguida, usando o teorema de Fourier, como foi explicado na Seç. 12.15, podemos escrever

$$\begin{aligned}\xi = f(x) = a_0 + a_1 \cos kx + a_2 \cos 2kx + \cdots + a_n \cos nkx + \cdots \\ + b_1 \operatorname{sen} kx + b_2 \operatorname{sen} 2kx + \cdots + b_n \operatorname{sen} nkx + \cdots,\end{aligned}$$

onde $k = 2\pi/\lambda$ faz o mesmo papel que ω na Eq. (12.74). Os coeficientes a_n e b_n são obtidos em uma forma análoga às Eqs. (12.74), com t substituído por x. Portanto o movimento ondulatório descrito por $\xi = f(x - vt)$ pode ser expresso como

$$\begin{aligned}\xi = f(x - vt) = a_0 + a_1 \cos k(x - vt) + a_2 \cos 2k(x - vt) \\ + \cdots + a_n \cos nk(x - vt) + \cdots \\ + b_1 \operatorname{sen} k(x - vt) + b_2 \operatorname{sen} 2k(x - vt) \\ + \cdots + b_n \operatorname{sen} nk(x - vt) + \cdots\end{aligned}$$

ou, como $\omega = kv$,

$$\begin{aligned}\xi = f(x - vt) = a_0 + a_1 \cos (kx - \omega t) + a_2 \cos 2 (kx - \omega t) \\ + \cdots + a_n \cos n(kx - \omega t) + \cdots \\ + b_1 \operatorname{sen} (kx - \omega t) + b_2 \operatorname{sen} 2(kx - \omega t) \\ + \cdots + b_n \operatorname{sen} n(kx - \omega t) + \cdots\end{aligned}$$

o que indica que qualquer movimento ondulatório periódico pode ser expresso como uma superposição de movimentos ondulatórios harmônicos de frequências $\omega, 2\omega, 3\omega, ..., n\omega, ...$ e comprimentos de onda λ, $\lambda/2$, $\lambda/3$, ..., λ/n... Em virtude desse resultado, é importante que compreendamos o movimento ondulatório harmônico a fim de que possamos compreender o movimento ondulatório em geral.

■ **Exemplo 18.3** Uma onda é descrita no instante $t = 0$ pela função $f(x)$ ilustrada na Fig. 18.8; ela é expressa por $\xi = A \text{ sen } k_0 x$ no intervalo $\Delta x = x_2 - x_1$ e por zero fora desse intervalo. Esse tipo de onda é chamado de *pulso* ou de *pacote de onda*. Fazer a análise de Fourier dessa onda.

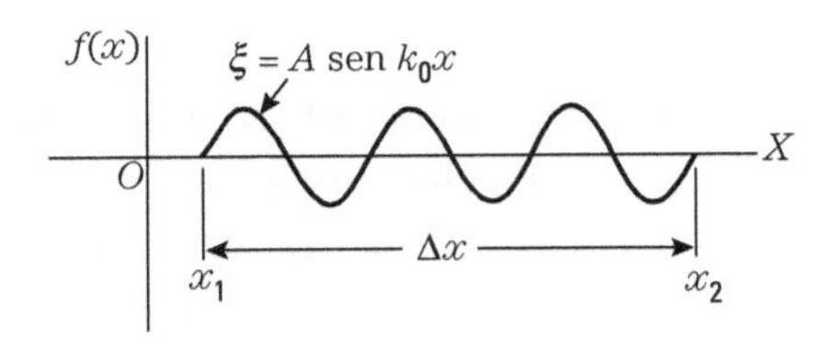

Figura 18.8 Pulso harmônico.

Solução: Este problema é muito semelhante ao discutido na Seç. 12.15 para a curva representada na Fig. 12.45. É necessário apenas substituir t por x e ω_0 por k_0. Isso significa que, para obtermos uma onda do tipo apresentado na Fig. 18.8, devemos superpor muitas ondas com números de onda k variando de $-\infty$ a $+\infty$, cada uma associada a uma amplitude $A(k)$ semelhante à da Fig. 12.46 e também representada na Fig. 18.9. A amplitude $A(k)$ é considerada apenas para valores de k em um intervalo Δk ao redor de k_0 equivalente a

$$\Delta k \sim 2\pi/\Delta x \qquad \text{ou} \qquad \Delta x \Delta k \sim 2\pi,$$

em analogia com a Eq. (12.76). Essa relação indica que, quanto menor for a região do espaço em que o pacote de onda estiver localizado, maior será o intervalo de comprimentos de onda necessário para representar o pacote de onda.

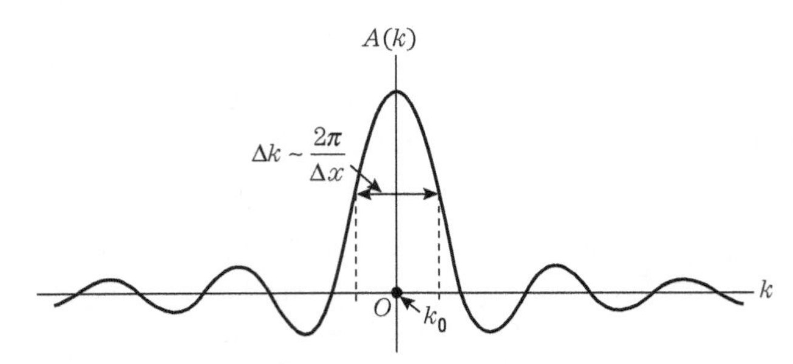

Figura 18.9 Transformação de Fourier do pulso apresentado na Fig. 18.8.

18.4 Equação diferencial do movimento ondulatório

Nesta etapa, investiguemos como determinar quando um determinado campo dependente do tempo se propaga como uma onda sem distorção. Como os campos associados a cada processo físico são governados por leis dinâmicas (característica de cada processo), que podem ser expressas na forma de equações diferenciais, como mostramos no caso do campo eletromagnético, podemos examinar a possibilidade de encontrar uma equação diferencial que seja aplicável a *todos* os tipos de movimento ondulatório. Portanto, sempre que reconhecemos que um campo particular, devido a suas propriedades físicas, satisfaz tal equação, podemos ter a certeza de que o campo se propaga através do espaço com uma velocidade definida e sem distorção*. Inversamente, se observarmos, por meio de experiências, que um campo se propaga no espaço com uma velocidade definida e sem distorção, podemos descrever o campo por meio de um conjunto de equações compatíveis com a equação de onda.

Muitas vezes encontraremos a equação que descreve um movimento ondulatório que se propagou com uma velocidade definida v e sem distorção tanto no sentido de $+X$ como de $-X$, que é

$$\frac{\partial^2 \xi}{\partial t^2} = v^2 \frac{\partial^2 \xi}{\partial x^2}. \tag{18.11}$$

Essa é chamada *equação diferencial do movimento ondulatório*. A solução geral da Eq. (18.11) é da forma da Eq. (18.1), isto é,

$$\xi(x, t) = f_1(x - vt) + f_2(x + vt). \tag{18.12}$$

Portanto a solução geral da Eq. (18.11) pode ser expressa como a superposição de dois movimentos ondulatórios que se propagam em sentidos opostos. Para uma onda que se propaga em um sentido, é evidente que necessitamos apenas de uma das funções que aparecem na Eq. (18.12). Porém, quando (por exemplo) temos uma onda vindo no sentido de $+X$ e uma onda refletida no sentido de $-X$, devemos usar a forma geral da Eq. (18.12).

Para provar que uma expressão da forma da Eq. (18.12) é uma solução da equação de onda (18.11), temos de recordar, em primeiro lugar, alguns resultados matemáticos. Se temos uma função $y = f(u)$ onde u é uma função de x, isto é, $u(x)$, então

$$\frac{dy}{dx} = \frac{dy}{du}\frac{du}{dx}.$$

Essa é a chamada regra de derivação em cadeia**. Por exemplo, se $y = \text{sen}\,(3x^2)$ temos $y = \text{sen}\,u$, $u = 3x^2$, $dy/du = \cos u$, e $du/dx = 6x$, de modo que

$$dy/dx = (\cos u)(6x) = 6x \cos 3x^2.$$

Agora podemos aplicar a regra de derivação em cadeia para $\xi = f(x \pm vt)$. Nesse caso tomamos $u = x \pm vt$, de modo que $\xi = f(u)$, e, observando que existem duas variáveis, x e t, temos de usar as derivadas parciais, $\partial u/\partial x = 1$, $\partial u/\partial t = \pm v$. Portanto

$$\frac{\partial \xi}{\partial x} = \frac{d\xi}{du}\frac{\partial u}{\partial x} = \frac{\partial \xi}{du}, \qquad \frac{\partial \xi}{\partial t} = \frac{d\xi}{du}\frac{\partial u}{\partial t} = \pm v \frac{d\xi}{du}.$$

* Seguimos essa técnica no Cap. 12, no qual observamos que um movimento oscilatório segue uma equação do tipo $d^2x/dt^2 + \omega^2 x = 0$ e, depois, como já compreendemos as leis físicas do movimento, usamos essa equação para identificar diversos tipos de movimento harmônico simples.

** Veja: THOMAS, G. B. *Calculus and analytic geometry*. 3. ed. Reading, Mass: Addison-Wesley, 1962.

Considerando as derivadas segundas, obtemos

$$\frac{\partial^2 \xi}{\partial x^2} = \frac{d}{du}\left(\frac{\partial \xi}{\partial x}\right)\frac{\partial u}{\partial x} = \frac{d^2 \xi}{du^2},$$

$$\frac{\partial^2 \xi}{\partial t^2} = \frac{d}{du}\left(\frac{\partial \xi}{\partial t}\right)\frac{\partial u}{\partial t} = \pm\, v\frac{d^2 \xi}{du^2}(\pm\, v) = v^2\frac{d^2 \xi}{du^2}.$$

Combinando ambos os resultados para eliminar $d^2\xi/du^2$, obtemos a Eq. (18.11) provando que $\xi = f\,(x \pm vt)$ é uma solução da equação de onda, independente da forma da função f. Como a equação de onda é linear, a solução geral é do tipo indicado na Eq. (18.12).

Podemos verificar, como um exemplo concreto, que a equação de onda (18.11) é satisfeita por uma onda senoidal, $\xi = \xi_0$ sen $k(x - vt)$. Consideramos as derivadas parciais no espaço e no tempo, dando

$$\frac{\partial \xi}{\partial x} = k\xi_0 \cos k(x - vt), \qquad \frac{\partial^2 \xi}{\partial x^2} = -k^2\xi_0 \operatorname{sen} k(x - vt);$$

$$\frac{\partial \xi}{\partial t} = -kv\xi_0 \cos k(x - vt), \qquad \frac{\partial^2 \xi}{\partial t^2} = -k^2v^2\xi_0 \operatorname{sen} k(x - vt).$$

Portanto $\partial^2\xi/\partial t^2 = v^2\partial^2\xi/\partial x^2$, em concordância com a Eq. (18.11).

Para melhor compreensão das ideias fundamentais do movimento ondulatório, discutiremos neste capítulo certos tipos de ondas que lhe são mais ou menos familiares. Procure observar que, nas ondas que serão discutidas nas seções seguintes, a Eq. (18.11) é um resultado das leis dinâmicas do processo, consideradas juntamente com certas aproximações tais como amplitude pequena ou comprimento de onda longa etc. Portanto a teoria relativa à Eq. 18.11 aplica-se apenas quando são satisfeitas as aproximações citadas.

18.5 Ondas elásticas em um bastão sólido

Se produzirmos uma perturbação numa extremidade de um bastão sólido, digamos atingindo-a com um martelo, ela se propaga ao longo do bastão e, às vezes, a percebemos na outra extremidade. Dizemos que uma onda elástica propagou-se ao longo do bastão. Nosso propósito nesta seção é discutir essa onda elástica com mais detalhes e observar como sua velocidade de propagação está relacionada às propriedades físicas do bastão. Consideremos um bastão, de seção reta uniforme A, sujeito a uma tensão, indicada pela força F, ao longo de seu eixo. A força F não é necessariamente a mesma em todas as seções, e pode variar ao longo do eixo do bastão. Em cada seção reta (como a ilustrada na Fig. 18.10) existem duas forças iguais e opostas. Uma é o esforço, sobre a parte esquerda do bastão, provocado pela parte direita, e a outra é o esforço, sobre a parte direita do bastão, provocado pela parte esquerda. A *tensão normal* $\mathfrak{S}$*, em uma seção do bastão, é definida como a força por unidade de área atuando perpendicularmente à seção reta em um dos seus sentidos. Portanto

$$\mathfrak{S} = F/A. \tag{18.13}$$

A tensão é expressa em $\text{N} \cdot \text{m}^{-2}$.

* Lê-se "esse" gótico (escalar).

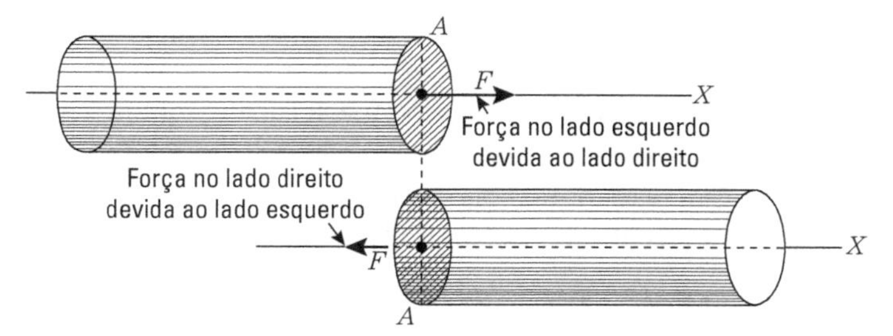

Figura 18.10 As forças são iguais e opostas em qualquer seção de uma barra sob tensão.

Sob a ação de tais forças, cada seção do bastão sofre um deslocamento ξ paralelo ao seu eixo. Se o deslocamento é o mesmo em todos os pontos do bastão, não há deformação, mas simplesmente um deslocamento rígido do bastão ao longo de seu eixo. Estamos interessados no caso em que existe deformação, de modo que ξ varia ao longo do bastão, ou seja, ξ é uma função de x. Considere duas seções, A e A', separadas por uma distância dx na situação não perturbada (Fig. 18.11). Quando as forças são aplicadas, a seção A é deslocada de uma distância ξ e a seção A' de uma distância ξ'. A separação entre A e A', no estado deformado, é, portanto,

$$dx + (\xi' - \xi) = dx + d\xi,$$

onde $d\xi, = \xi' - \xi$. Portanto a deformação do bastão, naquela região, foi $d\xi$. A *deformação normal* ε no bastão é definida como a deformação ao longo do eixo por unidade de comprimento. Como a deformação $d\xi$ corresponde a um comprimento dx, vemos que a deformação no bastão é

$$\varepsilon = \partial\xi/\partial x. \tag{18.14}$$

Observe que, quando não há deformação, ξ é constante e $\varepsilon = 0$, isto é, não existe deformação normal. Sendo o quociente de dois comprimentos, a deformação é um número puro ou uma quantidade adimensional.

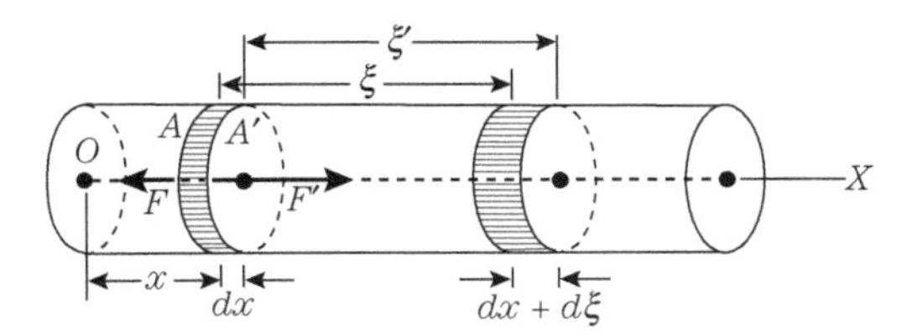

Figura 18.11 Onda longitudinal em uma barra.

Entre a tensão normal $\mathfrak{S}$ e a deformação normal e do bastão existe uma relação chamada *lei de Hooke*, a qual afirma que

> *dentro do limite elástico da substância, a tensão normal é proporcional à deformação normal,*

ou

$$\mathfrak{S} = Y\varepsilon, \tag{18.15}$$

onde a constante de proporcionalidade Y é denominada *módulo de elasticidade*, ou *módulo de Young*. É expressa em $N \cdot m^{-2}$, já que ε é um fator adimensional. A lei de

Hooke constitui uma boa aproximação do comportamento elástico de uma substância desde que as deformações sejam pequenas. A Eq. (18.15) não é válida para tensões e deformações grandes, e a descrição da situação física torna-se muito mais complicada.

A Tab. 18.1 dá as constantes elásticas para certos materiais. Elas são o módulo Y de Young, o módulo de compressibilidade volumétrica κ, definido na Eq. (18.22), e o módulo de rigidez ou módulo de cisalhamento G, definidos na Eq. (18.31).

Tabela 18.1 Constantes elásticas (10^{11} N · m^{-2})

Material	Y	κ	G
Alumínio	0,70	0,61	0,24
Cobre	1,25	1,31	0,46
Ferro	2,06	1,13	0,82
Chumbo	0,16	0,33	0,054
Níquel	2,1	1,64	0,72
Aço	2,0	1,13	0,80

Introduzindo as Eqs. (18.13) e (18.14) na Eq. (18.15) e resolvendo para F, obtemos

$$F = YA\frac{\partial \xi}{\partial x}. \tag{18.16}$$

Para o caso de um bastão ou um fio em equilíbrio com uma das extremidades fixa no ponto O (Fig. 18.12) e a outra extremidade A sujeita a uma força F, temos que a força em cada seção deve ser a mesma e igual a F. Portanto podemos integrar a Eq. (18.16), com F constante, para obter a deformação a cada seção,

$$\int_0^{\xi} d\xi = \frac{F}{YA}\int_0^{x} dx \qquad \text{ou} \qquad \xi = \frac{F}{YA}x.$$

Em particular, a deformação l, na extremidade livre A, é obtida fazendo-se $x = L$, de modo que $l = FL/YA$. Essa relação fornece a base para a medida experimental do módulo de Young.

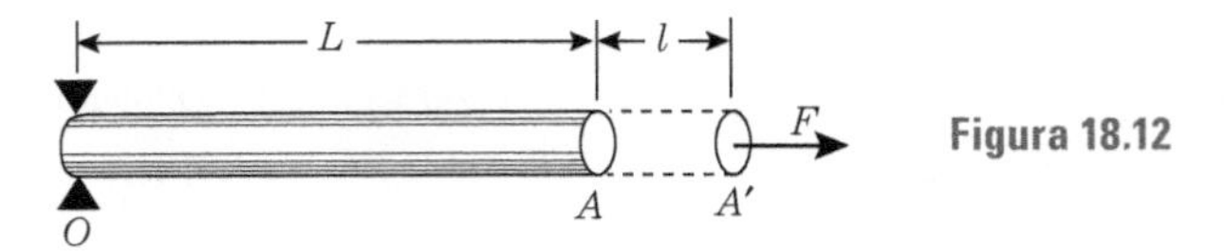

Figura 18.12

Quando o bastão não está em equilíbrio, a força ao longo dele não é a mesma. Consequentemente, uma seção do bastão de espessura dx está sujeita a uma força total ou resultante. Por exemplo, na Fig. 18.11, o lado A' da seção de espessura dx está sujeito a uma força F' para a direita, devida ao esforço da parte direita do bastão, enquanto o lado A está sujeito a uma força F apontando para a esquerda, devida ao esforço da parte esquerda do bastão. A força total para a direita sobre a seção é $F' - F = dF = (\partial F/\partial x)\, dx$. Dado que ρ é a densidade do material do bastão, a massa da seção é $dm = \rho dV = \rho A\, dx$, onde $A\, dx$ é o volume da seção. A aceleração dessa massa é $\partial^2\xi/\partial t^2$. Portanto, aplicando a relação dinâmica força = massa × aceleração, podemos escrever a equação do movimento da seção como

$$\frac{\partial F}{\partial x}dx = (\rho\, A\, dx)\frac{\partial^2 \xi}{\partial t^2} \quad \text{ou} \quad \frac{\partial F}{\partial x} = \rho A \frac{\partial^2 \xi}{\partial t^2}. \tag{18.17}$$

Neste problema temos *dois* campos: um é o deslocamento ξ de cada seção do bastão, onde ξ é uma função de posição e tempo, e o outro é a força F em cada seção, onde F é também uma função de posição e tempo. Esses dois campos estão relacionados pelas Eqs. (18.16) e (18.17), podendo ser chamadas de equações diferenciais do *campo elástico* de um bastão deformado, que descrevem as condições físicas do problema. Elas são as equivalentes matemáticas das equações de Maxwell para o campo eletromagnético. Combinaremos agora as Eqs. (18.16) e (18.17). Tomando a derivada da Eq. (18.16) em relação a x, temos

$$\frac{\partial F}{\partial x} = YA\frac{\partial^2 \xi}{\partial x^2}.$$

Substituindo esse resultado na Eq. (18.17) e cancelando o fator comum A, obtemos

$$\frac{\partial^2 \xi}{\partial t^2} = \frac{Y}{\rho}\frac{\partial^2 \xi}{\partial x^2}. \tag{18.18}$$

Essa é uma equação análoga à Eq. (18.11), e, portanto, podemos concluir que o campo de deformação ξ propaga-se ao longo do bastão com uma velocidade

$$v = \sqrt{Y/\rho}, \tag{18.19}$$

que é um resultado confirmado de modo experimental medindo-se independentemente as três quantidades. Podemos notar que a Eq. (18.19) é verificada dimensionalmente porque Y é expresso em $N \cdot m^{-2}$ e ρ em $kg \cdot m^{-3}$. Portanto sua razão é $(N \cdot m^{-2})(kg \cdot m^{-3})^{-1} = m^2 \cdot s^{-2}$, que é o quadrado de uma velocidade. Em vista da relação (18.16), você pode notar que o campo de força F satisfaz uma equação semelhante,

$$\frac{\partial^2 F}{\partial t^2} = \frac{Y}{\rho}\frac{\partial^2 F}{\partial x^2}, \tag{18.20}$$

indicando que o campo de força propaga-se ao longo do bastão com a mesma velocidade que o campo de deslocamento.

É importante notar que a onda descrita pelas Eqs. (18.18) e (18.20) corresponde às propriedades físicas, deformação ξ e força F, orientadas ao longo da direção de propagação da onda, isto é, do eixo X. Esse tipo de movimento ondulatório é chamado *longitudinal*.

Devemos observar que as equações de campo (18.16) e (18.17) implicam as equações de onda (18.18) e (18.20), mas o inverso não é verdadeiro, pois outras equações de campo podem também implicar uma equação de onda. Portanto as equações de campo fundamentais ao nosso problema são a (18.16) e a (18.17); as equações de onda (18.18) e (18.20) são apenas uma consequência das equações de campo.

■ **Exemplo 18.4** Calcular a velocidade de propagação de ondas elásticas longitudinais em uma barra de aço.

Solução: Usando os valores da Tab. 18.1 e um valor de $7{,}8 \times 10^3\ kg \cdot m^{-3}$ para a densidade do aço, pela Eq. (18.19), temos que

$$v = \sqrt{\frac{Y}{\rho}} = \sqrt{\frac{2,0 \times 10^{11}\ \text{N} \cdot \text{m}^{-2}}{7,8 \times 10^{3}\ \text{kg} \cdot \text{m}^{-3}}} = 5,06 \times 10^{3}\ \text{m} \cdot \text{s}^{-1}.$$

O valor experimental é $5,10 \times 10^3$ m · s^{-1} para 0 °C. Esse valor pode ser comparado com o da velocidade do som no ar, que é aproximadamente 340 m · s^{-1}.

■ **Exemplo 18.5** Discutir as ondas longitudinais em uma mola.

Solução: Quando se produz uma perturbação em uma mola esticada e ξ é o deslocamento sofrido por uma seção da mola, a força nessa seção é $F = K(\partial\xi/\partial x)$, onde K é o módulo de elasticidade da mola. Essa equação é equivalente à (18.16) para uma barra. O coeficiente K não deve ser confundido com a constante de elasticidade k, introduzida na Eq. (12.5). Para obter a relação entre K e k, observamos que, se a mola, de comprimento L, for esticada lentamente até que seu comprimento aumente de l, a força F deve ser a mesma em todos os pontos da mola em equilíbrio. Assim, $\partial\xi/\partial x = l/L$ e $F = (K/L)l$. A quantidade l é a que chamamos de x na Eq. (12.5), $F = kx$, e, portanto, $k = K/L$ ou $K = kL$. Consideremos agora uma seção da mola de comprimento dx, onde m é a massa por unidade de comprimento da mola e mdx é a massa da seção. Pela mesma lógica que usamos para obter a Eq. (18.17), podemos escrever

$$m\frac{\partial^2\xi}{\partial t^2} = \frac{\partial F}{\partial x} = K\frac{\partial^2\xi}{\partial x^2} \qquad \text{ou} \qquad \frac{\partial^2\xi}{\partial t^2} = \frac{K}{m}\frac{\partial^2\xi}{\partial x^2},$$

que tem a forma da equação de onda (18.11). Portanto a velocidade de propagação da onda longitudinal ao longo da mola é

$$v = \sqrt{K/m} = \sqrt{kL/m}.$$

18.6 Ondas de pressão em uma coluna de gás

Vamos considerar agora as ondas elásticas, em um gás, resultantes das variações de pressão no gás. O som é o exemplo mais importante desse tipo de onda. Para simplificar, vamos considerar apenas as ondas propagadas em um gás contido em um cano ou tubo cilíndrico.

Existe uma importante diferença entre ondas elásticas em um gás e ondas elásticas em um bastão sólido. Os gases são muito compressíveis e, quando se estabelecem as flutuações de pressão em um gás, sua densidade sofre o mesmo tipo de flutuações que a pressão.

Denominemos p_0 e ρ_0 a pressão e a densidade de equilíbrio no gás. Nas condições de equilíbrio, p_0 e ρ_0 são os mesmos por todo o volume de gás, isto é, eles são independentes de x. Se a pressão do gás for perturbada, um elemento de volume, tal como $A\ dx$ na Fig. 18.13, será posto em movimento, porque as pressões p e p' serão diferentes sobre um lado e sobre o outro, dando origem a uma força resultante. Consequentemente, a seção A é deslocada de uma quantidade ξ e a seção A' de uma quantidade ξ', de modo que a espessura do elemento de volume depois da deformação é $dx + (\xi' - \xi) = dx + d\xi$. Por enquanto, tudo parece idêntico ao caso do bastão sólido. Entretanto, em virtude da variação em volume, existe também agora uma variação na densidade devida à maior compressibilidade do gás. A massa no elemento de volume não perturbado é $\rho_0 A\ dx$. Se ρ é a densidade do gás perturbado, a massa do elemento de volume perturbado é $\rho A(dx + d\xi)$. A conservação da matéria requer que ambas as massas sejam iguais, isto é,

$$\rho A(dx + d\xi) = \rho_0 A\, dx \qquad \text{ou} \qquad \rho\left(1 + \frac{\partial \xi}{\partial x}\right) = \rho_0.$$

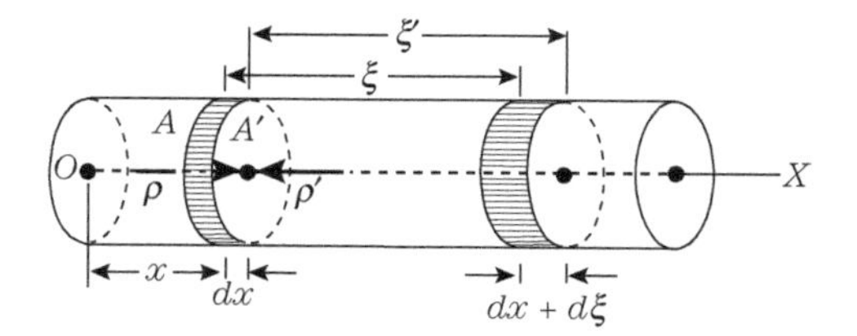

Figura 18.13 Onda de pressão em uma coluna de gás.

Resolvendo para ρ, encontramos

$$\rho = \frac{\rho_0}{1 + \partial \xi / \partial x}.$$

Como, em geral, $\partial\xi/\partial x$ é pequeno, podemos substituir $(1 + \partial\xi/\partial x)^{-1}$ por $1 - \partial\xi/\partial x$, usando a expansão binomial (M.28), resultando em

$$\rho = \rho_0(1 - \partial\xi/\partial x) \qquad \text{ou} \qquad \rho - \rho_0 = -\rho_0(\partial\xi/\partial x). \tag{18.21}$$

A pressão p está relacionada à densidade do gás ρ pela equação de estado, e podemos escrever $p = f(\rho)$. Podemos aplicar a expansão de Taylor (M.31) para essa função escrevendo

$$p = p_0 + (\rho - \rho_0)\left(\frac{dp}{d\rho}\right)_0 + \tfrac{1}{2}(\rho - \rho_0)^2\left(\frac{d^2 p}{d\rho^2}\right)_0 + \ldots$$

Para variações relativamente pequenas em densidade, consideramos apenas os dois primeiros termos e escrevemos [lembrem-se da Eq. (M.32)]

$$p = p_0 + (\rho - \rho_0)\left(\frac{dp}{d\rho}\right)_0.$$

A quantidade

$$\kappa = \rho_0\left(\frac{dp}{d\rho}\right)_0 \tag{18.22}$$

é chamada o *módulo de elasticidade volumétrica*. Este é expresso em $\text{N} \cdot \text{m}^{-2}$, cujas unidades são as mesmas que usamos para expressar a pressão. Podemos então escrever

$$p = p_0 + \kappa\left(\frac{\rho - \rho_0}{\rho_0}\right). \tag{18.23}$$

Essa expressão corresponde à lei de Hooke para fluidos. Usando a Eq. (18.21) para eliminar $\rho - \rho_0$, temos

$$p = p_0 - \kappa\frac{\partial \xi}{\partial x}. \tag{18.24}$$

Essa expressão relaciona a pressão em qualquer ponto do gás à deformação no mesmo ponto. [Para um bastão elástico, ela é equivalente à Eq. (18.16).]

Em seguida, precisamos da equação de movimento do elemento de volume. A massa do elemento de volume é $\rho_0 A\, dx$ e sua aceleração é $\partial^2\xi/\partial t^2$. O gás à esquerda de nosso elemento de volume pressiona para a direita com uma força pA e o gás à direita pressiona para a esquerda com uma força $p'A$. Portanto a força resultante na direção $+X$ é $(p - p')A = -A\,dp$, porque $dp = p' - p$. Consequentemente, a equação do movimento é

$$-A\,dp = \left(\rho_0 A\,dx\right)\frac{\partial^2 \xi}{\partial t^2} \quad \text{ou} \quad \frac{\partial p}{\partial x} = -\rho_0 \frac{\partial^2 \xi}{\partial t^2}. \tag{18.25}$$

Temos, novamente, neste problema dois campos: o campo de deslocamento ξ e o campo de pressão p. As expressões (18.24) e (18.25) são as equações que relacionam os dois campos. Elas podem ser combinadas da seguinte forma: tomamos a derivada da Eq. (18.24) em relação a x e lembramos que p_0 é constante em todo o gás. Então,

$$\frac{\partial p}{\partial x} = -\kappa \frac{\partial^2 \xi}{\partial x^2},$$

que, quando comparamos com a Eq. (18.25), indica que

$$\frac{\partial^2 \xi}{\partial t^2} = \frac{\kappa}{\rho_0}\frac{\partial^2 \xi}{\partial x^2}. \tag{18.26}$$

Uma vez mais obtemos uma equação semelhante à Eq. (18.11) e concluímos que o deslocamento, devido a uma perturbação de pressão em um gás, propaga-se com uma velocidade

$$v = \sqrt{\kappa/\rho_0}. \tag{18.27}$$

Procure verificar a consistência das unidades dessa equação. Combinando a Eq. (18.24) com a Eq. (18.25), você pode ver que a pressão obedece também a uma equação como a Eq. (18.26); escrevemos, então,

$$\frac{\partial^2 p}{\partial t^2} = \frac{\kappa}{\rho_0}\frac{\partial^2 p}{\partial x^2}.$$

É por isso que chamamos as ondas elásticas em um gás de *ondas de pressão*. O som é simplesmente uma onda de pressão no ar. Uma explosão, que é um repentino aumento local em pressão, inicia uma onda de pressão de choque, mas, nesse caso, as flutuações em densidade podem ser tão grandes que as aproximações feitas em nossa teoria não mais são válidas, obtendo-se uma equação mais complexa.

De maneira análoga [combinando a Eq. (18.21) com a Eq. (18.26)], você pode verificar que a densidade do gás obedece a uma equação da mesma forma, isto é,

$$\frac{\partial^2 \rho}{\partial t^2} = \frac{\kappa}{\rho_0}\frac{\partial^2 \rho}{\partial x^2}.$$

Portanto, quando nos referimos a um gás, podemos falar de uma onda de deslocamento, uma onda de pressão e uma onda de densidade. As ondas de deslocamento assemelham-se à nossa imagem de ondas sobre uma superfície líquida (isto é, o movimento da matéria em conjunto). Entretanto, embora as ondas de pressão e de densidade não correspondam a tal imagem física, também descrevem uma situação física que se propaga em um gás.

O movimento ondulatório em gases é geralmente um processo *adiabático*, cujo termo significa essencialmente que nenhuma energia é trocada, sob a forma de calor, por um elemento de volume do gás. Sob condições adiabáticas, $p = C\rho^\gamma$, onde γ é uma quantidade característica de cada gás*. Para a maioria dos gases diatômicos, seu valor é muito próximo de 1,4. Assim, $dp/d\rho = \gamma C\rho^{\gamma-1}$ e $K = \rho_0(dp/d\rho)_0 = \gamma C\rho_0^\gamma = \gamma p_0$. Em seguida (tirando o índice 0), substituindo na Eq. (18.27), encontramos que a velocidade do som em um gás é

$$v = \sqrt{\gamma p/\rho}. \tag{18.28}$$

A onda associada com o campo ξ é novamente uma onda longitudinal, porque o deslocamento é paralelo à direção de propagação. Entretanto a pressão p não é um vetor e nenhuma direção está associada a ela. A direção associada é a da *força* produzida pela diferença de pressão, e é normal à superfície. Portanto o movimento ondulatório correspondente ao campo de pressão é uma onda *escalar*. A onda correspondente à densidade ρ também é escalar.

■ **Exemplo 18.6** Obter uma relação entre a velocidade de uma onda de pressão em um gás e sua temperatura.

Solução: Como provamos no Prob. 9.46, a relação entre a pressão e o volume em um gás é $pV = \text{N}RT$. Mas, como $\rho = m/V$, temos que $p/\rho = \text{N}RT/m = RT/M$, onde $M = m/\text{N}$ é a massa de um mol de gás, expressa em kg. Portanto a relação p/ρ é proporcional à raiz quadrada da temperatura, e podemos escrever

$$v = \sqrt{\gamma p/\rho} = \sqrt{\gamma RT/M} = \alpha\sqrt{T},$$

onde $\alpha = \sqrt{\gamma R/M}$. Pelas medidas experimentais, sabemos que em T = 273,15 K (ou 0 °C), a velocidade do som no ar é 331,45 m · s^{-1}. Portanto o coeficiente α tem o valor 20,055 e a velocidade do som no ar, em qualquer temperatura (medida em K), é $v = 20{,}055\sqrt{T}$ m · s^{-1}, cujo resultado concorda com a experiência, dentro de um intervalo de temperatura razoavelmente grande.

■ **Exemplo 18.7** Obter a relação entre as amplitudes das ondas de deslocamento e das ondas de pressão em uma coluna de gás.

Solução: Suponhamos que as ondas de deslocamento sejam harmônicas, expressas por $\xi = \xi_0$ sen $(kx - \omega t)$. Substituindo esse resultado na Eq. (18.24), encontramos que

$$p - p_0 = -\kappa\frac{\partial \xi}{\partial x} = -\kappa k\xi_0 \cos(kx - \omega t).$$

Portanto a onda de pressão oscila em torno de seu valor médio com uma amplitude $\mathfrak{P}_0$ dada por $\mathfrak{P}_0 = \kappa k\xi_0$. Usando a Eq. (18.27) para eliminar κ, podemos escrever

$$\mathfrak{P}_0 = v^2\rho_0 k\xi_0.$$

Podemos obter outra expressão usando a relação dada na Eq. (18.6), a saber, $k = \omega/v$. Portanto

$$\mathfrak{P}_0 = v\rho_0\omega\xi_0 = 2\pi v\rho_0\nu\xi_0.$$

* Veja a Nota Suplementar S. III na pág. 462 do Volume I.

Essas relações são extremamente úteis nos cálculos acústicos. Por exemplo, a uma frequência de 400 Hz, o som mais fraco que pode ser ouvido corresponde a uma amplitude de pressão de aproximadamente 8×10^{-5} N · m^{-2}. Admitindo uma densidade de ar de 1,29 kg · m^{-3} e uma velocidade do som de 345 m · s^{-1}, a amplitude de deslocamento correspondente é

$$\xi_0 = \frac{\mathfrak{P}_0}{2\pi \upsilon \rho_0 v} = 7{,}15 \times 10^{-11}\,\text{m}.$$

Essa amplitude é da ordem das dimensões moleculares.

18.7 Ondas transversais em um fio

Consideremos como problema seguinte, o caso de um fio sujeito a uma tensão T. Nas condições de equilíbrio, o fio é reto. Suponha agora que deslocamos o fio para o lado, ou perpendicularmente ao seu comprimento, como mostra a Fig. 18.14. Considere uma seção AB do fio, de comprimento dx, que foi deslocada a uma distância ξ da sua posição de equilíbrio. Em cada extremidade está agindo uma força tangencial T, uma produzida em B pelo esforço do fio sobre a direita e uma em A devida ao esforço do fio sobre a esquerda. As duas forças não são diretamente opostas, em decorrência da curvatura do fio. A componente vertical de cada força é $T'_y = T \operatorname{sen} \alpha'$, $T_y = -T \operatorname{sen} \alpha$. A força vertical resultante sobre a seção AB do fio é

$$F_y = T(\operatorname{sen} \alpha' - \operatorname{sen} \alpha).$$

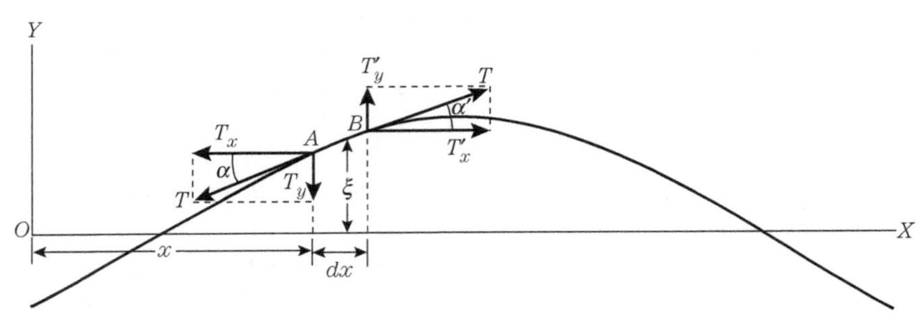

Figura 18.14 As forças em uma seção de uma corda deslocada transversalmente.

Se a curvatura do fio não for muito grande, os ângulos α e α' serão pequenos e poderão ser substituídos por suas tangentes. Portanto, a força para cima é

$$F_y = T(\operatorname{tg} \alpha' - \operatorname{tg} \alpha) = T\,d(\operatorname{tg} \alpha) = T\frac{\partial}{\partial x}(\operatorname{tg} \alpha)dx,$$

onde a derivada parcial é usada porque a tg α depende tanto da posição x como do tempo t. Mas a tg α é o grau de inclinação da curva tomada pelo fio, que é igual a $\partial\xi/\partial x$. Por essa razão

$$F_y = T\frac{\partial}{\partial x}\left(\frac{\partial \xi}{\partial x}\right)dx = T\frac{\partial^2 \xi}{\partial x^2}dx.$$

Essa força deve ser igual à massa da seção AB vezes sua aceleração para cima $\partial^2\xi/\partial t^2$. Sendo m a *densidade linear* do fio, ou a massa por unidade de comprimento, expressa em $kg \cdot m^{-1}$, a massa da seção AB é mdx, podemos escrever, para a equação do movimento dessa seção do fio (usando a relação força = massa × aceleração),

$$(m\,dx)\frac{\partial^2\xi}{\partial t^2} = T\frac{\partial^2\xi}{\partial x^2}dx \quad \text{ou} \quad \frac{\partial^2\xi}{\partial t^2} = \frac{T}{m}\frac{\partial^2\xi}{\partial x^2} \tag{18.29}$$

Uma vez mais obtemos a Eq. (18.11), verificando que uma perturbação transversal em um fio propaga-se ao longo de sua extensão com uma velocidade

$$v = \sqrt{T/m}, \tag{18.30}$$

desde que a amplitude seja pequena. Você pode verificar a consistência das unidades nessa equação.

Esse exemplo difere do anterior em dois aspectos importantes. Um deles é que temos apenas um campo, o deslocamento ξ, e a equação de onda (18.29) constitui um resultado direto da equação do movimento. O segundo, e mais importante, é que o movimento ondulatório é *transversal*, isto é, a propriedade física, o deslocamento ξ, é perpendicular à direção de propagação da onda que está ao longo do eixo X. Mas existem várias direções de deslocamento perpendiculares ao eixo X. Se escolhermos as duas direções mutuamente perpendiculares Y e Z como referências, poderemos expressar o deslocamento transversal ξ, que devemos considerar um vetor como nos casos anteriores, em termos de duas componentes ao longo dos eixos Y e Z. Enquanto a perturbação se propaga, a direção de ξ pode mudar de ponto para ponto, retorcendo o fio (Fig. 18.15). Entretanto, se todos os deslocamentos estão na mesma direção, digamos, ao longo do eixo Y, e o fio está sempre no plano XY, dizemos que o movimento ondulatório é *polarizado linearmente* (Fig. 18.16). É evidente que uma onda transversal pode ser sempre considerada como a combinação de duas ondas polarizadas linearmente em direções perpendiculares entre si. Se ξ tem um comprimento constante, mas varia em direção, de modo como o fio se encontra sobre uma superfície cilíndrica circular (Fig. 18.17), a onda é *polarizada circularmente*. Nesse caso, cada porção do fio se move em um círculo ao redor do eixo X. A polarização das ondas transversais é um assunto muito importante que discutiremos mais detalhadamente no Cap. 20.

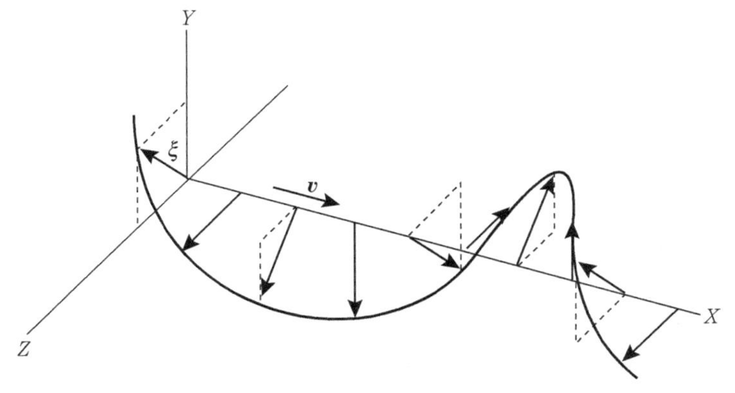

Figura 18.15 Onda transversal não polarizada em uma corda.

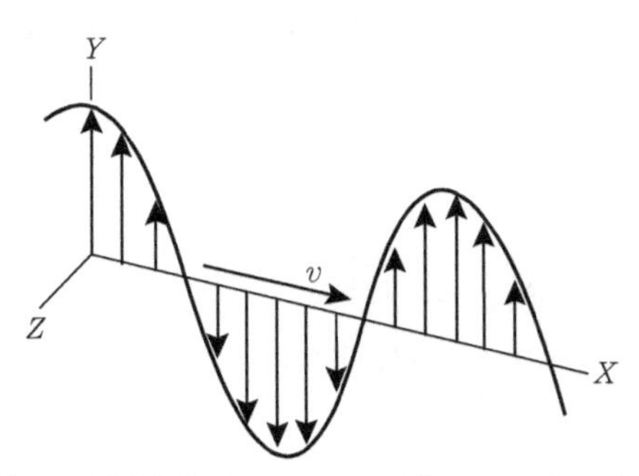

Figura 18.16 Onda transversal linearmente polarizada em uma corda.

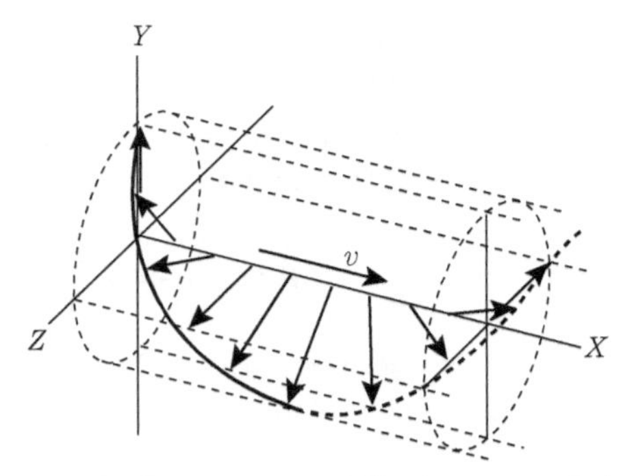

Figura 18.17 Onda transversal circularmente polarizada em uma corda.

Observe que, ao escrever a Eq. (18.29), levamos em consideração apenas o movimento transversal do fio. Entretanto podemos verificar facilmente que nenhum movimento ao longo do fio foi ignorado. A força resultante paralela ao eixo X é

$$F_x = T\cos\alpha' - T\cos\alpha = T(\cos\alpha' - \cos\alpha).$$

Mas, quando o ângulo é muito pequeno, o cosseno é essencialmente um. Portanto, para a primeira ordem de aproximação, $\cos\alpha' \approx \cos\alpha$ e $F_x = 0$, de modo que não existe nenhuma força resultante paralela ao eixo X.

■ **Exemplo 18.8** Discutir as ondas elásticas transversais em uma barra.

Solução: Na Seç. 18.5, discutimos as ondas elásticas longitudinais em uma barra sólida. Analisaremos, agora, as ondas elásticas transversais. Consideremos uma barra que, em seu estado sem distorção, é representada pelas linhas horizontais pontilhadas na Fig. 18.18. Se colocarmos a barra em vibração, percutindo-a transversalmente, em determinado momento ela toma a forma das linhas curvas, e podemos admitir que cada seção da barra se move para cima e para baixo sem movimento horizontal. Designemos por ξ o deslocamento transversal de uma seção dx em um determinado instante. Esse deslocamento também deve ser uma função da posição, porque, se ele fosse constante, corresponderia a um deslocamento paralelo da barra. A quantidade $\gamma = \partial\xi/\partial x$, que é a variação do deslocamento transversal por unidade de comprimento ao longo da barra, é chamada *deformação de cisalhamento.*

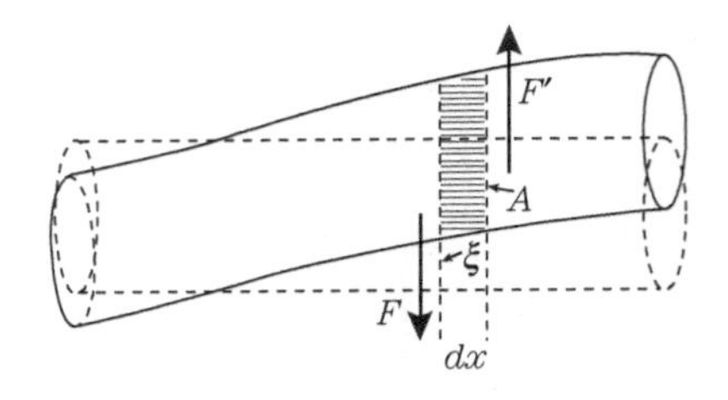

Figura 18.18 Onda transversal ou de cisalhamento em uma barra.

Em consequência da deformação, cada seção de espessura dx está sujeita às forças opostas F e F', que são tangentes à superfície (compare com a situação na Fig. 18.11) e são produzidas pelas porções da barra sobre cada lado da seção. A força tangencial por unidade de área, $\mathfrak{S} = F/A$, é chamada *tensão de cisalhamento.*

Como na Eq. (18.15), que estabelece uma conexão entre a tensão normal e a deformação normal, temos entre tensão de cisalhamento e deformação de cisalhamento, uma relação análoga à lei de Hooke; isto é, $\mathfrak{S} = G\gamma$, onde G é um coeficiente característico do material, e é chamado de *módulo de cisalhamento.* Portanto

$$F = AG\frac{\partial \xi}{\partial x}. \tag{18.31}$$

A força resultante sobre a seção é $F' - F = dF = (\partial F/\partial x)\ dx$. Por outro lado, se ρ é a densidade do material, a massa da seção é $\rho A\ dx$, e sua equação de movimento na direção transversal é

$$\frac{\partial F}{\partial x}dx = (\rho\ A\ dx)\frac{\partial^2 \xi}{\partial t^2} \quad \text{ou} \quad \frac{\partial F}{\partial x} = \rho\ A\frac{\partial^2 \xi}{\partial t^2}. \tag{18.32}$$

Mas, tomando-se, da Eq. (18.31), a derivada em relação a x, temos

$$\frac{\partial F}{\partial x} = AG\frac{\partial^2 \xi}{\partial x^2},$$

que, substituindo na Eq. (18.32), dá (depois de cancelarmos o fator comum A)

$$\frac{\partial^2 \xi}{\partial t^2} = \frac{G}{\rho}\frac{\partial^2 \xi}{\partial x^2}. \tag{18.33}$$

Obtemos outra vez a equação diferencial do movimento ondulatório (18.11), indicando que a deformação transversal se propaga ao longo da barra com uma velocidade dada por

$$v = \sqrt{G/\rho}. \tag{18.34}$$

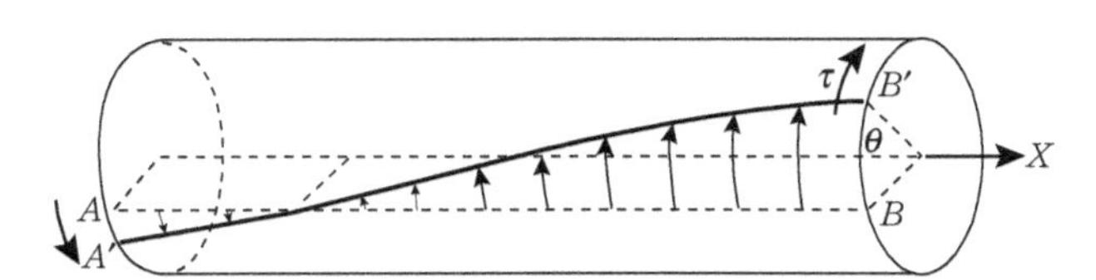

Figura 18.19 Onda de torção em uma barra.

A onda poderia ser chamada, mais adequadamente, de *onda de cisalhamento.* Outro exemplo de uma onda de cisalhamento é uma *onda de torção.* Suponha que um conjugado variável seja aplicado à extremidade livre de um bastão fixo em uma das suas extremidades. Isso produz uma torção do bastão (Fig. 18.19). Se o conjugado depende do tempo, o ângulo de torção varia com o tempo, produzindo uma onda de torção que se propaga ao longo do bastão. Uma análise matemática do problema mostra que, independentemente da forma da seção reta do bastão, a velocidade de propagação da onda de torção também é dada pela Eq. (18.34). O fato de as ondas transversais e de torção em uma barra propagarem-se com a mesma velocidade não constitui surpresa porque ambos os processos são essencialmente produtos do mesmo fenômeno interno no material do bastão. Outro aspecto interessante das ondas de torção é que elas não correspondem a deslocamentos paralelos ou transversais ao eixo do bastão, mas a rotações ao redor do eixo sem variação nas suas formas. Isso o ajudará a compreender a grande variedade de fenômenos elásticos ondulatórios, todos com dinâmica interna diferente, que, sob as aproximações que usamos, é descrita matematicamente pelo mesmo tipo de equação, isto é, a Eq. (18.11).

18.8 Ondas superficiais em um líquido

Consideremos agora, como um último exemplo de movimento ondulatório em uma só direção, as ondas sobre a superfície de um líquido. São esses os tipos de ondas mais familiares; são as ondas que observamos sobre os oceanos e lagos ou, simplesmente, quando jogamos uma pedra em um tanque. Entretanto o aspecto matemático é mais complicado do que o dos exemplos anteriores, e será omitido. Em vez disso, apresentaremos, nesta seção, uma discussão descritiva, com a discussão matemática simplificada adiada até o Ex. 18.10.

A superfície sem perturbação de um líquido é plana e horizontal. Uma perturbação da superfície produz um deslocamento de todas as moléculas diretamente abaixo da superfície (Fig. 18.20). Cada elemento de volume do líquido descreve um percurso fechado. A amplitude dos deslocamentos horizontal e vertical de um elemento de volume de um fluido varia, em geral, com a profundidade. É evidente que as moléculas do fundo não sofrem nenhum deslocamento vertical, pois elas não podem se separar do fundo. Certas forças entram em jogo na superfície do líquido, adicionando-se às provenientes da pressão atmosférica. Uma força provém da tensão superficial do líquido, que exerce uma força para cima em um elemento da superfície, como aquela encontrada no caso de um fio. Outra força é o peso do líquido acima do nível não perturbado. A equação resultante para o deslocamento da superfície não é exatamente a do tipo (18.11), mas um pouco mais complicada. Entretanto ela é satisfeita por ondas harmônicas de comprimento de onda λ, e a velocidade de propagação da onda de superfície é dada por

$$v = \sqrt{\frac{g\lambda}{2\pi} + \frac{2\pi\mathfrak{T}}{\rho\lambda}}, \qquad (18.35)$$

onde ρ é a densidade do líquido, $\mathfrak{T}$* é a tensão superficial, e g é a aceleração da gravidade. Essa expressão é válida apenas quando a profundidade é muito grande comparada ao comprimento de onda λ. Em caso contrário, temos uma expressão diferente (veja Ex. 18.9).

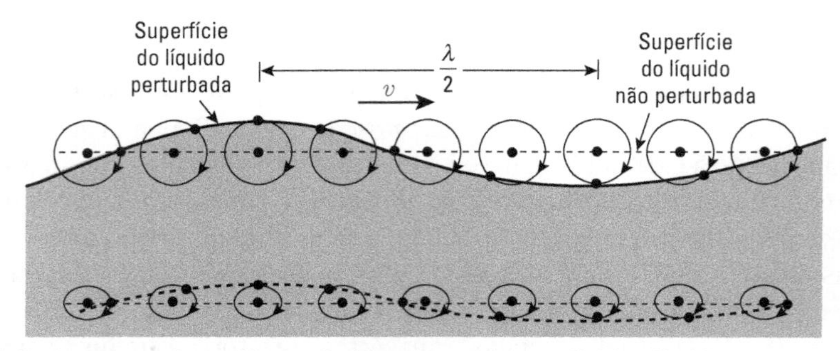

Figura 18.20 Deslocamento das moléculas devido a uma onda superficial no líquido.

* Lê-se "tê" gótico (escalar).

O aspecto mais interessante da Eq. (18.35) é que *a velocidade de propagação depende do comprimento de onda*, sendo essa uma situação ainda não encontrada anteriormente. Como a frequência está relacionada à frequência e à velocidade de propagação por meio de $\nu = v/\lambda$, concluímos que *a velocidade de propagação depende da frequência*. Suponha, por exemplo, que λ seja suficientemente grande para que o segundo termo na Eq. (18.35) possa ser desprezado. Temos então

$$v = \sqrt{g\lambda/2\pi}. \tag{18.36}$$

Nesse caso, as ondas são chamadas *ondas gravitacionais*. Nessa aproximação, a velocidade de propagação é independente da natureza do líquido, já que na Eq. (18.36) não aparece nenhum fator referente ao líquido (tal como sua densidade ou sua tensão superficial). Vemos, nesse caso, que a velocidade de propagação é proporcional à raiz quadrada do comprimento de onda e que, quanto maior for o comprimento de onda, mais rápida será a propagação. É por essa razão que um vento forte e constante produz ondas de comprimento maior do que um vento com rajadas rápidas.

Quando o comprimento de onda é muito pequeno, domina o segundo termo na Eq. (18.35), que dá, para a velocidade de propagação,

$$v = \sqrt{2\pi\mathfrak{T}/\rho\lambda}. \tag{18.37}$$

Essas ondas são chamadas ondas de capilaridade ou de tensão superficial. São as ondas que observamos quando sopra um vento muito leve, ou quando um recipiente está sujeito a vibrações de alta frequência e pequena amplitude. Nesse caso, quanto maior for o comprimento de onda, mais lenta será a propagação.

Quando a velocidade de propagação de um movimento ondulatório depende do comprimento de onda ou de frequência, dizemos que há *dispersão*. Se um movimento ondulatório, resultante de superposição de diversas ondas harmônicas de frequências diferentes, for aplicado em um meio *dispersivo*, este será distorcido, porque cada uma de suas ondas componentes propagar-se-á com uma velocidade diferente. A dispersão é um fenômeno muito importante que aparece em vários tipos de propagação de onda. Aparece, particularmente, no caso das ondas eletromagnéticas que se propagam através da matéria, conforme mostraremos no próximo capítulo.

■ **Exemplo 18.9** A expressão geral para a velocidade de propagação de ondas superficiais em um líquido é

$$v = \sqrt{\left(\frac{g\lambda}{2\pi} + \frac{2\pi\mathfrak{T}}{\rho\lambda}\right)\operatorname{tgh}\frac{2\pi h}{\lambda}}, \tag{18.38}$$

onde h é a profundidade do líquido. Determinar os valores limite dessa expressão quando h é muito grande ou muito pequeno comparado com λ.

Solução: Quando a profundidade h for muito grande comparada com o comprimento de onda (isto é, a quantidade $2\pi h/\lambda$ for grande comparada com a unidade), o valor da tangente hiperbólica será muito próximo de 1, e, portanto, o último fator na Eq. (18.38) pode ser substituído por 1 sem grande erro. Em virtude dessa aproximação, a Eq. (18.38) será idêntica à Eq. (18.35).

Por outro lado, quando a profundidade h for muito pequena comparada ao comprimento de onda λ, a quantidade $2\pi h/\lambda$ será muito pequena comparada com a unidade e, usando a aproximação tgh $x \sim x$, que é permitida quando x é muito pequeno, podemos substituir o último fator na Eq. (18.38) por $2\pi h/\lambda$. Como estamos considerando um comprimento de onda relativamente grande, desprezando também o termo $2\pi\mathfrak{T}/\rho\lambda$, temos assim

$$v = \sqrt{\left(\frac{g\lambda}{2\pi} \cdot \frac{2\pi h}{\lambda}\right)} = \sqrt{gh}. \tag{18.39}$$

Nessas circunstâncias, a velocidade de propagação é independente do comprimento de onda.

■ **Exemplo 18.10** Obter diretamente a equação para ondas superficiais em um líquido quando o comprimento de onda é muito grande e a amplitude é muito pequena, em comparação com a profundidade.

Solução: Consideremos um líquido dentro de um tubo com profundidade h e largura L. Se perturbarmos a superfície do líquido com ondas de pequena amplitude e grande comprimento de onda (em comparação com h), uma determinada seção vertical do líquido de largura dx sofrerá alguns deslocamentos nas direções vertical e horizontal. Em consequência desses deslocamentos, a largura da seção muda de dx para $dx + d\xi$ (Fig. 18.21) e sua altura de h para $h + \eta$. Admitindo-se que o líquido seja incompressível, o volume da seção deve permanecer constante. Portanto devemos ter

$$\begin{aligned} Lh\,dx &= L(h + \eta)(dx + d\xi) \\ &= L(h\,dx + \eta\,dx + h d\xi + \eta\,d\xi). \end{aligned}$$

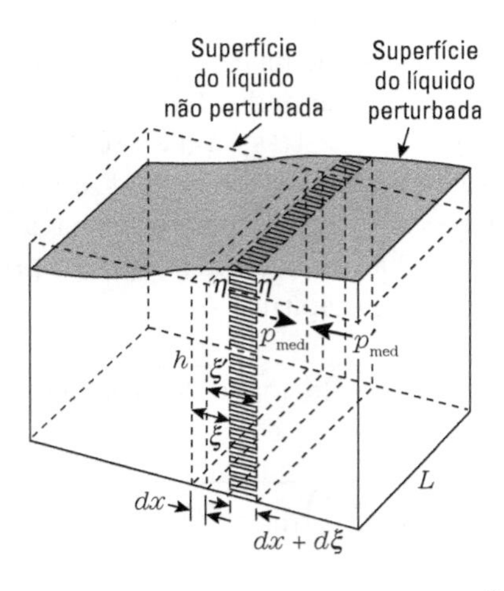

Figura 18.21

Considerando η muito pequeno, comparado com h, e $d\xi$ muito pequeno, comparado com dx, podemos desprezar o último termo $\eta\,d\xi$ e, depois de cancelar os termos equivalentes, obter

$$\eta\,dx + h\,d\xi = 0 \qquad \text{ou} \qquad \eta = -h\frac{\partial\xi}{\partial x}, \tag{18.40}$$

que relaciona o deslocamento superficial vertical ao deslocamento horizontal para um líquido incompressível.

Pelo fato do nível perturbado não ser horizontal, a pressão média é diferente sobre cada lado da seção do fluido, conforme mostra a figura. Se $A = hL$ for a área da seção reta do canal, a força total à direita da seção será

$$p_{\text{med}} A - p'_{\text{med}} A = -(p'_{\text{med}} - p_{\text{med}})A = -A\, dp_{\text{med}}.$$

Portanto o movimento horizontal da seção é

$$(\rho\, A\, dx)\frac{\partial^2 \xi}{\partial t^2} = -A\, dp_{\text{med}} \qquad \text{ou} \qquad \rho\frac{\partial^2 \xi}{\partial t^2} = -\frac{\partial p_{\text{med}}}{\partial x}.$$

Porém, usando a Eq. (9.69), isto é, $p = \rho g z$, a diferença de pressão é

$$dp_{\text{med}} = \rho g(\eta' - \eta) = \rho g \frac{\partial \eta}{\partial x} dx,$$

de modo que $\partial p_{\text{med}} / \partial x = \rho g\, \partial \eta / \partial x$, e a equação anterior vem a ser

$$\frac{\partial^2 \xi}{\partial t^2} = -g\frac{\partial \eta}{\partial x}.$$

Pela Eq. (18.40) temos, por diferenciação, que

$$\frac{\partial \eta}{\partial x} = -h\frac{\partial^2 \xi}{\partial x^2}.$$

Portanto, eliminando $\partial \eta / \partial x$ dentre essas duas equações, obtemos, finalmente,

$$\frac{\partial^2 \xi}{\partial t^2} = gh\frac{\partial^2 \xi}{\partial x^2}.$$

Essa é novamente a equação de onda (18.11) que corresponde a ondas que se propagam com velocidade $v = \sqrt{gh}$, concordando com o resultado obtido na Eq. (18.39) em circunstâncias semelhantes. O deslocamento vertical na superfície satisfaz uma equação análoga, em virtude da relação (18.40), isto é,

$$\frac{\partial^2 \eta}{\partial t^2} = gh\frac{\partial^2 \eta}{\partial x^2}.$$

18.9 O que se propaga em um movimento ondulatório?

Compreender claramente o que se propaga como uma onda em um movimento ondulatório é de grande importância. A opinião geral é que o que se propaga é uma condição física originada em algum lugar e que, em consequência da natureza do fenômeno, esta pode ser transmitida a outras regiões. Como essa explicação é um pouco abstrata, tentaremos formulá-la em termos mais concretos.

Considere os diferentes tipos de ondas discutidos nas seções anteriores. Todas essas ondas correspondem a determinados tipos de movimento de átomos ou moléculas do meio através do qual a onda se propaga, mas, em média, os átomos permanecem em suas posições de equilíbrio (Fig. 18.22). Portanto não é a matéria que se propaga, mas o *estado de movimento* da matéria. Este é uma condição dinâmica que é transferida de uma região para outra. Porém estamos acostumados a descrever uma condição dinâmica em termos de quantidade de movimento e energia. Portanto podemos dizer que

> *energia e quantidade de movimento são transferidas ou propagadas no movimento ondulatório.*

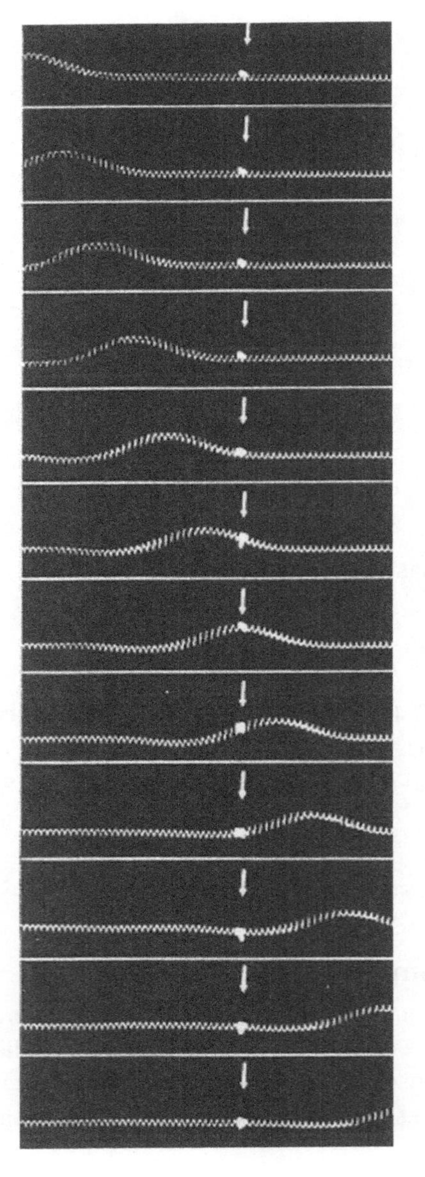

Figura 18.22 Propagação de um pulso em uma mola. As seções da mola sobem e descem enquanto o pulso se move da esquerda para a direita.

Vejamos, por exemplo, o caso das ondas elásticas longitudinais que se propagam ao longo de um bastão. Em uma seção particular, que é deslocada com velocidade $\partial\xi/\partial t$ (Fig. 18.11), o lado direito do bastão puxa o lado esquerdo com uma força F e o lado esquerdo puxa o lado direito com uma força $-F$. Assim, a potência (ou trabalho por unidade de tempo) que o lado esquerdo transmite ao lado direito naquela seção é

$$\frac{\partial W}{\partial t} = (-F)\frac{\partial \xi}{\partial t}.$$

Portanto essa potência deve ser transmitida quando a perturbação passa de uma seção à outra. Se a onda se propaga da esquerda para a direita, a energia deve ser acumulada na extremidade esquerda do bastão. Se a energia é acumulada durante um intervalo de tempo pequeno, produz-se uma perturbação de comprimento limitado, ou um pulso transitório. Se tivermos uma sucessão contínua de ondas, deveremos suprir, continuamente, a extremidade esquerda com energia.

Para examinarmos o problema mais detalhadamente, consideremos o caso de uma onda elástica senoidal, $\xi = \xi_0$ sen $(kx - \omega t)$. Em seguida, empregando as derivadas apropriadas, encontramos que $\partial\xi/\partial t = -\omega\xi_0 \cos(kx - \omega t)$ e $F = YA\ \partial\xi/\partial x = YAk\xi_0 \cos(kx - \omega t)$. Assim, usando as relações $\omega = kv$ e $v = \sqrt{Y/\rho}$, temos

$$\begin{aligned}\frac{\partial W}{\partial t} &= Y\,A\omega k\xi_0^2 \cos^2(kx-\omega t)\\ &= (\rho v^2)A(\omega^2/v)\xi_0^2\cos^2(kx-\omega t)\\ &= vA\left[\rho\omega^2\xi_0^2\cos^2(kx-\omega t)\right].\end{aligned}$$

A presença do fator $\cos^2(kx - \omega t)$ assegura-nos que $\partial W/\partial t$ é sempre positivo, embora seja variável. Como $\partial W/\partial t$ depende de $kx - \omega t$, ele satisfaz também a equação de onda e corresponde a uma *onda de energia.* A potência média é

$$\left(\frac{\partial W}{\partial t}\right)_{\text{med}} = vA\left\{\rho\omega^2\xi_0^2\left[\cos^2(kx-\omega t)\right]_{\text{med}}\right\}.$$

Mas, $\left[\cos^2(kx-\omega t)\right]_{\text{med}} = \frac{1}{2}$, de forma que

$$\left(\frac{\partial W}{\partial t}\right)_{\text{med}} = vA\left(\tfrac{1}{2}\rho\omega^2\xi_0^2\right). \tag{18.41}$$

Lembrando da Eq. (12.11), que dá a energia total de um oscilador como $\frac{1}{2}m\omega^2A^2$, e observando que agora a amplitude A é designada por ξ_0 e que, no lugar da massa m, temos a densidade ρ, vemos que

$$E = \tfrac{1}{2}\rho\omega^2\xi_0^2 \tag{18.42}$$

é a energia por unidade de volume, ou a densidade de energia no bastão devida às oscilações resultantes do movimento ondulatório. Substituindo a Eq. (18.42) na Eq. (18.41), podemos escrever

$$\left(\frac{\partial W}{\partial t}\right)_{\text{med}} = vA\text{E}. \tag{18.43}$$

Como v é a velocidade de propagação, temos que $v\text{E}$ é o fluxo de energia através da unidade de área por unidade de tempo. Multiplicando esta quantidade pela área A, temos o fluxo de energia por unidade de tempo através de uma seção reta do bastão. Por isso, concluímos que podemos interpretar a Eq. (18.43) como indicando um fluxo médio de energia ao longo do bastão, em consequência do movimento ondulatório.

O fluxo médio de energia por unidade de área e unidade de tempo, expresso em W · m^{-2}, é

$$I = \frac{1}{A}\frac{\partial W}{\partial t} = v\mathrm{E}. \tag{18.44}$$

Essa quantidade é chamada a *intensidade* da onda. Você pode verificar que resultados análogos vigoram para ondas de pressão em um gás e para ondas transversais em um fio.

Concluindo, podemos dizer novamente que, em todos os movimentos ondulatórios, a energia e a quantidade de movimento são transferidas de um lugar para outro com a onda.

■ **Exemplo 18.11** Expressar a intensidade das ondas, em uma coluna de gás (discutidas na Seç. 18.6), em termos da amplitude da onda de pressão.

Solução: Pelo Ex. 18.7, temos que as amplitudes das ondas de pressão e de deslocamento são relacionadas por $\mathfrak{P}_0 = 2\pi v \rho_0 \nu \xi_0$. Portanto a densidade de energia da onda é

$$E = \tfrac{1}{2}\rho_0 \omega^2 \xi_0^2 = 2\pi^2 \rho_0 \nu^2 \xi_0^2 = \mathfrak{P}_0^2 / 2v^2 \rho_0.$$

e a intensidade da onda, de acordo com a Eq. (18.44), é

$$I = \frac{\mathfrak{P}_0^2}{2v\rho_0}.$$

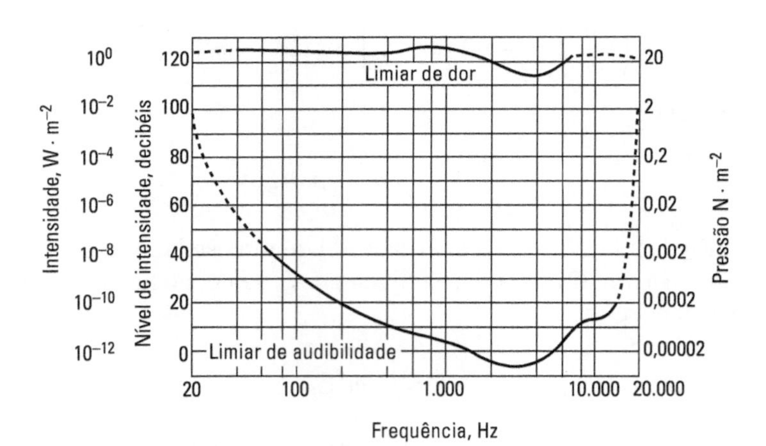

Figura 18.23 Sensibilidade média do ouvido humano.

A sensibilidade do ouvido humano é tal que, para cada frequência, existe uma intensidade mínima, ou *limiar de audibilidade*, abaixo do qual o som não é audível, e uma intensidade máxima, ou *limiar de dor*, acima do qual o som produz desconforto ou dor. Esse fato está ilustrado para cada frequência pelas duas curvas da Fig. 18.23, que indicam também as amplitudes de intensidade e de pressão. Observe que a intensidade é também expressa por meio de outra unidade chamada *decibel*. O *nível de intensidade* do som (ou de qualquer movimento ondulatório), foi indicado por B, e expresso em decibéis, abreviado db, em concordância com a definição

$$B = 10 \log \frac{I}{I_0},$$

onde I_0 é uma referência de intensidade. Para o caso do som no ar, a referência de nível foi escolhida arbitrariamente como 10^{-12} W · m^{-2}. Por exemplo, para a amplitude de pressão, dada no Ex. 18.7, para o som mais fraco que pode ser ouvido em 400 Hz, corresponde uma intensidade de $7{,}2 \times 10^{-12}$ W · m^{-2} e um nível de intensidade de 8,57 db.

18.10 Ondas em duas e três dimensões

Embora $\xi = f(x - vt)$ represente um movimento ondulatório que se propaga ao longo do eixo X, não temos, necessariamente, de interpretá-lo como significando uma onda concentrada sobre o eixo X. Se a perturbação física, descrita por ξ, for estendida sobre todo o espaço, temos que, em um dado instante t, a função $\xi = f(x - vt)$ adquire o mesmo valor em todos os pontos que têm o mesmo x. Mas x = const. representa um plano perpendicular ao eixo X (Fig. 18.24). Portanto $\xi = f(x - vt)$ descreve, em três dimensões, uma *onda plana* que se propaga paralelamente ao eixo X. Se ξ é um deslocamento (ou um campo vetorial), temos uma onda longitudinal quando ξ é paralelo à direção de propagação ou do eixo X, conforme indica a seta L, e temos uma onda transversal quando ξ é perpendicular à direção de propagação (isto, paralelo ao plano YZ). Nesse último caso, ξ pode também ser expresso como a superposição de dois deslocamentos ao longo de direções perpendiculares entre si, como indicam as setas T e T'.

Devemos observar que o importante em uma onda plana é a direção de propagação, indicada por um vetor unitário $\boldsymbol{u}$ perpendicular ao plano da onda, e que a orientação dos eixos coordenados é mais ou menos arbitrária. Portanto convém expressarmos a onda plana $\xi = f(x - vt)$ em uma forma que é independente da orientação dos eixos. No caso da Fig. 18.24, o vetor unitário $\boldsymbol{u}$ é paralelo ao eixo X.

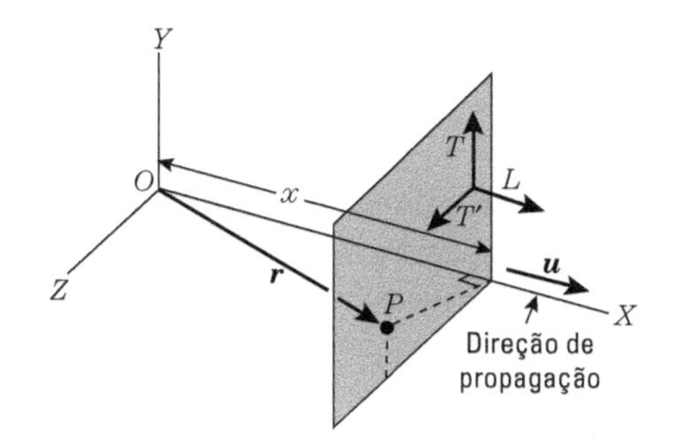

Figura 18.24 Onda plana propagando-se ao longo do eixo dos X.

Se $\boldsymbol{r}$ é o vetor posição de *qualquer* ponto P da frente de onda, temos que $x = \boldsymbol{u} \cdot \boldsymbol{r}$ e, portanto, podemos escrever

$$\xi = f(\boldsymbol{u} \cdot \boldsymbol{r} - vt). \tag{18.45}$$

Se $\boldsymbol{u}$ está apontando em uma direção arbitrária (Fig. 18.25), a quantidade $\boldsymbol{u} \cdot \boldsymbol{r}$ será ainda uma distância medida a partir de uma origem O acompanhando a direção de propagação. Portanto a Eq. (18.45) representa uma onda plana propagando-se na direção $\boldsymbol{u}$. No caso de uma onda plana harmônica ou senoidal propagando-se na direção $\boldsymbol{u}$, escrevemos

$$\xi = \xi_0 \operatorname{sen} k(\boldsymbol{u} \cdot \boldsymbol{r} - vt).$$

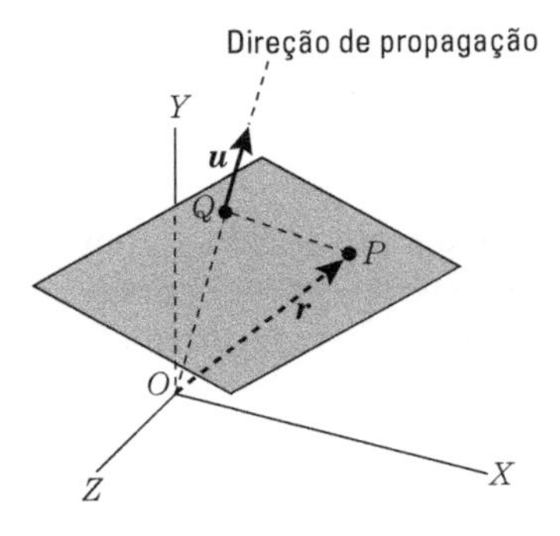

Figura 18.25 Onda plana propagando-se em uma direção arbitrária.

Convém definirmos um vetor $\boldsymbol{k} = k\boldsymbol{u}$ com um comprimento $k = 2\pi/\lambda = \omega/v$, apontando na direção de propagação. Comumente esse vetor é chamado *vetor propagação*. Portanto, como $\omega = kv$, uma onda plana harmônica é expressa como

$$\xi = \xi_0 \text{ sen } (\boldsymbol{k} \cdot \boldsymbol{r} - \omega t) = \xi_0 \text{ sen } (k_x x + k_y y + k_z z - \omega t), \tag{18.46}$$

onde k_x, k_y, e k_z são as componentes de k satisfazendo

$$k_x^2 + k_y^2 + k_z^2 = k^2 = \omega^2/v^2. \tag{18.47}$$

Quando a propagação ocorrer em um espaço tridimensional, a equação de onda (18.11) deverá ser adequadamente modificada. Assim ela vem a ser

$$\frac{\partial^2 \xi}{\partial t^2} = v^2 \left(\frac{\partial^2 \xi}{\partial x^2} + \frac{\partial^2 \xi}{\partial y^2} + \frac{\partial^2 \xi}{\partial z^2} \right), \tag{18.48}$$

um resultado que era esperado, pela simetria das condições. Por substituição direta, podemos verificar que a expressão (18.46), para uma onda plana harmônica, satisfaz a equação de onda geral (18.48). Essa verificação ficará a seu cargo. [*Sugestão*: usar a Eq. (18.47).]

Embora as ondas planas (18.45) e (18.46) contenham as três coordenadas x, y, z, elas são, na realidade, problemas unidimensionais, porque a propagação está ao longo de certa direção e a situação física é a mesma em todos os pontos de um plano perpendicular à direção de propagação (Fig. 18.26a). Porém, existem naturalmente outros tipos de ondas que se propagam em várias direções. Os dois casos mais interessantes são as ondas *cilíndricas* e *esféricas*. Podemos provar que essas ondas mais gerais são também soluções da equação de onda tridimensional (18.48). No caso de ondas cilíndricas, as frentes de onda são superfícies paralelas a uma dada linha, digamos o eixo Z, e, portanto, perpendiculares ao plano XY (Fig. 18.26b). A perturbação se propaga em todas as direções perpendiculares ao eixo Z. Se tivermos, por exemplo, uma série de fontes, distribuídas uniformemente ao longo do eixo Z, todas oscilando em fase, produzir-se-á esse tipo de onda.

Se uma perturbação, que surge em um determinado ponto, se propaga com a mesma velocidade em todas as direções, isto é, o meio é *isotrópico* (*isos*: o mesmo; *tropos*: direção), originam-se ondas esféricas. As frentes de onda são esferas concêntricas com o ponto no qual a perturbação se originou (Fig. 18.26c). Tais ondas são produzidas, por exemplo, quando há uma variação repentina de pressão em um ponto de um gás.

Algumas vezes, a velocidade de propagação não é a mesma em todas as direções e, nesse caso, o meio é chamado *anisotrópico*. Por exemplo, um gás com um gradiente de temperatura, um sólido sob certas tensões, ou um cristal grande podem ter propriedades elásticas diferentes em diferentes direções, ocasionando uma velocidade diferente de propagação para cada direção. Nesses meios, as ondas não são esféricas.

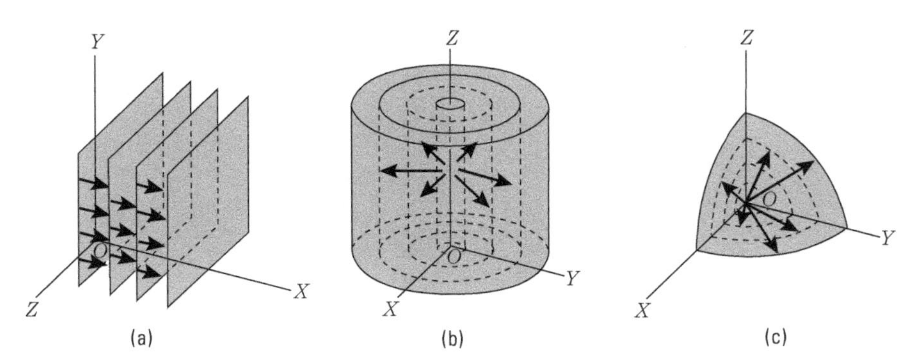

Figura 18.26 Ondas (a) planas, (b) cilíndricas, e (c) esféricas.

Mesmo que uma onda seja esférica, ela pode não ter a mesma amplitude ou intensidade em todas as direções porque a origem da perturbação pode produzir efeitos diferentes em direções diferentes. Por exemplo, um homem que sopra uma corneta produz uma onda de pressão na extremidade aberta da mesma. Entretanto, em virtude da forma da extremidade do tubo, um ouvinte não escuta o som com a mesma intensidade em todas as direções, embora ele se propague com a mesma velocidade em todas elas (Fig. 18.27).

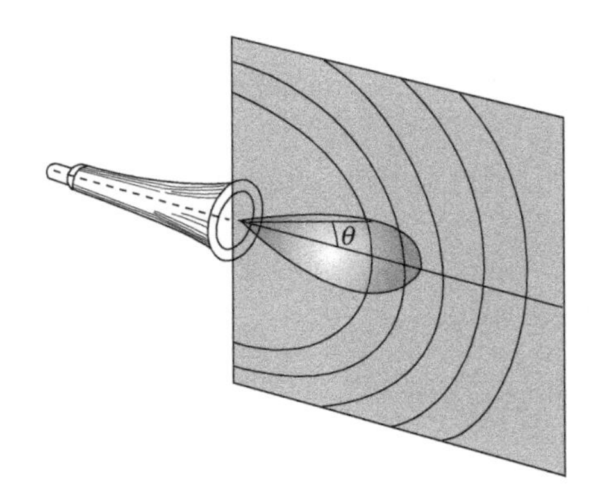

Figura 18.27 Distribuição angular da intensidade do som produzido por uma corneta.

Algumas vezes, uma onda se propaga sobre uma superfície como se fosse uma membrana ou a superfície livre de um líquido. Se produzirmos uma perturbação, em certo ponto da superfície, esta se propaga, na superfície, em todas as direções com a mesma velocidade, originando uma série de ondas *circulares* (Fig. 18.28). Essa onda é bidimensional e necessita apenas de duas coordenadas espaciais para descrevê-la. A equação para essa onda não é a Eq. (18.48), mas

$$\frac{\partial^2 \xi}{\partial t^2} = v^2 \left(\frac{\partial^2 \xi}{\partial x^2} + \frac{\partial^2 \xi}{\partial y^2} \right), \tag{18.49}$$

pois não necessitamos da coordenada z para descrever o processo.

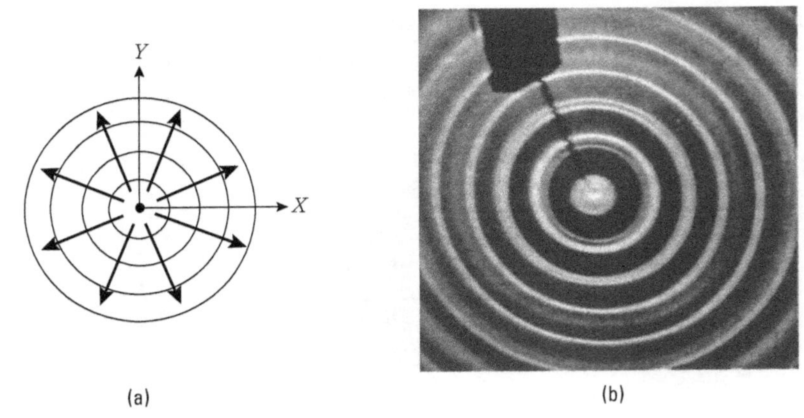

Figura 18.28 Ondas circulares na superfície de um líquido.

■ Exemplo 18.12 Discutir as ondas elásticas sobre a superfície de uma membrana esticada.
Solução: Consideremos uma membrana fina, esticada, que, para simplificar, admitimos como sendo de forma retangular, embora essa limitação não seja necessária (Fig. 18.29). A membrana está montada sobre um sistema que exerce uma força $\mathfrak{T}$ *por unidade de comprimento*, expressa em $N \cdot m^{-1}$. Se a membrana for deformada em certo ponto e sofrer um deslocamento na direção perpendicular, essa deformação se propagará ao longo da membrana, originando uma onda superficial bidimensional.

Para obtermos a equação desse movimento ondulatório, consideremos uma pequena seção retangular da membrana com lados dx e dy (Fig. 18.30). Em um determinado instante, ela sofre um deslocamento para cima ξ. Em virtude da superfície curva, o deslocamento ξ é uma função das coordenadas x e y, e as forças sobre os lados da seção não são diretamente opostas. Para obtermos a força vertical resultante sobre a seção, usamos o mesmo raciocínio que empregamos na Seç. 18.7, quando discutimos as ondas transversais em um fio. Por esse motivo, dizemos que os lados paralelos ao eixo Y estão sujeitos a forças $\mathfrak{T}\, dy$, e que a força vertical resultante é

$$(\mathfrak{T}\, dy)\frac{\partial^2 \xi}{\partial x^2}dx = \mathfrak{T}\frac{\partial^2 \xi}{\partial x^2}dx\, dy.$$

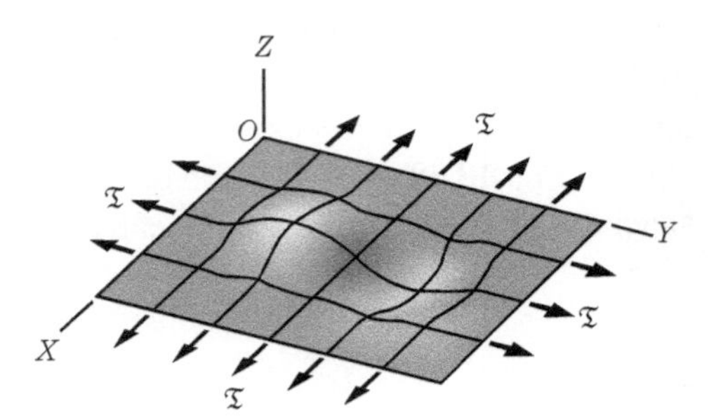

Figura 18.29 Onda superficial em uma membrana esticada.

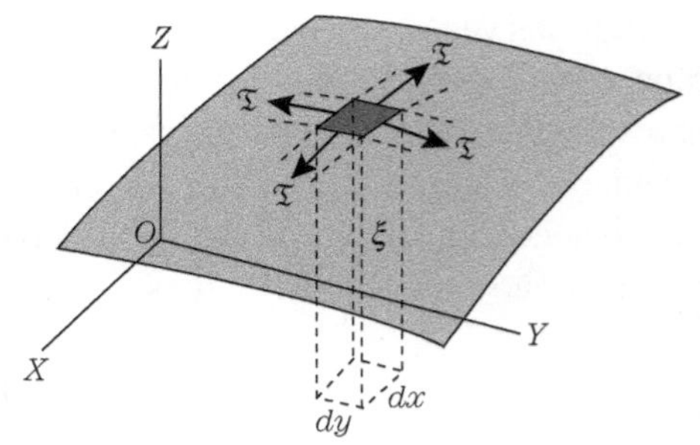

Figura 18.30 Forças num elemento de superfície de uma membrana esticada.

De modo análogo, os lados paralelos ao eixo X estão sujeitos a forças $\mathfrak{T}\, dx$, cuja resultante vertical é

$$(\mathfrak{T}\, dx)\frac{\partial^2 \xi}{\partial y^2}dy = \mathfrak{T}\frac{\partial^2 \xi}{\partial y^2}dx\, dy.$$

Portanto a força vertical total é a soma das duas, ou

$$F_z = \mathfrak{T}\left(\frac{\partial^2 \xi}{\partial x^2} + \frac{\partial^2 \xi}{\partial y^2}\right)dx\, dy.$$

Se σ é a massa por unidade de *área* da membrana (ou *densidade superficial*, expressa em kg · m^{-2}), a massa da seção é $\sigma\, dx\, dy$ e, como sua aceleração vertical é $\partial^2\xi/\partial t^2$, podemos escrever a equação de movimento dessa seção da membrana como

$$(\sigma\, dx\, dy)\frac{\partial^2 \xi}{\partial t^2} = \mathfrak{T}\left(\frac{\partial^2 \xi}{\partial x^2} + \frac{\partial^2 \xi}{\partial y^2}\right)dx\, dy$$

ou

$$\frac{\partial^2 \xi}{\partial t^2} = \frac{\mathfrak{T}}{\sigma}\left(\frac{\partial^2 \xi}{\partial x^2} + \frac{\partial^2 \xi}{\partial y^2}\right).$$

Como esta equação é análoga à Eq. (18.49), podemos concluir que a perturbação se propaga pela membrana como uma onda com uma velocidade $v = \sqrt{\mathfrak{T}/\sigma}$. Você pode verificar que a expressão para v está dimensionalmente correta.

18.11 Ondas esféricas em um fluido

Consideremos, como um exemplo de ondas esféricas, uma onda de pressão em um fluido isotrópico homogêneo. Como r faz agora o papel de x em uma onda plana, à primeira vista somos tentados a dizer que, se r é a distância da origem e p_0 a pressão normal, a onda de pressão pode ser escrita na forma $p - p_0 = f(r - vt)$. Entretanto devemos penetrar nesse assunto mais cuidadosamente, pois tal procedimento não é correto.

Observamos que, enquanto uma onda esférica se propaga, a área da superfície da onda se torna cada vez maior (aumentando como r^2). Considere, por exemplo, uma onda que se propaga dentro do ângulo sólido Ω (Fig. 18.31). A superfície da onda, a uma distância r da origem, tem uma área A; as superfícies das ondas em $2r$, $3r$,... nr, têm áreas $4A$, $9A$,... n^2A. Isso sugere que a amplitude da onda de pressão deve decair conforme aumenta a distância da origem, uma vez que ela atua sobre uma área maior. Esse resultado foi confirmado experimentalmente e previsto por uma análise teórica mais detalhada, que será omitida. Se, por exemplo, o fluido é isotrópico e a onda tem a mesma amplitude em todas as direções, podemos provar que a onda de pressão é dada pela expressão

$$p = p_0 = \frac{1}{r}f(r - vt). \qquad (18.50)$$

Temos agora um fator geométrico $1/r$, que não estava presente em uma onda plana, e que descreve um decréscimo na pressão com a distância à origem. Quando a amplitude (ou a intensidade) é diferente em cada direção, podemos obter uma expressão mais complicada. A Eq. (18.50) representa uma onda esférica *que sai*. Podemos ter, também, uma onda esférica *que entra*, e que pode ser expressa por

$$p - p_0 = \frac{1}{r} f\left(r + vt\right).$$

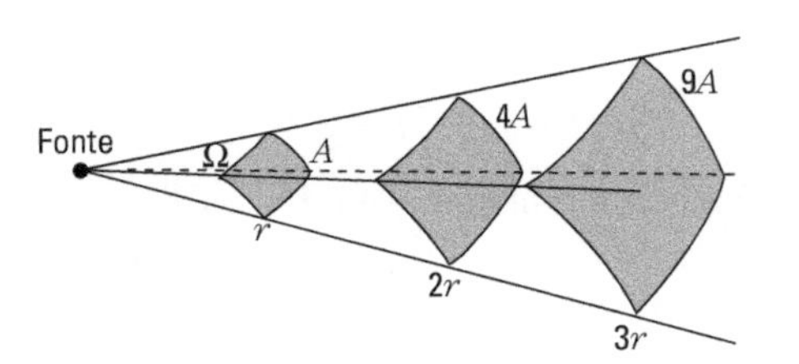

Figura 18.31

A velocidade de propagação é dada pela mesma expressão obtida para as ondas planas, Eq. (18.27), isto é,

$$v = \sqrt{k / \rho_0}. \tag{18.51}$$

A onda de pressão harmônica esférica é um caso particularmente interessante; é expresso por

$$p = p_0 + \frac{\mathfrak{P}_0}{r} \operatorname{sen}\left(kr - \omega t\right). \tag{18.52}$$

A amplitude da onda de pressão é $\mathfrak{P}_0/r$, e diminui com a distância à origem. O deslocamento correspondente a essa onda de pressão é dado por uma expressão mais complicada. Porém, para grandes distâncias da origem, esse deslocamento pode ser expresso com uma aproximação muito boa por

$$\xi = \frac{\xi_0}{r} \cos\left(kr - \omega t\right), \tag{18.53}$$

onde $\xi_0 = \mathfrak{P}_0/v\rho_0\omega$ é uma relação idêntica àquela para as ondas planas (Ex. 18.7). Observe que a amplitude da onda de deslocamento também decresce com a distância à origem como $1/r$.

Discutiremos agora a intensidade da onda esférica. Usamos a Eq. (18.53); observe que a amplitude é agora ξ_0/r, em vez de ξ_0. De acordo com a Eq. (18.42), a energia por unidade de volume, para grandes distâncias, é dada por

$$\mathrm{E} = \frac{1}{2} \frac{\rho_0 \omega^2 \xi_0^2}{r^2} = \frac{\mathfrak{P}_0}{2v^2 \rho_0 r^2},$$

e decresce como $1/r^2$. Se usarmos a Eq. (18.43) com $A = 4\pi r^2$, a energia que flui por unidade de tempo, através de uma superfície esférica de raio r, é

$$\left(\frac{\partial W}{\partial t}\right)_{\text{med}} = v\left(4\pi r^2\right)\left(\frac{1}{2} \frac{\rho_0 \omega^2 \xi_0^2}{r^2}\right) = 2\pi v \rho_0 \omega^2 \xi_0^2 \; \frac{2\pi \mathfrak{P}_0^2}{\rho_0 v}. \tag{18.54}$$

Observe que o fator r^2 foi cancelado na expressão acima, tornando-se um valor independente do raio. Esse é o resultado esperado, pois a conservação de energia exige que, em média, a mesma quantidade de energia flua por unidade de tempo através de uma superfície esférica, independentemente de seu raio. Esse fato explica o aparecimento do fator $1/r$ nas Eqs. (18.52) e (18.53).

De acordo com a Eq. (18.44), a intensidade da onda esférica, ou a energia média, que atravessa a unidade de área por unidade de tempo é

$$I = v\mathrm{E} = \frac{\mathfrak{P}_0}{2v\rho_0 r^2} = \frac{I_0}{r^2}, \tag{18.55}$$

onde

$$I_0 = \mathfrak{P}_0^2/2\rho v, \tag{18.56}$$

é um resultado idêntico ao do Ex. 18.11. Concluímos então que,

> *em uma onda esférica, a intensidade decresce como o inverso do quadrado da distância à fonte,*

cujo resultado é de grande aplicação em acústica e em óptica. Esse resultado é novamente coerente com a conservação de energia porque, se a energia que flui através de cada superfície esférica tem de ser a mesma, e se a área da esfera varia como r^2, a energia que flui através da unidade de área em unidade de tempo deve variar como $1/r^2$.

As ondas esféricas que acabamos de discutir aplicam-se apenas ao caso de um fluido perfeito que não pode sustentar uma tensão de cisalhamento. Entretanto dois tipos de ondas são possíveis em um sólido elástico: *ondas irrotacionais* e *ondas solenoidais*. Para ondas planas, elas correspondem essencialmente às ondas longitudinais e transversais que foram discutidas nas Seções 18.5 e 18.7. Suas respectivas velocidades de propagação são

$$v_l = \sqrt{\frac{k + \frac{4}{3}G}{\rho}}, \qquad v_t = \sqrt{\frac{G}{\rho}}.$$

Observe que, se $G = 0$, temos apenas ondas longitudinais com uma velocidade igual ao resultado (18.51). Por outro lado, nenhum meio estável pode ter $v_l = 0$ e sustentar apenas ondas transversais, pois isso exigiria $\kappa = -\frac{4}{3}G$ = número negativo. Tal valor de κ implicaria que um aumento na pressão redundasse em um aumento no volume, e esse comportamento contraria tanto a experiência como a intuição.

18.12 Velocidade de grupo

A velocidade $v = \omega/k$, como foi dada pela Eq. (18.6), para uma onda harmônica de frequência angular ω e comprimento de onda $\lambda = 2\pi/k$, *é* denominada velocidade de *fase*. Entretanto essa não é necessariamente a velocidade que observamos quando analisamos um movimento ondulatório. Se tivermos uma onda contínua (ou, como se costuma dizer algumas vezes, um trem de ondas de comprimento infinito), esta poderá ter um único comprimento de onda e uma única frequência. Porém, uma onda dessa natureza não é adequada para transmitir um sinal porque isto implica alguma coisa que começa em um instante determinado e termina em outro instante determinado posterior, isto é, a onda deve ter uma forma semelhante àquela indicada na Fig. 18.32. Uma onda com tal forma é chamada de *pulso*. Portanto, se medirmos a velocidade de transmissão de um sinal, estaremos medindo essencialmente a velocidade com que esse pulso caminha.

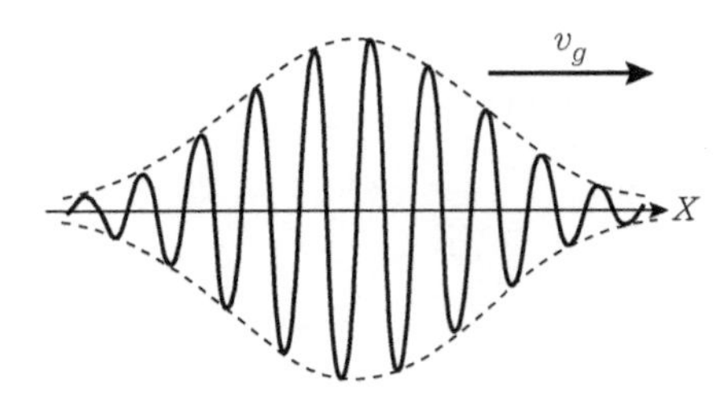

Figura 18.32 Pulso de ondas

Podemos pensar, inicialmente, que essa velocidade é exatamente a velocidade de fase $v = \omega/k$, por termos afirmado, em todas as seções anteriores, que essa era a velocidade de propagação das ondas. Entretanto um fator importante introduz-se aqui. A onda, ou pulso, descrita na Fig. 18.32, *não* é harmônica porque a sua amplitude não é constante ao longo do eixo dos X. Por essa razão, devemos fazer uma análise de Fourier da onda. Quando a fizermos, descobriremos que, de fato, ela contém diversas frequências e comprimentos de onda. Evidentemente, se a velocidade de propagação é independente da frequência (isto é, se não existe dispersão), todas as componentes de Fourier da onda caminham com a mesma velocidade e estaremos certos ao afirmar que a velocidade do pulso é a mesma que a velocidade da fase. Entretanto, em um meio dispersivo, cada componente de Fourier tem a sua própria velocidade de propagação e, por isso, devemos examinar a situação mais cuidadosamente.

Para simplificar, vamos considerar um caso em que o movimento ondulatório pode ser separado em duas frequências, ω e ω', que são quase iguais, de modo que $\omega' - \omega$ seja muito pequeno. Admitiremos também que suas amplitudes sejam as mesmas. Usando a Eq. (M.7), temos

$$\begin{aligned}\xi &= \xi_0 \operatorname{sen}(kx - \omega t) + \xi_0 \operatorname{sen}(k'x - \omega' t)\\ &= \xi_0 \left[\operatorname{sen}(kx - \omega t) + \operatorname{sen}(k'x - \omega' t)\right]\\ &= 2\xi_0 \cos\tfrac{1}{2}\left[(k' - k)x - (\omega' - \omega)t\right] \operatorname{sen}\tfrac{1}{2}\left[(k' + k)x - (\omega' + \omega)t\right]\end{aligned}$$

Como ω e ω' tanto quanto k e k' são quase iguais, podemos substituir $\frac{1}{2}(\omega' + \omega)$ por ω e $\frac{1}{2}(k' + k)$ por k, de modo que

$$\xi = 2\xi_0 \cos\tfrac{1}{2}\left[(k' - k)x - (\omega' - \omega)t\right] \operatorname{sen}(kx - \omega t). \qquad (18.57)$$

A Eq. (18.57) representa um movimento ondulatório cuja amplitude é modulada. A modulação é dada pelo fator

$$2\xi_0 \cos\tfrac{1}{2}\left[(k' - k)x - (\omega' - \omega)t\right].$$

Isso foi indicado na Fig. 18.33. A amplitude de modulação corresponde por si mesma a um movimento ondulatório propagado com uma velocidade

$$v_g = \frac{\omega' - \omega}{k' - k} = \frac{d\omega}{dk}, \quad (18.58)$$

que é chamada *velocidade de grupo*. Essa é a velocidade com que se propaga a onda de amplitude representada pela linha pontilhada na Fig. 18.33. Se recordarmos que $\omega = kv$, a Eq. (18.58) se torna

$$v_g = v + k\frac{dv}{dk}. \quad (18.59)$$

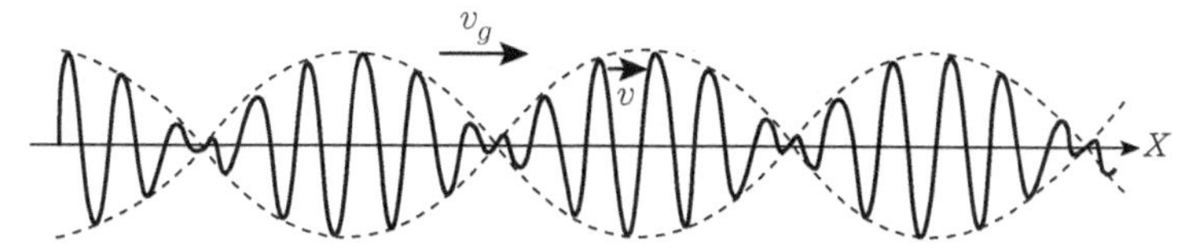

Figura 18.33 Velocidade de grupo e de fase.

Se a velocidade de fase for independente do comprimento de onda, $dv/dk = 0$ e $v_g = v$. Portanto, conforme inferimos anteriormente, em meios não dispersivos, não existe diferença entre a velocidade de fase e a velocidade de grupo. Entretanto, em um meio dispersivo, a velocidade de grupo pode ser maior ou menor do que a velocidade de fase. Podemos concluir então, que o máximo do pulso, na Fig. 18.32, se propaga com a velocidade de grupo v_g. Portanto, em um meio dispersivo, a velocidade de sinal é a velocidade de grupo. Embora tenhamos deduzido a Eq. (18.59) apenas para o caso de duas frequências, ela também permanece válida para o caso de um pulso contendo frequências no intervalo de $\omega - \Delta\omega$ a $\omega +$ $+ \Delta\omega$. Entretanto informamos que esse assunto é realmente mais complexo do que a nossa apresentação aparenta, mas sua discussão completa está além do objetivo deste livro.

Consideremos, como ilustração, o caso das ondas superficiais em um líquido na aproximação de ondas longas. Nesse caso, a velocidade de fase é dada pela Eq. (18.36) e, então, $k = 2\pi/\lambda$, $v = \sqrt{g\lambda/2\pi} = \sqrt{g/k}$. Por isso,

$$\frac{dv}{dk} = -\frac{1}{2k}\sqrt{\frac{g}{k}} = -\frac{v}{2k},$$

e a Eq. (18.59) dá $v_g = \frac{1}{2}v$, de modo que a velocidade de grupo é exatamente a metade da velocidade de fase. Isso significa que, se produzirmos uma perturbação de ondas longas na água, a perturbação inicial será distorcida de tal forma que as componentes de comprimento de onda maiores "escapam" da perturbação, movendo-se mais depressa do que a velocidade de grupo, que é a velocidade do pico da perturbação.

18.13 O efeito Doppler

Quando a fonte de uma onda e o observador estiverem em movimento relativo, em relação ao meio material em que as ondas se propagam, a frequência das ondas observadas será diferente da frequência da fonte. Esse fenômeno é chamado o *efeito Doppler*, em homenagem ao físico austríaco, nascido na Alemanha, C. J. Doppler (1803-1853), que foi o primeiro a observar esse efeito nas ondas sonoras.

Suponha que temos uma fonte de ondas, tal como um corpo em vibração, movendo-se para a direita (Fig. 18-34) com uma velocidade v_s, através de um meio estacionário como o ar ou a água. Observando-o em diversas posições 1, 2, 3, 4,..., notamos que, depois de um tempo t, calculado a partir do tempo em que a fonte estava na posição 1, as ondas emitidas nas diversas posições ocupam as esferas 1, 2, 3, 4,... que não são concêntricas. As ondas são mais estreitamente espaçadas para o lado em que o corpo está se movendo e mais amplamente espaçadas no lado oposto. Para um observador em repouso em qualquer dos lados, esse fato corresponde, respectivamente, a um comprimento de onda efetivo mais curto e um mais longo, ou a uma frequência efetiva maior e uma menor. Mas, se o observador estiver em movimento com uma velocidade v_O, as ondas o alcançarão em uma relação diferente. Se, por exemplo, ele estiver se aproximando da fonte pela direita, ele observará um comprimento de onda mais curto ou uma frequência mais alta, porque estará se movendo em direção às ondas. O oposto acontecerá se ele estiver se afastando da fonte, isto é, movendo-se no mesmo sentido que as ondas.

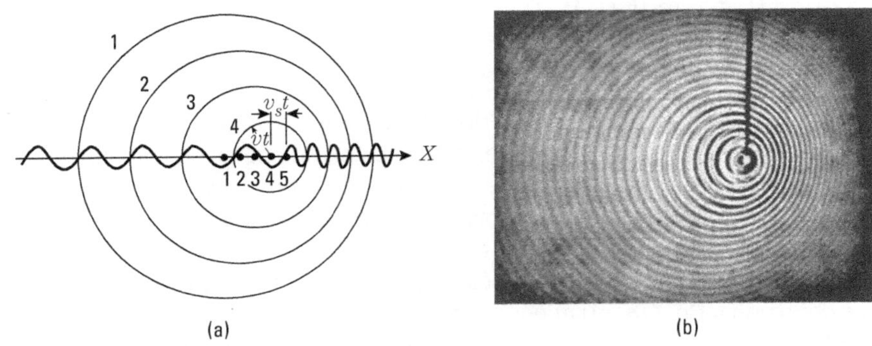

Figura 18.34 Efeito Doppler produzido por uma fonte em movimento. A fotografia ilustra o efeito Doppler na superfície de um líquido.

Para obtermos a relação entre a frequência ν das ondas produzida pela fonte e a frequência ν' registrada pelo observador, usamos o seguinte raciocínio. Para simplificar, admitiremos que a fonte e o observador estão se movendo na mesma linha. Suponha que no instante $t = 0$, quando a distância AB (Fig. 18.35) entre a fonte e o observador é l, a fonte emite uma onda que alcança o observador em um instante posterior t. Nesse intervalo de tempo, o observador percorreu a distância $v_O t$ e a distância total percorrida pela onda no instante t foi $l + v_O t$. Se v é a velocidade de propagação da onda, essa distância também é vt. Portanto

$$vt = l + v_O t \qquad \text{ou} \qquad t = \frac{l}{v - v_O}.$$

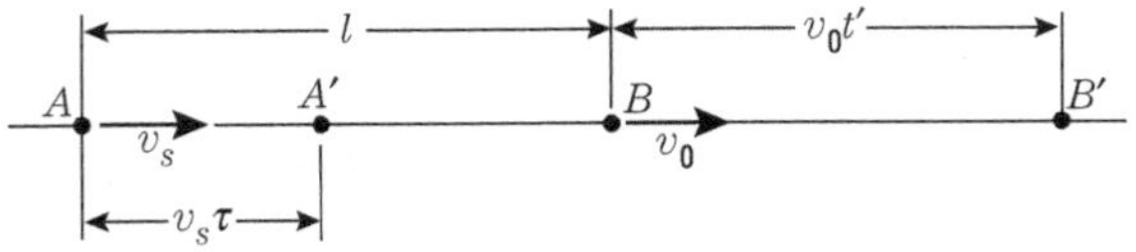

Figura 18.35

No instante $t = \tau$ a fonte está em A', e a onda emitida nesse instante alcançará o observador em um instante t', medido a partir da mesma origem dos tempos de antes. A distância total percorrida pela onda, a partir do instante em que ela foi emitida em A' até ser recebida pelo observador, é $(l - v_s\tau) + v_o t'$. O tempo real de percurso da onda foi $t' - \tau$ e a distância percorrida foi $v(t' - \tau)$. Portanto

$$v(t'-\tau)=l-v_s\tau+v_O t' \quad \text{ou} \quad t'=\frac{l+(v-v_s)\tau}{v-v_O}.$$

O intervalo de tempo, calculado pelo observador, entre as duas ondas emitidas pela fonte em A e A' é

$$\tau'=t'-t=\frac{v-v_s}{v-v_O}\tau.$$

Ora, se ν é a frequência da fonte, o número de ondas emitidas por ela no tempo τ é $\nu\tau$. Como as ondas são recebidas pelo observador no intervalo τ', a frequência que ele observa é $\nu'=\nu\tau/\tau'$, ou

$$\nu'=\nu\frac{v-v_O}{v-v_s}. \tag{18.60}$$

Essa equação dá a relação entre a frequência ν da fonte e a frequência ν' percebida pelo observador, quando ambos estão se movendo ao longo da direção de propagação.

Quando v_O e v_s são muito pequenos, comparados com v, a expressão (18.60) pode ser simplificada. Em primeiro lugar, vamos escrevê-la como

$$\nu'=\frac{1-v_O/v}{1-v_s/v}\nu=\left(1-\frac{v_O}{v}\right)\left(1-\frac{v_s}{v}\right)^{-1}\nu.$$

Mas, lembrando a expansão do binômio, Eq. (M.28), podemos escrever $(1-v_s/v)^{-1}\approx 1+$ $+\,v_s/v$, e

$$\nu'=\left(1-\frac{v_O}{v}\right)\left(1+\frac{v_s}{v}\right)\nu=\left(1-\frac{v_O}{v}+\frac{v_s}{v}-\frac{v_Ov_s}{v^2}\right)\nu.$$

Quando multiplicarmos os dois parênteses, devemos ser coerentes com nossa aproximação e conservar apenas os termos de primeira ordem. Em seguida, desprezando o termo v_Ov_s/v^2, temos que a frequência medida pelo observador é

$$\nu'=\left(1-\frac{v_O-v_s}{v}\right)\nu=\left(1-\frac{v_{Os}}{v}\right)\nu, \tag{18.61}$$

onde $v_{Os}=v_O-v_s$ é a velocidade do observador em relação à fonte. Lembrando que $\omega=2\pi\nu$, podemos também escrever a frequência angular registrada pelo observador como

$$\omega'=\left(1-\frac{v_{Os}}{v}\right)\omega. \tag{18.62}$$

Se v_{Os} for positivo, o observador estará se afastando da fonte e a frequência que ele observa será menor. Mas, se v_{Os} for negativo, o observador estará se aproximando da fonte e a frequência observada será maior.

Quando v_{Os} não está na direção de propagação, mas forma um ângulo com esta, devemos substituir a Eq. (18.62) por

$$\omega'=\left(1-\frac{v_{Os}\cos\theta}{v}\right)\omega, \tag{18.63}$$

como você pode verificar facilmente. Observe que $v_{Os}\cos\theta$ é a componente da velocidade do observador em relação à fonte ao longo da direção de propagação.

Quando o observador está em repouso e a fonte se movimenta com uma velocidade maior do que v, ocorre uma situação especial. Em um dado tempo, a fonte avança mais do que a frente de onda; por exemplo, se em um intervalo t, a fonte se move de A para B (Fig. 18.36), a onda emitida em A apenas caminha de A para A'. A superfície tangente a todas as ondas sucessivas é um cone cujo eixo é a linha de movimento da fonte e cuja abertura α é dada por

$$\text{sen}\,\alpha = v/v_s. \tag{18.64}$$

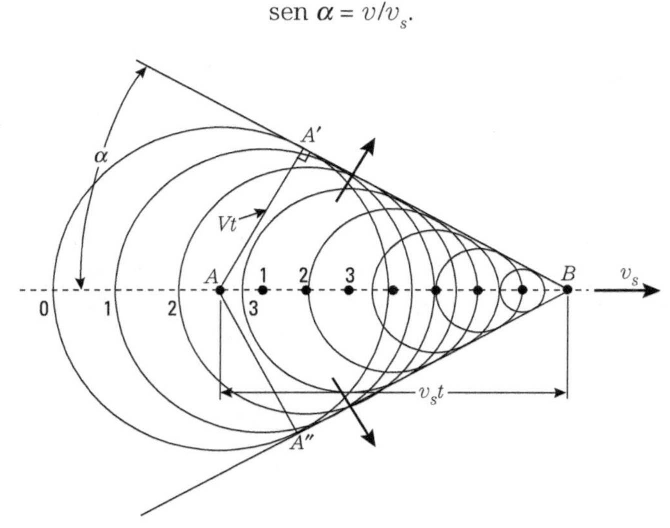

Figura 18.36 Onda de choque ou onda de Mach.

O movimento ondulatório resultante é, portanto, uma onda *cônica* que se propaga como indicam as setas na Fig. 18.36. Algumas vezes, essa onda é chamada de *onda de Mach*, ou *onda de choque*, e constitui o som repentino e violento que ouvimos quando um avião supersônico passa por perto. Essas ondas são também observadas nos sulcos dos barcos que se movem mais depressa do que a velocidade das ondas superficiais sobre a água (Fig. 18.37).

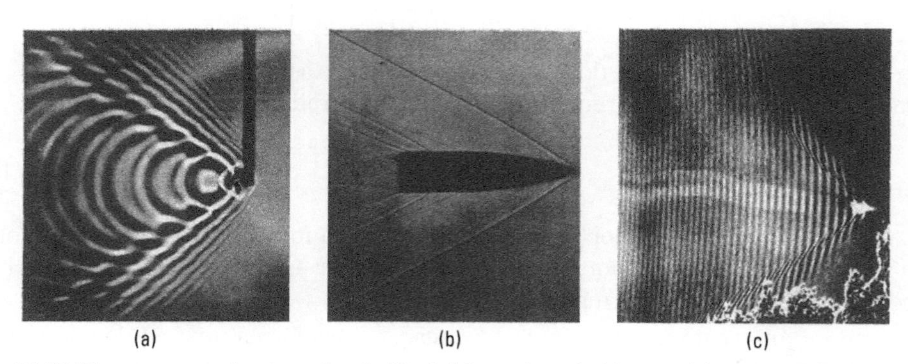

Figura 18.37 Diversos exemplos de ondas de Mach (choque) produzidas por (a) uma palheta em vibração, movendo-se em contato com a superfície do líquido, (b) uma bala no ar e (c) um barco em velocidade.

18.14 Som; acústica

Excetuando-se as ondas sobre a superfície de um líquido, todas as outras que discutimos neste capítulo pertencem à categoria das *ondas elásticas*, nas quais a perturbação –

seja ela uma força, uma pressão, ou um deslocamento de massa envolvendo muitos átomos – se propaga com uma velocidade que depende das propriedades elásticas do meio.

Essas ondas elásticas também são chamadas de *som*. Na linguagem comum, o conceito de som está relacionado à sensação de *audição*. Sempre que uma onda elástica, propagando-se através de um gás, um líquido, ou um sólido, atinge nosso ouvido, ela produz vibrações na membrana do ouvido. Essas vibrações provocam uma resposta dos nervos, constituindo o processo conhecido como audição. Porém nosso sistema nervoso produz uma sensação de audição apenas para frequências entre 16 Hz e aproximadamente 20.000 Hz. (A escala de frequência é diferente para outros animais.) Fora desses limites, os sons não são audíveis, mas as ondas elásticas continuam sendo chamadas de som. A física das ondas elásticas com frequências acima de 20.000 Hz é chamada *ultrassônica*.

A ciência que se ocupa com os métodos de geração, recepção, e propagação do som chama-se *acústica*. Na verdade, ela abrange muitos campos e está estreitamente relacionada a vários ramos da engenharia. Entre os campos da acústica estão os projetos dos instrumentos acústicos, que incluem a *eletroacústica*, que trata dos métodos elétricos da produção e gravação do som (microfones, alto-falantes, amplificadores etc.). A *acústica arquitetônica* trata do projeto e construção de salas, prédios e do comportamento das ondas sonoras em espaços fechados. A *acústica musical* refere-se mais diretamente ao som relacionado à música.

Como explicamos antes, o som envolve o deslocamento de átomos e moléculas do meio através do qual ele se propaga. Mas esse deslocamento constitui um movimento coletivo ordenado em que todos os átomos, em um volume pequeno, sofrem essencialmente o mesmo deslocamento. Portanto esse movimento ordenado sobrepõe-se à agitação molecular ao acaso, ou desordenada, dos líquidos e gases. O resultado global é que, enquanto a onda sonora se propaga, a intensidade do som diminui ou é *atenuada*, porque parte da energia da onda é dissipada nas colisões entre as moléculas do meio. Esse fato produz um aumento na energia molecular interna, principalmente no movimento molecular rotacional, ou na energia cinética translacional. A viscosidade nos líquidos, que é, em essência, um efeito do movimento molecular, desempenha também um papel importante na atenuação do som.

A velocidade de propagação do som, num intervalo muito grande de frequências que se estende acima de 10^8 Hz, é praticamente independente da frequência. O valor dessa velocidade, para substâncias diferentes, foi dado na Tabela 18.2. Entretanto, em virtude da dependência da velocidade em relação à densidade, a velocidade de propagação é bastante sensível às variações de temperatura e de pressão. Muitos dos fenômenos ondulatórios, que serão explicados nos capítulos seguintes, se aplicam a ondas sonoras. Entretanto, em vez de fazermos um estudo detalhado da acústica, concentrar-nos-emos principalmente nas ondas eletromagnéticas.

Tabela 18.2 Velocidade do som, $m \cdot s^{-1}$

Sólidos (20 °C)		Líquidos (25°C)		Gases (0 °C)	
Granito	6.000	Água	1.493,2	Ar	331,45
Ferro	5.130	Água do mar (3,6% de salinidade)	1.532,8	Hidrogênio	1.269,5
Cobre	3.750			Oxigênio	317,2
Alumínio	5.100	Querosene	1.315	Nitrogênio	339,3
Chumbo	1.230	Mercúrio	1.450	Vapor d'água (100 °C)	404,8
Plástico	1.840				

REFERÊNCIAS

CROMBIE, A. C. Helmholtz. *Sci. Am.*, p. 94, Mar. 1959.

DRANSFELD, K. Kilomegacycle ultrasonics. *Sci. Am.*, p. 48, June 1963.

EMRICH, R. Sonic boom. *The Physics teacher*, v. 3, p. 18, 1965.

FEYNMAN, R.; LEIGHTON, R.; SANDS, M. *The Feynman lectures on Physics*. v. I. Reading, Mass.: Addison-Wesley, 1963.

LESTZ, S. A method for measuring the sound wavelenght in gases. *Am. J. Phys.*, v. 31, p. 96, 1963.

MAGIE, W. F. *Source book in Physics*. Cambridge, Mass.: Harvard University Press, 1963.

MONK, G. *Light*: Principles and experiments. New York: Dover, 1963.

THOMAS, G. B. *Calculus and Analytic Geometry*. 3. ed. Reading, Mass.: Addison-Wesley, 1962.

WALDRON, R. A. *Waves and oscillations*. Princeton, N. J.: Momentum Books, Van Nostrand, 1963.

PROBLEMAS

18.1 Estabeleça a distinção entre as palavras (a) homogêneo e heterogêneo, (b) isotrópico e anisotrópico. (c) Um meio pode ser homogêneo e anisotrópico, heterogêneo e isotrópico?

18.2 Um homem produz ondas, balançando um barco na superfície de um lago cujas águas estão paradas. Ele observa que o barco realiza 12 oscilações em 20 segundos, sendo que cada oscilação produz uma onda. A crista de uma dada onda leva 6 s para alcançar uma praia que se encontra a uma distância de 12 m do barco. Calcule o comprimento de onda das ondas na superfície do lago.

18.3 A equação de uma determinada onda é $\xi = 10 \text{ sen } 2\pi(2x - 100t)$, onde x está em metros e t em segundos. Determine (a) a amplitude, (b) o comprimento de onda, (c) a frequência e (d) a velocidade de propagação da onda. Faça um esboço da onda, representando a amplitude e o comprimento de onda.

18.4 Dada a onda

$$\xi = 2 \text{ sen } 2\pi(0{,}1x - 5t),$$

onde x está em metros e t em segundos, determine (a) o comprimento de onda, (b) a frequência, (c) o período, (d) a velocidade de propagação (e) a amplitude e (f) a direção de propagação.

18.5 Dada a onda

$$\xi = 2 \text{ sen } 2\pi(0{,}5x - 10t),$$

onde t está em segundos e x está em metros, faça um gráfico de ξ em função de x cobrindo diversos comprimentos de onda para $t = 0$ e $t = \frac{1}{40}$ s. Repita o problema para $\xi = 2 \text{ sen } 2\pi(0{,}5x + 10t)$. Compare os resultados.

18.6 Uma onda harmônica

$$\xi = A \text{ sen } 2\pi(x/\lambda - t/P),$$

propaga-se para a direita. Escolha 13 pontos equidistantes sobre a distância de um comprimento de onda e faça um gráfico da perturbação nos instantes 0, $\frac{1}{4}P$, $\frac{1}{2}P$, $\frac{3}{4}P$, e P, após a onda ter alcançado o primeiro ponto.

18.7 Admitindo que, no problema anterior, a onda corresponda a uma onda elástica transversal, mostre em cada gráfico a velocidade de cada ponto. Faça os gráficos da velocidade $\partial\xi/\partial t$ e da aceleração $\partial^2\xi/\partial t^2$ em função de x no instante $t = 0$.

18.8 Mostre que uma onda elástica transversal, propagando-se ao longo do eixo dos X, correspondendo a um deslocamento ξ e tendo como componentes $\xi_y = \xi_0$ sen $(kx - \omega t)$ e $\xi_z = \xi_0 \cos (kx - \omega t)$, está circularmente polarizada. Determine o sentido de rotação de ξ, do ponto de vista do observador, que está no eixo dós X. Escreva as expressões de ξ_y e ξ_z para uma onda com polarização contrária.

18.9 Dada a equação de uma onda em um fio, $\xi = 0{,}03$ sen $(3x - 2t)$, onde ξ e x estão em metros e t em segundos, responda ao que segue: (a) No instante $t = 0$, qual é o deslocamento para $x = 0$, 0,1 m, 0,2 m, e 0,3 m? (b) Para $x = 0{,}1$ m, qual é o deslocamento no instante $t = 0$; 0,1 s e 0,2 s? (c) Qual é a equação para a velocidade de oscilação das partículas da corda? Qual é a velocidade máxima de oscilação? (d) Qual é a velocidade de propagação da onda?

18.10 Um pêndulo é constituído de um fio de aço, de 0,2 mm de diâmetro, de comprimento igual a 2,00 m e de uma massa igual a 20 kg. Admitindo que o pêndulo seja abandonado de uma posição em que forma um ângulo de 60° com a vertical, determine a diferença no comprimento do fio quando este se encontra na sua posição inicial e quando a massa passa pela vertical.

18.11 Uma vareta de aço é forçada a transmitir ondas longitudinais em virtude de um oscilador que está acoplado a uma de suas extremidades. A vareta tem um diâmetro de 4 mm. A amplitude de oscilação é de 0,1 mm e a frequência é de 10 oscilações por segundo. Determine (a) a equação das ondas ao longo da vareta, (b) a energia por unidade de volume da vareta, (c) o fluxo médio de energia por unidade de tempo através de qualquer seção da vareta, e (d) a potência necessária para tocar o oscilador.

18.12 Considere as ondas longitudinais em um bastão (Seç. 18.5) e admita que a deformação em cada ponto é

$$\xi = \xi_0 \text{ sen } 2\pi(x/\lambda - t/P).$$

(a) Usando a relação (18.16), obtenha a expressão para a força em cada seção, (b) Mostre que as ondas ξ e F têm uma diferença de fase de um quarto de comprimento de onda. Faça os gráficos de ξ e F *versus* x, em um dado instante, para diversos comprimentos de onda.

18.13 Quando uma mola com um comprimento normal de 1 m e massa de 0,2 kg está sujeita a uma força de 10 N ela se estende 4 cm. Determine a velocidade de propagação das ondas longitudinais na mola.

18.14 Uma mola de aço tem um comprimento normal de 4 m e uma massa de 200 g. Quando a mola é fixa verticalmente e um corpo de 100 g é preso à sua extremidade mais baixa, a mola se estende por 5,0 cm. Determine a velocidade das ondas longitudinais na mola.

18.15 Obtenha a velocidade das ondas de cisalhamento no aço. Compare com o resultado dado no Ex. 18.4 para ondas longitudinais.

18.16 Mostre que a onda de energia discutida na Seç. 18.9 pode ser escrita na forma

$$\partial W / \partial t = v\left\{\rho\omega^2\xi_0^2\left[\tfrac{1}{2} + \tfrac{1}{2}\cos 2(kx - \omega t)\right]\right\}.$$

Obtenha o seu valor médio. Mostre que a frequência da onda de energia é o dobro e o comprimento de onda é metade daqueles da onda de deslocamento. Faça um gráfico $\partial W/\partial t$ como função de x em um dado instante.

18.17 Como será modificada a velocidade de propagação de uma onda transversal em uma corda se a tensão for (a) dobrada, (b) reduzida à metade? De quanto a tensão deve ser mudada para a velocidade de propagação (c) dobrar, (d) reduzir à metade?

18.18 Um fio de aço com um diâmetro de 0,2 mm está sujeito a uma tensão de 200 N. Determine a velocidade de propagação das ondas transversais no fio.

18.19 Uma corda com 2m de comprimento e 4g de massa está suspensa horizontalmente, com uma das extremidades fixa e a outra sustentando uma massa de 2 kg. Determine a velocidade das ondas transversais na corda.

18.20 Uma das extremidades de uma corda horizontal está fixa a um dos dentes de um diapasão elétrico, cuja frequência de vibração é 240 Hz. A outra extremidade passa sobre uma polia e sustenta um peso de 3 kg. A massa por unidade de comprimento da corda é de 0,020 kg $\cdot$ m^{-1}. (a) Qual é a velocidade da onda transversal na corda? (b) Qual é o comprimento da onda?

18.21 Uma das extremidades de um tubo de borracha está ligada a um suporte fixo. A outra extremidade passa sobre uma polia a 5 m da extremidade fixa e carrega uma carga de 2 kg. A massa do tubo entre a extremidade fixa e a polia é de 0,6 kg. (a) Determine a velocidade de propagação das ondas transversais no tubo. (b) Suponha que a onda harmônica de amplitude 0,1 cm e comprimento de onda de 0,3 m, propague-se no tubo; determine a velocidade transversal máxima de qualquer ponto do tubo. (c) Escreva a equação de onda. (d) Determine a taxa média do fluxo de energia através de qualquer seção do tubo.

18.22 Uma fonte de vibração está na extremidade de uma corda esticada cujo deslocamento foi dado pela equação $\xi = 0{,}1 \text{ sen } 6t$, onde ξ está em metros e t em segundos. A tensão na corda é de 4 N e a massa por unidade de comprimento é de 0,010 kg $\cdot$ m^{-1}. (a) Qual é a velocidade da onda na corda? (b) Qual é a frequência da onda? (c) Qual é o comprimento de onda? (d) Qual é a equação do deslocamento no ponto a 1 m da fonte? E a 3 m? (e) Faça um gráfico de ξ *versus* t no ponto $x = 3$ m. (f) Qual é a amplitude do movimento? (g) Faça um gráfico de ξ *versus* x no instante $t = \pi/12$ s.

18.23 Um fio de aço com um comprimento de 2 m e um raio de 0,5 mm está preso no teto. (a) Admitindo-se que penduramos um corpo com uma massa de 100 kg na extremidade livre, determine o alongamento do fio. (b) Determine, também, o deslocamento e a força no meio do fio. (c) Determine as velocidades das ondas longitudinais e transversais no fio, quando a massa foi pendurada.

18.24 Um cabo de comprimento L e massa M está pendurado no teto. (a) Mostre que a velocidade de uma onda transversal, como função da posição ao longo do cabo livre, é $v = \sqrt{gx}$, onde x é a distância à extremidade livre. (b) Mostre que um pulso transversal atravessa o cabo em um tempo igual a $2\sqrt{L/g}$. Observe que os resultados são independentes da massa do cabo.

18.25 Na Seç. 18.9, obtivemos o fluxo de energia de uma onda longitudinal em um bastão sólido. Repita o cálculo para ondas transversais em uma corda, mostrando que a potência média é $v\left(\frac{1}{2}m\omega^2\xi_0^2\right)$. Observe que a quantidade no interior dos parênteses corresponde agora à energia por unidade de comprimento. [*Sugestão*: calcule a taxa de trabalho realizado pela força perpendicular à corda, que é F sen $\alpha \approx F(\partial\xi/\partial x)$ da Fig. 18.14.]

18.26 Calcule a velocidade de propagação do som no hidrogênio, no nitrogênio e no oxigênio a 0 °C. Compare com os resultados experimentais. Admita para os três gases $\gamma = 1{,}40$.

18.27 Determine a variação da velocidade do som no ar por unidade de temperatura a 27 °C.

18.28 Do valor dado para o coeficiente $\alpha = \sqrt{\gamma R/M}$ para o ar no Ex. 18.6, obtenha a massa molecular efetiva do ar e compare com o resultado obtido por outros meios. Admita que, para o ar, $\gamma = 1{,}40$.

18.29 Admita que a pressão, numa onda de pressão em uma coluna de gás (Seç. 18.6), varie na forma $p - p_0 = \mathfrak{P}_0$ sen $2\pi(x/\lambda - t/P)$, (a) Usando as Eqs. (18.21) e (18.24), obtenha as ondas de densidade e deslocamento no gás. (b) Mostre que as ondas de pressão e densidade estão em fase, mas que a onda de deslocamento tem uma diferença de fase de um quarto de comprimento de onda. (c) Faça os gráficos das três ondas em função de x para um dado instante, cobrindo um intervalo de diversos comprimentos de onda.

18.30 Uma onda de som plana, harmônica, no ar a 20 °C e condições normais de pressão tem uma frequência de 500 Hz e uma amplitude de deslocamento de 10^{-8} m. (a) Escreva a expressão descrevendo a onda de deslocamento. (b) Faça um gráfico da forma da onda de deslocamento no instante $t = 0$ s cobrindo alguns comprimentos de onda. (c) Escreva a expressão que descreve a onda de pressão. (d) Faça um gráfico da forma da onda de pressão no instante $t = 0$ s cobrindo alguns comprimentos de onda e compare com o gráfico em (b). (e) Expresse o nível de intensidade dessa onda em db.

18.31 O som mais fraco que pode ser ouvido tem uma amplitude de pressão de aproximadamente 2×10^{-5} N · m^{-2} e o mais forte que pode ser ouvido sem dor tem uma amplitude de pressão de aproximadamente 28 N · m^{-2}. Determine, em cada caso, a intensidade do som, ambos em W · m^{-2} e em db, e a amplitude de oscilação, considerando que a frequência é de 500 Hz. Admita a densidade do ar igual a 1,29 kg · m^{-3} e a velocidade do som igual a 345 m · s^{-1}.

18.32 Duas ondas sonoras têm níveis de intensidade diferindo por (a) 10 db, (b) 20 db. Determine a razão de suas intensidades e das suas amplitudes de pressão.

18.33 (a) Qual é a variação da intensidade da onda sonora quando a amplitude de pressão é dobrada? (b) De quanto a amplitude de pressão deve variar para aumentar a intensidade por um fator de 10?

18.34 Expresse, em db, a diferença entre os níveis de intensidade de duas ondas sonoras admitindo que (a) a intensidade de uma onda seja o dobro da intensidade da outra, (b) a amplitude de pressão de uma seja o dobro da outra.

18.35 Duas ondas sonoras, uma no ar e a outra na água, têm a mesma intensidade. (a) Qual é a razão entre as amplitudes de pressão da onda no ar para a onda na água? (b) Qual seria a razão de suas intensidades se as amplitudes de pressão fossem as mesmas?

18.36 Compare a importância relativa dos dois termos na velocidade das ondas superficiais em águas profundas [Eq. (18.35)] para os seguintes comprimentos de onda: (a) 1 mm, (b) 1 cm, (c) 1 m. Em que comprimento de onda os dois termos são iguais? A tensão superficial da água é cerca de 7×10^{-2} N · m^{-1}.

18.37 Considere um canal de seção reta retangular com uma profundidade de 4 m. Determine a velocidade de propagação das ondas com um comprimento de onda de (a) 1 cm, (b) 1 m, (c) 10 m, (d) 100 m. Use em cada caso a fórmula que melhor corresponda à ordem de grandeza das quantidades envolvidas. A água do canal tem uma tensão superficial de 7×10^{-2} N · m^{-1}.

18.38 Duas ondas harmônicas com a mesma frequência e amplitude, propagam-se com a mesma velocidade em sentidos opostos. (a) Determine o movimento ondulatório resultante. (b) Admitindo que a onda resultante corresponda a uma onda transversal em uma corda, faça o gráfico do deslocamento dos pontos da corda em função do tempo.

18.39 Duas ondas de amplitude, velocidade e frequência iguais, mas com uma diferença de fase de $\pi/4$, propagam-se no mesmo sentido em uma corda. Some as duas e mostre que o resultado é uma onda propagando-se com a mesma velocidade e frequência.

18.40 Duas ondas com a mesma amplitude e velocidade, mas de frequências diferentes, iguais a 1.000 e 1.010 Hz, respectivamente, caminham na mesma direção e sentido a 10 m · s^{-1}. Escreva as equações para as ondas separadamente e para a soma das duas. Faça um esboço da forma da onda resultante.

18.41 Repita o problema anterior, admitindo que uma das amplitudes seja o dobro da outra.

18.42 Duas ondas plano-polarizadas em planos perpendiculares caminham na direção OX com a mesma velocidade. Determine o movimento ondulatório resultante se (a) $A_1 = 2A_2$ e as fases são as mesmas, (b) $A_1 = 2A_2$ e as fases diferem por $\pi/2$, (c) $A_1 = A_2$ e as fases diferem por $\pi/2$.

18.43 Na discussão das ondas longitudinais em um bastão, (Seç. 18.5), desprezamos a deformação lateral que acompanha a deformação longitudinal. Se levarmos em conta esse efeito, poderemos mostrar que a velocidade de fase das ondas harmônicas longitudinais de comprimento de onda λ, propagando-se em um bastão cilíndrico de raio R, é $v_p = \sqrt{Y/\rho}\left(1 - \pi^2\sigma^2 R^2/\lambda^2\right)$, onde σ é o *coeficiente de Poisson* (veja o Prob. 18.54). Determine a velocidade de grupo das ondas no bastão e expresse-a em termos de v_p. Obtenha o valor limite da velocidade de grupo para o caso de R muito menor do que λ. Discuta a variação em v_p e v_g como função de R/λ.

18.44 A velocidade de fase de uma *onda* harmônica de *flexão* em um bastão sólido é $v_p = v/\sqrt{1 + \lambda^2/4\pi^2K^2}$, onde $v = \sqrt{Y/\rho}$ é a velocidade de fase para ondas longitudinais, λ o comprimento de onda, e K o raio de giração da seção reta do bastão em relação a um eixo através do centro e normal ao eixo longitudinal do bastão. (a) Determine a velocidade de grupo para as ondas de flexão e expresse-a em termos da velocidade de fase. (b) Considere detalhadamente o caso de um bastão de seção reta circular. (c) Obtenha a velocidade de grupo quando λ é muito maior que $2\pi K$. [*Observação*: uma *onda de flexão* é uma onda que se propaga em um bastão com carga, isto é, um bastão sujeito a uma força transversal (tal como seu próprio peso) uniformemente distribuída em seu comprimento.]

18.45 Uma determinada onda é excitada por uma fonte cujo movimento pode ser representado por

$$y = \frac{8}{\pi^2} A\left[\text{sen}\ \omega t - \frac{1}{3^2}\text{sen}\ 3\omega t + \frac{1}{5^2}\text{sen}\ 5\omega t - \ldots\right].$$

(a) Faça um esboço da forma aproximada da onda, somando graficamente os três primeiros termos. (b) Que forma de onda a série de infinitos termos descreverá? É chamada de "dente de serra", (c) Expresse uma onda caminhante tendo a mesma forma e propagando-se para a direita com velocidade v, independentemente da frequência. [*Sugestão*: observe que $1+\left(\frac{1}{3}\right)^2+\left(\frac{1}{5}\right)^2+\ldots=\pi^2/8$.]

18.46 Repita o Prob. 18.45 para uma fonte cujo movimento é da forma

$$y=\frac{4}{\pi}A\left(\text{sen }\omega t+\tfrac{1}{3}\text{ sen }3\omega t+\tfrac{1}{5}\text{ sen }5\omega t+\ldots\right).$$

[*Sugestão*: observe que $1-\frac{1}{3}+\frac{1}{5}-\ldots=\pi/4$.]

18.47 A frequência do apito de uma locomotiva é de 500 Hz. Determine a frequência do som ouvido por uma pessoa na estação, quando o trem está se movimentando com uma velocidade de 72 km · h^{-1} (a) em direção à estação, (b) saindo dela.

18.48 Uma fonte sonora tem uma frequência de 10^3 Hz e se move a 30 m · s^{-1} em relação ao ar. Admitindo que a velocidade do som, em relação ao ar parado, seja de 340 m · s^{-1}, determine o comprimento de onda efetivo e a frequência percebida por um observador em repouso em relação ao ar e que vê a fonte (a) afastando-se dele, (b) aproximando-se dele.

18.49 Repita o Prob. 18.48, admitindo que a fonte esteja em repouso em relação ao ar, e o observador se mova a 30 m · s^{-1}. Pelos seus resultados, você conclui que é indiferente a fonte ou o observador estarem em movimento?

18.50 A Eq. (18.61) para o efeito Doppler foi deduzida admitindo-se que o meio através do qual a onda se propaga estava em repouso. Mostre que, se o meio tem uma velocidade v_m na direção da reta que une a fonte e o observador, a equação vem a ser $\nu'=\nu(v-v_0+v_m)/(v-v_s+v_m)$.

18.51 A *deformação volumétrica* de um corpo é definida pela relação $\varepsilon_V=dV/V$, onde dV é a variação no volume resultante das forças aplicadas ao corpo de volume V. (a) Mostre que $\varepsilon_V=-d\rho/\rho$, onde pé a densidade do corpo. [*Sugestão*: observe que $\rho V=m=$ const.] (b) Mostre, também, que o coeficiente de compressibilidade volumétrica, definido pela Eq. (18.22), pode ser expresso na forma $\kappa=-V(dp/dV)$ onde dV é a variação no volume resultante da variação dp na pressão.

18.52 Usando os valores do coeficiente de compressibilidade volumétrica para o ferro e para o chumbo (Tab. 18.1), calcule a variação porcentual em densidade e volume de cada substância para uma variação na pressão igual a 1 atm.

18.53 A *deformação linear* é definida pela relação $\varepsilon_L=dL/L$, onde L é a distância entre dois pontos quaisquer do corpo no estado não deformado e dL é a variação nessa distância resultante da deformação. Mostre, considerando um cubo de lado L, que $\varepsilon_V=3\varepsilon_L$.

18.54 Quando um fio é esticado na direção de seu comprimento, o diâmetro D do fio diminui, produzindo uma *deformação linear* definida por $\varepsilon_D=dD/D$. O *coeficiente de Poisson* é definido por $\sigma=dD/dL$. Mostre que, se um paralelepípedo está sujeito a uma tensão normal S em cada superfície, a deformação linear total de cada lado é $\varepsilon_L=S(1-2\sigma)/Y$. [*Sugestão*: observe que a tensão normal produz em cada par de superfícies do paralelepípedo deformações laterais opostas.]

18.55 Usando os resultados do Prob. 18.53 e 18.54, mostre que $Y=3\kappa(1-2\sigma)$. Resolva essa relação para σ e, usando os valores da Tab. 18.1, calcule o coeficiente de Poisson para alguns materiais.

18.56 Por um raciocínio análogo ao do Prob. 18.55, podemos mostrar que $Y = 2G(1 + \sigma)$. Pela eliminação de σ dentre essa expressão e a do Prob. 18.55, mostre que $Y = 3kG / \left(k + \frac{1}{3}G\right)$. Usando os valores dados na Tab. 18.1, verifique, para alguns dos materiais relacionados, o grau de validade dessa expressão teórica para Y.

18.57 Para uma dada substância $G = 1{,}24 \times 10^{10}$ N · m^{-2} e $Y = 3{,}20 \times 10^{10}$ N · m^{-2}. Calcule o valor do coeficiente de compressibilidade volumétrica e o coeficiente de Poisson para essa substância. Faça o mesmo para o quartzo, que tem $Y = 5{,}18 \times 10^{10}$ N · m^{-2} e $G = 2{,}88 \times$ $\times\ 10^{10}$ N · m^{-2}. Discuta as implicações físicas de seus resultados.

18.58 Podemos mostrar que, para uma mola, a constante K que foi introduzida no Ex. 18.5 é dada por $\pi GR^4/2a^2$, onde R é o raio do fio e a o raio da mola. Determine o valor de K para uma mola de aço com o raio de 1 cm e que é feita de um fio de aço de raio igual a 1 mm. Sabendo que o comprimento da mola não esticada é 50 cm, determine o seu alongamento quando lhe aplicamos uma força de 50 N.

18.59 Suponha um campo ξ com uma equação de propagação igual a $\partial^2\xi/\partial t^2 = a\partial^4\xi/\partial x^4$, onde a é uma dada constante. (a) Essa equação admite uma expressão da forma

$$\xi = \xi_0 \text{ sen } k(x \pm vt)$$

como uma solução? Em caso afirmativo, qual é o valor de v? (b) Podemos admitir $\xi = f(x \pm vt)$ como solução possível para essa equação? (c) Dos resultados precedentes você conclui que esse campo se propaga sem distorção?

18.60 Um bastão de seção reta circular com raio R é torcido em consequência dos conjugados aplicados ao redor de seu eixo. Mostre que, se θ é o ângulo de torção no ponto x da abscissa, existe, nesse ponto, um conjugado

$$\tau = \tfrac{1}{2} AGR^2 \left(\partial\theta/\partial x\right),$$

onde $A = \pi R^2$ é a área da seção reta.

18.61 Usando o resultado do problema anterior, mostre que a velocidade de propagação das ondas de torção no bastão é $\sqrt{G/\rho}$. [*Sugestão*: considere uma seção de espessura dx e observe que o conjugado resultante sobre ela é $(\partial\tau/\partial x)\ dx$.]

18.62 Podemos mostrar que uma onda esférica isotrópica satisfaz a equação diferencial

$$\frac{\partial^2 (r\xi)}{\partial t^2} = v^2 \frac{\partial^2 (r\xi)}{\partial r^2}.$$

Verifique se a solução dessa equação é $\xi = (1/r) f(r \pm vt)$. Compare com a discussão na Seç. 18.11 para ondas de pressão em um fluido.

18.63 Mostre que, quando a amplitude é grande, a equação para ondas transversais na corda torna-se

$$\frac{\partial^2\xi}{\partial t^2} = \frac{T}{M} \frac{\partial^2\xi}{\partial x^2}\left[1 - \frac{3}{2}\left(\frac{\partial\xi}{\partial x}\right)^2\right].$$

Observe que essa equação não é linear e reduz-se à Eq. (18.29) quando $(\partial\xi/\partial x)^2$ é desprezível. [*Sugestão*: observe que $\text{sen } \alpha/\sqrt{1 + \text{tg}^2\ \alpha} = \text{tg } \alpha - \frac{1}{2}\text{tg}^3\ \alpha + \ldots$]

19 Ondas eletromagnéticas

19.1 Introdução

Na Seç. 15.11, sugerimos que o campo eletromagnético pode propagar-se no vácuo com a velocidade

$$c = \frac{1}{\sqrt{\varepsilon_0 \mu_0}} \approx 3 \times 10^8 \text{ m} \cdot \text{s}^{-1}$$

que corresponde à velocidade da luz no vácuo. Na Seç. 17.11, quando estávamos tratando do fenômeno da indução eletromagnética, indicamos a possibilidade de transmitir-se um sinal de um lugar a outro usando um campo eletromagnético variável em relação ao tempo. Em fins do século XIX, o físico alemão Heinrich Hertz (1857-1894) provou, sem qualquer dúvida, que o campo eletromagnético realmente se propaga no vácuo com velocidade igual a c*. As propriedades dessas ondas eletromagnéticas, descobertas por Hertz, têm sido estudadas experimentalmente com grande cuidado. A grande quantidade de informações acumuladas sobre as propriedades das ondas eletromagnéticas, relativas à sua produção, propagação e absorção, levou à abertura das portas do maravilhoso mundo das comunicações que hoje conhecemos. Antes de Hertz realizar suas experiências, a existência de ondas eletromagnéticas havia sido prevista por Maxwell como consequência de uma análise cuidadosa das equações do campo eletromagnético (resumidas na Seç. 17.15). O desenvolvimento do nosso conhecimento das ondas eletromagnéticas é outro exemplo da íntima relação existente entre a teoria e a experiência na evolução de nossas ideias físicas.

Neste capítulo, vamos examinar as equações de Maxwell (que descrevem o campo elétrico dependente do tempo), a fim de ver como podemos interpretar a propagação desse campo sob a forma de ondas. Com essa finalidade, devemos verificar se os campos elétrico e magnético satisfazem a equação de onda sob a forma da Eq. (18.11). Devemos primeiro discutir ondas eletromagnéticas planas, depois os processos de emissão, absorção, e espalhamento da radiação eletromagnética, concluindo com uma breve consideração sobre as diferentes partes do espectro eletromagnético.

19.2 Ondas eletromagnéticas planas

Examinemos se as equações de Maxwell para o campo eletromagnético admitem, como solução particular, um campo elétrico $\mathfrak{E}$ e um campo magnético $\mathfrak{B}$ perpendiculares um ao outro. Façamos os eixos Y e Z paralelos respectivamente aos campos $\mathfrak{E}$ e $\mathfrak{B}$. Nesse caso

$$\mathfrak{E}_x = 0, \qquad \mathfrak{E}_y = \mathfrak{E}, \qquad \mathfrak{E}_z = 0,$$

e

$$\mathfrak{B}_x = 0, \qquad \mathfrak{B}_y = 0, \qquad \mathfrak{B}_z = \mathfrak{B}.$$

* As experiências de Hertz são descritas na Seç. 22.7.

Devemos também supor o campo no vácuo, isto é, que não há cargas livres nem correntes, ou seja, $\rho = 0$ e $\boldsymbol{j} = 0$ nas equações de Maxwell.

Nessas condições, as Eqs. (17.65) ficam:

(a) Lei de Gauss para o campo elétrico,

$$\frac{\partial \mathfrak{E}}{\partial y} = 0. \tag{19.1}$$

(b) Lei de Gauss para o campo magnético,

$$\frac{\partial \mathfrak{B}}{\partial z} = 0. \tag{19.2}$$

(c) Lei de Faraday-Henry,

$$\frac{\partial \mathfrak{E}}{\partial z} = 0, \tag{19.3}$$

$$\frac{\partial \mathfrak{E}}{\partial x} = -\frac{\partial \mathfrak{B}}{\partial t}. \tag{19.4}$$

(d) Lei de Ampère-Maxwell

$$\frac{\partial \mathfrak{B}}{\partial y} = 0, \tag{19.5}$$

$$-\frac{\partial \mathfrak{B}}{\partial x} = \varepsilon_0 \mu_0 \frac{\partial \mathfrak{E}}{\partial t}. \tag{19.6}$$

As Eqs. (19.1), (19.2), (19.3) e (19.5) indicam que nem $\mathfrak{E}$ nem $\mathfrak{B}$ dependem de y ou z. Portanto os campos $\mathfrak{E}$ e $\mathfrak{B}$ dependem somente de x e t, e, em cada instante, têm o mesmo valor em todos os pontos pertencentes a planos perpendiculares ao eixo X (Fig. 19.1). Ficamos então com as Eqs. (19.4) e (19.6) para obter a dependência de $\mathfrak{E}$ e $\mathfrak{B}$ em relação a x e t. Derivando a Eq. (19.4), em relação a x, obtemos

$$\frac{\partial^2 \mathfrak{E}}{\partial x^2} = -\frac{\partial^2 \mathfrak{B}}{\partial x\, \partial t}.$$

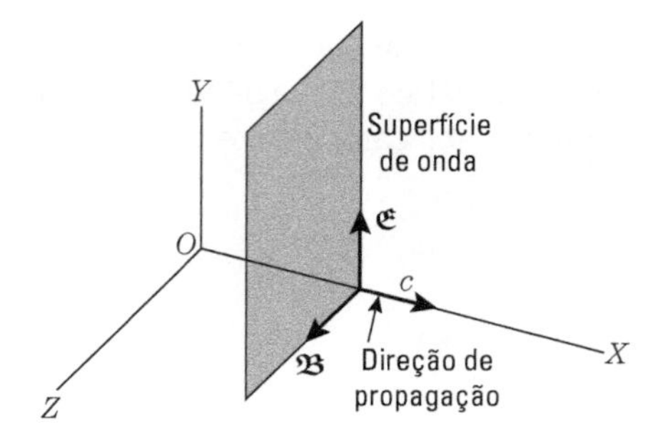

Figura 19.1 Orientação dos campos elétrico e magnético em relação à direção de propagação de uma onda eletromagnética plana.

Da mesma forma, derivando a Eq. (19.6) em relação a t, temos

$$-\frac{\partial^2 \mathfrak{B}}{\partial t\,\partial x} = \varepsilon_0\mu_0\frac{\partial^2 \mathfrak{E}}{\partial t^2}.$$

A combinação desses dois resultados dá

$$\frac{\partial^2 \mathfrak{E}}{\partial t^2} = \frac{1}{\varepsilon_0\mu_0}\frac{\partial^2 \mathfrak{E}}{\partial x^2}. \tag{19.7}$$

Essa é uma equação semelhante à Eq. (18.11), indicando que o campo elétrico $\mathfrak{E}$ se propaga ao longo do eixo X com a velocidade

$$c = \frac{1}{\sqrt{\varepsilon_0\mu_0}}, \tag{19.8}$$

e pode ser representado por

$$\mathfrak{E} = \mathfrak{E}\,(x - ct). \tag{19.9}$$

Por um procedimento semelhante, obtemos

$$\frac{\partial^2 \mathfrak{B}}{\partial t^2} = \frac{1}{\varepsilon_0\mu_0}\frac{\partial^2 \mathfrak{B}}{\partial x^2}, \tag{19.10}$$

de forma que o campo magnético $\mathfrak{B}$ também se propaga ao longo do eixo X com velocidade c e pode ser representado por

$$\mathfrak{B} = \mathfrak{B}\,(x - ct). \tag{19.11}$$

Consideremos, em particular, o caso de ondas harmônicas de frequência $\nu = \omega/2\pi$ e comprimento de onda $\lambda = 2\pi/k$. Nesse caso,

$$\mathfrak{E} = \mathfrak{E}_0 \text{ sen } k(x - ct) = \mathfrak{E}_0 \text{ sen } (kx - \omega t)$$

e

$$\mathfrak{B} = \mathfrak{B}_0 \text{ sen } k(x - ct) = \mathfrak{B}_0 \text{ sen } (kx - \omega t). \tag{19.12}$$

Ao escrever essas equações, usamos a relação $\omega = kc$, que corresponde à Eq. (18.6). As amplitudes $\mathfrak{E}_0$ e $\mathfrak{B}_0$ não são independentes, uma vez que as Eqs. (19.4) e (19.6) devem ser satisfeitas simultaneamente. Portanto

$$\frac{\partial \mathfrak{E}}{\partial x} = k\mathfrak{E}_0 \cos k(x - ct) \qquad \text{e} \qquad \frac{\partial \mathfrak{B}}{\partial t} = -k\mathfrak{B}_0 \cos k(x - ct).$$

Substituindo na Eq. (19.4), obtemos

$$\mathfrak{E}_0 = c\mathfrak{B}_0 \qquad \text{ou} \qquad \mathfrak{B}_0 = \frac{1}{c}\mathfrak{E}_0. \tag{19.13}$$

Você pode verificar que o mesmo resultado é obtido usando a Eq. (19.6) em lugar da (19.4). A relação (19.13) entre as amplitudes significa que, para os valores instantâneos dados pela Eq. (19.12), temos também

$$\mathfrak{E} = c\mathfrak{B} \qquad \text{ou} \qquad \mathfrak{B} = \frac{1}{c}\mathfrak{E}. \tag{19.14}$$

É possível verificar, usando-se as Eqs. (19.4) e (19.6), que as mesmas relações continuam verdadeiras quando aplicadas a campos definidos de uma forma mais geral pelas Eqs. (19.9) e (19.11). Da Eq. (19.14), vemos que os campos $\mathfrak{E}$ e $\mathfrak{B}$ estão em fase, alcançando os valores zero e máximo ao mesmo tempo. A onda eletromagnética descrita pela Eq. (19.12) está representada na Fig. 19.2. O campo elétrico oscila no plano XY e o campo magnético no plano XZ. Isso corresponde a uma onda *plana ou linearmente polarizada.* O plano de polarização é definido como o plano no qual o campo elétrico oscila, nesse caso, o plano XY. Portanto uma onda eletromagnética consiste, efetivamente, de duas ondas acopladas: a onda elétrica e a onda magnética.

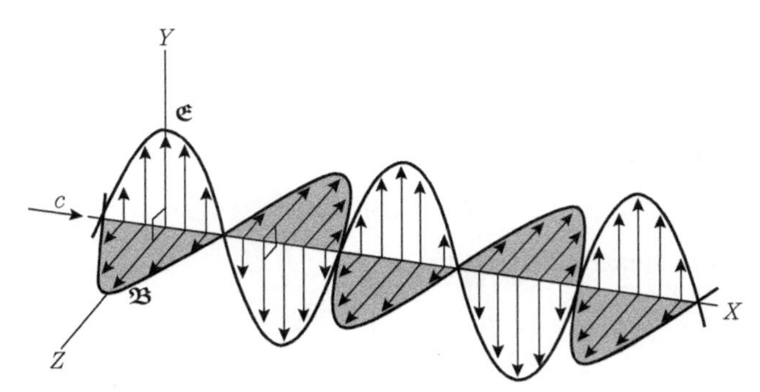

Figura 19.2 Campos elétrico e magnético em uma onda eletromagnética harmônica plana.

A onda plana representada pela Eq. (19.12) não é a única solução das Eqs. (19.7) e (19.10). Por exemplo, o campo elétrico pode estar ao longo do eixo Z e, nesse caso, o campo magnético estará ao longo do eixo $-Y$, isto é,

$$\mathfrak{E}_z = \mathfrak{E}_0 \text{ sen } (kx - \omega t), \qquad \mathfrak{B}_y = -\mathfrak{B}_0 \text{ sen } (kx - \omega t).$$

Tanto nessa como na onda da Eq. (19.12), é possível usar cossenos em lugar de senos ou mesmo adicionar uma fase arbitrária constante.

Outra onda plana, também solução das Eqs. (19.7) e (19.10), é aquela em que os campos elétrico e magnético permanecem constantes em magnitude, mas giram ao redor da direção de propagação, dando como resultado uma onda *circularmente polarizada* (Fig. 19.3). Essa nova solução pode ser obtida combinando-se as duas soluções linearmente polarizadas que discutimos acima, tomando-se iguais amplitudes para cada campo e diferenças de fase convenientes. (Essa combinação é possível porque as equações de Maxwell são lineares nos campos $\mathfrak{E}$ e $\mathfrak{B}$.) A polarização circular pode ser do tipo a direita ou a esquerda, de acordo com o sentido de rotação dos campos. As componentes dos campos elétrico e magnético, ao longo de dois eixos mutuamente perpendiculares, são então dadas por

$$\mathfrak{E}_y = \mathfrak{E}_0 \text{ sen } (kx - \omega t), \qquad \mathfrak{E}_z = \pm\, \mathfrak{E}_0 \cos (kx - \omega t),$$

e

$$\mathfrak{B}_y = \mp\, \mathfrak{B}_0 \cos (kx - \omega t), \qquad \mathfrak{B}_z = \mathfrak{B}_0 \text{ sen } (kx - \omega t),$$

correspondendo a uma diferença de fase de $\pm\pi/2$ entre as componentes de cada campo, de acordo com a Seç. 12.9, com o campo magnético $\mathfrak{B}$ perpendicular a $\mathfrak{E}$ em cada instante.

[Sugerimos que você substitua essas expressões para os campos elétrico e magnético nas Eqs. (17.65) e verifique que as equações de Maxwell são satisfeitas.] Se as amplitudes das duas componentes ortogonais forem diferentes, resultará uma *polarização elíptica*. Além disso, são possíveis outras ondas planas, que são soluções das equações de Maxwell, mas que não correspondem a nenhum estado particular de polarização. Contudo não as discutiremos aqui, pois, para a maioria das aplicações, o entendimento básico de ondas planas e circularmente polarizadas é suficiente.

Uma vez que a escolha dos eixos XYZ é uma questão de conveniência, podemos concluir que as soluções das equações de Maxwell, sob a forma de ondas planas, por nós obtidas, são completamente gerais, e que

ondas eletromagnéticas planas são transversais, sendo os campos $\mathfrak{E}$ e $\mathfrak{B}$ perpendiculares, tanto um ao outro como à direção de propagação das ondas.

Essa predição teórica das equações de Maxwell tem sido amplamente confirmada pela experiência, e acarreta diversos fenômenos que serão considerados nos capítulos subsequentes. Além de ondas planas, as equações de Maxwell admitem também, como solução, ondas eletromagnéticas cilíndricas e esféricas. As grandes distâncias da fonte, uma parte limitada da onda cilíndrica ou esférica pode ser, na prática, considerada como plana e, nesse caso, os campos elétrico e magnético são também perpendiculares um ao outro e à direção de propagação (isto é, radial), como está indicado na Fig. 19.4.

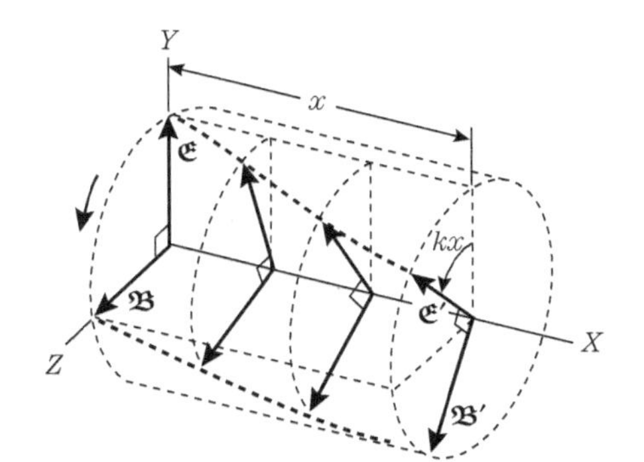

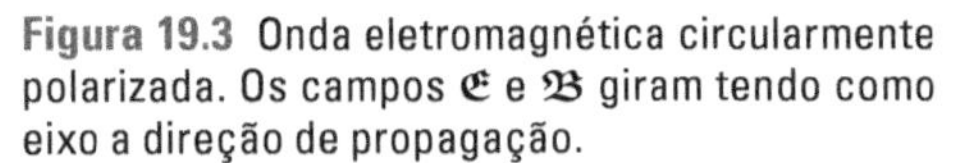
Figura 19.3 Onda eletromagnética circularmente polarizada. Os campos $\mathfrak{E}$ e $\mathfrak{B}$ giram tendo como eixo a direção de propagação.

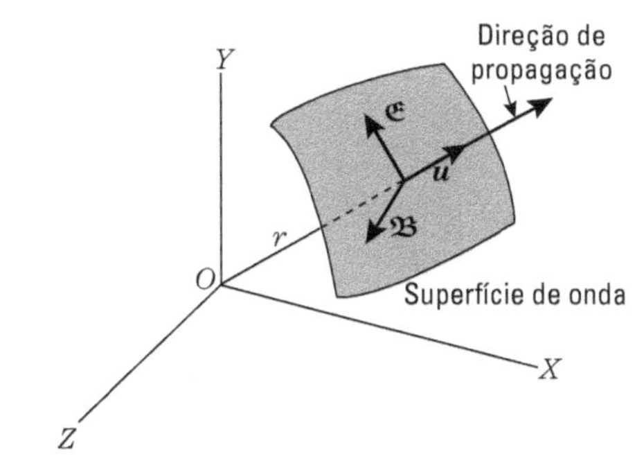

Figura 19.4 Onda eletromagnética esférica a grande distância da fonte.

19.3 Energia e quantidade de movimento de uma onda eletromagnética

Se usarmos a Eq. (16.40), a densidade de energia associada ao campo elétrico de uma onda eletromagnética, será

$$E_{\mathfrak{E}} = \tfrac{1}{2}\varepsilon_0 \mathfrak{E}^2.$$

Da mesma forma, quando usamos as Eqs. (19.14), $\mathfrak{B} = \mathfrak{E}/c$, e (19.8), $c = 1/\sqrt{\varepsilon_0 \mu_0}$, a densidade de energia magnética dada pela Eq. (17.25) é

$$E_{\mathfrak{B}} = \frac{1}{2\mu_0}\mathfrak{B}^2 = \frac{1}{2\mu_0 c^2}\mathfrak{E}^2 = \tfrac{1}{2}\varepsilon_0 \mathfrak{E}^2,$$

de forma que $\text{E}_{\mathfrak{E}} = u_{\mathfrak{B}}$, isto é, a densidade de energia elétrica de uma onda eletromagnética é igual à densidade de energia magnética. A densidade total de energia é

$$\text{E} = \text{E}_{\mathfrak{E}} + \text{E}_{\mathfrak{B}} = \varepsilon_0 \mathfrak{E}^2. \tag{19.15}$$

A intensidade da onda eletromagnética (isto é, a energia que atravessa uma área unitária na unidade de tempo) é, por analogia com a Eq. (18.44),

$$I = \text{E}c = c\varepsilon_0 \mathfrak{E}^2. \tag{19.16}$$

A intensidade média de uma onda eletromagnética é $I_{\text{med}} = c\varepsilon_0 (\mathfrak{E}^2)_{\text{med}}$. No caso de uma onda eletromagnética harmônica, $\left(\mathfrak{E}^2\right)_{\text{med}} = \mathfrak{E}_0^2\left[\text{sen}^2 k(x-ct)\right]_{\text{med}} = \frac{1}{2}\mathfrak{E}_0^2$, de forma que a intensidade média é

$$I_{\text{med}} = \tfrac{1}{2} c\varepsilon_0 \mathfrak{E}_0^2. \tag{19.17}$$

Calculemos agora o produto vetorial $\mathfrak{E} \times \mathfrak{B}$ para uma onda eletromagnética plana. O vetor $\mathfrak{E} \times \mathfrak{B}$ é perpendicular à frente de onda e, portanto, aponta na direção de propagação da onda (Fig. 19.5). Seu módulo é

$$\left|\mathfrak{E} \times \mathfrak{B}\right| = \mathfrak{E}\mathfrak{B} = \frac{1}{c}\mathfrak{E}^2.$$

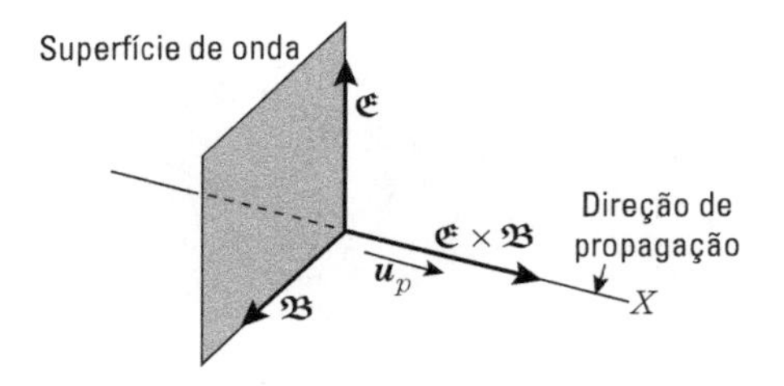

Figura 19.5 Definição da direção do fluxo de energia em uma onda eletromagnética plana.

O módulo do vetor $c\mathfrak{E} \times \mathfrak{B}$ é $\mathfrak{E}^2$. Então $c^2\varepsilon_0 \mathfrak{E} \times \mathfrak{B}$, chamado *vetor de Poynting*, tem módulo igual a I, e, portanto, o fluxo dessa quantidade, através da superfície S, dado por

$$\int_S c^2 \varepsilon_0 \left(\mathfrak{E} \times \mathfrak{B}\right) \cdot \boldsymbol{u}_N \, ds = \frac{dE}{dt}, \tag{19.18}$$

é a energia que atravessa a área S por unidade de tempo, e é por essa razão que a designamos por dE/dt.

No Cap. 11, vimos que energia e quantidade de movimento estão intimamente relacionadas e que formam um quadrivetor (uma consequência do princípio da relatividade). Podemos, então, esperar que uma onda eletromagnética carregue, além de sua energia, certa quantidade de movimento. Como a radiação eletromagnética se propaga com velocidade c, podemos usar a relação entre energia e quantidade de movimento dada pela Eq. (11.17), $p = vE/c^2$ (com $v = c$), e obter a quantidade de movimento p por unidade de volume, associada com uma onda eletromagnética. Assim,

$$p = \frac{\text{E}}{c} = \frac{\varepsilon_0 \mathfrak{E}^2}{c} = \varepsilon_0 \left|\mathfrak{E} \times \mathfrak{B}\right|. \tag{19.19}$$

Você deve verificar que $\varepsilon_0 \,|\mathfrak{E} \times \mathfrak{B}|$ tem as dimensões de $m^{-2} \cdot kg \cdot s^{-1}$, o que corresponde à quantidade de movimento por unidade de volume. Como a quantidade de movimento deve ter o sentido de propagação da onda, podemos escrever a equação anterior sob a forma vetorial

$$\boldsymbol{p} = \frac{E}{c}\boldsymbol{u} = \varepsilon_0 \mathfrak{E} \times \mathfrak{B},$$

onde $\boldsymbol{u}$ é o vetor unitário na direção de propagação. Embora a relação dada na Eq. (19.19) tenha sido estabelecida por unidade de volume, temos que, para um valor arbitrário da energia E em uma onda plana, corresponde uma quantidade de movimento $p = E/c$ na direção de propagação.

Se uma onda eletromagnética possui quantidade de movimento, possui também momento angular. O momento angular, por unidade de volume, é

$$\boldsymbol{L} = \boldsymbol{r} \times \boldsymbol{p} = \varepsilon_0 \boldsymbol{r} \times (\mathfrak{E} \times \mathfrak{B}).$$

Isso poderia ser chamado de momento angular "orbital" da radiação, por analogia com o movimento orbital de uma partícula em órbita. Além disso, a radiação eletromagnética tem um momento angular intrínseco, ou "spin", análogo ao "spin" das partículas fundamentais (lembre-se do Ex. 15.6). Para ondas planas circularmente polarizadas, pode-se mostrar que o "spin" tem uma componente igual a $\mp E/\omega$, na direção de propagação, dependendo da polarização ser horária ou anti-horária. Para uma onda linearmente polarizada, o valor médio da componente do "spin" na direção de propagação é zero.

Portanto, quando uma partícula carregada absorve ou emite radiação eletromagnética, além de haver variação na sua energia e quantidade de movimento, haverá também variação de seu momento angular, resultado esse que tem sido verificado experimentalmente, tanto direta como indiretamente. Em resumo, concluímos que

uma onda eletromagnética transporta, além de energia, quantidade de movimento e momento angular,

Esse resultado não é surpreendente. Uma interação eletromagnética entre duas cargas elétricas significa uma troca de energia e quantidade de movimento entre as cargas. Isso é executado por meio do campo eletromagnético, o qual é o portador da quantidade de movimento e energia trocadas. A existência de uma quantidade de movimento associada ao campo eletromagnético já tinha sido sugerida na Seç. 15.14. A relação $p = E/c$ entre a energia e a quantidade de movimento da radiação eletromagnética é particularmente importante. Teremos oportunidade de nos referir a ela diversas vezes, e indicaremos evidências experimentais que suportam essa hipótese transcendental.

■ **Exemplo 19.1** Discutir pressão de radiação.

Solução: Em virtude de as ondas eletromagnéticas carregarem quantidade de movimento, aparecerá certa pressão quando forem refletidas ou absorvidas na superfície de um corpo. O princípio básico é o mesmo que no caso da pressão exercida por um gás sobre as paredes de um recipiente de maneira, explicada nos Exs. 9.2 e 9.16.

Consideremos primeiro um caso simples. Suponhamos que uma onda eletromagnética plana incida perpendicularmente sobre uma superfície perfeitamente absorvente

(Fig. 19.6). A quantidade de movimento incidente, por unidade de volume, é p, e o valor da quantidade de movimento da radiação incidente por unidade de tempo sobre a superfície A é obtido multiplicando p pelo volume cA, isto é, pcA. Se a radiação for completamente absorvida pela superfície, isso representará também a quantidade de movimento absorvida por unidade de tempo pela superfície A, isto é, a força sobre A. Dividindo por A, obtemos a pressão devida à radiação

$$P_{\text{rad}} = cp = \text{E} = \varepsilon_0 \mathcal{E}^2.$$

Então, para incidência normal, a pressão da radiação sobre um absorvente perfeito é igual à densidade de energia da onda.

Por outro lado, se a superfície for um refletor perfeito, a radiação, depois da reflexão, terá uma quantidade de movimento igual em módulo, mas de sentido oposto, ao da radiação incidente. A variação da quantidade de movimento por unidade de volume é então de $2p$, e a pressão de radiação é, consequentemente,

$$P_{\text{rad}} = 2cp = 2\text{E} = 2\varepsilon_0 \mathcal{E}^2.$$

Esses resultados podem ser generalizados para o caso de incidência oblíqua (Fig. 19.7) no qual a variação da quantidade de movimento da radiação por unidade de volume, para uma superfície perfeitamente refletora, é $2p \cos \theta$, e a pressão de radiação correspondente é

$$P_{\text{rad}} = 2cp \cos \theta = 2\text{E} \cos \theta.$$

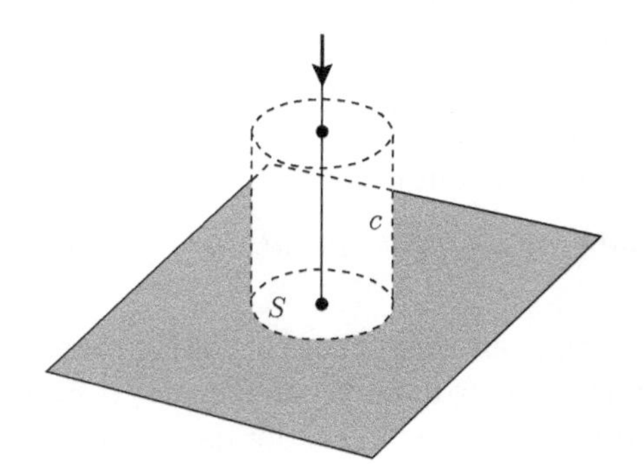

Figura 19.6 Pressão de radiação para incidência normal.

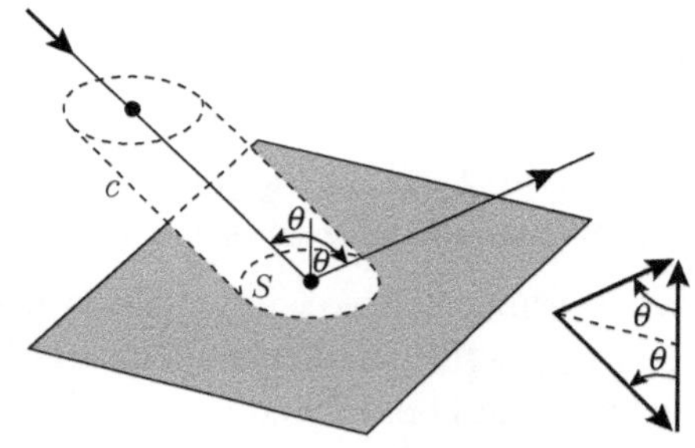

Figura 19.7 Pressão de radiação para incidência oblíqua. O diagrama da quantidade de movimento é mostrado à direita.

O estudante pode verificar que esse resultado é idêntico ao do Ex. 9.16, se c for substituído por v, velocidade molecular, e p substituído por nmv. Se a radiação se propagar em todas as direções, devemos integrar sobre todas as direções, como fizemos no Ex. 9.16, obtendo o resultado

$$P_{\text{rad}} = \tfrac{2}{3} cp = \tfrac{2}{3} \text{E}.$$

Quando a superfície é perfeitamente absorvente, a variação da quantidade de movimento normal à superfície é reduzida à metade do valor determinado acima (porque não há onda refletida transportando quantidade de movimento), resultando em

$$P_{rad} = \frac{1}{3}E.$$

A existência da pressão de radiação, a qual tem sido verificada experimentalmente é responsável por diversos fenômenos importantes e proporciona uma verificação indireta da Eq. (19.19). Por exemplo, a curvatura da cauda de um cometa pode ser explicada pela pressão de radiação devida à radiação eletromagnética proveniente do Sol. Para estimar a pressão de radiação sobre a superfície da Terra, devemos considerar que a energia incidente é cerca de $1{,}4 \times 10^3$ W · m^{-2}, correspondendo a uma densidade de energia (dividindo-se por c) igual a $4{,}7 \times 10^{-6}$ J · m^{-3}. Supondo que a Terra seja um absorvente perfeito e que a energia incidente venha de todas as direções, a pressão de radiação é $P_{rad} = \frac{1}{3}E = 1{,}6 \times 10^{-6}$ N · m^{-2}. Você deve comparar esse resultado com a pressão atmosférica, que é cerca de 10^5 N · m^{-2}.

19.4 Radiação de um dipolo elétrico oscilante

Em nossa discussão, consideramos, até aqui, ondas eletromagnéticas sem mencionar como são produzidas; em outras palavras, sem explicar o que são *fontes* de ondas eletromagnéticas. Se, por exemplo, estivermos tratando de ondas elásticas (tais como som) diremos que a fonte de ondas é algum corpo vibrante, tal como a membrana de um tambor, ou a corda de um violino. No caso de ondas eletromagnéticas, as fontes de ondas são obviamente as mesmas que as fontes do campo eletromagnético, isto é, cargas elétricas em movimento. Dado um conjunto de cargas em movimento, as equações de Maxwell nos dão (em princípio) o campo eletromagnético que elas produzem e, portanto, a natureza das ondas eletromagnéticas resultantes. Em lugar de considerar a solução geral das equações de Maxwell para cargas em movimento arbitrário (o que é um problema teórico muito importante, mas demasiadamente complicado para ser discutido neste livro), concentrar-nos-emos em dois casos particulares importantes. Um é o caso de cargas em movimento constituindo um dipolo elétrico oscilante e o outro é o de cargas em movimento correspondendo a um dipolo magnético oscilante.

O caso de um dipolo elétrico oscilante aparece quando o movimento das cargas pode ser descrito coletivamente por um dipolo elétrico cujo momento varia com o tempo de acordo com a lei $\Pi = \Pi_0$ sen ωt*. Poderia ser o caso, por exemplo, de um elétron em um átomo, quando o movimento normal do elétron fosse perturbado, ou uma corrente oscilante em uma antena linear de uma estação de rádio. Quando o momento de dipolo elétrico é constante, o único campo produzido é elétrico, como foi explicado na Seç. 14.11. Mas, quando o momento de dipolo elétrico é oscilante, o campo elétrico é também oscilante, e, portanto, dependente do tempo. Isso significa que também um campo magnético estará presente, como prevê a lei de Ampère-Maxwell. Isso pode também ser visualizado pelo fato de um dipolo elétrico oscilante ser equivalente a uma corrente linear oscilante, e uma corrente elétrica sempre produzir um campo magnético ao redor de si mesma.

A solução das equações de Maxwell, para o caso de um dipolo elétrico oscilante, é um problema matemático muito difícil para ser apresentado aqui, mas podemos usar

* Neste capítulo, o símbolo Π é usado para o momento de dipolo elétrico, a fim de evitar confusão com quantidade de movimento e pressão.

nossa intuição física para determinar suas principais características. Para pontos muito próximos ao dipolo elétrico, o efeito de retardação devido à velocidade finita de propagação das ondas eletromagnéticas é desprezível, porque a distância r é muito pequena (lembre-se da discussão na Seç. 15.14). O campo é então semelhante ao campo criado por um dipolo elétrico estático, como foi calculado na Seç. 14.11, isto é, se supusermos o eixo Z orientado paralelamente ao dipolo, poderemos escrever a componente do campo elétrico como

$$\mathfrak{E}_r = \frac{2\Pi \cos\theta}{4\pi\varepsilon_0 r^3} = \frac{2\Pi_0 \cos\theta}{4\pi\varepsilon_0 r^3} \operatorname{sen} \omega t$$

e

$$\mathfrak{E}_\theta = \frac{\Pi \operatorname{sen}\theta}{4\pi\varepsilon_0 r^3} = \frac{\Pi_0 \operatorname{sen}\theta}{4\pi\varepsilon_0 r^3} \operatorname{sen} \omega t \tag{19.20}$$

e o campo magnético é desprezível. A grandes distâncias, contudo, a propagação finita das ondas produz uma modificação no campo. A solução da equação de onda, para ondas esféricas de amplitude igual em todas as direções, dada na Seç. 18.11, sugere que, nesse caso (embora não haja simetria esférica, mas, antes, simetria radial em torno do eixo de oscilação do dipolo), o campo eletromagnético possa depender, assintoticamente, em relação à distância, de um fator $1/r$, em vez de $1/r^3$, como no caso de distâncias pequenas. (Isso é corroborado pela solução das equações de Maxwell). Além disso, para distâncias grandes, quando uma pequena porção da frente de onda pode ser tomada como uma onda plana, o campo elétrico deve ser perpendicular à direção de propagação, a qual coincide com a direção do raio–vetor r, de forma que $\mathfrak{E}_r = 0$. Encontra-se, então, para o campo elétrico,

$$\mathfrak{E} = \frac{\Pi_0 \operatorname{sen}\theta}{4\pi\varepsilon_0 r}\left(\frac{\omega}{c}\right)^2 \operatorname{sen}(kr - \omega t), \tag{19.21}$$

e sua direção é a indicada na Fig. 19.8. Por outro lado, o campo magnético, que corresponde a uma corrente ao longo do eixo Z, deve ser representado por linhas de força que são círculos paralelos ao plano XY. Usando a Eq. (19.14), temos

$$\mathfrak{B} = \frac{1}{c}\,\mathfrak{E} = \frac{\Pi_0 \operatorname{sen}\theta}{4\pi\varepsilon_0 c r}\left(\frac{\omega}{c}\right)^2 \operatorname{sen}(kr - \omega t), \tag{19.22}$$

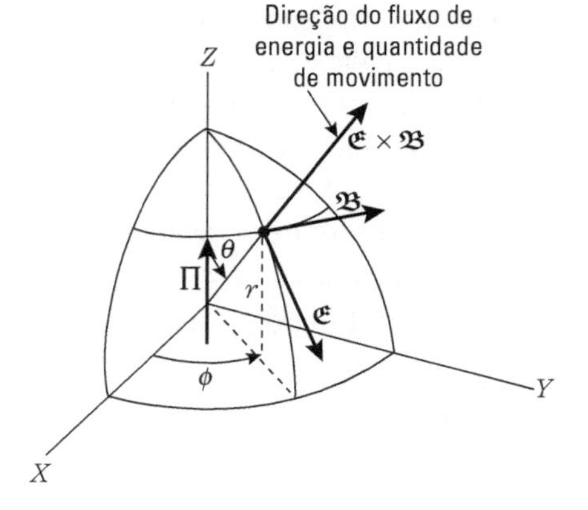

Figura 19.8 Campos elétrico e magnético produzidos por um dipolo elétrico oscilante.

com o campo orientado como mostra a Fig. 19.8, de forma que $\mathfrak{E}$ e $\mathfrak{B}$ são perpendiculares entre si. Note que tanto $\mathfrak{E}$ como $\mathfrak{B}$ são nulos para $\theta = 0$ ou π, isto é, para pontos ao longo do eixo Z. Isso significa que a amplitude da onda eletromagnética de um dipolo elétrico oscilante é nula ao longo da direção de oscilação. Por outro lado, sen θ tem seu valor máximo para $\theta = \pi/2$, ou seja, para pontos no plano XY. Portanto a onda eletromagnética de um dipolo elétrico oscilante tem sua máxima intensidade no plano equatorial. Em qualquer caso, as ondas são linearmente polarizadas, com o campo elétrico oscilando em um plano meridiano. A Fig. 19.9 mostra as linhas de força do campo elétrico em um plano meridiano. A região entre dois círculos concêntricos corresponde a uma oscilação completa. As linhas de força magnética são círculos paralelos ao plano XY com seus centros no eixo Z.

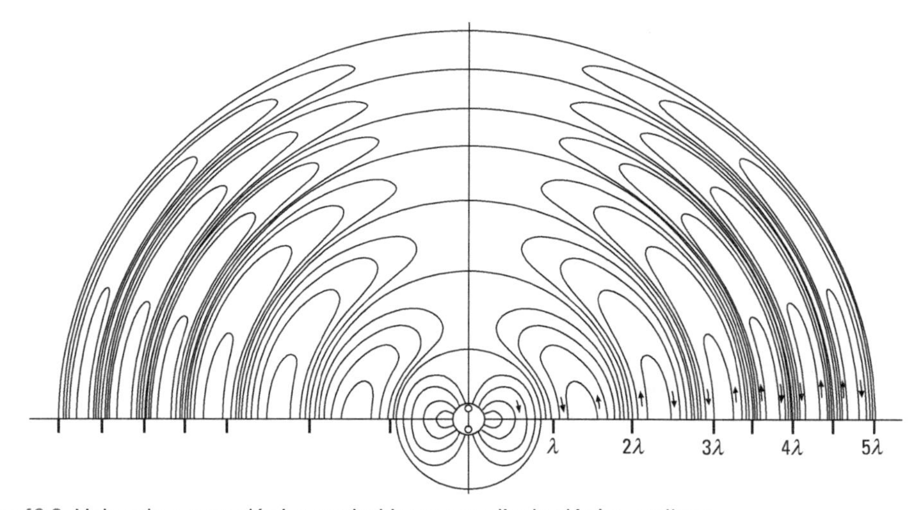

Figura 19.9 Linhas de campo elétrico produzidas por um dipolo elétrico oscilante.

Como o vetor $\mathfrak{E} \times \mathfrak{B}$ tem a direção de $\boldsymbol{r}$, temos um fluxo de energia e quantidade de movimento afastando-se do dipolo elétrico na direção radial e, portanto, para manter o dipolo elétrico oscilando, devemos fornecer-lhe energia. Se usarmos as Eqs. (19.15) e (19.21), concluiremos que a densidade de energia da onda, a distâncias grandes do dipolo elétrico oscilante, é

$$\mathrm{E} = \varepsilon_0 \mathfrak{E}^2 = \frac{\Pi_0^2 \operatorname{sen}^2 \theta}{16\pi^2 \varepsilon_0 r^2} \frac{\omega^4}{c^4} \operatorname{sen}^2 (kr - \omega t).$$

Como $[\operatorname{sen}^2 (kr - \omega t)]_{\text{med}} = 1/2$, a densidade média de energia é

$$\mathrm{E}_{\text{med}} = \frac{\Pi_0^2 \omega^4}{32\pi^2 c^4 \varepsilon_0 r^2} \operatorname{sen}^2 \theta. \tag{19.23}$$

A intensidade de radiação de um dipolo elétrico oscilante (isto é, a energia que atravessa a unidade de área por unidade de tempo na direção de propagação), de acordo com a Eq. (19.16), é

$$I(\theta)c\mathrm{E}_{\mathrm{med}} = \frac{\Pi_0^2\,\omega^4}{32\pi^2 c^3 \varepsilon_0 r^2}\,\mathrm{sen}^2\,\theta \tag{19.24}$$

Essa expressão da intensidade mostra duas peculiaridades interessantes. Em primeiro lugar, exibe a dependência com $1/r^2$ que esperávamos após nossa discussão sobre ondas esféricas na Seç. 18.11. Além disso, possui uma dependência angular, pois é proporcional a $\mathrm{sen}^2\,\theta$. Portanto a intensidade é máxima no plano equatorial e nula ao longo do eixo do dipolo elétrico oscilante. Isso significa que *um dipolo elétrico oscilante não irradia energia ao longo de seu eixo.* A Fig. 19.10 mostra a dependência angular de $I(\theta)$.

Para calcular a energia total irradiada por unidade de tempo pelo dipolo, devemos proceder como segue. Notando que o fluxo de energia é na direção radial (recordar a Fig. 19.8), podemos desenhar uma esfera de raio muito grande em torno do dipolo (Fig. 19.11). A energia que atravessa uma pequena área dS por unidade de tempo é $I(\theta)\,dS$ e, portanto, a energia total irradiada por unidade de tempo é

$$\frac{dE}{dt} = \int_{\mathrm{Esfera}} I(\theta)\,dS. \tag{19.25}$$

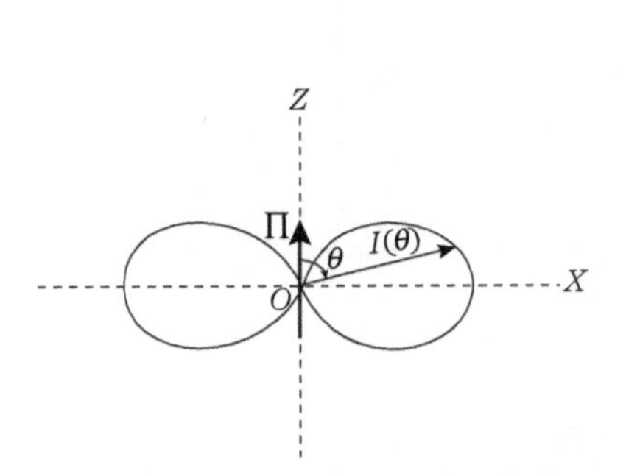

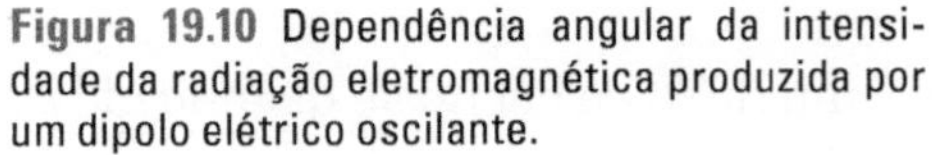

Figura 19.10 Dependência angular da intensidade da radiação eletromagnética produzida por um dipolo elétrico oscilante.

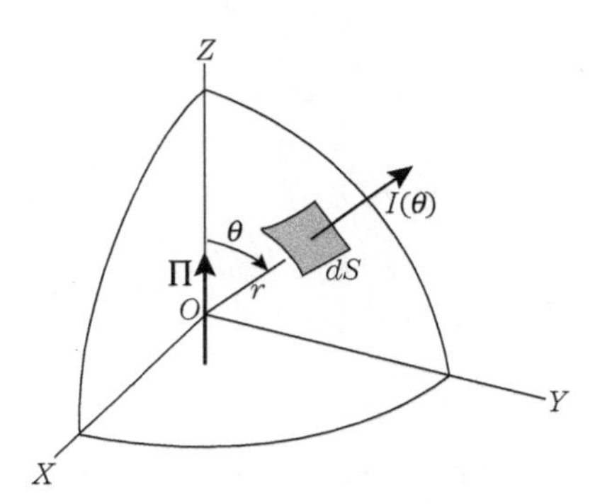

Figura 19.11 Cálculo da energia total irradiada, por unidade de tempo, por um dipolo elétrico oscilante.

O cálculo dessa integral é um exercício matemático, o qual será omitido. O resultado é

$$\frac{dE}{dt} = \frac{\Pi_0^2\,\omega^4}{12\pi\varepsilon_0 c^3}. \tag{19.26}$$

O momento de dipolo elétrico pode ser escrito como qz, onde q é a carga oscilante, e $z = z_0$ sen ωt; podemos assim substituir Π_0 por qz_0, onde z_0 é a amplitude das oscilações. Em muitos casos, é um próton ou um elétron que oscila dentro do núcleo ou átomo, e então q é igual à carga fundamental $\pm e$. Assim, a Eq. (19.26) fica

$$\frac{dE}{dt} = \frac{e^2 z_0^2 \omega^4}{12\pi\varepsilon_0 c^3}. \tag{19.27}$$

No caso de um elétron em um átomo, a quantidade z_0 é da ordem de grandeza das dimensões atômicas, ou cerca de 10^{-10} m. Introduzindo os valores das outras constantes, vemos que, para radiação atômica de dipolo elétrico,

$$\frac{dE}{dt} \sim 10^{-74}\omega^4\,\text{W}.$$

Na região óptica, ω é da ordem de 10^{14} Hz, o que significa que $dE/dt \sim 10^{-18}$ W ou 10 eV · s^{-1}, uma quantidade pequena para os padrões da engenharia, porém apreciável do ponto de vista atômico.

O processo de emissão de radiação por dipolos elétricos é dos mais eficazes para a produção de ondas eletromagnéticas e constitui o mecanismo mais importante pelo qual átomos, moléculas e núcleos emitem (e absorvem) radiação eletromagnética. Contudo, para discutirmos radiação de dipolo elétrico de átomos, moléculas e núcleos, devemos usar os métodos da mecânica quântica. Portanto os resultados estabelecidos aqui e nas seções subsequentes podem dar somente uma estimativa grosseira das ordens de grandeza envolvidas. Um dos resultados experimentais mais importantes a ser considerado no tratamento quântico é que um átomo não emite radiações continuamente, mas em impulsos. Outro resultado experimental que deve ser levado em conta é o fato de a radiação emitida por átomos (ou moléculas ou núcleos) ser composta de um conjunto bem definido de frequências ω_1, ω_2, ω_3, ..., características de cada átomo, molécula, ou núcleo, constituindo o chamado *espectro de emissão* da substância, um fato que mencionamos na Seç. 16.7.

Como dissemos quando estávamos discutindo a Fig. 19.9, a radiação de um dipolo elétrico é polarizada, com o campo elétrico sempre no plano meridiano. Contudo nossa vista não parece ser sensível à direção de polarização de uma onda eletromagnética e não podemos reconhecer essa importante propriedade a olho nu. É interessante notar que certos insetos parecem ser, com efeito, sensíveis à polarização. Além disso, na maioria das substâncias, os dipolos atômicos radiantes são orientados ao acaso e nenhuma polarização resultante é observada na radiação por elas emitida.

■ **Exemplo 19.2** Aplicar a Eq. (19.27) para calcular a potência transmitida por uma estação de rádio.

Solução: Uma antena, sob a forma simplificada, é simplesmente um fio, de comprimento z_0, no qual é mantida uma corrente oscilante. A corrente está relacionada com as cargas por $I = dq/dt$, e, portanto, a amplitude da corrente é $I_0 = q\omega$. Logo, $\Pi_0 = qz_0 = I_0 z_0/\omega$. Introduzindo essa relação na Eq. (19.26), temos

$$\frac{dE}{dt} = \frac{I_0^2\omega^2 z_0^2}{12\pi\varepsilon_0 c^3}. \tag{19.28}$$

Essa expressão nos dá a potência utilizada por uma estação de radiodifusão de frequência ω. De nossa discussão da lei de Ohm aplicada a circuitos de correntes alternadas (Seç. 17.10), temos que a potência média necessária para manter uma corrente é $\frac{1}{2}RI_0^2$ [Eq. (17.40)]. De maneira análoga, podemos escrever a Eq. (19.28) sob a forma

$$\frac{dE}{dt} = \frac{1}{2} = \left(\frac{\omega^4 z_0^2}{6\pi\varepsilon_0 c^3}\right) I_0^2, \tag{19.29}$$

e, por analogia, chamar

$$R = \frac{\omega^2 z_0^2}{6\pi\varepsilon_0 c^3} = \frac{2\pi}{3}\sqrt{\frac{\mu_0}{\varepsilon_0}}\left(\frac{z_0}{\lambda}\right)^2 \tag{19.30}$$

de *resistência de radiação* da antena. É expressa em ohms, como pode ser verificado de suas dimensões a partir das unidades fundamentais. A resistência total da antena é, naturalmente, a resistência de radiação mais a resistência de condução. Introduzindo valores numéricos na Eq. (19.30), temos $R = 787(z_0/\lambda)^2$ ohms. Observe que as Eqs. (19.29) e (19.30) foram deduzidas para uma antena linear a partir de uma aproximação de dipolo elétrico e, dessa forma, essas equações são válidas somente se o comprimento z_0 for muito pequeno comparado com o comprimento de onda da radiação.

Como um exemplo, consideremos uma antena linear de 30 m de comprimento que irradia ondas eletromagnéticas de frequência 5×10^5 Hz. O valor da raiz quadrática média da corrente é 20 A. Usando a Eq. (19.30), com $\omega = 2\pi\nu = 3{,}14 \times 10^6$ s^{-1} e $z_0 = 30$ m, obtemos $R = 1{,}97\ \Omega$ para sua resistência de radiação. Desde que $I_{rqm} = I_0/\sqrt{2}$ (vide Prob. 17.42), temos $I_{rqm}^2 = \frac{1}{2} I_0^2$. Portanto a potência irradiada é

$$\frac{dE}{dt} = RI_{rqm}^2 \sim 800 \text{ W}.$$

Observe que, nesse caso, $\lambda = c/\nu = 600$ m, e, portanto, $z_0/\lambda \ll 1$, de forma que a aproximação é correta.

19.5 Radiação de um dipolo magnético oscilante

Outra importante fonte de ondas eletromagnéticas é o dipolo magnético oscilante. A discussão é muito parecida com a do dipolo elétrico, exceto que os papéis dos campos elétrico e magnético foram intercambiados.

Na Seç. 15.6, definimos um dipolo magnético como uma pequena espira de corrente, com o momento magnético dado por $\mathfrak{M} = IA$, onde I é a corrente e A área da espira. Suponhamos que a espira esteja no plano XY com o centro na origem (Fig. 19.12). Se a corrente oscilar de forma que seja dada por $I = I_0$ sen ωt, o momento magnético será $\mathfrak{M} = \mathfrak{M}_0$ sen ωt, onde $\mathfrak{M}_0 = I_0 A$. Um dipolo magnético estático produz somente um campo magnético constante. Mas, quando o dipolo magnético oscila, seu campo magnético, em cada ponto do espaço, é também oscilante ou dependente do tempo. Isso significa que um campo elétrico também está presente, de acordo com o que estabelecemos quando discutimos a lei de Faraday- Maxwell.

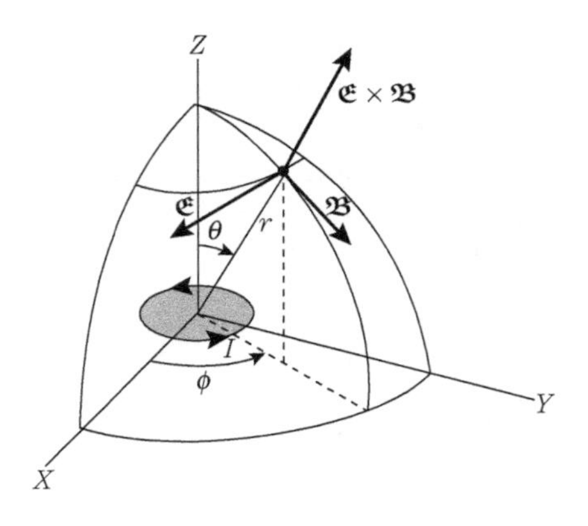

Figura 19.12 Campos elétrico e magnético produzidos por um dipolo magnético oscilante.

Como no caso do dipolo elétrico oscilante, omitiremos a dedução das expressões exatas para os campos elétrico e magnético, por causa das dificuldades matemáticas. Para pontos próximos do dipolo magnético, o efeito de retardação, devido à velocidade finita de propagação das ondas eletromagnéticas, é desprezível porque a distância r é muito pequena. O campo é, então, semelhante àquele de um momento magnético estático, como foi explicado na Seç. 15.10; isto é,

$$\mathfrak{B}_r = \frac{\mu_0}{4\pi}\frac{2\mathfrak{M}\cos\theta}{r^3} = \frac{\mu_0}{4\pi}\frac{2\mathfrak{M}_0\cos\theta}{r^3}\operatorname{sen}\omega t,$$
$$\mathfrak{B}_\theta = \frac{\mu_0}{4\pi}\frac{\mathfrak{M}\cos\theta}{r^3} = \frac{\mu_0}{4\pi}\frac{\mathfrak{M}_0\cos\theta}{r^3}\operatorname{sen}\omega t, \tag{19.31}$$

e o campo elétrico pode ser desprezado. A grandes distâncias, contudo, a velocidade de propagação finita das ondas produz uma apreciável modificação no campo. Como no caso de um dipolo elétrico, podemos esperar uma solução dependendo assintoticamente de $1/r$ em vez de $1/r^3$, como nas Eqs. (19.31), com os campos elétrico e magnético em um plano perpendicular à direção de propagação das ondas. Podemos também esperar que os papéis dos campos elétrico e magnético sejam opostos ao que eram no caso do dipolo elétrico, isto é, o campo magnético estará no plano meridiano e o campo elétrico na direção transversa, de forma que as linhas de força elétrica serão círculos concêntricos com o eixo Z. Nessa aproximação, suas expressões são

$$\mathfrak{E} = \frac{\mu_0 c}{4\pi}\frac{\mathfrak{M}_0\operatorname{sen}\theta}{r}\left(\frac{\omega}{c}\right)^2\operatorname{sen}(kr-\omega t)$$
$$\mathfrak{B} = \frac{\mu_0}{4\pi}\frac{\mathfrak{M}_0\operatorname{sen}\theta}{r}\left(\frac{\omega}{c}\right)^2\operatorname{sen}(kr-\omega t). \tag{19.32}$$

Note que a relação $\mathfrak{B} = \mathfrak{E}/c$ ainda vale. A orientação relativa dos campos $\mathfrak{E}$ e $\mathfrak{B}$ para um dipolo magnético oscilante é ilustrada na Fig. 19.12. Observa-se que o vetor $\mathfrak{E}\times\mathfrak{B}$ tem a direção radial. A onda é plano-polarizada, com o campo magnético oscilando em um plano meridiano. Em outras palavras, o plano de polarização está girado de 90° com respeito às ondas do dipolo elétrico. Isso proporciona um meio de distinguir a radiação do dipolo elétrico e do dipolo magnético.

Pelo mesmo raciocínio que usamos para obter a Eq. (19.23), a densidade de energia média da radiação emitida por um dipolo magnético oscilante é

$$\mathrm{E}_{\text{med}}(\theta) = \frac{\mathfrak{M}_0^2\omega^4}{32\pi^2\varepsilon_0 c^6 r^2}\operatorname{sen}^2\theta \tag{19.33}$$

A intensidade da radiação de um dipolo magnético, $I(\theta) = c\mathrm{E}_{\text{med}}(\theta)$, é de novo nula ao longo do eixo do dipolo (eixo Z), e é máxima no plano equatorial, situação semelhante àquela encontrada para um dipolo elétrico oscilante. A energia média irradiada por unidade de tempo pelo dipolo magnético oscilante é

$$\frac{dE}{dt} = \frac{\mathfrak{M}_0^2\omega^4}{12\pi\varepsilon_0 c^5}. \tag{19.34}$$

Esse resultado é obtido seguindo o mesmo procedimento sugerido para o dipolo elétrico.

No caso de um elétron em um átomo, temos, pela Eq. (15.27), que $\mathfrak{M}_0 = -(e/2m_e)L$, onde L é o momento angular orbital do elétron, de forma que

$$\frac{dE}{dt} = \frac{(e/2m_e)^2 L^2 \omega^4}{12\pi\varepsilon_0 c^5}. \tag{19.35}$$

A quantidade $e/2m_e$ vale 1,759 × 10^{11} C · kg^{-1} e o momento angular L é da ordem de 10^{-34} J · s^{-1} (veja o Ex. 15.7) e, assim,

$$\frac{dE}{dt} \approx 10^{-80}\ \omega^4 \mathrm{W}.$$

Portanto, quando comparamos esse resultado com o correspondente para um dipolo elétrico, concluímos que, para átomos (e também para moléculas), a razão da intensidade da radiação de dipolo magnético para a de dipolo elétrico é da ordem de 10^{-6}. Isso indica que, para a mesma frequência, a radiação de dipolo magnético pode ser desprezada em comparação com a radiação de dipolo elétrico, devendo ser tomada em consideração somente quando, por alguma razão, a radiação de dipolo elétrico estiver ausente. Esse assunto não será discutido aqui porque sua análise requer o uso de mecânica quântica. Na realidade, desde que $L = mrv$ e r e z_0 são da mesma ordem de grandeza, temos que

$$\left(\frac{dE}{dt}\right)_{\text{Dipolo magnético}} \approx \left(\frac{v}{c}\right)^2 \left(\frac{dE}{dt}\right)_{\text{Dipolo elétrico}}$$

e, dessa forma, só para elétrons muito rápidos as duas são comparáveis. Contudo, em núcleos, a radiação de dipolo magnético é relativamente mais intensa do que em átomos e moléculas.

■ **Exemplo 19.3** Discutir a radiação de dipolo magnético de uma antena.

Solução: A Eq. (19.34), aplicada a uma antena radiante, com $\mathfrak{M}_0 = I_0 A$, mostra que a potência média necessária para que a antena funcione é

$$\frac{dE}{dt} = \frac{I_0^2 A^2 \omega^4}{12\pi\varepsilon_0 c^5}. \tag{19.36}$$

Uma comparação com a Eq. (19.28), para uma antena de dipolo elétrico, dá

$$\frac{(dE/dt)_{\text{Dipolo magnético}}}{(dE/dt)_{\text{Dipolo elétrico}}} = \left(\frac{A\omega}{z_0 c}\right)^2.$$

Mas $\omega/c = k = 2\pi/\lambda$ e A é da ordem de grandeza de z_0^2. Portanto

$$\frac{(dE/dt)_{\text{Dipolo magnético}}}{(dE/dt)_{\text{Dipolo elétrico}}} \approx \left(\frac{2\pi z_0}{\lambda}\right)^2. \tag{19.37}$$

Como z_0 é geralmente muito menor do que λ para antenas de radiodifusão, concluímos de novo que o modo magnético de radiação é muito mais fraco do que o modo elétrico. É instrutivo aplicar a Eq. (19.37) ao caso atômico. Então z_0 é da ordem de 10^{-10} m e, na região óptica λ, é cerca de 10^{-7} m, dando um valor da ordem de 10^{-6} para a razão que aparece na Eq. (19.37), de acordo com nossas estimativas anteriores. Por outro lado, para núcleos, z_0 é da ordem de 10^{-14} m e λ é da ordem de 10^{-12} m, de forma que a razão (19.37) é cerca de 10^{-4}, e a radiação de dipolo magnético é relativamente mais importante do que no caso atômico.

■ **Exemplo 19.4** Obter a resistência de radiação de uma antena que tem a forma de uma espira circular. Aplicar o resultado a uma antena circular de 30 m de perímetro sujeita a uma corrente cujo valor rqm é de 20 A, oscilando a uma frequência de 5×10^5 Hz.

Solução: Da Eq. (19.36), temos que

$$\frac{dE}{dt} = \frac{1}{2}\left(\frac{A^2\omega^4}{6\pi\varepsilon_0 c^5}\right)I_0^2,$$

de forma que a resistência de radiação é

$$R = \frac{A^2\omega^4}{6\pi\varepsilon_0 c^5} = \frac{8\pi^3}{3}\sqrt{\frac{\mu_0}{\varepsilon_0}}\left(\frac{A}{\lambda^2}\right)^2 = 31{,}170\left(\frac{A}{\lambda^2}\right)^2 \text{ ohms.}$$

Em nosso caso, o raio é $30/27\pi$ m e a área é $A = 900/4\pi = 71{,}6$ m^2. Os outros valores são os mesmos do Ex. 19.2. Portanto $R = 0{,}0012\Omega$. A potência média irradiada é

$$\frac{dE}{dt} = RI_{\text{rqm}}^2 = 0{,}48 \text{ W},$$

valor que deve ser comparado com o resultado do Ex. 19.2.

19.6 Radiação de multipolos oscilantes de ordem superior

Nas duas seções anteriores, consideramos a radiação emitida por dipolos elétricos e magnéticos. Mas, nos Caps. 14 e 15 tratamos de dipolos de ordem superior, tanto elétricos como magnéticos, relacionados com diferentes arranjos de carga e corrente. Se esses multipolos oscilarem, produzirão ondas eletromagnéticas que terão distribuição angular e polarização diferentes das ondas de um dipolo.

Em geral, quanto maior a ordem do dipolo, tanto mais baixa a intensidade da radiação quando comparada com um dipolo de dimensões semelhantes e de mesma frequência. Por exemplo, se r_0 é da ordem de grandeza das dimensões do sistema e λ o comprimento de onda, a razão entre a radiação de quadripolo e a radiação de dipolo elétrico é da ordem de $(r_0/\lambda)^2$. Para átomos, r_0 é da ordem de 10^{-10} m e, para luz visível, λ é da ordem de 10^{-7} m, de forma que $(r_0/\lambda)^2$ é cerca de 10^{-6}. Por outro lado, para núcleos, r_0 é da ordem de 10^{-14} m e λ é da ordem de 10^{-12} m, de forma que $(r_0/\lambda)^2$ é cerca de 10^{-4}, e a radiação de quadripolo elétrico é relativamente mais importante. Nota-se que, em ambos os casos, a radiação de quadripolo elétrico é da mesma ordem de grandeza que a radiação de dipolo magnético. Esses resultados mostram que a radiação de dipolo elétrico é a mais importante em sistemas atômicos. Contudo, em certos núcleos, a radiação de quadripolo elétrico, e mesmo a de octopolo elétrico, devem ser levadas em conta. Radiações de ordem mais elevada são mais fracas e raramente são observadas, exceto sob condições muito especiais.

19.7 Radiação de uma carga acelerada

Nas Seções 19.4 e 19.5, discutimos dois mecanismos especiais de radiação eletromagnética: radiação de dipolo elétrico e magnético. Mas é muito importante ter um entendimento mais geral do mecanismo de radiação eletromagnética. Consideremos primeiramente o caso de uma carga em movimento uniforme, isto é, uma carga movendo-se com velocidade constante. Os campos elétrico e magnético de uma carga nessas condições foram discutidos na Seç. 15.13. O campo elétrico é radial e o campo magnético é transversal com linhas de força circulares e concêntricas com a trajetória do movimento. A Fig. 19.13 mostra o campo elétrico $\mathfrak{E}$ e o campo magnético $\mathfrak{B}$ em quatro pontos simétricos P_1, P_2, P_3 e P_4. Em cada ponto, o vetor $\mathfrak{E} \times \mathfrak{B}$ foi também indicado. Da figura, vemos que, quando adicionamos a contribuição de $\mathfrak{E} \times \mathfrak{B}$ para todos os pontos do espaço, as componentes perpendiculares à direção do movimento cancelam-se umas às outras, enquanto as componentes paralelas à direção do movimento são todas na mesma direção e somam-se umas às outras. Isso significa que há um fluxo de energia no sentido em que a carga está se movendo. Isso é fisicamente compreensível, pois a partícula carrega o campo (portanto a energia do campo e também sua quantidade de movimento) consigo. Para pontos fixos, em relação ao sistema de referência do nosso laboratório, que estão atrás da carga em movimento, o campo eletromagnético está decrescendo; enquanto, para pontos adiante da carga, o campo está crescendo de um valor igual. Isto requer uma transferência de energia da esquerda para a direita (isto é, na direção do movimento da carga quando observado de nosso sistema de referência), e dá origem ao fluxo de energia de que falamos aqui.

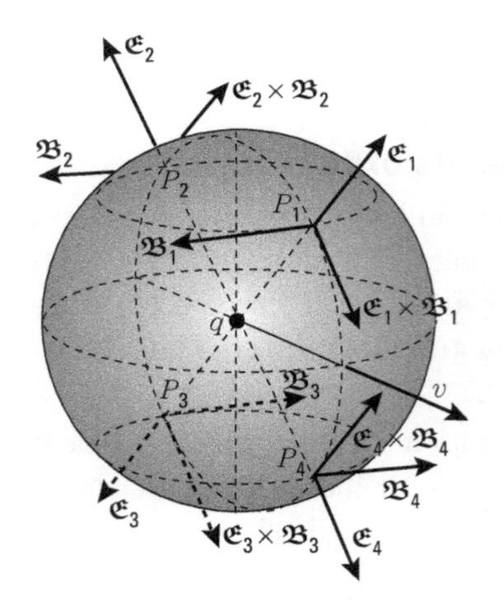

Figura 19.13 Campos elétrico e magnético de uma carga em movimento uniforme.

A fim de verificar se a energia é irradiada, devemos calcular o fluxo do vetor $\mathfrak{E} \times \mathfrak{B}$ através de uma superfície fechada circundando a carga. Usando a Eq. 19.18 para uma superfície fechada, temos

$$\frac{dE}{dt} = c^2 \varepsilon_0 \oint_S \mathfrak{E} \times \mathfrak{B} \cdot u_N \, dS,$$

Para nossa superfície fechada, devemos escolher uma esfera de raio r concêntrico com a carga. Da Fig. 19.13, vemos que o vetor $\mathfrak{E} \times \mathfrak{B}$ é tangente à superfície esférica em todos os seus pontos, e, portanto, perpendicular ao vetor unitário $\boldsymbol{u}_N$ normal à superfície. Então

$$\mathfrak{E} \times \mathfrak{B} \cdot \boldsymbol{u}_N = 0$$

e o fluxo de energia através da superfície esférica é nulo. Concluímos então que

> *uma carga que se move com movimento retilíneo e uniforme não irradia energia eletromagnética.*

Novamente, isso é compreensível, visto que, no sistema de referência inercial da carga, o campo é estático e a energia permanece constante; portanto, no sistema de referência do laboratório, a energia deve também permanecer constante. Há somente um fluxo estacionário de energia ao longo da direção do movimento da carga.

Uma situação bastante diferente existe para uma carga em movimento acelerado. O campo elétrico de uma carga acelerada não é mais radial e não tem a simetria esquerda–direita (frente–atrás) que tinha quando o movimento era uniforme. Como a expressão para o campo é muito complicada, ela não será dada aqui, mas suas linhas de força têm um aspecto semelhante ao da Fig. 19.14. Quando a partícula se move, o campo decresce do lado esquerdo (atrás) e cresce do lado direito (frente), mas, por causa da aceleração, o aumento do campo (que corresponde à nova e maior velocidade) é maior do que o decréscimo do campo que existia anteriormente (que corresponde a uma velocidade anterior e, portanto, menor). Assim, um excesso de energia deve ser transferido para todo o espaço, para formar o campo. Portanto

> *uma carga acelerada irradia energia eletromagnética.*

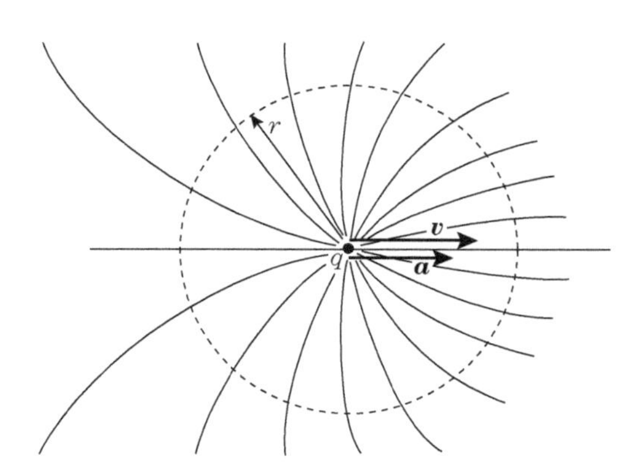

Figura 19.14 Linhas de força do campo elétrico produzidas por uma carga acelerada.

Isso significa que, quando estamos considerando o movimento de uma partícula carregada sob ação de uma força aplicada, a fim de determinar seu movimento, devemos levar em conta a influência da energia irradiada. Isso complica a equação do movimento de uma partícula e a razão pela qual não consideramos anteriormente esse fator é que, na maioria dos casos práticos (onde a aceleração é pequena e a velocidade pequena comparada com c), ele pode ser desprezado.

Usando os valores apropriados para os campos $\mathfrak{E}$ e $\mathfrak{B}$, podemos provar que, se a carga acelerada está momentaneamente em repouso, ou se move lentamente em relação ao observador (de forma que os efeitos de retardação devidos à velocidade finita de propagação da onda podem ser desprezados), a energia irradiada por unidade de tempo que atravessa a superfície da esfera de raio r que envolve a carga é,

$$\frac{dE}{dt} = \frac{q^2 a^2}{6\pi\varepsilon_0 c^3}, \tag{19.38}$$

onde a é a aceleração da carga. Esse resultado, chamado *fórmula de Larmor*, é essencialmente idêntico à Eq. (19.26), tendo em vista que, para uma carga oscilante ao longo do eixo Z, $a = -\omega^2 z$. Portanto

$$\frac{dE}{dt} = \frac{q^2 z^2 \omega^4}{6\pi\varepsilon_0 c^3},$$

e, para obter a energia média irradiada, precisamos de $(z^2)_{med}$, que é igual a $\frac{1}{2}z_0^2$. Fazendo essa substituição, obtemos a Eq. (19.26).

Uma conclusão importante é que, para manter a carga em movimento acelerado, temos de fornecer energia para compensar a energia perdida por radiação. Isso significa que, quando um íon é acelerado em um acelerador linear, tal como um Van de Graaff, uma fração da energia fornecida ao íon é perdida sob a forma de radiação eletromagnética. Essa perda, contudo, pode ser desprezada, exceto em energias relativísticas.

Outra especulação interessante é que, se toda a massa é de origem elétrica, como sugerimos no Ex. 17.6, poderíamos interpretar a inércia como sendo devida ao fato de a carga em movimento acelerado necessitar de um suprimento de energia a fim de formar seu campo eletromagnético. Quando esse suprimento não está disponível, a carga desacelera-se até atingir o repouso em um sistema inercial. Esse assunto, contudo, ainda está aberto a conjecturas e discussões.

Se a aceleração é paralela à velocidade, a distribuição angular da energia irradiada segue a lei sen^2 θ, ilustrada na Fig. 19.10 para um dipolo elétrico, desde que a velocidade da partícula seja pequena comparada com c. Com efeito, fazendo as mudanças necessárias na Eq. (19.24), (isto é, substituindo Π_0^2 por $q^2 z_0^2$ e $z_0\omega^2$ pela aceleração a, e notando que não estamos usando valores médios, mas instantâneos, de maneira que o fator 1/2 foi removido), achamos que a intensidade da radiação na direção dada pelo ângulo θ com respeito à velocidade pode ser expressa por

$$I(\theta) = \frac{q^2 a^2}{16\pi^2 c^3 \varepsilon_0 r^2} \operatorname{sen}^2 \theta. \tag{19.39}$$

A distribuição angular $I(\theta)$ é simétrica relativamente a um plano que contenha a carga e perpendicular à direção do movimento, como mostra a Fig. 19.15. Contudo, na região de alta energia, a intensidade da energia irradiada por uma carga acelerada tem seu máximo sobre a superfície cônica orientada no sentido do movimento da partícula, como indica também a Fig. 19.15. O ângulo do cone decresce quando a velocidade da partícula cresce.

Se a partícula, em lugar de ser acelerada, é desacelerada, a Eq. (19.38) ainda vale e a energia irradiada é a energia que o campo eletromagnético tem em excesso, em cada instante, como resultado do decréscimo da velocidade da carga. É isso o que acontece, por exemplo, quando uma carga rápida, tal como um elétron ou um próton, choca-se com um alvo. Uma parte substancial de sua energia se transforma em radiação, chamada *radiação de freamento*, ou, mais usualmente, *bremsstrahlung* (do alemão *Bremsung*, desaceleração, e *Strahlung*, radiação) (Fig. 19.16). Esse é o principal mecanismo pelo qual é produzida radiação em tubos de raios X usados para aplicações físicas, médicas e industriais.

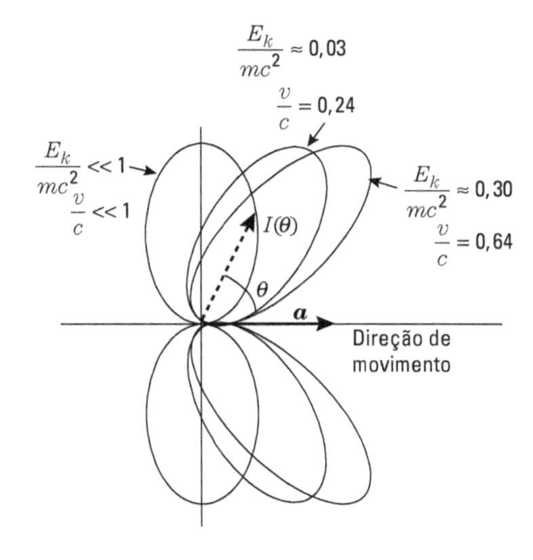

Figura 19.15 Distribuição angular da radiação emitida por uma carga acelerada, para diferentes valores de v/c.

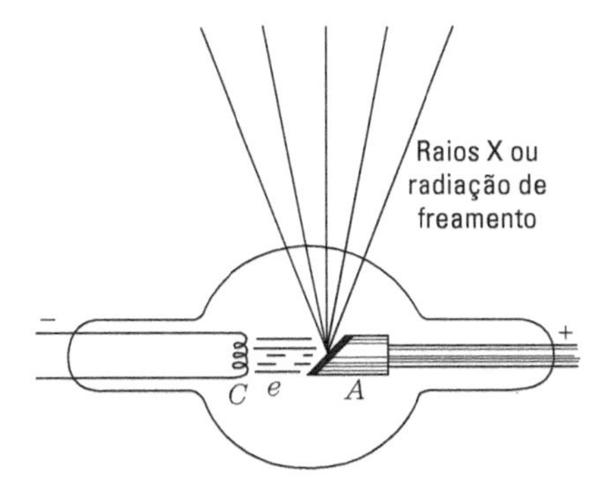

Figura 19.16 Radiação emitida por uma carga desacelerada quando se choca com o alvo A em um tubo de raios X. O alvo deve ser construído com material de elevado ponto de fusão e deve ser continuamente refrigerado.

Embora a Fig. 19.14 mostre o caso em que a aceleração atua no mesmo sentido do movimento, nossa discussão permanece verdadeira para qualquer tipo de movimento no qual haja aceleração. Por exemplo, uma partícula carregada movendo-se em uma trajetória circular possui uma aceleração centrípeta e, dessa forma, emite radiação. Portanto quando um íon é acelerado em um acelerador cíclico, como um cíclotron, um bétatron, ou um síncrotron, uma fração da energia nele aplicada é perdida sob a forma de radiação eletromagnética, efeito esse que é relativamente mais importante em aceleradores cíclicos do que em aceleradores lineares. Não levamos em conta esse efeito em nossa discussão anterior do cíclotron e do bétatron, omissão essa que se justifica quando a energia envolvida não é muito grande e a aceleração é pequena. Mas, quando as partículas alcançam altas energias, como em síncrotrons, onde a aceleração é grande, as perdas devidas à radiação, chamadas *radiação de síncrotron*, tornam-se muito importantes e constituem uma limitação séria na construção de aceleradores cíclicos de energia muito alta. Quando uma partícula aprisionada em um campo magnético espiralado, como foi discutido na Seç. 15.3, também emite radiação.

Como a radiação eletromagnética é emitida preferencialmente na direção perpendicular à aceleração (veja Fig. 19.15), e desde que a aceleração aponta para o eixo da hélice, sendo perpendicular à velocidade, concluímos que a radiação de síncrotron é emitida principalmente na direção do movimento dentro de um cone cujo eixo é tangente à trajetória do elétron, como indica a Fig. 19.17. A radiação proveniente de partículas carregadas aprisionadas no campo magnético terrestre, vindas de manchas solares ou de outros corpos celestes mais distantes (tais como certas nebulosas), é basicamente dessa espécie. A Fig. 19.18 mostra quatro fotografias da nebulosa do caranguejo. Acredita-se que a radiação recebida, que se estende desde as radiofrequências até o ultravioleta mais afastado, é do tipo da radiação de síncrotron proveniente de elétrons com energia até cerca de 10^{12} eV, movendo-se em órbitas circulares ou helicoidais em um campo magnético da ordem de 10^{-8} T. A radiação mostra uma forte polarização, como se pode ver pelas diferenças nas fotografias, tiradas usando-se filtros polarizadores, permitindo que somente radiação com o campo elétrico em uma direção específica sensibilizasse a chapa fotográfica. As setas indicam a direção do campo elétrico.

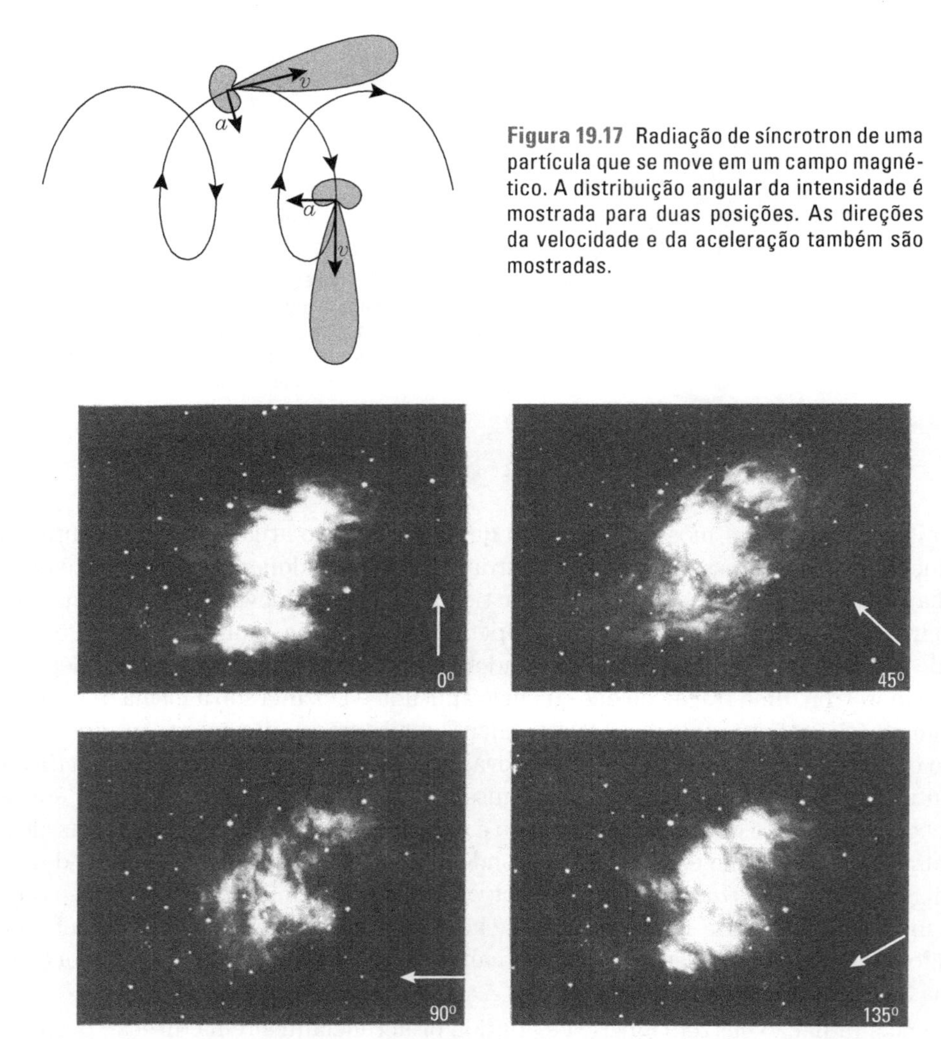

Figura 19.17 Radiação de síncrotron de uma partícula que se move em um campo magnético. A distribuição angular da intensidade é mostrada para duas posições. As direções da velocidade e da aceleração também são mostradas.

Figura 19.18 Radiação de síncrotron da nebulosa do Caranguejo. Cada fotografia foi tirada com auxílio de um dispositivo que aceitava somente a radiação que tivesse o vetor elétrico de acordo com a orientação indicada. O fato de as fotografias serem diferentes indica que a radiação é polarizada.

Fonte: Cortesia dos observatórios de Mt. Wilson e Palomar.

Outra consideração interessante é relacionada com a estrutura atômica. Na Seç. 14.7 indicamos que, como resultado das experiências de Rutherford sobre espalhamento de partículas alfa, visualizamos o átomo como sendo formado por um núcleo central carregado positivamente, e por elétrons carregados negativamente descrevendo órbitas fechadas em torno do núcleo. Mas isso significa que os elétrons se movem com movimento acelerado e, se aplicássemos as ideias expostas nesta seção, todos os átomos irradiariam energia continuamente. Como resultado dessa perda de energia, as órbitas eletrônicas encolher-se-iam, e haveria uma contração correspondente nas dimensões de todos os corpos. Naturalmente que, se todos os corpos fossem idênticos, não seríamos capazes de detectar essa contração, visto que tanto os corpos medidos como os instrumentos de medida seriam afetados igualmente. Mas, como átomos de diferentes elementos são diferentes, eles se encolheriam segundo taxas diferentes e isso produziria efeitos observáveis. Contudo nem essa contração da matéria nem a radiação contínua, a ela associada, foram observadas. Portanto devemos concluir que o movimento de elétrons atômicos é governado por alguns princípios adicionais que ainda não consideramos. Esses princípios são as leis da mecânica quântica, as quais, dentro de certos limites, modificam alguns dos resultados aqui discutidos.

■ **Exemplo 19.5** Deduzir uma expressão para a energia irradiada por unidade de tempo que seja válida para qualquer velocidade da carga e qualquer direção de aceleração.

Solução: A fórmula de Larmor, Eq. (19.38), é perfeitamente correta somente quando a partícula está momentaneamente em repouso em relação a um observador. Para obter o valor da energia irradiada pela carga, e medido por um observador que vê a partícula mover-se com velocidade v, devemos simplesmente fazer uma transformação de Lorentz de todas as quantidades envolvidas naquela expressão. Admitamos que a carga esteja momentaneamente em repouso em relação a um observador O' que usa o sistema de referência $X'Y'Z'$. A Eq. (19.38) fica

$$\frac{dE'}{dt'} = \frac{q^2 a'^2}{6\pi\varepsilon_0 c^3}.$$

Para um observador O, em relação ao qual a partícula tem uma velocidade v, e que usa um sistema de referência XYZ, temos de substituir dE'/dt' por dE/dt. Mas dt e dt', em virtude de serem dois intervalos de tempo correspondentes ao mesmo ponto em $X'Y'Z'$, são relacionados pela Eq. (6.34), isto é, $dt = dt' / \sqrt{1 - v^2/c^2}$. Da mesma forma, dE e dE' (que são as variações de energia de uma partícula que tem quantidade de movimento nula em relação a $X'Y'Z'$) são relacionados por $dE = dE' / \sqrt{1 - v^2/c^2}$ obtida da Eq. (11.27). (Uma alternativa lógica seria lembrar que E/c transforma-se da mesma maneira que ct, uma vez que ambas são as quartas componentes de quadrivetores.) Portanto $dE/dt =$ $= dE'/dt'$ e o lado esquerdo permanece o mesmo para ambos os observadores. Para transformar o lado direito da fórmula de Larmor, usamos a Eq. (6.39) para a aceleração da partícula medida por ambos os observadores, isto é,

$$a'^2 = \frac{a^2 - (\boldsymbol{v} \times \boldsymbol{a})^2/c^2}{(1 - v^2/c^2)^3}.$$

Portanto

$$\frac{dE}{dt} = \frac{q^2}{6\pi\varepsilon_0 c^3} \frac{a^2 - (\boldsymbol{v} \times \boldsymbol{a})^2 / c^2}{\left(1 - v^2/c^2\right)^3}, \tag{19.40}$$

resultado esse conhecido como *fórmula de Lienard*, deduzida pela primeira vez em 1898, antes que a teoria da relatividade tivesse sido desenvolvida. Pode-se provar que a fórmula de Lienard já incorpora os efeitos de retardação devidos ao valor finito da velocidade de propagação da radiação eletromagnética.

Se a aceleração é paralela à velocidade, $\boldsymbol{v} \times \boldsymbol{a} = 0$ e a Eq. (19.40) reduz-se a

$$\left(\frac{dE}{dt}\right)_{\parallel} = \frac{q^2 a^2}{6\pi\varepsilon_0 \left(1 - v^2/c^2\right)^3}. \tag{19.41}$$

É essa a expressão que deve ser usada para avaliar as perdas de radiação em aceleradores lineares. Por outro lado, quando a aceleração é perpendicular à velocidade, como no caso de uma órbita circular, $(\boldsymbol{v} \times \boldsymbol{a})^2 = v^2 a^2$ e a Eq. (19.40) reduz-se a

$$\left(\frac{dE}{dt}\right)_{\perp} = \frac{q^2 a^2}{6\pi\varepsilon_0 \left(1 - v^2/c^2\right)^3}. \tag{19.42}$$

Essa é a expressão que se deve usar para calcular a radiação de síncrotron. Em velocidades muito pequenas ($v \ll c$), então $(dE/dt)_{\parallel}$ e $(dE/dt)_{\perp}$ tornam-se idênticos à Eq. (19.38).

■ **Exemplo 19.6** Um próton é acelerado em um acelerador Van de Graaff por uma diferença de potencial de 5×10^5 V. O comprimento do tubo é de 2 m. Determinar a energia irradiada e comparar com a energia adquirida.

Solução: Se t é o tempo necessário para que o próton atravesse o comprimento do tubo acelerador e v é sua velocidade final, supondo que o movimento seja não relativístico (suposição válida, nesse caso), então $v = at$. Notando que a aceleração a é constante, vemos que a energia total perdida pelo próton por radiação no tempo t [fazendo $v = at$ e $q = l$ na Eq. (19.38)] é

$$E_{\text{rad}} = \left(\frac{dE}{dt}\right) t = \frac{e^2 v^2}{6\pi\varepsilon_0 c^3 t}.$$

Mas, se s é o comprimento do tubo acelerador, $s = \frac{1}{2}at^2 = \frac{1}{2}(at)t = \frac{1}{2}vt$. Então $t = 2s/v$ e

$$E_{\text{rad}} = \frac{e^2 v^3}{12\pi\varepsilon_0 c^3 s}.$$

Por outro lado, a energia cinética adquirida pelo elétron sujeito à diferença de potencial V é $E_k = \frac{1}{2}m_e v^2 = eV$. Então

$$\frac{E_{\text{rad}}}{E_k} = \frac{e^2 v}{6\pi\varepsilon_0 c^3 m_e s} = \frac{e^2}{6\pi\varepsilon_0 c^3 m_e s}\left(\frac{2eV}{m_e}\right)^{1/2},$$

uma vez que $v = (2eV/m_e)^{1/2}$. Introduzindo valores numéricos, temos que $E_{\text{rad}}/E_k = 8{,}4 \times 10^{-20}$. Portanto as perdas por radiação são desprezíveis nesse acelerador.

■ **Exemplo 19.7** Um próton é acelerado em um cíclotron cujo raio é 0,92 m. A frequência do potencial aplicado aos dês é de $1{,}5 \times 10^7$ Hz e o valor de pico da diferença de potencial é 20.000 V (veja Ex. 15.3). Comparar a energia perdida na radiação, em cada revolução, com a energia cinética recebida.

Solução: A energia cinética máxima ganha pelo próton em cada revolução é $E_k = 2eV_{max}$, uma vez que o intervalo entre os dês é cruzado duas vezes. A aceleração do próton é $a = \omega^2 r = 4\pi^2\nu^2 r$, e podemos desprezar efeitos relativísticos. Então a Eq. (19.38), com $q = e$, nos fornece

$$\frac{dE}{dt} = \frac{e^2\left(4\pi^2\nu^2 r\right)^2}{6\pi\varepsilon_0 c^3} = \frac{8\pi^3 e^2 \nu^4 r^2}{3\varepsilon_0 c^3},$$

e a energia irradiada em uma revolução (tempo = $1/\nu$) é

$$E_{rad} = \left(\frac{dE}{dt}\right)\frac{1}{\nu} = \frac{8\pi^3 e^2 \nu^3 r^2}{3\varepsilon_0 c^3}.$$

Introduzindo valores numéricos, temos que $E_{rad}/E_k = 4{,}0 \times 10^{-15}$. Aqui E_{rad} é ainda muito menor do que E_k, mas é relativamente mais importante do que em nosso exemplo anterior do acelerador linear. Quanto maior a energia da partícula, mais importantes são as perdas por radiação.

19.8 Absorção de radiação eletromagnética

Já discutimos os mecanismos radioativos mais importantes pelos quais uma onda eletromagnética pode ser produzida. Agora devemos analisar o processo inverso e ver o que acontece quando uma onda eletromagnética interage com um átomo ou um sistema de cargas, de forma que energia da onda seja absorvida pelo sistema. A absorção de energia de uma onda eletromagnética é um problema complicado que requer cálculos matemáticos extensos e o uso da mecânica quântica, mas as ideias fundamentais são fáceis de entender. Quando uma onda eletromagnética incide sobre um átomo, tanto o campo elétrico como o campo magnético da onda interagem com os elétrons do átomo. Em primeira aproximação, o efeito do campo magnético pode ser desprezado, porque é da ordem de grandeza de $ev\mathfrak{B} = (v/c)e\,\mathfrak{E}$, onde v é a velocidade do elétron e foi usada a relação $\mathfrak{B} = \mathfrak{E}/c$, válida para uma onda eletromagnética plana. Concluímos então que a interação magnética com a onda eletromagnética é v/c vezes a interação elétrica $e\,\mathfrak{E}$, e, portanto, pode ser desprezada exceto para elétrons muito rápidos.

Para uma região do espaço que seja pequena comparada com o comprimento de onda (tal como em um átomo), o campo elétrico de uma onda eletromagnética pode ser escrito como $\mathfrak{E} = \mathfrak{E}_0$ sen $\omega_f t$, pois a parte que contém x, na equação de onda, é praticamente constante na pequena região onde o elétron se move. A frequência do campo foi designada por ω_f, de acordo com a notação da Seç. 12.13. A força elétrica sobre o elétron é $-e\,\mathfrak{E}$, e, sujeito a ela, o elétron executa oscilações forçadas. Relembrando nossa discussão da Seç. 12.13, podemos concluir que a taxa de absorção de energia pelo elétron (isto é, a potência média transferida ao oscilador pelo campo elétrico da onda) é máxima na energia de ressonância. Isso ocorre quando a frequência ω_f da onda é igual à frequência natural do elétron. Uma análise quântica mais detalhada, que omitiremos, mostra que essa frequência é qualquer das frequências ω_1, ω_2, ω_3... do espectro de emissão do átomo (ou molécula) ao qual o elétron está ligado. Em outras palavras,

> *um átomo (ou molécula) absorve radiação eletromagnética preferencialmente quando a frequência da onda eletromagnética coincide com uma das frequências de seu espectro de emissão,*

ou, de forma mais sintética, os espectros de emissão e absorção de uma substância são compostos pelas mesmas frequências.

A Fig. 19.19(a) mostra a distribuição de intensidades de uma onda incidente e a energia absorvida pela substância em função da frequência. A Fig. 19.19(b) mostra a distribuição de intensidade da radiação transmitida. Observe a correspondência entre as duas curvas, mostrando que, nas regiões em que a absorção é favorecida, há diminuição da radiação transmitida.

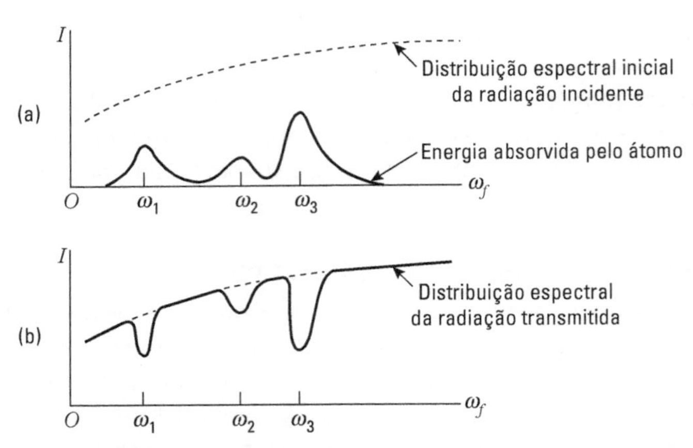

Figura 19.19 Intensidades absorvida e transmitida da radiação que atravessa uma substância.

Qual é o resultado da absorção de energia por um átomo (ou molécula)? Essa absorção de energia resulta numa ajustagem do movimento eletrônico, correspondendo a uma nova e mais alta energia do átomo (ou molécula). Diz-se que o átomo (ou molécula) é deixado em um *estado excitado*. Um átomo (ou molécula) excitado pode, por sua vez, por meio de radiação de dipolo elétrico, reemitir o excesso de energia absorvido.

Na natureza, há uma contínua troca de energia entre átomos, moléculas e radiação eletromagnética. O Sol é a principal fonte de radiação eletromagnética que chega à Terra. A interação da radiação eletromagnética do Sol com os corpos na superfície da Terra é responsável pela maioria dos fenômenos que observamos diariamente, incluindo a própria vida.

19.9 Espalhamento de ondas eletromagnéticas por elétrons ligados

Quando uma onda eletromagnética atravessa um átomo (ou molécula), perturba o movimento dos elétrons ligados, como foi explicado na seção precedente, e o átomo (ou molécula) pode ficar em um estado excitado. Por um processo recíproco, uma vez que os elétrons atuam como dipolos elétricos em oscilação forçada, o átomo excitado pode emitir radiação eletromagnética de frequência igual à da onda incidente sem um atraso apreciável de tempo. A energia que o átomo emite é absorvida da onda incidente pelos elétrons ligados do átomo. Esse processo é chamado *espalhamento*, e a radiação emitida é a *onda espalhada* (Fig. 19.20).

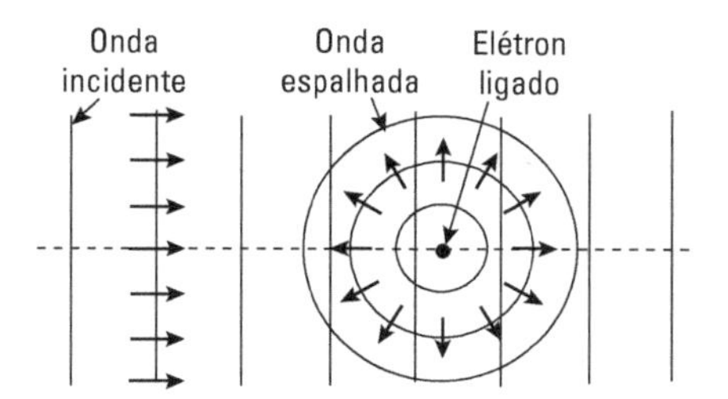

Figura 19.20 Espalhamento de radiação por um elétron ligado.

No processo de espalhamento, a intensidade da onda primária, ou incidente, decresce porque a energia absorvida da onda é reemitida em todas as direções, resultando em uma efetiva remoção de energia da radiação primária.

Verificou-se experimentalmente que a intensidade da onda difundida depende da frequência da onda primária e do ângulo de espalhamento. Para calcular essa dependência, é necessário determinar primeiro o grau de perturbação do movimento dos elétrons atômicos pelo campo elétrico da onda primária; essa análise deve ser feita por meio da mecânica quântica.

Uma característica importante é que *as ondas espalhadas são mais intensas quando a frequência da radiação incidente é igual a uma das frequências* ω_1, ω_2, ω_3, ... *do espectro de emissão do átomo (ou molécula)*, resultado esse conhecido como *fluorescência ressonante**. Esse comportamento físico era esperado, visto parecer óbvio que a intensidade da radiação difundida deve ser maior nas frequências nas quais a energia de absorção da onda é maior, e essas são as mesmas frequências do espectro de emissão do átomo (como foi explicado na Seç. 19.8). Contudo, em frequências diferentes das do espectro de emissão, o espalhamento pode ainda ser apreciável.

Outra propriedade interessante é que, para gases cujas moléculas têm um espectro de emissão na região ultravioleta (veja Seç. 19.15), a difusão de ondas eletromagnéticas da região visível aumenta com sua frequência. Isso é fácil de entender, desde que, quanto maior a frequência na região visível, mais perto estará ela da frequência de ressonância ultravioleta da molécula e maior será a amplitude das oscilações forçadas. Isso resulta em um espalhamento maior. Como ilustração, o brilho e o azul do céu são atribuídos à difusão da luz do Sol pelas moléculas de ar. Em particular, a cor azul é o resultado do espalhamento mais intenso das frequências maiores (ou comprimentos de onda menores). O mesmo processo explica a cor vermelho-brilhante observada ao nascer e ao pôr do Sol, quando seus raios atravessam uma grande espessura de ar antes de alcançar a superfície da Terra, resultando uma forte atenuação para as frequências altas (ou comprimentos de onda curtos), em virtude do espalhamento.

* Na região visível do espectro eletromagnético, a luminescência induzida em uma substância resultante da absorção de radiação e subsequente emissão é chamada fluorescência quando o atraso entre absorção e emissão é menor do que 10^{-8} s. Quando o atraso é maior, o fenômeno é chamado fosforescência. Radiações fluorescentes e fosforescentes não têm, necessariamente, a mesma frequência.

O espalhamento pode também ser produzido por pequenas partículas (tais como fumaça ou poeira) ou gotas d'água (tais como nuvens) suspensas no ar. Líquidos com partículas em suspensão, como em um coloide, mostram um forte espalhamento; isso é chamado *efeito Tyndall*.

Quando a radiação primária é linearmente polarizada, as oscilações atômicas são na direção fixada pelo campo elétrico da onda e a radiação espalhada tem as características da radiação de um dipolo elétrico (Fig. 19.21a). Contudo, mesmo que a radiação incidente não seja polarizada, a radiação espalhada é sempre parcialmente polarizada. Consideremos, por exemplo, uma onda não polarizada incidente sobre um átomo S (Fig. 19.21b). As oscilações de dipolo elétrico induzidas no átomo são paralelas ao campo elétrico da onda e, portanto, estão todas em um plano P perpendicular à direção de propagação IA da onda incidente. A polarização da radiação espalhada em cada direção depende da direção das oscilações do dipolo e não é sempre fixa quando a onda incidente não é polarizada. Mas, para qualquer direção SB perpendicular a IS, a radiação espalhada é linearmente polarizada paralelamente ao plano P, perpendicular a IS, uma vez que, para essas direções, os dipolos sempre oscilam em tal plano. Para outras direções, o grau de polarização da radiação espalhada depende do ângulo que a direção de espalhamento faz com IA. Ao longo de IA, se a radiação incidente é não polarizada, a radiação espalhada é completamente não polarizada.

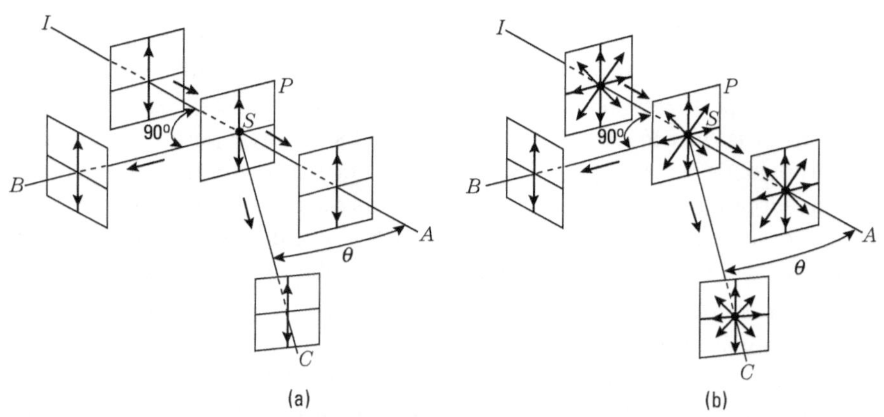

Figura 19.21 Polarização da radiação espalhada. Radiação incidente (a) linearmente polarizada e (b) não polarizada.

19.10 Espalhamento de radiação eletromagnética por um elétron livre; efeito Compton

O espalhamento da radiação eletromagnética por elétrons livres tem certas peculiaridades que exigem que a discutamos separadamente do espalhamento por elétrons ligados ou moléculas, o que fizemos na seção anterior. Como já vimos, espalhamento é um processo duplo pelo qual um elétron absorve energia de uma onda eletromagnética e a irradia novamente como radiação espalhada. Devemos ter em mente que uma onda eletromagnética transporta energia e quantidade de movimento e, se alguma energia E é retirada da onda, uma quantidade de movimento correspondente a $p = E/c$ deve também ser retirada da onda.

Um elétron livre não pode absorver uma energia E e ao mesmo tempo adquirir uma quantidade de movimento $p = E/c$, porque a relação entre a energia cinética e a quantidade de movimento para um elétron é $E_k = c\sqrt{m_e c^2 + p_e^2 c^2} - m_e c^2$ em altas energias e $E_k = p_e^2/2m_e$ em baixas energias. Qualquer uma dessas relações é incompatível com a relação $p = E/c$ se $E = E_k$, como é necessário pela lei da conservação da energia. Devemos concluir que um elétron livre não pode absorver energia eletromagnética sem violar o princípio da conservação da quantidade de movimento. Você pode estar perguntando por que, na secção anterior, quando estávamos discutindo espalhamento e absorção de ondas eletromagnéticas por elétrons ligados, não mencionamos esse problema da quantidade de movimento. A razão é a seguinte: a conservação da quantidade de movimento e da energia aplica-se em ambos os casos, mas, no caso de um elétron ligado, a energia e a quantidade de movimento absorvidas são repartidas entre o elétron e o íon que forma a parte restante do átomo, e sempre é possível dividir energia e momento nas proporções corretas. Contudo o íon, tendo massa muito maior, fica (além da quantidade de movimento) somente com uma pequena fração da energia disponível que, usualmente, pode ser desprezada (veja Ex. 9.12). No caso de um elétron livre, não há outra partícula com a qual o elétron possa repartir a energia e a quantidade de movimento, e nenhuma absorção ou difusão deve ser possível.

Experiências, contudo, mostram um quadro bem diferente. Quando analisamos a radiação eletromagnética que atravessou uma região onde existem elétrons livres, observamos que, além da radiação incidente, apresenta-se outra radiação, de frequência *diferente*. Essa nova radiação é interpretada como a radiação espalhada pelos elétrons livres. A frequência da radiação espalhada é *menor* do que a frequência incidente, e, em consequência, o comprimento de onda da radiação espalhada é *maior* do que o comprimento de onda incidente (Fig. 19.22). O comprimento de onda da radiação espalhada é também diferente para cada direção de espalhamento. Esse interessante fenômeno é chamado *efeito Compton*, em homenagem ao físico americano A. H. Compton, que foi o primeiro a observá-lo e analisá-lo, no início da década de 1920.

Sendo λ o comprimento da onda de radiação incidente e λ' o da radiação espalhada, Compton descobriu que λ' é determinado unicamente pela direção de espalhamento, isto é, se θ for o ângulo entre as ondas incidentes, e a direção em que as ondas espalhadas forem observadas (Fig. 19.23), o comprimento de onda da radiação espalhada X será determinado somente pelo ângulo θ. A relação experimental é

$$\lambda' - \lambda = \lambda_C(1 - \cos\theta), \tag{19.43}$$

onde λ_C é uma constante cujo valor, se λ e λ' são medidos em metros, é

$$\lambda_C = 2{,}4262 \times 10^{-12}\ \text{m}$$

para o caso de elétrons que estamos considerando aqui. É chamada *comprimento de onda de Compton para elétrons.*

Lembrando que $\lambda = c/\nu$, onde ν é a frequência $\omega/2\pi$ da onda, podemos escrever a Eq. (19.43) sob a forma

$$\frac{1}{\nu'} - \frac{1}{\nu} = \frac{\lambda_C}{c}(1 - \cos\theta). \tag{19.44}$$

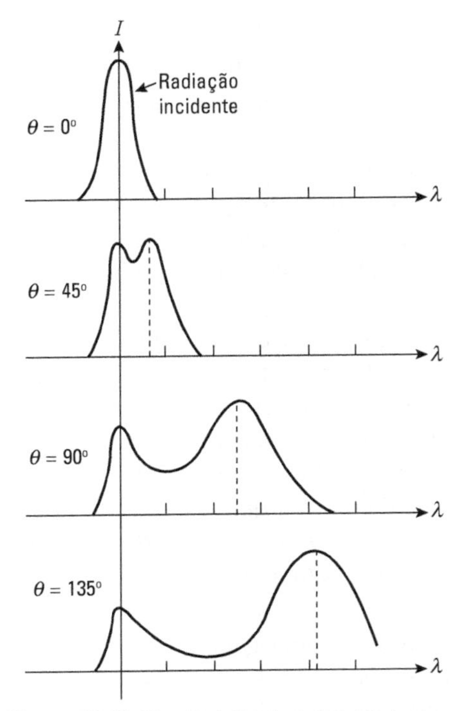

Figura 19.22 Distribuição de intensidade a radiação espalhada por um elétron livre para diferentes ângulos de espalhamento.

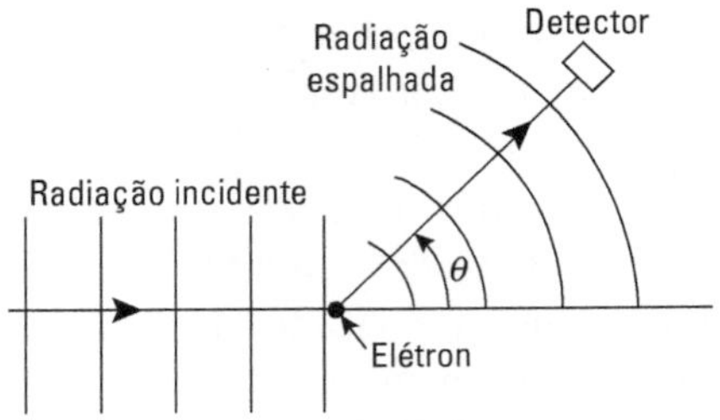

Figura 19.23 Geometria no espalhamento Compton.

Assim, o espalhamento de uma onda eletromagnética por um elétron pode ser visualizado como uma "colisão" entre a onda e o elétron, uma vez que implica uma troca de energia e quantidade de movimento. E, desde que a onda propaga-se com velocidade c e sua relação energia–quantidade de movimento $E = cp$ é semelhante à de uma partícula de massa de repouso nula, esse espalhamento tem as mesmas características de uma colisão em que uma das partículas tem massa de repouso nula e move-se com velocidade c. Esse tipo de colisão foi discutido no Ex. 11.10. O resultado está contido na Eq. (11.43)

$$\frac{1}{E'} - \frac{1}{E} = \frac{1}{m_e c^2}(1 - \cos\theta), \tag{19.45}$$

onde E e E' são as energias da partícula de massa de repouso nula antes e depois da colisão e m_e é a massa de repouso da outra partícula envolvida na colisão, nesse caso, um elétron. A semelhança entre as Eqs. (19.44) e (19.45) é marcante, indo além de uma simples semelhança algébrica. Ambas as equações são aplicáveis a um processo de colisão em seu sentido mais geral e, como já foi estabelecido, a relação energia–quantidade de movimento $E = cp$ para uma onda eletromagnética é do mesmo tipo que a correspondente a uma partícula com massa de repouso nula, para a qual se aplica a Eq. (19.45). A conclusão óbvia é ligar a frequência ν e a energia E, escrevendo

$$E = h\nu, \tag{19.46}$$

onde h é uma constante universal que descreve a proporcionalidade entre a frequência de uma onda eletromagnética e a energia a ela associada no processo de "colisão". Então a Eq. (19.45) fica

$$\frac{1}{h\nu'} - \frac{1}{h\nu} = \frac{1}{m_e c^2}(1 - \cos\theta)$$

ou

$$\frac{1}{\nu'} - \frac{1}{\nu} = \frac{h}{m_e c^2}(1 - \cos\theta), \qquad (19.47)$$

que é idêntica à Eq. (19.44). Para obter uma equação equivalente à Eq. (19.43), multiplicamos a Eq. (19.47) por c e usamos $\lambda = c/\nu$. O resultado é

$$\lambda' - \lambda = (h/m_e c)(1 - \cos\theta). \qquad (19.48)$$

Então o comprimento de onda de Compton para um elétron, λ_C, está relacionado com a massa do elétron espalhador por

$$\lambda_C = h/m_e c. \qquad (19.49)$$

A partir dos valores conhecidos de λ_C, m_e, e c, podemos obter, para a nossa nova constante h, o valor

$$h = 6{,}6256 \times 10^{-34}\ \text{J} \cdot \text{s} \quad \text{ou} \quad \text{m}^2 \cdot \text{kg} \cdot \text{s}^{-1}.$$

Essa constante é chamada a *constante de Planck* e desempenha um papel muito importante na física (lembre-se do Ex. 7.15 e Seç. 15.6). Historicamente, essa constante apareceu, pela primeira vez na física, em um contexto diferente, tendo sido introduzida em fins do século XIX pelo físico alemão Max Planck (1858-1947) como resultado de sua tentativa em explicar a intensidade da radiação eletromagnética em equilíbrio com a matéria, chamada *radiação do corpo negro*. A velocidade da luz c, a carga fundamental e, a massa de repouso do elétron m_e, e a constante de Planck h, constituem quatro constantes fundamentais da física.

Para um próton, que tem massa de repouso diferente da do elétron, o comprimento de onda de Compton calculado (usando o valor acima determinado para h) é de

$$\lambda_{C,p} = h/m_p c = 1{,}3214 \times 10^{-15}\ \text{m}.$$

Esse resultado foi confirmado experimentalmente, o que assegura a validade de nossa hipótese (19.46). Contudo, como o comprimento de onda de Compton do próton é 10^3 vezes menor que o do elétron, o efeito Compton, em prótons, é mais difícil de ser observado.

Podemos então concluir que o espalhamento da radiação eletromagnética por um elétron livre pode ser "explicado" identificando-se o processo com uma colisão de uma partícula de massa de repouso nula com um elétron livre.

19.11 Fótons

Nossa "explicação" do efeito Compton requer uma análise cuidadosa, em virtude de suas profundas consequências. Primeiramente, recapitulemos nossas hipóteses:

(a) o espalhamento da radiação eletromagnética por um elétron livre pode ser considerado como uma colisão entre o elétron e uma partícula de massa de repouso nula;

(b) a radiação eletromagnética desempenha o papel da partícula de massa de repouso nula, que de agora em diante, por simplicidade, será chamada, *fóton;*

(c) a energia e a quantidade de movimento dessa partícula de massa de repouso nula (ou fóton) estão relacionadas com a frequência e comprimento de onda da radiação eletromagnética por

$$E = h\nu, \qquad p = h/\lambda. \tag{19.50}$$

A segunda relação é devida ao fato de que $p = E/c = h\nu/c$ e $\nu/c = 1/\lambda$. Podemos visualizar o efeito Compton como a colisão ilustrada na Fig. 19.24, na qual um fóton de frequência ν colide com um elétron em repouso, transferindo-lhe energia e quantidade de movimento. Como resultado da interação, a energia do fóton espalhado é menor, com uma frequência ν', correspondentemente menor. Outra prova é verificar se o elétron, após o espalhamento, tem quantidade de movimento igual à diferença entre a quantidade de movimento do fóton incidente e a do fóton espalhado. É uma experiência difícil, porém, foi realizada e os resultados confirmaram plenamente a hipótese apresentada aqui.

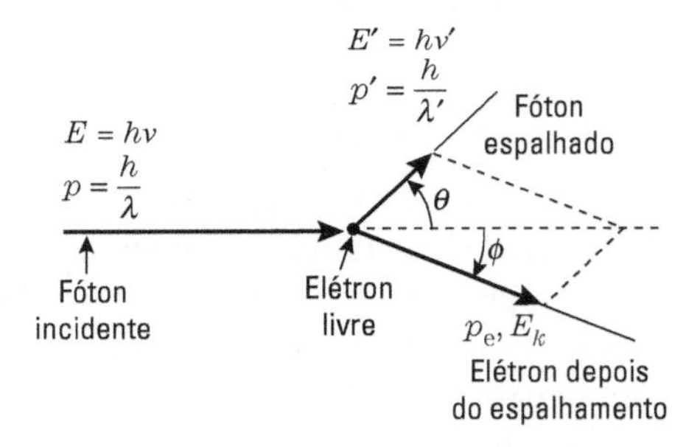

Figura 19.24 Relações entre quantidade de movimento e energia no espalhamento Compton.

Qual é o significado físico do conceito de fóton e das definições (19.50)? Supor que a radiação eletromagnética seja um feixe de fótons – o que seria uma possível explicação pictórica – não é uma conclusão necessária. Podemos interpretar a energia do fóton $E = h\nu$ e a quantidade de movimento $p = h/\lambda$ como a energia e a quantidade de movimento absorvidas da onda eletromagnética pelo elétron livre. O fóton de energia $E' = h\nu'$ e a quantidade de movimento $p' = h/\lambda'$ são então a energia e a quantidade de movimento reemitidas pelo elétron sob a forma de radiação espalhada. O elétron adquire uma energia cinética $E_k = E - E'$ e um momento $\boldsymbol{p}_e = \boldsymbol{p} - \boldsymbol{p}'$, que são relacionados por $E_k = c\sqrt{m_e c^2 + p_e^2} - m_e c^2$, como requerem a dinâmica de alta energia e a conservação da energia e da quantidade de movimento. Portanto podemos concluir que o fóton é o quantum de energia eletromagnética e quantidade de movimento absorvida ou emitida em um único processo pela partícula carregada, sendo completamente determinado pela frequência da radiação. O conceito de fóton é aplicável somente a interações entre radiação eletromagnética e partículas carregadas, e participa de todos os processos nos quais a radiação eletromagnética interage com a matéria e não somente com elétrons livres. Portanto podemos estabelecer o seguinte princípio:

quando uma onda eletromagnética interage com um elétron (ou qualquer outra partícula carregada), os valores da energia e quantidade de movimento permutados no processo são os correspondentes a um fóton.

O princípio estabelecido aqui, que é uma das leis fundamentais da física, é característico de todos os processos radioativos envolvendo partículas carregadas e campos eletromagnéticos. Não é resultado de nenhuma lei anteriormente estabelecida ou discutida. É um princípio completamente novo a ser acrescentado às leis universais da conservação da energia e quantidade de movimento. Sua descoberta, no primeiro quarto deste século, foi um marco no desenvolvimento da física. Suas consequências deram origem a um novo ramo da física chamado *mecânica quântica.*

Esse importante princípio é básico para a compreensão da emissão e absorção de radiação eletromagnética em átomos, moléculas e núcleos. Já mencionamos antes, várias vezes, que um átomo (ou molécula) pode emitir ou absorver radiação eletromagnética somente em certas frequências. Também indicamos, na Seç. 14.7, que a energia de átomos (ou moléculas) é quantizada e pode ter somente certos valores. Esses dois importantes fatos estão relacionados com o conceito de fóton. Vamos supor que um átomo, em um estado estacionário de energia E, absorva radiação eletromagnética de frequência ν e passe para outro estado estacionário de energia E' mais alta. A variação de energia do átomo é $E' - E$. Por outro lado, a energia do fóton absorvido é $h\nu$. A conservação da energia requer que ambas as quantidades de energia sejam iguais. Portanto

$$E' - E = h\nu,$$

expressão conhecida como *fórmula de Bohr*, porque foi proposta primeiramente, em 1913, pelo físico dinamarquês Niels Bohr (1885-1962). A expressão apresentada aqui também é aplicável quando um átomo emite um fóton e passa de um estado estacionário de energia E' para outro de menor energia E.

Como a energia do estado estacionário é quantizada e pode ter somente certos valores $E_1, E_2, E_3,...$, a fórmula de Bohr limita a frequência da radiação emitida ou absorvida. Isso explica como se origina um espectro discreto de frequências. Historicamente, Bohr propôs o conceito de estados estacionários para explicar a existência de um espectro discreto de frequências. A Fig. 19.25 é um diagrama esquemático mostrando algumas das possíveis variações de energia de um sistema. Correspondem a transições entre estados estacionários ou *níveis de energia.*

Por exemplo, as energias dos estados estacionários de átomos com somente um elétron (H, He^+, Li^{++} etc.) são dadas por $E = -RZ^2hc/n^2$, onde R *é* a constante de Rydberg (veja o Prob. 18.88). Portanto, em uma transição entre estados com números quânticos n e n' $(n' > n)$, a frequência da radiação emitida ou absorvida é

$$\nu = \frac{E' - E}{h} = RZ^2c\left(\frac{1}{n^2} - \frac{1}{n'^2}\right)$$

ou, introduzindo valores numéricos,

$$\nu = 3{,}2800 \times 10^{15} Z^2 \left(\frac{1}{n^2} - \frac{1}{n'^2}\right) \text{Hz}.$$

Essa fórmula prevê bastante bem as frequências de emissão e absorção dos espectros desses átomos. É chamada *fórmula de Balmer*, devida ao matemático e físico suíço Johann Balmer (1825-1898), que a inventou para classificar as linhas do espectro visível do hidrogênio.

O conceito de fóton sugere uma representação pictórica simples da interação eletromagnética entre duas partículas carregadas. A Fig. 19.26 mostra essa interação. A interação corresponde a uma troca de quantidade de movimento e energia. As quantidades de movimento iniciais das partículas $\boldsymbol{p}_1$ e $\boldsymbol{p}_2$ tornam-se $\boldsymbol{p}'_1$ e $\boldsymbol{p}'_2$ depois da interação. Embora a interação não seja localizada em um instante particular, por simplicidade, indicamo-la em um determinado instante e nas posições A e B. A partícula 1 interage com a partícula 2 por intermédio de seu campo eletromagnético, com o resultado de que a partícula 2 retira do campo uma certa energia e quantidade de movimento equivalente a um fóton, com uma variação correspondente em seu movimento. O movimento da partícula 1 deve então ser ajustado para corresponder ao novo campo, que é o campo original menos um fóton. Naturalmente, o processo inverso também é possível e a partícula 1 deve absorver um fóton do campo da partícula 2. Podemos dizer então que o que acontece entre a partícula 1 e a partícula 2 é que há uma permuta de fótons. Em outras palavras,

> *interações eletromagnéticas podem ser descritas como sendo o resultado da permuta de fótons entre as partículas carregadas em interação.*

(Diagramas, como o da Fig. 19.26, são chamados *diagramas de Feynman* e são muito úteis na análise de processos complexos envolvendo diferentes espécies de interações.)

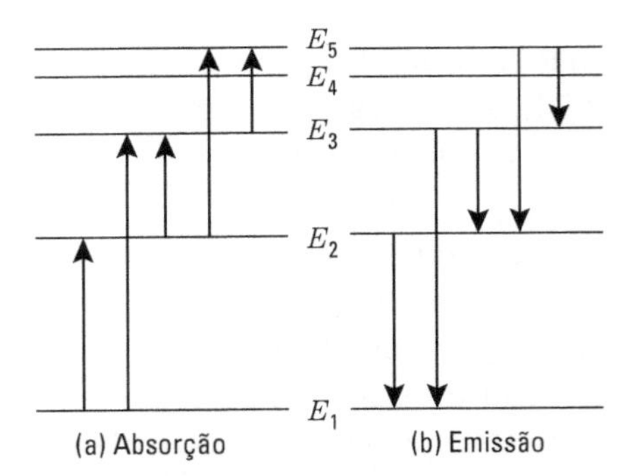

Figura 19.25 Transições entre estados estacionários em um átomo, molécula ou núcleo. O espaçamento relativo dos níveis de energia e as transições possíveis dependem da natureza do sistema.

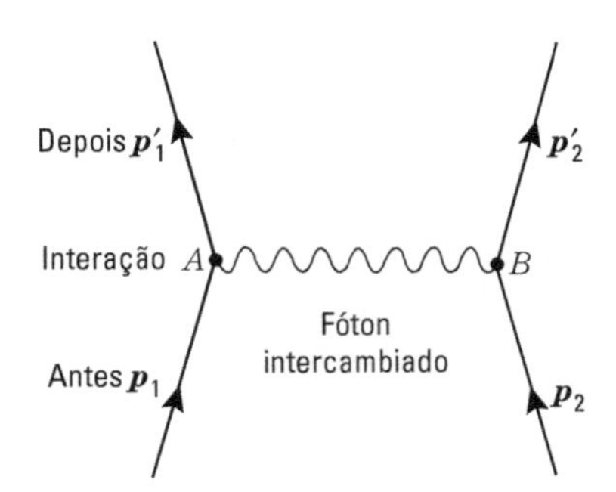

Figura 19.26 Interação eletromagnética considerada como uma troca de fótons. Os fótons transferem energia e quantidade de movimento de uma carga para outra.

Em qualquer instante, a quantidade de movimento de um sistema de duas partículas carregadas é $\boldsymbol{p}_1 + \boldsymbol{p}_2 + \boldsymbol{p}_{\text{campo}}$, onde $\boldsymbol{p}_{\text{campo}}$ é a quantidade de movimento associada ao campo eletromagnético das partículas. Esse é exatamente o modelo que usamos na Seç. 15.14 para a descrição de uma interação que se propaga com velocidade finita, quando discutíamos o princípio da conservação da quantidade de movimento. Agora temos uma base teórica e experimental mais firme para nosso modelo conceitual de um campo que possui energia e quantidade de movimento.

No fim da Seç. 19.3, afirmamos que a radiação eletromagnética carrega momento angular intrínseco ou "spin" além de energia e quantidade de movimento, e que, para ondas circularmente polarizadas, o "spin" na direção de propagação é $\pm E/\omega$. Usando a relação $\omega = 2\pi\nu$, vemos que a energia de um fóton é $E = h\omega/2\pi = \hbar\omega$, onde $\hbar = h/2\pi$ (lembre-se do Ex. 7.15 e do Ex. 15.7). Então fótons circularmente polarizados têm "spin" ao longo da direção de propagação igual a $\mp \hbar$. Por outro lado, o valor médio do "spin" de fótons linearmente polarizados é nulo.

■ **Exemplo 19.8** Expressar a energia de um fóton em elétron-volts quando seu comprimento de onda é dado em metros. Aplicar o resultado para obter o comprimento de onda de raios X em função da tensão de aceleração aplicada a um tubo de raios X.

Solução: De $E = h\nu$ e $\lambda\nu = c$, temos que $E = hc/\lambda$. Mas

$$\begin{aligned} hc &= (6{,}6256 \times 10^{-34}\ \text{J} \cdot \text{s})(2{,}9979 \times 10^{-8}\ \text{m} \cdot \text{s}^{-1}) \\ &= 1{,}9863 \times 10^{-25}\ \text{J} \cdot \text{m}. \end{aligned}$$

Lembrando que 1 eV = $1{,}6021 \times 10^{-19}$ J, temos que $hc = 1{,}2397 \times 10^{-6}$ eV · m. Portanto $E = 1{,}2397 \times 10^{-6}/\lambda$, onde E é expresso em eV e λ em m.

Como explicamos, em conexão com a Fig. 19.16, os raios X são produzidos pelo impacto de elétrons rápidos contra o material do anticátodo de um tubo de raios X. A energia de um elétron pode ser irradiada como resultado de sucessivas colisões, dando origem a vários fótons, ou pode ser toda irradiada em apenas uma colisão. Esse último processo será, obviamente, o responsável pela emissão dos fótons mais energéticos que correspondem ao comprimento de onda mais curto. Em outras palavras, sendo V a tensão de aceleração, os comprimentos de onda dos raios X produzidos são iguais ou maiores do que um comprimento de onda mínimo, o que satisfaz a relação

$$\lambda_0 = \frac{1{,}2397 \times 10^{-6}}{V} \approx \frac{1{,}24 \times 10^{-6}}{V},$$

pois, nesse caso, a energia E do fóton é igual à energia do elétron, expressa em elétron-volts, que, por sua vez, é numericamente igual à tensão V expressa em elétron-volts. Por exemplo, em um tubo de televisão, elétrons são acelerados por uma diferença de potencial da ordem de 18.000 V. Quando os elétrons alcançam a tela do tubo, são freados em sucessivas colisões até pararem emitindo radiação X como em um tubo de raios X. A intensidade, contudo, é bastante pequena. O menor comprimento de onda dos raios X produzidos, quando os elétrons são freados na tela em uma só colisão, é, então, $\lambda = 6{,}9 \times 10^{-11}$ m.

19.12 Ainda sobre fótons: efeito fotoelétrico

Outras pesquisas provaram que o conceito de fóton aplica-se não somente ao processo de espalhamento por um elétron livre, mas a *todos* os processos em que ondas eletromagnéticas interagem com a matéria. Outro exemplo que ilustra o uso do conceito de fóton é o *efeito fotoelétrico*. Em 1887, Heinrich Hertz observou que, iluminando com luz ultravioleta os elétrodos entre os quais se produzia uma descarga elétrica, era possível aumentar a intensidade da descarga. Isso sugeria a disponibilidade de mais partículas carregadas ou elétrons. Um ano mais tarde, Wilhelm Hallwachs (1859-1922) observou uma emissão eletrônica quando a superfície de certos metais, como, por exemplo, Zn, Rb, K, Na etc., era iluminada. Esses elétrons são chamados *fotoelétrons* em virtude do método de sua produção. Obviamente, a emissão eletrônica aumenta com a intensidade da radiação que atinge a superfície do metal, uma vez que mais energia fica disponível para desprender os elétrons. Mas uma dependência característica em relação à frequência também é observada. Assim, para cada substância, existe uma frequência mínima ν_0 da radiação eletromagnética tal que, para frequências de radiação menor do que ν_0, não há produção de fotoelétrons, não importando quão intensa a radiação possa ser.

Explicamos antes que, em um metal, existem elétrons mais livres do que outros para moverem-se através do reticulado cristalino. Esses elétrons não escapam do metal em temperaturas normais porque, se um escapa, o equilíbrio elétrico do metal é destruído, o que o torna carregado positivamente atraindo o elétron de volta novamente. A menos que o elétron tenha suficiente energia para vencer essa atração, ele será atraído de volta para o metal. Uma maneira de aumentar a energia dos elétrons é aquecer o metal. Os elétrons "evaporados" são então chamados *termoelétrons*. É esse o tipo de emissão eletrônica que existe em válvulas eletrônicas. Outra maneira de retirar elétrons de um metal é por absorção da energia da radiação eletromagnética.

O *efeito fotoelétrico* é um processo pelo qual os elétrons de condução em metais e em outras substâncias absorvem energia do campo eletromagnético e escapam da substância, ao contrário do processo de absorção discutido na Seç. 19.8, que corresponde à absorção por um elétron ligado a um átomo ou molécula. Vamos designar por ϕ a energia necessária para que um elétron escape de um dado metal. Então, se o elétron absorve a energia E, a diferença $E - \phi$ aparece como energia cinética do elétron, e podemos escrever, para o limite não relativístico, ou de baixas energias,

$$\tfrac{1}{2}mv^2 = E - \phi. \tag{19.51}$$

Obviamente, se E for menor do que ϕ, nenhuma emissão eletrônica ocorrerá. Se E é a energia absorvida da radiação eletromagnética por um elétron e v é a frequência da radiação, então $E = h\nu$, de acordo com a Eq. (19.50). Então podemos escrever, para a Eq. (19.51),

$$\tfrac{1}{2}mv^2 = h\nu - \phi. \tag{19.52}$$

Essa equação foi primeiramente proposta por Albert Einstein, em 1905, antes da descoberta do efeito Compton. Nem todos os elétrons necessitam da mesma energia ϕ para escapar do metal. Daí chamarmos o valor mínimo ϕ_0 de *função de trabalho* do metal. Então a máxima energia cinética dos elétrons é

$$\tfrac{1}{2}mv_{\max}^2 = h\nu - \phi_0. \tag{19.53}$$

A máxima energia cinética $\frac{1}{2}mv_{\max}^2$ pode ser medida pelo método indicado na Fig. 19.27. Aplicando uma diferença de potencial V entre as placas A e C, podemos frear o movimento dos fotoelétrons. Em uma determinada tensão V_0 a corrente indicada pelo eletrômetro E cai subitamente a zero, indicando que nenhum elétron, mesmo os mais rápidos, atinge a placa C. Então, pela Eq. (14.38), $\frac{1}{2}mv_{\max}^2 = eV_0$, e a Eq. (19.53), fica

$$eV_0 = h\nu - \phi_0. \tag{19.54}$$

Variando a frequência ν, podemos obter uma série de valores para o potencial de freamento V_0. Se a Eq. (19.54) é correta, o resultado de um gráfico em que se colocam os valores de V_0 contra ν deve ser uma linha reta. É exatamente isso o que se obtém, como mostra a Fig. 19.28. O coeficiente angular da reta é tg $\alpha = h/e$. Medindo α e usando o valor conhecido de e, podemos recalcular a constante h de Planck e obter o mesmo resultado encontrado para o efeito Compton. Esse acordo pode ser considerado como uma justificação a mais para o conceito de fóton.

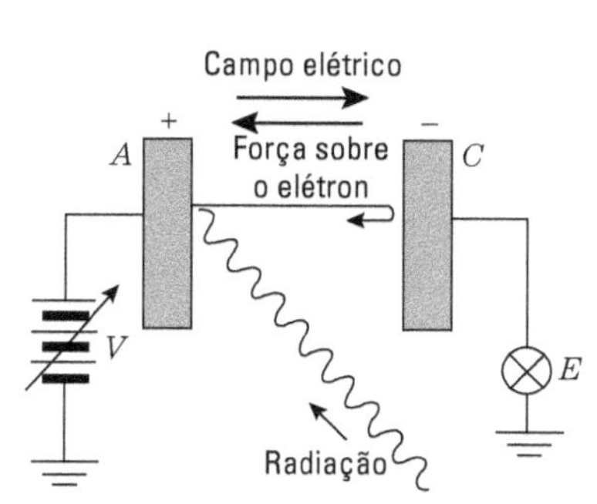

Figura 19.27 Arranjo experimental para observar o efeito fotoelétrico.

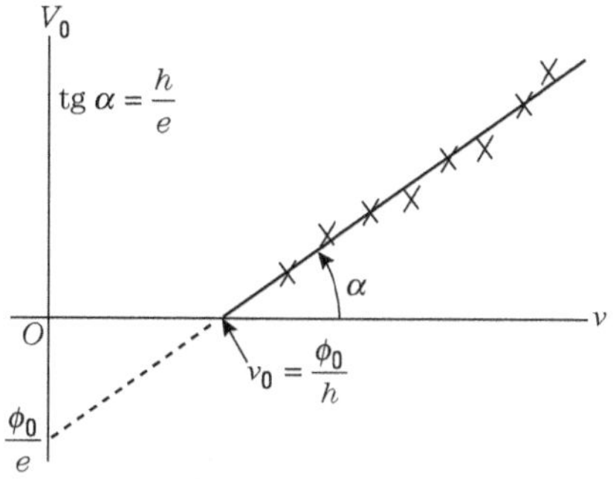

$$V_0 \qquad \text{tg}\,\alpha = \frac{h}{e} \qquad \alpha \qquad O \qquad \nu \qquad \nu_0 = \frac{\phi_0}{h} \qquad \frac{\phi_0}{e}$$

Figura 19.28 Relação entre potencial de fretamento e frequência no efeito fotoelétrico.

Da Eq. (19.53), vemos que, para a frequência $\nu_0 = \phi_0/h$, a energia cinética dos elétrons é nula. Portanto ν_0 é a frequência mínima para a qual há emissão fotoelétrica, e é chamada *de frequência limiar*. Para frequências menores do que ν_0, não há de modo nenhum, emissão. O efeito fotoelétrico tem inúmeras aplicações em sistemas de controle automático, pois o funcionamento das células fotoelétricas baseia-se nele.

Quando existe radiação eletromagnética de frequência adequada (ou fótons de energia suficiente), elétrons podem ser ejetados de átomos (ou moléculas), constituindo o que se chama de *efeito fotoelétrico atômico*, o qual é responsável pela maior parte da absorção de raios X e raios γ por qualquer material. O efeito fotoelétrico atômico produz uma correspondente ionização do material (incluindo o ar) através do qual os raios X e γ passam e é um dos mecanismos pelos quais a radiação afeta a matéria. Um processo semelhante é o *efeito fotonuclear*, pelo qual uma partícula, usualmente um próton, depois de absorver radiação eletromagnética, é ejetada do núcleo. Esses fótons devem ter energia e frequência tão maiores do que os fótons envolvidos no efeito fotoelétrico atômico que caem na região dos raios γ de alta energia.

Note que não mencionamos a conservação da quantidade de movimento em nossa discussão do efeito fotoelétrico. Novamente, a razão é que o elétron que absorve a radiação eletromagnética está ligado ao retículo cristalino do sólido, ou a um átomo ou molécula; a quantidade de movimento do fóton absorvido é dividida entre o elétron e o retículo, átomo, ou molécula. Contudo, por causa da massa relativamente grande do retículo, átomo, ou molécula, sua energia cinética é desprezível e podemos supor (sem erro apreciável) que toda a energia do fóton fica com o elétron. A mesma análise aplica-se aos prótons, no efeito fotonuclear.

19.13 Propagação de ondas eletromagnéticas na matéria; dispersão

Até agora tratamos somente da propagação de ondas eletromagnéticas no vácuo. A experiência mostra que a velocidade de propagação de uma onda eletromagnética na matéria é diferente de sua velocidade de propagação no vácuo. Para entender por que essas velocidades são diferentes na matéria e no vácuo, devemos lembrar que nossa discussão na Seç. 19.2 foi baseada na ausência de cargas e correntes. Contudo, quando uma onda eletromagnética propaga-se na matéria, mesmo que não haja cargas livres e correntes, ela induz cargas e correntes na substância, como resultado da polarização e magnetização da matéria, conforme foi discutido no Cap. 16. Se a substância é homogênea e isotrópica, pode-se provar que o efeito da polarização e magnetização do meio pela onda eletromagnética implica a substituição das constantes ε_0 e μ_0, nas equações de Maxwell, pela permissividade elétrica ε e pela permeabilidade μ, característica do material. Todos os cálculos da Seç. 19.2 permanecem os mesmos, exceto que a velocidade da onda se torna agora

$$v = 1/\sqrt{\varepsilon\mu} \tag{19.55}$$

A razão entre a velocidade das ondas eletromagnéticas no vácuo, c, e na matéria, v, é chamada *índice absoluto de refração* da substância, designado por n. É um conceito útil para descrever as propriedades dos materiais, em relação às ondas eletromagnéticas. Então

$$n = \frac{c}{v} = \frac{1}{\sqrt{\varepsilon_0\mu_0}}\sqrt{\varepsilon\mu} = \sqrt{\frac{\varepsilon\mu}{\varepsilon_0\mu_0}}.$$

Mas $\varepsilon/\varepsilon_0 = \varepsilon_r$ e $\mu/\mu_0 = \mu_r$, onde ε_r e μ_r são a permissividade e a permeabilidade relativas do meio. Então

$$n = \frac{c}{v} = \sqrt{\varepsilon_r\mu_r}. \tag{19.56}$$

Em geral, como μ_r difere muito pouco de 1 para a maioria das substâncias que transmitem ondas eletromagnéticas (veja Tab. 16.3), podemos escrever, com aproximação satisfatória,

$$n = \sqrt{\varepsilon_r}. \tag{19.57}$$

Essa relação proporciona um método experimental simples para determinar a permissividade relativa da substância, caso o índice de refração possa ser obtido independentemente em uma medida. A consistência dos valores de ε_r obtidos por esse método com os obtidos por outros tipos de medida fornece uma base satisfatória para a teoria. Na Seç. 16.7 calculamos ε_r, dado pela Eq. (16.24). Então, usando N para o número de elétrons por unidade de volume, para evitar confusão com o índice de refração, podemos escrever

$$n^2 = \varepsilon_r = 1 + \frac{Ne^2}{m_e\varepsilon_0}\left(\sum_i \frac{f_i}{\omega_i^2 - \omega^2}\right). \tag{19.58}$$

Portanto o índice de refração depende da frequência da onda e, consequentemente, do comprimento de onda (de maneira semelhante à ilustrada na Fig. 16.20 para ε_r), como mostra a Fig. 19.29, onde ω_1, ω_2, ... são as frequências características do espectro de emissão da substância. Consequentemente, a velocidade de fase $v = c/n$ da onda eletromagnética na matéria também depende da frequência da radiação. Portanto as ondas eletromagnéticas sofrem dispersão quando se propagam na matéria, isto é, um impulso contendo várias frequências será distorcido porque cada componente viajará com uma velocidade diferente.

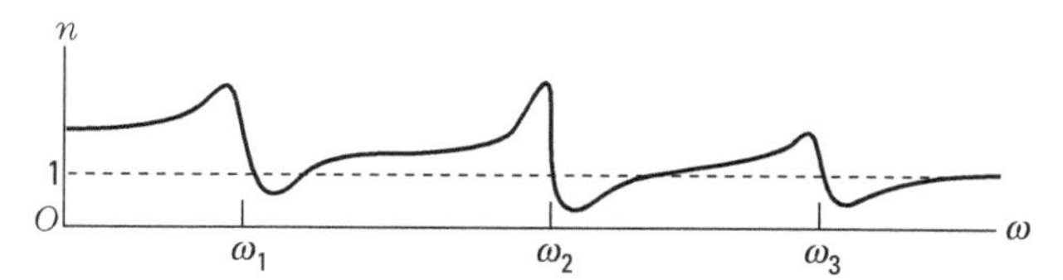

Figura 19.29 Variação do índice de refração com a frequência e comprimento de onda.

A velocidade de grupo, v_g, da Eq. (18.59), é dada por

$$v_g = v + k\frac{dv}{dk}.$$

Mas sabendo que

$$\frac{dv}{dk} = \frac{dv}{d\omega}\cdot\frac{d\omega}{dk} = v_g\frac{dv}{d\omega},$$

pois $v_g = d\omega/dk$. Usando $v = c/n$, temos

$$\frac{dv}{d\omega} = -\frac{c}{n^2}\frac{dn}{d\omega}.$$

Portanto

$$v_g = v - \frac{v_g ck}{n^2}\frac{dn}{d\omega}.$$

Resolvendo para v_g, obtemos

$$v_g = \frac{v}{1+\left(ck/n^2\right)\left(dn/d\omega\right)} = \frac{c}{n+\omega\left(dn/d\omega\right)}, \tag{19.59}$$

em que obtivemos a última expressão usando $k = \omega/v = \omega n/c$. Quando $dn/d\omega$ é positivo, a velocidade de grupo é menor do que a velocidade de fase. Essa situação é chamada *dispersão normal*. Mas, se $dn/d\omega$ é negativo, então a velocidade de grupo é maior do que a velocidade de fase e temos uma *dispersão anômala*. Nesse caso, existe a possibilidade de a velocidade de grupo ser maior que c, e de um impulso eletromagnético poder ser transmitido com velocidade maior do que c. Isso está, aparentemente, em contradição com os resultados deduzidos a partir da transformação de Lorentz e do princípio da relatividade.

Uma análise cuidadosa da transmissão de um sinal eletromagnético, feita por Brillouin, Sommerfeld e outros (análise que é matematicamente bastante complexa), revelou que é impossível transmitir um sinal com velocidade maior do que c. A Fig. 19.30 mostra a variação da velocidade de fase v, da velocidade de grupo v_g e da velocidade do sinal v_g, nas proximidades da frequência característica ω_i. A velocidade do sinal coincide, praticamente, com a velocidade de grupo, exceto próximo da frequência característica, e nunca é maior do que c, mesmo na região de dispersão anômala.

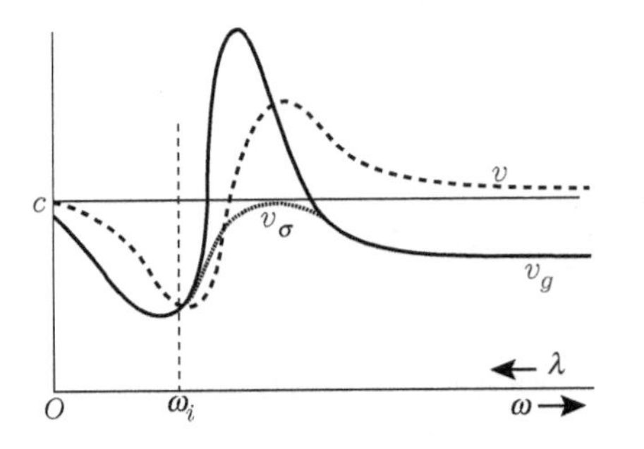

Figura 19.30 Velocidade de fase, grupo e sinal de um impulso eletromagnético em um meio dispersivo.

Quando n é maior do que um, de forma que v é menor do que c, existe a possibilidade de uma partícula carregada, q, emitindo ondas eletromagnéticas, mover-se no meio com uma velocidade v_q maior do que a velocidade de fase v das ondas eletromagnéticas. Essa situação corresponde àquela descrita na Fig. 18.36 para ondas de Mach em um fluido. Dessa maneira as frentes das ondas eletromagnéticas são superfícies cônicas e formam um ângulo α com a direção de propagação dado por

$$\text{sen } \alpha = v_q/v,$$

de acordo com a Eq. (18.64). Essas ondas são chamadas *radiação de Cerenkov*. Como a direção efetiva de propagação da frente de onda está relacionada com a velocidade da partícula carregada, ela pode ser usada para medi-la. Os instrumentos usados para essa finalidade são chamados de *detectores de Cerenkov*, e são muito empregados em experiências com partículas elementares porque proporcionam informação direta sobre as velocidades das partículas.

Já dissemos que as ondas eletromagnéticas aparentam propagar-se na matéria com velocidade de fase diferente de sua velocidade de propagação no vácuo. Essa diferença parece provir do fato de que a permissividade e permeabilidade da matéria são diferentes das do vácuo. Essa diferença (na permissividade e na permeabilidade) é, por sua vez, uma consequência da polarização elétrica e magnética da matéria sob a ação das ondas eletromagnéticas incidentes. Assim, quando uma onda eletromagnética interage com a matéria, induz oscilações nas partículas carregadas dos átomos e moléculas, as quais emitem, então, ondas secundárias, ou "espalhadas" (veja Seç. 19.9). Essas ondas espalhadas superpõem-se às ondas originais, levando a uma onda resultante. As fases das ondas secundárias são, em geral, diferentes das fases das ondas originais, pois um oscilador forçado não está sempre em fase com a força atuante (lembre-se da Seç. 12.13). Uma análise detalhada, que omitiremos aqui, indica que essa diferença de fase afeta a onda resultante de tal maneira que esta parece ter uma velocidade de fase diferente daquela que a onda tem no vácuo (veja Probl. 19.55). Esse resultado é particularmente satisfatório, pois, do ponto de vista atômico, todas as cargas, tanto livres como ligadas, são equivalentes, e as ondas eletromagnéticas emitidas por elas devem todas se propagar com velocidade c. É a onda resultante da superposição das ondas individuais, as quais têm fases diferentes, e que, como consequência dessas fases diferentes, parece ter sua velocidade de propagação alterada.

■ **Exemplo 19.9** Calcular a velocidade de grupo para radiação eletromagnética de frequências muito altas, como, por exemplo, raios X.

Solução: Se ω é muito maior do que as frequências características ω_i na Eq. (19.58), podemos desprezar os ω_i e escrever a Eq. (19.58) sob a forma

$$n^2 = 1 - \frac{Ne^2}{m_e \varepsilon_0 \omega^2} \sum_i f_i = 1 - \frac{Ne^2}{m_e \varepsilon_0 \omega^2},$$

desde que $\Sigma_i f_i = 1$, como foi indicado na Seç. 16.7. Usando a aproximação $(1-x)^{1/2} = 1 - \frac{1}{2}x + \dots$, que se aplica quando $x \ll 1$, de acordo com a Eq. (M.28), temos, para o índice de refração,

$$n = 1 - Ne^2/2\varepsilon_0 m_e \omega^2,$$

que é menor do que um, dando $v > c$. Como $dn/d\omega = Ne^2/\varepsilon_0 m_e \omega^3$, substituindo na Eq. (19.58), temos

$$v_g = \frac{c}{n + \omega(dn/d\omega)} = \frac{c}{1 - (Ne^2/2\varepsilon_0 m_e \omega^2) + \omega(Ne^2/\varepsilon_0 m_e \omega^3)}$$

$$= \frac{c}{1 + (Ne^2/2\varepsilon_0 m_e \omega^2)}.$$

Portanto, embora a velocidade de fase v seja maior do que c, em virtude de n ser menor do que um, a velocidade de grupo v_g é menor do que c. Note que, para a velocidade de fase,

$$v = \frac{c}{n} = \frac{c}{1 - (Ne^2/2\varepsilon_0 m_e \omega^2)} \approx c\left[1 + (Ne^2/2\varepsilon_0 m_e \omega^2)\right],$$

onde usamos a aproximação $(1 - x)^{-1} = 1 + x$ (válida quando $x \ll 1$), de acordo com a Eq. (M.28). Então $v_g v = c^2$. Essa relação, embora não seja de validade geral, é satisfeita com boa aproximação, dentro de um grande intervalo de frequências.

19.14 Efeito Doppler em ondas eletromagnéticas

Na Seç. 18.13 discutimos o efeito Doppler para ondas elásticas e outros tipos de ondas mecânicas que consistem no movimento de matéria. O efeito Doppler para ondas eletromagnéticas deve ser discutido separadamente porque, em primeiro lugar, ondas eletromagnéticas não consistem em matéria em movimento, e, portanto, a velocidade da fonte relativamente ao meio não entra em discussão; em segundo lugar, sua velocidade de propagação é c e é a mesma para todos os observadores, não importando seu movimento relativo. O efeito Doppler para ondas eletromagnéticas deve ser, necessariamente, calculado aplicando-se o princípio da relatividade.

Para um observador em um sistema de referência inercial, uma onda eletromagnética harmônica plana pode ser descrita por uma função da forma sen $(kx - \omega t)$ multiplicada por um fator apropriado de amplitude. Para um observador fixo em relação a outro sistema inercial de referência, as coordenadas x e t devem ser substituídas por x' e t' dadas pela transformação de Lorentz (6.33) e, portanto, ele escreverá para sua função sen $(k'x' - \omega' t')$, onde k' e ω' não são necessariamente os mesmos que para o outro observador. Por outro lado, o princípio da relatividade requer que a expressão $kx - \omega t$ permaneça invariante quando passamos de um observador inercial para outro. Portanto devemos ter

$$kx - \omega t = k'x' - \omega' t'$$

Usando a primeira e a quarta equações da transformação recíproca de Lorentz (6.34), temos

$$k\frac{x' + vt'}{\sqrt{1 - v^2/c^2}} - \omega\frac{t' + vx'/c^2}{\sqrt{1 - v^2/c^2}} = k'x' - \omega' t'$$

ou

$$\frac{k - \omega v/c^2}{\sqrt{1 - v^2/c^2}}x' - \frac{\omega - kv}{\sqrt{1 - v^2/c^2}}t' = k'x' - \omega' t'.$$

Portanto

$$k' = \frac{k - \omega v/c^2}{\sqrt{1 - v^2/c^2}}, \qquad \omega' = \frac{\omega - kv}{\sqrt{1 - v^2/c^2}}. \tag{19.60}$$

Lembrando que $\omega = ck$, podemos escrever ou uma ou outra dessas equações sob a forma

$$\omega' = \omega\frac{1 - v/c}{\sqrt{1 - v^2/c^2}}. \tag{19.61}$$

Para velocidades pequenas, isto é, $v \ll c$, podemos aproximar o denominador por 1, resultando em

$$\omega' = \omega(1 - v/c),$$

que é igual à Eq. (18.62) para o movimento do observador em relação à fonte, segundo a linha de propagação. [Note que v_{0s} na Eq. (18.62) é agora indicado por v, e v por c.]

A Eq. (19.61) relaciona as frequências ω e ω' como são medidas por dois observadores O e O' quando O' está se movendo ao longo do eixo X com a velocidade v relativa a O. Quando o movimento relativo de dois observadores não é ao longo da linha de propagação, um cálculo mais elaborado (veja Ex. 19.10) indica que

$$\omega' = \omega\frac{1 - (v/c)\cos\theta}{\sqrt{1 - v^2/c^2}}, \tag{19.62}$$

onde θ é o ângulo entre a direção de propagação e a direção do movimento relativo. Supondo O em repouso em relação à fonte de ondas eletromagnéticas, vemos que, se a fonte O e o observador O' estão se afastando um do outro, O' observa uma frequência menor, ou seja, um maior comprimento de onda. Isso é observado no espectro de estrelas e é chamado *deslocamento para o vermelho*, pois o espectro visível da luz de estrelas que se afastam aparece deslocado no sentido dos comprimentos de onda maiores, ou seja, em direção ao vermelho. Esse fator nos permite fazer uma estimativa da velocidade com que essas estrelas estão se afastando.

A Fig. 19.31 mostra o deslocamento para o vermelho das linhas H e K do cálcio observadas no espectro de várias nebulosas. Esse fato suporta a teoria de um universo em expansão. A flecha horizontal indica o deslocamento. Note que quanto maior a velocidade de afastamento maior a distância da nebulosa. Recentemente têm sido observadas certas nebulosas cujas velocidades de afastamento são da ordem da metade da velocidade da luz, o que tem provocado conjecturas de que o efeito Doppler pode não ser o único responsável pelo deslocamento para o vermelho. É interessante notar que a luz proveniente de Andrômeda (Fig. 1.6) mostra um deslocamento em direção a comprimentos de onda mais curtos, ou um deslocamento em direção ao azul. Isso parece indicar que o movimento atual do sistema solar dentro de nossa galáxia rotativa é em direção àquela nebulosa.

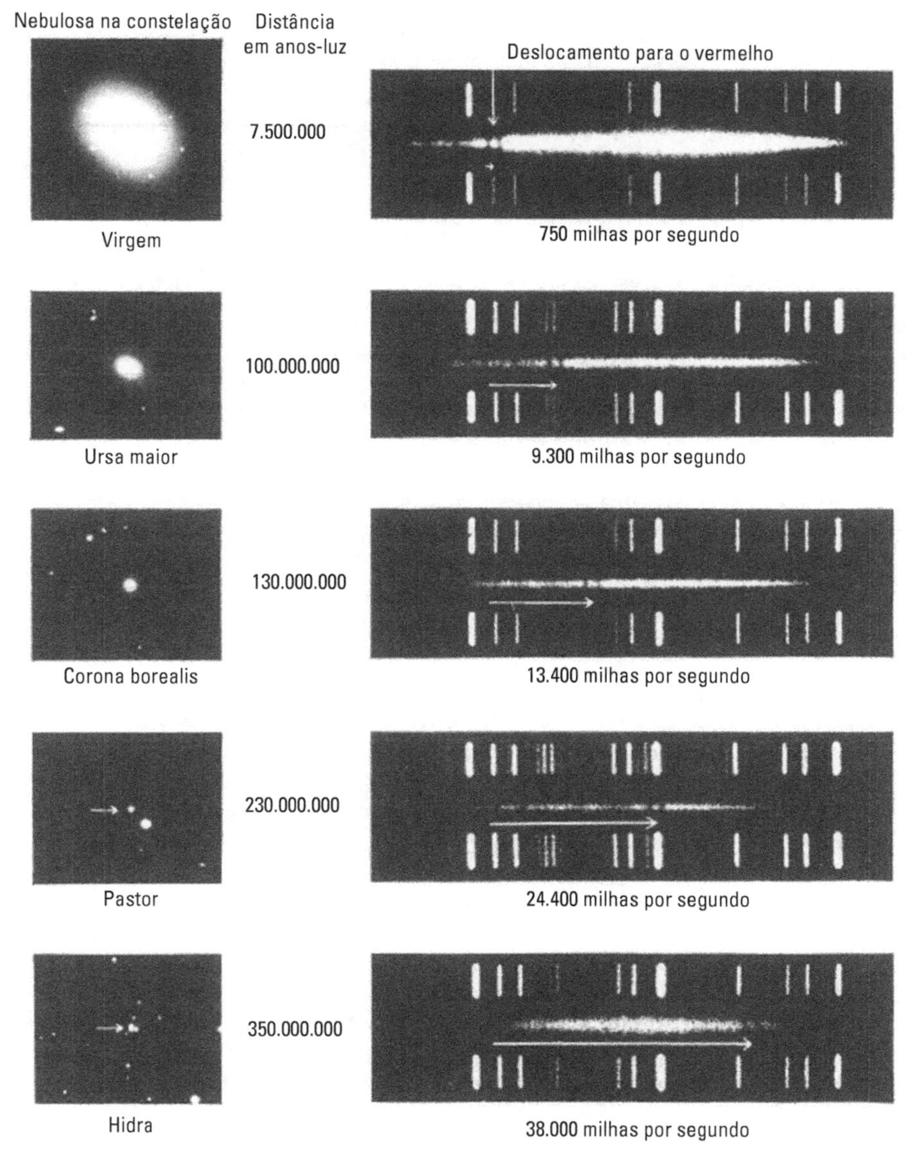

Figura 19.31 Efeito Doppler em nebulosas extragalácticas. O deslocamento das linhas H e K do cálcio (indicadas pelas setas) para o vermelho aumenta com a distância da nebulosa, sugerindo velocidades maiores de afastamento.

Fonte: Cortesia dos observatórios de Mt. Wilson e Palomar.

A Fig. 19.32 mostra o deslocamento do espectro da estrela Arcturus, a qual está a cerca de 36 anos-luz do Sol. Os dois espectros foram tomados com um intervalo de seis meses, e vemos que o deslocamento de um é em direção ao vermelho enquanto o do outro é em relação ao azul. Esse deslocamento é devido à mudança de direção do movimento da Terra em relação a Arcturus.

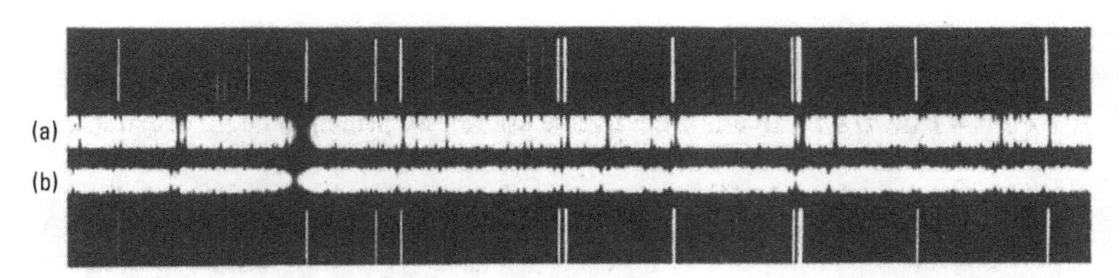

Figura 19.32 Espectro (λ de 4.200 Å a λ 4.300 Å) da estrela de velocidade constante Arcturus tomado com diferença de tempo de seis meses, (a) 1 de julho de 1939; velocidade medida + 18 km · s^{-1} em relação à Terra, (b) 19 de janeiro de 1940; velocidade medida – 32 km · s^{-1}. A diferença de velocidade de 50 km · s^{-1} é inteiramente devida à variação da velocidade orbital da Terra. Pode-se ver claramente o deslocamento das linhas espectrais quando se comparam suas posições com as do espectro de referência.

Fonte: Fotografias por cortesia dos observatórios de Mt. Wilson e Palomar.

Deduzimos a expressão (19.61), aplicando o princípio da relatividade à fase $kx - \omega t$ da onda. Por outro lado, atribuímos certa energia e quantidade de movimento à radiação e as agrupamos no conceito de fóton. Devemos então ver se a nossa lógica é consistente, verificando a transformação de Lorentz da energia e da quantidade de movimento para um fóton, a fim de ver se são compatíveis com a Eq. (19.60). (Veja Ex. 11.8). Da Eq. (19.50) temos, para um fóton, que

$$E = h\nu, \qquad p = h/\lambda. \tag{19.63}$$

Aplicando a Eq. (11.27) para transformar a energia e a quantidade de movimento de um sistema de referência inercial para outro, temos

$$p' = \frac{p - vE/c^2}{\sqrt{1 - v^2/c^2}} \quad \text{e} \quad E' = \frac{E - vp}{\sqrt{1 - v^2/c^2}}. \tag{19.64}$$

Então, usando as relações $E' = h\nu'$, $p' = h/\lambda' = h\nu'/c$, e relações análogas para E e p, temos, cancelando o fator comum h em todos os termos, que ambas as equações se reduzem a

$$\nu' = \nu \frac{1 - v/c}{\sqrt{1 - v^2/c^2}}. \tag{19.65}$$

Multiplicando ambas as equações por 2π e usando $\omega = 2\pi\nu$, vemos que, de novo, obtemos a Eq. (19.61). Esse resultado poderia ter sido obtido diretamente do Ex. 11.8 se tivéssemos colocado $p = h\nu/c = h\omega/2\pi c$ na primeira relação, com uma expressão semelhante para p', e se tivéssemos cancelado o fator comum $h/2\pi c$. Podemos então concluir que o conceito de fóton é quase uma necessidade do princípio da relatividade; isto é, supondo que as relações $E = cp$ e $\omega = ck$, são simultaneamente válidas, vemos que uma simples comparação das Eqs. (19.60) e (19.64) teria tentado o físico a procurar uma correspondência do tipo $E \to \omega$ ou ν e $p \to k$ ou $1/\lambda$. Se algum físico tivesse usado esse princípio como orientação, o conceito de fóton teria aparecido como uma consequência teórica. Contudo os trabalhos de Einstein e de Compton, baseados na evidência experimental direta, aceleraram a descoberta das relações (19.50) para a radiação eletromagnética.

■ **Exemplo 19.10** Provar a relação (19.62) para o efeito Doppler.

Solução: Quando a direção de propagação de uma onda eletromagnética plana forma um ângulo θ com a direção do movimento relativo de dois observadores O e O', devemos escrever, em vez da segunda equação de (19.64), a equação

$$E' = \frac{E - vp_x}{\sqrt{1 - v^2/c^2}}.$$

Mas $p_x = p \cos \theta$. Então, relembrando que $E = cp$ para um fóton, podemos escrever

$$E' = \frac{E - vp\cos\theta}{\sqrt{1 - v^2/c^2}} = E\frac{1-(v/c)\cos\theta}{\sqrt{1 - v^2/c^2}}. \qquad (19.66)$$

Usando $E = h\nu = h\omega/2\pi$ e cancelando fatores comuns, obtemos, finalmente,

$$\omega' = \omega\frac{1-(v/c)\cos\theta}{\sqrt{1 - v^2/c^2}},$$

que é a Eq. (19.62); conseguimos, então, obter nossa prova.

■ **Exemplo 19.11** Discutir a relação entre as direções de propagação de uma onda eletromagnética plana determinadas por dois observadores em movimento relativo. Esse efeito é chamado *aberração*.

Solução: Suponha que temos uma fonte em repouso em relação ao observador O e que ele vê uma onda eletromagnética propagando-se em uma direção que faz um ângulo θ com o eixo dos X, o qual coincide com a direção do movimento relativo dos dois observadores. Então devemos ter, de acordo com a Eq. (11.27),

$$p'_x = \frac{p_x - vE/c^2}{\sqrt{1 - v^2/c^2}},$$

Mas $p_x = p \cos \theta$ e, de forma análoga, para o observador O', $p'_x = p' \cos \theta'$. Portanto, colocando $E = cp$, temos

$$p'\cos\theta' = p\frac{\cos\theta - v/c}{\sqrt{1 - v^2/c^2}}.$$

Se fizermos $p = h/\lambda = h\omega/2\pi c$ e, da mesma forma, para p', cancelando os fatores comuns, obteremos

$$\omega'\cos\theta' = \omega\frac{\cos\theta - v/c}{\sqrt{1 - v^2/c^2}}.$$

Combinando essa Eq. com a (19.62), para eliminar as frequências, obtemos

$$\cos\theta' = \frac{\cos\theta - v/c}{1-(v/c)\cos\theta}, \qquad (19.67)$$

que relaciona as direções de propagação da onda eletromagnética como seriam determinadas por dois observadores.

19.15 O Espectro da radiação eletromagnética

As ondas eletromagnéticas cobrem um intervalo bastante grande de frequências ou comprimentos de onda, e podem ser classificadas de acordo com sua fonte principal. A classificação não tem fronteiras muito bem definidas, uma vez que diferentes fontes podem produzir ondas em intervalos de frequência que se sobrepõem.

A classificação usual do espectro eletromagnético é a seguinte:

(1) *Ondas de radiofrequência.* Têm comprimentos de ondas variando desde alguns quilômetros até 0,3 m. O intervalo de frequências vai desde alguns Hz até 10^9 Hz. A energia dos fótons vai desde quase zero até cerca de 10^{-5} eV. Essas ondas, que são usadas em televisão e sistemas de radiodifusão, são produzidas por instrumentos eletrônicos, principalmente circuitos oscilantes.

(2) *Micro-ondas.* Os comprimentos de ondas das micro-ondas variam desde 0,3 m até 10^{-3} m. O intervalo de frequências é de 10^9 Hz até 3×10^{11} Hz. A energia dos fótons vai desde cerca de 10^{-5} eV até 10^{-3} eV. Essas ondas são usadas em radar e outros sistemas de comunicação, bem como na análise de detalhes muito finos da estrutura atômica e molecular e são, como no caso das radiofrequências, produzidas por instrumentos eletrônicos. A região de micro-ondas é também designada por UHF (*ultrahigh frequency*: frequências ultraelevadas relativamente à radiofrequência).

(3) *Espectro infravermelho.* Cobre os comprimentos de onda de 10^{-3} m até $7{,}8 \times \times 10^{-7}$ m (ou 7.800 A). O intervalo de frequências vai de 3×10^{11} Hz até 4×10^{14} Hz e a energia dos fótons de 10^{-3} eV até cerca de 1,6 eV. Essa região é subdividida em três: o *infravermelho distante*, de 10^{-3} m a 3×10^{-5} m, o *infravermelho médio*, de 3×10^{-5} m a 3×10^{-6} m, e o *infravermelho próximo*, que se estende até cerca de $7{,}8 \times 10^{-7}$ m. Essas ondas são produzidas por moléculas e corpos quentes e são muito aplicadas na indústria, medicina, astronomia etc.

(4) *Luz ou espectro visível.* É uma banda estreita formada pelos comprimentos de onda aos quais nossa retina é sensível. Estende-se de comprimentos de onda desde $7{,}8 \times \times 10^{-7}$ m até $3{,}8 \times 10^{-7}$ m com frequências variando de 4×10^{14} Hz a 8×10^{14} Hz. A energia dos fótons varia entre 1,6 eV e 3,2 eV. A luz, como usualmente designamos a parte visível do espectro eletromagnético, é produzida por átomos e moléculas como resultado do ajustamento interno no movimento de seus componentes, principalmente os elétrons. Não é necessário enfatizar a importância da luz em nosso mundo.

A luz é tão importante que constitui um ramo especial da física aplicada, chamado *óptica.* A óptica trata dos fenômenos luminosos, assim como da visão, e também do desenho de instrumentos ópticos. Em virtude da semelhança entre o comportamento das regiões do infravermelho e ultravioleta do espectro, a óptica inclui, além do espectro visível, também essas regiões. As sensações diferentes que a luz produz no olho, chamadas *cores*, dependem da frequência, ou do comprimento, da onda eletromagnética, e correspondem aos seguintes intervalos para uma pessoa média:

Cor	λ, m	ν, Hz
Violeta	$3{,}90–4{,}55 \times 10^{-7}$	$7{,}69–6{,}59 \times 10^{14}$
Azul	4,55–4,92	6,59–6,10
Verde	4,92–5,77	6,10–5,20
Amarelo	5,77–5,97	5,20–5,03
Laranja	5,97–6,22	5,03–4,82
Vermelho	6,22–7,80	4,82–3,84

A sensibilidade do olho depende também do comprimento de onda da luz; essa sensibilidade é máxima para comprimentos de onda de aproximadamente $5{,}6 \times 10^{-7}$ m. Em virtude da relação entre cor e comprimento de onda ou frequência, uma onda eletromagnética de comprimento ou frequência bem definidos é também chamada de *onda monocromática* (*monos*: um; *chromos*: cor).

A visão é o resultado dos sinais transmitidos ao cérebro por dois elementos presentes na membrana chamada *retina*, que fica no fundo do olho. Esses elementos são os *cones* e os *bastonetes*. Cones são os elementos ativos na presença de luz intensa, tais como a que existe durante o dia. Os cones são sensíveis à cor. Os bastonetes, por outro lado, são elementos capazes de atuar com iluminação muito fraca, tal como em uma sala escurecida; são insensíveis às cores. A visão devida aos cones é chamada *fotópica* e a devida aos bastonetes é chamada *escotópica*. A sensibilidade do olho a diferentes comprimentos de onda, para ambos os tipos de visão, é ilustrada na fig. 19.33.

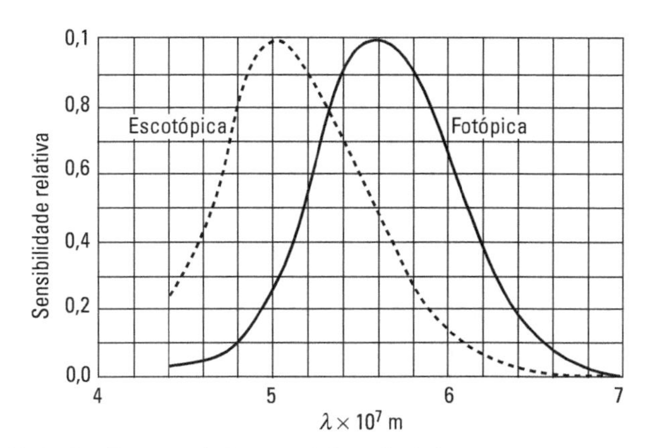

Figura 19.33 Sensibilidade do olho para visão escotópica e fotópica.

(5) *Raios ultravioleta*. Seus comprimentos de onda variam de $3{,}8 \times 10^{-7}$ m até cerca de 6×10^{-10} m com frequências variando entre 8×10^{14} Hze 3×10^{17} Hz. A energia dos fótons vai desde 3 eV até 2×10^{3} eV. Essas ondas são produzidas por átomos e moléculas em descargas elétricas. Suas energias são da ordem de grandeza da energia envolvida em muitas reações químicas, o que explica muitos de seus efeitos químicos. O Sol é uma poderosa fonte de radiação ultravioleta, que é o fator mais importante no bronzeamento

da pele. A radiação ultravioleta do Sol também interage com os átomos na atmosfera superior, produzindo um grande número de íons. Isso explica por que a atmosfera superior, a uma altura acima de cerca de 80 quilômetros (60 milhas) é altamente ionizada sendo, por essa razão, chamada *ionosfera*. Quando algum microrganismo absorve radiação ultravioleta, pode ser destruído como resultado das reações químicas produzidas pela ionização e dissociação das moléculas. Por essa razão, raios ultravioleta são usados em algumas aplicações médicas e também em processos de esterilização.

(6) *Raios X.* Essa parte do espectro eletromagnético estende-se de comprimentos de onda da ordem de 10^{-9} até cerca de 6×10^{-12} m, ou frequências entre 3×10^{17} Hz e 5×10^{19} Hz. A energia dos fótons vai de $1{,}2 \times 10^{3}$ eV até cerca de $2{,}4 \times 10^{5}$ eV. Essa parte do espectro eletromagnético foi descoberta em 1895 pelo físico alemão W. Roentgen quando estava estudando raios catódicos. Os raios X são produzidos pelos elétrons mais internos dos átomos, ou seja, os mais fortemente ligados. Outra fonte de raios X é o *bremsstrahlung* ou radiação de freamento, mencionada na Seç. 19.7. De fato, esse é o meio mais comum de produção comercial de raios X. Um feixe de elétrons, acelerado por um potencial de vários milhares de volts, atinge um alvo metálico chamado anticátodo (Fig. 19.16). (Foi esse o processo pelo qual os raios X foram produzidos na experiência original de Roentgen.) Os raios X, por causa da grande energia de seus fótons, produzem efeitos pronunciados sobre os átomos e moléculas de substâncias através das quais se propagam, produzindo dissociação e ionização de suas moléculas. Os raios X são também usados em diagnóstico médico porque a absorção relativamente grande da radiação X pelos ossos, em comparação com os outros tecidos, permite uma "fotografia" bastante definida. Como resultado dos processos químicos que induzem, causam também sérios danos aos tecidos e organismos vivos. É por essa razão que os raios X são usados no tratamento do câncer, uma vez que as células afetadas parecem ser mais sensíveis à radiação do que as células normais. Deve ser ressaltado que *qualquer* radiação X destrói realmente tecidos bons; uma exposição a uma grande dose pode causar suficiente destruição para produzir doença ou morte.

(7) *Raios gama.* Essas ondas eletromagnéticas são de origem nuclear. Elas se sobrepõem com o limite superior do espectro de raios X. Seus comprimentos de onda vão desde cerca de 10^{-10} m até bem abaixo de 10^{-14} m, com um intervalo correspondente de frequência variando de 3×10^{18} Hz até acima de 3×10^{22} Hz. A energia dos fótons vai de 10^{4} eV até cerca de 10^{7} eV. Essas energias são da mesma ordem de grandeza daquelas que tomam parte em processos nucleares e, portanto, a absorção de raios γ pode produzir algumas mudanças nucleares. Esses raios são produzidos por muitas substâncias radioativas, e estão presentes em grandes intensidades nos reatores nucleares. Não são facilmente absorvidos pela maioria das substâncias, mas, quando o são por organismos vivos, produzem efeitos bastante danosos. Sua manipulação requer proteção por meio de uma blindagem bastante forte.

Na radiação cósmica existem ondas eletromagnéticas de comprimentos ainda menores (ou de maiores frequências) que constituem um campo de pesquisa de interesse na astronomia.

Quando olhamos para o vasto espectro da radiação eletromagnética, podemos facilmente entender por que suas diferentes partes comportam-se de maneira diferente quando se propagam através da matéria. Por exemplo, as ondas que têm fótons com uma energia comparável às energias características dos elétrons nos átomos, ou de átomos em moléculas, irão interagir mais fortemente com átomos e moléculas. Esse é o caso da radiação infravermelha, visível e ultravioleta. Radiação com comprimento de onda maior, com fótons de energia menor, tem interação muito fraca com a matéria, sendo pequena sua absorção. Esse é o caso das ondas de radiofrequência. Ondas que têm alta energia ou comprimento de onda muito pequeno, tais como raios X e raios γ, são também muito pouco absorvidas na matéria; contudo seus efeitos são mais profundos, produzindo não somente ionização atômica e molecular, mas também, em muitos casos, desintegração nuclear.

A Fig. 19.34 relaciona as várias seções do espectro eletromagnético em termos de energia, frequência e comprimento de onda.

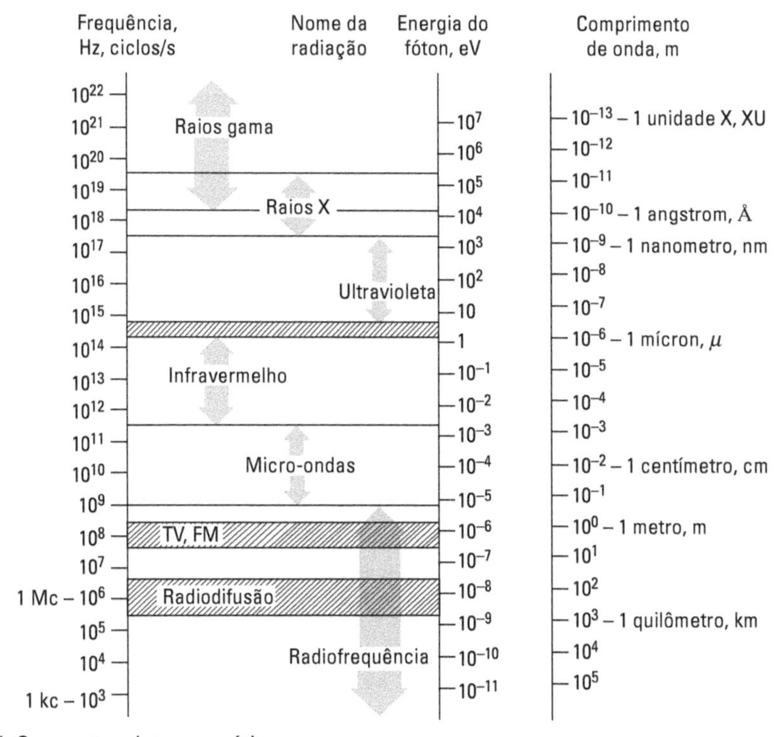

Figura 19.34 O espectro eletromagnético.

REFERÊNCIAS

ARONS, A.; PEPPARD, M. Einstein's proposal of the photon concept. *Am. J. Phys.*, v. 33, p. 367, 1965.

BARTLETT, A. The Compton effect: historical background. *Am. J. Phys.*, v. 32, p. 120, 1964.

CARRUTHERS, P. Resource letter *QSL*-1 on quantum and statistical aspects of light. *Am. J. Phys.*, v. 31, p. 321, 1963.

COMPTON, A. The scattering of X-rays as particles. *Am. J. Phys.*, v. 29, p. 817, 1961.

FEYNMAN, R.; LEIGHTON, R.; SANDS, M. *The Feynman lectures on Physics*. v. I. Reading, Mass.: Addison-Wesley, 1963.

HEIRTZLER, J. The longest electromagnetic waves. *Sci. Am.*, p. 128, Mar. 1962.

HOLTON, G.; ROLLER, D. H. D. *Foundations of modern physical science*, Reading, Mass.: Addison-Wesley, 1958.

LINDSAY, R. Influence of the environment on the wave transmission of energy: resonance and relaxation. *Am. J. Phys.*, v. 28, p. 67, 1960.

MAGIE, W. F. *Source book in Physics*. Cambridge, Mass.: Harvard University Press, 1963.

REITZ, J.; MILFORD, F. *Foundations of electromagnetic theory*. Reading, Mass.: Addison--Wesley, 1960.

ROSSI. B. *Optics*. Reading, Mass.: Addison-Wesley, 1957.

SHAMOS, M. (ed.). *Great experiments in Physics*. New York: Holt, Rinehart & Winston, 1959.

STEPHENS, W. Measurement of the velocity of light through μ_0, ε_0. *Am. J. Phys.*, v. 31, n. 105, 1963.

TEA Jr., P. Some thoughts on radiation pressure. *Am. J. Phys.*, v. 33, p. 190, 1965.

PROBLEMAS

19.1 O campo elétrico de uma onda eletromagnética plana no vácuo, usando unidades MKSC, é representado por $\mathfrak{E}_x = 0$, $\mathfrak{E}_y = 0{,}5 \cos [2\pi \times 10^8(t - x/c)]$, $\mathfrak{E}_z = 0$. (a) Determine o comprimento de onda, o estado de polarização, e a direção de propagação, (b) Calcule o campo magnético da onda. (c) Calcule a intensidade média ou o fluxo de energia por unidade de área.

19.2 Resolva (a), (b) e (c) do Prob. 19.1 para a onda representada por $\mathfrak{E}_x = 0$; $\mathfrak{E}_y = 0{,}5 \cos [4\pi \times 10^7(t - x/c)]$; $\mathfrak{E}_z = 0{,}5 \text{ sen } [4\pi \times 10^7(t - x/c)]$.

19.3 Escreva as equações dos campos $\mathfrak{E}$ e $\mathfrak{B}$, para as seguintes ondas eletromagnéticas que se propagam ao longo do eixo dos X: (a) uma onda linearmente polarizada cujo plano de vibração forma um ângulo de 45° com o plano *XY*. (b) Uma onda linearmente polarizada cujo plano de vibração forma um ângulo de 120° com o plano *XY*. (c) Uma onda circularmente polarizada à direita, (d) Uma onda elipticamente polarizada à direita e com o eixo maior paralelo ao eixo *Y*; o eixo maior é duas vezes maior que o eixo menor.

19.4 Considere a onda representada por $\mathfrak{E}_y = \mathfrak{E}_0 \cos 2\pi(t/P - x/\lambda)$, $\mathfrak{E}_z = \mathfrak{E}_0 \cos 2\pi \left(t/P - x/\lambda + \frac{1}{8}\right)$. Calcule o módulo do vetor elétrico e o ângulo formado por ele com o eixo *Y* para os instantes $t = 0$ e $t = P/4$ e nos pontos $x = 0$, $x = \lambda/4$, $x = \lambda/2$, $x = 3\,\lambda/4$, $x = \lambda$. Em cada caso, indique o campo magnético resultante.

19.5 Descreva o estado de polarização das ondas representadas pelas seguintes equações:

(a) $\mathfrak{E}_y = A \cos \omega(t - x/c)$
$\mathfrak{E}_z = A \text{ sen } \omega(t - x/c)$

(b) $\mathfrak{E}_y = A \cos \omega(t - x/c)$
$\mathfrak{E}_z = -A \cos \omega(t - x/c)$

(c) $\mathfrak{E}_y = A \cos \omega(t - x/c)$
$\mathfrak{E}_z = A \cos [\omega(t - x/c) - 3\pi/4]$

(d) $\mathfrak{E}_y = A \cos \omega(t - x/c)$
$\mathfrak{E}_z = A \cos [\omega(t - x/c) + \pi/4]$

Em cada caso, represente o campo magnético, mostrando como ele varia à medida que a onda se propaga.

19.6 Uma onda senoidal plana linearmente polarizada, de luz de comprimento de onda $\lambda = 5{,}0 \times 10^{-7}$ m, caminha no vácuo. A intensidade média é 0,1 $W \cdot m^{-2}$. A direção de propagação está contida no plano XY a 45° com o eixo dos X. O campo elétrico oscila paralelamente ao eixo dos Z. Escreva as equações que descrevem os campos elétrico e magnético dessa onda.

19.7 Uma onda eletromagnética plana, linearmente polarizada, de comprimento $\lambda = 5{,}0 \times 10^{-7}$ m caminha no vácuo na direção do eixo dos X. A intensidade média da onda por unidade de área é 0,1 $W \cdot m^{-2}$ e o plano de vibração do campo elétrico é paralelo ao eixo dos Y. Escreva as equações que descrevem os campos magnético e elétrico dessa onda.

19.8 O campo elétrico de uma onda eletromagnética plana tem uma amplitude de 10^{-2} $V \cdot m^{-1}$. Determine: (a) o módulo do campo magnético, (b) a energia por unidade de volume da onda. (c) Se a onda é completamente absorvida quando incide sobre um corpo, calcule a pressão da radiação. (d) Repita a questão anterior sendo o corpo um refletor perfeito.

19.9 A radiação eletromagnética do Sol irradia a superfície da Terra à razão de $1{,}4 \times 10^{3}$ $W \cdot m^{-2}$. Supondo que essa radiação possa ser considerada como formada por ondas planas, avalie o valor da amplitude dos campos elétrico e magnético na onda.

19.10 A potência média de uma estação de radiodifusão é 10^5 W. Suponha que essa potência seja irradiada uniformemente sobre qualquer hemisfério concêntrico com a estação. Para um ponto a 10 km da fonte, determine o módulo do vetor de Poynting e as amplitudes dos campos elétrico e magnético. Suponha que, àquela distância, a onda seja plana.

19.11 Um transmissor de radar emite sua energia dentro de um cone de ângulo sólido de 10^{-2} esterorradianos. A uma distância de 10^3 m do transmissor, o campo elétrico tem uma amplitude de 10 $V \cdot m^{-1}$. Calcule a amplitude do campo magnético e a potência do transmissor.

19.12 Suponha que uma lâmpada de 100 W, de 80% de eficiência, irradia toda a sua energia isotropicamente. Calcule a amplitude dos campos elétrico e magnético a 2 metros da lâmpada.

19.13 Ondas de rádio recebidas por um radiorreceptor têm um campo elétrico de amplitude máxima igual a 10^{-1} $V \cdot m^{-1}$. Supondo que a onda possa ser considerada como plana, calcule: (a) a amplitude do campo magnético, (b) a intensidade média da onda, (c) a densidade média de energia. (d) Supondo que o radiorreceptor esteja a 1 km da estação de radiodifusão e que a estação irradie isotropicamente, determine a potência da estação.

19.14 Duas ondas eletromagnéticas harmônicas, ambas de frequência ν e amplitude $\mathfrak{E}_0$, caminham no vácuo nas direções dos eixos dos X e dos Y, respectivamente. Os campos elétricos de ambas as ondas são paralelos ao eixo dos Z. Para a onda resultante da superposição das duas, calcule (a) as componentes do campo elétrico $\mathfrak{E}$, (b) a componente do campo magnético $\mathfrak{B}$, (c) a densidade de energia E, (d) as componentes do vetor de Poynting, (e) os valores médios de E e do vetor de Poynting. (f) Determine os planos nos quais o valor médio de $\mathfrak{E}^2$ é um máximo ou um mínimo. (g) Determine os planos nos quais o vetor $\mathfrak{B}$ executa oscilações circulares.

19.15 Mostre que se

$$\boldsymbol{V} = \boldsymbol{V}_0 \operatorname{sen} (\boldsymbol{k} \cdot \boldsymbol{r} - \omega t),$$

então a condição div $\boldsymbol{V} = 0$ implica que $\boldsymbol{k} \cdot V_0 = 0$, ou que $\boldsymbol{k}$ é perpendicular a $\boldsymbol{V}_0$. Isto prova, de acordo com as Eqs. (17.65), que no vácuo tanto $\mathfrak{E}$ como $\mathfrak{B}$ são perpendiculares a $\boldsymbol{k}$, e os resultados da Seç. 19.2 são de validade geral.

19.16 Mostre que, se

$$\boldsymbol{V} = \boldsymbol{V}_0 \text{ sen } (\boldsymbol{k} \cdot \boldsymbol{r} - \omega t),$$

então rot $\boldsymbol{V} = \boldsymbol{k} \times \boldsymbol{V}_0 \cos (\boldsymbol{k} \cdot \boldsymbol{r} - \omega t)$ e as Eqs. (17.65) implicam que $\boldsymbol{k} \times \mathfrak{B} = -\mu_0\varepsilon_0\omega\mathfrak{E}$ e $\boldsymbol{k} \times \mathfrak{E} = \omega\mathfrak{B}$. Mostre que os dois resultados são compatíveis. Dos resultados deste e do problema precedente, discuta a orientação relativa dos vetores $\boldsymbol{k}$, $\mathfrak{E}$, e $\mathfrak{B}$. Compare com os resultados da Seç. 19.2.

19.17 Usando os resultados precedentes, mostre que os campos $\mathfrak{E}$ e $\mathfrak{B}$ de uma onda eletromagnética plana devem estar em fase.

19.18 Mostre que o vetor de Poynting pode ser escrito como $\mathfrak{E} \times \mathfrak{H}$. Esta expressão é aplicável tanto a uma onda eletromagnética propagando-se no vácuo como em um meio material.

19.19 Mostre que o valor médio do vetor de Poynting de uma onda harmônica plana é $\frac{1}{2}c\varepsilon_0\mathfrak{E}_0^2$ ou $\mathfrak{E}_0\mathfrak{B}_0/2\mu_0$. Compare com a Eq. (19.17).

19.20 Mostre que, se um sistema de cargas oscilantes irradia energia eletromagnética isotropicamente, o valor médio do vetor de Poynting, a uma distância r, é $(dE/dt)_{\text{med}}/4\pi r^2$.

19.21 Um sistema de cargas oscilantes concentradas ao redor de um ponto irradia energia à taxa de 10^4 W. Supondo que a energia seja irradiada isotropicamente, determine, para um ponto a uma distância de 1 m: (a) o valor médio do vetor de Poynting, (b) a amplitude dos campos elétrico e magnético, (c) a densidade de energia e momento. [*Sugestão*: observe que, a grandes distâncias da fonte, uma pequena porção da frente de onda pode ser considerada como plana.]

19.22 Calcule, para uma carga movendo-se com velocidade constante, o fluxo de energia por unidade de área através de um plano perpendicular à velocidade e passando pela carga. Suponha que a carga tenha um raio R e use a expressão relativística para os campos elétrico e magnético. Discuta criticamente seu resultado. [*Sugestão*: use anéis de raio r e largura dr concêntricos com a carga como elementos de área para o fluxo.]

19.23 Uma fonte gasosa emite luz de comprimento de onda 5×10^{-7} m. Suponha que cada molécula atue como um oscilador de carga e e amplitude 10^{-10} m. (a) Calcule a taxa média de irradiação de energia por molécula. (b) Se a taxa total de energia irradiada pela fonte é 1 W, quantas moléculas estão sendo emitidas simultaneamente?

19.24 Avalie o valor de $(dE/dt)_{\text{med}}$ dado pela Eq. (19.26) para um próton em um núcleo. Suponha z_0 da ordem de 10^{-15} m e ω cerca de 5×10^{20} Hz para raios gama de baixa energia.

19.25 A expressão (19.39) dá a intensidade da radiação de uma carga acelerada em função da direção da radiação. Obtenha, a partir dela, a Eq. (19.38) por integração sobre todas as direções. [*Sugestão*: multiplique $I(\theta)$ pelo elemento de área $dS = 2\pi r^2 \text{ sen } \theta \, d\theta$ e integre de 0 a π.]

19.26 Obtenha uma expressão para a taxa de energia irradiada por uma partícula carregada movendo-se com velocidade v perpendicular ao campo magnético $\mathfrak{B}$.

19.27 (a) O elétron em um átomo de hidrogênio tem uma carga cinética de 13,6 eV e um raio de $5{,}3 \times 10^{-11}$ m. Supondo que a teoria do Ex. 19.7 possa ser aplicada, calcule a energia irradiada por segundo e por revolução. (b) Repita o problema para um elétron de 50 keV em uma trajetória circular de 1 m. (c) Repita para um próton de 50 keV, em uma trajetória circular de 1 m.

19.28 Mostre que, para uma partícula movendo-se em um acelerador linear, a potência irradiada é

$$(dE/dt)_{\text{rad}} = (q^2/6\pi\varepsilon_0 m_0^2 c^3)(dE_k/dx)^2,$$

onde E_k é a energia cinética da partícula.

19.29 Mostre que a potência irradiada em um acelerador circular é

$$(dE/dt)_{\text{rad}} = (q^2\, c/6\pi\varepsilon_0 r^2)\ (v/c)^4(E/m_0\, c^2)^4.$$

19.30 Mostre que, para gases, o segundo termo na Eq. (19.58) é pequeno, e que podemos escrever

$$n \approx 1 + \frac{Ne^2}{2m_e\varepsilon_0}\left(\sum_i \frac{f_i}{\omega_i^2 - \omega^2}\right).$$

Quando há apenas uma frequência ressonante, a expressão torna-se

$$n \approx 1 + \frac{Ne^2}{2m_e\varepsilon_0\left(\omega_i^2 - \omega^2\right)}.$$

19.31 O índice de refração do gás hidrogênio em TPN é $n = 1 + 1{,}400 \times 10^{-4}$ para $\lambda = 5{,}46 \times$ $\times\ 10^{-7}$ m e $n = 1 + 1{,}547 \times 10^{-4}$ para $\lambda = 2{,}54 \times 10^{-7}$ m. Supondo uma única frequência de ressonância, calcule essa frequência e o número de osciladores eletrônicos por unidade de volume. Compare com o número de moléculas por unidade de volume (veja o Prob. 2.4). [*Sugestão*: use o resultado do Prob. 19.30.]

19.32 Referindo-se ao problema precedente, calcule o índice de refração do hidrogênio para $\lambda = 4 \times 10^{-7}$ m, pressão de 10 atm, e temperatura de 300 K.

19.33 Considere um gás cujas moléculas comportam-se como osciladores, com uma constante de restauração de $k = 3 \times 10^2$ kg · s^{-2}. As partículas oscilantes são elétrons. Calcule suas frequências características. Escreva o índice de refração do gás como uma função da frequência, supondo que o gás esteja em TPN. Obtenha os valores do índice de refração para $\lambda = 5 \times 10^{-7}$ m e $\lambda = 10^{-2}$ m.

19.34 Verifique que a quantidade $Ne^2/m\varepsilon_0\omega^2$ no Ex. 19.9 é pequena, comparada com a unidade, na região dos raios X.

19.35 Determine a frequência e o comprimento de onda dos fótons absorvidos pelos seguintes sistemas: (a) um núcleo absorvendo uma energia de 10^3 eV, (b) um átomo absorvendo 1 eV, (c) uma molécula absorvendo 10^{-2} eV.

19.36 Átomos de sódio absorvem ou emitem radiação eletromagnética de $5{,}9 \times 10^{-7}$ m, correspondendo à região amarela do espectro visível. Determine a energia dos fótons que são absorvidos ou emitidos.

19.37 Determine a energia de um fóton que tenha a mesma quantidade de movimento que (a) um próton e (b) um elétron, ambos de 40 MeV de energia. Determine a região do espectro em que ele se situa. [*Sugestão*: observe que um próton pode ser tratado não relativisticamente, mas, para um elétron, a mecânica relativística é necessária.]

19.38 Para separar os átomos de carbono e oxigênio que formam o monóxido de carbono, uma energia de, no mínimo, 11 eV é necessária. Determine a frequência mínima e o comprimento de onda máximo necessários para dissociar a molécula.

19.39 Um fóton que tem uma energia de 10^4 eV é absorvido por um átomo de hidrogênio em repouso. Como resultado, o elétron é ejetado na mesma direção da radiação incidente. Desprezando a energia necessária para separar o elétron (cerca de 13,6 eV), determine a quantidade de movimento e a energia do elétron e do próton.

19.40 A energia de ligação de um elétron no chumbo é de 9×10^4 eV. Quando o chumbo é irradiado com certa radiação eletromagnética e os fotoelétrons entram em um campo magnético de 10^{-2} T, estes descrevem um círculo de raio 0,25 m. Calcule: (a) a quantidade de movimento e energia dos elétrons, (b) a energia dos fótons absorvidos, (c) Pode-se desprezar o efeito do recuo do íon de chumbo?

19.41 Quando certa superfície metálica é iluminada com luz de diferentes comprimentos de onda, os potenciais de freamento dos fotoelétrons medidos são os da seguinte tabela:

$\lambda (\times 10^{-7}$ m)	V(V)	$\lambda (\times 10^{-7}$ m)	V(V)
3,66	1,48	4,92	0,62
4,05	1,15	5,46	0,36
4,36	0,93	5,79	0,24

Faça um gráfico colocando o potencial de freamento em ordenada e a frequência da luz em abscissa. A partir do gráfico, determine: (a) a frequência limiar, (b) a função fotoelétrica de trabalho do metal, (c) a razão h/e.

19.42 A função fotoelétrica de trabalho do potássio é 2,0 eV. Supondo que uma luz de comprimento de onda de $3{,}6 \times 10^{-7}$ m incida sobre o potássio, determine: (a) o potencial de freamento dos fotoelétrons, (b) a energia cinética e a velocidade dos elétrons mais rápidos ejetados.

19.43 Um feixe uniforme monocromático de comprimento de onda de $4{,}0 \times 10^{-7}$ m incide sobre um material que tem uma função de trabalho de 2,0 eV. Se o feixe tem uma intensidade de $3{,}0 \times 10^{-9}$ W · m^{-2}, determine: (a) o número de elétrons emitidos por m^2 e por s, (b) a energia absorvida por m^2 e por s.

19.44 Uma radiação eletromagnética de comprimento de onda igual a 10^{-5} m incide normalmente sobre uma amostra de metal de massa igual a 10^{-1} kg e um elétron é emitido na direção oposta à da radiação incidente. Usando as leis da conservação da energia e quantidade de movimento, obtenha a energia do elétron e a energia de recuo da amostra de metal. Suponha que a função de trabalho seja nula. O resultado justifica o fato de não termos considerado a conservação da quantidade de movimento em nosso cálculo do efeito fotoelétrico?

19.45 Um fóton, cuja energia é 10^4 eV, colide com um elétron livre em repouso e é espalhado em um ângulo de 60°. Determine: (a) a variação na energia, a frequência e o comprimento de onda do fóton, (b) a energia cinética, a quantidade de movimento e a direção do elétron de recuo.

19.46 Uma radiação, cujo comprimento de onda é 10^{-10} m (ou 1 Å), sofre espalhamento. Compton em uma amostra de carbono. A radiação espalhada é observada em uma direção perpendicular à de incidência. Determine: (a) o comprimento de onda da radiação espalhada, (b) a energia cinética dos elétrons de recuo.

19.47 Referindo-se ao problema precedente, se os elétrons recuam fazendo um ângulo de 60° com relação à direção da radiação incidente, determine: (a) o comprimento de onda e a direção da radiação espalhada, e (b) a energia cinética do elétron.

19.48 Prove que a energia cinética do elétron de recuo, no efeito Compton, é dada por

$$E_k = kv\alpha(1 - \cos\theta)/[1 + \alpha(1 - \cos\theta)],$$

onde $\alpha = hv/m_e c^2$. Mostre que a energia máxima do elétron de recuo é

$$(hv)^2/\left(hv + \tfrac{1}{2}m_e c^2\right) \approx hv - \tfrac{1}{2}m_e c^2 \quad \text{se} \quad hv \gg \tfrac{1}{2}m_e c^2.$$

19.49 Mostre que, se o elétron é espalhado em uma direção fazendo um ângulo ϕ com o fóton incidente no espalhamento Compton, a energia cinética do elétron é

$$E_k = hv\,(2\alpha\cos^2\phi)/[(1 + \alpha)^2 - \alpha^2\cos^2\phi], \text{ onde } \alpha = hv/m_e c^2.$$

19.50 Mostre que, em um espalhamento Compton, a relação entre os ângulos que definem as direções do fóton espalhado e o elétron de recuo é $\cot\phi = (1 + \alpha)\,\mathrm{tg}\,(\theta/2)$.

19.51 Deduza a Eq. (19.62) para o efeito Doppler, usando o resultado do Ex. 11.8.

19.52 Considere uma substância movendo-se com uma velocidade v paralelamente ao eixo X. Seja $V' = c/n'$ a velocidade da luz na substância medida por um observador O' em repouso em relação à substância. Mostre que a velocidade V da onda que se propaga ao longo do eixo X através da substância, medida por um observador O, em relação ao qual a substância se move com velocidade v, é $V \approx c/n' + v(1 - 1/n'^2)$. [*Sugestão*: use a transformação de Lorentz das velocidades.]

19.53 Mostre que, quando a luz se propaga através de um meio que se move com velocidade v paralelamente ao eixo X, o efeito Doppler é $\nu' = \nu(1 - nv/c)$ se $v \ll c$.

19.54 Usando o resultado do Prob. 19.53, mostre que $n' = n - (nv\nu/c)\,dn/d\nu$, onde n' é calculado para ν' e n para ν. Desde que (com referência ao Prob. 19.52) devemos notar que n' tem de ser calculado para ν', mostre que o resultado do Prob. 19.52 pode também ser escrito sob a forma $V \approx c/n + v[1 - 1/n^2 - (\lambda/n)\,dn/d\lambda]$. [*Sugestão*: observe que $\lambda\nu = c/n$, e que, no último termo, n' pode ser substituído por n.]

19.55 Considere uma placa de vidro de índice de refração n e espessura Δx interposta entre uma fonte de luz monocromática S e um observador O, como mostra a Fig. 19.35. (a) Mostre que, se a absorção pela placa de vidro é desprezada, seu efeito sobre a onda recebida por O é adicionar uma diferença de fase igual a $-\omega(n - 1)\,\Delta x/c$, sem mudança da amplitude $\mathfrak{E}_0$ da onda. (b) Se a diferença de fase é pequena, ou porque a espessura Δx é muito pequena ou porque n é muito próximo de um, mostre que a onda recebida em O pode ser considerada como uma superposição da onda original de amplitude $\mathfrak{E}_0$, sem a placa, com uma onda de amplitude $\mathfrak{E}_0\omega(n - 1)\,\Delta x/c$ e cuja diferença de fase é de $-\pi/2$. (Este problema mostra o efeito do meio material sobre uma onda eletromagnética.)

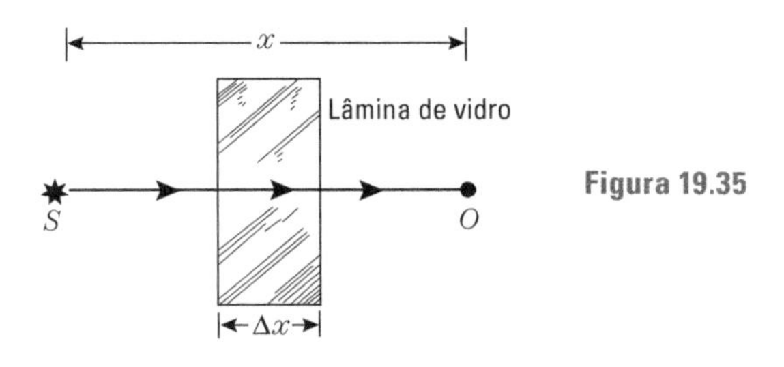

Figura 19.35

20 Reflexão, refração, polarização

20.1 Introdução

Para todos os tipos de ondas discutidos nos Caps. 18 e 19, a velocidade de propagação depende de propriedades do meio através do qual a onda se propaga. Por exemplo, a velocidade das ondas elásticas depende do módulo de elasticidade e da densidade do meio. A velocidade das ondas eletromagnéticas depende da permissividade e da permeabilidade da substância através da qual elas se propagam.

Os fenômenos da *reflexão* e da *refração*, que ocorrem quando uma onda atravessa uma superfície de separação entre dois meios, é uma consequência da dependência da velocidade da onda em relação às propriedades do meio. A *onda refletida* é uma nova onda que se propaga em sentido contrário e no mesmo meio em que a onda inicial estava se propagando. A *onda refratada* é a onda transmitida para o segundo meio. A energia da onda incidente se divide entre a onda refletida e a onda refratada. Muitas vezes é a onda refletida que fica com a maior parte da energia, como no caso dos espelhos. Outras vezes, é a onda refratada que recebe mais energia. Quando uma onda transversal é polarizada, a polarização é geralmente modificada tanto na reflexão como na refração; portanto, neste capítulo, deveremos também discutir polarização.

20.2 Princípio de Huygens

A propagação de uma onda é governada pelas equações do campo ao qual a onda corresponde. Isso foi considerado extensivamente nos Caps. 18 e 19. Portanto, se conhecemos a fonte de onda, podemos, em princípio, conhecer sua propagação de uma região para outra, desde que levemos em conta, em nosso cálculo, as variações nas propriedades do meio. Também é possível, contudo, calcular a amplitude da onda em um ponto determinado do espaço sem fazer referência às fontes. Por volta de 1680, o físico Christiaan Huygens (1629-1695) propôs um mecanismo simples para determinar a propagação das ondas. Sua construção é aplicável a ondas elásticas ou mecânicas em um meio material.

Lembremos que uma *superfície de onda*, ou *frente de onda*, é a superfície que passa por todos os pontos do meio alcançados pelo movimento ondulatório no mesmo instante. Portanto a perturbação tem a mesma fase em todos os pontos da superfície de onda. Por exemplo, para uma onda plana a perturbação é expressa por $f(\boldsymbol{u}\cdot\boldsymbol{r} - vt)$, e a superfície de onda é composta por todos os pontos para os quais a fase $\boldsymbol{u} \cdot \boldsymbol{r} - vt$ tem o mesmo valor no mesmo instante. Portanto a superfície de onda é dada pela equação

$$\boldsymbol{u} \cdot \boldsymbol{r} - vt = \text{const.},$$

a qual, para um dado t, corresponde a um plano perpendicular ao vetor unitário $\boldsymbol{u}$ (lembre-se do Ex. 3.11). Da mesma forma, para ondas esféricas, as superfícies de onda são dadas por $r - vt = \text{const.}$, o que, para um dado t, corresponde a superfícies esféricas.

Huygens visualizou um método para passar de uma superfície de onda a outra. Considere uma superfície de onda S (Fig. 20.1). Quando o movimento ondulatório alcança essa superfície, cada partícula a, b, c, ... sobre ela se torna uma fonte secundária de ondas, emitindo *ondas secundárias* (indicadas por pequenos semicírculos), as quais alcançam a próxima camada de partículas do meio. Estas são, então, postas em movimento, formando a próxima superfície de onda S'. A superfície S' é tangente a todas as ondas secundárias. O processo se repete sucessivamente, resultando na propagação da onda através do meio.

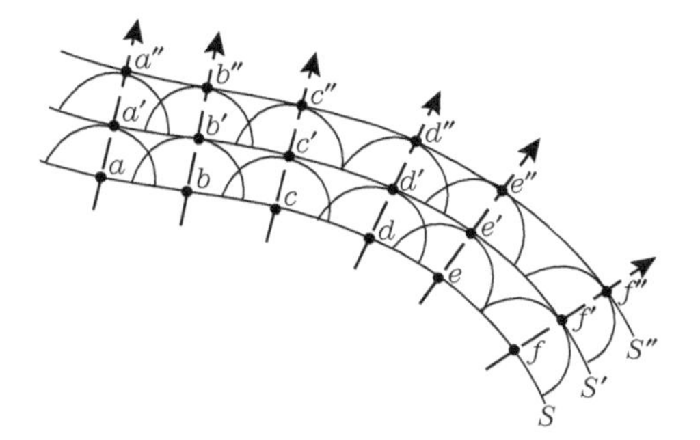

Figura 20.1 Construção de Huygens para uma onda progressiva.

Essa representação da propagação de uma onda parece bastante razoável quando se trata de uma onda elástica resultante de vibrações mecânicas de átomos ou moléculas em um corpo. Contudo não tem significado físico em casos como, por exemplo, uma onda eletromagnética propagando-se no vácuo, onde não existem partículas em vibração. A construção de Huygens, portanto, embora bastante plausível quando aplicada a ondas mecânicas na matéria, necessitou de uma revisão quando se verificou que outras ondas, de um tipo diferente, também existiam na natureza. Essa revisão foi realizada no fim do século XIX por Kirchhoff, que substituiu a construção intuitiva de Huygens por um tratamento mais matemático. Os cálculos de Kirchhoff são tão complicados que não os reproduziremos aqui. O resultado final, contudo, é relativamente simples, como veremos nos parágrafos seguintes.

O movimento ondulatório é governado pela equação geral de onda (18.48). Isto é,

$$\frac{\partial^2 \xi}{\partial t^2} = v^2 \left(\frac{\partial^2 \xi}{\partial x^2} + \frac{\partial^2 \xi}{\partial y^2} + \frac{\partial^2 \xi}{\partial z^2} \right) \tag{20.1}$$

onde ξ pode representar o deslocamento dos átomos de uma substância no caso de uma onda elástica, o campo elétrico ou magnético no caso de uma onda eletromagnética, e assim por diante. A compreensão da propagação ondulatória em um determinado meio consiste, basicamente, em obter a solução $\xi(\boldsymbol{r}, t)$ para essa equação diferencial. A solução da Eq. (20.1) deve também satisfazer as condições físicas do problema, isto é, a posição e a natureza das fontes, superfícies físicas de descontinuidade etc. Essas condições são chamadas pelos matemáticos de *condições de contorno*. A teoria das equações diferenciais estabelece que, em condições especiais, podemos achar a solução de uma equação tal como a Eq. (20.1) se conhecemos os valores da função $\xi(\boldsymbol{r}, t)$ sobre uma superfície fechada S (Fig. 20.2). Para maior clareza, vamos supor que queremos determinar o movimento ondulatório em um ponto P. Se conhecemos as fontes σ_1, σ_2, σ_3, ..., podemos somar suas contribuições em P e obter o movimento ondulatório resultante. Suponhamos agora que, em vez disso, conhecemos o valor de ξ em todos os pontos da superfície arbitrária, mas fechada, S. Nesse caso, também podemos obter a onda em P, mesmo que ignoremos a distribuição das fontes. Matematicamente, essa asserção pode ser expressa da maneira que segue. Vamos supor que $f(Q, t)$ represente a onda em cada ponto Q da superfície S, no instante t, e que r represente a distância entre o elemento de superfície dS ao redor de Q e o ponto P. A perturbação em P no instante t pode ser expressa por uma integral que tem a forma*

$$\xi_P(t) - \oint_S g(\theta)\frac{f(r - vt)}{r}dS, \tag{20.2}$$

onde a integral se estende sobre toda a superfície S. Essa integral tem uma interpretação física bastante simples. O fator $(1/r)f(r - vt)$ representa uma onda esférica emitida pelo elemento de superfície dS no instante $t - r/v$ e que alcança P no instante t, de forma que r/v é o tempo necessário para a propagação de dS a P. O fator $g(\theta)$ é um fator direcional, significando que as ondas emitidas por dS não têm a mesma amplitude em todas as direções. Quando dS é perpendicular à direção de propagação, a forma de $g(\theta)$ é

$$g(\theta) = \tfrac{1}{2}(1 + \cos\theta).$$

de maneira que a amplitude máxima ($g = 1$) corresponde a $\theta = 0$, ou direção de propagação frontal, e a amplitude mínima ($g = 0$) a $\theta = \pi$, ou propagação para trás. Concluímos então que *poderemos obter a perturbação em um ponto P, no instante t, se supusermos que cada elemento de superfície dS, da superfície fechada S, atua como uma fonte secundária de ondas.* Esse é, essencialmente, o princípio de Huygens, mas em uma perspectiva diferente, sem referência a um modelo mecânico.

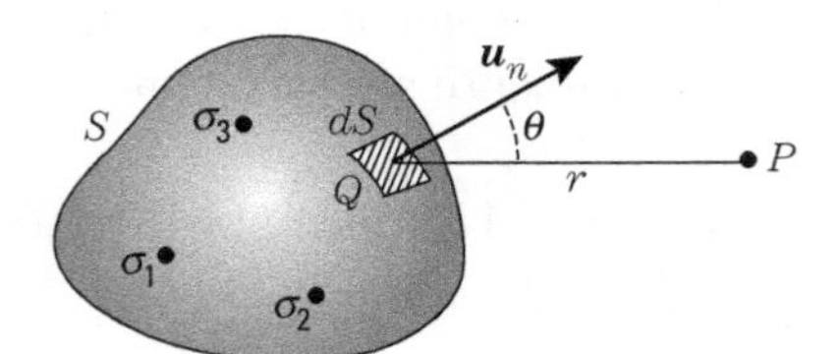

Figura 20.2 A onda em P pode ser determinada se a onda na superfície fechada S é conhecida.

Teremos ocasião de usar o princípio de Huygens, da maneira reformulada por Kirchhoff, em muitas das próximas discussões sobre a propagação ondulatória, especialmente quando tratarmos da difração e espalhamento.

20.3 Teorema de Malus

Outro instrumento importante para determinar a propagação de um onda através de um meio é o *Teorema de Malus*. Voltando à Fig. 20.1, notamos que podemos construir uma série de linhas perpendiculares às sucessivas frentes de onda (indicadas pelas linhas

* A expressão exata é um pouco mais complicada, porém a Eq. (20.2) é suficiente para nossas finalidades e proporciona uma aproximação adequada, aplicável ao tipo de problemas que serão discutidos neste livro.

tracejadas e com setas). Essas linhas são chamadas *raios* e correspondem às direções de propagação da onda. Devemos observar que a relação entre raios e superfícies de onda é semelhante à relação entre linhas de força e superfície equipotencial. Pontos, sobre diferentes superfícies de onda, ligados por um determinado raio, tal como a, a', a'' ou b, b', b'' na Fig. 20.1, são chamados *pontos correspondentes*. Obviamente, o tempo necessário para que a onda vá de S até S'' dever ser o mesmo, independentemente do raio considerado na determinação. Podemos estabelecer que

> *a separação temporal entre pontos correspondentes de duas superfícies de onda é a mesma para todos os pares de pontos correspondentes.*

Concluímos que as distâncias aa'', bb'', cc'' etc., devem depender da velocidade de propagação do movimento ondulatório em cada ponto. Em um meio homogêneo e isotrópico, onde a velocidade entre duas superfícies de onde deve ser a mesma para todos os pontos correspondentes. Outro ponto importante que devemos notar é que, em um meio homogêneo e isotrópico, os raios devem ser linhas retas, pois, por motivos de simetria, não há razão para seu desvio para um ou outro lado. Isso já foi visto com ondas planas e esféricas como ilustram as partes (a) e (b) da Fig. 20.3. Portanto, no caso geral, a família de superfícies de onde deve ter um conjunto comum de normais, como mostra a Fig. 20.3 (c), e o espaçamento das superfícies deve ser uniforme ao longo dessas normais.

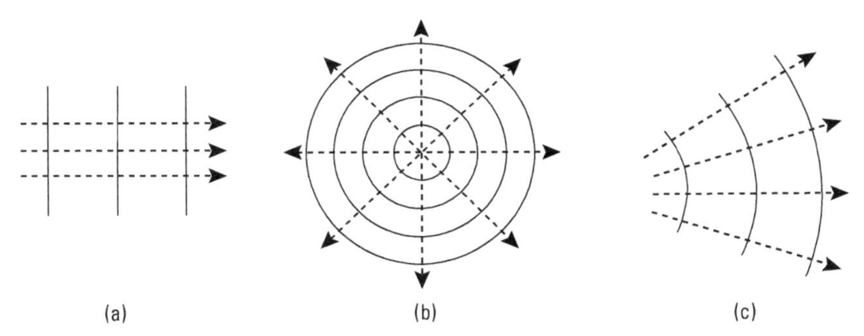

Figura 20.3 Ondas planas, ondas esféricas e ondas de forma arbitrária.

Consideremos, agora, o caso em que uma onda se propaga através de uma sucessão de meios homogêneos e isotrópicos. Ao atravessar cada superfície de separação entre dois meios adjacentes, a direção de propagação pode mudar (isto é, os raios podem mudar de direção), mas, enquanto estão se propagando em um dado meio, os raios serão linhas retas perpendiculares às superfícies de onda.

Seja S (Fig. 20.4) uma superfície de onda no primeiro meio. Podemos, então, traçar dois raios, R_1 e R_2, que são perpendiculares a S. As sucessivas superfícies de onda nesse meio devem ser perpendiculares a R_1 e R_2. Se, depois da passagem do movimento ondulatório através de todos os diferentes meios, observarmos outra superfície de onda S', verificaremos que os raios R_1 e R_2 se transformaram nos raios R_1' e R_2', os quais serão também perpendiculares a S'. Em outras palavras,

> *a relação de ortogonalidade entre raios e superfícies de onda é conservada durante todo o processo de propagação ondulatória.*

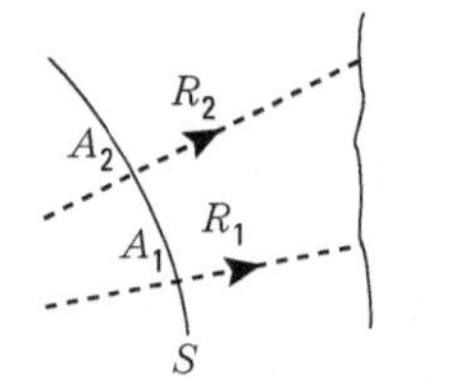

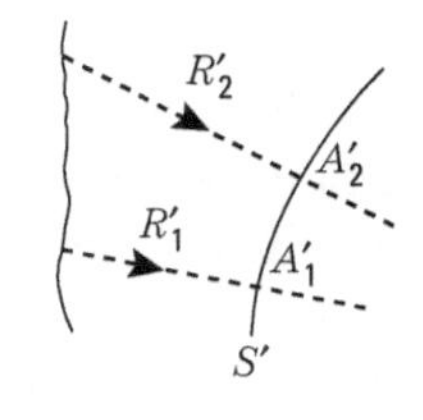

Figura 20.4 Raios correspondentes em ondas incidentes e ondas emergentes.

Esse teorema supõe ainda que o tempo necessário para a propagação da onda de A_1 para A_1' (que são pontos correspondentes) deve ser igual ao tempo necessário para a propagação de A^2 e A_2' (que são pontos correspondentes).

20.4 Reflexão e refração de ondas planas

Consideramos uma onda plana propagando-se no meio (1) na direção do vetor unitário $\boldsymbol{u}_i$ (Fig. 20.5). A experiência indica que, quando a onda alcança a superfície plana AB que separa o meio (1) do meio (2), uma onda é transmitida ao segundo meio e outra onda é refletida de volta ao meio (1). São essas as ondas *refratadas* e *refletida*, respectivamente. Quando o ângulo de incidência é oblíquo, as ondas refratadas propagam-se na direção indicada pelo vetor unitário $\boldsymbol{u}_r$, o qual é diferente de $\boldsymbol{u}_i$, e as ondas refletidas propagam-se em uma direção indicada pelo vetor unitário $\boldsymbol{u}'_r$, o qual é simétrico a $\boldsymbol{u}_i$ em relação à superfície. A Fig. 20.6 indica a situação correspondente para raios. Os ângulos θ_i, θ_r, θ'_r são chamados, respectivamente, ângulos de *incidência*, *refração*, e *reflexão*. As direções dos três vetores $\boldsymbol{u}_i$, $\boldsymbol{u}_r$ e $\boldsymbol{u}'_r$ são relacionadas pelas seguintes leis, verificadas experimentalmente:

(1) *As direções de incidência, refração e reflexão estão todas em um plano,* o qual é normal à superfície de separação e, portanto, contém a normal N à superfície.

(2) *O ângulo de incidência é igual ao ângulo de reflexão*, isto é,

$$\theta_i = \theta'_r. \tag{20.3}$$

(3) *A razão entre o seno do ângulo de incidência e o seno do ângulo de refração é constante.* Esta é a chamada *lei de Snell*, e é expressa por

$$\frac{\operatorname{sen}\theta_i}{\operatorname{sen}\theta_r} = n_{21}. \tag{20.4}$$

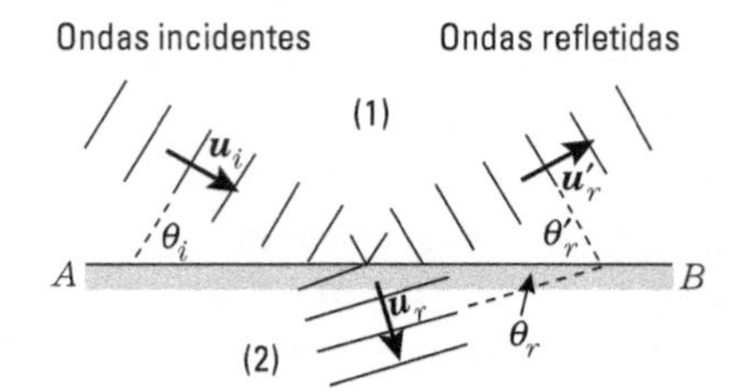

Figura 20.5 Ondas planas incidentes, refletidas e refratadas.

A constante n_{21} é chamada de *índice de refração* do meio (2) em relação ao meio (1). Seu valor numérico depende da natureza da onda e das propriedades dos dois meios.

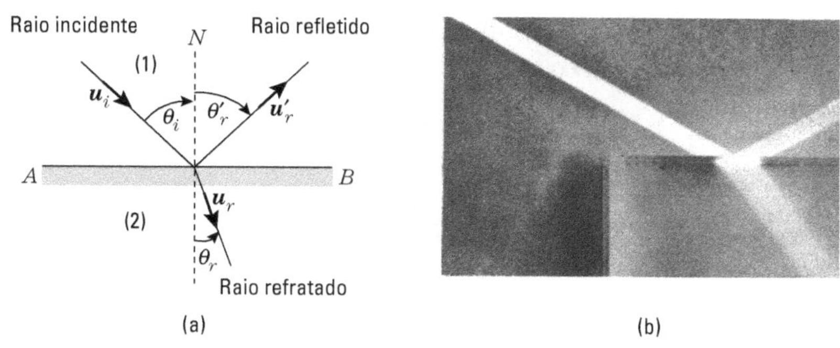

Figura 20.6 (a) Raios incidentes, refletidos e refratados. (b) Um feixe de lua refletido e refratado em um bloco de vidro.

Fonte: Reproduzido de *Physics*. Boston: Boston: D. C. Heathh, 1960 (PSSC).

Essas leis permanecem válidas no caso de superfícies de onda e interfaces não planas, pois, em cada ponto, existe uma seção limitada de cada uma dessas superfícies que pode ser considerada como plana, e os raios, naquele ponto, comportam-se de acordo com as Eqs. (20.3) e (20.4).

As três leis podem ser verificadas experimentalmente sem grande dificuldade. Podem também ser provadas teoricamente, usando-se os conceitos básicos da propagação ondulatória e, em particular, o teorema de Malus. Por exemplo, a primeira lei pode ser justificada com base unicamente em considerações de simetria, uma vez que o raio incidente e a normal N determinam um plano, e não há *a priori* razão para que os raios refratados e refletidos se desviem desse plano. Para provar a segunda e a terceira leis, vamos considerar dois raios incidentes R_1 e R_2 (Fig. 20.7), os quais são paralelos pois as ondas incidentes são planas. O raio R_1 atinge a interface em A e R_2 em B'. Uma vez que a geometria é a mesma, tanto em A como em B', concluímos que os raios refratados R'_1 e R'_2 são também paralelos, acontecendo o mesmo com os raios refletidos R''_1 e R''_2. Como os raios R_1 e R_2 foram escolhidos arbitrariamente, temos então que as ondas refratadas e refletidas são também planas, pois devem ser perpendiculares a um conjunto correspondente de raios paralelos, como requer o teorema de Malus.

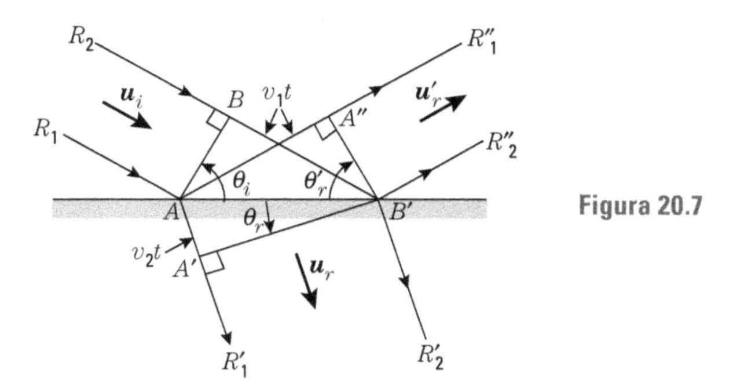

Figura 20.7

Consideremos as seguintes superfícies de onda: AB na onda incidente, $A'B'$ na onda refratada e $A''B'$ na onda refletida. Pelo teorema de Malus, o tempo gasto para os raios se propagarem entre pontos correspondentes é o mesmo. Vamos chamar de t o tempo que a onda incidente leva para ir de B a B', segundo o raio R_2 com velocidade v_1. Nesse mesmo tempo, a onda refratada se move segundo o raio R'_1 de A para A' com velocidade v_2 e a onda refletida se move segundo o raio R''_1 de A para A'' com velocidade v_1. Então

$$BB' = v_1 t, AA' = v_2 t, AA'' = v_1 t$$

e da geometria da figura,

$$\text{sen}\,\theta_i = \frac{BB'}{AB'} = \frac{v_1 t}{AB'},$$

$$\text{sen}\,\theta_r = \frac{AA'}{AB'} = \frac{v_2 t}{AB'},$$

$$\text{sen}\,\theta'_r = \frac{AA'}{AB'} = \frac{v_1 t}{AB'}.$$

Comparando as relações primeira e terceira, sen θ_i = sen θ'_r ou $\theta_i = \theta'_r$, que é a lei da reflexão, Eq. (20.3). Dividindo a primeira relação pela segunda, temos

$$\frac{\text{sen}\,\theta_i}{\text{sen}\,\theta_r} = \frac{v_1}{v_2},$$

que expressa a lei de Snell, Eq. (20.4), pois a razão v_1/v_2 entre as duas velocidades de propagação é constante. Comparando essa equação com a Eq. (20.4), vemos que o índice de refração relativo de duas substâncias é igual à razão entre as velocidades de propagação da onda nas substâncias, ou

$$n_{21} = v_1/v_2. \tag{20.5}$$

Vamos tomar um determinado meio como referência, ou padrão, e designar por c a velocidade de propagação da onda nesse meio. O *índice absoluto de refração* de qualquer outro meio é definido por

$$n = c/v. \tag{20.6}$$

Para ondas eletromagnéticas* o meio de referência é o vácuo, e, então, $c \approx 3 \times 10^8\, m \cdot s^{-1}$. E para duas substâncias,

$$\frac{n_2}{n_1} = \frac{c}{v_2} \times \frac{v_1}{c} = \frac{v_1}{v_2} = n_{21}, \tag{20.7}$$

de forma que o índice relativo de refração de duas substâncias é igual à razão de seus índices absolutos de refração. Usando a relação (20.7), podemos escrever a lei de Snell, Eq. (20.4), sob uma forma mais simétrica,

$$n_1\,\text{sen}\,\theta_i = n_2\,\text{sen}\,\theta_r. \tag{20.8}$$

Note-se que, dependendo de $v_2 \lesseqgtr v_1$, então $n_2 \gtreqless n_1$ e $n_{21} \gtreqless 1$, resultando que $\theta_1 \gtreqless \theta_r$, como mostra a Fig. 20.8. No segundo caso, isto é, $n_{21} < 1$, uma situação especial pode aparecer. Quando

$$\text{sen}\,\theta_i = n_{21} \tag{20.9}$$

* O conceito de índice absoluto de refração para, ondas eletromagnéticas foi introduzido na Seç. 19.13.

temos, pela Eq. (20.4), que sen $\theta_r = 1$ ou $\theta_r = \pi/2$, indicando que o raio refratado é paralelo à superfície. O ângulo θ_i, dado pela Eq. (20.9), é chamado de *ângulo crítico* e designado por λ. A situação geométrica é ilustrada na Fig. 20.9. Se $n_{21} < 1$, temos que $\theta_i > \lambda$, ou sen $\theta_i > n_{21}$, e, então, segue-se que sen $\theta_r > 1$, o que é impossível. Portanto, nesse caso, não há raio refratado e dizemos que existe *reflexão total*. Tal situação pode existir, por exemplo, quando a luz passa do vidro para o ar. Mais precisamente, como mostra a Fig. 20.9, existe uma onda se propagando no segundo meio paralelamente à superfície, mas a amplitude da onda decresce muito rapidamente com a profundidade, ficando assim confinada a uma camada muito fina ao longo da superfície.

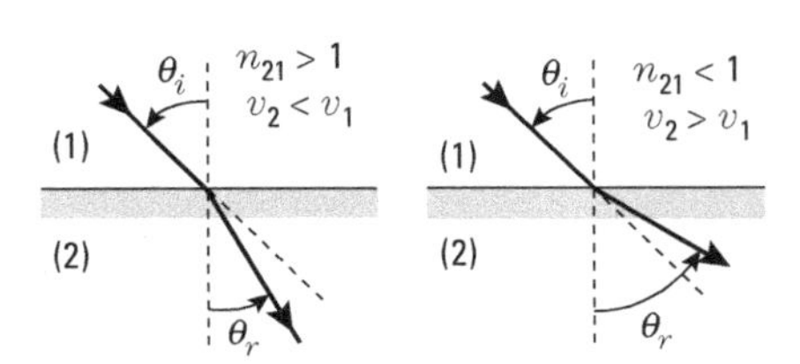

Figura 20.8 Raios refratados para $n_{21} > 1$ e $n_{21} < 1$.

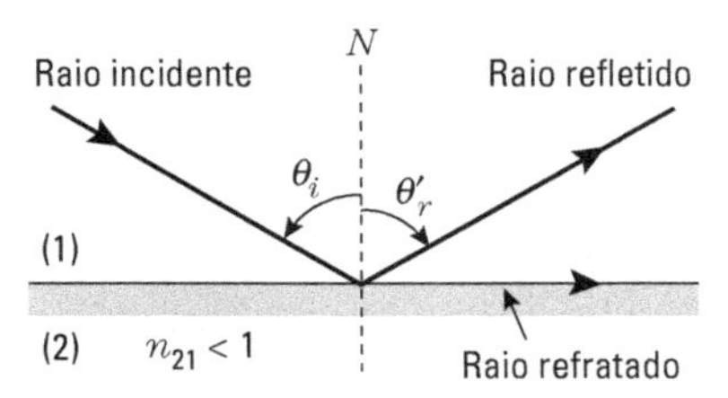

Figura 20.9 Reflexão total ocorre quando $n_{21} < 1$ e θ_i é maior do que o ângulo crítico λ.

■ **Exemplo 20.1** Verificar que, quando uma onda passa através de um meio limitado por lados planos e paralelos, a direção de propagação do raio emergente é paralela à do raio incidente. Calcular o deslocamento lateral dos raios.

Solução: Vamos considerar uma lâmina de espessura a e um raio AB (Fig. 20.10) cujo ângulo de incidência é θ_i. Devemos desprezar o raio refletido. O ângulo de refração é θ_r, correspondendo ao raio refratado BC. Usando a relação (20.8), temos que

$$N_1 \text{ sen } \theta_i = n_2 \text{ sen } \theta_r.$$

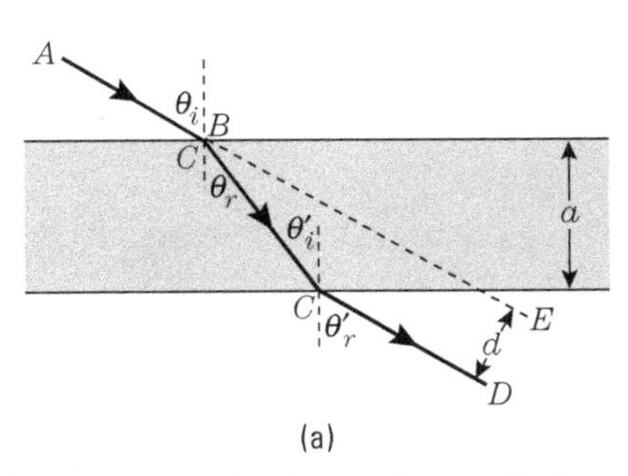

(a)

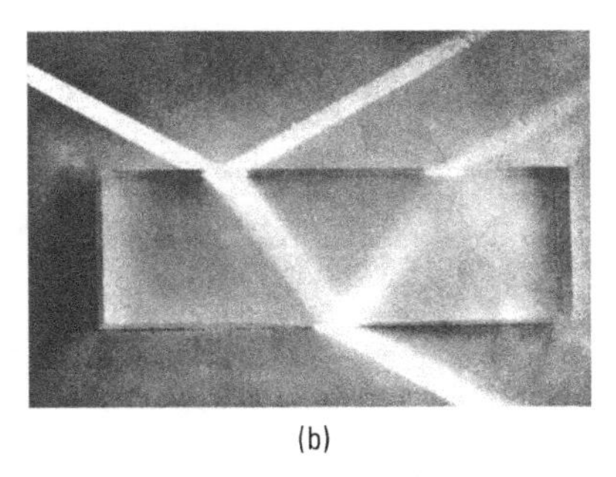

(b)

Figura 20.10 Propagação de um raio através de uma lâmina de faces paralelas. Em (b) a fotografia mostra o deslocamento de um feixe de luz.

Fonte: Reproduzido de *Physics;* Boston: D. C. Heath, 1960 (PSSC).

Em C, a refração é do meio (2) para o meio (1), de forma que a Eq. (20.8) dá

$$n_2 \text{ sen } \theta'_i = n_1 \text{ sen } \theta'_r.$$

Pela geometria da Fig. 20.10 vemos também que $\theta'_i = \theta_r$. Portanto, multiplicando ambas as relações, obtemos sen θ_i = sen θ'_r, ou $\theta_i = \theta'_r$, provando que o raio emergente CD é paralelo ao raio incidente AB, resultado que era de se esperar em virtude da geometria do problema. Deixamos para você a verificação de que o deslocamento lateral do raio é

$$d = a\frac{\text{sen}(\theta_i - \theta_r)}{\cos\theta_r}.$$

Pode também ser facilmente verificado que, se, em vez de uma, temos várias lâminas de faces paralelas de diferentes materiais, os raios emergente e incidente são ainda paralelos.

20.5 Reflexão e refração de ondas esféricas

Outro problema importante é o da reflexão e refração de ondas *esféricas* em uma superfície plana. Vamos considerar ondas esféricas produzidas por uma fonte pontual O e incidentes sobre uma superfície plana S. Dois novos conjuntos de ondas são então produzidos: o refletido e o refratado, ou transmitido, como mostra a Fig. 20.11. A fim de determinar a forma das frentes de onda refletida e refratada, seria necessário desenhar muitos raios refletidos e refratados. As superfícies de onda refletidas e refratadas são perpendiculares aos raios correspondentes. Na Fig. 20.11, um conjunto desses raios foi desenhado em B, supondo $n_{21} > 1$. De acordo com as leis (2) e (3), para a reflexão e a refração, temos

$$\theta_i = \theta_r', \qquad \frac{\text{sen}\,\theta_i}{\text{sen}\,\theta_r} = n_{21}.$$

O raio refletido BD, quando prolongado no meio (2), intercepta o prolongamento da normal AO no ponto I'. Em virtude de os triângulos OAB e $I'AB$ serem triângulos retângulos e os ângulos em O e em I' serem iguais, temos que $AO = AI'$. Como B é um ponto arbitrário, concluímos que *todos os raios refletidos passam por um ponto I', simétrico de O, relativamente à superfície plana.* Esse ponto é chamado *imagem de O*, em virtude da reflexão.

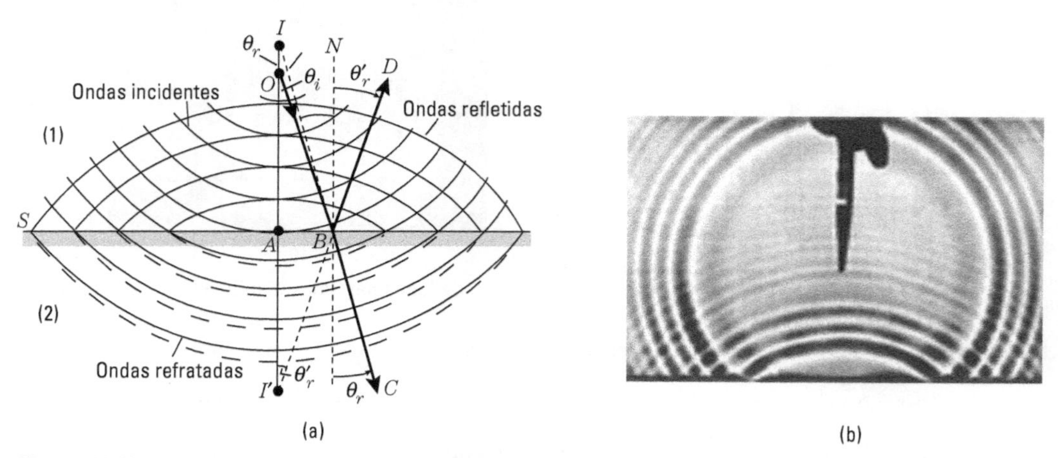

Figura 20.11 Ondas esféricas incidentes, refletidas e refratadas. Em (b), a fotografia mostra superfícies de onda incidentes e refletidas em um meio líquido.

Fonte: Reproduzido de *Physics;* Boston: D. C. Heath, 1960 (PSSC).

Portanto, *quando ondas esféricas incidem sobre uma superfície plana, as ondas refletidas são esféricas e simétricas com respeito às ondas incidentes.* Tal simetria era esperada em vista do fato de as ondas refletidas se propagarem com a mesma velocidade que as ondas incidentes, de maneira que permanecem simétricas em relação à superfície refletora.

Em relação ao raio refratado BC, vemos que, quando o prolongamos no meio (1), ele intercepta a normal OA em um ponto I tal que tg $\theta_r = AB/AI$. Também tg $\theta_i = AB/AO$. Portanto

$$\frac{\text{tg}\,\theta_i}{\text{tg}\,\theta_r} = \frac{AI}{AO}$$

ou

$$AI = AO\frac{\text{tg}\,\theta_i}{\text{tg}\,\theta_r}. \tag{20.10}$$

Mas a lei de Snell requer que sen θ_i/sen θ_r seja constante e igual a n_{21} e então tg $\theta_i/tg\ \theta_r$ não pode ser constante. Portanto os raios refratados não passam todos por um mesmo ponto. Concluímos então que, quando *ondas esféricas incidem sobre uma superfície plana, as ondas refratadas não são esféricas.*

Os raios refratados, como não passam por um único ponto, não formam uma imagem pontual de O, como acontece com os raios refletidos, mas interceptam-se em diferentes pontos sobre a normal OA e também sobre uma superfície cônica chamada *cáustica*, como mostra a Fig. 20.12. Isso pode ser observado sem dificuldade no caso da refração de ondas luminosas. O ponto a, formado pela interseção dos raios menos inclinados, pode ser encontrado muito facilmente porque, nesse caso, os ângulos θ_i e θ_r da Fig. 20.11 são muito pequenos e podemos substituir as tangentes pelos senos na Eq. (20.10), resultando em

$$AI \approx AO\frac{\text{sen}\,\theta_i}{\text{sen}\,\theta_r} = n_{21}AO \tag{20.11}$$

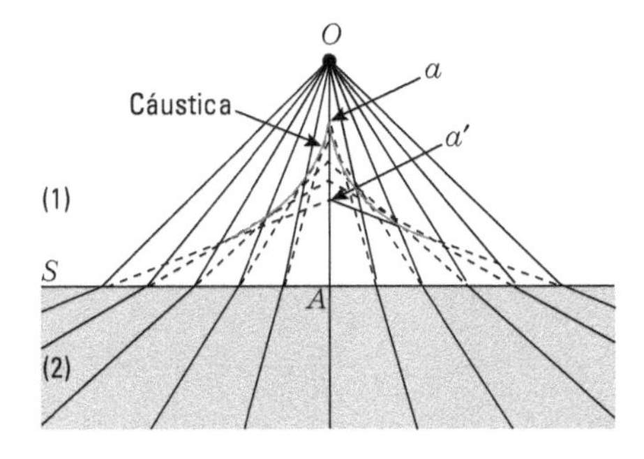

Figura 20.12 Refração de raios que provêm de uma fonte pontual. Os raios refratados, quando prolongados para trás, não se interceptam em um só ponto.

20.6 Ainda sobre as leis da reflexão e refração

Estabelecemos as leis da reflexão e da refração usando raciocínios geométricos baseados no Teorema de Malus. Entretanto é também possível discutir essas leis sob uma forma mais analítica. Suponhamos que uma onda incidente seja descrita por uma equação do tipo (18.46), isto é,

$$\xi_i = \xi_{0i}\ \text{sen}\ (\boldsymbol{k}_i \cdot r - \omega t). \tag{20.12}$$

As ondas refratadas e refletidas serão, respectivamente,

$$\xi_r = \xi_{0r}, \text{sen}(\boldsymbol{k}_r \cdot \boldsymbol{r} - \omega t) \tag{20.13}$$

e

$$\xi_r = \xi'_{0r}, \text{sen}(\boldsymbol{k}'_r \cdot \boldsymbol{r} - \omega t) \tag{20.14}$$

Note que usamos o mesmo ω tanto nas ondas refletidas e refratadas como nas ondas incidentes, pois se verifica experimentalmente que a frequência do movimento ondulatório não muda na reflexão ou na refração.

A propriedade física atribuída a ξ (um deslocamento, uma pressão, um campo elétrico ou magnético) é tal que seu valor na superfície de separação entre dois meios deve ser o mesmo, não importando em que lado o calculemos. (No caso de uma onda eletromagnética, a relação entre as componentes do campo elétrico e do campo magnético pode ser de uma natureza um pouco diferente. Continua, porém, sendo uma relação linear envolvendo os campos em ambos os lados da superfície.) Temos agora, no meio (1), as ondas incidentes e refletidas, o que nos fornece $\xi_i + \xi'_r$ para a perturbação resultante e, no meio (2), temos somente a onda refratada, o que nos dá ξ_r. Então, na superfície de separação,

$$\xi_i + \xi'_r = \xi_r. \tag{20.15}$$

A fim de que essa relação seja satisfeita em qualquer instante e em todos os pontos da superfície de separação, é necessário que as fases nas Eqs. (20.12), (20.13) e (20.14) sejam idênticas, isto é,

$$\boldsymbol{k}_i \cdot \boldsymbol{r} - \omega t = \boldsymbol{k}_r \cdot \boldsymbol{r} - \omega t = \boldsymbol{k}'_r \cdot \boldsymbol{r} - \omega t \tag{20.16}$$

para pontos $\boldsymbol{r}$ sobre a superfície. Depois de cancelarmos o termo comum ωt, a Eq. (20.16) reduz-se a

$$\boldsymbol{k}_i \cdot \boldsymbol{r} = \boldsymbol{k}_r \cdot \boldsymbol{r} = \boldsymbol{k}'_r \cdot \boldsymbol{r}. \tag{20.17}$$

Agora podemos escolher os eixos XYZ, como indica a Fig. 20.13, de forma que a superfície de separação coincida com o plano XZ e a direção de incidência esteja no plano XY. Então, como $\boldsymbol{r}$ deve estar no plano XZ, $\boldsymbol{r} = \boldsymbol{u}_x x + \boldsymbol{u}_z z$. Da mesma forma, $\boldsymbol{k}_i = \boldsymbol{u}_x k_{ix} + \boldsymbol{u}_y k_{iy}$ e, como não conhecemos se $\boldsymbol{k}_r$ e $\boldsymbol{k}'_r$ estão também no mesmo plano, devemos escrever $\boldsymbol{k}_r = \boldsymbol{u}_x k_{rx} + \boldsymbol{u}_y k_{ry} + \boldsymbol{u}_z k_{rz}$ e $\boldsymbol{k}'_r = \boldsymbol{u}_x k'_{rx} + \boldsymbol{u}_y k'_{ry} + \boldsymbol{u}_z k'_{rz}$. Substituindo na Eq. (20.17) e usando a expressão (3.20) para o produto escalar, obtemos

$$k_{ix}x = k_{rx}x + k_{rz}z = k'_{rx}x + k'_{rz}z.$$

Porém essa relação deve valer para todos os pontos do plano XZ e, portanto,

$$k_{ix} = k_{rx} = k'_{rx} \qquad \text{e} \qquad k_{rz} = k'_{rz} = 0. \tag{20.18}$$

O segundo grupo de equações indica que os vetores $\boldsymbol{k}_r$ e $\boldsymbol{k}'_r$ não têm componentes no eixo Z, de forma que também estão no plano XY e os raios incidentes, refletidos e refratados, estão no mesmo plano; essa conclusão constitui a lei (1) mencionada antes.

Em seguida, vemos, pela Fig. 20.14, que $k_{ix} = k_i \,\text{sen}\, \theta_i$, $k_{rx} = k_r \,\text{sen}\, \theta_r$, e $k'_{rx} = k'_r \,\text{sen}\, \theta'_r$. E temos, pela Eq. (18.6), $k_i = k'_r = \omega/v_1$ e $k_r = \omega/v_2$. Usando todas essas relações no primeiro grupo de equações de (20.18), obtemos, depois de fatorar o fator comum ω.

$$\frac{1}{v_1}\text{sen}\,\theta_i = \frac{1}{v_2}\text{sen}\,\theta_r = \frac{1}{v_1}\text{sen}\,\theta'_r.$$

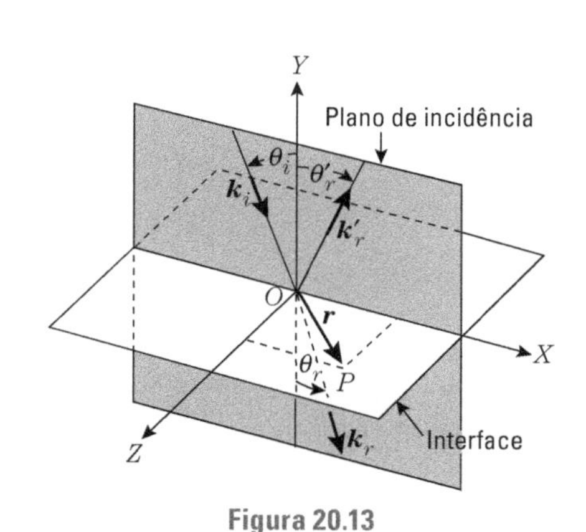

Figura 20.13

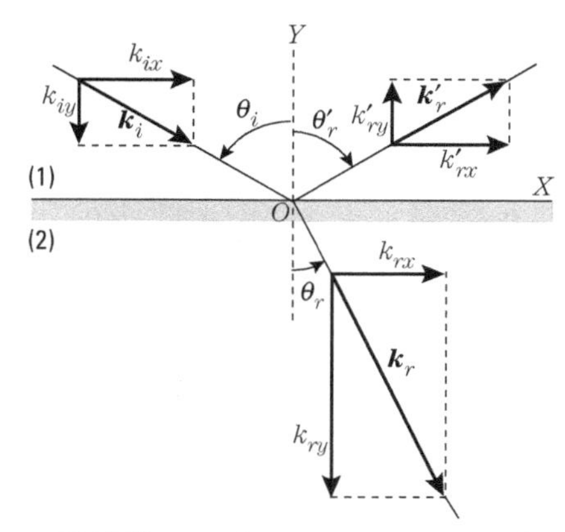

Figura 20.14 Vetores de propagação para ondas incidente, refletida, e refratada.

Dessas relações, segue-se imediatamente que sen θ_i = sen θ'_r, ou $\theta_i = \theta'_r$, e sen θ_i/sen θ_r $= v_1/v_2 = n_{21}$. Então, nessa forma mais analítica, obtemos novamente as leis (2) e (3) para a reflexão e refração.

Quando a Eq. (20.16) é satisfeita, a Eq. (20.15) reduz-se a

$$\xi_{0i} + \xi'_{0r} = \xi_{0r}, \tag{20.19}$$

que é uma relação entre as amplitudes das três ondas. Se somente a Eq. (20.15), ou sua equivalente, Eq. (20.19), é exigida, não temos suficiente informação para determinar a amplitude das ondas refletidas e refratadas. Contudo, por causa da física do problema, outra condição de contorno é geralmente necessária, tal como a continuidade das tensões ou a pressão através da interface, no caso de ondas elásticas, ou a continuidade de certas componentes dos campos elétrico e magnético, no caso de ondas eletromagnéticas. Portanto existe uma segunda relação (ou condição de contorno) envolvendo as amplitudes ξ_{0i}, ξ_{0r} e ξ'_{0r}. Se usamos as duas condições de contorno, podemos determinar as amplitudes ξ_{0r} e ξ'_{0r} em função de ξ_{0i}. Isso é ilustrado no exemplo seguinte.

■ **Exemplo 20.2** Discutir a reflexão e transmissão de ondas transversais em um ponto onde duas cordas de materiais diferentes se juntam. As cordas estão submetidas a uma tensão T.

Solução: Vamos supor que temos duas cordas (1) e (2) (Fig. 20.15), unidas em um ponto; este ponto será escolhido como origem das coordenadas. Neste exemplo usaremos, por conveniência matemática, a forma alternativa, Eq. (18.10), para descrever o movimento ondulatório. Temos uma onda incidente, pela esquerda, representada por

$$\xi_i = \xi_{0i} \text{ sen } (\omega t - k_1 x).$$

No ponto de descontinuidade, são produzidas uma onda refratada ou transmitida, propagando-se na corda (2), e outra refletida, propagando-se na corda (1). Estas ondas são representadas respectivamente por

$$\xi_r = \xi_{0r} \text{ sen } (\omega t - k_2 x),$$

e

$$\xi'_r = \xi'_{0r} \text{ sen } (\omega t + k_1 x).$$

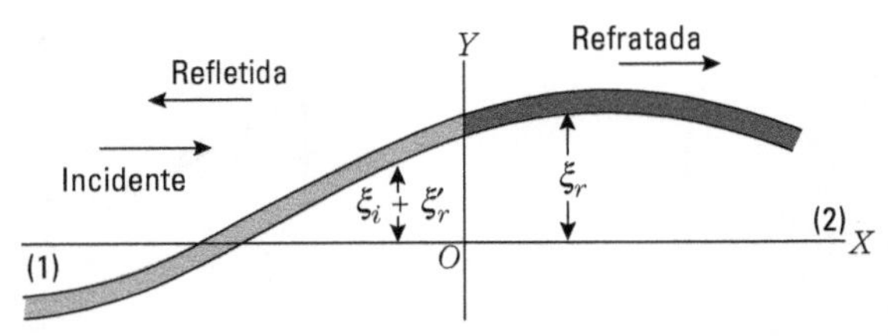

Figura 20.15 Ondas transversais em duas cordas de diferentes densidades lineares ligadas.

Observe que usamos k_1 para ondas incidentes e refletidas porque elas se propagam no mesmo meio: corda (1). O deslocamento vertical em qualquer ponto da corda (1) é $\xi = \xi_i + \xi'_r$. Na corda (2) o deslocamento vertical é $\xi = \xi_r$. O ponto O, onde as cordas se unem, corresponde a $x = 0$. Nesse ponto, devemos ter $\xi_i + \xi'_r = \xi_r$, de conformidade com a Eq. (20.15), a qual fica

$$\xi_{0i} \operatorname{sen} \omega t + \xi'_{0r} \operatorname{sen} \omega t = \xi_{0r} \operatorname{sen} \omega t$$

ou

$$\xi_{0i} + \xi'_{0r} = \xi_{0r}, \tag{20.20}$$

que é uma condição, entre as amplitudes, semelhante à Eq. (20.19). De acordo com a discussão da Seç. 18.7, a força vertical em qualquer ponto da corda (1) é

$$F_y = T \operatorname{sen} \alpha \approx T \operatorname{tg} \alpha = T \frac{\partial \xi}{\partial x} = T\left(\frac{\partial \xi_i}{\partial x} + \frac{\partial \xi'_r}{\partial x}\right),$$

pois α é pequeno e sen α é praticamente igual a tg α. Então

$$F_y = Tk_1 \,[- \xi_{0i} \cos(\omega t - k_1 x) + \xi'_{0r} \cos(\omega t + k_1 x)].$$

Da mesma forma, a força vertical em qualquer ponto da corda (2) é

$$F_y = T \frac{\partial \xi_r}{\partial x} = -Tk_2 \xi_{0r} \cos(\omega t - k_2 x).$$

O resultado do cálculo da força vertical na junção deve ser o mesmo usando F_y para a corda (1) ou para a corda (2). Portanto, fazendo $x = 0$ nas duas expressões anteriores para F_y e igualando-as, temos, após cancelarmos o fator comum cos ωt,

$$k_1 (\xi_{0i} - \xi'_{0r}) = k_2 \xi_{0r}. \tag{20.21}$$

Essa condição é a segunda a ser satisfeita pelas três amplitudes e é imposta pela natureza física da onda. Resolvendo o sistema de equações (20.20) e (20.21), obtemos

$$\xi_{0r} = \frac{2k_1}{k_1 + k_2} \xi_{0i}, \qquad \xi'_{0r} = \frac{k_1 - k_2}{k_1 + k_2} \xi_{0i}, \tag{20.22}$$

que determina as amplitudes das ondas refratada e refletida. Observando que $k = \omega/v$, podemos escrever

$$\xi_{0r} = \frac{2v_2}{v_1 + v_2} \xi_{0i}, \qquad \xi'_{0r} = \frac{v_1 - v_2}{v_1 + v_2} \xi_{0i}. \tag{20.23}$$

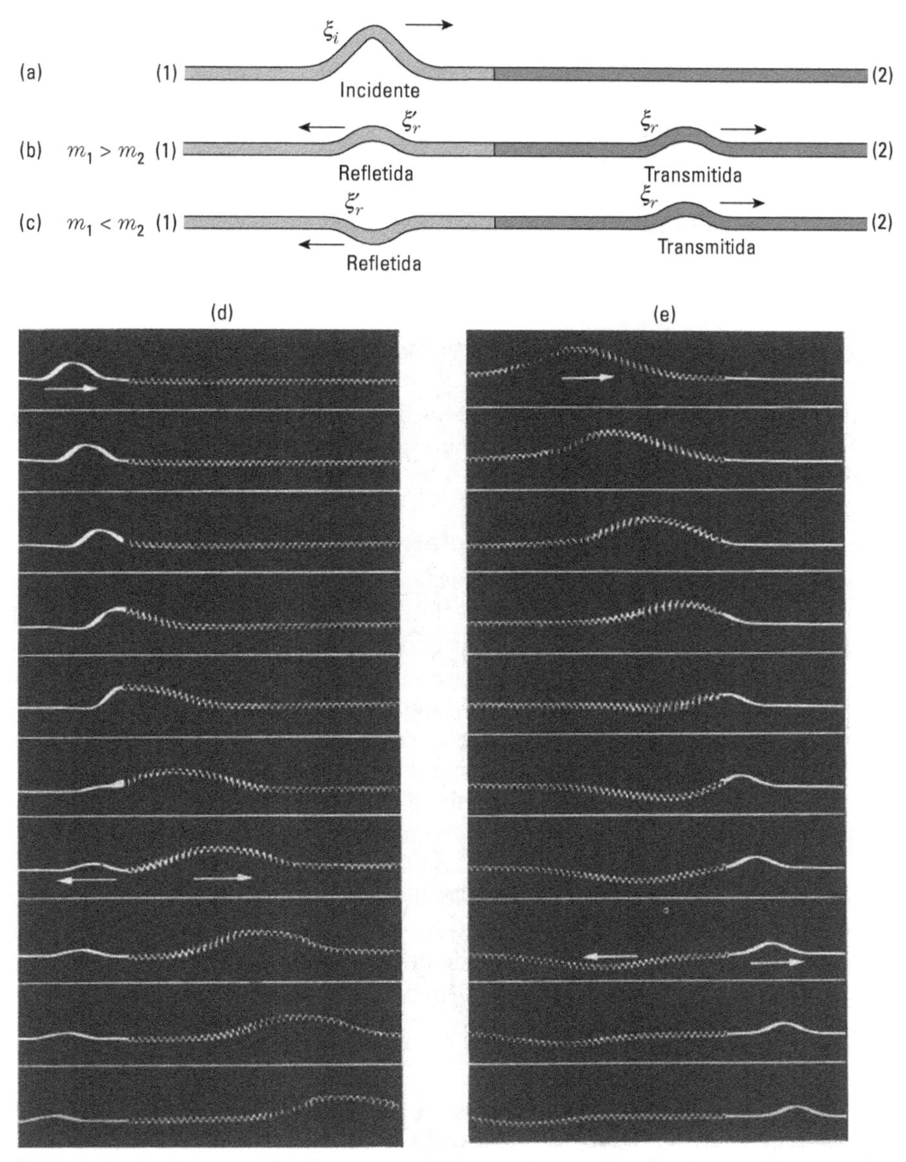

Figura 20.16 Ondas incidentes, refletidas e transmitidas em duas cordas, ligadas, de diferentes densidades lineares. Em (b) e (d) a corda que conduz a onda incidente é mais pesada; em (c) e (e), a corda da esquerda é mais leve.

Fonte: Fotografias do *Physics;* Boston: D. C. Heath, 1960 (PSSC).

Ou, uma vez que, no caso de ondas transversais em uma corda, $v = \sqrt{T/M}$, de acordo com a Eq. (18.30), onde m é a massa por unidade de comprimento, podemos também escrever

$$\xi_{0r} = \frac{2\sqrt{m_1}}{\sqrt{m_1} + \sqrt{m_2}}\xi_{0i}, \qquad \xi'_{0r} = \frac{\sqrt{m_1} - \sqrt{m_2}}{\sqrt{m_1} + \sqrt{m_2}}\xi_{0i}. \tag{20.24}$$

As razões ξ_{0r}/ξ_{0i} e $\xi'_{0r}/\ \xi_{0i}$ chamadas, respectivamente, de *coeficiente de refração* (ou transmissão) *e de reflexão*, designados por **T** e **R**, respectivamente*. Então

$$\boldsymbol{T} = \frac{2\sqrt{m_1}}{\sqrt{m_1}+\sqrt{m_2}}, \qquad \boldsymbol{R} = \frac{\sqrt{m_1}-\sqrt{m_2}}{\sqrt{m_1}+\sqrt{m_2}}.$$

Notamos que **T** é sempre positivo, de forma que ξ_{0r} tem sempre o mesmo sinal de ξ_{0i} e a onda transmitida está sempre em fase com a onda incidente. Mas **R** é positivo ou negativo dependendo de m_1 ser maior ou menor do que m_2, de forma que a onda refletida pode estar em fase ou em posição de fase com a onda incidente. No segundo caso, isso representa um acréscimo de uma diferença de fase π à onda refletida. As duas situações estão ilustradas na Fig. 20.16.

Procure verificar o fluxo de energia através da junção, usando o fluxo de energia nas cordas (1) e (2). A energia transmitida é proporcional a $\mathbf{T}^2$ e a energia refletida é proporcional a $\mathbf{R}^2$.

20.7 Reflexão e refração de ondas eletromagnéticas

O caso das ondas eletromagnéticas requer atenção especial porque envolve dois tipos de campos: o elétrico e o magnético. O campo elétrico e o campo magnético são perpendiculares à direção de propagação da onda e perpendiculares entre si. Assim, ao discutirmos reflexão e refração de ondas eletromagnéticas, será mais conveniente pensar em cada campo como tendo uma componente *paralela* ao plano de incidência, designada pelo índice π, e outra componente *perpendicular* ao plano de incidência, designada pelo índice σ. Por causa da perpendicularidade mútua de $\mathfrak{E}$ e $\mathfrak{B}$, temos uma componente $\mathfrak{E}_\pi$ associada a $\mathfrak{B}_\sigma$ e uma componente $\mathfrak{E}_\sigma$ associada a $\mathfrak{B}_\pi$. Uma vez que a polarização de uma onda eletromagnética é, por convenção, determinada pela direção do campo elétrico, como dissemos no Cap. 19, indicamos, na Fig. 20.17, as componentes para uma onda polarizada no plano de incidência e, na Fig. 20.18, as componentes para uma onda polarizada perpendicularmente ao plano de incidência. As setas em cada caso indicam as direções consideradas positivas para as componentes de $\mathfrak{E}$. O caso geral é uma combinação de ambas as polarizações, pois, como dissemos antes, os campos $\mathfrak{E}$ e $\mathfrak{B}$ podem sempre ser desdobrados nas componentes π e σ.

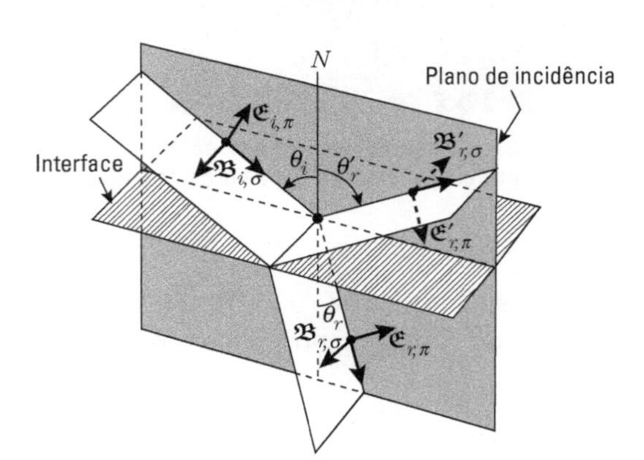

Figura 20.17 Campos elétrico e magnético nas ondas incidente, refletida e refratada para polarização paralela ao plano de incidência.

* Observar que **T** e **R** são *escalares*.

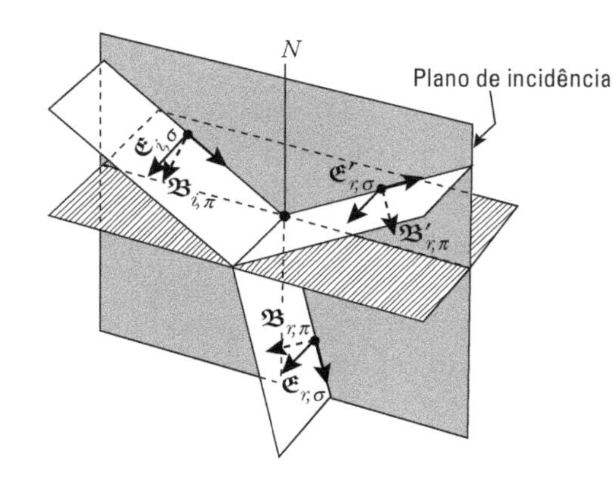

Figura 20.18 Campos elétrico e magnético nas ondas incidente, refletida e refratada para polarização perpendicular ao plano de incidência.

As equações de Maxwell proporcionam certas relações entre as componentes perpendiculares e paralelas dos campos elétrico e magnético de ambos os lados da superfície de separação dos dois meios. Isso nos permite estabelecer as relações entre as componentes do campo elétrico das ondas incidente, refletida e refratada. A partir dessas componentes, podemos calcular os coeficientes de reflexão e refração ou transmissão. Quando $\mu_1 = \mu_2 \approx \mu_0$, condição que é aplicável a um grande número de casos, os resultados que se obtêm são os seguintes:

$$\boldsymbol{R}_\pi = \frac{\mathfrak{E}'_{r,\pi}}{\mathfrak{E}_{i,\pi}} = \frac{n_1 \cos \boldsymbol{\theta}_r - n_2 \cos \boldsymbol{\theta}_i}{n_1 \cos \boldsymbol{\theta}_r + n_2 \cos \boldsymbol{\theta}_i},$$

$$\boldsymbol{R}_\sigma = \frac{\mathfrak{E}'_{r,\sigma}}{\mathfrak{E}_{i,\sigma}} = \frac{n_1 \cos \boldsymbol{\theta}_r - n_2 \cos \boldsymbol{\theta}_r}{n_1 \cos \boldsymbol{\theta}_i + n_2 \cos \boldsymbol{\theta}_r}.$$

$$\boldsymbol{T}_\pi = \frac{\mathfrak{E}_{r,\pi}}{\mathfrak{E}_{i,\pi}} = \frac{2n_1 \cos \boldsymbol{\theta}_i}{n_1 \cos \boldsymbol{\theta}_r + n_2 \cos \boldsymbol{\theta}_i}, \tag{20.25}$$

$$\boldsymbol{T}_\sigma = \frac{\mathfrak{E}_{r,\sigma}}{\mathfrak{E}_{i,\sigma}} = \frac{2n_1 \cos \boldsymbol{\theta}_i}{n_1 \cos \boldsymbol{\theta}_i + n_2 \cos \boldsymbol{\theta}_r}.$$

Um caso muito importante é aquele em que $\mathbf{R}_\pi = 0$. Então a onda refletida não tem uma componente elétrica do tipo $\mathfrak{E}'_{r,\pi}$, mas somente $\mathfrak{E}'_{r,\sigma}$. Portanto a onda refletida é totalmente polarizada em um plano perpendicular ao plano de incidência. Isso acontece quando, de acordo com a Eq. (20.25), $n_2 \cos \theta_i = n_1 \cos \theta_r$. Como a lei de Snell, dada pela Eq. (20.8), requer que n_1 sen $\theta_i = n_2$ sen θ_r, temos que sen $\theta_i \cos \theta_i$ = sen $\theta_r \cos \theta_r$, ou sen $2\theta_i$ = sen $2\theta_r$. A solução dessa equação nos dá $2\theta_i = \pi - 2\theta_r$, ou $\theta_i + \theta_r = \pi/2$*, o que indica que os raios refletido e refratado são mutuamente perpendiculares. Portanto,

> *quando os raios refletido e refratado são perpendiculares, o raio refletido é totalmente polarizado, com o campo elétrico perpendicular ao plano de incidência.*

Essa situação é ilustrada na Fig. 20.19, onde somente as componentes do campo elétrico são indicadas; por simplicidade, as componentes do campo magnético foram omitidas. Então, como no caso da Fig. 20.19 sen $\theta_r = \cos \theta_i$, aplicando a lei de Snell concluímos que o ângulo de incidência é dado por

* Note que a possibilidade $2\theta_i = 2\theta_r$, ou $\theta_i = \theta_r$, deve ser excluída, em virtude da lei de Snell.

$$\text{tg}\ \theta_i = n_{21}. \tag{20.26}$$

O ângulo θ_i dado pela Eq. (20.26) é chamado *ângulo de polarização*. A Eq. (20.26) estabelece o que se chama *lei de Brewster*.

Pode-se mostrar que não é possível ter $\mathbf{R}_\sigma = 0$ e satisfazer a lei de Snell simultaneamente. Portanto a componente perpendicular do campo elétrico na parte refletida não pode ser anulada, a menos que já seja nula na onda incidente.

Podemos também concluir, examinando a Eq. (20.25), que os coeficientes de refração $\mathbf{T}_\pi$ e $\mathbf{T}_\sigma$ nunca se anulam e, portanto, a onda refratada nunca é completamente polarizada. Contudo, se uma onda eletromagnética se propaga através de uma série de lâminas de faces paralelas (Fig. 20.20), com um ângulo de incidência igual ao ângulo de polarização, a onda transmitida tem a componente $\mathfrak{E}_{r,\sigma}$ muito atenuada, pois essa componente tende a acompanhar a onda refletida cada vez que a onda se reflete, ao passar de uma lâmina para a lâmina seguinte. Portanto a onda transmitida é quase totalmente polarizada, e o campo elétrico oscila no plano de incidência.

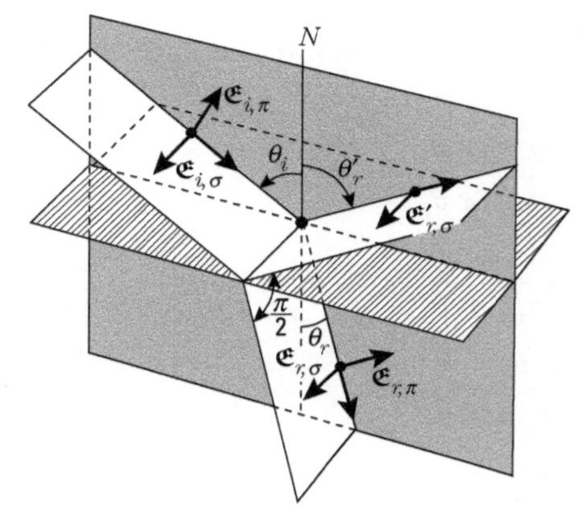

Figura 20.19 Polarização de uma onda eletromagnética por reflexão.

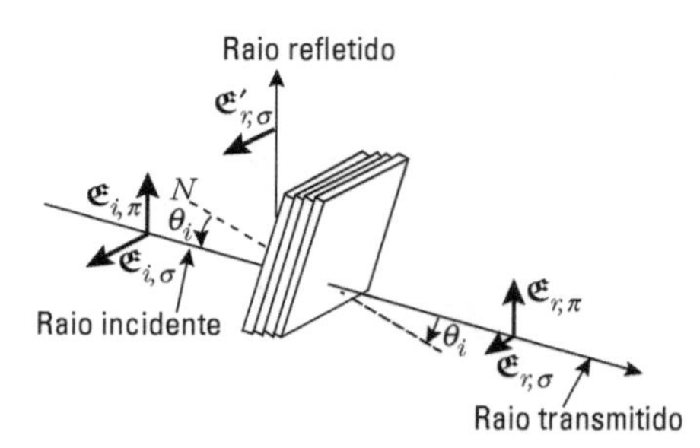

Figura 20.20 Polarização de uma onda eletromagnética por sucessivas refrações.

Notamos também que os coeficientes de transmissão **T** são positivos, de forma que a onda transmitida está sempre em fase com a onda incidente. Contudo, o coeficiente de reflexão **R** pode ser positivo ou negativo e a onda refletida pode estar em fase com a onda incidente ou ter uma diferença de fase de π em relação a ela.

■ **Exemplo 20.3** Calcular os coeficientes de reflexão e transmissão para ondas eletromagnéticas na região da luz visível para vidro *crown* e ângulo de incidência igual a 30°.
Solução: Da Tab. 20.1, temos $n_{\text{vidro}} = 1{,}52$ e, como, para o ar, $n_{\text{ar}} \approx 1$, temos então sen $\theta_i =$ $= 1{,}52$ sen θ_r. Fazendo $\theta_i = 30°$, obtemos $\theta_r = 19°\ 12'$. Portanto, aplicando as relações (20.25), obtemos

$$\mathbf{R}_\pi = 0{,}165, \qquad \mathbf{R}_\sigma = -0{,}248, \qquad \mathbf{T}_\pi = 0{,}442, \qquad \mathbf{T}_\sigma = 0{,}752.$$

Observe que a componente perpendicular da onda refletida sofreu uma mudança de fase de π. O ângulo de Brewster para vidro *crown* corresponde a tg $\theta_i = 1{,}52$ ou $\theta_i = 56°\ 41'$.

Tabela 20.1 Índices absolutos de refração de várias substâncias para ondas eletromagnéticas*

Substância	n	Substância	n
Água (25°C)	1,33	Vidro *crown*	1,52
Álcool (20°C)	1,36	Vidro *flint*	1,65
Bissulfato de carbono	1,63	Sódio (líquido)	4,22
Gelo	1,31	Diamante	2,417
Quartzo	1,51	Ar	1,00029

*Valores médios na região visível do espectro.

20.8 Propagação de ondas eletromagnéticas em um meio anisotrópico

Quando uma onda transversal propaga-se através de um meio anisotrópico, a velocidade de propagação da onda pode depender tanto da direção de polarização como da direção de propagação. Em particular, é esse o caso de ondas eletromagnéticas (as únicas que consideraremos nesta seção). A polarizabilidade de muitas moléculas não é a mesma em todas as direções. Como em gases e líquidos elas estão orientadas ao acaso, essa dependência direcional da polarizabilidade não dá origem a nenhum efeito específico e, portanto, o meio comporta-se macroscopicamente como uma substância isotrópica. Mas, em um sólido cristalino, as moléculas estão mais ou menos orientadas e sua orientação está "congelada", isto é, não são livres para girarem em torno de sua posição de equilíbrio dentro da rede cristalina. Dependendo de sua estrutura molecular e de sua disposição, os sólidos cristalinos podem comportar-se opticamente como um meio isotrópico ou anisotrópico.

O fato de a polarizabilidade do meio não ser a mesma em todas as direções significa que, em geral, a polarização $\mathfrak{P}$ não tem a mesma direção do campo elétrico $\mathfrak{E}$ (Fig. 20.21). Como consequência, o vetor deslocamento $\mathfrak{D} = \varepsilon_0\mathfrak{E} + \mathfrak{P}$ também não é paralelo a $\mathfrak{E}$. A situação aqui, do ponto de vista matemático, é muito semelhante àquela encontrada no Cap. 10, quando discutimos a relação entre o momento angular $\boldsymbol{L}$ e a velocidade angular ω de um corpo rígido em rotação. Recordemos que L e ω, em um corpo em rotação, não são paralelos, exceto no caso de rotação em torno de um eixo principal do corpo. Da mesma forma, verificamos que existem, pelo menos, três direções perpendiculares entre si, também chamadas eixos principais, característicos de cada substância, ao longo dos quais $\mathfrak{E}$ e $\mathfrak{D}$ são paralelos. Orientando os eixos XYZ paralelamente aos eixos principais e designando os três valores principais da permissividade da substância correspondentes a cada um dos eixos principais por ε_1, ε_2, ε_3, temos que as componentes $\mathfrak{D}$, de para uma orientação arbitrária de $\mathfrak{E}$, são, aplicando-se a Eq. (16.14),

$$\mathfrak{D}_x = \varepsilon_1\mathfrak{E}_x, \qquad \mathfrak{D}_y = \varepsilon_2\mathfrak{E}_y, \qquad \mathfrak{D}_z = \varepsilon_3\mathfrak{E}_z.$$

Podemos também introduzir os três índices principais de refração, n_1, n_2 e n_3, cada um deles associado à permissibidade correspondente, como sugere a Eq. (19.57).

Tanto a experiência como a teoria (com base nas equações de Maxwell e na discussão apresentada aqui) mostram que

em um meio anisotrópico, a cada direção de propagação de uma onda eletromagnética plana correspondem dois estados possíveis de polarização, mutuamente perpendiculares, cada um dos quais se propaga com velocidade diferente.

Portanto, qualquer que seja o estado inicial de polarização, quando uma onda eletromagnética penetra em uma substância anisotrópica, separa-se em duas ondas, com direções de polarização perpendiculares entre si e que se propagam com velocidades de fase diferentes. Essa propriedade dá origem ao fenômeno da dupla refração, que será discutida na Seç. 20.10.

A seguir, vamos discutir como podemos determinar a velocidade de fase e o estado de polarização de uma onda, desde que sua direção de propagação seja dada. Isso pode ser feito usando-se um método geométrico sugerido pelo físico francês Augustin Fresnel (1788-1827) muito antes da existência da teoria das ondas eletromagnéticas. Construímos um elipsoide de eixos n_1, n_2 e n_3, chamado *elipsoide de Fresnel* (Fig. 20.22). Fixada a direção de propagação da onda, determinada pelo vetor unitário $\boldsymbol{u}$, fazemos passar pelo centro C do elipsoide um plano perpendicular a $\boldsymbol{u}$. A interseção do plano com o elipsoide é uma elipse. As direções dos dois eixos AA' e BB' dessa elipse determinam os planos de polarização da onda para aquela direção de propagação. Os comprimentos CA e CB dos dois eixos da elipse dão os índices de refração n_a e n_b para cada polarização e, portanto, a respectiva velocidade de fase.

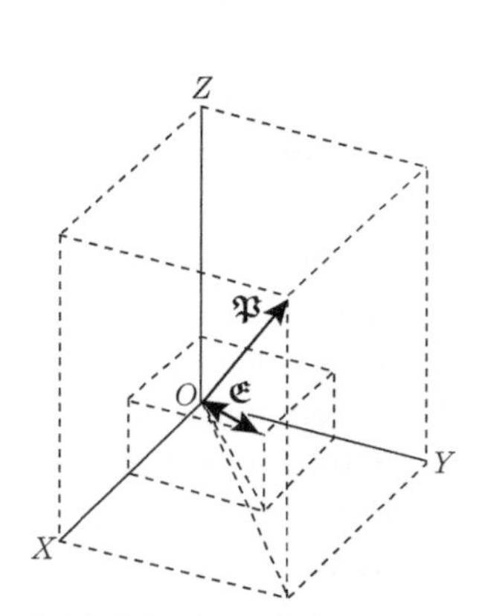

Figura 20.21 Orientação de 𝔓 e 𝔈 em uma substância anisotrópica.

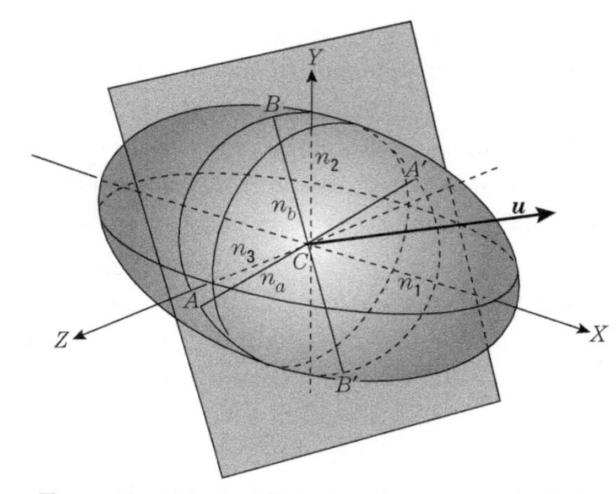

Figura 20.22 O elipsoide de Fresnel. A elipse $ABA'B'$ é a interseção com o elipsoide de um plano perpendicular a u passando por C.

Meios isotrópicos são caracterizados pelo fato de que todos os três índices principais de refração são iguais ($n_1 = n_2 = n_3$). O elipsoide de Fresnel é uma esfera e o índice de refração é o mesmo em todas as direções. Portanto não existe direção especial de polarização, pois todas as interseções são círculos. *Cristais cúbicos*, bem como a maioria das substâncias não cristalinas, comportam-se dessa maneira.

Outro caso especial é aquele em que dois índices principais de refração são os mesmos, digamos $n_2 = n_3$. A direção correspondente ao índice n_1, é chamada *eixo óptico;* é um eixo de simetria do cristal. Por essa razão, essas substâncias são chamadas *cristais uniaxiais.* A essa classe pertencem os sistemas cristalinos *trigonal*, *hexagonal e tetragonal.* Quando $n_2 < n_1$, o cristal é chamado de *positivo* e, quando $n_2 > n_1$, de *negativo.* O elipsoide de Fresnel de um cristal uniaxial é um elipsoide de revolução, tendo como eixo o eixo óptico (Fig. 20.23). De nosso conhecimento das propriedades geométricas de um elipsoide de revolução, sabemos que sua interseção com um plano perpendicular à direção de propagação $\boldsymbol{u}$ e que passa pelo centro C é uma elipse, da qual um dos eixos (CO) é sempre igual a n_2, sendo dirigido perpendicularmente tanto à direção de propagação como ao eixo óptico, ao passo que o outro eixo (CE) da elipse tem comprimento variável n_e entre n_2 e n_1 e está no plano determinado pela direção de propagação e o eixo óptico. Nesse caso, podemos definir duas ondas: a ordinária e a extraordinária.

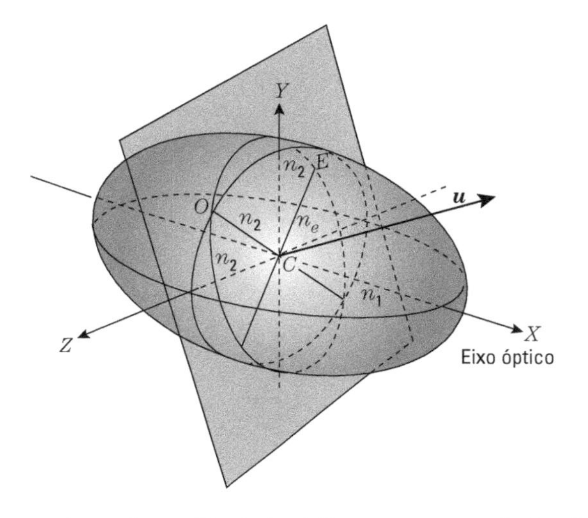

Figura 20.23 Direções de polarização dos raios ordinário e extraordinário em um cristal uniaxial para uma direção arbitrária de propagação.

A *onda ordinária* é linearmente polarizada no plano determinado por CO e $\boldsymbol{u}$ e, portanto, é perpendicular ao plano determinado pela direção de propagação e o eixo óptico. A onda ordinária propaga-se em todas as direções com a mesma velocidade $v_0 = v_2 = c/n_2$. Comporta-se, portanto, como uma onda em um meio isotrópico, razão pela qual é chamada de ordinária.

A *onda extraordinária* é linearmente polarizada no plano determinado por CE e $\boldsymbol{u}$ ou (o que vem a ser a mesma coisa) pela direção de propagação e o eixo óptico; mas sua velocidade v_e depende da direção de propagação, variando de v_2 a v_1 (correspondendo a um índice de refração entre n_2 e n_1).

Quando as ondas se propagam na direção do eixo óptico, a elipse de interseção é um círculo de raio n_2 e as duas ondas se propagam com a mesma velocidade v_2. Esta pode ser considerada como outra maneira de definir eixo óptico (Fig. 20.24a): o eixo óptico é a direção para a qual existe somente uma velocidade de propagação. Quando as ondas se propagam perpendicularmente ao eixo óptico, a elipse de interseção tem semieixos n_1 e n_2, e a onda extraordinária tem velocidade v_1 (Fig. 20.24b).

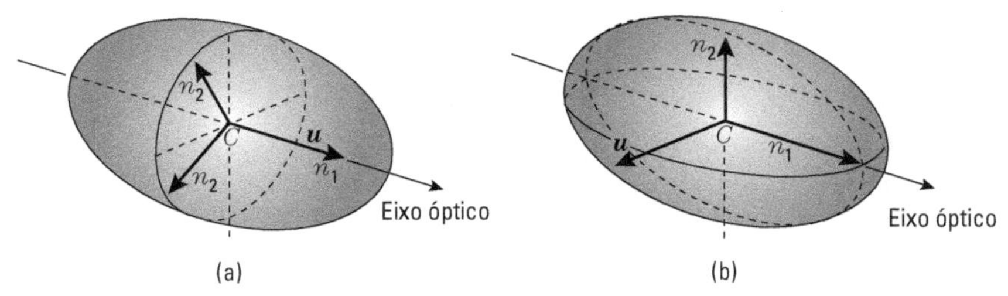

Figura 20.24 Direções de polarização dos raios ordinário e extraordinário em um cristal uniaxial para propagação (a) paralela, (b) perpendicular ao eixo óptico.

Outra construção geométrica muito útil pode ser obtida, colocando-se em um gráfico, para cada direção de propagação, vetores de comprimentos iguais às velocidades de fase v_o do raio ordinário e v_e do raio extraordinário, respectivamente, resultando numa superfície dupla (Fig. 20.25) chamada *superfície da velocidade de Fresnel*. Uma das superfícies é uma esfera de raio $v_o = v_2$ e corresponde à velocidade da onda ordinária. A outra superfície é um elipsoide de revolução com eixos v_1 e v_2 e corresponde à onda extraordinária. As duas superfícies tangenciam-se em suas interseções com o eixo óptico. O estado de polarização para diferentes direções de propagação está indicado na Fig. 20.25.

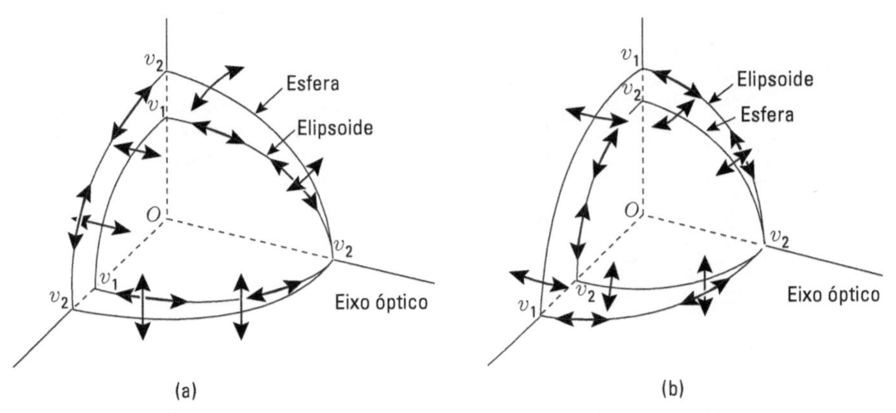

Figura 20.25 Superfície de velocidade de Fresnel para cristais uniaxiais. (a) Cristal positivo em que $n_2 < n_1$ (ou $v_2 > v_1$). (b) Cristal negativo em que $n_2 > n_1$ (ou $v_2 < v_1$).

No caso geral de três índices diferentes de refração, pode-se provar que existem duas direções para as quais as velocidades de propagação de duas ondas polarizadas são iguais. Essas direções, também chamadas eixos ópticos, são perpendiculares aos planos cujas interseções com o elipsoide de Fresnel são círculos. As substâncias que possuem essa propriedade são chamadas *biaxiais* e pertencem aos sistemas cristalinos *ortorrômbico*, *monoclínico* e *triclínico*. A superfície da velocidade de Fresnel para cristais biaxiais é mais complicada e não discutiremos seus detalhes geométricos. A Tab. 20.2 relaciona os índices de refração para algumas substâncias uniaxiais e biaxiais.

Tabela 20.2 Índices principais de refração de alguns cristais*

Substância	n_1	n_2	n_3
Uniaxial:			
Apatita	1,6417	1,6461	
Calcita	1,4864	1,6583	
Quartzo	1,5533	1,5442	
Zirconita	1,9682	1,9239	
Biaxial:			
Aragonita	1,5301	1,6816	1,6859
Gipsita	1,5206	1,5227	1,5297
Mica	1,5692	1,6049	1,6117
Topázio	1,6155	1,6181	1,6250

*Para luz do sódio, $\lambda = 5{,}893 \times 10^{-7}$ m.

Muitas substâncias que normalmente são isotrópicas tornam-se anisotrópicas e birrefringentes quando submetidas a tensões mecânicas ou a campos elétricos ou magnéticos intensos e perpendiculares à direção de propagação. Como exemplo, podemos citar o efeito eletroóptico de Kerr e o efeito magnetoóptico de Cotton-Mouton. Em todos os casos, a anisotropia da substância é devida à orientação parcial das moléculas, orientação essa resultante da aplicação das tensões ou dos campos.

■ **Exemplo 20.4** Uma onda linearmente polarizada incide sobre uma lâmina fina de um material uniaxial, tal como o quartzo, cujas faces são paralelas ao eixo óptico. Determinar a diferença de fase entre as ondas ordinária e extraordinária e o estado de polarização da onda emergente.

Solução: A Fig. 20.26 mostra o arranjo experimental. A lâmina de cristal foi colocada com seu eixo óptico (índice n_1) horizontal. A direção do eixo óptico foi designada por Y. A direção perpendicular Z corresponde à polarização do raio ordinário (índice n_2). Suponhamos que uma onda linearmente polarizada incida sobre a placa de forma que a direção de polarização faça um ângulo a com o eixo Y. Podemos escrever então que $\mathfrak{E} = \mathfrak{E}_0 \operatorname{sen}(\omega t - kx)$ para ocampo elétrico da onda incidente. Observe que mudamos a ordem dos termos na função seno; isso é mais conveniente para este cálculo e é a forma alternativa dada pela Eq. (18.10). As componentes do campo elétrico da onda incidente na direção dos eixos Y e Z são

$$\mathfrak{E}_y = \mathfrak{E}_{0y} \operatorname{sen}(\omega t - kx), \qquad \mathfrak{E}_z = \mathfrak{E}_{0z} \operatorname{sen}(\omega t - kx)$$

onde

$$\mathfrak{E}_{0y} = \mathfrak{E}_0 \cos\alpha \quad \text{e} \quad \mathfrak{E}_{0z} = \mathfrak{E}_0 \operatorname{sen}\alpha.$$

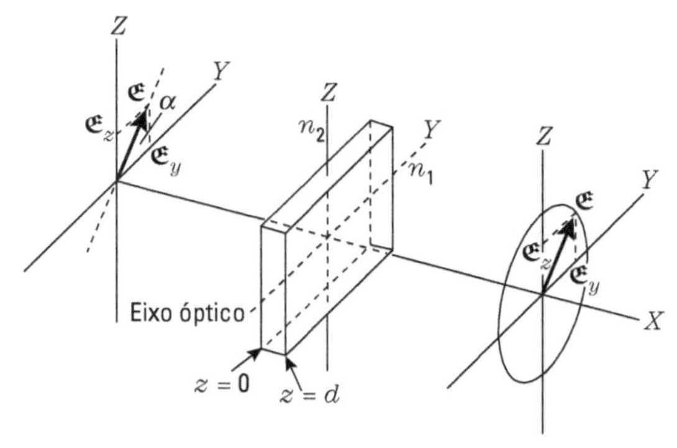

Figura 20.26 Variação da polarização de uma onda eletromagnética após atravessar uma lâmina de faces paralelas, cortada de um cristal uniaxial.

Essa onda linearmente polarizada, ao propagar-se através do cristal, divide-se em duas, cujos campos elétricos são dirigidos segundo os eixos Y e Z, respectivamente, e que correspondem às ondas extraordinária e ordinária. Como a velocidade de propagação de cada onda é $v_1 = c/n_1$ e $v_2 = c/n_2$, os vetores de propagação correspondentes são

$$k_1 = \frac{\omega}{v_1} = \frac{\omega n_1}{c} = kn_1, \ k_2 = kn_2,$$

onde $k = \omega/c$. Portanto, depois que as ondas atravessam a espessura d, os campos elétricos respectivos são representados pelas expressões

$$\mathfrak{E}_y = \mathfrak{E}_{0y} \text{ sen } (\omega t - k_1 d), \qquad \mathfrak{E}_z = \mathfrak{E}_{0z} \text{ sen } (\omega t - k_2 d),$$

resultando em uma diferença de fase de

$$\delta = (k_1 - k_2)d = k(n_1 - n_2)d = 2\pi(n_1 - n_2)d/\lambda$$

entre as duas ondas.

Após atravessar a lâmina anisotrópica, as duas ondas recombinam-se em uma única onda. De acordo com nossa discussão na Seç. 12.9, concluímos que, em virtude da diferença de fase, a onda transmitida será, em geral, elipticamente polarizada. Os eixos da elipse serão paralelos aos eixos Y e Z, se δ for um múltiplo ímpar de $\pi/2$ ou se

$$(n_1 - n_2)d = \text{inteiro ímpar} \times \lambda/4.$$

A onda transmitida será linearmente polarizada, se δ for um múltiplo de π ou se

$$(n_1 - n_2)d = \text{inteiro} \times \lambda/2.$$

Nesse caso, se o inteiro é par, a onda transmitida é linearmente polarizada no mesmo plano da onda incidente, mas, se o inteiro é ímpar, ela é polarizada em um plano simétrico com o plano XZ. É óbvio que, se o ângulo α for de 45°, esses dois planos serão perpendiculares um ao outro.

As lâminas correspondentes às duas condições dadas aqui são chamadas *lâminas de quarto de onda* e *lâminas de meia onda*. Esses tipos de lâminas são muito usados na análise de luz polarizada.

O mesmo efeito também existe na direção oposta, isto é, se uma luz elipticamente polarizada atravessa uma lâmina de quarto de onda, ela se torna plano-polarizada.

20.9 Dicroísmo

Algumas substâncias anisotrópicas absorvem a onda extraordinária e a ordinária em proporções muito diferentes. Nessas condições, uma onda eletromagnética, propagando-se através de uma espessura suficientemente grande dessas substâncias, torna-se gradualmente polarizada em um plano, pois tanto a onda ordinária como a extraordinária são quase completamente absorvidas. Esse efeito é chamado *dicroísmo* e é ilustrado na Fig. 20.27, onde $\mathfrak{E}_0$ é a amplitude do campo elétrico da onda incidente. A onda incidente, à medida que penetra na substância, separa-se nas ondas ordinária e extraordinária, polarizadas paralelamente aos eixos Y e Z. Suas amplitudes são $\mathfrak{E}_{0y}$ e $\mathfrak{E}_{0z}$. Se $\mathfrak{E}_{0z}$ é mais absorvida do que $\mathfrak{E}_{0y}$, então, após as ondas atravessarem certa espessura, temos somente $\mathfrak{E}_{0y}$, dando como resultado luz linearmente polarizada.

O dicroísmo, sendo o resultado de uma diferença de coeficientes de absorção, depende da frequência da onda eletromagnética e a substância poderá exibir esse fenômeno com maior intensidade em determinadas frequências do que em outras. Na região visível do espectro, existem duas substâncias particularmente importantes. Uma é a *turmalina* (borossilicato de alumínio), que absorve preferencialmente o raio ordinário. A outra é a *herapatita* (sulfato de iodoquinino), que apresenta o inconveniente de seus cristais serem muito quebradiços (frágeis) e, por isso, difíceis de serem conservados em tamanhos convenientes. Contudo a Polaroid Corporation fabrica essa substância sob a forma chamada *polaroid*, que consiste em inúmeros pequenos cristais orientados paralelamente uns aos outros e colocados entre duas placas de vidro ou celuloide, formando um "sanduíche". A mesma companhia fabrica outros materiais dicroicos usando substâncias compostas de moléculas muito longas, tais como álcool polivinil, orientadas paralelamente. Essa combinação fornece um material que tem propriedades muito diferentes na direção longitudinal e transversal. O dicroísmo nos proporciona um dos métodos mais simples e mais baratos de produzir e analisar luz polarizada.

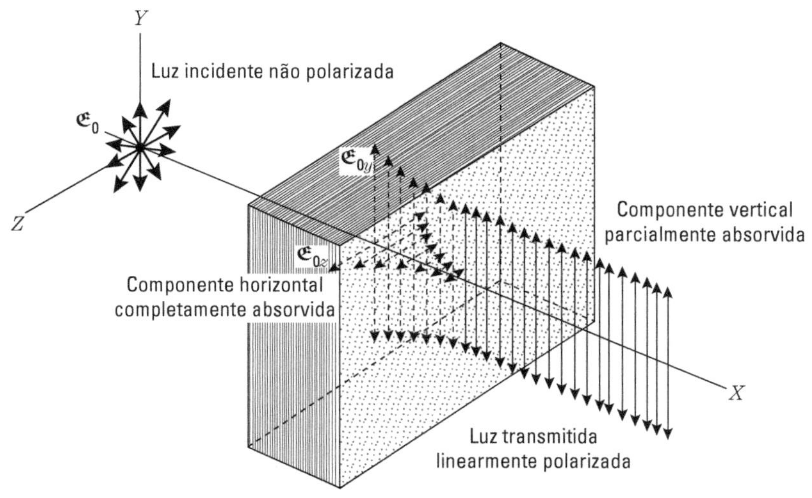

Figura 20.27 Dicroísmo.

20.10 Dupla refração

Nesta seção, discutiremos o comportamento de uma onda eletromagnética propagando-se ou refratando-se em um meio anisotrópico. Nesta discussão nos limitaremos às substâncias uniaxiais. Não discutiremos a onda refletida, pois isso não envolve nenhum fator muito diferente daqueles anteriormente discutidos neste capítulo. Começaremos discutindo o caso mais simples de incidência normal de uma onda plana sobre uma interface. O eixo óptico está contido na página do livro. Considerações de simetria requerem que ambas as frentes de onda refratadas, a ordinária e a extraordinária, sejam planas e também que permaneçam paralelas à interface enquanto se propagam no meio anisotrópico. Para determinar as direções dos raios ordinário e extraordinário, nos pontos de incidência (Fig. 20.28) construímos a superfície da velocidade de Fresnel, indicada anteriormente na Fig. 20.25. As tangentes comuns às duas superfícies da velocidade de Fresnel nos dão as frentes de onda ordinária e extraordinária. Os pontos de tangência determinam as direções do raio extraordinário e ordinário. Portanto a onda ordinária propagar-se-á na mesma direção da incidente e será, de um modo linear, polarizada perpendicularmente ao plano do papel (como está indicado pelos pontos cheios na Fig. 20.28). Contudo a onda extraordinária, embora permanecendo paralela à interface, sofre um deslocamento lateral, de forma que o fluxo de energia é dirigido segundo o raio extraordinário, fazendo um ângulo β com a direção de propagação. A onda extraordinária será polarizada no plano do papel (como indicam as barras na Fig. 20.28).

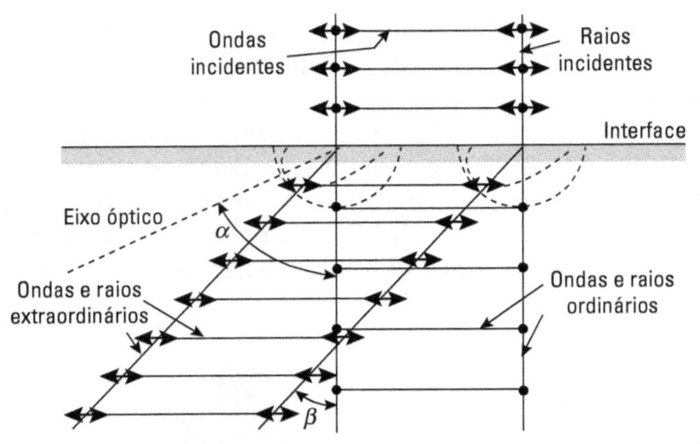

Figura 20.28 Raios refratados ordinário e extraordinário para incidência normal sobre a face de um cristal uniaxial. As polarizações lineares dos raios ordinário e extraordinário são perpendiculares uma à outra.

Quando dois raios refratados correspondem a um único raio incidente, temos o que se chama de *dupla refração* e, por essa razão, substâncias anisotrópicas são chamadas de *birrefringentes*. Quando a substância é limitada por duas superfícies paralelas (Fig. 20.29), o raio ordinário e o extraordinário emergem paralelos, mas separados, dando como resultado uma dupla imagem, conforme mostra a fotografia de um cristal de: calcita na Fig. 20.30.

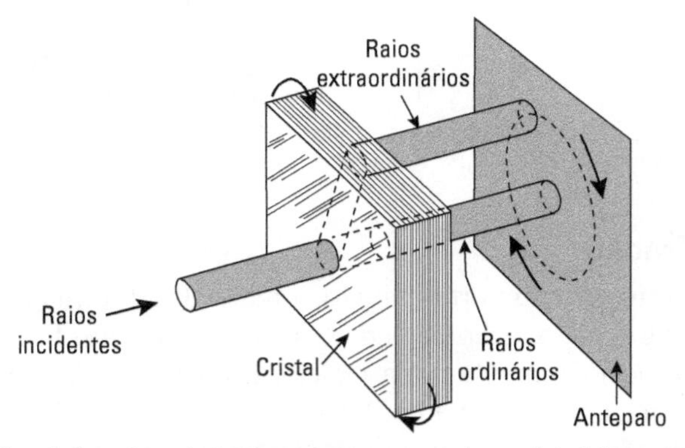

Figura 20.29 Um feixe fino de luz não polarizada pode ser separado em dois feixes por meio de um cristal com dupla refração. Se o cristal é girado, o feixe extraordinário gira ao redor do raio ordinário. Os dois feixes são linearmente polarizados em direções normais uma em relação à outra.

Figura 20.30 Fotografia da imagem dupla produzida por um cristal de calcita.

Fonte: Cortesia de W. L. Hyde, Diretor do Instituto de Óptica, Universidade de Rochester.

Quando a incidência é oblíqua, o problema é geometricamente mais complicado, mas o resultado físico é o mesmo. Para cada onda incidente, existem duas ondas refratadas distintas propagando-se em direções diferentes e polarizadas uma em relação à outra segundo ângulos retos.

A dupla refração é um instrumento de pesquisa muito importante no estudo da estrutura cristalina tendo, também, inúmeras outras aplicações interessantes. Uma aplicação prática consiste em produzir um feixe de luz plano-polarizada por meio de um *prisma de Nicol.* Um prisma de Nicol é feito utilizando-se um cristal de calcita cujo comprimento é quatro vezes maior que sua largura. As faces extremas desse cristal são cortadas como mostram as linhas *ab′* e *cd′* na Fig. 20.31a. O cristal é então cortado diagonalmente segundo a linha *b′d′* e as duas metades são coladas com bálsamo do Canadá. O índice de refração do bálsamo e do cristal de calcita são diferentes para os raios ordinário e extraordinário. Por causa disso, e também por causa da geometria do cristal, o raio ordinário sofre reflexão total na superfície de separação sendo desviado para fora do prisma, enquanto o raio extraordinário penetra na outra metade do cristal e emerge na outra extremidade. Portanto a luz transmitida é linearmente polarizada. Os prismas de Nicol são de grande importância em muitos instrumentos ópticos, tais como os polarímetros.

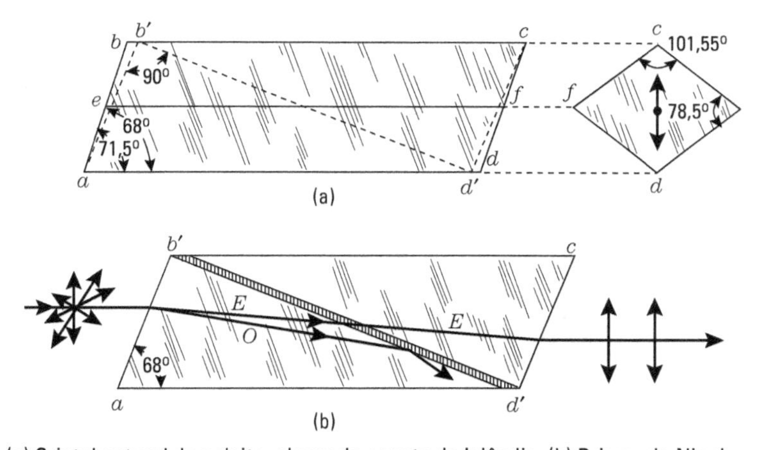

Figura 20.31 (a) Cristal natural de calcita, chamado espato da Islândia. (b) Prisma de Nicol.

■ **Exemplo 20.5** Um raio de luz incide sobre um cristal de calcita cortado de forma tal que sua superfície é paralela ao eixo óptico. Supondo que o plano de incidência seja perpendicular ao eixo óptico e que o ângulo de incidência seja de 50°, determinar a separação angular entre o raio extraordinário e o raio ordinário.

Solução: De acordo com as Figs. 20.24 e 20.25, quando a propagação da onda é na direção perpendicular ao eixo óptico, os raios ordinários propagam-se com velocidade v_2 correspondendo ao índice de refração n_2, e as ondas extraordinárias propagam-se com velocidade v_1 correspondendo ao índice de refração n_1. Portanto, usando a lei de Snell e os índices principais de refração dados na Tab. 20.2, temos sen θ_i/sen $\theta_o = n_2 = 1{,}6583$ e sen θ_i/sen $\theta_e = n_1 = 1{,}4864$. Uma vez que $\theta_i = 50°$, obtemos $\theta_o = 27°\ 30'$ e $\theta_e = 31°\ 5'$. A separação angular dos dois raios é então $\theta_e - \theta_o = 3°\ 35'$.

■ **Exemplo 20.6** Ondas linearmente polarizadas são observadas através de um instrumento polarizador chamado, nesse caso, de analisador. Discuta as flutuações na intensidade da onda transmitida quando o analisador é girado.

Solução: Consideremos a Fig. 20.32. O analisador é um instrumento que transmite uma onda cujo campo elétrico é paralelo ao eixo AA'. Quando o eixo AA' do analisador faz um ângulo θ com o campo elétrico da onda incidente linearmente polarizada, somente a componente $\mathfrak{E}_A = \mathfrak{E} \cos \theta$ é transmitida. Portanto, como a intensidade da onda é proporcional ao quadrado do campo elétrico, temos a relação

$$I = I_0 \cos^2 \theta,$$

onde I_0 é a intensidade da onda incidente e I o da onda transmitida. Esse resultado é conhecido como *lei de Malus*. Quando $\theta = 0$ ou π, a intensidade da luz transmitida é máxima; quando $\theta = \pi/2$ ou $3\pi/2$, ela é nula. Portanto, quando o analisador é girado, a intensidade da onda transmitida flutua entre 0 e I_0. Isso nos proporciona, por exemplo, um meio de determinar se uma onda, tal como a luz, é polarizada ou não. Para ondas não polarizadas, ou circularmente polarizadas, nenhuma flutuação na intensidade é observada. Para ondas polarizadas elipticamente, a onda transmitida flutua entre um valor máximo e um mínimo. Esses dois extremos são obtidos quando o analisador é paralelo ou ao eixo maior ou ao eixo menor da elipse. O grau de polarização da onda incidente é então dado pela expressão

$$P = \frac{I_{max} - I_{min}}{I_{max} + I_{min}}.$$

Observe que $P = 1$ para ondas linearmente polarizadas e que $P = 0$ para ondas não polarizadas.

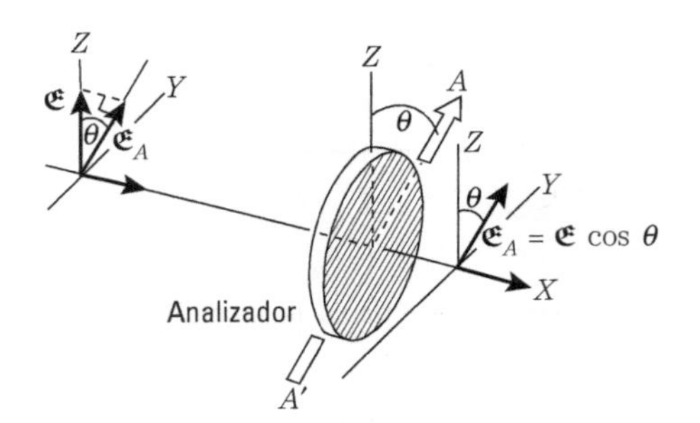

Figura 20.32 Variação na intensidade de uma luz linearmente polarizada com a variação na orientação do analisador.

■ **Exemplo 20.7** Discussão de *polarização cromática*. Quando uma luz branca linearmente polarizada incide sobre uma lâmina semelhante àquela considerada no Ex. 20.4 sendo analisada por meio de outro polarizador, observa-se luz colorida, dependendo a cor da orientação do analisador. O problema consiste em observar luz de diferentes comprimentos de onda e determinar a cor para cada orientação do analisador.

Solução: Vamos considerar o arranjo da Fig. 20.33. Supomos, por simplicidade, que a luz branca incidente é linearmente polarizada, com o campo elétrico fazendo um ângulo de 45° com o eixo óptico da lâmina. De acordo com os resultados do Ex. 20.4, a luz transmitida será linearmente polarizada segundo $\mathfrak{E}_1$ ou $\mathfrak{E}_2$, dependendo de ser o comprimento de onda tal que

$$(n_1 - n_2)d = \begin{cases} \text{inteiro par} \times \lambda/2 & (\text{polarização } \mathfrak{E}_1) \\ \text{inteiro ímpar} \times \lambda/2 & (\text{polarização } \mathfrak{E}_2) \end{cases}$$

Para todos os outros comprimentos de onda, a onda transmitida é elipticamente polarizada. Observando agora a luz transmitida através do analisador, verificamos que a luz é colorida em vez de ser branca, e que a cor muda quando o eixo AA' do analisador é girado. Isso acontece porque, de acordo com o Ex. 20.6, quando o eixo do analisador é paralelo a $\mathfrak{E}_1$, os comprimentos de onda correspondentes são transmitidos com intensidade máxima, enquanto aqueles correspondentes a $\mathfrak{E}_2$ são bloqueados. Invertendo-se as condições, quando o eixo do analisador é paralelo a $\mathfrak{E}_2$, a cor complementar aparece. Portanto, quando giramos o analisador, obtemos sombras variáveis, com cores complementares separadas por 90°.

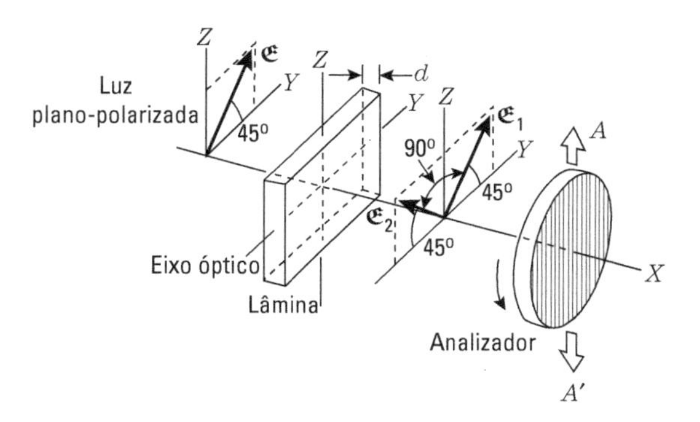

Figura 20.33 Lâmina de cristal colocada entre uma luz linearmente polarizada e o analisador. O fenômeno resultante é chamado *polarização cromática.*

Esse fenômeno tem sido aplicado para a análise de tensões em peças estruturais usadas em edifícios e máquinas, dando origem a um ramo da física aplicada chamado fotoelasticidade. Como mencionamos no fim da Seç. 20.8, quando um material plástico é submetido a tensões, torna-se birrefringente por causa da anisotropia resultante dos esforços. Portanto, se um modelo feito de plástico é submetido às mesmas tensões que a peça estrutural, comporta-se opticamente como uma lâmina birrefringente não homogênea. A não homogeneidade é devida à distribuição não uniforme dos esforços no plástico. Quando a peça sob tensão substitui a lâmina da Fig. 20.33, resulta uma figura tal como a Fig. 20.34, a partir da qual os esforços podem ser estimados pelo uso de técnicas especiais.

Figura 20.34 Birrefringência induzida em uma substância por tensões aplicadas sobre ela.

Fonte: Cortesia de Klinger Scientific Apparatus Company.

20.11 Atividade óptica

Outro fenômeno relacionado com o caráter transversal das ondas eletromagnéticas é a rotação do plano de polarização, propriedade que é chamada *atividade óptica* quando é observada na região visível do espectro eletromagnético ou em suas vizinhanças. Se um feixe de luz linearmente polarizada atravessa uma substância opticamente ativa (Fig. 20.35), a onda transmitida é também linearmente polarizada, mas em um outro plano, o qual faz um ângulo θ com o plano de polarização da onda incidente. O valor de θ é proporcional ao comprimento l que o feixe atravessa na substância e depende também da natureza da substância. Do ponto de vista de um observador que recebe a luz transmitida, as substâncias são chamadas *dextrorrotatória* e *levorrotatória*, dependendo de, para o observador, a rotação do plano de polarização ser no sentido horário (à direita) ou no sentido anti-horário (à esquerda) (*dextro*: direita; *levo*: esquerda).

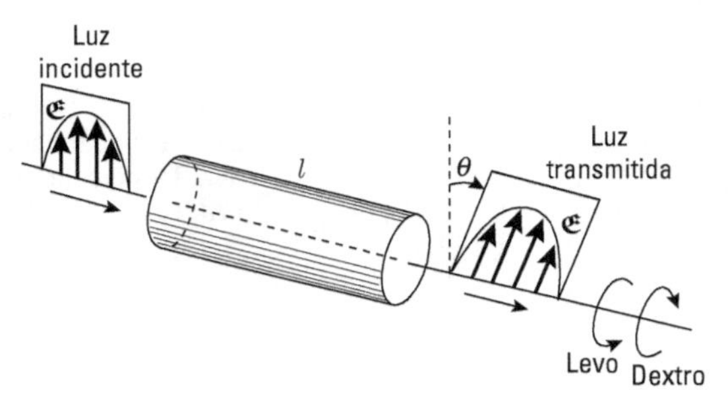

Figura 20.35 Rotação do plano de polarização por uma substância opticamente ativa.

Certas substâncias apresentam atividade óptica somente no estado sólido. Muitos cristais inorgânicos, especialmente o quartzo, e alguns cristais orgânicos, tais como o benzil, são desse tipo. Essas substâncias perdem sua atividade óptica na vaporização, solução ou fusão. Isso demonstra o fato de que a atividade óptica dessas substâncias depende de arranjos especiais dos átomos e moléculas no cristal, arranjos esses que desaparecem quando as moléculas se orientam ao acaso no estado líquido ou gasoso. Outras substâncias, tais como a terebintina, o açúcar, a cânfora e o ácido tartárico, permanecem opticamente ativas em qualquer estado físico e também em soluções. Nessas substâncias, a atividade óptica está associada com as moléculas individuais e não com seu arranjo relativo.

A atividade óptica é o resultado de certa torção das órbitas dos elétrons nas moléculas ou cristais sob a ação de um campo eletromagnético oscilatório. Quando discutíamos a polarização da matéria (Seç. 16.5), fizemos a hipótese de que os elétrons oscilavam em trajetória retilínea paralela ao campo elétrico nas substâncias isotrópicas, e fazendo certo ângulo com o campo nas substâncias anisotrópicas (Seç. 20.8). Em certas moléculas e cristais, contudo, o elétron descreve uma trajetória deformada que, por simplicidade, supomos ser uma hélice (Fig. 20.36). Admitimos que a molécula (ou cristal) está orientada de maneira tal que as trajetórias helicoidais dos elétrons são as indicadas na Fig. 20.36, isto é, com o eixo da hélice perpendicular à direção de propagação e paralelo ou ao campo elétrico ou ao campo magnético da onda incidente.

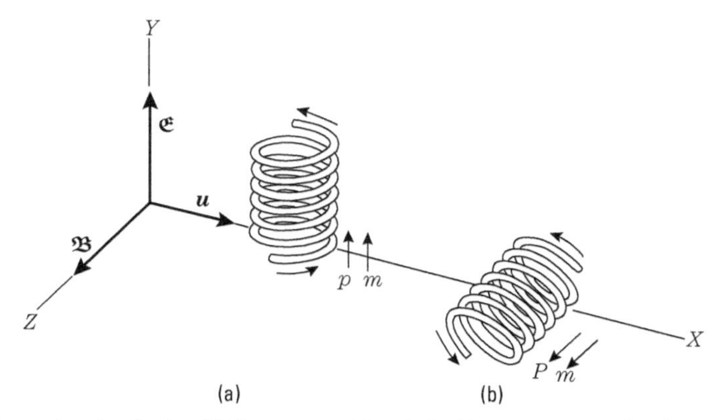

Figura 20.36 Momentos de dipolo elétrico e magnético induzidos por uma onda eletromagnética em uma molécula helicoidal.

Vamos considerar o primeiro caso, ou orientação (a). O campo elétrico oscilante da onda produz um movimento oscilatório de elétrons para cima e para baixo, ao longo da hélice, o que resulta em um momento oscilante efetivo $\boldsymbol{p}$ de dipolo elétrico paralelo ao eixo da hélice. Até aqui a situação é semelhante à da polarização comum. Mas, por causa da torção da trajetória eletrônica, a corrente eletrônica ao longo de cada volta da hélice é equivalente a um dipolo magnético de momento $\boldsymbol{m}$, também orientado segundo o eixo da hélice. Para a orientação (b), o campo magnético oscilante da onda produz um fluxo variável através de cada volta da hélice que, pela lei de Faraday-Henry, origina uma corrente eletrônica oscilante ao longo da hélice. Essa corrente novamente produz um momento magnético oscilante de momento $\boldsymbol{m}$ ao longo do eixo da hélice. Mas o movimento de vaivém do elétron produz, nas extremidades da molécula, cargas alternadamente positivas e negativas, o que resulta em um momento oscilante efetivo $\boldsymbol{p}$ de dipolo elétrico ao longo do eixo da hélice. Portanto, para ambas as orientações da molécula, são produzidos tanto um momento oscilante $\boldsymbol{p}$ de dipolo elétrico como um momento oscilante $\boldsymbol{m}$ de dipolo magnético, paralelos ao eixo molecular. Esses dipolos irradiam ondas eletromagnéticas espalhadas, de forma análoga à discutida na Seç. 19.9, onde somente o espalhamento de dipolo elétrico foi considerado porque o movimento do elétron foi tomado como sendo em uma linha reta.

Uma análise matemática detalhada da onda espalhada, que omitiremos aqui, mostra que, na direção de propagação da onda incidente, os campos $\mathfrak{E}'$ e $\mathfrak{B}'$ da onda espalhada estão em fase com os da onda incidente, mas oscilam em uma direção diferente, em virtude da diferença entre as orientações relativas dos campos $\mathfrak{E}$ e $\mathfrak{B}$ dos dipolos elétrico e magnético (Figs. 19.8 e 19.12). Um observador, na direção de propagação, recebe a onda incidente e a espalhada que, por estarem em fase, interferem, dando como resultado uma polarização linear (lembre-se da Seç. 12.9), mas em uma direção fazendo um ângulo θ com o plano original do vetor elétrico (Fig. 20.37). Portanto temos uma rotação do plano de polarização da onda. Para moléculas orientadas ao acaso, pode ser provado que o efeito é sempre no mesmo sentido, embora sua magnitude dependa da orientação molecular. Dessa maneira, a atividade óptica persiste em qualquer estado físico ou em solução. Em alguns cristais, contudo, o efeito depende do arranjo molecular, mas as moléculas individuais não têm uma simetria helicoidal e, portanto, o efeito desaparece quando o arranjo molecular é desfeito.

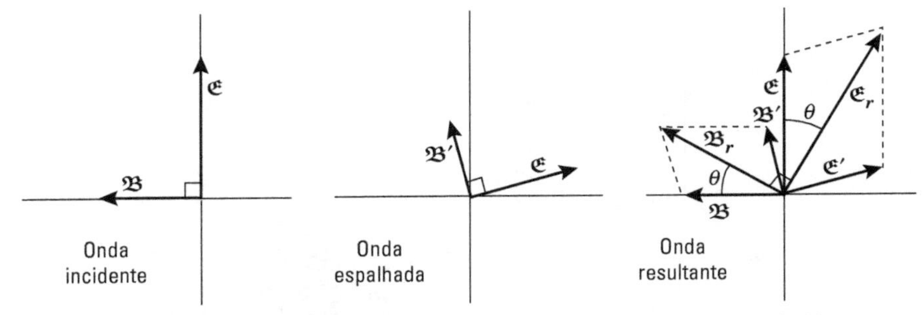

Figura 20.37 Campos elétricos e magnético resultantes devidos à superposição de ondas incidente e espalhada.

Você deve entender que existem dois tipos de hélices: de rosca direita e de rosca esquerda (Fig. 20.38). Uma é a imagem especular da outra, assim como a mão esquerda é a imagem especular da mão direita. Esse tipo de simetria é chamado *enantiomorfismo*. Algumas moléculas comportam-se como hélices de rosca direita e outras como hélices de rosca esquerda. Em um caso, a rotação do plano de polarização é em uma direção e, no outro, é na direção oposta. Isso explica a existência de substâncias dextro e levorrotatórias.

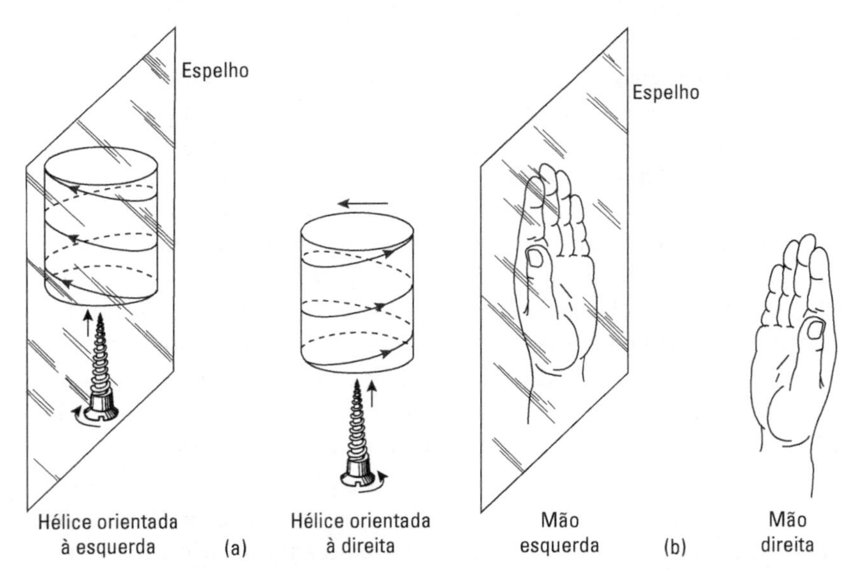

Figura 20.38 Simetria direita–esquerda. (a) A imagem especular de uma hélice orientada à direita ou parafuso é uma hélice orientada à esquerda. (b) A imagem especular de uma mão direita é uma mão esquerda.

Algumas substâncias contêm ambas as classes de moléculas, isto é, moléculas que são imagens especulares, umas das outras, sendo essa propriedade chamada de *estereoisomerismo*. Por exemplo, moléculas de ácido láctico (CH_3—COH_2—CO_2H) podem existir sob formas que são imagens especulares umas das outras, como está ilustrado na Fig. 20.39. Uma amostra de ácido láctico que contenha iguais quantidades de ambos os tipos de moléculas é opticamente inativa, mas, se existirem mais moléculas de um tipo do que de outro, resultará uma rotação.

No caso do quartzo (SiO_2), as moléculas são todas idênticas, mas sua configuração no cristal apresenta uma simetria do tipo à esquerda ou do tipo à direita, como é evidente, considerando-se a aparência dos dois tipos de cristal de quartzo mostrados na Fig. 20.40, sendo um levo e o outro dextro. Quando se funde o cristal, a configuração molecular é destruída e a atividade óptica desaparece.

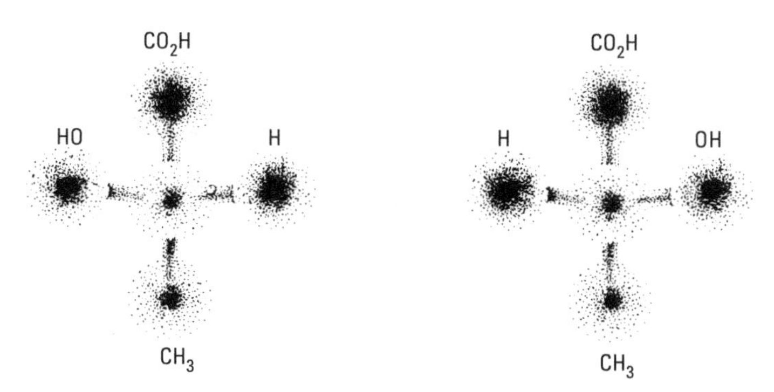

Figura 20.39 Formas especulares do ácido lático.

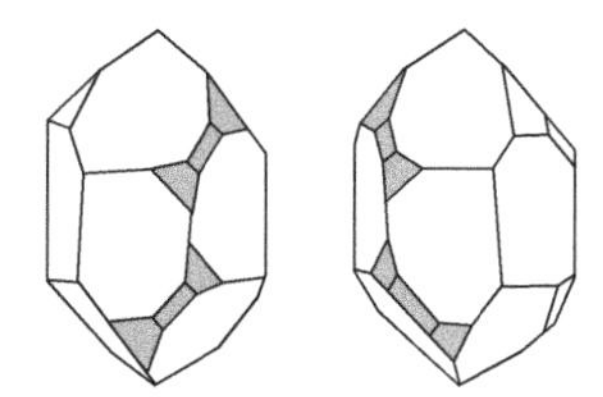

Figura 20.40 Formas especulares do cristal de quartzo.

Quando uma substância, cujas moléculas são opticamente ativas, tais como ácido láctico, levulose, dextrose etc., é dissolvida na água, a rotação do plano de polarização depende da concentração. Esse resultado é muito usado para determinar quantitativamente a quantidade de substância na solução, tal como a concentração de açúcar num xarope ou na urina.

Algumas substâncias tornam-se opticamente ativas quando, de alguma forma, algum tipo de simetria helicoidal é introduzido. Um método para se conseguir isso consiste em aplicar um campo magnético estático bastante intenso na direção de propagação. Isso é conhecido como o *efeito Faraday*.

20.12 Reflexão e refração em superfícies metálicas

No Cap. 14, vimos que, no interior de um condutor, o campo elétrico estático é nulo. A situação não é exatamente a mesma quando o campo elétrico é dependente do tempo. Contudo, mesmo quando o campo elétrico depende do tempo, uma onda eletromagnética é bastante atenuada quando se propaga em um condutor, tal como um metal ou um gás ionizado. Não apresentaremos aqui a teoria detalhada, mas indicaremos uma das mudanças fundamentais que ocorre nas equações que governam a propagação de uma onda eletromagnética em um condutor.

As equações (19.1) a (19.5) permanecem as mesmas, mas a Eq. (19.6) deve ser modificada para levar em conta as correntes induzidas no condutor pelo campo elétrico da onda. Da Eq. (16.49), vemos que a densidade de corrente é $\boldsymbol{j} = \sigma\boldsymbol{\mathfrak{E}}$. Quando essa corrente é incorporada à Eq. (19.6), uma manipulação trivial dá, para a equação do campo elétrico,

$$\frac{\partial^2 \mathfrak{E}}{\partial x^2} = \varepsilon\mu \frac{\partial^2 \mathfrak{E}}{\partial t^2} + \mu\sigma \frac{\partial \mathfrak{E}}{\partial t}, \tag{20.27}$$

em vez da equação de onda mais simples, (19.7). O novo termo $\mu\sigma\, \partial\mathfrak{E}/\partial t$, sendo uma derivada de primeira ordem em relação ao tempo, é semelhante ao termo de amortecimento $-\lambda dx/dt$ em um oscilador amortecido, discutido na Seç. 12.12. Portanto isso indica que a onda está sendo amortecida à medida que progride através do metal. Dessa forma, a onda, à medida que penetra no condutor, decresce rapidamente em intensidade. A solução da Eq. (20.27) pode ser expressa sob a forma

$$\mathfrak{E} = \mathfrak{E}_0 e^{-\alpha x} \operatorname{sen}(kx - \omega t), \tag{20.28}$$

onde a velocidade de propagação $v = \omega/k$ e o coeficiente de amortecimento α são dados por relações algébricas complicadas entre μ, ε e σ. Quando a frequência é pequena, de forma que ω^2 pode ser desprezado, e o material é um ótimo condutor, de forma que $\sigma \gg \varepsilon\omega$, você pode verificar, por substituição direta da Eq. (20.28) na Eq. (20.27), que

$$k = \alpha \approx \sqrt{\tfrac{1}{2}\mu\sigma\omega}. \tag{20.29}$$

A velocidade de propagação é então

$$v = \omega/k = \sqrt{2\omega/\mu\sigma}. \tag{20.30}$$

De qualquer forma, a exponencial na Eq. (20.28) indica que a onda é amortecida à medida que progride dentro de um meio condutor.

Essa situação explica dois fatos importantes a respeito de condutores. Um deles é a sua opacidade, que resulta da forte absorção das ondas, de forma que estas não são transmitidas através do condutor, a menos que este seja uma folha muito fina. Condutores são, portanto, excelentes para isolar uma determinada região das ondas eletromagnéticas. (Isso pode ser feito, por exemplo, circundando região com uma grade metálica.) O outro fato é a grande refletividade dos condutores, pois somente uma pequena fração da energia da onda incidente penetra no condutor e a maior parte da energia fica com a onda refletida. Essa alta refletividade é típica dos metais. Uma camada de gás ionizado pode também se comportar como um condutor, refletindo as ondas eletromagnéticas incidentes sobre ela. Esse princípio é usado, por exemplo, em radiocomunicação, para transmitir um sinal de rádio ao redor da Terra. O sinal é refletido de volta à Terra quando alcança uma camada altamente ionizada da atmosfera, chamada *ionosfera*, que está a cerca de 100 km acima da superfície terrestre. Dessa maneira, é possível a comunicação entre dois pontos A e B, o que não pode ser conseguido por propagação da onda em linha reta entre aqueles pontos (Fig. 20.41).

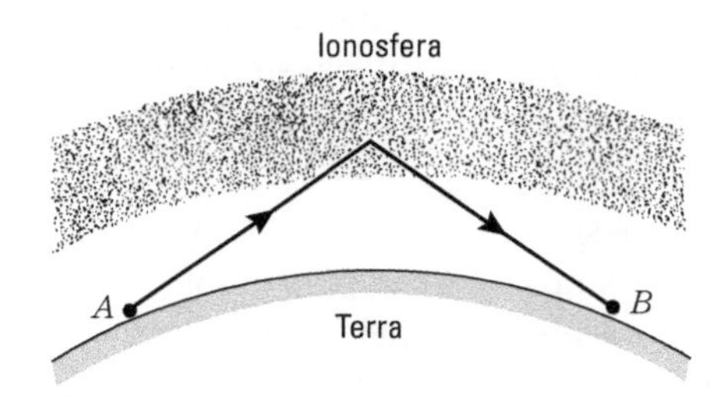

Figura 20.41 Reflexão de ondas de rádio pela ionosfera.

20.13 Propagação em um meio não homogêneo

Os fenômenos de reflexão e refração, descritos na seção anterior, correspondem à situação em que a onda passa de um meio homogêneo para outro. Contudo, em muitos casos, uma onda propaga-se em um meio cujas propriedades variam de ponto para ponto. Por exemplo, em um dia quente, as camadas mais baixas de ar são muito mais quentes do que as camadas mais altas, e ondas de som, assim como as de luz, sofrem uma refração contínua.

Vamos considerar a propagação de uma onda através de um meio estratificado (Fig. 20.42), isto é, um meio composto por diversas camadas nas quais a velocidade de propagação é diferente. Se uma onda alcançar a primeira superfície com um ângulo de incidência θ_1, as refrações sucessivas satisfarão as condições

$$n_1 \operatorname{sen} \theta_1 = n_2 \operatorname{sen} \theta_2$$

$$n_2 \operatorname{sen} \theta_2 = n_3 \operatorname{sen} \theta_3$$

$$\vdots \qquad \vdots$$

ou

$$n \operatorname{sen} \theta = \text{const.} \tag{20.31}$$

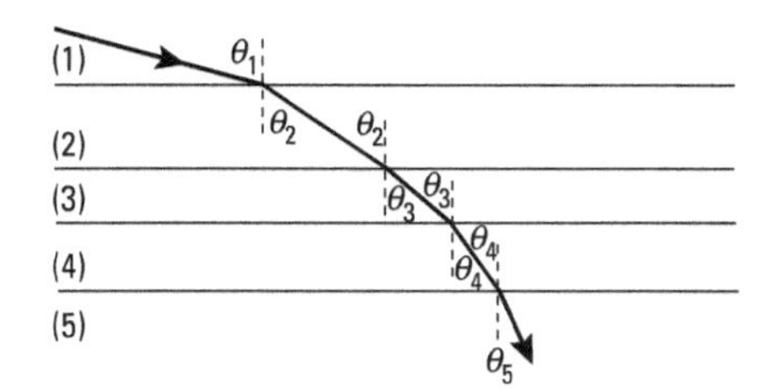

Figura 20.42 Trajetória de um raio em um meio estratificado.

Em seguida, vamos considerar um meio no qual o índice de refração depende de uma coordenada, digamos y. Podemos considerá-lo como um meio estratificado em que as sucessivas camadas são muito finas. Então a Eq. (20.31) ainda vale, e podemos escrever

$$n(y) \operatorname{sen} \theta = C, \tag{20.32}$$

onde C é uma constante. Essa expressão nos dá o ângulo θ em cada ponto da trajetória do raio e, a partir dela, podemos traçar o caminho do raio através do meio não homogêneo.

■ **Exemplo 20.8** Obter o raio de curvatura de um raio quando a onda se propaga em um meio com índice de refração variável.

Solução: Vamos considerar duas superfícies de onda, S e S' (Fig. 20.43), em dois instantes separados por um período. Então sua separação espacial, ao longo de qualquer raio, será de um comprimento de onda. Considere dois raios muito próximos R e R'. Como a velocidade de propagação varia de ponto para ponto, o comprimento de onda é também variável, porque $\lambda = v/\nu = c/\nu n$. Sejam λ e λ' os comprimentos de onda ao longo dos raios considerados. Então, da Fig. 20.43, vemos que $\rho\theta = \lambda$ e $(\rho + d\rho)\theta = \lambda'$. Então $\theta\, d\rho = \lambda' - \lambda = d\lambda$. Mas $\theta = \lambda/\rho$, de forma que

$$\frac{1}{\rho}=\frac{1}{\lambda}\frac{d\lambda}{d\rho}=\frac{d}{d\rho}(\ln\lambda)=-\frac{d}{d\rho}(\ln n), \tag{20.33}$$

pois $\ln \lambda = \ln c - \ln \nu - \ln n$, e tanto c como v são constantes. A Eq. (20.33) indica que a trajetória é curva, de maneira que sua concavidade está voltada para a direção em que o índice de refração aumenta.

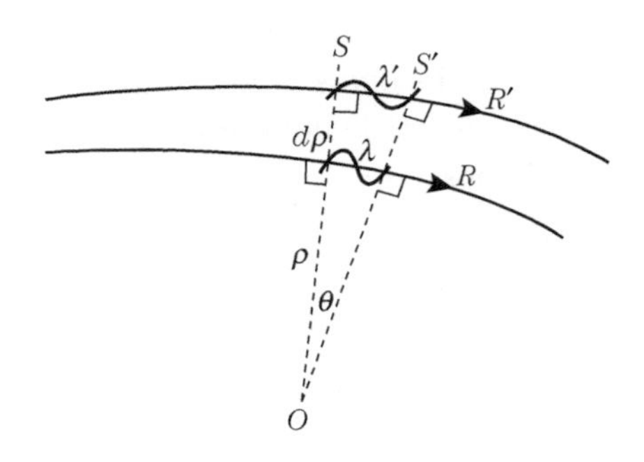

Figura 20.43 Curvatura de raios em um meio não homogêneo.

REFERÊNCIAS

FEYNMAN, R.; LEIGHTON, R.; SANDS, M. *The Feynman lectures on Physics*. v. I. Reading, Mass.: Addison-Wesley, 1963.

FRIEDMANN, G.; SANDHU, H. Phase change on reflection from isotropic dielectrics. *Am. J. Phys.*, v. 33, p. 135, 1965.

MAGIE, W. F. *Source book in Physics*. Cambridge, Mass.: Harvard University Press, 1963.

HOLTON, G.; ROLLER, D. H. D. *Foundations of modern physical science*. Reading, Mass.: Addison-Wesley, 1958.

MONK, G. *Light*: Principles and experiments. New York: Dover, 1963.

REITZ, J.; MILFORD, F. *Foundations of electromagnetic theory*. Reading, Mass.: Addison--Wesley, 1960.

ROSSI. B. *Optics*. Reading, Mass.: Addison-Wesley, 1957.

PROBLEMAS

20.1 A seguinte regra foi proposta para a construção do raio refratado (Fig. 20.44): No ponto de incidência, desenham-se dois círculos de raios 1 e n (usando unidades arbitrárias). Prolonga-se o raio incidente até que intercepte o círculo de raio 1. Passando por esse ponto, traça-se a perpendicular à superfície e determina-se sua interseção com o círculo de raio n. O raio refratado passa por esse ponto. (a) Justifique a regra. (b) Aplique-a para o caso em que n = 1,5 e o ângulo de incidência i é 60°. (c) Repita para n = 0,80 e um ângulo de incidência de 30° e outro de 60°. Verifique seus resultados, usando a lei de Snell.

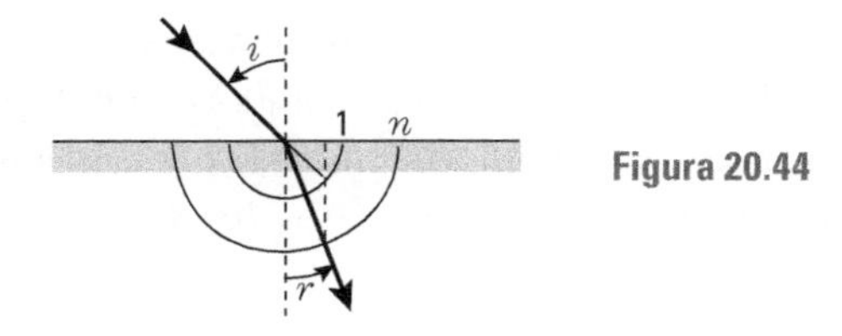

Figura 20.44

20.2 Um fio de cobre, de raio igual a 1 mm, é ligado a um fio de cobre de 0,8 mm de raio. Determine **T** e **R** na junção para ondas que se propagam ao longo do sistema, do primeiro para o segundo fio.

20.3 Fios de cobre e aço de mesmo raio são ligados formando um longo fio. Determine **T** e **R** na junção, para ondas que se propagam ao longo do fio. O raio dos fios é de 1 mm. Considerando que a onda incidente tem uma frequência de 10 Hz, que a amplitude é de 2 cm e que a tensão é de 50 N, escreva as equações para as ondas incidente, refletida e transmitida. (A densidade do cobre é de $8{,}89 \times 10^3\ \text{kg} \cdot \text{m}^{-3}$, e a do aço é de $7{,}80 \times 10^3\ \text{kg} \cdot \text{m}^{-3}$.)

20.4 Para as mesmas condições do Ex. 20.2, mostre que a soma das intensidades da onda refletida e da onda transmitida é igual à intensidade da onda incidente. Qual é o significado físico desse resultado?

20.5 Uma luz linearmente polarizada incide sobre uma lâmina de vidro ($n = 1{,}5$) com um ângulo de incidência de 45°. Determine os coeficientes de reflexão e de refração se o campo elétrico da onda incidente (a) está no plano de incidência, (b) é normal ao plano de incidência.

20.6 Uma onda eletromagnética plana incide perpendicularmente sobre uma superfície plana de separação entre um meio de índice n_1 e outro de índice n_2. Usando a Eq. (20.25), mostre que os coeficientes de reflexão e refração, nesse caso, são $\mathbf{R} = (n_1 - n_2)/(n_1 + n_2)$ e $\mathbf{T} = 2n_1/(n_1 + n_2)$. Observe que, nesse caso, não precisamos distinguir as componentes π e σ. Desenhe os campos elétrico e magnético nas ondas incidentes, refletida e refratada, quando $n_1 < n_2$, e quando $n_1 > n_2$.

20.7 (a) Uma luz incide perpendicularmente sobre uma lâmina de vidro ($n = 1{,}5$). Determine os coeficientes de reflexão e de transmissão. (b) Repita o cálculo para a luz passando do vidro para o ar. (c) Discuta, em cada caso, as mudanças de fase. [*Sugestão*: use os resultados do Prob. 20.6.]

20.8 Com referência às condições descritas no Prob. 20.6, calcule, usando a Eq. (19.16), as intensidades das ondas refletidas e refratada e mostre que sua soma é igual à intensidade da onda incidente. [*Sugestão*: observe que, na Eq. (19.16), devemos substituir c pela velocidade $v = c/n$ no meio, e que $\text{E} = \varepsilon\mathfrak{E}^2$. Também $n \approx \sqrt{\varepsilon_r}$.]

20.9 O índice de refração do vidro é 1,50. Calcule os ângulos de incidência e de refração quando a luz refletida na interface de vidro é completamente polarizada.

20.10 O ângulo crítico da luz em certa substância é de 45°. Qual é o ângulo de polarização?

20.11 (a) A que ângulo, acima da horizontal, deve estar o Sol, a fim de que sua luz, refletida pela superfície de um lago calmo, seja completamente polarizada? (b) Qual é o plano do vetor $\mathfrak{E}$ na luz refletida?

20.12 Uma onda plana de luz linearmente polarizada no ar incide sobre um meio de índice n fazendo um ângulo igual ao ângulo de polarização. O vetor elétrico da onda incidente está contido no plano de incidência; sua amplitude de oscilação é $\mathfrak{E}_0$. Calcule (a) a intensidade da onda incidente, (b) a amplitude $\mathfrak{E}'_0$ da onda refratada, e (c) a intensidade da onda refratada. Compare (a) com (c) e explique seu resultado.

20.13 Mostre que, para uma onda eletromagnética, $\mathbf{R}_\sigma$ é positivo se $n_{21} < 1$ e negativo se $n_{21} > 1$. Da mesma forma, mostre que $\mathbf{R}_\pi$ é negativo (positivo) para ângulos de incidência menor (maior) do que o ângulo de polarização quando $n_{21} < 1$, e positivo (negativo) quando $n_{21} > 1$.

20.14 Se uma onda plana é polarizada com seu campo elétrico fazendo um ângulo α_i com o plano de incidência, mostre que o ângulo que o campo elétrico faz com o mesmo plano nas ondas refratada e refletida é

$$\operatorname{tg} \alpha_r = \mathbf{T}_\alpha / \mathbf{T}_\pi \operatorname{tg} \alpha_i$$

e

$$\operatorname{tg} \alpha'_r = \mathbf{R}_\sigma / \mathbf{R}_\pi \operatorname{tg} \alpha_i$$

respectivamente.

20.15 Uma onda plana de luz linearmente polarizada no ar (n = 1) incide sobre uma superfície de água (n = 1,33). Determine as amplitudes e fases das ondas refratada e refletida, relativamente às da onda incidente, para os seguintes casos

Ângulo de incidência	Ângulo entre o plano de incidência e o plano do campo elétrico
20°	0°
20°	90°
75°	0°
75°	90°

20.16 Uma onda plana de luz linearmente polarizada, originando-se dentro da água (n = 1,33), refrata-se na superfície de separação entre a água e o ar (n = 1). Determine as amplitudes e as fases das ondas refratada e refletida em relação às da onda incidente, para os seguintes casos.

Ângulo de incidência	Ângulo entre o plano de incidência e o plano do campo elétrico
20°	0°
20°	90°
40°	0°
40°	90°

20.17 Um feixe de luz circularmente polarizada no ar (n = 1) incide sobre uma superfície de vidro (n = 1,52) fazendo um ângulo de 45°. Descreva, em detalhe, o estado de polarização do feixe refletido e do feixe refratado.

20.18 Uma lâmina de vidro (índice n_v) é coberta com um filme fino de plástico (índice n_c) (Fig. 20.45). Designando o índice do ar por n_a, mostre que, para incidência normal, os coeficientes de reflexão na interface entre o ar e a camada de plástico e entre esta e o vidro são iguais se $n_c = \sqrt{n_v n_a}$. Determine a razão entre os coeficientes de reflexão quando o ângulo de incidência é de 10° e n_v é 1,52.

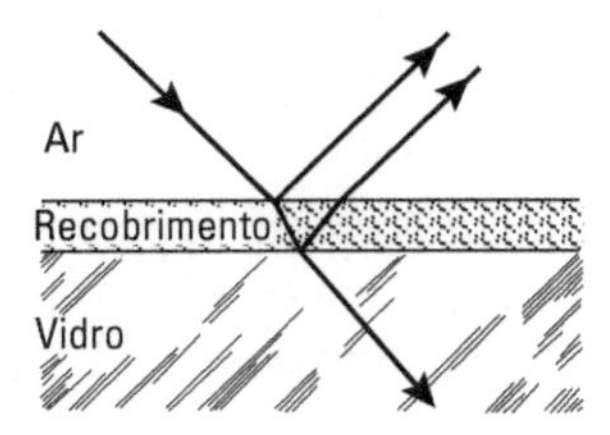

Figura 20.45

20.19 Considere dois meios transparentes, (1) e (2), separados por uma superfície plana (Fig. 20.46). Se **R** e **T** são os coeficientes de reflexão e refração para um raio incidente no meio (1), e **R′** e **T′** os mesmos coeficientes quando o raio é incidente no meio (2), mostre que **T′T** = 1 – $\mathbf{R}^2$ e **R** = – **R′**. Estas são as chamadas *relações de Stokes*. A segunda relação indica que os coeficientes de reflexão são de sinais opostos e, se para uma das reflexões não há mudança de fase, para a outra deve haver uma mudança de fase de π. [*Sugestão*: suponha os raios **R𝕰** e **T𝕰** invertidos em direção, como mostra a Fig. 20.46(c), e verifique que, nesse caso, o raio final no meio (1) deve ser **𝕰**, e que nenhum raio deve existir no meio (2).]

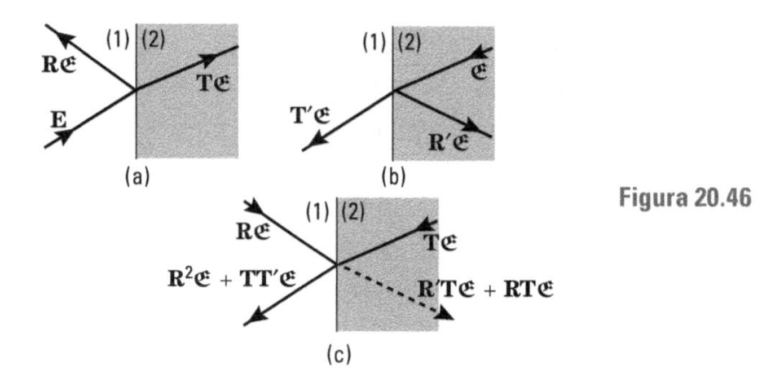

Figura 20.46

20.20 Um polarizador e um analisador estão orientados de forma tal que a máxima intensidade de luz é transmitida. Para que fração do valor máximo, a intensidade da luz transmitida é reduzida quando o analisador é girado de um ângulo (a) 30°, (b) 45°, (c) 60°, (d) 90°, (e) 120°, (f) 135°, (g) 150°, (h) 180°? Faça um gráfico de I/I_{max} para uma volta completa do analisador.

20.21 Um feixe paralelo de luz linearmente polarizada, de comprimento de onda 5,90 × × 10^{-7} m (no vácuo), incide sobre um cristal de calcita como na Fig. 20.26. Determine os comprimentos de onda das ondas ordinária e extraordinária no cristal. Determine também a frequência de cada raio.

20.22 Um feixe de luz plano-polarizada incide perpendicularmente sobre uma lâmina de calcita (com lados paralelos cortados paralelamente ao eixo óptico) com o vetor elétrico fazendo um ângulo de 60° com o eixo óptico. Determine a razão das amplitudes e as intensidades dos feixes ordinário e extraordinário.

20.23 Determine a espessura de uma lâmina de calcita necessária para produzir uma diferença de fase de (a) $\lambda/4$, (b) $\lambda/2$, (c) λ, entre os raios ordinário e extraordinário, para um comprimento de onda de 6 × 10^{-7} m.

20.24 Qual é o estado de polarização da luz transmitida por uma lâmina de *quarto de onda* quando o vetor elétrico da luz incidente, linearmente polarizada, faz um ângulo de 30° com o eixo óptico?

20.25 Um *compensador de Babinet* (Fig. 20.47) consiste em duas cunhas de quartzo que podem deslizar uma sobre a outra. As cunhas são cortadas de tal maneira que seus eixos ópticos são perpendiculares. Portanto o raio ordinário em uma delas é o raio extraordinário na outra. Mostre que, para qualquer raio, a diferença de fase é $\delta = (2\pi/\lambda)(n_1 - n_2)(e - e')$ onde $e = AB$ e $e' = BC$. Portanto, se uma cunha desliza sobre a outra, a diferença de fase pode ser variada continuamente.

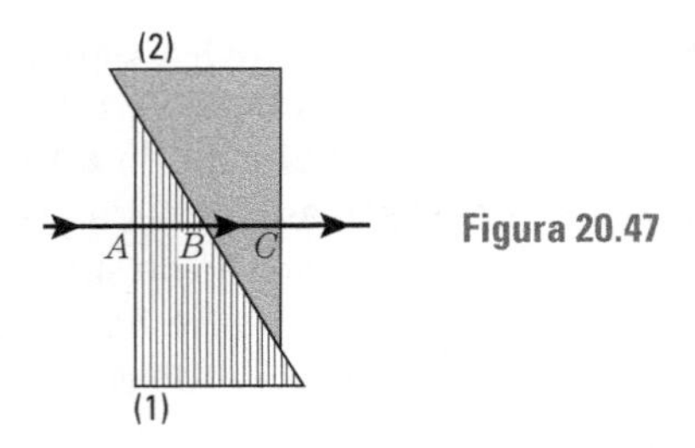

Figura 20.47

20.26 Em um compensador de Babinet, a largura de uma cunha é de 2 mm. Determine a largura que a outra deve ter de maneira a produzir uma diferença de fase de $2\pi/3$ em cada direção, quando se usa luz de comprimento de onda $5{,}7 \times 10^{-7}$ m.

20.27 Na Fig. 20.48, A e C são lâminas de Polaroid cujas direções de transmissão são as indicadas. B é uma lâmina de material duplamente refratante cujo eixo óptico é vertical. Todas as três lâminas são paralelas. Uma luz não polarizada entra a partir da esquerda. Discuta o estado de polarização da luz nos pontos (2), (3) e (4).

20.28 A Fig. 20.49 representa um *prisma de Wollaston* composto por dois prismas de quartzo justapostos e colados. O eixo óptico do prisma do lado direito é perpendicular à página, enquanto o do prisma do lado esquerdo é paralelo. A luz incidente é normal à superfície e dá origem aos raios ordinário e extraordinário que atravessam o prisma do lado esquerdo, segundo a mesma trajetória, mas com diferentes velocidades. Copie a Fig. 20.49 e mostre, no seu diagrama, como os raios ordinário e extraordinário são desviados ao atravessarem o prisma do lado direito e depois de penetrarem no ar.

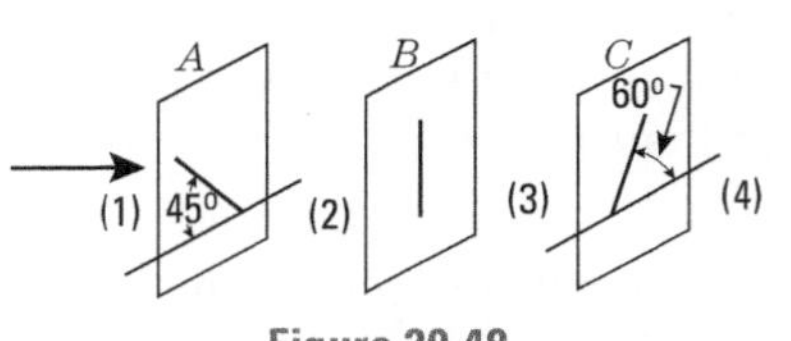

Figura 20.48

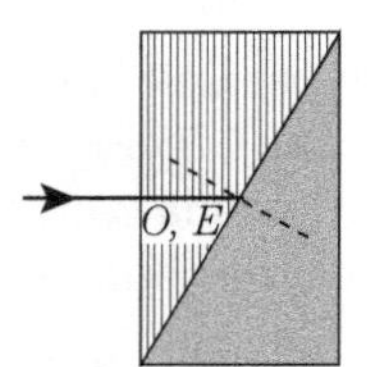

Figura 20.49

20.29 A onda descrita no Prob. 19.4 incide perpendicularmente sobre um polarizador, o qual é girado em seu plano até que a intensidade transmitida seja máxima. (a) Em que direção fica o eixo de transmissão do polarizador? (b) Em que direção fica o eixo de transmissão para transmissão mínima? (c) Calcule a razão das intensidades transmitidas para as posições encontradas em (a) e (b).

20.30 Um feixe de luz branca, linearmente polarizada, incide perpendicularmente sobre uma lâmina de quartzo cuja espessura é 0,865 mm e cujas faces são paralelas ao eixo óptico. O plano do campo elétrico faz um ângulo de 45° com o eixo de lâmina. Os índices principais de refração do quartzo para luz do sódio são dados na Tab. 20.2. Despreze a variação de $n_1 - n_2$ com o comprimento de onda. (a) Quais os comprimentos de onda de luz entre $6{,}0 \times 10^{-7}$ m e $7{,}0 \times 10^{-7}$ m que emergem da lâmina com ondas linearmente polarizadas? (b) Quais os comprimentos de onda das ondas que emergem circularmente polarizadas? (c) Suponha que o feixe emergente da lâmina atravessa um analisador cujo eixo de transmissão é perpendicular ao plano de vibração da luz incidente. Que comprimentos de onda estão faltando no feixe transmitido?

20.31 Um feixe de luz, depois de atravessar um *prisma de Nicol* N_1, atravessa uma célula contendo um meio espalhador. A célula é observada segundo um ângulo reto e através de outro prisma de Nicol, N_2. Originalmente, os prismas de Nicol são orientados até que o brilho do campo, visto pelo observador, seja máximo, (a) O prisma N_2 é girado 90°. Produz-se extinção? (b) O prisma N_1 é girado 90°. O campo através de N_2 é brilhante ou escuro? (c) O prisma N_2 é então recolocado na sua posição original. O campo através de N_2 é brilhante ou escuro?

20.32 Sabe-se, experimentalmente, que, para cada grama de açúcar dissolvido em 1 cm^3 de água, a rotação do plano de polarização de uma onda eletromagnética linearmente polarizada é de + 66,5° por cm de percurso. Um tubo de 30 cm de comprimento contém uma solução de açúcar com 15 g de açúcar por 100 cm^3 de solução. Determine o ângulo de rotação da luz polarizada.

20.33 Determine a quantidade de açúcar em um tubo cilíndrico de 30 cm de comprimento e 2 cm^2 de seção se o plano de polarização é girado de 39,7°. [*Sugestão*: veja o problema precedente.]

20.34 Avalie quão profundamente uma onda eletromagnética penetra no cobre quando sua amplitude decresce para $1/e$ de seu valor na superfície, se a frequência está (a) na região de micro-ondas, 6×10^9 Hz, (b) na região visível, 6×10^{14} Hz, (c) na região de raios X, 3×10^{18} Hz. Suponha que $\mu \approx \mu_0$.

20.35 O índice de refração do ar é $n = 1 + 0{,}00024\rho$, onde ρ é a densidade do ar (em kg · m^{-3}). Seja θ o ângulo zenital verdadeiro de uma estrela e $\theta - \Delta\theta$ o ângulo zenital aparente, com respeito a um observador que olha a estrela através da atmosfera (Fig. 20.50). (a) Escreva a equação que resulta $\Delta\theta$ em função do ângulo zenital θ, a densidade ρ, a pressão atmosférica p e a temperatura absoluta T. (b) Calcule $\Delta\theta$ no nível do mar para uma estrela com $\theta = 45°$, supondo uma temperatura T de 298 K(25 °C).

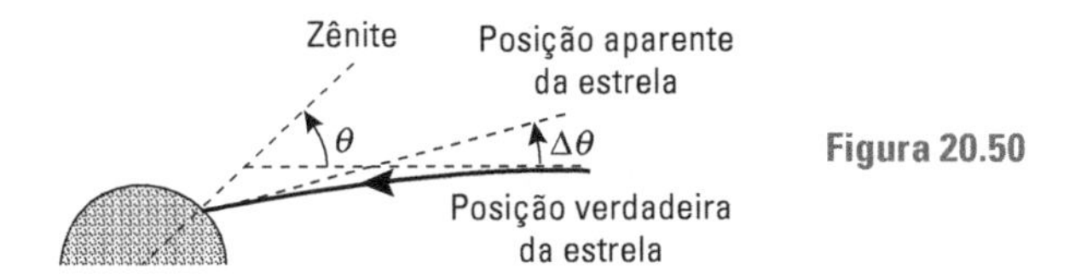

Figura 20.50

20.36 Um meio estratificado não homogêneo tem um índice de refração que varia na direção Y, isto é, $n(y)$. Mostre que a equação da trajetória do raio, satisfazendo a Eq. (20.32), é

$$x = x_0 + \int_{y_0}^{y} dy/\sqrt{n^2(y)/C^2 - 1}.$$

20.37 A trajetória de um raio em um meio não homogêneo é representada por $x = A$ sen (y/B). Calcule o índice de refração n no espaço entre os planos $x = A$ e $x = -A$, supondo que n dependa somente de x e que tenha o valor n_0 para $x = 0$.

20.38 O índice de refração de certo meio é dado por $n = h + kx$. Calcule a trajetória de um raio que passa pela origem dos eixos coordenados e que forma, nesse ponto, um ângulo ϕ_0 com o eixo X. Faça um gráfico da trajetória do raio, supondo que $h = 1$, $k = 1$ e $\phi_0 = 45°$.

21 Geometria ondulatória

21.1 Introdução

Nos capítulos anteriores, discutimos alguns fenômenos que ocorrem quando uma onda passa de um meio para outro no qual sua propagação é diferente. Analisamos não somente o que acontece à frente de onda, mas também introduzimos o conceito de raio, conceito esse muito importante para construções geométricas.

Neste capítulo, trataremos, mais elaboradamente, dos fenômenos de reflexão e refração sob o ponto de vista geométrico, usando o conceito de raio como um instrumento para descrever os processos que ocorrem nas superfícies de descontinuidade. Admitiremos também que tais processos são somente reflexões e refrações e que nenhuma outra mudança ocorre nas superfícies de onda. (A consideração da difração e do espalhamento será posposta até o Cap. 23.) Essa maneira de tratar o assunto é o que podemos chamar de *geometria ondulatória*, ou *traçado de raios*. Em particular, para ondas eletromagnéticas na região do visível e do quase visível, constitui a *óptica geométrica*, que é um ramo muito importante da física aplicada.

Esse tratamento geométrico é adequado desde que as superfícies, e também outras descontinuidades encontradas pela onda durante sua propagação, sejam muito grandes comparadas com o comprimento da onda. Desde que essa condição seja satisfeita, nosso tratamento aplica-se igualmente bem a ondas luminosas, ondas acústicas (especialmente ultrassônicas), ondas de terremoto etc. Contudo, em muitos de nossos exemplos consideraremos ondas de luz, pois estas são, talvez, as mais familiares e importantes sob esse ponto de vista e, por essa razão, podemos considerar este um capítulo sobre óptica geométrica.

Um exemplo característico do uso de raios é a imagem produzida por uma câmara de orifício (Fig. 21.1). Essa câmara consiste numa caixa com um orifício muito pequeno em um lado. Se um objeto AB emissor de ondas é colocado em frente a ela, os raios Bb e Aa formarão uma imagem ab no lado oposto. Essa imagem é bem definida quando o orifício é muito pequeno, de forma que somente frações pequenas das frentes de onda passam por ele, e, portanto, para cada ponto do objeto, existe um ponto correspondente da imagem. Se o orifício for muito grande, a imagem aparecerá borrada, porque, para cada ponto do objeto, existe uma mancha correspondente na imagem. Por outro lado, o orifício não deve ser tão pequeno de forma tal que seu raio seja comparável com o comprimento de onda, pois, então, começam a aparecer efeitos de difração, e a imagem ab aparecerá, também, borrada (como discutiremos no Cap. 23).

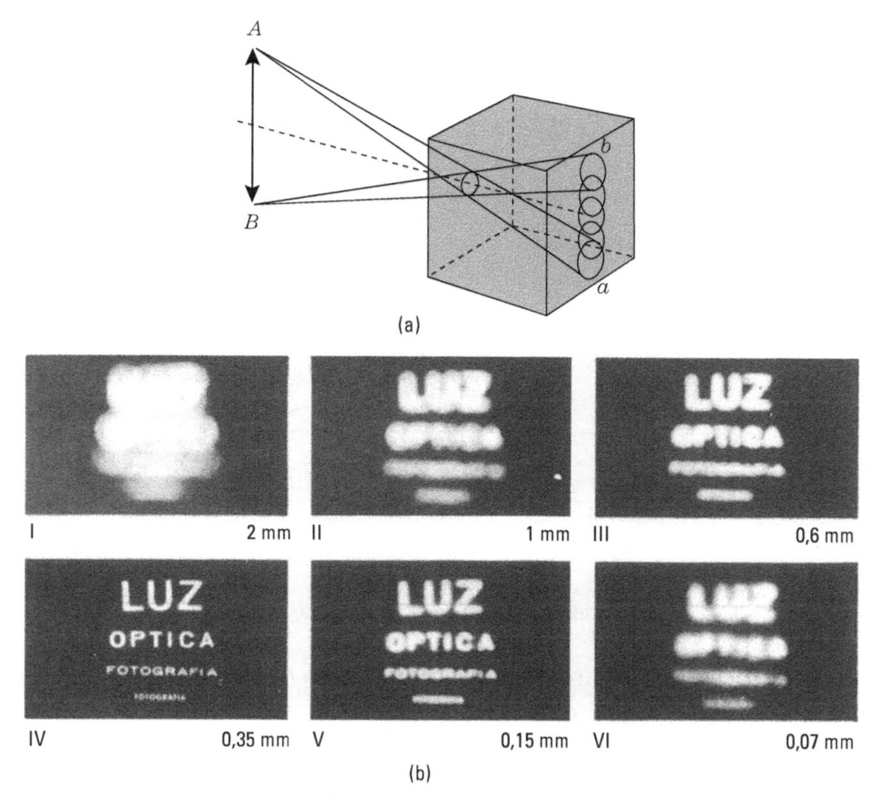

Figura 21.1 Formação de imagem por uma câmara de orifício. As linhas ilustram o caminho dos raios. A série de fotografias mostra a variação da nitidez da imagem, à medida que o diâmetro do orifício é diminuído. Note que existe um diâmetro ótimo para a nitidez da imagem.

Fonte: As fotos são cortesia do Dr. N. Joel, do Projeto-piloto Unesco para o ensino da física.

21.2 Reflexão em superfícies esféricas

Vamos começar considerando a reflexão de ondas em uma superfície esférica. Devemos primeiro estabelecer certas definições e convenções de sinal. O centro de curvatura C é o centro da superfície esférica (Fig. 21.2) e o vértice O é o polo da calota esférica. A linha que passa por O e C é chamada de *eixo principal*. Se tomarmos a origem do sistema de coordenadas em O, todas as quantidades medidas à direita de O serão positivas, e todas aquelas à esquerda serão negativas.

Suponhamos que o ponto P seja a fonte de ondas esféricas. O raio PA é refletido transformando-se no raio AQ e, como os ângulos de incidência e reflexão são iguais, a partir da figura temos que

$$\beta = \theta_i + \alpha_1 \qquad \text{e} \qquad \alpha_2 = \beta + \theta_i$$

resultando em

$$\alpha_1 + \alpha_2 = 2\beta. \tag{21.1}$$

Supondo que os ângulos α_1, α_2 e β sejam muito pequenos (isto é, os raios são paraxiais), podemos escrever, com boa aproximação,

$$\alpha_1 \approx \operatorname{tg} \alpha_1 = \frac{AB}{BP} \approx \frac{h}{p},$$

$$\alpha_2 \approx \operatorname{tg} \alpha_2 = \frac{AB}{BQ} \approx \frac{h}{q},$$

$$\beta \approx \operatorname{tg} \beta = \frac{AB}{BC} \approx \frac{h}{r}.$$

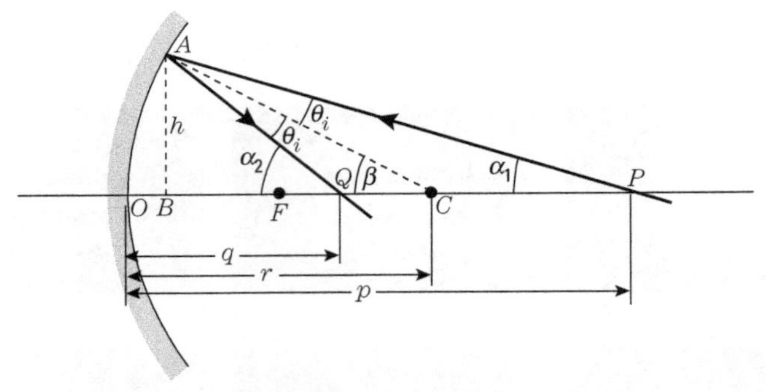

Figura 21.2 Caminho de um raio refletido em uma superfície esférica.

Substituindo na Eq. (21.1), e cancelando o fator comum h, obtemos

$$\frac{1}{p} + \frac{1}{q} = \frac{2}{r}, \tag{21.2}$$

que é a *fórmula de Descartes para reflexão em uma superfície esférica.* Isso implica que, dentro das aproximações usadas, todos os raios que passam por P passarão por Q depois de se refletirem na superfície. Dizemos então que *Q é a imagem de P.*

Para o caso especial em que o raio incidente é paralelo ao eixo principal, o que equivale a colocar o objeto a uma distância muito grande do espelho, temos $p = \infty$. Então a Eq. (21.2) fica $1/q = 2/r$ e a imagem se forma no ponto F a uma distância do espelho dada por $q = r/2$. O ponto F é chamado de *foco* do espelho esférico, e sua distância do espelho é chamada de *distância focal*, designada por f, de forma que $f = r/2$. Então a Eq. (21.2) pode ser escrita sob a forma

$$\frac{1}{p} + \frac{1}{q} = \frac{1}{f}. \tag{21.3}$$

Como f pode ser determinado experimentalmente observando-se o ponto de convergência de raios paralelos ao eixo principal, não é necessário conhecer o raio r a fim de aplicar a Eq. (21.3). Observe que, se $q = \infty$, então $p = f$, de forma que todos os raios incidentes que passam pelo foco F são refletidos paralelamente ao eixo principal.

Em virtude de nossa convenção de sinais, superfícies côncavas têm raio positivo, ao passo que superfícies convexas têm raio negativo. Portanto os sinais das distâncias focais correspondentes são positivos e negativos, respectivamente. A Fig. 21.3 mostra os chamados *raios principais* para superfícies côncavas e convexas. O raio 1 é um raio paralelo, o 2 é um raio focal e o 3 é um raio central, cuja incidência é normal ($\theta_i = 0$). Na Fig. 21.4, esses raios são usados para ilustrar a formação de uma imagem por uma superfície refletora esférica. O *objeto* é AB e a imagem é $a'b'$. Na Fig. 21.4 (a), a imagem é *real* (pois os raios refletidos realmente se cruzam) e, na Fig. 21.4 (b), ela é *virtual* (pois os prolongamentos dos raios se cruzam atrás do espelho). A Tab. 21.1 apresenta uma lista das convenções de sinal que são usadas neste texto.

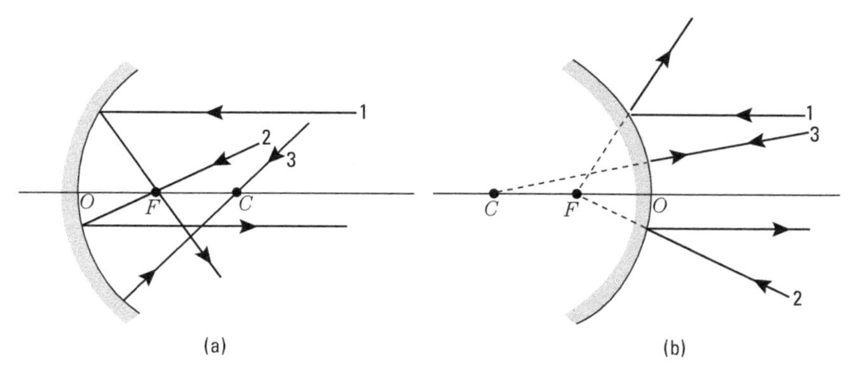

Figura 21.3 Raios principais em espelhos esféricos, (a) côncavo e (b) convexo.

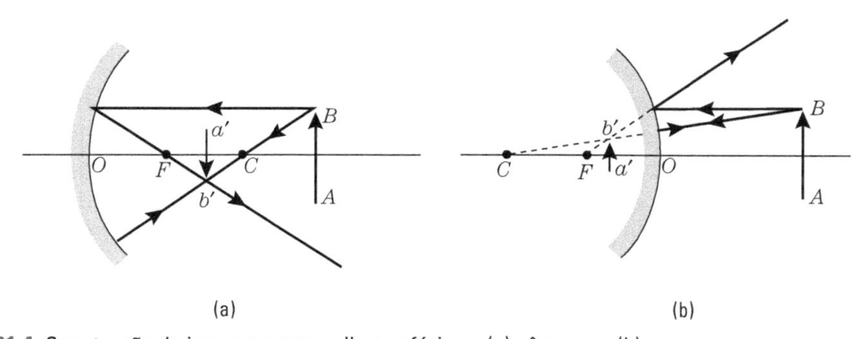

Figura 21.4 Construção da imagem em espelhos esféricos, (a) côncavo e (b) convexo.

Tabela 21.1 Convenção de sinais em espelhos esféricos

	+	–
Raios r	Côncavo	Convexo
Foco f	Convergente	Divergente
Objeto p	Real	Virtual
Imagem q	Real	Virtual

Quando a abertura de um espelho é grande, de forma a aceitar raios de grande inclinação, a Eq. (21.3) não mais é uma boa aproximação. Nesse caso, não existe uma imagem pontual bem definida correspondente a um objeto pontual, mas um infinito número delas; esta é a razão de a imagem de um objeto extenso aparecer borrada. A Fig. 21.5 mostra raios que se originam em um ponto P e que são refletidos pelo espelho. Vemos que os raios não interceptam o eixo no mesmo ponto, mas sobre um segmento QQ' ao longo do eixo, efeito esse chamado de *aberração esférica*. O ponto Q, que corresponde aos raios que fazem um ângulo bastante pequeno com o eixo, é determinado pela Eq. (21.3);

Q' corresponde aos raios que têm uma inclinação máxima. O lugar geométrico das interseções dos raios refletidos é uma superfície cônica, a qual é indicada pela linha cheia QS que é chamada de *cáustica de reflexão*.

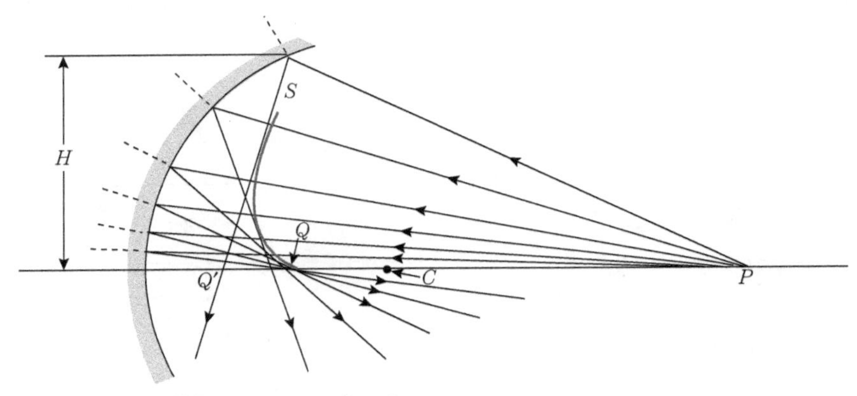

Figura 21.5 Aberração esférica em um espelho côncavo.

As aberrações esféricas não podem ser eliminadas, mas, por meio de um desenho conveniente da superfície, podem ser suprimidas para certas posições, chamadas *anastigmáticas*. Para um objeto pontual no centro de um espelho esférico, a imagem é exatamente um ponto (também no centro), e não há aberração esférica. Portanto o centro de um espelho esférico é uma posição *anastigmática*. As posições anastigmáticas podem ser modificadas mudando-se o formato da superfície. Por exemplo, em virtude das propriedades da parábola, um espelho parabólico não produz aberração para raios que são paralelos ao eixo principal; todos devem passar pelo foco da parábola. É por causa disso que espelhos parabólicos são usados em telescópios, não só para receber raios na região visível do espectro eletromagnético mas também para receber raios na região de radiofrequência, como em radiotelescópios (Fig. 21.6).

Figura 21.6 Radiotelescópio de reflexão em Parkes, New South Wales, Austrália. O refletor tem 64 m (ou 210 pés) de diâmetro. O refletor pode girar em torno da vertical podendo também variar seu ângulo zenital cobrindo, dessa forma, a maior parte da região visível do firmamento. O telescópio é desenhado para desempenho ótimo para a linha do hidrogênio de 21 cm de comprimento de onda, embora seja sensível também a comprimentos de onda de alguns centímetros. Sua localização, a 210 milhas de Sydney, foi escolhida de forma a minimizar as interferências elétricas.

Fonte: A foto é uma cortesia do Australian News and Information Bureau.

Um radiotelescópio consiste num espelho metálico parabólico formado por uma rede metálica. Uma antena de recepção do tipo dipolar é colocada no foco do espelho. Os sinais recebidos pela antena, correspondentes a ondas eletromagnéticas que se propagam na direção paralela ao eixo do espelho, são transmitidos ao laboratório para análise. Da mesma forma, um espelho elíptico é também anastigmático para um objeto colocado em um dos focos da elipse sendo a imagem formada exatamente no outro foco.

Existem outros defeitos, além da aberração esférica, que são observados nas imagens formadas por reflexão (ou refração) em superfícies esféricas. Contudo não os discutiremos aqui, pois pertencem a um campo muito mais especializado da óptica.

■ **Exemplo 21.1** Discutir a formação da imagem para um espelho cuja abertura é grande.

Solução: Quando um espelho esférico tem uma abertura grande e pode aceitar raios de grande inclinação, a aproximação feita para a obtenção da Eq. (21.2) não mais é válida, pois a substituição de α por tg α não é uma boa aproximação. Não é difícil obter outra expressão mais precisa do que a Eq. (21.2). Quando aplicamos a lei dos senos aos triângulos ACP e ACQ (Fig. 21.2), obtemos

$$\frac{CP}{AP}=\frac{\operatorname{sen}\theta_i}{\operatorname{sen}(\pi-\beta)},\qquad \frac{QC}{AQ}=\frac{\operatorname{sen}\theta_i}{\operatorname{sen}\beta}$$

Então, como sen $(\pi-\beta)$ = sen β, temos

$$\frac{CP}{AP}=\frac{QC}{AQ}\qquad\text{ou}\qquad\frac{p-r}{AP}=\frac{r-q}{AQ},$$

que pode ser escrita sob a forma

$$\left(\frac{1}{r}-\frac{1}{p}\right)\frac{p}{AP}=\left(\frac{1}{q}-\frac{1}{r}\right)\frac{q}{AQ}. \tag{21.4}$$

Se α_1 e α_2 são muito pequenos, podemos fazer a aproximação $p = AP$ e $q = AQ$, obtendo de novo a Eq. (21.2). Avançando um pouco mais, temos, do triângulo ACP,

$$\begin{aligned}AP^2 &= r^2+(p-r)^2+2r(p-r)\cos\beta\\ &= p^2-2r(p-r)(1-\cos\beta)\\ &= p^2-4r(p-r)\operatorname{sen}^2\tfrac{1}{2}\beta\\ &= p^2\left[1-4\frac{r^2}{p}\left(\frac{1}{r}-\frac{1}{p}\right)\operatorname{sen}^2\tfrac{1}{2}\beta\right]\\ &\approx p^2\left[1-\frac{h^2}{p}\left(\frac{1}{r}-\frac{1}{p}\right)\right],\end{aligned}$$

onde, na última linha, usamos a aproximação $\operatorname{sen}\frac{1}{2}\beta\approx\frac{1}{2}\beta\approx\dfrac{h}{2r}$. Então

$$\frac{p}{AP}=\left[1-\frac{h^2}{p}\left(\frac{1}{r}-\frac{1}{p}\right)\right]^{1/2}=1+\frac{h^2}{2p}\left(\frac{1}{r}-\frac{1}{p}\right), \tag{21.5}$$

onde foi feita a aproximação $(1-x)^{-1/2} = 1 + \frac{1}{2}x$, de acordo com a Eq. (M.28). Da mesma maneira, usando o triângulo AQC, temos

$$\frac{q}{AQ} = 1 + \frac{h^2}{2p}\left(\frac{1}{r} - \frac{1}{q}\right). \tag{21.6}$$

Substituindo, então, na Eq. (21.4), obtemos

$$\left(\frac{1}{r} - \frac{1}{p}\right)\left[1 + \frac{h^2}{2p}\left(\frac{1}{r} - \frac{1}{p}\right)\right] = \left(\frac{1}{q} - \frac{1}{r}\right)\left[1 + \frac{h^2}{2p}\left(\frac{1}{r} - \frac{1}{q}\right)\right]$$

Multiplicando e agrupando os termos, obtemos

$$\frac{1}{p} + \frac{1}{q} = \frac{2}{r} + \frac{h^2}{2}\left[\frac{1}{p}\left(\frac{1}{r} - \frac{1}{p}\right)^2 + \frac{1}{q}\left(\frac{1}{r} - \frac{1}{q}\right)^2\right].$$

Como o segundo termo do segundo membro é um termo de correção, podemos usar a Eq. (21.2) para eliminar q naquele termo. O resultado é

$$\frac{1}{p} + \frac{1}{q} = \frac{2}{r} + \frac{h^2}{r}\left(\frac{1}{r} - \frac{1}{p}\right)^2. \tag{21.7}$$

A distância h é determinada pela inclinação dos raios e, quanto maior h, menor q. Portanto todos os raios que se originam de um ponto P (Fig. 21.5) sobre o eixo principal não o interceptam no mesmo ponto, mas sobre um segmento QQ', como indicamos anteriormente. Obtemos o ponto Q usando a Eq. (21.2) ou fazendo $h = 0$ na Eq. (21.7). Obtemos Q' impondo $h = H$, onde H é o raio da base da superfície esférica.

■ **Exemplo 21.2** Obter uma expressão para o aumento produzido por um espelho esférico.

Solução: *O aumento* linear transversal M de um sistema óptico é definido como sendo o quociente entre as dimensões transversais da imagem e do objeto, isto é, $M = ab/AB$. O aumento pode ser positivo ou negativo, dependendo de a imagem ser direta ou invertida em relação ao objeto. Da Fig. 21.7, vemos que

$$\operatorname{tg} \theta_i = \frac{AB}{OA} = \frac{AB}{p},$$

$$\operatorname{tg} \theta_r' = -\frac{ab}{Oa} = -\frac{ab}{q},$$

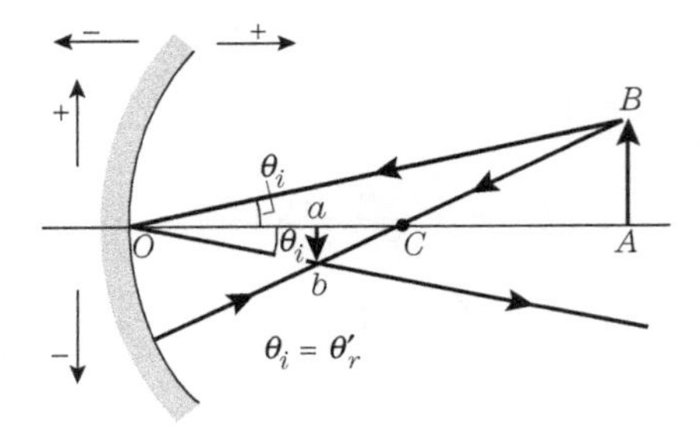

Figura 21.7 Cálculo do aumento de um espelho esférico.

onde o sinal menos é devido ao fato de ab ser negativo, pois a imagem é invertida. Então, considerando que $\theta_i = \theta'_r$, temos que

$$M = -q/p. \tag{21.8}$$

■ **Exemplo 21.3** Um espelho côncavo tem um raio de 0,600 m. Um objeto é colocado a 1,000 m desse espelho. Determinar as imagens mais próxima e mais afastada do espelho, supondo que sua abertura seja de 20°.

Solução: Neste caso, temos $r = +0{,}600$ m e $p = +1{,}000$ m. Portanto, para raios paraxiais, temos, usando a Eq. (21.2), que

$$\frac{1}{1{,}000} + \frac{1}{q} = \frac{2}{0{,}600} \qquad \text{ou} \qquad q = +0{,}429 \text{ m}.$$

Os raios com máxima inclinação produzem uma imagem que se obtém usando a Eq. (21.7) com $h = r$ sen β e $\beta = \frac{1}{2}(20°) = 10°$. Daí $h = 0{,}600$ sen $10° = 0{,}104$ m e $h^2 = 0{,}011$. Então

$$\frac{1}{1{,}000} + \frac{1}{q} = \frac{2}{0{,}600} + \frac{0{,}011}{0{,}600}\left(\frac{1}{0{,}600} - \frac{1}{1{,}000}\right)^2$$

ou $q = +0{,}427$ m. Portanto a imagem ocupa um pequeno segmento, de comprimento acerca de 0,002 m = 2 mm, ao longo do eixo principal.

21.3 Refração em superfícies esféricas

Consideraremos agora a refração em uma superfície esférica, separando dois meios cujos índices absolutos de refração são n_1 e n_2 (Fig. 21.8). Os elementos geométricos fundamentais são os mesmos definidos na seção anterior. Um raio incidente tal como PA é refratado segundo AD o qual, quando prolongado para trás, em direção ao primeiro meio, intercepta o eixo principal em Q. A partir da figura, observamos que $\beta = \theta_i + \alpha_1$ e $\beta = \theta_r + \alpha_2$. Da lei de Snell, temos n_1 sen $\theta_i = n_2$ sen θ_r. Supomos, como na seção anterior, que os raios tenham uma inclinação muito pequena. Portanto os ângulos θ_i, θ_r, α_1, α_2, e β são todos muito pequenos e podemos escrever sen $\theta_i \approx \theta_i$ e sen $\theta_r \approx \theta_r$, de forma que a lei de Snell se torna $n_1\theta_i = n_2\theta_r$ ou

$$n_1(\beta - \alpha_1) = n_2(\beta - \alpha_2). \tag{21.9}$$

A partir da Fig. 21.8, podemos determinar que, como no caso da reflexão,

$$\alpha_1 \approx \frac{h}{p}, \qquad \alpha_2 \approx \frac{h}{q}, \qquad \beta \approx \frac{h}{r},$$

de forma que, quando substituímos esses valores na Eq. (21.9), cancelando fatores comuns e rearranjando os termos, obtemos

$$\frac{n_1}{p} - \frac{n_2}{q} = \frac{n_1 - n_2}{r}. \tag{21.10}$$

que é a *fórmula de Descartes para refração em uma superfície esférica.*

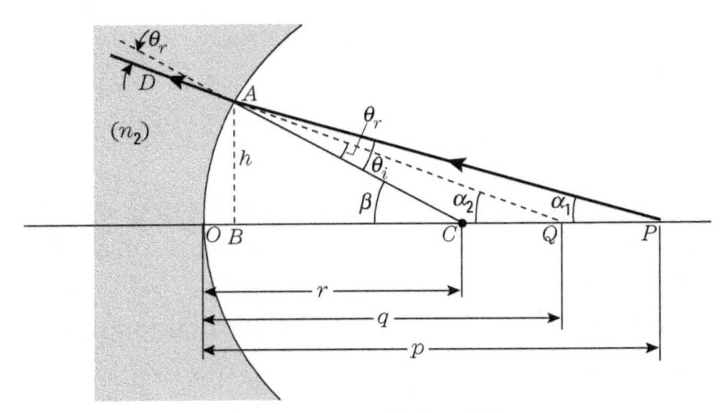

Figura 21.8 Caminho de um raio refratado em uma superfície esférica.

O *foco objeto* F_o, também chamado o *primeiro ponto focal* da superfície esférica refratante, é a posição de um ponto objeto sobre o eixo principal tal que os raios refratados são paralelos ao eixo principal, o que significa ter a imagem do ponto no infinito, ou $q = \infty$. A distância entre o objeto e a superfície esférica é chamada de *distância focal objeto*, designada por f_o. Fazendo $p = f_o$ e $q = \infty$ na Eq. (21.10), temos $n_1/f_o = (n_1 - n_2)/r$, ou

$$f_o = \frac{n_1}{n_1 - n_2} r. \tag{21.11}$$

Da mesma forma, quando os raios incidentes são paralelos ao eixo principal, o que é equivalente a ter o objeto a uma distância muito grande em relação à superfície esférica ($p = \infty$), os raios refratados passam pelo ponto $\boldsymbol{F}_i$ sobre o eixo principal chamado de *foco imagem* ou *segundo ponto focal*. Nesse caso, a distância entre a imagem e a superfície esférica é chamada de *distância focal imagem*, designada por f_i. Fazendo $p = \infty$ e $q = f_i$ na Eq. (21.10), temos $-n_2/f_i = (n_1 - n_2)/r$, ou

$$f_i = -\frac{n_2}{n_1 - n_2} r. \tag{21.12}$$

Observe que $f_o + f_i = r$. Combinando as Eqs. (21.10) e (21.11), ou (21.12), podemos escrever

$$\frac{n_1}{p} - \frac{n_2}{q} = \frac{n_1}{f_o} \quad \left(\text{ou} - \frac{n_2}{f_i}\right),$$

que é uma expressão útil. A Fig. 21.9 mostra a construção dos raios principais para o caso em que $r > 0$ e $n_1 > n_2$. A construção da imagem de um objeto nas mesmas condições é mostrada pela Fig. 21.10. Você pode construir figuras semelhantes para os casos restantes, isto é, $r > 0$ e $n_1 < n_2$, $r < 0$ e $n_1 \gtreqless n_2$. Quando f_o é positivo o sistema é chamado *convergente* e, quando f_o é negativo, chama-se *divergente*. A Tab. 21.2 apresenta uma lista das convenções usadas neste texto.

Tabela 21.2 Convenção de sinais para superfícies refratoras esféricas

	+	–
Raios r	Côncavo	Convexo
Foco f_o	Convergente	Divergente
Objeto p	Real	Virtual
Imagem q	Virtual	Real

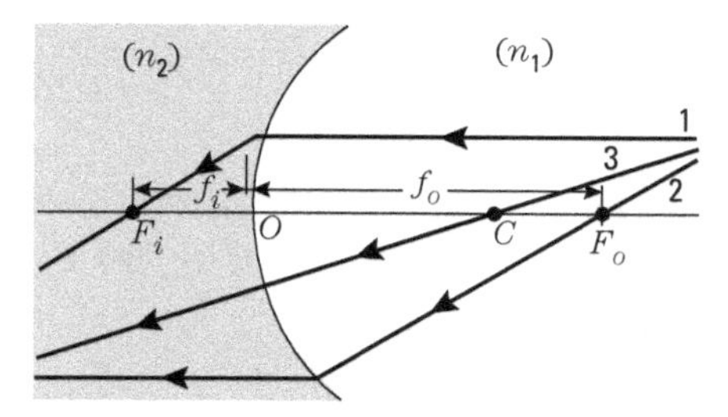

Figura 21.9 Raios principais em uma superfície refratora esférica.

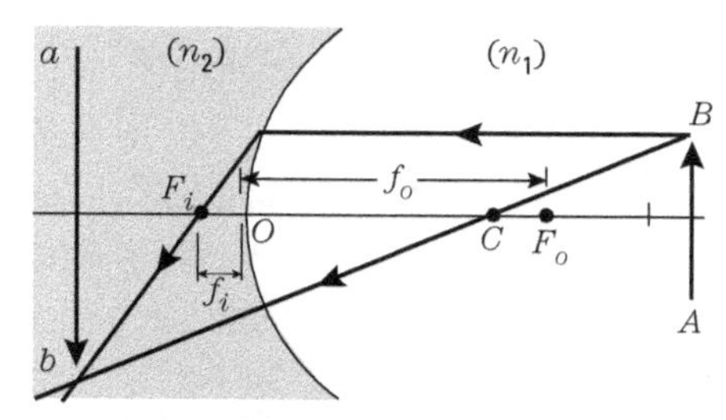

Figura 21.10 Formação de imagem por refração em uma superfície esférica.

A Eq. (21.10) também indica que, para cada ponto-objeto, existe um único ponto-imagem. Isso é aceitável somente quando a superfície esférica é de pequena abertura, admitindo somente raios de inclinação muito pequena, de forma que nossas aproximações são válidas. Para superfícies refratoras esféricas de grande abertura, a situação é semelhante àquela encontrada na Fig. 21.5 para espelhos esféricos, resultando no mesmo fenômeno da aberração esférica discutido anteriormente para espelhos esféricos.

■ **Exemplo 21.4** Discutir a formação de uma imagem por uma superfície refratora esférica de grande abertura.

Solução: Neste caso, o procedimento é muito semelhante ao do Ex. 21.1 para um espelho. Dos triângulos ACP e ACQ (Fig. 21.8), obtemos

$$\frac{CP}{AP} = \frac{\text{sen}\,\theta_i}{\text{sen}(\pi - \beta)}, \qquad \frac{CQ}{AQ} = \frac{\text{sen}\,\theta_r}{\text{sen}(\pi - \beta)}.$$

Resolvendo essas equações para sen θ_i e sen θ_r e substituindo seus valores na lei de Snell, n_i sen $\theta_i = n_2$ sen θ_r, obtemos

$$n_1 \frac{CP}{AP} = n_2 \frac{CQ}{AQ} \qquad \text{ou} \qquad n_1 \frac{p - r}{AP} = n_2 \frac{q - r}{AQ},$$

que também pode ser escrita sob a forma

$$n_1 \left(\frac{1}{r} - \frac{1}{p}\right) \frac{p}{AP} = n_2 \left(\frac{1}{r} - \frac{1}{q}\right) \frac{q}{AQ}, \tag{21.13}$$

que deve ser comparada com a Eq. (21.4). Se α_1 e α_2 são muito pequenos, podemos fazer a aproximação $p = AP$ e $q = AQ$, obtendo novamente a Eq. (21.10). Para ir um pouco além, usamos uma aproximação melhor que é dada pelas Eqs. (21.5) e (21.6). Então

$$n_1 \left(\frac{1}{r} - \frac{1}{p}\right) \left[1 + \frac{h^2}{2p}\left(\frac{1}{r} - \frac{1}{p}\right)\right] = n_2 \left(\frac{1}{r} - \frac{1}{q}\right) \left[1 + \frac{h^2}{2q}\left(\frac{1}{r} - \frac{1}{q}\right)\right].$$

Multiplicando e agrupando os termos, obtemos

$$\frac{n_1}{p} - \frac{n_2}{q} = \frac{n_1 - n_2}{r} + \frac{h^2}{2} \left[\frac{n_1}{p}\left(\frac{1}{r} - \frac{1}{p}\right)^2 - \frac{n_2}{q}\left(\frac{1}{r} - \frac{1}{q}\right)^2\right].$$

Usando a Eq. (21.10) para eliminar q no último termo corretivo, obtemos, finalmente,

$$\frac{n_1}{p} - \frac{n_2}{q} = \frac{n_1 - n_2}{r} + \frac{h^2}{2}\frac{n_1 - n_2}{n_2^2}\left[\frac{n_1^2}{r} - \frac{n_1(n_1 + n_2)}{p}\right]\left(\frac{1}{r} - \frac{1}{p}\right)^2. \quad (21.14)$$

Como no caso do espelho esférico, a posição da imagem depende do valor de h ou da inclinação do raio incidente. Portanto a imagem de um ponto não é mais outro ponto, mas um segmento no eixo principal.

■ **Exemplo 21.5** Obter uma expressão para o aumento produzido por uma superfície refratora esférica.

Solução: O problema é semelhante ao do Ex. 21.2. Considerando a Fig. 21.11, na qual AB é um objeto e ab é sua imagem (virtual), temos que $M = ab/AB$. Temos também

$$\text{tg}\,\theta_i = \frac{AB}{OA} = \frac{AB}{p}, \qquad \text{tg}\,\theta_r = \frac{ab}{Oa} = \frac{ab}{q},$$

e, portanto,

$$M = \frac{q\,\text{tg}\,\theta_r}{p\,\text{tg}\,\theta_i} \approx \frac{q\,\text{sen}\,\theta_r}{p\,\text{sen}\,\theta_i},$$

onde a última aproximação é válida sempre que os ângulos são pequenos, e podemos substituir as tangentes pelos senos. Então, usando a lei de Snell, n_1 sen $\theta_i = n_2$ sen θ_r, temos

$$M = \frac{n_1 q}{n_2 p}.$$

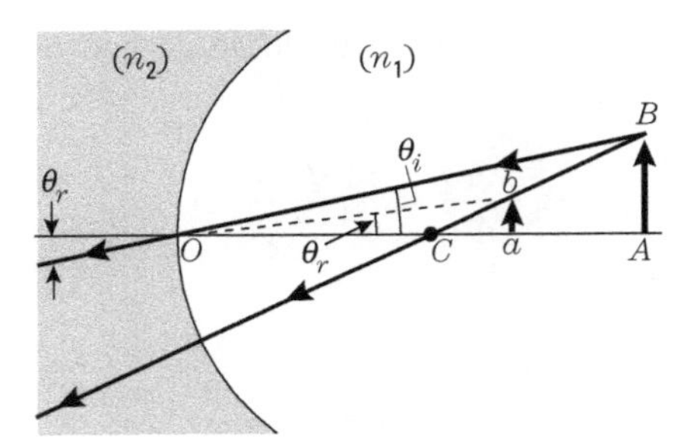

Figura 21.11 Aumento na refração.

■ **Exemplo 21.6** Uma superfície côncava com 0,50 m de raio separa um meio cujo índice de refração é 1,20 de outro cujo índice é 1,60. Um objeto é colocado no primeiro meio a 0,80 m da superfície. Determinar as distâncias focais, a posição da imagem e o aumento.

Solução: Neste caso, r = +0,50 m, n_1 = 1,20 e n_2 = 1,60. Portanto, usando as Eqs. (21.11) e (21.12), obtemos

$$f_o = \frac{n_1 r}{n_1 - n_2} = -1{,}50 \text{ m}, \qquad f_i = -\frac{n_2 r}{n_1 - n_2} = +2{,}00 \text{ m}.$$

O sistema é, portanto, divergente. Usando a Eq. (21.10), encontramos

$$\frac{1{,}20}{0{,}80} - \frac{1{,}60}{q} = \frac{1{,}20 - 1{,}60}{0{,}50} \qquad \text{ou} \qquad q = +0{,}60 \text{ m}.$$

O sinal positivo indica que a imagem é virtual. Para o aumento, usamos o resultado do Ex. 21.5,

$$M = \frac{1,20 \times 0,69}{1,60 \times 0,80} = 0,65.$$

Como M é positivo, a imagem é direta, isto é, está na mesma direção do objeto.

21.4 Lentes

Uma lente é um meio transparente limitado por duas superfícies curvas (geralmente esféricas), embora uma das faces da lente possa ser plana. Uma onda incidente sofre, portanto, duas refrações ao atravessá-la. Por simplicidade, vamos supor que o meio em ambos os lados da lente seja o mesmo e que o índice de refração seja um (por exemplo, o ar), ao passo que o índice de refração da lente é n. Devemos também considerar somente lentes delgadas, isto é, lentes cujas espessuras são muito pequenas quando comparadas com seus raios de curvatura.

O eixo principal é agora a linha determinada pelos dois centros C_1 e C_2 (Fig. 21.12). Considere o raio incidente PA que passa por P. Na primeira superfície, o raio incidente se refrata tornando-se AB. Se fosse prolongado, o raio AB passaria por Q', que é, portanto, a imagem de P produzida pela primeira superfície refratante. A distância q' entre Q' e O_1 é obtida aplicando-se a Eq. (21.10); isto é,

$$\frac{1}{p} - \frac{n}{q'} = \frac{1-n}{r_1}. \tag{21.15}$$

Em B, o raio sofre uma segunda refração, tornando-se BQ. Então dizemos que Q é a imagem final de P produzida pelo sistema de duas superfícies refratoras que constituem a lente. Agora, examinando a refração em B, o objeto (virtual) é Q' e a imagem é Q, a uma distância q' da lente. Portanto, aplicando de novo a Eq. (21.10), com p substituído por q', temos

$$\frac{n}{q'} - \frac{1}{q} = \frac{n-1}{r_2}. \tag{21.16}$$

Observe que a ordem dos índices de refração foi invertida, porque o raio caminha da lente para o ar. Na realidade, as distâncias que aparecem nas Eqs. (21.15) e (21.16) devem ser medidas a partir de O_1 e O_2, em cada caso, de forma que, na Eq. (21.16), devemos escrever $q' + t$ em vez de q', onde $t = O_2O_1$ *é* a espessura da lente. Mas, como a lente é muito fina, podemos desprezar t, o que é equivalente a medir todas as distâncias a partir de uma origem comum O. Combinando as Eqs. (21.15) e (21.16) para eliminar q', encontramos

$$\frac{1}{p} - \frac{1}{q} = (n-1)\left(\frac{1}{r_2} - \frac{1}{r_1}\right), \tag{21.17}$$

que é a *fórmula de Descartes para lentes delgadas.*

O ponto O, na Fig. 21.12, é escolhido de maneira que coincida com o *centro óptico* da lente. O centro óptico é definido como um ponto tal que qualquer raio que passe por ele emerge em uma direção paralela ao raio incidente. Para visualizar a existência desse ponto, considere, na lente da Fig. 21.13, dois raios de curvatura paralelos C_1A_1 e C_2A_2. Os planos tangentes correspondentes T_1 e T_2 são também paralelos. Para o raio R_1A_1, cuja direção é tal que o raio refratado é A_1A_2, o raio emergente A_2R_2 é paralelo a A_1R_1. Da semelhança dos triângulos C_1A_1O e C_2A_2O, vemos que o ponto O está em uma posição tal que

$$\frac{C_1O}{OC_2} = \frac{C_1A_1}{A_2C_2} = -\frac{r_1}{r_2},$$

e, portanto, sua posição é independente do raio particular escolhido. Portanto todos os raios incidentes cujas trajetórias internas passam pelo ponto O emergem sem desvio angular.

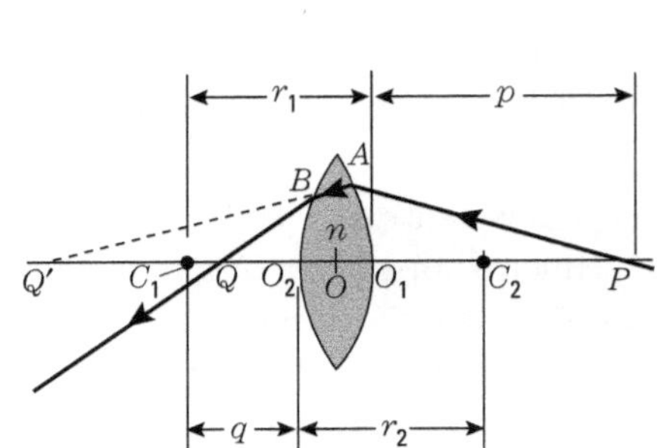

Figura 21.12 Caminho de um raio através de uma lente delgada.

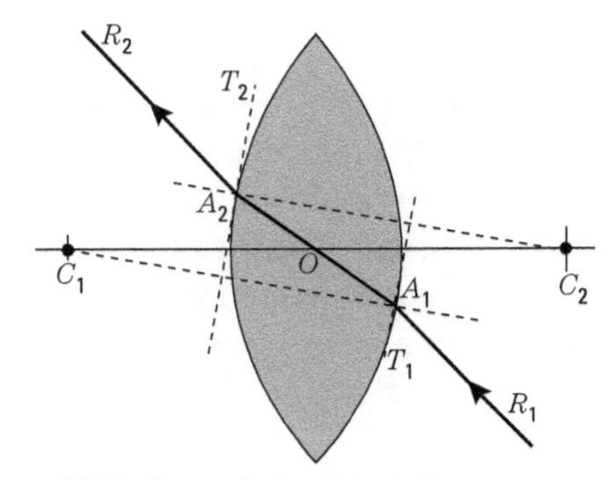

Figura 21.13 Centro óptico de uma lente.

Como no caso de uma só superfície refratora, o *foco objeto* F_o, ou primeiro ponto focal de uma lente é a posição do objeto para a qual os raios emergem paralelos ao eixo principal ($q = \infty$) depois de atravessar a lente. A distância entre F_o e a lente é chamada de *distância focal objeto*, designada por f. Então, fazendo $p = f$ e $q = \infty$ na Eq. (21.17), obtemos a distância focal objeto pela equação

$$\frac{1}{f} = (n-1)\left(\frac{1}{r_2} - \frac{1}{r_1}\right), \tag{21.18}$$

que, algumas vezes, é chamada a *equação dos fabricantes de lentes.* Combinando as Eqs. (21.17) e (21.18), temos

$$\frac{1}{p} - \frac{1}{q} = \frac{1}{f}. \tag{21.19}$$

Essa expressão nos é conveniente, pois, se determinamos f experimentalmente, podemos usar uma lente mesmo sem conhecer seu índice de refração e seus raios de curvatura.

Para um raio incidente paralelo ao eixo principal ($p = \infty$), o raio emergente passa por um ponto F_i, para o qual $q = -f$, chamado *foco imagem*, ou segundo ponto focal. Portanto, em uma lente delgada, os dois focos são localizados simetricamente em ambos os lados. Quando f é positivo, a lente é chamada *convergente* e, quando é negativo, *divergente.* As convenções de sinais são as mesmas que as dadas na Tab. 21.2 para uma superfície refratora esférica.

Com o fim de traçar raios, podemos representar uma lente delgada por um plano perpendicular ao eixo principal passando por O. A Fig. 21.14 mostra a construção dos raios principais para lentes convergentes e divergentes e, na Fig. 21.15, esses raios foram usados para a construção da imagem de um objeto nos dois casos.

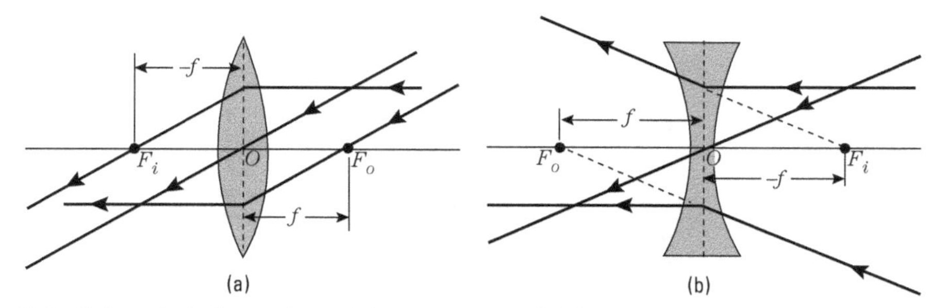

Figura 21.14 Raios principais para lentes (a) convergentes e (b) divergentes.

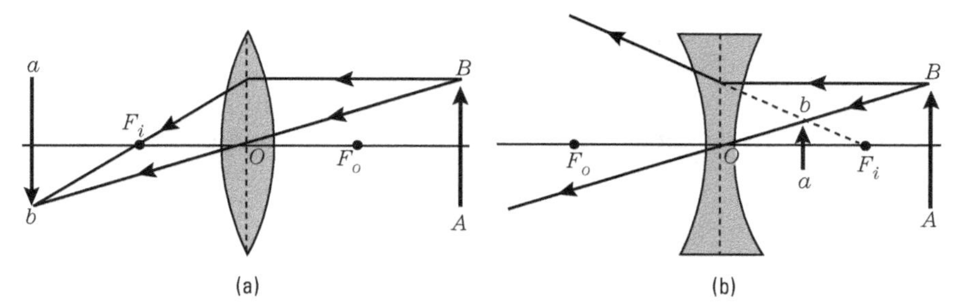

Figura 21.15 Formação de imagem em uma lente. (a) Convergente e (b) divergente.

Novamente a teoria que desenvolvemos é correta, desde que os raios tenham uma inclinação muito pequena de forma tal que a aberração esférica seja desprezível. Para lentes que possuem um diâmetro grande, a imagem de um ponto não é um ponto, mas um segmento de reta do eixo principal. Em particular, raios incidentes paralelos ao eixo principal interceptam-se em pontos diferentes, dependendo de suas distâncias ao eixo. A aberração esférica é medida então pela diferença $f' - f$ entre a distância focal para um raio marginal e para um raio axial (Fig. 21.16). Os raios refratados interceptam-se sobre uma superfície cônica chamada *cáustica de refração*.

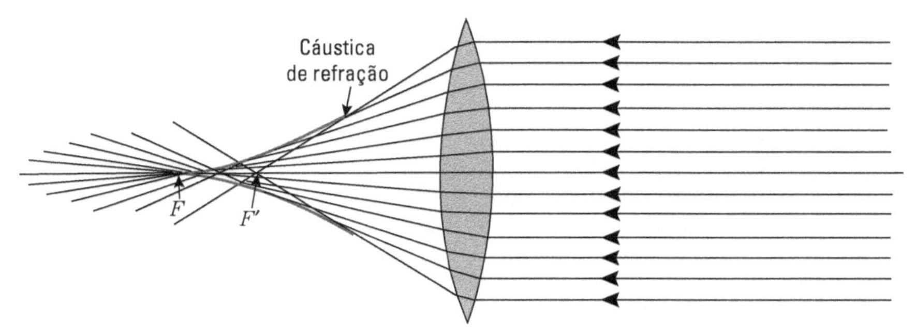

Figura 21.16 Aberração esférica de uma lente.

■ **Exemplo 21.7** Obter uma expressão para o aumento transversal produzido por uma lente.

Solução: Como anteriormente, o aumento transversal é definido como $M = ab/AB$. Mas, pela Fig. 21.17, se O é o centro óptico da lente, temos que tg $\alpha = AB/OA$, e tg $\alpha = ab/Oa$. Ambas as relações são algebricamente corretas isto é, em módulo e sinal. Portanto $ab/$ $/AB = Oa/OA$, ou

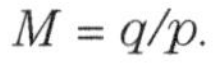

$$M = q/p.$$

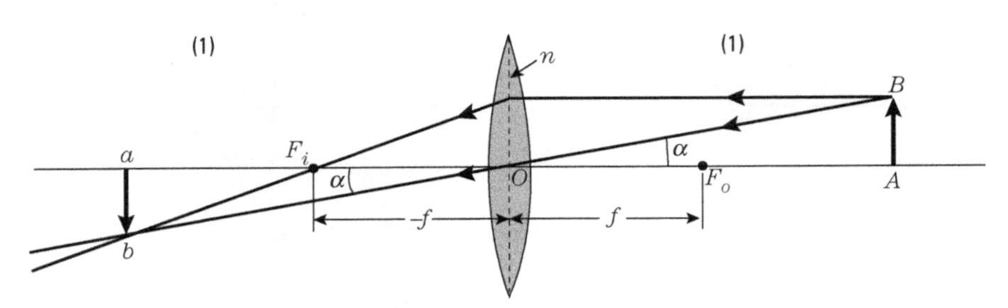

Figura 21.17 Aumento produzido por uma lente.

Essa relação poderia ter sido obtida usando o resultado do Ex. 21.5 para uma superfície refratora esférica, pois, voltando à Fig. 21.12, o aumento transversal produzido pela refração na primeira superfície é $M_1 = q'/np$, enquanto o aumento transversal produzido pela refração na segunda superfície é $M_2 = nq/q'$. Portanto o aumento transversal total é

$$M = M_1 M_2 = \frac{q'}{np} \times \frac{nq}{q} = \frac{q}{p}.$$

■ **Exemplo 21.8** Uma lente esférica tem duas superfícies convexas de raios 0,80 m e 1,20 m. Seu índice de refração é $n = 1{,}50$. Determinar sua distância focal e a posição da imagem de um ponto a 2,00 m da lente.

Solução: De acordo com as convenções de sinais da Tab. 21.2, como a primeira superfície é convexa e a segunda côncava, vistas do lado do objeto que é colocado à direita (veja a Fig. 21.12), devemos escrever $r_1 = O_1 C_1 = -0{,}80$ m, $r_2 = +1{,}20$ m. Portanto, usando a Eq. (21.18), temos

$$\frac{1}{f} = (1{,}50 - 1)\left(\frac{1}{1{,}20} - \frac{1}{-0{,}80}\right) \quad \text{ou} \quad f = +0{,}96 \text{ m}.$$

O fato de f ser positivo indica que essa é uma lente convergente. Para obter a posição da imagem, usamos a Eq. (21.19) com $p = 2{,}00$ m e o valor acima de f, o que nos dá

$$\frac{1}{2{,}00} - \frac{1}{q} = \frac{1}{0{,}96} \quad \text{ou} \quad q = -1{,}81 \text{ m}.$$

O sinal negativo de q indica que a imagem é real e, portanto, formada no lado esquerdo da lente. Finalmente, o aumento transversal é

$$M = q/p = -0{,}905.$$

Tendo em vista o sinal negativo, a imagem deve ser invertida e, como M é menor do que um, a imagem será ligeiramente menor do que o objeto.

■ **Exemplo 21.9** Determinar as posições dos focos de um sistema de duas lentes delgadas, separadas por uma distância t.

Solução: O sistema de lentes delgadas, ilustrado na Fig. 21.18, mostra, em (a), o caminho de um raio passando pelo ponto P. A imagem de P produzida pela primeira lente é Q'. Vamos chamar de p a distância do objeto em relação à primeira lente. Então a posição de Q' é determinada por

$$\frac{1}{p} - \frac{1}{q'} = \frac{1}{f_1}.$$

O ponto Q' atua como objeto com respeito à segunda lente, produzindo então uma imagem final em Q. Como a distância de Q' em relação à segunda lente é $q' + t$, temos que

$$\frac{1}{q'+t} - \frac{1}{q} = \frac{1}{f_2},$$

onde q é a distância da imagem final em relação à segunda lente. O conjunto de equações apresentado aqui nos permite obter a posição da imagem para qualquer posição do objeto.

O foco-objeto F_o (Fig. 21.18b) do sistema de lentes é a posição do objeto para a qual a imagem Q está no infinito ($q = \infty$). Designando a distância de F_o à primeira lente por $p(F_o)$, temos, da segunda relação, $q' = f_2 - t$, que, substituída na primeira relação, dá

$$p(F_o) = \frac{f_1(f_2 - t)}{f_1 + f_2 - t}.$$

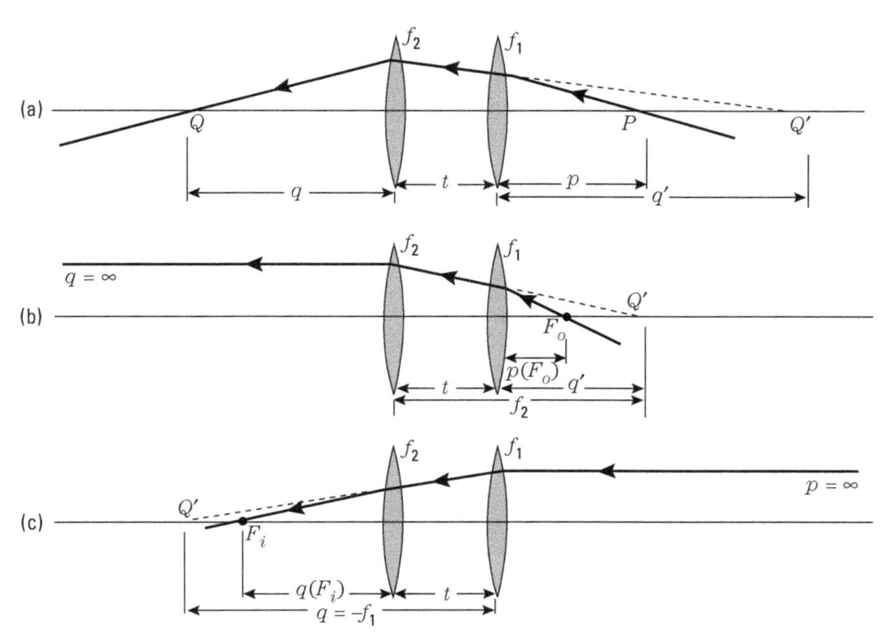

Figura 21.18 Sistema de duas lentes delgadas.

Da mesma forma, para a posição do foco imagem F_i (Fig. 21.18c), designado por $q(F_i)$, fazemos $p = \infty$, resultando em

$$q(F_i) = -\frac{f_2(f_1 - t)}{f_1 + f_2 - t}.$$

Uma situação importante ocorre quando as duas lentes estão em contato, de forma que t pode ser desprezado. Então, a equação relacionando q' e q se torna

$$\frac{1}{q'} - \frac{1}{q} = \frac{1}{f_2},$$

que, combinada com a primeira equação, se torna

$$\frac{1}{p} - \frac{1}{q} = \frac{1}{f_1} + \frac{1}{f_2}.$$

Isso mostra que um conjunto de lentes delgadas em contato é equivalente a uma única lente de distância focal F dada por

$$\frac{1}{F} = \frac{1}{f_1} + \frac{1}{f_2}.$$

O mesmo resultado pode ser obtido fazendo $t = 0$ na expressão para $p(F_o)$.

21.5 Instrumentos ópticos

A construção de raios em sistemas de lentes e espelhos é particularmente importante para o desenho de instrumentos ópticos. Discutiremos brevemente dois dos mais importantes: o microscópio e o telescópio.

(a) *O microscópio.* Um microscópio é um sistema de lentes que produz uma imagem virtual aumentada de um pequeno objeto. O microscópio mais simples é uma lente convergente, comumente chamada *lupa* ou *vidro de aumento.* O objeto AB (Fig. 21.19) é colocado entre a lente e o foco F_o, de forma que a imagem é virtual e se forma a uma distância q igual à mínima distância de visão distinta δ, a qual, para uma pessoa normal, é cerca de 25 cm, ou 10 polegadas. Como p é quase igual a f, especialmente se f é muito pequeno, podemos escrever, para o aumento transversal,

$$M = \frac{q}{p} \approx \frac{\delta}{f}. \tag{21.20}$$

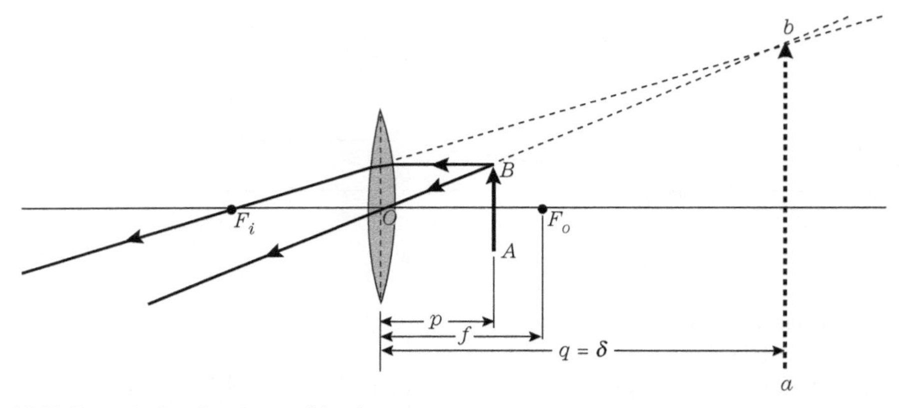

Figura 21.19 Traçado de raios em um vidro de aumento.

O *microscópio composto* é mais elaborado (Fig. 21.20). Consta de duas lentes convergentes, cada uma de pequena distância focal, chamadas de *objetiva* e *ocular*. A distância focal da objetiva é muito menor que a distância focal f' da ocular. Tanto f como f' são muito menores que a distância entre a objetiva e a ocular. O objeto AB é colocado a uma distância da objetiva ligeiramente maior do que f. A objetiva forma uma primeira imagem real $a'b'$, que atua como objeto para a ocular. A imagem $a'b'$ deve estar a uma distância da ocular ligeiramente menor do que f'. A imagem final ab é virtual, invertida, e é muito maior do que o objeto. O objeto AB é colocado de tal forma que ab está a uma distância da ocular igual à distância mínima de visão distinta δ (cerca de 25 cm). Essa condição é obtida pela operação chamada *focalização*, que consiste em mover o microscópio inteiro em relação ao objeto. O aumento transversal devido à objetiva é

$$M_O = \frac{a'b'}{AB} \approx \frac{L}{f},$$

e o da ocular é

$$M_E = \frac{ab}{a'b'} \approx \frac{\delta}{f'}.$$

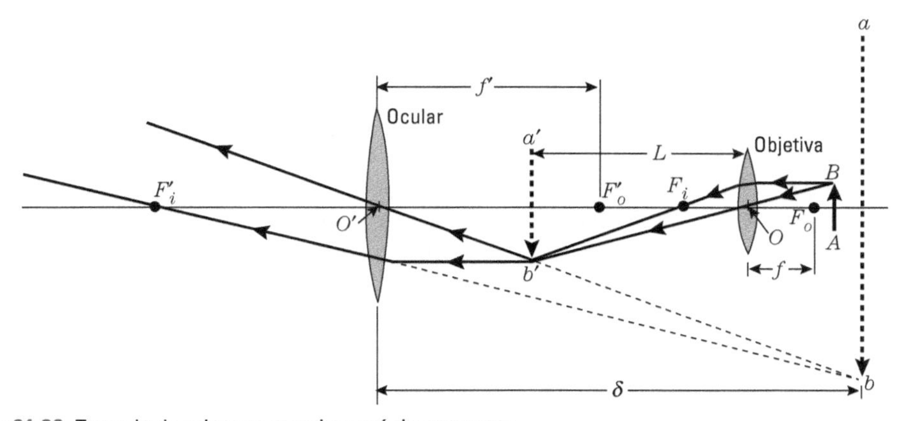

Figura 21.20 Traçado de raios em um microscópio composto.

Portanto o aumento transversal total é

$$M = M_O M_E = \frac{ab}{AB} = \frac{\delta L}{ff'}. \tag{21.21}$$

Em um microscópio real, L é praticamente a distância entre a objetiva e a ocular.

O aumento transversal útil de um microscópio está limitado por seu *poder resolutivo*, que é a menor distância entre dois pontos no objeto os quais podem ser vistos distintamente na imagem. Esse poder resolutivo é, por sua vez, determinado pela difração na objetiva. Um cálculo detalhado, que não será reproduzido aqui, dá, para o poder resolutivo,

$$R = \frac{\lambda}{2n \operatorname{sen} \theta}, \tag{21.22}$$

onde λ é o comprimento de onda, n, o índice de refração do meio no qual o objeto está colocado, e θ, o ângulo que um raio limite faz com o eixo do microscópio. Em geral, $2n$ sen θ é aproximadamente três, de forma que $R \approx \frac{1}{3}\lambda$. Por outro lado, o poder resolutivo do olho é cerca de 10^{-2} cm para um objeto a cerca de 25 cm (Fig. 21.21). Portanto o máximo aumento transversal útil é

$$M = \frac{10^{-2}\ \text{cm}}{\frac{1}{3}\lambda} \approx \frac{3\times10^{-2}\ \text{cm}}{\lambda}.$$

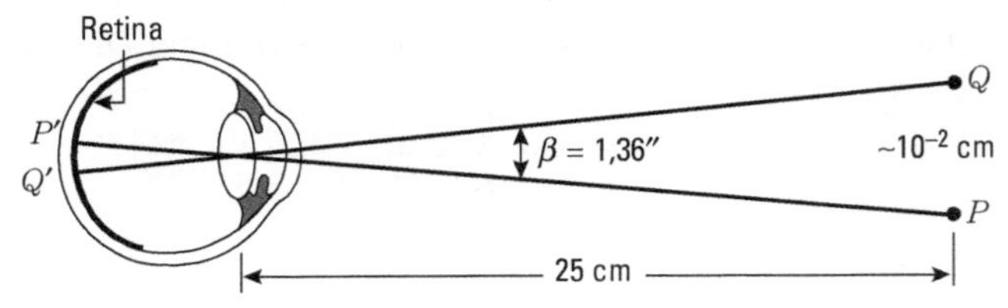

Figura 21.21 Poder resolutivo do olho.

Por exemplo, para luz com $\lambda = 5 \times 10^{-7}$ cm, que está aproximadamente no centro do espectro visível, M é cerca de 600. Com radiação de comprimento de onda mais curto, o aumento transversal pode ser melhorado, mas então pode cair fora do espectro visível.

(b) *O telescópio.* Outro instrumento óptico importante é o telescópio. No *telescópio de refração*, usado para observar objetos muito distantes, a objetiva (Fig. 21.22) é uma lente convergente que tem uma distância focal muito grande, algumas vezes, de vários metros. Como o objeto AB está muito distante, sua imagem $a'b'$, produzida pela objetiva, forma-se no seu foco F_o. Indicamos somente os raios centrais Bb' e Aa', pois é tudo o que é necessário, porque conhecemos a posição da imagem. A ocular também é uma lente convergente, mas de uma distância focal muito menor f'. É colocada de maneira tal que a imagem intermediária $a'b'$ *se* forma entre O' e F'_o, e a imagem final ab se forma na distância mínima de visão distinta. A focalização é realizada movendo-se somente a lente ocular, pois nada se ganha, nesse caso, movendo-se a lente objetiva.

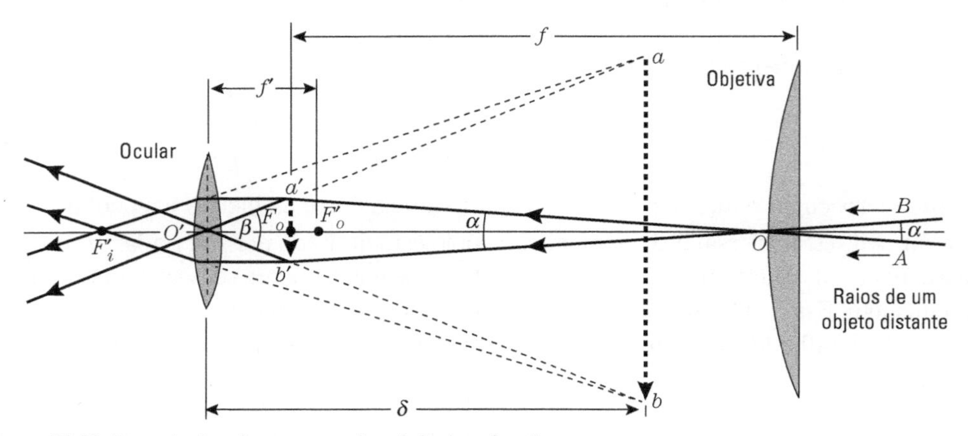

Figura 21.22 Traçado de raios em um telescópio de refração.

O aumento transversal produzido por esse instrumento não é linear, porque a imagem é sempre menor do que o objeto. Em vez disso, define-se um aumento *angular*, isto é, a razão entre o ângulo β subtendido pela imagem e o ângulo subtendido pelo objeto. Isso é escrito como

$$M = \beta / \alpha \tag{21.23}$$

Em virtude da proximidade da imagem, o ângulo β é muito maior do que α, e isso é o que produz a sensação de aumento. Da Fig. 21.22, considerando que ângulos α e β sejam pequenos, podemos escrever

$$\alpha \approx \operatorname{tg} \alpha = \frac{a'b'}{f}, \qquad \beta \approx \operatorname{tg} \beta \approx \frac{a'b'}{f'},$$

porque a distância de $a'b'$ a O' é praticamente f'. Substituindo na Eq. (21.23), obtemos

$$M = f/f'. \tag{21.24}$$

Portanto, para obter um grande aumento, a distância focal da objetiva deve ser muito grande e a da ocular muito pequena. Praticamente, o comprimento do instrumento é determinado pela distância focal f da objetiva.

O aumento transversal de um telescópio astronômico é limitado pelo poder resolutivo da objetiva e do olho do observador. Para uma objetiva cujo diâmetro é D, o poder resolutivo (isto é, o ângulo mínimo subtendido pelos dois pontos do objeto que aparecem como distintos ou diferentes na imagem $a'b'$) é, como será mostrado na Eq. (23.12),

$$\alpha \approx 1{,}22 \frac{\lambda}{D}. \tag{21.25}$$

Por outro lado, o poder resolutivo do olho (Fig. 21.21), expresso em termos de ângulo, é igual a

$$\beta = \frac{10^{-2}\ \text{cm}}{25\ \text{cm}} = 4 \times 10^{-4}\ \text{rad} = 1{,}36''.$$

Portanto o aumento transversal máximo de um telescópio é

$$M = \frac{4 \times 10^{-4}\ D}{1{,}22\lambda} \approx 3{,}3 \times 10^{-4} \frac{D}{\lambda}. \tag{21.26}$$

Um aumento transversal maior significa ou um menor valor de α, o que implica menos detalhe na imagem, ou um maior valor de β, o que, essencialmente, não revela qualquer novo detalhe na imagem final ab, pois tal detalhe não estava presente na imagem intermediária $a'b'$. Por exemplo, para luz de $\lambda = 5 \times 10^{-7}$ m, temos M $\approx$ 660 D, onde D é dado em metros. Aumentando o diâmetro D da objetiva, podemos, portanto, fazer crescer o aumento transversal. Por exemplo, para o telescópio de Yerkes, que é o maior telescópio de refração existente, D é cerca de 1 m, resultando um aumento transversal de cerca de 600 diâmetros e um poder resolutivo de 10^{-2} segundo de arco.

Nos telescópios de *reflexão*, a objetiva é um espelho côncavo parabólico que forma, em seu foco, uma imagem sem aberração esférica. O maior telescópio de reflexão, na época da primeira edição deste livro estava instalado no Monte Palomar, Califórnia, Estados Unidos, com um diâmetro de cerca de 5 m e um aumento transversal da ordem de 3.500.

Os instrumentos ópticos são muito mais complexos do que a versão simplificada que apresentamos, principalmente por causa da necessidade de produzir, tanto quanto possível, uma imagem livre de aberrações. Por essa razão, as oculares são compostas de diversas lentes e as objetivas de microscópios são sistemas de lentes bastante complexos.

21.6 O prisma

Um prisma é um meio limitado por duas superfícies planas fazendo um ângulo A (Fig. 21.23). Suponhamos que o meio tenha um índice de refração n e que seja circundado por um meio que tenha índice unitário, tal como o ar. Um raio incidente, tal como PQ, sofre duas refrações e emerge, desviado de um ângulo δ em relação à direção incidente. Pela figura, pode-se ver facilmente que as seguintes relações são verdadeiras:

$$\text{sen}\, i = n\, \text{sen}\, r, \tag{21.27}$$

$$\text{sen}\, i' = n\, \text{sen}\, r', \tag{21.28}$$

$$r + r' = A, \tag{21.29}$$

$$\delta = i + i' - A. \tag{21.30}$$

A primeira e a segunda equações são simplesmente a lei de Snell aplicada às refrações em Q e R. A terceira é consequência do exame do triângulo QTR, e a quarta, do exame do triângulo QRU. As primeiras três equações servem para traçar o caminho do raio e a última nos permite achar o desvio.

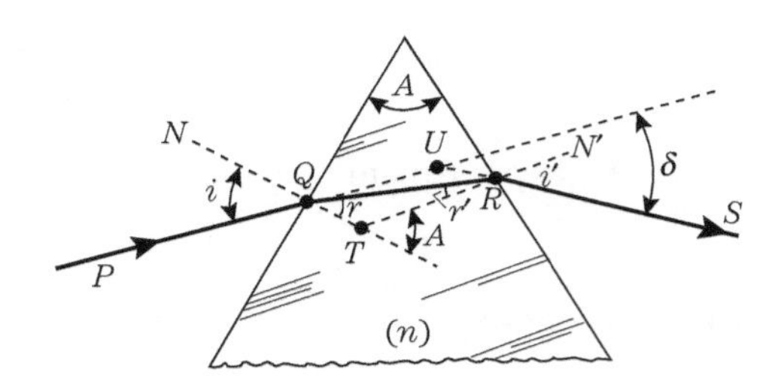

Figura 21.23 Caminho de um raio através de um prisma.

Existe um caminho particular para o qual o desvio tem um valor mínimo. Isso é obtido fazendo-se $d\delta/di = 0$. Da Eq. (21.30), temos

$$\frac{d\delta}{di} = 1 + \frac{di'}{di},$$

e, para $d\delta/di = 0$, devemos ter

$$\frac{di'}{di} = -1. \tag{21.31}$$

Das Eqs. (21.28) e (21.29), temos

$$\cos i\, di = n \cos r\, dr, \qquad \cos i'\, di' = n \cos r'\, dr', \qquad dr = -dr'.$$

Portanto

$$\frac{di'}{di} = -\frac{\cos i \cos r'}{\cos i' \cos r}. \tag{21.32}$$

Como os quatro ângulos i, r, i' e r' são menores do que $\frac{1}{2}\pi$ e satisfazem as condições simétricas (21.27) e (21.28), as Eqs. (21.31) e (21.32) podem ser satisfeitas simultaneamente somente se $i = i'$ e $r = r'$, o que requer

$$i = \tfrac{1}{2}\left(\delta_{\min} + A\right), \qquad r = \tfrac{1}{2}A, \tag{21.33}$$

onde $\delta_{\min}$ é o valor do desvio mínimo. Observe que, nesse caso, o caminho do raio é simétrico com respeito às duas faces do prisma. Introduzindo a Eq. (21.33) na Eq. (21.27), obtemos

$$n = \frac{\operatorname{sen}\frac{1}{2}\left(\delta_{\min} + A\right)}{\operatorname{sen}\frac{1}{2}A}, \tag{21.34}$$

que é uma fórmula conveniente para a medição do índice de refração de uma substância determinando-se $\delta_{\min}$ experimentalmente em um prisma de ângulo A conhecido.

21.7 Dispersão

Quando uma onda se refrata em um meio dispersivo cujo índice de refração depende da frequência (ou comprimento de onda), o ângulo de refração também dependerá da frequência ou do comprimento de onda. Se a onda incidente, em vez de ser harmônica (ou monocromática), for composta de diversas frequências ou comprimentos de onda superpostos, cada comprimento de onda componente irá se refratar segundo um ângulo diferente, fenômeno esse que é chamado *dispersão*. (Já discutimos, na Seç. 19.13, a dispersão de ondas eletromagnéticas na matéria.)

Lembre-se de que as cores estão associadas a intervalos de comprimentos de onda. Portanto a luz branca decompõe-se em cores quando se refrata do ar para outra substância, como água ou vidro. Se um pedaço de vidro tem a forma de uma lâmina de faces paralelas, os raios que emergem são paralelos e as diferentes cores são de novo superpostas (Fig. 21.24), não se observando nenhuma dispersão, exceto nas extremidades da imagem. Mesmo assim, geralmente, esse efeito não é notado.

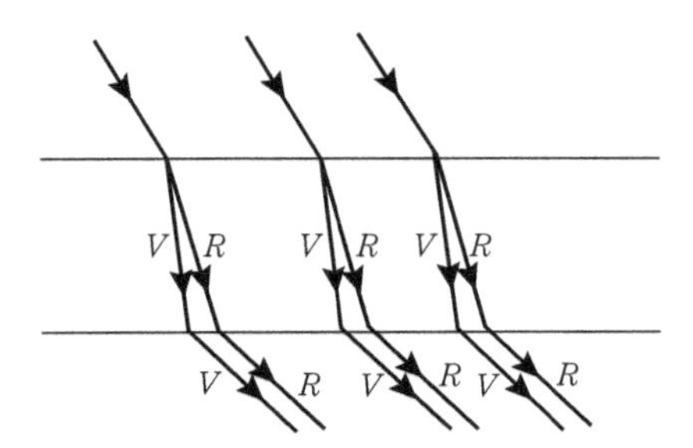

Figura 21.24 Dispersão quando a luz atravessa uma lâmina de faces paralelas.

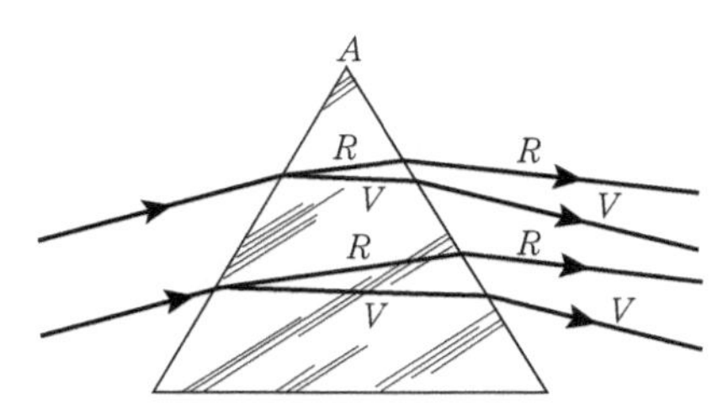

Figura 21.25 Dispersão quando a luz atravessa um prisma.

Mas, se a luz passa através de um prisma (Fig. 21.25), os raios emergentes não são paralelos para as diferentes cores e a dispersão é mais notada, especialmente nas extremidades. Por essa razão, os prismas são muito usados para analisar a luz em instrumentos chamados *espectroscópios*. Um tipo simples de espectroscópio é ilustrado na Fig. 21.26.

Luz emitida por uma fonte S limitada por uma fenda é transformada em raios paralelos por uma lente L. Depois de a luz ser dispersada pelo prisma, os raios de cores diferentes passam por outra lente L'. Como todos os raios de uma mesma cor (ou comprimento de onda) são paralelos, são focalizados no mesmo ponto do anteparo. Mas raios que diferem em cor (ou comprimento de onda) não são paralelos e, portanto, cores diferentes são focalizadas em pontos diferentes do anteparo. As diferentes cores ou comprimentos de onda emitidas pela fonte S aparecem na tela representando o que se chama de *espectro* da luz que vem de S. Se o desvio δ varia rapidamente com o comprimento de onda λ, as cores aparecem bastante espaçadas na tela. Para cada comprimento de onda, aparece na tela uma linha que é a imagem da fenda.

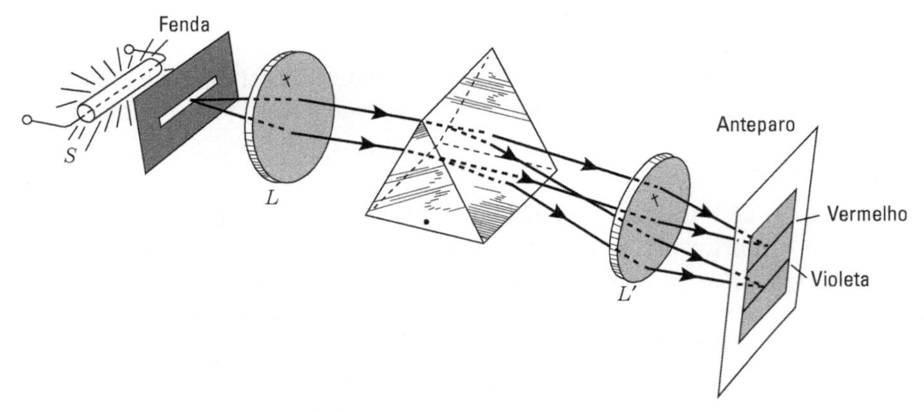

Figura 21.26 Princípio do espectroscópio de prisma.

A dispersão em um prisma é definida por

$$D = \frac{d\delta}{d\lambda} = \frac{d\delta}{dn}\frac{dn}{d\lambda}. \tag{21.35}$$

O fator $d\delta/dn$ depende principalmente da geometria do sistema, enquanto o fator $dn/d\lambda$ depende do material do qual o prisma é feito. Diferenciando as Eqs. (21.27) a (21.30) em relação ao índice de refração n, encontramos que

$$0 = \operatorname{sen} r + n \cos r \frac{dr}{dn},$$

$$\cos i' \frac{di'}{dn} = \operatorname{sen} r' + n \cos r' \frac{dr'}{dn},$$

$$\frac{dr}{dn} + \frac{dr'}{dn} = 0,$$

e

$$\frac{d\delta}{dn} = \frac{di'}{dn}.$$

Combinando esses quatro resultados e usando a Eq. (21.29), obtemos, finalmente,

$$\frac{d\delta}{dn} = \frac{di'}{dn} = \frac{\operatorname{sen} A}{\cos i' \cos r}.$$

O segundo fator $dn/d\lambda$ na Eq. (21.35) depende da natureza das ondas e do meio. Para ondas eletromagnéticas, em geral, e para luz, em particular, uma expressão satisfatória aproximada para o índice de refração em função do comprimento de onda é dada pela *fórmula de Cauchy*,

$$n = A + \frac{B}{\lambda^2}, \tag{21.36}$$

onde A e B são constantes características de cada substância (veja o Ex. 21.10). A variação de n com λ para vários materiais transparentes na região óptica pode ser vista na Fig. 21.27. Da Eq. (21.36) obtemos

$$\frac{dn}{d\lambda} = -\frac{2B}{\lambda^3}.$$

A dispersão em um prisma é, então,

$$D = \frac{d\delta}{d\lambda} = \frac{2 \operatorname{sen} \frac{1}{2} A}{\cos \frac{1}{2}(\delta_{\min} + A)} \left(-\frac{2B}{\lambda^3} \right). \tag{21.37}$$

O sinal negativo significa que o desvio decresce quando o comprimento de onda cresce, de forma que o vermelho é menos desviado que o violeta.

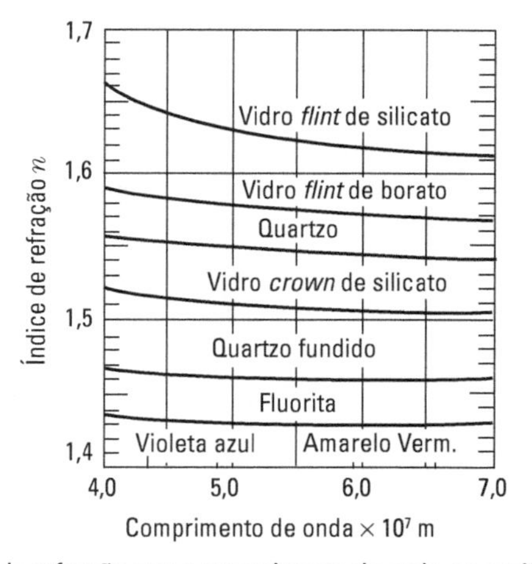

Figura 21.27 Variação do índice de refração com o comprimento de onda, na região visível, para alguns materiais.

■ **Exemplo 21.10** Justificação da fórmula de Cauchy.

Solução: Na Eq. (19.58), obtivemos uma expressão em que o índice de refração era uma função da frequência das ondas eletromagnéticas e das frequências características da substância. Supondo, por simplicidade, que exista somente uma frequência atômica ω_0 e que $\omega \ll \omega_0$, obtemos

$$n^2 = 1 + \frac{Ne^2}{\varepsilon_0 m \left(\omega_0^2 - \omega^2 \right)},$$

de forma que, usando a expansão binomial (M.28), obtemos

$$n = \left(1 + \frac{Ne^2}{\varepsilon_0 m\left(\omega_0^2 - \omega^2\right)}\right)^{1/2} = 1 + \frac{Ne^2}{2\varepsilon_0 m\left(\omega_0^2 - \omega^2\right)}$$

$$= 1 + \frac{Ne^2}{2\varepsilon_0 m\omega_0^2}\left(1 - \frac{\omega^2}{\omega_0^2}\right)^{-1}$$

$$= 1 + \frac{Ne^2}{2\varepsilon_0 m\omega_0^2}\left(1 + \frac{\omega^2}{\omega_0^2}\right).$$

E, como $\omega = 2\pi c/\lambda$, temos

$$n = A + \frac{B}{\lambda^2},$$

onde

$$A = 1 + \frac{Ne^2}{2\varepsilon_0 m\omega_0^2} \quad \text{e} \quad B = \frac{2\pi^2 c^2 Ne^2}{\varepsilon_0 m\omega_0^4}.$$

Sugerimos que você determine a ordem de grandeza de A e B.

21.8 Aberração cromática

Quando uma luz composta por diversos comprimentos de onda (tal como luz branca) passa por uma lente, ela sofre dispersão e as extremidades da imagem produzida pela lente aparecem coloridas. Esse efeito é chamado *aberração cromática*. É fácil entender a razão desse efeito, se reconhecemos que uma lente equivale a dois prismas unidos pelas suas bases (para uma lente convergente) ou por seus vértices (para uma lente divergente).

Uma lente tem um foco para cada cor ou comprimento de onda. Isso pode ser visto a partir da Eq. (21.18), pois f é determinado pelo índice de refração n, e n depende do comprimento de onda. Para substâncias transparentes cujos índices de refração decrescem com o aumento do comprimento de onda na região visível (veja Fig. 21.27), ao violeta corresponde uma distância focal menor do que ao vermelho. A Fig. 21.28 mostra a aberração cromática de uma lente convergente e de uma divergente para um material desse tipo.

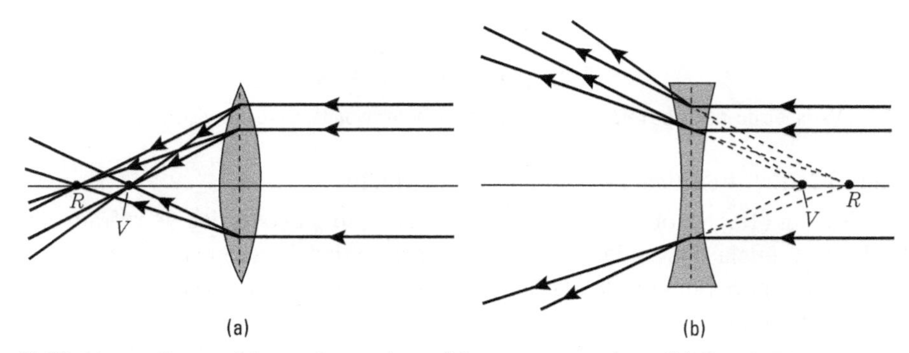

Figura 21.28 Aberração cromática em lentes. Lente (a) convergente e lente (b) divergente.

A aberração cromática em uma lente é definida pela diferença $f_C - f_F$ entre as distâncias focais correspondentes aos comprimentos de onda $6{,}563 \times 10^{-7}$ m e $4{,}862 \times 10^{-7}$ m, emitidos pelo hidrogênio e designados por linhas C e F de Fraunhofer. Então, usando Eq. (21.18), temos

$$\frac{1}{f_C} = (n_C - 1)\left(\frac{1}{r_2} - \frac{1}{r_1}\right) \quad \text{e} \quad \frac{1}{f_F} = (n_F - 1)\left(\frac{1}{r_2} - \frac{1}{r_1}\right),$$

e então

$$\frac{1}{f_F} - \frac{1}{f_C} = (n_F - n_C)\left(\frac{1}{r_2} - \frac{1}{r_1}\right). \tag{21.38}$$

A linha D de Fraunhofer, com comprimento de onda de 5,890 × 10^{-7} m, corresponde aproximadamente um índice médio de refração, designado por n_D e então

$$\frac{1}{f_D} = (n_D - 1)\left(\frac{1}{r_2} - \frac{1}{r_1}\right).$$

Usando a expressão anterior, podemos eliminar a dependência da Eq. (21.38) em relação ao raio da lente e escrever

$$\frac{1}{f_F} - \frac{1}{f_C} = \frac{n_F - n_C}{n_D - 1}\frac{1}{f_D}.$$

Mas o lado esquerdo pode ser escrito como

$$\frac{f_C - f_F}{f_C f_F} \approx \frac{f_C - f_F}{f_D^2},$$

pois, aproximadamente, $f_C f_F \approx f_D^2$. Portanto a aberração cromática longitudinal da lente é

$$A = f_C - f_F = \frac{n_F - n_C}{n_D - 1} f_D. \tag{21.39}$$

A quantidade

$$\omega = \frac{f_C - f_F}{f_D} = \frac{n_F - n_C}{n_D - 1} \tag{21.40}$$

é chamada *poder dispersivo* do material. A Tab. 21.3 apresenta os índices de refração de alguns materiais transparentes para as linhas C, D e F de Fraunhofer.

Tabela 21.3 Índices de refração e poder dispersivo

Linha de Fraunhofer	C	D	F	Poder dispersivo, ω
Comprimento de onda × 10^7 m	6.563	5,890	4,862	
Vidro *crown*	1,514	1,517	1,524	0,0193
Vidro *flint*	1,622	1,627	1,639	0,0271
Álcool	1,361	1,363	1,367	0,0165
Benzeno	1,497	1,503	1,514	0,0338
Água	1,332	1,334	1,338	0,0180

O tipo de aberração cromática que discutimos até aqui para lentes é chamado *longitudinal* porque é medido ao longo do eixo principal. Existe também uma aberração cromática *transversal*. Consideremos um objeto AB em frente a uma lente L (Fig. 21.29). A menos que a luz do objeto seja monocromática, haverá dispersão quando ela penetrar na lente e, em vez de uma imagem, uma série de imagens diferindo em tamanho serão formadas, uma para cada comprimento de onda ou cor. A figura mostra somente as imagens extremas correspondendo ao vermelho e ao violeta, e a separação entre elas foi bastante exagerada. Em virtude dessa dispersão lateral, as bordas das imagens aparecerão coloridas. A aberração cromática transversal pode ser expressa em função dos diferentes aumentos transversais para as linhas C e F.

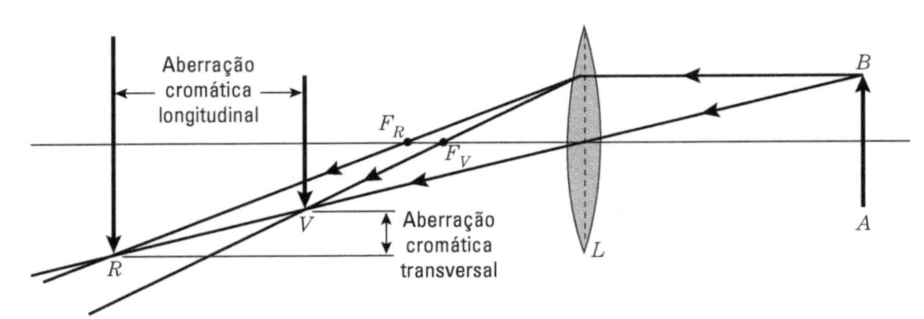

Figura 21.29 Aberração cromática longitudinal e transversal em uma lente.

■ Exemplo 21.11 Discussão de lentes acromáticas.

Solução: A aberração cromática pode ser reduzida, ou mesmo eliminada, combinando-se lentes de materiais diferentes, resultando no que se chama de *sistema acromático*. Para ver como isso pode ser feito, suponhamos que temos o sistema de lentes da Fig. 21.30, onde, por exemplo, a lente L é feita de vidro *crown* e a lente L' de vidro *flint*. Chamemos de f e f' suas distâncias focais, e de ω e ω' seus poderes dispersivos. A lente L apresentará aberração cromática indicada pelo segmento VR. Mas, se a lente divergente L' for projetada convenientemente, raios de todos os comprimentos de onda deverão ser focalizados em F. Para ver como isso pode ser feito, recordemos, do Ex. 21.9, que, para cada comprimento de onda,

$$\frac{1}{F_C} = \frac{1}{f_C} + \frac{1}{f'_C}, \qquad \frac{1}{F_F} = \frac{1}{f_F} + \frac{1}{f'_F},$$

onde F_C e F_F são as distâncias focais correspondentes da combinação de lentes. Portanto, subtraindo-se essas duas equações e relembrando que $F_C F_F \approx F_D^2$ etc., temos

$$\frac{F_C - F_F}{F_D^2} = \frac{f_C - f_F}{f_D^2} + \frac{f'_C - f'_F}{f'^2_D} = \frac{\omega}{f_D} + \frac{\omega}{f'_D}.$$

Para que não haja aberração cromática, devemos ter $F_C - F_D = 0$, de forma que

$$\frac{\omega}{f_D} + \frac{\omega'}{f'_D} = 0 \qquad (21.41)$$

Como ω e ω' são positivos, concluímos que f_D $-f'_D$ e são de sinais opostos. De forma que uma lente é convergente e a outra deve ser divergente.

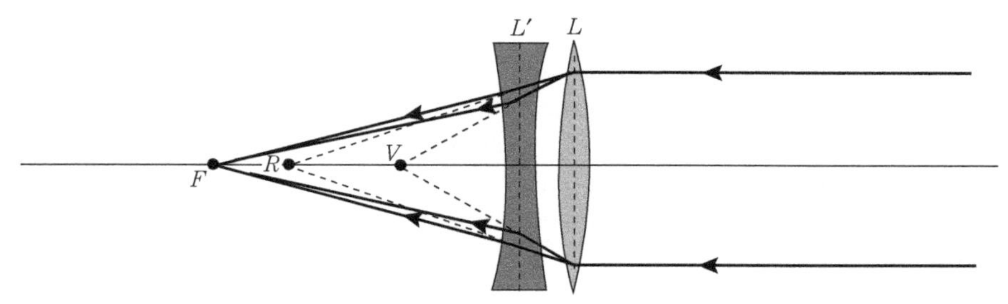

Figura 21.30 Sistema acromático de lentes.

■ **Exemplo 21.12** Projetar uma lente acromática que tenha uma distância focal de 0,350 m e que seja composta por duas lentes, uma de vidro *crown* e a outra de vidro *flint*.

Solução: A partir dos dados da Tab. 21.3, temos que o poder dispersivo ω do vidro *crown* é 0,0193, e que o do vidro *flint* é 0,0271. Portanto a condição de acromaticidade imposta pela Eq. (21.41) é expressa por

$$\frac{0,0193}{f_1}+\frac{0,0271}{f_2}=0 \qquad \text{ou} \qquad \frac{f_2}{f_1}=-1,402.$$

Uma segunda condição, usando o resultado do Ex. 21.9 com F = +0,35 m, é imposta por

$$\frac{1}{f_1}+\frac{1}{f_2}=\frac{1}{0,350}.$$

Combinando as duas equações, obtemos então

$$f_1 = +0,1007 \text{ m}, \qquad f_2 = -0,1414 \text{ m}.$$

Dessa forma, a lente *crown* é convergente e a lente *flint* é divergente. Supondo que o sistema seja plano-convexo, com a face plana correspondendo à lente *flint*, temos, usando a Eq. (21.18) com o valor n_D para o índice de refração, que o raio da face que é comum às duas lentes é 0,089 m, e que o raio da outra face da lente *crown* é 0,126 m.

21.9 Princípio de Fermat do tempo estacionário

Neste capítulo, e nos precedentes, baseamos nossa discussão da reflexão e refração ou no teorema de Malus, ou nas condições de contorno nas superfícies de separação entre os dois meios. Em geometria ondulatória, contudo, existe um terceiro princípio, não diretamente relacionado aos outros dois, que permite determinar o caminho de um raio em um meio não homogêneo. Foi sugerido pelo matemático francês Pierre de Fermat (1601-1665). O *princípio de Fermat* pode ser enunciado da seguinte maneira:

> *propagando-se de um ponto para outro, o raio escolhe o caminho para o qual o tempo de propagação tem um valor mínimo.*

Vamos considerar, por exemplo, um meio estratificado como aquele discutido na Seç. 20.13. A trajetória verdadeira é determinada usando-se a Eq. (20.32) e é mostrada pela linha (1) na Fig. 21.31(a). Outro caminho arbitrário é indicado pela linha (2). Esse não é um caminho físico, pois a lei de Snell não é satisfeita nas superfícies de separação entre dois meios consecutivos. Se conhecermos o comprimento de cada segmento de caminho e a velocidade de propagação em cada meio, poderemos calcular os tempos necessários para que o raio de luz siga o caminho físico (1) e para que siga o caminho arbitrário (2). O princípio de Fermat exige que o tempo para o caminho físico real seja menor que o tempo para qualquer caminho arbitrário adjacente e não físico, isto é, $t_1 < t_2$. Se, em vez de um meio estratificado, tivermos um meio não homogêneo (Fig. 21.31b), no qual (1) é o caminho físico real do raio e (2) é um caminho adjacente arbitrário não físico, então o princípio de Fermat exigirá $t_1 < t_2$.

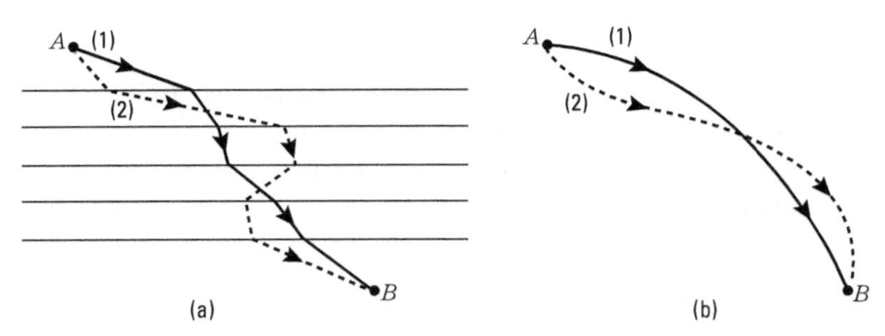

Figura 21.31 Comparação do caminho físico da luz entre dois pontos com outro caminho próximo, mas não físico.

É óbvio que o tempo necessário para o raio ir de A para B ao longo de um caminho é uma função do caminho, isto é, $t_{AB} = f$ (caminho). Esse é um tipo novo de dependência funcional, no sentido de que as variáveis na função f não são as coordenadas de um ponto, mas os parâmetros que definem um caminho ligando A a B. A necessidade de que t_{AB} seja um mínimo pode ser estabelecida dizendo-se que $dt_{AB} = 0$ para uma pequena mudança nos valores dos parâmetros correspondentes ao caminho físico. Uma técnica matemática especial conhecida como *cálculo variacional* permite-nos determinar os parâmetros do caminho que satisfazem $dt_{AB} = 0$ e, dessa maneira, podemos determinar o caminho do raio.

Não vamos nos aprofundar mais sobre como o princípio de Fermat pode ser usado para traçar o caminho de um raio em um meio não homogêneo, mas vamos verificar somente que ele é compatível com a lei de Snell. Consideremos a Fig. 21.32, na qual uma superfície S separa dois meios de índices de refração n_1 e n_2. Um raio que se propaga de A para C segue o caminho ABC. Então, recordando que $v = c/n$, Eq. (19.56), o tempo necessário para que a luz atravesse esse caminho é

$$t = \frac{r_1}{v_1} + \frac{r_2}{v_2} = \frac{1}{c}(n_1 r_1 + n_2 r_2).$$

O princípio de Fermat requer que

$$dt = \frac{1}{c}(n_1\, dr_1 + n_2\, dr_2) = 0, \tag{21.42}$$

onde dt é a variação de t para caminhos adjacentes tais como $AB'C$, produzindo as variações correspondentes dr_1 e dr_2 em r_1 e r_2, respectivamente. Ora, lembrando que $r^2 = \mathbf{r} \cdot \mathbf{r}$, temos $r\, dr = \mathbf{r} \cdot d\mathbf{r}$ ou $dr = (\mathbf{r}/r) \cdot d\mathbf{r} = \mathbf{u} \cdot d\mathbf{r}$, onde $\mathbf{u} = \mathbf{r}/r$ é o vetor unitário na direção de $\boldsymbol{r}$. Portanto $dr_1 = \mathbf{u}_1 \cdot d\boldsymbol{r}_1$ e $dr_2 = \boldsymbol{u}_2 \cdot d\boldsymbol{r}_2$. Mas $\boldsymbol{r}_1 + \boldsymbol{r}_2 = \overrightarrow{AB} + \overrightarrow{BC} = \overrightarrow{AC} = \text{const.}$ Portanto $d\boldsymbol{r}_1 + d\boldsymbol{r}_2 = 0$, ou $d\boldsymbol{r}_2 = -d\boldsymbol{r}_1$, de forma que $dr_2 = -\boldsymbol{u}_2 \cdot d\boldsymbol{r}_1$. Então a Eq. (21.42) nos dá (eliminando o fator constante $1/c$)

$$(n_1\boldsymbol{u}_1 - n_2\boldsymbol{u}_2) \cdot d\boldsymbol{r}_1 = 0 \qquad (21.43)$$

O vetor $d\boldsymbol{r}_1$, como está indicado na Fig. 21.32, está no plano tangente a S em B. Isso significa, de acordo com a Eq. (21.43), que o vetor $n_1\boldsymbol{u}_1 - n_2\boldsymbol{u}_2$ é paralelo à normal $\boldsymbol{u}_N$ a S em B, implicando que o raio incidente, o raio refratado e a normal à superfície estejam todos em um plano, o que é a primeira lei estabelecida na Seç. 20.4. Da Seç. 3.9, lembramos que, se dois vetores são paralelos, seu produto vetorial é nulo, de forma que

$$(n_1\boldsymbol{u}_1 - n_2\boldsymbol{u}_2) \times \boldsymbol{u}_N = 0 \qquad \text{ou} \qquad n_1\boldsymbol{u}_1 \times \boldsymbol{u}_N = n_2\boldsymbol{u}_2 \times \boldsymbol{u}_N. \qquad (21.44)$$

Como todos os vetores na relação acima são unitários, a Eq. (21.44) implica (em módulo) que n_1 sen $\theta_i = n_2$ sen θ_r, que é a lei de Snell, Eq. (20.4).

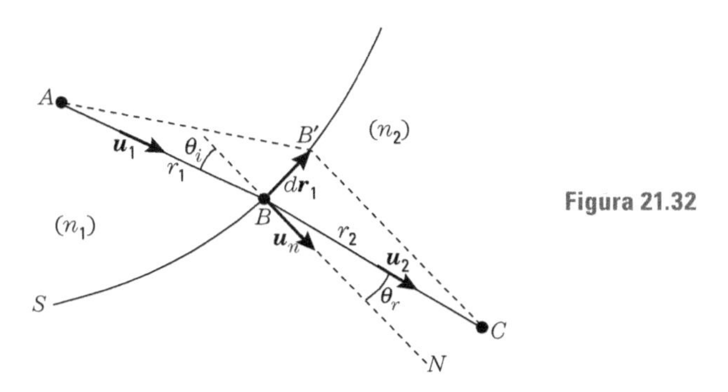

Figura 21.32

■ **Exemplo 21.13** Usar o princípio de Fermat para discutir a reflexão em uma superfície esférica.

Solução: Se temos uma fonte pontual P (Fig. 21.33) em frente a uma superfície refletora e queremos produzir uma imagem em Q, a forma da superfície deve ser tal que, de acordo com o princípio de Fermat, todos os raios levem o mesmo tempo para se propagar de P para Q. (Observe que isso é também necessário pelo teorema de Malus.) O tempo necessário para um raio se propagar ao longo do eixo principal é

$$t = \frac{1}{c}(OP + OQ). \qquad (21.45)$$

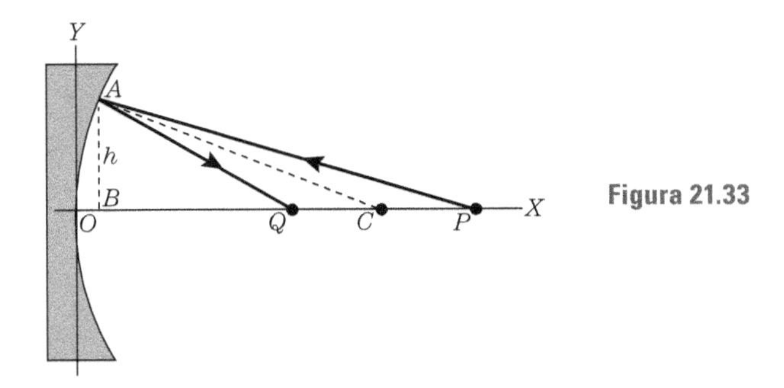

Figura 21.33

Para um raio incidente sobre a superfície em A, temos que

$$t' = \frac{1}{c}(AP + AQ). \tag{21.46}$$

e devemos impor que $t = t'$, ao menos como aproximação de primeira ordem. Observe que isso será impossível se a superfície for plana (tal como OY) porque, se A estivesse sobre OY, então sempre $AP > OP$ e $AQ > OQ$, resultando que $t' > t$. Mas, curvando a superfície, tanto AP como AQ podem ser ajustados de forma que $t = t'$ seja verdadeiro. Vejamos se isso é possível com uma superfície esférica. A condição $t = t'$ requer que

$$AP + AQ = OP + OQ. \tag{21.47}$$

Do triângulo ABP, temos

$$h^2 = AP^2 - BP^2 = (AP - BP)(AP + BP).$$

Mas, se A é suficientemente próximo de O, temos que AP é ligeiramente maior do que OP e BP ligeiramente menor. Portanto podemos escrever, com boa aproximação, $AP + BP \approx$ $\approx 2OP = 2p$. Portanto

$$AP = BP + \frac{h^2}{2p}.$$

Da mesma forma,

$$AQ = BQ + \frac{h^2}{2q}.$$

Substituindo essas equações na Eq. (21.47), encontramos que

$$\left(BP + \frac{h^2}{2p}\right) + \left(BQ + \frac{h^2}{2p}\right) = OP + OQ$$

ou

$$\frac{h^2}{2p} + \frac{h^2}{2q} = (OP - BP) + (OQ - BQ) = 2OB. \tag{21.48}$$

Mas temos, novamente, do triângulo ABC, que $OB = h^2/2r$, se desprezamos OB^2 comparado com r^2, o que é aceitável desde que A esteja próximo de O (todos os raios são paraxiais). Portanto, se substituímos na Eq. (21.48) e eliminamos o fator comum $\frac{1}{2}h^2$, obtemos

$$\frac{1}{p} + \frac{1}{q} = \frac{2}{r}.$$

Essa é a fórmula de Descartes, que deduzimos por um método diferente na Seç. 21.2.

Um passo a mais seria ver se, por meio de uma superfície conveniente, poderíamos satisfazer a Eq. (21.47) rigorosamente, ao menos para um par de pontos P e Q. Notamos que, nesse caso, a Eq. (21.47) seria equivalente a $AP + AQ = \text{const}$. Essa é a equação de um elipsoide de revolução cujos focos estão em P e Q, como indica a Fig. 21.34, e é a forma da superfície refletora para a qual a imagem de P é rigorosamente Q (isto é, não há aberração esférica para esse par de pontos). Para todos os outros pontos existe aberração esférica, dependendo sua intensidade da distância do ponto a esses dois pontos escolhidos.

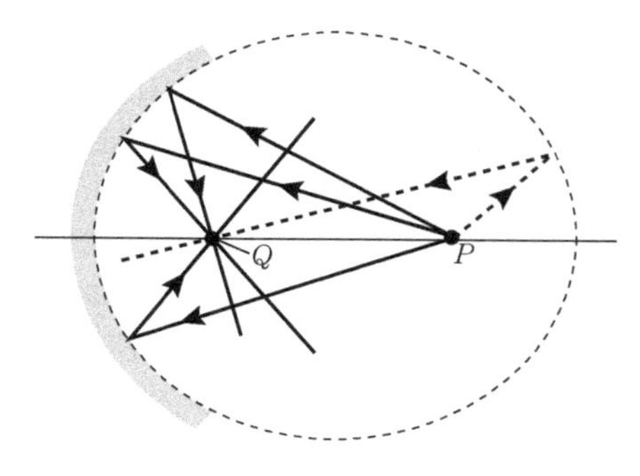

Figura 21.34 Espelho elíptico.

REFERÊNCIAS

BOWEN, E. The 210-foot radio telescope at Parkes. *The Physics Teacher*, v. 4, p. 99, 1966.

FEYNMAN, R.; LEIGHTON, R.; SANDS, M. *The Feynman lectures on Physics*. v. I. Reading, Mass.: Addison-Wesley, 1963.

GROUND-Based Astronomy. *Physics Today*, p. 19, Feb. 1965.

KING, A.; WINSOR, N. Lens forms too many images! *Am. J. Phys.*, v. 32, p. 895, 1964.

LAND, E. Experiments in color vision. *Sci. Am.*, p. 84, May 1959.

MAGIE, W. F. *Source book in Physics*. Cambridge, Mass.: Harvard University Press, 1963.

MONK, G. *Light*: principles and experiments. New York: Dover, 1963.

ROSSI. B. *Optics*. Reading, Mass.: Addison-Wesley, 1957.

SHAW, J. Fermat's principle and geometrical Optics. *Am. J. Phys.*, v. 33, p. 40, 1965.

SWENSON Jr., G. Radio astronomy. *The Physics Teacher*, v. 2, p. 271, 1964.

WALLINGTON, G. Present-day photographic lenses and their characteristics. *The Physics Teacher*, v. 2, p. 381, 1964.

PROBLEMAS

21.1 Mostre que, quando um espelho plano é girado de um ângulo α, o raio refletido gira de um ângulo duas vezes maior, isto é, $\beta = 2\alpha$ na Fig. 21.35.

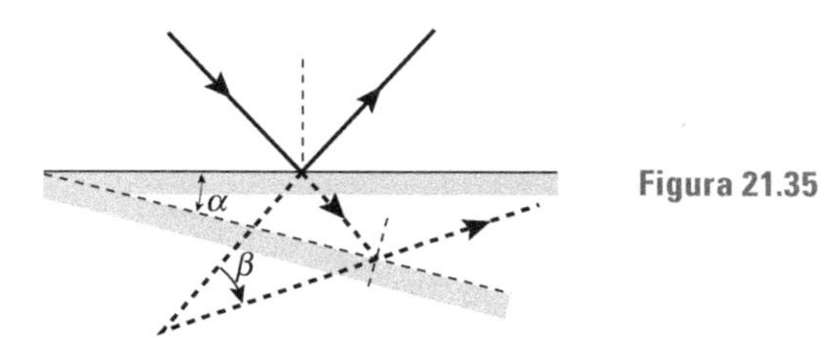

Figura 21.35

21.2 Mostre que, se um espelho plano é deslocado de uma distância x ao longo da normal, paralelamente a si mesmo, a imagem se move de uma distância $2x$.

21.3 Um espelho côncavo tem um raio de 1,00 m. Determine a posição da imagem de um objeto e o aumento transversal se o objeto está a uma distância do espelho igual a (a) 1,40 m, (b) 1,00 m, (c) 0,80 m, (d) 0,50 m, e (e) 0,30 m. Considere também um objeto virtual a uma distância de 0,60 m.

21.4 Um espelho convexo tem um raio de 1,00 m. Determine a posição da imagem de um objeto e o aumento, se a distância do objeto ao espelho for 0,60 m. Considere também um objeto virtual a uma distância de (a) 0,30 m, e (b) 0,80 m.

21.5 Determine a distância focal e a natureza de um espelho esférico se, para um objeto colocado a 1,20 m do espelho, corresponde uma imagem que é (a) real e está a 0,80 m do espelho, (b) virtual e a 3,20 m do espelho, (c) virtual e a 0,60 m do espelho, (d) real e duas vezes maior, (e) virtual e duas vezes maior, (f) real e com aumento transversal igual a um terço, e (g) virtual e com aumento transversal igual a um terço.

21.6 Um espelho esférico côncavo tem um raio de 1,60 m. Determine a posição do objeto se a imagem é (a) real e três vezes maior, (b) real e com aumento transversal igual a um terço, e (c) virtual e três vezes maior. Repita este problema para o caso de um espelho convexo.

21.7 Um espelho de barbear côncavo tem uma distância focal de 15 cm. Determine a distância ótima de uma pessoa em relação ao espelho se a distância de visão distinta é 25 cm. Qual é o aumento transversal?

21.8 Um espelho côncavo produz uma imagem real e invertida três vezes maior do que o objeto e a uma distância de 28 cm dele. Determine a distância focal do espelho.

21.9 Quando um objeto, que está inicialmente a 60 cm de um espelho côncavo, move-se 10 cm em direção a ele, a separação entre o objeto e sua imagem torna-se cinco-meios maiores. Determine a distância focal do espelho.

21.10 A *aberração esférica* de um espelho (esférico) é definida como a diferença entre a distância focal f para um raio próximo do eixo do espelho e a distância focal f' para um raio próximo de suas extremidades. Mostre que $f - f' \approx H^2/2r$, onde H é o raio da base do espelho.

21.11 Um espelho côncavo tem um raio de 10 cm. A base do espelho tem um raio de 8 cm. Determine a aberração esférica do espelho e compare com sua distância focal.

21.12 Um objeto se move em direção a um espelho esférico com uma velocidade constante v. Determine a velocidade da imagem em função da distância p. Faça um gráfico da velocidade da imagem em função de p. Repita o problema para uma lente esférica.

21.13 Mostre que, se u_1 e u_2 são distâncias de um objeto e de sua imagem em relação ao centro de um espelho esférico, a relação $1/u_1 + 1/u_2 = -2/r$ é verdadeira. Mostre que, nesse caso, o aumento transversal é dado por $M = u_2/u_1$.

21.14 Se x_1 e x_2 são as distâncias do objeto e de sua imagem, medidas a partir do foco de um espelho esférico, mostre que a Eq. (21.3) nos dá $x_1 x_2 = f^2$. Essa é a chamada *equação de Newton*. Pode-se concluir então que o objeto e sua imagem estão sempre do mesmo lado do foco? [*Sugestão*: observe que $x_1 = FP = OP - OF$ e, analogamente, para x_2.]

21.15 Mostre que a Eq. (21.4) é independente do ângulo β, isto é, $p/AP = q/AQ$, se $1/p + 1/q = 1/r$, exceto no caso trivial quando o objeto está no centro do espelho. Mostre que isso conduz também à Eq. (21.2). Essa condição é compatível com a Eq. (21.2)? Qual a sua conclusão?

21.16 Dada a distância focal f de um espelho esférico e o aumento transversal M, mostre que as posições do objeto e da imagem são $p = f(M - 1)/M$ e $q = -f(M - 1)$.

21.17 Prove que todos os raios paralelos ao eixo de um espelho parabólico (Fig. 21.36) passam pelo foco depois da reflexão, quaisquer que sejam suas distâncias em relação ao eixo.

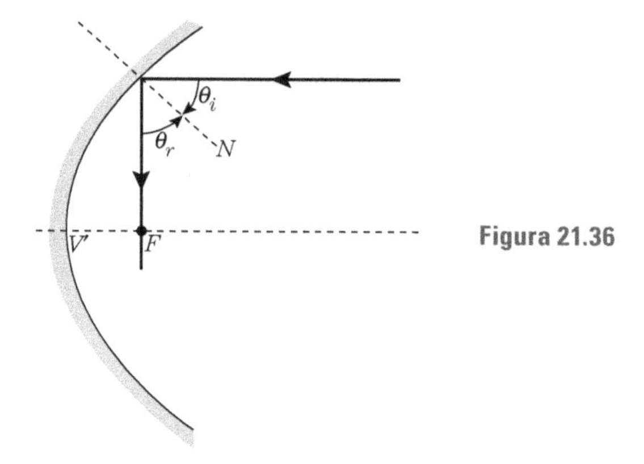

Figura 21.36

21.18 Uma substância transparente é limitada por uma superfície esférica côncava de raio igual a 0,60 m. Seu índice de refração é 1,5. Determine as distâncias focais. Determine a posição da imagem e o aumento transversal de um objeto colocado a uma distância da superfície igual a (a) 2,40 m, (b) 1,60 m e (c) 0,60 m. Repita o problema para uma superfície convexa.

21.19 Uma esfera de vidro de 2 cm de diâmetro contém uma pequena bolha de ar a uma distância de 0,5 cm de seu centro. Determine a posição e o aumento transversal da imagem da bolha, vista por uma pessoa que olha segundo uma ou outra das duas direções opostas ao longo da linha que une o centro da esfera com a bolha. O índice de refração do vidro é 1,50.

21.20 Uma esfera transparente de índice de refração n relativo ao ar tem um raio r. Um objeto é colocado a uma distância $4r$ do centro da esfera. Determine a posição de sua imagem final. Trace o caminho do raio dentro da esfera.

21.21 Uma barra transparente de 40 cm de comprimento é feita de tal maneira que é plana em uma das extremidades e redonda formando uma superfície hemisférica de 12 cm de raio na outra extremidade. Um objeto é colocado no eixo da barra a 10 cm da extremidade que tem a forma de um hemisfério, (a) Qual é a posição da imagem final? (b) Qual é seu aumento transversal? Suponha que o índice de refração seja de 1,50.

21.22 Ambas as extremidades de uma barra de vidro de 10 cm de diâmetro, de índice de refração 1,50, são trabalhadas e polidas de modo a formar superfícies hemisféricas convexas de raios iguais a 5 cm na extremidade da direita e de 10 cm na extremidade da esquerda. O comprimento da barra entre os vértices é de 60 cm. Uma flecha de 1 mm de comprimento, formando um ângulo reto com o eixo e colocada 20 cm à direita do primeiro vértice, constitui o objeto para a primeira superfície. (a) Qual é o objeto para a segunda superfície? (b) Qual é a distância do objeto para a segunda superfície? (c) Esse objeto é real ou virtual? (d) Qual é a posição da imagem formada pela segunda superfície? (e) Qual é a altura da imagem final?

21.23 A barra do Prob. 21.22 é encurtada de modo que a distância entre vértices seja de 10 cm; a curvatura de suas extremidades permanece a mesma, (a) Qual é a distância do objeto para a segunda superfície? (b) O objeto é real ou virtual? Direto ou invertido em relação ao objeto original? (c) Qual é a altura da imagem final?

21.24 Uma barra cilíndrica de vidro de índice de refração 1,5 apresenta extremidades formando superfícies esféricas convexas, com raios de curvatura iguais a 10 cm e 20 cm, respectivamente (Fig. 21.37). O comprimento da barra entre os vértices é de 50 cm. Uma seta de 1 mm de comprimento é colocada em frente da primeira superfície esférica, formando um ângulo reto com o eixo do cilindro e a 25 cm do vértice. Calcule (a) a posição e o comprimento da imagem da seta formada pela primeira superfície, e (b) a posição e o comprimento da imagem da seta formada por ambas as superfícies. Especifique se as imagens são reais ou virtuais.

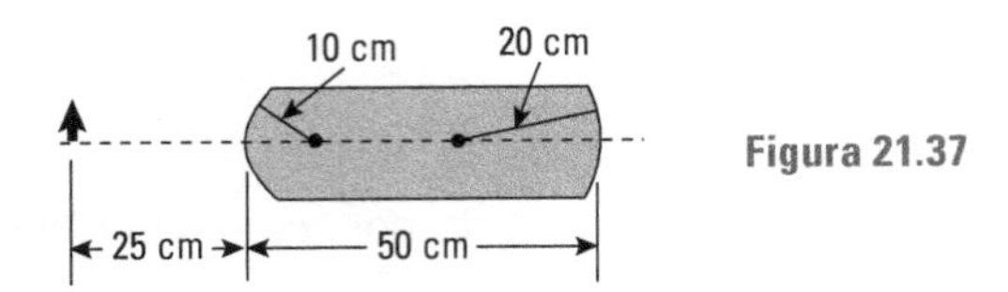

Figura 21.37

21.25 Determine os pontos focais do sistema descrito no Prob. 21.24; resolva graficamente.

21.26 Uma barra de vidro de índice de refração 1,50 é trabalhada e polida em ambas as extremidades de modo a formar superfícies hemisféricas de 5 cm de raio. Quando um objeto é colocado sobre o eixo da barra e a 20 cm de uma das extremidades, a imagem real final é formada a 40 cm da extremidade oposta. Qual é o comprimento da barra?

21.27 Uma esfera sólida de vidro de raio R e índice de refração 1,50 tem um de seus hemisférios prateado como mostra a Fig. 21.38. Um pequeno objeto é localizado na linha que passa pelo centro da esfera e o polo do hemisfério, a uma distância $2R$ do polo do hemisfério não prateado. Determine a posição da imagem final depois que todas as refrações e reflexões tenham ocorrido.

21.28 Considere uma esfera de vidro, de raio R e índice de refração n, cortada por um plano que passa por um ponto S a uma distância x de seu centro O e perpendicular a OS (Fig. 21.39). Mostre que, se $x = R/n$, todos os raios que entram na esfera de vidro, partindo de uma fonte pontual S, emergirão da esfera segundo linhas que divergem de um ponto S', colinear com O e S a uma distância $x' = nR$ de O. [*Sugestão*: mostre que o raio refratado, quando prolongado para trás, passa por S' para todos os valores de ϕ e para os valores dados de x e x'.]

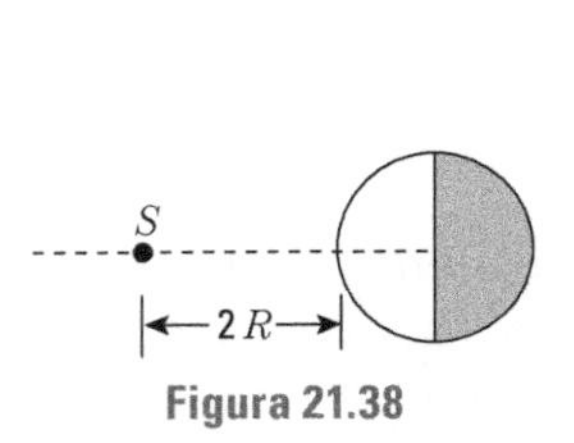

Figura 21.38

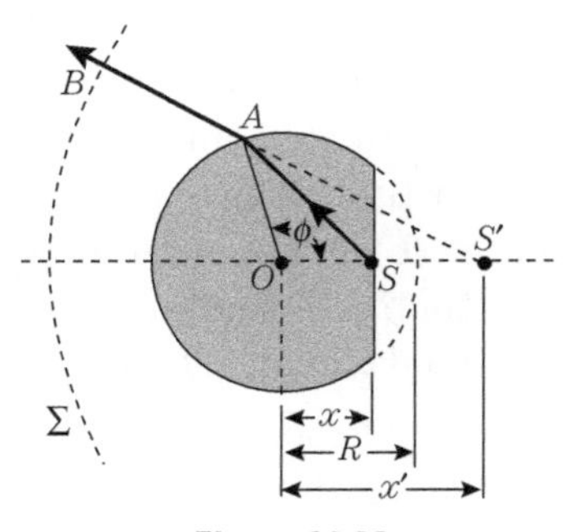

Figura 21.39

21.29 Mostre que, para a refração em uma superfície esférica, a Eq. (21.13) é independente do ângulo β se $1/p + 1/q = 1/r$, e que isso implica a validade da Eq. (21.10). Mostre então que a posição anastigmática do objeto é $p = (n_1 + n_2)r/n_1$. Qual é a posição da imagem?

21.30 Um corpo com a forma de um hemisfério, com raio R e índice de refração n_2 está imerso em um meio de índice de refração n_1, como mostra a Fig. 21.40. Um objeto é colocado a uma distância x_1 do centro e sobre o eixo. Mostre que, se a imagem está a uma distância x_2 do centro, então $n_1^2/x_1 - n_2^2/x_2 = n_2(n_2 - n_1)/R$.

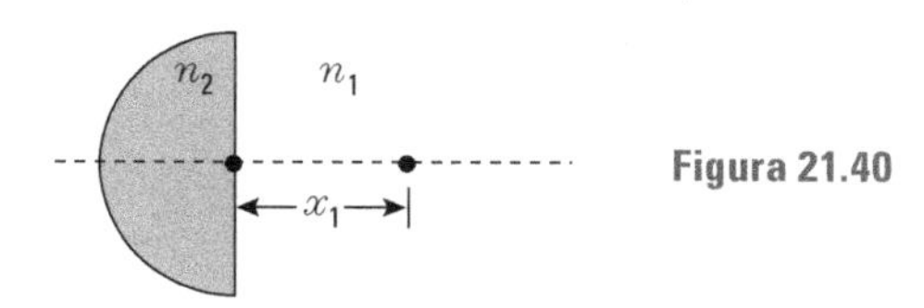

Figura 21.40

21.31 Mostre que, para uma superfície refratora esférica que separa duas substâncias de índices de refração n_1 e n_2, a relação $x_1\, x_2 = f_o f_i$ é verdadeira, onde x_1 é a distância do objeto a partir do primeiro foco e x_2 a distância da imagem a partir do segundo foco.

21.32 Mostre que, para a refração em uma superfície esférica as seguintes relações valem: $n_1\, y_1$ sen $\alpha_1 = n_2\, y_2$ sen α_2, onde os ângulos α_1 e α_2 são como os indicados na Fig. 21.8 e y_1 e y_2 são os tamanhos do objeto e de sua imagem. Portanto, para um raio que passa através de diversas superfícies refratantes, todas tendo seus centros na mesma linha, a relação ny sen α = const. é verdadeira. Essa relação é chamada de *lei de Helmholtz*. [*Sugestão*: tomando como referência a Fig. 21.8, aplique a lei dos senos combinada com a lei de Snell e a relação obtida a partir da semelhança entre os triângulos *Cab* e *CAB* na Fig. 21.11.]

21.33 Esboçe as várias lentes delgadas possíveis e que podem ser obtidas combinando-se duas superfícies cujos raios de curvatura são, em valor absoluto, 10 cm e 20 cm. Quais são convergentes e quais são divergentes? Determine as distâncias focais de cada lente se todas são feitas de vidro com índice de refração 1,50.

21.34 Uma lente duplamente convexa tem um índice de refração de 1,5 e seus raios são 0,20 m e 0,30 m. Determine a distância focal. Determine a posição da imagem e o aumento transversal de um objeto que está a uma distância da lente igual a (a) 0,80 m, (b) 0,48 m, (c) 0,40 m (d) 0,24 m, e (e) 0,20 m. Considere também o caso de um objeto virtual que está 0,20 m atrás da lente.

21.35 Uma lente duplamente convexa tem um índice de refração de 1,5 e seus raios são 0,20 m e 0,30 m. (a) Determine a distância focal. (b) Determine a posição da imagem e o aumento transversal de um objeto que está a 0,20 m da lente. Considere também um objeto virtual a uma distância de (c) 0,40 m, e (d) 0,20 m.

21.36 Um sistema de lentes é composto de duas lentes convergentes com distâncias focais iguais a 30 cm e 60 cm. Discuta a posição da interseção com o eixo comum de um raio inicialmente paralelo ao eixo em função da distância entre as lentes. Considere os casos em que a separação é (a) 20 cm, (b) 50 cm, (c) 90 cm, e (d) 120 cm. Repita o problema no caso de a primeira lente ser divergente.

21.37 Uma lente forma uma imagem de um objeto sobre uma tela colocada a 12 cm da lente. Quando a lente é deslocada de 2 cm, afastando-se do objeto, a tela deve ser deslocada de 2 cm em direção ao objeto a fim de que este volte a ficar focalizado. Qual é a distância focal da lente?

21.38 Um objeto é colocado a 18 cm de uma tela. (a) Em que pontos entre o objeto e a tela pode ser colocada uma lente cuja distância focal é 4 cm para se obter uma imagem sobre a tela? (b) Qual é o aumento transversal da imagem para essas posições da lente?

21.39 Uma lente convergente tem uma distância focal igual a 0,40 m. Determine a posição de um objeto e a natureza da imagem se o aumento transversal é (a) –0,6, (b) –1,5, (c) –1, (d) 3, e (e) 0,8.

21.40 Uma lente convergente tem uma distância focal de 0,60 m. Determine a posição de um objeto a fim de produzir uma imagem (a) real e três vezes maior, (b) real e com um aumento transversal de um terço, (c) virtual e três vezes maior.

21.41 Determine a distância focal e a natureza de uma lente que, para um objeto a 1,20 m da lente, produz uma imagem que (a) é real e está a 0,80 m da lente, (b) é virtual e está a 3,20 m da lente, (c) é virtual e está a 0,60 m da lente, (d) é real e duas vezes maior (e) é virtual e duas vezes maior, (f) é real e cujo aumento transversal é um terço, e (g) é virtual e cujo aumento transversal é um terço.

21.42 Uma lente delgada de índice de refração n_2 é circundada por dois meios de índices de refração n_1 e n_3 respectivamente. Mostre que a equação que relaciona a posição do objeto e a imagem é $n_1/p - n_3/q = (n_1 - n_2)/r_1 + (n_2 - n_3)/r_2$.

21.43 Um tanque cheio de água tem uma abertura em uma parede vedada por uma lente duplamente convexa de índice de refração 1,5 e raio igual a 30 cm. Determine a distância focal para um raio que se aproxima da lente paralelamente ao eixo vindo do lado de dentro ou do lado de fora do tanque. Determine a posição da imagem de uma fonte de luz localizada dentro do tanque a (a) 30 cm, e (b) 45 cm da lente. O índice de refração para a água é 1,33.

21.44 Uma lente delgada equiconvexa feita de vidro de índice de refração 1,50 tem uma distância focal no ar de 30 cm. A lente veda uma abertura em uma extremidade de um tanque cheio de água (índice de refração = 1,33). Na extremidade oposta do tanque existe um espelho plano, distante 80 cm da lente. Determine a posição da imagem formada pelo sistema lente–tanque de água sobre o eixo da lente e 90 cm à esquerda da lente. A imagem é virtual ou real? Direta ou invertida?

21.45 Mostre que, para uma lente esférica, $x_1 x_2 = -f^2$, onde x_1 é a distância entre o objeto e o primeiro foco e x_2 é a distância entre a imagem e o segundo foco.

21.46 Usando a expressão (21.14) para calcular a refração em cada superfície de uma lente esférica, mostre que a distância focal é dada por

$$\frac{1}{f'} = (n-1)\left(\frac{1}{r_2} - \frac{1}{r_1}\right) + \frac{h^2}{2}\frac{n-1}{n^2}$$
$$\times\left[\left(\frac{1}{r_2} + \frac{n+1}{f}\right)\left(\frac{1}{r_2} + \frac{1}{f}\right)^2 - \frac{1}{r_1^3}\right],$$

onde f é dado pela Eq. (21.18). Avalie, a partir desse resultado, o valor da *aberração esférica* da lente, definida como a diferença em distâncias focais para um raio próximo ao eixo e um raio próximo às extremidades da lente.

21.47 Uma lente duplamente convexa tem um índice de refração de 1,5. As duas superfícies têm o mesmo raio, 10 cm. A lente tem um raio de 8 cm. Determine a distância focal e a aberração esférica. Repita o problema para uma lente que é duplamente côncava.

21.48 Os raios de uma lente convergem para um ponto imagem P, como na Fig. 21.41. Qual a espessura t de vidro de índice de refração 1,50 que deve ser interposta, como na figura, a fim de que a imagem seja formada em P'?

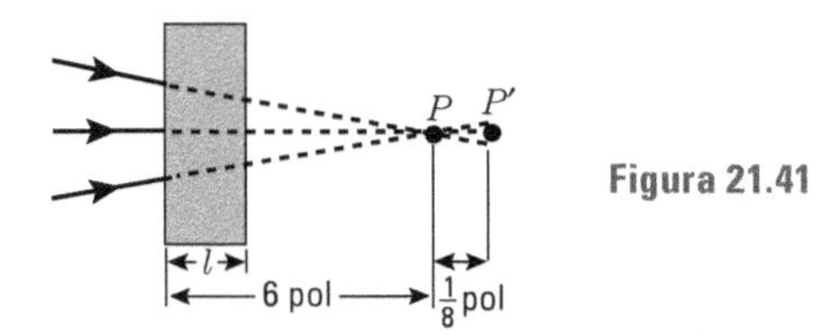

Figura 21.41

21.49 Faça um gráfico de q em função de p para (a) um espelho esférico satisfazendo a Eq. (21.3), e (b) uma lente esférica satisfazendo a Eq. (21.19). Verifique que, em cada caso, o resultado é uma hipérbole equilátera. Faça também um gráfico do aumento em função de p em cada caso.

21.50 Um prisma tem um índice de refração de 1,5 e um ângulo de 60°. (a) Determine o desvio de um raio incidente segundo um ângulo de 40°. (b) Determine o desvio mínimo e o ângulo de incidência correspondente.

21.51 O desvio mínimo de um prisma é de 30°. O ângulo do prisma é 50°. Determine seu índice de refração e o ângulo de incidência para a condição de desvio mínimo.

21.52 Mostre que, para a refração devida a um prisma,

$$\operatorname{sen}\tfrac{1}{2}(\delta + A) = n \operatorname{sen}\tfrac{1}{2} A \frac{\cos\tfrac{1}{2}(r - r')}{\cos\tfrac{1}{2}(i - i')}.$$

Mostre também que $\cos\tfrac{1}{2}(r - r')$ nunca é menor do que $\cos\tfrac{1}{2}(i - i')$. Conclua então que a condição de desvio mínimo é $i = i'$.

21.53 Mostre que, se o ângulo de um prisma é muito pequeno e os raios incidentes incidem quase perpendicularmente a uma das faces, o desvio é $\delta = (n - 1)A$.

21.54 Se um raio alcança a segunda superfície de um prisma segundo um ângulo maior do que o ângulo crítico, ocorre reflexão total e o raio é refletido de volta em vez de passar para fora do prisma. Esse princípio é usado em muitos instrumentos ópticos. Mostre que, se $n > 1$, a condição para que haja ao menos um raio emergente é que $A \leq 2\lambda$, onde λ é o ângulo crítico. Discuta então o intervalo de variação do ângulo de incidência i para que o raio possa emergir do outro lado do prisma. Esse intervalo é dado pelo ângulo α indicado na Fig. 21.42. Prove que esse ângulo é dado pela relação $\cos\alpha = n \operatorname{sen}(A - \lambda)$. Discuta a variação de α com A.

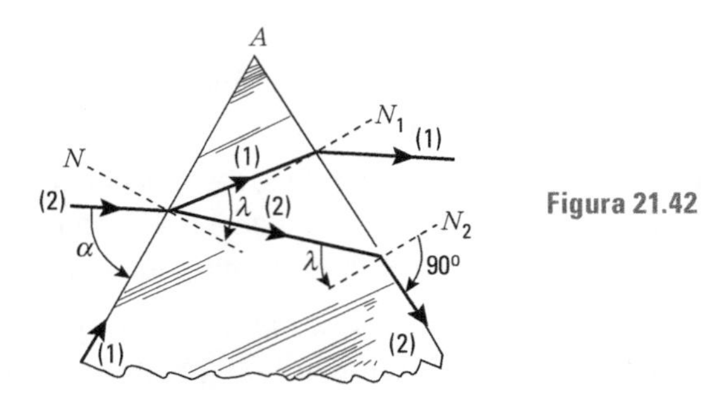

Figura 21.42

21.55 Aplique a discussão do problema precedente ao caso de um prisma que tem um ângulo refratante de 45° e um índice de refração de 1,5. Obtenha o valor de α. Discuta o caminho de um raio que incide perpendicularmente a uma das faces. Considere também o caso quando o ângulo do prisma é 35°.

21.56 A partir dos dados da Tab. 21.3, obtenha os coeficientes A e B que aparecem na fórmula de Cauchy para o índice de refração no caso do vidro *crown*.

21.57 Usando o resultado do problema precedente, determine a separação angular correspondente às linhas C e F de Fraunhofer para um prisma de vidro *crown* que tem um ângulo de 50° se o ângulo de incidência é de 30°.

21.58 Um sistema de lentes é composto de duas lentes em contato, uma plano-côncava de vidro *flint* e outra duplamente convexa de vidro *crown*. O raio da face comum é 0,20 m e o raio da outra face da lente de vidro *crown* é 0,12 m. Determine a distância focal do sistema e a aberração cromática.

21.59 A ocular de um instrumento óptico é composta de duas lentes convergentes idênticas de 5 cm de distância focal cada uma e separadas por 2,5 cm. Determine a posição dos focos do sistema medidos a partir da lente mais próxima.

21.60 A objetiva de um microscópio tem uma distância focal de 4 mm. A imagem formada por essa objetiva está a 180 mm a partir do segundo ponto focal. A ocular tem uma distância focal de 31,25 mm. (a) Qual é o aumento transversal do microscópio? (b) O olho desarmado pode distinguir se dois pontos são distintos, estando separados por uma distância de 0,1 mm. Qual é a separação mínima que pode ser distinguida com a ajuda desse microscópio?

21.61 O diâmetro da Lua é de $3{,}5 \times 10^3$ km e sua distância da Terra é $3{,}8 \times 10^5$ km. Determine o diâmetro da imagem da Lua formada por um telescópio, se a distância focal da objetiva for 4 m e a da ocular for de 10 cm.

21.62 Tomando como referência a Fig. 21.39, mostre que o tempo necessário para o raio ir de S a qualquer ponto da superfície de onda Σ é independente de ϕ e é igual a $S'B/c$, onde $S'B$ é o raio de Σ.

22 Interferência

22.1 Introdução

Uma característica muito importante do movimento ondulatório é o fenômeno da interferência. Isso ocorre quando dois ou mais movimentos ondulatórios coincidem no espaço e no tempo. No Cap. 12, discutimos a superposição de dois movimentos harmônicos simples; a teoria lá desenvolvida pode ser aplicada diretamente ao nosso problema para o caso de ondas harmônicas ou monocromáticas*. Um exemplo de um lugar em que ocorre interferência é a região na qual ondas refletidas e incidentes coincidem. De fato, esse é um dos métodos mais comuns para produzir interferência. Outro exemplo importante de interferência é encontrado em um movimento ondulatório confinado a uma região limitada do espaço, tal como uma corda com suas duas extremidades fixas, ou um líquido em um canal, ou uma onda eletromagnética em uma cavidade metálica. A interferência dá origem, então, a *ondas estacionárias.*

A fim de aplicar as fórmulas desenvolvidas no Cap. 12, escreveremos, para uma onda harmônica movendo-se na direção $+X$,

$$\xi = \xi_0 \operatorname{sen} (\omega t - kx) \tag{22.1}$$

e, para outra se movendo na direção $-X$,

$$\xi = \xi_0 \operatorname{sen} (\omega t + kx) \tag{22.2}$$

em vez das Eqs. (18.5) e (18.9). Isso envolve somente uma mudança de sinal e é um procedimento correto, como foi indicado no fim da Seç. 18.2, na Eq. (18.10), e usado no Ex. 20.2.

Como mencionamos nos capítulos anteriores, a teoria aqui desenvolvida é aplicável a qualquer espécie de movimento ondulatório, mas, em geral, nossos exemplos e aplicações referir-se-ão a ondas eletromagnéticas.

22.2 Interferência de ondas produzidas por duas fontes síncronas

Vamos considerar duas fontes pontuais S_1 e S_2 (Fig. 22.1) que oscilam em fase com a mesma frequência angular ω e amplitudes ξ_{01} e ξ_{02}. Suas respectivas ondas esféricas são

$$\xi_1 = \xi_{01} \operatorname{sen} (\omega t - kr_1) \tag{22.3}$$

e

$$\xi_2 = \xi_{02} \operatorname{sen} (\omega t - kr_2), \tag{22.4}$$

onde r_1 e r_2 são as distâncias de qualquer ponto a S_1 e S_2, respectivamente. Note que, embora as duas fontes sejam idênticas, se r_1 e r_2 são diferentes, elas não produzem a mesma amplitude em P, porque, como sabemos da Seç. 18.11, a amplitude de uma onda esférica decresce com uma dependência com $1/r$.

* Sugerimos que você, antes de estudar este capítulo, volte ao Cap. 12 e releia as Seçs. 12.7 até 12.9.

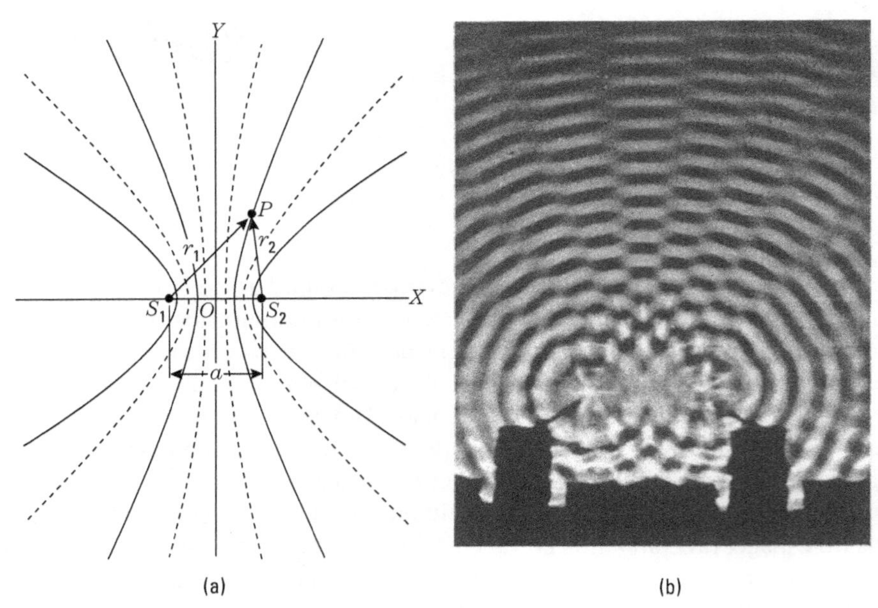

Figura 22.1 (a) Linhas nodais e ventrais resultantes da interferência de ondas produzidas por duas fontes idênticas. (b) Figura de interferência de ondas na superfície da água.

Fonte: A foto é uma cortesia do Educational Services, Inc.

Suponhamos que ξ seja uma propriedade escalar, tal como uma perturbação de pressão. Se ξ corresponde a uma quantidade vetorial, supomos que ξ_1 e ξ_2 sejam de mesma direção, de forma que a combinação das duas ondas possa ser tratada de modo escalar. Quando comparamos as Eqs. (22.3) e (22.4) com a Eq. (12.1) [isto é, $\xi = A$ sen $(\omega t + \alpha)$], as quantidades kr_1 e kr_2 desempenham o mesmo papel que as fases iniciais. Então a diferença de fase entre os dois movimentos ondulatórios em qualquer ponto P (lembrando que $k = 2\pi/\lambda$) é

$$\delta = kr_1 - kr_2 = \frac{2\pi}{\lambda}(r_1 - r_2). \tag{22.5}$$

Quando usamos a técnica de vetores girantes, que foi explicada na Seç. 12.7, os dois movimentos interferentes podem ser representados por vetores girantes, de comprimento ξ_{01} e ξ_{02}, respectivamente, que fazem ângulos $\alpha_1 = kr_1$ e $\alpha_2 = kr_2$ com o eixo X (Fig. 22.2). A amplitude ξ_0 e a fase α do movimento ondulatório resultante são dadas por sua resultante vetorial. Portanto podemos expressar a amplitude da perturbação resultante em P por

$$\xi_0 = \sqrt{\xi_{01}^2 + \xi_{02}^2 + 2\xi_{01}\xi_{02}\cos\delta}. \tag{22.6}$$

Da Eq. (22.6), vemos que ξ está compreendido entre os valores $\xi_{01} + \xi_{02}$ e $\xi_{01} - \xi_{02}$ dependendo de que

$$\cos\delta = +1 \quad \text{ou} \quad -1, \quad \text{ou} \quad \delta = 2n\pi \quad \text{ou} \quad (2n+1)\pi,$$

onde n é um inteiro positivo ou negativo. No primeiro caso, temos um reforço máximo dos dois movimentos ondulatórios, ou *interferência construtiva*, e, no segundo caso, atenuação máxima, ou *interferência destrutiva*, isto é

$$\delta = \begin{cases} 2n\pi & \text{interferência construtiva,} \\ (2n+1)\pi & \text{interferência destrutiva.} \end{cases}$$

Usando a Eq. (22.5), podemos então escrever

$$\frac{2\pi}{\lambda}(r_1 - r_2) = \begin{cases} 2n\pi & \text{interferência construtiva,} \\ (2n+1)\pi & \text{interferência destrutiva.} \end{cases} \tag{22.7}$$

ou

$$r_1 - r_2 = \begin{cases} n\lambda & \text{interferência construtiva,} \\ (2n+1)\dfrac{\lambda}{2} & \text{interferência destrutiva.} \end{cases} \tag{22.8}$$

Mas $r_1 - r_2$ = const. define uma hipérbole cujos focos são S_1 e S_2, ou, como na realidade o problema é espacial, essa equação define superfícies hiperbólicas de revolução, tais como as da Fig. 22.3. Portanto, concluímos da Eq. (22.8) que, nas superfícies hiperbólicas cujas equações são $r_1 - r_2 = \pm\lambda, \pm 2\lambda, \pm 3\lambda, \ldots$, os dois movimentos ondulatórios interferem construtivamente. Essas superfícies são chamadas *superfícies ventrais* ou *superfícies antinodais*. Nas superfícies hiperbólicas cujas equações são $r_1 - r_2 = \pm\frac{1}{2}\lambda,\ \pm\frac{3}{2}\lambda, \ldots$, os dois movimentos ondulatórios interferem destrutivamente. Essas superfícies são chamadas *superfícies nodais*. O padrão geral é então uma sucessão de superfícies alternadas ventrais e nodais. As interseções dessas superfícies com um plano que passa pelo eixo X são as hipérboles ilustradas na Fig. 22.1.

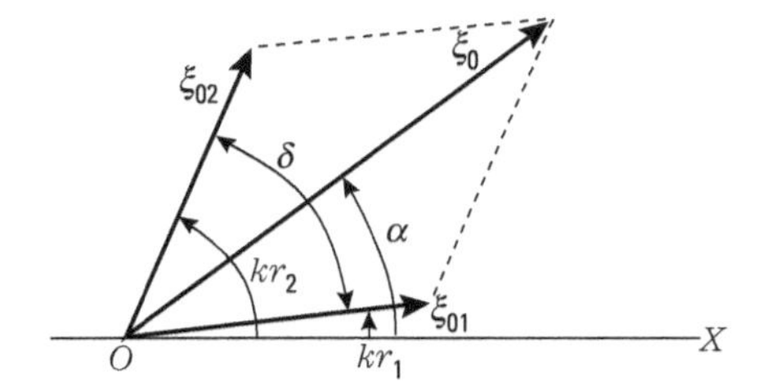

Figura 22.2 Amplitude resultante de duas ondas que interferem entre si. O eixo X foi tomado como linha de referência.

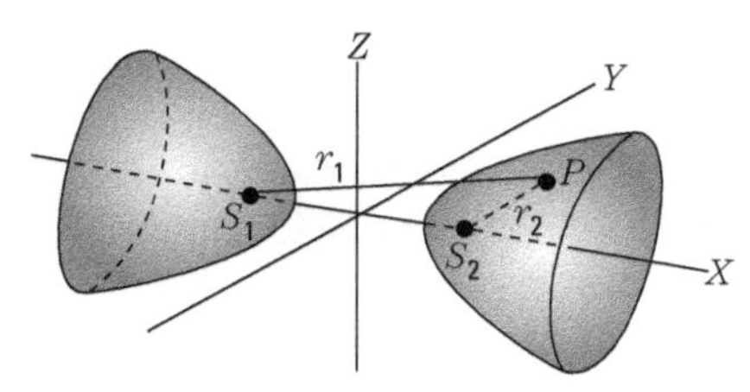

Figura 22.3 Superfície de fase constante para ondas esféricas produzidas por duas fontes coerentes S_1 e S_2.

A situação descrita é tal que, para cada ponto do espaço, o movimento ondulatório resultante tem uma amplitude característica dada pela Eq. (22.6), de forma que

$$\xi = \xi_0 \text{ sen } (\omega t - \alpha),$$

onde α é um ângulo como o indicado na Fig. 22.2. Portanto o resultado da interferência não tem a aparência de um movimento ondulatório progressivo, mas um caráter *estacionário* em que, para cada ponto do espaço, o movimento tem uma amplitude fixa. A razão disso é que as duas fontes oscilam com a mesma frequência e mantêm uma diferença de fase constante, daí dizer-se que são *coerentes*. Mas, se as fontes não são da mesma frequência, ou se suas diferenças de fase variam erraticamente com o tempo, nenhum padrão estacionário de interferência é observado e diz-se que as fontes são *incoerentes*. Isso é o que acontece com fontes de luz, compostas do mesmo tipo de átomos, que emitem luz de mesma frequência. Como existem muitos átomos em cada fonte e como não oscilam em fase, nenhum padrão definido de interferência é observado.

Para evitar essa dificuldade e produzir dois feixes coerentes de luz, diversos instrumentos têm sido propostos. Um muito comum é o biprisma de Fresnel, ilustrado na Fig. 22.4. É composto de dois prismas, P_1 e P_2. A luz vinda de uma fonte S é refratada em cada prisma e separada em dois feixes coerentes que, aparentemente, provêm de duas fontes coerentes, S_1 e S_2, que são as imagens de S produzidas por cada prisma. Nesse caso, a coerência é assegurada em virtude de os dois feixes procederem da mesma fonte. Os feixes interferem na região sombreada. Para grandes diferenças de fase, a coerência é destruída, porque os feixes interferentes são produzidos pela fonte em dois instantes de tempo demasiado separados, de forma que, do ponto de vista microscópico, a fonte não é a mesma em ambos os instantes, e as fases não são constantes.

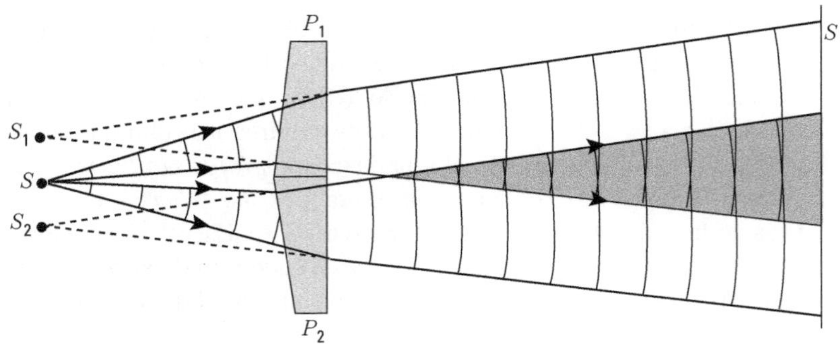

Figura 22.4 Biprisma de Fresnel.

Um arranjo ainda mais simples é aquele usado por Thomas Young (1773-1829), que, em suas primeiras experiências sobre interferência luminosa, provou conclusivamente que a luz era um fenômeno ondulatório. Seu arranjo (Fig. 22.5) consistia em uma tela com duas fendas ou orifícios muito próximos um do outro, S_1 e S_2, com uma fonte de luz S colocada atrás dela. De acordo com o princípio de Huygens, S_1 e S_2 comportam-se como fontes secundárias e coerentes, cujas ondas interferem no lado direito da tela.

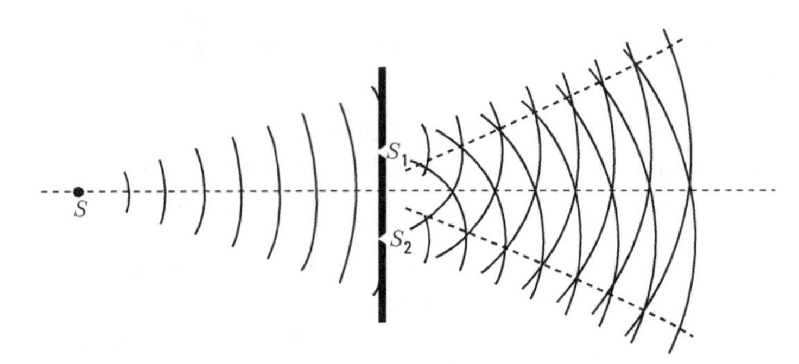

Figura 22.5 Interferência de duas fontes coerentes. Experiência da fenda dupla de Young.

No caso da luz, a figura de interferência é observada sobre um anteparo colocado paralelamente às duas fontes S_1 e S_2, como indica a Fig. 22.6(a). Uma série de franjas, alternadamente brancas e escuras, conforme mostra a Fig. 22.6(b), aparece no anteparo, em virtude da interseção do anteparo com as superfícies hiperbólicas ventrais e nodais. Para outras regiões do espectro eletromagnético, diferentes tipos de detetores são usados para observar as figuras de interferência.

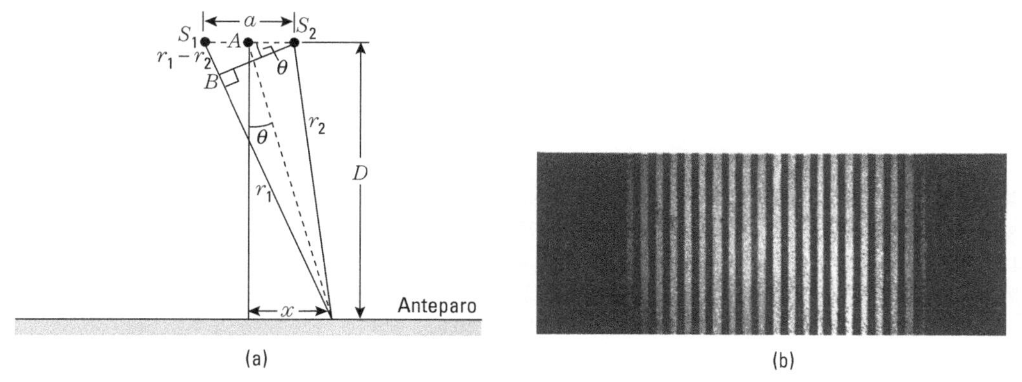

Figura 22.6 (a) Diagrama esquemático para determinar a intensidade do movimento ondulatório resultante sobre um anteparo, devido à interferência de duas fontes coerentes. (b) Fotografia das franjas de interferência produzidas sobre um anteparo por um par de fendas iluminadas por uma fonte pontual de luz monocromática. Note que, em virtude da perda de coerência, as franjas perdem nitidez perto das extremidades.

Se a separação a das fontes S_1 e S_2 é pequena comparada com a distância D, podemos desprezar a pequena diferença entre r_1 e r_2 e tomar as amplitudes ξ_{01} e ξ_{02} como praticamente iguais. Podemos então reescrever a Eq. (22.6) como

$$\xi_0 = \xi_{01}\sqrt{2(1+\cos\delta)} = 2\xi_{01}\cos\tfrac{1}{2}\delta.$$

Ora, da geometria da Fig. 22.6, considerando que θ é um ângulo pequeno, de forma que sen $\theta \approx$ tg $\theta = x/D$, temos $r_1 - r_2 = S_1B = a$ sen $\theta = ax/D$, e daí

$$\delta = \frac{2\pi}{\lambda}(r_1 - r_2) = \frac{2\pi}{\lambda}a\,\text{sen}\,\theta = \frac{2\pi ax}{D\lambda}. \tag{22.9}$$

A intensidade do movimento resultante sobre pontos da tela é proporcional a ξ_0^2. Portanto

$$I = I_0\cos^2\left(\frac{\pi a\,\text{sen}\,\theta}{\lambda}\right) = I_0\cos^2\left(\frac{\pi ax}{D\lambda}\right), \tag{22.10}$$

onde I_0 é a intensidade para $\theta = 0$. Esta distribuição de intensidade segundo $\cos^2$ é ilustrada na Fig. 22.7. Os pontos de máxima intensidade correspondem a

$$\frac{\pi a\,\text{sen}\,\theta}{\lambda} = n\pi \qquad \text{ou} \qquad a\,\text{sen}\,\theta = n\lambda,$$

e também a

$$\frac{\pi ax}{D\lambda} = n\pi \qquad \text{ou} \qquad x = \frac{nD}{a}\lambda, \tag{22.11}$$

onde n é um inteiro positivo ou negativo. A separação entre duas franjas brilhantes sucessivas é $\Delta x = (D/a)\lambda$. Portanto, medindo-se Δx, D, e a, pode-se obter o comprimento de onda λ. Esse é, na realidade, um dos métodos padrão para a medida de comprimentos de onda.

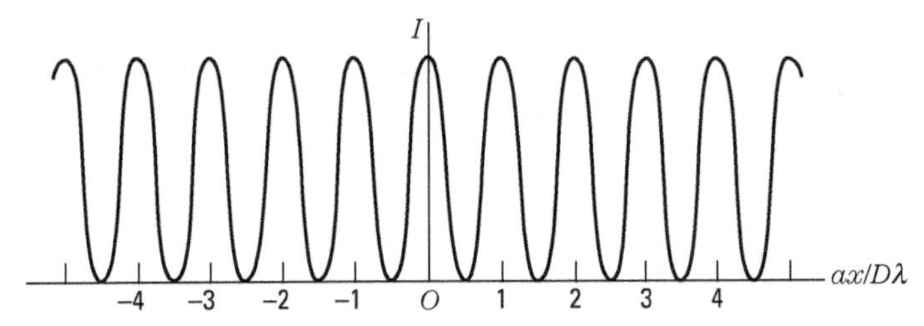

Figura 22.7 Distribuição de intensidade na figura de interferência produzida por duas fontes coerentes.

■ **Exemplo 22.1** Em uma experiência semelhante à de Young, as duas fendas estão separadas por uma distância de 0,8 mm. As fendas são iluminadas com luz monocromática de comprimento de onda $5{,}9 \times 10^{-7}$ m, e a figura de interferência é observada em um segundo anteparo que está a uma distância de 0,50 m das fendas. Determinar a separação entre duas franjas sucessivas claras ou escuras.

Solução: As quantidades que aparecem na Eq. (22.11) são, nesse caso, a = 0,8 mm = 8 × × 10^{-4} m, $D = 5 \times 10^{-1}$ m, e $\lambda = 5{,}9 \times 10^{-7}$ m. Portanto as posições das franjas brilhantes são $x = n(D/a) = 3{,}7 \times 10^{-4}n$ m = $0{,}37n$ mm. Em geral, as franjas precisam ser observadas com uma lente de aumento. A separação entre franjas brilhantes sucessivas é 0,37 mm, que é a mesma separação entre duas franjas escuras.

■ **Exemplo 22.2** Discutir a figura de interferência de duas fontes incoerentes de mesma frequência.

Solução: A incoerência neste caso é devida à diferença de fase variável. Portanto escrevemos, em vez das Eqs. (22.3) e (22.4),

$$\xi_1 = \xi_{01} \text{ sen } (\omega t - kr_1 - \phi), \qquad \xi_2 = \xi_{02} \text{ sen } (\omega t - kr_2),$$

onde ϕ é a diferença de fase adicional que varia ao acaso com o tempo. Então a diferença de fase é $\delta = 2\pi/r_1 - r_2)/\lambda + \phi$, e a amplitude resultante no ponto de interferência é

$$\xi_0^2 = \xi_{01}^2 + \xi_{02}^2 + 2\xi_{01}\xi_{02}\cos\left[\frac{2\pi}{\lambda}(r_1 - r_2) + \phi\right].$$

Mas agora ξ_0 não é constante com o tempo por causa das variações em ϕ. Portanto devemos, em lugar disso, determinar $(\xi_0^2)_{\text{med}}$. Mas, em virtude das variações ao acaso de ϕ, temos que

$$\left\{\cos\left[\frac{2\pi}{\lambda}(r_1 - r_2) + \phi\right]\right\}_{\text{med}} = 0.$$

Portanto

$$\left(\xi_0^2\right)_{\text{med}} = \xi_{01}^2 + \xi_{02}^2$$

e, como a intensidade é proporcional ao quadrado da amplitude

$$I_{\text{med}} = I_1 + I_2.$$

Portanto a intensidade média resultante é a soma das intensidades individuais, e não são observadas flutuações na intensidade. A intensidade média é a mesma para todos os pontos. É por isto que, por exemplo, não observamos franjas de interferência entre duas lâmpadas elétricas, pois as diferenças de fase de seus respectivos átomos radiantes estão distribuídas ao acaso.

22.3 Interferência de várias fontes síncronas

Consideremos agora o caso de diversas fontes síncronas e idênticas dispostas linearmente, como ilustra a Fig. 22.8. Para simplificar nossa discussão, podemos supor que observamos o movimento ondulatório resultante a uma distância muito grande comparada com a separação entre as fontes, de forma que, efetivamente, os raios que interferem são paralelos. Entre raios sucessivos, a diferença de fase é constante e dada por

$$\delta = \frac{2\pi}{\lambda} a \operatorname{sen} \theta. \qquad (22.12)$$

Para obter a amplitude resultante para a direção de observação, dada pelo ângulo θ, devemos calcular a soma vetorial dos vetores girantes correspondentes para cada fonte. Se todas as fontes são do mesmo tipo, seus vetores girantes têm todos os mesmo módulo ξ_{01}, e vetores sucessivos são desviados de um mesmo ângulo δ, como indica a Fig. 22.9. Designando o número de fontes por N, temos então um polígono regular de N lados cujo centro é C e que tem um raio ρ, sendo o ângulo OCP igual a $N\delta$. Do triângulo COP, vemos que

$$\xi_0 = OP = 2QP = 2\rho \operatorname{sen} \tfrac{1}{2} N\delta.$$

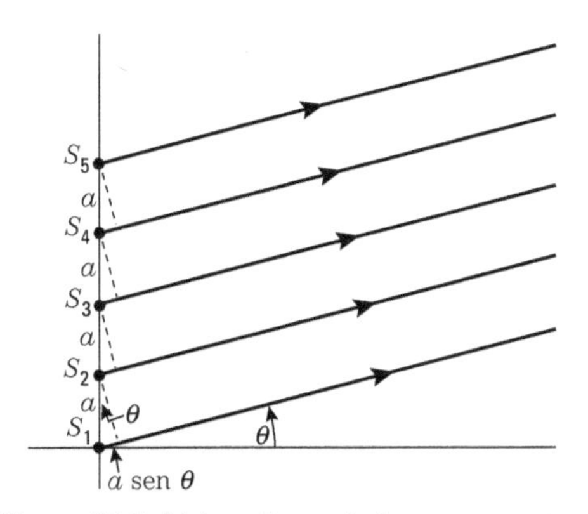

Figura 22.8 Série colinear de fontes coerentes igualmente espaçadas.

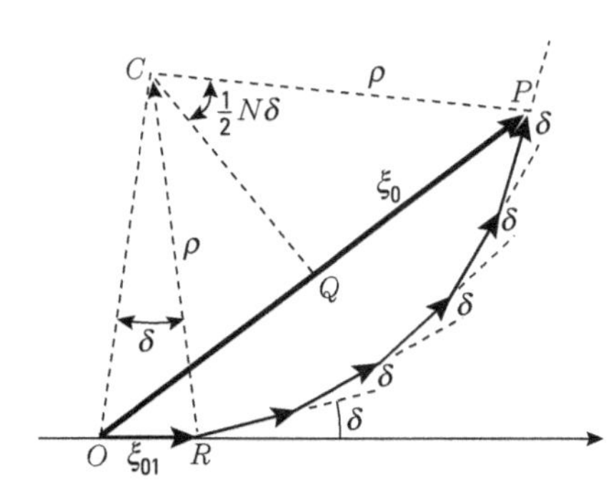

Figura 22.9 Amplitude resultante em um ponto arbitrário, decorrente da interferência de ondas geradas por fontes colineares coerentes igualmente espaçadas.

Da mesma forma, do triângulo COR, que corresponde a um lado do polígono, temos

$$\xi_{01} = 2\rho \operatorname{sen} \tfrac{1}{2}\delta.$$

Dividindo as duas relações para eliminar ρ, obtemos

$$\xi_0 = \xi_{01} \frac{\operatorname{sen} \frac{1}{2} N\delta}{\operatorname{sen} \frac{1}{2}\delta}. \qquad (22.13)$$

Para $N = 2$, obtemos $\xi_0 = 2\xi_{01} \cos \frac{1}{2}\delta$, o que concorda com o resultado anterior para duas fontes iguais e que foi deduzido na Seç. 22.2. A intensidade das ondas resultantes, sendo proporcional a ξ_0^2 é, então,

$$I = I_0 \left(\frac{\text{sen}\, \frac{1}{2} N\delta}{\text{sen}\, \frac{1}{2}\delta} \right)^2 = I_0 \left[\frac{\text{sen}\,(N\pi a\, \text{sen}\, \theta/\lambda)}{\text{sen}\,(\pi a\, \text{sen}\, \theta/\lambda)} \right]^2, \tag{22.14}$$

onde I_0 é a intensidade de cada fonte proporcional a ξ_{01}^2. A expressão (22.14) tem um máximo muito pronunciado, igual a $N^2 I_0$, para $\delta = 2n\pi$, ou

$$a\, \text{sen}\, \theta = n\lambda. \tag{22.15}$$

Isso acontece porque sen $N\alpha$/sen $\alpha = \pm N$ para $\alpha = n\pi$ e, em nosso caso, $\alpha = \frac{1}{2}\delta$. O valor de I é então $I = N^2 I_0$. Esse resultado pode ser compreendido a partir da Fig. 22.9 porque, quando $\delta = 2n\pi$, todos os vetores ξ_{01} da fonte são paralelos, como indica a Fig. 22.10, e a amplitude resultante é $\xi_0 = N\xi_{01}$, de acordo com a Eq. (22.13). A expressão (22.15) concorda com a Eq. (22.11) deduzida para duas fontes, com hipóteses semelhantes. A intensidade é nula para $\frac{1}{2}N\delta = n'\pi$, ou

$$a\, \text{sen}\, \theta = \frac{n'\lambda}{N}, \tag{22.16}$$

onde n' varia de 1 a $N - 1$, $N + 1$ a $2N - 1$ etc., pois $n' = 0, N, 2N, ...$, estão excluídos porque então a Eq. (22.16) se transformaria na Eq. (22.15). Entre dois mínimos deve sempre existir um máximo. Portanto concluímos que existem também $N - 2$ máximos adicionais entre os máximos principais dados pela Eq. (22.15). Suas amplitudes são, contudo, relativamente menores, especialmente se N é grande. Os máximos principais correspondem às direções para as quais as ondas emitidas por fontes adjacentes estão em fase.

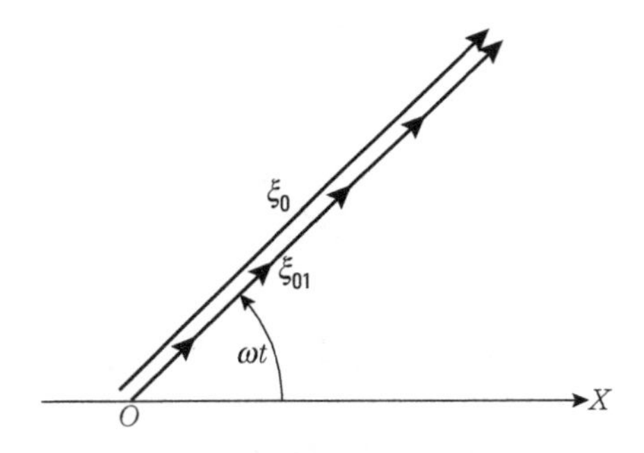

Figura 22.10 Amplitude resultante da interferência de fontes colineares igualmente espaçadas, em um ponto de diferença de fase nula.

O gráfico de I/I_0 em função de δ é apresentado na Fig. 22.11 para N = 2,4, 8, e N muito grande. Vemos que, quando aumentamos N, o sistema se torna altamente direcional, pois o movimento ondulatório resultante é importante somente para bandas estreitas de valores de δ, ou para bandas estreitas de valores do ângulo θ.

Esses resultados são largamente usados em estações transmissoras de radiodifusão ou por estações receptoras quando um efeito direcional é desejado. Nesse caso, várias antenas são dispostas de tal forma que a intensidade da radiação emitida (ou recebida) seja máxima somente para certas direções, dadas pela Eq. (22.15). Por exemplo, para quatro antenas separadas por $a = \lambda/2$, a Eq. (22.15) nos dá sen $\theta = 2n$. Então somente $n = 0$ é possível para o máximo principal, dando $\theta = 0$ e π. Para os zeros, ou planos nodais, a Eq. (22.16) nos dá sen $\theta = \frac{1}{2}n'$, permitindo para $n' = \pm 1$ e ± 2 ou $\theta = \pm\pi/3$, e $\pm\, \pi/2$. Essa situação é ilustrada no diagrama polar da Fig. 22.12, onde a intensidade é colocada em função do ângulo. Esse arranjo de antenas transmite e recebe preferencialmente em uma direção perpendicular à linha que une as fontes, sendo, portanto, chamado *arranjo em fileira transversa* (*broadside array*). O mesmo efeito direcional é usado em radiotelescópios. Diversas antenas parabólicas são colocadas a distâncias iguais ao longo de uma linha reta, com seus eixos paralelos. Para um dado espaçamento e orientação dos eixos, o comprimento de onda das ondas de rádio recebidas é determinado pela Eq. (22.15). (Veja o Prob. 22.16.)

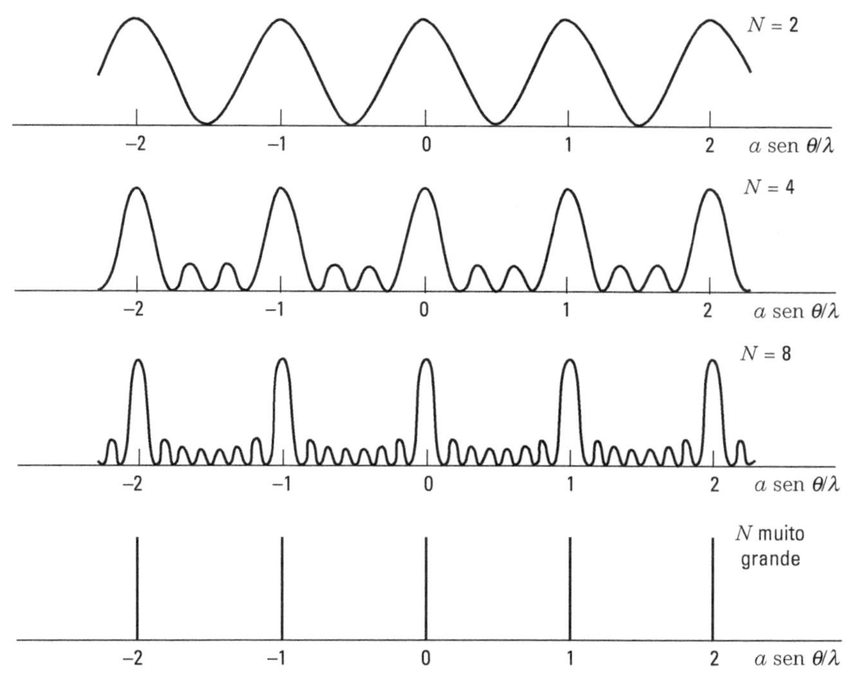

Figura 22.11 Intensidade de uma figura de difração para 2, 4, 8, e muitas fontes. O espaçamento *a* entre as fontes é mantido constante.

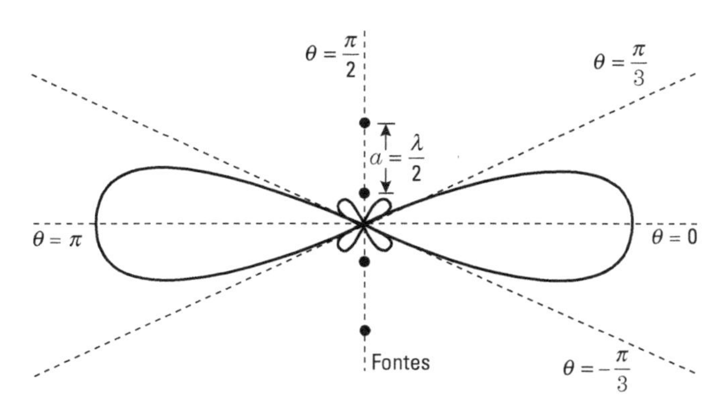

Figura 22.12 Distribuição angular da intensidade de uma figura de difração para ondas geradas por quatro fontes colineares espaçadas entre si por meio comprimento de onda.

■ **Exemplo 22.3** Discutir a interferência produzida por reflexão, ou por transmissão, em um filme fino.

Solução: A discussão da seção anterior pode ser aplicada ao caso de luz refletida ou transmitida por filmes finos. Vamos considerar (Fig. 22.13) um filme fino de espessura a e ondas planas incidindo sobre ele com um ângulo de incidência θ_i. Parte de um raio, tal como AB, é refletida segundo BG, e parte é refratada segundo BC. O raio BC por sua vez é parcialmente refletido em C segundo CD, e parcialmente transmitido segundo CH. O raio CD é de novo parcialmente refletido em D segundo DK, superpondo-se com o raio refratado de FD e parcialmente transmitido segundo DE, superpondo-se ao raio resultante da reflexão de FD. Da mesma forma, o raio refletido BG também contém contribuições de diversos raios vindos da esquerda. Portanto o fenômeno de interferência ocorre com os raios refletidos e refratados. A situação é, assim, semelhante ao caso ilustrado na Seç. 22.3, com N muito grande, mas com uma diferença importante: os raios que interferem não têm todos a mesma intensidade, em virtude de as sucessivas reflexões e refrações decrescerem suas intensidades.

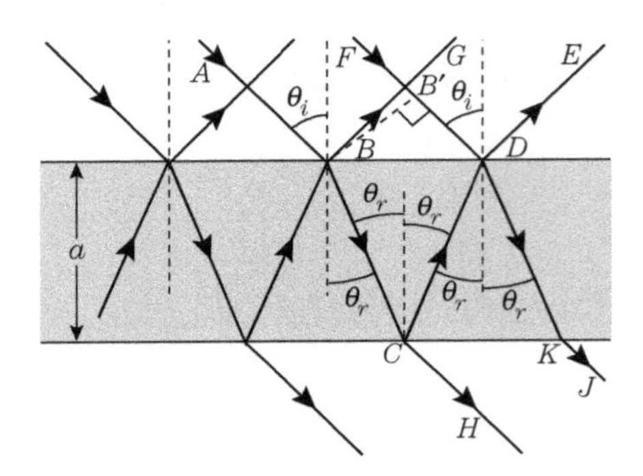

Figura 22.13 Interferência por reflexão ou refração através de um filme fino.

Se desprezarmos essas variações de intensidade, o máximo para interferência por reflexão ou refração ocorrerá quando a diferença de fase δ entre raios sucessivos satisfizer a equação $\delta = 2n\pi$. Para calcular δ para interferência por reflexão, vamos considerar os raios AB e FD. Construindo a frente de onda BB', a diferença de fase ao longo de DE é devida aos tempos diferentes necessários para seguir os caminhos $B'D$ e BCD. Ora, da figura, vemos que $B'D = BD \text{ sen } \theta_i$, e $BD = 2a \text{ tg } \theta_r$. Portanto

$$B'D = 2a \text{ tg } \theta_r \text{ sen } \theta_i = \frac{2an \text{ sen}^2 \theta_r}{\cos \theta_r},$$

porque, pela lei de Snell, $\text{sen } \theta_i = n \text{ sen } \theta_r$. Também $BCD = 2BC = 2a/\cos \theta_r$. Então $t_1 = B'D/c = 2an \text{ sen}^2 \theta_r / c \cos \theta_r$ e $t_2 = BCD/v = 2an/c \cos \theta_r$, porque $v = c/n$. A diferença de tempo é

$$t_2 - t_1 = \frac{2an \cos \theta_r}{c}$$

e a diferença de fase, desde que $\lambda = 2\pi c/\omega$, é

$$\delta = \omega(t_2 - t_1) = \frac{2a\omega n \cos \theta_r}{c} = \frac{4\pi a n \cos \theta_r}{\lambda}.$$

Isso não pode ser a diferença de fase total porque, como vimos na Seç. 20.7, algumas vezes, ocorre na reflexão uma diferença de fase adicional de π. Isso ocorre, por exemplo, no caso de ondas eletromagnéticas, quando luz polarizada perpendicularmente ao plano de incidência passa de um meio onde a velocidade é maior para outro onde ela é menor. De forma que, nesse caso, se $n > 1$, há uma mudança de fase de π para o raio FD quando ele é refletido em D, mas não para o raio BC quando é refletido em C; e o contrário ocorre quando $n < 1$. Então, em cada caso devemos escrever

$$\delta = \frac{4\pi an \cos\theta_r}{\lambda} + \pi$$

e, colocando $\delta = 2N\pi$, onde N é um inteiro, obtemos

$$2an \cos\theta_r = \tfrac{1}{2}(2N-1)\lambda$$

(máxima reflexão, mínima transmissão), (22.17)

como condição para interferência construtiva nas ondas refletidas. Você pode verificar, por cálculos semelhantes, que, para a onda transmitida segundo DK, a condição para intensidade máxima é

$$2an \cos\theta_r = N\lambda$$

(máxima transmissão, mínima reflexão). (22.18)

A mudança de fase de π não ocorre nesse caso porque o raio sofreu duas reflexões internas. A Eq. (22.17) também, nos dá a condição para transmissão mínima e a Eq. (22.18) fornece a condição para reflexão mínima. É interessante notar, então, que a cor que observamos por causa da reflexão não é a mesma que observamos por causa da transmissão. Elas são determinadas, em cada caso, pelos comprimentos de onda que satisfazem as Eqs. (22.17) ou (22.18).

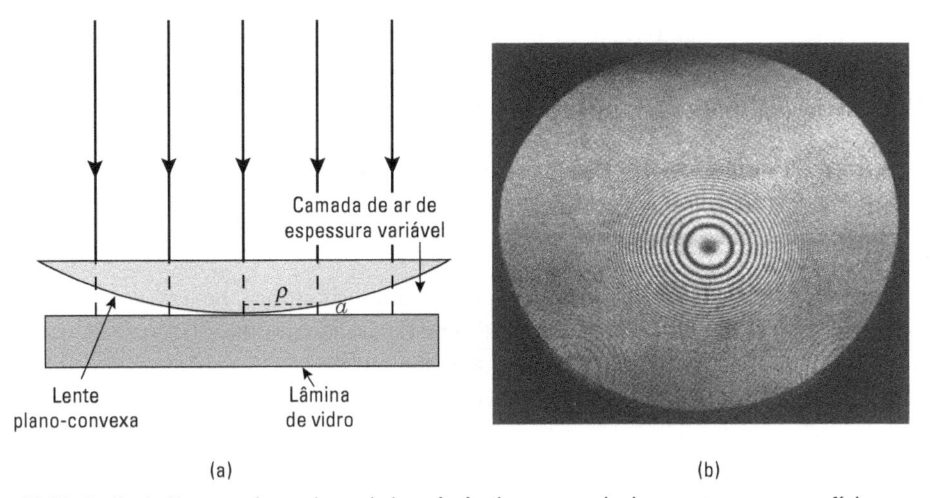

Figura 22.14 Anéis de Newton, formados pela interferência na camada de ar entre uma superfície convexa e outra plana. (a) Diagrama esquemático. (b) Fotografia dos anéis.

Fonte: A foto é uma cortesia de Bausch and Lomb Optical Co.

Se a luz incidente não é monocromática, as Eqs. (22.17) e (22.18) dão diferentes valores de θ_r, e então θ_i, para cada λ. Isso explica as cores que observamos em filmes finos de óleo sobre a superfície da água. Também, se o filme é de espessura variável, as condições (22.17) e (22.18) não são satisfeitas em todos os pontos para um dado comprimento de onda; isso resulta, no caso de luz monocromática, em uma sucessão de bandas escuras e claras e, no caso de luz branca, resulta numa sucessão de bandas coloridas. Isso pode ser visto facilmente colocando-se uma lente plano-convexa sobre uma lâmina de vidro, como mostra a Fig. 22.14(a). O espaço entre a lente e a lâmina de vidro é uma camada de ar, de espessura variável. O padrão de interferência resultante consta de uma série de anéis concêntricos e coloridos, conhecidos como *anéis de Newton*, ilustrados na Fig. 22.14(b).

■ **Exemplo 22.4** Um dado filme tem um índice de refração de 1,42. Determinar sua mínima espessura, se ele deve aparecer escuro por (a) reflexão, (b) transmissão, quando iluminado com luz de sódio (comprimento de onda $5{,}9 \times 10^{-7}$m).

Solução: Das Eqs. (22.17) e (22.18) vemos que o valor mínimo de a ocorre para o valor máximo de cos θ_r, isto é, para $\theta_r = 0°$ e, portanto, $\theta_i = 0°$. Esta situação corresponde à incidência normal. Nesse caso (com $N = 1$), as condições tornam-se $a = \lambda/4n$ para transmissão nula e $a = \lambda/2n$ para reflexão nula. Dessa forma, os valores correspondentes são $a = 1{,}04 \times 10^{-7}$ m e $a = 2{,}08 \times 10^{-7}$ m. Como a separação entre átomos é da ordem de 10^{-9} m, a menor espessura de filme em cada caso é somente algumas centenas de camadas atômicas.

22.4 Ondas estacionárias em uma dimensão

No Ex. 20.2, discutimos ondas transmitidas e refletidas em uma corda que tinha uma descontinuidade em um certo ponto, tal como uma variação no diâmetro ou no material. Vamos agora considerar a situação quando uma extremidade é fixa, como indica a Fig. 22.15, onde a extremidade O é o ponto fixo. Uma onda transversal incidente movendo-se para a esquerda e cuja equação é $\xi = \xi_0$ sen $(\omega t + kx)$ é refletida em O, produzindo uma nova onda que se propaga para a direita e que tem como equação $\xi = \xi'_0$ sen $(\omega t - kx)$. O deslocamento de qualquer ponto da corda é o resultado da interferência ou superposição das duas ondas, isto é,

$$\xi = \xi_0 \text{ sen } (\omega t + kx) + \xi'_0 \text{ sen } (\omega t - kx). \tag{22.19}$$

Em O, temos $x = 0$, de forma que

$$\xi_{(x=0)} = (\xi_0 + \xi'_0) \text{ sen } \omega t.$$

Mas O é fixo, o que significa que $\xi_{(x=0)} = 0$ em qualquer instante. Isso requer que $\xi'_0 = -\xi_0$. Em outras palavras, a onda sofre uma mudança de fase de π quando é refletida na extremidade fixa. Já encontramos essa mudança de fase muitas vezes antes (Exs. 20.2 e 20.3). A mudança de fase pode ser vista na série de fotografias da Fig. 22.15, que mostra um pulso incidente e refletido. Então a Eq. (22.19) torna-se

$$\xi = \xi_0 \text{ [sen } (\omega t + kx) - \text{sen } (\omega t - kx)].$$

E, pela relação trigonométrica (M.7), sen α – sen $\beta = 2 \text{ sen} \frac{1}{2}(\alpha - \beta) \cos \frac{1}{2}(\alpha + \beta)$, obtemos

$$\xi = 2\xi_0 \text{ sen } kx \cos \omega t. \tag{22.20}$$

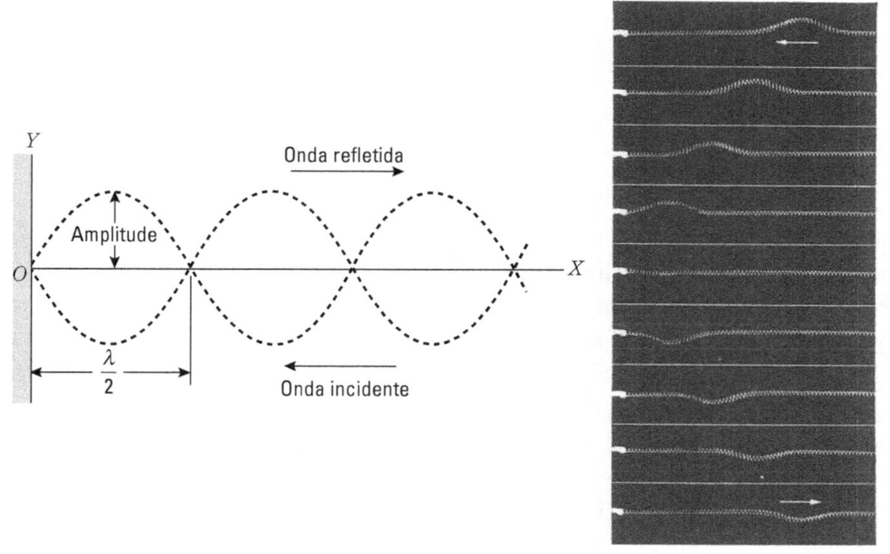

Figura 22.15 Variação de fase de uma onda refletida em uma corda que tem uma das extremidades fixa.
Fonte: A foto é cortesia de Educational Services, Inc.

As expressões $\omega t \pm kx$ não mais aparecem e a Eq. (22.20) não representa uma onda viajante. Representa efetivamente um movimento harmônico simples cuja amplitude varia de ponto para ponto, e é dada por

$$A = 2\xi_0 \operatorname{sen} kx. \tag{22.21}$$

Essa amplitude foi indicada pelas linhas tracejadas na Fig. 22.15. A amplitude é nula para $kx = n\pi$, onde n é um inteiro. Esse resultado pode também ser escrito como

$$x = \tfrac{1}{2} n\lambda. \tag{22.22}$$

Esses pontos são chamados *nodos*. Nodos sucessivos são separados pela distância $\lambda/2$. Quando lembramos a expressão (18.30), $v = \sqrt{T/m}$, para a velocidade de propagação de ondas ao longo de uma corda sujeita a uma tensão T e de massa m por unidade de comprimento, o comprimento de onda é determinado por

$$\lambda = \frac{2\pi v}{\omega} = \frac{2\pi}{\omega}\sqrt{\frac{T}{m}}. \tag{22.23}$$

e será arbitrário enquanto a frequência angular ω também for arbitrária.

Vamos supor agora que impusemos uma *segunda* condição: que o ponto $x = L$, que pode ser a outra extremidade da corda, seja também fixo. Isso significa que $x = L$ é um nodo e deve satisfazer a condição $kL = n\pi$. Ou, se usamos a Eq. (22.22),

$$L = \frac{1}{2} n\lambda \quad \text{ou} \quad \lambda = \frac{2L}{n} = 2L,\ \frac{2L}{2},\ \frac{2L}{3}, \ldots \tag{22.24}$$

Essa segunda condição automaticamente limita os comprimentos de onda das ondas que podem viajar nessa corda aos valores dados pela Eq. (22.24), e, por outro lado, em vista da Eq. (22.23), as frequências das oscilações são também limitadas aos valores

$$\nu_n = \frac{\omega}{2\pi} = \frac{n}{2L}\sqrt{\frac{T}{m}} = \nu_1,\ 2\nu_1, 3\nu_1,\ldots \tag{22.25}$$

onde

$$\nu_1 = \frac{1}{2L}\sqrt{\frac{T}{m}}$$

é chamada de *frequência fundamental*. Então as frequências de oscilação (*harmônicos*) possíveis são todas múltiplas da fundamental. Podemos dizer que as frequências e comprimentos de onda são *quantizados* e que a quantização é o resultado das condições de contorno impostas a ambas as extremidades da corda. Essa é uma situação que aparece em muitos problemas físicos, como frequentemente teremos ocasião de ver mais tarde.

A Fig. 22.16 indica a distribuição de amplitude para os primeiros três modos de vibração (n = 1, 2, 3). Os nodos, ou pontos de amplitude nula, são determinados por meio da Eq. (22.22). Os pontos de amplitude máxima são os *antinodos**. A distância entre antinodos sucessivos é também $\lambda/2$. É claro que a separação entre um nodo e um antinodo é $\lambda/4$. Observe que $\xi = 0$ nos nodos, enquanto, para os antinodos $\partial\xi/\partial x = 0$, pois a amplitude é máxima.

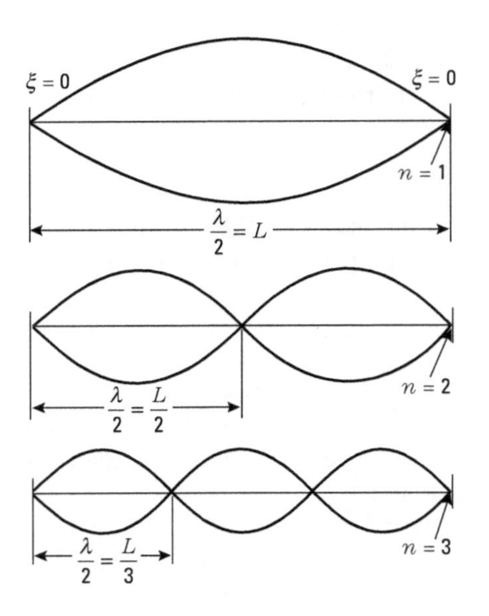

Figura 22.16 Onda transversal estacionária em uma corda com ambas as extremidades fixas.

■ **Exemplo 22.5** Uma corda de aço tem um comprimento de 40 cm e um diâmetro de 1 mm. Dado que sua vibração fundamental é 440 s^{-1}, correspondente à nota musical Lá na escala diatômica, chave de Dó, determinar sua tensão. (Suponha que a densidade da corda é $\rho = 7{,}86 \times 10^3$ kg · m^{-3}.)

Solução: A massa por unidade de comprimento é $m = \pi r^2 \rho$. Usando

$$r = 5 \times 10^{-4}\ \text{m} \qquad \text{e} \qquad \rho = 7{,}86 \times 10^3\ \text{kg} \cdot \text{m}^{-3},$$

* Também chamados *ventres*.

obtemos $m = 6{,}15 \times 10^{-3}$ kg · m^{-1}. Resolvendo a Eq. (22.25) para a tensão T, colocando $n = 1$, pois queremos o tom fundamental, obtemos $T = 4L^2 m\nu_1^2$. Fazendo

$$L = 40 \text{ cm} = 0{,}40 \text{ m}, \qquad \nu_1 = 440 \text{ s}^{-1},$$

e, introduzindo o valor de m que calculamos, obtemos, finalmente,

$$T = 762{,}0 \text{ N} \qquad \text{ou} \qquad 171{,}2 \text{ lbf}.$$

Como você pode compreender agora, instrumentos musicais de corda são afinados ajustando-se as tensões (ou comprimentos) de suas cordas.

22.5 Ondas estacionárias e a equação de onda

No Cap. 18, discutimos a equação de onda que governa a propagação de uma onda, isto é,

$$\frac{\partial^2 \xi}{\partial x^2} = \frac{1}{v^2}\frac{\partial^2 \xi}{\partial t^2}, \tag{22.26}$$

e provamos que sua solução geral é da forma

$$\xi = f_1(x - vt) + f_2(x + vt). \tag{22.27}$$

Quando discutimos uma propagação ondulatória em uma direção, usamos ou $f_1(x - vt)$ ou $f_2(x + vt)$, mas não ambas. Contudo já vimos que, quando uma onda é refletida em um ponto, o resultado são duas ondas propagando-se em direções opostas, e a Eq. (22.27) deve ser usada. Foi isso o que fizemos na Eq. (22.19) para o caso de uma corda com uma extremidade fixa; obtivemos, então, a Eq. (22.20) para o movimento ondulatório resultante. A característica importante da Eq. (22.20) (isto é, $\xi = 2\xi_0 \text{ sen } kx \cos \omega t$) é que as variáveis x e t estão separadas, o que resulta em uma amplitude variável ao longo da corda, mas fixa para cada ponto. Essa é a característica das ondas estacionárias. Devemos então explorar a possibilidade de uma formulação mais geral de uma onda estacionária harmônica. Nosso requisito pode ser satisfeito por uma expressão da forma

$$\xi = f(x) \text{ sen } \omega t \tag{22.28}$$

onde $f(x)$ é a amplitude da onda no ponto x. Como ξ deve ser uma solução da Eq. (22.26), devemos substituir ξ dado pela Eq. (22.28) na Eq. (22.26) a fim de determinar as condições da amplitude $f(x)$ para as ondas estacionárias. Por diferenciação, encontramos

$$\frac{\partial^2 \xi}{\partial x^2} = \frac{d^2 f}{dx^2} \text{sen } \omega t \qquad \text{e} \qquad \frac{\partial^2 \xi}{\partial t^2} = -\omega^2 f(x) \text{sen } \omega t.$$

Portanto, substituindo estes valores na Eq. (22.26) e cancelando o fator comum sen ωt, obtemos

$$\frac{d^2 f}{dx^2} = -\frac{\omega^2}{v^2} f,$$

ou, como $k = \omega/v$,

$$\frac{d^2 f}{dx^2} + k^2 f = 0 \tag{22.29}$$

Essa é então a equação diferencial que precisa ser satisfeita pela amplitude $f(x)$ se a onda estacionária dada pela Eq. (22.28) deve ser uma solução da equação de onda. A solução geral da Eq. (22.29), como você pode verificar por substituição direta, é

$$f(x) = A \text{ sen } kx + B \cos kx, \tag{22.30}$$

onde A e B são constantes arbitrárias. Portanto a Eq. (22.28) torna-se

$$\xi = (A \text{ sen } kx + B \cos kx) \text{ sen } \omega t. \tag{22.31}$$

Naturalmente poderíamos ter usado cos ωt em vez de sen ωt, com o mesmo resultado. Em outras palavras, a fase do fator que depende do tempo é irrelevante para nossa discussão.

As constantes na Eq. (22.31) são determinadas pelas condições impostas nos contornos, isto é, pelas condições de contorno. Vamos ilustrar isso com o problema da corda com extremidades fixas, discutido da seção anterior. As condições são que $\xi = 0$ para $x = 0$ e $x = L$. Colocando $x = 0$ na Eq. (22.31), temos

$$\xi_{(x=0)} = B \text{ sen } \omega t = 0.$$

Portanto $B = 0$, e a Eq. (22.31) reduz-se a

$$\xi = A \text{ sen } kx \text{ sen } \omega t. \tag{22.32}$$

Agora, se fizermos $x = L$, a Eq. (22.32) nos dará

$$\xi_{(x=L)} = A \text{ sen } kL \ \omega t = 0.$$

Mas não podemos, agora, fazer $A = 0$, pois isto acarretaria $\xi = 0$ em qualquer lugar, isto é, não teríamos nenhuma onda. Então, nossa única escolha é fazer sen $kL = 0$, o que requer

$$kL = n\pi \qquad \text{ou} \qquad \lambda = 2L/n, \tag{22.33}$$

onde n é um inteiro, de acordo com a Eq. (22.24).

É óbvio que, se, em vez de impor a condição $\xi = 0$ nas extremidades, impusermos outras condições, em virtude de as condições físicas nas extremidades serem diferentes, como nas cordas ilustradas na Fig. 22.17, chegaremos a uma solução diferente das Eqs. (22.32) e (22.33).

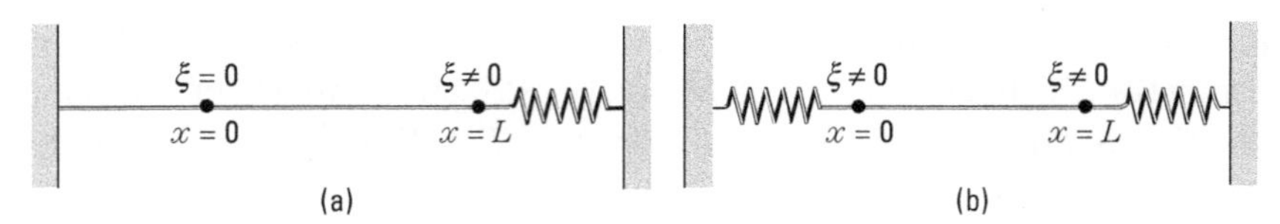

Figura 22.17

É instrutivo considerar dois outros exemplos simples, relacionados com ondas estacionárias no ar dentro de um tubo, tal como um tubo de órgão. Vamos considerar primeiro um tubo aberto em ambas as extremidades (Fig. 22.18). O ar é soprado em uma das extremidades através do bocal do tubo, formando-se, então, ondas estacionárias, em virtude da reflexão que ocorre na outra extremidade. A diferença fundamental entre esse caso e o anterior é que ambas as extremidades são livres, e, portanto, ξ tem um valor máximo nessas extremidades; em outras palavras, existe um antinodo em cada extremidade. Nossas condições de contorno, correspondendo a antinodos em ambas as extremidades, são agora ξ = máximo, ou $\partial\xi/\partial x = 0$ para $x = 0$ e $x = L$. Da Eq. (22.31), temos

$$\frac{\partial \xi}{\partial x} = k(A \cos kx - B \operatorname{sen} kx)\operatorname{sen} \omega t. \tag{22.34}$$

Colocando $x = 0$, obtemos

$$\left(\frac{\partial \xi}{\partial x}\right)_{x=0} = kA \operatorname{sen} \omega t = 0,$$

de forma que $A = 0$. Então a Eq. (22.34) torna-se

$$\frac{\partial \xi}{\partial x} = -kB \operatorname{sen} kx \operatorname{sen} \omega t.$$

Se agora fazemos $x = L$, temos

$$\left(\frac{\partial \xi}{\partial x}\right)_{x=L} = -kB \operatorname{sen} kL \operatorname{sen} \omega t = 0.$$

Aqui, como no caso da corda, não podemos fazer $B = 0$, porque, então, não teríamos nenhuma onda; nossa única escolha é sen $kL = 0$, o que de novo nos dá

$$kL = n\pi \qquad \text{ou} \qquad \lambda = 2L/n, \tag{22.35}$$

resultado que é idêntico à Eq. (22.33). As frequências das ondas estacionárias são

$$\nu_n = v/\lambda = n(v/2L) = \nu_1, 2\nu_1, 3\nu_1, ..., \tag{22.36}$$

com $n = 1, 2, 3,...$, e, portanto, as frequências permitidas compreendem todos os harmônicos correspondentes ao tom fundamental de frequência $\nu_1 = v/2L$.

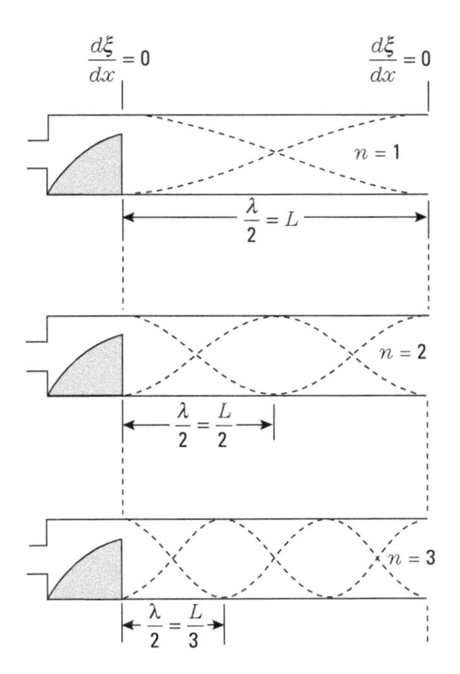

Figura 22.18 Onda estacionária de pressão em uma coluna de ar com ambas as extremidades abertas.

Da Eq. (22.31), vemos que, nesse caso, com $A = 0$, $\xi = B \cos kx \operatorname{sen} \omega t$. Na Fig. 22.18 as linhas tracejadas indicam a distribuição de amplitudes para os casos $n = 1, 2$, e 3. Concluímos então que as oscilações de uma coluna de ar aberta em ambas as extremidades são equivalentes àquelas de uma corda com ambas as extremidades fixas, mas as posições dos nodos e antinodos são trocadas.

Como nosso segundo exemplo, vamos considerar um tubo fechado na extremidade oposta ao bocal (Fig. 22.19). As condições físicas naquela extremidade são agora diferentes, enquanto as do bocal permanecem as mesmas do caso precedente. Portanto, no bocal do tubo, devemos ter, de novo, um antinodo, ou $\partial\xi/\partial x = 0$ para $x = 0$, mas, na extremidade fechada ($x = L$), devemos ter um nodo, ou $\xi = 0$ para $x = L$. A primeira condição, para $x = 0$, requer, como no exemplo anterior, que $A = 0$, de forma que a Eq. (22.31) torna-se

$$\xi = B \cos kx \text{ sen } \omega t.$$

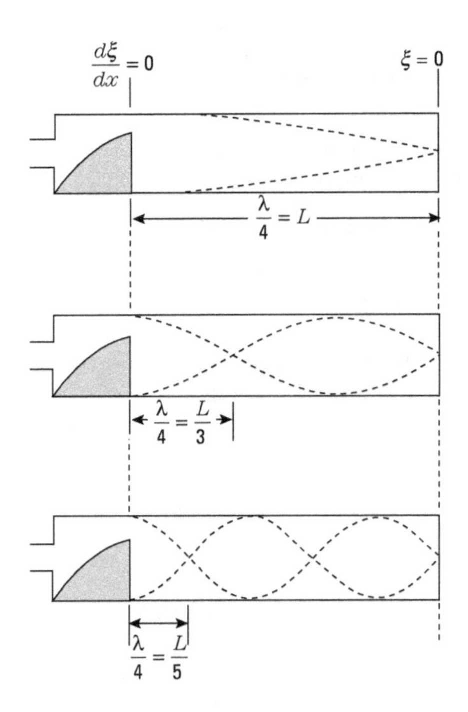

Figura 22.19 Onda estacionária de pressão em uma coluna de ar com uma extremidade fechada.

Aplicando a condição de contorno para a extremidade fechada, $x = L$, obtemos

$$\xi_{(x=L)} = B \cos kL \text{ sen } \omega t = 0,$$

Isso requer que $\cos kL = 0$. Em outras palavras,

$$kL = (2n+1)\frac{\pi}{2} \quad \text{ou} \quad \lambda = \frac{4L}{2n+1}, \tag{22.37}$$

com as correspondentes frequências

$$\nu = \frac{v}{\lambda} = (2n+1)\frac{v}{4L} = \nu_1,\ 3\nu_1,\ 5\nu_1, \ldots \tag{22.38}$$

Os modos de vibração são agora diferentes daqueles dados pelas Eqs. (22.35) e (22.36), correspondentes a um tubo aberto em ambas as extremidades. A Fig. 22.19 mostra os segmentos nodais e ventrais para o caso do tubo aberto–fechado para $n = 0$, 1 e 2.

A característica mais importante é que um tubo fechado em uma extremidade pode vibrar somente em harmônicos *ímpares* da frequência fundamental $\nu_1 = v/4L$. Para comprimentos iguais, a frequência fundamental de um tubo fechado é metade daquela de um tubo aberto.

Uma solução da equação de onda do tipo (22.31) corresponde a uma onda estacionária harmônica de frequência angular ω. Em geral, contudo, a perturbação estabelecida inicialmente não corresponde a uma frequência particular. A fim de determinar os comprimentos de onda e frequências envolvidos, deve-se então fazer a análise de Fourier da perturbação inicial. A perturbação em qualquer instante posterior é

$$\xi = \sum_{\omega} (A \operatorname{sen} kx + B \cos kx) \operatorname{sen} \omega t \qquad (22.39)$$

onde $k = \omega/c$ e os coeficientes A e B são determinados a partir da análise de Fourier. Mas a Eq. (22.39) não representa uma onda estacionária no sentido definido anteriormente (isto é, uma onda cuja amplitude depende da posição) porque, em razão do sinal de somatória, as variáveis de tempo e posição não são completamente separadas.

■ **Exemplo 22.6** Uma mola de massa m_0, comprimento L, e constante elástica κ é pendurada em um ponto fixo tendo um corpo de massa M ligado à sua extremidade livre. O corpo é deslocado verticalmente de sua posição de equilíbrio e então solto. Determinar sua frequência de oscilação.

Solução: Este problema é semelhante àquele discutido na Seç. 12.3, e poderíamos ser tentados a dizer que a frequência angular é $\omega = \sqrt{\kappa/M}$, que é o que fizemos naquele exemplo (aqui indicamos a constante elástica da mola por κ, para evitar confusão com o número de ondas, designado por k). Contudo vamos agora concluir que essa frequência é correta somente quando a massa da mola é desprezível, comparada com a massa do corpo. Da Fig. 22.20, vemos que, quando penduramos o corpo M, a mola se estica até que a força que ela produz para cima sobre M equilibre o peso de M. Se M é, agora, colocado em oscilação, são produzidas ondas na mola, propagando-se para cima e para baixo, dando como resultado ondas estacionárias. A frequência de oscilação de M é determinada pela frequência das ondas estacionárias produzidas na mola. Vamos designar o deslocamento de cada seção da mola por ξ. A condição de contorno na extremidade fixa, $x = 0$, é $\xi = 0$. Isso requer que $B = 0$ na Eq. (22.31), de forma que o deslocamento de cada seção da mola é dado por

$$\xi = A \operatorname{sen} kx \operatorname{sen} \omega t.$$

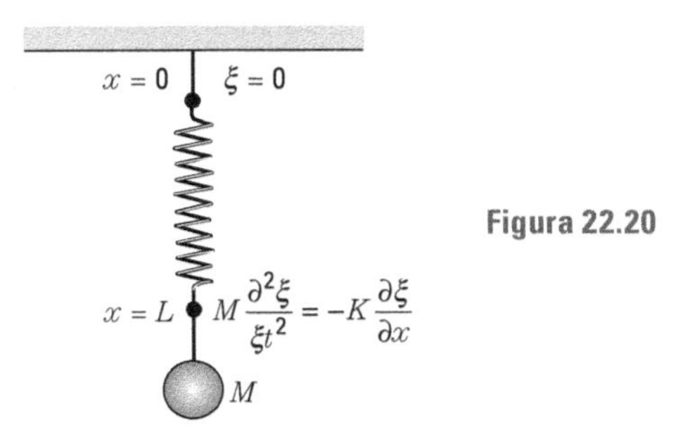

Figura 22.20

Na extremidade livre da mola, M é acelerado pela força da mola distendida, que, de acordo com o Ex. 18.5, é $-K(\partial\xi/\partial x)_{x=L}$, onde $K = \kappa L$ é o módulo de elasticidade da mola, definido naquele exemplo. O sinal negativo aparece porque a direção positiva para ξ é para baixo e a força é para cima (ou negativa) quando $\partial\xi/\partial x$ é positivo. Portanto a equação do movimento de M é

$$M\left(\frac{\partial^2\xi}{\partial t^2}\right)_{x=L} = -K\left(\frac{\partial\xi}{\partial x}\right)_{x=L}.$$

Essa equação nos dá a condição de contorno na extremidade livre da mola. A equação acima pode ser escrita (usando a expressão para ξ dada antes) como

$$-M\omega^2 \operatorname{sen} kL = -Kk \cos kL.$$

Colocando $k = \omega/v$ e lembrando que $m = m_0/L$ é a massa da mola por unidade de comprimento e $v = \sqrt{K/m}$ de acordo com o resultado obtido no Ex. 18.5, temos

$$\frac{\omega L}{v}\operatorname{tg}\frac{\omega L}{v} = \frac{KL}{Mv^2} = \frac{mL}{M} = \frac{m_0}{M}.$$

Essa é uma equação do tipo $\theta \operatorname{tg} \theta = \text{const.}$, que determina os valores possíveis da frequência angular ω. É uma equação transcendente e não pode ser resolvida por métodos algébricos comuns. Contudo, quando a mola é muito leve, de forma que v é muito grande, podemos usar a aproximação $\operatorname{tg} \theta = \theta + \theta^3/3 + \cdots$, que é válida quando θ é muito pequeno [veja a Eq. (M.27)]. Então o lado esquerdo da equação se torna

$$\frac{\omega L}{v}\left[\frac{\omega L}{v} + \frac{1}{3}\left(\frac{\omega L}{v}\right)^3 + \ldots\right] = \left(\frac{\omega L}{v}\right)^2\left[1 + \frac{1}{3}\left(\frac{\omega L}{v}\right)^2 + \ldots\right].$$

Recordando que $K = \kappa L$, e então $v = \sqrt{K/m} = L\sqrt{\kappa/m_0}$, temos $\omega L/v = \omega\sqrt{m_0/\kappa}$, de forma que

$$\frac{\omega^2 m_0}{\kappa}\left(1 + \frac{\omega^2 m_0}{3\kappa} + \ldots\right) = \frac{m_0}{M}$$

ou

$$\omega^2\left(1 + \frac{\omega^2 m_0}{3\kappa} + \ldots\right) = \frac{\kappa}{M}.$$

Como uma primeira aproximação, se m_0 é muito pequeno, podemos desprezar o segundo termo dentro dos parênteses, resultando em $\omega^2 = \kappa/M$ ou $\omega = \sqrt{\kappa/M}$, que é o valor que usamos na Seç. 12.3. Como uma segunda aproximação, introduzimos esse valor de ω no segundo termo dos parênteses, resultando em

$$\omega^2\left(1 + \frac{1}{3}\frac{m_0}{M} + \ldots\right) = \frac{\kappa}{M} \quad \text{ou} \quad \omega = \sqrt{\frac{\kappa}{M + \frac{1}{3}m_0}}.$$

Portanto o efeito da mola sobre a frequência angular é equivalente a aumentar a massa do corpo de um terço da massa da mola. Essa expressão fornece a frequência fundamental, mas, além disso, aparecem frequências que não são múltiplas inteiras da fundamental. (Veja o Prob. 22.43.)

22.6 Ondas eletromagnéticas estacionárias

Fenômenos de interferência e difração são tão característicos de ondas que sua presença tem sido sempre aceita pelos físicos como prova conclusiva de que um processo pode ser interpretado como movimento ondulatório. Por essa razão, quando, no século XVII, Young, Grimaldi, e outros observaram interferência e difração em suas pesquisas sobre a luz, a teoria ondulatória da luz tornou-se geralmente aceita. Naquele tempo, as ondas eletromagnéticas não eram conhecidas, e supunha-se que a luz fosse uma onda elástica em um meio chamado éter, no qual penetrava toda a matéria. Não foi senão no fim do século XIX que Maxwell previu a existência de ondas eletromagnéticas, e Hertz, por meio de experiências de interferência que deram origem a ondas eletromagnéticas estacionárias, verificou experimentalmente a existência de ondas eletromagnéticas na região de radiofrequências. Mais tarde, as velocidades dessas ondas foram medidas e verificou-se que eram iguais à velocidade da luz. A reflexão, a refração, e a polarização de ondas eletromagnéticas foram também verificadas como sendo análogas às da luz. A conclusão óbvia foi identificar a luz com ondas eletromagnéticas de determinadas frequências. Desde então, a óptica cessou de ser um ramo independente da física, tornando-se simplesmente um capítulo da teoria eletromagnética.

Para entender a formação de ondas eletromagnéticas estacionárias, vamos supor que ondas produzidas por um dipolo elétrico oscilante incidam perpendicularmente sobre uma superfície plana de um condutor perfeito (Fig. 22.21). Tomando o eixo X na direção de propagação e os eixos Y e Z paralelos respectivamente aos campos elétrico e magnético, temos uma onda que é plano-polarizada, com o campo elétrico oscilando no plano XY. O campo elétrico é então paralelo à superfície do condutor. Mas, na superfície de um condutor perfeito, o campo elétrico deve ser perpendicular ao condutor, isto é, o campo elétrico não pode ter uma componente tangencial (veja a Seç. 16.5). A única maneira de fazer com que essa condição seja compatível com a orientação do campo elétrico da onda incidente é exigir que o campo elétrico resultante $\mathfrak{E}$ seja nulo na superfície do condutor. Isso significa que o campo elétrico da onda refletida na superfície deve ser igual e oposto ao da onda incidente, resultando então $\mathfrak{E} = 0$ para $x = 0$. Essa condição equivale, matematicamente, à condição para a reflexão de ondas em uma corda com uma das extremidades fixas, discutida na Seç. 22.5. Como a matemática é a mesma, podemos usar a Eq. (22.20) para escrever uma expressão para o campo elétrico resultante,

$$\mathfrak{E} = 2\mathfrak{E}_0 \operatorname{sen} kx \operatorname{sen} \omega t.$$

O campo magnético oscila no plano XZ. Usando a Eq. (19.4), verificamos que o campo magnético é expresso por

$$\mathfrak{B} = 2\mathfrak{B}_0 \cos kx \cos \omega t$$

com $\mathfrak{B}_0 = \mathfrak{E}_0 k/\omega = \mathfrak{E}_0/c$. Portanto existe uma diferença de fase de $\frac{1}{2}\lambda$, nas variações espaciais, e de $\frac{1}{2}P$, nas variações temporais dos dois campos. Da expressão matemática para $\mathfrak{B}$, observa-se que o campo magnético tem máxima amplitude na superfície. Isso também pode ser visto a partir da condição de contorno na superfície: com referência à Fig. 22.21(b), vemos que, se o campo elétrico da onda incidente é dirigido segundo o eixo $+Y$, o campo magnético deve estar dirigido segundo o eixo $-Z$, de acordo com a orientação relativa dos dois campos com respeito à direção de propagação das ondas incidentes, que é segundo o eixo $-X$. Para que o campo elétrico resultante seja nulo na superfície, o campo elétrico da onda refletida deve estar dirigido segundo o eixo $-Y$ e, como a onda refletida se propaga segundo o eixo X, o campo magnético deve ser dirigido segundo o eixo $-Z$. Então, embora os campos elétricos interfiram destrutivamente na superfície, os campos magnéticos, ao contrário, interferem construtivamente.

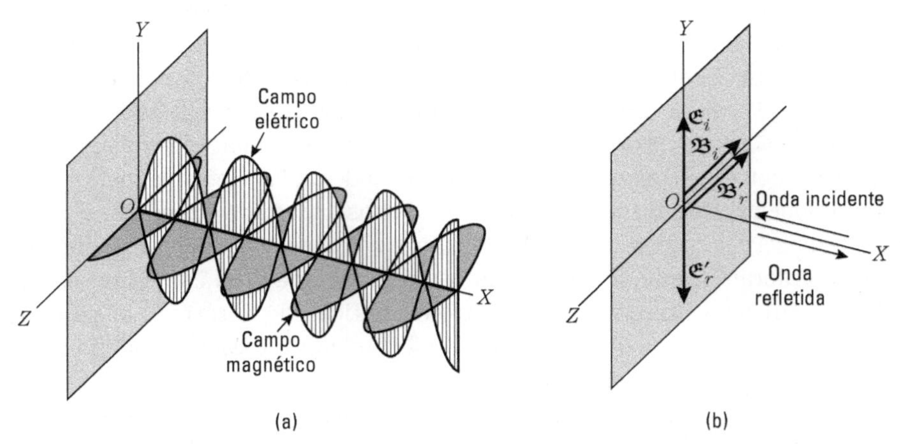

Figura 22.21 Onda eletromagnética estacionária, produzida por meio de reflexão em uma superfície condutora.

As amplitudes dos campos elétrico e magnético da onda resultante a uma distância x da superfície são $2\mathfrak{E}_0$ sen kx e $2\mathfrak{B}_0 \cos kx$. Na Fig. 22.21(a), são indicados por linhas sombreadas. Em pontos onde $kx = n\pi$ ou $x = n\lambda/2$, o campo elétrico é nulo e o campo magnético é máximo. Para pontos onde $kx = (n + 1/2)\pi$ ou $x = (2n + 1)\ \lambda/4$, o campo elétrico tem um valor máximo, mas o campo magnético é nulo.

É instrutivo ver como Heinrich Hertz, em 1888, com seu equipamento primitivo, verificou essas previsões teóricas. O oscilador de Hertz é ilustrado na Fig. 22.22, à esquerda. O transformador T carrega as placas metálicas C e C'. Essas placas descarregam-se através da abertura P a qual se torna um oscilador de dipolo. As direções dos campos $\mathfrak{E}$ e $\mathfrak{B}$ são também indicadas. Para observar as ondas, Hertz usou um pequeno fio de formato circular, mas com uma pequena abertura. Esse dispositivo é chamado *ressoador*. O diâmetro do ressoador usado, nesse tipo de experiência, deve ser muito pequeno comparado com o comprimento das ondas. Se o ressoador é colocado com seu plano perpendicular ao campo magnético da onda, o campo magnético variável induz uma fem no ressoador, o que resulta em centelhas através de sua abertura. Por outro lado, se o plano do ressoador é paralelo ao campo magnético, nenhuma fem é induzida e nenhuma centelha é observada através da abertura.

Para produzir ondas eletromagnéticas estacionárias, Hertz colocou uma superfície refletora (constituída por um bom condutor) em Q. Nesse caso, quando o ressoador está em um nodo do campo magnético, não importando qual a sua orientação, não aparece nele nenhuma fem induzida (ou centelhas). Em um antinodo do campo magnético, contudo, o centelhamento é maior quando o ressoador é orientado perpendicularmente ao campo magnético. Movendo-se o ressoador ao longo da linha PQ, Hertz encontrou a posição dos nodos e dos antinodos e a direção do campo magnético. Os resultados obtidos por Hertz coincidem com a análise teórica que demos. Medindo a distância entre dois nodos sucessivos, Hertz pôde calcular o comprimento de onda λ e, como ele conhecia a frequência ν do oscilador, pode calcular a velocidade c das ondas eletromagnéticas usando a equação $c = \lambda\nu$. Foi por esse meio que Hertz obteve o primeiro valor experimental para a velocidade de propagação das ondas eletromagnéticas.

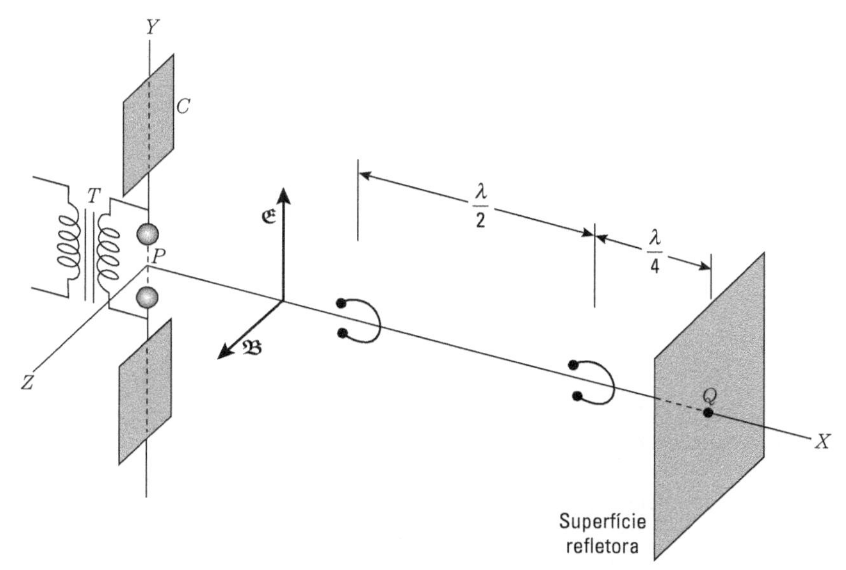

Figura 22.22 Experiência de Hertz sobre a interferência de ondas eletromagnéticas.

22.7 Ondas estacionárias em duas dimensões

Vamos agora considerar uma membrana retangular esticada por meio de uma moldura, de forma que suas bordas sejam fixas. Se a superfície da membrana é perturbada, são produzidas ondas que se propagam em todas as direções, e refletidas nas bordas, acarretando interferência. Consideremos o caso especial em que ondas planas de uma única frequência são produzidas na membrana. Suponhamos, ainda, que essas ondas se propaguem paralelamente a cada lado, como indica a Fig. 22.23. Em vez de nodos e antinodos obtemos linhas nodais e linhas antinodais ou ventrais, designadas por n e v na Fig. 22.23. Na Fig. 22.23(a), a membrana é fixada no lado esquerdo ($x = 0$) e no lado direito ($x = a$), mas os outros lados são livres. As ondas propagam-se ao longo do eixo X, tanto para a esquerda como para a direita, resultando em um sistema de linhas nodais e antinodais paralelas ao eixo Y. Para $x = 0$ e $x = a$ devemos ter linhas nodais. Portanto a condição para ondas estacionárias é análoga à Eq. (22.33), isto é,

$$ka = n\pi \qquad \text{ou} \qquad \lambda = 2a/n. \tag{22.40}$$

As frequências correspondentes são

$$\nu = v/\lambda = n(v/2a), \tag{22.41}$$

onde v é a velocidade de propagação das ondas ao longo da superfície da membrana, como é dado no Ex. 18.12. Essas ondas são descritas por uma expressão semelhante à Eq. (22.32)

$$\xi = A \text{ sen } kx \text{ sen } \omega t, \tag{22.42}$$

uma vez que o problema é matematicamente o mesmo. O acréscimo da segunda dimensão não mudou nossas condições de contorno, que são ainda $\xi = 0$ para $x = 0$ e $x = a$. A simetria do problema sugere que a coordenada y não desempenha nenhum papel, desde que os lados da membrana paralelos à direção de propagação não estejam fixados.

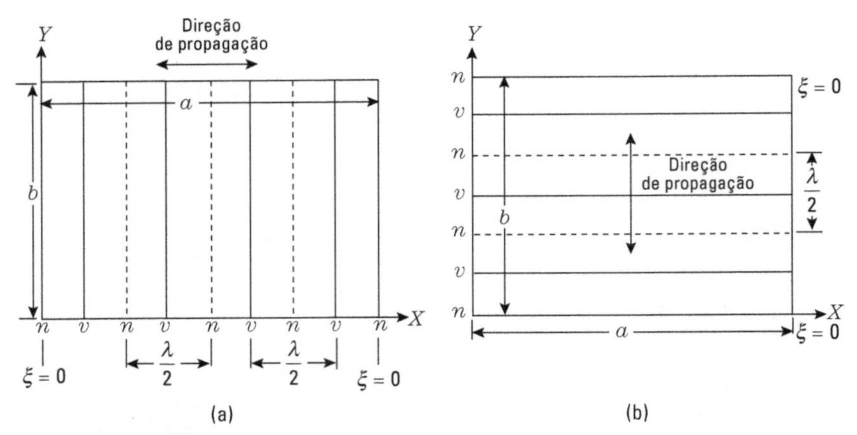

Figura 22.23 Ondas estacionárias em uma membrana.

Na Fig. 22.23(b), a membrana é fixada em baixo ($y = 0$) e em cima ($y = b$). Para ondas que se propagam paralelamente ao eixo Y, as linhas nodais e antinodais são paralelas ao eixo X. A condição para ondas estacionárias é semelhante à Eq. (22.40) e, substituindo-se a por b, resulta

$$kb = n\pi \qquad \text{ou} \qquad \lambda = 2b/n, \tag{22.43}$$

com frequências

$$\nu = v/\lambda = n(v/2b), \tag{22.44}$$

que são diferentes das dadas na Eq. (22.41) para ondas paralelas ao eixo X. A equação para ondas estacionárias é

$$\xi = A \text{ sen } ky \text{ sen } \omega t.$$

A seguir, vamos considerar uma membrana com todos os quatro lados fixados e ondas planas propagando-se em uma direção arbitrária ao longo de sua superfície. Primeiramente, vamos recordar que uma onda plana em duas dimensões, fazendo $z = 0$ na Eq. (18.46), é representada por

$$\xi = \xi_0 \text{ sen } [\omega t - (k_1 x + k_2 y)]$$

onde seguimos nossa atual convenção de escrever primeiro o fator tempo. As quantidades k_1 e k_2 são as componentes de um vetor $\boldsymbol{k}$ paralelo à direção de propagação no plano XY e cujo módulo é $k = 2\pi/\lambda = \omega/v$. Então

$$k = \sqrt{k_1^2 + k_2^2}. \tag{22.45}$$

Para um raio inicial PQ (Fig. 22.24), caracterizado pelas componentes k_1 e k_2, existe um raio refletido QR (Fig. 22.24), caracterizado por k_1 e $-k_2$. De R para S, o raio é caracterizado por $-k_1$ e $-k_2$. E de S em diante, o raio é caracterizado pelas componentes $-k_1$ e $-k_2$.

Nas sucessivas reflexões desse raio, não aparecem novas combinações de k_x e k_2. Concluímos então que, ao longo da membrana, existe um sistema de quatro ondas, devido à reflexão nos quatro lados. (Aqui temos uma diferença em relação ao problema unidimensional, no qual somente duas ondas aparecem.) Essas quatro ondas devem interferir de tal maneira que, para $x = 0$ e a, e $y = 0$ e b, o valor resultante de ξ é zero. Um procedimento algébrico direto mostra (como veremos no Ex. 22.7) que os valores de k_1 e k_2 satisfazem as condições

$$k_1 a = n_1 \pi \qquad \text{ou} \qquad k_1 = \frac{n_1 \pi}{a},$$

e (22.46)

$$k_2 b = n_2 \pi \qquad \text{ou} \qquad k_2 = \frac{n_2 \pi}{b},$$

onde n_1 e n_2 são inteiros. Então, pela Eq. (22.45), temos

$$k = \pi \sqrt{\frac{n_1^2}{a^2} + \frac{n_2^2}{b^2}}, \tag{22.47}$$

e, para as frequências possíveis,

$$\nu = \frac{v}{2} \sqrt{\frac{n_1^2}{a^2} + \frac{n_2^2}{b^2}}. \tag{22.48}$$

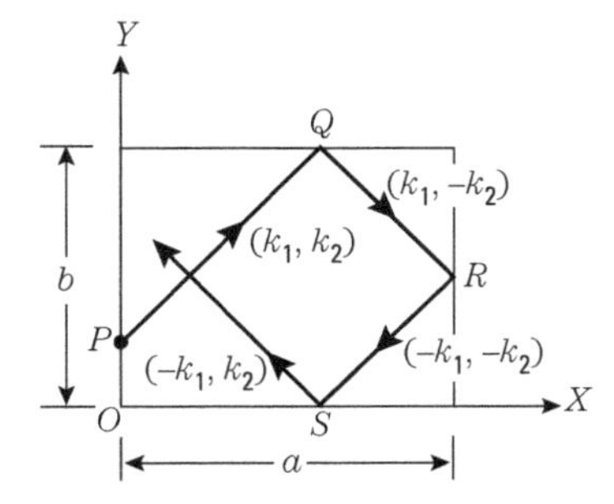

Figura 22.24 Reflexões sucessivas de uma onda em uma membrana retangular.

Podemos notar agora que as frequências possíveis não são mais múltiplos inteiros de uma frequência fundamental, mas têm uma sequência mais irregular. Os comprimentos de onda possíveis são dados por

$$\frac{1}{\lambda} = \frac{1}{2} \sqrt{\frac{n_2^2}{a^2} + \frac{n_2^2}{b^2}} \tag{22.49}$$

O padrão de linhas nodais, obtido pelo uso da Eq. (22.49), é dado por $k_1 x = n_1' \pi$ e $k_2 y = n_2' \pi$, onde n_1' e n_2' são inteiros menores do que n_1 e n_2, respectivamente, e formam os padrões retangulares mostrados na Fig. 22.25.

O problema de uma membrana circular é mais complexo matematicamente; contudo, uma vez mais, verifica-se que somente certas frequências são possíveis. Condições de simetria sugerem que as linhas nodais são agora círculos e raios, como indica a Fig. 22.26 para alguns dos modos possíveis.

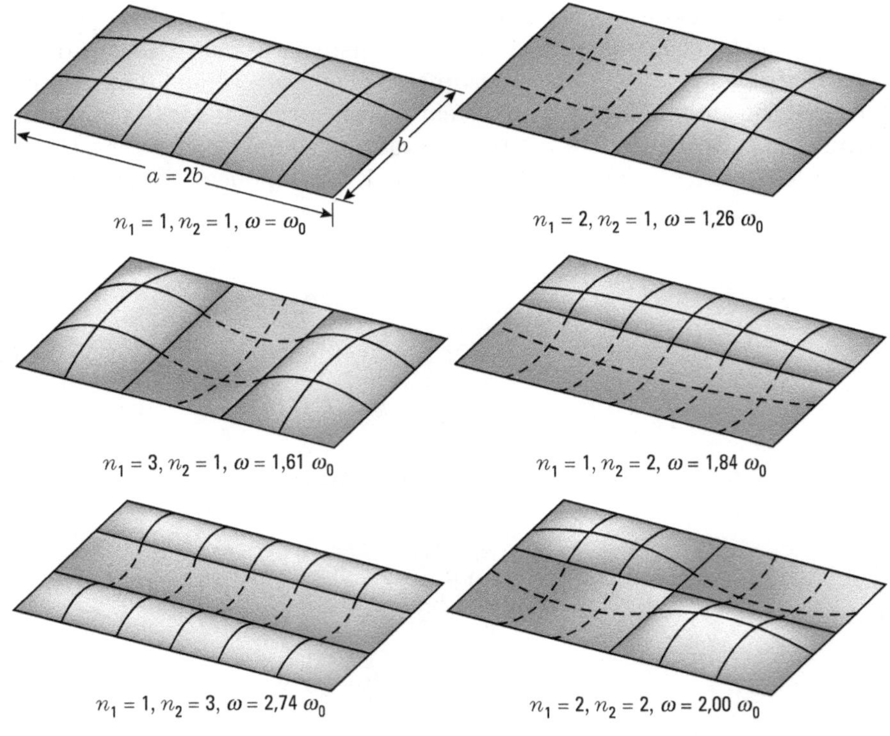

Figura 22.25 Primeiros modos de vibração de uma membrana retangular, mostrando linhas nodais. A frequência de cada modo é dada em termos da frequência fundamental $\omega_0 = \pi v / b$.

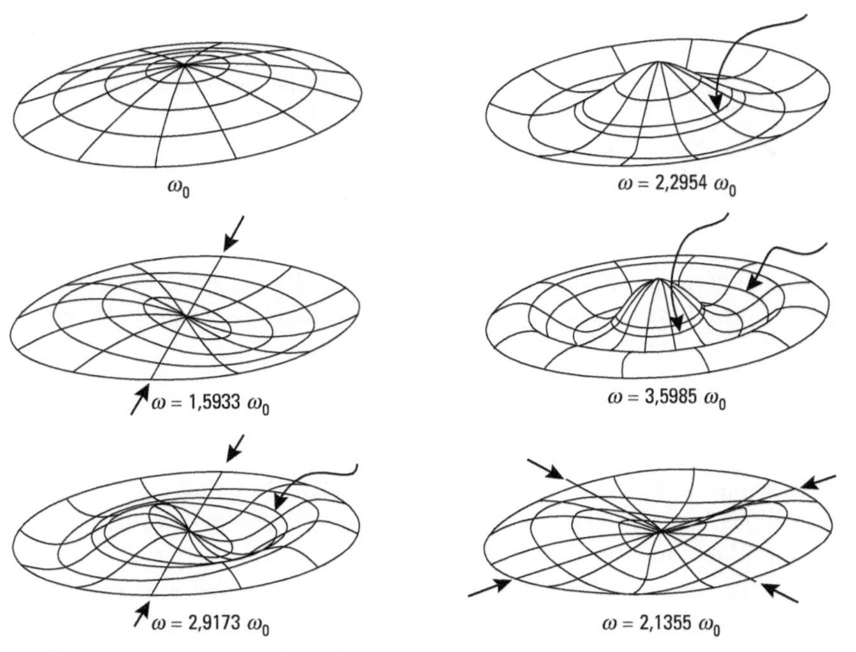

Figura 22.26 Alguns dos possíveis modos de vibração de uma membrana circular. As linhas nodais estão indicadas por setas. A frequência de cada modo é dada em termos da frequência fundamental ω_0.

■ **Exemplo 22.7** Deduzir as condições (22.46).

Solução: Indicamos que, em uma membrana, há uma superposição de quatro ondas correspondendo às quatro combinações possíveis de $\pm k_1$ e $\pm k_2$. O sistema de quatro ondas dá uma resultante ξ de acordo com

$$\begin{aligned}\xi = \xi_0 \text{ sen } [\omega t - (k_1 x + k_2 y)] \\ + \xi'_0 \text{ sen } [\omega t - (k_1 x - k_2 y)] \\ + \xi''_0 \text{ sen } [\omega t - (-k_1 x - k_2 y)] \\ + \xi'''_0 \text{ sen } [\omega t - (-k_1 x + k_2 y)],\end{aligned} \tag{22.50}$$

que é equivalente à Eq. (22.19) para uma dimensão. Aqui, para todos os pontos onde $x = 0$, devemos ter $\xi = 0$. Fazendo $x = 0$ na Eq. (22.50) e agrupando os termos equivalentes, podemos escrever

$$\xi = (\xi_0 + \xi'''_0) \text{ sen } (\omega t - k_2 y) + (\xi'_0 + \xi''_0) \text{ sen } (\omega t + k_2 y) = 0,$$

o que requer que

$$\xi_0 + \xi'''_0 = 0, \qquad \xi'_0 + \xi''_0 = 0. \tag{22.51}$$

Da mesma forma, em todos os pontos onde $y = 0$, devemos ter $\xi = 0$, de forma que a Eq. (22.50) nos dá

$$\xi = (\xi_0 + \xi'_0) \text{ sen } (\omega t - k_1 x) + (\xi''_0 + \xi'''_0) \text{ sen } (\omega t + k_1 x) = 0,$$

o que requer que

$$\xi_0 + \xi'_0 = 0, \qquad \xi''_0 + \xi'''_0 = 0. \tag{22.52}$$

Combinando as Eqs. (22.51) e (22.52), encontramos que

$$\xi_0 = -\xi'_0 = \xi''_0 = -\xi'''_0,$$

o que nos dá as mudanças apropriadas de fase em cada reflexão, concordando com o resultado análogo no caso de uma corda. Portanto a Eq. (22.50) se torna

$$\begin{aligned}\xi = \xi_0\{\text{sen } [\omega t - (k_1 x + k_2 y)] - \text{sen } [\omega t - (k_1 x - k_2 y)] \\ + \text{sen } [\omega t - (-k_1 x - k_2 y)] - \text{sen } [\omega t - (-k_1 x + k_2 y)]\}.\end{aligned}$$

Transformando cada linha da fórmula acima em um produto, usando a Eq. (M.12), temos

$$\begin{aligned}\xi &= 2\xi_0[-\text{sen } k_2 y \cos (\omega t - k_1 x) + \text{sen } k_2 y \ (\omega t + k_1 x)] \\ &= 2\xi_0 \text{ sen } k_2 y[-\cos (\omega t - k_1 x) + \cos (\omega t + k_1 x)].\end{aligned}$$

Novamente, transformando a diferença de dois cossenos em um produto, obtemos

$$\xi = -4\xi_0 \text{ sen } k_1 x \text{ sen } k_2 y \text{ sen } \omega t, \tag{22.53}$$

que é a equivalente bidimensional da Eq. (22.20). O sinal menos é irrelevante e não tem significado especial. Podemos verificar nossa primeira condição de contorno fazendo $x = 0$ ou $y = 0$, e observando que obtemos $\xi = 0$, que era nossa condição inicial.

Devemos agora verificar o segundo conjunto de condições de contorno, isto é, $\xi = 0$ para $x = a$ ou $y = b$. Essas condições acarretam ou sen $k_1 a = 0$ ou sen $k_2 b = 0$, o que resulta em $k_1 a = n_1 \pi$ e $k_2 b = n_2 \pi$. São essas as condições (22.46).

22.8 Ondas estacionárias em três dimensões; cavidades ressonantes

O problema de ondas estacionárias em três dimensões é uma extensão simples do caso de duas dimensões. Consideremos uma cavidade retangular de lados a, b, e c, cujas paredes são perfeitamente refletoras (Fig. 22.27), de forma que $\xi = 0$ em todas as seis faces. Uma onda plana no espaço é caracterizada pelo vetor $\boldsymbol{k}$ perpendicular ao plano da onda, com três componentes, k_1, k_2 e k_3, ao longo dos três eixos. Quando uma onda é produzida dentro da cavidade, ela é refletida sucessivamente em todas as faces e um conjunto de oito ondas, resultante de todas as diferentes combinações possíveis entre $\pm k_1$, $\pm k_2$ e $\pm k_3$, é estabelecida. A interferência ou superposição dessas oito ondas dá origem a ondas estacionárias se as componentes k_1, k_2 e k_3 de $\boldsymbol{k}$ têm os valores apropriados. Por analogia com a Eq. (22.46), esses valores são

$$k_1 a = n_1 \pi, \qquad k_2 b = n_2 \pi, \qquad k_3 c = n_3 \pi,$$

ou

$$k_1 = n_1 \pi/a, \qquad k_2 = n_2 \pi/b, \qquad k_3 = n_3 \pi/c, \tag{22.54}$$

onde n_1, n_2 e n_3 são inteiros. Como $k = \sqrt{k_1^2 + k_2^2 + k_3^2}$, podemos escrever

$$k = \pi \sqrt{\frac{n_1^2}{a^2} + \frac{n_2^2}{b^2} + \frac{n_3^2}{c^2}}, \tag{22.55}$$

e as frequências das ondas estacionárias possíveis na cavidade são

$$\nu = \frac{v}{2} \sqrt{\frac{n_1^2}{a^2} + \frac{n_2^2}{b^2} + \frac{n_3^2}{c^2}}. \tag{22.56}$$

Uma cavidade tal como a da Fig. 22.27 será, portanto, ressonante, mantendo ondas estacionárias cujas frequências são dadas pela Eq. (22.56).

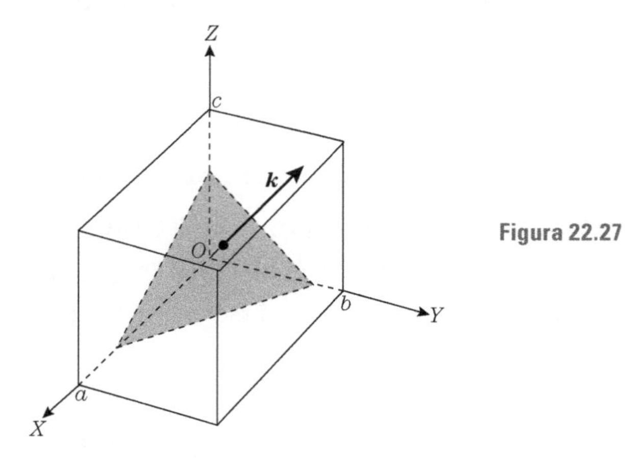

Figura 22.27

No caso de cavidades esféricas ou cilíndricas, o tratamento matemático é mais complexo, mas novamente se verifica que somente certas frequências são permitidas.

Os resultados que obtivemos para ondas estacionárias em cavidades encontram muitas aplicações. Em acústica, por exemplo, cavidades ressonantes são usadas para a análise de sons. As paredes das cavidades ressonantes para ondas eletromagnéticas são feitas com materiais de boa condutibilidade, de forma que as paredes são os melhores refletores possíveis. Essas cavidades podem manter ondas eletromagnéticas de frequências definidas com atenuação muito pequena causada pela perda de energia por reflexão. Isso significa que as cavidades servem como espaços de armazenamento para energia eletromagnética. A teoria detalhada das ondas eletromagnéticas estacionárias em cavidades é um pouco mais complicada do que a indicada aqui pela nossa discussão, em virtude do caráter transversal das ondas. Mas resultados como, por exemplo, a Eq. (22.56) permanecem os mesmos. Tais cavidades são usadas para a medida ou análise de frequências (da mesma maneira que os ressoadores acústicos), para controle de frequência em circuitos oscilantes e para a medida das propriedades do material que enche a cavidade.

■ **Exemplo 22.8** Determinar o número de modos diferentes de oscilação de frequência igual ou menor do que ν em uma cavidade cúbica de lado a.

Solução: Se a cavidade é cúbica, $a = b = c$ na Eq. (22.56), e as frequências possíveis são

$$\nu = (v/2a)\sqrt{n_1^2 + n_2^2 + n_3^2}$$

ou

$$n_1^2 + n_2^2 + n_3^2 = 4\nu^2\, a^2/v^2. \qquad (22.57)$$

Em um sistema de coordenadas no qual as coordenadas são n_1, n_2, e n_3 (Fig. 22.28), a Eq. (22.57) representa uma esfera de raio $2\nu a/v$. Nosso problema é achar todas as combinações possíveis de inteiros n_1, n_2 e n_3 que satisfaçam

$$n_1^2 + n_2^2 + n_3^2 \leq 4\nu^2\, a^2/v^2.$$

Se o raio for muito grande, esse número de combinações possíveis será igual ao volume do octante da esfera mostrada na Fig. 22.28(a), pois, para cada conjunto de inteiros n_1, n_2 e n_3, podemos associar uma célula de volume unitário, como indicam os pontos na Fig. 22.28 (b). Então o número de modos de oscilação de frequência igual ou menor do que ν será

$$N_\nu = \frac{1}{8}\frac{4\pi}{3}\left(\frac{2\nu a}{v}\right)^3 = \frac{4\pi a^3 \nu^3}{3v^3}.$$

Como a^3 é o volume da cavidade, o número de modos, por unidade de volume, se dividirmos por a^3, será

$$n_{\nu,L} = \frac{4\pi\nu^3}{3v^3}. \qquad (22.58)$$

O índice L é acrescentado porque esse resultado é válido somente para ondas longitudinais. Se as ondas são transversais, temos, para cada modo, dois estados de polarização independentes e diferentes, de forma que, em vez da Eq. (22.58), devemos escrever

$$n_{\nu,T} = \frac{8\pi\nu^3}{3v^3}. \qquad (22.59)$$

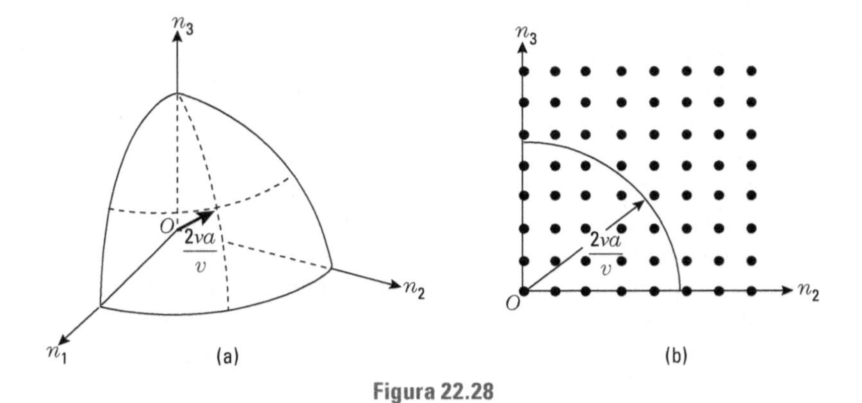

Figura 22.28

Algumas vezes é conveniente conhecer o número de modos em um intervalo de frequência $d\nu$ o qual é escrito sob a forma $dn = g(\nu)d\nu$. Diferenciando a Eq. (22.58), temos

$$dn_{\nu,L} = g_L(\nu)d\nu = \frac{4\pi\nu^2}{v^3}d\nu. \tag{22.60}$$

enquanto, para ondas transversais, da Eq. (22.59), obtemos

$$dn_{\nu,T} = g_T(\nu)d\nu = \frac{8\pi\nu^2}{v^3}d\nu. \tag{22.61}$$

Esses resultados são muito úteis em diversos cálculos.

22.9 Guias de ondas

As cavidades discutidas aqui permitem somente ondas estacionárias. Mas existe também a possibilidade de se produzirem ondas viajantes em certos recipientes chamados *guias de ondas*, que são cavidades compridas abertas em ambas as extremidades. As ondas são introduzidas em uma extremidade e recebidas na outra. Vamos discutir, em detalhe, um tipo simples de guia, que consiste em dois planos paralelos separados por uma distância a (Fig. 22.29). Consideremos uma onda criada dentro da cavidade e formando certo ângulo com os planos. Esse ângulo é determinado pelas componentes k_1 e k_2 do vetor $\boldsymbol{k}$, sendo k_1 e k_2, respectivamente, as componentes paralela e perpendicular aos planos. Nessas condições, a onda sofrerá reflexões sucessivas em ambas as superfícies limitadoras, seguindo um caminho em forma de zigue-zague entre elas. Como o espaço não é limitado na direção paralela aos planos (como acontecia com as cavidades), a onda continuará se deslocando para a direita. Vamos escolher o eixo X paralelo aos planos e o eixo Y perpendicular a eles, de forma que o vetor $\boldsymbol{k}$ esteja no plano XY. Na Fig. 22.29, indicamos o caminho de um determinado raio. Ao longo de PQ, o raio é caracterizado pelas componentes k_1, k_2; de Q a R ele é caracterizado pelas componentes k_1, $-k_2$; de R em diante, é novamente caracterizado por k_1 e k_2, e assim sucessivamente. Concluímos então que, no espaço entre os planos refletores, temos dois conjuntos de ondas viajantes, correspondendo a k_1, k_2 e k_1, $-k_2$, respectivamente. (Recordemos que, no caso de ondas estacionárias bidimensionais, tais como as de uma membrana, tínhamos quatro ondas, por causa das ondas adicionais produzidas pelas reflexões nas extremidades da direita e da esquerda). Essas duas ondas interferem, dando origem a um movimento ondulatório resultante (como será mostrado no Ex. 22.9) descrito pela expressão

$$\xi = -2\xi_0 \text{ sen } k_2 y \cos (\omega t - k_1 x), \tag{22.62}$$

onde

$$k_2 = n\pi/a, \tag{22.63}$$

a fim de satisfazer a condição de contorno $\xi = 0$ para $y = a$.

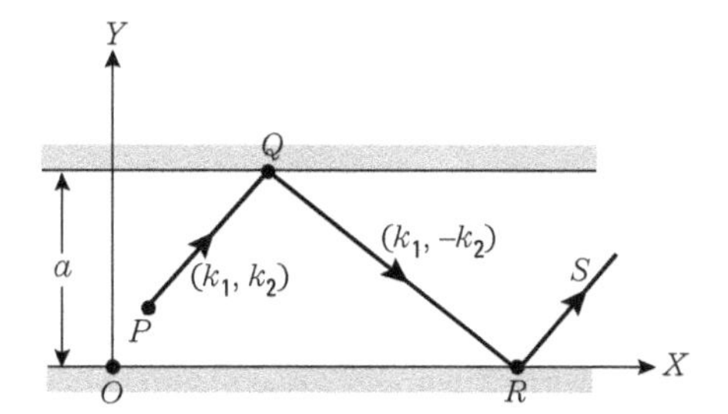

Figura 22.29 Raio propagando-se entre dois planos refletores paralelos.

A Eq. (22.62) difere profundamente de nossos resultados anteriores para outros tipos de ondas estacionárias, no sentido de que a coordenada x, além de não estar separada, aparece no termo *cos* $(\omega t - k_1 x)$, termo esse que corresponde a uma onda propagando-se ao longo do eixo X com uma velocidade de fase

$$v_p = \frac{\omega}{k_1} = \left(\frac{k}{k_1}\right) v. \tag{22.64}$$

Como $k_1 \leqslant k$ porque k_1 é uma componente de $\boldsymbol{k}$, a Eq. (22.64) indica que a velocidade de fase da onda que se propaga ao longo da cavidade é maior do que a velocidade de fase $v = \omega/k$ das ondas no espaço livre. De forma que, para ondas eletromagnéticas, a velocidade de fase na cavidade é maior do que c. A partir de $k^2 = k_1^2 + k_2^2$ e da Eq. (22.63), temos que

$$k^2 = k_1^2 + \frac{n^2\pi^2}{a^2},$$

ou

$$k_1 = \sqrt{k^2 - \frac{n^2\pi^2}{a^2}} = \sqrt{\frac{\omega^2}{v^2} - \frac{n^2\pi^2}{a^2}}, \tag{22.65}$$

uma vez que $k = \omega/v$. A velocidade de grupo, associada com a velocidade de fase dada pela Eq. (22.64), é, pelas Eqs. (18.58) e (22.65),

$$v_g = \frac{d\omega}{dk_1} = \frac{k_1}{\omega} v^2 = \left(\frac{k_1}{k}\right) v, \tag{22.66}$$

que é menor do que v, pois $k_1 \leqslant k$. Multiplicando as Eqs. (22.64) e (22.66), obtemos $v_p v_g = v^2$, ou, para ondas eletromagnéticas no vácuo ($v = c$), $v_p v_g = c^2$, resultado já encontrado anteriormente no Ex. 19.9 para uma situação diferente. Vemos então que, mesmo vazio, um guia de ondas eletromagnéticas comporta-se como um meio dispersivo com um índice de refração menor do que um, e então, nesse meio, a velocidade de fase é maior do que c, mas a velocidade de grupo é menor do que c.

A Eq. (22.65) também indica outra propriedade importante dos guias de onda. Como k_1 deve ser um número real, a fim de que a onda se propague ao longo do guia de onda, é necessário que $\omega^2/v^2 \geqslant n^2\pi^2/a^2$, o que nos dá

$$\omega \geqslant n\pi v/a \qquad \text{ou} \qquad \nu \geqslant nv/2a. \tag{22.67}$$

Em outras palavras, somente as ondas com frequências que satisfazem a Eq. (22.67) se propagam ao longo do guia. Cada modo é determinado pelo vetor de n e, para cada modo, existe uma frequência de corte igual a $n\pi v/a$, abaixo da qual a propagação é impossível. Os guias de onda atuam então como filtros de frequência.

Embora a onda se propague dentro do guia ao longo do eixo X, a amplitude é modulada transversalmente na direção Y pelo fator sen k_2y na Eq. (22.62). A variação transversal da amplitude é indicada na Fig. 22.30 para n = 1, 2 e 3. Na prática, os guias de onda têm seção retangular ou circular. Os dois formatos fornecem resultados semelhantes com respeito à velocidade de fase ao longo do eixo do guia e frequência de corte.

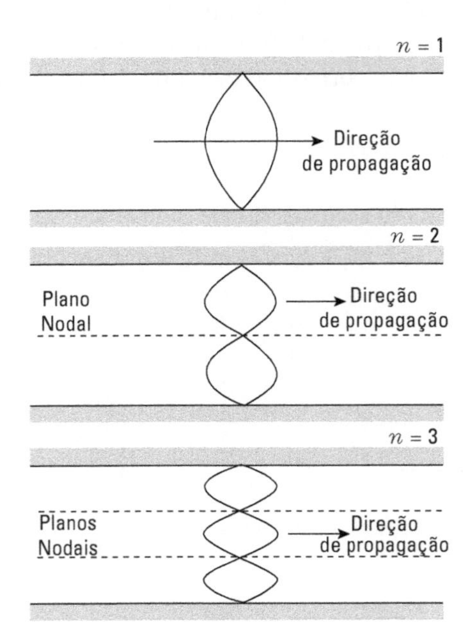

Figura 22.30 Três primeiros modos de propagação de uma onda entre dois planos refletores paralelos.

Ainda que nossa discussão seja válida para guias de onda usados para qualquer tipo de ondas, a situação para ondas eletromagnéticas tem alguma peculiaridade. Em virtude do caráter transversal das ondas eletromagnéticas, para cada $\boldsymbol{k}$ existem dois modos possíveis, dependendo da orientação relativa do campo elétrico $\mathfrak{E}$ em relação aos lados do guia de onda. Guias de ondas eletromagnéticas são extensivamente usados na região de micro-ondas para fins de transmissão de sinais.

É interessante notar que a região entre a superfície da Terra e a ionosfera, que está a, aproximadamente, 80 km acima do nível do mar, forma um guia de ondas que permite a propagação das ondas de rádio ao redor da Terra, como mostra a Fig. 22.31.

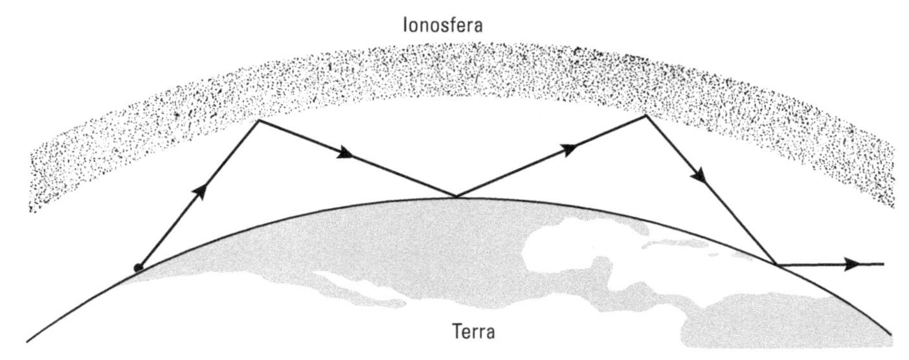

Figura 22.31 A ionosfera e a Terra atuam como um guia de onda para ondas de rádio.

Um exemplo simples de guias de onda de planos paralelos na região óptica são dois espelhos paralelos, tais como os que se encontram em algumas barbearias. Outro tipo de guia de onda consta de fibras transparentes com um diâmetro de alguns mícrons, chamadas fibras ópticas. Essas fibras são feitas de vidro ou quartzo, embora outros materiais, como, por exemplo, o náilon, estejam sendo experimentados. Um raio que entra em uma das extremidades segue o eixo da fibra como resultado de diversas reflexões, emergindo na outra extremidade (Fig. 22.32). Quando as fibras estão dispostas em feixes, uma imagem pode ser transmitida de um ponto a outro. Guias de onda acústicos são também muito comuns. As canalizações de ar dos sistemas de aquecimento de uma casa, por exemplo, atuam como guias de onda acústicos capazes de transmitir os ruídos da fornalha ou sons de um quarto para outro. O ouvido interno é, essencialmente, um guia de onda.

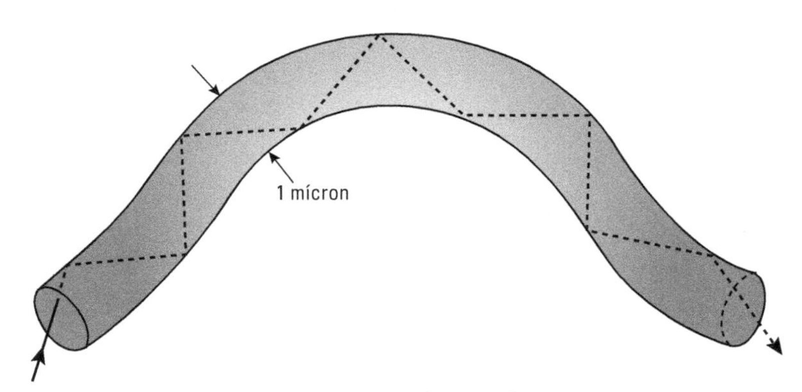

Figura 22.32 As fibras ópticas atuam como guias de onda para a luz.

■ **Exemplo 22.9** Deduzir as Eqs. (22.62) e (22.63).

Solução: As duas ondas que se propagam ao longo do guia dão origem a uma onda resultante descrita pela expressão

$$\xi = \xi_0 \text{ sen } [\omega t - (k_1 x + k_2 y)] + \xi'_0 \text{ sen } [\omega t - (k_1 x - k_2 y)], \tag{22.68}$$

que deve ser comparada com a Eq. (22.50). Para determinar ξ'_0, impomos a condição de que $\xi = 0$ para todos os pontos da superfície de baixo, isto é, $y = 0$. Fazendo $y = 0$ na Eq. (22.68), temos

$$\xi = (\xi_0 + \xi'_0) \text{ sen } (\omega t - k_1 x) = 0,$$

de forma que $\xi_0 + \xi'_0 = 0$ ou $\xi'_0 = -\xi_0$, resultado já esperado a partir de nossa experiência anterior em situações análogas. Então a Eq. (22.68) torna-se

$$\xi = \xi_0\{\text{sen}\,[\omega t - (k_1 x + k_2 y)] - \text{sen}\,[\omega t - (k_1 x - k_2 y)]\}.$$

Transformando a diferença entre os dois senos em um produto, podemos escrever

$$\xi = -2\xi_0 \text{ sen } k_2 y \cos(\omega t - k_1 x). \quad (22.69)$$

Se fizermos $y = 0$, verificamos que nossa condição de contorno para o plano inferior é satisfeita. A condição de contorno para o plano superior ($y = a$) é também $\xi = 0$. Isso requer que sen $k_2 a = 0$, o que resulta em $k_2 a = n\pi$ ou $k_2 = n\pi/a$. Contudo, não há condição de contorno para a coordenada X.

■ **Exemplo 22.10** Discutir as ondas eletromagnéticas em um guia de ondas de planos paralelos.

Solução: Como foi explicado aqui, ondas eletromagnéticas em guias de ondas possuem certas peculiaridades próprias, que são devidas ao seu caráter transversal e às condições de contorno na superfície do condutor. Essas condições de contorno são: (1) o campo elétrico é normal, e (2) o campo magnético é tangencial à superfície do condutor. Uma solução possível das equações de Maxwell que satisfaça essas condições para um guia de ondas plano é a dada pela Eq. (19.12), isto é, $\mathfrak{E}_y = \mathfrak{E}_0 \text{ sen } (\omega t - kx)$, $\mathfrak{B}_z = \mathfrak{B}_0 \text{ sen } (\omega t - kx)$ com $\mathfrak{B}_0 = \mathfrak{E}_0/c$. As linhas de força do campo elétrico são indicadas por linhas na Fig. 22.33 e as do campo magnético por pontos e cruzes. Nesse caso, o guia de ondas não muda a velocidade de fase das ondas, que se propagam com a mesma velocidade de fase $c = \omega/k$, correspondendo à propagação no espaço livre; o guia de ondas limita somente a frente de onda.

Entretanto as equações de Maxwell admitem outras soluções, que também satisfazem nossas condições de contorno. Uma solução possível é

$$\mathfrak{E}_x = \mathfrak{E}_y = 0, \qquad \mathfrak{E}_z = \mathfrak{E}_0 \text{ sen } k_2 y \cos(\omega t - k_1 x),$$

$$\mathfrak{B}_x = -\frac{k_2}{\omega}\mathfrak{E}_0 \cos k_2 y \text{ sen}(\omega t - k_1 x),$$

$$\mathfrak{B}_y = -\frac{k_1}{\omega}\mathfrak{E}_0 \text{ sen } k_2 y \cos(\omega t - k_1 x), \qquad \mathfrak{B}_z = 0.$$

Isso pode ser verificado por substituição direta nas equações de Maxwell. Essa solução é chamada solução TE (*transversal elétrica*) porque o campo elétrico é transversal, mas o campo magnético tem uma componente ao longo da direção efetiva de propagação, ou eixo X. Os campos elétrico e magnético são, contudo, perpendiculares um ao outro. Para satisfazer as condições de contorno em ambos os planos condutores, devemos fazer $\mathfrak{E}_z = 0$ e $\mathfrak{B}_y = 0$ para $y = 0$ e $y = a$. A primeira é satisfeita automaticamente, enquanto a segunda requer sen $k_2 a = 0$ ou $k_2 a = n\pi$, de forma que se obtém a condição dada pela Eq. (22.63). A Fig. 22.34(a) mostra as linhas de força para o modo mais baixo, $n = 1$. As linhas de força do campo elétrico são linhas retas paralelas aos planos (perpendiculares à página) sendo indicadas por pontos ou cruzes, enquanto as linhas de força para o campo magnético são as curvas fechadas. Cada figura ocupa metade do comprimento de onda efetivo $2\pi/k_1$, e figuras sucessivas têm uma diferença de fase de π. A figura caminha ao longo do guia com a velocidade de fase $v_p = \omega/k_1$.

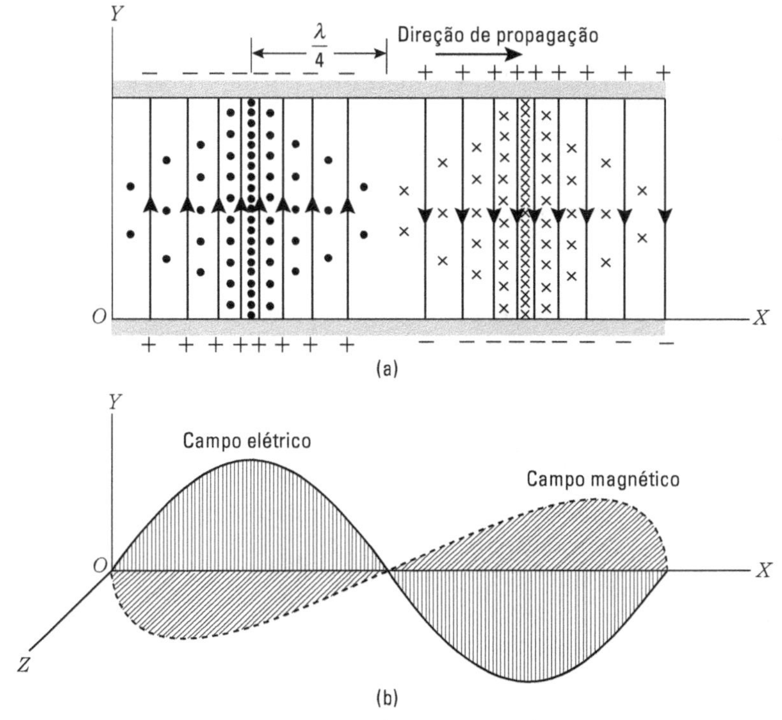

Figura 22.33 (a) Linhas de força do campo elétrico (linhas verticais) e linhas de força do campo magnético (pontos e cruzes) no plano *XY* para uma onda eletromagnética propagando-se paralelamente aos dois planos refletores paralelos ao plano *XZ*. (b) Campos elétrico e magnético na onda descrita na parte (a).

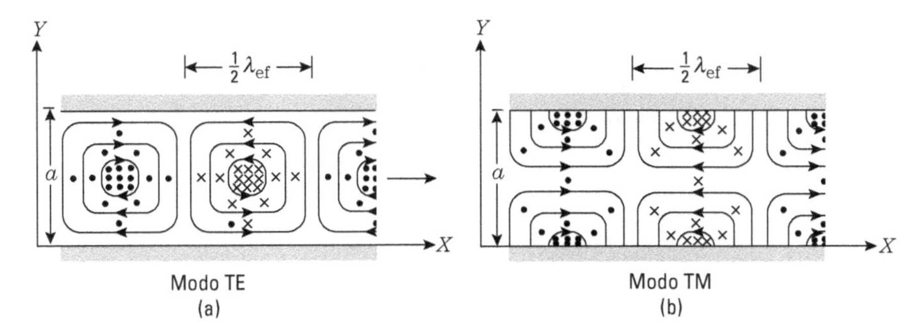

Figura 22.34 Guias de onda para ondas eletromagnéticas. (a) Campo elétrico perpendicular à pagina, ou modo TE. (b) Campo magnético perpendicular à pagina, ou modo TM.

Outra solução possível das equações de Maxwell é

$$\mathfrak{E}_x = \frac{k_2}{k_1}\mathfrak{E}_0 \operatorname{sen} k_2 y \operatorname{sen}\left(\omega t - k_1 x\right),$$

$$\mathfrak{E}_y = \mathfrak{E}_0 \cos k_2 y \cos\left(\omega t - k_1 x\right), \qquad \mathfrak{E}_z = 0,$$

$$\mathfrak{B}_x = \mathfrak{B}_y = 0, \qquad \mathfrak{B}_z = \frac{\omega}{k_1 c^2}\mathfrak{E}_0 \cos k_2 y \cos\left(\omega t - k_1 x\right).$$

Novamente essa solução pode ser verificada por substituição direta nas equações de Maxwell. Essa segunda solução, designada por TM (*transversal magnética*), é assim chamada porque o campo magnético é transversal. O campo elétrico, contudo, tem uma componente ao longo da direção efetiva de propagação. Ambos os campos permanecem perpendiculares um ao outro. Para satisfazer as condições de contorno nos planos condutores, devemos fazer $\mathfrak{E}_x = 0$ para $y = 0$ e $y = a$. A primeira é automaticamente satisfeita e a segunda requer, uma vez mais, que sen $k_2a = 0$ ou $k_2a = n\pi$, de forma que novamente é obtida a condição dada pela Eq. (22.63). Portanto ambos os modos têm a mesma frequência de corte.

A Fig. 22.34(b) mostra novamente as linhas de força para o modo mais baixo, $n = 1$. Contudo as linhas de força do campo *magnético* são agora linhas retas paralelas aos planos (perpendiculares à página) e são indicadas por pontos ou cruzes, enquanto as linhas de força do campo elétrico correspondem às figuras indicadas. Como no caso TE, cada padrão ocupa metade de um comprimento de onda efetivo $2\pi/k_1$, e as figuras caminham ao longo do guia com a velocidade de fase $v_p = \omega/k_1$.

A solução geral das equações de Maxwell que satisfazem as condições deste problema é uma combinação linear dos modos TE e TM.

REFERÊNCIAS

ANDREWS, C. Microwave Optics. *The Physics Teacher*, v. 2, p. 55, 1964.

BOWEN, E. The 210-foot radio telescope at Parkes . *The Physics Teacher*, v. 4, p. 99, 1966.

FEYNMAN, R.; LEIGHTON, R.; SANDS, M. *The Feynman lectures on Physics*. v. I. Reading, Mass.: Addison-Wesley, 1963.

HOLTON, G.; ROLLER, D. H. D. *Foundations of modern physical science*. Reading, Mass.: Addison-Wesley, 1958.

KAPANY, N. Fiber Optics. *Sci. Am.*, p. 72, Nov. 1960.

MAGIE, W. F. *Source book in Physics*. Cambridge, Mass.: Harvard University Press, 1963.

MONK, G. *Light: principles and experiments*. New York: Dover, 1963.

POHL, R. Discovery of interference by Thomas Young. *Am. J. Phys.*, v. 28, p. 530, 1960.

PRYOR, M. Measuring Artificial Star Separation by Interference. *Am. J. Phys.*, v. 27, p. 101, 1959.

REITZ, J.; MILFORD, F. *Foundations of electromagnetic theory*. Reading, Mass.: Addison--Wesley, 1960.

ROSSI. B. *Optics*. Reading, Mass.: Addison-Wesley, 1957.

SHAMOS, M. (ed.). *Great experiments in Physics*. New York: Holt, Rinehart & Winston, 1959.

PROBLEMAS

22.1 Duas fendas, separadas por uma distância de 1 mm, são iluminadas com luz vermelha de comprimento de onda de $6{,}5 \times 10^{-7}$ m. As franjas de interferência são observadas sobre uma tela colocada a 1 m das fendas. (a) Determine a distância entre duas franjas brilhantes e entre duas franjas escuras. (b) Determine a distância da terceira franja escura e da quinta franja brilhante à franja central.

22.2 Por meio de um *biprisma de Fresnel* (Fig. 22.4), franjas de interferência são produzidas sobre uma tela a 0,80 m do biprisma, usando luz de comprimento de onda igual a $6{,}0 \times 10^{-7}$ m. Determine a distância entre as duas imagens produzidas pelo biprisma, se 21 franjas cobrem uma distância de 2,4 mm na tela.

22.3 Mostre que, se uma fonte é colocada a uma distância d de um biprisma de Fresnel que tem um índice de refração n e um ângulo muito pequeno A, a distância entre as duas imagens é $a = 2(n - 1)\, Ad$, onde A é dado em radianos. Calcule o espaçamento das franjas de luz verde de comprimento de onda de 5×10^{-7} m produzida por uma fonte colocada a 5 cm de um biprisma, cujo índice de refração é igual a 1,5 e cujo ângulo é 2°. A tela está a 1 m do biprisma.

22.4 A Fig. 22.35 mostra um arranjo, chamado *espelho de Lloyd*, que produz figuras de interferência. As fontes de luz coerentes são a fonte S_1 e sua imagem, S_2, a qual é devida à reflexão sobre a superfície superior da lâmina de vidro. Portanto os raios interferentes são os que vêm diretamente da fonte e os refletidos no vidro. O que você concluiria sobre a mudança de fase na reflexão se a franja correspondente a uma diferença de caminho nula fosse (a) brilhante, (b) escura? Em uma experiência real, o resultado (b) é o obtido. Isso seria de se esperar, tendo em vista a discussão da Seç. 20.7?

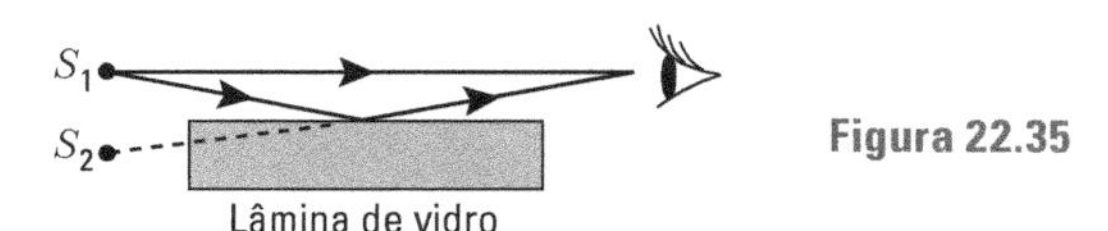

Figura 22.35

22.5 No espelho de Lloyd, a fenda da fonte S_1 e sua imagem virtual S_2 ficam em um plano situado a 20 cm atrás da extremidade esquerda do espelho (veja a Fig. 22.35). O espelho tem 30 cm de comprimento e uma tela é colocada na sua extremidade direita. Calcule a distância dessa extremidade ao primeiro máximo de luz, se a distância perpendicular de S_1 ao espelho é 2 mm e se $\lambda = 7{,}2 \times 10^{-7}$ m.

22.6 Discuta a figura de interferência sobre uma tela quando as fontes S_1 e S_2, separadas por uma pequena distância a, são colocadas ao longo de uma linha perpendicular à tela (Fig. 22.36a). Experimentalmente, as duas fontes poderiam ser as duas imagens de uma fonte de luz produzida pela reflexão nas duas faces de uma folha de mica (Fig. 22.36b). Esse arranjo é chamado de *interferômetro de Pohl*.

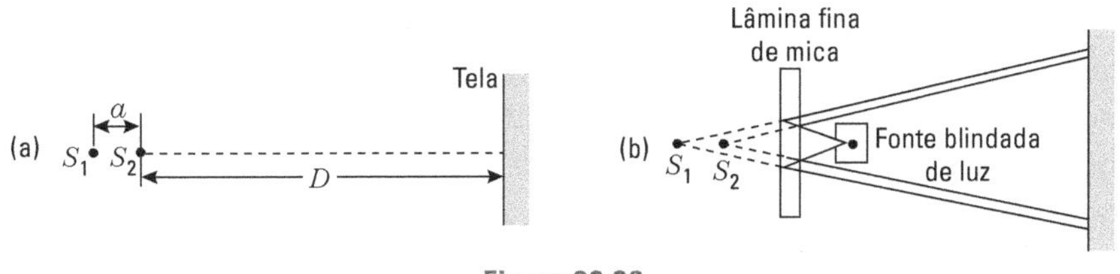

Figura 22.36

22.7 Duas fontes sincronizadas de ondas sonoras emitem ondas de igual intensidade e de frequência de 680 Hz. As fontes estão a 0,75 m uma da outra. A velocidade do som é $340 \text{ m} \cdot \text{s}^{-1}$. Determine as posições de intensidade mínima: (a) sobre uma linha que passa pelas fontes, (b) em um plano que é o bissetor perpendicular da linha entre as fontes, (c) em um plano que contém as duas fontes. (d) A intensidade é nula em algum dos mínimos?

22.8 Uma técnica para observar uma figura de interferência produzida por duas fendas é iluminá-las com raios paralelos de luz, colocar uma lente convergente atrás do plano das fendas, e observar a figura de interferência sobre uma tela colocada no plano focal da lente (Fig. 22.37). Mostre que a posição das franjas brilhantes em relação à franja central é dada por $x = n(f\lambda/a)$ e que as franjas escuras correspondem a $x = (2n + 1)(f\lambda/a)$ onde n é um inteiro, f a distância focal da lente e a é a separação entre as fendas.

22.9 Dois feixes de luz formam um pequeno ângulo θ um com o outro e incidem sobre duas fendas, separadas por uma distância a, colocadas em frente a uma lente convergente (Fig. 22.38). Cada um dos feixes é paralelo e de luz monocromática. O comprimento de onda da luz de um feixe é o mesmo que o da luz do outro feixe. Por causa do ângulo entre os dois feixes, os dois conjuntos de franjas, observados sobre uma tela colocada no plano focal da lente (veja o problema anterior), não são coincidentes. Mostre que, se $\theta = \lambda/2a$, as franjas brilhantes de um feixe caem sobre as franjas escuras do outro feixe, e a figura de interferência desaparece. Esse método foi proposto por Fizeau em 1868 para medir a separação angular de dois objetos distantes, variando-se a distância a até que a figura de interferência desaparecesse. Esse processo tem sido usado, por exemplo, para medir a separação angular entre estrelas, o que é feito colocando-se um anteparo com duas fendas em frente à objetiva de um telescópio e variando a separação entre as fendas até que a figura de interferência desapareça. Determine a separação angular mínima que pode ser detectada com o telescópio de refração de Monte Wilson, cuja objetiva tem um diâmetro de 100 pol, ou 2,54 m. Suponha que o comprimento de onda seja $5{,}7 \times 10^{-7}$ m.

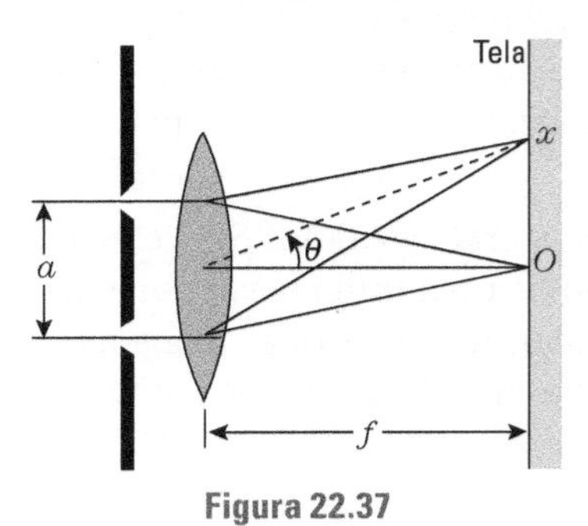

Figura 22.37

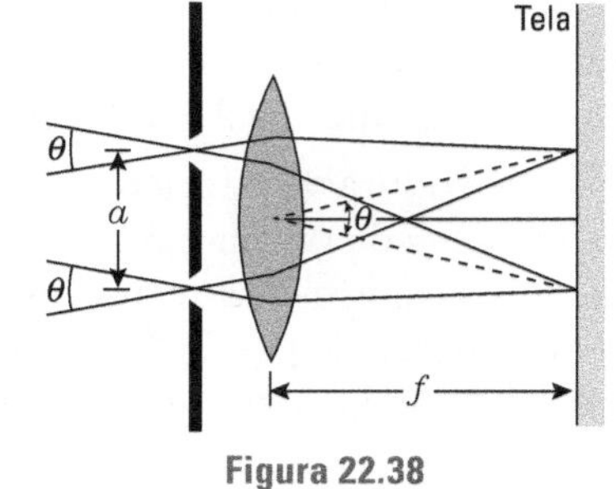

Figura 22.38

22.10 Para aumentar o poder resolutivo de um telescópio, em 1921, Michelson construiu um arranjo interferométrico, como o da Fig. 22.39, onde os M são quatro espelhos colocados em frente da objetiva de um telescópio. Portanto o que se observa pelo telescópio é a figura de interferência dos raios recebidos pelos espelhos M_1 e M_2. *É* esse, essencialmente, o arranjo de Fizeau descrito no Prob. 22.9. Pode-se mostrar que, quando se observa uma fonte de luz, extensa e de formato circular, a figura de interferência desaparece se o ângulo subtendido pela fonte estiver relacionado com a separação dos espelhos pela relação $\theta = 1{,}22\lambda/a$. Usando a = 121 pol = 3,073 m e um comprimento de onda de $5{,}75 \times 10^{-7}$ m, Michelson verificou que as franjas correspondentes à estrela Orion (Betelgeuse) desapareciam. Mostre que o diâmetro angular dessa estrela é 0,047 pol. Esse método proporcionou a primeira medida do diâmetro de uma estrela. Qual deveria ser o diâmetro da objetiva de um telescópio para produzir o mesmo poder resolutivo? Se a distância até a estrela é de $1{,}80 \times 10^{18}$ m, determine seu diâmetro linear. Compare esse valor com o diâmetro do Sol e da órbita da Terra.

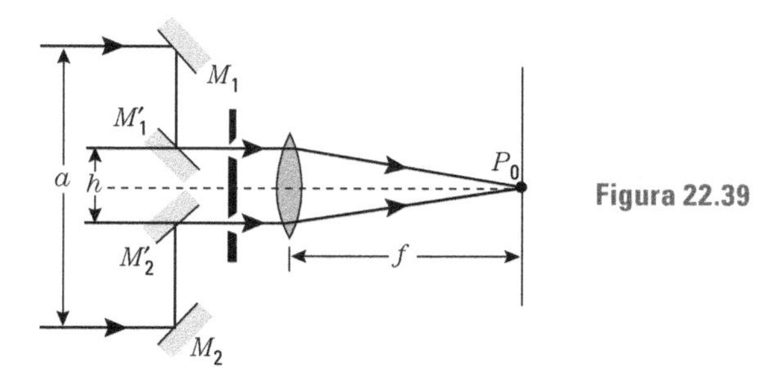

Figura 22.39

22.11 Um arranjo interferométrico usado em radioastronomia consiste em dois radiotelescópios separados por certa distância. As antenas desses telescópios podem ser orientadas para diferentes direções, mas são sempre mantidas paralelas. Os sinais recebidos pelas antenas são transmitidos a uma estação receptora onde são misturados (Fig. 22.40a). Mostre que as direções de incidência, para as quais o sinal resultante é máximo, são dadas pela Eq. (22.11), se $\theta = n\lambda/a$. [*Sugestão*: note que a situação é exatamente a inversa daquela para duas fontes, ilustrada na Fig. 22.3.] Faça um gráfico polar da intensidade de sinal em função do ângulo θ. A Fig. 22.40(b) mostra o interferômetro duplo de Green Bank, West Virginia, que opera com um comprimento de onda de 11 cm. A distância a entre os dois radiotelescópios pode ser ajustada até 2.700 m. Determine o ângulo subtendido pela intensidade central máxima para a separação máxima entre os dois telescópios.

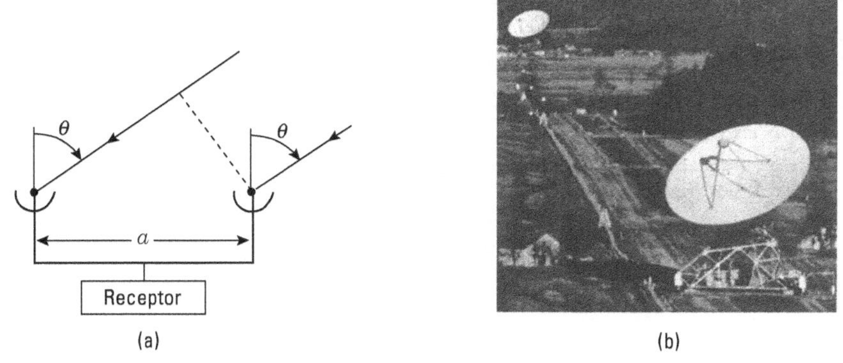

Figura 22.40 (a) Disposição de um radiointerferômetro. (b) Radiointerferômetro de dois elementos em Green Bank, West Virginia.

Fonte: A foto é cortesia do National Radio Astronomy Observatory.

22.12 Suponha que temos, em lugar de duas fendas paralelas, como na experiência de Young, três fendas paralelas, igualmente espaçadas a uma distância a. Discuta a distribuição de intensidade da figura de interferência observada sobre uma tela distante.

22.13 Determine as intensidades dos máximos secundários da disposição de fontes da Fig. 22.12 em relação ao máximo principal. [*Sugestão*: pode-se mostrar que o primeiro máximo secundário ocorre a 0 ~ 48°.]

22.14 Determine o espaçamento entre as fontes no arranjo da Fig. 22.12 a fim de produzir uma figura cujo máximo principal está a $\theta = \pm\pi/2$. Determine a posição do máximo secundário. Faça um gráfico da distribuição angular da intensidade.

22.15 Discuta a distribuição angular de intensidade para (a) três e (b) cinco fontes idênticas de ondas espaçadas igualmente, a uma distância a ao longo de uma linha reta. Suponha que $a = \lambda/2$.

22.16 O primeiro radiointerferômetro múltiplo foi construído em 1951, na Austrália, pelo Prof. W. N. Christiansen (Fig. 22.41). Consta de 32 antenas distantes 7 m uma da outra, com seus correspondentes refletores parabólicos. O sistema é sintonizado para um comprimento de onda de 21 cm. Os sinais recebidos pelas antenas são superpostos na estação de observação dando um sinal resultante. O sistema é, então, equivalente a 32 fontes igualmente espaçadas. Determine (a) a abertura angular do máximo central, (b) a separação angular entre máximos principais sucessivos.

Figura 22.41 Radiointerferômetro de rede na Universidade de Sydney, Austrália.
Fonte: Cortesia do Prof. W. N. Christiansen.

22.17 Considerando a interferência de movimentos ondulatórios produzidos por N fontes, como foi discutido na Seç. 22.3, mostre que a fase inicial do movimento resultante é dada por $\delta_N = \frac{1}{2}(N-1)\delta$, onde δ é dado pela Eq. (22.12). Observe que δ_N é o ângulo que o vetor OP faz com o eixo X na Fig. 22.9.

22.18 Usando o resultado provado no problema precedente e a lei da adição vetorial, prove as seguintes relações trigonométricas:

$$1+\cos\delta+\cos 2\delta+\ldots+\cos(N-1)\delta=\frac{\operatorname{sen}\frac{1}{2}N\delta}{\operatorname{sen}\frac{1}{2}\delta}\cos\tfrac{1}{2}(N-1)\delta,$$

$$\operatorname{sen}\delta+\operatorname{sen}2\delta+\ldots+\operatorname{sen}(N-1)\delta=\frac{\operatorname{sen}\frac{1}{2}N\delta}{\operatorname{sen}\frac{1}{2}\delta}\operatorname{sen}\tfrac{1}{2}(N-1)\delta.$$

[*Sugestão*: observe que, na Fig. 22.9, as componentes do vetor resultante ao longo dos eixos X e Y são iguais à soma das componentes dos vetores individuais.]

22.19 Duas peças retangulares de vidro plano são colocadas uma sobre a outra. Uma tira fina de papel é colocada entre elas em uma das extremidades, formando uma cunha muito estreita de ar. As placas são iluminadas por um feixe de luz de sódio ($\lambda = 5{,}9 \times 10^{-7}$ m) com incidência normal. Formam-se dez franjas de interferência por centímetro de comprimento da cunha. Determine o ângulo da cunha.

22.20 Um pedaço quadrado de filme de celofane com índice de refração 1,5 tem uma seção com o formato de uma cunha, de modo que sua espessura nos dois lados opostos é a_1 e a_2 (Fig. 22.42). Se ele é iluminado com luz monocromática de comprimento de onda de $6{,}0 \times 10^{-7}$ m com incidência normal, o número de franjas que aparece por reflexão sobre o filme é 10. Qual é a diferença $a_2 - a_1$?

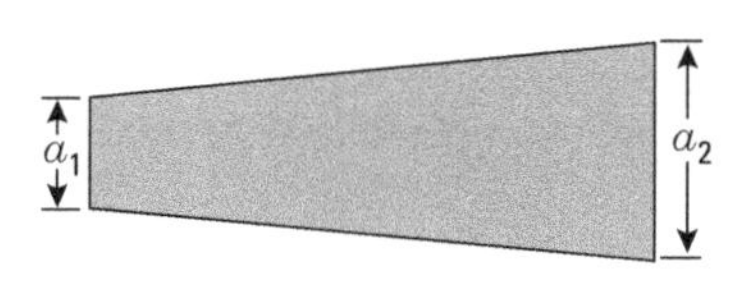

Figura 22.42

22.21 Uma luz de comprimento de onda $5{,}0 \times 10^{-7}$ m incide perpendicularmente sobre um filme de 10^{-6} m de espessura sendo o índice de refração igual a 1,4. Parte da luz entra no filme e é refletida de volta na segunda face. (a) Quantas ondas estão contidas ao longo do caminho dessa luz no filme, desde o ponto de incidência até o ponto de emergência? (b) Qual é a diferença de fase entre as ondas incidentes e as emergentes, tomando-se como base os pontos de incidência e de emergência? Repita o problema para luz cujo ângulo de incidência é 30°.

22.22 Duas placas de vidro que têm um comprimento de 5 cm são colocadas em contato em uma das extremidades e separadas na outra por uma fina folha de papel, formando, dessa forma, um prisma de ar. Quando o prisma é iluminado por luz de comprimento de onda de $5{,}9 \times 10^{-7}$ m, com incidência normal, 42 franjas escuras são observadas. Determine a espessura da folha de papel.

22.23 Um filme fino que tem uma espessura de $2{,}4 \times 10^{-6}$ m e um índice de refração de 1,4 é iluminado com luz monocromática de comprimento de onda de $6{,}2 \times 10^{-7}$ m. Determine o menor ângulo de incidência para o qual existe um máximo de interferência por reflexão (a) construtiva e (b) destrutiva. Repita o problema para a luz transmitida.

22.24 Mostre que, se uma lâmina de vidro (índice de refração n_g) é coberta por um filme fino cujo índice de refração é $n_a = \sqrt{n_g}$ (veja o Prob. 20.18) e cuja espessura é igual a um quarto do comprimento de onda da luz no filme, o resultado é uma interferência destrutiva completa entre a luz refletida em ambas as superfícies, para incidência normal. Esse é um método efetivo para reduzir a intensidade da reflexão de lentes e lâminas em instrumentos ópticos. Um filme fino desse tipo é chamado de *revestimento antirrefletor*.

22.25 Mostre que, se o filme fino do problema anterior tem um índice de refração muito maior do que o do vidro e uma espessura de um quarto de comprimento de onda de luz (no filme), a intensidade da luz refletida para aquele comprimento de onda é aumentada.

22.26 Prove que, se R é o raio do lado convexo de uma lente plano-convexa usada para produzir anéis de Newton, os raios dos anéis brilhantes são dados por $r^2 = N/\lambda R$ e os raios dos anéis escuros por $r^2 = (2N + 1)(\lambda R/2)$, onde N é um inteiro positivo. O índice de refração do ar foi tomado como sendo igual a um.

22.27 Anéis de Newton são observados com uma lente plano-convexa apoiada sobre uma superfície plana de vidro (veja a Fig. 22.14). O raio de curvatura da lente é 10 m. (a) Determine o raio dos anéis escuros de interferência das várias ordens observados por reflexão sob incidência quase perpendicular, usando luz de comprimento de onda de $4{,}8 \times 10^{-7}$ m. (b) Quantos anéis são vistos se o diâmetro da lente é de 4 cm?

22.28 O raio de curvatura da superfície convexa de uma lente plano-convexa é 1,20 m. A lente é colocada sobre uma lâmina plana de vidro com o lado convexo para baixo, e iluminada a partir de cima com luz vermelha de comprimento de onda de $6{,}5 \times 10^{-7}$ m. Determine o diâmetro do terceiro anel brilhante da figura de interferência.

22.29 Um fio de cobre que tem um raio de 1 mm e um comprimento de 1 m está sujeito a uma tensão de 10.000 N. Determine: (a) a frequência fundamental e os dois primeiros sobretons, (b) os comprimentos de onda correspondentes. (c) Faça um gráfico do estado vibracional do fio em cada caso. (d) Escreva a equação que descreve as ondas estacionárias para cada frequência.

22.30 Como se altera a frequência fundamental de uma corda quando se duplica (a) sua tensão, (b) sua massa por unidade de comprimento, (c) seu raio, (d) seu comprimento? Repita o problema para um caso em que as quantidades relacionadas são divididas por dois.

22.31 Um tubo cujo comprimento é 0,60 m está (a) aberto em ambas as extremidades, e (b) fechado em uma extremidade e aberto na outra. Determine sua frequência fundamental e o primeiro sobretom se a temperatura do ar é de 27 °C. Faça um gráfico da distribuição de amplitude ao longo do tubo, correspondendo à frequência fundamental e ao primeiro sobretom.

22.32 Avalie a variação percentual na frequência fundamental de uma coluna de ar por grau de variação de temperatura, na temperatura de 27 °C. (Veja o Ex. 18.6.)

22.33 Uma corda vibrando com uma frequência de 256 Hz está em ressonância com um diapasão. Determine a frequência dos batimentos produzidos se a tensão da corda é aumentada em 20%.

22.34 Um diapasão com uma frequência de 256 Hz é colocado em frente da extremidade aberta de um tubo, como mostra a Fig. 22.43. O comprimento da coluna de ar pode ser mudado, deslocando-se o nível da superfície de água, movimentando o recipiente A para cima ou para baixo. Determine os comprimentos das primeiras três colunas de ar que estão em ressonância com o diapasão. Faça um rascunho em cada caso, mostrando a posição dos nodos e antinodos. Indique a distribuição de amplitude ao longo do tubo. Suponha que a temperatura seja de 27 °C.

22.35 Um tubo em forma de T possui um de seus ramos fechado por um pistão móvel, como mostra a Fig. 22.44. Há um diapasão na extremidade aberta A. Mostre que a separação entre posições sucessivas do pistão, para o qual a intensidade máxima de som é recebida na outra extremidade, B é $x = \lambda/2$.

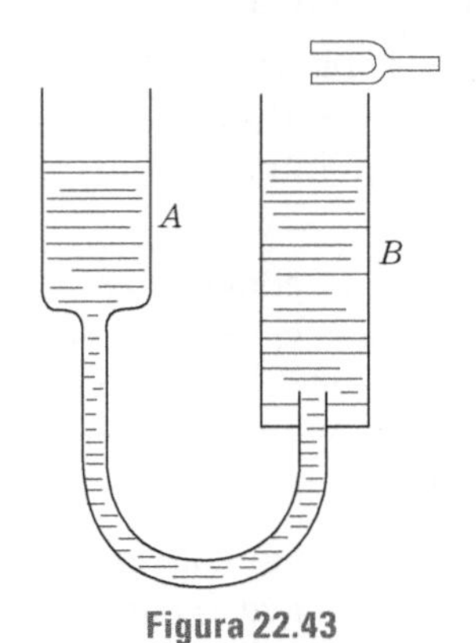

Figura 22.43

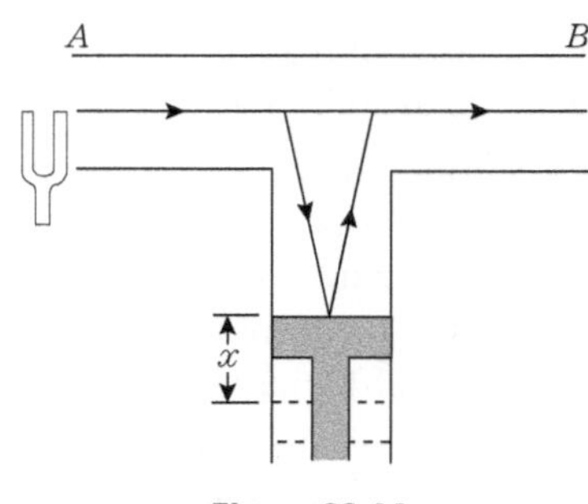

Figura 22.44

22.36 Duas ondas superficiais, A sen $k(x - vt)$ e A sen $k(y - vt)$, propagam-se ao longo de uma membrana. Discuta o movimento resultante, mostrando que essas ondas são equivalentes a uma onda modulada propagando-se em uma direção que faz um ângulo de 45° com o eixo X e com uma velocidade de fase igual a $\sqrt{2}\,v$. Verifique que o comprimento de onda é reduzido por um fator $\sqrt{2}$. Mostre que a amplitude é nula sobre as linhas $x - y = (2n + 1)\pi/k$.

22.37 Mostre que, para uma membrana quadrada de lado a, se $\nu_0 = v/2a$ é a frequência fundamental, as frequências sucessivas são $\nu = \sqrt{2}\,\nu_0$, $2\,\nu_0$, $\sqrt{5}\,\nu_0$, $2\sqrt{2}\,\nu_0$, $3\,\nu_0$, $\sqrt{10}\,\nu_0$, $\sqrt{13}\,\nu_0, \cdots$ Determine o número de diferentes combinações de n_1 e n_2 necessárias para obterem-se os modos fundamentais e sucessivos de vibração. O número de diferentes combinações nos dá a *degeneração* do modo de vibração.

22.38 Repita o problema precedente para uma cavidade cúbica de lado a.

22.39 Um guia de onda consta de um tubo longo de seção retangular com lados a e b. Mostre que a onda resultante é descrita por

$$\xi = 4\xi_0 \text{ sen } k_2 y \text{ sen } k_3 z \cos(\omega t - k_1 x)$$

e que as frequências transmitidas ao longo do guia de ondas são somente as que satisfazem a relação $\nu \geq \frac{1}{2} v \sqrt{n_1^2/a^2 + n_2^2/b^2}$, onde n_1 e n_2 são inteiros. Discuta os planos nodais no guia de onda para $n_1 = 2$ e $n_2 = 3$.

22.40 Avalie o número de modos de vibração transversais por unidade de volume, no intervalo de frequência entre $1{,}0 \times 10^{15}$ Hz e $1{,}2 \times 10^{15}$ Hz, para radiação eletromagnética aprisionada numa cavidade.

22.41 Dada a equação de onda em duas dimensões

$$\partial^2\xi/\partial x^2 + \partial^2\xi/\partial y^2 = (1/v^2)\,\partial^2\xi/\partial t^2.$$

Experimente uma solução que corresponda a ondas estacionárias da forma $\xi = f(x, y) \text{sen } \omega t$. Mostre que $f(x, y)$ satisfaz a equação diferencial

$$\partial^2 f/\partial x^2 + \partial^2 f/\partial y^2 + k^2 f = 0,$$

onde $k = \omega/v$. Determine as constantes k_1 e k_2 a fim de que

$$f(x, y) = A \text{ sen } k_1 x \text{ sen } k_2 y$$

seja uma solução da equação precedente. Compare seus resultados com os da Seç. 22.7.

22.42 Estenda a discussão do problema precedente para o caso da equação de onda a três dimensões. Nesse caso, a solução tentativa é

$$f(x, y, z) = A \text{ sen } k_1 x \text{ sen } k_2 y \text{ sen } k_3 z$$

22.43 Discuta graficamente a solução da equação transcendental $x \text{ tg } x = C$, onde C é uma constante. Há dois caminhos alternativos a seguir. Construa as curvas $y = \text{tg } x$ e $y = C/x$ e determine suas interseções, ou construa as curvas $y = x$ e $y = C \cot x$ e determine suas interseções. Em qualquer caso, com exceção da primeira interseção, todas as outras ocorrem muito próximas depois de $x = n\pi$, onde n é um inteiro. Aplique seus resultados para a discussão do Ex. 22.6.

23 Difração

23.1 Introdução

Outro tipo de fenômeno característico do movimento ondulatório é conhecido pelo nome genérico de *difração*. A difração é observável quando uma onda é deformada por um obstáculo que tem dimensões comparáveis ao comprimento de sua. O obstáculo pode ser um anteparo com uma pequena abertura, ou fenda, que permite a passagem de somente uma pequena fração da frente de onda. O obstáculo pode também ser um pequeno objeto, tal como um fio ou um disco, que bloqueia a passagem de uma pequena parte da frente de onda.

Se um feixe de partículas incide sobre um anteparo que possui uma pequena abertura, somente as partículas incidentes na abertura serão transmitidas e poderão continuar seu movimento sem nenhuma perturbação (Fig. 23.1). As outras serão interrompidas pelo anteparo e pararão, ou voltarão, em sentido contrário. Por outro lado, se um objeto for colocado em um feixe de partículas, as partículas incidentes sobre ele serão interrompidas, mas as partículas restantes continuarão seu movimento sem serem perturbadas. Contudo, de nossa experiência diária, sabemos que as ondas, especialmente no caso de ondas de som e ondas superficiais na água, comportam-se de forma diferente, estendendo-se em volta dos obstáculos interpostos em seu caminho, como ilustra a Fig. 23.2. Esse efeito se torna mais e mais evidente à medida que as dimensões das fendas ou o tamanho dos obstáculos aproximam-se do comprimento de onda das ondas. Não se pode, em geral, observar a difração da luz a olho nu, pois a maioria dos objetos interpostos em um feixe de luz é muito maior do que o comprimento de onda das ondas de luz, cuja ordem de grandeza é de 5×10^{-7} m*.

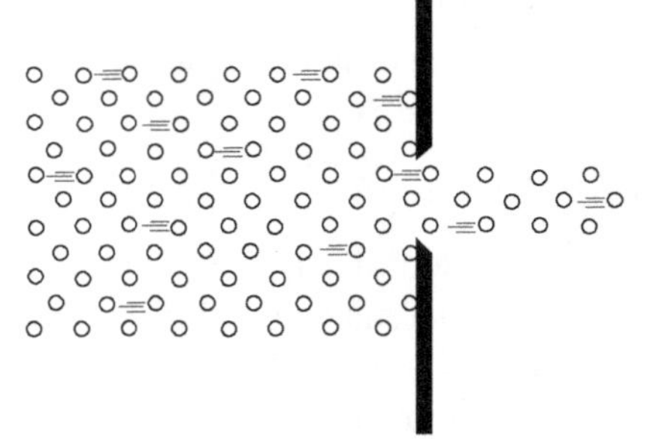

Figura 23.1 Comportamento de uma corrente de partículas incidindo sobre um anteparo com uma pequena abertura.

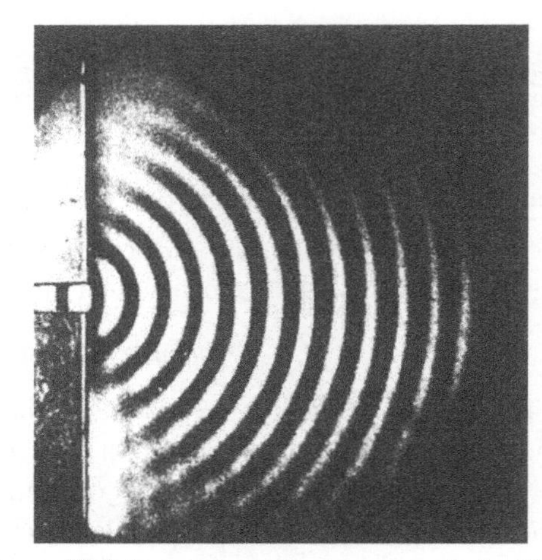

Figura 23.2 Comportamento de uma onda incidindo sobre um anteparo com uma pequena abertura.

* Sugerimos que você, antes de continuar, leia novamente a Seç. 20.2.

Neste capítulo, discutiremos a difração produzida por certas fendas e anteparos de geometria simples, sob duas condições especiais. Na *difração de Fraunhofer*, supomos que os raios incidentes são paralelos e que observamos a figura de difração a uma distância suficientemente grande, de forma que os raios que chegam ao anteparo são efetivamente paralelos. Isso pode ser realizado usando-se uma lente que focaliza os raios difratados numa mesma direção em uma mesma posição sobre uma tela. Na *difração de Fresnel*, os raios incidentes originam-se de uma fonte pontual ou os raios difratados são observados em um determinado ponto do espaço, ou ambos.

Outro fenômeno intimamente relacionado com a difração é o *espalhamento*, que existe quando os obstáculos interpostos no caminho das ondas se tornam, eles mesmos, fontes de novas ondas. Já discutimos o espalhamento de ondas eletromagnéticas por elétrons individuais no Cap. 19. Neste capítulo, consideraremos, de maneira breve, o espalhamento sob um ponto de vista mais geral.

23.2 Difração de Fraunhofer por uma fenda retangular

Como nosso primeiro exemplo de análise da difração, vamos considerar uma fenda retangular, bastante estreita e comprida, de forma que, a princípio, podemos ignorar os efeitos das extremidades. Também supomos que as ondas incidentes sejam normais ao plano da fenda. Isso simplifica a matemática, sem mudar o problema físico. De acordo com o princípio de Huygens, quando a onda incidente chega à fenda, todos os pontos de seu plano tornam-se fontes de ondas secundárias, emitindo novas ondas, chamadas, em nosso caso, ondas *difratadas*, cuja amplitude resultante é calculada usando-se a Eq. (20.2). Observando as ondas difratadas em diferentes ângulos θ, com respeito à direção de incidência (Fig. 23.3), chegamos à conclusão de que, para certas direções, sua intensidade é nula. Essas direções são dadas pela relação

$$b \operatorname{sen} \theta = n\lambda \qquad n \neq 0, \tag{23.1}$$

onde n é um inteiro positivo ou negativo, b é a largura da fenda, e λ o comprimento de onda das ondas incidentes. O valor $n = 0$ está excluído, porque corresponde à observação na direção de incidência, a qual, obviamente, implica um máximo de iluminação.

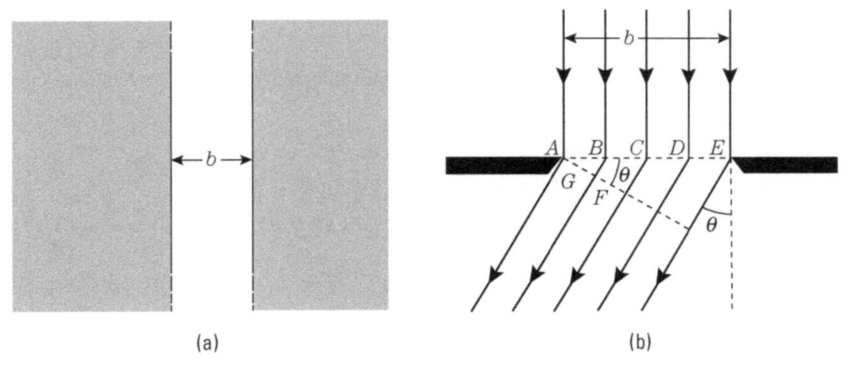

Figura 23.3 Difração por uma fenda estreita e longa.

Da Eq. (23.1), temos

$$\operatorname{sen} \theta = n\lambda/b, \tag{23.2}$$

de forma que a intensidade é nula para sen $\theta = \pm\lambda/b$, $\pm2\lambda/b$, $\pm3\lambda/b$,... Para justificar a Eq. (23.1), recordemos, da Eq. (22.8), que, quando a diferença de caminho de dois raios é $r_1 - r_2$ = inteiro ímpar × $(\lambda/2)$, temos interferência destrutiva. Da Fig. 23.3, vemos que, para raios que se originam em A e no ponto médio C, temos $r_1 - r_2 = CF =$ $= (b/2)$ sen $\theta = n(\lambda/2)$. Então, para n = 1, 3, 5,..., esses dois raios, assim como todos os outros pares de raios que se originam em pontos separados por $b/2$, interferem destrutivamente, e nenhuma onda é observada na direção θ. Para n par, vamos considerar pontos A e B separados por $b/4$. Então

$$r_1 - r_2 = BG = \tfrac{1}{4}b \operatorname{sen}\theta = (n/2)(\lambda/2).$$

De forma que, para um inteiro $n/2$ ímpar, ou n = 2, 6, 10,..., esses dois raios, assim como todos os outros pares de raios que se originam em pontos separados por $b/4$, interferem destrutivamente e, de novo, nenhuma onda é observada na direção que corresponde ao ângulo θ. O procedimento pode ser estendido até que todos os inteiros sejam incluídos. Para $\theta = 0$, contudo, não existe nenhuma diferença de fase para raios que se originam de pontos diferentes, e a interferência é construtiva, resultando em um máximo de grande intensidade.

Entre cada zero de intensidade, dado pela Eq. (23.1), existe um máximo; porém tais máximos decrescem gradualmente em intensidade, situação essa diferente em relação à interferência. A intensidade das ondas difratadas em função de θ é representada na Fig. 23.4. Observe que o máximo central tem o dobro da largura dos outros. A Fig. 23.5 mostra uma figura real de difração por uma fenda retangular.

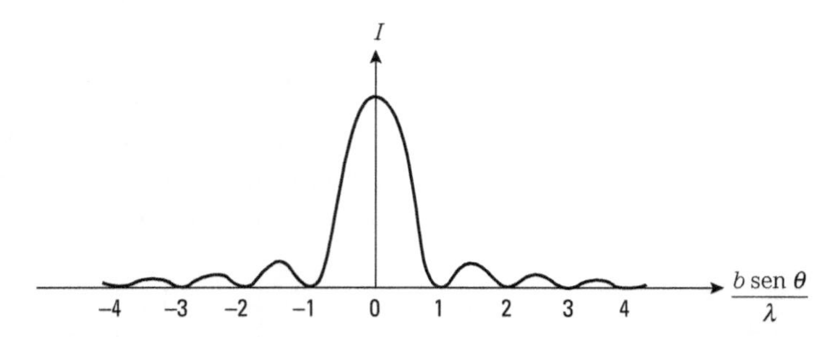

Figura 23.4 Distribuição de intensidade da figura de difração de uma fenda estreita e longa.

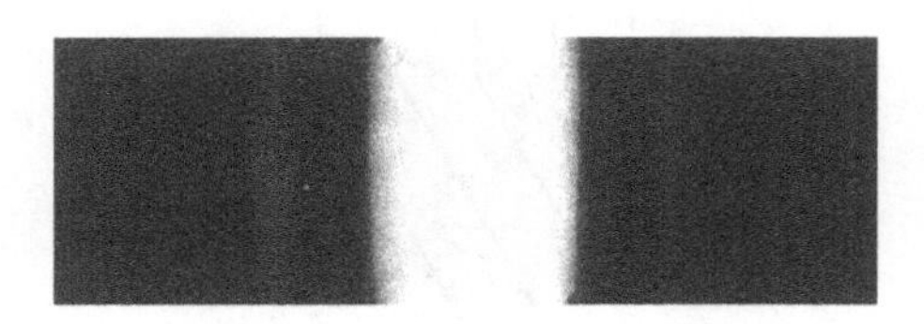

Figura 23.5 Figura de difração de Fraunhofer produzida por uma fenda estreita e longa.

É fácil, bem como instrutivo, calcular a distribuição de intensidade mostrada na Fig. 23.4. Se dividirmos a fenda em fatias estreitas de largura dx, como é mostrado na Fig. 23.6(a), poderemos considerar cada fatia como uma fonte secundária de ondas de amplitude muito pequena $d\xi_0$. Quando consideramos os raios emitidos na direção correspondente ao ângulo θ (Fig. 23.6b), a diferença de fase entre os raios CC e AA', tomando este como referência, é

$$\delta = \frac{2\pi}{\lambda} CD = \frac{2\pi x \operatorname{sen} \theta}{\lambda}, \tag{23.3}$$

e, portanto, aumenta gradualmente com x. Para obter a amplitude na direção correspondente ao ângulo θ, devemos fazer um gráfico dos vetores girantes correspondentes às ondas de todas as fatias de A a B. Como todas são de amplitude infinitesimal e como o ângulo de fase δ aumenta proporcionalmente com x, os vetores formam um arco de circunferência OP cujo centro é C e cujo raio é ρ (Fig. 23.7). A amplitude resultante A é a corda OP. O coeficiente angular em qualquer ponto do arco de O a P é exatamente o ângulo δ dado pela Eq. (23.3). Em P, que corresponde a $x = b$, a inclinação da tangente é o ângulo

$$\alpha = \frac{2\pi b \operatorname{sen} \theta}{\lambda}. \tag{23.4}$$

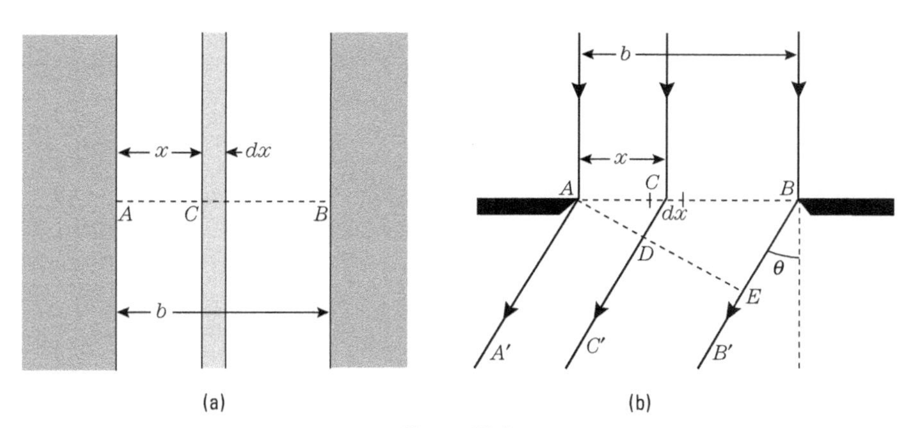

Figura 23.6

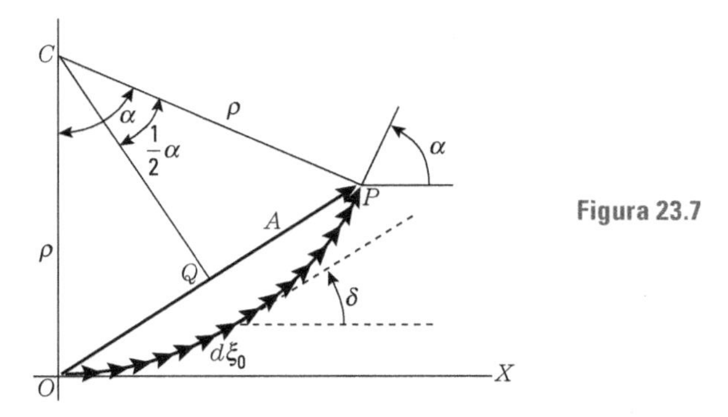

Figura 23.7

Esse é também o ângulo formado pelos dois raios CO e CP. Portanto a amplitude resultante é

$$A = \text{corda } OP = 2QP.$$

$$= 2\rho \operatorname{sen} \alpha/2 = 2\rho \operatorname{sen} (\pi b \operatorname{sen} \theta/\lambda). \tag{23.5}$$

Para observação na direção da normal, todos os vetores $d\xi_0$ são paralelos, e sua resultante é justamente a soma de seus comprimentos (módulos) o que é igual ao comprimento do arco de O a P. Designando a amplitude resultante para a observação na direção da normal ($\theta = 0$) por A_0, temos então

$$A_0 = \text{arc } OP = \rho\alpha = \rho(2\pi b \text{ sen } \theta/\lambda). \tag{23.6}$$

Dividindo a Eq. (23.5) pela Eq. (23.6), obtemos

$$A = A_0\left[\frac{\text{sen}\left(\pi b \text{ sen } \theta/\lambda\right)}{\pi b \text{ sen } \theta/\lambda}\right], \tag{23.7}$$

e, como as intensidades são proporcionais aos quadrados das amplitudes, obtemos

$$I = I_0\left[\frac{\text{sen}\left(\pi b \text{ sen } \theta/\lambda\right)}{\pi b \text{ sen } \theta/\lambda}\right]^2 = I_0\left(\frac{\text{sen } u}{u}\right)^2, \tag{23.8}$$

onde $u = \pi b$ sen θ/λ. Verificamos então que os zeros da intensidade ocorrem quando $u = n\pi$, ou b sen $\theta = n\lambda$, de acordo com a Eq. (23.1), exceto para $n = 0$, porque então $(\text{sen } u/u)_{u=0} = 1$. Para obter a intensidade máxima, determinamos os valores de u que satisfazem $dI/du = 0$ (veja o Ex. 23.1). Mas, como esses máximos de intensidade correspondem sucessivamente a maiores valores de u, eles se tornam cada vez menores, resultando na figura que foi mostrada (Fig. 23.4). Para λ muito pequeno, comparado com b, os primeiros zeros de intensidade de cada lado do máximo central correspondem a um ângulo

$$\theta \approx \text{sen } \theta = \pm\frac{\lambda}{b}, \tag{23.9}$$

obtido fazendo-se $n = \pm 1$ na Eq. (23.1). Isso é mostrado na Fig. 23.8. Um conceito útil é o *poder resolutivo* de uma fenda, definido pelo físico inglês Lord Rayleigh como o menor ângulo subtendido por duas ondas incidentes vindas de duas fontes pontuais distantes de forma a permitir que suas figuras de difração sejam distinguidas. Quando ondas vindas de duas fontes distantes S_1 e S_2 passam pela mesma fenda em duas direções, fazendo um ângulo θ (Fig. 23.9), as figuras de difração correspondentes aos dois conjuntos de ondas são superpostas. Essas figuras começam a ser distinguidas somente quando o máximo central de uma cai sobre o primeiro mínimo da outra, de um ou de outro lado de seu máximo central, como está indicado no lado direito da Fig. 23.9. Mas, em vista da Eq. (23.9), o ângulo θ deve ser, então,

$$\theta = \lambda/b, \tag{23.10}$$

que nos dá o poder resolutivo da fenda, de acordo com a definição de Rayleigh. Supondo que S_1 e S_2 sejam dois pontos sobre um objeto distante, a Eq. (23.10) dá a separação angular mínima entre elas, a fim de que os dois pontos possam ser reconhecidos como diferentes quando o objeto é observado através da fenda. Por exemplo, se a luz que passa através da fenda formar uma imagem sobre uma tela, e essa imagem for observada num microscópio, não será possível – não importa o aumento transversal do microscópio – observar mais detalhes na imagem do que os permitidos pelo poder resolutivo da fenda. Essas considerações devem ser levadas em conta no desenho de instrumentos ópticos.

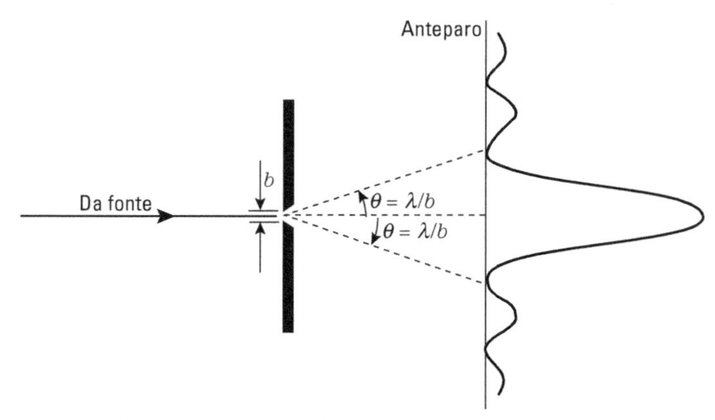

Figura 23.8 Ângulo subtendido pelo pico central de intensidade da figura de difração de uma fenda única.

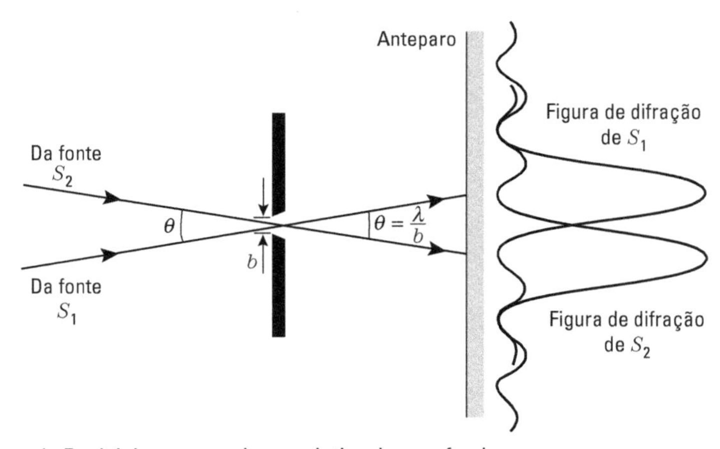

Figura 23.9 Regra de Rayleigh para o poder resolutivo de uma fenda.

Se a fenda é retangular com os lados a e b de dimensões comparáveis (Fig. 23.10), a figura de difração é a combinação das duas figuras devidas a cada par de lados. Em vez de uma série de bandas (Fig. 23.5), obtemos uma série de retângulos dispostos de forma entrelaçada, como na fotografia da Fig. 23.11.

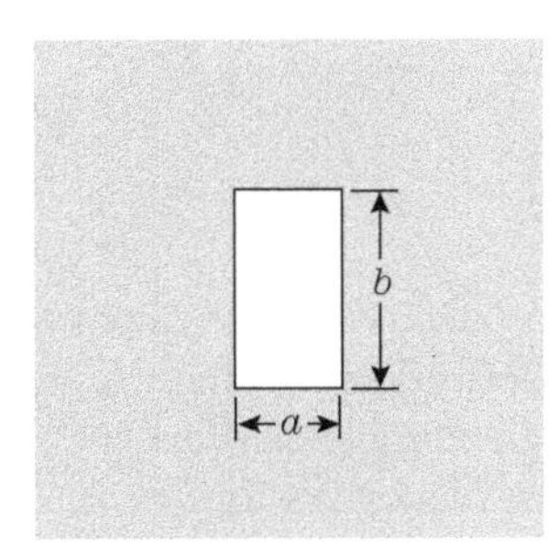

Figura 23.10 Fenda retangular.

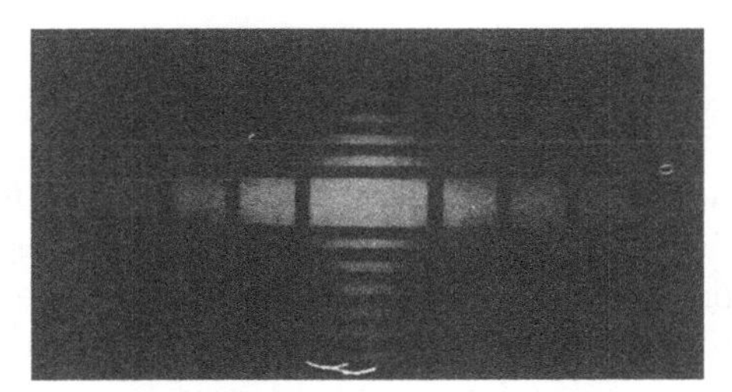

Figura 23.11 Figura de difração de Fraunhofer de uma fenda retangular cuja altura é o dobro de sua largura.

Em nosso cálculo, não tomamos em consideração o fator de direcionalidade, $g = (1/2)(1 + \cos\theta)$, que mencionamos na Eq. (20.2), quando discutíamos o princípio de Huygens. Esse fator tende a decrescer ainda mais a amplitude dos máximos de ordem superior.

■ **Exemplo 23.1** Avaliar a amplitude dos máximos sucessivos em uma figura de difração de uma fenda.

Solução: Máximos sucessivos ocorrem para o máximo da fração sen u/u, de acordo com a Eq. (23.8). Portanto devemos determinar

$$\frac{d}{du}\left(\frac{\operatorname{sen} u}{u}\right) = 0 \qquad \text{ou} \qquad \operatorname{tg} u = u.$$

Essa é uma equação transcendental de um tipo semelhante àquele que apareceu anteriormente no Ex. 22.6. Suas soluções são encontradas fazendo-se um gráfico de $y = \operatorname{tg} u$ e $y = u$ e encontrando-se os pontos de interseção das curvas; deixamos isso a seu cargo. Entretanto podemos fazer uma avaliação supondo que o máximo de sen u/u ocorra muito próximo do máximo de sen u, isto é, quando $u = \left(n + \frac{1}{2}\right)\pi$. Os valores reais de u são sempre ligeiramente menores do que os avaliados. Desprezando essa pequena diferença, verificamos que os valores de sen u/u para o máximo são $1/\left(n + \frac{1}{2}\right)\pi$, e as intensidades correspondentes são

$$I = \frac{I_0}{\left(n + \frac{1}{2}\right)^2 \pi^2} = 0{,}045 I_0, \qquad 0{,}016 I_0, \qquad 0{,}008 I_0.$$

23.3 Difração de Fraunhofer por uma abertura circular

A figura de difração produzida por uma abertura circular exibe muitas das características já vistas no caso de uma fenda retangular. Mas, em vez de uma figura retangular como a que é vista na Fig. 23.11, a figura de difração consiste em um disco brilhante circundado por anéis alternadamente escuros e brilhantes, como mostra a Fig. 23.12. O raio do disco central e anéis sucessivos não seguem uma sequência simples. Vamos omitir a análise matemática do problema, que é muito mais complicada do que no caso de uma fenda retangular, por causa do arranjo geométrico. Supondo que R seja o raio da abertura (Fig. 23.13), o ângulo correspondente ao primeiro anel escuro é dado pela condição

$$\frac{2\pi R \operatorname{sen}\theta}{\lambda} = 3{,}8317, \tag{23.11}$$

ou

$$\theta \approx \operatorname{sen}\theta = 1{,}22\frac{\lambda}{2R} = 1{,}22\frac{\lambda}{D}, \tag{23.12}$$

onde $D = 2R$ é o diâmetro da abertura, e θ é expresso em radianos. Essa expressão também dá o poder resolutivo para uma abertura circular, definido (novamente, de acordo com Rayleigh) como o menor ângulo entre as direções de incidência de duas ondas planas vindas de duas fontes pontuais distantes que permite serem as suas figuras de difração distinguidas. Isso acontece quando o centro do disco brilhante da figura de difração de uma fonte cai sobre o primeiro disco escuro da figura de difração da segunda (Fig. 23.14).

A separação angular é dada pela Eq. (23.12), isto é, $\theta = 1{,}22\ \lambda/D$. Essa expressão apareceu na Seç. 21.5, quando discutíamos o aumento transversal de um telescópio.

Figura 23.12 Figura de difração de Fraunhofer de uma abertura circular.

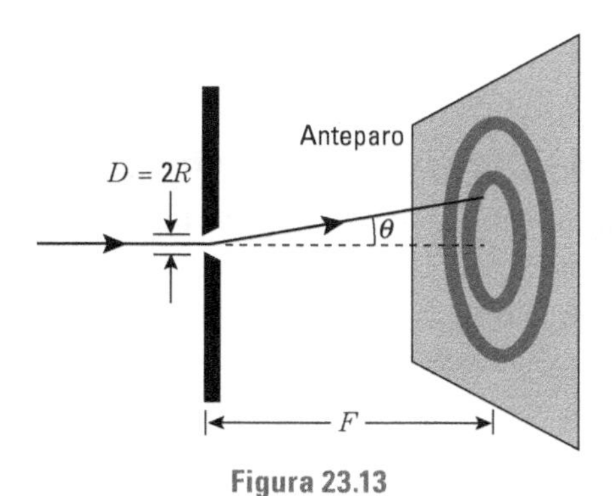

Figura 23.13

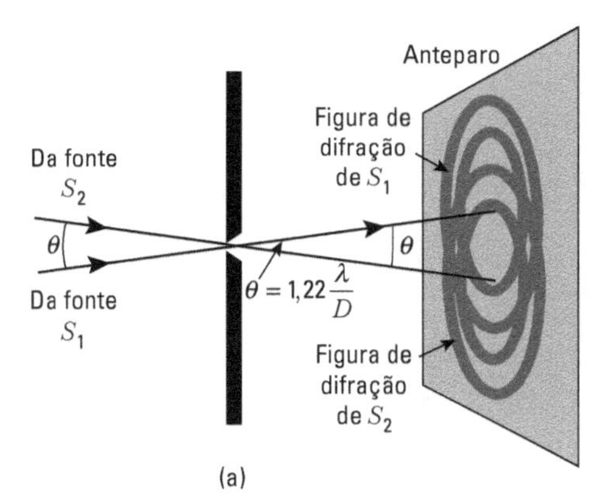

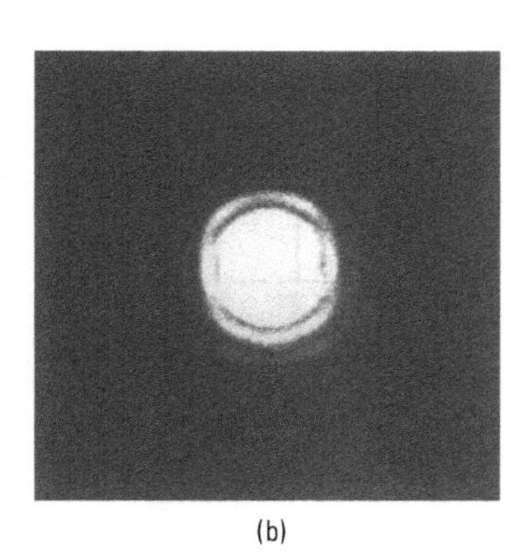

Figura 23.14 Regra de Rayleigh para o poder resolutivo de uma abertura circular. A parte (b) mostra a imagem de duas fontes pontuais distantes, formada por uma lente e no limite de resolução.

Na realidade, uma lente é uma abertura circular e, portanto, a imagem de um ponto. No Cap. 21, o que se supunha ser um ponto é, de fato, uma figura de difração. Contudo o raio de uma lente é, em geral, comparado com o comprimento de onda da luz, tão grande que, para a maioria das finalidades práticas, efeitos de difração podem ser ignorados.

■ **Exemplo 23.2** Uma lente com um diâmetro de 2 cm tem uma distância focal de 40 cm. É iluminada com um feixe paralelo de luz monocromática de comprimento de onda de $5{,}9 \times 10^{-7}$ m. Determinar o raio do disco central da figura de difração observada em um plano no foco. Determinar também o poder resolutivo da lente para esse comprimento de onda.

Solução: Quando usamos a Eq. (23.12), o ângulo subtendido pelo disco central na figura de difração é

$$\theta = 1{,}22 \times \frac{5{,}9 \times 10^{-7}\ \text{m}}{4 \times 10^{-2}\ \text{m}} = 1{,}80 \times 10^{-5}\ \text{rad} = 3{,}71''.$$

Esse é também o poder resolutivo da lente. O raio do disco central, usando a Eq. (2.4), é

$$r = f\theta = 40 \text{ cm} \times 1{,}80 \times 10^{-5} \text{ rad} = 7{,}2 \times 10^{-4} \text{ cm},$$

e, então, para finalidades práticas, podemos dizer que a imagem no plano focal é um ponto.

23.4 Difração de Fraunhofer por duas fendas iguais e paralelas

Vamos agora considerar duas fendas, cada uma com largura b, deslocadas de uma distância a (Fig. 23.15). Para uma direção correspondente a um ângulo θ, temos agora dois conjuntos de ondas difratadas vindas de cada fenda, e o que se observa é, na realidade, o resultado da interferência dessas ondas. Em outras palavras, temos agora uma combinação de difração e interferência. Para determinar a intensidade das ondas resultantes em função do ângulo θ, devemos calcular a amplitude resultante para cada fenda e combinar as duas amplitudes para obter o resultado final. Isso é mostrado na Fig. 23.16, onde os diferentes vetores girantes são representados. O ângulo α tem o valor dado pela Eq. (23.4). O vetor $\overrightarrow{OP}$ nos dá a amplitude resultante A_1 da fenda 1. O valor dessa amplitude, dado pela Eq. (23.7), é

$$A_1 = A_0 \frac{\text{sen}\,(\pi b \,\text{sen}\,\theta/\lambda)}{\pi b \,\text{sen}\,\theta/\lambda}. \tag{23.13}$$

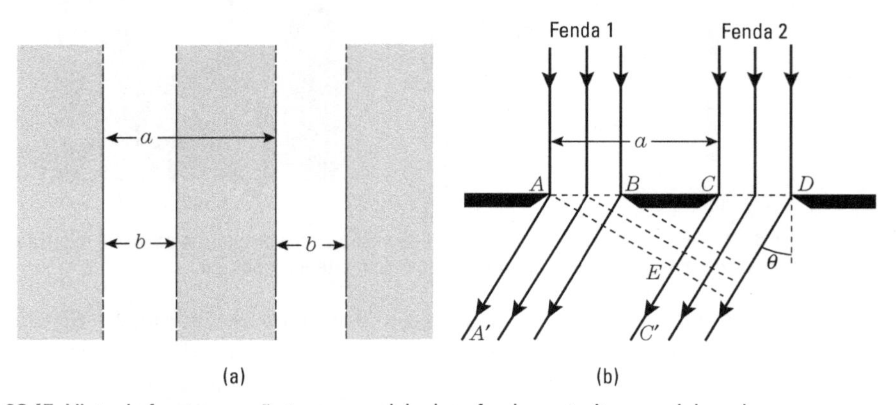

Figura 23.15 Vista de frente e seção transversal de duas fendas estreitas paralelas e longas.

Como as duas fendas têm a mesma largura, a amplitude resultante para a fenda 2 tem o mesmo valor, A_1, mas sua fase é diferente. Da Fig. 23.15 notamos que, entre raios correspondentes das fendas 1 e 2, tais como AA' e CC', existe uma diferença de fase constante dada por

$$\beta = \frac{2\pi}{\lambda} CE = \frac{2\pi a \,\text{sen}\,\theta}{\lambda}. \tag{23.14}$$

Portanto as amplitudes correspondentes, ou vetores, das duas fendas fazem um ângulo igual a β. Da mesma forma, na Fig. 23.16, a linha $OQ = A_2$ para a fenda 2 é obtida por rotação da linha $OP = A_1$, para a fenda 1, de um ângulo β. Sua amplitude resultante A é então

$$A = \sqrt{A_1^2 + A_2^2 + 2A_1A_2 \cos \beta}.$$

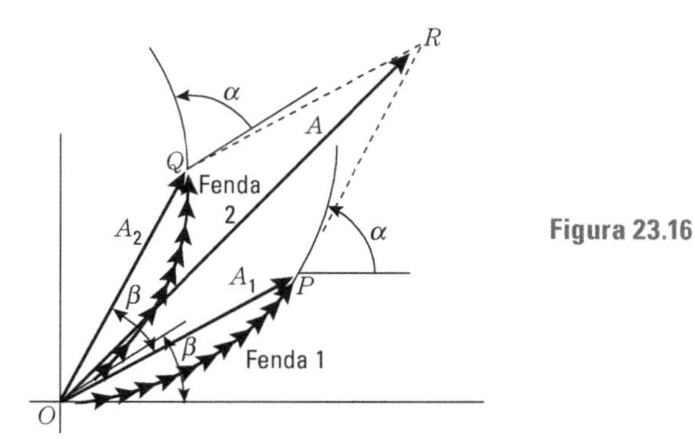

Figura 23.16

Fazendo $A_1 = A_2$, podemos escrever, usando a Eq. (M.14),

$$A = A_1\sqrt{2(1+\cos \beta)} = 2A_1 \cos \tfrac{1}{2}\beta.$$

Portanto, usando as Eqs. (23.13) e (23.14), obtemos

$$A = 2A_0 \frac{\operatorname{sen}(\pi b \operatorname{sen} \theta/\lambda)}{\pi b \operatorname{sen} \theta/\lambda} \cos \frac{\pi a \operatorname{sen} \theta}{\lambda}.$$

A distribuição de intensidade, que sabemos ser proporcional ao quadrado da amplitude, é então

$$I = I_0 \left[\frac{\operatorname{sen}(\pi b \operatorname{sen} \theta/\lambda)}{\pi b \operatorname{sen} \theta/\lambda}\right]^2 \cos^2 \frac{\pi a \operatorname{sen} \theta}{\lambda}. \qquad (23.15)$$

Quando comparamos essa equação com a Eq. (23.8) para uma única fenda, verificamos que agora temos o fator adicional $\cos^2 (\pi a \operatorname{sen} \theta)/\lambda$. Mas, se lembrarmos de que a Eq. (22.10) nos dá a distribuição de intensidade para a figura de interferência de duas fontes síncronas, veremos que a Eq. (22.10) e a Eq. (23.15) coincidem no que concerne ao fator de interferência, pois, na Eq. (23.15), a é a separação das duas fendas e, na Eq. (22.10), a é a separação das duas fontes. Portanto a equação que descreve a figura geral de difração para duas fendas é a equação que descreve a figura de interferência de duas fontes síncronas, modulada pela expressão para a figura de difração de uma fenda única. Isso é mostrado na Fig. 23.17 e na fotografia da Fig. 23.18.

Observe que o máximo da figura de interferência ocorre para $\pi a \operatorname{sen} \theta/\lambda = n\pi$, ou $\operatorname{sen} \theta = n(\lambda/a)$, enquanto os zeros da figura de difração são dados pela Eq. (23.2), ou $\operatorname{sen} \theta = n'(\lambda/b)$. Como $a > b$, os zeros da figura de difração são mais espaçados do que os máximos da figura de interferência. Portanto, quando existem duas fendas, as franjas brilhantes são muito mais estreitas e menos espaçadas do que as produzidas por uma única fenda.

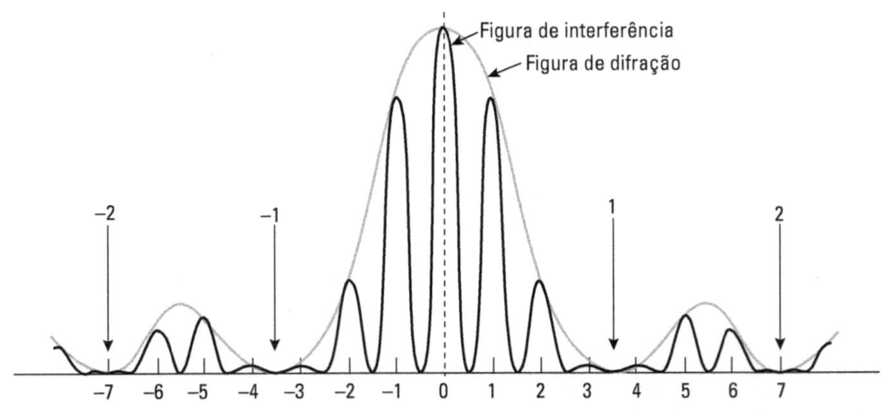

Figura 23.17 Distribuição de intensidade (ao longo de um plano colocado perpendicularmente à luz incidente) resultante de duas fendas estreitas compridas e paralelas.

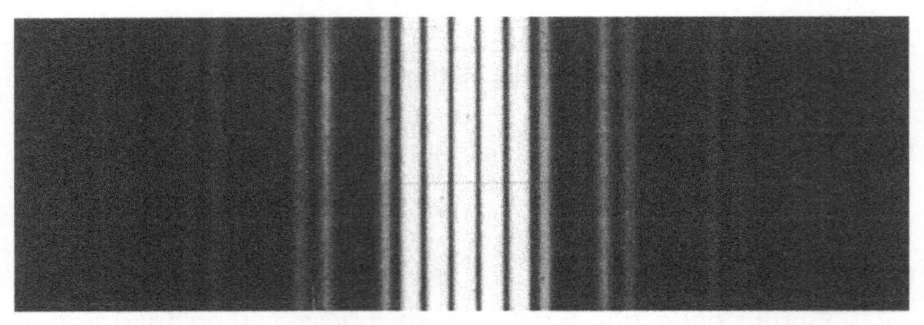

Figura 23.18 Figura de difração de Fraunhofer devida a duas fendas estreitas compridas e paralelas.

23.5 Redes de difração

Em continuação, o passo lógico é considerar a figura de difração produzida por diversas fendas paralelas, de igual largura b, igualmente espaçadas por uma distância a. Seja N o número de fendas. Da Fig. 23.19, vemos, por semelhança com o problema de fenda dupla, que, na direção correspondente a um ângulo θ, devemos observar a interferência devida a N fontes síncronas (uma por fenda) moduladas pela figura de difração de uma fenda. Como a separação entre fontes sucessivas é a, o fator de interferência para a intensidade é o mesmo encontrado na Eq. (22.14), isto é,

$$\left[\frac{\operatorname{sen}(N\,\pi a \operatorname{sen}\theta/\lambda)}{\operatorname{sen}(\pi a \operatorname{sen}\theta/\lambda)}\right]^2,$$

enquanto o fator de difração, de acordo com a Eq. (23.8), é

$$\left[\frac{\operatorname{sen}(\pi b \operatorname{sen}\theta/\lambda)}{\pi b \operatorname{sen}\theta/\lambda}\right]^2.$$

A distribuição de intensidade é, então,

$$I = I_0\left[\frac{\operatorname{sen}(\pi b \operatorname{sen}\theta/\lambda)}{\pi b \operatorname{sen}\theta/\lambda}\right]^2\left[\frac{\operatorname{sen}(N\,\pi b \operatorname{sen}\theta/\lambda)}{\operatorname{sen}(\pi a \operatorname{sen}\theta/\lambda)}\right]^2. \tag{23.16}$$

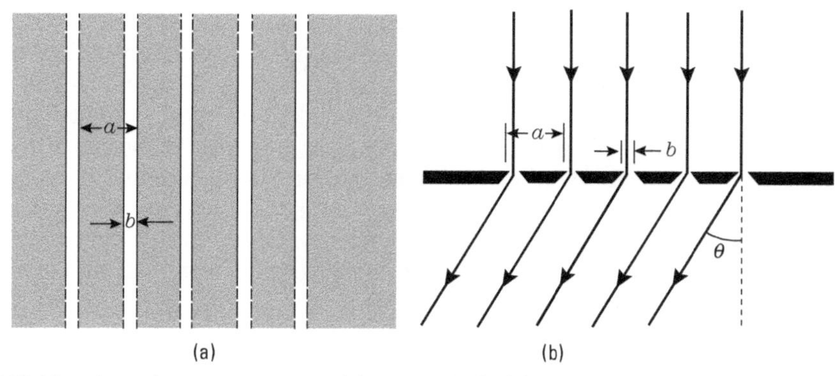

Figura 23.19 Vista frontal e seção transversal de uma rede de difração.

Se o número de fendas N for grande, a figura consistirá em séries de franjas estreitas e brilhantes, correspondendo ao máximo principal da figura de interferência, as quais, pela Eq. (22.13), são dadas por

$$a \text{ sen } \theta = n\lambda \qquad \text{ou} \qquad \text{sen } \theta = n(\lambda/a), \tag{23.17}$$

onde $n = 0, \pm1, \pm2,...$, mas suas intensidades são moduladas pela figura de difração. A Fig. 23.20 mostra o caso para oito fendas ($N = 8$). Conforme o valor de n, temos o que se chama de *ordem de difração* e os máximos principais são chamados de primeiro, segundo, terceiro etc.

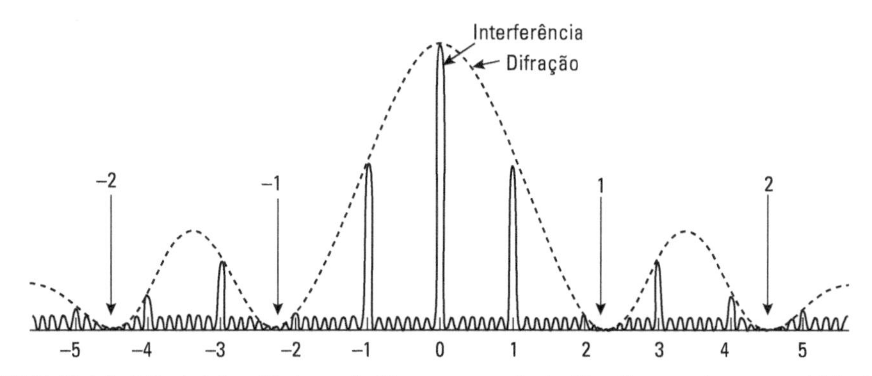

Figura 23.20 Distribuição de intensidade produzida por uma rede de difração num plano normal à luz incidente e paralelo à rede.

Um sistema tal como o que acabamos de discutir é chamado de *rede de difração por transmissão*. Para a análise do infravermelho próximo, do visível ou da luz ultravioleta, as redes de difração por transmissão consistem de milhares de fendas por centímetro, obtidas gravando-se uma série de linhas paralelas em um filme transparente. As linhas atuam então como os espaços opacos entre as fendas. Uma rede de difração pode também funcionar por reflexão: uma série de linhas paralelas é gravada em uma superfície metálica. As faixas estreitas entre as linhas gravadas refletem a luz, produzindo uma figura de difração (veja o Prob. 23.31). Algumas vezes, a superfície é côncava para melhorar a focalização (veja o Prob. 23.32).

Quando uma luz de diversos comprimentos de onda incide sobre uma rede, os diferentes comprimentos de onda produzem máximos de difração em ângulos diferentes, exceto para a ordem zero, cujo ângulo é o mesmo para todos. O conjunto dos máximos de uma determinada ordem, para todos os comprimentos de onda, constitui o *espectro*. Dessa maneira, temos espectros de primeira, segunda, terceira etc. ordens. Observe que para um espectro de determinada ordem quanto maior o comprimento de onda, maior o desvio. Portanto o vermelho é mais desviado do que o violeta, o que é o oposto do que acontece quando a luz é dispersada por um prisma. A *dispersão* de uma rede é definida por $D = d\theta/d\lambda$. A partir da Eq. (23.17), temos $\cos\theta \, d\theta/d\lambda = n/a$, de forma que

$$D = \frac{d\theta}{d\lambda} = \frac{n}{a\cos\theta}, \tag{23.18}$$

indicando que, quanto maior a ordem de difração, maior a dispersão. Redes de difração são de grande importância na análise de espectros em amplas regiões do espectro eletromagnético e apresentam diversas vantagens em relação aos prismas. Uma delas é que as redes de difração não dependem das propriedades dispersivas do material, mas somente da geometria da rede. A Fig. 23.21 mostra os elementos básicos de um espectroscópio de rede de difração.

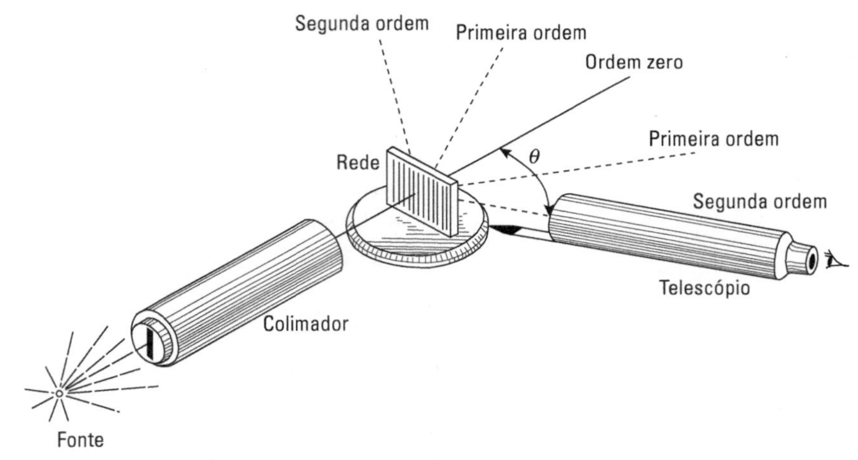

Figura 23.21 Espectroscópio de rede. A fonte é colocada em frente à fenda do colimador. A rede de difração é colocada perpendicularmente ao eixo do colimador e os espectros de diferentes ordens são investigados movendo-se o telescópio.

■ **Exemplo 23.3** Uma rede com 20.000 linhas tem um comprimento de 4 cm. Determinar a separação angular entre os extremos do espectro visível para a primeira e a segunda ordens. Suponha que o comprimento de onda vai de $3{,}90 \times 10^{-7}$ m até $7{,}70 \times 10^{-7}$ m, como foi mencionado na Seç. 19.15.

Solução: Temos que $a = 4 \times 10^{-2}$ m/20.000 $= 2 \times 10^{-6}$ m. Portanto, usando a Eq. (23.17), temos para $n = 1$,

$$\text{sen}\,\theta_{\text{vermelho}} = \frac{7{,}70\times10^{-7}}{2\times10^{-6}} = 0{,}335 \quad \text{ou} \quad \theta_{\text{vermelho}} = 19°34',$$

$$\text{sen}\,\theta_{\text{violeta}} = \frac{3{,}90\times10^{-7}}{2\times10^{-6}} = 0{,}195 \quad \text{ou} \quad \theta_{\text{violeta}} = 11°15'.$$

Portanto o espectro de primeira ordem cobre um ângulo de 8° 19′. Da mesma forma, para um espectro de segunda ordem, o ângulo é 22° 27′, conforme você mesmo poderá calcular. O espectro de terceira ordem será completo?

■ **Exemplo 23.4** Discutir a posição dos máximos quando o ângulo de incidência de ondas planas monocromáticas incidentes sobre uma rede de difração não é zero. Na Fig. 23.22, o ângulo de incidência é i e o ângulo de difração é θ.

Solução: Os máximos principais são determinados pela figura de interferência e esta, por sua vez, é determinada pela diferença de fase entre raios correspondentes em fendas sucessivas. A Fig. 23.22 mostra que essa diferença de fase é dada por

$$\delta = \frac{2\pi}{\lambda}(AB + BC) = \frac{2\pi a(\text{sen}\, i + \text{sen}\, \theta)}{\lambda}.$$

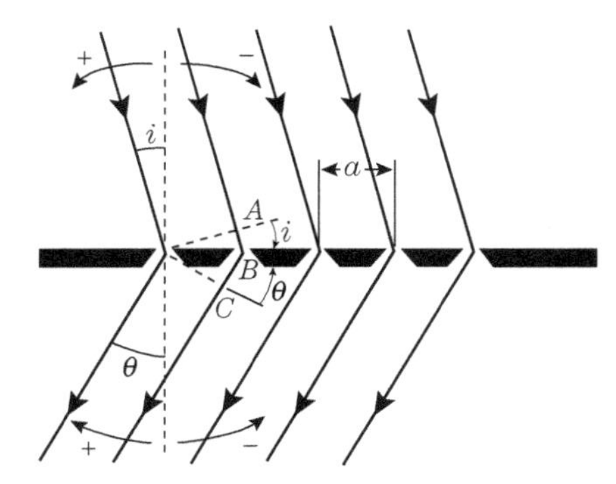

Figura 23.22 Rede de difração com incidência oblíqua.

A fim de que essa expressão tenha validade geral, os ângulos i e θ devem ter os sinais indicados na figura. A condição de máximo torna-se, então,

$$a(\text{sen}\, i + \text{sen}\, \theta) = n\lambda \qquad \text{ou} \qquad \text{sen}\, \theta = n\lambda/a - \text{sen}\, i.$$

Para $n = 0$, temos sen $\theta = -$sen i ou $\theta = -i$, o que corresponde à continuação do raio incidente. Se transformarmos a condição de máximo, em um produto, por meio da Eq. (M.7), temos

$$2a\ \text{sen}\,\tfrac{1}{2}(i+\theta)\cos\tfrac{1}{2}(i-\theta) = n\lambda.$$

Portanto o desvio $D = i + \theta$ para o máximo de ordem n pode ser determinado a partir de

$$\text{sen}\,\tfrac{1}{2}D = \frac{n\lambda}{2a}\sec\tfrac{1}{2}(i-\theta),$$

e então o desvio é um mínimo quando $\theta = i$, e o ângulo de incidência para o menor desvio na ordem n é determinado a partir de

$$\text{sen}\, i = n\lambda/2a.$$

■ **Exemplo 23.5** Discutir o *poder resolutivo* de uma rede de difração.

Solução: Quando duas ondas planas, de comprimentos de onda ligeiramente diferentes, incidem sobre uma rede de difração, os máximos principais da mesma ordem para cada comprimento de onda podem ficar tão próximos um do outro que se torna impossível distinguir se o feixe original era monocromático ou não. A fim de que os dois comprimentos de onda possam ser distinguidos (ou resolvidos) em uma determinada ordem, é necessário que o máximo principal para um dos comprimentos de onda se forme sobre o primeiro mínimo de um lado ou de outro do máximo principal do outro comprimento de onda. Supondo que $\Delta\lambda$ seja a menor diferença em comprimento de onda para a qual a condição apresentada aqui seja satisfeita, o poder resolutivo de uma rede de difração é

$$R = \lambda/\Delta\lambda$$

Consideremos, como exemplo, um comprimento de onda λ tal que a Eq. (23.17) seja válida. O máximo de intensidade corresponde ao ângulo dado por sen $\theta = n\lambda/a$. Então

$$\cos\theta\,\Delta\theta = n\Delta\lambda/a.$$

Mas os mínimos de cada lado do máximo de ordem n, de acordo com a Eq. (23.16), são dados por

$$\frac{N\pi a \operatorname{sen}\theta}{\lambda} = (Nn \pm 1)\pi \qquad \text{ou} \qquad \operatorname{sen}\theta = \frac{Nn \pm 1}{N}\frac{\lambda}{a}.$$

Chamando de θ' e θ'' os dois ângulos dados por essa equação, temos que sen θ' – sen θ'' = $2\lambda/Na$, ou, usando a Eq. (M.7), $\operatorname{sen}\frac{1}{2}(\theta' - \theta'')\cos\frac{1}{2}(\theta' + \theta'') = \lambda/Na$. Como θ' é quase igual a θ'', podemos substituir $\operatorname{sen}\frac{1}{2}(\theta' - \theta'')$ por $\frac{1}{2}(\theta' - \theta'')$ e $\cos\frac{1}{2}(\theta' - \theta'')$ por cos θ e escrever $\frac{1}{2}(\theta' - \theta'')$ cos $\theta = \Delta\theta$ cos $\theta = \lambda/Na$. Mas, das equações apresentadas aqui, cos $\theta\,\Delta\theta = n\,\Delta\lambda/a$. Portanto temos, finalmente,

$$\lambda/N = n\Delta\lambda \qquad \text{ou} \qquad R = \lambda/\Delta\lambda = Nn$$

Portanto, quanto maior o número de linhas da rede e quanto mais alta a ordem do espectro, tanto menor é $\Delta\lambda$ e, por conseguinte, maior o poder resolutivo da rede. Por outro lado, o poder resolutivo é independente do tamanho e do espaçamento das linhas da rede.

■ **Exemplo 23.6** Verificar se a rede do Ex. 23.3 pode resolver as duas linhas amarelas do sódio, cujos comprimentos de onda são $5{,}890 \times 10^{-7}$ m e $5{,}896 \times 10^{-7}$ m.

Solução: O comprimento de onda médio das duas linhas é $5{,}893 \times 10^{-7}$ m, e sua separação é de 6×10^{-10} m. Pelos resultados do Ex. 23.5, temos que o poder resolutivo da rede é $R = Nn = 2 \times 10^4\, n$. Para um dado comprimento de onda, no espectro de primeira ordem, a menor diferença de comprimentos de onda que pode ser observada é

$$\Delta\lambda = \frac{\lambda}{R} = \frac{5{,}893 \times 10^{-7}}{2 \times 10^4 \times 1} = 2{,}947 \times 10^{-11}\ \text{m},$$

o que é um vigésimo da separação entre as duas linhas do sódio. Pode-se, portanto, distinguir com facilidade as duas linhas D do sódio, no espectro de primeira ordem produzido pela rede.

23.6 Difração de Fresnel

Como foi explicado na Seç. 23.1, a difração de Fresnel ocorre quando ou a fonte pontual das ondas incidentes, ou o ponto de observação dos quais são vistas, ou ambos, estão a uma distância finita da fenda ou do obstáculo. Os cálculos matemáticos para a difração de Fresnel são muito mais complicados do que os cálculos para a difração de Fraunhofer, mas as ideias físicas permanecem as mesmas. Portanto discutiremos somente os aspectos fundamentais e suporemos que a fonte das ondas está a uma distância tão grande da tela que as ondas incidentes são planas, propagando-se perpendicularmente à tela.

Vamos supor que queremos calcular o movimento ondulatório no ponto P a partir do conhecimento do movimento ondulatório em certa frente de ondas planas S (Fig. 23.23). De acordo com o princípio de Huygens-Kirchhoff, formulado na Seç. 20.2, podemos dividir a frente de ondas em elementos de superfície. Por razões de simetria, esses elementos devem ser escolhidos como anéis circulares concêntricos, tendo como centro o ponto Q, o qual é a projeção de P sobre o plano S. Então a contribuição do elemento de área dS para o movimento ondulatório em P, de acordo com a Eq. (20.2), tem amplitude proporcional a

$$\frac{dS}{r}g(\theta), \tag{23.19}$$

onde dS é a área do anel. A fase inicial em P da onda produzida por dS será

$$\delta = \frac{2\pi r}{\lambda} \tag{23.20}$$

Adicionando-se os vetores girantes dos anéis sucessivos caracterizados pelas Eqs. (23.19) e (23.20), podemos obter a amplitude resultante em P. Em virtude dos fatores $1/r$ e $g(\theta)$, os vetores se tornam cada vez menores em módulo, resultando em uma espiral em vez de um círculo, como mostra a Fig. 23.24.

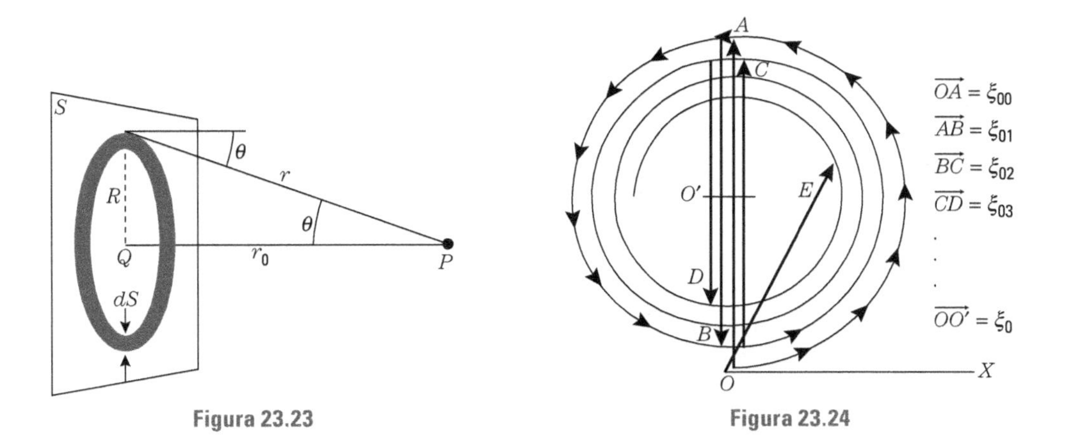

Figura 23.23 **Figura 23.24**

Para simplificar o cálculo, e tendo em vista que λ é muito menor do que r_0, vamos dividir a superfície em anéis chamados *zonas de Fresnel* (Fig. 23.25), cujas distâncias de P diferem sucessivamente por $\lambda/2$, isto é, $r_1 = r_0 + \lambda/2$, $r_2 = r_1 + \lambda/2$, $r_3 = r_2 + \lambda/2$ etc. Este arranjo tem a propriedade de as ondas de zonas sucessivas que chegam a P terem uma diferença de fase de π e interferindo destrutivamente, isto é,

$$\delta_{n+1} - \delta_n = \frac{2\pi}{\lambda}(r_{n+1} - r_n) = \frac{2\pi}{\lambda}\left(\frac{\lambda}{2}\right) = \pi,$$

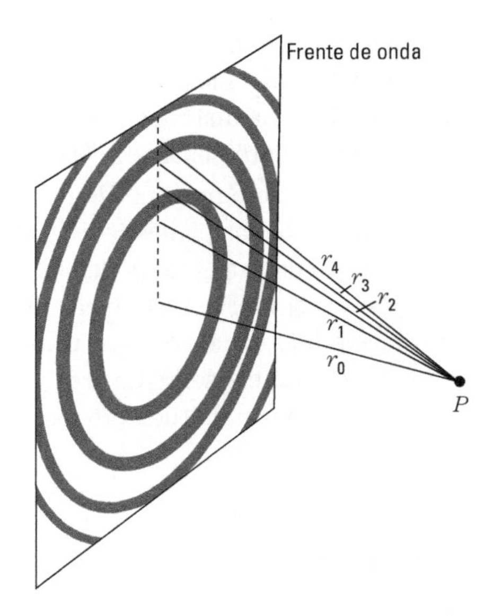

Figura 23.25 Zonas de Fresnel sucessivas.

o que corresponde à interferência destrutiva [lembre-se da Eq. (12.21)]. Se ξ_{0n} é a amplitude produzida em P pela n-ésima zona, e que é proporcional ao valor dado na Eq. (23.19), a amplitude resultante em P é

$$\xi_0 = \xi_{00} - \xi_{01} + \xi_{02} - \xi_{03} + \cdots, \tag{23.21}$$

que também pode ser escrita sob a forma

$$\xi_0 = \tfrac{1}{2}\xi_{00} + \left(\tfrac{1}{2}\xi_{00} - \xi_{01} + \tfrac{1}{2}\xi_{02}\right) + \left(\tfrac{1}{2}\xi_{02} - \xi_{03} + \tfrac{1}{2}\xi_{04}\right) + \ldots$$

As amplitudes das zonas adjacentes são quase iguais em magnitude, embora de cresçam quando n aumenta, isto é, $\xi_{00} > \xi_{01} > \xi_{02} > \ldots$ Dessa forma, podemos escrever, com boa aproximação, que $\tfrac{1}{2}\xi_{00} - \xi_{01} + \tfrac{1}{2}\xi_{02} \approx 0$ e, em geral, $\tfrac{1}{2}\xi_{0(n-1)} - \xi_{0n} + \tfrac{1}{2}\xi_{0(n+1)} \approx 0$. Portanto a soma na Eq. (23.21) para um plano infinito reduz-se efetivamente a

$$\xi_0 = \tfrac{1}{2}\xi_{00}, \tag{23.22}$$

e o movimento ondulatório em P provém da parte da frente de onda diretamente em linha com P, sendo igual a somente metade da primeira zona de Fresnel.

Note que cada zona de Fresnel é composta de muitos elementos circulares de superfície, ilustrados na Fig. 23.23. Para entender o problema em termos de um diagrama de vetores amplitude tal como na Fig. 23.24, observe que, para a primeira zona, a distância vai de r_0 a $r_0 + \lambda/2$, ou a fase de $2\pi r_0/\lambda$ a $(2\pi r_0/\lambda) + \pi$. Isso significa que, quando representamos todos os vetores amplitude para todas as fontes secundárias dentro desta zona, suas diferenças de fase mudam gradualmente de zero a π. Esses vetores constituem o arco de O a A na Fig. 23.24, e a amplitude ξ_{00} da primeira zona é o vetor $\overrightarrow{OA}$. Para a segunda zona, as distâncias vão de $r_0 + \lambda/2$ a $r_0 + \lambda$, ou as fases de $2\pi r_0/\lambda + \pi$ a $(2\pi r_0/\lambda) + 2\pi$, resultando novamente em uma diferença de fase de π entre os extremos, de forma que a segunda zona corresponde ao arco que vai de A a B, com sua amplitude ξ_{01} igual ao vetor $\overrightarrow{AB}$. Esse procedimento é repetido até que todas as zonas estejam cobertas. A espiral converge para um ponto O', de forma que a amplitude resultante $\overrightarrow{OO'}$ é a qual é aproximadamente $\frac{1}{2}\overrightarrow{OA}$, como na Eq. (23.22).

Neste ponto, notemos que, como $r_n = r_0 + \frac{1}{2}n\lambda$, o raio da zona n, da Fig. 23.25, é $R_n^2 = r_n^2 - r_0^2 = \left(r_0 + \frac{1}{2}n\lambda\right)^2 - r_0^2 = n\lambda r_0 + \frac{1}{4}n^2\lambda^2$. Se n não for muito grande, o último termo poderá ser desprezado (se $\lambda \ll r_0$), de forma que

$$R_n^2 = n\lambda r_0. \tag{23.23}$$

Essa relação mostra também que todas as zonas de Fresnel têm a mesma área, a qual tem o valor $\pi\lambda r_0$.

Quando uma frente de onda é bloqueada por uma tela, a situação é completamente diferente da Eq. (23.22), porque então algumas zonas contribuem somente de modo parcial (ou não contribuem em nada) para o movimento ondulatório em P. Suponhamos agora que uma onda incide normalmente sobre um anteparo que tem um orifício circular de raio a. O ponto de observação está sobre uma linha perpendicular ao anteparo e passa pelo centro do orifício, de forma que as zonas de Fresnel são concêntricas com o orifício. Quando o ponto está a uma distância r_0 tal que $a^2 = \lambda r_0$, somente uma zona passa pelo orifício, produzindo em P uma amplitude ξ_{00}, a qual é duas vezes o valor obtido na Eq. (23.22) para toda a frente de onda, o que resulta em uma iluminação em P quatro vezes maior do que quando o anteparo não está presente e exposto à frente de onda inteira! Se o orifício é grande, ou o ponto mais próximo, de forma que $a^2 = 2\lambda r_0$, as duas primeiras zonas passam pelo orifício, resultando em uma amplitude de $\xi_{00} - \xi_{01}$, que é praticamente nula e resulta em escurecimento em P! Em geral, enquanto nossa aproximação permanecer válida, teremos brilhância máxima ou escurecimento no centro da figura de difração, dependendo de n ser ímpar ou par, sendo n o número de zonas de Fresnel que caem dentro do orifício em relação ao ponto onde a difração é observada. A situação para valores diferentes de n é mostrada na Fig. 23.26.

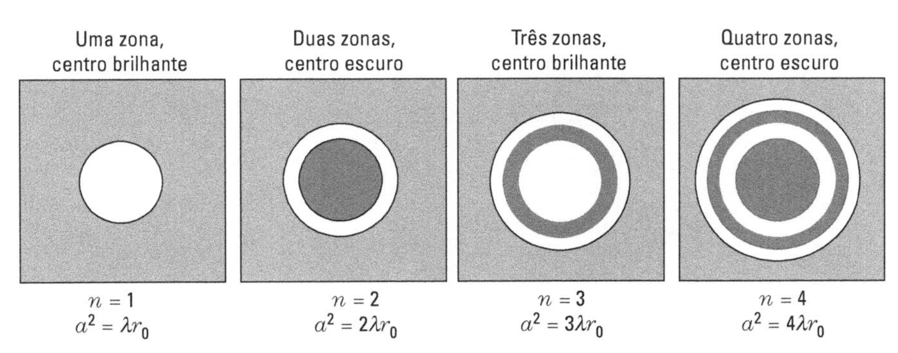

Figura 23.26 Variação nas zonas de Fresnel para um ponto fixo, resultante de uma variação no tamanho da abertura.

Usando o diagrama da Fig. 23.24, vemos que, quando somente uma zona está exposta, a amplitude resultante é $\overrightarrow{OA} = \xi_{00}$. Quando duas zonas estão expostas, a amplitude resultante é $\overrightarrow{OB} = \overrightarrow{OA} + \overrightarrow{AB} = \xi_{00} - \xi_{01}$. Para três zonas, temos

$$\overrightarrow{OC} = \overrightarrow{OA} + \overrightarrow{AB} + \overrightarrow{BC} = \xi_{00} - \xi_{01} + \xi_{02} \approx \tfrac{1}{2}\left(\xi_{00} + \xi_{02}\right),$$

e assim por diante. Em geral, quando certo número de zonas completas de Fresnel, mais uma fração, estão expostas, pode-se obter a amplitude resultante traçando em um diagrama, como o da Fig. 23.24, o vetor $\overrightarrow{OE}$ que vai de O ao ponto e, que corresponde ao número exato de zonas mais uma fração da última. No caso mostrado na Fig. 23.24, E corresponde a quatro zonas mais uma fração da quinta.

Quando o ponto de observação se move para o lado, paralelamente ao anteparo, as zonas de Fresnel se movem com ele, mas não são mais simétricas com respeito ao orifício, conforme mostra a Fig. 23.27. Naquela figura, cada caso corresponde a diferentes posições P, P', P'', P''' do ponto de observação, como mostra a Fig. 23.28, com zonas centradas em Q, Q', Q'', Q''', respectivamente. O resultado é que as diferentes zonas ativas contribuem diferentemente para o movimento ondulatório resultante, dando origem a uma figura de difração composta de uma série de anéis os quais são concêntricos com P e que se alternam em brilhância, como mostra a Fig. 23.29. A Fig. 23.30 mostra a distribuição de intensidade em função da distância do eixo do orifício para um orifício circular de raio a, compreendendo diversas zonas.

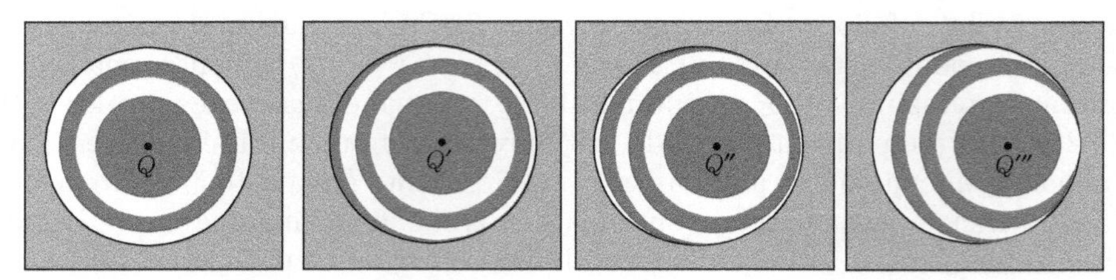

Figura 23.27 Variação nas zonas de Fresnel resultante do deslocamento de um ponto paralelamente ao plano da abertura, como mostra a Fig. 23.28.

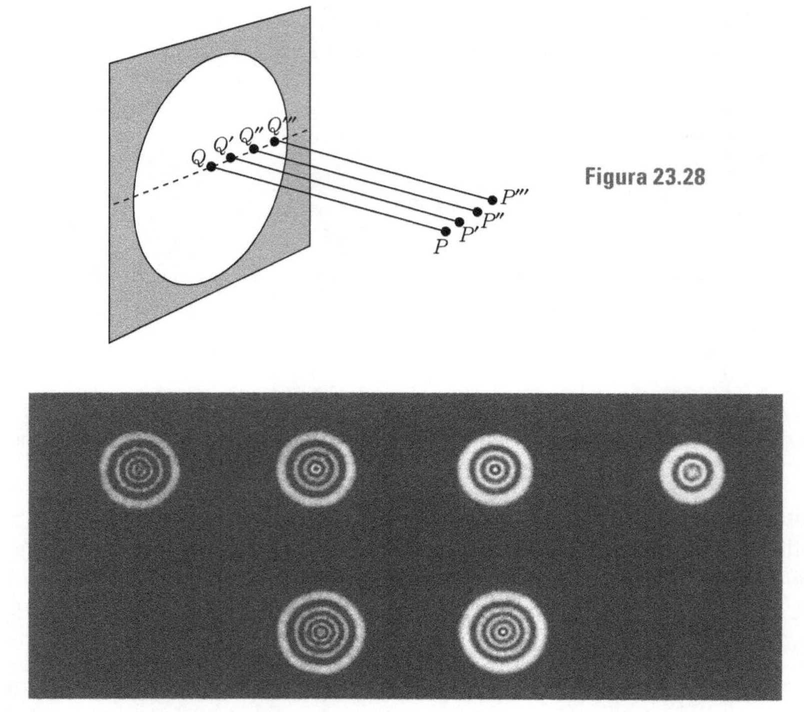

Figura 23.28

Figura 23.29 Figura de difração de Fresnel de aberturas circulares de raios diferentes.

Se, em vez de um orifício circular, tivermos um disco circular, a figura de difração será semelhante, exceto que no centro existe sempre brilhância. Isso acontece porque, no centro, a primeira zona de Fresnel não exposta sempre dá uma contribuição positiva, pela mesma razão que o faz no caso de uma frente de onda plana completamente exposta (Fig. 23.31).

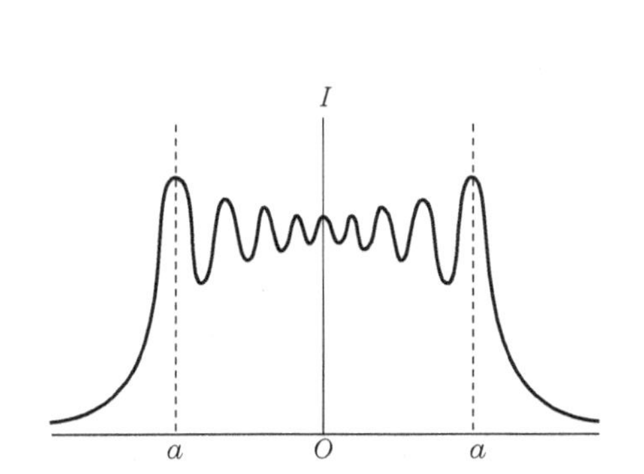

Figura 23.30 Distribuição da intensidade na difração de Fresnel por uma abertura circular.

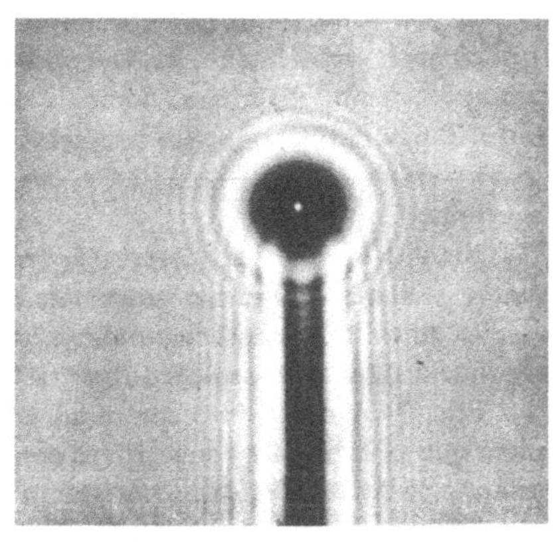

Figura 23.31 Difração de Fresnel por um disco circular suportado por uma haste fina.

Para uma fenda retangular, a situação é muito semelhante à de um orifício circular, exceto que, em vez de anéis, as zonas de Fresnel são faixas paralelas à fenda. À medida que nos afastamos da fenda, a figura de difração muda gradualmente de uma figura de Fresnel para uma figura de Fraunhofer, como indica a Fig. 23.32.

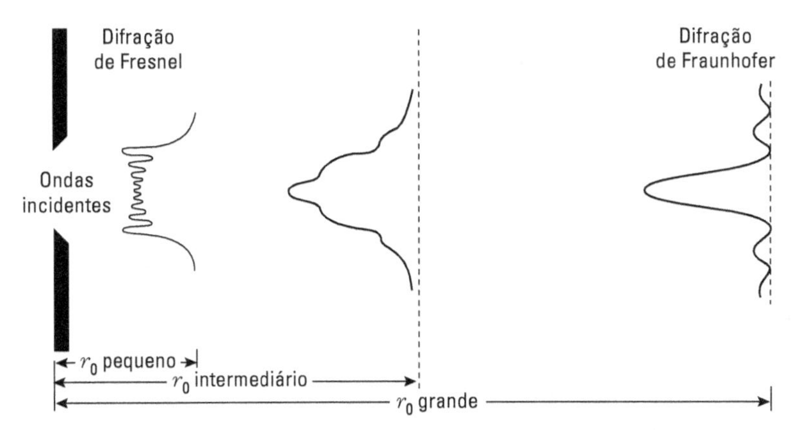

Figura 23.32 Variação na figura de difração com a variação da distância do ponto à abertura.

Em uma borda, a figura de difração tem a distribuição de intensidade indicada na Fig. 23.33, com a intensidade caindo gradualmente até ser nula dentro da sombra geométrica, e flutuando para distâncias correspondentes alguns comprimentos de onda dentro da região geométrica de iluminação.

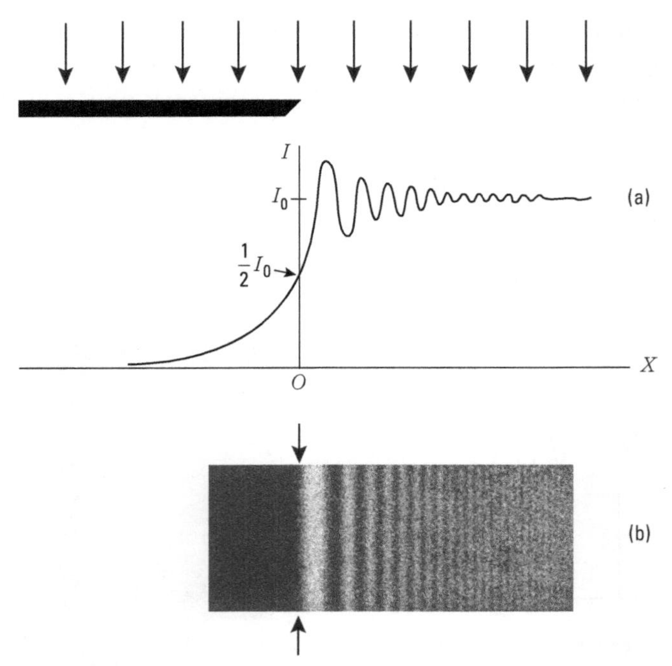

Figura 23.33 (a) Distribuição de intensidade para a difração de Fresnel por uma borda reta. (b) Fotografia da difração de Fresnel produzida por uma borda reta.

■ **Exemplo 23.7** Uma tela com um pequeno orifício de 1 mm de diâmetro é iluminada com luz de comprimento de onda igual a $5{,}9 \times 10^{-7}$ m. Calcular a distância ao longo da perpendicular, entre a tela e o ponto mais distante de escurecimento.

Solução: Neste caso, o raio do orifício é $a = 0{,}5$ mm $= 5 \times 10^{-4}$ m e o comprimento de onda é $\lambda = 5{,}9 \times 10^{-7}$ m. O ponto de escurecimento mais distante é o ponto para o qual somente duas zonas de Fresnel estão dentro do orifício. Então, de acordo com a Eq. (23.23), com $n = 2$ e R_n substituído por a, temos $a^2 = 2\lambda r_0$ ou $r_0 = a^2/2\lambda = 0{,}212$ m, o que significa que o ponto escurecido mais distante está cerca de 21,2 cm da tela. Em geral, pontos sucessivos de escurecimento estão a distâncias de $a^2/2n\lambda$ (onde n é um inteiro) da tela.

23.7 Espalhamento

Até agora, em nossa discussão de difração, supusemos, implicitamente, que os objetos interpostos no caminho da onda desempenhavam um papel *passivo*, isto é, admitimos que seus únicos papéis eram interromper uma parte da frente de onda, sem adicionarem por si mesmos nenhuma nova onda. Com tal hipótese, os efeitos de difração observados são devidos, exclusivamente, à distorção do movimento ondulatório incidente.

Contudo, em muitos casos, esse não é um quadro realístico. Suponhamos, por exemplo, que uma esfera de material elástico seja suspensa no ar e que uma onda acústica ou de compressão seja produzida nas proximidades. Quando a onda passa ao redor da esfera, sofre, antes de tudo, uma difração do tipo discutido anteriormente. Mas, além disso, em virtude das flutuações de pressão que acompanham a onda, a esfera elástica sofre deformações oscilatórias. As oscilações da superfície da esfera, por sua vez, produzem novas perturbações ou ondas no ar circundante; essas ondas superpõem-se às ondas iniciais. As novas ondas produzidas pela esfera oscilante são as ondas *espalhadas*, e o processo é chamado de *espalhamento*.

Da mesma forma, se uma esfera condutora é colocada no caminho de uma onda eletromagnética, os campos elétrico e magnético da onda induzem oscilações nas cargas livres da esfera, e essas cargas oscilantes, de acordo com a teoria desenvolvida no Cap. 19 para a radiação eletromagnética, produzem uma onda eletromagnética nova ou espalhada.

No Cap. 19, discutimos o espalhamento por um único elétron, que é um problema puramente dinâmico na ordem de grandeza atômica. O espalhamento que estamos descrevendo aqui tem uma natureza mais macroscópica, pois envolve corpos compostos de muitos átomos ou contendo muitos elétrons. Podemos calcular a magnitude desse espalhamento macroscópico aplicando certas condições de contorno na superfície do corpo, condições essas que determinam a natureza da onda espalhada. Por exemplo, no caso de uma esfera perfeitamente condutora, devemos impor que, na superfície da esfera, a componente tangencial do campo elétrico resultante (isto é, a soma do campo da onda incidente e da onda espalhada) seja nula.

Os processos de espalhamento são extremamente importantes em todos os fenômenos ondulatórios. Contudo uma discussão mais completa sobre o espalhamento requer um tratamento matemático que está fora das finalidades deste texto.

23.8 Espalhamento de raios X por cristais

Ondas eletromagnéticas com comprimentos de onda menores do que o ultravioleta, tais como raios X e raios γ, não são difratadas apreciavelmente por objetos usados para tal fim na região óptica. Contudo, uma rede cristalina, com átomos ou moléculas espaçados regularmente a distâncias da ordem de 10^{-10} m, proporciona um meio excelente para a produção de difração de raios X. Este problema é um pouco mais complicado do que os discutidos anteriormente neste capítulo, por duas razões. Em primeiro lugar, como um cristal é um arranjo tridimensional, os centros de difração estão distribuídos no espaço, em vez de estarem em uma só direção, como indica a Fig. 23.34, que é um diagrama de um cristal de NaCl. (As esferas escuras e claras correspondem aos íons de Na^+ e Cl^-.) E em segundo lugar, sob a ação do campo elétrico de uma onda eletromagnética, os átomos ou moléculas em um cristal tornam-se fontes secundárias de radiação, como foi explicado anteriormente na Seç. 19.9. Portanto, na realidade, temos um efeito que é mais espalhamento do que difração.

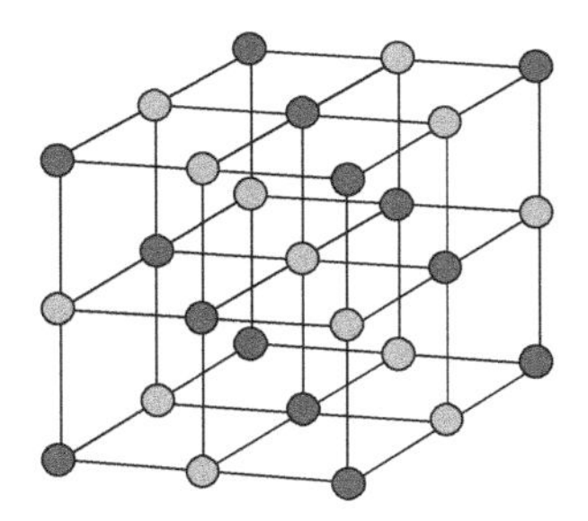

Figura 23.34 Representação simplificada de um cristal de cloreto de sódio, mostrando a disposição regular dos átomos formando um retículo cúbico.

Quando raios X passam através de um cristal, a intensidade dos raios espalhados ou difratados é o resultado da interferência (ao longo da direção de observação) das ondas emitidas por cada átomo ou molécula. Quando o cristal é composto por mais do que uma classe de átomos, cada espécie de átomo contribui de um modo diferente para o espalhamento dos raios X. Então, para simplificar nosso cálculo, devemos supor que temos somente uma classe de átomos e somente um átomo por célula unitária nos cristais. Os resultados são de validade geral. O cálculo da correção, quando mais de uma classe de átomos está presente, é muito simples e direto, mas não será discutido aqui.

Vamos considerar dois átomos A e B, separados pela distância r (Fig. 23.35). Seja $\boldsymbol{u}_i$ um vetor unitário ao longo da direção de propagação das ondas incidentes e $\boldsymbol{u}_s$ um vetor unitário análogo ao longo da direção das ondas espalhadas. A diferença de caminho para as ondas incidentes e espalhadas para aqueles dois átomos é $AD - BC$ e a diferença de fase é dada por

$$\delta = \frac{2\pi}{\lambda}(AD - BC).$$

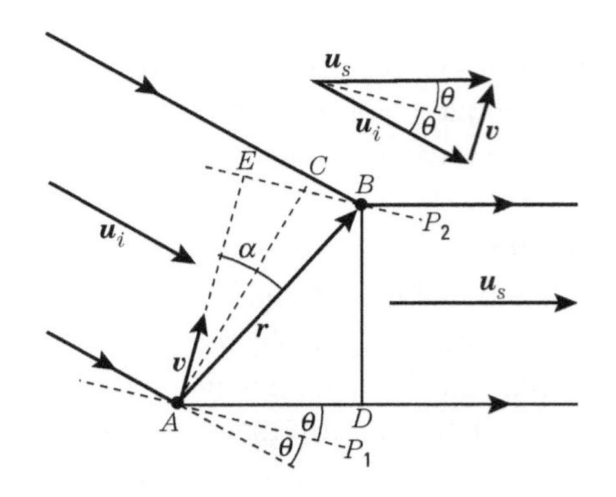

Figura 23.35 Espalhamento de raios X por dois átomos A e B.

Mas $AD = \boldsymbol{u}_s \cdot \boldsymbol{r}$ e $BC = \boldsymbol{u}_i \cdot \boldsymbol{r}$. Portanto

$$\delta = \frac{2\pi}{\lambda}(\boldsymbol{u}_s - \boldsymbol{u}_i) \cdot \boldsymbol{r} = \frac{2\pi}{\lambda}\boldsymbol{v} \cdot \boldsymbol{r}, \tag{23.24}$$

onde $\boldsymbol{v} = \boldsymbol{u}_s - \boldsymbol{u}_i$. Designando o ângulo entre $\boldsymbol{u}_s$ e $\boldsymbol{u}_i$ por 2θ, vemos, no detalhe da Fig. 23.35, que

$$v = 2 \text{ sen } \theta. \tag{23.25}$$

A condição para interferência construtiva na direção $\boldsymbol{u}_s$ é $\delta = 2n\pi$ ou, tendo em vista a Eq. (23.24),

$$\boldsymbol{v} \cdot \boldsymbol{r} = n\lambda, \tag{23.26}$$

onde, como antes, n é um inteiro positivo ou negativo. A Eq. (23.26) representa um plano perpendicular ao vetor $\boldsymbol{v}$ (veja o Ex. 3.11). Portanto, para um dado comprimento de onda λ e uma dada direção de incidência, a Eq. (23.26) dá uma série de planos paralelos, um para cada valor de n. A Fig. 23.35 mostra dois desses planos, P_1 e P_2. Para todos os átomos localizados sobre esses planos, a condição (23.26) é válida e todos contribuem para um máximo de intensidade na direção $\boldsymbol{u}_s$. Na Eq. (23.26), $n = 0$ corresponde ao plano que passa por A, $n = \pm 1$ para o próximo plano mais próximo de cada lado, $n = \pm 2$ para o próximo par de planos, e assim por diante.

Usando a Eq. (23.25), vemos, da Fig. 23.35, que $\boldsymbol{v} \cdot \boldsymbol{r} = vr \cos \alpha = 2d \operatorname{sen} \theta$, onde $d = AE = r \cos \alpha$ é a distância entre os planos P_1 e P_2. Então a Eq. (23.26) se torna

$$2d \operatorname{sen} \theta = n\lambda, \tag{23.27}$$

expressão conhecida como *equação de Bragg*. Os valores de n são limitados pela condição de que sen θ deve ser menor do que um. A geometria envolvida nessa equação é mostrada na Fig. 23.36. Para raios como 1 e 2, os quais são espalhados por átomos no mesmo plano, a diferença de fase é nula ($n = 0$) e interferem construtivamente. Contudo isso acontece para qualquer ângulo de incidência. O fato importante, implícito na condição de Bragg, é que raios, tais como 3, 4, 5,..., vindos de planos sucessivos, interferem construtivamente, dando origem a um máximo muito intenso. Portanto a condição de Bragg expressa um tipo de efeito coletivo, no qual os raios espalhados por todos os átomos em certos planos paralelos interferem construtivamente. Para planos fixos (ou d fixo) e comprimento de onda λ, a mudança do ângulo θ produz alternadamente posições de intensidade máxima e mínima, correspondendo à interferência construtiva (condição dada pela Eq. 23.27), ou destrutiva. Observe que a Eq. (23.27) pode ser usada para medir a separação d entre os planos, se o comprimento de onda λ for conhecido e vice-versa. Um diagrama esquemático do arranjo experimental para a observação do espalhamento de raios X de Bragg, um instrumento chamado *espectrômetro de cristal*, é mostrado na Fig. 23.37.

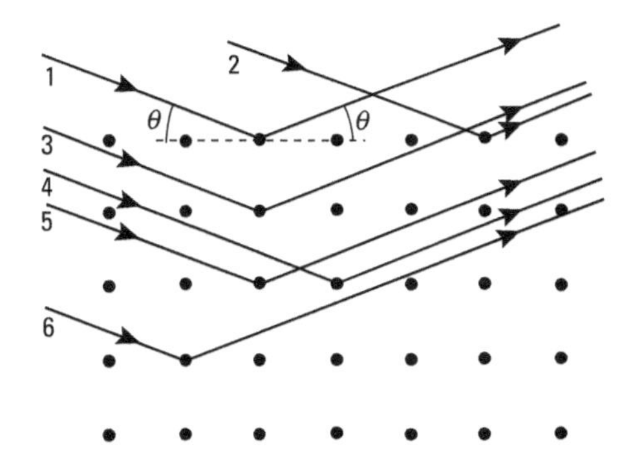

Figura 23.36 Planos paralelos de espalhamento em um cristal.

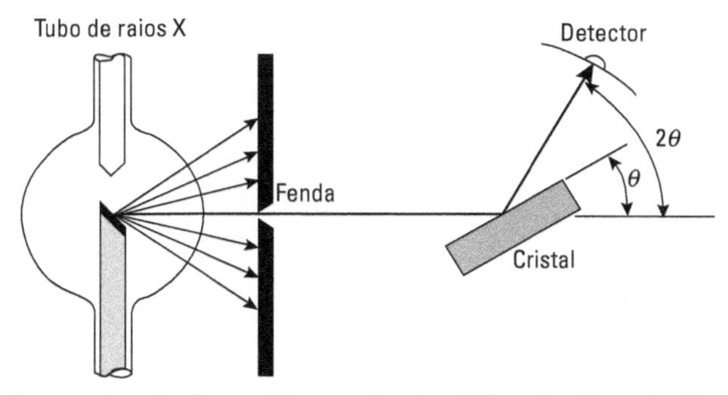

Figura 23.37 Espectrômetro de cristal para difração de raios X. Os raios X produzidos pelo tubo à esquerda e colimados pela fenda no bloco de chumbo são difratados pelo cristal. Os raios X difratados são observados por meio de um detector móvel, geralmente uma câmara de ionização.

Para uma dada direção de incidência $\boldsymbol{u}_i$, a Eq. (23.26) define uma série de possíveis famílias de planos paralelos, produzindo um máximo para espalhamento nas direções $\boldsymbol{u}_s$ características de cada família. A intensidade depende do número de átomos em cada família de planos. Algumas das possíveis famílias de planos são mostradas na Fig. 23.38. Cada plano corresponde a uma densidade diferente de centros de espalhamento e a um espaçamento diferente. Se o anteparo é interposto no caminho dos raios espalhados difratados por um único cristal (veja a Fig. 23.39), aparece uma figura regular, que é característica da estrutura cristalina. É a chamada *figura de Laue*. Cada ponto cheio na figura corresponde à direção de $\boldsymbol{u}_s$ relacionada às diferentes famílias de planos ilustradas na Fig. 23.38. A fotografia da Fig. 23.40 mostra uma dessas figuras de Laue.

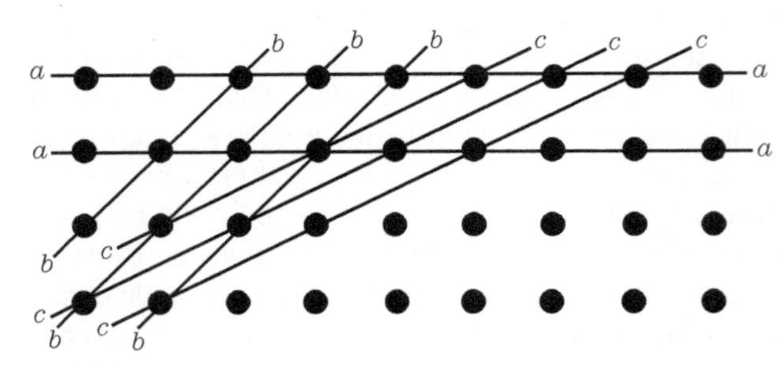

Figura 23.38 Diversos planos de espalhamento possíveis em um cristal.

Se o espalhador, em vez de ser um único cristal, é um pó contendo um grande número de pequenos cristais, todos orientados ao acaso, os vetores correspondentes $\boldsymbol{u}_s$ são distribuídos sobre superfícies cônicas em relação à direção de incidência (Fig. 23. 41). Sobre um filme fotográfico, cada superfície cônica produz um anel brilhante (Fig. 23.42), resultando nas chamadas figuras de Debye-Scherrer. Analisando filmes como os das Figs. 23.40 e 23.42, pode-se deduzir a estrutura interna do cristal ou, inversamente, pode-se determinar o comprimento de onda dos raios X.

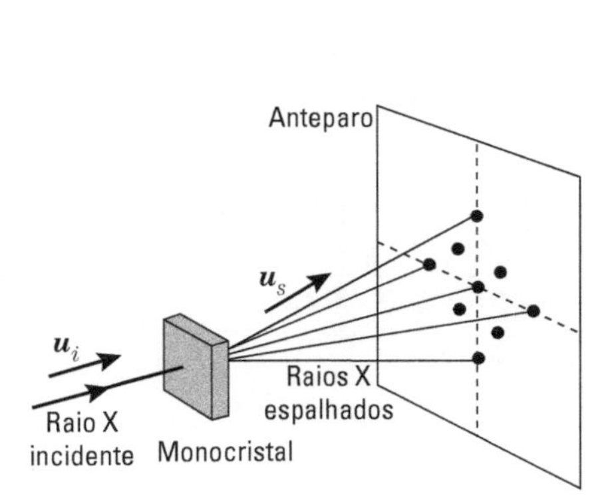

Figura 23.39 Difração de raios X de Laue por um monocristal.

Figura 23.40 Figura de difração de Laue para um cristal de quartzo. Tentou-se mascarar o efeito do feixe incidente não desviado.

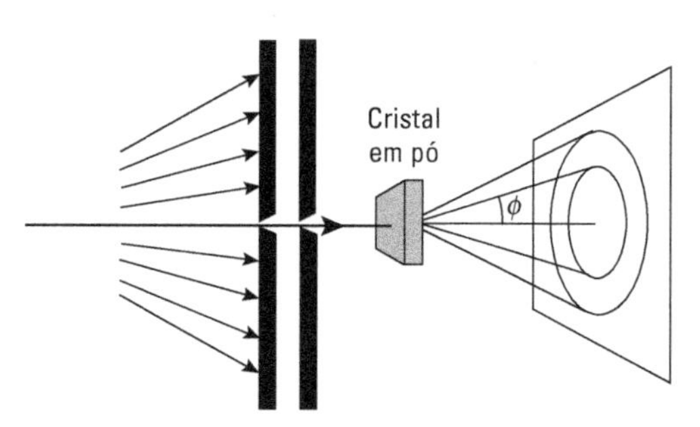

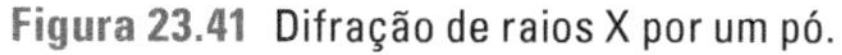
Figura 23.41 Difração de raios X por um pó.

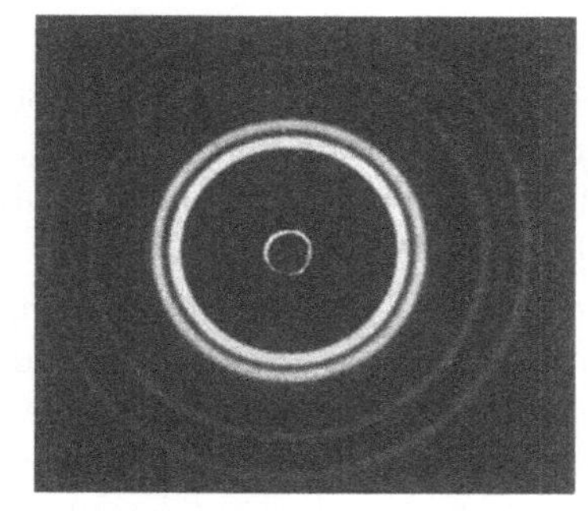
Figura 23.42 Figura de difração de raios X para alumínio em pó.

É interessante notar que, quando Roentgen observou os raios X pela primeira vez, em fins do século XIX, houve uma grande controvérsia em relação à sua natureza. Seriam ondas ou partículas? Para responder a esta questão, os físicos realizaram experiências de interferência e espalhamento, usando equipamento semelhante ao usado nas experiências com luz. Contudo os resultados ou eram negativos, ou não convenciam. A tendência era desprezar qualquer interpretação ondulatória até que von Laue, Bragg e outros estudaram a passagem de raios X através de cristais, e obtiveram os resultados discutidos aqui, os quais oferecem uma prova conclusiva do caráter ondulatório da radiação X.

■ **Exemplo 23.8** Um feixe de raios X é difratado por um cristal de sal de cozinha (NaCl). O espectro de primeira ordem corresponde a um ângulo de 6° 50′ e a distância entre os planos é $2{,}81 \times 10^{-10}$ m. Determinar o comprimento de onda dos raios X e a posição do espectro de segunda ordem.

Solução: Usando a relação de Bragg (23.27) com $d = 2{,}81 \times 10^{-10}$ m, $\theta = 6° 50'$, e $n = 1$, achamos que

$$\lambda = 2d \text{ sen } \theta = 6{,}69 \times 10^{-11} \text{ m}.$$

Para achar a posição do espectro de segunda ordem, fazemos $n = 2$. Então sen $\theta = n\lambda/2d = 0{,}238$ ou $\theta = 13° 46'$. Observe que a difração de ordem máxima é limitada pela condição $n\lambda/2d < 1$, o que, nesse caso, significa que $n < 8{,}4$ ou $n_{max} = 8$.

REFERÊNCIAS

BISER, R. Undergraduate research project: photon diffraction. *Am. J. Phys.*, v. 31, p. 29, 1963.

FEYNMAN, R.; LEIGHTON, R.; SANDS, M. *The Feynman lectures on Physics*. v. I. Reading, Mass.: Addison-Wesley, 1963.

HOLTON, G.; ROLLER, D. H. D. *Foundations of modern physical science*. Reading, Mass.: Addison-Wesley, 1958.

HULL, A.; BURDICK, C. Early studies in X-ray crystallography. *Physics Today*, p. 18, Oct. 1958.

MAGIE, W. F. *Source book in Physics*. Cambridge, Mass.: Harvard University Press, 1963.

MONK, G. *Light: principles and experiments*. New York: Dover, 1963.

ROSSI. B. *Optics*. Reading, Mass.: Addison-Wesley, 1957.

SHAMOS, M. (ed.) *Great experiments in physics*, New York: Holt, Rinehart & Winston, 1959.

WOOD, E. Crystals. *The Physics Teacher*, v. 3, p. 7, 1965.

YOUNG, P. A Student experiment in Fresnel diffraction. *Am. J. Phys.*, v. 32, p. 367, 1964.

PROBLEMAS

23.1 Raios paralelos de luz verde de mercúrio, de comprimento de onda $5{,}6 \times 10^{-7}$ m, passam por uma fenda de 0,4 mm de largura que cobre uma lente cuja distância focal é 40 cm. Qual é a distância entre o máximo central e o primeiro mínimo em um anteparo situado no plano focal da lente?

23.2 A figura de difração de Fraunhofer de uma fenda simples, reproduzida ao dobro de seu tamanho na Fig. 23.5, foi formada sobre um filme fotográfico no plano focal de uma lente com distância focal de 0,60 m. O comprimento de onda da luz usada foi $5{,}9 \times 10^{-7}$ m. Calcule a largura da fenda. [*Sugestão*: meça (na fotografia) a distância entre mínimos correspondentes à direita e à esquerda do máximo central.]

23.3 Um telescópio é usado para observar duas longínquas fontes pontuais, separadas por uma distância de 0,305 m. A objetiva do telescópio é coberta com um anteparo no qual existe uma fenda cuja largura é de 1 mm. Qual é a distância máxima para a qual as duas fontes poderão ser distinguidas? Suponha $\lambda = 5{,}0 \times 10^{-7}$ m.

23.4 A figura de difração de Fraunhofer de uma fenda simples é observada no plano focal de uma lente com 1 m de distância focal. A largura da fenda é 0,4 mm. A luz incidente contém dois comprimentos de onda, λ_1 e λ_2. O quarto mínimo correspondente a λ_1 e o quinto mínimo correspondente a λ_2 ocorrem no mesmo ponto, a 5 mm do máximo central. Calcule λ_1 e λ_2.

23.5 Uma onda monocromática plana de comprimento de onda λ incide, com um ângulo de 30°, sobre um anteparo opaco, plano, que possui uma fenda comprida de largura a (Fig. 23.43). Atrás do anteparo existe uma lente convergente cujo eixo principal é perpendicular ao plano da tela. Descreva a figura de difração observada no plano focal dessa lente.

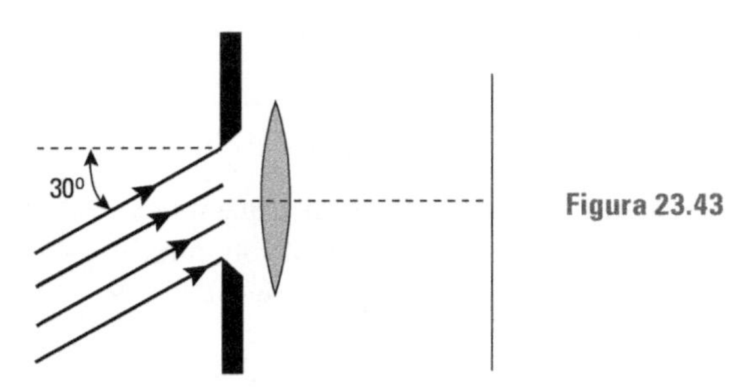

Figura 23.43

23.6 Discuta a distribuição de intensidade da difração de Fraunhofer por três fendas idênticas igualmente espaçadas. Suponha incidência normal sobre as fendas.

23.7 Uma onda monocromática plana, cujo comprimento de onda é $6{,}0 \times 10^{-7}$ m, incide perpendicularmente sobre um anteparo opaco que tem uma abertura retangular de 0,5 mm × 1,0 mm. (a) Descreva a figura de difração observada no plano focal de uma lente convergente, de distância focal de 2 m, colocada logo atrás da abertura. (b) Calcule os lados do retângulo formado pelas linhas escuras nas imediações do máximo central.

23.8 Em uma figura de difração de uma fenda dupla, o terceiro máximo principal está faltando pois esse máximo de interferência coincide com o primeiro mínimo de difração. (a) Determine a razão a/b. (b) Faça um gráfico da distribuição de intensidade para vários máximos de cada lado do máximo central. (c) Faça um esboço ligeiro das franjas como apareceriam no anteparo.

23.9 Calcule o raio do disco central da figura de difração de Fraunhofer da imagem de uma estrela formada por (a) uma lente de câmara fotográfica de 2,5 cm de diâmetro e distância focal de 7,5 cm, (b) uma objetiva de telescópio de 15 cm de diâmetro, com uma distância focal de 1,5 m. Considere o comprimento de onda da luz como sendo $5{,}6 \times 10^{-7}$ m.

23.10 Um anteparo possui dois orifícios de pequeno diâmetro situados a uma distância de 1,5 mm um do outro. Atrás do anteparo, é colocada uma fonte intensa de luz e os dois orifícios são observados por meio de uma lente coberta por um anteparo que tem uma abertura circular de 4 mm. Qual é a distância máxima para a qual se pode observar os orifícios distintamente, isto é, resolvidos? Suponha que o comprimento de onda seja de $5{,}5 \times 10^{-7}$ m.

23.11 A difração de Fraunhofer de uma fenda dupla é observada no plano focal de uma lente de distância focal de 50 cm. A luz monocromática incidente tem um comprimento de onda de $5{,}0 \times 10^{-7}$ m. Sabe-se que a distância entre os dois mínimos adjacentes ao máximo de ordem zero é 0,5 cm e que o máximo da quarta ordem está faltando. Calcule a largura das fendas e a distância entre seus centros.

23.12 Os faróis de um automóvel aproximando-se estão separados por uma distância de 1,30 m. Avalie a distância para a qual os dois faróis podem ser resolvidos a olho nu, considerando que a resolução do olho é determinada somente pela difração. Tome um comprimento de onda médio de $5{,}5 \times 10^{-7}$ m e suponha que o diâmetro da pupila do olho seja de 5 mm. Compare com o resultado obtido para o poder resolutivo do olho dado na Seç. 21.5.

23.13 Na Fig. 23.44, duas fontes pontuais de luz, S_1 e S_2, a uma distância de 50 m da lente L e separadas por uma distância de 6 mm, produzem imagens resolvidas de acordo com o critério de Rayleigh. A distância focal da lente é de 20 cm. Qual é o diâmetro do primeiro círculo de difração?

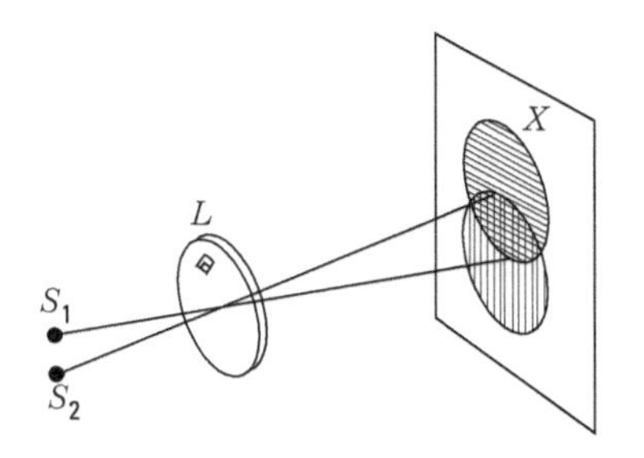

Figura 23.44

23.14 Duas estrelas igualmente brilhantes subtendem um ângulo de um segundo. Supondo um comprimento de onda de $5{,}5 \times 10^{-7}$ m: (a) Qual é o menor diâmetro da objetiva de um telescópio que permitirá resolver essas duas estrelas? (b) Qual deve ser o aumento do telescópio? (c) Calcule a distância focal da ocular a ser usada, se a distância focal da objetiva é de 1,80 m.

23.15 Pode-se mostrar que, no caso da difração de Fraunhofer, a amplitude das ondas difratadas por uma abertura circular de raio R é proporcional à *função de Bessel* $J_1(x)$ (veja, por exemplo, Chemical Rubber Company's Standard Mathematical Tables, vigésima edição, p. 317), onde para incidência normal $x = (2\pi R/\lambda)$ sen θ, e θ é o ângulo que os raios difratados fazem com o eixo da abertura (Fig. 23.45). (a) Mostre que as direções para as quais as ondas difratadas têm amplitude nula correspondem às raízes da equação $J_1(x) = 0$. (b) Olhando uma tabela de raízes de $J_1(x) = 0$ (ibidem, p. 318), obtenha os valores de sen θ para as primeiras três direções de amplitude nula, verificando a Eq. (23.11).

(c) Supondo os raios difratados focalizados por uma lente convergente de distância focal f sobre um anteparo situado no plano focal da lente, expresse os raios dos primeiros três anéis escuros formados. (Note que, neste problema, sen θ pode ser substituído por θ.) (d) Obtenha os valores de θ e os raios dos anéis, dados $R = 0{,}1$ min, $\lambda = 5{,}9 \times 10^{-7}$ m, e $f = 20$ cm.

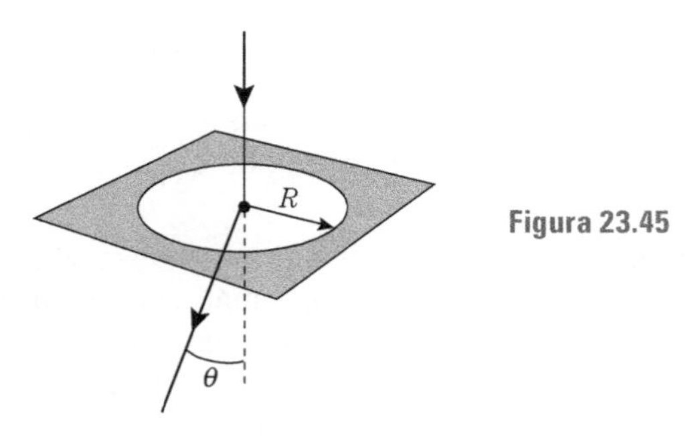

Figura 23.45

23.16 Luz monocromática de comprimento de onda $6{,}0 \times 10^{-7}$ m, originária de uma fonte pontual distante, atravessa um orifício circular. A figura de difração de Fresnel é observada sobre um anteparo a 1 m do orifício. Determine o diâmetro do orifício circular se ele expõe (a) somente a zona central de Fresnel, (b) as primeiras quatro zonas de Fresnel.

23.17 Um ponto é colocado a 1 cm de um orifício circular iluminado por luz de comprimento de onda de $5{,}0 \times 10^{-7}$ m. Sendo que o orifício corresponde a dez zonas de Fresnel, determine seu raio.

23.18 Uma luz com $5{,}0 \times 10^{-7}$ m de comprimento de onda incide sobre uma abertura circular de 0,1 mm de raio. A que distância da abertura deve um ponto ser localizado de forma que a abertura corresponda a (a) três zonas de Fresnel, (b) quatro zonas de Fresnel? Avalie, em cada caso, se haverá iluminação ou escurecimento naquele ponto.

23.19 Uma onda plana de luz monocromática, de comprimento de onda $\lambda = 5{,}0 \times 10^{-7}$ m, incide perpendicularmente sobre um anteparo opaco que tem uma abertura da forma mostrada na Fig. 23.46. O raio do círculo interno é 1 mm e o do círculo externo é de 1,41 mm. (a) Calcule a amplitude e a intensidade da perturbação óptica no ponto P sobre o eixo dos círculos, a 2 m do anteparo, em relação aos valores que se obteriam na ausência do anteparo. (b) Determine a fase dessa perturbação em relação à perturbação que se obteria caso se observasse P sem o anteparo.

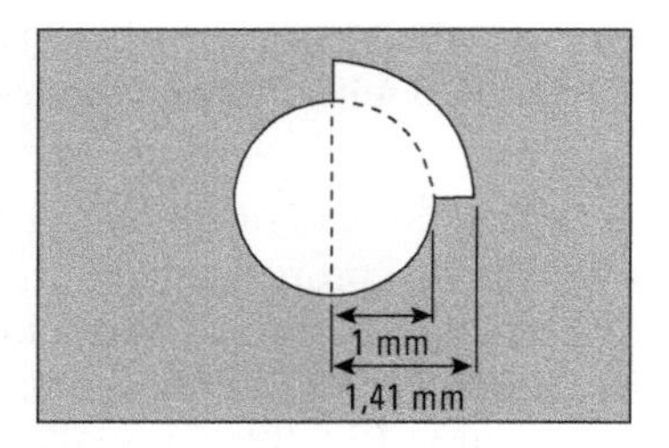

Figura 23.46

23.20 Ondas paralelas de luz, com $5{,}6 \times 10^{-7}$ m de comprimento de onda passam por uma abertura circular de 2,60 mm de diâmetro. A figura de difração de Fresnel é observada sobre um anteparo a 1 m da abertura. (a) O centro da figura de difração aparecerá claro ou escuro? (b) Qual o menor deslocamento que se deve dar ao anteparo a fim de inverter a condição encontrada para (a)?

23.21 Uma onda plana de luz monocromática de comprimento de onda $\lambda = 5{,}0 \times 10^{-7}$ m incide perpendicularmente sobre um anteparo que tem uma abertura circular de 0,4 cm de diâmetro. (a) Determine as posições dos pontos de intensidade mínima e máxima ao longo do eixo do anteparo. (b) A que distância do anteparo vai ocorrer o último mínimo?

23.22 Um anteparo, com uma abertura circular cujo raio é 0,4 cm, é iluminado com ondas planas de luz incidindo perpendicularmente. Suponha que a luz incidente seja uma mistura de dois feixes de luz monocromática com comprimentos de onda de $\lambda_1 = 6{,}0 \times 10^{-7}$ m e $\lambda_2 = 4{,}0 \times 10^{-7}$ m, respectivamente. Determine os pontos sobre a linha perpendicular à abertura e passando pelo seu centro, onde somente um dos comprimentos de onda é observado.

23.23 Ondas planas monocromáticas, com $6{,}0 \times 10^{-7}$ m de comprimento de onda, incidem normalmente sobre uma rede de difração por transmissão que possui 500 linhas por mm. Determine os ângulos de desvio para o espectro de primeira, segunda e terceira ordem.

23.24 Uma rede de transmissão é riscada com 4.000 linhas por cm. Calcule a separação angular em graus, no espectro de segunda ordem, entre as linhas α e β do hidrogênio atômico, cujos comprimentos de onda são, respectivamente, $6{,}56 \times 10^{-7}$ m e $4{,}10 \times 10^{-7}$ m. Suponha incidência normal.

23.25 (a) Qual é o comprimento de onda de uma luz cujo desvio é de 20° no espectro de primeira ordem em uma rede de difração por transmissão que possui 6.000 linhas por cm? (b) Qual é o desvio desse comprimento de onda na segunda ordem? Suponha incidência normal.

23.26 Qual é o comprimento de onda mais longo que pode ser observado na quarta ordem para uma rede de transmissão que possui 5.000 linhas por cm? Considere incidência normal.

23.27 Considere os limites do espectro visível nos comprimentos de onda de 4×10^{-7} m e 7×10^{-7} m, e determine os ângulos subtendidos pelos espectros de primeira e segunda ordem produzidos por uma rede plana que possui 6.000 linhas por cm. Suponha incidência normal.

23.28 Mostre que, em uma rede que tem um grande número de linhas, a intensidade do primeiro máximo secundário de cada lado do primeiro máximo principal é igual a cerca de 4% da intensidade do máximo principal.

23.29 Uma rede de transmissão de 4 cm de largura tem 4.000 linhas por cm. Calcule o poder resolutivo da rede para um comprimento de onda de $5{,}9 \times 10^{-7}$ m no espectro de primeira ordem. Seria essa rede capaz de separar as duas linhas de comprimentos $5{,}890 \times 10^{-7}$ m e $5{,}896 \times 10^{-7}$ m que constituem o dubleto amarelo do sódio? Calcule também o menor desvio e a dispersão correspondente para o comprimento de onda considerado.

23.30 Mostre que, qualquer que seja o espaçamento da rede, o violeta do espectro de terceira ordem sobrepõe-se ao vermelho do espectro de segunda ordem. Considere incidência normal.

23.31 Uma *rede de reflexão* é feita riscando-se, com uma ponta de diamante, linhas muito finas sobre uma superfície metálica polida (Fig. 23.47). Os espaços polidos situados entre linhas adjacentes são equivalentes às fendas na rede de transmissão. Mostre que os máximos principais são obtidos usando-se a condição a (sen i – sen θ) = $n\lambda$, onde a é a separação entre linhas consecutivas.

23.32 Para assegurar uma focalização conveniente por uma rede de difração, o físico norte-americano H. A. Rowland construiu uma rede côncava de grande raio. Suponha que C, na Fig. 23.48, seja o centro de curvatura da rede e que o círculo tracejado tenha um diâmetro igual ao raio da rede. Mostre que, para qualquer fonte S colocada sobre o círculo, (a) todos os raios incidem sobre a rede com o mesmo ângulo de incidência, (b) todos os raios difratados pela rede, segundo um mesmo ângulo, convergem para o mesmo ponto O sobre a circunferência tracejada. Então, se uma chapa fotográfica for colocada em O, tangente ao círculo, o espectro de difração correspondente àquele ângulo de difração pode ser detectado. Esse arranjo é chamado *montagem de Rowland* e é muito usado nos laboratórios de física para pesquisa em espectroscopia. [*Sugestão*: observe que a normal à rede no ponto de incidência de um raio passa por C e que a superfície da rede se afasta muito pouco do círculo tracejado.]

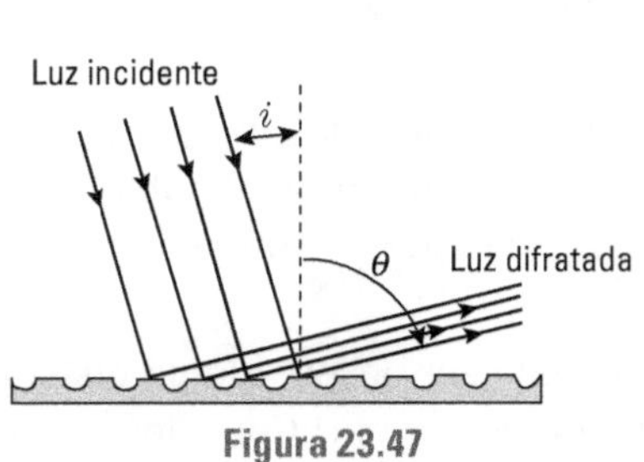

Figura 23.47

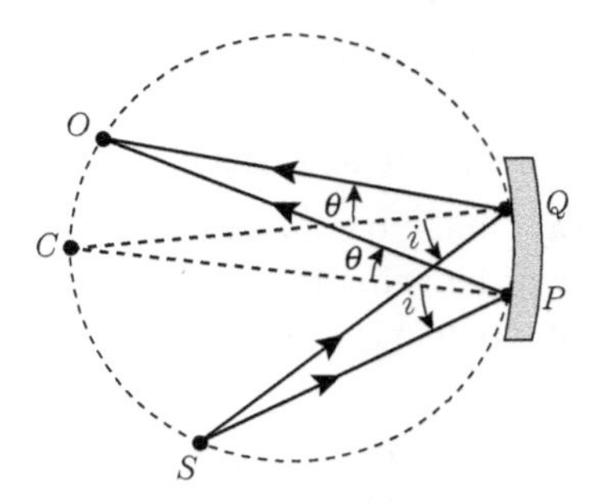

Figura 23.48

23.33 O espaçamento entre os planos principais em um cristal de NaCl é 2,82 × 10^{-10} m. Verifica-se que uma reflexão de Bragg de primeira ordem de um feixe de raios X monocromáticos ocorre a um ângulo de 10°. (a) Calcule o comprimento de onda dos raios X. (b) Qual o ângulo correspondente no espectro de segunda ordem?

23.34 Iodeto de potássio, KI, é um cristal cúbico que tem uma densidade de 3,13 g · cm^{-3}. Determine a menor distância interplanar, isto é, o comprimento de uma célula unitária. Determine os ângulos correspondentes às duas primeiras reflexões de Bragg para raios X de comprimento de onda de 3,0 × 10^{-10} m.

23.35 Um tubo de raios X acelera elétrons por meio de uma diferença de potencial de 10^5 V. Os raios X produzidos são examinados por meio do cristal descrito no Prob. 23.33. Determine o ângulo para o espectro de primeira ordem correspondente ao comprimento de onda mais curto produzido pelo tubo.

23.36 Um feixe de raios X com 5 × 10^{-11} m de comprimento de onda, incide sobre um pó composto de cristais microscópicos de KCl orientados ao acaso. O espaçamento do retículo no cristal é de 3,14 × 10^{-10} m. Um filme fotográfico é colocado a 0,1 m do alvo de pó.

(a) Determine os raios dos círculos correspondentes aos espectros de primeira e segunda ordem, provenientes de planos que têm o mesmo espaçamento que o retículo. (b) Determine os raios dos círculos resultantes de planos que fazem um ângulo de 45° com os referidos no item (a).

23.37 Uma rede cristalina pode ser caracterizada por três vetores fundamentais, $\boldsymbol{a}_1, \boldsymbol{a}_2, \boldsymbol{a}_3$, de forma que a estrutura do cristal é periódica para deslocamentos que são combinações lineares de múltiplos inteiros dos três vetores (Fig. 23.49). (a) Mostre que os vetores posição relativos a dois pontos que ocupam posições semelhantes em duas células diferentes são dados por $\boldsymbol{r} = \gamma_1\boldsymbol{a}_1 + \gamma_2\boldsymbol{a}_2 + \gamma_3\boldsymbol{a}_3$, onde γ_1, γ_2 e γ_3 são inteiros positivos ou negativos. (b) Mostre que os átomos que participam do espectro de difração de ordem n são dados pelos inteiros que satisfazem a equação $\boldsymbol{v} \cdot (\gamma_1\boldsymbol{a}_1 + \gamma_2\boldsymbol{a}_2 + \gamma_3\boldsymbol{a}_3) = n\lambda$ onde $\boldsymbol{v}$ é definido como na Eq. (23.24). (c) Mostre que a intensidade da radiação espalhada na direção associada com $\boldsymbol{v}$ é proporcional a $(A_1A_2A_3)^2$, onde $A_i = \text{sen}\,(N_i\, \pi\boldsymbol{v} \cdot \boldsymbol{a}_i/\lambda)/\text{sen}\, \pi\boldsymbol{v} \cdot \boldsymbol{a}_i/\lambda$, onde N_i é o número de células do cristal na direção de a_i. (d) A partir do resultado deduzido em (c), mostre que o máximo principal ocorre em uma direção que satisfaz as relações $\boldsymbol{v} \cdot \boldsymbol{a}_1 = n_1\lambda$, $\boldsymbol{v} \cdot a_2 = n_2\lambda$, $\boldsymbol{v} \cdot \boldsymbol{a}_3 = n_3\lambda$, onde n_1, n_2 e n_3 são inteiros. São as chamadas *equações de Laue.* (e) Usando os vetores recíprocos $\boldsymbol{a}^1$, $\boldsymbol{a}^2$, $\boldsymbol{a}^3$ (veja o Prob. 3.29), mostre que

$$\boldsymbol{u}_s = \boldsymbol{u}_i + (n_1\boldsymbol{a}^1 + n_2\boldsymbol{a}^2 + n_3\boldsymbol{a}^3)\lambda.$$

Essa equação determina a posição dos pontos brilhantes em uma figura de Laue, como mostra a Fig. 23.40.

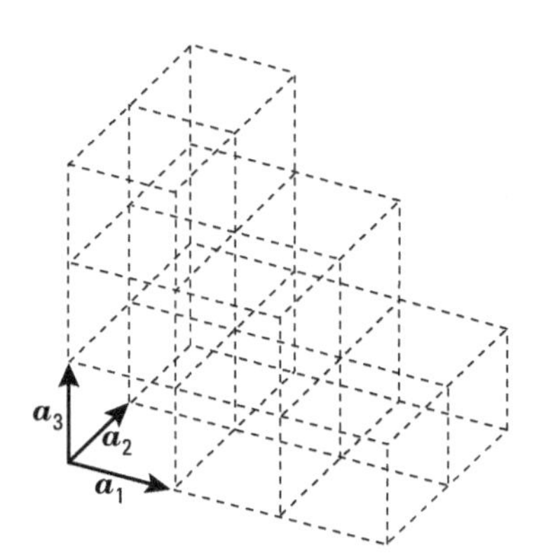

Figura 23.49

24 Fenômenos de transporte

24.1 Introdução

Nos Caps. 18 a 23, discutimos certo número de fenômenos importantes que podem ser classificados, de maneira geral, com o título de *movimento ondulatório*. Embora tais ondas correspondam a um largo espectro de fenômenos físicos, desde ondas elásticas em um meio material até ondas eletromagnéticas no vácuo, todas têm uma característica comum, ou seja, os campos a elas associados satisfazem a equação de onda (18.11),

$$\frac{\partial^2 \xi}{\partial t^2} = v^2 \frac{\partial^2 \xi}{\partial x^2}. \tag{24.1}$$

Esse fato torna possível uma descrição comum para muitas de suas propriedades, independentemente de sua natureza física específica. Uma dessas propriedades é a propagação da perturbação física *sem distorção*, pois, em todos os casos, a forma da onda permanece a mesma e pode ser expressa, particularmente para uma onda em um meio não dispersivo, por $f(x \pm vt)$.

Uma equação como a Eq. (24.1) descreve a distribuição no espaço e a evolução com o tempo de um campo ξ. Mas existem ainda outros campos que podem ser descritos por equações diferentes e que têm dependências diferentes em relação ao espaço e ao tempo. A propagação desses campos pode ser acompanhada de distorção ou atenuação e não pode ser expressa por uma função da forma $f(x \pm vt)$. Em alguns casos, ainda se pode falar de velocidade de propagação. Consideraremos aqui somente um tipo especial desses outros campos, os quais correspondem a um grupo de problemas físicos importantes com certas características comuns, sob o título geral de *fenômenos de transporte*. Fenômenos de transporte são os processos em que existe uma transferência (ou transporte) de matéria, de energia ou de quantidade de movimento, em quantidades macroscópicas. As características comuns desses fenômenos podem ser descritas por técnicas semelhantes e são caracterizadas por uma equação de propagação de primeira ordem em relação ao tempo, que (nos casos mais simples) é da forma

$$\frac{\partial \xi}{\partial t} = a^2 \frac{\partial^2 \xi}{\partial x^2}, \tag{24.2}$$

onde a é uma constante característica de cada situação e ξ é o campo correspondente ao fenômeno de transporte considerado. Deve-se notar que muitos fenômenos de transporte obedecem a equações mais complicadas do que a Eq. (24.2), que deve ser considerada somente como uma primeira (porém satisfatória) aproximação. Neste capítulo, vamos discutir brevemente três espécies de problemas de transporte: (a) difusão molecular e de nêutrons, (b) condução térmica e (c) viscosidade.

24.2 Difusão molecular; lei de Fick

Sabemos que, quando abrimos um vidro de perfume, ou de qualquer outro líquido que tenha um odor característico, tal como amônia, podemos sentir seu cheiro muito rapidamente em lugares afastados em uma sala fechada. Podemos dizer que as moléculas do líquido, depois da evaporação, difundem-se pelo ar, espalhando-se através do espaço circundante. O mesmo acontece se colocamos um cubo de açúcar em um copo de água. O açúcar se dissolve gradualmente, mas, ao mesmo tempo, as moléculas de açúcar dissolvidas difundem-se através da água e, finalmente, distribuem-se por toda a água. Como ilustração final do fenômeno da difusão, consideremos um vaso, separado em duas partes por uma parede e contendo gases, como mostra a Fig. 24.1. Se removermos a parede, verificaremos que os dois gases se difundem um dentro do outro até que, depois de certo tempo, constatamos que temos uma mistura homogênea.

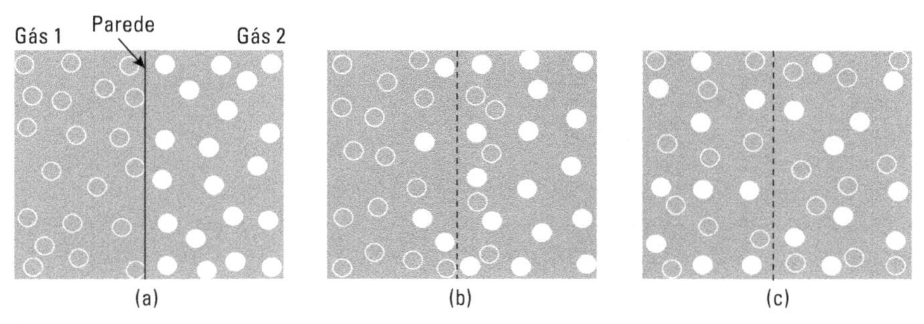

Figura 24.1 Difusão gasosa. (a) Os dois gases são mantidos separados pela parede. (b) Logo após a remoção da parede, algumas moléculas de cada gás são encontradas na região do outro. (c) Depois de certo tempo, a mistura dos dois gases é homogênea e não mais ocorre difusão.

Esses e muitos outros exemplos familiares ilustram uma característica fundamental do processo de difusão:

para haver difusão, a distribuição espacial das moléculas da substância deve ser não homogênea.

Vamos chamar de n o número de moléculas da substância que se difunde, por unidade de volume (que chamaremos de *concentração* da substância). De acordo com o que dissemos aqui, esse número deve variar de lugar para lugar a fim de que haja difusão. Uma segunda característica é que

a difusão se dá na direção em que a concentração decresce.

e, portanto, tende a igualar, em todo o espaço, a distribuição molecular da substância que se difunde. Portanto, existe uma tendência bem definida para a ocorrência da difusão. Essa tendência, contudo, deve ser considerada de uma maneira estatística ou macroscópica, em virtude das flutuações locais que podem ocorrer, pois, para pequenos intervalos de tempo, poderá haver inversão do fluxo molecular em certos pontos.

A difusão é, em geral, o resultado do fato de a agitação molecular produzir colisões frequentes entre as moléculas que, como consequência, são espalhadas. Vamos supor que tenhamos um gás ocupando uma região dividida em duas seções por uma separação (Fig. 24.2), de forma que sua densidade seja diferente de cada lado, mas a temperatura e, portanto, também as velocidades moleculares, são as mesmas em ambos os lados. Se removermos a separação, teremos duas correntes de moléculas na interface, indicadas pelas setas horizontais, resultantes de colisões e espalhamentos que ocorrem em ambos os lados. Mas a corrente da esquerda para a direita é a maior, pois a frequência das colisões é maior do lado esquerdo, onde a concentração é maior. Portanto existe uma corrente resultante para a direita, resultando em uma difusão da esquerda para a direita, ou da região de maior concentração para a de menor concentração.

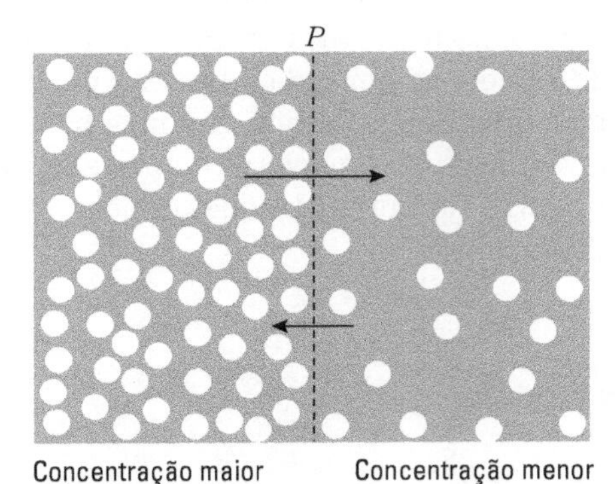

Figura 24.2 A corrente de difusão é diferente nas duas direções.

No que se segue, consideraremos somente a difusão de uma substância em si mesma ou através de outro meio (gás, líquido, ou sólido) que seja homogêneo e cujas moléculas são essencialmente fixas. Não discutiremos o caso de duas substâncias que se difundem uma na outra, pois isso implica um tratamento ligeiramente diferente. Ignoraremos, também, os efeitos das forças intermoleculares.

Suponhamos que a concentração da substância varie em certa direção, que será designada como o eixo X (Fig. 24.3), mas que, por outro lado, a concentração é a mesma em todos os planos perpendiculares àquela direção. Então, o número de átomos ou moléculas por unidade de volume (ou a concentração) é uma função da coordenada x somente, isto é, $n(x)$ é expressa em m^{-3}. A difusão ocorre então na direção do eixo X. Vamos chamar de j a *densidade de corrente de partículas*, isto é, o número líquido de partículas que cruzam, por unidade de tempo, uma área unitária perpendicular à direção de difusão. Essa densidade de corrente de partículas é expressa em $m^{-2} \cdot s^{-1}$. Quando a substância é homogênea (isto é, quando n é constante), a densidade de corrente j é nula porque o mesmo número de partículas passa tanto em uma direção como na outra, não resultando nenhum transporte de massa. Mas, quando a substância não é homogênea e n varia de ponto para ponto, aparece uma corrente resultante, ou transporte de massa. A intuição física, confirmada pela experiência, sugere que a densidade de corrente será maior quanto maior for a variação da concentração $n(x)$ por unidade de comprimento, ou seja, quanto maior o gradiente de concentração (isto é, quanto maior $\partial n/\partial x$). Verifica-se, experimentalmente, que existe também uma relação de proporcionalidade entre a densidade de corrente j e a variação na concentração por unidade de comprimento, $\partial n/\partial x$, isto é,

$$j = -D\frac{\partial n}{\partial x}, \tag{24.3}$$

onde a constante de proporcionalidade D é um coeficiente que depende da substância e é chamado de *coeficiente de difusão*. O sinal menos indica que o fluxo resultante é na direção em que n decresce.

Muitos processos de difusão satisfazem bastante bem a relação (24.3), exceto quando a concentração n é extremamente baixa, muito alta, ou varia abruptamente em pequenas distâncias, de forma que um raciocínio puramente estatístico não é mais aplicável. A Eq. (24.3), que é chamada *lei de Fick*, foi sugerida em 1855 pelo fisiologista alemão Adolf

Fick (1829-1901). O *coeficiente de difusão D* está relacionado com o estado das moléculas da substância que se difunde (como mostraremos, para gases, na Seç. 24.7) e é expresso em $m^2 \cdot s^{-1}$, de forma que as unidades, na Eq. (24.3), são consistentes. Suporemos D independente da concentração, aproximação essa válida para uma grande variedade de condições. A lei de Fick estabelece uma relação entre a densidade de corrente e a variação por unidade de comprimento (ou gradiente) da concentração da substância.

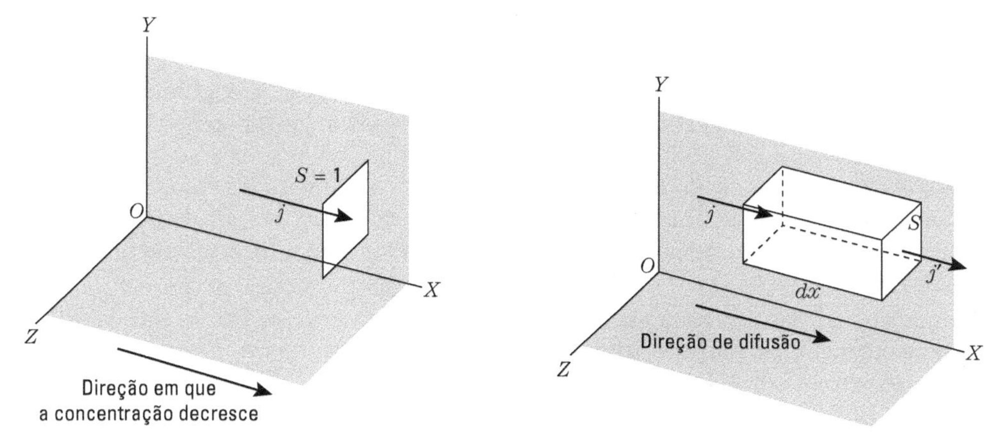

Figura 24.3

Figura 24.4 Difusão através de um elemento de volume.

Combinando-se a lei de Fick com o princípio da conservação das moléculas (isto é, que o número de moléculas deve permanecer constante), obtemos uma relação em que somente aparece a concentração. Para nossa finalidade, vamos considerar um elemento de volume orientado paralelamente à direção de difusão, como mostra a Fig. 24.4, com um comprimento dx e uma seção de área S. Seu volume é

$$dV = \text{área da seção} \times \text{comprimento} = S\,dx.$$

O número de partículas dentro do volume em um dado instante é $ndV = nSdx$. O fluxo que entra (isto é, o número de partículas que penetra no elemento de volume pela face esquerda por unidade de tempo) é jS, e o fluxo que sai pelo lado direito é $j'S$. A lei da conservação do número de moléculas impõe que a taxa de acumulação seja igual à diferença entre o fluxo que entra e o que sai, isto é,

$$\text{taxa de acumulação} = \text{fluxo que entra} - \text{fluxo que sai}.$$

Portanto temos

$$\begin{aligned}\text{taxa de acumulação} &= jS - j'S \\ &= -(j' - j)S = -(dj)S = -\frac{\partial j}{\partial x} S\,dx,\end{aligned}$$

onde $dj = j' - j$ é a diferença entre as densidades de corrente em uma e outra extremidades. Mas a taxa de acumulação é igual ao aumento por unidade de tempo do número de partículas por unidade de volume ($\partial n/\partial t$), multiplicado pelo volume ($S\,dx$), isto é,

$$\text{taxa de acumulação} = \frac{\partial n}{\partial x} S\,dx.$$

Igualando os dois resultados para a taxa de acumulação e cancelando o fator comum $S\,dx$, temos

$$\frac{\partial n}{\partial t} = -\frac{\partial j}{\partial x}.$$

Usando a lei de Fick, isto é, $j = -D\,(\partial n/\partial x)$, para eliminar j, temos

$$\frac{\partial n}{\partial t} = D\frac{\partial^2 n}{\partial x^2}. \tag{24.4}$$

Essa é a *equação da difusão*, do tipo já indicado pela Eq. (24.2). Algumas vezes, essa equação, também chamada segunda lei de Fick, expressa a conservação do número de partículas. Essa equação contém a segunda derivada com respeito ao espaço, como acontece com a equação de onda, mas contém somente a primeira derivada com respeito ao tempo. Esse fato reflete uma importante diferença dos processos de difusão, tanto no aspecto físico como no matemático, quando comparados com a propagação ondulatória a qual obedece à Eq. (18.11).

Vamos considerar um caso especial: o *estado estacionário*, isto é, um estado em que a concentração permanece constante com o tempo. Então $\partial n/\partial t = 0$, e, como D é diferente de zero, a Eq. (24.4) fica

$$\partial^2 n/\partial x^2 = 0 \tag{24.5}$$

Integrando, temos

$$\partial n/\partial x = \text{const.} \tag{24.6}$$

Mas, quando $\partial n/\partial x = \text{const.}$ a Eq. (24.3) nos dá $j = \text{const.}$ Portanto, em condições estacionárias, a densidade de corrente é a mesma através de qualquer seção, o que é óbvio fisicamente. Uma densidade de corrente constante significa que através de qualquer elemento de volume, tal como o que é visto na Fig. 24.4, o número de partículas difundidas que entram por unidade de tempo através de uma extremidade é o mesmo que o número de partículas que saem por unidade de tempo pela outra extremidade, isto é, não há acumulação ou variação na concentração em qualquer ponto do meio, fato que está de acordo com o conceito de condições estacionárias ou invariáveis. Da Eq. (24.3), temos que

$$\partial n/\partial x = -j/D$$

Integrando essa expressão, temos

$$\int_{n_0}^{n} dn = \int_0^x -\frac{j}{D}\,dx,$$

onde n_0 é a concentração de partículas para $x = 0$. Então, como aqui j/D é constante, temos

$$n = -\frac{j}{D}x + n_0 \tag{24.7}$$

resultado que indica que a concentração de partículas decresce linearmente com a distância ao longo da direção de difusão, como mostra a Fig. 24.5. A Eq. (24.7) pode também ser escrita sob a forma

$$j = D\frac{n_0 - n}{x}.$$

Essa expressão equivale à lei de Fick, dada pela Eq. (24.3), mas é válida somente para corrente constante. Por outro lado, a equação acima dá a corrente média entre dois pontos separados por uma distância x.

Observe que, sob condições estacionárias, é necessário introduzir partículas a uma taxa constante em um lado e retirá-las à mesma taxa do outro lado. Isso significa que, quando a concentração é mantida constante em ambos os lados do tubo de comprimento L, mostrado na Fig. 24.5, o mesmo número de partículas que entra por unidade de tempo em $x = 0$ deve ser retirado por unidade de tempo em $x = L$. Se a concentração para $x = L$ é n_1, então a equação anterior nos dá

$$j = D\frac{n_0 - n_1}{L}. \tag{24.8}$$

Vamos supor, por exemplo, que temos um tubo vertical aberto em ambas as extremidades. Uma extremidade do tubo está imersa em um líquido, que evapora, de forma que as moléculas do líquido difundem-se através do ar no tubo (Fig. 24.6). Uma corrente de ar do outro lado remove as moléculas que ali chegam, resultando em uma condição estacionária: o número de moléculas que entra no fundo, por causa da evaporação, é igual ao número de moléculas removido em cima pela corrente de ar. Na realidade, esse é um método para a medida do coeficiente de difusão D. Podemos determinar o valor de j medindo a quantidade de líquido que se evapora em um dado intervalo de tempo. Podemos determinar experimentalmente a concentração n_0 no fundo e n_1 em cima. Em seguida, aplicamos a Eq. (24.8) para calcular D.

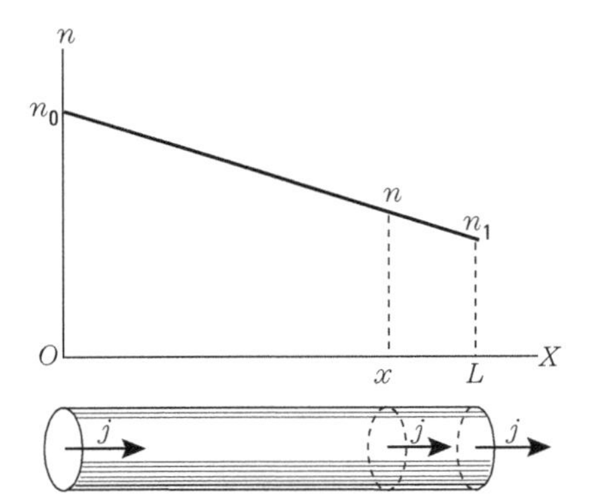

Figura 24.5 Variação na concentração devida a uma difusão estacionária ao longo de um tubo.

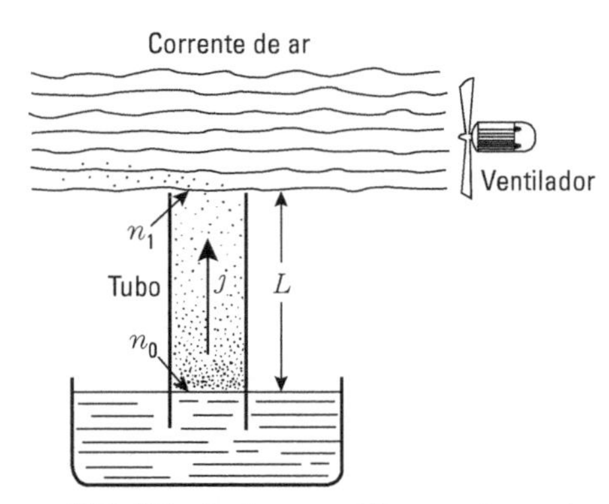

Figura 24.6 Difusão de vapor d'água ao longo de uma coluna.

A situação, que acabamos de considerar implica admitir que o estado estacionário já tenha sido alcançado. Outro problema importante é determinar como esse estado estacionário é alcançado. Vamos considerar novamente o tubo mostrado na Fig. 24.5. Supomos que, inicialmente, não existam moléculas de gás difundindo-se no tubo. Em um dado instante, $t = 0$, uma extremidade está conectada à fonte do gás a uma concentração constante n_0; as moléculas são retiradas a certa taxa do outro lado. Se medirmos a concentração das moléculas ao longo do tubo em tempos diferentes depois de fazer a conexão, obtemos as várias curvas mostradas na Fig. 24.7. Somente depois de um longo tempo a condição estacionária é alcançada, quando as moléculas são retiradas em $x = L$ à mesma taxa com que são introduzidas em $x = 0$, então a concentração ao longo do tubo é dada pela Eq. (24.7). Se a outra extremidade do tubo for fechada, a variação na concentração será a indicada na Fig. 24.8, com o estado estacionário correspondendo a uma concentração uniforme ao longo de todo o tubo. Todos esses resultados podem ser deduzidos resolvendo-se a equação dependente do tempo, Eq. (24.4). A discussão matemática é mais difícil do que a do estado estacionário e, por isso, não a faremos aqui.

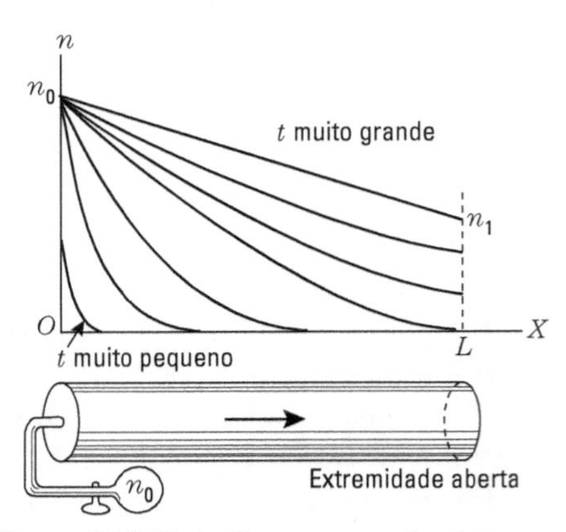

Figura 24.7 Variação na concentração com o tempo para difusão ao longo de um tubo com uma extremidade aberta. A concentração em cada ponto varia até que um estado estacionário é alcançado (a linha reta).

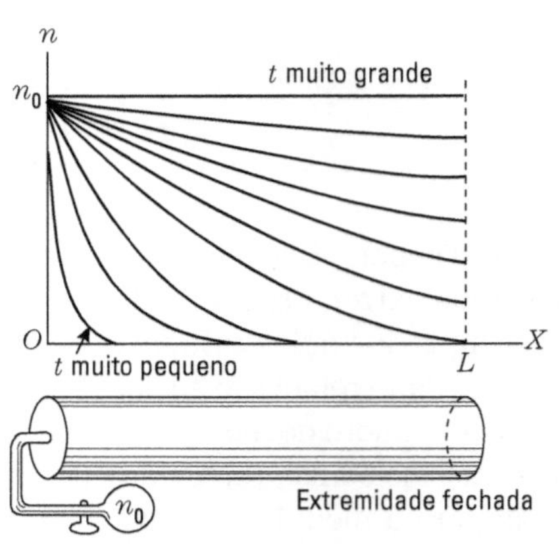

Figura 24.8 Variação da concentração com o tempo para difusão ao longo de um tubo com uma extremidade aberta. O estado estacionário é alcançado quando a concentração é uniforme.

■ **Exemplo 24.1** Quando vapor d'água difunde-se pelo ar, o coeficiente de difusão é $2{,}19 \times 10^{-5}\,\mathrm{m}^2 \cdot \mathrm{s}^{-1}$ em condições normais de pressão e à temperatura de 20 °C. Em uma experiência como a da Fig. 24.6, o tubo tem um comprimento de 1,0 m e uma seção de 20 cm^2. Determinar a quantidade de água evaporada por segundo através do tubo.

Solução: Devemos, primeiramente, determinar a densidade de corrente dada pela Eq. (24.8). Supondo o processo bastante lento, de forma que a região do fundo do tubo possa ser considerada como saturada em qualquer instante de tempo, verificamos que a densidade de vapor d'água a 20 °C é $1{,}73 \times 10^{-2}\,\mathrm{kg} \cdot \mathrm{m}^{-3}$ e, se m é a massa de uma molécula, o número de moléculas na base do tubo por unidade de volume é $n_0 = (1{,}73 \times 10^{-2}/m)\mathrm{m}^{-3}$. Também podemos supor que a concentração na extremidade superior do tubo seja tão pequena que podemos fazer $n_1 = 0$. Então $j = Dn_0/L$. Portanto

$$j = \frac{\left(2{,}19\times10^{-5}\right)\left(1{,}73\times10^{-2}/\mathrm{m}\right)}{1{,}0} = \frac{3{,}78\times10^{-7}}{\mathrm{m}}\mathrm{m}^{-2}\cdot\mathrm{s}^{-1}$$

A massa evaporada por segundo através do tubo é

$$M = jSm = (3{,}78 \times 10^{-7})(2 \times 10^{-3}) = 7{,}56 \times 10^{-10}\,\mathrm{kg} \cdot \mathrm{s}^{-1}.$$

Em uma hora, a massa evaporada é $2{,}73 \times 10^{-6}$ kg, ou cerca de 2,73 mg. Como a massa de uma molécula de água é $2{,}98 \times 10^{-26}$ kg, o número de moléculas evaporado por segundo é $2{,}54 \times 10^{16}$, ou $1{,}27 \times 10^{15}$ moléculas por cm^2 por segundo.

24.3 Condução térmica; lei de Fourier

A condução térmica é outro fenômeno de transporte, em que a energia devida à agitação molecular é transferida de um lugar a outro, com uma variação correspondente de temperatura. Ocorre condução térmica sempre que a temperatura varia de ponto para ponto na substância; isto é, quando a energia média da molécula é diferente em diferentes partes da substância. Essa diferença de temperatura dá origem a um fluxo líquido de energia e, então, podemos definir a condução térmica como uma transferência de energia pela diferença de temperatura.

Existe condução térmica na direção em que a temperatura decresce,

e, portanto, a condução térmica tende a igualar a temperatura ao longo de toda a substância. O mecanismo da condução térmica é diferente em sólidos, líquidos, e gases, em virtude do fato de a mobilidade molecular diferir nesses três estados. Em gases e, até certo ponto, em líquidos, podemos dizer que a condução térmica é o resultado de colisões entre moléculas rápidas e moléculas lentas, colisões das quais resulta uma transferência de energia cinética das moléculas mais rápidas para as mais lentas. Em sólidos, o mecanismo da condução térmica é mais complexo.

Vamos considerar uma câmara cheia de gás com um gradiente de temperatura através de seu volume. Em regiões onde a temperatura é maior, as moléculas têm, em média, velocidades maiores do que em regiões onde a temperatura é menor. Suponhamos, por exemplo, na Fig. 24.9, que o gás a esquerda seja mais quente do que o gás a direita. Em virtude das colisões entre as moléculas na interface, e da difusão das moléculas "quentes" da esquerda para a direita e das moléculas "frias" da direita para a esquerda, existe uma transferência líquida de energia da esquerda para a direita, transferência essa que chamamos de *calor*. (Lembre-se de nossa discussão sobre o conceito de calor, na Seç. 9.10 e nas Notas Suplementares S. I e S. II do Vol. I.)

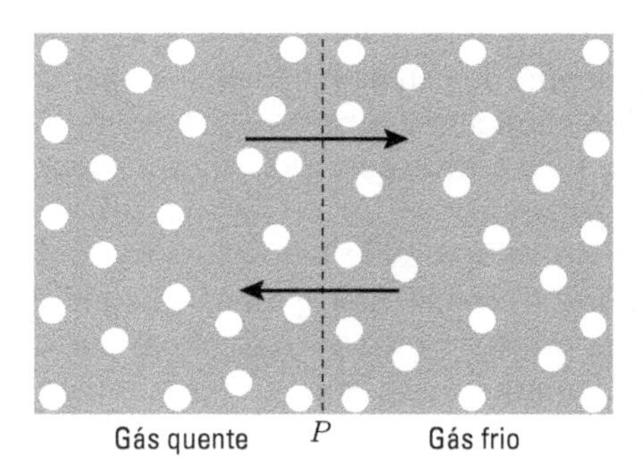

Figura 24.9

Nos sólidos não existe transferência de energia pelo movimento molecular, pois o único movimento das moléculas em um sólido é a vibração em torno de suas posições de equilíbrio e o processo envolvido é, na realidade, o transporte dessa energia vibracional ao longo da rede cristalina do sólido. Nos metais, contudo, existe um efeito adicional, pois os elétrons de condução (que estão em equilíbrio térmico com os íons positivos no metal) são livres para mover-se através do volume do metal. Os elétrons de condução comportam-se de maneira semelhante à das moléculas em um gás e tendem a difundir-se através do metal, a partir da região quente para a região fria, transferindo energia por colisão com outros elétrons e com os íons da rede na região mais fria.

Em gases e líquidos, também pode haver uma grande transferência de material, em virtude de diferenças de densidade, criadas por diferenças de temperatura. Esse processo, chamado *convecção*, não se enquadra na mesma categoria daqueles aqui discutidos, pois não é essencialmente decorrente da agitação molecular, mas sim a uma condição macroscópica de instabilidade.

Vamos chamar de j_E a *densidade de corrente de energia*, em virtude da diferença de temperatura, isto é, a energia que, por unidade de tempo, atravessa uma superfície unitária, colocada perpendicularmente à direção em que o fluxo de energia se processa. Vamos supor que essa direção seja o eixo dos X. Esse fluxo de energia, como podemos recordar de nossas discussões anteriores, se processa em uma direção bem definida, que é a direção em que a temperatura decresce. Designamos a temperatura por T. Então a variação da temperatura por unidade de comprimento (ou o gradiente de temperatura) do material é $\partial T/\partial x$. Verificou-se experimentalmente que, a menos que a temperatura varie rapidamente sobre uma distância pequena, j_E é proporcional a $\partial T/\partial x$, isto é,

$$j_E = -K\frac{\partial T}{\partial x}, \tag{24.9}$$

onde K é um coeficiente característico de cada material sendo chamado *condutividade térmica*. O sinal negativo indica que a energia flui na direção em que a temperatura decresce. Essa afirmação, conhecida como *lei de Fourier*, foi proposta por volta de 1815 pelo cientista francês Joseph Fourier (1768-1830). Observe que j_E é expresso em $\text{J}\cdot\text{m}^{-2}\cdot\text{s}^{-1}$ e que $\partial T/\partial x$ é expresso em $°\text{C}\cdot\text{m}^{-1}$. Portanto, K é expresso em $\text{J}\cdot\text{m}^{-1}\cdot\text{s}^{-1}\cdot°\text{C}^{-1}$, ou em $\text{m}\cdot\text{kg}\cdot\text{s}^{-3}\cdot°\text{C}^{-1}$. Às vezes, contudo, K é expresso em $\text{cal}\cdot\text{m}^{-1}\cdot\text{s}^{-1}\cdot°\text{C}^{-1}$. A lei de Fourier para a condutividade térmica é muito semelhante à lei de Fick para a difusão. De fato, existe uma relação entre a condutividade térmica K e o coeficiente de difusão D: falaremos sobre isso na Seç. 24.7. Embora o mecanismo para a condução de calor seja diferente em gases, líquidos e sólidos, a lei de Fourier se aplica a esses três estados da matéria.

Nosso próximo passo é obter uma relação pela qual somente a temperatura apareça. Podemos fazer isso aplicando o princípio da conservação da energia. Vamos considerar um elemento de volume orientado paralelamente à direção do fluxo de energia, como mostra a Fig. 24.10, com um comprimento dx e uma seção de área S. Seu volume é $dV = S dx$. Como ρ é a densidade do material, a massa do elemento de volume dV é $dm = \rho dV = \rho S\, dx$. A energia que entra no elemento de volume pelo lado esquerdo por unidade de tempo (chamada de *fluxo de energia que entra*) é $j_E S$, e a energia que deixa o volume pelo lado direito (chamada de *fluxo de energia que sai*), também por unidade de tempo, é $j'_E S$. Então o ganho de energia por unidade de tempo dentro do volume é

$$\begin{aligned}\text{taxa de ganho de energia} &= \text{fluxo que entra} - \text{fluxo que sai}\\ &= j_E S - j'_E S = -\left(j'_E - j_E\right)S\\ &= -dj_E S = -\frac{\partial j_E}{\partial x} S\, dx,\end{aligned}$$

onde $dj_E = j'_E - j_E$ é a diferença entre a densidade de corrente de energia nas extremidades do elemento de volume. Mas, se nenhum outro processo ocorre, um ganho de energia significa um aumento na energia das moléculas dentro do volume, e isso significa um aumento de temperatura.

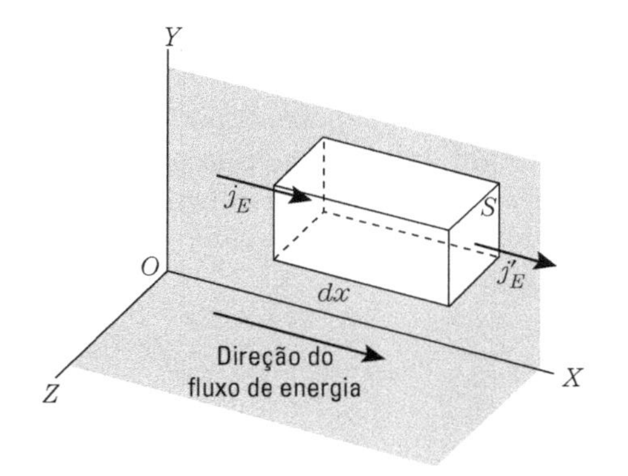

Figura 24.10 Condução térmica através de um elemento de volume.

O *calor específico* c de uma substância é definido como a energia absorvida pela substância por unidade de massa a fim de aumentar sua temperatura de um grau. É expresso em $J \cdot kg^{-1} \cdot {}^\circ C^{-1}$ (ou em $cal \cdot kg^{-1} \cdot {}^\circ C^{-1}$). Portanto, se a temperatura da substância é aumentada por dT, a energia absorvida por unidade de massa é cdT. Se o aumento de temperatura ocorre no tempo dt, a energia absorvida por unidade de massa e por unidade de tempo é $c(\partial T/\partial t)$. Como a massa em nosso elemento de volume é $\rho\, S\, dx$, podemos escrever, para seu ganho de energia por unidade de tempo,

$$\text{taxa de ganho de energia} = (\rho S\, dx)\left(c\frac{\partial T}{\partial t}\right) = \rho c S \frac{\partial T}{\partial t} dx.$$

Igualando os resultados para a taxa de ganho de energia e cancelando o fator comum Sdx, obtemos

$$\rho c \frac{\partial T}{\partial t} = -\frac{\partial j_E}{\partial x}.$$

Ou, se usamos a lei de Fourier, Eq. (24.9) (e se supusermos a condutividade térmica K constante), a equação se tornará, então,

$$\frac{\partial T}{\partial t} = \frac{K}{\rho c}\frac{\partial^2 T}{\partial x^2}$$

ou

$$\frac{\partial T}{\partial t} = a^2 \frac{\partial^2 T}{\partial x^2}, \tag{24.10}$$

onde

$$a^2 = K/\rho c. \tag{24.11}$$

A Eq. (24.10) para a condução térmica é, portanto, do mesmo tipo que a Eq. (24.4) para a difusão molecular, mas expressa a conservação da energia em vez da conservação do número de partículas. Suas soluções são matematicamente idênticas às da Eq. (24.4), mas referem-se à distribuição de temperatura em vez da distribuição de concentração. Para o estado estacionário, $\partial T/\partial t = 0$, e, portanto,

$$\frac{\partial j_E}{\partial x} = 0 \qquad \text{ou} \qquad j_E = \text{const.}$$

Em outras palavras, a densidade de corrente de energia, através de qualquer seção da substância, é constante. Por exemplo, suponhamos que temos uma barra circundada por um material isolante de forma que nenhuma energia é perdida pelas superfícies laterais (Fig. 24.11). O estado estacionário requer que a quantidade de energia que entra por unidade de tempo pelo lado esquerdo a uma temperatura maior seja igual à quantidade que sai por unidade de tempo do lado esquerdo a uma temperatura menor.

Se j_E = const., temos, integrando a Eq. (24.9), que

$$T = -\frac{j_E}{K}x + T_0, \tag{24.12}$$

onde T_0 é a temperatura para $x = 0$. O gráfico de T em função de x dado pela Eq. (24.12) é mostrado na parte superior da Fig. 24.11. A Eq. (24.12) pode ser escrita sob a forma alternativa

$$j_E = K\frac{T_0 - T}{x}. \tag{24.13}$$

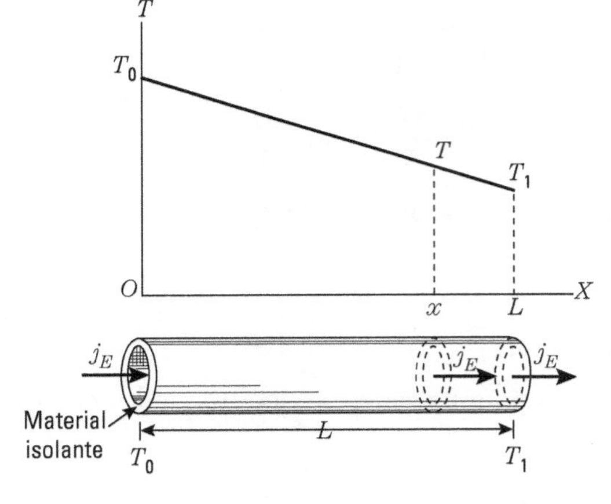

Figura 24.11 Distribuição estacionária de temperatura ao longo de uma barra termicamente isolada com extremidades a temperaturas fixas.

Observe que, se $T = T_1$ para $x = L$, então, da Eq. (24.13), verificamos que

$$j_E = K\frac{T_0 - T_1}{L}, \tag{24.14}$$

o que dá a densidade de corrente de energia ao longo da barra isolada em termos da temperatura nas duas extremidades.

■ **Exemplo 24.2** Duas paredes de espessura L_1 e L_2 e condutividades térmicas K_1 e K_2 estão em contato (Fig. 24.12). As temperaturas nas superfícies exteriores são T_1 e T_2. Calcular a temperatura na parede comum. Suponha condições estacionárias.

Solução: Como o fluxo de energia é o mesmo para ambas as paredes, temos da Eq. (24.23), que $j_E = K_1(T_1 - T)/L_1$ e $j_E = K_2(T - T_2)/L_2$, de forma que $K_1(T_1 - T)/L_1 = K_2(T - T_2)/L_2$, ou

$$T = \frac{K_1T_1L_2 + K_2T_2L_1}{K_1L_2 + K_2L_1}, \tag{24.15}$$

que é a temperatura da parede comum.

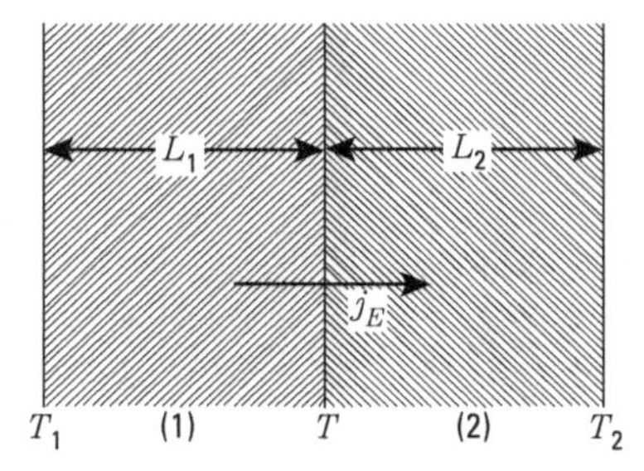

Figura 24.12 Fluxo de calor através de duas camadas de materiais diferentes em contato.

■ **Exemplo 24.3** Um tubo tem um raio interno r_1 e temperatura T_1 e um raio externo r_2 e temperatura T_2. Obter a distribuição de temperatura em uma seção qualquer, assim como o fluxo de calor para um comprimento L do tubo (Fig. 24.13). Suponha que $T_1 > T_2$.

Solução: A lei de Fourier, expressa sob a forma da Eq. (24.9), permite-nos escrever o fluxo de energia em qualquer direção. Em nosso problema, como o tubo tem uma simetria cilíndrica, o fluxo de energia é radial e devemos escrever, para a Eq. (24.9),

$$j_E = -K(\partial T/\partial r).$$

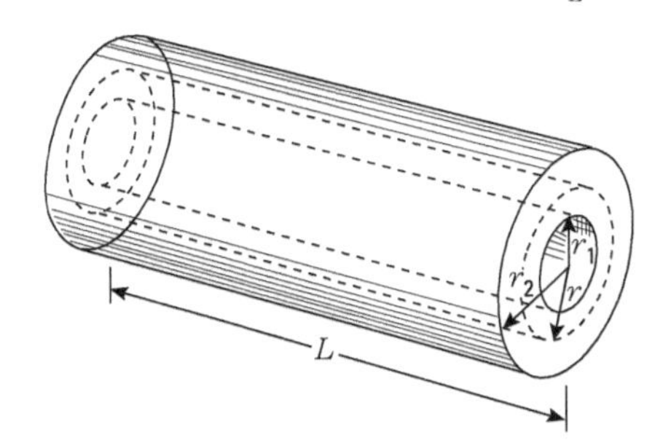

Figura 24.13 Fluxo radial de calor através de um tubo espesso.

A energia que passa através de qualquer camada do tubo, de raio r e área $(2\pi r)L$, é então

$$\Phi_E = \text{fluxo radial de energia} = j_E \times \text{área} = -2\pi LKr(\partial T/\partial r).$$

Em condições estacionárias, esse fluxo de energia deve ser o mesmo através de qualquer camada, isto é, deve ser independente de r. Portanto Φ_E = const., de forma que temos $r\,\partial T/\partial r = C$, onde C indica a constante, ou $dT = C\,dr/r$. Integrando, temos

$$\int_{T_1}^{T} dT = C\int_{r_1}^{r} \frac{dr}{r} \quad \text{ou} \quad T - T_1 = C\ln\frac{r}{r_1}.$$

Para $r = r_2$ temos $T = T_2$, de forma que

$$T_2 - T_1 = C\ln\frac{r_2}{r_1} \quad \text{ou} \quad C = \frac{T_2 - T_1}{\ln(r_2/r_1)},$$

o que nos dá, para a temperatura a uma distância r,

$$T = T_1 + (T_2 - T_1)\frac{\ln r/r_1}{\ln r_2/r_1}, \tag{24.16}$$

e, para o fluxo de energia,

$$\Phi_E = \frac{2\pi LK(T_1 - T_2)}{\ln r_2/r_1}.$$

■ **Exemplo 24.4** A temperatura na superfície de certo corpo varia periodicamente. Essa temperatura é dada por

$$T = T_0 \text{ sen } \omega t, \tag{24.17}$$

onde T_0 é a amplitude das flutuações de temperatura na superfície. Calcular a distribuição de temperatura dentro do corpo. (Esse problema pode ser aplicado, por exemplo, para analisar variações de temperatura abaixo da superfície da Terra. A superfície da Terra fica submetida a uma flutuação de temperatura mais ou menos regular no período de um dia, com uma flutuação anual superposta a esse ciclo diário.)

Solução: A condição na superfície do corpo é semelhante à existente em uma das extremidades de uma corda que é forçada a oscilar, resultando em uma onda que se propaga ao longo da corda. Portanto podemos supor inicialmente que nosso problema também tenha uma solução da forma

$$T = T_0 \text{ sen } (\omega t - kx). \tag{24.18}$$

Se tal solução fosse a correta, a expressão anterior representaria então uma "onda térmica". Para $x = 0$ ela se reduziria à Eq. (24.17), satisfazendo então nossa condição de contorno. Contudo a Eq. (24.18) não pode ser a solução de nossa equação de propagação (24.10), porque $\partial T/\partial t = \omega T_0 \cos(\omega t - kx)$ e $\partial^2 T/\partial x^2 = -k^2 T_0 \text{ sen } (\omega t - kx)$ e qualquer que seja o valor que atribuamos a k não podemos satisfazer a Eq. (24.10), porque, em um lado, temos cos $(\omega t - kx)$ e, do outro, sen $(\omega t - kx)$. Mas, se lembrarmos de nossa discussão sobre propagação de uma onda eletromagnética em um condutor (Seç. 20.12), em que um termo de primeira ordem em t também aparece resultando em uma onda atenuada, podemos esperar que nosso problema aqui possa ser descrito supondo uma solução da forma de uma onda atenuada. Você pode verificar, por substituição direta na Eq. (24.10), que

$$T = T_0 e^{-\left(\sqrt{\omega/2}/a\right)x} \text{sen}\left(\omega t - \frac{\sqrt{\omega/2}}{a}x\right) \tag{24.19}$$

é uma solução. Reduz-se à Eq. (24.17) para $x = 0$, satisfazendo então a condição de contorno do problema. Portanto a Eq. (24.19) descreve uma "onda térmica atenuada" propagando-se dentro do meio, como ilustra a Fig. 24.14. Observando que, na Eq. (24.19), $k = \sqrt{\omega/2}/a$, a velocidade de fase da onda térmica é $v = \omega/k = a\sqrt{2\omega}$, que aumenta com a frequência. O amortecimento também aumenta com a frequência.

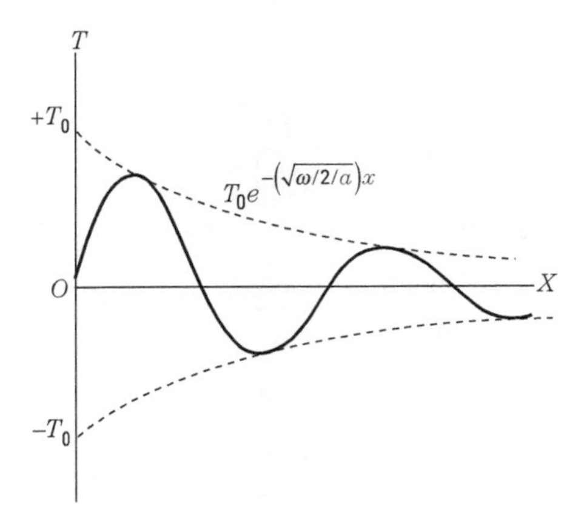

Figura 24.14 Onda de temperatura.

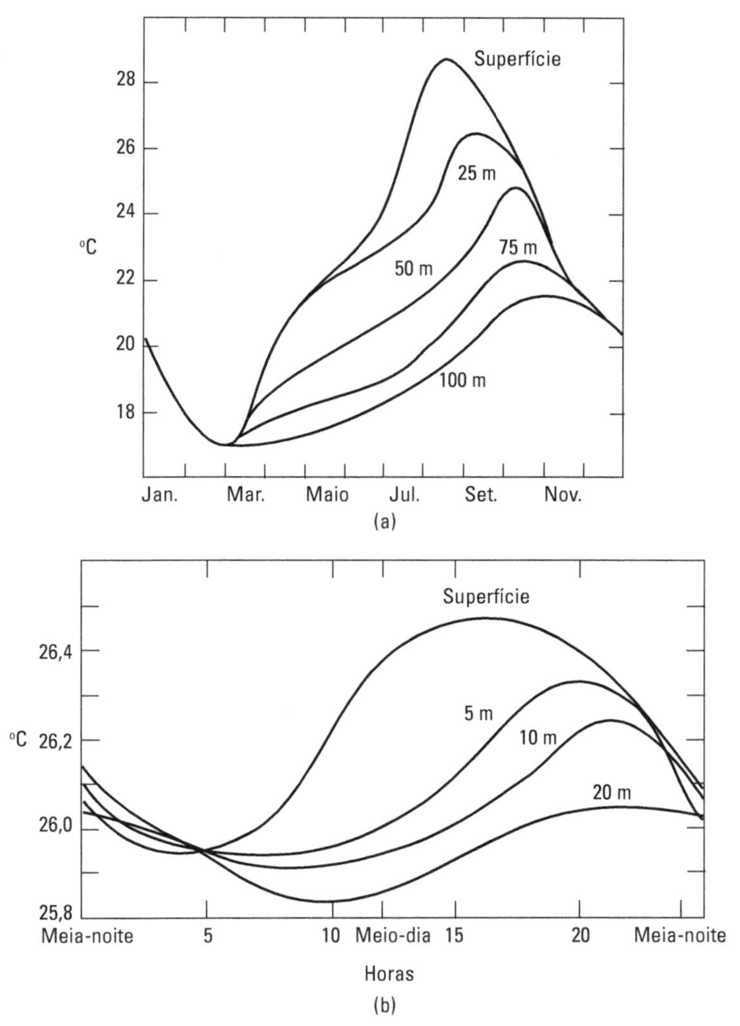

Figura 24.15 (a) Variação anual de temperatura a várias profundidades no Oceano Atlântico (médio). (b) Variação diurna de temperatura a várias profundidades no Oceano Atlântico durante o verão.

Este problema sugere que a temperatura, a uma grande profundidade na crosta terrestre, ou nos oceanos, permanece praticamente a mesma durante todo o ano, fato que é verificado experimentalmente. As variações anual e diurna da temperatura para um ponto no Oceano Atlântico, em várias profundidades, são mostradas na Fig. 24.15(a) e (b). Observe que a amplitude da onda térmica decresce com a profundidade, e que há um atraso de fase devido à velocidade finita de propagação da onda da superfície para dentro da água.

24.4 Transporte com produção e absorção

Quando falávamos sobre o processo de difusão, na Seç. 24.2, chegamos à Eq. (24.4), que expressa a conservação do número de partículas. Essa conservação requer que a diferença entre o fluxo que entra e o que sai por unidade de tempo, pelos lados do elemento de volume, sejam iguais à acumulação por unidade de tempo no elemento de volume.

O problema torna-se mais geral quando – além da difusão simples, que se origina do movimento molecular – outros processos são possíveis.

Suponhamos, por exemplo, que um gás, ao mesmo tempo em que se difunde em outro gás, fica sujeito a algum processo, tal como uma reação química, pelo qual várias de suas moléculas desaparecem da fase gasosa. Então, quando escrevemos a equação de balanceamento para o número total de moléculas em um dado volume, devemos levar em conta o número de moléculas que desaparece como resultado desse processo adicional. O caso contrário pode também ocorrer; moléculas podem ser *produzidas* em virtude de algum processo que ocorre no elemento de volume em questão onde a difusão está ocorrendo. A expressão para o balanceamento do número de partículas, quando existe produção e absorção, deve agora ser da forma

acumulação = ganho por difusão + produção – absorção,

onde todos os termos são por unidade de volume e por unidade de tempo. A acumulação é $\partial n/\partial t$. O ganho por difusão é $D(\partial^2 n/\partial x^2)$, de acordo com a lógica usada para obter a Eq. (24.4). Se designarmos a produção por P e a absorção por A, a equação de balanceamento será, então,

$$\frac{\partial n}{\partial t} = D\frac{\partial^2 n}{\partial x^2} + P - A. \tag{24.20}$$

Para resolver essa equação, devemos conhecer, em cada caso, a natureza da produção P e a absorção A. Vamos ilustrar a aplicação dessa equação ao caso dos nêutrons em um reator nuclear térmico.

Em um reator nuclear térmico, os nêutrons são produzidos pela *fissão* (ou divisão) de átomos de urânio, que constituem o que é chamado de combustível. Os átomos de urânio estão distribuídos pelo volume do reator.

Quando um átomo de urânio é fissionado, ou separado, em dois fragmentos, como resultado da captura de um nêutron, são também produzidos outros nêutrons, os quais são muito rápidos. Em um reator térmico, existe uma substância chamada *moderador*. Quando os nêutrons rápidos produzidos pela fissão do urânio colidem com os átomos do moderador, perdem energia (veja Ex. 9.13) e, finalmente, chegam a um equilíbrio energético com os átomos do moderador. Os nêutrons são então chamados *nêutrons lentos* ou *térmicos*. Esses nêutrons são usados para produzir novas fissões de átomos de urânio. Os nêutrons térmicos vagueiam ou se difundem através do reator até que ou são absorvidos (ou capturados) por átomos dos diferentes materiais que compõem o reator, principalmente o combustível de urânio, ou escapam pelas paredes do reator. Então, um reator térmico nuclear opera baseado no processo de difusão de nêutrons, combinado com a produção e absorção de nêutrons.

Em um reator homogêneo, o urânio combustível e o moderador são uniformemente misturados em todo o volume do reator. Nesse caso, pode ser mostrado que a diferença $P - A$ entre produção e absorção é proporcional a n, isto é, $P - A = Cn$, onde C é uma constante relacionada com os parâmetros envolvidos no projeto do reator. Então a Eq. (24.20) se torna

$$\frac{\partial n}{\partial t} = D\frac{\partial^2 n}{\partial x^2} + Cn. \tag{24.21}$$

No estado estacionário, $\partial n/\partial t = 0$ e a Eq. (24.21) se reduz a

$$D\frac{\partial^2 n}{\partial x^2} + Cn = 0,$$

ou

$$\frac{\partial^2 n}{\partial x^2} + B^2 n = 0, \tag{24.22}$$

onde $B^2 = C/D$ é chamado *buckling*. A solução da Eq. (24.22) é da forma

$$n = n_0 \operatorname{sen} Bx + n_1 \cos Bx, \tag{24.23}$$

como pode ser verificado por substituição direta, onde n_0 e n_1 são duas constantes a serem determinadas a partir das condições de contorno.

Dado um reator com a forma de uma camada de espessura a, a intuição física nos diz que, embora os nêutrons sejam produzidos em todo o volume, eles escapam através das duas superfícies limitadoras da camada. Portanto a densidade de nêutrons é máxima no centro da camada e decresce para os lados, produzindo duas correntes de difusão, como sugere a Fig. 24.16. Podemos então impor que $n = 0$ para $x = 0$ e $x = a$. Colocando $x = 0$ na Eq. (24.23), obtemos $n_1 = 0$, de forma que a Eq. (24.23) se reduz a $n = n_0 \operatorname{sen} Bx$. Colocando $x = a$, obtemos $\operatorname{sen} Ba = 0$, ou $Ba = (\text{inteiro}) \times \pi$. Mas n não pode ser negativo, pois representa o número de nêutrons por unidade de volume. Portanto reconhecemos, finalmente, que o único resultado possível no estado estacionário é $Ba = \pi$, dando, para o *buckling*, o resultado

$$B = \pi/a. \tag{24.24}$$

Essa equação estabelece uma relação entre o tamanho do reator e a produção–absorção de nêutrons, expressas por B. Dessa forma, a equação é usada pelos projetistas de reatores para determinar a composição correta do reator para assegurar que possam operar em condições estacionárias. Para outras geometrias de reator, são obtidos resultados correspondentes.

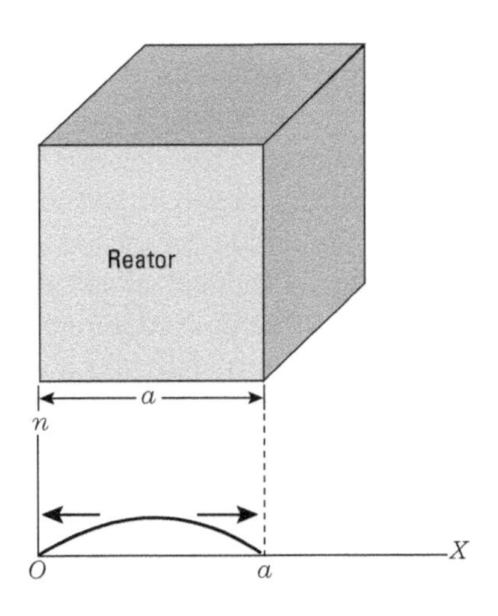

Figura 24.16 Distribuição de nêutrons em um reator nuclear.

Uma situação semelhante pode ocorrer para a condução térmica na qual fontes de energia são distribuídas pelo volume da substância, ou as perdas de energia podem ocorrer em sua superfície. Vamos considerar, por exemplo, a distribuição de temperatura sob condições estacionárias para uma barra cuja superfície não é termicamente isolada, de forma que energia é perdida sob a forma de calor através de sua superfície para o meio circundante. A taxa de perda de energia é proporcional à área da superfície e pode ser considerada como proporcional à diferença de temperatura entre a barra e o meio circundante, desde que essa diferença não seja muito grande. Essa afirmação, chamada *lei de Newton de resfriamento*, só é válida aproximadamente. Supondo que a temperatura do meio circundante seja zero, temos então que a perda de energia, em cada ponto da superfície, é proporcional a T. Mesmo que a barra seja circundada por um material isolante, um pouco de calor é perdido através de sua superfície, pois nenhum isolamento é perfeito e, do resultado do Ex. 24.3, podemos ver que a energia perdida é também proporcional á diferença de temperatura entre as superfícies interna e externa do isolante. O resultado dessa perda de energia pela superfície é tal que, no estado estacionário, a temperatura diminui exponencialmente ao longo da barra, como mostra a Fig. 24.17, em vez de diminuir linearmente, como no caso de uma barra em isolamento perfeito.

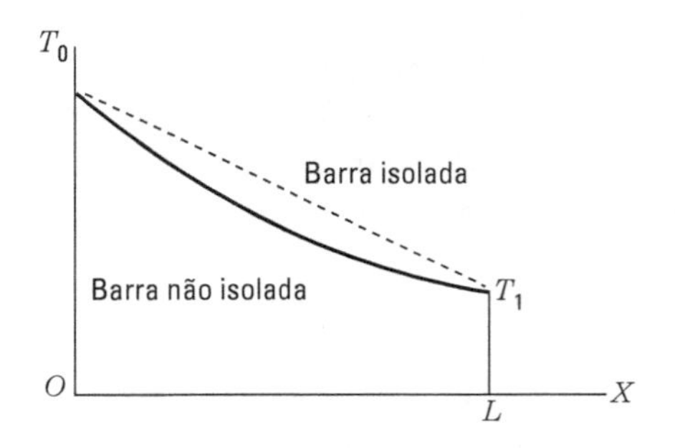

Figura 24.17 Distribuição de temperatura ao longo de uma barra não isolada cujas extremidades são mantidas em temperaturas fixas.

24.5 Viscosidade

Como mencionamos no começo deste capítulo, existe um terceiro fenômeno de transporte, válido para gases (e para fluidos em geral), que está intimamente ligado tanto à difusão molecular como à condução térmica: trata-se da *viscosidade.* Na Seç. 7.10, quando estávamos tratando do movimento de um corpo através de um fluido, introduzimos um *coeficiente de viscosidade* η, mas não o definimos em termos precisos.

Vamos considerar um fluido no qual existe, além da agitação térmica das moléculas, um movimento de massa ou corrente de convecção do fluido inteiro. Constituem exemplos uma corrente de ar em um túnel de vento ou água circulando em um canal ou cano. Vamos supor que o fluido se mova conforme mostra a Fig. 24.18, no qual a velocidade de convecção v_y tem a direção do eixo Y, mas seu valor é uma função da distância ao longo do eixo X, como indica a Fig. 24.18(b). Considere o plano P perpendicular ao eixo X, e, portanto, paralelo à direção do movimento de convecção do fluido. As moléculas, contudo, não se movem somente paralelamente ao eixo Y, pois possuem movimento térmico e também colidirão entre si. Como resultado, moléculas atravessam continuamente o plano P, tanto da esquerda para a direita como da direita para a esquerda. Cada molécula carrega consigo seu momento de convecção (paralelo ao eixo Y). Na situação ilustrada na Fig. 24.18, moléculas atravessando da esquerda para a direita carregam um momento de convecção maior do que o das que atravessam da direita para a esquerda. Essa diferença de momento acarreta um aumento no momento de convecção à direita de P e um decréscimo no momento de convecção à esquerda.

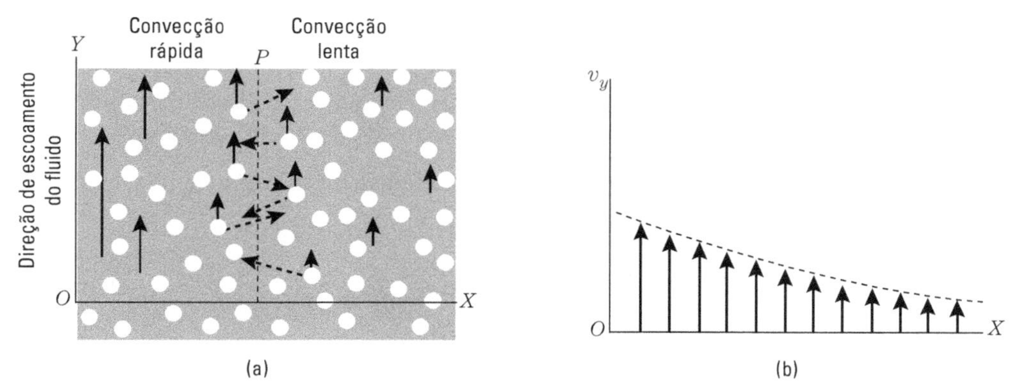

Figura 24.18 Fluido no qual existe um movimento de massa superposto à agitação térmica de moléculas.

A *densidade de corrente de momento*, j_p é a quantidade de momento de convecção (paralelo ao eixo Y) transferido por unidade de tempo através da unidade de área perpendicular à direção em que a velocidade de convecção varia; em nosso caso, é essa a direção definida pelo eixo X. A experiência mostra que j_p é proporcional à variação da velocidade de convecção v_y por unidade de comprimento ao longo do eixo X, ou ao gradiente de velocidade de convecção (isto é, $\partial v_y/\partial x$), de forma que podemos escrever a expressão

$$j_p = -\eta \frac{\partial v_y}{\partial x}, \tag{24.25}$$

que é muito semelhante à lei de Fick para difusão molecular e lei de Fourier para condução térmica. O sinal negativo na Eq. (24.25) é devido ao fato de que a transferência de momento tem lugar na direção em que a velocidade de convecção diminui. O fator de proporcionalidade η é o coeficiente de viscosidade para o fluido. Note que j_p é expresso em $(\text{m} \cdot \text{kg} \cdot \text{s}^{-1}) \cdot \text{m}^{-2} \cdot \text{s}^{-1}$ ou $\text{m}^{-1} \cdot \text{kg} \cdot \text{s}^{-2}$, e $\partial v_y/\partial x$ é expresso em s^{-1}. Dessa forma, o coeficiente de viscosidade é expresso em $\text{m}^{-1} \cdot \text{kg} \cdot \text{s}^{-1}$. A décima parte dessa unidade é chamada de *poise*, abreviadamente, P (veja a Tab. 7.2).

Podemos tratar esse assunto de um ponto de vista diferente. Em nossa ilustração, como o fluido à direita do plano P ganha momento de convecção (paralelo ao eixo Y) e o fluido à esquerda de P perde momento de convecção (paralelo ao eixo Y), podemos dizer que o fluido à direita de P fica sujeito a uma força paralela à direção do fluxo e que o fluido à esquerda de P fica sujeito a uma força oposta e igual. O valor dessa força, por unidade de área, é chamado de *tensão de cisalhamento* e é designado por τ. Como força é igual à taxa de variação do momento em relação ao tempo, concluímos que $\tau = j_p$. Podemos ver que as unidades dessa relação são consistentes, pois τ (sendo uma força por unidade de área) é expresso em $\text{N} \cdot \text{m}^{-2}$ ou $\text{m}^{-1} \cdot \text{kg} \cdot \text{s}^{-2}$, que são as mesmas unidades encontradas anteriormente para j_p. A Eq. (24.25) pode, portanto, ser escrita sob a forma alternativa $\tau = \eta\, \partial v_y/\partial x$.

Devemos, agora, aplicar ao fluido o princípio da conservação da quantidade de movimento (momento). Vamos considerar um elemento de volume de comprimento dx e uma área de seção S (Fig. 24.19). O elemento de volume tem uma velocidade de convecção v_y. Moléculas que entram no elemento de volume pela esquerda produzem um ganho de quantidade de movimento por unidade de tempo (chamado fluxo de quantidade de movimento que entra), paralelo ao eixo Y e igual a j_pS. As moléculas que saem pelo lado direito produzem uma perda de quantidade de movimento por unidade de tempo (chamada fluxo de quantidade de movimento que sai), paralelo ao eixo Y e igual a j'_pS. Então o ganho líquido de quantidade de movimento por unidade de tempo do elemento de volume é

$$\begin{aligned}\text{taxa de ganho momento} &= \text{fluxo que entra} - \text{fluxo que sai}\\ &= j_pS - j'_pS = -\left(j'_p - j_p\right)S\\ &= -\frac{\partial j_p}{\partial x} S\,dx.\end{aligned}$$

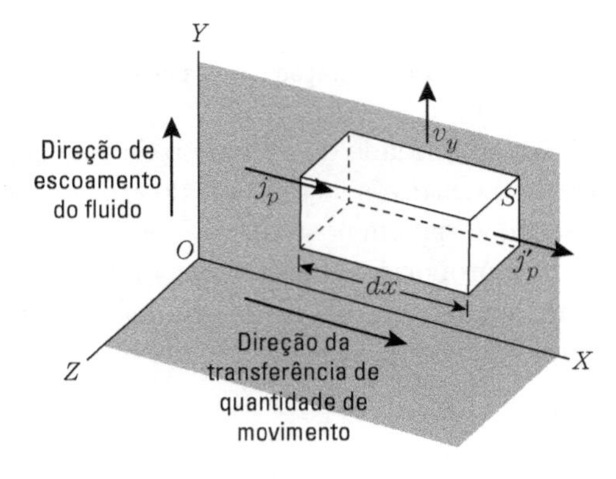

Figura 24.19 Transferência de quantidade de movimento através de um elemento de volume.

Se a quantidade de movimento de convecção, por unidade de volume do fluido é designada por p_y, o ganho de quantidade de movimento, por unidade de tempo do fluido dentro do elemento de volume pode também ser escrito sob a forma

$$\text{taxa de ganho momento} = \frac{\partial p_y}{\partial t} S\,dx.$$

Portanto, igualando ambos os resultados e cancelando o fator comum $S\,dx$, obtemos

$$\frac{\partial p_y}{\partial t} = -\frac{\partial j_p}{\partial x}.$$

Note que o lado esquerdo dessa equação representa uma força por unidade de volume e, portanto, o lado direito pode ser chamado de força viscosa, por unidade de volume, que atua sobre o fluido.

Podem existir outras forças atuando sobre o fluido ao longo do eixo Y. Por exemplo, um fluido que se move ao longo de um canal ou tubo inclinado está também sujeito ao seu próprio peso. Vamos designar essas forças adicionais por unidade de volume por f. Então f representa um ganho adicional em quantidade de movimento por unidade de volume e por unidade de tempo, e a equação acima pode ser escrita

$$\frac{\partial p_y}{\partial t} = -\frac{\partial j_p}{\partial x} + f.$$

Combinando esse resultado com a Eq. (24.25), e levando em conta o fato de que $p_y = \rho v_y$, onde ρ é a densidade do fluido, temos

$$\frac{\partial v_y}{\partial t} = \frac{\eta}{\rho}\frac{\partial^2 v_y}{\partial x^2} + \frac{1}{\rho} f, \tag{24.26}$$

que é a equação do movimento do fluido viscoso e que expressa a conservação da quantidade de movimento do fluido. Podemos ver também que essa equação será semelhante à Eq. (24.2) se acrescentarmos nesta o termo f/ρ, que desempenha o mesmo papel que $P - A$ na Eq. (24.20), e que pode ser interpretado como um aumento (ou diminuição) de quantidade de movimento por unidade de massa e por unidade de tempo (isto é, produção ou absorção de quantidade de movimento) em virtude de interações externas sobre o fluido. Na ausência de forças externas, a Eq. (24.26) reduz-se a

$$\frac{\partial v_y}{\partial t} = \frac{\eta}{\rho}\frac{\partial^2 v_y}{\partial x^2},$$

que é idêntica à equação da difusão, Eq. (24.4), com D substituído por η/ρ e n substituído por v_y.

É importante notar que a Eq. (24.26) é válida somente para fluidos incompressíveis com uma velocidade de convecção pequena; para fluidos que não satisfazem esses critérios, outros termos entram na equação.

■ **Exemplo 24.5** Determinar a distribuição de velocidades em um fluido viscoso movendo-se entre duas paredes planas paralelas tal como, por exemplo, um canal. Suponha uma força constante por unidade de volume e condições estacionárias.

Solução: Como as condições são estacionárias, temos que $\partial v_y/\partial t = 0$, e a Eq. (24.26) reduz-se a

$$\frac{\partial^2 v_y}{\partial x^2} = -\frac{f}{\eta}.$$

Como neste problema f/η é constante, temos (integrando, com respeito a x),

$$\frac{\partial v_y}{\partial x} = -\frac{f}{\eta}x + c_1,$$

onde c_1 é a constante de integração. Integrando novamente, obtemos

$$v_y = -\frac{f}{2\eta}x^2 + c_1 x + c_2.$$

Para determinar as constantes de integração c_1 e c_2, devemos usar as condições de contorno. Como um fluido viscoso tende a aderir nas paredes, o fluido em contato com as duas paredes deve ter uma velocidade muito pequena, que podemos supor igual a zero. Então, tendo como base a Fig. 24.20, devemos ter $v_y = 0$ para $x = 0$ e $x = a$ como condições de contorno. Essas condições nos dão $c_1 = fa/2\eta$ e $c_2 = 0$, resultando em

$$v_y = \frac{f}{2\eta}\left(ax - x^2\right).$$

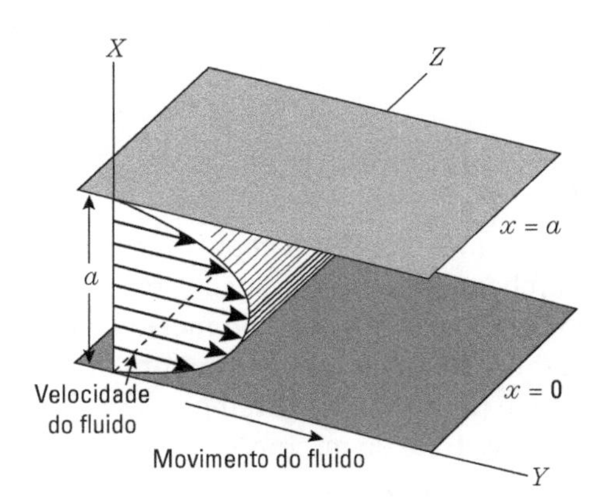

Figura 24.20 Distribuição de velocidade para o escoamento de um fluido viscoso entre dois planos paralelos.

Essa expressão nos dá a velocidade de convecção ou escoamento do fluido em função da distância ao plano $x = 0$. Representa uma parábola, como indica a Fig. 24.20. A velocidade é máxima no plano médio. Se o fluido se move na direção vertical, f pode ser o peso por unidade de volume do fluido e, então, igual a ρg. Quando o fluido se move entre dois planos horizontais, a força f é produzida aplicando-se uma gradiente de pressão ao longo da direção do movimento. Nesse caso, de acordo com a Seç. 9.14, $f = -\partial p/\partial x$; se p_1 e p_2 são as pressões em dois pontos separados pela distância l, temos então que $f = (p_1 - p_2)/l$ e

$$v_y = \frac{p_1 - p_2}{2\eta l}\left(ax - x^2\right).$$

24.6 Caminho livre médio, frequência de colisão, e seção de choque de colisão

Vamos agora discutir alguns conceitos importantes para descrever o fenômeno de transporte em gases sob o ponto de vista molecular*. Como as moléculas em um gás estão em movimento, elas colidem frequentemente e, como resultado, seus caminhos são em zigue-zague (Fig. 24.21). Para descrever o movimento dessas moléculas, três conceitos úteis devem agora ser introduzidos: o *caminho livre médio de colisão*, a *frequência de colisão* e a *seção de choque de colisão*.

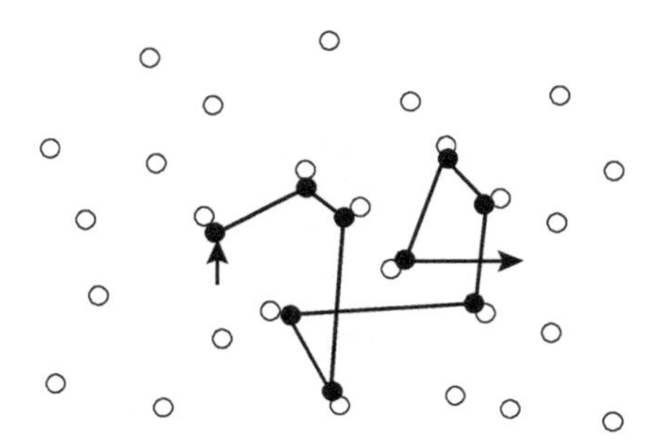

Figura 24.21 Caminhos moleculares livres.

* Veja as Notas Suplementares S. I e S. II no Volume I.

O *caminho livre médio de colisão*, designado por l, é a distância média que uma molécula de um gás percorre entre colisões. Pode ser calculado seguindo-se a molécula durante um tempo suficientemente longo e determinando-se o comprimento médio dos percursos entre colisões sucessivas. Pode ser calculado, também, olhando-se em um determinado instante para um grande número de moléculas que acabou de sofrer uma colisão, e achando-se a distância média percorrida pelas moléculas até suas próximas colisões. Os dois métodos são estatisticamente equivalentes.

A *frequência de colisão*, designada por Γ, é o número de colisões que uma molécula sofre por unidade de tempo. O caminho livre médio e a frequência de colisão estão intimamente relacionados, pois, sendo v_{med} a velocidade média de uma molécula, o tempo médio entre duas colisões é $t = l/v_{med}$ e então o número de colisões por unidade de tempo, ou a frequência de colisão Γ, pode ser expressa por $1/t$ ou

$$\Gamma = v_{med}/l \qquad (24.27)$$

A frequência de colisão Γ é expressa em s^{-1}. Obviamente, se temos N moléculas em um dado volume, o número total de colisões por unidade de tempo de todas as moléculas nesse volume é $N\Gamma$.

Outro conceito útil é a *seção de choque macroscópica de colisão* Σ, definida como o número de colisões de uma molécula por unidade de comprimento e, portanto, dada por

$$\Sigma = 1/l. \qquad (24.28)$$

É expressa em m^{-1}.

O caminho livre médio l está relacionado com as dimensões da molécula da maneira que segue. Vamos chamar de n o número de moléculas por unidade de volume e de r o "raio" de cada molécula. Quando usamos a palavra "raio", não queremos dizer que as moléculas sejam esferas. Contudo, em virtude de seu rápido movimento rotacional, elas se comportam efetivamente como esferas. Desprezando forças intermoleculares e supondo que as moléculas atuem como bolas de bilhar, temos que, para duas moléculas colidirem, a distância entre seus dois centros, projetada sobre um plano perpendicular à direção do movimento relativo, deve ser menor do que $2r$ (Fig. 24.22). Então, se supomos que a molécula 1 se mova para a direita, a região efetiva em volta de 1, dentro da qual o centro de outra molécula tem de estar para que ocorra uma colisão, é um cilindro de raio $2r$. Se a separação entre os centros é menor do que $2r$, como é para as moléculas 2 e 3, então a colisão realmente ocorre. Sendo maior do que $2r$, como é o caso para a molécula 4, não ocorre colisão.

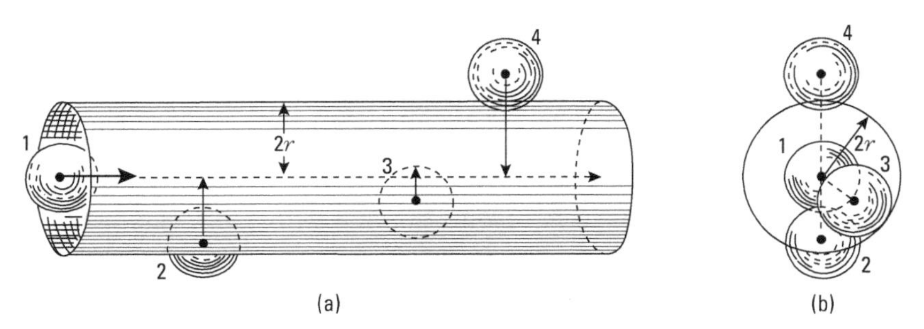

Figura 24.22 Cilindro de colisão varrido por uma molécula. As moléculas cujos centros estão dentro do cilindro sofrerão colisões com a molécula 1. (a) Vista lateral, (b) vista frontal do volume excluído.

Consideremos agora uma camada de espessura dx e área S (Fig. 24.23). O número total de moléculas de gás na camada é $nS\,dx$. Cada molécula varre certa área de um círculo cujo raio é $2r$, isto é, impede a passagem livre de uma molécula M. Essa área é expressa por

$$\sigma = \pi(2r)^2 = 4\pi r^2. \tag{24.29}$$

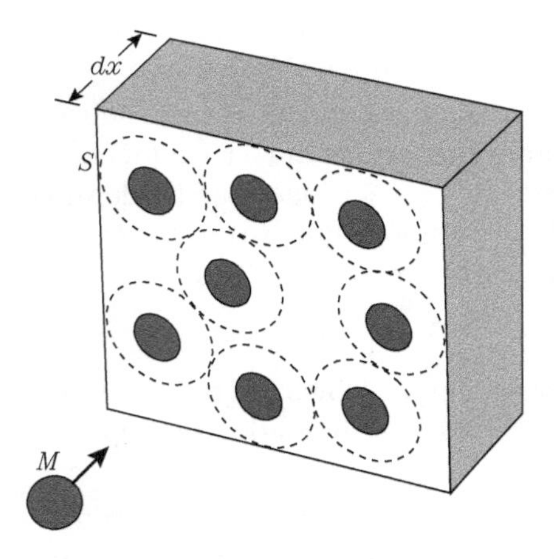

Figura 24.23

É isso o que se denomina de *seção de choque microscópica de colisão*. A área total varrida por todas as moléculas da camada (supondo que não haja superposição, o que será correto se a concentração molecular não for muito grande e se dx for muito pequeno) é $(nS\,dx)\sigma$. Então a probabilidade de M sofrer uma colisão ao passar através da camada é

$$\frac{(nS\,dx)\sigma}{S} = n\sigma\,dx.$$

Então o número de colisões de M por unidade de comprimento é $n\sigma$. É o que definimos anteriormente como a *seção de choque macroscópica de colisão*. Então

$$\Sigma = n\sigma \tag{24.30}$$

e o caminho livre médio de colisão da molécula é

$$l = \frac{1}{\Sigma} = \frac{1}{n\sigma}. \tag{24.31}$$

O fato de o caminho livre médio l estar relacionado com o raio molecular torna possível avaliar as dimensões moleculares medindo-se l.

Quando levamos em conta as forças intermoleculares, as moléculas são espalhadas ou "colidem", tendo como resultado uma variação na direção de seu movimento, mesmo quando estão separadas por uma distância maior do que seus diâmetros, como foi discutido no Ex. 7.16 para espalhamento sob a ação de uma força que varia com o inverso do quadrado da distância. Nesse caso, ainda mais geral, σ está ainda relacionado com Σ e l pelas Eqs. (24.30) e (24.31) que, na realidade, são suas definições, mas a Eq. (24.29) não é mais aplicável.

Observe que a Eq. (24.31) é correta enquanto considerarmos as moléculas na camada da Fig. 24.23 como fixas. Contudo, se estão em movimento, como na realidade estão em um gás, a probabilidade de colisão pode ser maior, e então o caminho livre médio diminui. Por exemplo, uma dedução que leva em conta a distribuição de velocidades em um gás nos dá

$$l = \frac{1}{\sqrt{2}\, n\sigma},$$

onde σ é dado pela Eq. (24.29). Isso equivale $\Sigma = \sqrt{2}\, n\sigma$ sendo o mesmo que dizer que a seção de choque efetiva por molécula é $\sqrt{2}\, \sigma$ em vez de σ.

Os conceitos de seção de choque e caminho livre médio podem ser estendidos a outros processos, além das colisões, tal como absorção ou captura. Por exemplo, se uma molécula, enquanto se difunde, pode ser capturada por outra molécula, o *caminho livre médio de absorção*, l_a nos dá a distância média que uma molécula percorre antes que seja capturada (ou absorvida). Da mesma forma, a *seção de choque macroscópica de absorção* Σ_a é definida como

$$\Sigma_a = 1/l_a,$$

dando-nos a probabilidade, por unidade de comprimento, de que a molécula seja absorvida.

■ **Exemplo 24.6** Discutir a difusão de nêutrons em um meio não multiplicativo, isto é, um meio tal como água ou grafita no qual os nêutrons são absorvidos, mas não são produzidos. Essa é a situação, por exemplo, em uma coluna térmica de um reator nuclear, uma coluna que consiste de uma massa de água ou grafita colocada adjacente a um dos lados de um reator. Os nêutrons produzidos dentro do reator podem se difundir ao longo da coluna térmica, e podem ser usados para inúmeras experiências. A coluna é chamada de térmica porque os nêutrons que dela emergem estão em equilíbrio com os átomos do material que compõe a coluna.

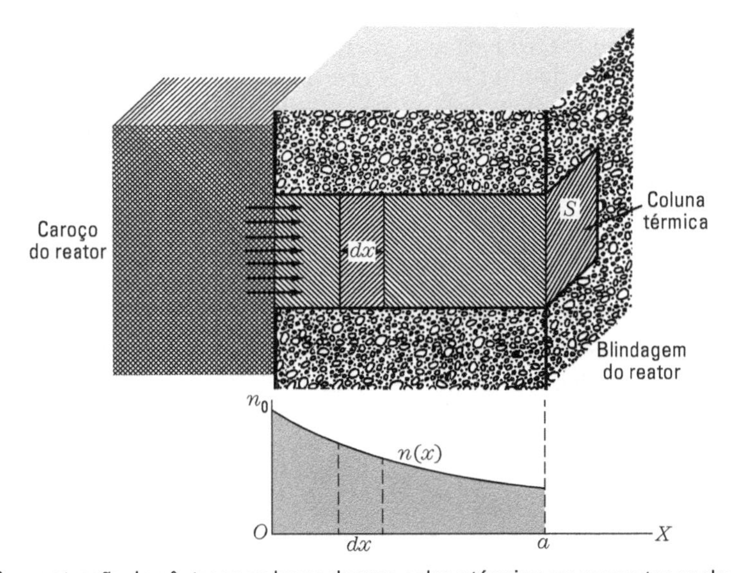

Figura 24.24 Concentração de nêutrons ao longo de uma coluna térmica em um reator nuclear.

Solução: O arranjo físico está ilustrado na Fig. 24.24. Os nêutrons penetram na coluna térmica a partir da esquerda, procedendo do caroço do reator, e difundem-se através da coluna. Durante o processo de difusão, os nêutrons colidem com os átomos do material que compõe a coluna. Em alguns casos, a colisão resulta na captura do nêutron pelos átomos do material. Vamos chamar de l_a o caminho livre médio de absorção, isto é, a distância média que um nêutron percorre antes de ser capturado. Então a *seção de choque macroscópica de absorção* do material é $\Sigma_a = 1/l_a$. Para nêutrons térmicos na água, Σ_a é cerca de 22 m^{-1}, e na grafita 0,037 m^{-1}, o que mostra que nêutrons lentos são mais facilmente capturados pela água do que pela grafita.

Vamos agora considerar a camada de espessura dx e seção de área S mostrada na Fig. 24.24. O número total de nêutrons dentro dessa camada é $nS\,dx$. A distância total por eles percorrida, por unidade de tempo, é $(nS\,dx)v_{\text{med}}$, onde v_{med} é a velocidade média dos nêutrons. O número de nêutrons absorvidos por unidade de tempo pelo material é, portanto, $(nS\,dx)v_{\text{med}}\,\Sigma_a$, e por unidade de volume é $v_{\text{med}}\Sigma_a n$. Usando esse valor, a Eq. (24.20) fica, eliminando o fator de produção,

$$\frac{\partial n}{\partial t} = D\frac{\partial^2 n}{\partial x^2} - v_{\text{med}}\Sigma_a n.$$

Em condições estacionárias, $\partial n/\partial t = 0$, e

$$D\frac{\partial^2 n}{\partial x^2} - v_{\text{med}}\Sigma_a n = 0 \qquad \text{ou} \qquad \frac{\partial^2 n}{\partial x^2} - \alpha^2 n = 0,$$

onde $\alpha^2 = v_{\text{med}}\Sigma_a/D$. A solução dessa equação diferencial é $n = n_0 e^{-\alpha x} + n_1 e^{\alpha x}$, onde n_0 e n_1 são determinados pelas condições de contorno em ambas as extremidades da coluna térmica. Como, para nêutrons térmicos na água e na grafita, D/v_{med} é igual a 0,0084 m e 0,0092 m, respectivamente, temos que $\alpha = 51{,}18\ m^{-1}$ para a água e 2,005 m^{-1} para a grafita. Muitas vezes, a quantidade $L = 1/\alpha$, chamada *comprimento de difusão*, é usada. Os valores de L para nêutrons térmicos na água e na grafita são, dessa forma, $1{,}95 \times 10^{-2}$ m e 0,50 m, respectivamente. Quando a coluna térmica é muito longa em comparação com L, devemos ter $n = 0$ para x muito grande. Isso implica que $n_1 = 0$ e $n = n_0 e^{-\alpha x}$, resultando numa diminuição exponencial do número de nêutrons térmicos à medida que se movem ao longo da coluna térmica. Dessa forma, o comprimento de difusão $L = 1/\alpha$ dá a distância em que o número de nêutrons decresce de um fator $1/e$, ou seja, 36%, em relação ao seu valor inicial.

24.7 Teoria molecular dos fenômenos de transporte

Na primeira parte deste capítulo, discutimos o fenômeno de transporte de um ponto de vista geral ou macroscópico, sem levar em conta o comportamento molecular responsável por esses fenômenos. Nossa apresentação foi baseada na lei de Fick para a difusão,

$$j = -D\frac{\partial n}{\partial x}, \tag{24.32}$$

lei de Fourier para a condução térmica,

$$j_E = -K\frac{\partial T}{\partial x}, \tag{24.33}$$

e a lei do fluxo viscoso,

$$j_p = -\eta \frac{\partial v_y}{\partial x}. \tag{24.34}$$

Todas essas leis têm uma base experimental, e são válidas dentro de certos limites indicados em cada caso. Pretendemos, agora, correlacionar as quantidades D, K, e η com as propriedades moleculares. Limitar-nos-emos apenas aos gases.

Como mencionamos anteriormente, os três processos de transporte discutidos são devidos à agitação molecular. A difusão molecular é devida à transferência de *moléculas* de uma região em que estão mais concentradas para uma região em que estão menos concentradas. A condução térmica é devida à transferência de *energia* de uma região onde as moléculas movem-se rapidamente, e então a temperatura é alta, para outra onde se movem mais lentamente, e então a temperatura é mais baixa. Da mesma forma, a viscosidade é devida à transferência de *quantidade de movimento* associado com o movimento convectivo, de um lugar onde a convecção é rápida para outro onde é lenta.

Nosso próximo passo será obter essas leis em termos de nosso modelo molecular. A dedução é muito instrutiva como ilustração do raciocínio físico. Matematicamente, contudo, tal dedução é complicada e apresentaremos somente uma descrição do procedimento. A lógica a ser usada é a seguinte: consideremos a difusão em primeiro lugar. Com referência à Fig. 24.25, o problema consiste em achar o número líquido de moléculas que atravessam (por unidade de tempo) uma área dS colocada perpendicularmente à direção em que a difusão ocorre. Essa direção é designada como eixo X.

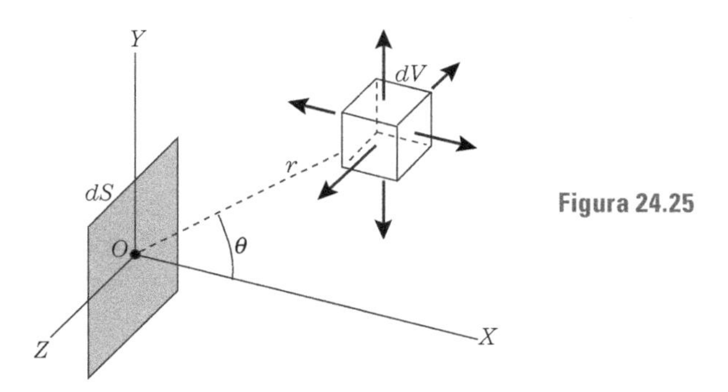

Figura 24.25

Consideremos então um volume dV a uma distância r de dS. O número de moléculas nesse volume é ndV e o número de colisões que sofrem por unidade de tempo é ΓndV. Certo número dessas moléculas dirige-se para dS depois da colisão. Mas nem todas chegam a dS, pois podem sofrer uma nova colisão, o que provoca uma deflexão em relação ao caminho original. Devemos determinar, então, quantas dessas moléculas, depois de colidirem dentro do elemento de volume dV, atravessam a área dS por unidade de tempo. Quando integramos sobre o espaço para levar em conta todas as regiões da substância, obtemos a corrente resultante em dS. Obviamente, a fim de que haja uma corrente resultante, é necessário que n varie com x de uma maneira tal que o número de partículas que atravessa dS a partir da direita seja diferente do número que a atravessa a partir da esquerda. Caso contrário, a simetria indicaria a corrente resultante como nula. Comparamos a expressão resultante para a densidade de corrente em dS com a lei de Fick para a difusão, Eq. (24.32). Desse resultado, podemos então obter o valor do coeficiente de difusão D em função das constantes moleculares. Para a condução térmica, devemos levar em conta a energia que cada molécula transporta ao atravessar dS. Para a viscosidade, devemos levar em conta a quantidade de movimento convectiva transportada pelas moléculas.

O resultado de todos esses cálculos é que verificamos que o coeficiente de difusão molecular está relacionado com a dinâmica molecular por meio da expressão

$$D = \tfrac{1}{3} v_{\text{med}} l, \tag{24.35}$$

onde v_{med} é a velocidade média e l é o caminho livre médio de colisão das moléculas. Para o coeficiente de condução térmica, temos a relação

$$K = D\left(\tfrac{3}{2} kn\right) = \tfrac{1}{2} nk\, v_{\text{med}} l. \tag{24.36}$$

Finalmente, o coeficiente de viscosidade é expresso por

$$\eta = D(nm) = \tfrac{1}{3} nm\, v_{\text{med}} l. \tag{24.37}$$

As expressões (24.35), (24.36) e (24.37) mostram a íntima relação existente entre os três fenômenos de transporte.

A teoria dos fenômenos de transporte que delineamos é o que se pode chamar de *aproximação da difusão*. Uma teoria mais refinada deve levar em conta certos fatores adicionais, o que resulta em equações mais complexas.

Quando levamos em conta o efeito de forças intermoleculares, os valores medidos de D, K e η nos permitem obter os parâmetros que definem o potencial intermolecular. Um resultado imediato é que podemos avaliar as dimensões moleculares. Medindo qualquer desses coeficientes, podemos calcular o caminho livre médio e então podemos obter a seção de choque σ e o raio molecular. Devemos considerar, contudo, que os valores calculados do caminho livre médio e do raio molecular indicam somente ordens de grandeza. A Tab. 24.1 fornece valores experimentais para alguns gases monoatômicos, diatômicos e poliatômicos; fornece também seus raios moleculares, calculados a partir de dados de viscosidade.

Tabela 24.1 Valores experimentais para o coeficiente de difusão D, condutividade térmica K e viscosidade η, todos em TPN

Substância	$D \times 10^5$, $m^2 \cdot s^{-1}$	$K \times 10^2$, $m \cdot kg \cdot s^{-3} \cdot K^{-1}$	$\eta \times 10^5$, $m^{-1} \cdot kg \cdot s^{-1}$	$r \times 10^{10}$*, m
He		14,3	1,86	0,90
Ne	4,52	4,60	2,97	1,06
A	1,57	1,63	2,10	1,50
Xe	0,58	0,52	2,10	2,02
H_2	12,8	16,8	0,84	1,12
O_2	1,81	2,42	1,89	1,51
N_2	1,78	2,37	1,66	1,54
CO_2	0,97	1,49	1,39	1,89
NH_3	2,12	2,60	0,92	1,83
CH_4	2,06	3,04	1,03	1,70

* Os raios moleculares foram calculados a partir dos dados experimentais sobre a viscosidade.

■ **Exemplo 24.7** Avaliar os coeficientes D e K para o hidrogênio em TPN. Compare com os resultados experimentais.

Solução: Devemos determinar as quantidades v_{med}, l, n, e m para o hidrogênio em tais condições. A massa de uma molécula é $3{,}33 \times 10^{-27}$ kg. O número de moléculas por unidade de volume para $T = 273$ K e $p = 1{,}01 \times 10^5$ N · m^{-2} é, usando a lei dos gases perfeitos $pV = NkT$, a Eq. (9.62), $n = V/N = p/kT = 2{,}68 \times 10^{25}$ m^{-3}. Pode ser mostrado que a velocidade média de uma molécula é dada por $v_{med} = \sqrt{8kT/\pi m}$. Em nosso caso, então, $v_{med} = 1{,}69 \times 10^3$ m · s^{-1}. Finalmente, se tomamos o raio de uma molécula de hidrogênio como $r = 1{,}12 \times 10^{-10}$ m, temos, para o caminho livre médio, $l = 1/\sqrt{2}\, n\sigma = 1{,}68 \times 10^{-7}$ m.

Com os valores apresentados aqui, usando as Eqs. (24.35) e (24.36), verificamos que

$$D = 9{,}42 \times 10^{-5} \text{ m}^2 \cdot \text{s}^{-1},$$

$$K = 5{,}25 \times 10^{-2} \text{ m} \cdot \text{kg} \cdot \text{s}^{-3} \cdot \text{K}^{-1}.$$

Os valores experimentais correspondentes são $D = 12{,}8 \times 10^{-5}$ e $K = 16{,}8 \times 10^{-2}$. Dessa forma, ao menos as ordens de grandeza corretas podem ser obtidas a partir de nossa teoria simplificada, a qual é baseada em um gás ideal monoatômico. Um aprofundamento da teoria que leve em conta a energia correspondente a movimentos internos, tais como rotação e vibração, melhora o acordo entre os valores experimentais e teóricos. Em particular, a condutividade térmica de um gás diatômico será aumentada de um fator 3,3.

24.8 Conclusão

Os fenômenos físicos descritos neste capítulo podem parecer sem muita conexão com os descritos anteriormente na Parte 3 e, dessa forma, um pouco fora da linha de raciocínio seguida até aqui. Isso é verdade dentro de certos limites. Mas, por outro lado, à parte a importância intrínseca dos fenômenos de transporte, nossa discussão sobre eles, sob o ponto de vista da agitação molecular, serviu para uma finalidade bastante útil, ou seja, a de demonstrar que nem todos os campos se propagam necessariamente com uma forma de onda típica $f(x \pm vt)$, obedecendo à equação de onda (18.11), e que a natureza apresenta outros tipos de propagação.

REFERÊNCIAS

BRUSH, S. Development of the kinetic theory of gases. VI. Viscosity. *Am. J. Phys.*, v. 30, p. 269, 1962.

BRYANT, H. Heat waves and Angström's method. *Am. J. Phys.*, v. 31, p. 325, 1963.

CRONIN, D. Temperature and pressure dependence of the viscosity of gases. *Am. J. Phys.*, v. 33, p. 835, 1965.

DESLOGE, E. Transport properties of a gas mixture. *Am. J. Phys.*, v. 32, p. 733; 742, 1964.

FEYNMAN, R.; LEIGHTON, R.; SANDS, M. *The Feynman lectures on Physics*. v. I. Reading, Mass.: Addison-Wesley, 1963.

HOLTON, G.; ROLLER, D. H. D. *Foundations of modern physical science*. Reading, Mass.: Addison-Wesley, 1958.

MAGIE, W. F. *Source book in Physics*. Cambridge, Mass.: Harvard University Press, 1963.

McLNALLY, M. Variation of air viscosity with temperature. *Am. J. Phys.*, v. 31, p. 732, 1963.

OSTER, G. Density gradients. *Sci. Am.*, p. 70, Aug. 1965.

SPROULL, R. The conduction of heat in solids. *Sci. Am.*, p. 92, Dec. 1962.

WARNER, R. Measurement of molecular diameters and average velocities. *Am. J. Phys.*, v. 29, p. 736, 1961.

PROBLEMAS

24.1 Se o coeficiente de difusão D dependesse da concentração e, portanto, de x, como deveria ser modificada a Eq. (24.4)?

24.2 Mostre que, em três dimensões, a equação que expressa a conservação do número de partículas se torna $\partial n/\partial t = -\text{div}\,\boldsymbol{j}$. Nesse caso, como deveria ser escrita a Eq. (24.4)?

24.3 O gradiente de temperatura de uma barra isolada de cobre é –2,5 °C por cm. (a) Calcule a diferença de temperatura entre dois pontos separados por 5 cm. (b) Determine a quantidade de calor que atravessa (por segundo) uma unidade de área perpendicular à barra. A condutividade térmica do cobre é

$$3{,}84 \times 10^2 \text{ m} \cdot \text{kg} \cdot \text{s}^{-3} \cdot {}^\circ\text{C}^{-1}.$$

24.4 A condutividade térmica da prata é cerca de 1,0 cal · $\text{cm}^{-1} \cdot \text{s}^{-1} \cdot {}^\circ\text{C}^{-1}$. Calcule o fluxo de calor por segundo através de um disco de 0,1 cm de espessura e que tem uma área de 2 cm^2 se a diferença de temperatura entre os dois lados do disco é 10 °C.

24.5 Uma sala tem três janelas com uma área total de 3 m^2. A espessura do vidro é 0,4 cm. A temperatura dentro da sala é 20 °C e a temperatura do lado de fora é 10 °C. Calcule a quantidade de calor que passa pelas janelas por segundo e por hora. A condutividade térmica do vidro é $5{,}85 \times 10^{-1}$ m · kg · $\text{s}^{-3} \cdot {}^\circ\text{C}^{-1}$.

24.6 Duas barras, uma de cobre e a outra de aço, ambas de 1 m de comprimento e com seções iguais a 1 cm^2, são soldadas em uma de suas extremidades. A extremidade livre da barra de cobre é mantida a 100 °C e a extremidade livre da barra de aço é mantida a 0 °C. Calcule (a) a temperatura na extremidade comum, (b) o gradiente de temperatura na barra de cobre e na barra de aço, (c) a quantidade de calor que atravessa qualquer seção da barra por unidade de tempo. (d) Faça um gráfico da temperatura ao longo da barra. A condutividade térmica do cobre e do aço é $3{,}84 \times 10^2$ e $0{,}46 \times 10^2$ m · kg · $\text{s}^{-3} \cdot {}^\circ\text{C}^{-1}$, respectivamente.

24.7 Uma barra de 2 m de comprimento tem um núcleo sólido de aço de 1 cm de diâmetro circundado por um revestimento de cobre cujo diâmetro externo é 2 cm. A superfície externa da barra é termicamente isolada e uma das extremidades é mantida a 100 °C, e a outra a 0 °C. (a) Calcule a corrente total de calor na barra, no estado estacionário final, (b) Qual a fração que é transmitida em cada material? As condutividades térmicas são dadas no Prob. 24.6.

24.8 Um bastão termicamente isolado tem uma temperatura inicial T_1. Uma extremidade é subitamente colocada a uma temperatura maior T_0 enquanto a outra extremidade é mantida à temperatura T_1. Mostre, por meio de uma série de curvas, a variação de temperatura ao longo do bastão até que o estado estacionário final representado na Fig. 24.11 seja alcançado.

24.9 Ambas as extremidades de um bastão de metal isolado de comprimento L são mantidas a 0 °C, embora a temperatura inicial do bastão seja $T = 50 \text{ sen } \pi x/L$, onde T é dado em °C. (a) Por meio de um diagrama, mostre a temperatura inicial de um bastão, assim como diversas curvas que representam a distribuição de temperatura em tempos sucessivos. Qual é a distribuição de temperatura depois de um tempo bastante longo? (b) Mostre a direção do fluxo de calor em diferentes posições no bastão. (c) Faça um gráfico da densidade de corrente inicial de calor e compare com o resultado obtido em (b). Indique também a corrente de calor para tempos sucessivos.

24.10 Um tubo de vapor com um raio de 2 cm é circundado por uma jaqueta cilíndrica de material isolante de 2 cm de espessura. A temperatura do cano de vapor é 100 °C e a temperatura externa da jaqueta é 20 °C. A condutividade térmica do material isolante é $8{,}4 \times 10^{-2}$ m · kg · s^{-3} · °C^{-1}. (a) Calcule o gradiente de temperatura dT/dr, nas superfícies interna e externa da jaqueta, (b) Esboce o gráfico de T *versus* r. (c) Calcule a perda de calor através da jaqueta isolante por unidade de tempo e por metro de comprimento do tubo.

24.11 Uma esfera oca tem um raio interno R_1 e temperatura T_1 e um raio externo R_2 e temperatura T_2. Mostre que a quantidade de calor que atravessa qualquer superfície esférica concêntrica com a esfera e que tem um raio entre R_1 e R_2 é

$$\Phi_Q = \frac{4\pi K(T_1 - T_2)R_1R_2}{R_2 - R_1}.$$

Mostre também que a temperatura dentro da esfera, em função da distância ao centro, é $T = C/r + C'$, onde

$$C = \frac{(T_1 - T_2)R_1R_2}{R_2 - R_1}$$

e

$$C' = \frac{2T_1R_2 - T_1R_1 - T_2R_2}{R_2 - R_1}.$$

24.12 A lei de Newton para resfriamento (veja a Seç. 24.4) pode ser expressa como $j_E = h(T - T_m)$, onde T é a temperatura do corpo, T_m a do meio circundante, h um coeficiente chamado *coeficiente de transferência térmica*, e j_E a energia que passa do corpo para o meio circundante. (a) Obtenha as unidades de h. (b) Escreva uma equação expressando a taxa de variação da energia interna de um corpo de área S como resultado do resfriamento.

24.13 Considere um pequeno corpo de área S, massa M, e calor específico c, inicialmente à temperatura T_0 e circundado por um meio à temperatura T_m. Mostre que a temperatura do corpo, em função do tempo, é $T = T_m + (T_0 - T_m)\, e^{-At}$ onde $A = hS/Mc$ e h é o coeficiente de transferência térmica (veja o Prob. 24.12). Faça um gráfico de T *versus* t para T_0 maior, igual ou menor que T_m.

24.14 Um cano cilíndrico de metal de raio interno R_1, raio externo R_2 e condutividade térmica K é circundado por uma jaqueta que tem um raio externo R_3 e uma condutividade térmica K'. Se a temperatura na superfície interna da barra for mantida no valor T_1, e a temperatura externa for T_3, mostre que a temperatura T_2 na superfície comum do cano e da jaqueta será

$$\frac{T_1\, K \ln(R_3/R_2) + T_3K' \ln(R_2/R_1)}{K \ln(R_3/R_2) + K' \ln(R_2/R_1)}.$$

24.15 Mostre que a velocidade de grupo da onda térmica discutida no Ex. 24.4 é o dobro da velocidade de fase.

24.16 Uma embarcação flutuante de área A se move com movimento uniforme de velocidade v em águas cuja profundidade é h. Mostre que, uma força $F = \eta Av/h$ é necessária para puxá-la, sendo η a viscosidade da água. (Veja a Fig. 24.26.)

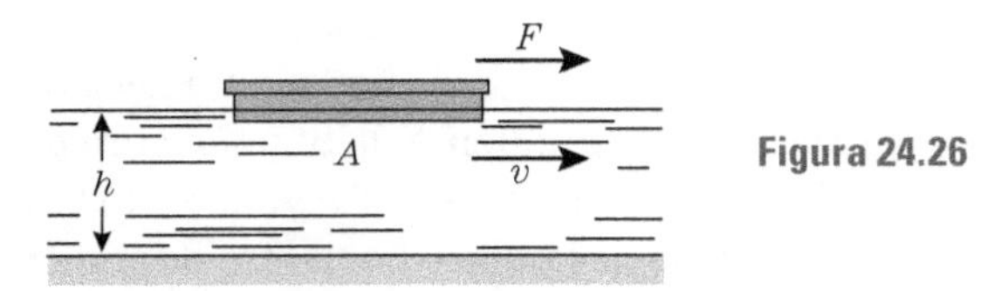

Figura 24.26

24.17 Mostre que a quantidade de fluido que passa por unidade de tempo através de uma superfície perpendicular aos planos da Fig. 24.20 e de largura unitária ao longo do eixo Z é

$$(p_1 - p_2)a^3/12\eta l.$$

24.18 Um fluido viscoso (de viscosidade η) se move uniformemente através de um cano horizontal de raio R e comprimento L (Fig. 24.27). A pressão nas extremidades é p_1 e p_2, com p_1 maior que p_2. Mostre que (a) a velocidade do fluido à distância r do eixo é $v = (p_1 - p_2)(R^2 - r^2)/4\eta l$, (b) o volume de fluido que atravessa qualquer seção do tubo por unidade de tempo é

$$V = (\pi R^4/8\eta)(p_1 - p_2)/L,$$

resultado conhecido como *fórmula de Poiseuille*. [*Sugestão*: considere as forças que atuam sobre uma camada cilíndrica de raio r e $r + dr$; suponha também que a velocidade do fluido para $r = R$ é nula.]

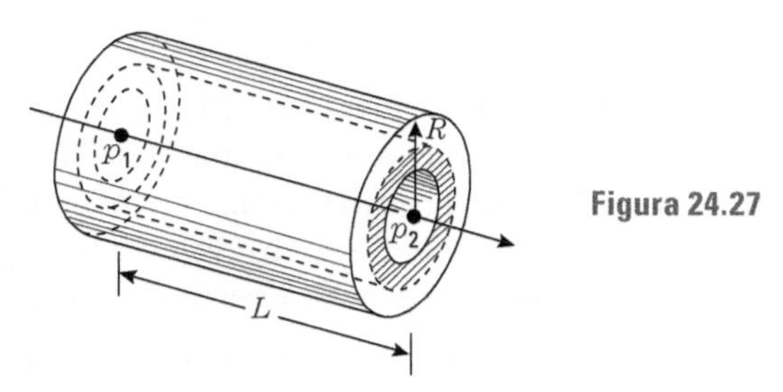

Figura 24.27

24.19 Uma extremidade de um tubo capilar de 10 cm de comprimento e 1 mm de diâmetro está ligada a um reservatório de água no qual a pressão é de 2 atm. A outra extremidade do tubo capilar está à pressão de 1 atm. O coeficiente de viscosidade da água é 0,01 poise. Qual a quantidade de água que o tubo fornece em 1 segundo? (1 atm $\approx 10^5$ N · m^{-2}.) [*Sugestão*: use o resultado do Prob. 24.18.]

24.20 Considere o fluxo de um fluido através de uma camada cilíndrica de raio interno R_1 e raio externo R_2. A pressão nas extremidades é p_1 e p_2, com p_1 maior do que p_2. Determine a velocidade do fluido a uma distância r do eixo e o volume do fluido que atravessa qualquer seção do tubo por unidade de tempo. Compare com o resultado do Prob. 24.18 se $R_1 = 0$ e $R_2 = R$. [*Sugestão*: observe que a velocidade do fluido é zero para $r = R_1$ e $r = R_2$.]

24.21 Um viscosímetro típico é ilustrado na Fig. 24.28. Consta de um vaso B que continua em um tubo capilar C. Enche-se o vaso com um líquido e mede-se o tempo gasto pela superfície do líquido para passar da marca a para a marca b. Para líquidos de densidades ρ_1 e ρ_2, os tempos são t_1 e t_2; mostre que a razão entre suas viscosidades é $\eta_1/\eta_2 = \rho_1 t_1/\rho_2 t_2$.

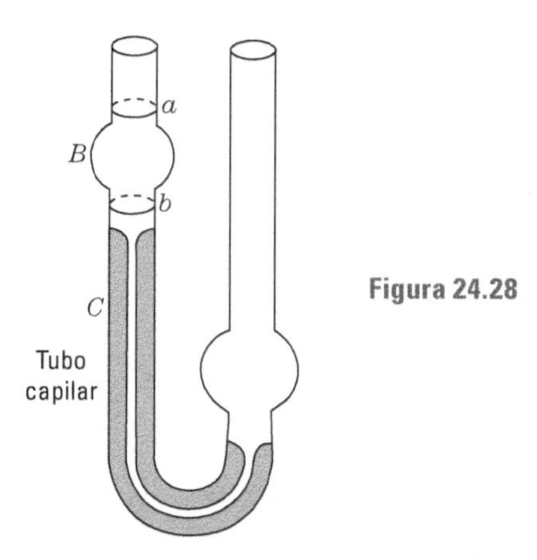

Figura 24.28

24.22 As densidades da acetona e da água a 20 °C são 0,792 e 0,9982 g · cm^{-3}, respectivamente. A viscosidade da água é 1,0050 × 10^{-2} poise a 20 °C. Se a água necessita de 120,5 s para se deslocar entre uma marca e outra de um viscosímetro, e a acetona necessita de 49,5 s, qual é a viscosidade da acetona? [*Sugestão*: veja o Prob. 24.21.]

24.23 A viscosidade da acetona em algumas temperaturas é dada na tabela:

Temp., °C	−60	−30	0	30
$\eta \times 10^2$, poise	0,932	0,575	0,399	0,295

Fazendo um gráfico de ln η *versus* $1/T$, onde T é a temperatura absoluta da acetona, mostre que $\ln \eta = a + b/T$ representa a variação de η com T. Determine as constantes a e b.

24.24 Determine, a partir da Eq. (24.31), o caminho livre médio de moléculas de um gás ideal em função da temperatura e pressão. Calcule o caminho livre médio das moléculas de hidrogênio a 100 °C e 10^{-6} atm. Qual é o valor para o oxigênio? Repita para ambos os gases em TPN.

24.25 Dado que o diâmetro molecular do H_2 é 2,2 × 10^{-10} m, calcule o número de colisões que uma molécula de hidrogênio sofre em 1 s se (a) $T = 300$ K e $p = 1$ atm, (b) $T = 500$ K e $p = 1$ atm, (c) $T = 300$ K e $p = 10^{-4}$ atm. (d) Calcule o número total de colisões que ocorre por segundo em 1 cm^3 para cada um dos casos (a), (b) e (c).

24.26 O diâmetro molecular do N_2 (nitrogênio) é cerca de 3,0 × 10^{-10} m. (a) Calcule o caminho livre médio do N_2 a 300 K e 1 atm e a 0,01 atm. (b) Um sistema de vácuo razoavelmente bom chega a uma pressão de 10^{-9} atm. Qual é o caminho livre médio do N_2 nessa pressão? (c) Se o diâmetro do tubo evacuado a uma pressão de 10^{-9} atm é 5 cm, quantas vezes uma molécula de N_2 colide com as paredes entre duas colisões sucessivas com outras moléculas do gás N_2?

24.27 Pode ser mostrado que, das N_0 moléculas de um gás que sofrem uma colisão em um dado instante, somente o número $N = N_0 e^{-x/l}$ terá se movido em uma distância x sem sofrer outra colisão (l é o caminho livre médio). Determine a porcentagem de moléculas que sofrerão sua próxima colisão para x = 0,5 l, l, 2 l, e 10 l. Determine qual deve ser o valor de x, se N é igual a 50% de N_0.

24.28 Um grupo de moléculas de oxigênio começa seu caminho livre médio no mesmo instante, à temperatura de 300 K e uma pressão tal que o caminho livre médio é 2,0 cm.

Depois de certo intervalo de tempo, metade das moléculas já sofreu uma segunda colisão e a outra metade ainda não sofreu. Determine esse intervalo de tempo. Suponha que todas as moléculas movam-se com a velocidade média v_{med}. [Veja o Ex. 24.7 para o valor de v_{med}.]

24.29 Como variam com a temperatura e pressão os coeficientes D e K para um gás ideal?

24.30 Por simples inspeção da Eq. (24.37), prove que o coeficiente de viscosidade de um gás ideal depende somente da temperatura. Determine, se possível, a extensão e a natureza dessa dependência.

24.31 A viscosidade do dióxido de carbono, em certo intervalo de temperaturas, é dada na tabela a seguir. Faça um gráfico de η *versus* $\sqrt{T}$, onde T é a temperatura absoluta. Calcule a razão $\eta/\sqrt{T}$. Em vista do Prob. 24.30, qual a sua conclusão?

Temp., °C	−21	0	100	182	302
$\eta \times 10^6$, poise	12,9	13,9	18,6	22,2	26,8

24.32 Calcule os coeficientes D, K e η para o hélio e o oxigênio, em TPN, e compare com os resultados experimentais.

24.33 Obtenha os valores teóricos da razão K/D e η/D para um gás ideal. Compare essas razões com os resultados experimentais para gases reais, os quais são dados na Tab. 24.1.

24.34 Duas placas paralelas, distanciadas em 0,5 cm, são mantidas a 298 K e 301 K. O espaço entre as duas placas é cheio com H_2. Calcule o fluxo de calor entre as duas placas, em $J \cdot m^{-2} \cdot s^{-1}$.

24.35 O coeficiente de viscosidade da amônia a 0 °C é $9{,}2 \times 10^{-5}$ poise. Calcule o caminho livre médio e a frequência de colisão para uma molécula de hidrogênio, em TPN. Avalie também seu raio.

24.36 O coeficiente de viscosidade do metano a 0 °C é $10{,}3 \times 10^{-5}$ poise. Calcule o diâmetro molecular.

24.37 A 25 °C, o H_2 tem uma viscosidade de $8{,}2 \times 10^{-5}$ poise. Se um tubo de 1 m de comprimento permite o fluxo de 1 litro/min sob uma diferença de pressão de 0,3 atm, qual é o diâmetro do tubo? [*Sugestão*: use a fórmula de Poiseuille dada no Prob. 24.18.]

24.38 Compare as condutividades térmicas do O_2 e H_2; ignore a diferença nos diâmetros moleculares.

Apêndice: Relações matemáticas

Este apêndice, no qual apresentamos algumas relações matemáticas que são frequentemente usadas no texto, tem a intenção de ser uma referência rapidamente disponível. Em alguns casos foram introduzidas algumas notas matemáticas no próprio texto. Demonstrações e uma discussão da maioria das fórmulas podem ser encontradas em qualquer texto de cálculo, como, por exemplo, *Calculus and analytic geometry*, 3ª edição (Addison-Wesley, 1963), de G. B. Thomas, ou *Curso de cálculo diferencial e integral*, W. A. Maurer (Editora Edgard Blücher), ou, ainda, *Cálculo – um curso universitário*, E. E. Moise (Editora Edgard Blücher). Uma curta introdução aos conceitos básicos do cálculo, em forma programada, pode ser encontrada em *Quick calculus: a short manual of self instruction*, por D. Kelpner e N. Ramsey (John Wiley & Sons, New York, 1963). Você deverá também consultar algumas tabelas publicadas em forma de livros. Entre essas tabelas estão *C. R. C. Standard mathematical tables* (Chemical Rubber Company, Cleveland, Ohio, 1963), e *Tables of integrais and other mathematical data*, 4ª edição, por H. B. Dwight (Macmillan Company, New York, 1961). Recomendamos, ainda, ter à disposição o *Handbook of chemistry and physics*, cujas edições anuais são publicadas por Chemical Rubber Company (CRC Press)*. Esse manual contém grande quantidade de informações e dados referentes à física, química e matemática.

1. Relações trigonométricas

Com referência à Fig. M.1, podemos definir as seguintes relações:

$$\text{sen}\,\alpha = y/r, \qquad \cos\alpha = x/r, \qquad \text{tg}\,\alpha = y/x; \tag{M.1}$$

$$\text{cosec}\,\alpha = r/y, \qquad \sec\alpha = r/x, \qquad \text{cotg}\,\alpha = x/y; \tag{M.2}$$

$$\text{tg}\,\alpha = \text{sen}\,\alpha/\cos\alpha; \tag{M.3}$$

$$\text{sen}^2\,\alpha + \cos^2\alpha = 1, \qquad \sec^2\alpha - 1 = \text{tg}^2\,\alpha; \tag{M.4}$$

$$\text{sen}\,(\alpha \pm \beta) = \text{sen}\,\alpha\cos\beta \pm \cos\alpha\,\text{sen}\,\beta; \tag{M.5}$$

$$\cos(\alpha \pm \beta) = \text{sen}\,\alpha\cos\beta \mp \cos\alpha\,\text{sen}\,\beta; \tag{M.6}$$

$$\text{sen}\,\alpha \pm \text{sen}\,\beta = 2\,\text{sen}\,\tfrac{1}{2}(\alpha \pm \beta)\cos\tfrac{1}{2}(\alpha \mp \beta); \tag{M.7}$$

$$\cos\alpha + \cos\beta = 2\cos\tfrac{1}{2}(\alpha + \beta)\cos\tfrac{1}{2}(\alpha - \beta); \tag{M.8}$$

$$\cos\alpha - \cos\beta = -2\,\text{sen}\,\tfrac{1}{2}(\alpha + \beta)\,\text{sen}\,\tfrac{1}{2}(\alpha - \beta); \tag{M.9}$$

$$\text{sen}\,\alpha\,\text{sen}\,\beta = \tfrac{1}{2}[\cos(\alpha - \beta) - \cos(\alpha + \beta)]; \tag{M.10}$$

$$\cos\alpha\cos\beta = \tfrac{1}{2}[\cos(\alpha - \beta) + \cos(\alpha + \beta)]; \tag{M.11}$$

$$\text{sen}\,\alpha\cos\beta = \tfrac{1}{2}[\text{sen}(\alpha - \beta) + \text{sen}\,(\alpha + \beta)]; \tag{M.12}$$

$$\text{sen}\,2\alpha = 2\,\text{sen}\,\alpha\cos\alpha, \qquad \cos 2\alpha = \cos^2\alpha - \text{sen}^2\,\alpha; \tag{M.13}$$

$$\text{sen}^2\,\tfrac{1}{2}\alpha = \tfrac{1}{2}[1 - \cos\alpha), \qquad \cos^2\tfrac{1}{2}\alpha = \tfrac{1}{2}(1 + \cos\alpha). \tag{M.14}$$

---

* CRC Press. Disponível em: <http://www.crcpress.com/search/results/1/?kw=Handbook+of+chemistry+and+physics&category=all&x=15&y=12>. Acesso em: 5 maio 2014.

Com referência à Fig. M.2, podemos escrever, para qualquer triângulo arbitrário:

Lei dos senos: $\dfrac{a}{\text{sen } A} = \dfrac{b}{\text{sen } B} = \dfrac{c}{\text{sen } C}$; (M.15)

Lei dos cossenos: $a^2 = b^2 + c^2 - 2bc \cos A$. (M.16)

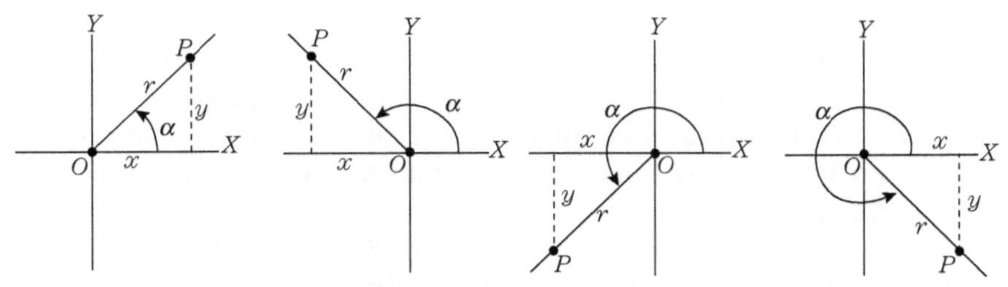

Figura M.1

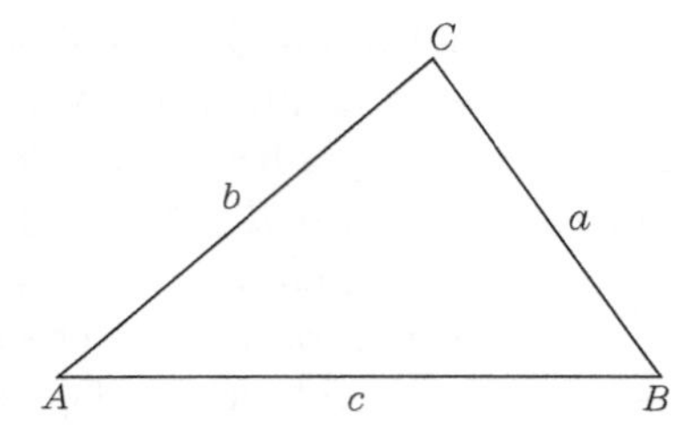

Figura M.2

2. Logaritmos

(i) Definição de e:

$$e = \lim_{n\to\infty}\left(1+\frac{1}{n}\right)^n = 2{,}7182818\ldots \qquad \text{(M.17)}$$

As funções exponenciais $y = e^x$ e $y = e^{-x}$ estão representadas em forma de gráfico na Fig. M.3.

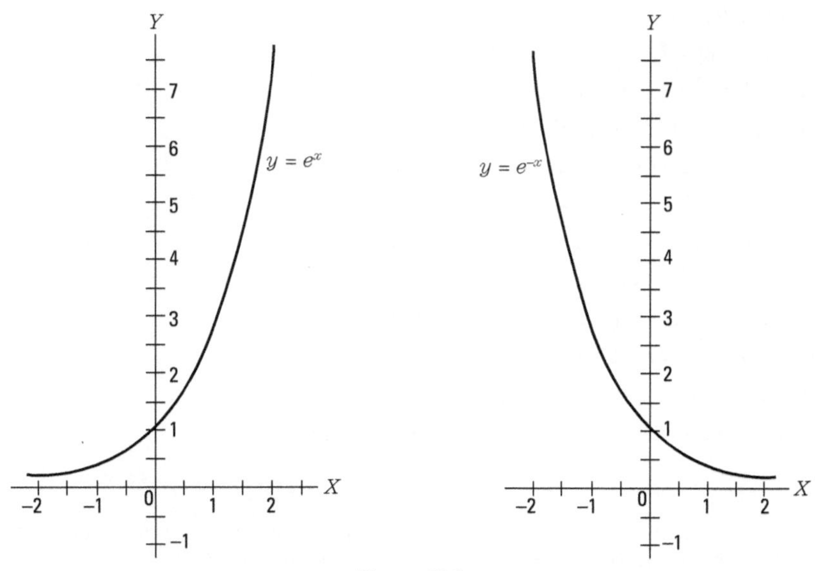

Figura M.3

(ii) Logaritmos naturais, base e (veja Fig. M.4):

$$y = \ln x \qquad \text{se } x = e^y. \tag{M.18}$$

Logaritmos comuns base 10:

$$y = \log x \qquad \text{se } x = 10^y. \tag{M.19}$$

Os logaritmos naturais e comuns estão relacionados por

$$\ln x = 2{,}303 \log x, \qquad \log x = 0{,}434 \ln x. \tag{M.20}$$

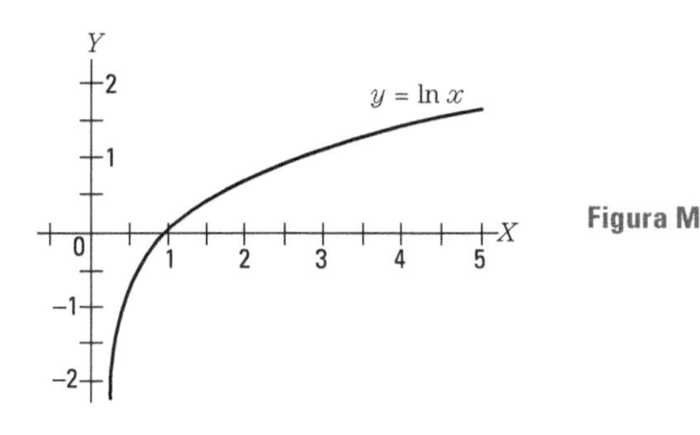

Figura M.4

3. Expansão em série de potências

(i) A expansão binomial:

$$\begin{aligned}(a+b)^n &= a^n + na^{n-1}b + \frac{n(n-1)}{2!}a^{n-2}b^2 \\ &+ \frac{n(n-1)(n-2)}{3!}a^{n-3}b^3 + \ldots \\ &+ \frac{n(n-1)(n-2)\ldots(n-p+1)}{p!}a^{n-p}b^p + \ldots\end{aligned} \tag{M.21}$$

Quando n é um inteiro positivo, a expansão tem $n + 1$ termos. Em todos os outros casos, a expansão tem um número infinito de termos. O caso em que a vale 1 e b é igual a x é frequentemente usado no texto. Assim, a expansão binomial de $(1 + x)^n$ é escrita

$$(1+x)^n = 1 + nx + \frac{n(n-1)}{2!}x^2 + \frac{n(n-1)(n-2)}{3!}x^3 + \ldots \tag{M.22}$$

(ii) Outras expansões em série são:

$$e^x = 1 + x + \frac{1}{2!}x^2 + \frac{1}{3!}x^3 + \ldots \tag{M.23}$$

$$\ln(1+x) = x - \frac{x^2}{2} + \frac{x^3}{3} - \ldots \tag{M.24}$$

$$\text{sen } x = x - \frac{1}{3!}x^3 + \frac{1}{5!}x^5 - \ldots \tag{M.25}$$

$$\cos x = 1 - \frac{1}{2!}x^2 + \frac{1}{4!}x^4 - \ldots \tag{M.26}$$

$$\operatorname{tg} x = x + \frac{1}{3}x^3 + \frac{2}{15}x^5 + \ldots \tag{M.27}$$

Para $x \ll 1$, as seguintes aproximação são satisfatórias:

$$(1 + x)^n \approx 1 + nx, \tag{M.28}$$

$$e^x \approx 1 + x, \qquad \ln(1 + x) \approx x, \tag{M.29}$$

$$\operatorname{sen} x \approx x, \qquad \cos x \approx 1, \qquad \operatorname{tg} x \approx x. \tag{M.30}$$

Note que, nas Eqs. (M.25), (M.26), (M.27) e (M.30), x deve ser expresso em radianos.

(iii) Expansão em série de Taylor:

$$f(x) = f(x_0) + (x - x_0)\left(\frac{df}{dx}\right)_0 + \frac{1}{2!}(x - x_0)^2\left(\frac{d^2f}{dx^2}\right)_0 + \ldots + \frac{1}{n!}(x - x_0)^n\left(\frac{d^nf}{dx^n}\right)_0 + \ldots \tag{M.31}$$

Se $x - x_0 \ll 1$, uma aproximação útil é

$$f(x) \approx f(x_0) + (x - x_0)\left(\frac{df}{dx}\right)_0. \tag{M.32}$$

4. Números complexos

Com a definição $i^2 = -1$ ou $i = \sqrt{-1}$,

$$e^{i\theta} = \cos\theta + i \operatorname{sen}\theta, \tag{M.33}$$

$$\cos\theta = \tfrac{1}{2}\left(e^{i\theta} + e^{-i\theta}\right), \tag{M.34}$$

$$\operatorname{sen}\theta = \frac{1}{2i}\left(e^{i\theta} - e^{-i\theta}\right). \tag{M.35}$$

5. Funções hiperbólicas

Para visualizar as relações seguintes, veja a Fig. M.5.

$$\cosh\theta = \tfrac{1}{2}\left(e^{\theta} + e^{-\theta}\right), \tag{M.36}$$

$$\operatorname{senh}\theta = \tfrac{1}{2}\left(e^{\theta} - e^{-\theta}\right), \tag{M.37}$$

$$\cosh^2\theta - \operatorname{senh}^2\theta = 1, \tag{M.38}$$

$$\operatorname{senh}\theta = -i \operatorname{sen}(i\theta), \qquad \cosh\theta = \cos(i\theta), \tag{M.39}$$

$$\operatorname{sen}\theta = -i \operatorname{senh}(i\theta), \qquad \cos\theta = \cosh(i\theta). \tag{M.40}$$

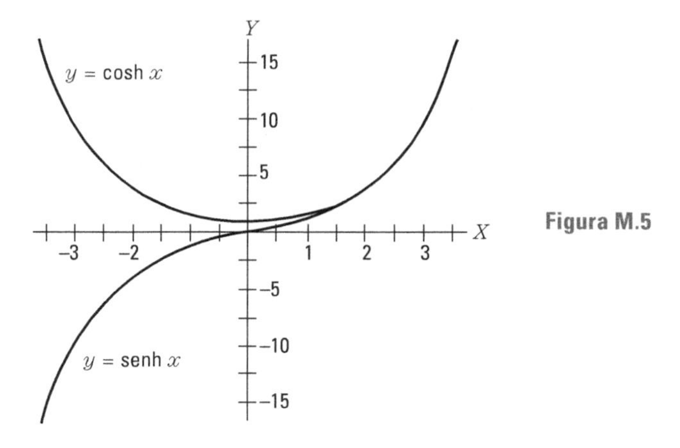

Figura M.5

6. Derivadas e integrais básicas

$f(u)$	df/dx	$\int f(u)\,du$
u^n	$nu^{n-1}du/dx$	$u^{n+1}/(n+1)+C(n\neq -1)$
u^{-1}	$-(1/u^2)\,du/dx$	$\ln u + C$
$\ln u$	$(1/u)\,du/dx$	$u \ln u - u + C$
e^u	$e^u du/dx$	$e^u + C$
sen u	cos $u\,du/dx$	$-$cos $u + C$
cos u	$-$sen $u\,du/dx$	sen $u + C$
tg u	$\sec^2 u\,du/dx$	$-\ln\cos u + C$
cotg u	$-\text{cosec}^2\,u\,du/dx$	ln sen $u + C$
arcsen u	$(du/dx)/\sqrt{1-u^2}$	$u\,\text{sen}^{-1}\,u+\sqrt{1-u^2}+C$
senh u	cosh $u\,du/dx$	cosh $u + C$
cosh u	senh $u\,du/dx$	senh $u + C$

Uma regra útil para integração, chamada *integração por partes*, é

$$\int u\,dv = uv - \int v\,du. \tag{M.41}$$

Esse método é mais frequentemente usado para calcular a integral da direita, usando a integral da esquerda.

7. Valor médio de uma função

O *valor médio* de uma função $y = f(x)$ no intervalo (a, b) é definido por

$$y_{\text{med}} = \frac{1}{b-a}\int_a^b y\,dx. \tag{M.42}$$

De forma semelhante, o valor médio de y^2 é definido por

$$\left(y^2\right)_{\text{med}} = \frac{1}{b-a}\int_a^b y^2\,dx. \tag{M.43}$$

O termo $\sqrt{\left(y^2\right)_{\text{med}}}$ é chamado de *raiz quadrada do valor quadrático médio* ou, simplesmente, *raiz quadrática média* de $y = f(x)$ no intervalo (a, b) e, em geral, difere de y_{med}. É designada y_{rqm}.

8. Relações relativísticas básicas

No que segue, v é a velocidade do referencial S' em relação ao referencial S, e os eixos X e X' são ambos tomados paralelos a v. Também $k = 1/\sqrt{1 - v^2/c^2}$.

(a) Transformação de Lorentz para posição e tempo:

$$\begin{aligned} x' &= k(x - vt), & x &= k(x' + vt'), \\ y' &= y, & y &= y', \\ z' &= z, & z &= z', \\ t' &= k(t - vx/c^2), & t &= k(t' + vx'/c^2). \end{aligned} \tag{M.44}$$

(b) Transformação de Lorentz para momento e energia:

$$\begin{aligned} p'_x &= k(p_x - vE/c^2), & p_x &= k(p'_x + vE'/c^2), \\ p'_y &= p_y, & p_y &= p', \\ p'_z &= p_z, & p_z &= p', \\ E' &= k(E - vp_x), & E &= k(E' + vp'_x). \end{aligned} \tag{M.45}$$

(c) Transformação de Lorentz para força (a partícula está momentaneamente em repouso em relação a S'):

$$F'_x = F_x, \qquad F'_y = kF_y, \qquad F'_z = kF_z. \tag{M.46}$$

(d) Definição de momento:

$$p = m_0 v/\sqrt{1 - v^2/c^2} = k m_0 v.$$

(e) Relação entre momento e energia:

$$E = c\sqrt{m_0^2 c^2 + p^2}.$$

FUNÇÕES TRIGONOMÉTRICAS NATURAIS

Ângulo					Ângulo				
Graus	**Radianos**	**Seno**	**Cosseno**	**Tangente**	**Graus**	**Radianos**	**Seno**	**Cosseno**	**Tangente**
0°	0,000	0,000	1,000	0,000					
1°	0,017	0,017	1,000	0,017	46°	0,803	0,719	0,695	1,036
2°	0,035	0,035	0,999	0,035	47°	0,820	0,731	0,682	1,072
3°	0,052	0,052	0,999	0,052	48°	0,838	0,743	0,669	1,111
4°	0,070	0,070	0,998	0,070	49°	0,855	0,755	0,656	1,150
5°	0,087	0,087	0,996	0,088	50°	0,873	0,766	0,643	1,192
6°	0,105	0,104	0,994	0,105	51°	0,890	0,777	0,629	1,235
7°	0,122	0,122	0,992	0,123	52°	0,908	0,788	0,616	1,280
8°	0,140	0,139	0,990	0,140	53°	0,925	0,799	0,602	1,327
9°	0,157	0,156	0,988	0,158	54°	0,942	0,809	0,588	1,376
10°	0,174	0,174	0,985	0,176	55°	0,960	0,819	0,574	1,428
11°	0,192	0,191	0,982	0,194	56°	0,977	0,829	0,559	1,483
12°	0,209	0,208	0,978	0,212	57°	0,995	0,839	0,545	1,540
13°	0,227	0,225	0,974	0,231	58°	1,012	0,848	0,530	1,600
14°	0,244	0,242	0,970	0,249	59°	1,030	0,857	0,515	1,664
15°	0,262	0,259	0,966	0,268	60°	1,047	0,866	0,500	1,732
16°	0,279	0,276	0,961	0,287	61°	1,065	0,875	0,485	1,804
17°	0,297	0,292	0,956	0,306	62°	1,082	0,883	0,470	1,881
18°	0,314	0,309	0,951	0,325	63°	1,100	0,891	0,454	1,963
19°	0,332	0,326	0,946	0,344	64°	1,117	0,899	0,438	2,050
20°	0,349	0,342	0,940	0,364	65°	1,134	0,906	0,423	2,144
21°	0,366	0,358	0,934	0,384	66°	1,152	0,914	0,407	2,246
22°	0,384	0,375	0,927	0,404	67°	1,169	0,920	0,391	2,356
23°	0,401	0,391	0,920	0,424	68°	1,187	0,927	0,375	2,475
24°	0,419	0,407	0,914	0,445	69°	1,204	0,934	0,358	2,605
25°	0,436	0,423	0,906	0,466	70°	1,222	0,940	0,342	2,748
26°	0,454	0,438	0,899	0,488	71°	1,239	0,946	0,326	2,904
27°	0,471	0,454	0,891	0,510	72°	1,257	0,951	0,309	3,078
28°	0,489	0,470	0,883	0,532	73°	1,274	0,956	0,292	3,271
29°	0,506	0,485	0,875	0,554	74°	1,292	0,961	0,276	3,487
30°	0,524	0,500	0,866	0,577	75°	1,309	0,966	0,259	3,732
31°	0,541	0,515	0,857	0,601	76°	1,326	0,970	0,242	4,011
32°	0,558	0,530	0,848	0,625	77°	1,344	0,974	0,225	4,332
33°	0,576	0,545	0,839	0,649	78°	1,361	0,978	0,208	4,705
34°	0,593	0,559	0,829	0,674	79°	1,379	0,982	0,191	5,145
35°	0,611	0,574	0,819	0,700	80°	1,396	0,985	0,174	5,671
36°	0,628	0,588	0,809	0,726	81°	1,414	0,988	0,156	6,314
37°	0,646	0,602	0,799	0,754	82°	1,431	0,990	0,139	7,155
38°	0,663	0,616	0,788	0,781	83°	1,449	0,992	0,122	8,144
39°	0,681	0,629	0,777	0,810	84°	1,466	0,994	0,104	9,514
40°	0,698	0,643	0,766	0,839	85°	1,484	0,996	0,087	11,430
41°	0,716	0,656	0,755	0,869	86°	1,501	0,998	0,070	14,301
42°	0,733	0,669	0,743	0,900	87°	1,518	0,999	0,052	19,081
43°	0,750	0,682	0,731	0,932	88°	1,536	0,999	0,035	28,636
44°	0,768	0,695	0,719	0,966	89°	1,553	1,000	0,018	57,290
45°	0,785	0,707	0,707	1,000	90°	1,571	1,000	0,000	∞

LOGARITMOS COMUNS

N	0	1	2	3	4	5	6	7	8	9
0		0000	3010	4771	6021	6990	7782	8451	9031	9542
1	0000	0414	0792	1139	1461	1761	2041	2304	2553	2788
2	3010	3222	3424	3617	3802	3979	4150	4314	4472	4624
3	4771	4914	5051	5185	5315	5441	5563	5682	5798	5911
4	6021	6128	6232	6335	6435	6532	6628	6721	6812	6902
5	6990	7076	7160	7243	7324	7404	7482	7559	7634	7709
6	7782	7853	7924	7993	8062	8129	8195	8261	8325	8388
7	8451	8513	8573	8633	8692	8751	8808	8865	8921	8976
8	9031	9085	9138	9191	9243	9294	9345	9395	9445	9494
9	9542	9590	9638	9685	9731	9777	9823	9868	9912	9956
10	0000	0043	0086	0128	0170	0212	0253	0294	0334	0374
11	0414	0453	0492	0531	0569	0607	0645	0682	0719	0755
12	0792	0828	0864	0899	0934	0969	1004	1038	1072	1106
13	1139	1173	1206	1239	1271	1303	1335	1367	1399	1430
14	1461	1492	1523	1553	1584	1614	1644	1673	1703	1732
15	1761	1790	1818	1847	1875	1903	1931	1959	1987	2014
16	2041	2068	2095	2122	2148	2175	2201	2227	2253	2279
17	2304	2330	2355	2380	2405	2430	2455	2480	2504	2529
18	2553	2577	2601	2625	2648	2672	2695	2718	2742	2765
19	2788	2810	2833	2856	2878	2900	2923	2945	2967	2989
20	3010	3032	3054	3075	3096	3118	3139	3160	3181	3201
21	3222	3243	3263	3284	3304	3324	3345	3365	3385	3404
22	3424	3444	3464	3483	3502	3522	3541	3560	3579	3598
23	3617	3636	3655	3674	3692	3711	3729	3747	3766	3784
24	3802	3820	3838	3856	3874	3892	3909	3927	3945	3962
25	3979	3997	4014	4031	4048	4065	4082	4099	4116	4133
26	4150	4166	4183	4200	4216	4232.	4249	4265	4281	4298
27	4314	4330	4346	4362	4378	4393	4409	4425	4440	4456
28	4472	4487	4502	4518	4533	4548	4564	4579	4594	4609
29	4624	4639	4654	4669	4683	4698	4713	4728	4742	4757
30	4771	4786	4800	4814	4829	4843	4857	4871	4886	4900
31	4914	4928	4942	4955	4969	4983	4997	5011	5024	5038
32	5051	5065	5079	5092	5105	5119	5132	5145	5159	5172
33	5185	5198	5211	5224	5237	5250	5263	5276	5289	5302
34	5315	5328	5340	5353	5366	5378	5391	5403	5416	5428
35	5441	5453	5465	5478	5490	5502	5514	5527	5539	5551
36	5563	5575	5587	5599	5611	5623	5635	5647	5658	5670
37	5682	5694	5705	5717	5729	5740	5752	5763	5775	5786
38	5798	5809	5821	5832	5843	5855	5866	5877	5888	5899
39	5911	5922	5933	5944	5955	5966	5977	5988	5999	6010
40	6021	6031	6042	6053	6064	6075	6085	6096	6107	6117
41	6128	6138	6149	6160	6170	6180	6191	6201	6212	6222
42	6232	6243	6253	6263	6274	6284	6294	6304	6314	6325
43	6335	6345	6355	6365	6375	6385	6395	6405	6415	6425
44	6435	6444	6454	6464	6474	6484	6493	6503	6513	6522
45	6532	6542	6551	6561	6571	6580	6590	6599	6609	6618
46	6628	6637	6646	6656	6665	6675	6684	6693	6702	6712
47	6721	6730	6739	6749	6758	6767	6776	6785	6794	6803
48	6812	6821	6830	6839	6848	6857	6866	6875	6884	6893
49	6902	6911	6920	6928	6937	6946	6955	6964	6972	6981

continua

continuação

50	6990	6998	7007	7016	7024	7033	7042	7050	7059	7067
51	7076	7084	7093	7101	7110	7118	7126	7135	7143	7152
52	7160	7168	7177	7185	7193	7202	72ro	7218	7226	7235
53	7243	7251	7259	7267	7275	7284	7292	7300	7308	7316
54	7324	7332	7340	7348	7356	7364	7372	7380	7388	7396
55	7404	7412	7419	7427	7435	7443	7451	7459	7466	7474
56	7482	7490	7497	7505	7513	7520	7528	7536	7543	7551
57	7559	7566	7574	7582	7589	7597	7604	7612	7619	7627
58	7634	7642	7649	7657	7664	7672	7679	7686	7694	7701
59	7709	7716	7723	7731	7738	7745	7752	7760	7767	7774
60	7782	7789	7796	7803	7810	7818	7825	7832	7839	7846
61	7853	7860	7868	7875	7882	7889	7896	7903	7910	7917
62	7924	7931	7938	7945	7952	7959	7966	7973	7980	7987
63	7993	8000	8007	8014	8021	8028	8035	8041	8048	8055
64	8062	8069	8075	8082	8089	8096	8102	8109	8116	8122
65	8129	8136	8142	8149	8156	8162	8169	8176	8182	8189
66	8195	8202	8209	8215	8222	8228	8235	8241	8248	8254
67	8261	8267	8274	8280	8287	8293	8299	8306	8312	8319
68	8325	8331	8338	8344	8351	8357	8363	8370	8376	8382
69	8388	8395	8401	8407	8414	8420	8426	8432	8439	8445
70	8451	8457	8463	8470	8476	8482	8488	8494	8500	8506
71	8513	8519	8525	8531	8537	8543	8549	8555	8561	8567
72	8573	8579	8585	8591	8597	8603	8609	8615	8621	8627
73	8633	8639	8645	8651	8657	8663	8669	8675	8681	8686
74	8692	8698	8704	8710	8716	8722	8727	8733	8739	8745
75	8751	8756	8762	8768	8774	8779	8785	8791	8797	8802
76	8808	8814	8820	8825	8831	8837	8842	8848	8854	8859
77	8865	8871	8876	8882	8887	8893	8899	8904	8910	8915
78	8921	8927	8932	8938	8943	8949	8954	8960	8965	8971
79	8976	8982	8987	8993	8998	9004	9009	9015	9020	9025
80	9031	9036	9042	9047	9053	9058	9063	9069	9074	9079
81	9085	9090	9096	9101	9106	9112	9117	9122	9128	9133
82	9138	9143	9149	9154	9159	9165	9170	9175	9180	9186
83	9191	9196	9201	9206	9212	9217	9222	9227	9232	9238
84	9243	9248	9253	9258	9263	9269	9274	9279	9284	9289
85	9294	9299	9304	9309	9315	9320	9325	9330	9335	9340
86	9345	9350	9355	9360	9365	9370	9375	9380	9385	9390
87	9395	9400	9405	9410	9415	9420	9425	9430	9435	944a
88	9445	9450	9455	9460	9465	9469	9474	9479	9484	9489
89	9494	9499	9504	9509	9513	9518	9523	9528	9533	9538
90	9542	9547	9552	9557	9562	9566	9571	9576	9581	9586
91	9590	9595	9600	9605	9609	9614	9619	9624	9628	9633
92	9638	9643	9647	9652	9657	9661	9666	9671	9675	9680
93	9685	8689	9694	9699	9703	9708	9713	9717	9722	9727
94	9731	9736	9741	9745	9750	9754	9759	9763	9768	9773
95	9777	9782	9786	9791	9795	9800	9805	9809	9814	9818
96	9823	9827	9832	9836	9841	9845	9850	9854	9859	9863
97	9868	9872	9877	9881	9886	9890	9894	9899	9903	9908
98	9912	9917	9921-	9926	9930	9934	9939	9943	9948	9952
99	9956	9961	9965	9969	9974	9978	9983	9987	9991	9996
100	0000	0004	0009	0013	0017	0022	0026	0030	0035	0039

FUNÇÕES EXPONENCIAIS

x	e^x	e^{-x}	x	e^x	e^{-x}
0,00	1,0000	1,0000	2,5	12,182	0,0821
0,05	1,0513	0,9512	2,6	13,464	0,0743
0,10	1,1052	0,9048	2,7	14,880	0,0672
0,15	1,1618	0,8607	2,8	16,445	0,0608
0,20	1,2214	0,8187	2,9	18,174	0,0550
0,25	1,2840	0,7788	3,0	20,086	0,0498
0,30	1,3499	0,7408	3,1	22,198	0,0450
0,35	1,4191	0,7047	3,2	24,533	0,0408
0,40	1,4918	0,6703	3,3	27,113	0,0369
0,45	1,5683	0,6376	3,4	29,964	0,0334
0,50	1,6487	0,6065	3,5	33,115	0,0302
0,55	1,7333	0,5769	3,6	36,598	0,0273
0,60	1,8221	0,5488	3,7	40,447	0,0247
0,65	1,9155	0,5220	3,8	44,701	0,0224
0,70	2,0138	0,4966	3,9	49,402	0,0202
0,75	2,1170	0,4724	4,0	54,598	0,0183
0,80	2,2255	0,4493	4,1	60,340	0,0166
0,85	2,3396	0,4274	4,2	66,686	0,0150
0,90	2,4596	0,4066	4,3	73,700	0,0136
0,95	2,5857	0,3867	4,4	81,451	0,0123
1,0	2,7183	0,3679	4,5	90,017	0,0111
1,1	3,0042	0,3329	4,6	99,484	0,0101
1,2	3,3201	0,3012	4,7	109,95	0,0091
1,3	3,6693	0,2725	4,8	121,51	0,0082
1,4	4,0552	0,2466	4,9	134,29	0,0074
1,5	4,4817	0,2231	5	148,41	0,0067
1,6	4,9530	0,2019	6	403,43	0,0025
1,7	5,4739	0,1827	7	1096,6	0,0009
1,8	6,0496	0,1653	8	2981,0	0,0003
1,9	6,6859	0,1496	9	8103,1	0,0001
2,0	7,3891	0,1353	10	22026	0,00005
2,1	8,1662	0,1225			
2,2	9,0250	0,1108			
2,3	9,9742	0,1003			
2,4	11,023	0,0907			

Respostas a alguns dos problemas ímpares

Capítulo 14

14.1 $4{,}21 \times 10^{-8}$ N; $1{,}16 \times 10^{36}$

14.3 $4{,}14 \times 10^{44}$; $1{,}16 \times 10^{36}$

14.5 $(d + 21 \text{ sen } \theta)^2 \text{ tg } \theta = 9 \times 10^9 (q^2/mg)$

14.7 (a) $4{,}8 \times 10^{-15}$ N; (b) $5{,}28 \times 10^{15}$ m · s^{-2} = $5{,}38 \times 10^{14} g$

14.9 (a) $1{,}011 \times 10^3$ N · C^{-1}; (b) $2{,}67 \times 10^5$ m · s^{-1}

14.11 (a) $5{,}69 \times 10^{-9}$ s; (b) $1{,}42 \times 10^{-2}$ m; (c) $9{,}86 \times 10^{-2}$ m

14.13 2

14.15 (a) $2{,}5 \times 10^{-4}$ m · s^{-1};
(b) $0{,}984 \times 10^{-4}$, $1{,}571 \times 10^{-4}$, $2{,}159 \times 10^{-4}$, $3{,}333 \times 10^{-4}$, $5{,}095 \times 10^{-4}$ m · s^{-1};
(c) $3{,}484 \times 10^{-4}$, $4{,}071 \times 10^{-4}$, $4{,}659 \times 10^{-4}$, $5{,}833 \times 10^{-4}$, $7{,}595 \times 10^{-4}$ m · s^{-1};
(d) a constante é $0{,}587 \times 10^{-4}$ e o excesso de carga é 6, 7, 8, 10, e 13, respectivamente,
(e) $1{,}6017 \times 10^{-19}$ C

14.17 951 V

14.19 (a) $-4{,}5 \times 10^{-3}$ N (atrativa), 9×10^{-3} N (em direção à carga de 3×10^{-7} C), $-13{,}5 \times 10^{-3}$ N (atrativa); (b) 9×10^{-4} J, -45×10^{-4}J, 0 J; (c) -18×10^{-4} J, que é a metade do valor da soma dos resultados de (b) porque cada par foi considerado *duas vezes* em (b)

14.21 $8{,}59 \times 10^{28}$ m · s^{-2}, $4{,}88 \times 10^{-12}$ J; (b) $3{,}82 \times 10^7$ m · s^{-1}

14.23 2×10^{-7} C, 3 m

14.25 $2{,}88 \times 10^3$ V

14.27 (a) $-1{,}8 \times 10^4$ V, $-3{,}6 \times 10^5$ V; (b) $4{,}22 \times 10^5$ V, $1{,}123 \times 10^8$ N ·C^{-1}; (c) $1{,}04 \times 10^6$ V, $1{,}125 \times 10^8$ N · C^{-1}; (d) -9×10^3 V, $2{,}38 \times 10^5$ N · C^{-1}, formando um ângulo de 19,1° com a reta que passa pelas duas cargas; (e) na reta que passa pelas duas cargas, em um ponto a 0,445 m da primeira, mas fora delas

14.29 (b) $2q/4\pi\varepsilon_0$; (e) $x = \pm\sqrt{4 - a^2}$; (f) $2q/4\pi\varepsilon_0 x(a^2 + x^2)^{3/2}$

14.33 (a) $\boldsymbol{u}_x 50$ N · C^{-1}; (b) $\boldsymbol{u}_x 10{,}8$ N · C^{-1}

14.37 (a) $-4{,}358 \times 10^{-18}$ J; (b) $2{,}179 \times 10^{-18}$ J; (c) $-2{,}179 \times 10^{-18}$ J;
(d) $6{,}56 \times 10^{15}$ Hz

14.39 (a) $(e^2/4\pi\varepsilon_0)(-8/r + 1/R)$; (b) $(e^2/4\pi\varepsilon_0)(-4/r + 1/R + 1/R_0)$, onde r é a distância entre o núcleo e o elétron, R é a distância entre os elétrons, e R_0 é a distância entre os núcleos.

14.41 Não relativístico:

$v_e = 5{,}931 \times 10^5 \sqrt{V}\ \mathrm{m \cdot s^{-1}}$ e $v_p = 1{,}384 \times 10^4 \sqrt{V}\ \mathrm{m \cdot s^{-1}}$,

onde V é dado em volts

14.43 Para o elétron: (a) $4{,}662 \times 10^4$ V; (b) $2{,}945 \times 10^5$ V; (c) $7{,}86 \times 10^5$ V; para o próton: (a) $8{,}56 \times 10^7$ V; (b) $5{,}407 \times 10^8$ V; (c) $1{,}443 \times 10^9$ V.

14.45 $0{,}215c$

14.47 (b) $(1/v)\sqrt{(2e/m)V_0}$; (c) neV_0; (d) $L_1\sqrt{n}\left[1+\left(nv^2L_1^2/2c^2\right)\right]^{-1/2}$

14.49 1,44 MeV

14.51 16,02 MeV, 1,001 MeV/próton; 80,09 MeV, 2,002 MeV/próton; 250,0 MeV, 2,747 MeV/ /próton; 486,8 MeV, 3,380 MeV/próton; 779,0 MeV, 3,895 MeV/próton; 973,7 MeV, 4,091 MeV/próton

14.53 (a) $11{,}5 \times 10^{-14}$ m; (b) aproximadamente 11,5 vezes o raio nuclear

14.55 (a) $3{,}52 \times 10^6\ \mathrm{m \cdot s^{-1}}$, $3{,}52 \times 10^{-3}$ m; (b) 17,9 cm

14.57 (b) $2{,}52 \times 10^6\ \mathrm{m \cdot s^{-1}}$; (c) $2{,}29 \times 10^6\ \mathrm{m \cdot s^{-1}}$; (d) $6{,}0 \times 10^3\ \mathrm{N \cdot C^{-1}}$, $1{,}0 \times 10^3\ \mathrm{N \cdot C^{-1}}$; (e) $1{,}056 \times 10^{18}\ \mathrm{m \cdot s^{-2}}$, $1{,}76 \times 10^{17}\ \mathrm{m \cdot s^{-2}}$

14.59 (a) $1{,}22 \times 10^7\ \mathrm{m \cdot s^{-1}}$, $3{,}783 \times 10^7\ \mathrm{m \cdot s^{-1}}$; (b) $3{,}975 \times 10^7\ \mathrm{m \cdot s^{-1}}$, aprox. 18° com o sentido do campo; (c) $6{,}10 \times 10^{-1}$ m, $7{,}695 \times 10^{-1}$ m; (d) $7{,}195 \times 10^{-16}$ J ou $4{,}49 \times 10^3$ eV

14.61 $5{,}57 \times 10^{-16}$, $1{,}02 \times 10^{-15}$

14.63 $q\sigma/2m\varepsilon_0$; $\sqrt{2az}$; $\sqrt{2z/a}$

14.65 (a) Uma parábola; (b) $(v_0 \operatorname{sen}\alpha)^2/2a = z_{\max}$; (c) $2v_0 \cos\alpha\sqrt{2z_{\max}a}$, onde α é ângulo inicial acima da horizontal e $a = \sigma/2m\varepsilon_0$

14.67 $$\left(-q^2/\pi\varepsilon_0 a\right)\left\{\ln 2 - 2\sum_{n=1}^{\infty}\sum_{i=1}^{n-1}\left(\frac{1}{\sqrt{8n^2}} + \frac{-1^{n-i}}{\sqrt{n^2+i^2}}\right)\right\} \approx 0{,}56\left(-q^2/\pi\varepsilon_0 a\right)$$

14.69 $\left(\sigma/2\varepsilon_0\right)\left(\sqrt{R^2+r^2}-r\right)$; $(a/4\varepsilon_0) \ln (R^2/r^2 + 1)$

14.71 (b) $\mathfrak{E}_\perp = (2/4\pi\varepsilon_0 R) \operatorname{sen} \theta$; $\mathfrak{E}_\parallel = 0$

14.73 $\sigma/2\varepsilon_0$; $-\frac{1}{2}\left(\sigma/\varepsilon_0\right)z$

14.77 Em relação ao eixo dos Y: $Q = -3qa^2$, $V = -Q/12\pi\varepsilon_0 y^3$, $\mathfrak{E} = -Q/3\pi\varepsilon_0 y^4$; em relação ao eixo dos Z, o mesmo do eixo dos Y, com exceção de que são todos positivos e de que os y devem ser substituídos por z.

14.79 $\operatorname{sen}^{-1} (e^2/4\pi\varepsilon_0)(1/aE_k)$, onde E_k é a energia cinética do próton.

14.83 (b) $4{,}8 \times 10^{-10}$ stC; (c) $K_e = 1\ \mathrm{dyn \cdot cm^2 \cdot stC^{-2}}$, $\varepsilon_0 = \left(\frac{1}{4}\pi\right)\mathrm{stC^2 \cdot dyn^{-1} \cdot cm^{-2}}$; (d) $\frac{1}{3} \times 10^{-4}\,\mathrm{dyn \cdot stC^{-1}} = 1\ \mathrm{N \cdot C^{-1}}$

14.85 $K_e = 9 \times 10^{20}\ \mathrm{dyn \cdot cm^2 \cdot abcoulomb^{-2}}$; $\varepsilon_0 = \left(\frac{1}{4}\pi\right)\left(\frac{1}{9}\right)\times 10^{-20}\,\mathrm{dyn^{-1} \cdot cm^{-2}}$ · abcoulomb^2; 1 abcoulomb = 3×10^{10} stC

14.87 $V = 9 \times 10^9\ q/r$; $\mathfrak{E} = 9 \times 10^9 q/r^2$

14.89 Para o hidrogênio: –13,598 eV, –3,3995 eV, –1,511 eV, –0,8499 eV; 10,2 eV; para o íon de hélio: –54,392 eV, –13,598 eV, –6,039 eV, –3,3995 eV; 40,794 eV

Capítulo 15

15.1 $5{,}68 \times 10^{-5}$ T; $10^7\ \mathrm{s^{-1}}$

15.3 (a) $3{,}48 \times 10^{-2}$ m; (b) $3{,}79 \times 10^{-1}$ m; (c) $1{,}44 \times 10^8\ \mathrm{s^{-1}}$

15.5 (a) 0,528 m, $43{,}7 \times 10^{-8}$ s; (b) 1,74 m, $1{,}43 \times 10^{-6}$ s

15.7 $2{,}13 \times 10^{-2}$ m

15.9 (a) $3{,}2 \times 10^{-3}$ m; (b) $6{,}4 \times 10^{-3}$ m

15.11 $\boldsymbol{F}_1 = \boldsymbol{u}_z qv\mathfrak{B}$; $F_2 = 0$; $\boldsymbol{F}_3 = \boldsymbol{u}_z qv\mathfrak{B}/\sqrt{2}$; $\boldsymbol{F}_4 = -\boldsymbol{u}_x qv\mathfrak{B}/\sqrt{2}$; $F_5 = -\boldsymbol{u}_x qv\mathfrak{B}$;
$\boldsymbol{F}_6 = -\boldsymbol{u}_z qv\mathfrak{B}/\sqrt{3} + \boldsymbol{u}_x qv\mathfrak{B}/\sqrt{3}$

15.13 2×10^{-1} T no sentido negativo dos Y

15.15 (a) $1{,}7 \times 10^7$ m · s^{-1}; (c) $4{,}83 \times 10^{-2}$ m

15.17 (a) 1,0206 R; (b) 960 V

15.21 $1{,}24 \times 10^3$ m

15.25 Para o dêuteron: (a) $2{,}087 \times 10^{-1}$ T; (b) 4×10^6 m · s^{-1}; (c) 0,17 MeV; (d) 9 (8,5).
Para a partícula alfa: (a) $2{,}074 \times 10^{-1}$ T; (b) 4×10^6 m · s^{-1}; (c) 0,33 MeV; (d) 8 (8,2)

15.27 (a) 0,209 T; (b) 0,136 MeV, $3{,}2 \times 10^6$ m · s^{-1}

15.29 1,57 m

15.33 (a) $d^2r/dt^2 = (q/m)(\mathfrak{E} + \boldsymbol{v} \times \mathfrak{B})$; (c) $x = (v_0 m/q\mathfrak{B})$ sen $(q\mathfrak{B}/m)t$,
$y = \frac{1}{2}(q\mathfrak{E}/m)t^2$, $z = -(m/q\mathfrak{B})$ cos $(q\mathfrak{B}/m)t$; (e) aceleração retilínea constante

15.39 $3{,}78 \times 10^8$ A · m^{-2}

15.41 (a) $4{,}5 \times 10^{-3}$ N · m; (b) 4×10^{-2} A · m^2; (c) $8{,}07 \times 10^{-2}$ N · m

15.43 (a) $\boldsymbol{u}_y$ $(1{,}32 \times 10^{-2})$ T; (b) o momento de dipolo magnético e o campo têm o mesmo sentido; portanto não existe conjugado.

15.45 0,3 rad

15.47 (a) $-\boldsymbol{u}_z(10^{-2})$N; (b) $\boldsymbol{u}_x(-5 \times 10^{-4}) + \boldsymbol{u}_y(10^{-3})$N · m

15.49 (a) $8{,}804 \times 10^{10}$ s^{-1}; (b) $1{,}337 \times 10^8$ s^{-1}

15.51 1

15.59 $2{,}403 \times 10^{-20}$ N

15.63 (a) $\mu_0 I/\pi a$; (b) $\mu_0 I/3\pi a$; (c) $0{,}2\mu_0 I/3\pi a$

15.65 (b) $\boldsymbol{u}_x(\mu_0 Ia/\pi r^2)$ onde $r^2 = a^2 + x^2$; (d) $x = 0$. Para pontos do eixo dos Y.
(b) $\boldsymbol{u}_y(\mu_0 Ia/\pi r^2)$ onde $r^2 = a^2 - y^2$; (d) $y = \pm a$

15.67 15

15.69 (a) $(\mu_0 j/\pi)$ arc tg$(w/2d)$; (b) $\frac{1}{2}\mu_0 j$

15.71 $1{,}02 \times 10^{-2}$ m

15.73 46,26 A

15.75 $F'_1 = F_1$, $F'_2 = -F'_1$ quando as cargas estão nos eixos dos X; quando as cargas estão no eixo dos Y', $F_1 = \sqrt{1 - v^2/c^2}\,F'_1$.

15.77 1; 1,005; 1,15; 2,29

15.79 (a) $2{,}31 \times 10^{-20}$ N repulsão, $2{,}57 \times 10^{-25}$ N atração: (b) $2{,}31 \times 10^{-20}$ N repulsão;
(c) $3{,}85 \times 10^{-20}$ N, $2{,}46 \times 10^{-20}$ N

Capítulo 16

16.1 (a) Para o campo elétrico:

$$q/4\pi\varepsilon_0 r^2, \qquad (q/4\pi\varepsilon_0 r^2)\frac{r^3 - R_2^3}{R_1^3 - R_2^3}, \qquad 0;$$

para o potencial elétrico

$$q/4\pi\varepsilon_0 r, \qquad (q/8\pi\varepsilon_0 r)\frac{3R_2^2 r - r^3 - 2R_2^3}{R_1^3 - R_2^3}, \qquad 0$$

16.3 (a) $-e/\pi a_0^3$; (b) $-0{,}424e$; (c) $(-e/4\pi\varepsilon_0 r^2)[1 + e^{-2r/a_0} - 2(1 + r/a_0)^2 e^{-2r/a_0}]$; (d) $x^2 + 4x + 2 = 2 \times 10^{-2} e^x$, logo $x = r/a_0 = 4{,}48$

16.5 (a) ca^3, $\varepsilon_0 ca^3$, $2\varepsilon_0 cx$; (b) 0, 0, 0

16.7 (a) $(10/13) \times 10^{-9}$ C e $(3/13) \times 10^{-9}$ C; (b) $4{,}5 \times 10^{-9}$ J; (c) $3{,}46 \times 10^{-9}$ J

16.9 (c) $4\pi\varepsilon_0 \mathfrak{E}_0 a^3$ (d) $\mathfrak{E}_0 \cos\theta(1 + 2a^3/r^3)$; $-\mathfrak{E}_0 \operatorname{sen}\theta(1 - a^3/r^3)$; (g) $-(6\mathfrak{E}_0\varepsilon_0/a)\cos\theta$

16.11 (a) 16,5; (b) 15,5

16.15 (a) 0,484 m^2; (b) 10^3 V

16.17 (a) 380 nF; (b) $7{,}6 \times 10^3$ V; (c) $1{,}443 \times 10^{-3}$J; (d) $1{,}37 \times 10^{-3}$J

16.21 Em série: (a) $\frac{2}{3}\mu$F; (b) $\frac{4}{3}\times 10^{-5}$ F, 80/9, 60/9, e 40/9 V; (c) $\frac{4}{3}\times 10^{-4}$ J; em paralelo: (a) 6,5 μF; (b) 3×10^{-5}, 4×10^{-5}, e 6×10^{-5} F, 20 V; (c) 13×10^{-4} J

16.23 (a) C_1 : 6×10^{-4} C, 200 V; C_2 : 2×10^{-4} C, 100 V; C_3 : 4×10^{-4} C, 100 V; (b) 9×10^{-2} J

16.27 (a) $\times(\varepsilon_0 S/x^2)dx$; (b) $\frac{1}{2}\left(Q^2/\varepsilon_0 S\right)dx$; (c) $\frac{1}{2}\left(Q^2/\varepsilon_0 S\right)$. Quando o potencial é mantido constante: (a) como o anterior; (b) $\frac{1}{2}\left(\varepsilon_0 SV^2/x\right)dx$; (c) $\frac{1}{2}\left(\varepsilon_0 SV^2/x\right)$

16.31 $2{,}06 \times 10^{-14}$ s

16.33 (a) 9Ω; 3Ω: 48 A, 144 V; 12Ω: 8 A, 96 V; 6Ω: 16 A, 96 V; 4Ω: 24 A, 96 V; 20Ω: 12 A, 240 V; 5Ω: 60 A 300 V; (b) 10Ω; 7Ω: 24 A, 168 V; 12Ω: 6 A, 72 V; 3Ω: 4 A, 12 V; 6Ω: 2 A, 12 V; 10Ω: 6 A, 60 V; 18Ω: 4 A, 72 V; 9Ω: 8 A, 72 V; (c) 7,5Ω; 4Ω: 9 A, 36 V; 9Ω: 6 A, 54 V; 16Ω: 3 A, 48 V; 3Ω: 2 A, 6V; 30Ω: 3 A, 90 V; (d) a corrente em cada resistor é de 10 A, com exceção do resistor do centro, pois não há diferença de potencial entre suas extremidades

16.35 (a) 32Ω; (b) 20 V

16.37 90 W

16.41 (a) é dobrada; (b) cai pela metade; (c) é reduzida a um quarto

16.43 (a) não; (b) 1,48Ω; (c) 1,24Ω

16.47 (a) 2,8286 V; (b) 1,33 V

16.49 (a) 1 A; (b) 8 V; (c) 12Ω: $\frac{1}{18}$A; 6Ω: $\frac{1}{9}$A; 4Ω: $\frac{1}{6}$A; 22Ω: $\frac{1}{3}$A; 8Ω: $\frac{2}{3}$A; 5Ω: $\frac{8}{15}$A; 20Ω: $\frac{2}{15}$A

16.51 (a) – $-\frac{2}{9}$V; (b) $\frac{13}{28}$A

16.55 (a) 5×10^{-5} Ω; (b) $2{,}5 \times 10^5$Ω

16.59 Para $r < R_1$, $(\mu_0/2\pi)$ (Ir/R_1^2); para $R_1 < r < R_2$, $(\mu_0/2\pi)$ I/r; para $R_2 < r < R_3$, $(\mu_0 I/2\pi r)$ $(R_3^2 - r^2)/(R_3^2 - R_2^2)$; para $r > R_3$, 0

16.67 (a) –0,24 Wb; (b) 0; (c) 0,24 Wb

Capítulo 17

17.1 (a) -16π V; (b) + 16π V; (c) + 32π V; (d) 16π V; (e) 32π V

17.5 (a) Círculos concêntricos, sentido horário; (b) 5×10^{-3} N · C^{-1}, $\pi \times 10^{-3}$ V; (c) $1{,}57 \times 10^{-3}$ A; (d) 0; (e) o conceito de diferença de potencial é utilizável apenas para condições estacionárias; (f) $3{,}14 \times 10^{-3}$ V

17.7 (a) 2 V; (b) $2t$ V; (c) 0,0; (d) 1 A, t A

17.9 3 V; a extremidade a está no potencial mais alto

17.13 (a) $7{,}2 \times 10^{-2}$ Wb · A^{-1}; (b) $2{,}9 \times 10^{-1}$ Wb; (c) $4{,}8 \times 10^{-1}$ V

17.19 $\mu_0 NA/2\pi R$, onde A é a área da seção reta das bobinas e R é o raio do toroide

17.23 $\mu_0 Iabv/2\pi(r + vt)(r + a + vt)$

17.27 (b) $q = (B/A)(e^{At/R} - 1)$, $I = (B/R)\,e^{At/R}$, onde $A = (C_2 - C_1)/C_1C_2$ e $B = q_0/C_2$

17.31 (a) $I = C\omega_f V_{\mathcal{E}0} \cos \omega_f t$

17.33 (a) 5×10^{-4} A; (b) 5×10^{-2} A; (c) 5 A

17.35 (a) 5×10^{-2} A; (b) 5×10^{-3} A; (c) 5×10^{-4} A

17.39 (a) $0{,}38\pi$ sen $20\pi t$ V; (b) $0{,}19\,\pi$ sen $(20\pi t - \pi \times 10^{-2})$ A

17.41 (a) 98,21 A, 10,9°; (b) 98,21 sen $(120\pi t - 10{,}9°)$ V, $35{,}35\pi$ sen $(120\pi t - 79{,}1°)$V, $(409{,}2/\pi)$ sen $(120\pi t - 100{,}9°)$ V

17.43 (a) 0A; (b) 1 A; (c) 9,804 A; (d) 50 A; (e) 9,804 A; (f) 1 A

17.45 Circuito: 1: $1/Z = \sqrt{1/R^2 + \omega_f^2/C^2}$, arc tg $(-\omega_f R/C)$; circuito 2: $1/Z = (1/\omega_f L) - \omega_f/C$, 90°; circuito 3: $1/Z = \sqrt{1/R^2 + \left(1/\omega_f L - \omega_f/C\right)^2}$, arc tg $(R/\omega_f LC)(C - \omega_f^2 L)$

17.47 (c) Impedância infinita

17.53 q/ε_0

Capítulo 18

18.3 (a) 10 m; (b) 0,5 m; (c) 100 Hz; (d) 50 m · s^{-1}

18.9 (a) $8{,}86 \times 10^{-3}$ m, $1{,}69 \times 10^{-2}$ m, $2{,}35 \times 10^{-2}$ m; (b) $8{,}86 \times 10^{-3}$ m, $2{,}99 \times 10^{-3}$ m, $-2{,}99 \times 10^{-3}$ m; (c) $-0{,}06 \cos(3x - 2t)$, 6×10^{-2} m · s^{-1}; (d) 0,667 m · s^{-1}

18.11 (a) $\xi = 10^{-4}$ sen $2\pi(1{,}98 \times 10^{-3}x - 10t)$; (b) $1{,}56\pi^2 \times 10^{-2}$ J · m^{-2}; (c) $3.16\pi^3 \times 10^{-5}$ W; (d) cerca de 1 mW

18.13 15,6 m · s^{-1}

18.15 $3{,}20 \times 10^3$ m · s^{-1}

18.17 (a) aumenta de $\sqrt{2}$; (b) diminui de $1/\sqrt{2}$; (c) 4 vezes; (d) vezes $\frac{1}{4}$

18.19 99 m · s^{-1}

18.21 (a) 12,8 m · s^{-1}; (b) 0,268 m · s^{-1}; (c) $\xi = 10^{-3}\text{sen}\,2\pi\left(\frac{1}{3}x - 4{,}3t\right)$; (d) $5{,}5 \times 10^{-2}$ W

18.23 (a) $1{,}25 \times 10^{-2}$ m; (b) $6{,}25 \times 10^{-3}$ m, $4{,}9 \times 10^2$ N; (c) $5{,}06 \times 10^3$ m · s^{-1}, $1{,}60 \times 10^5$ m · s^{-1}

18.27 0,579 m · s^{-1} · K^{-1}

18.29 (a) $\rho = \rho_0[1 + (\mathfrak{P}_0/\kappa)$ sen $2\pi(x/\lambda - t/P)]$; $\xi = (\mathfrak{P}_0\lambda/\kappa 2\pi)\cos 2\pi(x/\lambda - t/P)$

18.31 Para o som mais fraco: $4{,}49 \times 10^{-13}$ W · m^{-2}, $-3{,}5$ db, $1{,}43 \times 10^{-11}$ m; para o som mais alto: 0,881 W · m^{-2}, 119 db, $2{,}00 \times 10^{-5}$ m

18.33 (a) Ela é aumentada por um fator 4; (b) ela é aumentada por um fator de $\sqrt{10}$

18.35 (a) 57,9; (b) $2{,}98 \times 10^{-2}$

18.37 (a) $1{,}869 \times 10^2$ m · s^{-1}; (b) 18,75 m · s^{-1}; (c) 7,342 m · s^{-1}; (d) 7,089 m · s^{-1}

18.41 $\xi = \xi_0\left\{2\cos\frac{1}{2}\left[(k - k')x - (\omega - \omega')t\right] + 1\right\}\text{sen}\,(kx - \omega t)$

18.43 $3v_p - 2\sqrt{Y/\rho}$; $\sqrt{Y/\rho}$

18.47 (a) 529,2 Hz; (b) 470,4 Hz

18.49 (a) $1{,}088 \times 10^3$ Hz; (b) $9{,}117 \times 10^2$ Hz

18.55 $\sigma = \frac{1}{2}(1 - Y/3\kappa)$

18.57 0,2902, $2{,}54 \times 10^{10}$ N · m^{-2}; –0,1007, $1{,}44 \times 10^{10}$ N · m^{-2}

18.59 (a) $v = k\sqrt{-a}$ (ω é imaginário); (b) não; (c) não

Capítulo 19

19.1 (a) 3 m, linearmente polarizada no plano XY, propaga-se na direção $+X$; (b) $\mathfrak{B}_x = \mathfrak{B}_y = 0$, $\mathfrak{B}_z = \frac{1}{6} \times 10^{-8} \cos\left[2\pi \times 10^8 (t - x/c)\right]$; (c) $3{,}316 \times 10^{-4}$ W · m^{-2}

19.3 (a) $\mathfrak{E}_x = 0$, $\mathfrak{E}_y = \mathfrak{E}_z = \mathfrak{E}_0$ sen $(kx - \omega t)$, $\mathfrak{B}_x = 0$, $\mathfrak{B}_y = -\mathfrak{E}_z/c$, $\mathfrak{B}_z = \mathfrak{E}_z/c$; (b) $\mathfrak{E}_x = 0$, $\mathfrak{E}_y = -\frac{1}{2}\mathfrak{E}_0$ sen $(kx - \omega t)$, $\mathfrak{E}_z = \left(\sqrt{3/2}\right)\mathfrak{E}_0$ sen $(kx - \omega t)$, $\mathfrak{B}_x = 0$, $\mathfrak{B}_y = -\mathfrak{E}_z/c$, $\mathfrak{B}_z = \mathfrak{E}_y/c$; (c) $\mathfrak{E}_x = 0$, $\mathfrak{E}_y = \mathfrak{E}_0$ cos $(kx - \omega t)$, $\mathfrak{E}_z = \mathfrak{E}_0$ sen $(kx - \omega t)$, $\mathfrak{B}_x = 0$, $\mathfrak{B}_y = -\mathfrak{E}_z/c$, $\mathfrak{B}_z = \mathfrak{E}_y/c$; (d) $\mathfrak{E}_x = 0$, $\mathfrak{E}_y = \mathfrak{E}_0$ cos $(kx - \omega t)$, $\mathfrak{E}_z = \frac{1}{2}\mathfrak{E}_0$ sen $(kx - \omega t)$, $\mathfrak{B}_x = 0$, $\mathfrak{B}_y = -\mathfrak{E}_z/c$, $\mathfrak{B}_z = \mathfrak{E}_y/c$

19.5 (a) Circularmente polarizada a direita; (b) linearmente polarizada, a 315° com o plano XY; (c) elipticamente polarizada a direita, com o eixo maior a 315° com o plano XY; (d) elipticamente polarizada a esquerda, com o eixo maior a 45° com o plano XY; em cada caso $\mathfrak{B}_y = -\mathfrak{E}_z/c$ e $\mathfrak{B}_z = \mathfrak{E}_y/c$

19.7 $\mathfrak{E}_y = \sqrt{24\pi} \cos\left[4\pi \times 10^6 (x - ct)\right]$ N · C^{-1}; $\mathfrak{B}_z = (\mathfrak{E}_y/c)$ T

19.9 $1{,}15 \times 10^3$ N · C^{-1}, $3{,}84 \times 10^{-6}$ T

19.11 $\frac{1}{3} \times 10^{-7}$ T, 133 W

19.13 (a) $\frac{1}{3} \times 10^{-9}$ T; (b) $1{,}33 \times 10^{-6}$ W · m^{-2}; (c) $4{,}42 \times 10^{-15}$ J · m^{-3}; (d) 167 W

19.21 (a) 796 W · m^{-2}; (b) $7{,}75 \times 10^2$ N · C^{-1}, $2{,}58 \times 10^{-6}$ T; (c) $2{,}652 \times 10^{-6}$ J · m^{-3}, $8{,}84 \times 10^{-15}$ m^{-2} · kg · s^{-1}

19.23 (a) $2{,}02 \times 10^{-12}$ W; (b) $4{,}95 \times 10^{11}$ moléculas (cerca de 8×10^{-11}% de um mol)

19.27 (a) $4{,}01 \times 10^{11}$ eV · s^{-1}, 0,563 eV por revolução; (classicamente, então, a órbita do elétron somente duraria 10^{-11} s ou dessa ordem); (b) $1{,}10 \times 10^{-2}$ eV · s^{-1}, $5{,}22 \times 10^{-10}$ eV · rev^{-1}; (c) $3{,}26 \times 10^{-9}$ eV · s^{-1}, $6{,}63 \times 10^{-15}$ eV · rev^{-1}

19.31 $2{,}11 \times 10^{16}$ · s^{-1}; $3{,}80 \times 10^{25}$, comparando com aproximadamente 10^{25} por m^3.

19.33 $1{,}82 \times 10^{16}$ · s^{-1}; $n = 1 + 6{,}05 \times 10^{28}/(3{,}29 \times 10^{32} - \omega^2)$; 1,00019; 1,00018

19.35 (a) $1{,}24 \times 10^{-9}$ m; (b) $1{,}24 \times 10^{-6}$ m; (c) $1{,}24 \times 10^{-4}$ m

19.37 (a) 274 MeV; (b) 40 MeV

19.39 Para o létron: $5{,}402 \times 10^{-23}$ kg · m · s^{-1}, 10^4 eV; para o próton: $4{,}868 \times 10^{-23}$ kg · m · s^{-1} (na direção oposta), 2,8 eV

19.41 (a) $4{,}555 \times 10^{14}$ Hz; (b) 1,88 eV; (c) $4{,}1274 \times 10^{-15}$ J · s · C^{-1}

19.43 (a) $1{,}704 \times 10^{10}$ elétrons m^{-2} · s^{-1}; (b) $3{,}0 \times 10^{-9}$ W · m^{-2}

19.45 (a) 98,81 eV, $2{,}39 \times 10^{16}$ Hz, $1{,}21 \times 10^{-12}$ m; (b) 98,81 eV, $5{,}37 \times 10^{-24}$ kg · m · s^{-1}, 60,5°

19.47 (a) $1{,}012 \times 10^{-10}$ m, 59°; (b) 143,2 eV

Capítulo 20

20.3 Do cobre para o aço: 1,0327 e 0,3269; $\xi_i = 2$ sen $20\pi(t - x/42{,}31)$ cm, $\xi_r = 2{,}0654$ sen $20\pi(t - x/45{,}17)$ cm, $\xi_r' = 0{,}6538$ sen $20\pi(t - x/42{,}31)$ cm, do aço para o cobre: 0,9673 e −0,3269, $\xi_i = 2$ sen $20\pi(t - x/45{,}17)$ cm, $\xi_r = 1{,}9346$ sen $20\pi(t - x/42{,}31)$ cm, $\xi_r' = -0{,}6538$ sen $20(t - x/45{,}17)$ cm

20.5 (a) −0,0791 e 0,7194; (b) −0,3033 e 0,6966

20.7 (a) $\mathbf{R}_\pi = \mathbf{R}_\sigma = -0{,}2$, $\mathbf{T}_\pi = \mathbf{T}_\sigma = 0{,}2$; (b) $\mathbf{R}_\pi = \mathbf{R}_\sigma = 0{,}2$, $\mathbf{T}_\pi = \mathbf{T}_\sigma = 0{,}3$; (c) a única mudança de fase se dá na reflexão, na superfície de vidro, quando a onda procede do ar

20.9 56,4°, 33,6°

20.11 (a) 36,9°; (b) perpendicular ao plano de incidência

20.15 Primeiro caso: $\mathbf{R}_\pi = -0{,}1289$, $\mathbf{R}_\sigma = 0$; $\mathbf{T}_\pi = 0{,}8468$, $\mathbf{T}_\sigma = 0$; segundo caso: $\mathbf{R}_\pi = 0$, $\mathbf{R}_\sigma = -0{,}1567$; $\mathbf{T}_\pi = 0$, $\mathbf{T}_\sigma = 0{,}8433$; terceiro caso: $\mathbf{R}_\pi = 0{,}3311$, $\mathbf{R}_\sigma = 0$; $\mathbf{T}_\pi = 0{,}4980$, $\mathbf{T}_\sigma = 0$; quarto caso: $\mathbf{R}_\pi = 0$, $\mathbf{R}_\sigma = -0{,}5604$; $\mathbf{T}_\pi = 0$, $\mathbf{T}_\sigma = 0{,}4395$

20.17 Para o feixe refletido, $\mathbf{R}_\pi = -0{,}1033$, $\mathbf{R}_\sigma = -0{,}3046$; o feixe é elipticamente polarizado com o sentido de rotação oposto ao feixe incidente; para o feixe refratado, $\mathbf{T}_\pi = 0{,}7259$, $\mathbf{T}_\sigma = 0{,}7050$; o feixe é elipticamente polarizado no mesmo sentido que o feixe incidente

20.21 $3{,}82 \times 10^{-7}$ m, $3{,}80 \times 10^{-7}$ m, $5{,}085 \times 10^{14}$ Hz

20.23 (a) $8{,}726 \times 10^{-7}$ m; (b) $1{,}7452 \times 10^{-6}$ m; (c) $3{,}490 \times 10^{-6}$ m

20.27 Em (2) a luz é plano-polarizada na direção do eixo de transmissão de A; em (3) a luz é, em geral, elipticamente polarizada, como foi discutido no Ex. 20.4; em (4) a luz é plano-polarizada na direção do eixo de transmissão de C

20.29 (a) 45° no sentido anti-horário, em relação ao eixo Y; (b) 45° no sentido horário, em relação ao eixo Y; (c) 5,828:1

20.31 (a) Sim; (b) brilhante; (c) escuro

20.33 1,194 g

20.35 (a) $\Delta\theta = 2{,}4 \times 10^{-4}(pT/p_0T_0)$ tg θ, onde p_0 e T_0 em TPN; (b) 1 minuto de arco

20.37 $n(y) = n_0\sqrt{\left[B^2 + A^2\cos^2(y/B)\right]/\left(B^2 + A^2\right)}$

Capítulo 21

21.3 (a) 0,778 m, −0,556; (b) 1 m, −1,0; (c) 1,33 m, −1,67; (d) ∞, ∞; para um objeto virtual, 0,270 m, −0,901

21.5 (a) 0,48 m, convergente; (b) 1,92 m, convergente; (c) 1,2 m, divergente; (d) 0,80 m, convergente; (e) 2,4 m, convergente; (f) 0,3 m, convergente; (g) 0,60 m, divergente

21.7 8 cm, 2,1

21.9 Ou 40 cm ou 37,5 cm

21.11 3,2 cm, comparado com a distância focai de 5 cm

21.19 A partir do lado mais próximo: 0,4 cm da superfície, 0,8; a partir do lado mais afastado: 2 cm da superfície, 1,33

21.21 (a) 43,8 cm, para a esquerda da face plana; (b) 1,71

21.23 (a) 20 cm; (b) virtual e direita; (c) 1 mm

21.25 20 cm dentro da lente, medido a partir do lado de 20 cm; 5 cm fora da lente, do lado de 10 cm

21.27 $2R$

21.35 (a) 0,24 m; (b) –1,2 m, 6; (b) 0,15 m, 0,375; (d) 0,109 m, 0,545

21.37 5,38 cm

21.39 (a) 1,07 m, real; (b) 0,67 m, real; (c) 0,8 m, real; (d) 0,27 m, virtual; (e) –0,1 m, real

21.41 (a) 0,48 m, convergente; (b) 1,92 m, convergente; (c) 1,2 m, divergente; (d) 0,8 m, convergente; (e) 2,4 m, convergente; (f) 0,3 m, convergente; (g) 0,6 m, divergente

21.43 –18 cm, –60 cm; (a) 10 cm; (b) 11,7 cm

21.47 4,84 cm; 5,16 cm; –4,84 cm; –5,16 cm

21.51 1,521, 40°

21.55 54°; o raio sofre reflexão total; 63,2°, raio desviado de 24,4°

21.57 $1{,}19 \times 10^{-2}$ rad = 41′

21.59 $F_i = 4{,}17$ cm; $F_0 = -1{,}67$ cm

21.61 21,1°

Capítulo 22

22.1 (a) 0,64 mm: (b) 1,62 mm, 3,25 mm

22.3 0,286 mm

22.5 9×10^{-5} m = 0,09 mm

22.7 (a) Partindo do ponto a meia distância entre as fontes, o primeiro mínimo fica a 0,25 m de cada lado, e então a cada 0,5 m; (b) ao longo das hipérboles: $r_1 - r_2 = \pm n/4$ m; (c) novamente hipérboles, mesma equação; (d) não

22.9 $1{,}122 \times 10^{-7}$ rad = 0,024 segundo de arco

22.11 Aproximadamente 4 segundos de arco

22.13 –12 db

22.19 $2{,}95 \times 10^{-4}$ rad

22.21 (a) 5,6; (b) $0{,}2\pi$; para luz incidente em 30°: (a) 6,0; (b) π

22.23 Para a luz refletida: (a) 20,3°; (b) 37,7°; para a luz transmitida: (a) 37,7°; (b) 20,3°

22.27 (a) $2{,}19\sqrt{N} \times 10^{-3}$m; (b) 182

22.29 (a) 299,2 Hz, 598,4 Hz, 899,6 Hz; (b) 2 m, 1 m, 0,67 m; (d) $\xi_1 = 2\,\xi_0$ sen πx cos $600\,\pi t$, $\xi_2 = 2\xi_0$ sen $2\pi x$ cos $1.200\pi t$, $\xi_3 = 2\xi_0$ sen $3\pi x$ cos $1.800\pi t$

22.31 (a) 289,6 Hz, 579,2 Hz; (b) 145,8 Hz, 437,4 Hz

22.33 24,43 Hz

22.37 Para a fundamental: 1, 0 e 0, 1; duplamente degenerada; para o primeiro sobretom: 1, 1; para o segundo sobretom: 2, 0 e 0, 2; duplamente degenerado; para o terceiro: 2, 1 e 1, 2; para o quarto: 2, 2; para o quinto: 3, 0 e 0, 3; para o sexto 3, 1 e 1, 3; para o sétimo: 3, 2 e 2, 3. Note que o duodécimo sobretom, $\nu = 5\nu_0$, é quatro vezes degenerado de 4, 3 e 3, 4 assim como 5, 0 e 0, 5

22.41 $k^2 = k_1^2 + k_2^2$

Capítulo 23

23.1 0,56 mm

23.3 2×10^3 ft; 610 m

23.7 (b) 0,48 mm × 0,24 mm

23.9 (a) $2{,}05 \times 10^{-6}$ m; (b) $7{,}03 \times 10^{-6}$ m

23.11 $1{,}25 \times 10^{-5}$ m, 5×10^{-5} m

23.13 $2{,}4 \times 10^{-5}$ m

23.15 (b) $1{,}22\lambda/D$, $2{,}233\lambda/D$, $3{,}239\lambda/D$; (c) $(1{,}22\lambda/D)f$, $(2{,}233\lambda/D)f$, $3{,}239\lambda/D)f$

23.17 $2{,}24 \times 10^{-4}$ m

23.19 (a) 1,5 vezes a amplitude não bloqueada e 2,25 vezes a intensidade não bloqueada; (b) $\frac{5}{4}\pi$

23.21 (a) $(800/n)$ m; (b) 400 m

23.23 17,5°, 36,9°, 64,2°

23.25 (a) $5{,}70 \times 10^{-7}$ m; (b) 43,1°

23.27 12,0°, 28,5°

23.29 16.000; sim; aproximadamente 7°; $4{,}11 \times 10^5$ m^{-1}

23.33 (a) $9{,}791 \times 10^{-11}$ m; (b) 20,3°

23.35 1,3°

Capítulo 24

24.1 Adicionando-se o termo $(\partial D/\partial n)(\partial n/\partial x)^2$ ao lado direito da Eq. (24.4)

24.3 (a) –12,5 °C; (b) $9{,}6 \times 10^2$ J · m^{-2} · s^{-1}

24.5 $4{,}38 \times 10^3$ J · s^{-1} (4,38 kW) ou $15{,}8 \times 10^6$ J · h^{-1}

24.7 (a) $1{,}5\pi$ J · s^{-1} ou 1,125 cal · s^{-1}; (b) 96% no cobre, 4% no aço

24.19 $2{,}45 \times 10^{-5}$ m^3 · s^{-1}

24.23 $a = -8{,}520$; $b = 815$

24.25 (a) $6{,}00 \times 10^9$; (b) $4{,}65 \times 10^9$; (c) $6{,}00 \times 10^5$; $1{,}46 \times 10^{29}$, $6{,}80 \times 10^{28}$, $1{,}46 \times 10^{21}$

24.27 60,6%, 36,8%, 13,5%, $4{,}5 \times 10^{-3}$%; $x = l \ln 2$

24.29 $D \propto T/p$; $K \propto \sqrt{T}$

24.31 $1{,}76 \times 10^{-6}$ P · K$^{-1/2}$

24.33 $K/D = \frac{3}{2}p/T$ = 555 em TPN; $\eta/D = pm/kT = 4{,}45 \times 10^{-2}$ m em TPN (m em u)

24.35 $6{,}25 \times 10^{-8}$ m, $9{,}321 \times 10^9$ s^{-1}; $1{,}83 \times 10^{-10}$ m

24.37 0,654 mm

Tabela A-1 Classificação periódica dos elementos

Massas atômicas, baseadas na atribuição do número exato 12,00000 à massa atômica do isótopo principal do carbono, ^{12}C. São os valores adotados em (1961) pela União Internacional de Química Pura e Aplicada. A unidade de massa usada nesta tabela é chamada *unidade de massa atômica* (u): 1 u = 1,6604 × 10^{-27} kg. A massa atômica do carbono, nesta escala, é 12,01115, pois é o valor médio para os isótopos presentes no carbono natural. (Para elementos produzidos artificialmente, a massa atômica do isótopo mais estável é dada entre colchetes.)

Grupo →		I	II	III	IV	V	VI	VII		VIII		0
Período	Série											
1	1	1 H 1,00797										2 He 4,0026
2	2	3 Li 6,939	4 Be 9,0122	5 B 10,811	6 C 12,01115	7 N 14,0067	8 O 15,9994	9 F 18,9984				10 Ne 20,183
3	3	11 Na 22,9898	12 Mg 24,312	13 Al 26,9815	14 Si 28,086	15 P 30,9738	16 S 32,064	17 Cl 35,453				18 Ar 39,948
4	4	19 K 39,102	20 Ca 40,08	21 Sc 44,956	22 Ti 47,90	23 V 50,942	24 Cr 51,996	25 Mn 54,9380	26 Fe 55,847	27 Co 58,9332	28 Ni 58,71	
	5	29 Cu 63,54	30 Zn 65,37	31 Ga 69,72	32 Ge 72,59	33 As 74,9216	34 Se 78,96	35 Br 79,909				36 Kr 83,80
5	6	37 Rb 85,47	38 Sr 87,62	39 Y 88,905	40 Zr 91,22	41 Nb 92,906	42 Mo 95,94	43 Tc [99]	44 Ru 101,07	45 Rh 102,905	46 Pd 106,4	
	7	47 Ag 107,870	48 Cd 112,40	49 In 114,82	50 Sn 118,69	51 Sb 121,75	52 Te 127,60	53I 126,9044				54 Xe 131,30
6	8	55 Cs 132,905	56 Ba 137,34	57-71 Série dos lantanídeos*	72 Hf 178,49	73 Ta 180,948	74 W 183,85	75 Re 186,2	76 Os 190,2	77 Ir 192,2	78 Pt 195,09	
	9	79 Au 196,967	80 Hg 200,59	81 Tl 204,37	82 Pb 207,19	83 Bi 208,980	84 Po [210]	85 At [210]				86 Rn [222]
7	10	87 Fr [223]	88 Ra [226,05]	89 – Série dos actinídeos**								

*Série dos lantanídeos	57 La 138,91	58 Ce 140,12	59 Pr 140,907	60 Nd 144,24	61 Pm [147]	62 Sm 150,35	63 Eu 151,96	64 Gd 157,25	65 Tb 158,924	66 Dy 162,50	67 Ho 164,930	68 Er 167,26	69 Tm 168,934	70 Yb 173,04	71 Lu 174,97
** Série dos actinídeos	89 Ac [227]	90Th 232,038	91 Pa [231]	92 U 238,03	93 Np [237]	94 Pu [242]	95 Am [243]	96 Cm [245]	97 Bk [249]	98 Cf [249]	99 Es [253]	100 Fm [255]	101Md [256]	102 No	103

Tabela A-2 Constantes fundamentais

Constante	Símbolo	Valor	Constante	Símbolo	Valor
Velocidade da luz	c	$2{,}9979 \times 10^{8}\ \mathrm{m \cdot s^{-1}}$	Magneton de Bohr	μ_B	$9{,}2732 \times 10^{-24}\ \mathrm{J \cdot T^{-1}}$
Carga elementar	e	$1{,}6021 \times 10^{-19}\mathrm{C}$	Constante de Avogadro	N_A	$6{,}0225 \times 10^{23}\ \mathrm{mol^{-1}}$
Massa de repouso do elétron	m_e	$9{,}1091 \times 10^{-31}\ \mathrm{kg}$	Constante de Boltzman	k	$1{,}3805 \times 10^{-23}\ \mathrm{J \cdot K^{-1}}$
Massa de repouso do próton	m_p	$1{,}6725 \times 10^{-27}\ \mathrm{kg}$	Constante dos gases	R	$8{,}3143\ \mathrm{J \cdot K^{-1} \cdot mol^{-1}}$
Massa de repouso do nêutron	m_n	$1{,}6748 \times 10^{-27}\ \mathrm{kg}$	Volume normal do gás ideal (TPN)	V_0	$2{,}2414 \times 10^{-2}\ \mathrm{m^3 \cdot mol^{-1}}$
Constante de Planck	h	$6{,}6256 \times 10^{-34}\ \mathrm{J \cdot s}$	Constante de Faraday	F	$9{,}6487 \times 10^{4}\ \mathrm{C \cdot mol^{-1}}$
	$\hbar = h/2\pi$	$1{,}0545 \times 10^{-34}\mathrm{J \cdot s}$	Constante de Coulomb	K_e	$8{,}9874 \times 10^{9}\ \mathrm{N \cdot m^2 \cdot C^{-2}}$
Razão carga/massa para o elétron	e/m_e	$1{,}7588 \times 10^{11}\ \mathrm{kg^{-1} \cdot C}$	Permissividade do vácuo	ε_0	$8{,}8544 \times 10^{-12}\ \mathrm{N^{-1} \cdot m^{-2} \cdot C^2}$
Razão constante de Planck/carga	h/e	$4{,}1356 \times 10^{-15}\ \mathrm{J \cdot s \cdot C^{-1}}$	Constante magnética	K_m	$1{,}0000 \times 10^{-7}\mathrm{m \cdot kg \cdot C^{-2}}$
Raio de Bohr	a_0	$5{,}2917 \times 10^{-11}\mathrm{m}$	Permeabilidade do vácuo	μ_0	$1{,}2566 \times 10^{-6}\ \mathrm{m \cdot kg \cdot C^{-2}}$
Comprimentos de onda Compton:			Constante da gravitação	γ	$6{,}670 \times 10^{-11}\ \mathrm{N \cdot m^2 \cdot kg^{-2}}$
do elétron	$\lambda_{C,e}$	$2{,}4262 \times 10^{-12}\ \mathrm{m}$	Aceleração da gravidade ao nível do mar no equador	g	$9{,}7805\ \mathrm{m \cdot s^{-2}}$
do próton	$\lambda_{C,p}$	$1{,}3214 \times 10^{-15}\mathrm{m}$			
Constante da Rydberg	R	$1{,}0974 \times 10^{7}\ \mathrm{m^{-1}}$			

Constantes numéricas: $\pi = 3{,}1416$; $e = 2{,}7183$; $\sqrt{2} = 1{,}4142$; $\sqrt{3} = 1{,}7320$

Tabela A-3 Símbolos e unidades

Grandeza	Símbolo	Nome da Unidade	Relação com as grandezas fundamentais	
			MKSC	MKSA
Comprimento	l, s	metro	m	
Massa	m	quilograma	kg	
Tempo	t	segundo	s	
Velocidade	v		$m \cdot s^{-1}$	
Aceleração	a		$m \cdot s^{-2}$	
Velocidade angular	ω		s^{-1}	
Frequência angular ou pulsação	ω		s^{-1}	
Frequência	ν	hertz (Hz)	s^{-1}	
Quantidade de movimento ou momento linear	p		$m \cdot kg \cdot s^{-1}$	
Força	F	newton (N)	$m \cdot kg \cdot s^{-2}$	
Momento angular	L		$m^2 \cdot kg \cdot s^{-1}$	
Torque, conjugado ou momento de força	τ		$m^2 \cdot kg \cdot s^{-2}$	
Trabalho	W	joule (J)	$m^2 \cdot kg \cdot s^{-2}$	
Potência	P	watt (W)	$m^2 \cdot kg \cdot s^{-3}$	
Energia	E_k, E_p, U, E	joule (J)	$m^2 \cdot kg \cdot s^{-2}$	
Temperatura	T	kelvin (K)	$m^2 \cdot kg \cdot s^{-2}$/partícula	
Coeficiente de difusão	D		$m^2 \cdot s^{-1}$	
Coeficiente de condutividade térmica	K		$m \cdot kg \cdot s^{-3} \cdot K^{-1}$	
Coeficiente de viscosidade	η		$m^{-1} \cdot kg \cdot s^{-1}$	
Módulo de Young	Y		$m^{-1} \cdot kg \cdot s^{-2}$	
Módulo de elasticidade volumétrica	κ		$m^{-1} \cdot kg \cdot s^{-2}$	
Módulo de rigidez ou de cisalhamento	G		$m^{-1} \cdot kg \cdot s^{-2}$	
Momento de inércia	I		$m^2 \cdot kg$	
Campo gravitacional	$\mathfrak{G}$		$m \cdot s^{-2}$	
Potencial gravitacional	$V_{\mathfrak{G}}$		$m^2 \cdot s^{-2}$	
Carga elétrica ou quantidade de eletricidade	q, Q	coulomb	C	$A \cdot s$

Intensidade de corrente	I	ampère	$s^{-1} \cdot C$	A
Intensidade de campo elétrico	$\mathfrak{E}$		$m \cdot kg \cdot s^{-2} \cdot C^{-1}$	$m \cdot kg \cdot s^{-3} \cdot A^{-1}$
Diferença de potencial elétrico ou tensão elétrica	V	volt (V)	$m^2 \cdot kg \cdot s^{-2} \cdot C^{-1}$	$m^2 \cdot kg \cdot s^{-3} \cdot A^{-1}$
Densidade de corrente	j		$m^{-2} \cdot s^{-1} \cdot C$	$m^{-2} \cdot A$
Resistência elétrica	R	ohm (Ω)	$m^2 \cdot kg \cdot s^{-1} \cdot C^{-2}$	$m^2 \cdot kg \cdot s^{-3} \cdot A^{-2}$
Indutância	L	henry (H)	$m^2 \cdot kg \cdot C^{-2}$	$m^2 \cdot kg \cdot s^{-2} \cdot A^{-2}$
Permissividade elétrica	ε_0		$m^{-3} \cdot kg^{-1} \cdot s^2 \cdot C^2$	$m^{-3} \cdot kg^{-1} \cdot s \cdot A^2$
Polarização	$\mathfrak{P}$		$m^{-2} \cdot C$	$m^{-2} \cdot s \cdot A$
Deslocamento elétrico	$\mathfrak{D}$		$m^{-2} \cdot C$	$m^{-2} \cdot s \cdot A$
Indução magnética	$\mathfrak{B}$	tesla (T)	$kg \cdot s^{-1} \cdot C^{-1}$	$kg \cdot s^{-2} \cdot A^{-1}$
Permeabilidade magnética	μ_0		$m \cdot kg \cdot C^{-2}$	$m \cdot kg \cdot s^{-2} \cdot A^{-2}$
Magnetização	$\mathfrak{M}$		$m^{-1} \cdot s^{-1} \cdot C$	$m^{-1} \cdot A$
Intensidade de campo magnético	$\mathfrak{H}$		$m^{-1} \cdot s^{-1} \cdot C$	$m^{-1} \cdot A$
Fluxo magnético	$\Phi_{\mathfrak{B}}$	weber (Wb)	$m^2 \cdot kg \cdot s^{-1} \cdot C^{-1}$	$m^2 \cdot kg \cdot s^{-2} \cdot A^{-1}$
Momento de dipolo elétrico	p		$m \cdot C$	$m \cdot s \cdot A$
Momento de quadrupolo elétrico	Q		$m^2 \cdot C$	$m^2 \cdot s \cdot A$
Momento de dipolo magnético	M		$m^2 \cdot s^{-1} \cdot C$	$m^2 \cdot A$
Momento de quadrupolo magnético	Q		$m^3 \cdot s^{-1} \cdot C$	$m^3 \cdot A$
Capacitância	C	farad (F)	$m^{-2} \cdot kg^{-1} \cdot s^2 \cdot C^2$	$m^{-2} \cdot kg^{-1} \cdot s^4 \cdot A^2$

Tabela A-4 Fatores de conversão

Tempo

1 s (*segundo*[*]) = $1{,}667 \times 10^{-2}$ min = $2{,}778 \times 10^{-4}$ h

1 min (*minuto*) = 60 s

1 h (*hora*) = 60 min = 3.600 s

1 ano = $3{,}156 \times 10^{7}$ s

Comprimento

1 m (*metro*) = 10^{2} cm = 39,37 pol = 3,281 pés

1 (milha terrestre) = 5.280 pés = 1.609 m

1 (*milha marítima*) = 1.852 m

1 pol (polegada) = 2,540 cm = $2{,}54 \times 10^{-2}$ m

1Å (*angstrom*) = $10^{-4}\ \mu = 10^{-10}$ m

1 μ (mícron) = 10^{-6} m

1 A.u. (unidade astronômica) = $1{,}496 \times 10^{11}$ m

1 ano-luz = $9{,}46 \times 10^{15}$ m

1 ps (parsec) = $3{,}084 \times 10^{16}$ m

Ângulo

1 rad (*radiano*) = 57,3°

1° (*grau*) = $1{,}74 \times 10^{-2}$ rad

1′ (*minuto*) = $2{,}91 \times 10^{-4}$ rad

1″ (*segundo*) = $4{,}85 \times 10^{-6}$ rad

Área

1 m^2 = 10^4 cm^2 = $1{,}55 \times 10^{-5}$ pol^2 = 10,76 $pés^2$

1 pol^2 = $6{,}452 \times 10^{-4}$ m^2

1 $pé^2$ = $9{,}29 \times 10^{-2}$ m^2

lb (*barn*) = 10^{-28} m^2

1 ha (*hectare*) = 10^2 a (*are*) = 10^4 m^2

Volume

1 m^3 = 10^6 cm^3 = 10^3 *litros*

1 $pé^3$ = $2{,}83 \times 10^{-2}$ m^3

1 pol^3 = $16{,}39 \times 10^{-6}$ m^3

Velocidade

1 $m \cdot s^{-1}$ = 10^2 $cm \cdot s^{-1}$ = 3,281 $pés \cdot s^{-1}$

1 nó (*milha marítima por hora*) = 0,514 $m \cdot s^{-1}$

Aceleração

1 $m \cdot s^{-2}$ = 10^2 $cm \cdot s^{-2}$ = 3,281 $pés \cdot s^{-2}$

1 Gal (*gal*) = 1 $cm \cdot s^{-2}$ = 10^{-2} $m \cdot s^{-2}$

Massa

1 kg (*quilograma*) = 10^3 g (*grama*) = 2,205 lb

1 *quilate* = 2×10^{-4} kg

1 t (*tonelada*) = 10^3 kg

1 u (*unidade unificada de massa atômica*) = $1{,}6604 \times$
$\times 10^{-27}$ kg

1 lb (libra avoirdupois) = 0,4536 kg

Força

1 N (*newton*) = 10^5 dyn = 0,2248 lbf = 0,102 kgf

1 kgf (*quilograma força*) = 1 kp (*quiloponde*) = 9,80665 N

1 dyn (*dina*) = 10^{-5} N

1 lbf (libra força) = 4,448 N

Pressão

1 $N \cdot m^{-2}$ = 1 Pa (*pascal*) = 9,265 atm = 1,450 $lbf \cdot pol^{-2}$

1 *bar* = 10^5 $N \cdot m^{-2}$

1 atm (*atmosfera*) = 101.325 $N \cdot m^{-2}$

1 mH_2O (*metro de água*) = 9.806,65 $N \cdot m^{-2}$

1 mmHg (*milímetro de mercúrio*) = 133,322 $N \cdot m^{-2}$

Energia

1 J (*joule*) = 10^7 erg = 0,239 cal = $6{,}242 \times 10^{18}$ eV

1 eV (*elétron-volt*) = $1{,}60 \times 10^{-19}$ J = $1{,}07 \times 10^{-9}$ u

1 cal (*caloria*) = 4,186 J = $2{,}613 \times 10^{19}$ eV = $2{,}807 \times 10^{10}$ u

1 u = $1{,}492 \times 10^{-10}$ J = $3{,}564 \times 10^{-11}$ cal = 931,0 MeV

Temperatura

K (*kelvin*) = 273,1 + °C

°C (*grau Celsius*) = $\frac{5}{9}$ (°F − 32)

°F (grau Farenheit) = $\frac{9}{5}$ °C + 32

Potência

1 W (*watt*) = $1{,}341 \times 10^{-3}$ hp = $1{,}359 \times 10^{-3}$ cv

1 cv (*cavalo-vapor*) = 735,5 W

1 hp (horse-power) = 745,7 W

Carga elétrica[**]

1 C (*coulomb*) = 3×10^9 stC (statcoulomb)

Intensidade de corrente[**]

1 A (*ampère*) = 3×10^9 st A (statampère)

Intensidade de campo elétrico[**]

IN $\cdot$ CT^{-1} = 1 $V \cdot m^{-1}$ = $\frac{1}{3} \times 10^{-4}$ $stV \cdot cm^{-1}$

Diferença de potencial elétrico[**]

1V (*volt*) = $\frac{1}{3}$ 10^{-2} stV (statvolt)

Resistência elétrica[**]

1 (*ohm*) = $\frac{1}{9}$ 10^{-11} st Ω (statohm)

Capacitância[**]

1 F (*farad*) = 9×10^{11} stF (statfarad)

Indução magnética

1 T (*tesla*) = $10^4 \times$ G (gauss)

Fluxo magnético

1 Wb (*weber*) = 10^8 maxwell

Intensidade de campo magnético

1 $A \cdot m^{-1}$ (*ampère-espira por metro*) = $4\pi \times 10^{-3}$ oersted

---

[*] As unidades em grifo são unidades legais brasileiras. Suas combinações, bem como seus múltiplos e submúltiplos decimais (ver Tabela 2.1), são também legais.

[**] Em todos os casos, 3 representa 2,998 e 9 representa 8,987.

Índice alfabético

D

E

M

N

O

P

Q